Dieter D. Genske

# Ingenieurgeologie

## Grundlagen und Anwendung

2., neu bearbeitete und aktualisierte Auflage

Springer Spektrum

Dieter D. Genske
Fachbereich Ingenieurwissenschaften
Hochschule Nordhausen
Weinberghof
99734 Nordhausen

ISBN 978-3-642-55386-8 ISBN 978-3-642-55387-5 (eBook)
DOI 10.1007/978-3-642-55387-5

Die Deutsche Nationalbibliothek verzeichnet diese Publikation in der Deutschen Nationalbibliografie; detaillierte bibliografische Daten sind im Internet über http://dnb.d-nb.de abrufbar.

Springer Spektrum


Lektorat: Dr. Grit Wurlitzer
Satz und Layout: Andreas Hillmann / ATOPIA – Netzwerk für Gestaltung, Nordhausen

Gedruckt auf säurefreiem und chlorfrei gebleichtem Papier

Springer Berlin Heidelberg ist Teil der Fachverlagsgruppe Springer Science+Business Media (www.springer.com)

In memoriam

Christiaan Maugenest, Ingenieurgeologe, 1954-1998

Für

Ernest W. B. Hess-Lüttich

# Vorwort zur 2. Auflage

Seit der ersten Auflage dieses Lehrbuchs ist viel geschehen: Die Weltbevölkerung ist inzwischen auf über sieben Milliarden Menschen angestiegen, die Ressourcen werden immer knapper, in Deutschland wurde die Energiewende eingeleitet, der Klimawandel zeichnet sich ab, die Medien berichten über gewaltige Naturkatastrophen.

Die Ingenieurgeologie muss sich diesen neuen Herausforderungen stellen: Für immer dichter werdende Städte und für eine immer komplexere Energieversorgung sind die Infrastrukturen auszubauen, neue Ressourcen müssen umweltverträglich und nachhaltig gewonnen, Siedlungsräume vor Naturkatastrophen und vor den Auswirkungen des Klimawandels geschützt werden.

Die zweite, neu bearbeitete Auflage der Ingenieurgeologie greift die Themen der 1. Auflage auf und stellt sich den neuen Herausforderungen. Aufbauend auf den aktualisierten Grundlagen (Teil I) und den durch neue Beispiele ergänzten Erkundungen (Teil II) werden im III. Teil Anwendungen nun auch Probleme des Spezialtiefbaus und Untertagebaus, der Ressourcennutzung und Effizienz, der regenerativen Energieerzeugung und Energiespeicherung behandelt. Zur Veranschaulichung dienen Praxisbeispiele wie Stuttgart 21, der Schürmannbau des Deutschen Bundestages in Bonn, die Hebungen in der Schwarzwaldstadt Staufen, die Internationale Bauausstellung IBA Hamburg oder die Sicherung des havarierten Kernkraftwerks Fukushima Daiichi in Japan.

Wie schon in der ersten Auflage des Buches wird besonderer Wert gelegt auf eine möglichst einfache Darstellung des Problems, auf die Herleitung des mechanisch-mathematischen Zusammenhangs sowie auf die Erläuterung und Veranschaulichung der jeweiligen Problematik anhand von Beispielen und Übungen. Einige der vorgestellten Nachweis- und Bemessungsverfahren können durch die einschlägigen Normen- und Regelwerke weiter vertieft werden. Die Herleitung von Formeln und Lösungswegen wird bewusst beibehalten, weil sie durch leicht bedienbare Software zunehmend Gefahr läuft, in Vergessenheit zu geraten. Ergänzt wird ein Abschnitt zur Struktur und zur Abfassung ingenieurgeologischer Gutachten. Anstelle eines Ausblicks wird zum Schluss auf ingenieurgeologische Dimensionen von Utopien eingegangen.

Ich danke den Studierenden für ihre Anregungen, die diese zweite Auflage bereichert haben, und den Leser(inne)n für ihre Kritik und ihre Vorschläge. Für die Layoutarbeiten danke ich Dörte Machemehl und Andreas Hillmann (Atopia - Netzwerk für Gestaltung), für das Lektorat Dr. Grit Wurlitzer. Bettina Saglio und Merlet Behncke-Braunbeck von Springer Spektrum danke ich für die fachkundige Begleitung.

Diese zweite, verbesserte Auflage der Ingenieurgeologie verbinde ich wiederum mit der Hoffnung, dass dieses Lehrbuch einen Beitrag leisten möge für die Ausbildung und berufliche Praxis des Ingenieurgeologen. Die neuen Herausforderungen erfordern ein kluges und reflektiertes Handeln, das ein solides Grundlagenwissen und die Bereitschaft zu ständigem Lernen voraussetzt. Dann kann das Fach dazu beitragen, die neuen, großen Herausforderungen zu meistern.

Dieter D. Genske
Im Dezember 2014, Berlin / Nordhausen

# Vorwort zur 1. Auflage

Dieses Lehrbuch stellt die Grundlagen und Prinzipien der Ingenieurgeologie in verständlicher und anschaulicher Form dar. Das junge Fachgebiet definiert sich transdisziplinär, im Spannungsfeld zwischen Theorie und Praxis. Es entwickelte sich aus dem Selbstverständnis verschiedener Wissenschaftstraditionen: einerseits aus der Geologie als einer beschreibenden Naturwissenschaft, andererseits aus der Mechanik als Teil der konstruktiven Ingenieurwissenschaft. Der Geologe (die weibliche Form ist immer eingeschlossen) beschreibt bei seiner Arbeit ein natürliches Medium, das er analysiert und in Modellen präsentiert. Er findet ein komplexes und über Jahrmillionen entstandenes System vor, das er selbst bei großem Erkundungsaufwand nicht exakt zu erfassen vermag. Der Ingenieur schafft sich dagegen mit seinen Konstruktionen wohl definierte Systeme, die aus vorgegebenen Baustoffen bestehen und bekannten Belastungen ausgesetzt werden.

Vor dem Hintergrund dieser Dichotomie der Denkansätze ist es immer wieder zu Konflikten zwischen Ingenieuren und Geologen gekommen: zu ungenau seien die Angaben der Geologen, zu prätentiös die Anforderungen der Ingenieure. Ein Brücke zwischen beiden Disziplinen schlägt das Gebot der Unschärfe, das heute für beide Denkschulen relevant ist: In der Geologie ist es die Unschärfe in der Beschreibung des geologischen Systems, in den Ingenieurwissenschaften ist es die Unschärfe in der Prognose des technischen Systemverhaltens, das gerade unter dem Eindruck eines möglichen Systemversagens von zentraler Bedeutung ist.

Die Prinzipien der Geologie, der Mechanik und der Unschärfe werden im ersten Teil dieses Buches behandelt. Im zweiten Teil wird dargestellt, dass die Ingenieurgeologie auch praktische Gelände- und Laborarbeit umfasst. Die ingenieurgeologische Erkundung beginnt mit den Voruntersuchungen, also der Vorauswertung der Planungsunterlagen und der Vorerkundung des Geländes. Darauf folgen umfangreiche Hauptuntersuchungen im Feld und im Labor. Während der Ausführung des Projekts dienen projektbegleitende Untersuchungen der Überprüfung der ingenieurgeologischen Befunde und Prognosen. Möglicherweise ist ein Projekt noch in dieser Phase an die geologischen Realitäten anzupassen. Mit den Nachuntersuchungen wird schließlich der Erfolg allfälliger Maßnahmen kontrolliert.

Im dritten Teil werden mit den Themen Böschungen, Bergsenkungen und Bauwerke drei wichtige Anwendungsgebiete aufgegriffen. Es wird deutlich, dass geologische und mechanische Prinzipien sowie die allgegenwärtige Unschärfe die tägliche Arbeit des Ingenieurgeologen bestimmen. Weder der Ingenieur noch der Geologe kann je für sich allein die Herausforderungen im Grenzbereich von Natur und Konstruktion bestehen. Es bedarf der vermittelnden Analyse des Ingenieurgeologen, um die einschlägigen Denkansätze zusammenzuführen und die für das Projekt relevanten Folgerungen zu ziehen.

Mit zahlreichen Abbildungen und Diagrammen, Herleitungen und Beispielen habe ich versucht, den komplexen Sachverhalt zu verdeutlichen. Übungen am Ende der Kapitel erlauben dem Leser zu prüfen, ob er die vorgestellten Methoden und Modelle verstanden hat. Grundsätzliche Fragen zu Grenzzuständen und zur Sicherheitstheorie werden im Anhang erläutert. Bewusst verzichtet wurde auf die Vorstellung von Normen und Vorschriften, denn diese Einführung soll nicht den Stand der regional geltenden und sich ständig ändernden Regelwerke verbuchen, sondern die Grundlagen und das Verständnis dafür schaffen, sie zu verstehen und in der Zukunft neue, vielleicht bessere zu entwickeln.

Zu diesem Buch haben mich meine Lehrer Karl-Heinz Heitfeld (Aachen) und Bernhard Walz (Wuppertal) inspiriert. Es wäre nicht entstanden ohne die wertvollen Dialoge mit meinen Studenten in Deutschland, den Niederlanden, der Schweiz und in Japan und den Gesprächen mit meinen Freunden und Kollegen, von denen hier stellvertretend genannt sein sollen Rafig Azzam (Aachen), Fred Bell (Durban), Horst Düllmann (Aachen), Herbert Einstein (Cambridge), Tetsuro Esaki (Kyushu), Leo de Graaff (Amsterdam), Michael Heitfeld (Aachen), Klemens Heinrich (Utrecht), Peter Heitzmann (Bern), Christiaan Maugenest † (Delft), Yuzo Ohnishi (Kyoto), David Price † (Delft), Niek Rengers (Enschede), Jan Rupke (Amsterdam), Wilson H. Tang (Hong Kong) und Joachim Tiedemann (Berlin). Für ihre Hilfe bei der Schlussredaktion danke ich Norbert Stuth (Nordhausen), Uwe Groß (Leipzig) und Monika Huch (Adelheidsdorf). Christian Witschel und Luisa Tonarelli vom Springer Verlag danke ich für die sachkundige Hilfe bei der Verwirklichung dieses Projekts und die angemessene Ausstattung des Bandes. Die Layout-Arbeiten wurden von Martin Hallmann (Nordhausen) ausgeführt.

Mit diesem Buch möchte ich die Prinzipien vorstellen, die sich während meiner Arbeit als Ingenieurgeologe als besonders wichtig herauskristallisiert haben. Dieses Resümee ist sicher nicht vollständig, es soll eher als Orientierung dienen für die individuelle Zusammenstellung eines an das persönliche Aufgabenfeld angepassten Repertoires. Ich hoffe, damit einen Beitrag zu leisten für das zukunftsträchtige Fachgebiet der Ingenieurgeologie, das so wichtig ist, um die Konsequenzen der Eingriffe des Menschen in seine natürliche Umwelt zu verstehen und dessen Bedeutung für eine moderne, nachhaltige Gesellschaft erst allmählich erkannt wird.

Dieter D. Genske
Im März 2006, Bern / Nordhausen

# Inhaltsverzeichnis

# Symbolliste

## Lateinisch

| Symbol | Dimension | Bezeichnung | Englische Bezeichnung | Fachgebiet |
|---|---|---|---|---|
| $A$ | m² | Fläche | area | Grundwert |
| $A$ | - | ausgeprägt plastisch | high plasticity | Bodenmechanik |
| $a$ | m | Reichweite | Range | Statistik |
| $b$ | cm | Öffnungsweite Gebirgsfuge | aperture | Gefügekunde |
| $C$ | - | Krümmungszahl | curvature coefficient | Bodenmechanik |
| $c$ | kN/m² | Kohäsion | cohesion | Bodenmechanik |
| $c$ | kg/m³ | Konzentration (z.B. Schadstoffe) | concentration | Hydrogeologie |
| $c_u$ | kN/m² | undrainierte Scherfestigkeit (Anfangsscherfestigkeit) | initial undrained shear strength | Bodenmechanik |
| $c_v$ | m²/s | Konsolidationsbeiwert | coefficient of consolidation | Bodenmechanik |
| $cov$ | - | Kovarianz | covariance | Statistik |
| $D$ | - | Lagerungsdichte | relative density | Bodenmechanik |
| $D$ | - | fraktale Dimension | fractal dimension | Statistik |
| $D_{Pr}$ | - | Proctor Verdichtungsgrad | Proctor density index | Bodenmechanik |
| $d$ | mm | Korndurchmesser | grain size | Bodenmechanik |
| $d$ | - | Durchtrennungsgrad (Trennfläche) | persistence | Gefügekunde |
| $E$ | kN | einwirkende Kraft | destabilizing force | Bodenmechanik / Felsmechanik |
| $E$ | kN/m² | Elastizitätsmodul | modulus of elasticity | Bodenmechanik / Felsmechanik |

| Symbol | Dimension | Bezeichnung | Englische Bezeichnung | Fachgebiet |
|---|---|---|---|---|
| $E$ | - | räumliche Erstreckung (relative) | extension | Gefügekunde |
| $E$ | - | eng gestuft | poorly graded | Bodenmechanik |
| $e$ | - | Porenzahl | void ratio | Bodenmechanik |
| $F$ | kN | Kraft | force | Bodenmechanik / Felsmechanik |
| $F$ | - | Mudde, Faulschlamm | organic mud | Bodenmechanik |
| $F$ | - | Füllung (Trennfläche) | filling | Felsmechanik |
| $f$ | - | Setzungsbeiwert | settlement coefficient | Bodenmechanik |
| $G$ | $Nm^2/kg^2$ | Gravitationskonstante | gravitational constant | Geophysik |
| $G$ | - | Kies | Gravel | Bodenmechanik |
| $g$ | $m/s^2$ | Schwerebeschleunigung | gravitational acceleration | Geophysik |
| $H$ | A/m | magnetische Feldstärke | magnetic field strenght | Geophysik |
| $H$ | - | Torf | peat | Bodenmechanik |
| $H$ | - | Habitus (Trennfläche) | habitus | Gefügekunde |
| $h$ | m | Höhe | height | Grundwert |
| $h$ | m | Schrittweite | lag | Statistik |
| $I$ | A | Stromstärke | electric current | Geophysik |
| $I$ | - | intermittierend gestuft | moderately graded | Bodenmechanik |
| $I_A$ | - | Aktivitätszahl | activity | Bodenmechanik |
| $I_C$ | - | Konsistenzzahl | consistency index | Bodenmechanik |
| $I_D$ | - | bezogene Lagerungsdichte | density index | Bodenmechanik |
| $I_L$ | - | Liquiditätszahl | liquidity index | Bodenmechanik |
| $I_P$ | - | Plastizitätszahl | plasticity index | Bodenmechanik |
| $I_S$ | $MN/m^2$ | Festigkeitsindex (Punktlastversuch) | point load index | Felsmechanik |
| $i$ | ° | Aufgleitwinkel (Rauhigkeit) | roughness angle | Felsmechanik |
| $JRC$ | - | Rauhigkeit einer Trennfläche | joint roughness coefficient | Felsmechanik |
| $k$ | m/s | Durchlässigkeitskoeffizient | coefficient of permeability | Bodenmechanik |
| $k$ | 1/m | Klüftigkeitsziffer | joint frequency | Gefügekunde |
| $k$ | - | Konzentrationsfaktor | factor of concentration | Statistik |
| $K$ | - | Erddruckbeiwert | coefficient of earth pressure | Bodenmechanik |
| $K$ | - | Seitendruckbeiwert | coefficient of lateral pressure | Felsmechanik |
| $L$ | - | leicht plastisch | low plasticity | Bodenmechanik |
| $l$ | m | Länge | length | Grundwert |
| $M$ | - | mittel plastisch | medium plasticity | Bodenmechanik |

| Symbol | Dimension | Bezeichnung | Englische Bezeichnung | Fachgebiet |
|---|---|---|---|---|
| $m$ | g | Masse | mass | Grundwert |
| $m_{Ca}$ | g | Masse an Gesamt-Karbonaten | mass of carbonates | Bodenmechanik |
| $m_d$ | g | Masse des trockenen Bodens | mass of dry soil | Bodenmechanik |
| $m_{org}$ | g | Masse der organischen Anteile | mass of organic components | Bodenmechanik |
| $m_w$ | g | Masse des Wassers | mass of water | Bodenmechanik |
| $N$ | - | Tragfähigkeitsbeiwert | bearing capacity factor | Bodenmechanik |
| $n$ | - | Porenanteil | porosity | Bodenmechanik |
| $n$ | - | Stichprobenumfang | sample size | Statistik |
| $O$ | - | organische Böden | organic soils | Bodenmechanik |
| $OCR$ | - | Überkonsolidierungsverhältnis | overconsolidation ratio | Bodenmechanik |
| $P$ | m oder ° | Parallaxe | parallax | Erkundung |
| $P$ | - | kumulative Wahrscheinlichkeit | cumulative probability | Statistik |
| $p$ | - | Eintrittswahrscheinlichkeit | probability | Statistik |
| $Q$ | m³/s | Durchflussrate | flow rate | Hydrogeologie |
| $Q$ | - | Gebirgsmassenqualität | rock mass quality | Felsbau |
| $Q_{WD}$ | l/(min·m) | Wasseraufnahme | water intake | Hydrogeologie |
| $q$ | m/s | Durchflussgeschwindigkeit | velocity of flow | Hydrogeologie |
| $q_u$ | kN/m² | einaxiale Druckfestigkeit | uniaxial compression strength | Bodenmechanik / Felsmechanik |
| $R$ | kN | stabilisierende Kraft | stabilizing force | Standsicherheit |
| $R$ | - | Retardationskoeffizient | retardation coefficient | Hydrogeologie |
| $R$ | Ω | elektrischer Widerstand | electrical resistance | Geophysik |
| $R_f$ | % | Reibungsverhältnis (Drucksondierung) | friction index | Erkundung |
| $\bar{R}$ | - | Regelungsgrad | degree of alignment | Gefügekunde |
| $r$ | - | Korrelationskoeffizient | coefficient of correlation | Statistik |
| $RMR$ | - | Gebirgsmassewert | rock mass rating | Felsmechanik |
| $RSR$ | - | Gebirgsstrukturwert | rock structure rating | Felsmechanik |
| $RQD$ | % | Gebirgsqualität | rock quality designation | Felsmechanik |
| $S$ | - | Sand | sand | Bodenmechanik |
| $S$ | 1/m | Speicherkoeffizient | storage coefficient | Hydrogeologie |
| $S$ | - | Sensitivität | sensitivity | Bodenmechanik |
| $S_r$ | - | Sättigungszahl | coefficient of saturation | Bodenmechanik |
| $s$ | m | Setzung | settlement | Bodenmechanik |
| $s$ | . | Standardabweichung (Stichprobe) | standard deviation (sample) | Statistik |

| Symbol | Dimension | Bezeichnung | Englische Bezeichnung | Fachgebiet |
|---|---|---|---|---|
| $s_e$ | . | Standardfehler | standard error | Statistik |
| $T$ | - | Ton | clay | Bodenmechanik |
| $T$ | $m^2/s$ | Transmissivität | transmissivity | Hydrogeologie |
| $t$ | h, min, s | Zeit | time | Grundwert |
| $U$ | V | elektrische Spannung | voltage | Geophysik |
| $U$ | - | Ungleichförmigkeitszahl | uniformity coefficient | Bodenmechanik |
| $U$ | - | Schluff / Silt | silt | Bodenmechanik |
| $u$ | $kN/m^2$ | Porenwasserdruck | pore water pressure | Bodenmechanik |
| $V$ | $m^3$ | Volumen | volume | Grundwert |
| $V$ | - | Verwitterungsgrad | weathering intensity | Gefügekunde |
| $V_{Ca}$ | - | Kalkgehalt | carbonate content | Bodenmechanik / Felsmechanik |
| $V_k$ | $m^3$ | Kornvolumen | grain volume | Bodenmechanik |
| $v$ | m/s | Geschwindigkeit | velocity | Grundwert |
| $vac$ | - | Variationskoeffizient | coefficient of variation | Statistik |
| $var$ | . | Varianz | variance | Statistik |
| $W$ | - | weit gestuft | well graded | Bodenmechanik |
| $w$ | - | Wassergehalt | water content | Bodenmechanik |
| $w_L$ | - | Fließgrenze | liquid limit | Bodenmechanik |
| $w_P$ | - | Ausrollgrenze | plastic limit | Bodenmechanik |
| $w_S$ | - | Schrumpfgrenze | shrinkage limit | Bodenmechanik |
| $X$ | - | Steine | cobbles | Bodenmechanik |
| $\bar{X}$ | - | Mittelwert (Stichprobe) | mean (sample) | Statistik |
| $Y$ | - | Blöcke | boulders | Bodenmechanik |

## Griechisch

| Symbol | Dimension | Bezeichnung | Englische Bezeichnung | Fachgebiet |
|---|---|---|---|---|
| $A$ | ° | sphärisches Konfidenzintervall | spherical confidence limit | Gefügekunde |
| $\alpha$ | - | Azimut | azimuth | Gefügekunde |
| $\alpha$ | - | Irrtumswahrscheinlichkeit | probability of error | Statistik |
| $\beta_1$ | - | Schiefe | skewness | Statistik |
| $\beta_2$ | - | Wölbung | kurtosis | Statistik |
| $\gamma$ | - | Teilsicherheitsbeiwert | partial safety factor | Standsicherheit |
| $\gamma$ | $kN/m^3$ | Wichte des natürlichen (feuchten) Bodens | unit weight of soil | Bodenmechanik |
| $\gamma$ | . | Semivarianz | semivariance | Statistik |

| Symbol | Dimension | Bezeichnung | Englische Bezeichnung | Fachgebiet |
|---|---|---|---|---|
| $\gamma'$ | kN/m³ | Wichte des Bodens unter Auftrieb | buoyant weight of soil | Bodenmechanik |
| $\gamma_r$ | kN/m³ | Wichte des gesättigten Bodens | unit weight of saturated soil | Bodenmechanik |
| $\gamma_s$ | kN/m³ | Kornwichte | unit weight of grains | Bodenmechanik |
| $\gamma_d$ | kN/m³ | Trockenwichte | dry unit weight | Bodenmechanik |
| $\gamma_w$ | kN/m³ | Wichte des Wassers | unit weight of water | Bodenmechanik |
| $\varepsilon$ | - | Deformation (relative) | deformation | Bodenmechanik / Fels-meachnik |
| $\eta$ | - | Sicherheitsfaktor (global) | safety factor (global) | Standsicherheit |
| $\vartheta$ | ° | Einfallen | dip | Gefügekunde |
| $\vartheta$ | ° | Bruchwinkel / Scher-winkel | shear angle | Bodenmechanik / Fels-mechanik |
| $\vartheta$ | ° | Brechungswinkel | deflection | Geophysik |
| $\lambda$ | - | Eigenwert | eigenvalue | Gefügekunde, Statistik |
| $\lambda$ | 1/s | Schadstoffabbaurate | decay rate | Hydrogeologie |
| $\lambda$ | - | Ereignishäufigkeit | average number of events in time | Statistik |
| $\mu$ | N/A² | magnetische Permea-bilität | magnetic permeability | Geophysik |
| $\mu$ | . | Mittelwert | mean | Statistik |
| $\nu$ | - | Querdehnungs- bzw. Poissonzahl | Poisson's ratio | Bodenmechanik / Fels-mechanik |
| $\nu_k$ | - | Konzentrationsfaktor | concentration factor | Bodenmechanik |
| $\nu$ | 1/t | Ereignisrate | occurrence rate | Statistik |
| $\rho$ | g/cm³ | Dichte | density | Bodenmechanik |
| $\rho_d$ | g/cm³ | Trockendichte | dry density | Bodenmechanik |
| $\rho_{Pr}$ | g/cm³ | Proctordichte | Proctor density | Bodenmechanik |
| $\rho_s$ | g/cm³ | Korndichte | grain density | Bodenmechanik |
| $\rho_s$ | Ωm | spezifischer Widerstand (Geoelektrik) | specific electrical resistance | Geophysik |
| $\theta$ | ° | Zirkularer Öffnungsgrad | degree of circular opening | Gefügekunde |
| $\sigma$ | kN/m² | Normalspannung | normal stress | Bodenmechanik / Fels-mechanik |
| $\sigma$ | . | Standardabweichung | standard deviation | Statistik |
| $\sigma_u$ | kN/m² | einaxiale Druckspannung | uniaxial compressive strength | Bodenmechanik / Fels-mechanik |
| $\tau$ | kN/m² | Scherspannung | shear strength | Bodenmechanik / Fels-mechanik |
| $\tau$ | - | Verschiebung | lag | Statistik |
| $\varphi$ | ° | Reibungswinkel | friction angle | Bodenmechanik / Fels-mechanik |
| $\Omega$ | rad | Sphärischer Öffnungsgrad | spherical aperture | Gefügekunde |
| $\omega$ | - | Brunnenparameter | well parameter | Hydrogeologie |

# I. Prinzipien

# 1 Rückblick

★ Dieser Abschnitt gibt einen kurzen Abriss zur Entwicklung der Ingenieurgeologie. Sie entstand im Schnittbereich der klassischen Geologie und der Baukunst. Sie entstand aus der Notwendigkeit, Fehlplanungen, Unglücke und Katastrophen zu verhindern. Die wichtigsten Ereignisse und Wegbereiter werden vorgestellt.

Im Jahre 1874 führt der Österreicher Ferdinand von Hochstetter den Begriff „Ingenieurgeologie" ein (Heitfeld 1983). Eine angewandt-geologische Disziplin entsteht, die immer bedeutender wird für die Deutung und die Vorhersage geologischer Phänomene wie Rutschungen und Bergsenkungen und die sichere und wirtschaftliche Errichtung von Ingenieurbauwerken über und unter Tage. Ingenieurgeologen der ersten Stunde wie Albert Heim (1849-1937) stellen in eindrucksvoller Weise die Bedeutung der jungen Fachdisziplin unter Beweis. Ingenieure erkennen die Notwendigkeit, geologische Vorgaben zu begreifen, um Gründungsfehler, Bauschäden und Unglücke zu vermeiden. Diese transdisziplinäre Herausforderung erkennt auch Karl Terzaghi, der Begründer der modernen Bodenmechanik, der im Jahre 1929 zusammen mit Redlich und Kampe das Buch „Ingenieurgeologie" schreibt. Trotzdem konstatiert er noch kurz vor seinem Tode als einen seiner größten Misserfolge, den Ingenieuren die Bedeutung der Geologie nicht nahe gebracht haben zu können.

Der Ingenieurgeologe versteht sich als Vermittler, der die Wissenslücken überbrückt, die zwischen den geologischen Fakten und der Planung des Ingenieurs klaffen. Diese Wissenslücken haben allzu oft zu dramatischen Unfällen, ja Katastrophen geführt wie etwa im Jahre 1963, als die Vajont-Talsperre in den italienischen Alpen errichtet wurde. Nach Fertigstellung der spektakulären Bogenstaumauer, eine zu jener Zeit sensationelle Ingenieurleistung, wurde das Staubecken aufgefüllt. Noch vor Erreichen des Stauziels rutschte jedoch eine Gebirgsflanke in das Staubecken. Eine gewaltige Flutwelle überspülte die Staumauer und zerstörte das talabwärts liegende Dorf Longarone. Über 2000 Menschen kamen ums Leben. Drei Jahre später kam es in der englischen Revierstadt Aberfan zu einer folgenschweren Rutschung: Die Böschung einer Abraumhalde ging zu Tal und begrub mehrere Gebäude, darunter eine Schule. 144 Menschen starben, darunter viele Schulkinder. Unter dem Eindruck dieser Katastrophen begann man umzudenken. Bereits 1964 wurde die *International Association for Engineering Geology IAEG* ins Leben gerufen. Asher Shadmon, der erste Präsident dieser Gesellschaft, erinnert sich:

> Who can forget that while preparing ourselves for the 1964 IGC Congress [International Geological Congress] in India the tragic news of the Vajont landslide started to trickle in, and [later] the news of the Aberfan avalanche, manmade disasters which brought the importance of monitoring upfront.

Fachtagungen wurden organisiert und Fachzeitschriften entstanden, wie zum Beispiel das Bulletin of Engineering Geology and the Environment. 1976 definierte der geomechanische Arbeitskreis der Deutschen Geologischen Gesellschaft DGG das Fachgebiet. Danach bedeutet Ingenieurgeologie

> die Anwendung der Geologie im Ingenieurwesen, zugleich aber auch die Anwendung naturwissenschaftlicher und technisch-apparativer Methoden zu ingenieurwissenschaftlichen Analysen geologischer Sachverhalte. Während in der Geologie Forschungsziel ist, erdgeschichtliche Zusammenhänge zu ermitteln, besteht das Forschungsziel der Ingenieurgeologie darin, das Verhalten von Gebirge und Gestein aufgrund der geologischen Materialeigenschaften und seiner erdgeschichtlich-tektonischen Entwicklung für ingenieurwissenschaftlich-geotechnische Erfordernisse zu bestimmen.

Die IAEG konstatiert in ihren Statuten 1992:

> Engineering Geology is the science devoted to the investigation, study and solution of the engineering and environmental problems which may arise as the result of the interaction between geology and the works and activities of man as well as to the prediction and the development of measures for prevention or remediation of geological hazards.

Diese Definition spricht auch das Engagement des Ingenieurgeologen für die Umwelt an. Mit gutem Grund, denn die postindustrielle Zeit hat uns einen ökologischen Scherbenhaufen hinterlassen: die rücksichtslose Ausbeutung natürlicher Ressourcen – zu denen neben mineralischen Rohstoffen auch das Wasser, der Boden und die Luft gehören – und die bedenkenlose Produktion von Abfällen, die heute und auch morgen noch die Umwelt belasten werden, erfordern ein entschlossenes und konzertiertes Handeln. Der Ingenieurgeologe muss sich darüber bewusst sein, dass sich ein erheblicher Teil seiner Aufgaben um die Reparatur und Instandsetzung der natürlichen Umwelt drehen wird.

Die Fachsektion Ingenieurgeologie der Deutschen Gesellschaft für Geotechnik DGGT und der Deutschen Geologischen Gesellschaft DGG beschreibt daher in ihrem Informationsblatt 2002 die Ingenieurgeologie als einen

> Balanceakt zwischen Gegensätzen, die oft unvereinbar erscheinen, jedoch in wohlüberlegter und verantwortungsvoller Weise zusammenzuführen sind ... Eine Herausforderung für all diejenigen, die Natur und Technik in Einklang bringen möchten.

Es bleibt zu hoffen, dass auch in Zukunft die wichtige, zwischen völlig unterschiedlichen Disziplinen vermittelnde Rolle der Ingenieurgeologie gewürdigt wird, so dass Bauwerke sicher und wirtschaftlich errichtet und Katastrophen wie Vajont und Aberfan vermieden werden können.

# 2 Geologische Prinzipien

In diesem Kapitel werden die wichtigsten geologischen Prinzipien vorgestellt. Zunächst wird die historische Entwicklung geologischer Perspektiven erläutert. Darauf aufbauend werden Themen der allgemeinen, regionalen und historischen Geologie angeschnitten. Für die Ingenieurgeologie von besonderer Bedeutung ist das tektonische Inventar, das im Rahmen der Gebirgsbildung (Orogenese) entsteht und zu dem Falten, Verwerfungen und Klüfte zählen. Die Gesteine verwittern im Laufe der Zeit: Wasser, Wind und Eis transportieren die Verwitterungsprodukte und bilden typische Landformen. In tektonischen Senken nehmen Druck und Temperatur zu und es kommt zunächst zur diagenetischen Verfestigung, dann zur Veränderung des Gesteins (Metamorphose) und letztendlich zu seiner Aufschmelzung (Anatexis). Der Kreislauf der Gesteine kann von Neuem beginnen. Die folgenden Ausführungen sind für den Ingenieur sicher interessanter als für den Erdwissenschaftler, der die geologischen Prinzipien bereits kennt. Sie geben nur eine kurze Einführung in die Thematik. Eine umfassende und ausführliche Beschreibung geologischer Prinzipien findet sich in den Lehrbüchern zur allgemeinen Geologie (der exogenen und endogenen Dynamik), zur historischen Geologie und zur regionalen Geologie.

## 2.1 Das aktualistische Leitmotiv nach Hutton und Lyell

Was den Betrachter von Naturlandschaften sicher am meisten erstaunt, ist die Tatsache, dass die naturräumliche Ordnung, so unverrückbar, statisch und erhaben sie erscheint, Ergebnis dynamischer Prozesse ist, die die Erdoberfläche ständig formen und modellieren. In der Regel erstrecken sich diese Prozesse jedoch über große Zeiträume, für das menschliche Auge nicht wahrnehmbar, für den geologisch geschulten Blick jedoch erahnbar.

Die grundsätzliche Dynamik der Erdoberflächen erkannte bereits im 5. Jahrhundert v. Chr. der griechische Geschichtsschreiber Herodot anhand der allmählichen Veränderung des Nildeltas. Zweitausend Jahre später schrieb Giordano Bruno (1548-1600), dass

> ... da bald ein Meer ist, wo vorher ein Fluss war, bald sich Berge erheben, wo vorher Täler sich vertieft hatten ... Aber in dem allem möchte ich nichts Gewaltsames zugeben, sondern einen ganz und gar nur natürlichen Verlauf erkennen. Denn ich nenne nur dasjenige gewaltsam, was außerhalb der Schranken der Natur oder gar gegen sie geschieht (nach Blei 1981).

Für Giordano Bruno führte diese Erkenntnis neben anderen, uns heute selbstverständlich erscheinenden Einsichten am 17. Februar des Jahres 1600 zum Scheiterhaufen der römischen Inquisitoren, die an der biblischen Schöpfungsgeschichte Wort für Wort und *coûte que coûte* festzuhalten ihre traurige Pflicht vermeinten.

Dessen ungeachtet beschrieb noch im 17. Jahrhundert der dänische Arzt, Theologe und Naturforscher Niels Stensen (1638-1686, Abb. 2.1) in seiner Arbeit *De solido intra solidum naturaliter contento dissertationis prodromus* (Steno 1669), erst 1923 ins Deutsch übersetzt (Stensen 1967), die geologische Methodik, vom gegenwärtigen Zustand eines Gegenstandes auf seinen früheren Zustand zu schließen, indem *„[...] quomodo praesens alicuius rei status statum praeteritum rei detergit"* (Steno 1669: 7). Dieses *aliquid stat pro aliquo* zu entschlüsseln, den Code zu knacken, der das Vergangene im Gegenwärtigen birgt, ist die Aufgabe des Geologen und des Paläontologen (Genske & Hess-Lüttich 1998: 133-134).

Rund hundert Jahre später schrieb Abraham Gottlob Werner (1749-1817, Abb. 2.1), Inspektor und Lehrer der Mineralogie an der neu gegründeten Freiberger Bergakademie:

> Soweit uns der feste Erdkörper von seiner Oberfläche her bekannt ist, zeigt er sich uns als Kind der Zeit, als Resultat natürlicher Wirkungen ... Welchem Naturkundigen, welchem Geognosten wäre unbekannt, – wie die Fluten tagtäglich Gebirgsmassen zu Sand und Geschiebe zermalmen und dadurch neuen Gebirgsaufbau bewirken, – welche Menge Erd- und andere Teile die Ströme stündlich ins Meer führen, – wie in den Meeren von Zeit zu Zeit mächtige Korallen und Muschelschalenbänke entstehen, – wie feuerspeiende Berge Asche und Gesteinsstücke auswerfen und anhäufen, und Laven ausströmen. ... Diese tagtägliche Wirkung der Natur ... muß der nach Wahrheit begierige Geognost studieren (n. Hölder 2008: 40).

**Abb. 2.1** Niels Stensen, auch Nicolaus Steno (1638-1686), Abraham Gottlob Werner (1749-1817), Charles Lyell (1797-1875).

Dies sah so auch Georg Christian Füchsel (1722-1773), nämlich die Geologie als Versuch der kausalen Ableitung des Gesuchten aus dem bereits Verstandenen (Füchsel 1773). Für den britischen Geologen James Hutton (1726-1797) lag hierin der Ausgangspunkt seiner Methodik der geognostischen Rekonstruktion erdgeschichtlicher Phänomene (Hutton 1788), die Charles Lyell (1797-1875, Abb. 2.1) als *Aktualismus* bekannt machte. Er wandte das neue Denkmodell in seinem dreibändigen Werk *Principles of Geology* (1830-33) an, um zum Beispiel aus dem Vergleich der Morphologie eines Vulkans mit dem Grundriss der Insel Santorin den Schluss zu ziehen, dass auch diese vulkanischen Ursprungs und nun vom Meer umspült sei (Abb. 2.2). Ebenfalls aktualistisch folgerte ein paar Jahrzehnte später der schwedische Naturwissenschaftler Otto Martin Torell (1828-1900) aufgrund der Beobachtung merkwürdiger, paralleler Schrammen in den Rüdersdorfer Kalkbergen bei Berlin, „daß sich die Vergletscherung Skandinaviens und Finnlands bis über das norddeutsche Flachland erstreckt habe" (n. Hölder 2008: 121). Der Chef des schwedischen Reichsamtes für Geologie und Professor für Zoologie und Geologie an der Universität Lund bestätigte somit die bereits 1807 vom deutschen Mineralogen Johann Friedrich Ludwig Hausmann (1782-1859) aufgestellte Theorie, dass die als „erratische Blöcke" angesprochenen Findlinge ursprünglich mit den eiszeitlichen Gletschern aus Skandinavien kamen und widerlegte damit die – auch von Lyell – vertretene Lehrmeinung, wonach die jungen Sande und Gerölle Norddeutschlands von treibenden Eisbergen abgelagert wurden. Der Aktualismus erlaubte, damals wie heute, die Deutung der Natur als Buch, der Erde als Text, die es *per analogiam* zu analysieren gilt. Ein Wettstreit von Ideen entfachte sich und gewagte Hypothesen wurden aufgestellt, belegt, bewiesen oder wieder verworfen.

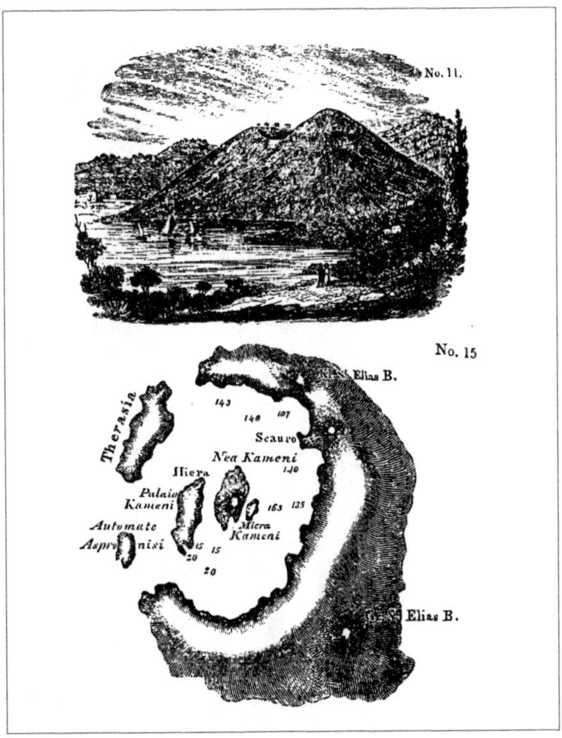


**Abb. 2.2** Ein Vulkan bei Neapel im Vergleich mit der grundrisslichen Darstellung der Insel Santorin (aus Lyell 1830-33).

Und immer sind es Fragmente, Spuren und Bruchstücke, deren sich der Geologe bedient, um das Mosaik der Erdgeschichte zu rekonstruieren. „Bruchstellen sind Fundstellen“ schrieb Ernst Jünger in seinem geschichtsphilosophischen Essay *An der Zeitmauer* (1959). Dies gilt auch und gerade für geologische Bruchstellen als Fundstellen versteinerter Urkunden. Um diese zu ordnen, bedarf es eines Codes. Ein Subsystem dieses Codes sind die *Fazies*, die „Gesichter“ von zeitgleich gebildeten Gesteinen in verschiedenen Ausbildungen. Sie beschreiben im Sinne des von Constant Prévost (1787-1856) und Amanz Gressy (1814-1865) in die geologische Fachterminologie eingeführten Begriffs den Habitus eines Sediments hinsichtlich seiner petrographischen Struktur oder seines Fossilinhalts. John Kay karikiert die Metapher (Abb. 2.3), indem er James Hutton bei dem Versuch abbildet, die „Gesichter der Erde“ zu lesen: *mente et malleo* (Genske & Hess-Lüttich 1998: 142-143).

Der Aktualismus markiert einen geo-historischen Wendepunkt, die Emanzipation der Geologie von theologischen Vorgaben. Vorbei die Zeiten, in denen der englische Erzbischof James Usher (1581-1656) nach intensivem Bibelstudium die Entstehung der Erde auf die Nacht vom 22. zum 23. Oktober des Jahres 4004 *ante Christum* datierte. Sein schwäbischer Kollege Johann Albrecht Bengel (1687-1752) widersprach ihm übrigens, denn aufgrund seiner strikt exegetischen Datierung kam er auf den 10. Oktober 3943 v. Chr. Selbst heute noch werden die Grundlagen der historischen Geologie von Fundamentaltheologen in Frage gestellt: In den 1990er Jahren protestierte der orthodoxe Rabbiner Swi Gafner (Frankfurter Rundschau vom 13.8.1993: 24) gegen die Darstellung, die Dinosaurier seien seit Jahrmillionen ausgestorbene Kreatu-

**Abb. 2.3** James Hutton liest die Fazies – die „Gesichter“ – eines Gebirgsaufschlusses (Lithographie in John Kays Portraits, Edinburgh 1837, Bd 1, Nr 24).

ren, sei es doch eine „allgemein bekannte Tatsache, dass die Welt erst vor 5753 Jahren geschaffen worden“ sei. Diesen theologischen Bedenken gibt selbst im 21. Jahrhundert noch so manche Schulleitung im *Bible-Belt* des mittleren Westens der Vereinigten Staaten nach und lässt die Schöpfungsgeschichte gleichberechtigt neben der naturwissenschaftlich begründeten Erdgeschichte und der Evolutionstheorie Darwins unterrichten. Tatsächlich ist unsere Erde etwa 4.6 Milliarden Jahre alt. Die Zeitabschnitte, in die wir heute die Erdgeschichte unterteilen (Äon, Ära, Periode, Epoche) zeigt Tabelle

**Tabelle 2.1** Erdzeitalter, Orogenesen und Eiszeiten (nach Bahlburg & Breitkreuz 2012).

| Äon | Ära | Periode | Orogenese[1] | Eiszeiten | Alter mya[2] |
|---|---|---|---|---|---|
| Phanerozoikum | Känozoikum (Erdneuzeit) | Quartär | alpidische | | 2.6-0 |
| | | Neogen[3] | | Nord- und Südhalbkugel (seit 34 mya) | 23-2.6 |
| | | Paläogen[3] | | | 66-23 |
| | Mesozoikum (Erdmittelalter) | Kreide | | | 145-66 |
| | | Jura | | | 201-145 |
| | | Trias | variszische | | 252-201 |
| | Paläozoikum (Erdaltertum) | Perm | | Südhalbkugel (360-260) | 299-252 |
| | | Karbon | | | 359-299 |
| | | Devon | | | 419-359 |
| | | Silur | kaledonische | Südhalbkugel (450-420) | 443-419 |
| | | Ordovizium | | | 485-443 |
| | | Kambrium | Cadomische[5] | | 541-485 |
| Proterozoikum[4] | Neo- | | | Unbekannt (582-580) Global? (735-660) | 1.000-541 |
| | Meso- | | | | 1.600-1.000 |
| | Paläo- | | | Global? (2.400-2.100) | 2.500-1.600 |
| Archaikum[4] | Neo- | | unbekannt | | 2.800-2.500 |
| | Meso- | | | | 3.200-2.800 |
| | Paläo- | | | | 3.600-3.200 |
| | Eo- | | | | 4.000-3.600 |
| Hadaikum[4] | | | | | 4.600-4.000 |

[1]Gebirgsbildungsphasen; [2]mya Millionen Jahre; [3]Neogen und Paläogen wurden früher als Tertiär bezeichnet; [4]Proterozoikum, Archaikum und Hadaikum werden auch als Präkambrium bezeichnet; [5]ab ca. 640 mya.

2.1. Der Mensch kam ziemlich spät: Entspräche die gesamte Erdgeschichte 24 Stunden, dann beträte er unseren Planeten nur wenig Sekunden vor Mitternacht.

Der Aktualismus hat die Geologie nachhaltig geprägt und bestimmt auch heute noch die tägliche Arbeit des Geologen. Seit Alfred Wegener (1880-1930) und seiner Kontinentaldrift-Theorie ist bekannt, dass endogene (innere) Kräfte die Platten der Erdoberfläche gegeneinander verschieben. Ihre Reibung aneinander führt zu *Erdbeben*, an ihren Kollisionszonen falten sich geologische Schichten zu Gebirgen auf *(Orogenese)*. Im Gegensatz zu diesem als *endogene Dynamik* bezeichneten Mechanismus tragen auf der Erdoberfläche exogene (äußere) Kräfte die Gebirge allmählich wieder ab. Wasser, Wind und Eis transportieren das abgetragene Material der Schwerkraft folgend in die Täler, in die Ebenen und schließlich ins Meer. Die *exogene Dynamik* erzeugt so eine Vielzahl von Landformen, die geomorphologisch analysiert und klassifiziert werden können.

Erst wenn man sich über den Ursprung und die Dynamik der Landformen im Klaren ist, kann man die geologischen Aufschlüsse richtig deuten und ein zuverlässiges Bild von der Entstehung der Landschaft skizzieren. Erst dann ist man sich der Besonderheiten des Untergrundes bewusst, erst dann kann man die richtige Strategie zu seiner Erkundung wählen und erst dann erkennt man die Risiken, die Eingriffe in ihn bergen.

## 2.2 Faltung, Verwerfung und Klüftung

An den Rändern der kollidierenden Kontinentalplatten werden geologische Schichten aufgefaltet, überschoben, verworfen und zerteilt. Das sich schließlich dem Geologen entfaltende Bild ist verwirrend, in vielen Fällen irreführend und kaum zu dechiffrieren.

Der Schweizer Naturforscher und Zeichner Hans Conrad Escher von der Lindt (1767-1823) fertigte bereits Anfang des 19. Jahrhunderts eine Vielzahl beeindruckender Aquarelle von alpinen Landschaften an und versuchte dabei, den inneren Aufbau der Gebirge zu verstehen. Sein Sohn Arnold teilte diese Begeisterung und zeichnete ebenfalls zahlreiche geologische Panoramen und Profile. Schließlich wurde für ihn die erste Professur für Geologie an der Eidgenössisch Technischen Hochschule in Zürich eingerichtet. Arnold Escher von der Lindt erkannte, dass es im Glarner Land einige Aufschlüsse gab, wo älteres Gebirge über jüngerem lag, ein Phänomen, das er sich mit einer gewaltigen Überschiebung zu erklären versuchte (Abb. 2.4). Doch schon bald zweifelte er an seiner Hypothese und konstatierte 1841, dass die Annahme einer „colossalen Überschiebung" doch „auf sehr große Schwierigkeiten" stoße. Selbst sein berühmter britischer Kollegen Sir Roderick Impey Murchison, den er 1848 über den Sengespass führte und der sogleich die Existenz einer enormen Überschiebung erkannte, konnte ihn nicht überzeugen. Vielmehr konstruierte er ein Profil mit zwei liegenden Doppelfalten, eine von Süden, die andere von Norden kommend, die den im zentralen Bereich anstehenden Flysch einem Tabakbeutel gleich einschlösse (Abb. 2.4). Auslöser dieser Doppelfaltung sei die Kontraktion des Erdkerns, aufgrund derer sich die Erdkruste wellte und verwarf und dabei Gebirge bildete – so die damalige Lehrmeinung. Nach dieser Deutung hätten sich die Scheitel beider Falten am Foopass und am Richetlipass gegenüber gestanden.

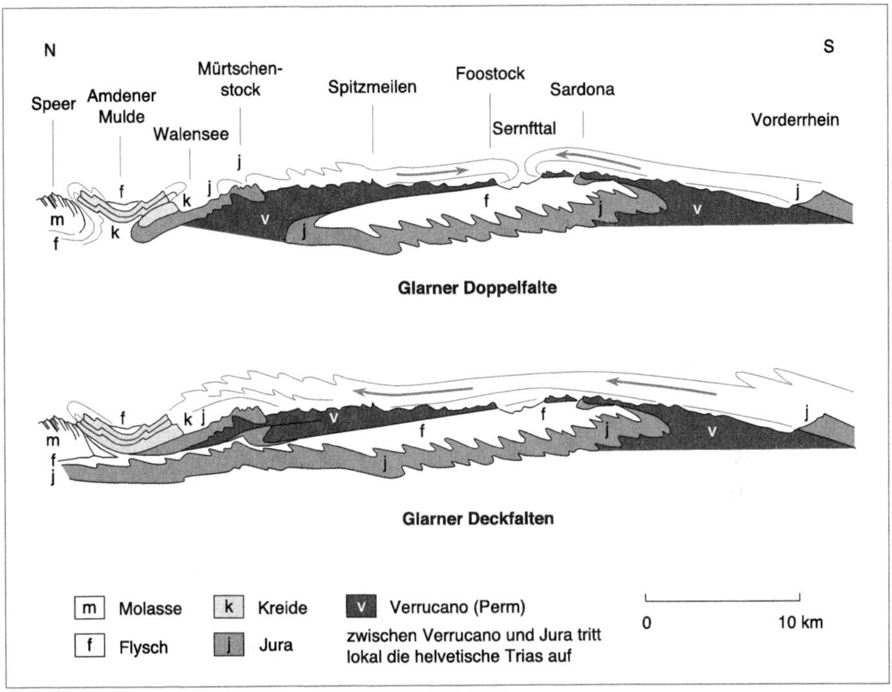


**Abb. 2.4** Die Glarner Doppelfalte nach der Vorstellung von Arnold Escher und Albert Heim 1870-1902 (oben) und die Glarner Deckfalten nach der Vorstellung von Marcel Bertrand 1883 und Eduard Suess 1892 (nach Heim 1921).

Unkritisch übernahm sein Schüler und Nachfolger Albert Heim (1849-1937) die Doppelfaltentheorie und verteidigte sie mit *verve* gegen alle Kritiker. Mit der Veröffentlichung seines Werkes „Geologie der Hochalpen zwischen Reuss und Rhein" im Jahre 1891 wurde die „Glarner Doppelfalte" für dreißig Jahre anerkannte Lehrmeinung. Doch der in Basel geborene und in München lehrende Geologe August Rothpletz begann, an der Doppelfalten-Theorie zu zweifeln und vertrat die Ansicht, dass eine Überschiebung die geologische Situation plausibler erkläre. Unabhängig davon entwarf der an der Ecole des Mines in Paris lehrende Franzose Marcel Bertrand bereits 1884 ein Profil, in dem die Glarner Tektonik mit einer großen, von Süden kommenden Überschiebung erklärt wird und das, obwohl er selbst nie in den Glarner Alpen kartiert hatte. Die ursprüngliche Hypothese von Arnold Escher von der Linth blieb somit präsent, wurde aber vehement von Albert Heim bestritten, selbst als sich der Wiener Alpengeologe Eduard Suess 1892 am Foopass und auf der Baumgartenalp der Meinung von Bertrand anschloss. Als jedoch ein Jahr später Hans Schardt aus Neuchâtel in einem Artikel nachwies, dass die Préalpes der Westschweiz aus dem Inneren der Alpen aufgeschoben wurden und auch der waadtländische Geologe Maurice Lugeon ihm zustimmte, musste Albert Heim die Existenz der Glarner Überschiebung einräumen: Die Deckentheorie wurde allgemein anerkannt und Grundlage für die Erklärung tektonischer Fragen auf der ganzen Welt (Trümpy 1991). Ein Besuch der Glarner Hauptüberschiebung macht jedem Betrachter die enormen Dimensionen der Deckentektonik deutlich (Abb. 2.5).

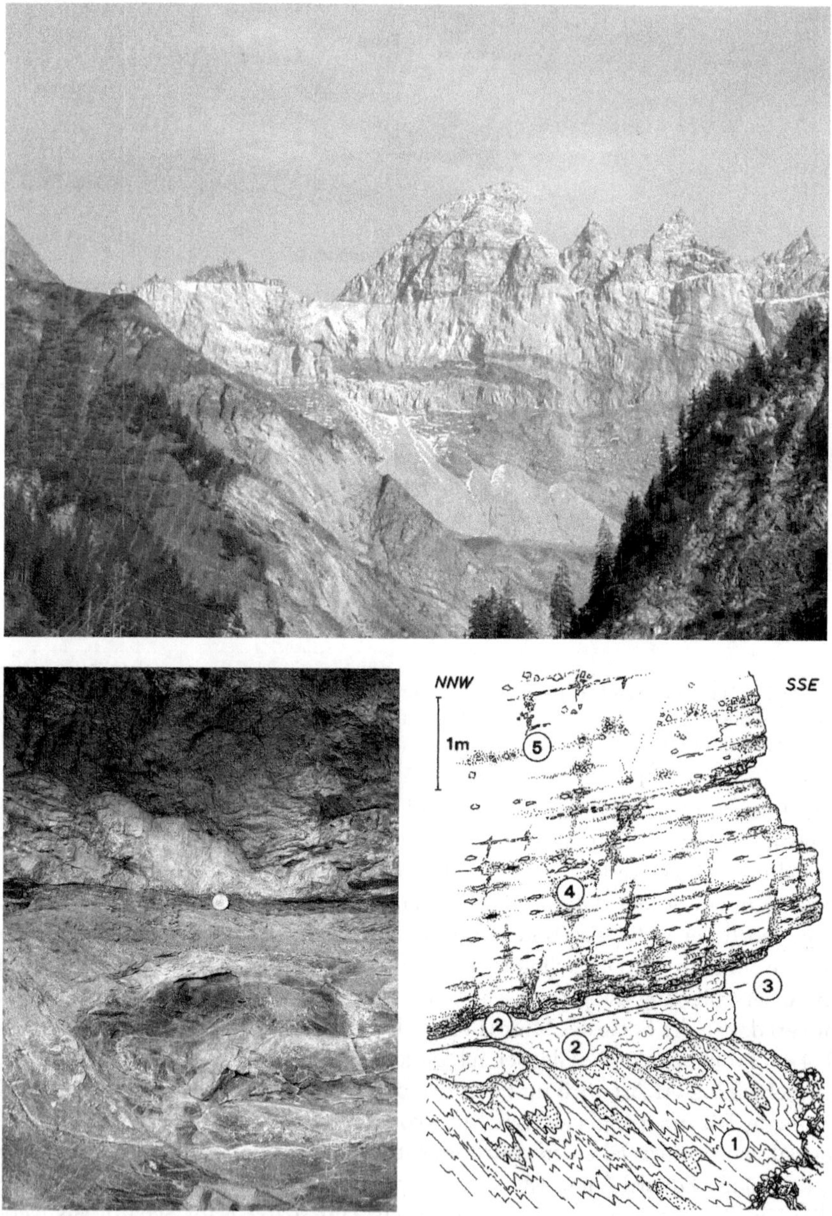


**Abb. 2.5** Die Glarner Hauptüberschiebung mit dem Martinsloch, von Elm gesehen. Bei Sool/Schwanden (Kanton Glarus) ist sie aufgeschlossen und leicht zugänglich. Der (ältere) Verrucano überlagert den (jüngeren) Flysch: *1* Eozäner Flysch, *2* Lochseitenkalk (Mylonit), *3* späte Überschiebungsfläche, *4* grüner grobkörniger Verrucano mit stark deformierten Komponenten, *5* roter Verrucano mit schwach deformierten Komponenten (Skizze aus Trümpy 1980, die Münze markiert die späte Überschiebungsfläche).

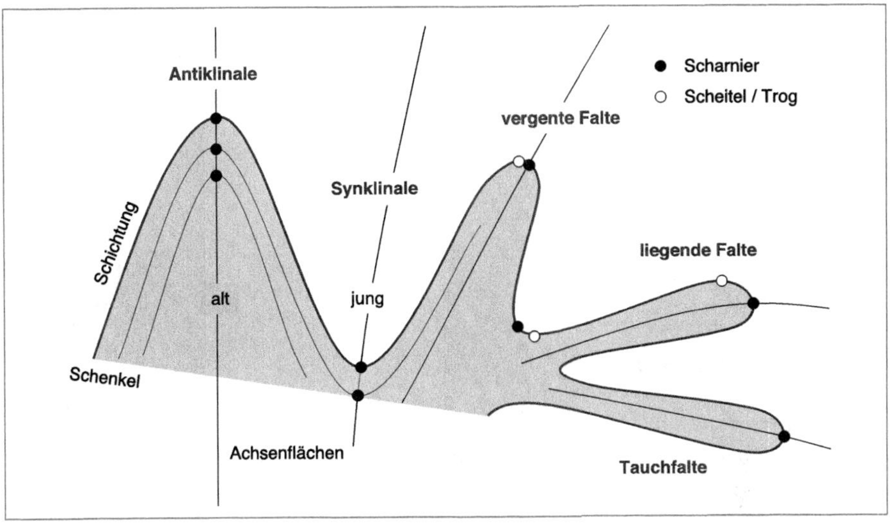


Abb. 2.6 Antiklinale, Synklinale, vergente Falte, liegende Falte und Tauchfalte.

Dieses Beispiel zeigt zum einen, wie anspruchsvoll die Rekonstruktion der geologischen Entwicklung eines Gebietes ist, zum anderen stellt es bereits eine Reihe tektonischer Elemente vor (Reuther 2012), die im Folgenden kurz erläutert werden.

*Falten (folds)* entstehen zum Beispiel bei der Kollision tektonischer Platten. Geologische Schichten verbiegen sich, falten sich auf und bilden Gebirge. Bei der nach oben gewölbten *Antiklinale* befinden sich die ältesten Schichten im Faltenkern (Abb.

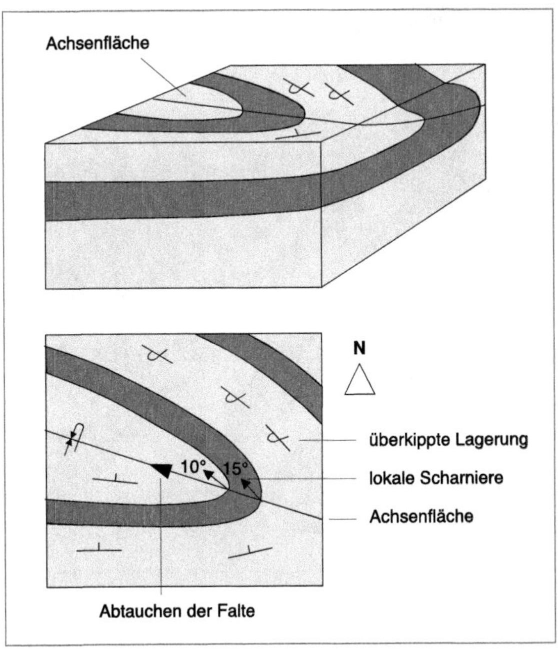


Abb. 2.7 Eine nach WNW abtauchende, SSW-vergente Synklinale in Plan und Blockbild (nach Eisbacher 1996).

**Abb. 2.8** In Spanien (David Price gibt den Maßstab), im Rheinischen Schiefergebirge (im etwa gleichen Maßstab) und im Allgäu.

2.6), bei der nach unten gewölbten *Synklinale* befinden sich die jüngsten Schichten im Faltenkern. Sind die Altersverhältnisse unklar, spricht man von *Antiform* und *Synform*. Die *Sattelscheitel-* oder *Kammlinie* bildet die höchste Lage, die *Troglinie* die niedrigste Lage. *Scharnierlinien* beschreiben die stärkste Krümmung der Falte. Sie entsprechen den *Faltenachsen* und bilden die *Achsenflächen*. Wie in der Physik lassen sich für eine Folge von Sätteln und Mulden die *Wellenlänge* und die *Amplitude* definieren. Geneigte Faltenachsen kennzeichnen abtauchende Falten. Asymmetrische (in eine Richtung gekippte) Falten werden als *vergent* bezeichnet (Abb. 2.7). Bei extremer Vergenz liegt eine liegende Falte oder sogar eine Tauchfalte vor. Bei *Biegegleitfalten* wird die Faltung durch differenzielle Gleitbewegungen zwischen den Einzellagen ermöglicht, so dass die Mächtigkeit der Lagen senkrecht zu ihren Grenzflächen gleich bleibt (Parallelfalten). *Scherfalten* entstehen dagegen durch die Ausbildung einer *Schieferung* parallel der Achsenfläche (kongruente oder ähnliche Falten). Die Mischform der *Biegescherfalte* ist die häufigste Faltenform. Im gefalteten Gebirge ist oft ein komplexes Zusammenspiel verschiedener Faltenformen zu beobachten (Abb. 2.8). Mehrere Falten hintereinander geschaltet können ihrerseits ein neues, größeres Faltengebäude – *Antiklinorien* und *Synklinorien* – bilden. Darüber hinaus entstehen spezielle Faltenformen beim Aufstieg von Magma und Salz und bei der metamorphen Umformung von Gebirge.

Die Beanspruchung des Gebirges erzeugt ein diskontinuierliches Medium, das von *Diskontinuitäten* oder *Trennflächen* durchzogen ist. Gebirge weist somit ein *Trennflächengefüge* auf, eine innere „Architektur“, die nie zufällig ist, sondern immer ein Resultat der geologischen Geschichte, insbesondere der tektonischen Überprägung. Zur Deutung des Trennflächengefüges ist daher die Kenntnis der allgemeinen, regionalen

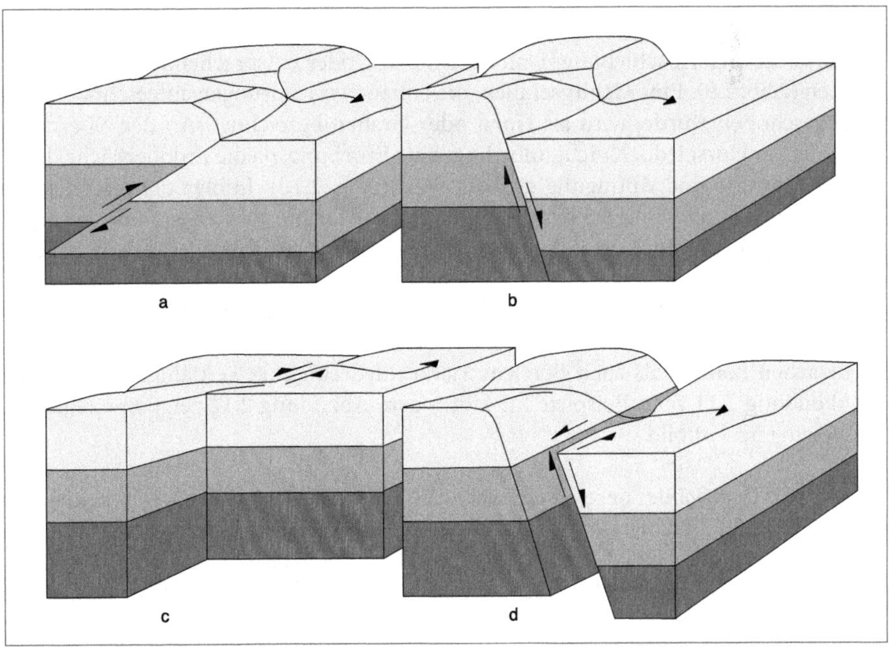


**Abb. 2.9** Aufschiebung (a), Abschiebung (b), Blattverschiebung (c), eine Störung mit Horizontal- und Vertikalverschiebungsanteil (d).

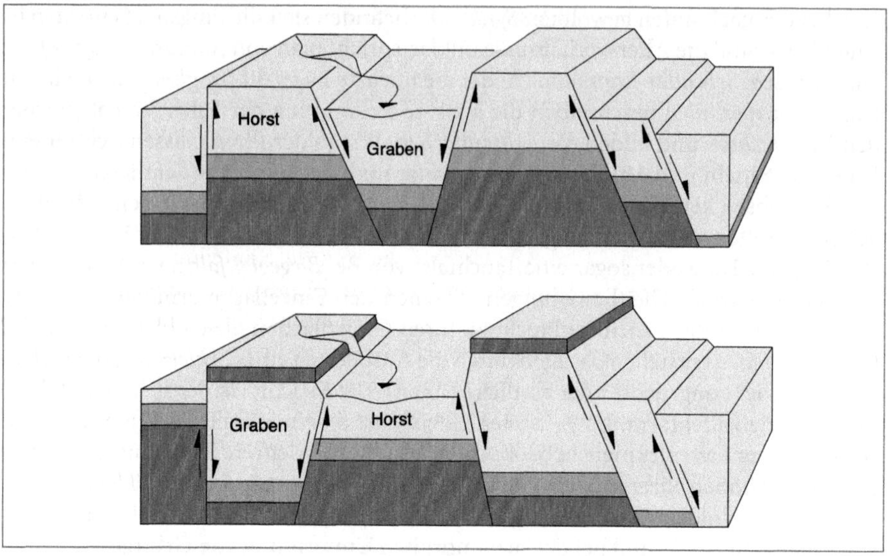


**Abb. 2.10** Horst- und Grabenstruktur.

und historischen Geologie unerlässlich. Nach ingenieurgeologischer Terminologie werden die folgenden Trennflächentypen unterschieden:

- *Verwerfungen* oder *Störungen (faults)* sind Trennflächen, entlang denen eine Relativbewegung stattgefunden hat. Je nach Bewegungsrichtung spricht man von Aufschiebung, Abschiebung, Blattverschiebung oder entsprechenden Zwischenformen (Abb. 2.9). Eine Gebirgseinheit, die entlang von Störungen aufgeschoben oder abgeschoben wurde, wird als Horst oder Graben bezeichnet. An der Oberfläche bildet ein Horst jedoch nicht unbedingt eine Erhebung, da die Erdoberfläche durch Verwitterung und Abtragung geformt wird (Abb. 2.10). Infolge der tektonischen Beanspruchung ist die nähere Umgebung von Störungsflächen je nach Beanspruchungsgrad zerrüttet und die Störung selbst mit zerbrochenem Gesteinsmaterial *(Mylonit)* gefüllt. Entlang einer Scherzone können Fiederspalten gestaffelt *(en echelon)* auftreten, die mitunter mit Kalkspat, Quarz oder anderen Mineralen verheilt sind. Störungen sind Schwächezonen, die sowohl Standsicherheitsprobleme verursachen können als auch Bereiche starker hydraulischer Leitfähigkeit darstellen. Abbildung 2.11 zeigt Beispiele für Störungen, Abbildung 2.12 zeigt eine regionale Störung im Luftbild.

- Als *Klüftung (joints)* bezeichnen wir Gebirgsfugen, entlang derer sich keine oder nur geringe Verschiebungen vollzogen haben (Abb. 2.13). Noch immer gilt die Feststellung von Hans Cloos (1936: 225), dass „die haarfeine, schnurgerade Fuge im Fels" als „steingewordene Geometrie" viel verspreche, aber wenig verrate. Klüfte entstehen als Folge von Zugspannungen, Druckspannungen und Scherspannungen. Je nach Ursache der Kluftbildung unterscheiden sich die Kluftmuster. Die Faltung eines Schichtpakets verursacht ein spezielles tektonisches Kluftsystem, zu dessen

Klassifikation Hans Cloos und Bruno Sander Terminologien erarbeitet haben. Sander (1930) führte ein *abc*-Koordinatensystem ein (Abb. 2.14), in der die *a*-Achse und die *b*-Achse die tektonischen „Formungsachsen" sind, mit *a* als Einengungsrichtung und *b* parallel der Faltenachsen. Somit lassen sich *ab*-, *ac*- und *bc*-Flächen definieren. Darüber hinaus dient das in der Kristallographie gebräuchliche *hkl*-Koordinatensystem der Beschreibung von Diagonalklüften, die nicht im *abc*-System erfasst sind. Cloos (1936) bezeichnet die senkrecht zur Faltenachse orientierten *ac*- bzw. *0kl*-Flächen als Querklüfte, die parallel der Faltenachse orientierten *bc*- bzw. *h0l*-Klüfte als Längsklüfte und die diagonal zum Faltenstreichen orientieren *hk0*-Klüfte als Diagonalklüfte. Neben der tektonischen Beanspruchung sind weitere Mechanismen der Kluftbildung bekannt. Durch Entlastung des Gebirges, zum Beispiel durch Erosion oder durch Abtauen einer Eisauflast, entstehen horizontale *Entlastungsklüfte* (Abb. 2.15). Die Säulenbildung in Basalten ist ein typisches Beispiel für *Abkühlungsklüfte* (Abb. 2.16). Weiterhin kann eine Volumenverminderung Ursache eines Kluftmusters sein: Die Entwässerung als Folge der Austrocknung und der Konsolidierung von tonigen Schichten führt zur Bildung von *Schwundklüften* (Abb. 2.17). In Kohleflözen verursacht die Volumenverminderung durch Inkohlung die Schwundkluftbildung. Spezielle Kluftformen entstehen auch durch das Frieren und Auftauen von Böden. Bei unterschiedlicher Mächtigkeit des Deckgebirges ist die Kompaktion infolge des Eigengewichts nicht einheitlich, so dass die differenzielle Kompaktion ebenfalls spezielle Kluftmuster erzeugt. Schließlich verursachen rezente und fossile Hangbewegungen charakteristische Trennflächen. Die aufgrund der verschiedenen Mechanismen entstehenden Trennflächenmuster können sich überlagern und so zu einer komplexen, schwer zu deutenden Zergliederung des Gebirges führen.

- Mit *Schieferung* wird nach Schmidt-Thomé (1972: 50) „ein paralleles, engständiges Flächengefüge in Gesteinen mit guter Teilbarkeit" bezeichnet. Die tektonische Schieferung *(cleavage)* entsteht in inkompetenten, feinkörnigen Bänken im Rahmen der Scherfaltung und der Biegescherfaltung mit Schieferungsflächen parallel der Achsenfläche. Die Verschnittlinien von Schichtung und Schieferung bilden (eine einfache Faltung vorausgesetzt) *δ-Lineare*, die parallel der Faltenachse orientiert sind. Im Gegensatz zur tektonischen Schieferung entsteht die Paralleltextur der metamorphen Schieferung *(schistosity)* durch Drucklösung und Mineralneubildung senkrecht zur Druckrichtung.

- In der Ingenieurgeologie wird auch die *Schichtung (bedding)* als Trennfläche angesprochen (Abb. 2.18). Zum Beispiel können Hänge entlang der Schichtung abgleiten, sofern dies kinematisch möglich ist. Unter Schichtung versteht man den lagenweisen Materialwechsel, der auf Anlagerung beruht, d.h. sich aus der Änderung der Sedimentationsbedingungen ergibt. Dies kann sich in einer Variation der abgelagerten Korngrößen (mechanische Anlagerung), einer Änderung der Ausfällungsbedingungen (chemische Anlagerung), einer Umstellung des gesteinsbildenden, biogenen Materials (biologische Anlagerung), kurzum: in der Veränderung der faziellen Verhältnisse äußern. Auch *Diskordanzen* an geologischen Grenzen oder infolge von Erosionslücken werden vom Ingenieurgeologen als Trennflächen angesprochen.

**Abb. 2.11** Störungen zeigen sich sowohl unauffällig als auch spektakulär: in Sedimentgesteinen des Rheinischen Schiefergebirges (entlang des Geologenhammers), in den jungen Sedimenten Andalusiens (links neben dem Maßstabsgeber), in den Naukluft-Bergen in Namibia (von oben links nach unten rechts).

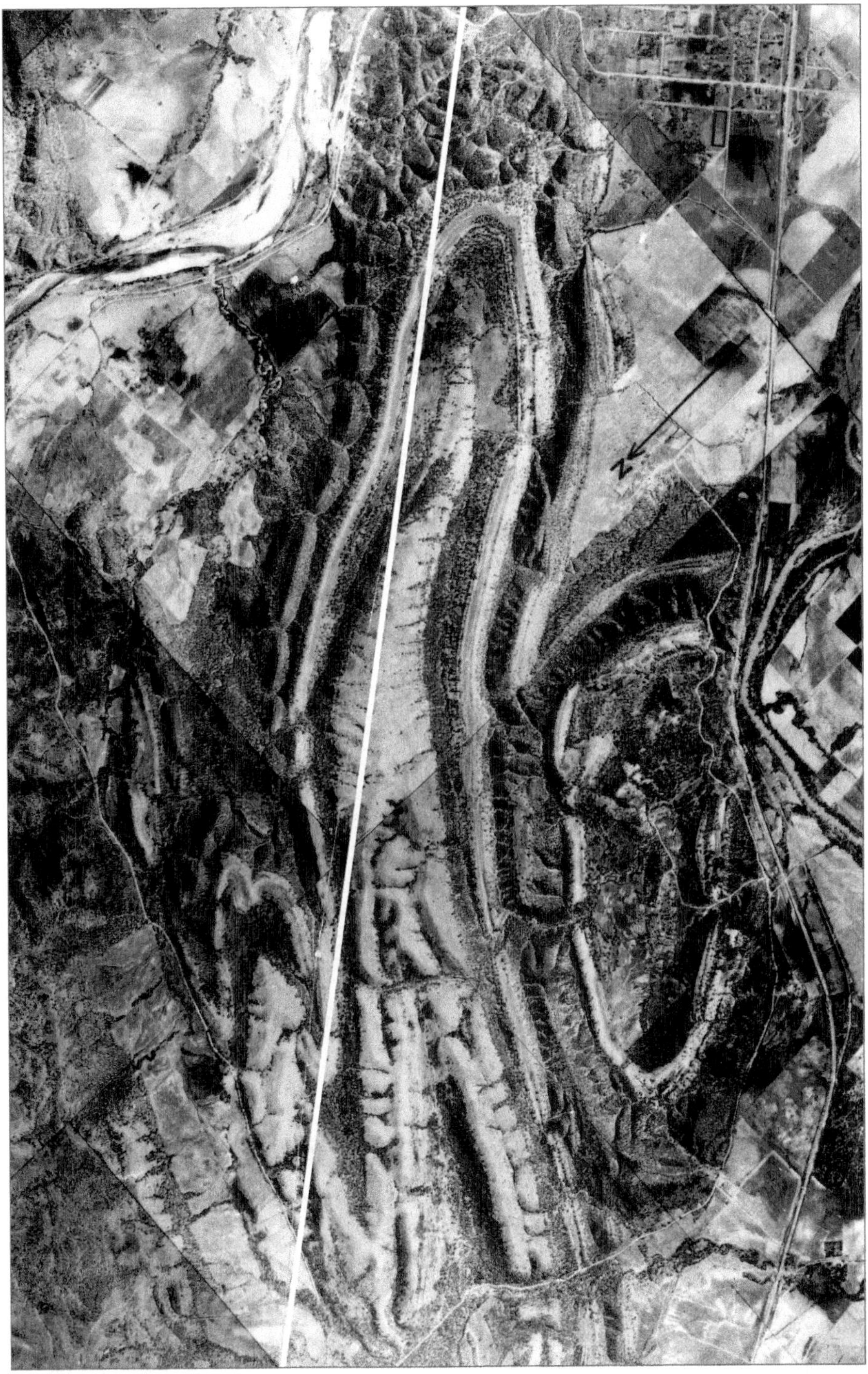


**Abb. 2.12** Störung im Luftbild (weiße Linie). Die Störung verwirft eine abtauchende Faltenstruktur (U.S. Geological Survey).

**Abb. 2.13** Kluftgefüge im Sedimentgestein (Süddeutschland).

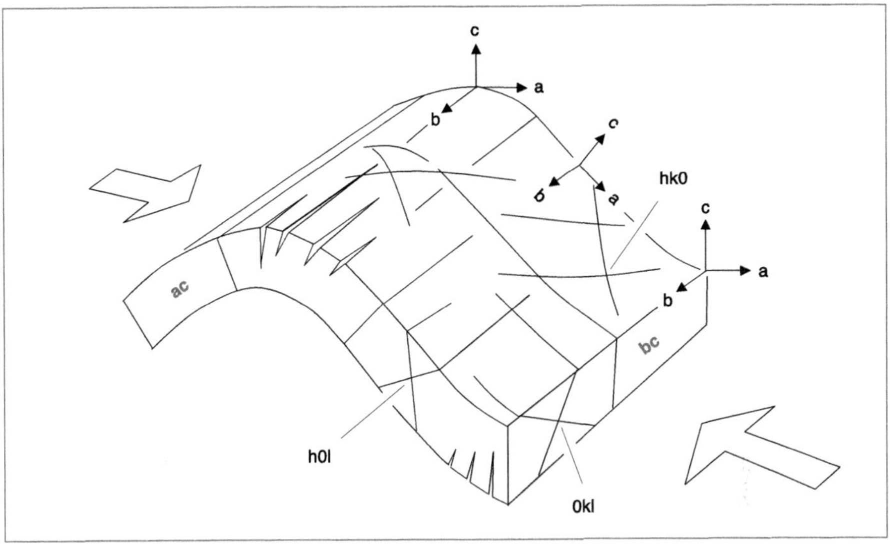


**Abb. 2.14** Tektonische Klüfte im abc-System und hkl-System.

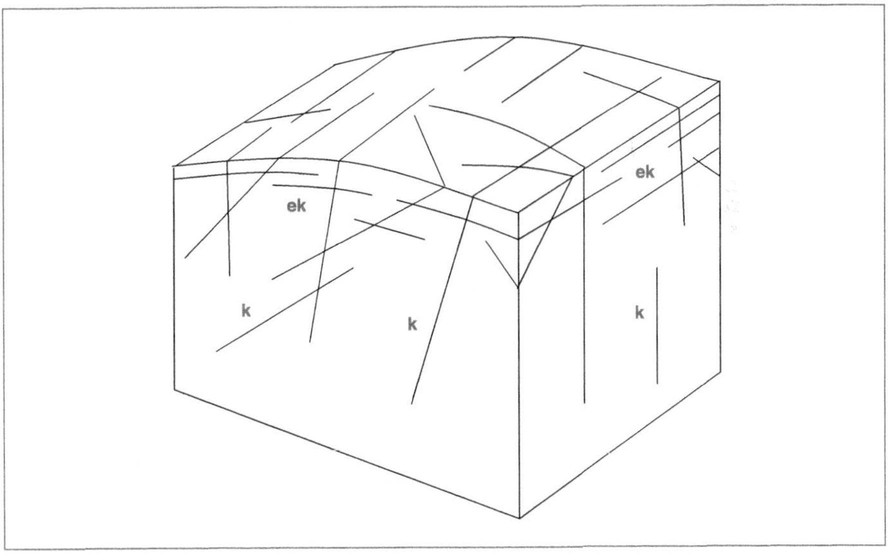


**Abb. 2.15** Klüftung in einem Plutonit. k Klüfte, ek Entlastungsklüfte (nach Cloos 1936).

**Abb. 2.16** Kluftbildung als Folge der Abkühlung im Basalt (Foto: Friedhelm Thiedig).

**Abb. 2.17** Kluftbildung als Folge der Austrocknung von feinkörnigen Sedimenten in der Namib-Wüste, Namibia.

**Abb. 2.18** Die Graafwater-Formation (Chapman's Peak Drive bei Kapstadt) ist eine 450 Millionen Jahre alte Wechselfolge von Sand-, Silt- und Tonsteinen.

Die Orientierung einer Trennfläche wird mit dem *Gefügekompass (Clar-Kompass)* gemessen, der sowohl das *Einfallen (dip)* der Trennfläche als auch deren *Einfallrichtung (dip direction)* anzeigt (Abb. 2.19). Die Einfallrichtung einer Trennfläche steht senkrecht zu ihrem Streichen, also ihrer Schnittlinie mit einer horizontalen Ebene. Das Einfallen gibt den Neigungswinkel $\vartheta$ [°] der eingemessenen Fläche zur Horizontalen an, und die Einfallrichtung $\alpha$ [°] gibt die Abweichung der horizontalen Projektion des Einfallens von Nord an *(Azimut)*. Da die Orientierungen innerhalb einer Trennflächenschar statistisch streuen, ist eine ausreichend große Stichprobe zur Bestimmung der mittleren Raumstellung nötig.

Das Trennflächengefüge wird in der Lambertschen (flächentreuen) Azimutalprojektion dargestellt. Dabei handelt es sich um die Projektion einer Halbkugel, die wie ein Globus in Längen- und Breitenkreise eingeteilt ist, auf eine Ebene (Abb. 2.20). Die Äquatorialprojektion wird als Schmidtsches Netz bezeichnet, die Polarprojektion nennt man Normalnetz. Mit dem Schmidtschen Netz lassen sich Geometrieoperationen ausführen, die grundlegend für felsmechanische Untersuchungen sind. So lässt sich zum Beispiel die Standsicherheit einer Felsböschung mithilfe des Schmidtschen Netzes bestimmen (Kapitel 10).

Die Auswertung des Trennflächengefüges im Schmidtschen Netz geht auf die gefügekundlichen Untersuchungen von Schmidt (1932) und Sander (1948, 1950) zurück. Der Äquator und alle Längenkreise werden im Schmidtschen Netz als *Großkreise* bezeichnet. Jede Trennfläche lässt sich als Großkreis darstellen. Die Senkrechte zu dieser Trennfläche durchstößt die untere Halbkugel in einem Punkt. Projiziert auf das Schmidtsche Netz bildet dieser Punkt den so genannten *Polpunkt*, der beide Messwerte, also Einfallen und Einfallrichtung repräsentiert. Aufgrund der Flächentreue des

Abb. 2.19 Messung einer Trennfläche mit dem Gefügekompass. Inzwischen gibt es auch elektronische Gefügekompasse.

Schmidtschen Netzes lassen sich (im Gegensatz zum winkeltreuen *Wulffschen Netz*) die Polpunkte statistisch auswerten, worauf später noch eingegangen wird (Kapitel 4).

Neben Flächen können im Schmidtschen Netz auch lineare Elemente, wie zum Beispiel Faltenachsen oder Schnittlinien von Trennflächen als Polpunkte dargestellt werden. Wie bereits erwähnt entspricht das *δ-Linear* als Verschnittline zwischen Schichtung und Schieferung der Faltenachse. Es fällt zusammen mit dem *π-Pol*, der senkrecht zu dem Großkreis steht, der durch die Polpunkte der Schichtflächen der Falte gelegt wird (Abb. 2.21). Mit einer gefügekundlichen Aufnahme können also tektonische Strukturen rekonstruiert werden, die in ihrer Gänze gar nicht einzumessen sind.

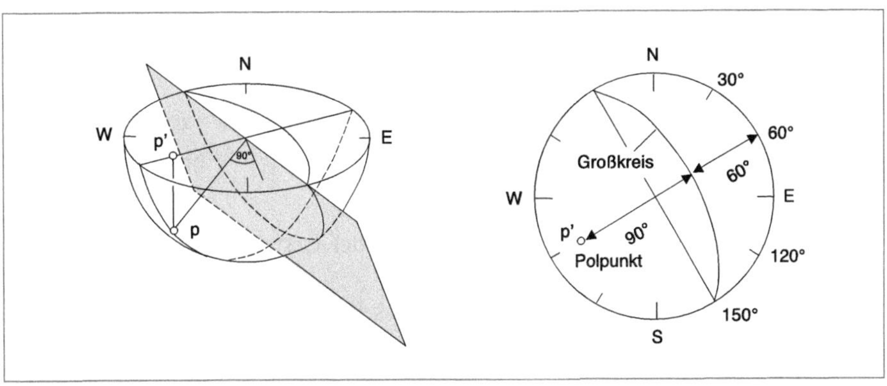


Abb. 2.20 Die Senkrechte zu einer Fläche durchstößt die untere Halbkugel in einem Punkt *p*, der, ins Schmidtsche Netz projiziert, den Polpunkt *p*‘ ergibt.

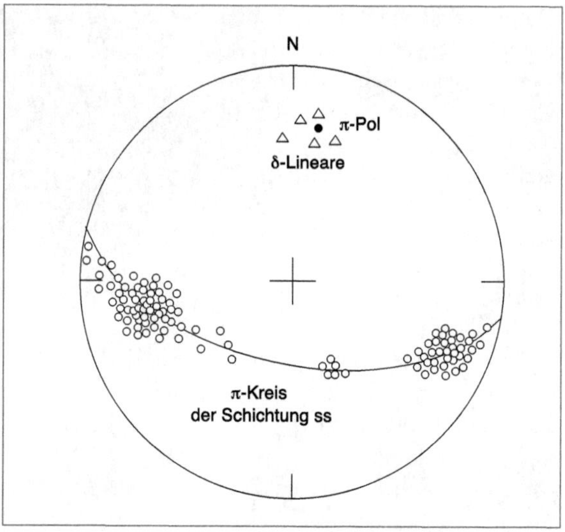


**Abb. 2.21** Bei der gefügekundlichen Aufnahme einer Falte wurden 125 Schichtflächenmessungen gemessen. Die Pole der Schichtflächen wurden im Schmidtschen Netz eingetragen. Durch die Polpunkte lässt sich ein Großkreis konstruieren, dessen Senkrechte den $\pi$-Pol bildet, der die Sattelachse repräsentiert. Die eingemessenen $\delta$-Lineare bestätigen das Ergebnis.

Die Senkrechte zur Trennfläche, die die untere Halbkugel im Polpunkt durchsticht, lässt sich auch als Einheitsvektor deuten. Eine Eigenvektoranalyse erlaubt es, Polpunktscharen zu klassifizieren und statistische Kennwerte wie die mittlere Orientierung einer Polpunktwolke oder ihrer (sphärischen) Standardabweichung herzuleiten (siehe Abschnitt 4.4).

Die Faltung und Zergliederung des Gebirges in Störungen, Klüfte, Schieferungs- und Schichtflächen bilden das tektonische Inventar, dessen Kenntnis

- der Geologe nutzt, um den erdgeschichtlichen Beanspruchungsplan und die daraus resultierende Durchbewegung des Gebirges zu deuten
- der Ingenieur nutzt, um Rutschungen, Felsstürze, Bergsenkungen usw. vorherzusagen und standsichere Bauwerke zu konstruieren.

Es obliegt dem Ingenieurgeologen, beide Aufgaben zu harmonisieren.

## 2.3 Verwitterung, Abtragung und Ablagerung

Das durch tektonische Kräfte aufgefaltete und durch Trennflächen zergliederte Gebirge ist der Atmosphäre, der Hydrosphäre und der Biosphäre ausgesetzt und beginnt zu verwittern. Dabei unterscheidet man die

- *mechanische Verwitterung*, also die Zerlegung des Gesteins infolge mechanischer Einwirkungen, die
- *chemische Verwitterung*, also die Zersetzung oder Auflösung des Gesteins infolge chemischer Prozesse, und die
- *biologische Verwitterung*, also die Zerkleinerung des Gesteins durch Pflanzen und Tiere.

Diese Vorgänge können unabhängig voneinander ablaufen oder sich überlagern und komplementär bedingen.

Zur mechanischen Verwitterung zählen die *Temperaturverwitterung* (die Spaltung von Gestein infolge von Temperaturschwankungen), die *Salzverwitterung* (die Aufweitung von Gesteinsporen durch kristallisierende, vom Gestein aufgesaugte Lösungen) und die *Frostverwitterung* (die Aufweitung von Gebirgsfugen durch gefrierendes Wasser). Es liegt auf der Hand, dass Art und Intensität der Verwitterung wesentlich vom Klima abhängen. Die Wirkung der Verwitterung an der Erdoberfläche zeigen anschaulich die Abbildungen 2.22 und 2.23. Die mechanische Verwitterung kann einige Meter tief in das Gebirge reichen.

Zur chemischen Verwitterung zählen die *Lösungsverwitterung* (die Lösung von Anhydrit, Gips und Steinsalz im Kontakt mit Wasser), die *Kohlensäureverwitterung* (die Lösung von Kalkstein und Dolomit im Kontakt mit $CO_2$-haltigem Wasser), die *hydrolytische Verwitterung* (die Umwandlung von Silikaten wie Feldspat in Tonminerale) und die *Oxidationsverwitterung* (die Oxidation von Metallen im Kontakt mit Sauerstoff). Darüber hinaus führen $CO_2$ und $SO_2$ als Folge der Luftverschmutzung zur *Rauchgasverwitterung* (der Zersetzung von Gesteinen durch belastetes Regenwasser, insbesondere in den Städten, Abb. 2.24). Die Intensität der chemischen Verwitterung hängt wesentlich vom Vorhandensein von Wasser ab. Sie kann wesentlich tiefer als die mechanische Verwitterung in den Untergrund reichen.

Zur biologischen Verwitterung zählt die durch Pflanzen und Tiere verursachte chemische und mechanische Beanspruchung von Gesteinen, wie die Zersetzung durch die Huminsäure absterbender Pflanzen und die Aufweitung von Gebirgsfugen durch ihr Wurzelwerk sowie die Korrosion von Gesteinen durch $H^+$-Ionen-abscheidende Algen, Flechten und Moose.

Das durch die Verwitterung zerkleinerte und zersetzte Gesteinsmaterial bleibt entweder an der Stätte seiner Bildung liegen oder es wird durch Wasser, Wind und Eis abgetragen. Die *Abtragung* ist abhängig von den klimatischen Bedingungen und führt

**Abb. 2.22** Freigewitterte Bänke in Andalusien (Spanien).

**Abb. 2.23** Freigewitterte Fragmente im Theodore Roosevelt National Park, USA (Foto: NN).

Abb. 2.24 Rauchgasverwitterung an der Kathedrale von Fribourg, Schweiz.

schließlich zur völligen Einebnung des Gebirges. Im Durchschnitt wird 1 m Hochgebirge innerhalb von 2000 Jahren und 1 m Mittelgebirge innerhalb von 5.000-20.000 Jahren abgetragen. Das abgetragene Material wird transportiert, dabei sortiert und der Schwerkraft folgend an morphologisch tiefer gelegenen Orten abgelagert. Je nach Art der Abtragung entstehen unterschiedliche *Ablagerungen* oder *Sedimente*:

- Mit der *fluviatilen* Abtragung, also der *Erosion* durch Fließgewässer, entstehen je nach der Geschwindigkeit des Wassers und der Entfernung vom Ort der Verwitterung variierende Sedimentvorkommen (Abb. 2.25). Im Gebirge werden *Konglomerate* aus kantigen, groben Sedimenten aufgeschüttet. Mit zunehmender Entfernung werden die Gerölle abgeschliffen und abgeflacht und es kommt zur Ablagerung von *Kiesen* und *Sanden*. Sie sind in Fließrichtung geschüttet, so dass eine *Schrägschichtung* entsteht (Abb. 2.26). Anhand der Schrägschichtung und den an der Schichtoberfläche erhaltenen *Rippelmarken* (Abb. 2.27) kann der Geologe die Fließrichtung des ehemaligen Gewässers rekonstruieren, selbst wenn das Sandvorkommen bereits zu Sandstein (diagenetisch) verfestigt wurde. Mit abnehmender Fließgeschwindigkeit lagern sich immer feinere Sedimente ab. Dies ist zum Beispiel der Fall, sobald der Fluss in einen See oder ins Meer mündet. Etwa 10 $km^3$ abgetragenes Gesteinsmaterial werden jährlich in die Weltmeere transportiert.

- Mit der *glazialen* Abtragung, also der schiebenden Abtragung oder *Exaration* der Gletscher (Abb. 2.28), entstehen unsortierte, aus feinem wie aus grobem Material bestehende *Geschiebe* und *Moränen*. Gebirgsgletscher und insbesondere die sich während der Eiszeiten ausbreitenden kontinentalen Gletscher können die aus dem Gebirgsverband gelösten Gesteinsfragmente über weite Distanzen transportieren. Dabei verfrachten sie auch große Blöcke oder *Findlinge*, die heute im Boden verborgen bei Bauvorhaben zu erheblichen Schwierigkeiten führen können. Das von

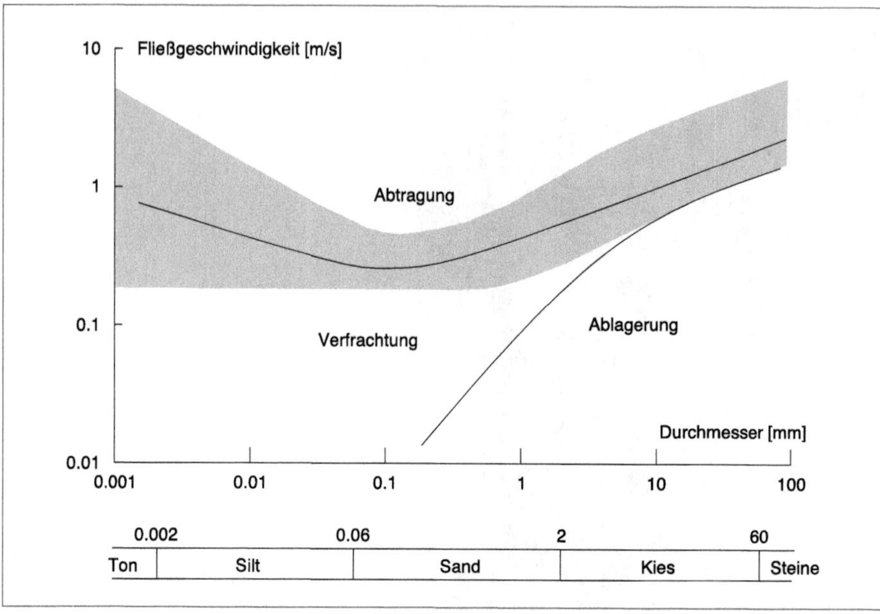


**Abb. 2.25** Abtragung, Transport und Ablagerung als Funktion der Fließgeschwindigkeit und der Korngröße des Sediments. Um Sedimente abzutragen ist eine etwas höhere Fließgeschwindigkeit nötig als um bereits in der Schwebe befindliches Material zu transportieren. Bei feinkörnigem Material erhöht die Kohäsion den Widerstand gegen Abtragung (Hjulström 1935, Chorley et al. 1984).

**Abb. 2.26** Schrägschichtung an einer Böschung in Bondi Beach, Sydney, Australien. Die Hotel-Checkkarte gibt den Maßstab.

Abb. 2.27 Rippelmarken am Strand von Paternoster, Südafrika (Ausschnitt etwa 1 $m^2$).

Abb. 2.28 Der Bergsetbree im Gebiet des Jostedalbree in Zentralnorwegen (Foto: H. Röhm).

**Abb. 2.29** Gletscherschliff in Ontario, Kanada.

Gletschern überfahrene Gebirge weist charakteristische Gletscherschrammen auf, den *Gletscherschliff* (Abb. 2.29). Aus der Orientierung der Gletscherschrammen lässt sich die Bewegungsrichtung der Gletscher rekonstruieren.

- Mit der *äolischen* Abtragung, also der ausblasenden Abtragung oder *Deflation* des Windes, entstehen je nach Windgeschwindigkeit wohl sortierte, gleichförmige Sedimentvorkommen. Sande werden zu *Sanddünen* aufgeschüttet, die feineren Schluffe werden über weite Entfernungen transportiert und können mächtige *Lößvorkommen* bilden. Mit dem Wind bewegte Sande schleifen exponierte Felspartien ab, ein Vorgang, der als *Windschliff* oder *Korrasion* bezeichnet wird (Abb. 2.30).

Verwitterung, Abtragung und Ablagerung modellieren die Oberfläche der Erde. Es entstehen Landformen, die von mitunter längst vergangenen geologischen Vorgängen zeugen. Ein wichtiger Aspekt bei der ingenieurgeologischen Ansprache des Geländes ist, diese Landformen zu erkennen und daraus Schlüsse zu ziehen, über den Aufbau des Untergrundes, der Tiefe des anstehenden Festgesteins, sowie den bodenmechanischen, felsmechanischen und hydrogeologischen Eigenschaften.

**Abb. 2.30** Windschliff in der Namib-Wüste, Namibia. Gesamtansicht, Detail.

## 2.4 Fluviatile, glaziale und äolische Landformen

Die Flüsse, das Eis und der Wind formen die Oberfläche der Erde. Die Landformen, die sie schaffen, werden bestimmt durch die geologischen Vorgaben und das vorherrschende Klima. Neu entstandene Landformen werden ihrerseits von Wasser, Eis und Wind modelliert. Mit der Zeit verflacht das Relief.

*Fluviatile* Landformen werden durch Gewässer geschaffen. Die sich aus Regen und Schneeschmelze speisenden Spülrillen vereinigen sich zu Bächen und speisen sie mit dem abgetragenen und gelösten Verwitterungsmaterial. Die Pflanzendecke schützt den Untergrund vor einer zu starken *Denudation.* Verwitterungsbeständige Partien trotzen der Abtragung und bilden charakteristische, die Geologie widerspiegelnde Landformen wie Schichtkämme und Schichtstufen. Verwitterungsanfällige Partien bilden Täler, lösungsfähiges Gebirge verkarstet. Bei einem starken Gefälle schneiden sich die Bäche und Flüsse tief in den Untergrund ein und bilden V-förmige *Kerb-* oder *V-Täler.* Verflacht sich dagegen das Gefälle, beginnt der Fluss zu mäandrieren und lagert die mitgeführten Sedimente ab (Abb. 2.31 und 2.32).

In diese schneidet er sich wieder ein, sobald das Gefälle wieder zunimmt, zum Beispiel infolge des Absinkens des Meeresspiegels während einer Eiszeit. Auf ihrem Weg von den Bergen bis zum Meer formen Flüsse die uns bekannten fluviatilen Landformen wie *Strombänke* und *Flussterrassen, Seen* und *Moore, Deltas* und *Strände.* Die Landformen sind ein direktes Ergebnisse der formenden Kraft der Gewässer. Der Geologe erkennt an ihnen die geologische Geschichte des Geländes und den Aufbau des Untergrundes.

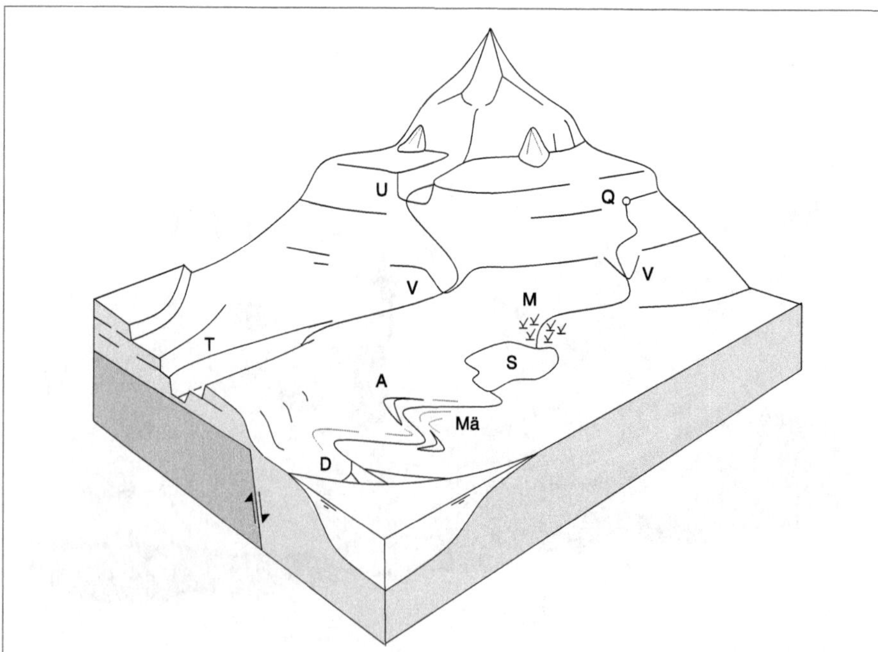


**Abb. 2.31** Fluviatile Landformen (vereinfacht): A Altwasser, D Delta, M Moor, Mä Mäander, Q Quelle, S See, T Flussterrasse, U Trog- oder U-Tal, also ein von Gletschern erweitertes Kerb- oder V-Tal.

*Glaziale* Landformen werden durch die Gletscher der Hochgebirge und die kontinentalen Gletscher (während der Eiszeiten) geschaffen. Die fluviatil entstandenen Kerbtäler werden von den Gletschern zu *Trog-* oder *U-Tälern* erweitert. Die Gletscher tragen den Untergrund ab und schieben ihn als ungeordnetes *Geschiebe* über weite Entfernungen. Nach ihrem Rückzug hinterlassen sie eine Fülle glazialer Landformen (Abb. 2.33 und 2.34). Insbesondere die kontinentalen Gletscher prägen ganze Landstriche. *Grundmoränen* bilden ihre Sohlen, *Seitenmoränen* ihre Flanken. Ihre weites-

**Abb. 2.32** Fluvatil geprägtes Landschaftsbild: Sense bei Bern (Schweiz), Copper River (Alaska).

ten Vorstöße werden durch *Endmoränen* markiert. In den Eismassen zirkulierende Flüsse hinterlassen ihre Gerölle als lang gestreckte *Esker* oder *Oser*, die Sedimente der glazialen Seen türmen sich zu *Kames* auf. Von den schmelzenden Gletschern werden gewaltige *Sander* angeschüttet, die Naturlandschaften wie die Lüneburger Heide bilden. *Toteisblöcke*, die von den sich zurückziehenden Gletschern zeugen, werden von den abströmenden Sedimenten umspült und bilden schließlich, abgeschmolzen als *Sölle*, reizvolle *Seenplatten* wie die Masurische, Mecklenburgische oder die Pommersche. Entlang der Gletschervorstöße sammelt sich das Schmelzwasser in *Urstromtälern* wie zum Beispiel dem Magdeburg-Breslauer oder dem Warschau-Berliner. Der Geologe erkennt an diesen Landformen die geologische Geschichte des Geländes und den Aufbau des Untergrundes.

*Äolische* Landformen werden durch den Wind geschaffen, der zum Beispiel Sand gleichmäßig zu Dünen aufschüttet. Je nach Windgeschwindigkeit, dem Wechsel der Windrichtung und der Menge des zur Verfügung stehenden Sandes entstehen unterschiedliche Dünenformen (Abb. 2.35 und 2.36). Bei mäßigem, richtungsbeständigem Wind entstehen *Querdünen* senkrecht zur Windrichtung mit flacher Luv- und steiler Leeseite. Ist weniger Sand vorhanden entstehen die halbmondförmigen *Barchane*, deren Spitzen in Richtung des Windes zeigen. Nimmt der Wind zu, dann wandeln sie sich zu *Bogen*- oder *Parabeldünen*, deren Spitzen gegen die Windrichtung zeigen. Bei besonders starkem Wind entstehen *Längsdünen* in Windrichtung. Bei wechselnden Windrichtungen entstehen komplexe Dünenfelder. Feinkörniges Material transportiert der Wind über große Distanzen und lagert es als Löß ab. Ursprungsgebiet des Lößes sind die glazialen Sanderfelder, die fluviatilen Schwemmlandschaften und die Wüstenregionen. Löß hat die Eigenschaft, vertikale Anschnitte bilden zu können, was ihn zu einem bodenmechanisch ungewöhnlichen Material macht. Noch heute

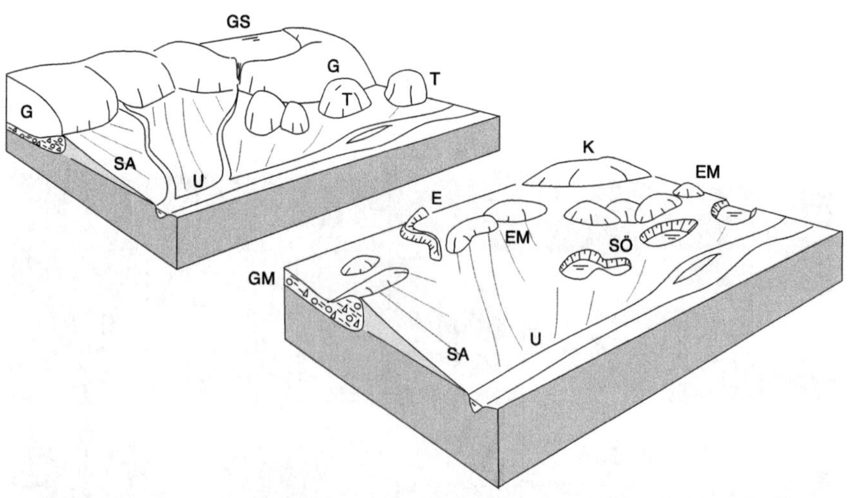


**Abb. 2.33** Glaziale Landformen (vereinfacht). Dargestellt ist der Gletscherrand während der Eiszeit (oben) und nach dem Rückzug der Gletscher. Die Vergletscherung hat zu einer Vielzahl geomorphologischer (landschaftsbildender) Formen geführt: E Esker, EM Endmoräne, G Gletscher, GM Grundmoräne, GS Gletschersee, K Kames, SA Sander, SÖ Sölle, T Toteisblöcke, U Urstromtal.

**Abb. 2.34** Glazial geprägtes Landschaftsbild: Maderanertal im Kanton Uri (Schweiz), Yukon (Alaska).

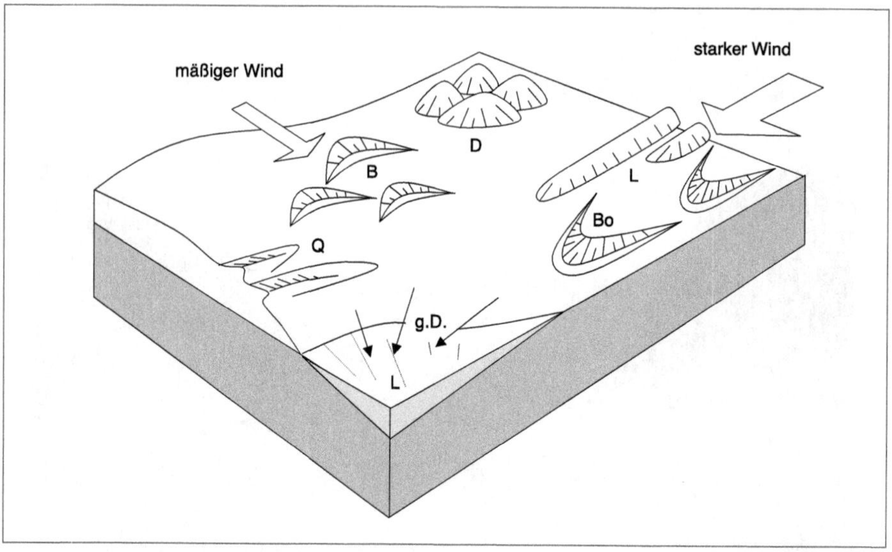


**Abb. 2.35** Äolische Landformen (vereinfacht). B Barchane, Bo Bogen- oder Parabeldünen, D Dünenfelder, L Längsdünen, Q Querdünen. Feinkörniges Material wird über große Distanzen (g. D.) als Löß L abgelagert.

bilden sich mächtige Lößvorkommen, zum Beispiel im Mittleren Westen der Vereinigten Staaten. Junge Lößlandschaften sind einförmig und ohne morphologische Auffälligkeiten, wogegen mit zunehmender Maturierung ein bewegtes, durch ein enges Drainagemuster geprägtes Landschaftsbild entsteht. Die Interpretation der äolischen Landschaftsformen erlaubt dem Geologen Rückschlüsse auf die Entstehungsgeschichte der Landschaft und dem Aufbau des Untergrunds.

Neben diesen allmählich entstehenden Landformen können auch plötzliche Ereignisse wie eine Rutschung, der Einschlag eines Meteoriten oder der Ausbruch eines Vulkans das Gelände formen. Spezielle Landformen entstehen, die in einigen Fällen leicht erkennbar, in anderen dagegen erst nach eingehender Untersuchung deutlich werden. Zum Beispiel war man sich beim Nördlinger Ries lange nicht im Klaren, ob es sich um die Caldera eines Vulkans oder um den Krater eines Meteoriten handelt. Auch fossile Hangbewegungen lassen sich oft erst nach sorgfältiger Luftbildauswertung und eingehender Felduntersuchung rekonstruieren.

## 2.5 Sedimentation, Diagenese, Metamorphose, Anatexis

Obwohl sich die durch endogene und exogene Kräfte geschaffenen Landformen dem Auge des Betrachters als stabil und statisch darstellen sind sie, in geologischen Zeiträumen gemessen, nur kurze Episoden in einem Kreislauf der ständigen Bildung und Abtragung. Das abgetragene Material sammelt sich in Senken, in Seen und vor den Küsten. Landfeste Gebiete werden bei einem Anstieg des Meeresspiegels überflutet und von Küstensedimenten bedeckt. Pflanzliche und tierische Reste sinken auf den Meeresboden. Mit zunehmender Mächtigkeit der jungen Sedimente steigen der Druck

**Abb. 2.36** Äolisch geprägtes Landschaftsbild: Carcross Yukon (Alaska), Namib-Wüste (Namibia).

und die Temperatur innerhalb des Sedimentpakets. Mit der Zeit verdichtet sich das Material: es kommt zur *Diagenese* und es entstehen

- *Sedimentgesteine oder Sedimentite*, die in ihrem Gefüge, Stoff- und Mineralbestand dem Ausgangssediment entsprechen.

Man unterscheidet *klastische Sedimentgesteine*, die aus Steinen, Kies, Sand, Schluff oder Ton oder aus einer Mischung davon bestehen (Tab. 2.2), von *chemischen* und *biochemischen Sedimentgesteinen*, die wiederum in anorganische (durch chemische Prozesse entstandene) und organogene (aus pflanzlichen und tierischen Resten bestehende) Sedimentgesteine unterteilt werden (Tab. 2.3). Danach gehören sowohl Sandsteine, Grauwacken und Schiefer als auch Kalksteine, Steinsalz und Kohle zur großen Gruppe der Sedimentgesteine, von denen viele als natürliche Rohstoffe genutzt werden. Beispiele für Sedimentgesteine zeigt die Abbildung 2.37.

**Tabelle 2.2** Klastische Sedimentgesteine.

| Gestein | Korngröße [mm] | Ausgangsmaterial |
|---|---|---|
| Brekzie, Konglomerat | > 2 | Psephite (Blöcke, Steine, Kies) |
| Sandstein, Arkose (hoher Feldspatgehalt), Grauwacke (mit Gesteinsfragmenten) | 0.063-2 | Psammite (Sand) |
| Schluffstein, Siltstein, Tonstein | < 0.063 | Pelite (Schluff oder Silt, Ton) |

**Tabelle 2.3** Chemische und biochemische Sedimentgesteine.

| Gestein | Hauptkomponente | Bildung |
|---|---|---|
| Ausfällungsgesteine | | |
| Kalkstein | $CaCO_3$ | anorganisch |
| Dolomit | $CaMg(CO_3)_2$ | anorganisch |
| Mergel | Ton und Kalk | anorganisch |
| Kieselige Sedimentgesteine (z. B. Hornstein, Kieselschiefer) | $SiO_2$ | organogen |
| Kalkstein (z. B. Riffkalk, Bone beds) | $CaCO_3$ | organogen |
| Kieselige Sedimentgesteine (z. B. Radiolarit aus Radiolarien, Kieselgur aus Diatomeen) | $SiO_2$ | organogen |
| Evaporite (Eindampfungsgesteine) | | |
| Kalzit | $CaCO_3$ | anorganisch |
| Dolomit | $CaMg(CO_3)_2$ | anorganisch |
| Gips | $CaSO_4 \cdot 2\,H_2O$ | anorganisch |
| Anhydrit | $CaSO_4$ | anorganisch |

| Gestein | Hauptkomponente | Bildung |
|---|---|---|
| Steinsalz | NaCl | anorganisch |
| Kalisalz | KCl | anorganisch |
| Kaustobiolithe | | |
| Kohle | C (vorwiegend aus Pflanzen) | organogen |
| Ölschiefer, Erdöl und Erdgas | C (vorwiegend aus Plankton) | organogen |

Nehmen der Druck oder die Temperatur oder beides zu, kommt es, ohne das das Gestein aufschmilzt, zur Bildung eines neuen Gesteinstyps, den

- *metamorphen* Gesteinen oder *Metamorphiten*, in denen neben den Mineralen des Ausgangsgesteins neue, metamorphe Minerale auf Kosten des Altbestandes und durch Lösungs- und Gasaustausch entstanden sind *(Metablastese)*.

Nicht nur in Senkungsbereichen, die ständig mit neuen Sedimenten bedeckt werden,

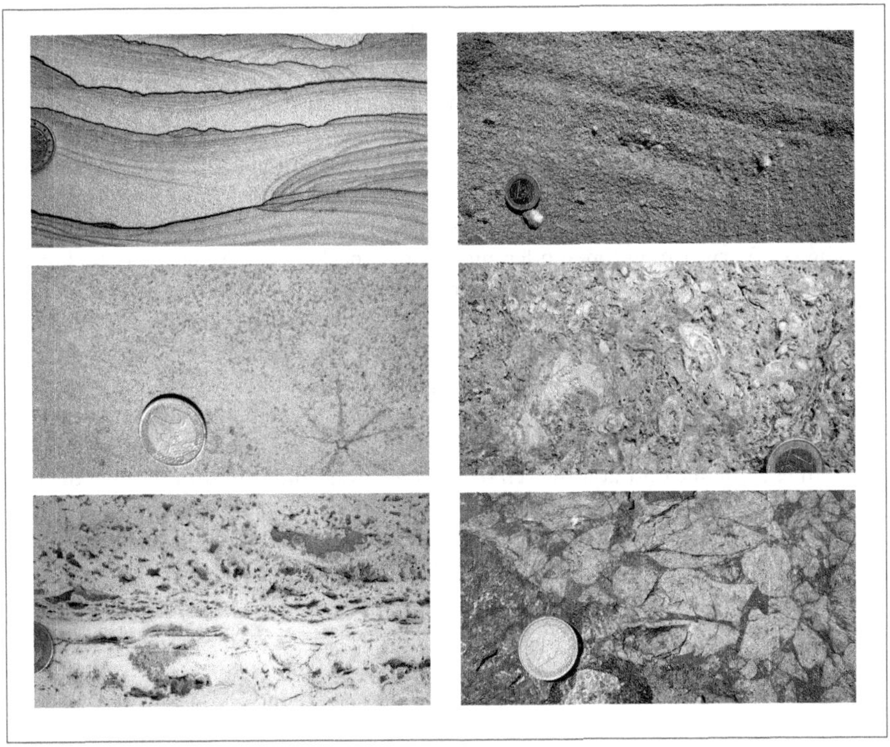

**Abb. 2.37** Beispiele für Sedimentgesteine: Sandstein mit Sedimentationsmuster (oben links), Buntsandstein (oben rechts), Plattenkalk (mitte links), Muschelkalk (mitte rechts), Travertin (unten links), Brekzie (unten rechts).

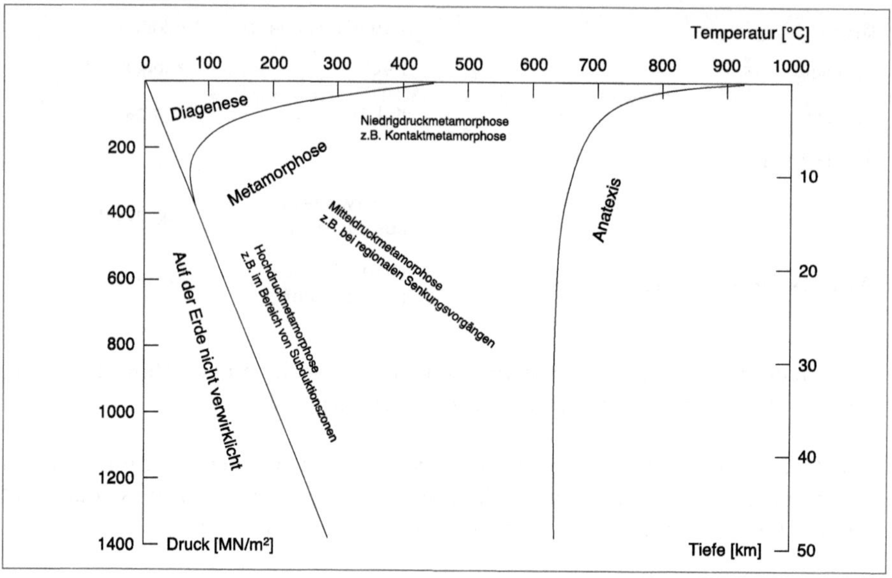


**Abb. 2.38** Diagenese, Metamorphose und Anatexis (vereinfacht).

steigen der Druck und die Temperatur. Auch in *Subduktionszonen*, wo sich eine tektonische Platte unter eine andere schiebt (wie zum Beispiel entlang der Anden, der Alpen oder des Japanischen Inselbogens), bilden sich Metamorphite. Schließlich entwickeln sich auch während der Orogenese (der Gebirgsbildung) im entstehenden Gebirgskörper hohe Temperaturen und (gerichtete) Drücke und somit metamorphe Gesteine. Im Gegensatz zu diesen regionalen Vorgängen bilden sich auch lokal metamorphe Gesteine, zum Beispiel im Kontakt mit flüssigem Magma *(Kontaktmetamorphose)* oder entlang von Verwerfungszonen oder auch beim Einschlag von Meteoriten. So konnte die Entstehung des Nördlinger Rieses auch aufgrund spezieller, durch die Schockwelle entstandener, metamorpher Minerale rekonstruiert werden. Abbildung 2.38 zeigt den Zusammenhang zwischen Druck und Temperatur, den Bereich der Diagenese und verschiedene metamorphen Fazies. Bei einigen Metamorphiten verursacht der Druck eine Gefügeregelung, bei der sich vorhandene und neue Mineralkörner senkrecht zur größten Druckrichtung orientieren *(Kristallisationsschieferung)*. Bei anderen sprossen bestimmte Minerale und dominieren das Erscheinungsbild, wie zum Beispiel die Granate in Eklogiten. Wiederum andere entwickeln ein gleichmäßiges Kristallisationsmuster, wie der Quarzit oder der Marmor. Beispiele für metamorphe Gesteine (mit ihren Ausgangsgesteinen) sind in der Tabelle 2.4 angegeben. Abbildung 2.39 zeigt einige Beispiele für metamorphe Gesteine.

**Tabelle 2.4** Metamorphe Gesteine.

| Ausgangsgestein | Metamorphes Gestein |
|---|---|
| Sandstein | Quarzit |
| Tonstein | Schiefer |

| Ausgangsgestein | Metamorphes Gestein |
|---|---|
| Grauwacke, Tonstein, Mergelton | Gneis (Paragneis), Phyllit, Glimmerschiefer, Hornblende |
| Kalkstein | Marmor |
| Kohle | Graphit |
| Granit | Gneis (Orthogneis) |
| Basalt | Grünschiefer, Amphibolit, Eklogit |

Nehmen Druck und Temperatur weiter zu (Abb. 2.38), dann schmelzen die Gesteine partiell und schließlich vollständig auf *(Anatexis)*. Sie werden zu silikatischen Schmelzen, die sich mit dem aus der Tiefe aufsteigenden *Magma* vermischen können. Bereits Charles Darwin konnte 1836 während seiner Expedition mit der HMS Beagle einen eindrucksvollen Aufschluss studieren, in dem (ehemals) flüssiges Magma in metamorphe Siltsteinlagen eindrang (Abb. 2.40). Das ist je nach seinem Chemismus eher zähflüssig oder dünnflüssig, wobei der Anteil an Silikaten eine entscheidende Rolle spielt. Silikatreiches, zähflüssiges Magma erreicht selten die Oberfläche und erstarrt als *Plutonit* oder *Tiefengestein*. Silikatarmes, dünnflüssiges Magma findet dagegen

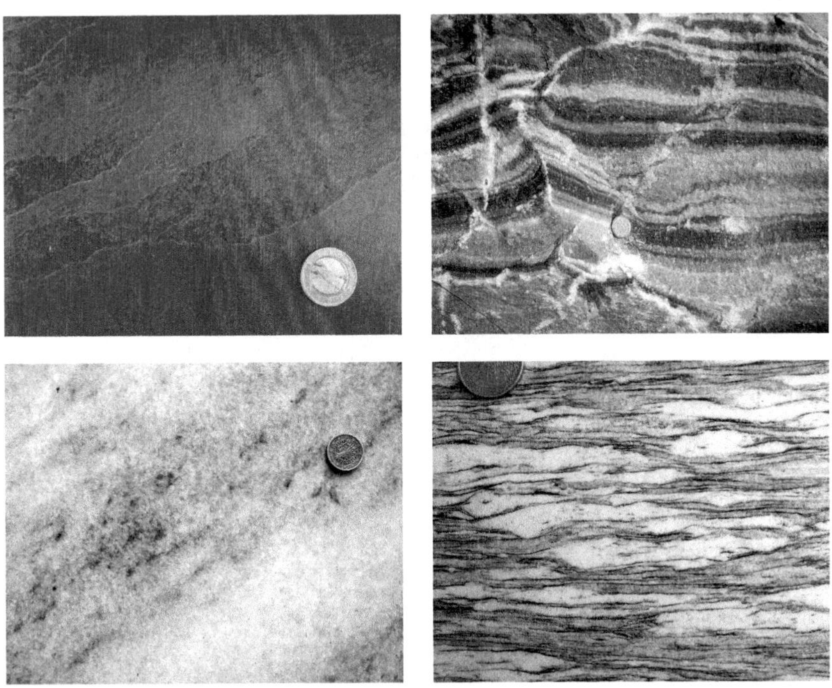

**Abb. 2.39** Beispiele für metamorphe Gesteine: Tonschiefer (oben links), Quarzit (oben rechts), Marmor (unten links), Augengneis (unten rechts).

**Abb. 2.40** Am Sea Point in Kapstadt ist eine Kontaktzone zwischen flüssigem Magma und metamorphem Siltstein (dunkel) aufgeschlossen. Das Magma ist vor etwa 540 Millionen Jahren in den Hornfels intrudiert. Der Bildausschnitt ist etwa 1.5m breit.

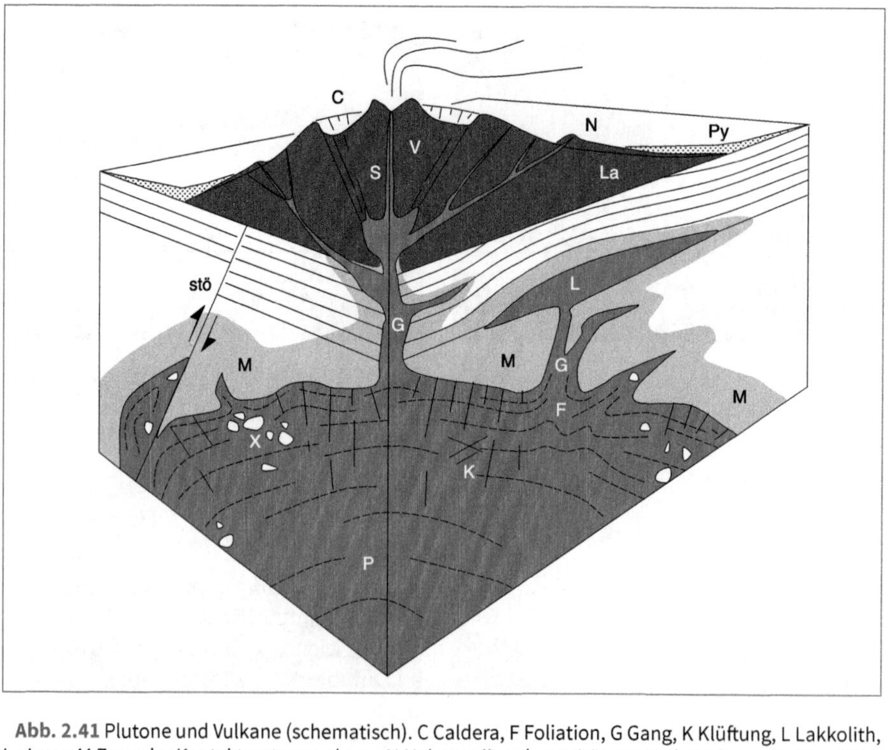


**Abb. 2.41** Plutone und Vulkane (schematisch). C Caldera, F Foliation, G Gang, K Klüftung, L Lakkolith, La Lava, M Zone der Kontaktmetamorphose, N Nebenvulkan (parasitäre Krater), P Pluton, Py Pyroklastite, S Schlot, stö Störung, V Vulkan, X Xenolithe (Fremdgestein).

**Abb. 2.42** Ausbruch des Unzen-Vulkans (Kyushu, Japan) im Jahre 1991. Bereits seit 1989 wurden vermehrt Erdbeben beobachtet, deren Epizentren sich immer mehr dem Vulkan näherten (Photo: Asia Air Survey).

schnell seinen Weg zur Oberfläche durch tektonische Bruch- und Störungszonen und erstarrt dort als *Eruptivgestein* oder *Vulkanit.* Abbildung 2.41 zeigt einen Pluton und einen Vulkan mit ihren charakteristischen geologischen und geomorphologischen Eigenschaften. Vulkanite und Plutonite bilden die Gruppe der

- *Erstarrungsgesteine* oder *Magmatite*, deren Mineralzusammensetzung vom Magma und deren Kristallisationsgrad von der Abkühlgeschwindigkeit bestimmt wird.

Da Plutonite aus dem sich allmählich abkühlenden Magma entstehen, haben die meisten Minerale genügend Zeit zum Auskristallisieren. Zuerst erstarren die dunklen, *mafischen* (magnesium- und eisenreichen) Minerale, zuletzt die hellen, *felsischen* (feldspat- und silikatreichen) Minerale. Quarz ($SiO_2$) erstarrt zum Schluss und füllt die noch vorhandenen Zwischenräume. Der Granit, aus Feldspat, Quarz und Glimmer bestehend, ist ein typischer Vertreter eines felsischen Plutonits, wogegen Gabbro einen mafischen Plutonit repräsentiert.

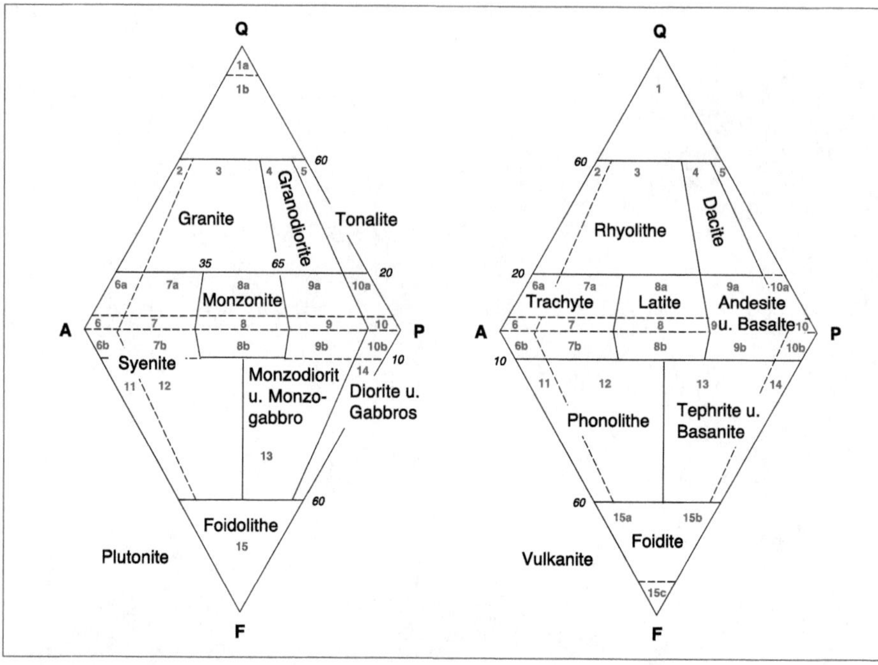


**Abb. 2.43** QAPF-Diagramme (Streckeisen-Diagramme) zur Einteilung von Plutoniten und Vulkaniten (nach *IUGS International Union of Geosciences*). **Q** Quarz, **A** Alkalifeldspat, **P** Plagioklas, **F** Foide (Feldspatoïde, d.h. Feldspatvertreter wie Leucit, Nephelin, Sodalith, Nosean, Hauyen, Analcim, etc.). Plutonite: 1a Quarzgestein, 1b quarzreiche Granitoide, 2 Alkalifeldspat-Granite, 3 Granite, 4 Granodiorite, 5 Tonalite, 6 Alkalifeldspat-Syenite, 6a Quarz-Alkalifeldspat-Syenite, 6b foidführende Alkalifeldspat-Syenite, 7 Syenite, 7a Quarz-Syenite, 7b foidführender Syenite, 8 Monzonite, 8a Quarz-Monzonite, 8b foidführende Monzonite, 9 Monzodiorite u. Monzogabbros, 9a Quarz-Monzodiorite u. -gabbros, 9b foidführende Monzodiorite u. -gabbros, 10 Diorite, Gabbros u. Anorthosite, 10a Quarzdiorite - u. -gabbros, 10b foidführende Diorite und Gabbros, 11 Foidsyenite, 12 Foid-Plagisyenite, 13 Foid-Monzodiorite u. Gabbros (Essexite), 14 Foiddiorite u. Gabbros (Theralithe), 15 Foidolithe. Vulkanite: 1 Quarzgestein, 2 Alkalifeldspat-Rhyolithe, 3 Rhyolithe, 4 Dacite, 5 Quarzandesite, 6 Alkalifeldspat-Trachyte, 6a Quarz-Alkalifeldspat-Trachyte, 6b foidführende Alkalifeldspat-Trachyte, 7 Trachyte, 7a Quarz-Trachyte, 7b foidführende Trachyte, 8 Latite, 8a Quarz-Latite, 8b foidführende Latite, 9 Latitandesite u. Latitbasalte, 9a Quarz-Latitandesite u. -basalte, 9b foidführende Latitandesite u. -basalte, 10 Andesite u. Basalte, 10a Andesite u. Quarzbasalte, 10b foidführende Andesite u. Basalte, 11 Phonolithe, 12 tephritische Phonolithe, 13 phonolithische Tephrite, 14 Tephrite u. Basanite, 15a phonolithische Foidite, 15b tephritische Foidite, 15c Foidite.

Im Gegensatz zu den Plutoniten erstarren Vulkanite unmittelbar nachdem sie die Oberfläche erreicht haben. Es können sich daher kaum Kristalle ausbilden. Allenfalls können vereinzelt bereits vor der plötzlichen Abkühlung entstandene Kristalle wie etwa Olivine ($(Mg,Fe)_2SiO_4$) auftreten. Der häufig vorkommende Basalt bildet das Pendant zum Gabbro, der seltenere Rhyolith das Pendant zum Granit. Die während einer vulkanischen Eruption (Abb. 2.42) ausströmende *Lava* kann dünnflüssig sein und glatte *Pahoehoe-Lavafelder* ausbilden (ausgesprochen Pahoj-hoj, polynesisch) oder als zähflüssige *Aa-Lava* scharfkantige, schwer begehbare Hänge formen (ausgesprochen A-A, polynesisch). Neben Laven werden auch vulkanische Aschen, kleinere Brocken *(Lapilli)* und Blöcke *(Bomben)* ausgeworfen, die als *Pyroklastika* bezeichnet werden und sich zu *Tuffen* verfestigen. Auch unter der Meeresoberfläche im Bereich der ozea-

**Abb. 2.44** Beispiele für Plutonite und Vulkanite: Granit (oben links), Basalt (oben rechts), Trachyt (unten links), Anorthosit mit Labradorit (unten rechts).

nischen Rücken, wo Großplatten auseinanderdriften und sich neues Plattenmaterial bildet, tritt Lava aus. Es entstehen typische kissenartige Muster, die als *Pillow-Lava* bezeichnet werden.

Tabelle 2.5 führt typische Vulkanite und ihre plutonischen Pendants auf. Dargestellt sind auch ihr Silikatanteil, ihre Viskosität und ihr Chemismus. Die Streckeisen-Diagramme (Abb. 2.43) zeigen eine weitere Möglichkeit der Einteilung von Plutoniten und Vulkaniten nach ihren Anteilen von Quarz und Feldspatvarianten. Die Anteile der einzelnen Mineralien lassen sich anhand von Dünnschliffen unter dem Mikroskop bestimmen. Abbildung 2.44 zeigt typische Beispiele für Plutonite und Vulkanite.

Neben den Plutoniten und den Vulkaniten bilden sich *Ganggesteine (Lamprophyre)*, die in ihrem Chemismus und Kristallisationsgrad zwischen beiden Gruppen vermitteln. Typische Vertreter der Ganggesteine sind die feinkörnigen *Aplite*, die grobkörnigen *Pegmatite* und die *Porphyre* mit ihren dominanten Kristallen in feinkörniger Grundmasse.

Sedimentation, Diagenese, Metamorphose und Anatexis sind Mechanismen, die grundlegend sind für die Bildung der Gesteine. Die Vielfalt der sich daraus ergebenden Gesteinstypen ist auch nach einem vertieften Studium kaum zu überblicken. Die hier vorgestellte Einteilung in Sedimentgesteine, metamorphe Gesteine und Erstarrungsgesteine erlaubt eine erste Systematisierung. Auf deren Grundlage wurden gesteinsspezifische Subsysteme entwickelt, womit sich die Gesteinskunde oder *Petrografie* befasst.

**Tabelle 2.5** Erstarrungsgesteine.

| Plutonite | Vulkanite | Silikatanteil | Viskosität | Chemismus |
|---|---|---|---|---|
| Granit | Rhyolith | hoch | niedrig | felsisch |
| Granodiorit | Dacit | ↑ | ↑ | ↑ |
| Diorit | Andesit | │ | │ | │ |
| Syenit | Trachyt | │ | │ | │ |
| Gabbro | Basalt | ↓ | ↓ | ↓ |
| Peridotit | Pikrit | niedrig | hoch | mafisch |

## Weiterführende Literatur

Bahlburg H & C Breitkreuz (2012) Grundlagen der Geologie. Springer Spektrum Heideberg, 423 S

Gebhardt H, Glaser R, Radtke U & P Reuber (Hrsg.) Geographie. Springer Spektrum Heideberg, 1328 S

Grotzinger J, Jordan TH, Press F & R Siever (2008) Press/Siever – Allgemeine Geologie. Springer Spektrum Heideberg, 736 S

Reuther C-D (2012) Grundlagen der Tektonik. Springer Spektrum, Springer-Verlag Berlin Heidelberg, 274 S

Sebastian U (2012) Gesteinskunde. Spektrum Akademischer Verlag Heidelberg, 192 S

Zrzavy J, Burda H, Storch D, Begall S & S Mihulka (2013) Evolution: Eine Lese-Lehrbuch. Springer Spektrum Heideberg, 528 S

## Übungen

2-1 Was versteht man unter Aktualismus?

2-2 Was versteht man unter einer vergenten Falte?

2-3 Was versteht man unter einer Biegescherfalte?

2-4 Welche Typen von Trennfächen unterscheidet man?

2-5 Was unterscheidet eine Störung von einer Klüftung?

2-6 Welche Arten von Schieferung unterscheidet man?

2-7 Wie sind die Flächen der tektonischen Schieferung orientiert?

2-8 Wie wird eine Trennfläche gemessen und welche Messwerte werden aufgenommen?

2-9 Was ist ein Schmidtsches Netz?

2-10 Was ist ein Polpunkt?

2-11 Was ist ein Großkreis?

2-12 Welchen Rückschluss erlaubt die Verschnittlinie zwischen Schichtfläche und (tektonischer) Schieferung?

2-13 Was ist ein $\pi$-Pol?

2-14 Im Schmidtschen Netz sind die Großkreise von 3 Trennflächen *tf* dargestellt (Abb. 2.45). Welcher entspricht der Schichtung (*ss* = 045/50), welcher der *ac*-Klüftung (*ac* = 135/80) und welcher der *bc*-Klüftung (*bc* = 225/40)?

2-15 Im Schmidtschen Netz sind die Polpunkte (*p*) von 3 Trennflächen dargestellt (Abb. 2.46). Welcher entspricht der Schichtung (*ss* = 045/50), welcher der *ac*-Klüftung (*ac* = 135/80) und welcher der *bc*-Klüftung (*bc* = 225/40)?

2-16 Die Großkreise von Schichtung und Schieferung bilden ein $\delta$-Linear, das der Faltenachse entspricht (Abb. 2.47). Wie ist das dargestellte $\delta$-Linear orientiert? (A) 150/20 (B) 345/33 (C) 033/45.

2-17 Im Bereich einer Falte wurde die Schichtung eingemessen (Abb. 2.48). Ihr $\pi$-Kreis ist im Schmidtschen Netz mit ihrem Polpunkt (dem $\pi$-Pol) dargestellt. Wie ist die Faltenachse orientiert? (A) 320/40 (B) 225/20 (C) 140/50.

2-18 Welche Formen der Verwitterung unterscheidet man?

2-19 Was versteht man unter hydrolytischer Verwitterung?

2-20 Was ist eine Schrägschichtung?

2-21 Was ist Löß?

2-22 Was ist ein Oser?

2-23 Welche Gruppen von Gesteinen unterscheidet man?

2-24 Zu welcher Gesteinsgruppe gehören (A) Granit (B) Riffkalk (C) Basalt (D) Marmor (E) Granitporphyr?

2-25 Was ist das Ausgangsgestein von Quarzit?

2-26 Was versteht man unter mafischen Mineralen?

2-27 Was versteht man unter Pyroklastika?

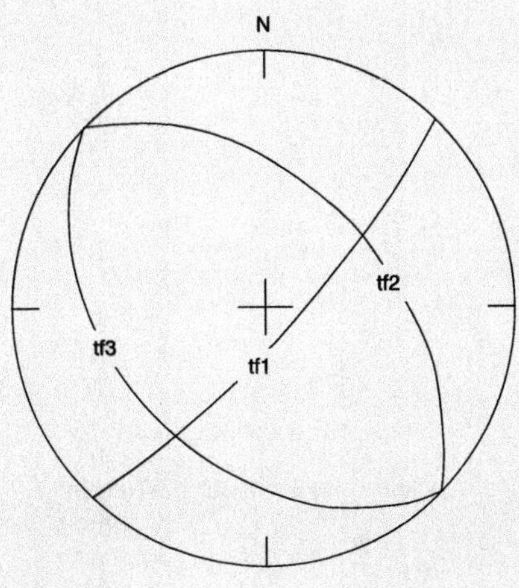


**Abb. 2.45** Schmidtsches Netz mit Großkreisen.

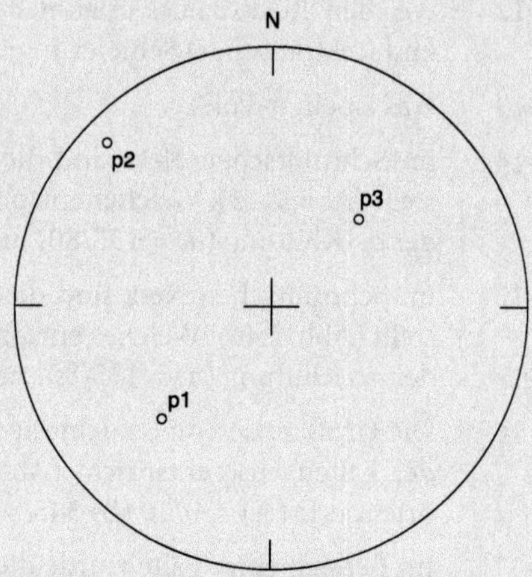


**Abb. 2.46** Schmidtsches Netz mit Polpunkten.

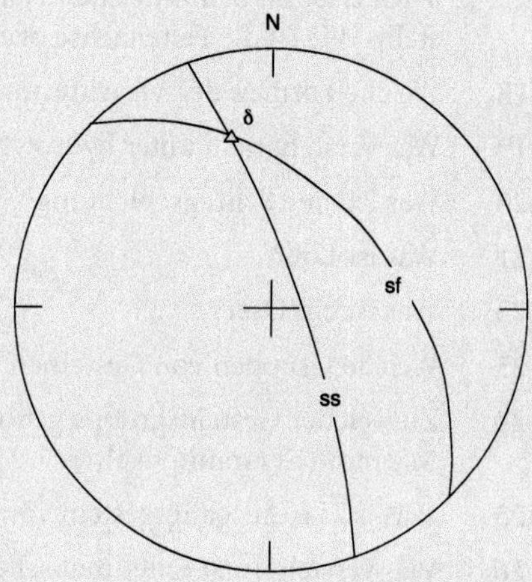


**Abb. 2.47** Schmidtsches Netz mit $\delta$-Linear.

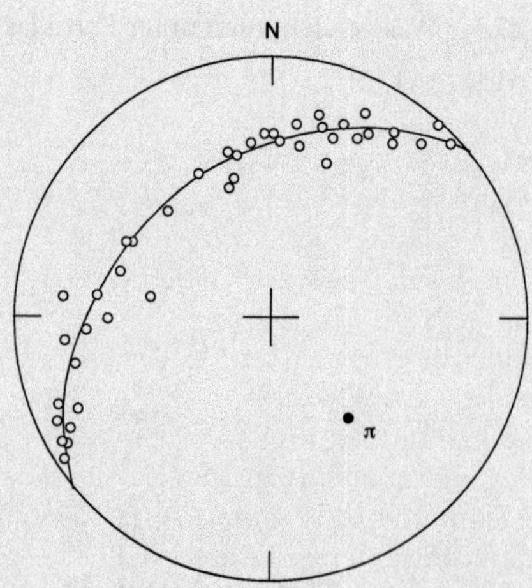


**Abb. 2.48** Schmidtsches Netz mit $\pi$-Kreis.

# 3 Mechanische Prinzipien

★ In diesem Kapitel werden die wichtigsten mechanischen Prinzipien vorgestellt. Ausgehend vom *Kraftbegriff Newtons* werden das *Eulersche Schnittprinzip* und das Konzept der *Kraftecke* erläutert. Darauf aufbauend werden der *Hookesche Verformungsmodul*, das Prinzip der *Massenerhaltung* nach Newton, Bernoulli und Euler und das Prinzip der *Energieerhaltung* nach Johann und Daniel Bernoulli vorgestellt. Abschließend werden die grundlegenden hydromechanischen Erkenntnisse von Darcy und Laplace erläutert. Die folgenden Ausführungen sind für den Erdwissenschaftler sicher interessanter als für den Ingenieur, der die mechanischen Prinzipien bereits kennt. Sie geben nur eine kurze Einführung in die Thematik. Eine umfassende und ausführliche Beschreibung mechanischer Prinzipien findet sich in den Lehrbüchern zur technischen Mechanik, zur Statik und zur Hydomechanik.

## 3.1 Der Kraftbegriff nach Newton

*Kräfte* sind gerichtete, physikalische Größen. Sie werden durch die drei von Isaak Newton (1643-1727, Abb. 3.1) aufgestellten Grundprinzipien der Mechanik (Principia 1687) hinreichend definiert: dem Trägheitsprinzip *(lex prima)*, dem Aktionsprinzip *(lex secunda)* und dem Wechselwirkungsprinzip *(lex tertia)*. Kräfte sind entweder die Ursache für die Bewegung eines Körpers (bzw. dessen Verharren) oder verursachen seine Verformung (Deformationen). Die *Statik*, als Teilgebiet der Mechanik, befasst sich mit dem Gleichgewicht der Kräfte. Da Kräfte gerichtet sind und einen Betrag haben ($F$ in kN), lassen sie sich durch *Vektoren* idealisieren. Die Richtung des Vektors bestimmt die Wirkungslinie der Kraft. Der Betrag der Kraft ist durch die Länge des Vektors definiert. Einzelne Kraftvektoren lassen sich nach Newtons *Superpositionsprinzip* vektoriell zu einer resultierenden Kraft, der *Resultierenden*, addieren (Abb. 3.2).

*Volumenkräfte* leiten sich aus einem definierten Volumen ab und werden auf dessen Schwerpunkt bezogen. Zum Beispiel wirkt die Schwerkraft an jedem Punkt eines räumlich definierten Körpers in Richtung des Erdmittelpunkts. Die (infinitesimalen) Einzelkräfte werden integriert und konzentriert im Schwerpunkt des Körpers angenommen. Zur Veranschaulichung: ein Damm stellt eine Auflast auf der Erdoberfläche

Abb. 3.1 Isaak Newton (1643-1727).

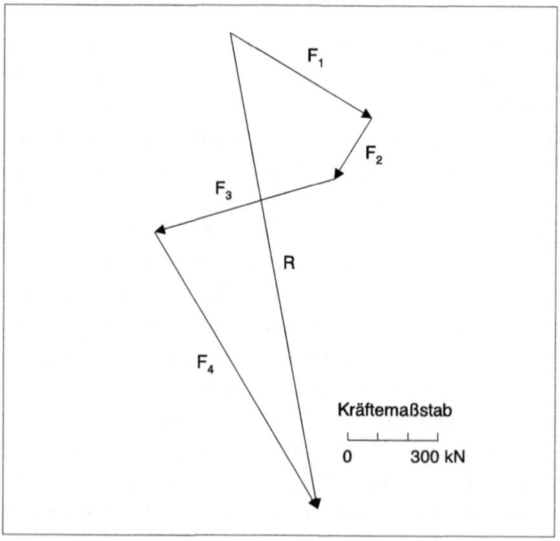


Abb. 3.2 Kraftvektoren und Resultierende.

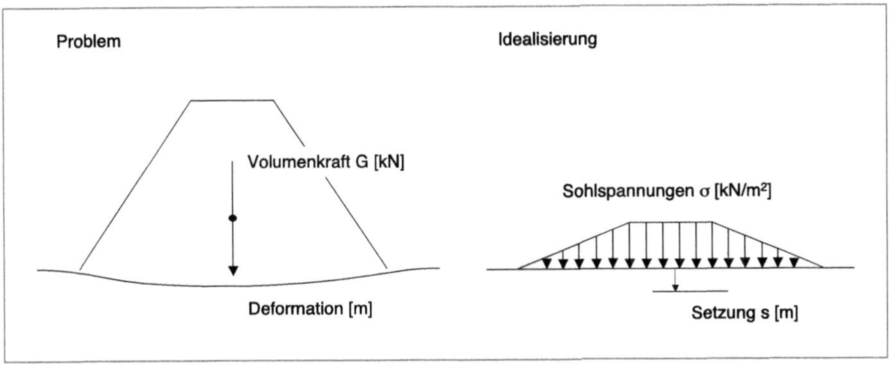


**Abb. 3.3** Kraft, Spannung, Deformation: Problem und Idealisierung.

dar (Abb. 3.3). Die Erdbeschleunigung $g$ wirkt in jedem Punkt des Damms vertikal nach unten in Richtung des Erdmittelpunktes. Das Produkt der Masse des Damms mit der Erdbeschleunigung ergibt die nach unten gerichtete, im Schwerpunkt des Damms angreifende Volumenkraft $F_V = G$.

An Kontaktflächen werden Kräfte als Flächenkräfte $F_A$ weitergegeben. Die Flächenkraft kann in eine Flächenkraftdichte oder *Spannung* $\sigma$ umgerechnet werden, indem sie mit der Kontaktfläche $A$ ins Verhältnis gesetzt wird.

$$\sigma = F_A / A$$

Für das Dammbeispiel folgt: die gravitative Volumenkraft wird als Spannung über die Kontaktzone zwischen Damm und Erdoberfläche an den Untergrund weitergegeben und verformt ihn.

Zur Vereinfachung werden die an Kontaktflächen wirkenden Spannungen zu Kontaktkräften $F_i$ zusammengefasst (integriert), die an Kontaktpunkten (oder Stützpunkten) angreifen, eine in der Mechanik übliche Idealisierung, die theoretisch nicht zulässig ist, da zur Weitergabe von Kräften immer eine Kontaktfläche nötig ist.

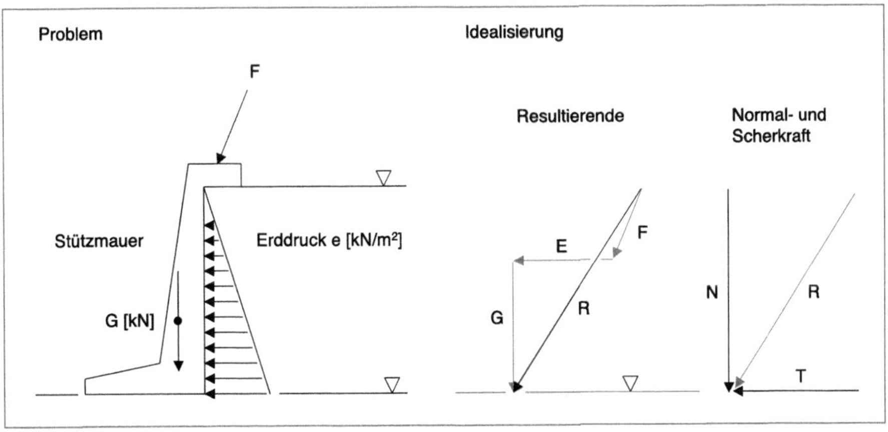


**Abb. 3.4** Normalkraft und Scherkraft: Problem und Idealisierung.

Kontaktkräfte können auch in einem Winkel zur Kontaktfläche geneigt einwirken. Geneigte Kontaktkräfte können in eine senkrecht zur Kontaktfläche stehende Komponente, die *Normalkraft*, und eine parallel zur Kontaktfläche wirkende Komponente, die *Scherkraft*, aufgeteilt werden (Abb. 3.4). Aus Normalkräften folgen *Normalspannungen* $\sigma = N/A$, aus Scherkräften *Scherspannungen* $\tau = T/A$.

Eine Scherbeanspruchung weckt in der Kontaktzone einen Reibungswiderstand. Die Ausbildung der Kontaktfläche und das diesseits und jenseits der Kontaktfläche vorhandene Material bestimmen die Größe dieses Reibungswiderstands. Bei definierten Kontaktflächen, z. B. Trennflächen im Gebirge, ist der Reibungswiderstand von der Rauhigkeit der Trennfläche und den Festigkeitseigenschaften des Gesteins abhängig. Ist die Trennfläche gefüllt (z. B. mit Verwitterungsmaterial), dann hängt die Scherfestigkeit auch von den Festigkeitseigenschaften des Füllmaterials ab. In körnigem Material (z. B. Sand) beteiligt sich das Korngerüst am Reibungswiderstand.

Grundsätzlich nimmt der Reibungswiderstand mit der auf der Kontaktfläche wirksamen Normalspannung zu, ein Materialverhalten, das man z. B. bei Scherversuchen an Böden beobachten kann. Werden die Normalspannungen $\sigma$ über die im Bruchzustand gemessenen Scherspannungen $\tau$ aufgetragen, kann durch die so ermittelten für den zu untersuchenden Boden spezifischen Messwerte eine Ausgleichsgerade konstruiert werden (Abb. 3.5). Bei nicht bindigen Böden (Sand, Kies) geht diese Ausgleichsgerade durch den Koordinatenursprung. Die Neigung dieser Gerade definiert den *Reibungswinkel* $\varphi$[°]. Er ist eine Stoffkonstante des untersuchten Erdstoffs und ein Maß für den Reibungswiderstand.

Bei bindigen Böden (z. B. Ton) schneidet die Ausgleichsgerade die $\tau$-Achse oberhalb des Koordinatenursprungs. Dies bedeutet praktisch, dass in der Kontaktzone Zugspannungen aufgenommen werden können. Dieser Achsenabschnitt wird als *Kohäsion c* [$kN/m^2$] bezeichnet, eine charakteristische Stoffeigenschaft bindiger Böden. Sie geht zurück auf die molekulare Anziehung der Bodenpartikel und wird wesentlich vom Wassergehalt beeinflusst. Ein Anstieg des Wassergehalts führt zu einer Verringerung der Kohäsion. In nicht bindigen Erdstoffen ist die Kohäsion so gut wie nicht existent. Sie tritt allenfalls bei Austrocknung des feuchten Bodens auf, verursacht durch die Zugspannung des Porenwassers im Kapillarsaum, und wird dann als *scheinbare Kohäsion* bezeichnet.

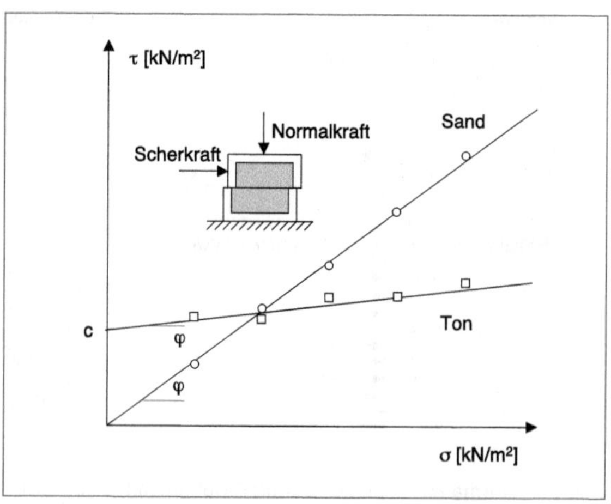


**Abb. 3.5** Nicht bindige und bindige Böden im $\tau$-$\sigma$-Diagramm.

Der französische Militäringenieur und Physiker Charles Augustin de Coulomb (1736-1806, Abb. 3.6) formulierte, aufbauend auf dem $\tau$-$\sigma$-Diagramm, die nach ihm benannte *Bruchbedingung*

$$\tau = c + \sigma \tan \varphi$$

Danach hängt die Scherfestigkeit von den Scherparametern $c$ und $\varphi$ und den in der Scherfläche übertragenen Normalspannungen $\sigma$ ab.

Für Gebirgstrennflächen ist die Ermittlung der Scherparameter im Grunde vergleichbar. Allerdings treten lokale Abscherungen des intakten Materials auf, was eine differenziertere Betrachtung notwendig macht, auf die später noch eingegangen wird.

Das Verständnis von Volumen-, Normal- und Scherkräften ist Voraussetzung für die Deutung mechanischer Systeme. In der ingenieurgeologischen Praxis bildet es die Grundlage jeder Kräfteanalyse, die wiederum Voraussetzung ist für die Beurteilung von Versagen und Sicherheit, auf die im Folgenden eingegangen wird.

## 3.2 Das Schnittprinzip von Euler

Der Baseler Mathematiker Leonard Euler (1707-83, Abb. 3.6) entwickelte das ebenso einfache wie geniale *Schnittprinzip*, mit dem das Kräftespiel in einem mechanischen System deutlich wird, indem der zu untersuchende Körper an Stützstellen *freigeschnitten* wird. An den so entstandenen Kontaktflächen werden die Reaktionskräfte angesetzt, die notwendig wären, um das System im Gleichgewicht zu halten. Die

**Abb. 3.6** Charles Augustin de Coulomb (1736-1806) und Leonhard Euler (1707-1783).

Wirkungslinien der Kraftvektoren müssen sich in einem Punkt schneiden, um das Momentengleichgewicht zu gewährleisten. Es würde sonst ein Drehmoment auftreten, das den freigeschnittenen Körper rotieren ließe.

Aus einem kontinuierlichen Einstoffsystem – zum Beispiel Wasser – wird ein Würfel von einem Meter Kantenlänge freigeschnitten (Abb. 3.7). Die Oberkante des Würfels befindet sich in der Tiefe $h_1 = 1.0$ m. Der freigeschnittene Körper wird an den Kontaktflächen wie folgt belastet: von oben wirkt die Wasserauflast von einem Meter Wassersäule, d. h. eine hydrostatische Druckspannung $u_0$ von 1 m mal der spezifischen Gewichtskraft des Wasser von 10 kN/m³, also 10 kN/m². Die Integration der Druckspannungen über die Schnittfläche ergibt die resultierende Druckkraft von 10 kN, deren Wirkungslinie senkrecht durch die Kontaktfläche geht. Der Angriffspunkt der Resultierenden wird durch den Schwerpunkt der gleichmäßig verteilten Druckspannungen vorgegeben, der in diesem Fall im Schwerpunkt der Kontaktfläche liegt. An den vertikalen Kontaktflächen nimmt der hydrostatische Druck von 10 kN/m² in einem Meter Tiefe auf 20 kN/m² in zwei Metern Tiefe zu. Die Wirkungslinie der resultierenden horizontalen Wasserdruckkraft von 15 kN wird durch den Schwerpunkt der trapezförmigen horizontalen Wasserdruckspannung vorgegeben, der unterhalb des Schwerpunkts der Kontaktfläche liegt. Der Wasserwürfel übt aufgrund der Erdanziehung eine vertikal nach unten gerichtete Volumenkraft $V = 10$ kN aus, dessen Wirkungslinie senkrecht durch den Schwerpunkt des Würfels geht. Das System ist nur dann im Gleichgewicht, wenn horizontale und vertikale Kräfte im Gleichgewicht stehen und sich ihre Wirkungslinien in einem Punkt schneiden. Da die horizontalen Kräfte gleich groß, aber entgegengerichtet sind, heben sie sich gegenseitig auf und stellen so das horizontale Gleichgewicht her. Das System ist in vertikaler Richtung nur dann stabil, wenn als Reaktionskraft an der Sohle des Würfels 20 kN angesetzt werden. Dies ist unmittelbar einleuchtend, da in dieser Tiefe der (in alle Richtungen) wirkende hydrostatische Wasserdruck von $u_u = 20$ kN/m² gilt, der über die Sohlfläche integriert die Reaktionskraft erzeugt. Da sich somit alle Kräfte aufheben und sich alle Wirkungslinien in einem Punkt (unterhalb des Schwerpunkts des Würfels) schneiden, ist das System stabil. Anzumerken bleibt, dass die Übertragung der Spannungen an den Kontaktflächen kontinuierlich ist, d. h. in jedem infinitesimal kleinen Punkt der Kontaktfläche werden die Spannungen gleichmäßig übertragen. Durch die Integration dieser Spannungen über die Kontaktflächen ergeben sich die resultierenden Kräfte.

Aus einem diskontinuierlichen Einstoffsystem (z. B. homogenem Sand) wird ein Würfel von einem Meter Kantenlänge herausgeschnitten (Abb. 3.7). In vertikaler Richtung wird die lithostatische Auflast $\sigma$ und die Volumenkraft $V$ des Würfels von der nach oben gerichteten Reaktionskraft im Gleichgewicht gehalten. In horizontaler Richtung gleichen sich die Erddrücke ebenfalls aus. Im Unterschied zum kontinuierlichen Medium ist die Kraftübertragung jedoch nicht kontinuierlich. Die Kräfte werden an der Schnittfläche über das Korngerüst, also von Korn zu Korn weitergegeben. Diese punktuelle Kraftübertragung wird in den meisten praktischen Anwendungsfällen quasi statistisch als kontinuierlich interpretiert.

Die Interpretation als kontinuierliche Kraftübertragung ist eigentlich nicht zulässig. Abbildung 3.8 zeigt ein kontinuierliches Medium, das mit einem diskontinuierlichen überlagert wird. Zur Veranschaulichung eines solchen Zweistoffsystems wird, um bei den vorhergehenden Beispielen zu bleiben, der Porenraum des diskontinuierlichen Mediums „Sand" vollständig mit dem kontinuierlichen Medium „Wasser" aufgefüllt. Der Anteil der Poren wird durch den dimensionslosen Porenanteil $n$ erfasst. Wie in den vorhergehenden Beispielen wird das Gleichgewicht durch Freischneiden nachgewiesen. An jeder horizontalen Schnittstelle in der Tiefe $h$ ergeben sich die Normalspannungen aus der Wasserauflast plus der Auflast des trockenen Sandes minus des durch den Sand verdrängten Wasservolumens (des Auftriebs). Unter der Voraussetzung, dass der Sandkörper bis zu seiner Oberfläche vollständig mit Wasser aufgefüllt ist, folgt (mit der Tiefe $h$, der Wichte des Wassers $\gamma_w$ und der Wichte des trockenen Sandes $\gamma_d$)

$$\begin{aligned}\sigma &= h\gamma_w + h\gamma_d - h(1-n)\gamma_w \\ &= h(\gamma_w n + \gamma_d) \\ &= h\gamma_r\end{aligned}$$

d. h. die Normalspannungen ergeben sich aus dem Gewicht des wassergesättigten Bodens. Durch Umstellung der Herleitung folgt auch

$$\begin{aligned}\sigma &= h\gamma_w + h(\gamma_r - \gamma_w) \\ &= h\gamma_w + h\gamma'\end{aligned}$$

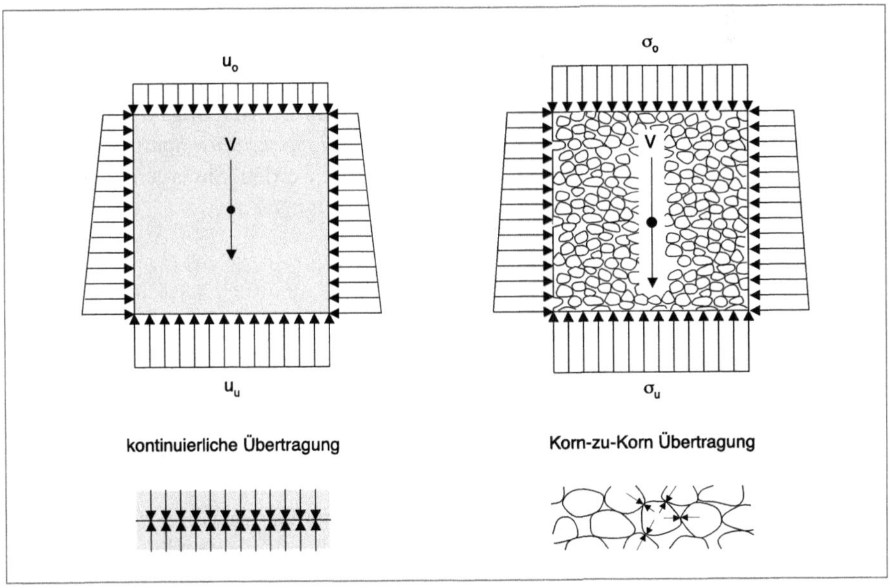


**Abb. 3.7** Spannungen und Kräfte an einem freigeschnittenen Würfel eines kontinuierlichen Stoffes (in diesem Fall Wasser), Spannungen und Kräfte an einem freigeschnittenen Würfel eines diskontinuierlichen Stoffes (in diesem Fall Sand).

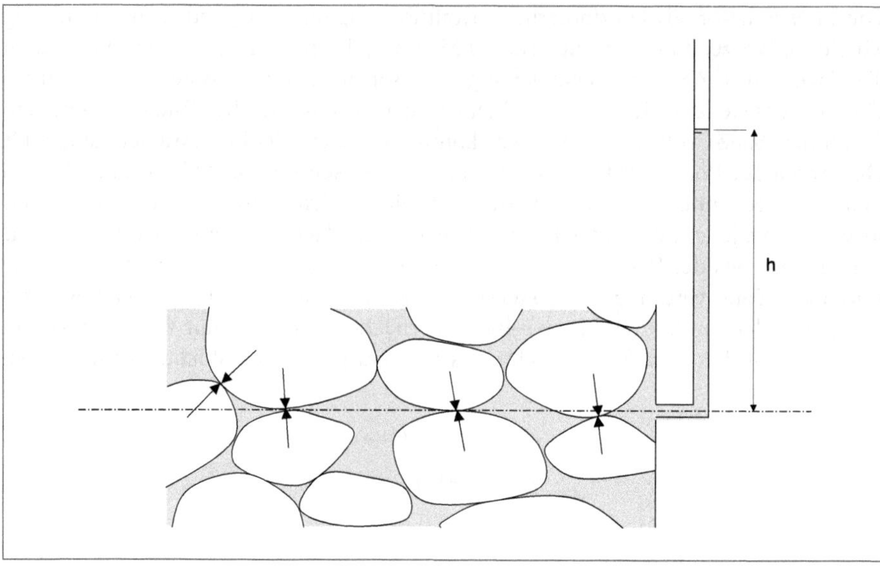


**Abb. 3.8** Spannungen in einem horizontalen Schnitt durch das Zweistoffsystem „Sand-Wasser".

Die Normalspannungen setzen sich danach aus der hydrostatischen Spannung und der Auflast des unter Auftrieb stehenden Bodens zusammen. In einem horizontalen Schnitt durch das Zweistoffsystem wird das Gewicht des unter Auftrieb stehenden Korngerüstes von Korn zu Korn an den Berührungspunkten der Einzelkörner weitergegeben. Der Porenraum steht unter hydrostatischem Druck, dem *Porenwasserdruck* $u$. Dieser Porenwasserdruck ist bei der Ermittlung der Scherfestigkeit von Böden von zentraler Bedeutung und stellt eine grundsätzliche Voraussetzung für die Untersuchung von Stabilitätsproblemen des Erdbaus dar, wie z. B. der Standsicherheit von Böschungen oder der Tragfähigkeit von Fundamenten. Da Reibungskräfte nur über das Korngerüst weitergegeben werden, dürfen allein die *wirksamen Spannungen* $\sigma'$ bei der Ermittlung der Scherfestigkeit in Ansatz gebracht werden. Sie ergeben sich nach Abzug des Porenwasserdrucks $u$ von den *totalen Spannungen* $\sigma$

$$\sigma' = \sigma - h\gamma_w = \sigma - u$$

Aus diesem Grunde kann nach starken Regenfällen die Scherfestigkeit in einer Böschung deutlich abnehmen. Bei wassergesättigten, bindigen Böden führt eine spontane Belastung zur unmittelbaren Erhöhung des Porenwasserdrucks, da der Porenraum infolge der geringen Durchlässigkeit nur langsam entwässert. In extremen Fällen kann der Porenwasserdruck die wirksamen Spannungen und somit die Scherfestigkeit des Bodens gänzlich aufheben.

Das Prinzip der wirksamen Spannungen wurde bereits im Jahre 1925 von Karl Terzaghi (1883-1963, Abb. 3.9) in seiner Erdbaumechanik vorgestellt. Für das *Coulombsche Schergesetz* folgt daraus

$$\tau = c' + \sigma' \tan\varphi'$$

mit $\sigma'$ als wirksame Normalspannung, $\varphi'$ als wirksamer Reibungswinkel und $c'$ als wirksame Kohäsion. Anzumerken ist noch, dass sich bei nicht bindigen Erdstoffen der Reibungswinkel unter Wasser nicht ändert, d. h. $\varphi = \varphi'$. Die Scherparameter bindiger Böden (Reibungswinkel und Kohäsion) ändern sich dagegen unter Wassereinfluss.

Das Eulersche Schnittprinzip ist Prämisse jeder mechanischen Interpretation. Mit ihm gelingt es, selbst komplexe Systeme in einfacher Weise zu isolieren und zu analysieren. Es ist eines der effizientesten Werkzeuge der Ingenieure zur Beurteilung der Wirkung und Gegenwirkung von Kräften. Seine Beherrschung ist daher auch Voraussetzung für den oft schwierigen Dialog zwischen Geologen und Ingenieuren.

**Abb. 3.9** Karl Terzaghi (1883-1963, Frontispiz aus Peck, Hanson & Thornburn 1974 Foundation Engineering, © John Wiley & Sons) und Simon Stevin (1548-1620).

## 3.3 Die Kraftecke Stevins

Die vektorielle Interpretation des Eulerschen Schnittprinzips ermöglicht eine einfache und eindeutige Bestimmung des Gleichgewichts. Die Parallelverschiebung der Vektoren der Kontaktkräfte und Volumenkräfte erlaubt die Konstruktion von Kräftepolygonen oder Kraftecken, ein Verfahren, das bereits von dem flämischen Ingenieur Simon Stevin (1548-1620, Abb. 3.9) in seiner Arbeit *De Beghinselen der Weeghconst* veröffentlicht wurde. Ein mechanisches System ist danach dann und nur dann stabil, wenn sich das Krafteck schließt und sich die Wirkungslinien der Kräfte in einem Punkt schneiden. Das geschlossene Krafteck repräsentiert graphisch den *Grenzzustand*, den Zustand, in dem sich die Resultierenden aus einwirkenden und widerstehenden (stabilisierenden und destabilisierenden) Kräften gegenseitig aufheben (Abb. 3.10). Wird das Gleichgewicht gestört – durch Zunahme der treibenden oder Abnahme der haltenden Kräfte – wird das System instabil: es *versagt*.

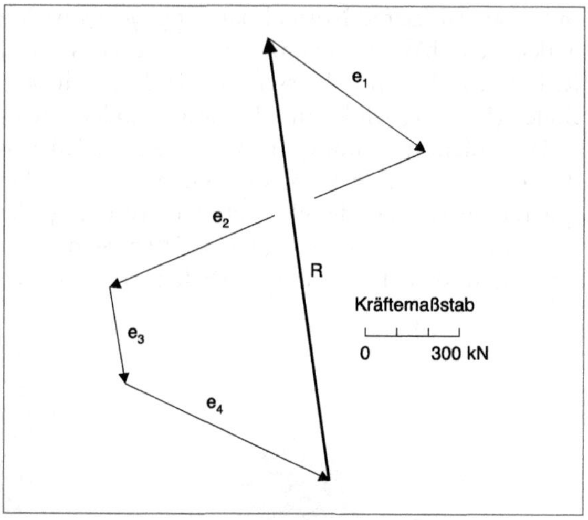


**Abb. 3.10** Krafteck mit einwirkenden Kräften $e_i$ und einer widerstehenden Reaktionskraft *R*.

Eine Felsböschung wird vertikal angeschnitten (Abb. 3.11). Die Schichtflächen fallen zum Einschnitt hin ein. Es besteht die Gefahr, dass sich ein Gleitkeil bildet, der aus dem Anschnitt herausrutscht. Um dies zu verhindern, ist der Anschnitt mit einer Strebe oder einer Stützmauer oder einem Anker zu stabilisieren. Wie groß muss diese stabilisierende Kraft sein? Um den Gebirgsdruck zu berechnen wird zuerst der Gleitkörper freigeschnitten. Er ist begrenzt durch die Oberfläche, den Anschnitt und die Gleitfläche. Die Neigung der Gleitfläche $\vartheta$ entspricht der Schichtneigung. Die folgenden Kräfte sind anzusetzen:

- Die Volumenkraft *G* des Gewichtes des Gleitkörpers.
- Die als Flächenkraft (Spannung) wirksame Reibung *Q*, von der zunächst nur die Wirkungslinie bekannt ist: ihre Resultierende wirkt entgegen der Bewegungsrichtung des Gleitkörpers, um den Reibungswinkel $\varphi$ zur Normalen der Gleitfläche geneigt.

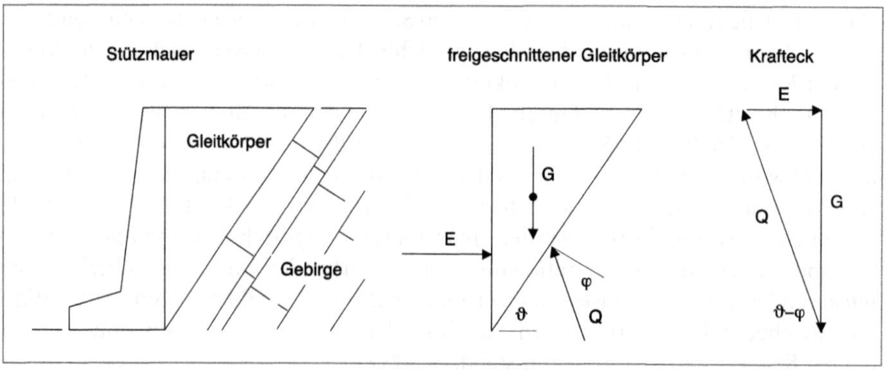


**Abb. 3.11** System, Kräfte am freigeschnittenen Gleitkörper, Krafteck.

- Die stabilisierende Reaktionskraft *E*, die dem Gebirgsdruck entspricht. Aufgrund von Versuchen und Beobachtungen wird angenommen, dass *E* im unteren Drittelspunkt der Belastungsfläche angreift.

Die Volumenkraft *G* ist in Richtung und Lage definiert, sie geht senkrecht durch den Schwerpunkt des Gleitkörpers. Die Kontaktkräfte *E* und *Q* sind nur hinsichtlich ihrer Richtungen bekannt. Da sich aber im Grenzzustand die Wirkungslinien aller Kräfte in einem Punkt schneiden müssen, lässt sich das Krafteck durch Parallelverschiebung der Vektoren schließen. Aus der Geometrie des Kraftecks folgt

$$E = G\tan(\vartheta - \varphi) = \frac{1}{2}\frac{\gamma h^2}{\tan\vartheta}\tan(\vartheta - \varphi)$$

Hier noch unberücksichtigt blieben die destabilisierende Wirkung des Kluftwassers, mögliche Auflasten auf dem Rutschkeil, dynamische Beanspruchungen wie Erdbeben (die sich mit Newton in Volumenkräfte transformieren lassen), die Reibung zwischen einer zu errichtenden Stützwand und dem Gleitkörper, etc. All dies lässt sich im Krafteck in einfacher Weise berücksichtigen.

Die aus dem Krafteck hergeleiteten Kräfte entsprechen den Kräften im Grenzzustand. Die Resultierende der stabilisierenden Kräfte *R (Widerstände)* entspricht der Summe der destabilisierenden Kräfte *E (Einwirkungen)*, d. h.

$$\frac{R}{E} = 1.0$$

Bei praktischen Bemessungsaufgaben wird die *Tragfähigkeit* eines Systems durch die Einführung eines *Sicherheitsfaktors* gewährleistet. Ein globaler Sicherheitsfaktor $\eta$ ergibt sich aus dem Vergleich der resultierenden haltenden und treibenden Kräfte

$$\frac{R}{E} = \eta > 1.0$$

Seine Festlegung geschieht rein empirisch. Es gibt in der Geotechnik keine einheitliche Vorgabe seiner Größe, je nach Versagensmechanismus und Regelwerk variiert er.

Im Gegensatz zum globalen Sicherheitsfaktor werden *Partialsicherheitsfaktoren* oder *Teilsicherheitsbeiwerte* $\gamma$ (Fellenius 1927) direkt auf die haltenden (stabilisierenden) und treibenden (destabilisierenden) Variablen angewendet. Der „charakteristische" Wert einer haltenden Variablen $r_k$ (ihr statistischer Mittelwert) wird mit einem Teilsicherheitsbeiwert $\gamma_r$ vermindert. Der „charakteristische" Wert einer treibenden Variablen $e_k$ (ihr statistischer Mittelwert) wird mit einem Teilsicherheitsbeiwert $\gamma_e$ erhöht. Diese Anpassung der charakteristischen Werte liefert die Bemessungswerte *(design values)*

$$r_d = r_k / \gamma_r \quad \gamma_r > 1.0$$
$$e_d = e_k \, \gamma_e \quad \gamma_e > 1.0$$

Die charakteristischen Werte werden also mit den Teilsicherheitsbeiwerten angepasst, um das Grenzgleichgewicht zu erhalten. Doch wie werden diese Teilsicherheitsbeiwerte bestimmt? Dieses Optimierungsproblem löst das *probabilistische* (über Eintrittswahrscheinlichkeiten definierte) Sicherheitskonzept. Prämisse ist die Erkenntnis, dass einwirkende und widerstehende Variablen statistisch zu definierende Größen sind. Sie unterliegen statistischen Streuungen, die durch Verteilungsfunktionen näher definiert werden können. Das Sicherheitsmaß ist kein empirischer Faktor, sondern eine auf einem Expertenkonsens beruhende, akzeptierte Versagenswahrscheinlichkeit. Das moderne, probabilistische Sicherheitskonzept ermöglicht die Herleitung eines invarianten (vom Versagensmechanismus unabhängigen), allgemein anwendbaren Sicherheitsmaßes. Es wird im Anhang vorgestellt.

Stevins Kraftecke und Eulers Schnittprinzip stellen ebenso einfache wie grundlegende Werkzeuge zur Beurteilung der Standsicherheit selbst komplexer Systeme dar. Jedes System lässt sich in Teilsysteme auflösen, freischneiden und anhand von Kraftecken analysieren. Dies kann bereits vor Ort mit einfachsten Mitteln geschehen, denn hierzu genügen ein Blatt, ein Bleistift, ein Geodreieck und eine realistische Einschätzung der wirksamen Kräfte. Eine solche Analyse ist in jedem Fall vor dem Einsatz der üblichen, auf dem Markt erhältlichen Software zu Beurteilung von Standsicherheitsproblemen durchzuführen, schärft sie doch die Einschätzung des Wechselspiels der Kräfte und ihrer Bedeutung für die Standsicherheit des Systems.

## 3.4 Der Verformungsmodul von Hooke

Robert Hooke (1635-1703) entwickelte als *Curator of Experiments* der Londoner Royal Society und später als dessen Sekretär eine Fülle von grundlegenden mechanischen Konzepten, die er mit *verve* gegen Kritik und Plagiat verteidigte. Mitunter kam er mit der Veröffentlichung seiner Hypothesen nicht nach und war daher gezwungen, so manche Entdeckung in gekürzter oder kodierter Form zu publizieren. So veröffentlichte er im Anhang seiner 1676 erschienenen Arbeit *A description of helioscopes, and some other instruments* das folgende Anagramm „um die Leere der folgenden Seite zu bedecken" (Szabó 1979: 356)

c e i i i n o s s s t t u v.

Erst drei Jahre später, in seinem Werk *Lectures de potentia restitutiva, or of spring explaining the power of springing bodies* entzifferte er den Sinn des Anagramms

„ut tensio sic vis".

Das Gesetz konstatiert die Proportionalität von Federkraft zu Federauslenkung (Abb. 3.12) und stellt somit das Fundament der Elastizitätstheorie dar. Heute schreiben wir das *Hookesche Gesetz* mit einer von Thomas Young (1773-1829) und Louis Marie Henri Navier (1785-1836) eingeführten Proportionalitätskonstante, dem *Elastizitätsmodul* $E$ [kN/m$^2$], wie folgt

$$\sigma = E\varepsilon, \quad \text{d.h. } \varepsilon = \sigma/E = \Delta l/l$$

mit $\sigma$ [kN/m$^2$] als Spannung und $\Delta l$ als Betrag der *elastischen* Deformation $\varepsilon$ [-] eines Körpers, der in Richtung seiner Länge $l$ belastet wird. Diese Belastung kann als Druck- oder Zugspannung aufgebracht werden und ruft entsprechend Stauchungen (+) oder Dehnungen (-) hervor. Bei ideal elastischen Körpern geht die Verformung nach der Entlastung vollständig zurück, sie ist *reversibel.* Das Spannungs-Dehnungs-Diagramm ($\sigma$-$\varepsilon$-Diagramm) stellt diesen Zusammenhang dar (Abb. 3.13).

Das Hookesche Gesetz konstatiert einen linearen Zusammenhang zwischen Spannung und Verformung. Die meisten Festkörper verhalten sich allerdings nicht linear-elastisch. Ihr Deformationspfad folgt einer nichtlinearen Funktion $\sigma = f(\varepsilon)$. Weiterhin entspricht der Entlastungspfad bei natürlichen Stoffen in vielen Fällen nicht dem Belastungspfad. Zusätzlich treten neben den elastischen, reversiblen Verformungen auch *plastische,* irreversible Deformationen $\varepsilon_p$ auf.

Für alle Deformationspfade lassen sich im $\sigma$-$\varepsilon$-Diagramm Deformationsmoduln approximieren, indem für vorgegebene Spannungsintervalle Tangenten- und Sekan-

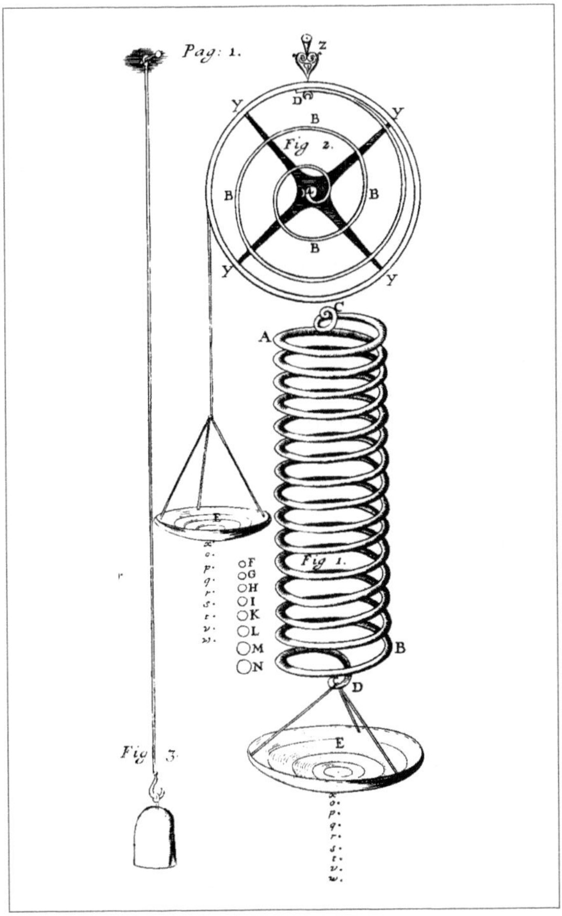


**Abb. 3.12** Hookes Federversuche aus seiner *Lectures de potentia restitutiva, or of spring explaining the power of springing bodies,* London 1678.

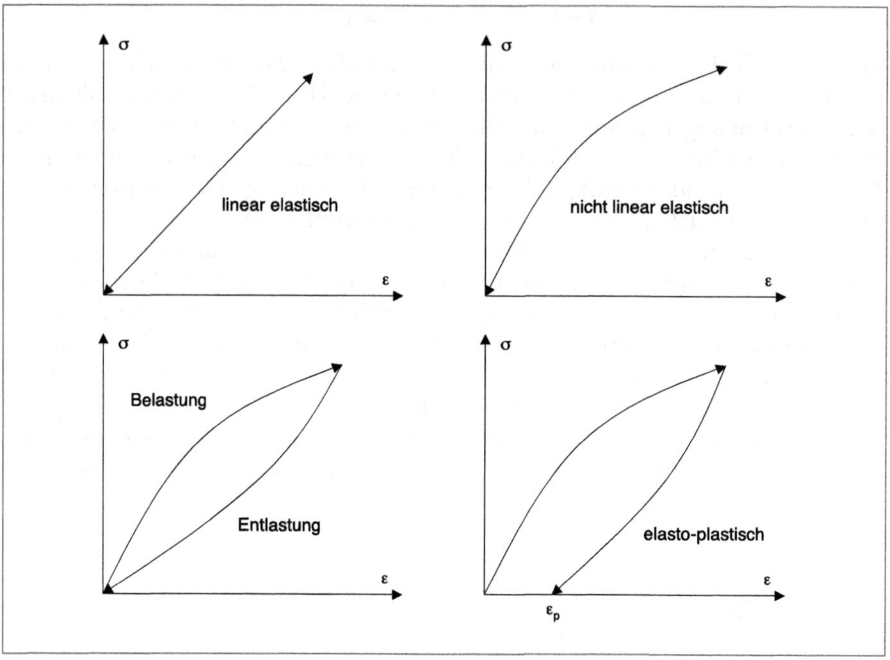


**Abb. 3.13** Linear-elastische (Hookesche) Deformation, nichtlinear elastische Deformation, elastische Deformation mit abweichenden Be- und Entlastungspfaden, elasto-plastische Deformation.

ten-Moduln bestimmt werden (Abb. 3.14). Diese Deformationsmoduln sind experimentelle Stoffkonstanten, die nur für den beobachteten Belastungspfad und das vorgegebene Spannungsintervall gelten.

Mit zunehmender Beanspruchung verändert sich das Stoffverhalten von Festkörpern. Im $\sigma$-$\varepsilon$-Diagramm werden daher drei Stadien unterschieden (3.15):

1 die *elastische Deformation* $\varepsilon_p$ bei der mit Zunahme der Spannung die Verformung linear zunimmt,

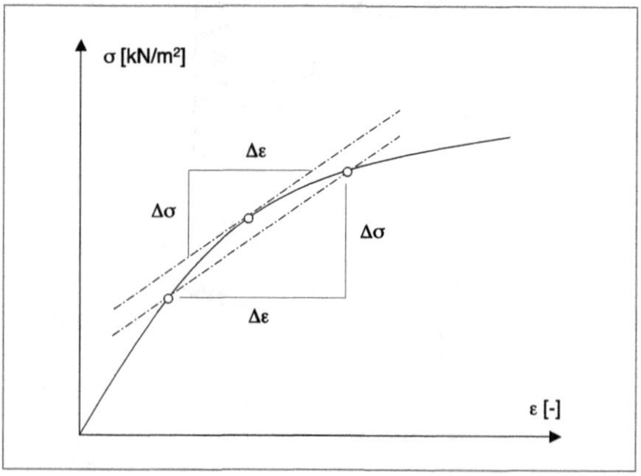


**Abb. 3.14** Bestimmung des Tangenten- und Sekantenmoduls für vorgegebene Spannungsintervalle.

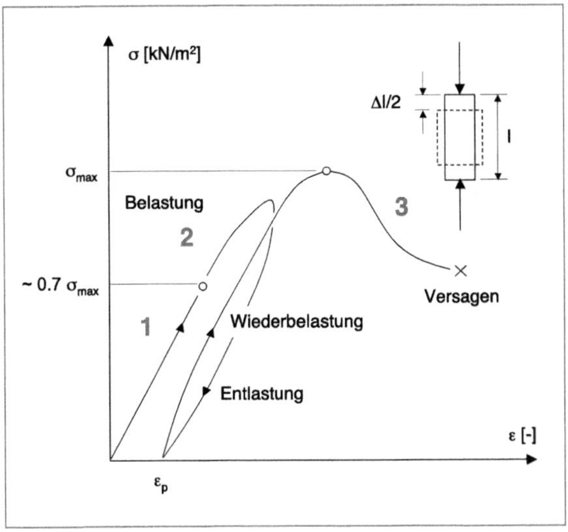


**Abb. 3.15** Einaxialer Druckversuch und $\sigma$-$\varepsilon$-Diagramm mit (1) elastische Deformation (2) plastische Deformation und (3) postfailure-Verhalten.

2 die *plastische Deformation* $\varepsilon_p$, eine unterlineare Zunahme der Verformung mit der Spannung, die eine bleibende (irreversible) Verformung verursacht,
3 das *postfailure-Verhalten* nach Überschreitung der maximalen Festigkeit $\sigma_{max}$ und dem Versagen des Materials.

Bei der Belastung von Festkörpern wird neben der axialen Verformung zusätzlich eine Deformation senkrecht zur Lasteintragung, die Querdehnung, beobachtet. Aus ihr lässt sich eine weitere Materialkonstante, die *Querdehnungs-* bzw. *Poissonzahl ν* ermitteln

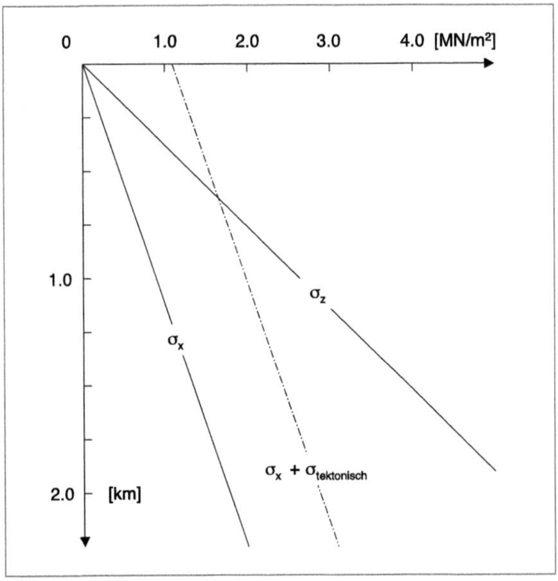


**Abb. 3.16** Vertikale Spannungen $\sigma_z$ und horizontale Spannungen $\sigma_x$ infolge Eigengewicht mit zunehmender Tiefe, Überlagerung von horizontalen tektonischen Spannungen.

$$\nu = -\frac{\Delta\varepsilon_{\text{lateral}}}{\Delta\varepsilon_{\text{axial}}}$$

Die Poissonzahl ist ein wichtiger Kennwert, der in der Geotechnik vielfältige Anwendung findet. Zum Beispiel nehmen in einem geologischen Profil die vertikalen Spannungen $\sigma_z$ mit der Tiefe $h$ (und der lithologischen Auflast) zu. Die horizontalen Spannungen $\sigma_x$ an einem freigeschnittenen Würfel betragen dagegen in erster Näherung

$$\sigma_x = \frac{\nu}{1-\nu}\sigma_z = \frac{\nu}{1-\nu}\gamma h$$

Wirken zusätzliche tektonische Spannungen, werden diese mit denen aus Eigengewicht überlagert (Abb. 3.16).

Hooke hat mit seinen Verformungsversuchen die Grundlage zur Beschreibung der Festigkeit und Verformbarkeit von Stoffen geschaffen (Festigkeitslehre). Das auf seinen Gedanken zurückgehende $\sigma$-$\varepsilon$-Diagramm wird in der Ingenieurgeologie zur Charakterisierung des Stoffverhaltens von Gesteinen, von Gebirgsbereichen und von Böden eingesetzt. Der Elastizitätsmodul wird in der Bodenmechanik (als Steifemodul) zur Lösung einer Vielzahl praktischer Probleme eingesetzt, zum Beispiel bei der Ermittlung der Setzung von Gebäuden oder der Überprüfung der Verdichtung von Erdbaustoffen im Damm- und Straßenbau.

## 3.5 Die Massenerhaltung nach Newton, Bernoulli und Euler

Schon Isaak Newton wies auf das *Prinzip der Massenerhaltung* hin, das auch als *Kontinuitätsprinzip* bezeichnet wird (Szabo 1979: 157, 162). Danach muss die in einem freigeschnittenen Strömungskanal eingeströmte Flüssigkeitsmenge gleich der ausströmenden sein. Daniel Bernoulli (*Hydrodynamica* 1738) und Leonard Euler (*Principes généraux du mouvement des fluides* 1755) greifen diesen Gedanken auf und wenden ihn auf die Hydromechanik an. In vereinfachter Form lässt sich die Kontinuitätsgleichung durch die Betrachtung eines Kontrollvolumens herleiten (Abb. 3.17), in das entlang der x-Achse eine inkompressible Flüssigkeit einströmt. Mit $q_{ein}$ [m/s] als Durchflussgeschwindigkeit im Einstrombereich und $q_{aus}$ [m/s] als Durchflussgeschwindigkeit im

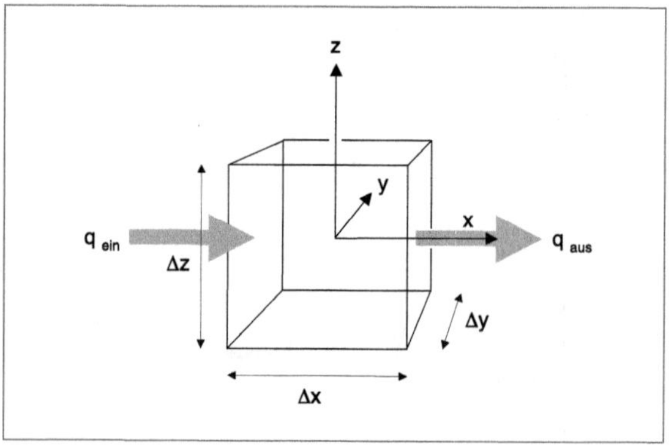


**Abb. 3.17** Kontrollvolumen.

Ausstrombereich folgt

$$q_{x,ein}\Delta y\Delta z - q_{x,aus}\Delta y\Delta z = 0$$

Durch Division mit dem Kontrollvolumen und *Δx→0, Δy→0* und *Δz→0* ergibt sich

$$\frac{\partial q_x}{\partial x} = 0$$

Die Änderung der Durchflussrate in x-Richtung ist demnach Null. Für den räumlichen Fall folgt die Kontinuitätsgleichung für inkompressible Flüssigkeiten

## 3.6 Die Energieerhaltung nach Johann und Daniel Bernoulli

Johann Bernoulli (1667-1748) und seinem Sohn Daniel (1700-1782) (Abb. 3.18) kommt das Verdienst zu, den *Energieerhaltungssatz* auf bewegte Flüssigkeiten angewendet und damit das Fundament der modernen Hydromechanik gelegt zu haben. Danach ist bei einem stationären (zeitlich nicht variierenden) Strömungsproblem die Gesamtenergie einer inkompressiblen, reibungsfreien Flüssigkeit (wie Wasser es näherungsweise ist) an jedem Punkt eines Strömungsfadens konstant. Schneidet man ein durchströmtes Volumen im Sinne des Eulerschen Schnittprinzips frei (Abb. 3.19),

**Abb. 3.18** Daniel Bernoulli (1700-1782) und Johann Bernoulli (1667-1748).

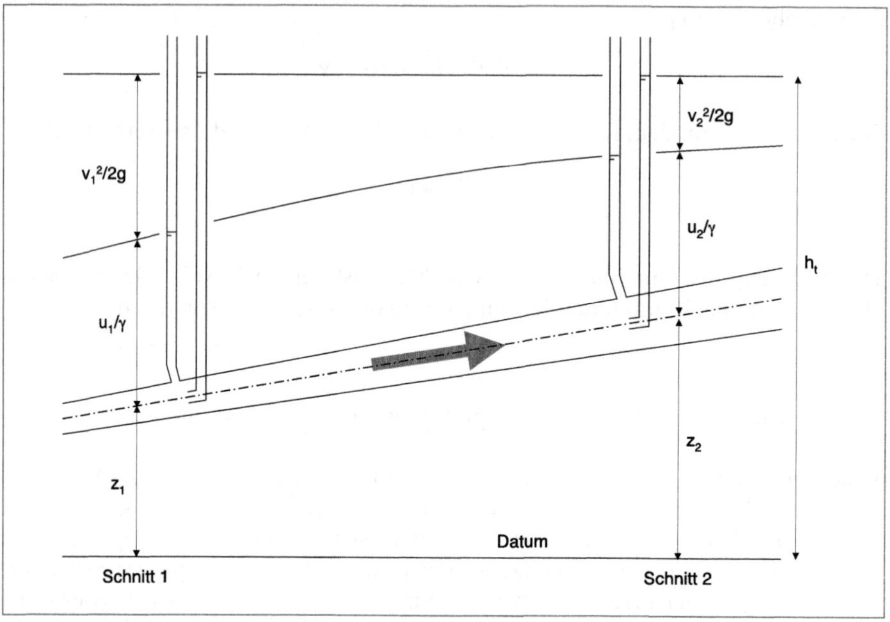


**Abb. 3.19** Bernoullis Stromfadengleichung, umgesetzt in Referenzhöhe (Datumsabstand), hydrostatische Druckhöhe und Geschwindigkeitshöhe. Piezometer messen die hydrostatische Druckhöhe, zur Fließrichtung geöffnete Staurohre messen die Geschwindigkeitshöhe.

lässt sich die *Bernoullische Stromfadengleichung* wie folgt formulieren

$$\frac{v_1^2}{2g} + \frac{u_1}{\gamma} + z_1 = \frac{v_2^2}{2g} + \frac{u_2}{\gamma} + z_2 = h_t = konst.$$

mit $v$ als Fließgeschwindigkeit [m/s], $\gamma$ als Erdbeschleunigung [m/s²], $u$ als hydrostatischer Druck [kN/m²], $\gamma$ als spezifisches Gewicht der Flüssigkeit [kN/m³] und $z$ als Referenzhöhe [m] über eine beliebig gewählte Bezugsebene (Datum).

Der Term $u/\gamma$ entspricht der Druckhöhe $h_u$, die mit einem Piezometer (einem Pegel zur Messung der Wasserhöhe) am Beobachtungspunkt gemessen wird. Zusammen mit dem Datumsabstand $z$ stellt sie den Anteil der *potenziellen Energie* dar. $v^2/2g$ entspricht der Energie infolge der Flüssigkeitsbewegung oder der *kinetischen Energie* und wird als Geschwindigkeitshöhe $h_v$ bezeichnet. In Höhen ausgedrückt lässt sich die Bernoulli-Gleichung auch mit

$$h_v + h_u + z = h_t = konst$$

schreiben, mit $h_t$ als totaler Höhe.

## 3.7 Das Gesetz von Darcy

Ein Gedankenexperiment macht den Satz der Bernoullis deutlich: Ein Reservoir entwässert durch einen Durchlass im Sohlbereich (Abb. 3.20). Wie groß ist die Fließge-

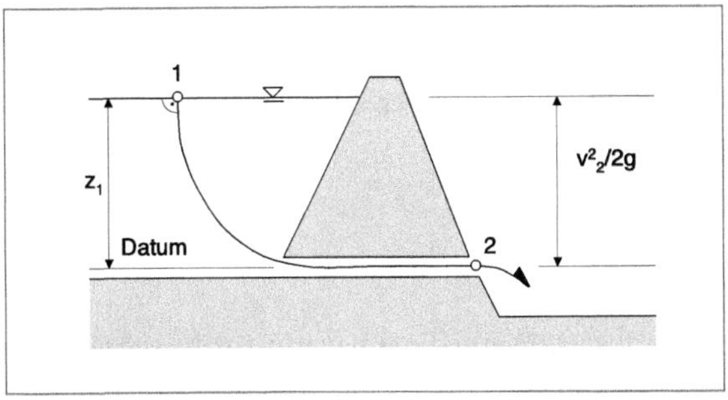


Abb. 3.20 Bernoullis Bilanzgleichung angewandt auf Torricellis Strömungsproblem.

schwindigkeit im Durchlass? Die Lösung ergibt sich aus der Anwendung der Bernoulli-Gleichung. Zuerst wird ein Stromfaden von der Wasseroberfläche im Reservoir zum Durchlass gezogen. Entlang dieses Stromfadens ist die totale Energie nach Bernoulli konstant. Im Punkt (1) an der Wasseroberfläche ist die Fließgeschwindigkeit Null, ebenso der hydrostatische Druck. Im Punkt (2), dem luftseitigen Ende des Durchlasses, ist der hydrostatische Druck ebenfalls Null. Mit Festlegung des Datums in Höhe des Punktes 2 gilt somit

$$z_1 = \frac{v_2^2}{2g}$$

woraus folgt, wie bereits Evangelista Torricelli (1608-1647) bemerkte, dass

$$v_2 = \sqrt{2g\,z_1}$$

d. h. dass das Wasser mit einer Geschwindigkeit austritt, als hätte es die Strecke $z_1$ frei durchfallen.

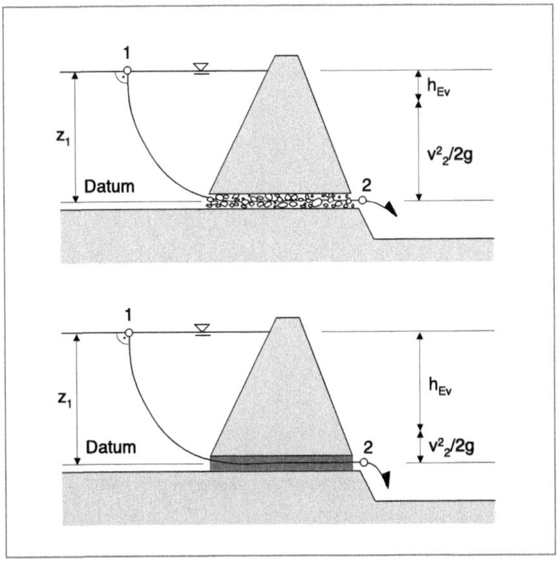


Abb. 3.21 Bernoullis Bilanzgleichung angewandt auf Torricellis Strömungsproblem bei gut und schlecht durchlässigem Abfluss.

Torricellis Gedankenexperiment lässt sich erweitern, indem der Durchlass am Boden des Reservoirs durch einen Sandfilter ersetzt wird. Der Sandfilter erzwingt eine Verminderung der Fließgeschwindigkeit, was im Sinne der Energieerhaltung nach Bernoulli als Energieverlust interpretiert wird (Abb. 3.21)

$$z_1 = \frac{v_2^2}{2g} + h_{Ev}$$

mit $h_{Ev}$ als Höhenmaß des Energieverlustes. Dieser Energieverlust tritt während der Durchströmung des Sandfilters auf, dessen Korngerüst die kinetische Energie über Reibung aufnimmt. Je feiner der Sand ist, desto größer ist der Reibungswiderstand. Folglich wird die Durchflussgeschwindigkeit geringer und der Energieverlust größer. Bei extrem feinporigem Material (z. B. Ton) kann die gesamte kinetische Energie aufgenommen werden. Die *Durchlässigkeit* eines Erdstoffes lässt sich nach dieser Analogie als Fähigkeit deuten, kinetische Strömungsenergie zu konsumieren. Da die Durchlässigkeit umso geringer ist je feinporiger das Filtermaterial ist, stellt sie einen bodentypischen Kennwert dar. Die Durchflussrate nimmt ebenfalls ab, wenn man die Filterstrecke verlängert und so mehr Korngerüst zur Verfügung stellt, um kinetische

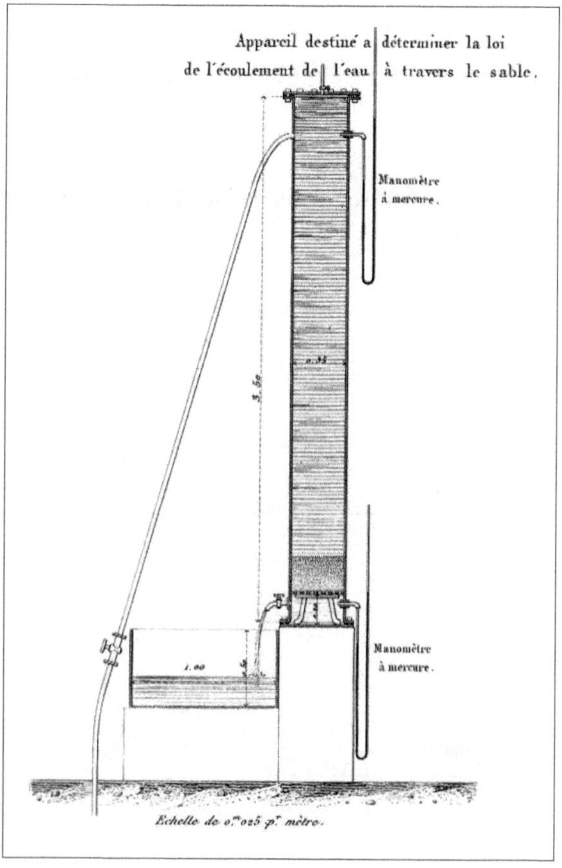


**Abb. 3.22** Ursprünglicher Versuchsaufbau zur Herleitung des Darcyschen Gesetzes (Darcy 1856).

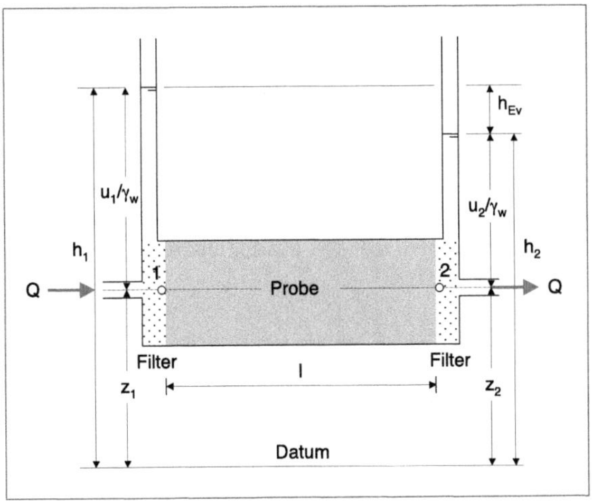


**Abb. 3.23** Interpretation des Darcyschen Versuchs: die Flüssigkeit fließt bei (1) in die Probe und bei (2) wieder hinaus.

Strömungsenergie aufzubrauchen. Schließlich hängt die Durchströmung des Filters auch von der Höhe des Wasserspiegels im Reservoir ab, oder allgemein ausgedrückt, der Druckspiegeldifferenz (zwischen Wasseroberfläche im Reservoir und Auslassniveau). Außerdem hängt die Durchlässigkeit noch von der Dichte und der Viskosität der Flüssigkeit ab, die den Erdstoff durchströmt.

Dieses Gedankenexperiment wurde vom französischen Ingenieur Henry Darcy (1803-1858) versuchstechnisch umgesetzt. Zu jener Zeit befasste er sich mit der Wasserversorgung von Dijon. In diesem Zusammenhang führte er (zusammen mit den Ingenieuren Ritter und Baumgarten) Durchströmungsversuche an Sandproben durch (Abb. 3.22, Abb. 3.23). Darcy stellte fest, dass die Durchflussrate Q [$m^3/s$] proportional zu der Druckdifferenz am Ein- und Ausflusspunkt des Sandfilters ist

$$Q \sim h_{Ev} \sim h_1 - h_2$$

Weiterhin wies er nach, dass die Durchflussrate umgekehrt proportional der Durchflusslänge ist, dass also der Durchflusswiderstand mit zunehmender Länge des Filters ansteigt

$$Q \sim 1/l$$

Daraus schloss Darcy, dass sich die von der Durchflussrate abhängige spezifische Filtergeschwindigkeit $v_f$ [m/s] als Funktion der Druckhöhendifferenz und der Probenlänge ausdrücken lässt

$$\frac{Q}{A} = v_f \sim \frac{h_1 - h_2}{l}$$

mit $A$ als durchströmter Querschnitt (Darcy 1856). Er führte den *Durchlässigkeitsbeiwert* $k$ [m/s] ein, um die hydraulische Leitfähigkeit des durchströmten Stoffes zu charakterisieren. Daraus folgt das *Darcysche Gesetz*

$$\frac{Q}{A} = v_f = k\frac{h_1 - h_2}{l} = k\frac{\Delta h}{\Delta l} = k\,i$$

mit $i$ [-] als hydraulischem Gradienten. Die Filtergeschwindigkeit $v_f$ [m/s] unterscheidet sich von der Fließgeschwindigkeit des Grundwassers und der realen, ständig wechselnden Bahngeschwindigkeit eines Wasserteilchens im Porenraum, wie später noch ausgeführt wird (Kapitel 7).

Das Gesetz stellt eine spezielle Lösung der *Navier-Stokes-Gleichungen* für newtonsche Flüssigkeiten und Gase dar. Es ist von fundamentaler Bedeutung für die hydraulische Beschreibung von Böden und ermöglicht, zusammen mit der Bernoullischen Stromfadengleichung und dem Kontinuitätsprinzip, die Modellierung hydrogeologischer Prozesse.

## 3.8 Die Strömungsgleichung von Laplace

Die bereits vorgestellte Kontinuitätsgleichung für inkompressible Flüssigkeiten

$$\frac{\partial q_x}{\partial x}+\frac{\partial q_y}{\partial y}+\frac{\partial q_z}{\partial z}=0$$

lässt sich mit Darcy auf poröse Medien anwenden, indem

$$q_x=k_x\frac{\partial h}{\partial x},\ q_y=k_y\frac{\partial h}{\partial y},\ q_z=k_z\frac{\partial h}{\partial z}$$

Daraus folgt die Bilanzgleichung

$$\frac{\partial}{\partial x}\left[k_x\frac{\partial h}{\partial x}\right]+\frac{\partial}{\partial y}\left[k_y\frac{\partial h}{\partial y}\right]+\frac{\partial}{\partial z}\left[k_z\frac{\partial h}{\partial z}\right]=0$$

aus der bei konstantem $k$ folgt

$$\frac{\partial^2 h}{\partial x^2}+\frac{\partial^2 h}{\partial y^2}+\frac{\partial^2 h}{\partial z^2}=\nabla^2 h=0$$

Diese Gleichung wird dem französischen Mathematiker Pierre-Simon Laplace (1749-1827) zugeschrieben, Schüler d'Alemberts und Funktionär in Napoleons Diensten. $\nabla^2$ wird als Laplace-Operator bezeichnet. Die Herleitung der *Laplace-Gleichung* soll allerdings bereits vor ihrer Veröffentlichung in seinem fünfbändigen Lebenswerk *Traité de mecanique céleste* (1799-1825) bekannt gewesen sein.

Die Laplace-Gleichung beschreibt die stationär-isotrope (zeit- und richtungsunabhängige) Strömung in einem porösen Medium, z. B. einem Aquifer. Für den instationären Zustand ist die Bilanz in der Laplace-Gleichung ungleich Null (Jacob 1940)

$$\frac{\partial^2 h}{\partial x^2}+\frac{\partial^2 h}{\partial y^2}+\frac{\partial^2 h}{\partial z^2}=\nabla^2 h=\frac{S'}{k}\frac{\partial h}{\partial t}$$

mit $t$ als Zeit und $S'$ als Maß für das Speichervermögen des betrachteten Mediums (spezifischer Speicherkoeffizient [1/m], der das Wasservolumen angibt, das in ein

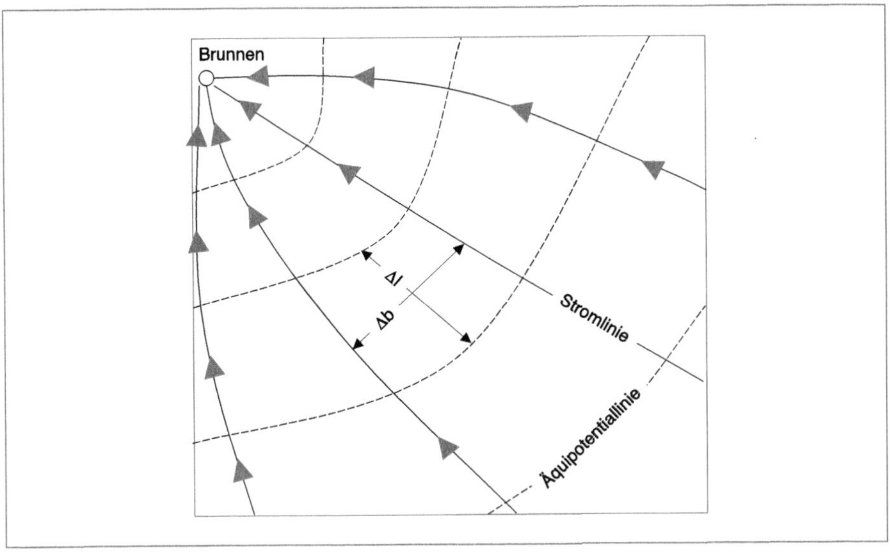


**Abb. 3.24** Ein Strömungsnetz aus Stromlinien und Äquipotenziallinien.

Kontrollvolumen von einem Kubikmeter bei einer Veränderung des Druckwasserspiegels um einen Meter eingespeichert oder entnommen werden kann).

Die Lösung der Laplace-Gleichung ist für bestimmte Randbedingungen möglich und definiert somit den Ausgangspunkt der Hydromechanik der Grundwasserleiter. Sie lässt sich auch in graphischer Form mit Strömungsnetzen darstellen (Forchheimer 1914, Casagrande 1940, Bennett 1962). Die Schnittlinien senkrecht zur Strömungsrichtung (zu den *Stromlinien*) zeichnen sich durch ein konstantes Energiepotenzial aus und werden daher *Äquipotenziallinien* genannt (Abb. 3.24). In isotropen Medien findet Strömung nur senkrecht zu den Äquipotenziallinien statt.

Ausgehend vom Darcyschen Gesetz gilt, dass zwei benachbarte Stromlinien einen Strömungskanal bilden und eine spezifische Strömungsrate von

$$\Delta q' = k \frac{\Delta h}{\Delta l} \Delta b = k\, i\, \Delta b$$

ermöglichen, wobei $\Delta b$ der Abstand der Stromlinien und $\Delta l$ der Abstand der Äquipotenziallinien im betrachteten Viereck von Strom- und Potenziallinien sind. $\Delta h$ entspricht der Potenzialdifferenz und $i$ dem hydraulischen Gradienten. Die spezifische Strömungsrate $\Delta q'$ ist auf eine Schichtmächtigkeit von 1 m bezogen und hat die Dimension $m^2/s$. Ist das Viereck näherungsweise quadratisch, vereinfacht sich die spezifische Strömungsrate zu

$$\Delta q' = k\, \Delta h \frac{\Delta b}{\Delta l} = k\, \Delta h$$

Bei $n_f$ Strömungskanälen ist der Gesamtdurchfluss

$$q' = n_f \Delta q'$$

Die resultierende Potenzialdifferenz ergibt sich aus der Gesamtzahl der Potenzialdifferenzen $n_d$ pro Strömungskanal und der Potenzialdifferenz $\Delta h$ pro Quadrant

$$h = n_d \Delta h$$

Durch Substitution folgt für $q'$

$$q' = \frac{n_f}{n_d} k\,h$$

Unter Berücksichtigung der Mächtigkeit der durchströmten Schicht $d$ folgt schließlich für den Gesamtdurchfluss

$$Q = \frac{n_f}{n_d} h\,k\,d = \frac{n_f}{n_d} h\,T$$

wobei $T$ als *Transmissivität* [$m^2/s$] bezeichnet wird.

Ein Wasserwerk fördert mit zwei Brunnen jeweils 75 $m^3/h = 2.08\ (10^{-2})\ m^3/s$. Die Grundwasseroberfläche konnte aufgrund der Vielzahl der Beobachtungsbrunnen konstruiert werden (Abb. 3.25) (nach Langguth und Voigt 1980, 2004). Die Mächtigkeit der durchströmten Schicht beträgt etwa 20 m. Wie groß ist die Durchlässigkeit in der Umgebung der Förderbrunnen?

Die Konstruktion des Strömungsnetzes zeigt, dass sich jeweils zehn der Strömungskanäle zu den Förderbrunnen hin öffnen. Durch Umstellung der oben hergeleiteten Gleichung folgt

$$k = \frac{n_d}{n_f} \frac{Q}{hd} = \frac{1}{n_f} \frac{Q}{\Delta h d}$$

mit

$$Q = 2(2.08)\left(10^{-2}\right) = 4.16 \cdot 10^{-2}\ \frac{\mathrm{m}^3}{\mathrm{s}}$$

$$n_f = 20 \text{ Strömungskanäle}$$

$$\Delta h = 0.1\,\mathrm{m}$$

$$d = 20\,\mathrm{m}$$

folgt

$$k = \frac{1}{20} \frac{4.16\left(10^{-2}\right)}{0.1(20)} = 1.03 \cdot 10^{-3} \approx 0.001\,\mathrm{m/s}$$

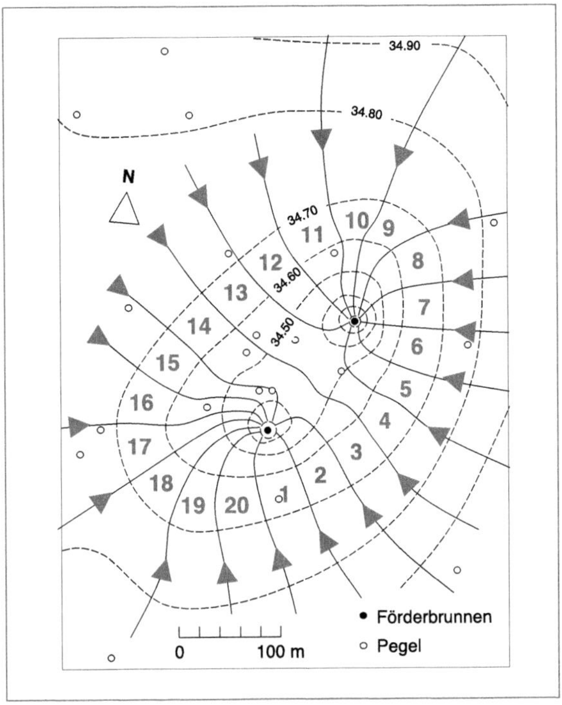


**Abb. 3.25** Strömungsnetz für zwei Förderbrunnen.

Auch die Ausbreitung von Schadstoffen im Grundwasser lässt sich durch die Anwendung des Eulerschen Schnittprinzips, des Kontinuitätsprinzips und des Darcyschen Gesetzes in einfacher Weise herleiten. Mit

- $q_x$ [m/s] als Durchflussgeschwindigkeit in x-Richtung
- $c(x,y,z,t)$ [kg/m³] als mobile Phase der gelösten Schadstoffe (auf das Einheitsvolumen des Fluids bezogen),
- $c_s(x,y,z,t)$ [kg/m³] als adsorbierte Phase, die an den Phasengrenzen (d. h. dem Korngerüst) gebunden ist (ebenfalls auf das Einheitsvolumen des Fluids bezogen) und
- $\lambda$ [1/s], einer zeitabhängigen *Schadstoffabbaurate*
- $n$ [-] als Porenanteil des Bodens

folgt die Bilanzgleichung (z. B. Strack 1989) (Abb. 3.26)

$$-\left(c_{aus}q_{x,aus} - c_{ein}q_{x,ein}\right)\Delta y\Delta z\Delta t - \left(c + c_s\right)n\lambda\Delta x\Delta y\Delta z\Delta t =$$
$$\left[\left(c_{+\Delta t/2} + c_{s,+\Delta t/2}\right) - \left(c_{-\Delta t/2} + c_{s,-\Delta t/2}\right)\right] n\,\Delta x\Delta y\Delta z$$

Durch Division mit $\Delta x\Delta y\Delta z\Delta t$ und $\Delta x \to 0$, $\Delta y \to 0$, $\Delta z \to 0$, $\Delta t \to 0$, folgt

$$n\frac{\partial}{\partial t}\left(c + c_s\right) + \frac{\partial}{\partial x}\left(cq_x\right) = -n\lambda\left(c + c_s\right)$$

Mit Einführung eines *Retardationskoeffizienten* $R$ [-]

$$R = \frac{c + c_s}{c}$$

vereinfacht sich die Transportgleichung zu

$$nR\frac{\partial c}{\partial t} + \frac{\partial}{\partial x}(cq_x) = -n\lambda Rc$$

Mit der für Porenwasserleiter zutreffenden Porengeschwindigkeit

$$v_x = \frac{q_x}{n}$$

folgt nach Umstellung

$$\frac{\partial c}{\partial t} + \frac{1}{R}v_x\frac{\partial c}{\partial x} = -\lambda c$$

Soweit wurde noch keine Diffusion der Schadstoffe berücksichtigt. Sie teilt sich auf in eine Diffusion infolge des Konzentrationsunterschieds $D_{con}$ und eine mechanische Dispersion $D_{mech}$, die auch in isotropen Medien anisotrop ist (größer in Fließrichtung als senkrecht dazu). Die Transformation der *x*-, *y*- und *z*-Achsen in $x_1$, $x_2$ und $x_3$ mit $x_1$ als Fließrichtung führt schließlich zur *allgemeinen Transportgleichung* unter Berücksichtigung von Schadstoffretardation und Schadstoffabbau

$$\frac{\partial c}{\partial t} + \frac{1}{R}v_{x_1}\frac{\partial c}{\partial x_1} - \frac{1}{R}\sum_{i=1}^{3}\frac{\partial}{\partial x_i}\left[\left(D_{mech,i} + D_{con}\right)\frac{\partial c}{\partial x_i}\right] = -\lambda c$$

Diese Differenzialgleichung lässt sich für bestimmte Randbedingungen lösen. Nach Ogata (1970) gelten z. B. für das eindimensionale Transportproblem die Randbedingungen (ohne Berücksichtigung einer Schadstoffabbaurate $\lambda$)

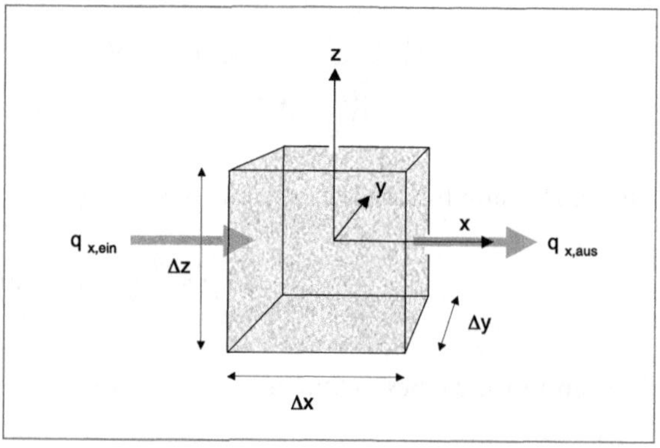


**Abb. 3.26** Durchströmtes Einheitsvolumen mit Strömungsbilanz.

$$c(x_1) = 0, \quad x_1 > 0, t = 0$$
$$c(0) = c_0, \quad t > 0$$

Unter Berücksichtigung der Dispersion folgt

$$\frac{c(x_1,t)}{c_0} = \frac{1}{2} erfc\left[\frac{x_1 - \frac{v_{x_1} t}{nR}}{2\sqrt{\frac{Dt}{nR}}}\right]$$

mit der inversen Gaußschen Fehlerfunktion

$$erfc(a) = 1 - erf(a) = 1 - \frac{2}{\sqrt{\pi}} \int_0^a e^{-j^2} dj$$

mit $a$ als Argument.

Die Anwendung geschlossener Lösungen ist bei Feldbedingungen jedoch in den meisten Fällen zu restriktiv, so dass die Transportbedingung nummerisch simuliert wird.

## Weiterführende Literatur


Böge A (2013) Technische Mechanik. Springer Vieweg, 456 S

Gross D, Hauger W, Schröder J & WA Wall A (2011) Technische Mechanik 1: Statik. Springer Berlin Heidelberg New York, 298 S

Gross D, Hauger W, Schröder J & WA Wall A (2012) Technische Mechanik 2: Elastostatik. Springer Berlin Heidelberg New York, 320 S

Gross D, Hauger W, Schröder J & WA Wall A (2012) Technische Mechanik 3: Kinetik. Springer Berlin Heidelberg New York, 341 S

Hölting B & WG Coldewey (2013) Hydrogeologie. Springer Spektrum Heidelberg, 464 S

Issler L, Ruoß H & Häfele P (2005) Festigkeitslehre. Springer Berlin Heidelberg New York, 668 S

Läpple V (2012) Einführung in die Festigkeitslehre. Vieweg+Teubner, 432 S


## Übungen

3-1 Ein Würfel von 1 m Kantenlänge ist aus einem wassergesättigten Schluff ($\gamma_r$ = 18 kN/m³) in 10.5 m Tiefe freizuschneiden (Oberkante des Würfels in 10 m Tiefe). Wie groß sind die totalen Spannungen an der Oberkante des Würfels? Wie groß sind die effektiven Spannungen an der Oberkante?

3-2 Ein Körper auf einer schiefen Ebene wird durch eine Kraft $F$ belastet und von der stabilisierenden Kraft $R$ im Gleichgewicht gehalten (Abb. 3.27). Um $R$ zu bestimmen, ist der Körper freizuschneiden und das Krafteck zu bilden.

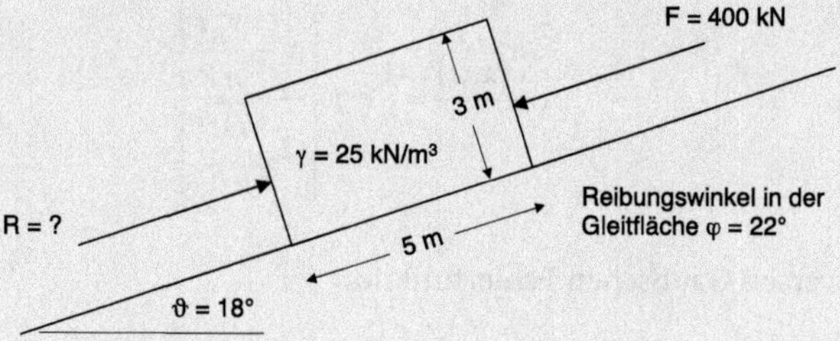


**Abb. 3.27** Freizuschneidendes System.

3-3 Im System des Beispiels 3-2 ist eine horizontale Beschleunigung von 0.2 g zu berücksichtigen (z. B. infolge eines Erdbebens). Wie groß ist nun $R$?

3-4 Bei welcher Neigung ist die Reaktionskraft im Beispiel 3-3 am kleinsten?

3-5 An einer ungeklüfteten Bohrprobe aus Granit wird ein einaxialer Druckversuch durchgeführt. Der Bohrkern hat einen Durchmesser von 10 cm und eine Länge von 20 cm. Im Spannungs-Dehnungs-Diagramm (Abb. 3.28) sind die Stadien der elastischen und plastischen Deformation und das Postfailure-Stadium zu kennzeichnen. Wie groß ist die maximale Druckfestigkeit? Wie groß ist der Elastizitätsmodul im elastischen Stadium?

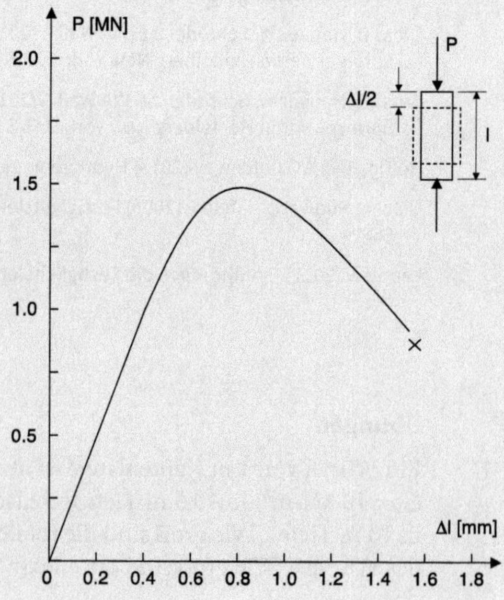


**Abb. 3.28** Spannungs-Dehnungs-Diagramm für den einaxialen Druckversuch an einer Granitprobe.

3.6 Die dargestellte wasserundurchlässige Spundwand trennt zwei Becken (Abb. 3.29). Sie wurde in gleichmäßigem Schluff errichtet. Der Durchlässigkeitsbeiwert $k$ ist aus Laborversuchen bekannt. Mithilfe eines Strömungsnetzes ist die Unterläufigkeit (Durchfluss $q$) zu bestimmen.

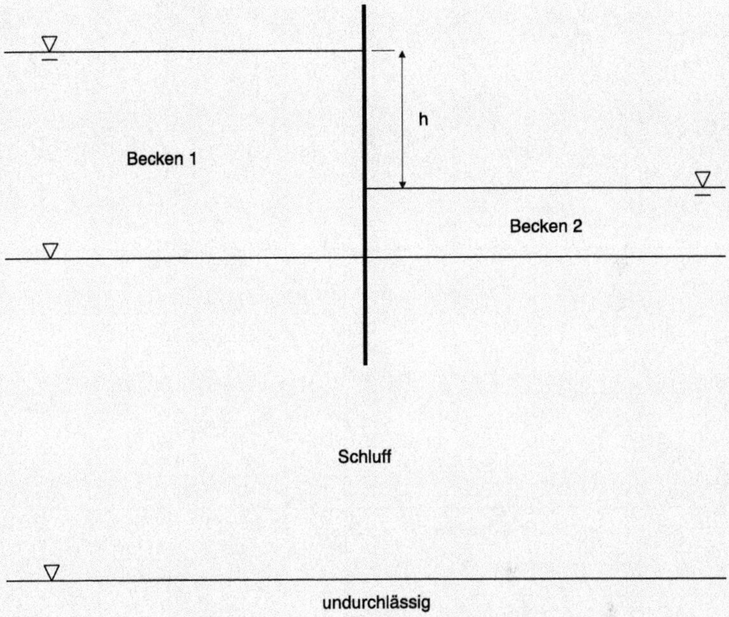


**Abb. 3.29** Eine Spundwand trennt zwei Wasserbecken.

# 4 Prinzipien der Unschärfe

In diesem Kapitel wird der Begriff der Unschärfe aus der Sicht der Ingenieurgeologie diskutiert. Zuerst werden Daten und Datengruppen, ihre statistischen Kennwerte und Verteilungsfunktionen vorgestellt. Darauf aufbauend wird die Optimierung des Informationsniveaus mit der Bayesschen Statistik erläutert. Anschließend folgt die Diskussion von Datenserien, wobei speziell auf die Autokorrelation, Kreuzkorrelation und Kreuzassoziation eingegangen wird. In diesem Zusammenhang wird auch der Bogen von der Autokorrelation zu experimentellen Semivariogrammen geschlagen. Ebenfalls erläutert wird die Extrapolation von Datenserien mit Markowschen Ketten. Darauf folgt die Diskussion von Datenmustern – Punktmuster, Linienmuster und räumliche Muster – wie der Geologe sie zum Beispiel aus der Karteninterpretation oder der gefügekundlichen Trennflächenansprache kennt. Auch auf fraktale Muster wird eingegangen. Wie Informationen schließlich regionalisiert, hinsichtlich ihres Informationsgehaltes mit einer Kriging-Routine optimiert und in Karten visualisiert werden, ist Gegenstand des folgenden Abschnittes. Abschließend wird auf die Bedeutung der unscharfen Logik für die Ingenieurgeologie eingegangen.

## 4.1 Unschärfe in der Ingenieurgeologie

Alle Daten, die Ingenieurgeologen im Rahmen von Geländeuntersuchungen oder im Labor gewinnen, sind unscharf. Sie unterliegen statistischen Schwankungen und haben typische Verteilungsdichten, die aufgrund des geringen Stichprobenumfangs oft nicht quantifiziert werden können.

Alle Modelle, die Ingenieurgeologen im Rahmen der Projektbearbeitung entwickeln, sind unscharf. Sie sind es nicht nur wegen der unvermeidlichen Messfehler, sondern auch, weil die Beprobung stichprobenartig ist: eine Bodenprobe liefert eine vage Punktinformation zur lokalen Ausprägung eines bestimmten Parameters, ein geophysikalisches Profil stellt ein unscharfes, vom Interpretationsvermögen des Bearbeiters abhängiges Abbild der geologischen Verhältnisse dar, ein Feldversuch erfasst nur örtlich und ungenau das räumliche Baugrundverhalten.

Alle Folgerungen, die Ingenieurgeologen aus Daten und Modellen ziehen, sind folglich unscharf. Sie beruhen auf unsicheren Informationen, Approximationen und Idealisierungen. Die Gefahr des Versagens eines Brückenfundamentes, die Standsicherheit einer Felsböschung, die Ausbreitung von Schadstoffen im Untergrund: dies alles sind Fragen, auf die es keine exakten Antworten gibt. Sie können nur unscharf beantwortet werden, und es ist die Aufgabe des Ingenieurgeologen, diese *Unschärfe* zu quantifizieren und einzugrenzen.

## 4.2 Daten

### 4.2.1 Statistische Kennwerte

Daten werden in verschiedenen Formen und Formaten gesammelt. Stichproben werden genommen, um Mittelwerte, Streumaße und schließlich die Verteilungsfunktion der untersuchten Variablen zu bestimmen. Da uns immer nur ein begrenzter *Stichprobenumfang* $n$ der Messwerte $x_i$ vorliegt, lässt sich der wahre *Mittelwert* $\mu$ nur näherungsweise mit einem *Erwartungswert*

$$E(x) = \bar{x} = \frac{1}{n}\sum_{i=1}^{n} x_i$$

abschätzen. Das gleiche gilt für die *Standardabweichung* $\sigma$ als Streumaß bzw. der *Varianz* als Quadrat der gemessenen Standardabweichung $s^2$

$$var(x) = s^2(x) = \frac{1}{n-1}\sum_{i=1}^{n}(x_i - \bar{x})^2$$

und dem daraus abgeleiteten, dimensionsfreien *Variationskoeffizienten*

$$vac(x) = \frac{s}{\bar{x}}$$

### 4.2.2 Verteilungsfunktionen

Schwieriger stellt sich die Herleitung einer *Verteilungsfunktion* dar, mit der die Stichprobe modelliert werden kann. In einigen Fällen liegen noch nicht einmal Messwerte vor, die Aufschluss über die Verteilung der Grundgesamtheit der zu modellierenden Variablen geben könnten. Messdaten zum Reibungswinkel der Kluftflächen in einer Steilwand zum Beispiel sind nicht verfügbar. Die Tragfähigkeit von Pfeilern in einem aufgegebenen, gefluteten Bergwerk ist nicht messbar. Der hydrostatische Druck in einer Felsböschung nach einem Starkregen kann kaum erfasst werden. In diesen Fällen ist es unumgänglich, physikalisch schlüssige Randbedingungen zu definieren, obere und untere Grenzwerte, zwischen denen sich die zu untersuchende Variable realisiert. So kann zum Beispiel der Reibungswinkel nicht kleiner als Null werden, was somit den unteren Grenzwert definiert. Der obere Grenzwert kann eventuell durch Rückrechnung vieler Versagensfälle hergeleitet werden.

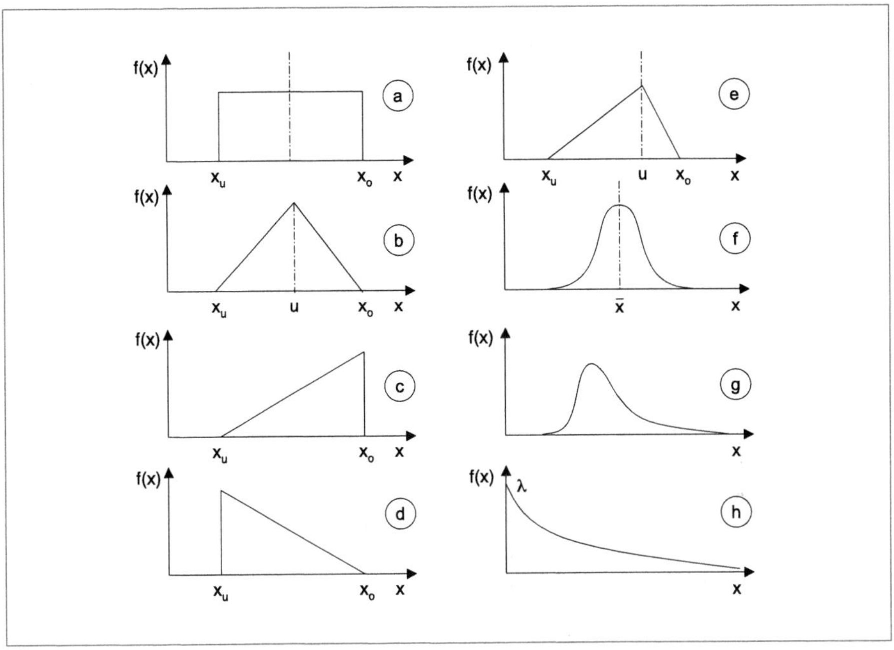


**Abb. 4.1** Modellverteilungen: a) Rechteckverteilung b) bis e) Dreiecksverteilungen f) Gauß-Verteilung g) Lognormalverteilung h) Exponenzialverteilung.

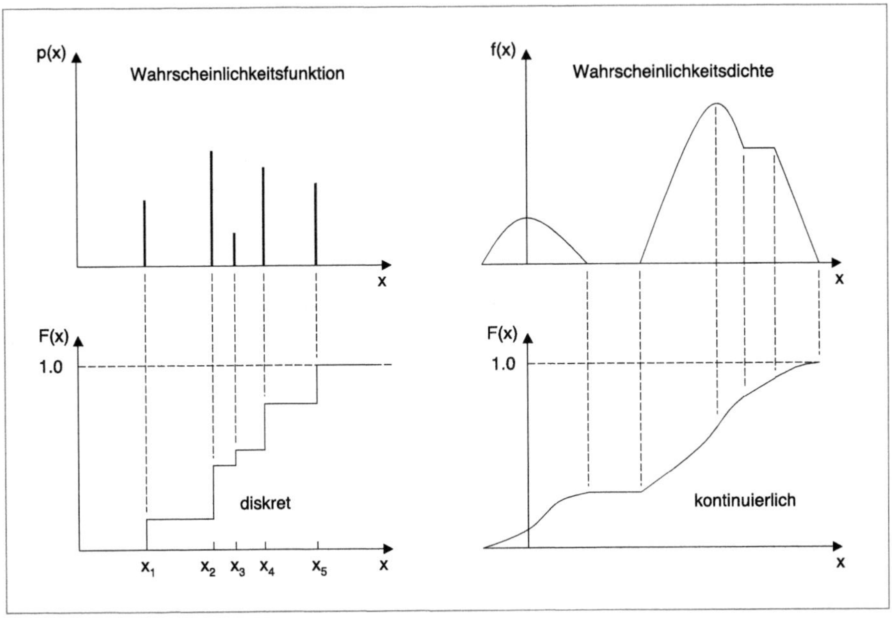


**Abb. 4.2** Wahrscheinlichkeitsfunktion, Wahrscheinlichkeitsdichte und kumulierte Wahrscheinlichkeitsverteilung (nach Ang & Tang 1975).

Wie aber ist die Variable zwischen diesen Grenzwerten verteilt? Liegen keine weiteren Informationen vor, ist von einer *Gleichverteilung (Rechteckverteilung, uniformen Verteilung)* auszugehen (Abb. 4.1). Mit $x_o$ als obere Grenze und $x_u$ als untere Grenze der Gleichverteilung ergeben sich die folgenden *Wahrscheinlichkeitsdichten f(x)* mit ihren Erwartungswerten für den Mittelwert und die Varianz

$$f(x) = \frac{1}{x_o - x_u} \qquad x_u < x < x_o$$

$$E(x) = \frac{x_o + x_u}{2}$$

$$var(x) = \frac{1}{12}(x_o - x_u)^2$$

Wenn mit dem häufigsten Wert am oberen oder unteren Ende zu rechnen ist, lässt sich die Variable mit einer *Dreiecksverteilung* modellieren, die nach Thomas Simpson (1710-1761) auch Simpson-Verteilung genannt wird (Abb. 4.1). Mit $x_o$ als obere Grenze und $x_u$ als untere Grenze sowie $u$ als zusätzlicher Kennwerte der Dreiecksverteilung ergeben sich die folgenden *Wahrscheinlichkeitsdichten f(x)* mit ihren Erwartungswerten für den Mittelwert und die Varianz

$$f(x) = \frac{2}{x_o - x_u}\left(\frac{x - x_u}{u - x_u}\right) \qquad x_u \leq x \leq u$$

$$f(x) = \frac{2}{x_o - x_u}\left(\frac{x_o - x}{x_o - u}\right) \qquad u \leq x \leq x_o$$

$$E(x) = \frac{1}{3}(x_u + u + x_o)$$

$$var(x) = \frac{1}{36}\left[(x_u - x_o)^2 + (x_o - u)^2 + (x_u - u)^2\right]$$

Die *Verteilungsfunktion F(x)* gibt die Wahrscheinlichkeit an, dass ein Wert $X$ nicht überschritten wird

$$F(x) = P(X \leq x)$$

Sie entspricht der Summenhäufigkeit und wird auch als *kumulierte Wahrscheinlichkeitsverteilung* bezeichnet. Die kumulierte Wahrscheinlichkeit berechnet sich bei stetigen Zufallsvariablen aus dem Integral der *Wahrscheinlichkeitsdichte f(x)*

$$F(x) = P(X \leq x) = \int_{-\infty}^{x} f(x)dx$$

und bei diskreten Zufallsvariablen aus der Summe der *Wahrscheinlichkeitsfunktionen* $p(x_i)$

$$F(x) = P(X \leq x) = \sum_{x_i \leq x} p(x_i)$$

Abbildung 4.2 verdeutlicht diesen Zusammenhang. Die Auftrittswahrscheinlichkeit von $X$ zwischen $a$ und $b$ folgt bei kontinuierlichen Verteilungen durch Integration

$$P(a < X \leq b) = \int_a^b f(x)dx$$

und bei diskreten Wahrscheinlichkeiten durch Summenbildung

$$P(a < X \leq b) = \sum_{x_1=a}^{b} p(x_i)$$

Eine Brachfläche soll wieder nutzbar gemacht werden. Die Fläche war früher bebaut. Inzwischen sind alle Bauwerke rückgebaut worden. Für die Gründungstiefe der Altbaufundamente liegen keine Planungsunterlagen mehr vor. Sie ist sicher größer als die frostfreie Tiefe, da sonst die Gebäude im Winter Schäden erlitten hätten. Andererseits müsste sie geringer als die Tiefe zum Grundwasserspiegel sein, da ein Ausschachten im Grundwasser erst mit modernen Methoden der Wasserhaltung möglich wurde. Mit 0.80 m als frostfreie Tiefe und 1.50 m als Tiefe zum Grundwasserspiegel lassen sich ein oberer und ein unterer Grenzwert herleiten. Da keine weiteren Informationen vorliegen wird die Wahrscheinlichkeit zwischen diesen beiden Grenzwerten als gleichverteilt angenommen. Wie groß ist die Wahrscheinlichkeit, dass Fundamente bis zu einer Tiefe von 1.15 m angetroffen werden? Nach

$$F(x) = P(0.80 < X < 1.15) = \int_{0.80}^{1.15} \frac{1}{1.50 - 0.80} dx = 0.50$$

folgt eine Wahrscheinlichkeit von 50%. Die Tiefe von 1.15 m entspricht auch dem Mittelwert der Gleichverteilung. Eine Wahrscheinlichkeit von 50% ist daher schlüssig.

Dem Göttinger Mathematiker Carl Friedrich Gauß (1777-1855, Abb. 4.3) gelang es eher beiläufig, im letzten Abschnitt seiner bedeutenden Arbeit zur Bewegung der Himmelskörper *Theoria motus corporum celestium* (1809) eine Fehlerkurve herzuleiten, die Grundlage der wohl wichtigsten Verteilungsfunktion wurde, mit der viele natürliche Variablen beschrieben werden können. Für die Wahrscheinlichkeitsdichte der *Gauß-Verteilung*, auch *Normalverteilung* (Abb. 4.1) sowie die Erwartungswerte für Mittelwert und Streuung gilt

$$f(x) = \frac{1}{\sqrt{2\pi}\,\sigma} \exp\left[-\frac{1}{2}\left(\frac{x-\mu}{\sigma}\right)^2\right] \qquad -\infty < x < +\infty$$

$$E(x) = \frac{1}{n}\sum_{i=1}^{n} x_i = \mu$$

$$var(x) = \frac{1}{n-1}\sum_{i=1}^{n}(x_i - \bar{x})^2 = \sigma^2$$

**Abb. 4.3** Carl Friedrich Gauß (1777-1855) (Ausschnitt aus einem Gemälde von Gottlieb Biermann, 1887).

mit $\sigma$ als Standardabweichung, $\mu$ als Mittelwert und $x$ als Zufallsvariable.

In der Gauß-Verteilung wird die Zufallsvariable mit Mittelwert und Standardabweichung normiert

$$z = \frac{x - \mu}{\sigma}$$

Die Fläche unter der glockenförmigen Verteilungskurve beträgt somit 1.0. In Tabelle 4.1 sind Werte für den Flächeninhalt, also dem Integral über die Wahrscheinlichkeitsdichte oder die kumulative Wahrscheinlichkeit

$$F(X < z) = \Phi(z)$$

aufgelistet. Die Gauß-Normalverteilung wird auf eine Fülle ingenieurgeologischer Probleme angewendet und ist eine der wichtigsten Wahrscheinlichkeitsverteilungen überhaupt.

Die Schwankung des Grundwasserspiegels in einem Beobachtungsbrunnen ist annähernd normal verteilt, mit einem Mittelwert von 2.0 m und einer Standardabweichung von 0.5 m. Wie groß ist die Wahrscheinlichkeit, dass der Grundwasserspiegel innerhalb seiner Standardabweichung schwankt? Mit

$$z = \frac{2.5 - 2.0}{0.5} = 1.0$$

bzw.

$$z = \frac{1.5 - 2.0}{0.5} = -1.0$$

folgt mit Tabelle 4.1

$$P(-1.0 < z \leq +1.0) = 1.0 - 2[1 - \Phi(1.0)]$$
$$= 1.0 - 2(1 - 0.84134) = 0.68268$$

Die Eintrittswahrscheinlichkeit beträgt somit 68%. Wie groß ist die Wahrscheinlichkeit, dass der Grundwasserspiegel die Oberfläche erreicht? Mit

$$z = \frac{0.0 - 2.0}{0.5} = -4.0$$

folgt

$$P(z \leq -4.0) = 1.0 - \Phi(4.0)$$
$$= 1.0 - 0.99997 = 0.00003$$

Die Wahrscheinlichkeit, dass der Grundwasserspiegel die Oberfläche erreicht, ist also verschwindend gering.

**Tab. 4.1** Fläche $\Phi(z)$ unter der normierten Gauß-Verteilung (Normalverteilung)[1]

| z | .00 | .01 | .02 | .03 | .04 | .05 | .06 | .07 | .08 | .09 |
|---|---|---|---|---|---|---|---|---|---|---|
| 0.0 | 0.50000 | 0.50399 | 0.50798 | 0.51197 | 0.51595 | 0.51994 | 0.52392 | 0.52790 | 0.53188 | 0.53586 |
| 0.1 | 0.53983 | 0.54380 | 0.54776 | 0.55172 | 0.55567 | 0.55962 | 0.56356 | 0.56749 | 0.57142 | 0.57535 |
| 0.2 | 0.57926 | 0.58317 | 0.58706 | 0.59095 | 0.59483 | 0.59871 | 0.60257 | 0.60642 | 0.61026 | 0.61409 |
| 0.3 | 0.61791 | 0.62172 | 0.62552 | 0.62930 | 0.63307 | 0.63683 | 0.64058 | 0.64431 | 0.64803 | 0.65173 |
| 0.4 | 0.65542 | 0.65910 | 0.66276 | 0.66640 | 0.67003 | 0.67364 | 0.67724 | 0.68082 | 0.68439 | 0.68793 |
| 0.5 | 0.69146 | 0.69497 | 0.69847 | 0.70194 | 0.70540 | 0.70884 | 0.71226 | 0.71566 | 0.71904 | 0.72240 |
| 0.6 | 0.72575 | 0.72907 | 0.73237 | 0.73565 | 0.73891 | 0.74215 | 0.74537 | 0.74857 | 0.75175 | 0.75490 |
| 0.7 | 0.75804 | 0.76115 | 0.76424 | 0.76730 | 0.77035 | 0.77337 | 0.77637 | 0.77935 | 0.78230 | 0.78524 |
| 0.8 | 0.78814 | 0.79103 | 0.79389 | 0.79673 | 0.79955 | 0.80234 | 0.80511 | 0.80785 | 0.81057 | 0.81327 |
| 0.9 | 0.81594 | 0.81859 | 0.82121 | 0.82381 | 0.82639 | 0.82894 | 0.83147 | 0.83398 | 0.83646 | 0.83891 |
| 1.0 | 0.84134 | 0.84375 | 0.84614 | 0.84849 | 0.85083 | 0.85314 | 0.85543 | 0.85769 | 0.85993 | 0.86214 |

| z | .00 | .01 | .02 | .03 | .04 | .05 | .06 | .07 | .08 | .09 |
|---|---|---|---|---|---|---|---|---|---|---|
| 1.1 | 0.86433 | 0.86650 | 0.86864 | 0.87076 | 0.87286 | 0.87493 | 0.87698 | 0.87900 | 0.88100 | 0.88298 |
| 1.2 | 0.88493 | 0.88686 | 0.88877 | 0.89065 | 0.89251 | 0.89435 | 0.89617 | 0.89796 | 0.89973 | 0.90147 |
| 1.3 | 0.90320 | 0.90490 | 0.90658 | 0.90824 | 0.90988 | 0.91149 | 0.91309 | 0.91466 | 0.91621 | 0.91774 |
| 1.4 | 0.91924 | 0.92073 | 0.92220 | 0.92364 | 0.92507 | 0.92647 | 0.92785 | 0.92922 | 0.93056 | 0.93189 |
| 1.5 | 0.93319 | 0.93448 | 0.93574 | 0.93699 | 0.93822 | 0.93943 | 0.94062 | 0.94179 | 0.94295 | 0.94408 |
| 1.6 | 0.94520 | 0.94630 | 0.94738 | 0.94845 | 0.94950 | 0.95053 | 0.95154 | 0.95254 | 0.95352 | 0.95449 |
| 1.7 | 0.95543 | 0.95637 | 0.95728 | 0.95818 | 0.95907 | 0.95994 | 0.96080 | 0.96164 | 0.96246 | 0.96327 |
| 1.8 | 0.96407 | 0.96485 | 0.96562 | 0.96638 | 0.96712 | 0.96784 | 0.96856 | 0.96926 | 0.96995 | 0.97062 |
| 1.9 | 0.97128 | 0.97193 | 0.97257 | 0.97320 | 0.97381 | 0.97441 | 0.97500 | 0.97558 | 0.97615 | 0.97670 |
| 2.0 | 0.97725 | 0.97778 | 0.97831 | 0.97882 | 0.97932 | 0.97982 | 0.98030 | 0.98077 | 0.98124 | 0.98169 |
| 2.5 | 0.99379 | 0.99396 | 0.99413 | 0.99430 | 0.99446 | 0.99461 | 0.99477 | 0.99492 | 0.99506 | 0.99520 |
| 3.0 | 0.99865 | 0.99869 | 0.99874 | 0.99878 | 0.99882 | 0.99886 | 0.99889 | 0.99893 | 0.99896 | 0.99900 |
| 3.5 | 0.99977 | 0.99978 | 0.99978 | 0.99979 | 0.99980 | 0.99981 | 0.99981 | 0.99982 | 0.99983 | 0.99983 |
| 4.0 | 0.99997 | 0.99997 | 0.99997 | 0.99997 | 0.99997 | 0.99997 | 0.99998 | 0.99998 | 0.99998 | 0.99998 |

[1]Werte aus Wikibooks, Tabelle Standardnormalverteilung (de.wikibooks.org/wiki/Tabelle_Standardnormalverteilung)

Die Gauß-Verteilung ist auch die Grundlage des *Zentralen Grenzwertsatzes,* nach dem, vereinfacht ausgedrückt, die Mittelwerte von Stichproben (des Umfangs $n$) aus einer beliebig verteilten Grundgesamtheit normal verteilt sind, woraus sich wiederum Tests herleiten lassen, um Mittelwerte verschiedener Stichproben miteinander zu vergleichen. Dabei spielt die Standardabweichung der Mittelwerte, der *Standardfehler*

$$s_e = \sqrt{\frac{\sigma^2}{n}}$$

eine zentrale Rolle ($\sigma$ = Standardabweichung der Grundgesamtheit, $n$ = Stichprobenumfang). Die verschiedenen Testverfahren sind in einschlägigen Lehrbüchern ausführlich erläutert.

Ebenfalls für ingenieurgeologische Kennwerte von Bedeutung ist die *Lognormalverteilung* (Abb. 4.1)

$$f(x) = \frac{1}{\sqrt{2\pi}\,\xi x}\exp\left[-\frac{1}{2}\left(\frac{\ln x - \lambda}{\xi}\right)^2\right] \qquad 0 \le x < \infty$$

$$E(x) = \exp\left(\lambda + \frac{1}{2}\xi^2\right)$$

$$var(x) = E^2(x)\left(e^{\xi^2} - 1\right)$$

wobei

$$\lambda = \ln \mu - \frac{1}{2}\zeta^2 = E(\ln x)$$

$$\zeta = \sqrt{\ln\left(1 + \frac{\sigma^2}{\mu^2}\right)} = \sqrt{\operatorname{var}(\ln x)} \cong \frac{\sigma}{\mu}$$

Die transformierten Variablen $y_i = ln\ x_i$ bilden wieder eine Normalverteilung. Viele ingenieurgeologisch relevante Kennwerte sind bei Null begrenzt und lognormal verteilt, wie zum Beispiel die Kornverteilung in einem Sediment, der Schwermetallgehalt in einer Pflanze oder der Nickelgehalt in Flusssedimenten.

Der Jahresniederschlag in einer Trockenregion beträgt 60 mm bei einer Standardabweichung von 15 mm (nach Ang & Tang 1975). Die Niederschlagswerte sind annähernd lognormal verteilt. Mit welcher Wahrscheinlichkeit liegt der Jahresniederschlag in der Zukunft zwischen 40 und 70 mm? Mit

$$\zeta \cong \frac{15}{60} = 0.25$$

und

$$\lambda = \ln(60) - \frac{1}{2}(0.25)^2 = 4.06$$

folgt

$$\begin{aligned} P(40 < X \le 70) &= \Phi\left[\frac{\ln(70) - 4.06}{0.25}\right] - \Phi\left[\frac{\ln(40) - 4.06}{0.25}\right] \\ &= \Phi(0.75) - \Phi(-1.48) \\ &= 0.77337 - (1 - 0.93056) = 0.7039 \end{aligned}$$

Der Jahresniederschlag liegt also mit einer Wahrscheinlichkeit von 70% zwischen 40 und 70 mm. Wie groß ist die Wahrscheinlichkeit, dass der Jahresniederschlag mindestens 30 mm beträgt?

$$\begin{aligned} P(X \ge 30) &= 1 - \Phi\left[\frac{\ln(30) - 4.06}{0.25}\right] \\ &= 1 - \Phi(-2.64) \\ &= 0.9958 \end{aligned}$$

Mit über 99%iger Wahrscheinlichkeit wird der Jahresniederschlag mehr als 30 mm betragen.

Eine diskrete Wahrscheinlichkeitsverteilung von grundlegender Bedeutung ist die *Binomialverteilung*. Sie beschreibt eine Folge von *n* unabhängigen Versuchen mit dem

Ziel, dass $x$-mal ein Ereignisses mit einer Eintrittswahrscheinlichkeit von $p$ eintritt (einen Bernoulli-Prozess). Die Wahrscheinlichkeitsfunktion der Binomialverteilung ergibt sich aus

$$p(x) = \binom{n}{x} p^x (1-p)^{n-x} \qquad x = 0, 1, 2, \ldots$$

$$E(x) = np$$

$$var(x) = np(1-p)$$

Wie hoch ist die Wahrscheinlichkeit, bei einer Bohrkampagne mit nur fünf Bohrungen erfolgreich Öl zu finden, wenn die Eintrittswahrscheinlichkeit pro Bohrung nur 10% beträgt (nach Davis 2002)? Mit

$$n = 5$$
$$x = 0$$
$$p = 0.10$$

folgt

$$P(X=0) = \binom{5}{0}(0.10)^0(1-0.10)^5 = \frac{5!}{5!0!}(1)(0.90)^5 = 0.59$$

Die Wahrscheinlichkeit, dass die Bohrkampagne erfolglos bleibt, beträgt somit fast 60%.

*Seltene Ereignisse*, die zufällig und unabhängig voneinander auftreten, werden mit einem nach dem französischen Mathematiker Siméon Denis Poisson (1781-1840) benannten *Poisson-Prozess* modelliert. Die Poisson-Verteilung lässt sich aus der Binomialverteilung herleiten. Die Wahrscheinlichkeit, dass genau $X$ Ereignisse eintreten, die eine mittlere Ereignishäufigkeit von $\lambda$ haben, ergibt sich als diskrete Wahrscheinlichkeitsfunktion nach

$$p(x) = \frac{(vt)^x}{x!} e^{-vt} = \frac{\lambda^x}{x!} e^{-\lambda} \qquad x = 0, 1, 2, \ldots$$

$$E(x) = vt = \lambda$$

$$var(x) = vt = \lambda$$

Die Ereignishäufigkeit $\lambda$ entspricht der Ereignisrate $v$ (Ereignisse pro Einheitsintervall) mal dem betrachteten Zeitabschnitt $t$. Sie ist zugleich Mittelwert und Varianz. Die Poisson-Verteilung wird zum Beispiel genutzt, um Erdbebenereignisse, Vulkanausbrüche oder extreme Wetterereignisse zu modellieren.

Aufgrund historischer Wetteraufzeichnungen ist in einer Region mit vier Starkregenereignissen pro Jahr zu rechnen (nach Ang & Tang 1975). Wie groß ist die Wahrscheinlichkeit, dass es im nächsten Jahr kein Starkregenereignis gibt? Es folgt

$$P(X=0)=\frac{4^0}{0!}e^{-4}=0.018$$

d. h. die Wahrscheinlichkeit liegt bei weniger als zwei Prozent. Wie groß ist die Wahrscheinlichkeit, dass genau vier Starkregenereignisse auftreten?

$$P(X=4)=\frac{4^4}{4!}e^{-4}=0.195$$

Also etwa 20% (obwohl vier Starkregenereignisse der Jahresdurchschnitt sind). Die Wahrscheinlichkeit, dass zwei oder mehr Starkregenereignisse im nächsten Jahr auftreten beträgt

$$P(X\geq 2)=\sum_{x=2}^{\infty}\frac{4^x}{x!}e^{-4}=1-\sum_{x=0}^{1}\frac{4^x}{x!}e^{-4}=0.908$$

Mit einer Wahrscheinlichkeit von über 90% finden im nächsten Jahr zwei oder mehr Starkregenereignisse statt.

Der zeitliche oder räumliche Abstand zwischen Ereignissen folgt einer *Exponenzialverteilung* (Abb.4.1). Für sie gilt

$$\begin{aligned} f(x) &= \nu e^{-\nu x} \qquad x\geq 0 \\ E(x) &= 1/\nu \\ var(x) &= 1/\nu^2 \end{aligned}$$

Auch sie stellt eine nützliche Wahrscheinlichkeitsfunktion in der Ingenieurgeologie dar.

Über einen Zeitraum von 125 Jahren wurden 16 Erdbeben der Intensität VI oder mehr registriert (nach Ang & Tang 1975). Die Auftrittswahrscheinlichkeit solcher Erdbeben lässt sich mit einer Exponenzialverteilung modellieren. Wie groß ist die Wahrscheinlichkeit, dass Erdbeben dieser Intensität in den nächsten zwei Jahren auftreten? Mit

$$\nu=\frac{\lambda}{t}=\frac{16}{125}=0.128$$

Erdbeben pro Jahr folgt

$$P(T_1\leq 2)=1-e^{-0.128(2)}=0.226$$

Die Wahrscheinlichkeit, dass sich keine Erdbeben dieser Intensität in den nächsten zehn Jahren ereignen ist

$$P(T_1 > 10) = e^{-0.128(10)} = 0.278$$

also etwa 28%. Die Wiederkehrrate eines Erdbebens der Intensität VI oder größer ist

$$E(T_1) = \frac{1}{\nu} = \frac{1}{0.128} = 7.8$$

also knapp acht Jahre, im Mittel.

Weitere Modellverteilungen sind in einschlägigen Fachbüchern zu finden. Um aus einer Stichprobe die zutreffende Modellverteilung zu bestimmen, wurden eine Reihe statistischer Tests entwickelt ($\chi^2$-Test, Kolmogorov-Smirnov-Test etc). Karl Pearson beschrieb 1895 ein Verfahren, das die *Schiefe* und die *Wölbung* einer Verteilung nutzt, um diese zu bestimmen (Pearson & Hartley 1972). Die dimensionsfreien Koeffizienten von Schiefe $\beta_1$ und Wölbung $\beta_2$ lassen sich über die Potenzmomente wie folgt bestimmen

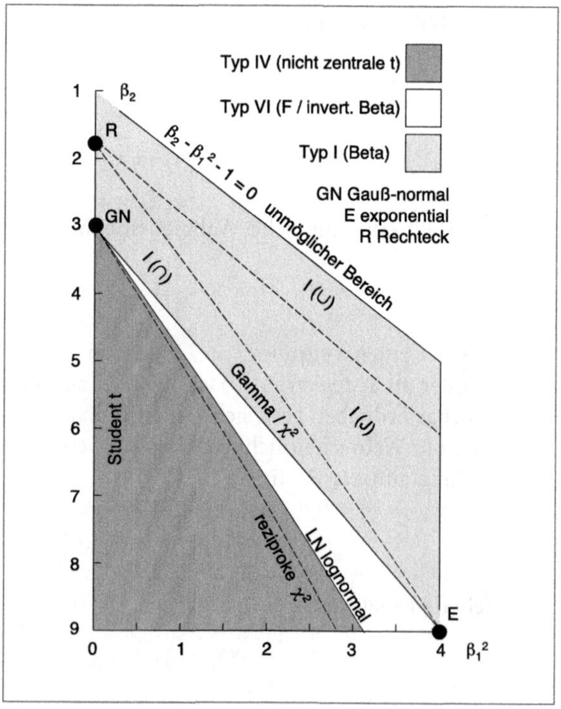


**Abb. 4.4** Klassifizierung von Verteilungstypen mit Hilfe ihrer Schiefe und Wölbung nach Pearson und Hartley (1972).

$$\beta_1 = \frac{1}{n}\sum_{i=1}^{n}\left(\frac{x_i - \bar{x}}{s}\right)^3 = \frac{E\left[\left(x_i - \bar{x}\right)^3\right]}{s^3\left(x_i\right)}$$

$$\beta_2 = \frac{1}{n}\sum_{i=1}^{n}\left(\frac{x_i - \bar{x}}{s}\right)^4 = \frac{E\left[\left(x_i - \bar{x}\right)^4\right]}{s^4\left(x_i\right)}$$

Im Diagramm (Abb. 4.4) sind die Verteilungstypen als Funktion der Wölbung und des Quadrats der Schiefe dargestellt. Mithilfe dieses Diagramms lässt sich auf der Grundlage einer Stichprobe der zutreffende Verteilungstyp einer Grundgesamtheit in einfacher Weise bestimmen.

### 4.2.3 Bayessches Updating

Die Ingenieurgeologie zeichnet sich dadurch aus, dass in der praktischen Projektbearbeitung Folgerungen auf der Grundlage eines begrenzten Informationsstandes zu ziehen sind. Dies hat mehrere Gründe: die Datenerhebung ist teuer (zum Beispiel bei Spannungs-Verformungsmessungen in einem Pilotstollen), sie ist schwierig (zum Beispiel bei der Ermittlung des Kluftwasserdrucks in einer Felsböschung), manchmal ist sie sogar unmöglich (zum Beispiel bei der Rekonstruktion der Geometrie von Stützpfeilern in einem unzugänglichen Bergwerk, von dem kein Risswerk mehr existiert, keine Pläne mehr vorliegen). Die Analyse von Proben zur Ermittlung des Materialverhaltens erfordert Zeit und Geld – Geld, das grundsätzlich knapp ist, und Zeit, die meistens fehlt.

In einigen Fällen ist es möglich, indirekte Informationen zu nutzen. Ein Beispiel: Auf einem ehemaligen Betriebsgelände suchen wir nach kontaminierten Bereichen. Alle Gebäude wurden vor Jahren abgerissen. Bodenproben wurden bislang aus Kostengründen keine genommen. Allerdings wurde eine Erstbewertung aufgrund von alten Betriebsplänen und Luftbildern durchgeführt und eine Gefährdungskarte erstellt, auf der die Wahrscheinlichkeit möglicher, oberflächennaher Baugrundkontaminationen

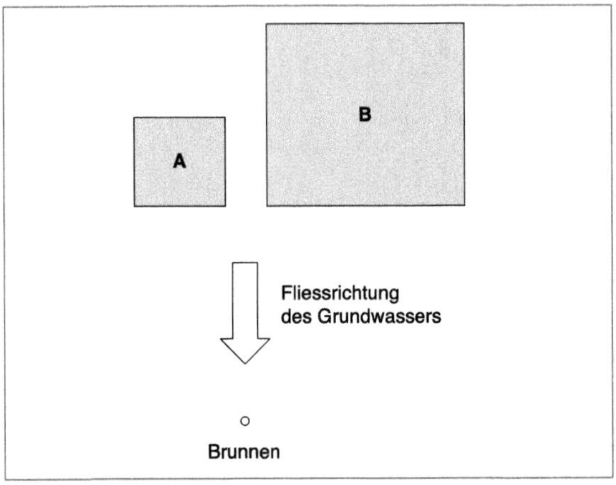


**Abb. 4.5** Lokalisierung der Quelle der Verschmutzung mit Bayesschem Updating.

dargestellt ist. Während der Begehung stellen wir fest, dass in einigen Teilbereichen eine bestimmte Pflanzenart dominiert, von der wir wissen, dass sie Bodenschadstoffe anzeigt. Die Auftrittswahrscheinlichkeit dieser Pflanze ist eine Zusatzinformation, mit der wir die Gefährdungskarte aktualisieren können.

Bereits im 18. Jahrhundert beschäftigte sich der englische Mathematiker und Priester Thomas Bayes (1702-1761) mit der Frage, wie man Aussagen mit Zusatzinformationen präzisieren kann. Ausgehend von der Idee, dass die Wahrscheinlichkeit des gemeinsamen Auftretens der Ereignisses $A$ und $B$, $p(A\ B)$, das Produkt der Eintrittswahrscheinlichkeit $p(A)$ und der bedingten Wahrscheinlichkeit des Ereignisses $p(B|A)$, die das Ereignis $A$ voraussetzt, ist

$$p(A \cap B) = p(B|A)\,p(A)$$

bzw.

$$p(A \cap B) = p(A|B)\,p(B)$$

folgt

$$p(B|A)\,p(A) = p(A|B)\,p(B)$$

so dass

$$p(B|A) = \frac{p(A|B)\,p(B)}{p(A)}$$

Bei mehreren Ereignissen $B_j$, die Voraussetzung für das Auftreten von $A$ sind, gilt nach dem *Satz der vollständigen Wahrscheinlichkeit*

$$p(A) = \sum_{j=1}^{n} p(A|B_j)\,p(B_j)$$

woraus schließlich folgt

$$p(B_i|A) = \frac{p(A|B_i)\,p(B_i)}{\sum_{j=1}^{n} p(A|B_j)\,p(B_j)} = \frac{L(A|B_i)\,p'(B_i)}{\sum_{j=1}^{n} L(A|B_j)\,p'(B_j)} = p''(B_i|A)$$

eine Beziehung, die als *Bayessches Theorem* bezeichnet wird, mit $p(B)$ bzw. $p'(B)$ als *priori* Wahrscheinlichkeit, $p(B|A)$ bzw. $p''(B|A)$ als *posteriori* Wahrscheinlichkeit und $p(A|B)$ bzw. $L(A|B)$ als *likelihood-Funktion.* Für ingenieurgeologische Aufgabenstellungen ist das Bayessche Theorem eine nützliche Beziehung, da oft eine bedingte Wahrscheinlichkeit bekannt ist, jedoch die komplementäre Aussage interessiert. In unserem Ausgangsproblem ist die Wahrscheinlichkeit einer Kontamination die *priori-Wahrscheinlichkeit p'(K)*, die beobachtete Häufigkeit der Schadstoff anzeigenden Pflanzen die Zusatzinformation $L(S|K)$ und die Wahrscheinlichkeit der Kontamination unter Berücksichtigung dieser Zusatzinformation die aktualisierte *posteriori-Wahrscheinlichkeit p''(K|S)*.

Die Analyse einer Wasserprobe aus einem Peilbrunnen in einem Hafengebiet weist auf eine Grundwasserkontamination hin. Im Zustrombereich gibt es zwei Öl-Raffinerien, eine (R1) produziert 10 Millionen Tonnen Öl pro Jahr, die zweite (R2) produziert 30 Millionen Tonnen pro Jahr (Abb. 4.5). Aufgrund dieser Information ergibt sich die *priori*-Wahrscheinlichkeit, dass die Kontamination von der größeren Raffinerie stammt

$$p(R_1) = \frac{10}{40} = 0.25$$
$$p(R_2) = \frac{30}{40} = 0.75$$

Die Auswertung der Unfallstatistiken beider Raffinerien zeigt jedoch, dass es in den letzten 25 Jahren 12 Störfälle (*SF*) gab, bei denen Grundwasser kontaminiert wurde, 10 im kleineren Werk und nur 2 im größeren Werk. Diese Zusatzinformation ermöglicht die Ermittlung bedingter Wahrscheinlichkeiten

$$p(SF|R_1) = \frac{10}{12} = 0.83$$
$$p(SF|R_2) = \frac{2}{12} = 0.17$$

woraus *a posteriori* für die kleine Raffinerie folgt

$$\begin{aligned} p(R_1|SF) &= \frac{p(SF|R_1)p(R_1)}{p(SF|R_1)p(R_1) + p(SF|R_2)p(R_2)} \\ &= \frac{(0.83)(0.25)}{(0.83)(0.25) + (0.17)(0.75)} \\ &= 0.62 \end{aligned}$$

und für die größere Raffinerie

$$p(R_2|SF) = 1 - p(R_1|SF) = 1 - 0.62 = 0.38$$

Es ist demnach wahrscheinlicher, dass die kleinere Raffinerie die Grundwasserkontamination verursacht hat.

Bayessche Statistik kann auch der Aktualisierung eines zu schätzenden, statistischen Parameters $\theta$ dienen. Diese Aktualisierung kann zum Beispiel durch eine Messung oder ein Experiment erfolgen. Die Verteilung (Wahrscheinlichkeitsdichte) vor Aus-

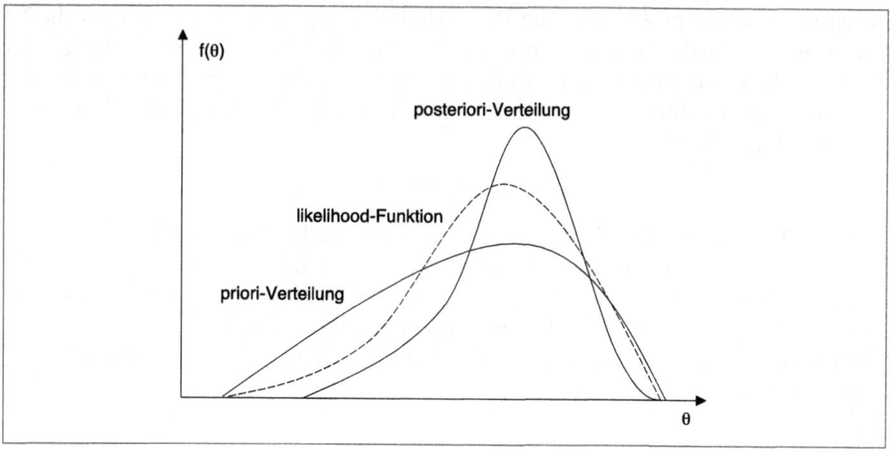


**Abb. 4.6** Priori-Verteilung, likelihood-Funktion, posteriori-Verteilung.

führung des Experimentes ist die *priori*-Verteilung $f'(\theta)$, die Zusatzinformation durch das Experiment ε wird als *likelihood*-Funktion $p(\varepsilon|\theta)$ bzw. $L(\theta)$ interpretiert (Abb. 4.6). *Priori*-Verteilung und *likelihood*-Funktion werden auf der Grundlage des Bayesschen Theorems zur Ermittlung der aktualisierten *posteriori*-Verteilung $f''(\theta)$ kombiniert (Ang & Tang 1975)

$$f''(\theta) = \frac{p(\varepsilon|\theta)f'(\theta)}{\int_{-\infty}^{\infty} p(\varepsilon|\theta)f'(\theta)d\theta} = \frac{L(\theta)f'(\theta)}{\int_{-\infty}^{\infty} L(\theta)f'(\theta)d\theta}$$

Der Bayessche Schätzwert *(point estimator)* für den Erwartungswert (Mittelwert) folgt aus

$$\theta'' = \int_{-\infty}^{\infty} \theta f''(\theta)d\theta$$

Der Bau eines Lagerhauses ist geplant. Zur Abtragung der Lasten in den Baugrund sind Pfahlgründungen vorgesehen (nach Ang & Tang 1975). Der Baugrund besteht aus sandigen, marinen Sedimenten. Jeder Pfahl hat, laut statischer Berechnung, 30 MN an Bauwerkslasten aufzunehmen. Es liegen keine Erfahrungswerte für die Tragfähigkeit des Bodens im Projektgebiet vor. Diese diffuse Vorinformation wird als *priori*-Information verstanden und als Gleichverteilung (Rechteckverteilung) der Versagenswahrscheinlichkeit $p$ des Pfahls interpretiert

$$f'(p) = 1.0 \quad 0 \le p \le 1$$

Zur besseren Einschätzung der Tragfähigkeit ordnet der Gutachter einen Belastungsversuch an. Der Pfahl versagt vor der maximalen Belastung von 30 MN. Auf der Grundlage eines einzelnen Belastungsversuches ergibt sich die *likelihood*-Funktion als einfache Versagenswahrscheinlichkeit $p$, so dass für die *posteriori*-Wahrscheinlichkeitsfunktion $f''(p)$ folgt

$$f''(p) = \frac{p\,f'(p)}{\int_0^1 p\,f'(p)\,dp} = \frac{p(1.0)}{\int_0^1 p(1.0)\,dp} = 2p$$

Der Bayes-Schätzwert der Versagenswahrscheinlichkeit ist somit

$$p'' = \int_0^1 p(2p)\,dp = 0.667$$

Würde eine Testreihe mit $n$ Belastungsversuchen zeigen, dass $r$ Pfähle noch vor der Maximalbelastung von 30 MN versagen, dann kann die *likelihood*-Funktion als Binomialverteilung interpretiert werden

$$L(p) = \binom{n}{r} p^r (1-p)^{n-r}$$

Kombiniert mit der diffusen *priori*-Verteilung ergibt sich die *posteriori*-Wahrscheinlichkeitsdichte für $p$ zu

$$f''(p) = \frac{\binom{n}{r} p^r (1-p)^{n-r}}{\int_0^1 \binom{n}{r} p^r (1-p)^{n-r}\,dp}$$

Für den Bayes-Schätzwert folgt

$$p'' = \frac{\int_0^1 p \binom{n}{r} p^r (1-p)^{n-r}\,dp}{\int_0^1 \binom{n}{r} p^r (1-p)^{n-r}\,dp} = \frac{\int_0^1 p^{r+1} (1-p)^{n-r}\,dp}{\int_0^1 p^r (1-p)^{n-r}\,dp}$$

und schließlich

$$p'' = \frac{r+1}{n} \frac{\int_0^1 \left(p^n - p^{n+1}\right) dp}{\int_0^1 \left(p^{n-1} - p^n\right) dp} = \frac{r+1}{n+2}$$

woraus sich für eine große Anzahl von Belastungsversuchen das klassische Ergebnis ergibt

$$p'' = \frac{r}{n}$$

Vor diesem Hintergrund lassen sich statistische Kennwerte mit dem Bayesschen Ansatz durch Zusatzbeprobungen konkretisieren. Angenommen, eine Testreihe liefert die Einzelwerte $x_1$, $x_2$ ... $x_n$ einer Grundgesamtheit, die durch eine kontinuierliche Verteilungsfunktion $f_X(x)$ definiert ist, dann folgt für die *posteriori*-Verteilung des zu schätzenden Parameters (Ang & Tang 1975)

$$f''(\theta)=\frac{\left[\prod_{i=1}^{n} f_X(x_i|\theta)dx\right]f'(\theta)}{\int_{-\infty}^{\infty}\left[\prod_{i=1}^{n} f_X(x_i|\theta)dx\right]f'(\theta)d\theta}=\frac{L(\theta)f'(\theta)}{\int_{-\infty}^{\infty}L(\theta)f'(\theta)d\theta}$$

Für eine normal verteilte Grundgesamtheit ergibt sich zum Beispiel die *likelihood*-Funktion des Mittelwertes $\mu$ zu

$$L(\mu)=\prod_{i=1}^{n}\frac{1}{\sqrt{2\pi\sigma}}\exp\left[-\frac{1}{2}\left(\frac{x_i-\mu}{\sigma}\right)^2\right]=\prod_{i=1}^{n}N_\mu(x_i,\sigma)$$

mit $N_\mu$ als Gauß-Verteilungsfunktion von $\mu$ mit dem Mittelwerten $x_i$ und der Standardabweichung $\sigma$. Nach Umformung folgt

$$L(\mu)=N_\mu\left(\bar{x},\frac{\sigma}{\sqrt{n}}\right)$$

so dass für die *posteriori*-Verteilung des Mittelwertes gilt

$$f''(\mu)=\frac{L(\mu)N_\mu(\mu',\sigma')}{\int_{-\infty}^{\infty}L(\mu)N_\mu(\mu',\sigma')d\mu}$$

Für den Bayes-Schätzwert des Mittelwertes folgt

$$\mu''_\mu=\frac{\bar{x}(\sigma'_\mu)^2+\mu'_\mu(\sigma^2/n)}{(\sigma'_\mu)^2+(\sigma^2/n)}$$

mit der Standardabweichung

$$\sigma''_\mu=\sqrt{\frac{(\sigma'_\mu)^2(\sigma^2/n)}{(\sigma'_\mu)^2+(\sigma^2/n)}}$$

Mit Zusatzinformationen lässt sich also das Streumaß statistischer Kennwerte reduzieren.

Das aus Kalkstein bestehende Tragwerk einer spätmittelalterlichen Kirche ist infolge des sauren Regens bereits stark verwittert. Untersuchungen zur Standsicherheit wurden angeordnet, in deren Rahmen die Druckfestigkeit des Kalksteins untersucht werden soll. Daraufhin wurden fünf Bohrproben aus unverwitterten Teilen des Tragwerks der Kirche entnommen. Folgende Druckfestigkeiten $D$ [MN] wurden ermittelt

102, 89, 98, 87, 105

Der Kalkstein wurde im nahe gelegenen Steinbruch gewonnen. Aufgrund regelmäßig durchgeführter Qualitätsuntersuchungen des Steinbruchbetreibers werden die mittlere Druckfestigkeit, die Standardabweichung und der Standardfehler des Mittelwertes angegeben mit

$$N_D(\mu'_D, \sigma'_D) = N(99.00, 5.50)$$

$$N_{\mu_D}(\mu'_{\mu_D}, \sigma'_{\mu_D}) = N(99.00, 2.53)$$

Wie groß ist die mittlere Druckfestigkeit des Kalksteins aufgrund der *priori*-Information der Steinbruchbetreiber und der Zusatzinformation der entnommenen Bohrproben? Aus den Bohrproben ergeben sich folgender Mittelwert und Standardfehler

$$N_{\bar{D}}\left(\bar{D}, \sigma_D/\sqrt{n}\right) = N_{\bar{D}}\left(96.20, 5.50/\sqrt{5}\right) = N_{\bar{D}}(96.20, 2.46)$$

Daraus folgen der aktualisierte *posteriori*-Mittelwert und dessen Standardfehler

$$\mu''_{\mu_D} = \frac{\bar{D}\left(\sigma'_{\mu_D}\right)^2 + \mu'_{\mu_D}\left(\sigma_D^{\,2}/n\right)}{\left(\sigma'_{\mu_D}\right)^2 + \left(\sigma_D^{\,2}/n\right)} = \frac{96.20(2.53)^2 + 99.00(2.46)^2}{(2.53)^2 + (2.46)^2} = 97.56$$

$$\sigma''_{\mu_D} = \sqrt{\frac{\left(\sigma'_{\mu_D}\right)^2\left(\sigma_D^{\,2}/n\right)}{\left(\sigma'_{\mu_D}\right)^2 + \left(\sigma_D^{\,2}/n\right)}} = \sqrt{\frac{(2.53)^2(2.46)^2}{(2.53)^2 + (2.46)^2}} = 1.76$$

Aus diesem Beispiel folgt, dass das Streumaß eines statistischen Kennwertes, wie z. B. des Mittelwertes, bei Berücksichtigung von Zusatzinformationen verringert werden kann. Die *Kurtosis* oder Wölbung seiner Verteilungsfunktion wird steiler, die Verteilung wird somit schärfer.

Die Berücksichtigung von Zusatzinformationen optimiert somit das Informationsniveau und die Verlässlichkeit statistischer Kennwerte. Mit Anwendung des Bayesschen Ansatzes müssen weniger Daten gesammelt und weniger Versuche durchgeführt werden, um eine verlässliche Aussage zu den statistischen Eigenschaften des untersuchten Kennwertes zu erhalten. Dies hat direkte Auswirkungen auf die Zeit- und Kosteneffektivität einer Untersuchungsmaßnahme. Bayessche Statistik ist daher ein wertvolles Hilfsmittel für jeden Erdwissenschaftler und wird neben den bereits besprochenen Anwendungsfällen u.a. auch bei der Optimierung des Stichprobenumfangs, der Modellierung von Parametern, die schwer oder überhaupt nicht messbar sind, und der Interpretation von regionalisierten Punktinformationen im Sinne der Kriging-Routinen genutzt.

## 4.3 Serien

### 4.3.1 Korrelation und Autokorrelation

Bei ingenieurgeologischen Untersuchungen ist die Gewinnung von Proben oft schwierig und kostenintensiv. Daher werden an Proben meistens mehrere Eigenschaften oder *Merkmale* gemessen. Bei einer Bodenprobe können zum Beispiel Wichte, Wassergehalt, Reibungswinkel, Steifeziffer und andere Parameter bestimmt werden. Somit liegt eine *multivariate* Stichprobe vor. Die Korrelation zwischen den einzelnen Merkmalen lässt sich statistisch bestimmen. Für den *bivariaten* Fall (den Vergleich zweier Merkmale) gilt analog der Standardabweichung für die *Kovarianz*

$$cov_{jk} = \frac{1}{n-1}\sum_{i=1}^{n}\left(x_{ij} - \bar{x}_j\right)\left(x_{ik} - \bar{x}_k\right)$$

mit $n$ als Anzahl der verglichenen Wertepaare. Aus der Kovarianz folgt der dimensionsfreie *Korrelationskoeffizient*

$$r_{jk} = \frac{cov_{jk}}{s(x_j)\,s(x_k)} \qquad -1.0 \le r_{jk} \le 1.0$$

Ein Korrelationskoeffizient von $r_{jk} = +1.0$ repräsentiert exakt korrelierte Daten, $r_{jk} = -1.0$ repräsentiert exakt invers korrelierte Daten, $r_{jk} = 0.0$ zeigt an, dass keinerlei Zusammenhang zwischen den Wertepaaren besteht. Dieser Zusammenhang lässt sich mit Streudiagrammen (Abb. 4.7) darstellen. Mithilfe einer *Regressionsanalyse* lässt sich durch Minimierung des Schätzfehlers die „beste" Ausgleichsgerade durch die Daten konstruieren. Konfidenzintervalle (Vertrauensbereiche) für Ausgleichsgeraden lassen sich ebenfalls ermitteln. Bei der nichtlinearen Regressionsanalyse approximiert eine Ausgleichskurve die Daten. Die verschiedenen Methoden der Regressionsanalyse sind in den einschlägigen Lehrbüchern beschrieben.

Ein Tankwagen mit flüssigem Gefahrgut ist verunglückt. Die Schadstoffe sind in die feinsandigen Sedimente eingedrungen und breiten sich dort aus. Im Rahmen einer Schadensabschätzung wurden 15 ungestörte Bodenproben gewonnen und untersucht. Unter anderem wurde für jede Bodenprobe die Schadstoffkonzentration $x_j$ [ppm] und die Durchlässigkeit $x_k$ [$10^{-5}$m/s] bestimmt (Abb. 4.8). Aus diesen Wertepaaren wurde ein Korrelationskoeffizient von $r_{jk} = 0.625$ ermittelt. Es liegt eine deutliche lineare Korrelation vor. Allerdings weicht das zweite Wertepaar stark vom allgemeinen Trend ab. Möglicherweise handelt es sich hier um einen Ausreißer, vielleicht verursacht durch eine Fehlmessung. Eine Überprüfung dieses Wertepaars wird empfohlen, zumal die Korrelation wesentlich deutlicher ist ($r_{jk} = 0.791$), wenn es ausgelassen wird. Statistische Ausreißertests sind in den einschlägigen Lehrbüchern beschrieben.

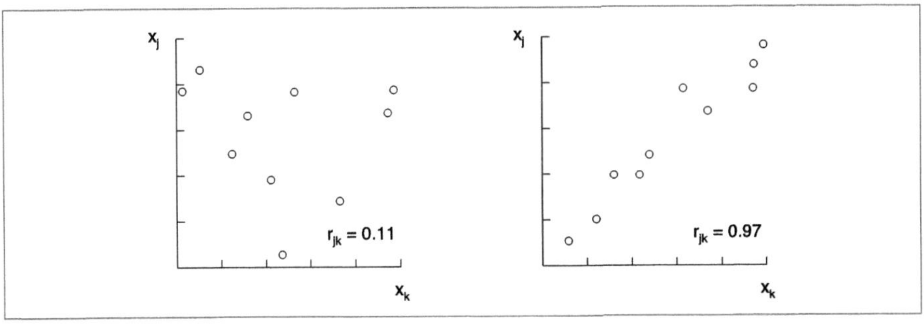


**Abb. 4.7** Die Korrelation von Daten lässt sich mit Streudiagrammen visualisieren: Bei starker Korrelation gruppieren sich die Daten entlang einer Linie, mit abnehmender Korrelation streuen die Daten.

Geologische Daten sind oft räumlich oder zeitlich verteilt: Erdbeben finden in zeitlichen Abständen statt, entlang eines Bohrkerns werden Zerklüftungsgrade gemessen, entlang eines Messprofils werden geophysikalische Daten gesammelt. Eine Serie von Daten $z_i$ entlang eines Messprofils lässt sich mit sich selber korrelieren, oder *autokorrelieren*, um ihre *Selbstähnlichkeit* zu prüfen (Abb. 4.9). Wenn zum Beispiel Messungen des Tongehalts entlang einer Bohrprobe kopiert und mit dem Original verglichen werden, ergibt sich maximale Übereinstimmung. Verschiebt man die Kopie und vergleicht erneut, nimmt die Selbstähnlichkeit ab. Der Grad der Selbstähnlichkeit wird in Abhängigkeit von der Verschiebung $\tau$ analog der Kovarianz durch die *Autokovarianz* ausgedrückt

$$cov_{z,\tau} = \frac{1}{n-\tau} \sum_{i=1+\tau}^{n} (z_i - \bar{z})(z_{i-\tau} - \bar{z}) \qquad n > \tau$$

wobei $n$ die Anzahl der Werte der ursprünglichen Datenserie ist. Für $\tau = 0$ (keine Verschiebung) entspricht die Autokovarianz der (unkorrigierten) Varianz der Daten-

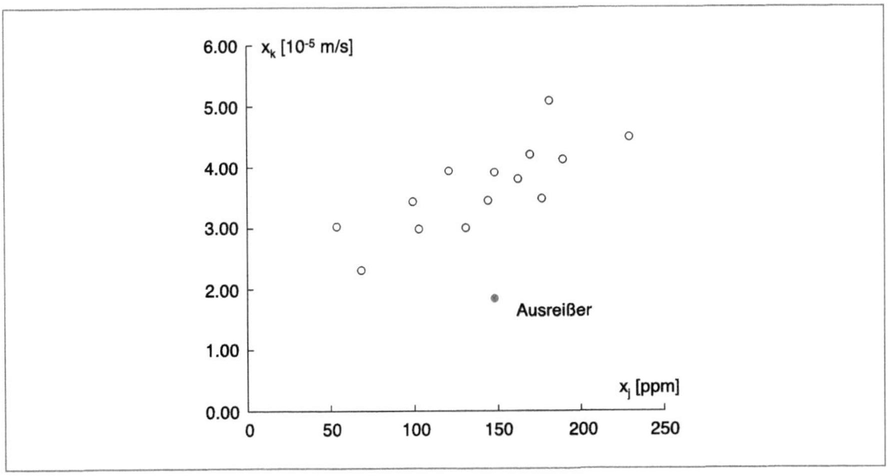


**Abb. 4.8** Durchlässigkeit aufgetragen über die Schadstoffkonzentration.

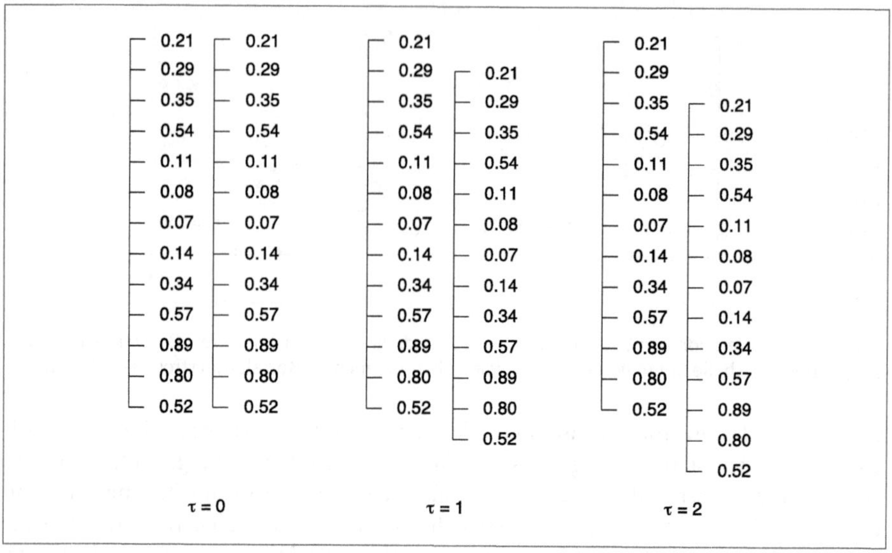


**Abb. 4.9** Vergleich zweier identischer Datenfolgen zur Ermittlung der Autokorrelation.

serie. Mit zunehmendem Verschiebungsweg nimmt die Anzahl der zu vergleichenden Wertepaare ab, die Genauigkeit der Schätzung der Selbstähnlichkeit wird geringer. Für den dimensionsfreien *Autokorrelationskoeffizienten* gilt

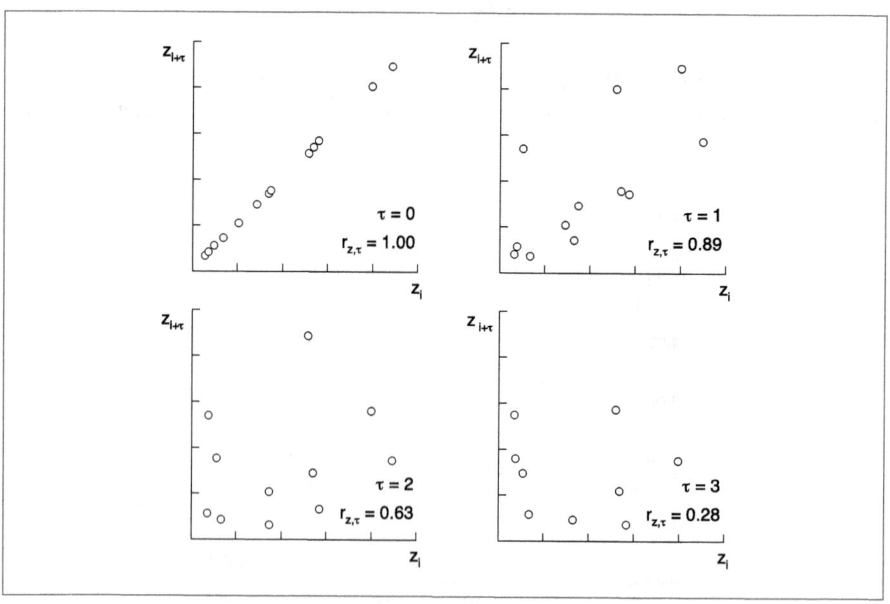


**Abb. 4.10** Die Autokorrelation von Daten lässt sich mit Streudiagrammen visualisieren: Bei starker Autokorrelation gruppieren sich die Daten entlang einer Linie, mit abnehmender Autokorrelation streuen die Daten.

$$r_{z,\tau} = \frac{cov_{z,\tau}}{s^2(z)} \qquad -1.0 \le r_{z,\tau} \le 1.0$$

Mit zunehmendem Verschiebungsweg nimmt der Autokorrelationskoeffizient ab. Falls jedoch eine zyklische Wiederholung von Daten vorliegt, nimmt der Autokorrelationskoeffizient wieder zu. Dies ist zum Beispiel bei der Analyse bestimmter Sedimentationsfolgen zu beobachten, die sich als Konsequenz der Schwankungen des Paläoklimas zyklisch wiederholen. Zyklisch sich wiederholende Datenfolgen bezeichnet man auch als *Zyklotheme*. Die Autokorrelation von Daten und ihre zyklische Wiederholung lässt sich auch mit Streudiagrammen veranschaulichen (Abb. 4.10).

Ein tertiäres Tonvorkommen soll als Endlager für Sonderabfälle genutzt werden. Die Eignung des Speichergesteins wird durch sandige Lagen in Frage gestellt. Sandlagen zeichnen sich durch eine deutliche Reduktion der natürlichen $\gamma$-Strahlung aus, die in Tonen relativ hoch ist. Im Rahmen der Erkundung ist nun festzustellen, inwieweit sich Sandlagen zyklisch wiederholen, ob also Zyklotheme vorliegen. Zur Klärung dieser Frage wird in einer Bohrung ein $\gamma$-Log durchgeführt. Die gemessene mittlere Strahlungsintensität (API-Einheiten) pro Bohrmeter wird über die Teufe aufgetragen und autokorreliert (Abb. 4.11). Das Autokorrelogramm zeigt deutlich, dass sich die Sedimentationsfolge bei $\tau = 9$ wiederholt. Dies ist ein Hinweis darauf, dass sich die Sandschichten etwa alle 9 m wiederholen.

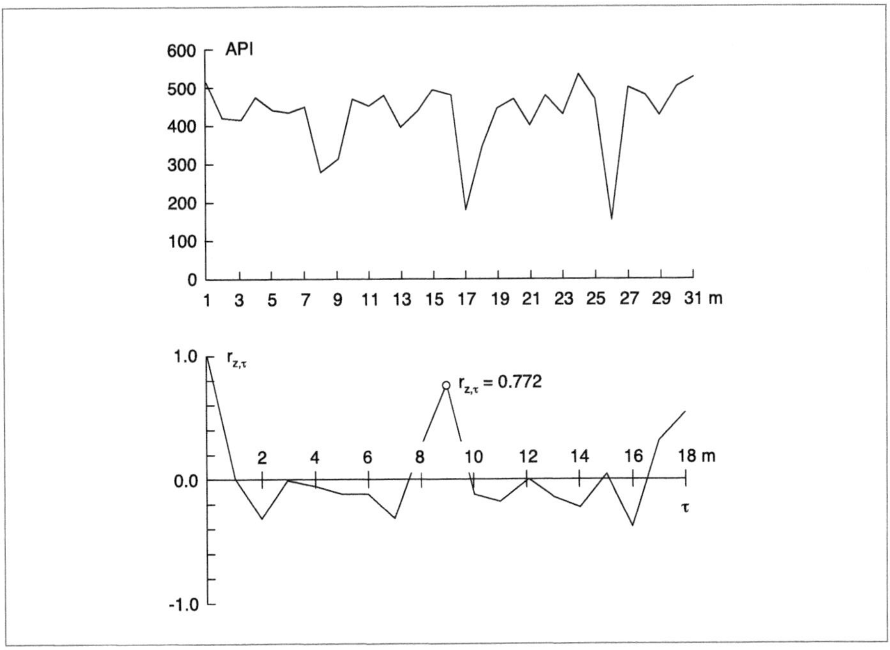


**Abb. 4.11** API-Werte aufgetragen über die Bohrlänge, Autokorrelogramm.

### 4.3.2 Semivariogramme

Eine weitere Möglichkeit, die Selbstähnlichkeit zu quantifizieren, ergibt sich direkt über das Streudiagramm (z. B. Isaaks & Srivastava 1989: 52-60). Je näher sich die Datenpunkte entlang der 45°-Linie gruppieren, desto ähnlicher sind die Datenserien. Ein Maß für die Selbstähnlichkeit ist somit die gemittelte Entfernung von der 45°-Linie (Abb. 4.12). Mit Anwendung des Satzes von Pythagoras gilt für $\gamma$ als Maß der Selbstähnlichkeit

$$\gamma = \frac{1}{2(n-\tau)} \sum_{i=1+\tau}^{n} \left(z_i - z_{i+\tau}\right)^2$$

was übrigens dem Trägheitsmoment um die 45°-Linie entspricht. Dabei ist $n$ die Anzahl der Werte, die (bei $\tau = 0$) miteinander verglichen wurden. $\gamma$ wird auch als *Semivarianz* bezeichnet („Semi" wegen der Division durch 2).

Die Semivarianz ist ein Parameter von zentraler Bedeutung, den der Bergbauingenieur D.G. Krige in Südafrika zur Optimierung von Punktinformationen nutzte (Krige 1951). In der folgenden Gleichung wird, der Tradition der französischen Geostatistik folgend, anstelle des aus der Autokorrelation bekannten *lags* $\tau$ eine Schrittweite $h$ als Verschiebungsweg eingesetzt, die kein Index, sondern ein dimensionsgebundener Wert ist

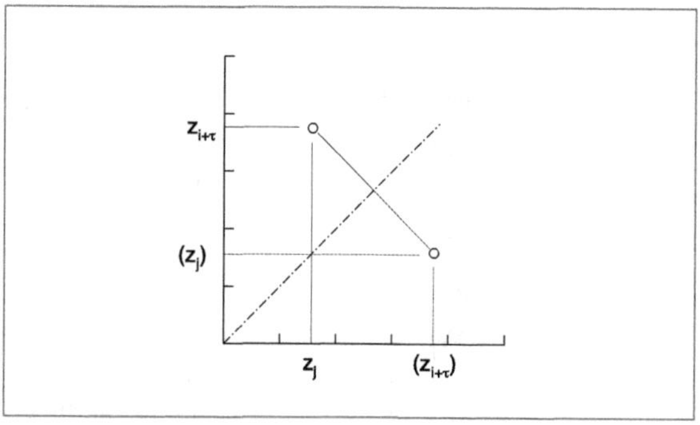


**Abb. 4.12** Mit einem Streudiagramm lässt sich die Semivarianz $\gamma$ herleiten

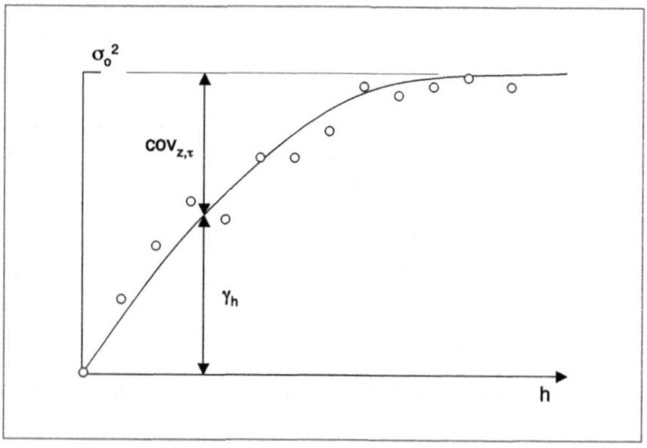


**Abb. 4.13** Semivarianz und Autokovarianz sind komplementär: Für die gleiche Datenserie nimmt die Semivarianz mit zunehmender Entfernung zu, die Autokovarianz nimmt dagegen ab (und somit auch der Autokorrelationskoeffizient).

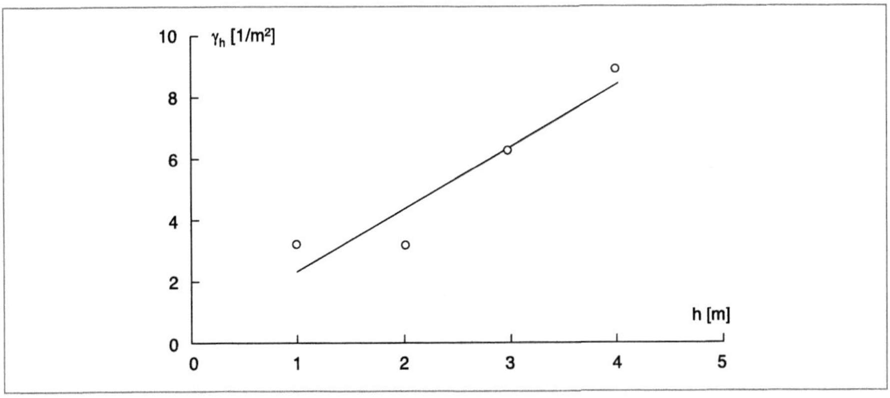


**Abb. 4.14** Selbstähnlichkeit von Klüftigkeitsziffern.

$$\gamma_h = \frac{1}{2n_h}\sum_{i=1}^{n_h}\left[z(x_i) - z(x_i + h)\right]^2$$

mit $n_h$ als Anzahl der Wertepaare bei der Schrittweite $h$. Über den Verschiebungsweg aufgetragen, lässt sich ein *Semivariogramm* zeichnen (Abb. 4.13). Autokorrelation und Semivarianz verhalten sich komplementär: mit abnehmender Selbstähnlichkeit sinkt die Autokorrelation, wogegen die Semivarianz steigt. Bei vollkommener Übereinstimmung, zum Beispiel bei $\tau = 0$, ist der Autokorrelationskoeffizient $r_\tau = 1.0$ und die Semivarianz $\gamma = 0.0$.

Auf einer exponierten Felswand wird entlang von Messlinien die Anzahl der Klüfte pro Meter gezählt. Die Klüftigkeitsziffern $k$ [1/m] sind wie folgt

$$k = 5, 7, 9, 10, 11, 13, 12, 15, 10, 13$$

Die Selbstähnlichkeit dieser Messreihe soll anhand eines Semivariogramms überprüft werden. Für die Semivarianzen gilt

$$h = 1m:$$

$$\gamma_h = \frac{1}{2(9)}\left[(5-7)^2 + (7-9)^2 + (9-10)^2 + (10-11)^2 + (11-13)^2 + (13-12)^2 + (12-15)^2 + (15-10)^2 + (10-13)^2\right] = 3.22$$

usw. Das Semivariogramm (Abb. 4.14) zeigt, dass die Selbstähnlichkeit zügig abnimmt.

$$h = 2m:$$

$$\gamma_h = \frac{1}{2(8)}\left[(5-9)^2 + (7-10)^2 + (9-11)^2 + (10-13)^2 + (11-12)^2 + (13-15)^2 + (12-10)^2 + (15-13)^2\right] = 3.19$$

Im Rahmen einer Baugrunderkundung wird eine Rammsondierung durchgeführt, um so auf die Festigkeit des Baugrunds schließen zu können (verändert nach Clark 1979). Bei der Rammsondierung wird die Anzahl der Schläge gezählt, die nötig ist, um die Sonde 0.1 m tiefer in den Boden zu rammen. Die Schlagzahl ist somit ein Maß für die Festigkeit des Baugrunds und kann mit verschiedenen bodenmechanischen Parametern korreliert werden. Die Rammsondierung wurde mit der leichten Rammsonde LRS in einem 10 m-Raster durchgeführt (Abb. 4.15). Leider gab es an verschiedenen Stellen Rammhindernisse, so dass an einigen Rasterpunkten die Schlagzahl nicht ermittelt werden konnte. Die mittleren Schlagzahlen in Höhe des 3 m tiefen Gründungsniveaus sollen nun hinsichtlich ihrer Selbstähnlichkeit untersucht werden. Um die relative Richtungsabhängigkeit der Selbstähnlichkeit deutlich zu machen, sollen experimentelle Semivariogramme für die N-S- und E-W-Richtung hergeleitet werden.

Für die E-W-Richtung folgt

$$h = 10m:$$

$$\begin{aligned}\gamma_h = \frac{1}{2(36)}\Big[&(40-42)^2+(42-40)^2+(40-39)^2+(39-37)^2+(37-36)^2\\ &+(43-42)^2+(42-39)^2+(39-39)^2+(39-41)^2+(41-40)^2\\ &+(40-38)^2+(37-37)^2+(37-37)^2+(37-35)^2+(35-38)^2\\ &+(38-37)^2+(37-37)^2+(37-33)^2+(33-34)^2+(35-38)^2\\ &+(35-37)^2+(37-36)^2+(36-36)^2+(36-35)^2+(36-35)^2\\ &+(35-36)^2+(36-35)^2+(35-34)^2+(34-33)^2+(33-32)^2\\ &+(32-29)^2+(29-28)^2+(38-37)^2+(37-35)^2+(29-30)^2\\ &+(30-32)^2\Big]=1.46\end{aligned}$$

$$h = 20m:$$

$$\begin{aligned}\gamma_h = \frac{1}{2(33)}\Big[&(44-40)^2+(40-40)^2+(42-39)^2+(40-37)^2+(39-36)^2\\ &+(42-43)^2+(43-39)^2+\ \dots\ +(29-32)^2\Big]=3.30\end{aligned}$$

usw. Die Semivarianzen der anderen Richtungen werden entsprechend ermittelt. Das Semivariogramm zeigt, dass die Selbstähnlichkeit in E-W-Richtung größer ist als in N-S-Richtung. Da die Semivariogramme erheblich voneinander abweichen, ist davon auszugehen, dass eine Anisotropie in der Selbstähnlichkeit der Schlagzahlen vorliegt. Die Geostatistik bietet Methoden, diese Anisotropie näher zu beschreiben.

Ab einem bestimmten Verschiebungsweg erreicht die Semivarianz die Varianz $\sigma_0^2$ der Datenreihe, die auch als *Sill* bezeichnet wird (Abb. 4.16). Die Entfernung bis zum Erreichen des Sills wird als Reichweite *Range (a)* bezeichnet.

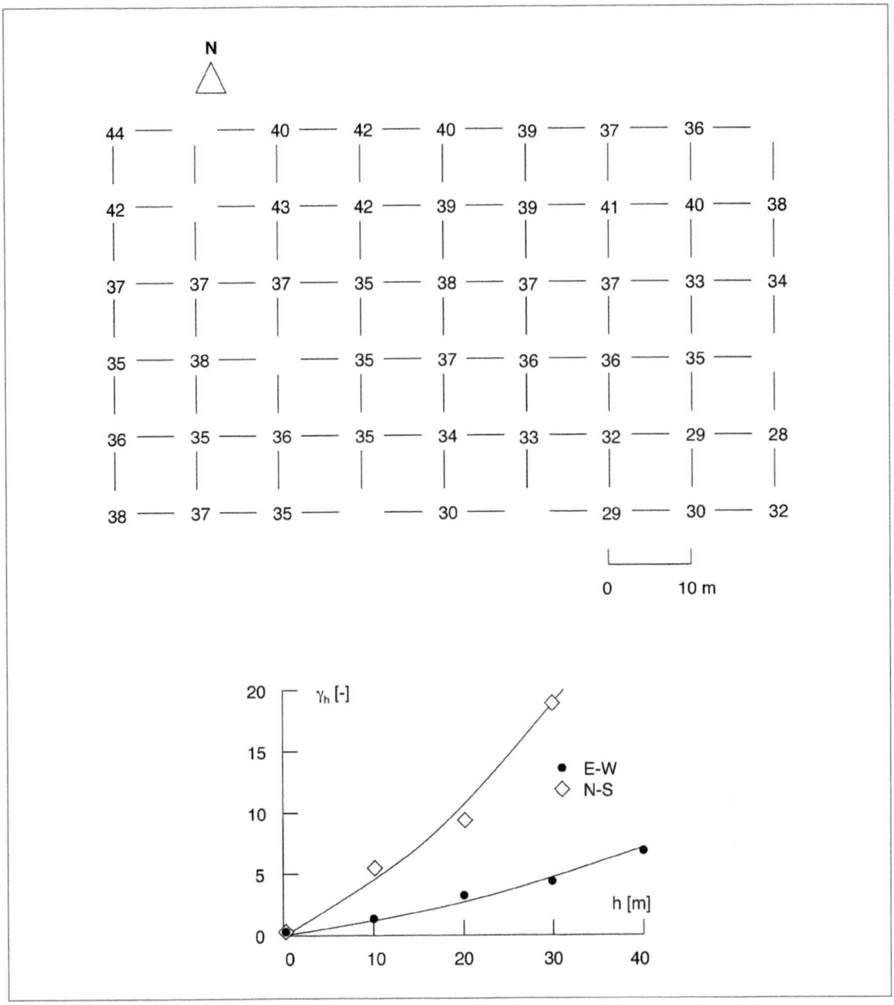


**Abb. 4.15** Lageplan der Rammsondierungen, Semivariogramme für die N-S- und die E-W-Richtung.

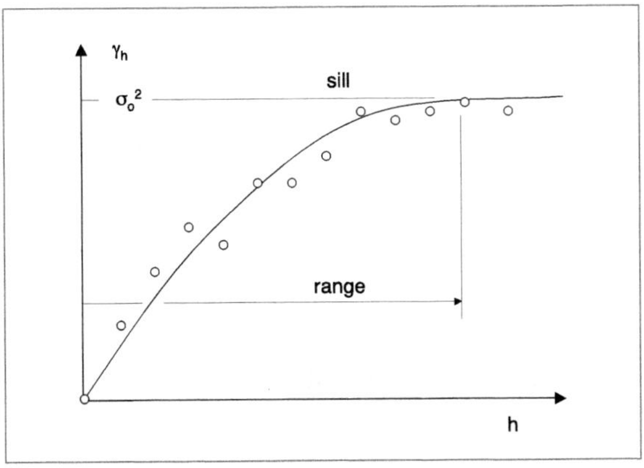


**Abb. 4.16** *Range* und *sill* eines Semivariogramms.

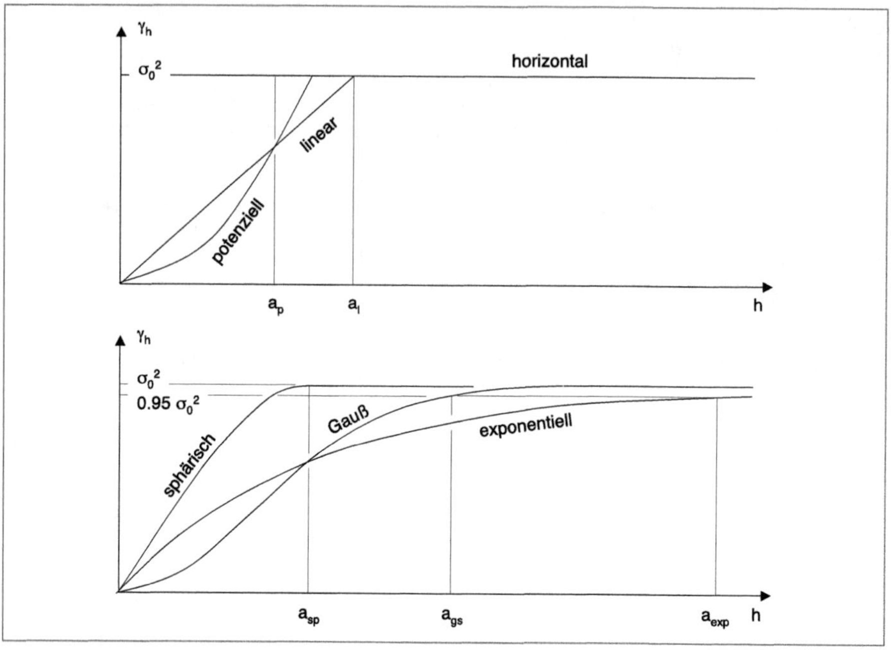


**Abb. 4.17** Horizontales-, lineares- und Potenzmodell, sphärisches-, Gaußsches und exponenzielles Modell.

Experimentelle Semivariogramme können durch charakteristische Regressionslinien, so genannte *Variogrammmodelle* (Abb. 4.17), angepasst werden. Die wichtigsten Variogrammmodelle sind

- das horizontale Modell

$$\gamma_h = \sigma_0^2$$

das gilt, wenn bereits bei einer kleinen Verschiebung alle Selbstähnlichkeit verloren geht und sich die Varianz $\sigma_0^2$ der ursprünglichen Datenreihe unmittelbar einstellt

- das lineare Modell

$$\gamma_h = k\,h$$

das sich allein durch einen linearen Anstieg $k$ auszeichnet und somit eine zügige Abnahme der Selbstähnlichkeit wiedergibt

- das Potenzmodell

$$\gamma_h = k\,h^{\alpha} \qquad k > 0,\ 0 < \alpha < 2$$

das sich durch eine überlineare Abnahme der Selbstähnlichkeit auszeichnet, die durch den Potenzwert $\alpha$ bestimmt wird

- das sphärische Modell

$$\gamma_h = \sigma_0^{\ 2}\left(\frac{3h}{2a}-\frac{h^3}{2a^3}\right) \qquad h \le a$$
$$\gamma_h = \sigma_0^{\ 2} \qquad h > a$$

das nach dem Erreichen der Reichweite *a (range)* in das horizontale Modell übergeht

- das exponenzielle Modell

$$\gamma_h = \sigma_0^{\ 2}\left(1-e^{-h/a}\right)$$

das sich asymptotisch der Varianz nähert ohne sie zu erreichen und

- das Gaußsche Modell

$$\gamma_h = \sigma_0^{\ 2}\left(1-e^{-h^2/a^2}\right)$$

das sich insbesondere durch eine große Ähnlichkeit benachbarter Proben auszeichnet, da die Steigung im Ursprung gering ist und erst mit zunehmender Entfernung zunimmt.

Ein *Nuggeteffekt* (Abb. 4.18) liegt vor, wenn das Semivariogramm nicht durch den Ursprung des Koordinatensystems geht, sondern die so genannte *Nuggetvarianz* $c_0$ bei $h = 0$ aufweist. Sie zeigt an, dass bereits unmittelbar benachbarte Proben kaum Selbstähnlichkeit haben. Im Extremfall entspricht die Nuggetvarianz der Varianz der Datenreihe $\sigma_0^{\ 2}$. Der Name „Nugget"-Effekt kommt ursprünglich aus dem Goldbergbau, wo unmittelbar neben Goldnuggets taubes Gestein angetroffen wird. In der Nuggetvarianz enthalten sind oft auch Probennahme-, Mess- und Auswertefehler.

Ein experimentelles Semivariogramm, das erst rasch ansteigt, dann aber wieder abnimmt, weist einen so genannten *Locheffekt* (auch *hole*, Abb. 4.18) aus, der auf eine zyklische Wiederholung von Daten hinweist, ein Aspekt, der bereits bei der Diskussion der Autokorrelation angesprochen wurde. Semivariogramme, die jenseits der

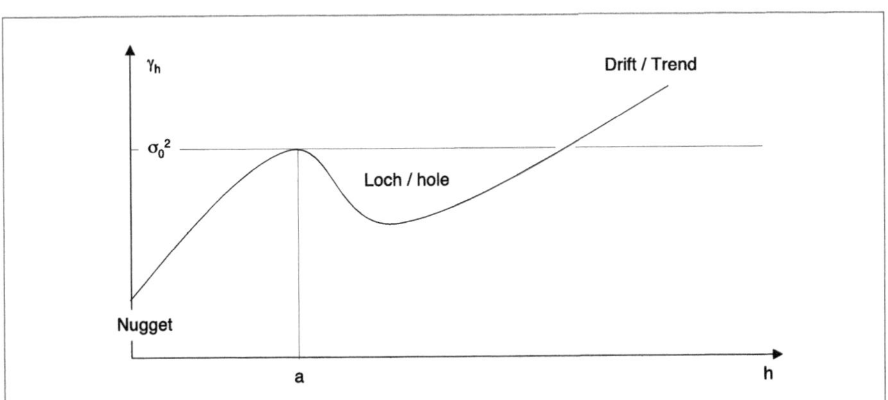


**Abb. 4.18** Nuggeteffekt, Locheffekt, Drift.

Reichweite über die Varianz der Datenreihe $\sigma_0^2$ ansteigen, deuten auf eine *Drift* (*Trend* im Autokorrelogramm, Abb. 4.18). Die Varianz der Messreihe ist dann nicht konstant, sondern abhängig vom Abstand. Messreihen, die eine Drift aufweisen, werden als instationär bezeichnet. Durch Entfernung der Drift ergibt sich der stationäre oder *residuale Anteil* der Messreihe, der wieder mit einem Semivariogramm modelliert werden kann.

### 4.3.3 Kreuzkorrelation und Kreuzassoziation

Wenn Datenreihen unterschiedlicher Herkunft miteinander verglichen werden, spricht man von einer *Kreuzkorrelation.* Diese Datenreihen können Merkmale wiedergeben, die auf den ersten Blick keine Gemeinsamkeiten haben. Selbst die Dimensionen der Merkmale (°, m, kN etc.) können verschieden sein. Beispiele wären die Injektion von Abwasser in eine Verwerfungszone, die mit der im gleichen Zeitraum beobachteten Erdbebenhäufigkeit verglichen wird, oder die Grundwasserqualität unweit einer oberflächennahen Kontamination, die mit dem Auftreten von Regenschauern assoziiert wird. Dabei ist die Aufnahmeachse als räumliche oder zeitliche Messgerade bei beiden Datenreihen die gleiche.

Mit der Kreuzkorrelation wird die Ähnlichkeit beider Datenreihen quantifiziert, indem sie gegeneinander verschoben und verglichen werden. In Analogie zur Kovarianz und Autokovarianz ergibt sich die *Kreuzkovarianz* für zwei Messserien $(y_i, z_i)$ zu

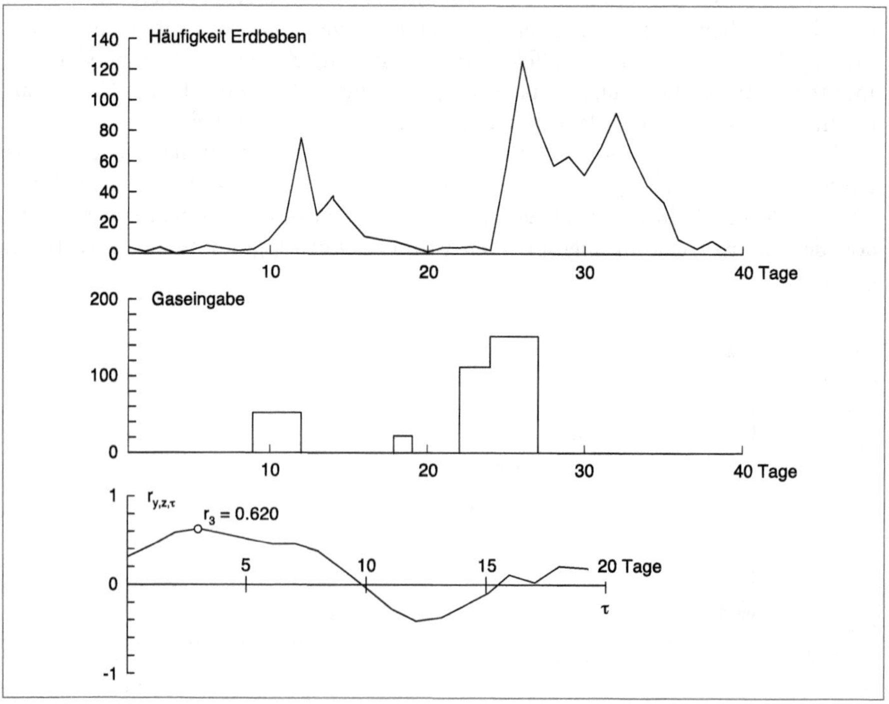


**Abb. 4.20** Erdbebenhäufigkeit, Erdgasspeicherung, Kreuzkorrelogramm.

$$cov_{y,z,\tau} = \frac{1}{n-\tau}\sum_{i=1+\tau}^{n}(y_i - \bar{y})(z_{i-\tau} - \bar{z}) \quad n > \tau$$

mit $n$ als Anzahl der Wertepaare der Datenserien (bei $\tau = 0$), die miteinander verglichen werden. Für $\tau = 0$ (keine Verschiebung) entspricht die Kreuzkovarianz der (unkorrigierten) Kovarianz der Datenserie. Der *Kreuzkorrelationskoeffizient* $r_{y,z,\tau}$ folgt aus

$$r_{y,z,\tau} = \frac{cov_{y,z,\tau}}{s(y)\,s(z)} \quad -1 \leq r_{y,z,\tau} \leq +1$$

mit $s(y)$ und $s(z)$ als Standardabweichungen der beiden Messreihen. Die Kreuzkorrelation lässt sich wie die Korrelation und die Autokorrelation im Streudiagramm veranschaulichen (Abb. 4.19). Je stärker die Datenpunkte streuen, desto geringer ist die Kreuzkorrelation.

Ein Erdgaskonzern kauft im Sommer Erdgas aus Russland, um es im Winter weiter an Nachbarländer zu verkaufen. Zur Zwischenspeicherung nutzen die Ingenieure des Konzerns das natürliche Speichergestein des tertiären Untergrunds. Als der Zwischenspeicher in Betrieb geht, wird eine Zunahme der Erdbebenhäufigkeit beobachtet. Ist diese Zunahme auf den Speicherbetrieb zurückzuführen? Zur Klärung dieser Frage werden sowohl die Erdbebenaktivität als auch die Gaseingabe in das Speichergestein über die Zeit aufgetragen (Abb. 4.20). Danach werden beide Datenserien kreuzkorreliert. Die Auswertung zeigt, dass die Datenreihen bei einem *lag* von 3 Zeiteinheiten ($\tau = 3$) am besten korrelieren, der Kreuzkorrelationskoeffizient beträgt hier $r_3 = 0.620$. Bei einem lag von $\tau = 0$ beträgt die Ähnlichkeit beider Datenserien nur $r_0 = 0.315$. Die Auswertung legt nahe, dass tatsächlich ein Zusammenhang zwischen der Aufnahme des Betriebs und der Erdbebenhäufigkeit besteht.

Mitunter sind Informationen zu vergleichen, die nicht durch Zahlen, sondern parameterfrei definiert sind. Solche qualitativen Beobachtungen lassen sich mit einer *Kreuzassoziation* vergleichen, indem die parameterfreien Angaben (Stadien, Ausprägungen, etc.) mit Ordnungszahlen assoziiert werden. So können zum Beispiel zwei Bohrungen, die an unterschiedlichen Stellen abgeteuft wurden, kreuzassoziiert werden, um einen Leithorizont nachzuweisen, der sich durch eine bestimmte Abfolge von Merkmalen ausweist. Die Auswertung der Daten geschieht analog der Kreuzkorrelation.

### 4.3.4 Markowsche Ketten

Auch der russische Mathematiker Andrej Andrejewitsch Markow (1856-1922) beschäftigte sich mit Datenserien. Sein Ansatz unterscheidet sich jedoch von den bisher vorgestellten: Nicht die Ähnlichkeit zweier Datenreihen oder die Selbstähnlichkeit einer einzelnen Datenreihe war Gegenstand seiner Untersuchungen, vielmehr wollte er prognostizieren, wie sich Datenreihen *fortsetzen* würden.

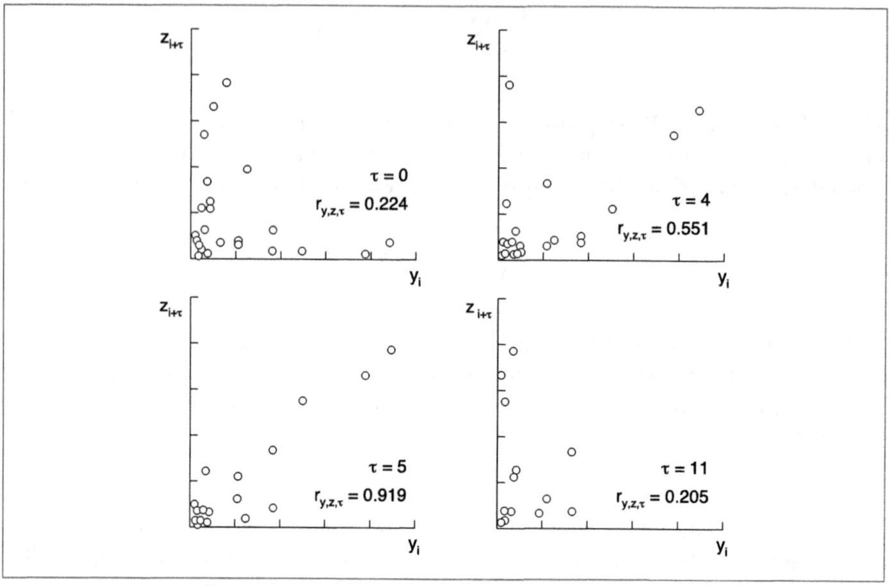


**Abb. 4.19** Die Kreuzkorrelation von Daten lässt sich mit Streudiagrammen visualisieren: Bei starker Kreuzkorrelation gruppieren sich die Daten entlang einer Linie, mit abnehmender Kreuzkorrelation streuen die Daten.

Im Rahmen der Erkundung der Gebirgsverhältnisse für ein Tunnelbauwerk wurde ein Pilotstollen aufgefahren. Neben der Aufnahme der geologischen und hydrogeologischen Verhältnisse wird das Gebirge auch hinsichtlich seiner Standsicherheit klassifiziert. Vier Standsicherheitsklassen werden unterschieden: *A* repräsentiert die beste Gebirgsklasse mit der höchsten Standsicherheit, *D* steht für nachbrüchiges Gebirge. Die Klassen *B* und *C* sind Zwischenklassen. Die Gebirgsklasse wird alle 10 Meter dokumentiert. Für die ersten 210 Meter wurden die folgenden Gebirgsklassen beobachtet:

**Tabelle 4.2** Gebirgsklassen.

| | | | | | | | | | | |
|---|---|---|---|---|---|---|---|---|---|---|
| 0 – 100 m | D | A | A | A | B | B | C | A | A | B |
| 100 – 200 m | B | C | A | D | C | A | B | B | B | C |
| 200 – 210 m | D | ? | | | | | | | | |

Bei genauerer Betrachtung dieser Serie ist festzustellen, dass Abschnitte, in denen Gebirgsklasse *A* dokumentiert wurde, häufig von Abschnitten gefolgt werden, in denen ebenfalls gute Gebirgsqualität beobachtet wurde. Das gleiche gilt für Gebirgsklasse *B*. Allerdings wurde auch ein abrupter Abfall der Gebirgsqualität von *A* nach *D* dokumentiert (bei ca. 130 m). Eine Matrix – die Übergangshäufigkeitsmatrix – präzisiert diese Beobachtungen:

$$
\begin{array}{cc}
 & \text{nach} \\
 & \begin{array}{ccccc} A & B & C & D & \Sigma \end{array} \\
\text{von} \begin{array}{c} A \\ B \\ C \\ D \end{array} & \left[\begin{array}{cccc} 3 & 3 & 0 & 1 \\ 0 & 4 & 3 & 0 \\ 3 & 0 & 0 & 1 \\ 1 & 0 & 1 & 0 \end{array}\right] \begin{array}{c} 7 \\ 7 \\ 4 \\ 2 \end{array} \\
 & \begin{array}{ccccc} 7 & 7 & 4 & 2 & 20 \end{array}
\end{array}
$$

Aus der Division der Übergänge mit den Zeilensummen ergeben sich die bedingten Wahrscheinlichkeiten, zum Beispiel $p(B|A) = 0.43$ für den Übergang der Klassen $A$ nach $B$. Die Übergangswahrscheinlichkeitsmatrix lautet

$$
\begin{array}{cc}
 & \text{nach} \\
 & \begin{array}{ccccc} A & B & C & D & \Sigma \end{array} \\
\text{von} \begin{array}{c} A \\ B \\ C \\ D \end{array} & \left[\begin{array}{cccc} 0.43 & 0.43 & 0.00 & 0.14 \\ 0.00 & 0.57 & 0.43 & 0.00 \\ 0.75 & 0.00 & 0.00 & 0.25 \\ 0.50 & 0.00 & 0.50 & 0.00 \end{array}\right] \begin{array}{c} 1.00 \\ 1.00 \\ 1.00 \\ 1.00 \end{array}
\end{array}
$$

Aufgrund der bisher vorliegenden Beobachtungen ist die Wahrscheinlichkeit, dass die schlechteste Gebirgsklasse $D$ von der besten $A$ gefolgt wird $p(A|D) = 0.50$. Die Wahrscheinlichkeit, dass unmittelbar auf die beste Gebirgsklasse $A$ die schlechteste $D$ folgt ist gering, nämlich $p(D|A) = 0.14$. Befindet man sich in Gebirge mit guter Standsicherheit $B$, dann hält diese Gebirgsklasse mit einer Wahrscheinlichkeit von $p(B|B) = 0.57$ weiter an. Die Matrix wird durch den Vortrieb des Pilotstollens ständig aktualisiert, da alle 10 Meter eine weitere Beobachtung zur Gebirgsklasse vorliegt.

Die Prognose von Daten aufgrund einer vorgegebenen Datenserie ist ein spezieller stochastischer Prozess, der als *Markow-Prozess* bezeichnet wird. Im hier gezeigten diskreten Fall spricht man auch von *Markowschen Ketten*. Die Übergangswahrscheinlichkeits-Matrix zeigt, wie hoch die Wahrscheinlichkeit ist, dass auf einen vorgegebenen Zustand im nächsten (noch unbekannten) Schritt der gleiche oder ein anderer folgt. Durch Potenzierung der Übergangswahrscheinlichkeits-Matrix lassen sich auch die Übergangswahrscheinlichkeiten in zwei, drei oder mehr Schritten berechnen. Im vorgestellten Beispiel ergibt sich die Übergangswahrscheinlichkeit der Gebirgsklassen in 20 m wie folgt:

$$
\begin{bmatrix} 0.43 & 0.43 & 0.00 & 0.14 \\ 0.00 & 0.57 & 0.43 & 0.00 \\ 0.75 & 0.00 & 0.00 & 0.25 \\ 0.50 & 0.00 & 0.50 & 0.00 \end{bmatrix}^2 = \begin{bmatrix} 0.26 & 0.43 & 0.26 & 0.06 \\ 0.32 & 0.33 & 0.24 & 0.11 \\ 0.45 & 0.32 & 0.13 & 0.11 \\ 0.59 & 0.21 & 0.00 & 0.20 \end{bmatrix}
$$

Je weiter sich die zu prognostizierenden Übergangswahrscheinlichkeiten von der ursprünglichen Serie entfernen, desto unabhängiger werden sie, so dass sie schließlich der einfachen Auftrittswahrscheinlichkeit der Ursprungsserie entsprechen:

$$\begin{bmatrix} 0.43 & 0.43 & 0.00 & 0.14 \\ 0.00 & 0.57 & 0.43 & 0.00 \\ 0.75 & 0.00 & 0.00 & 0.25 \\ 0.50 & 0.00 & 0.50 & 0.00 \end{bmatrix}^{n \to \infty} = \begin{bmatrix} 0.35 & 0.35 & 0.20 & 0.10 \\ 0.35 & 0.35 & 0.20 & 0.10 \\ 0.35 & 0.35 & 0.20 & 0.10 \\ 0.35 & 0.35 & 0.20 & 0.10 \end{bmatrix}$$

Die so ermittelte Zufallsmatrix erlaubt den Vergleich mit der Prognose nach ein, zwei oder mehr Schritten. Je ähnlicher die Prognose der Zufallsmatrix wird, desto zufälliger ist sie. Der aus der Grundlagenstatistik bekannte $\chi^2$-Test eignet sich zum Test der Hypothese der Zufälligkeit der Prognose.

## 4.4 Muster

### 4.4.1 Ebene Muster und Poisson-Felder

Die Verteilung von Findlingen im Baugrund, das Auftreten bestimmter, standortanzeigender Pflanzen, Dolinen in einem Karstgebiet, all dies sind typische Beispiele für ebene Punktmuster. Die Frage stellt sich: sind diese Punktmuster zufällig oder zeigen sie eine Systematik, die Rückschlüsse auf die geologischen Verhältnisse und die Baugrundbedingungen erlauben?

Ein einfacher statistischer Test, um die Zufälligkeit einer Punktverteilung zu prüfen, ist die Untersuchung des Abstandes $d$ der Punkte zu ihren nächsten Nachbarpunkten. Bei einem zufälligen Punktmuster oder *Poisson-Feld* beträgt der mittlere Abstand $\mu_d$ zum nächsten Nachbarn (Stoyan & Stoyan 1992: 240, Swan & Sandilands 1995: 272-277)

$$\mu_d = \frac{1}{2\sqrt{\lambda}}$$

wobei $\lambda = n/A$ die mittlere Punktdichte von $n$ Punkten auf einer Fläche $A$ ist. Die Standardabweichung des mittleren Abstandes folgt aus

$$\sigma_d = \sqrt{\frac{1}{\pi\lambda} - \frac{1}{4\lambda}} = \sqrt{\frac{(4-\pi)A}{4\pi n}}$$

Der Fehler des Mittelwertes des mittleren Abstandes ergibt sich aus

$$s_e = \sqrt{\frac{\sigma_d^2}{n}} = \sqrt{\frac{(4-\pi)A}{4\pi n^2}} = \frac{0.26136}{\sqrt{n^2/A}}$$

Die statistischen Kennwerte des Poisson-Felds werden mit den tatsächlich beobachteten Abständen

$$\bar{d} = \frac{1}{n}\sum_{i=1}^{n} d_i$$

verglichen, um deren Zufälligkeit zu prüfen. Da nach dem zentralen Grenzwertsatz die Mittelwerte aus Stichproben, unabhängig von der Verteilungsfunktion ihrer Grundgesamtheit, Gauß-normalverteilt sind, lässt sich über einen einfachen *Z*-Test (Gauß-Test)

$$z = \frac{\bar{d} - \mu_d}{s_e}$$

feststellen, ob der mittlere Abstand der beobachteten Punktverteilung signifikant vom (theoretischen) mittleren Abstand im (zufälligen) Poisson-Feld abweicht. Ist dies der Fall, dann sind die Punkte nicht zufällig verteilt.

In einem Gebiet wurden Erdfälle kartiert (Abb. 4.21). Ist ihre Verteilung zufällig? Die untersuchte Fläche beträgt 100 x 100 m, also $A = 10000$ m², auf der sich $n = 20$ Erdfälle verteilen, woraus $\lambda = 20/10000 = 0.002$ folgt. Daraus ergibt sich der mittlere Abstand bei zufälliger Punktverteilung zu

$$\mu_d = \frac{1}{2\sqrt{\lambda}} = \frac{1}{2\sqrt{(20/10000)}} = 11.180$$

und der Standardfehler zu

$$s_e = \frac{0.26136}{\sqrt{n^2/A}} = \frac{0.26136}{\sqrt{20^2/10000}} = 1.307$$

Mit dem grafisch ermittelten Abständen zu den nächsten Nachbarn

$$\bar{d} = \frac{1}{n}\sum_{i=1}^{n} d_i = 8.052$$

folgt für die *Z*-Statistik bei einer Irrtumswahrscheinlichkeit von 5% ($z_c = \pm 1.96$, siehe auch Tab. 4.1)

$$z = \frac{\bar{d} - \mu_d}{s_e} = \frac{8.052 - 11.180}{1.307} = -2.393 < -1.960$$

Somit liegt der Mittelwert der Stichprobe außerhalb des Vertrauensbereichs des Poisson-Feldes. Die Verteilung der Erdfälle ist aufgrund dieser Analyse mit einer Wahrscheinlichkeit von mindestens $p = 0.95$ nicht zufällig.

Probleme ergeben sich im Randbereich des untersuchten Punktfeldes, da hier alle Nachbarn außerhalb des Kartenrandes unberücksichtigt bleiben, was eine Überschät-

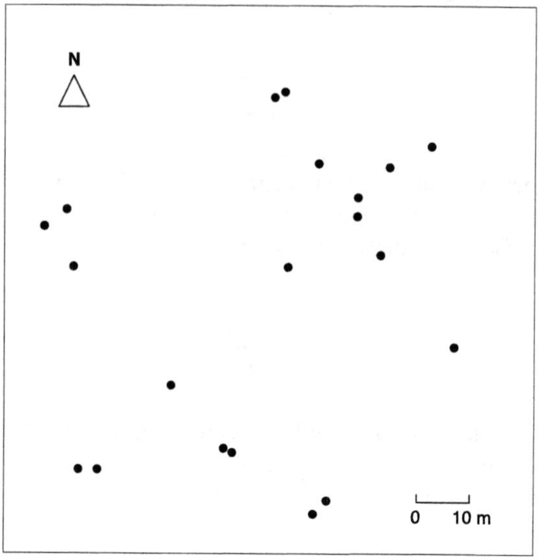


**Abb. 4.21** Verteilung von Erdfällen im Untersuchungsgebiet.

zung des mittleren Punktabstandes zur Folge hat. Entlang des Kartenrandes lässt sich aber eine Pufferzone einrichten, indem Kopien der Karte rechts und links, unten und oben, an die Originalkarte angelegt werden. Der Fehler im Randbereich lässt sich so mildern.

Eine weitere Möglichkeit der Prüfung der Zufälligkeit von ebenen Punktverteilungen bietet das Quadratzählverfahren, bei dem das Untersuchungsgebiet in Quadrate aufgeteilt und die Häufigkeit der Punkte pro Quadrat mit der theoretisch zu erwartenden Häufigkeit aus einem *Poisson-Muster* verglichen wird. Ein $\chi^2$-Test eignet sich hier als Prüfstatistik. Problematisch bei diesem Verfahren ist jedoch die Wahl der Größe der Quadrate, die das Ergebnis des statistischen Tests beeinflusst.

Die hier angesprochenen Verfahren geben nur einen Einblick in das umfangreiche Gebiet der Statistik der Punktmuster. Wesentlich komplexere Testverfahren sind möglich, bei denen zum Beispiel die *Clusterung* von Punkten oder die Verteilung von Linien geprüft wird. Die verschiedenen Verfahren sind in einschlägigen Fachbüchern erläutert.

### 4.4.2 Zirkulare Muster und die von-Mises-Verteilung

Gletscherschrammen, Strömungsmarken, Lineamente in Luftbildern sind Beispiele für ebene Richtungsdaten (Abb. 4.22). Sie werden im x-y-Koordinatensystem als Einheitsvektoren mit $\alpha$ [°] als Abweichung von Nord definiert

$$x_i = \cos\alpha_i$$
$$y_i = \sin\alpha_i$$

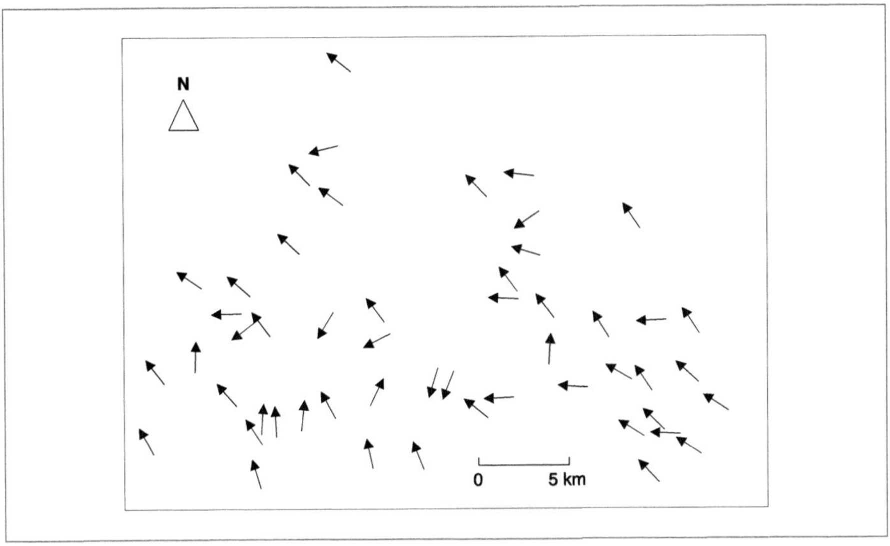


Abb. 4.22 Gletscherschrammen im südlichen Finnland (aus Davis 2002).

Viele Messungen ergeben die resultierenden Achsenabschnitte

$$x_r = \sum_{i=1}^{n} \cos \alpha_i$$

$$y_r = \sum_{i=1}^{n} \sin \alpha_i$$

woraus die Orientierung des Schwerpunktsvektors als Vektormittel folgt

$$\overline{\alpha} = \arctan \frac{y_r}{x_r} = \arctan \frac{\sum_{i=1}^{n} \sin \alpha_i}{\sum_{i=1}^{n} \cos \alpha_i}$$

Ein Maß für die Ausrichtung oder Regelung der Richtungsdaten ist der *Regelungsgrad*

$$\overline{R} = \frac{1}{n}\sqrt{x_r^2 + y_r^2} \qquad 0 \le \overline{R} \le 1$$

Aus einer Stichprobe lässt sich mithilfe des Regelungsgrades ein Streumaß ermitteln, das analog der linearstatistischen Streuung definiert ist und als *zirkulare Varianz* $s_z^2$ [-] (Mardia & Jupp 1997)

$$s_z^2 = 1 - \overline{R}$$

bezeichnet wird. Weiterhin lässt sich aus dem Regelungsgrad ein *Konzentrationsfaktor* (Abb. 4.23)

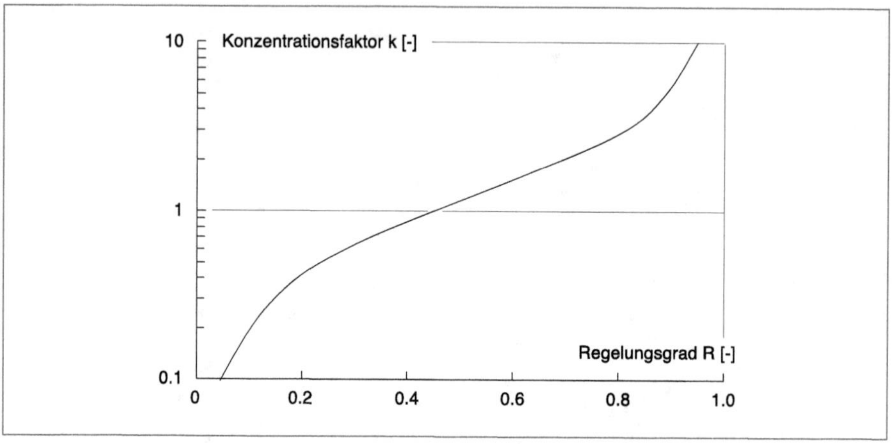


**Abb. 4.23** Abhängigkeit des Regelungsgrads R vom Konzentrationsfaktor k (Werte nach Mardia & Jupp 1997).

$$0 \leq k < \infty$$

ableiten, mit dem eine unimodale zirkulare Modellverteilung, die *von-Mises-Verteilung,* definiert werden kann (von Mises 1918)

$$f(\alpha,\overline{\alpha},k) = \frac{1}{2\pi\, b(k)} e^{k\cos(\alpha-\overline{\alpha})}$$

mit $b(k)$ als modifizierte Bessel-Funktion

$$b(k) = \sum_{r=0}^{\infty} \frac{1}{(r!)^2}\left(\frac{k}{2}\right)^{2r}$$

Die von-Mises-Verteilung ist analog der Gauß-Normalverteilung der linearen Statistik zu sehen.

Nach einem von Lord John Rayleigh (1842-1919) entwickelten Test ist die Hypothese einer zufälligen Verteilung der Richtungsvektoren zu verwerfen, wenn

$$\overline{R} > \overline{R}_c$$

Der Regelungsgrad wird danach mit einem kritischen Regelungsgrad (Abb. 4.24) verglichen, der einer zufälligen Zirkularverteilung entspricht (Mardia & Jupp 1997). Getestet wird die zufällige Verteilung gegen die von-Mises-Verteilung. Der Test gilt nicht für multimodale Zirkularverteilungen (mehrere Maxima).

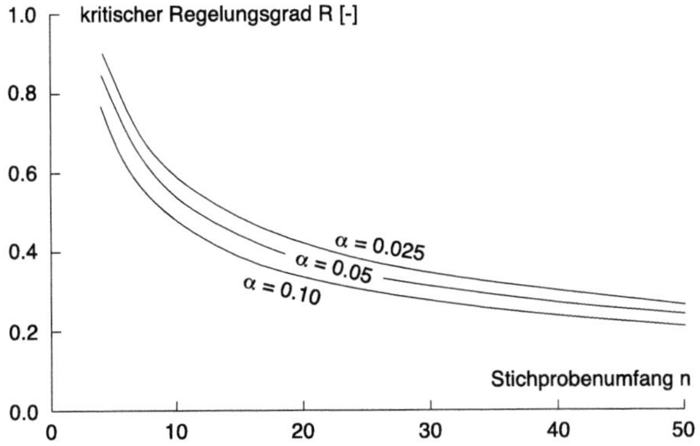


**Abb. 4.24** Der kritische Regelungsgrad $R_c$ nach Rayleigh als Funktion des Stichprobenumfangs n für verschiedene Irrtumswahrscheinlichkeiten $\alpha$. Ist der gemessene Regelungsgrad größer als der kritische, dann sind die Daten nicht zufällig verteilt (Werte nach Mardia & Jupp 1997).

In einem Bergbaugebiet kommt es in einer Siedlung verstärkt zu Bergschäden. Die Einwohner vermuten, dass der umgehende tiefe Kohleabbau die Ursache ist. Der Bergwerksbetreiber bestreitet dies, da die Abbaue die Siedlung noch gar nicht unterfahren haben. Die Anwohner machen jedoch geltend, dass Bergsenkungen auch außerhalb der direkten Abbaubereiche auftreten können. Falls die von Norden herannahende Abbaufront die Bergschäden verursachen sollte, dürften die Dehnungen an der Oberfläche nicht zufällig sein, sondern müssten sich nach N-S ausrichten. Aus der Einmessung der Dehnungen ($n = 14$) ergaben sich folgende Azimute $\alpha$

22°, 15°, 30°, 301°, 348°, 17°, 330°, 359°, 20°, 5°, 19°, 144°, 321°, 348°

Für die mittlere Ausrichtung der Bewegungen folgt

$$\overline{\alpha} = \arctan\frac{0.349}{10.902} = 0.032 \text{ rad} = 1.831°$$

Es liegt also eine bevorzugte N-S-Richtung vor. Für den Regelungsgrad gilt

$$\overline{R} = \frac{1}{14}\sqrt{10.902^2 + 0.349^2} = 0.779$$

Aus dem Vergleich mit dem kritischen Regelungsgrad (Irrtumswahrscheinlichkeit $\alpha = 0.025$) folgt

$$\overline{R} = 0.779 > \overline{R}_c = 0.505$$

so dass angenommen werden muss, dass die N-S-Bewegungen nicht zufällig sind und der Grund der Bergschäden die von Norden herannahende Abbaufront ist.

### 4.4.3 Sphärische Muster und die Analyse von Eigenvektoren

Bei gefügekundlichen Aufnahmen zeigt der Gefügekompass bei jeder Messung die Raumstellungen der Trennfläche durch ihr Einfallen $\vartheta$ [°] und ihre Einfallrichtung $\alpha$ [°] (ihre Abweichung von Nord oder ihr Azimut) an. Mit diesen Messwerten lassen sich im x-y-z-Koordinatensystem Einheitsvektoren definieren

$$x_i = \cos\alpha_i \cos\vartheta_i$$
$$y_i = \sin\alpha_i \cos\vartheta_i$$
$$z_i = \sin\vartheta_i$$

aus deren Summen

$$x_r = \sum_{i=1}^{n} \cos\alpha_i \cos\vartheta_i$$
$$y_r = \sum_{i=1}^{n} \sin\alpha_i \cos\vartheta_i$$
$$z_r = \sum_{i=1}^{n} \sin\vartheta_i$$

sich der *Schwerpunktsvektor* mit der Raumstellung [rad]

$$[\overline{\alpha}, \overline{\vartheta}] = \left[\arctan\left(\frac{y_r}{x_r}\right), \arcsin\left(\frac{z_r}{n\overline{R}}\right)\right]$$

und dem Regelungsgrad

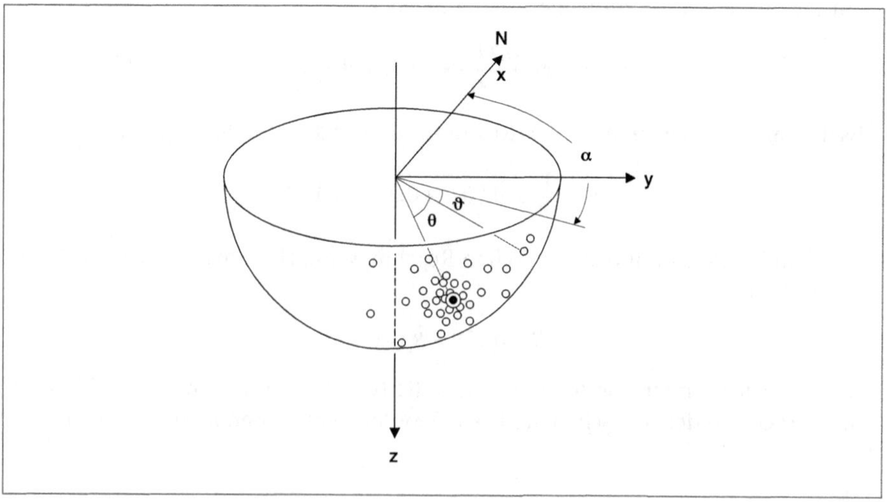


**Abb. 4.25** Polpunkte, die mit einer Fisher-Verteilung modelliert werden.

$$\bar{R} = \frac{1}{n}\sqrt{x_r^2 + y_r^2 + z_r^2}$$

ableiten. Zu beachten sind die Umrechnungskonventionen bei der Rückrechnung des Azimuts des Schwerpunktsvektors

$$\begin{array}{cccc} x_r & y_r & & \\ + & + & \rightarrow & \alpha \\ - & + & \rightarrow & \alpha + \pi \\ - & - & \rightarrow & \alpha + \pi \\ + & - & \rightarrow & \alpha + 2\pi \end{array}$$

wobei das tatsächlich ermittelte (nicht absolute) Azimut einzusetzen ist. Aus einer Stichprobe lässt sich mithilfe des Regelungsgrades ein Streumaß ermitteln, das analog der linearstatistischen Varianz als *sphärische Varianz* $s_s^2$ [-] definiert ist (Mardia & Jupp 1997)

$$s_s^2 = 1 - \bar{R}$$

Weiterhin lässt sich aus dem Regelungsgrad ein *Konzentrationsfaktor*

$$0 \le k < \infty$$

ableiten, mit dem eine unimodale sphärische Modelverteilung, die *Fisher-Verteilung*, definiert werden kann (Fisher 1953)

$$f(\theta,k) = \frac{k}{4\pi \sinh k} e^{k\cos\theta} \qquad 0 \le \theta \le \pi$$

wobei $\theta$ [rad] der Winkel zwischen Schwerpunktsvektor und Messwert ist (Abb. 4.25). Der beste Schätzwert von $k$ ergibt sich, basierend auf einem Stichprobenumfang $n$, aus

$$k \cong \frac{n-1}{n(1-\bar{R})}$$

Die Fisher-Verteilung ist eine *Cluster-Verteilung*, bei der sich die Einheitsvektoren um den Schwerpunktsvektor gruppieren und im Schmidtschen Netz eine Punktwolke bilden. Sie stellt das sphärische Äquivalent der Gauß-Normalverteilung dar. Wallbrecher (1986) zeigt, dass der *sphärische Öffnungsgrad* [°]

$$\Omega = \arcsin\sqrt{2\frac{1-\frac{1}{n}}{k}}$$

das Streumaß einer Fisher-Verteilung gut repräsentiert. Er kann mit der linearstatistischen Standardabweichung verglichen werden und stellt sich im Schmidtschen Netz als Kleinkreis dar. Mit dem sphärischen Öffnungsgrad als Streumaß von Cluster-Ver-

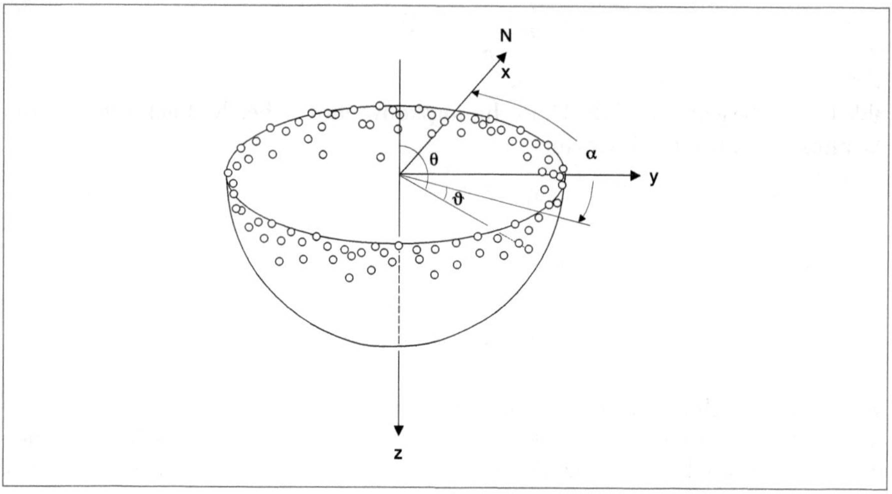


**Abb. 4.26** Polpunkte und Winkel entlang einer Dimroth-Watson-Verteilung.

teilungen lässt sich die Dispersion von Gefügedaten aus verschiedenen Gebirgsbereichen miteinander vergleichen. Somit ist eine Abgrenzung statistisch homogener Bereiche möglich.

Ebenfalls als Kleinkreis bildet sich das *sphärische Konfidenzintervall* $\Lambda$ [°] des Schwerpunktsvektors ab

$$\Lambda = \arccos\left\{1 - \frac{1-\overline{R}}{\overline{R}}\left[\left(\frac{1}{p}\right)^{\frac{1}{n-1}} - 1\right]\right\}$$

wobei $p$ die Wahrscheinlichkeit ist, dass der Schwerpunktsvektor außerhalb des Konfidenzintervalls oder *Vertrauenskegels* liegt.

Eine Gürtelverteilung, bei der sich die Einheitsvektoren gürtelförmig entlang eines Großkreises verteilen (Abb. 4.26), wird durch die *Dimroth-Watson-Verteilung* modelliert (Dimroth 1963, Watson 1965)

$$f(\alpha,\theta) = \frac{b(k)}{2\pi} e^{-k\cos^2\theta} \qquad 0 \le \alpha \le 2\pi, 0 \le \theta \le \pi, k > 0$$

mit der Normierungskonstante

$$b(k) = \frac{1}{2\int_0^1 e^{-kt^2} dt}$$

und $\alpha$ als Azimut [rad], $\theta$ als Winkel zwischen Rotationsachse und beobachteter Richtung [rad] und $k$ als Konzentrationsfaktor, der speziell für diese Verteilung zu ermitteln ist.

Modellverteilungen wie die Fisher-Verteilung und die Dimroth-Watson-Verteilung lassen sich mit einer *Eigenvektoranalyse* weiter charakterisieren und voneinander abgrenzen. Dabei betrachtet man (vereinfacht) die von den Einheitsvektoren auf der Lagenkugel abgebildeten Polpunkte als Massenpunkte, die mit einer durch den Ursprung des Schmidtschen Netzes gehenden Drehachse fest verbunden sind. Das Drehmoment der Drehachse ist ein Maß für die Dispersion der Polpunkte: Liegen alle Polpunkte in unmittelbarer Nähe der Drehachse, dann ist das Drehmoment klein; bei weit entfernten Polpunkten ist das Drehmoment dagegen groß. Mit dem *Trägheitsmoment* lässt sich dieser Zusammenhang mechanisch beschreiben

$$M = \vec{a}^2 = \sin^2\delta = 1 - \cos^2\delta$$

wobei $\delta$ der Winkel zwischen den Einheitsvektoren $v$ und der Drehachse $u$ ist (Abb. 4.27). Da für das Skalarprodukt gilt

$$\cos\delta = \frac{\vec{u}\,\vec{v}}{|\vec{u}||\vec{v}|} = \vec{u}\,\vec{v} = x_u x_v + y_u y_v + z_u z_v$$

folgt

$$M = 1 - \left(x_u x_v + y_u y_v + z_u z_v\right)^2$$

Für $n$ auf der Lagenkugel verteilten Polpunkte folgt

$$M = n - \vec{u}\sum_{i=1}^{n}\begin{vmatrix} x_i^2 & x_i y_i & x_i z_i \\ x_i y_i & y_i^2 & x_i z_i \\ z_i y_i & z_i y_i & z_i^2 \end{vmatrix}$$

$$= n - \vec{u}\begin{vmatrix} \sum\cos^2\alpha_i\cos^2\vartheta_i & & \\ \sum\cos\alpha_i\sin\alpha_i\cos^2\vartheta_i & \sum\sin^2\alpha_i\cos^2\vartheta_i & \\ \sum\cos\alpha_i\cos\vartheta_i\sin\vartheta_i & \sum\sin\alpha_i\cos\vartheta_i\sin\vartheta_i & \sum\sin^2\vartheta_i \end{vmatrix}$$

oder

$$\mathbf{M} = n - \mathbf{u}_i\,\mathbf{t}_{ij}$$

Zur Bestimmung des maximalen und minimalen Trägheitsmoments wird ein *Eigenvektor* $\lambda$ eingeführt

$$\mathbf{t}_{ij}\,\mathbf{u}_i = \lambda\,\mathbf{u}_i$$

Nach Umformung ergibt sich die Eigenwertgleichung

$$\left(\mathbf{t}_{ij}\,\mathbf{u}_i - \lambda\,\mathbf{u}_i\right) = \left(\mathbf{t}_{ij} - \lambda\delta_{ij}\right)\mathbf{u}_i = 0$$

mit dem Kroneckerschen Delta

$$\delta_{ij} = \begin{vmatrix} 1 & 0 & 0 \\ 0 & 1 & 0 \\ 0 & 0 & 1 \end{vmatrix}$$

Die Eigenwertgleichung besitzt dann nichttriviale Lösungen für $\mathbf{u}_i$ ($\mathbf{u}_i \neq 0$), wenn gilt

$$\det(\mathbf{t}_{ij} - \lambda\delta_{ij}) = \begin{vmatrix} t_{11}-\lambda & t_{12} & t_{13} \\ t_{21} & t_{22}-\lambda & t_{23} \\ t_{31} & t_{32} & t_{33}-\lambda \end{vmatrix} = 0$$

Die drei Wurzeln $\lambda_1$, $\lambda_2$ und $\lambda_3$ sind die drei *Eigenwerte* von $\mathbf{t}_{ij}$. Mithilfe der Eigenwerte lassen sich mit der Eigenwertgleichung die Koordinaten von $\mathbf{u}_i$ ermitteln, die als *Eigenvektoren* bezeichnet werden und orthogonal zueinander stehen, da $\mathbf{t}_{ij}$ symmetrisch ist. Normiert man die Eigenwerte mit dem Stichprobenumfang *n*, gilt

$$\frac{\lambda_1}{n} + \frac{\lambda_2}{n} + \frac{\lambda_3}{n} = \lambda_1' + \lambda_2' + \lambda_3' = 1$$

Für $\lambda'_1 \approx \lambda'_2 \approx \lambda'_3 \approx 1/3$ liegt eine isotrope Gleichverteilung der Polpunkte vor. Nähert sich einer der drei Eigenwerte 1.0 an, dann liegt eine Cluster-Verteilung vor mit dem größten Eigenvektor als Schwerpunktsvektor. Entsprechen zwei der drei Eigenwerte jeweils etwa 0.5, dann liegt eine Gürtelverteilung vor. Woodcock (1977) hat diesen Zusammenhang durch Einführung der Parameter $ln(\lambda_3/\lambda_2)$ und $ln(\lambda_2/\lambda_1)$ und der Verhältniszahl

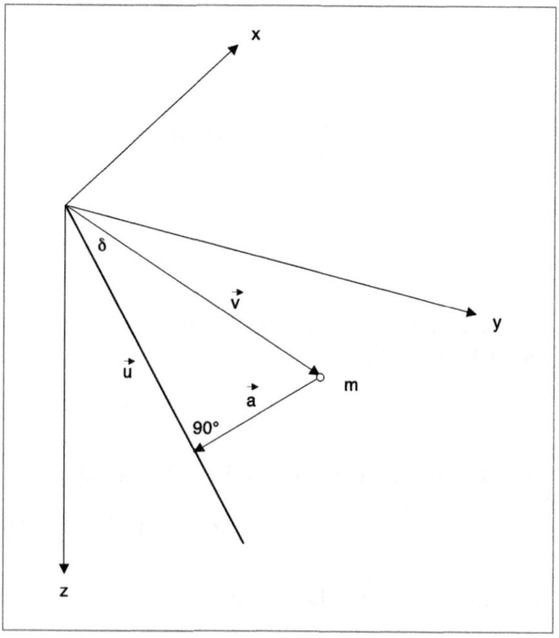


**Abb. 4.27** Eine Gefügemessung in einem rechtssinnigen Koordinatensystem, mit senkrechtem Abstand a von einer beliebigen Drehachse u (nach Wallbrecher 1986).

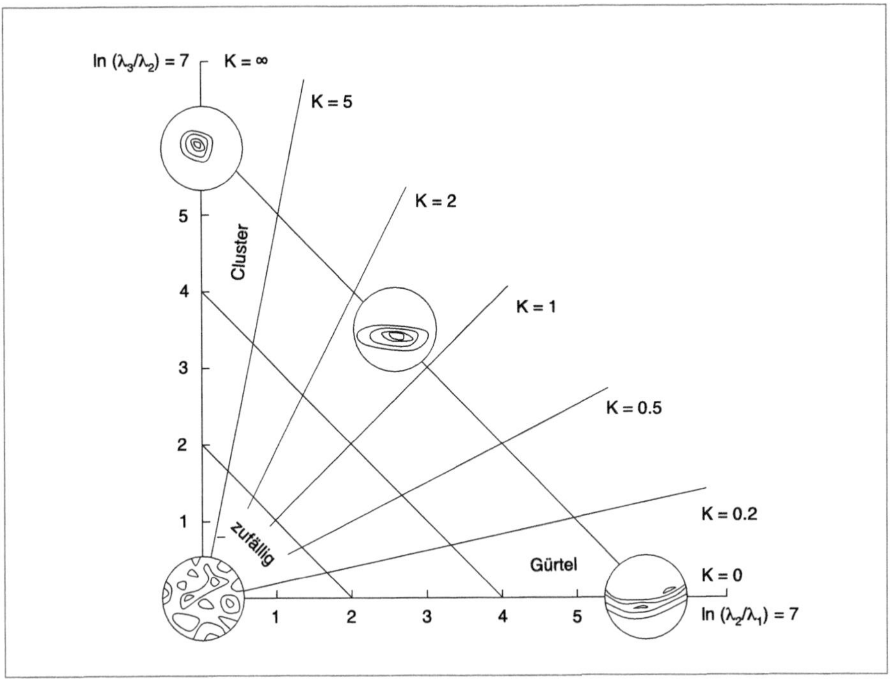


**Abb. 4.28** Klassifikation von Polpunktmustern mithilfe der Eigenwerte (aus Woodcock 1977).

$$K = \frac{\ln(\lambda_3/\lambda_2)}{\ln(\lambda_2/\lambda_1)}$$

in einem Diagramm veranschaulicht (Abb. 4.28).

Mit den Eigenwerten lassen sich sphärische Verteilungen weiter charakterisieren. So ist zum Beispiel im Zusammenhang mit der Aufnahme tektonischer Falten der *zirkulare Öffnungsgrad* $\theta_\beta$ [°] von Interesse, der ein Maß für die Erstreckung des Teilgroßkreises und damit der Annäherung an die Watson-Verteilung ist (Wallbrecher 1986)

$$\theta_\beta = 2\arcsin\sqrt{2\lambda_2'} \qquad \lambda_1' < \lambda_2' < \lambda_3'$$

Der zirkulare Öffnungsgrad kann zwischen 0° und 180° schwanken. Bei 0° liegt eine Parallel-Orientierung vor, 180° entspricht einer zirkularen Gleichverteilung. Der Eigenvektor des kleinsten Eigenwerts entspricht der Faltenachse, die traditionell auch mit dem π-Pol beschrieben wird. Senkrecht zum π-Pol liegt der π-Kreis, der einen optimalen Ausgleichs-Grosskreis durch die gürtelförmig verteilten Polpunkte darstellt. Auf dem π-Kreis liegen sowohl der mittlere als auch der grösste Eigenvektor, der den Schwerpunkt des Teilgürtels definiert. Vom größten Eigenvektor aus wird der halbe zirkulare Öffnungsgrad in beiden Richtungen des π-Kreises abgetragen.

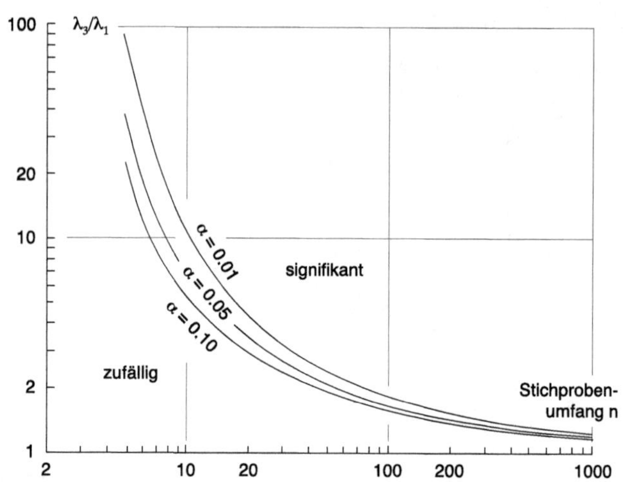


**Abb. 4.29** Eigenwerte und Stichprobenumfang bestimmen die Signifikanz einer sphärischen Verteilung (nach Woodcock & Naylor 1983). $\alpha$ entspricht der Irrtumswahrscheinlichkeit.

Im Rahmen einer Straßenbaumaßnahme ist geplant, einen Hang anzuschneiden. Eine gefügekundliche Aufnahme der zugänglichen Gebirgsaufschlüsse ergibt, dass eine Antiklinale aus mesozoischen Sandsteinfolgen vorliegt. Die geplante Trasse ist N-S ausgerichtet. In welchem Winkel schneidet die Faltenachse die Trasse? Aus den Raumdaten der Schichtung ergeben sich folgende Eigenwerte

$$\lambda_1' = 0.04, \lambda_2' = 0.30, \lambda_3' = 0.66$$

Mit

$$K = \frac{\ln(\lambda_3/\lambda_2)}{\ln(\lambda_2/\lambda_1)} = \frac{\ln(\lambda_3'/\lambda_2')}{\ln(\lambda_2'/\lambda_1')} = \frac{\ln(0.66/0.30)}{\ln(0.30/0.04)} = \frac{0.789}{2.015} = 0.391$$

zeigt das Diagramm von Woodcock eine Gürtelverteilung. Die Faltenachse entspricht dem kleinsten Eigenwert, für den sich ein Eigenvektor mit den Raumdaten 203°/29° ermitteln lässt. Die Faltenachse schneidet somit die Trasse in einem Winkel von 23°.

Unbeantwortet ist noch die Frage, wie groß der Stichprobenumfang sein muss, um eine signifikante Stichprobe zu erhalten. Als Anhaltswert nennt zum Beispiel Müller (1963) eine notwendige Anzahl von 100 Gefügemessungen, um alle Trennflächen ausreichend zu identifizieren. Woodcock & Naylor (1983) entscheiden mithilfe des Verhältnisses von größtem zu kleinstem Eigenwert über die Signifikanz der Stichprobe. Danach steigt mit zunehmendem Stichprobenumfang und zunehmendem Eigenwertverhältnis die Signifikanz der Anisotropie einer Verteilung (Abb. 4.29).

Ein stillgelegter Steinbruch soll als Deponie ausgebaut werden. Im Rahmen der Baugrunderkundung wurde auch eine gefügekundliche Aufnahme durchgeführt. Drei Trennflächenscharen wurden identifiziert: neben Schichtung *ss* ist sowohl die *ac*-Klüftung als auch die *bc*-Klüftung deutlich ausgeprägt. Im Schmidtschen Netz stellen sich die Polpunkte der einzelnen Trennflächenscharen als Punktwolken dar, die Cluster-Verteilungen beschreiben. Die Frage stellt sich: Handelt es sich hier um signifikante, anisotrope Clusterverteilungen oder um Zufallsverteilungen? Die Antwort ergibt sich aus den Eigenwerten (Tab. 4.3).

**Tabelle 4.3** Trennflächen und Eigenwerte.

| | | |
|---|---|---|
| Schichtung ss | $\lambda_3/\lambda_1 = 0.9712/0.0113 = 86$ | n = 80 |
| ac-Klüftung | $\lambda_3/\lambda_1 = 0.8941/0.0437 = 20$ | n = 55 |
| bc-Klüftung | $\lambda_3/\lambda_1 = 0.8616/0.0268 = 32$ | n = 69 |

Nach dem Diagramm von Woodcock & Naylor (1983) folgen aus diesen Vorgaben deutlich signifikante, anisotrope Verteilungen.

### 4.4.4 Fraktale Muster

Im Jahre 1904 stellte der schwedische Mathematiker Helge von Koch ein geometrisches Phänomen vor, das später als „Koch-Insel" bekannt wurde: Ausgehend von einem gleichseitigen Dreieck werden maßstäblich Verkleinerungen des Ausgangsdreiecks auf dessen Seitenflächen montiert (Abb. 4.30). Mit jeder Additionssequenz vergrößert sich der Umfang um 4/3. Bei unendlicher Fortführung wäre der Umfang der Koch-Insel schließlich unendlich lang. Die eingefasste Fläche ist jedoch kleiner als der Kreisinhalt, der die Koch-Insel überdeckt.

Dieses mathematisch widersprüchliche Grenzbild lässt sich durch einen verblüffend einfachen, geometrisch-rekursiven Algorithmus bilden. Es stellt nur *ein* Paradoxon aus der Vielzahl von Denkspielen dar, die die Euklidische Geometrie in Frage stellen. Auch der deutsche Mathematiker Georg Cantor (1845-1918) konnte mit einfachen geometrischen Regeln eine gerade Linie in eine unendliche Menge von Einzelsegmenten, den so genannten „Cantor-Staub", zerlegen, deren geometrische Summation Null ergibt. Benoit Mandelbrot bediente sich in den 1960er Jahren der Analogie

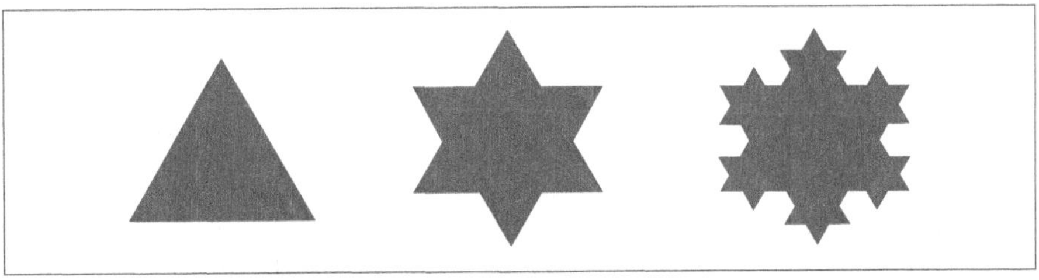

**Abb. 4.30** Entwicklung einer Koch-Insel.

Cantors, um Übermittlungsfehler beim Datentransfer zwischen Computern zu erklären (Berger & Mandelbrot 1963). Vielleicht hat ihn diese Arbeit inspiriert, schließlich *The Fractal Geometry of Nature* zu schreiben. Das 1982 veröffentlichte Buch legt geometrische Widersprüche offen und stellt ein neues Verständnis der Geometrie natürlicher Körper zur Diskussion, eine neue, *fraktale* Geometrie.

Dieser Paradigmenwechsel in der Tradition der Geometrie lässt sich durch die einfache Mandelbrotsche Frage nach der Länge der Küste Englands veranschaulichen. Wird der dekadische Logarithmus der Länge der Segmente eines Polygonzuges zur Messung der Küstenlinie über die gemessene Gesamtlänge aufgetragen, nimmt sie mit abnehmender Seitenlänge ständig zu, wogegen sich zum Beispiel die Messung eines Kreisumfangs stabilisiert (Abb. 4.31). Eine korrekte Beantwortung der Frage nach der Küstenlänge erscheint somit nicht möglich. Welcher Algorithmus liegt diesem Phänomen zugrunde? Anders herum gefragt: Lassen sich komplexe, nicht-euklidische, natürliche Objekte mit einfachen geometrischen Regeln nachbilden? Lässt sich zum Beispiel das Trennflächengefüge eines Gebirgskörpers fraktal nachbilden, das sowohl für die Untersuchung der Standsicherheit von Böschungen und Tunnel als auch für die Durchströmung und die Ausbreitung von Schadstoffen die geometrische Vorgabe darstellt? Wie funktioniert fraktale Geometrie überhaupt?

Zur Veranschaulichung des Grundgedankens wird ein Linienelement $E$ der Länge 1.0 auf 1/3 der Ursprungslänge verkleinert und dreimal dupliziert (Abb. 4.32). Die vier neuen Linienelemente werden nun nach einer vorgegebenen geometrischen Routine neu arrangiert. Die Gesamtlänge des neuen, zusammengesetzten Elementes entspricht 4/3 der Länge des Ausgangselements. Es gilt

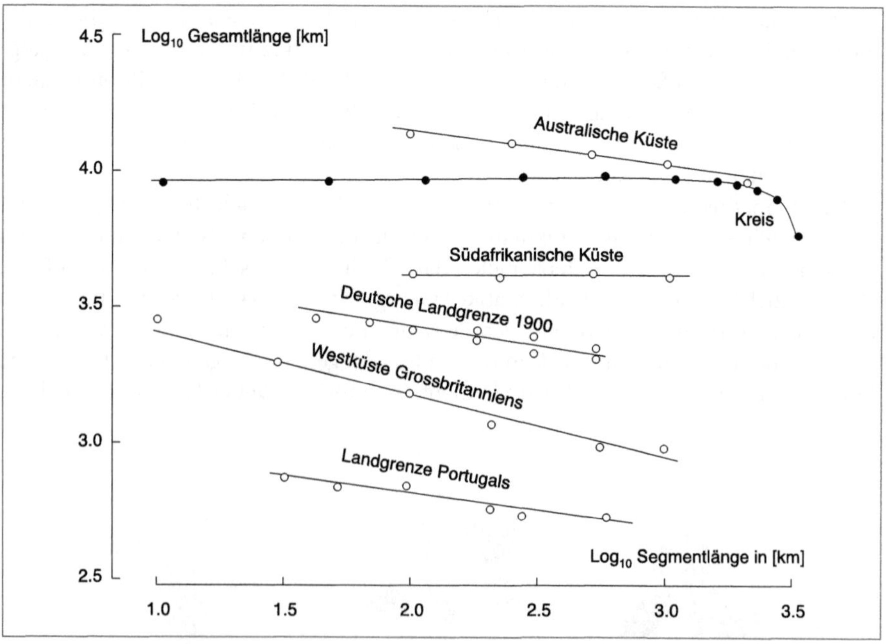


**Abb. 4.31** Küstenlängen und Längen von Landesgrenzen als Funktion der Segmentlänge des Polygonzuges, mit dem sie gemessen wurden. Zum Vergleich ist ein Kreis dargestellt (aus Mandelbrot 1982: 33).

$$L(E/3) = \frac{4}{3} L(E)$$

Durch Einführung der Konstanten $D$ lässt sich auch schreiben

$$L(E) = E^{1-D}$$
$$L(E/3) = (E/3)^{1-D}$$

so dass gilt

$$3^D = 4$$

bzw.

$$D = \frac{\log 4}{\log 3} = 1.2619$$

oder allgemein

$$D = \frac{\log n}{\log \kappa}$$

mit $n$ [-] als Anzahl von Objekten, die maßstäblich verkleinert das Objekt aufbauen, $\kappa$ [-] als Verkleinerungsmaßstab und $D$ [-] als *fraktale Dimension.* Diese ursprünglich von Felix Hausdorff (1868-1942) entwickelte, später auf Fraktale angewandte Maßzahl ist grundlegend für die Beschreibung fraktaler Objekte. Sie gibt die mathematische Regel vor mit der, ausgehend von einer Ausgangsgeometrie und einer affinen Transformations-Routine (Vergrößern, Verkleinern, Rotieren, Strecken etc.) Fraktale generiert werden können.

Für triviale (nicht-fraktale) Fälle wie Linie, Quadrat, Kubus folgt $D = 1, 2$ und 3. Der nach dem polnischen Mathematiker Waclaw Sierpinski (1882-1969) benannte „Sier-

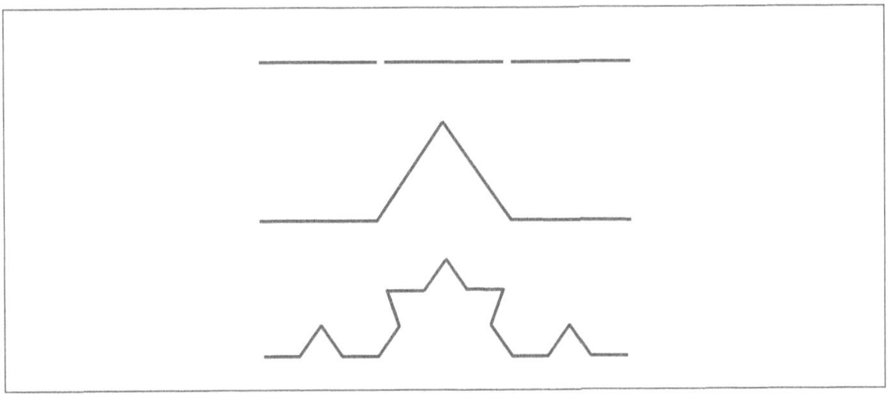

**Abb. 4.32** Skalenmäßige Verkleinerung, Duplizierung und Neuarrangement eines Ausgangselements.

Abb. 4.33 Ein Sierpinski-Teppich (D = log 8 / log 3 = 1.8927) und ein Menger-Schwamm (D = log 20 / log 3 = 2.7268).

pinski-Teppich" hat dagegen die fraktale Dimension $D$ = log 8 / log 3 = 1.8927, sein dreidimensionales Analogon, der „Menger-Schwamm", die fraktale Dimension $D$ = log 20 / log 3 = 2.7268. Er hat eine unendliche Fläche, aber nur eine endliche Masse (Abb. 4.33).

Fraktale Körper sind über alle Maßstäbe hinweg *selbstähnlich*. Eine Veränderung des Maßstabs erzeugt eine ähnliche geometrische Struktur. Der einfachste Weg, die Selbstähnlichkeit eines geometrischen Körpers und damit seine fraktalen Eigenschaf-

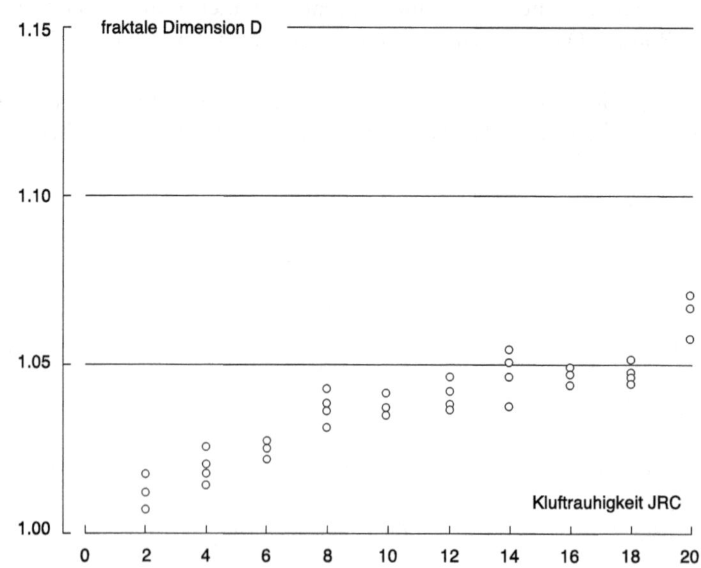


Abb. 4.34 Die Rauigkeit natürlicher Klüfte JRC (Joint Roughness Coefficient) und ihre fraktale Dimension D (Ohnishi, Horita, Ohtani 1989).

ten zu prüfen, ist die Darstellung der Parameter $n$ und $\kappa$ (oder proportionaler Größen) im doppeltlogarithmischen Maßstab. Bei einer fraktalen Geometrie ergibt sich aufgrund der konstanten fraktalen Dimension eine Gerade. Mandelbrot et al. (1984) zeigen, dass eine doppelt-logarithmische Auftragung des Flächen/Umfang-Verhältnisses geschlossener Bruchfiguren auf Bruchflächen einer Stahlprobe eine Gerade ergibt. Aus der Steigung der Ausgleichsgerade folgt die fraktale Dimension $D = 1.28$. Ähnliche Untersuchungen wurden zur Rauigkeit natürlicher Gesteinsbruchflächen durchgeführt. Abbildung 4.34 zeigt zum Beispiel den Zusammenhang zwischen der Kluftrauigkeit (ausgedrückt als *Joint Roughness Coefficient JRC*, siehe Kapitel 7) und der für die Klüfte gemessenen fraktalen Dimension $D$.

Weiterhin wurde versucht, das Trennflächenmuster von Gebirgseinheiten fraktal anzusprechen. So wurden zum Beispiel die im Luftbild bzw. in der geologischen Karte erkennbaren tektonischen Lineamente des San-Andreas-Verwerfungssystems in Kalifornien, des zentralen Teils des Japanischen Bogens und das Verwerfungssystem des Meeresbodens im Golf von Suez untersucht. Dafür wurden Flächen und Umfänge der durch Verwerfungen begrenzten Gebirgsblöcke gegeneinander doppeltlogarithmisch aufgetragen oder die Rasterbreite eines Messnetzes mit der Anzahl der Messquadrate verglichen, die die Lineamente überdeckten *(Box-Counting-Technik)*. In einigen Fällen gelang die Herleitung einer fraktalen Dimension, in anderen nicht. Ähnliche Untersuchungen wurden auch für Kluftgefüge durchgeführt.

Festzuhalten ist, dass fraktale Eigenschaften auf geologische Homogenbereiche beschränkt bleiben und auch nur in gebirgstypischen Maßstabsgrenzen *(cutt offs)* gelten. Eine Änderung der lokalen Geologie führt zwangsläufig zu einer Änderung der fraktalen Geometrie. Dennoch erlaubt die fraktale Charakterisierung neben der geometrischen Ansprache von Gebirgskörpern und Gebirgseigenschaften eine erhebliche Daten- und Speicherplatzreduktion, da der Bauplan des fraktalen Musters mit einer Ausgangsgeometrie und einer affinen Transformation unmittelbar simuliert werden kann (Xie 1993, Peitgen, Jürgens und Saupe 2004).

## 4.5 Kartieren von räumlichen Informationen

### 4.5.1 Konventionelle Kartierverfahren

Unter *kontinuierlichen Suchzielen* werden Merkmale mit sich stetig verändernder Begrenzung oder Intensität verstanden. Die Tiefe zum Grundwasserspiegel ist zum Beispiel ein kontinuierliches Suchziel wie auch die Konzentration von Schadstoffen, die im Grundwasser gelöst sind, oder die Variation der Korngröße in einer Sedimentschicht. Die Erfassung dieser Suchziele unterscheidet sich grundsätzlich von der Ortung konkreter Anomalien.

Die einfachste Methode zur Beschreibung kontinuierlicher Suchziele ist die Beprobung des Merkmals: Beobachtungsbrunnen geben die Tiefe zum Grundwasserspiegel an, aus Grundwasserproben lassen sich Schadstoffgehalte ermitteln, Bodenproben liefern die mittlere Korngröße. Zur Beschreibung des Merkmals liegen also Punktinformationen vor, die es zu deuten gilt. Dies geschieht am einfachsten mit der Konstrukti-

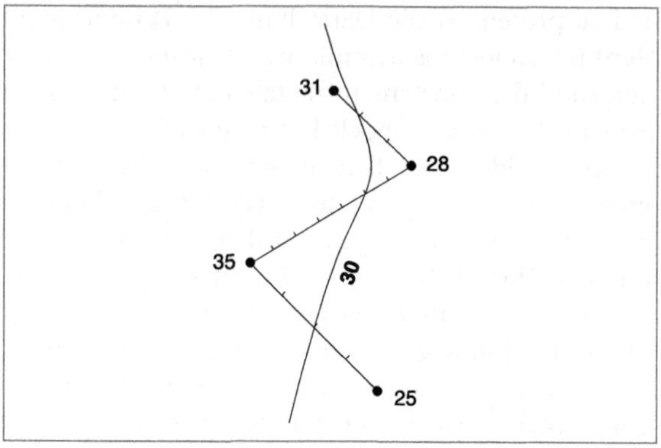


**Abb. 4.35** Herleitung von Isolinien.

on von Linien gleicher Intensität, Höhe, Dichte etc. Dabei werden durch Interpolation zwischen den Messpunkten *Isolinien* hergeleitet (Abb. 4.35).

Allerdings hat diese Methode entscheidende Nachteile, auf die noch näher eingegangen wird: Zum einen werden allein die unmittelbaren Nachbarpunkte zur Konstruktion der Isolinien genutzt, zum anderen ist es nicht möglich, die Verlässlichkeit des entstehenden Isolinienplans zu quantifizieren.

### 4.5.2 Lokalisierung von Suchzielen

Unter *diskreten Suchzielen* werden räumlich klar begrenzte Merkmale verstanden wie zum Beispiel Felsaufschlüsse, Rutschmassen oder Müllhalden. In vielen Fällen sind diskrete Suchziele allerdings im Untergrund verborgen: Störungszonen sind meist von jüngeren Sedimenten überdeckt, Fundamente abgebrochener Gebäude liegen unter Auffüllungen, Bunker, Stollen und Tanks wurden möglicherweise in den Planungsunterlagen gar nicht erwähnt.

Zur Ortung diskreter Suchziele werden neben flächendeckenden Untersuchungen (z. B. Geophysik) auch parallele Suchprofile genutzt (Abb. 4.36). Kostengünstig sind Schürfe, die jedoch nur den oberflächennahen Bereich abdecken können. Sondierungen und Aufschlussbohrungen, entlang einer Suchlinie angeordnet, erlauben einen Einblick in den tieferen Untergrund.

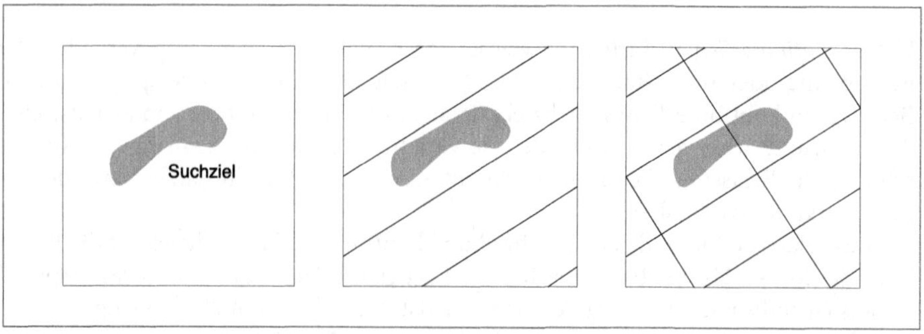


**Abb. 4.36** Suchziel, paralleles und rechtwinkliges Suchnetz.

Die Wahrscheinlichkeit, eine diskrete Anomalie mit parallel orientierten Suchprofilen aufzufinden, ist abhängig von den Abmessungen der Anomalie und der Entfernung der Suchprofile (Uspensky 1937, u. a.). Suchlinien mit einem lotrechten Abstand $d$ treffen eine elliptische Anomalie mit den Abmessungen $a$ und $b$ mit der Wahrscheinlichkeit

$$p = \frac{u}{\pi d}$$

wobei $u$ dem Umfang des elliptischen Suchziels entspricht

$$u = \pi q = \pi 2 \sqrt{\frac{a^2 + b^2}{2}}$$

Für ein kreisförmiges Suchziel vereinfacht sich die Trefferwahrscheinlichkeit mit $r$ als Kreisradius zu

$$p = \frac{2r}{d}$$

Die Wahrscheinlichkeit, ein linienförmiges Suchziel der Länge $l$ zu treffen, ergibt sich nach

$$p = \frac{2l}{\pi d}$$

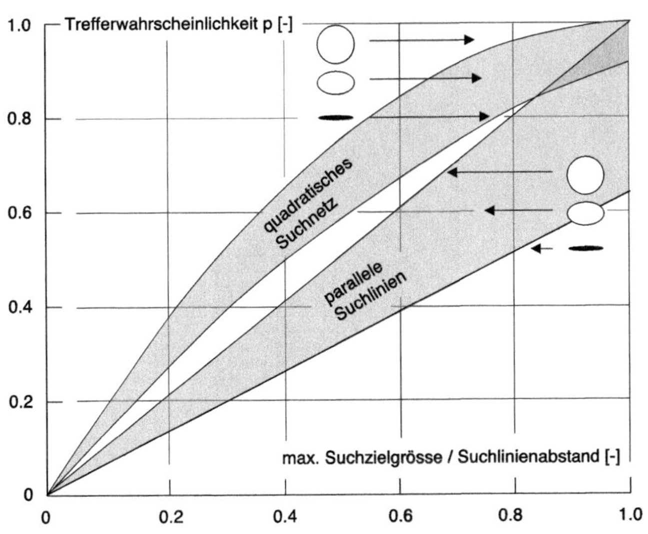


**Abb. 4.37** Trefferwahrscheinlichkeit von Suchlinien als Funktion des Verhältnisses der maximalen Suchzielgröße zum Suchlinienabstand. Dargestellt sind die Bereiche für Kreis, Ellipse und Linie, sowohl für parallele Suchlinien als auch für ein quadratisches Suchnetz (nach McCammon 1977).

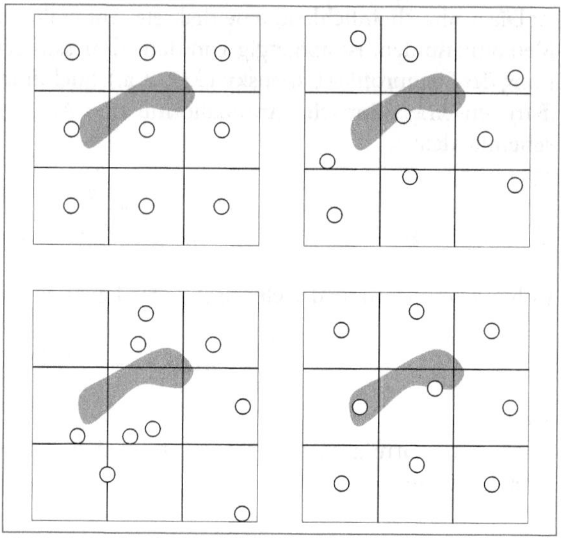

**Abb. 4.38** Suchmuster: regulär, sektoriell zufällig, zufällig, Herringbone.

Bei einem rechwinkligen Suchnetz folgt die Trefferwahrscheinlichkeit aus

$$p = \frac{q\left(d_1 + d_2 - q\right)}{d_1\, d_2}$$

Für ein quadratisches Suchnetz gilt folglich

$$p = \frac{q}{d}\left(2 - \frac{q}{d}\right)$$

Die Wahrscheinlichkeit $p_c$, ein Suchziel zu verfehlen, ist komplementär der Trefferwahrscheinlichkeit

$$p_c = 1 - p$$

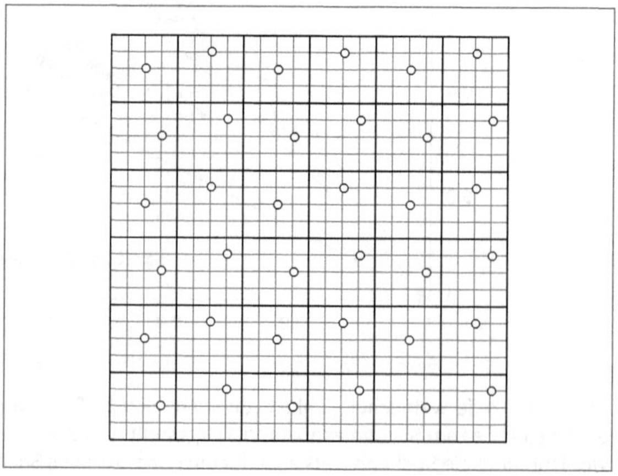

**Abb. 4.39** Konstruktion des Herringbone-Suchnetzes.

Abbildung 4.37 zeigt die Trefferwahrscheinlichkeit von Suchlinien als Funktion des Verhältnisses der maximalen Suchzielgröße zum Suchlinienabstand.

Neben Suchprofilen dienen auch punktuelle Aufschlüsse wie Sondierungen und Bohrungen der Ortung von Suchzielen. Der Vergleich verschiedener zufälliger und systematischer Suchmuster zur Ortung von Suchzielen mit unterschiedlichen Symmetrien hat ergeben, dass beim *Herringbone-Suchmuster* (Abb. 4.38, Abb. 4.39) die größte Trefferwahrscheinlichkeit gegeben ist (Ferguson 1992). So ergibt sich zum Beispiel die notwendige Anzahl *n* der Aufschlusspunkte zur Ortung eines Suchziels bei einer Trefferwahrscheinlichkeit von 95% nach

$$n_{95} = \frac{\psi}{r_A}$$

wobei

$$r_A = \frac{\text{Fläche des Suchziels}}{\text{Fläche des Untersuchungsgebiets}}$$

und

$$\psi_{Kreis} = 1.08 \leq \psi \leq 1.80 = \psi_{Ellipse(4/1)}$$

Falls die Geometrie des Suchziels nicht bekannt ist, wird $\psi$ mit 1.4 abgeschätzt. Abbildung 4.40 zeigt die Anzahl von Suchpunkten als Funktion der Größe des Suchziels (Kreis, Ellipse) und der Größe des Untersuchungsgebiets bei einer Trefferwahrscheinlichkeit von 95%.

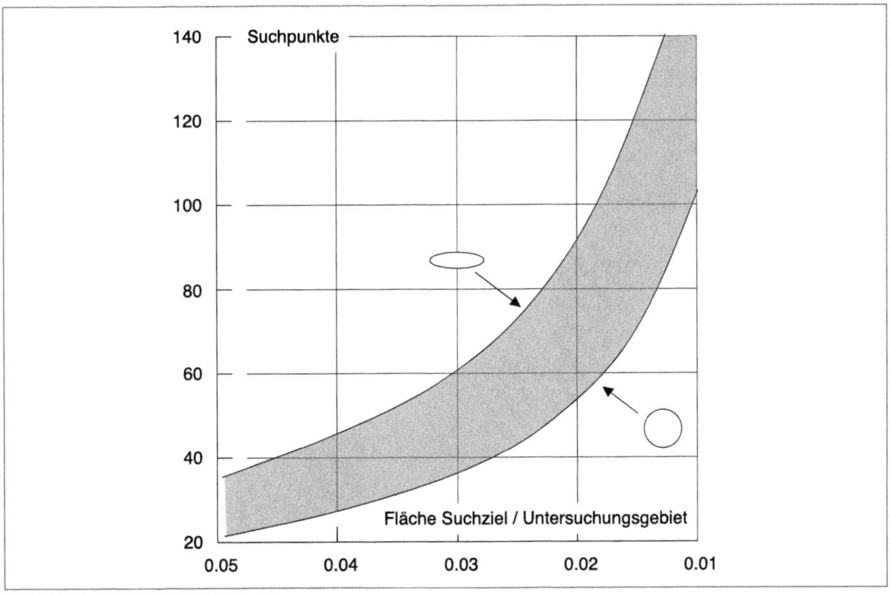


**Abb. 4.40** Anzahl von Suchpunkten als Funktion der Größe des Suchziels (Kreis, Ellipse) und der Größe des Untersuchungsgebiets bei einer Trefferwahrscheinlichkeit von 95% (nach Ferguson 1992).

### 4.5.3 Regionalisierte Variablen

In den 1950er Jahren befasste sich der Bergbauingenieur Daniel G. Krige (1919-2013) in Südafrika mit der Frage, wie Informationen aus Erkundungsbohrungen optimiert werden können. Um dies zu erreichen, assoziierte er die Information einer einzelnen Bohrung mit den Informationen aus Nachbarbohrungen. Er *regionalisierte* also die Information, indem er jede Punktinformation als *regionalisierte Variable* deutete und die Gesamtinformation auswertete. Diese Strategie erlaubte es ihm, nicht nur Isolinien zu konstruieren – was mit jedem Interpolationsprogramm möglich ist – sondern auch den Schätzfehler seiner Karten zu quantifizieren und räumlich darzustellen. Das Prinzip dieser Strategie soll am folgenden Beispiel einer Punktschätzung erläutert werden.

Beim Problem der Punktschätzung ist ein Parameter $y_P$ aufgrund der Messwerte $y_i$ benachbarter Punkte zu schätzen (Abb. 4.41). Eine Interpolation zwischen den Nachbarpunkten erlaubt eine entsprechende Schätzung. Dabei kommt nahe gelegenen Nachbarn ein größeres Gewicht zu als weiter entfernten. Um dies zu berücksichtigen, werden Wichtungsfaktoren $w_i$ als Funktion der Abstände $d_i$ der benachbarten Messpunkte zum Schätzpunkt eingeführt. Für den Schätzwert $y_P$ gilt also

$$y_p = \sum_{i=1}^{n} w_i \, y_i \qquad w_i = f(d_i)$$

wobei

$$\sum_{i=1}^{n} w_i \overset{!}{=} 1$$

Wie berechnen sich nun diese Wichtungsfaktoren? Bei einer linearen Interpolation ergäben sich die Wichtungsfaktoren durch den Vergleich der Einzeldistanzen mit der Summe aller Distanzen

$$\sum_{i=1}^{n} w_i = \frac{1/d_1}{\sum_{i=1}^{n} 1/d_i} + \frac{1/d_2}{\sum_{i=1}^{n} 1/d_i} + \ldots + \frac{1/d_n}{\sum_{i=1}^{n} 1/d_i} \overset{!}{=} 1$$

woraus für den Schätzwert folgt

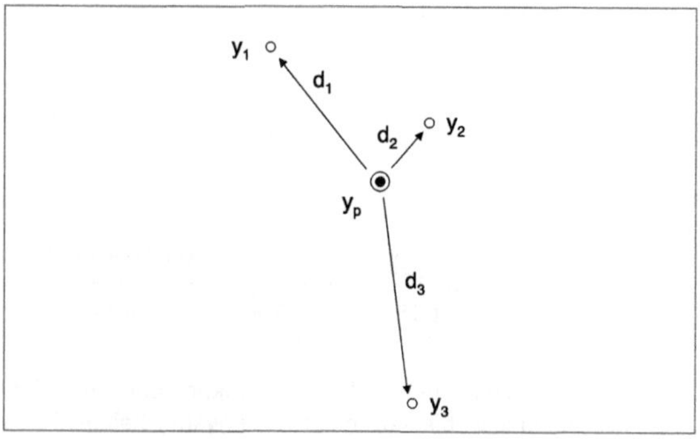


**Abb. 4.41** Punktschätzung mit drei benachbarten Messpunkten.

$$y_p = \frac{y_1/d_1}{\sum_{i=1}^{n} 1/d_i} + \frac{y_2/d_2}{\sum_{i=1}^{n} 1/d_i} + \ldots + \frac{y_n/d_n}{\sum_{i=1}^{n} 1/d_i}$$

Diese lineare Schätzung $(1/d_i)$ ist jedoch nur eine von vielen Möglichkeiten. Quadratische Schätzungen $(1/d_i^2)$, Schätzungen höherer Ordnung $(1/d_i^n)$ oder andere Schätzfunktionen $f(d_i)$ sind denkbar. Die Anzahl möglicher Schätzfunktionen ist unbegrenzt. Es gibt somit keine Antwort auf die Frage, welches der Wichtungsmodelle zu wählen ist.

Der Arbeit von Krige liegt nun der Gedanke zugrunde, dass die Wichtungsfaktoren nicht nur eine Funktion der Distanzen zu den Nachbarpunkten, sondern auch eine Funktion ihrer *Selbstähnlichkeit* sind. Diese Selbstähnlichkeit lässt sich mithilfe der Autokorrelationsfunktion bzw. der Semivarianzfunktion definieren. Beim *Kriging* wird also die Schätzfunktion mit dem Semivariogramm ersetzt (Krige 1951, Matheron 1963). Soll zum Beispiel der Parameter $y_p$ mithilfe dreier Nachbarpunkte geschätzt werden, sind die Semivarianzen mit den Wichtungsfaktoren wie folgt zu assoziieren (Davis 2002, Clark 1979)

$$\begin{aligned} w_1\,\gamma(d_{11}) + w_2\,\gamma(d_{12}) + w_3\,\gamma(d_{13}) &= \gamma(d_{1p}) \\ w_1\,\gamma(d_{21}) + w_2\,\gamma(d_{22}) + w_3\,\gamma(d_{23}) &= \gamma(d_{2p}) \\ w_1\,\gamma(d_{31}) + w_2\,\gamma(d_{32}) + w_3\,\gamma(d_{33}) &= \gamma(d_{3p}) \end{aligned}$$

Dabei ergeben sich die Semivarianzen $\gamma(d_{ij})$ für die Distanzen $d_{ij}$ zwischen den Messpunkten $y_i$ und $y_j$ aus dem vorher aus allen Punktinformationen hergeleiteten Semivariogramm. Da die Summe der Wichtungsfaktoren 1 sein muss, ergibt sich eine weitere Gleichung

$$w_1 + w_2 + w_3 = 1$$

Da für drei unbekannte Wichtungsfaktoren vier Gleichungen zur Verfügung stehen, kann eine vierte Variable zur Minimierung des Schätzfehlers eingeführt werden: der *Lagrange-Multipikator* λ. Somit folgt

$$\begin{array}{ccccccccc} w_1\gamma(d_{11}) & + & w_2\gamma(d_{12}) & + & w_3\gamma(d_{13}) & + & \lambda & = & \gamma(d_{1p}) \\ w_1\gamma(d_{21}) & + & w_2\gamma(d_{22}) & + & w_3\gamma(d_{23}) & + & \lambda & = & \gamma(d_{2p}) \\ w_1\gamma(d_{31}) & + & w_2\gamma(d_{32}) & + & w_3\gamma(d_{33}) & + & \lambda & = & \gamma(d_{3p}) \\ w_1 & + & w_2 & + & w_3 & + & 0 & = & 1 \end{array}$$

oder, in Matrixschreibweise

$$\begin{vmatrix} \gamma(d_{11}) & \gamma(d_{12}) & \gamma(d_{13}) & 1 \\ \gamma(d_{21}) & \gamma(d_{22}) & \gamma(d_{23}) & 1 \\ \gamma(d_{31}) & \gamma(d_{32}) & \gamma(d_{33}) & 1 \\ 1 & 1 & 1 & 0 \end{vmatrix} \cdot \begin{vmatrix} w_1 \\ w_2 \\ w_3 \\ \lambda \end{vmatrix} = \begin{vmatrix} \gamma(d_{1p}) \\ \gamma(d_{2p}) \\ \gamma(d_{3p}) \\ 1 \end{vmatrix}$$

bzw.

$$\mathbf{A} \cdot \vec{W} = \vec{B}$$

wobei die Elemente der Matrix **A** und des Vektors *B* direkt aus dem Semivariogramm ermittelt werden. Nach Lösung des Gleichungssystems ergibt sich der Schätzwert $y_p$ zu

$$y_p = w_1 y_1 + w_2 y_2 + w_3 y_3$$

Die gewichtete Schätzvarianz für $y_p$ folgt aus

$$s_e^2 = w_1 \gamma(d_{1p}) + w_2 \gamma(d_{2p}) + w_3 \gamma(d_{3p}) + \lambda$$

so dass für den Schätzfehler gilt

$$s_e = \sqrt{s_e^2}$$

Neben dem besten Schätzwert für $y_p$ lässt sich also auch der Fehler der Schätzung quantifizieren, ein Aspekt, der *Kriging* gegenüber allen anderen Interpolationsverfahren auszeichnet.

In einer Lagune, die als Vogelschutzgebiet unter Naturschutz steht, ist der Bau einer Beobachtungsstation geplant (nach Davis 2002). Die marinen Sedimente sind wenig tragfähig, doch in 10 bis 15 m Tiefe steht eine Kiesformation an. Die Station soll daher auf Pfählen errichtet werden, die die Bauwerkslasten bis in den tragfähigen Kies leiten. Drei Sondierungen (Abb. 4.42) zeigen die Kiesformation in Tiefen von 12.00 m ($s_1$), 11.15 m ($s_2$) und 12.50 m ($s_3$) an. Aus diesen und weiteren Sondierungen wurde ein experimentelles sphärisches Semivariogramm ($a = 10$, $\sigma_0^2 = 2\ m^2$) entwickelt (Abb. 4.43). Die drei Punktmessungen und das Semivariogramm dienen der Abschätzung der Tiefe zur Kiesformation am Punkte *p*, wo laut Bauwerksstatik ein Pfahl vorgesehen ist, sowie der Ermittlung des Schätzfehlers.

Aus diesen Vorgaben folgt (siehe auch Tab. 4.4)

$$\begin{vmatrix} 0 & 0.87 & 0.92 & 1 \\ 0.87 & 0 & 1.03 & 1 \\ 0.92 & 1.03 & 0 & 1 \\ 1 & 1 & 1 & 0 \end{vmatrix} \cdot \begin{vmatrix} w_1 \\ w_2 \\ w_3 \\ \lambda \end{vmatrix} = \begin{vmatrix} 0.42 \\ 0.66 \\ 0.59 \\ 1 \end{vmatrix}$$

Nach Inversion der quadratischen Matrix ergeben sich die Wichtungsfaktoren $w_i$ und $\lambda$ zu

$$\begin{vmatrix} -0.786 & 0.410 & 0.376 & 0.297 \\ 0.410 & -0.697 & 0.287 & 0.345 \\ 0.376 & 0.287 & -0.663 & 0.358 \\ 0.297 & 0.345 & 0.358 & -0.630 \end{vmatrix} \cdot \begin{vmatrix} 0.42 \\ 0.66 \\ 0.59 \\ 1.00 \end{vmatrix} = \begin{vmatrix} w_1 \\ w_2 \\ w_3 \\ \lambda \end{vmatrix} = \begin{vmatrix} 0.459 \\ 0.228 \\ 0.313 \\ -0.065 \end{vmatrix}$$

so dass für den Schätzwert folgt

$$t_p = 0.459(12.00) + 0.228(11.15) + 0.313(12.50) = 11.96$$

Für den Schätzfehler gilt

$$s_e = \sqrt{0.459(0.42) + 0.228(0.66) + 0.313(0.59) - 0.065(1.00)}$$
$$= 0.681$$

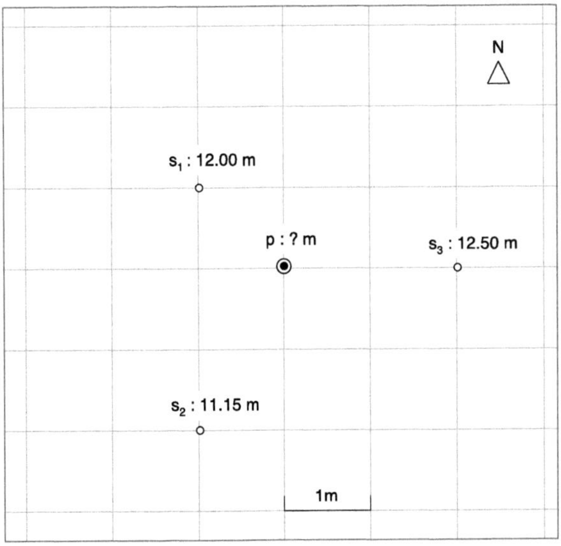


**Abb. 4.42** Grundriss der Sondierpunkte S1, S2 und S3 und des Schätzpunktes p.

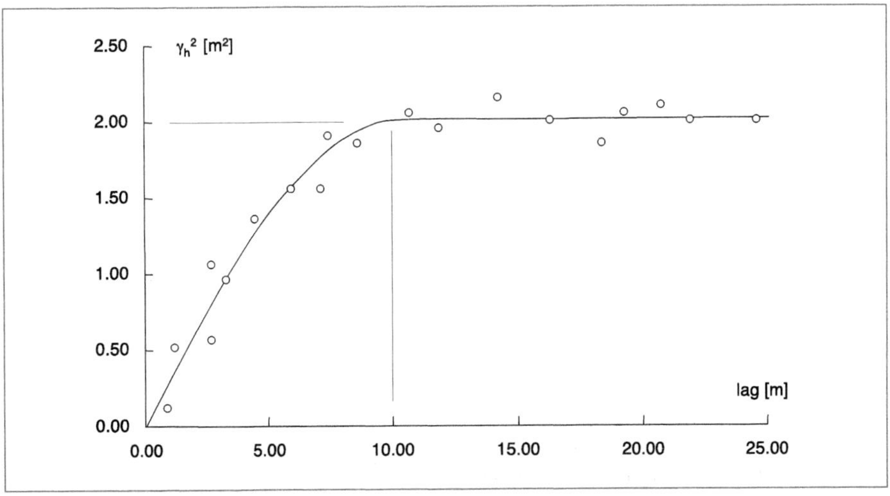


**Abb. 4.43** Experimentelles sphärisches Semivariogramm ($a = 10$, $\sigma_0^2 = 2$ m²).

Da der Schätzfehler Gauß-normalverteilt ist, kann in einfacher Weise ein Konfidenzintervall abgegrenzt werden. Bei einer vorgegebenen Irrtumswahrscheinlichkeit (einem Signifikanzniveau) von 5% muss die wahre Tiefe zur Kiesformation in einem Intervall liegen, das der 1.96-fachen Standardabweichung entspricht (siehe auch Tabelle 4.4). Es gilt daher

$$t_p = 11.963 \pm 1.96(0.681) = 11.963 \pm 1.335$$

**Tabelle 4.4** Lage der Sondierbohrungen, Tiefen zur Kiesformation, Semivarianzen.

| | Rechtswert | Hochwert | Tiefe zur Kiesformation | |
|---|---|---|---|---|
| $s_1$ | 2.00 | 4.00 | 12.00 | |
| $s_2$ | 2.00 | 1.00 | 11.15 | |
| $s_3$ | 5.00 | 3.00 | 12.50 | |
| p | 3.00 | 3.00 | ? | |
| | Entfernungen | | | |
| | $s_1$ | $s_2$ | $s_3$ | p |
| $s_1$ | 0 | 3.00 | 3.16 | 1.41 |
| $s_2$ | | 0 | 3.61 | 2.24 |
| $s_3$ | | | 0 | 2.00 |
| | Semivarianzen | | | |
| | $s_1$ | $s_2$ | $s_3$ | p |
| $s_1$ | 0 | 0.87 | 0.92 | 0.42 |
| $s_2$ | | 0 | 1.03 | 0.66 |
| $s_3$ | | | 0 | 0.59 |

Im Gegensatz zum Punkt-Kriging wird beim *Block-Kriging* die regionalisierte Variable nicht für einen Punkt, sondern für ein Segment, einen *Block*, geschätzt. Das zugrunde liegende Matrix-Kalkül unterscheidet sich kaum vom Punkt-Kriging, da in

$$\begin{vmatrix} \gamma(d_{11}) & \gamma(d_{12}) & \gamma(d_{13}) & 1 \\ \gamma(d_{21}) & \gamma(d_{22}) & \gamma(d_{23}) & 1 \\ \gamma(d_{31}) & \gamma(d_{32}) & \gamma(d_{33}) & 1 \\ 1 & 1 & 1 & 0 \end{vmatrix} \cdot \begin{vmatrix} w_1 \\ w_2 \\ w_3 \\ \lambda \end{vmatrix} = \begin{vmatrix} \gamma(d_{1A}) \\ \gamma(d_{2A}) \\ \gamma(d_{3A}) \\ 1 \end{vmatrix}$$

sich allein der Vektor der rechten Seite ändert, der nun auf den zu schätzenden Sektor $(A)$ und nicht mehr auf den Punkt $p$ bezogen wird. Block-Kriging erlaubt eine flächendeckende, kartografisch ansprechende Darstellung der regionalisierten Variablen in Form eines Rasternetzes.

Eine Zeche im östlichen Ruhrgebiet wurde in den 1980er Jahren infolge der Kohle- und Stahlkrise geschlossen. Etwa zehn Jahre später entschied man sich zu einer Wiedernutzbarmachung des Geländes im Rahmen der Internationalen Bauausstellung IBA Emscher Park. Im Zuge der Voruntersuchungen wurde u.a. geprüft, inwieweit das Terrain kontaminiert ist. Dabei wurde zum Beispiel die Konzentration von polyzyklischen aromatischen Kohlenwasserstoffen (PAK) an Hunderten von Proben untersucht, die mit Aufschlussbohrungen gewonnen wurden. Zuerst erfolgte die Darstellung der Kontamination mit konventionellen Isolinienverfahren. In einer späteren Phase wurden die Daten mit einer Kriging-Routine analysiert (Abb. 4.44). Dabei wurden vier Schadstoffklassen unterschieden (0 nicht kontaminiert, 1 leicht kontaminiert, 2 deutlich kontaminiert, 3 hoch kontaminiert). Es zeigte sich, dass bei einer Anwendung von Block-Kriging weniger Daten zur Darstellung der Kontamination benötigt worden wären, als mit konventionellen Verfahren (Genske 2003). Abbildung 4.45 zeigt für fünf ausgesuchte Kriging-Blöcke, inwieweit der beste Schätzwert der Schadensklasse (aufgrund der 150 Bohrungen) falsch eingeschätzt würde, wenn die Anzahl der Bohrungen reduziert wird. Es wird deutlich, dass bereits bei der Hälfte der Bohrungen eine verlässliche Karte erzeugt worden wäre, denn nur einer der fünf ausgewählten Blöcke wird falsch gedeutet, und zwar um nur eine Schadstoffklasse. Die Herleitung einer Fehlerkarte (nächstes Beispiel) hätte gezielte Nachuntersuchungen ermöglicht und somit die Anzahl der Bohrungen auf das notwendige Maß reduzieren können.

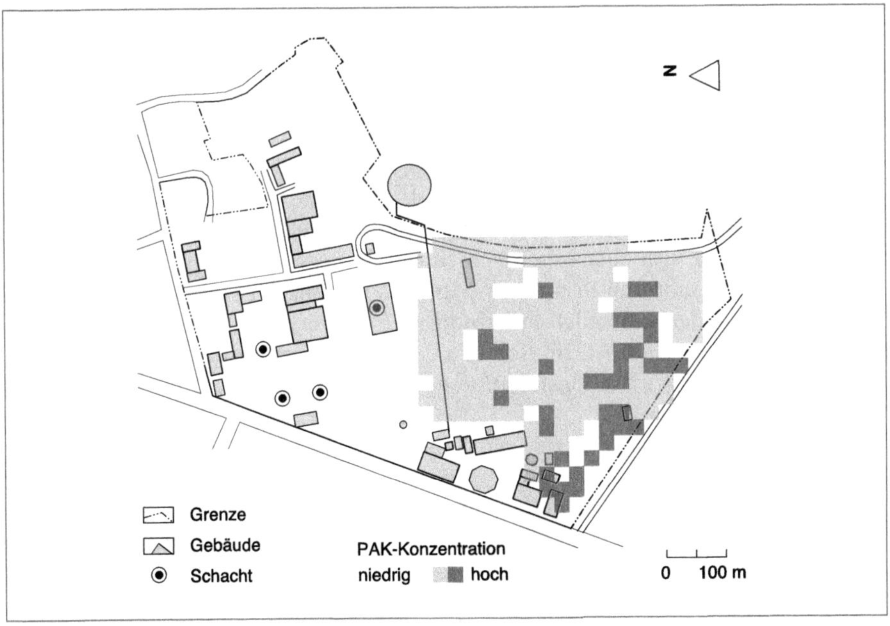


**Abb. 4.44** Die mit Block-Kriging ermittelte Verteilung von PAKs im südlichen Bereich des Untersuchungsgebiets (Datenumfang 150 Messpunkte).

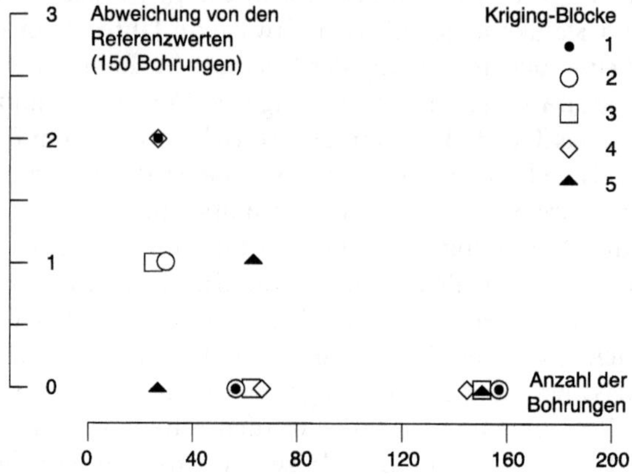


**Abb. 4.45** Mit zunehmender Anzahl von Messpunkten werden die PAK-Konzentrationen in fünf ausgesuchten Kriging-Blöcken zutreffender beschrieben.

Wie im vorigen Beispiel wurde auch für das Gelände einer 23 Hektar großen Zeche und Kokerei im nördlichen Ruhrgebiet die Belastung des Bodens mit PAK überprüft (Abb. 4.46). Jeder Datenpunkt steht für eine Aufschlussbohrung, aus der eine Bodenprobe entnommen und in einem spezialisierten Labor untersucht wurde. Entsprechend kostspielig war die Datenerhebung. Anhand einer Kriging-Routine wurde eine Karte zur Verteilung der Schadstoffe erzeugt (Abb. 4.47) sowie eine zweite, die den relativen Schätzfehler zeigt (Abb. 4.48). Anhand der zweiten Karte konnten gezielt Nachuntersuchungen durchgeführt werden, und zwar dort, wo der Schätzfehler am größten ist. Somit konnte der Umfang der Untersuchungen auf das notwendige Maß reduziert werden (Genske 2003).

Im Rahmen einer ingenieurgeologischen Feldaufnahme werden neben dem zu kartierenden Zielparameter oft auch Messwerte gesammelt, die mit dem Zielparameter korreliert sind, sich aber wesentlich einfacher messen lassen. Das transportable Punktlastgerät erlaubt zum Beispiel eine schnelle Prüfung der Festigkeit von Gesteinsproben, die mit der wesentlich aufwendiger im Labor zu ermittelnden einaxialen Druckfestigkeit korreliert ist. Im Rahmen des *Ko-Krigings* werden diese sekundären Messwerte und die Korrelationsfunktion genutzt, um den Schätzfehler des Zielparameters zu reduzieren.

Im Gegensatz zum Kriging und Ko-Kriging wird beim *Indikator-Kriging* geprüft, ob die zu kartierende Variable ein vorgegebenes Kriterium erfüllt, ob zum Beispiel ein bestimmter Tongehalt in einem Sedimentvorkommen oder der Grenzwert eines Schadstoffes im Boden überschritten wurde. Die Messwerte werden also als binäre Information gedeutet

$$y_p = \begin{cases} 1 \text{ wenn } y_p \geq y_t \\ 0 \text{ wenn } y_p < y_t \end{cases}$$

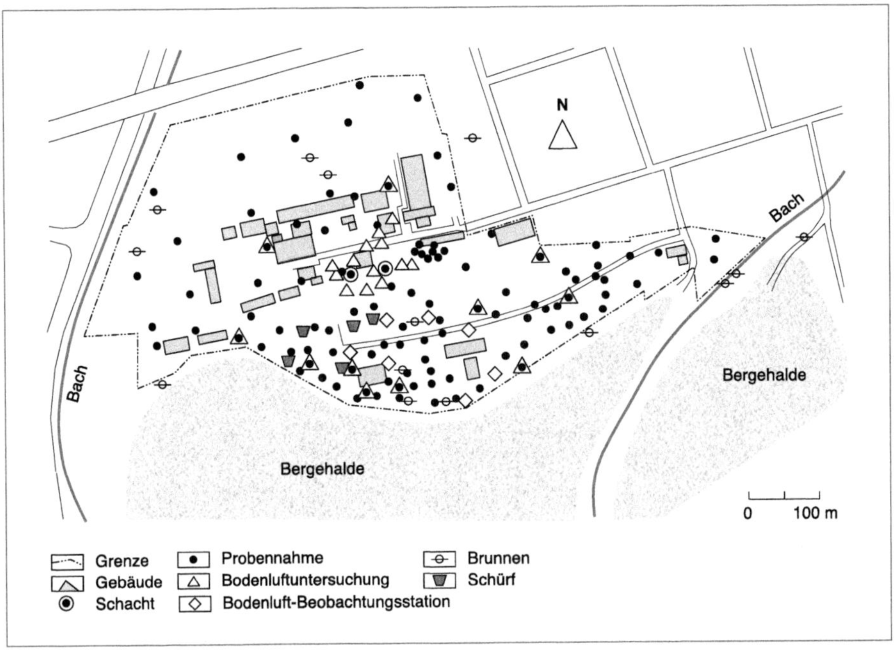


Abb. 4.46 Der Beprobungsplan.

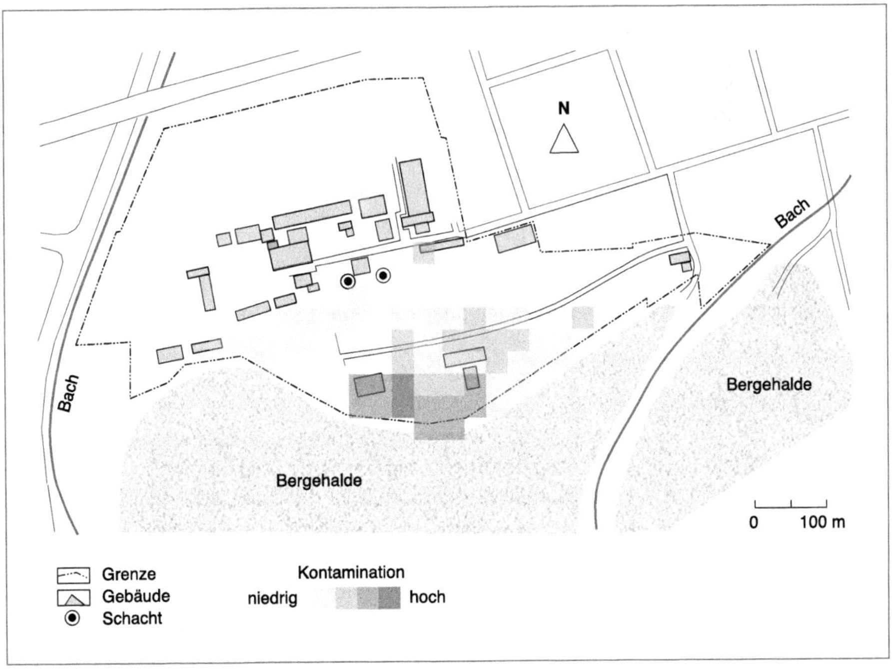


Abb. 4.47 Die Verteilung der PAKs.

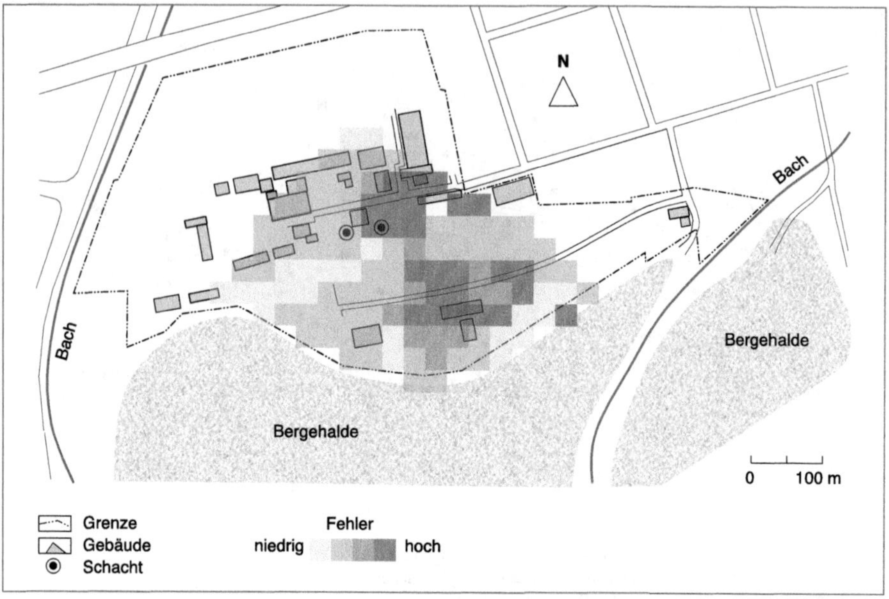


**Abb. 4.48** Der Schätzfehler der PAK-Kontamination.

d. h. $y_p$ ist 1, wenn er gleich dem Grenzwert $y_t$ ist oder ihn überschreitet, bzw. 0, wenn er kleiner als $y_t$ ist. Indikator-Kriging erlaubt also die Kartierung diskreter Grenzen, innerhalb derer ein bestimmtes Kriterium erfüllt ist.

Wie bereits erwähnt, kann ein Semivariogramm auch einen *Trend* (*Drift*) aufweisen. Ein solches *instationäres* Semivariogramm erreicht nach der Reichweite *a* kein konstantes Plateau, das der Varianz der Stichprobe entspricht. Vielmehr steigt es weiter an, was auf eine Veränderung der Stichprobenvarianz mit zunehmendem Verschiebungsweg (Schrittweite *h*) schließen lässt. Um trotzdem eine Krige-Schätzung vornehmen zu können ist es erforderlich, den Trend vom stationären Anteil des Semivariogramms zu trennen. Dieser stationäre *Residualanteil* wird dann der Kriging-Routine zugrunde gelegt. Die Drift-Komponente dient nachträglich der Korrektur der Schätzwerte. Kriging mit instationären Daten wird auch als *Universalkriging* bezeichnet.

### 4.5.4 Unscharfe Logik

Bei ingenieurgeologischen Untersuchungen werden eine Vielzahl verschiedener Daten erhoben. Nur ein kleiner Teil davon kann als exakt, präzise oder wahr angesehen werden. Viele Angaben zu Daten und Sachverhalten werden vage formuliert und relativiert wie zum Beispiel „im nördlichen Teil des Projektgebietes befand sich vor *etwa* 20 Jahren *anscheinend* ein *großer* Öltank". In Abbildung 4.49 wird die Aussage „ein großer Öltank" hinsichtlich ihres Wahrheitsgehaltes verdeutlicht: Mit zunehmendem Volumen wird sie als wahr angesehen. Ab 12000 m³ ist sie definitiv wahr oder *crisp*, darunter ist sie unscharf oder *fuzzy*. Das Volumen von 10600 m³ wird zu 90% dem *crisp set* zugeordnet. Der Anstieg von $\mu = 0$ bis $\mu = 1$ wird mit einer Zugehörigkeitsfunktion beschrieben.

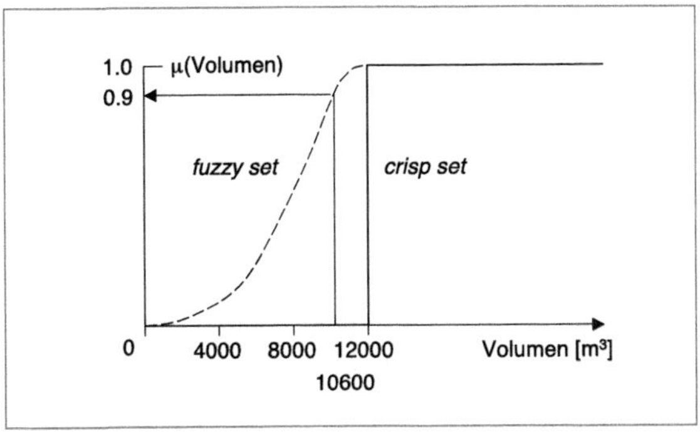


**Abb. 4.49** Unscharfe Beschreibung der Feststellung „ein großer Öltank" mit einem *fuzzy set*, einem *crisp set* und einer Zugehörigkeitsfunktion (nach Heinrich 2000).

Lotfi A. Zadeh stellte in den 1960er Jahren ein Konzept vor, mit dem unscharfe Aussagen hinsichtlich ihres Wahrheitsgehaltes quantifiziert werden können (Zadeh 1965). Mit seiner *Fuzzy-Set-Theory* präzisierte er Vagheit und Zweideutigkeit mit Zugehörigkeitsfunktionen $\mu_A(x)$ die anzeigen, in welchem Maße ein Merkmal $x$ unscharf ist oder, anders ausgedrückt, zu einem *fuzzy set A* gehört. Abbildung 4.50 zeigt gebräuchliche Zugehörigkeitsfunktionen, mit denen *fuzzy sets* beschrieben werden. Die Fuzzy Set-Theorie ist einer Verallgemeinerung der Booleschen Logik, die nur „wahr" und „unwahr" unterscheidet. Sie quantifiziert auch Zwischenstadien.

*Fuzzy sets* können logisch mit WENN-DANN sowie UND, ODER und NICHT-Operatoren kombiniert werden. Zum Beispiel: WENN $x$ klein ist UND $x$ mehr oder weniger wahr ODER $y$ unwahrscheinlich, DANN ist $z$ teuer. Somit erlaubt uns die unscharfe Logik, *fuzzy quantifiers* (klein / groß), *fuzzy thruth-values* (mehr / weniger), *fuzzy modifiers* (unwahrscheinlich) und *fuzzy predicates* (teuer) zu gebrauchen. Die unscharfe Logik ermöglicht somit die Lösung von Problemen die nicht ausschließlich auf konkrete Daten und verlässlichen Angaben beruhen. Sie erlaubt, Fakten und Messungen mit subjektiven Einschätzungen zu kombinieren und so den Wahrheitsgehalt der Aussage zu erhöhen.

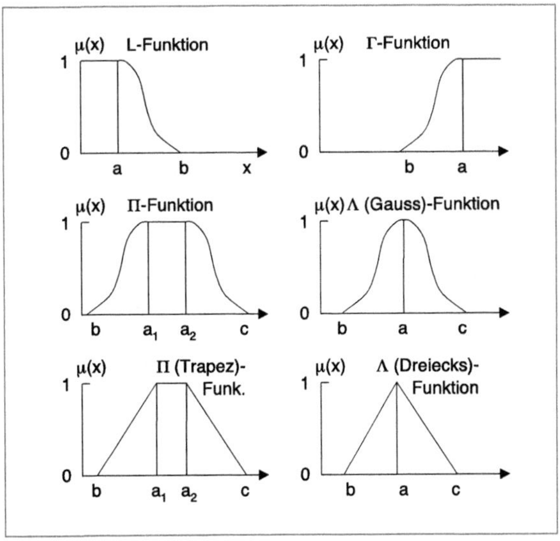


**Abb. 4.50** Gebräuchliche Zugehörigkeitsfunktionen.

Auf einem verlassenen Hafengelände werden Altlasten vermutet (nach Heinrich 2000, Genske & Heinrich 2009). Das nahezu ebene Gelände erstreckt sich über 9 ha. Nach der geologischen Karte von 1940 stehen im Projektgebiet quartäre Sande mit vereinzelten Tonlinsen an. Während der Entwicklung des Hafens in den 1960er Jahren wurde das Gelände zusätzlich mit Aushubmaterial aus den Hafenbecken auf 4 m über NN erhöht. Offensichtlich wurden die Anlagen in den 1980er Jahren erweitert, um neben Schiffsabwässern auch andere Abwässer bis hin zu flüssigem Gefahrgut zu lagern und zu klären. Vor der gerichtlich angeordneten Einstellung des Betriebes hatten die Tanklager eine Kapazität von 60000 t Abwasser. Zusätzlich wurden feste Abfallstoffe auf der Fläche gelagert, ohne die geltenden Umweltvorschriften zu beachten.

Im Rahmen einer Gefährdungsabschätzung war die Belastung des Bodens mit Schadstoffen zu erkunden. Diese Aufgabe erwies sich als schwierig, da der Zugang zur Fläche wegen der laufenden Gerichtsverfahren verwehrt wurde. Somit lagen nur Betriebsunterlagen, Baugenehmigungen und Luftbilder vor. Im ersten Schritt wurden Betriebsabläufe untersucht, die möglicherweise zu einer Verschmutzung des Geländes geführt haben. Dazu mussten alle Prozesse der Produktion, Transformation und Lagerung von Schadstoffen rekonstruiert werden. Anhand der vorliegenden Unterlagen wurden alle Anlagenteile und Objekte erfasst, klassifiziert und dokumentiert. Dazu gehörten Tanklager, Versorgungs- und Entsorgungsleitungen, Lagerplätze, Produktionseinheiten, Betriebsanlagen sowie Hinweise zu Bodenkontaminationen wie Bodenverfärbungen. Im nächsten Schritt wurden logische Regeln aufgestellt, die potenzielle Kontaminationspfade beschrieben. Da nur wenige konkrete *(crisp)* Informationen vorlagen wurden diese Regeln mit *fuzzy sets* assoziiert. Ein Beispiel für eine solche Regel zeigt Abbildung 4.51.

Die *fuzzy sets*, ihre Zugehörigkeitsfunktionen und die logischen Regeln bildeten die Basis für ein eigens entwickeltes unscharfes Expertensystem *(fuzzy expert system FES)*, mit dem die Luftbilder noch einmal analysiert wurden. Auf dieser Grundlage wurden unscharfe Kontaminationspotenziale für alle Anlagenteile und Objekte hergeleitet. Die Ergebnisse wurden in einer Datenbank gespeichert, als Punktinformationen in ein Geoinformationssystem (GIS) übertragen und einer Kriging-Routine unterworfen. Die daraus generierte Gefährdungskarte zeigt Abbildung 4.52. Dabei wurden zehn Gefährdungsklassen unterschieden.

Nachdem das Gelände wieder zugänglich war wurden Proben genommen und der tatsächliche Schadstoffgehalt überprüft. Auch aus diesen Punktdaten wurde mittels Kriging eine Gefährdungskarte erstellt (Abb. 4.52), ebenfalls mit zehn Gefährdungsklassen. Der Vergleich beider Karten zeigt eine große Übereinstimmung. Vorausgesetzt, eine Über- bzw. Unterschätzung von einer Gefährdungsklasse wird als akzeptabel angesehen, stimmen beide Karten zu 90% überein. Dieses Ergebniss ist von großer Bedeutung: Nicht nur, dass erhebliche Kosten bei der Gefährdungsabschätzung eingespart werden können. Darüber hinaus ist es auch möglich, unzugängliche Gebiete anhand von Betriebsplänen und Luftbildern zu analysieren.

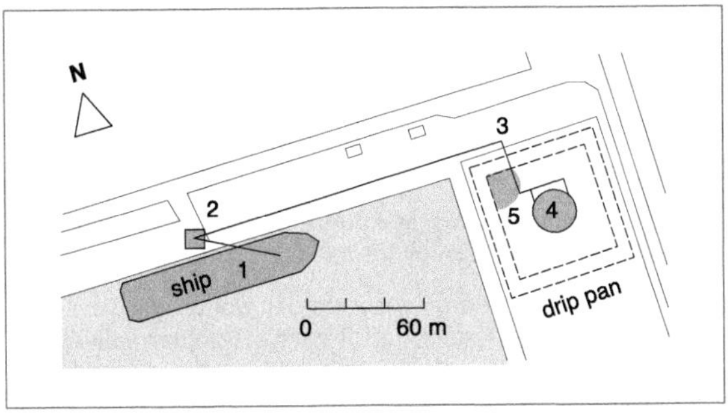


Abb. 4.51 Eine logische Folge für einen Kontaminationspfad: Schadstoffe gelangen von einem Schiff (1) über eine Pumpeinheit (2) und eine Pipeline (3) in einen Tank (4) neben dem (im Luftbild) eine Bodenverfärbung (5) festgestellt wurde.

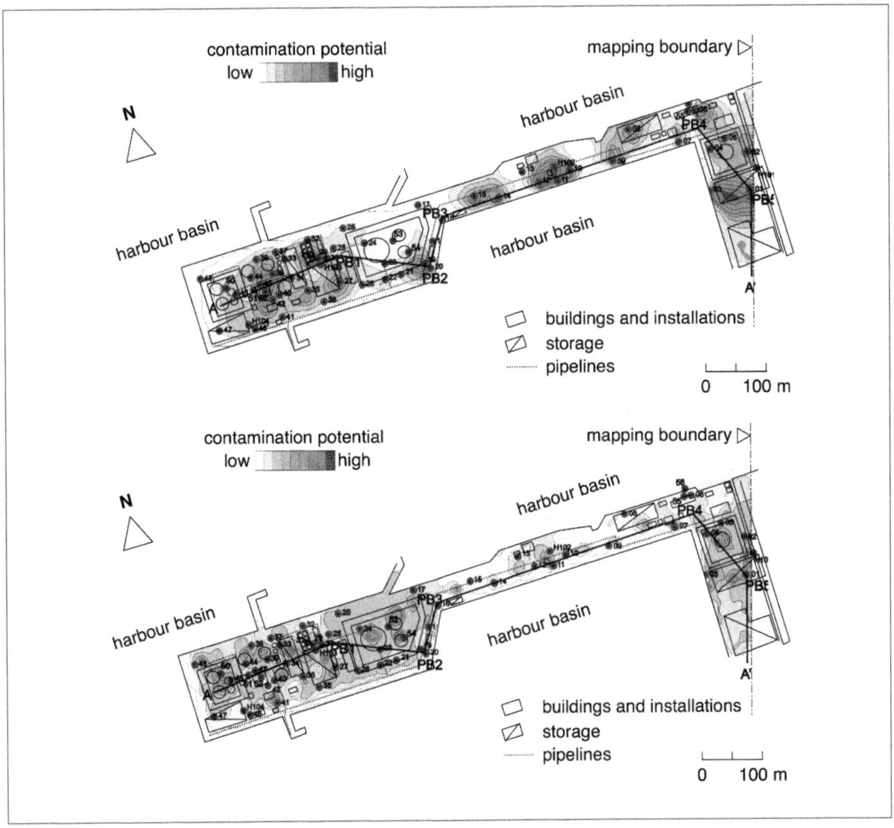


Abb. 4.52 Die Gefährdungskarte auf der Grundlage der Analyse unscharfer Daten (oben) gleicht der Gefährdungskarte, die auf der Grundlage von Felduntersuchungen hergeleitet wurde.

## Weiterführende Literatur

Argyris J, Faust G, Haase M, Friedrich R (2010) Die Erforschung des Chaos: Eine Einführung in die Theorie nichtlinearer Systeme. Springer, 893 S

Ang AHS, Tang WH (2006) Probability concepts in engineering: emphasis on applications to civil and environmental engineering. John Wiley & Sons, 420 S

Bertsch McGrayne S, Freytag C (2014) Die Theorie, die nicht sterben wollte: Wie der englische Pastor Thomas Bayes eine Regel entdeckte, die nach 150 Jahren voller Kontroversen heute aus Wissenschaft, Technik und Gesellschaft nicht mehr wegzudenken ist. Springer Spektrum, 400 S

Bothe HH (2013) Fuzzy Logic: Einführung in Theorie und Anwendungen. Springer, 272 S

Davis JC (2002) Statistics and data analysis in geology. 638 John Wiley & Sons New York

Jürgens H, Peitgen H-O & Saupe D (2004) Chaos and fractals: new frontiers in science. Springer Berlin Heidelberg New York, 864 S

Lee PW (2012) Bayesian statistics: an introduction. John Wiley & Sons, 486p S

Mandelbrot BB (1982) The fractal geometry of nature. WH Freeman New York, 468 S

Wackernagel H (2003) Multivariate geostatistics: an introduction with applications. Springer, 387 S

Zimmermann-Janschitz S (2013) Statistik in der Geographie: Eine Exkursion durch die deskriptive Statistik. Springer Spektrum, 288 S

## Übungen

4-1 Im Rahmen einer Straßenbaumaßnahme soll eine Felsböschung angeschnitten werden. Es besteht jedoch die Gefahr, dass die angeschnittene Böschung entlang der Schichtflächen in die Baugrube rutschen könnte. Um eine Standsicherheitsuntersuchung durchführen zu können ist es notwendig, den Reibungswinkel entlang der Schichtflächen abzuschätzen. Eine erste Aussage zum Mittelwert des Reibungswinkels ergibt sich aus dem Spektrum möglicher Ausprägungen des Reibungswinkels. Er kann, vorausgesetzt es liegt kein Zwischenmittel in der Schichtfuge vor, nicht kleiner als der Basisreibungswinkel sein, d. h. des Reibungswinkels, der sich auf der gesägten, glatten Fläche einer Probe ergeben würde. Der Basisreibungswinkel liegt bei den hier anstehenden Grauwacken bei etwa 20°. Der maximal mögliche Reibungswinkel lässt sich über die Rückrechnung von Versagensfällen abschätzen. Danach wurde bislang kein Reibungswinkel rückgerechnet, der 35° überstiegen hätten. Wie groß ist die Wahrscheinlichkeit, dass der Reibungswinkel kleiner als 25° ist? Da keine weiteren Informationen vorliegen, ist die Wahrscheinlichkeitsdichte $f(x)$ des Reibungswinkels als gleichverteilt anzunehmen.

4-2 Mit einem mobilen Punktlastversuchsgerät lässt sich für Gesteinsproben ein Festigkeitsindex $I_p$ [MPa] ermitteln, der mit der einaxialen Druckfestigkeit korreliert werden kann. Für die im Kartiergebiet vorliegenden Sandsteinfolgen wurden folgende Festigkeitswerte $I_p$ ermittelt

4.4, 4.2, 4.5, 4.0, 4.3, 4.1, 3.9, 4.2, 4.5, 3.8, 4.0, 4.3, 4.2, 4.2, 4.1, 4.5, 4.2, 4.3, 4.1, 3.7, 4.0, 4.5, 4.6, 4.3, 4.2 ($n = 25$)

Im benachbarten Kartiergebiet wurden folgende Festigkeitsbeiwerte für Sandstein ermittelt

3.7, 4.5, 4.2, 4.4, 4.3, 4.0, 3.5, 3.9, 4.3, 4.3 ($n = 10$)

Stammen beide Stichproben aus der gleichen Grundgesamtheit?

4-3 Eine Baugrube von 10000 $m^3$ ist auszuheben. Der Baugrund besteht aus pleistozänen Sedimenten, von denen aufgrund geologischer Untersuchungen bekannt ist, dass erratische Blöcke (Findlinge) auftreten, die einen mittleren Durchmesser von einem Meter haben. Erfahrungsgemäß bestehen etwa 0.5 Volumenprozente des Aushubs aus Findlingen. Da für ihre Extraktion spezielles Gerät benötigt wird und Verzögerungen im Bauablauf zu erwarten sind, interessiert den Bauunternehmer, wie groß die Wahrscheinlichkeit ist, dass ein, zwei, oder sogar mehr Findlinge zu extrahieren sind.

4-4 In devonischen Sedimentgesteinen des Rheinischen Schiefergebirges wurden für verschiedene stratigrafische Einheiten Schichtabstände gemessen. Die Koeffizienten der (quadrierten) Schiefe und der Wölbung ergaben sich zu

$$\left(\beta_1^2, \beta_2\right) = \left(1.82, 4.85;\ 1.00, 3.35;\ 2.72, 5.71;\ 0.52, 2.95\right)$$

Welcher statistischen Verteilung folgen die Schichtabstände?

4-5 In einem Trockental wurde im Rahmen einer geologischen Exkursion ein Knochen-Fragment einer bislang unbekannten, kreidezeitlichen, marinen Fischsaurier-Spezies gefunden (nach Davis 2002). Um weitere Fragmente zu finden ist geplant, den Flusslauf oberhalb des Fundorts abzusuchen. Leider teilt sich der Fluss unmittelbar stromaufwärts in zwei Seitenarme. Es ist daher nicht klar, von welchem Seitenarm das Fragment zum Fundort transportiert wurde. Das Einzugsgebiet $E_1$ des größeren Seitenarms beträgt 18 Quadratkilometer, das Einzugsgebiet $E_2$ des kleineren Seitenarms 10 Quadratkilometer.

(a) Wie groß ist die Wahrscheinlichkeit, dass das Fossil aus dem größeren Einzugsgebiet stammt? Die Auswertung der geologischen Karte zeigt, dass in 35% des größeren Einzugsgebiets marines, kreidezeitliches Gebirge aufgeschlossen ist, wogegen das kleinere Einzugsgebiet zu 80 % aus marinen, kreidezeitlichen Aufschlüssen besteht.

(b) Wie groß ist, unter Berücksichtigung dieser Zusatzinformation, die Wahrscheinlichkeit, dass das Fossil aus dem größeren Einzugsgebiet stammt?

4-6 Im Rahmen eines Baugrundgutachtens ist die Scherfestigkeit des im Projektgebiet anstehenden marinen Feinsands zu ermitteln. Recherchen in Archiven ergaben, dass bereits umfangreiche Untersuchungen zur Scherfestigkeit durchgeführt wurden. Danach folgt sein Reibungswinkel einer Lognormalverteilung. Die Einzelmessungen lassen sich durch Bildung des Logarithmus in normalverteilte Messwerte umwandeln. Für den Mittelwert, die Standardabweichung und den Standardfehler des Mittelwertes gilt

$$N_{\ln\varphi}\left(\mu'_{\ln\varphi},\sigma'_{\ln\varphi}\right)=N(3.25,0.65)$$

$$N_{\mu_{\ln\varphi}}\left(\mu'_{\mu_{\ln\varphi}},\sigma'_{\mu_{\ln\varphi}}\right)=N(3.25,0.15)$$

Ergänzend zu dieser Vorinformation wurden im Projektgebiet 5 ungestörte Bodenproben entnommen und in einem bodenmechanischen Labor untersucht. Die Scherversuche ergaben die folgenden Reibungswinkel

$$\varphi = 25.4°, 24.7°, 21{,}6°, 26{,}4°, 25.1°$$

Wie groß ist der Schätzwert des Mittelwerts des Reibungswinkels und dessen Standardabweichung unter Berücksichtigung dieser Messwerte?

4-7 An 10 Proben aus einem tertiären Tonvorkommen wurden Scherversuche durchgeführt, um Reibungswinkel und Kohäsion zu bestimmen. Es ergaben sich folgende Wertepaare

$\varphi_i/c_i$ = 25/50, 22/65, 32/18, 29/20, 28/30, 38/5, 36/6, 32/12, 27/38, 23/45 [°/kN/m$^2$]

Liegt eine Korrelation zwischen Reibungswinkel und Kohäsion vor?

4-8 In einer Gebirgsregion wird eine Statistik zum Auftreten von Rutschungen geführt (Abb. 4.53). Die monatliche Häufigkeit von Rutschungen ist im folgenden Histogramm dargestellt. Liegt eine zyklische Wiederholung der Rutschungshäufungen vor?

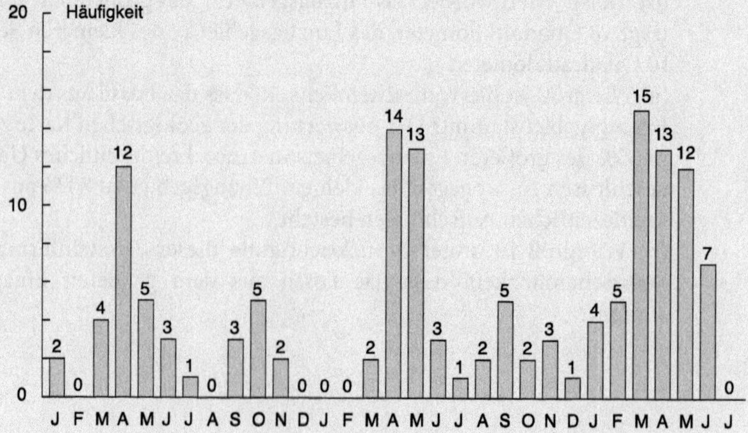


**Abb. 4.53** Histogramm der Rutschungshäufigkeiten.

4-9 Mithilfe zweier Bohrungen, die diesseits und jenseits einer Verwerfung abgeteuft wurden, soll der vertikale Verwerfungsbetrag (die gegenseitige vertikale Verschiebung) rekonstruiert werden. Die im Untersuchungsgebiet vorliegenden monotonen Grauwackeserien weisen allerdings keine Leithorizonte auf, die eine direkte Bestimmung des Verschiebungswegs zuließen. Aufgrund der Schwankungen des mittleren Chloritanteils (Abb. 4.54) soll nun versucht werden, die Bohrungen miteinander zu vergleichen. Lässt sich der Verschiebungsbetrag über eine Kreuzkorrelation ermitteln?

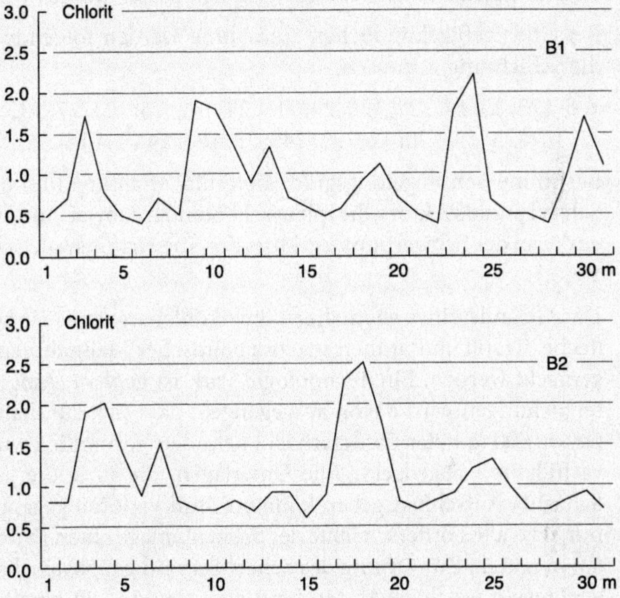


**Abb. 4.54** Chloridanteile in Bohrung B1 und B2.

4-10 Ein Gelände, auf dem im Mittelalter Kupfer abgebaut und verhüttet wurde, soll mit einer Wohnbebauung entwickelt werden. Im Rahmen der ingenieurgeologischen Voruntersuchungen werden Hinweise auf eine mögliche, oberflächennahe Kupferkontaminationen gesucht. Die gemeine Grasnelke *(Armeria maritima)* ist eine Indikatorpflanze für Kupfer im Boden. Entlang eines Messprofils wird daher die Anzahl der Grasnelken in Messquadraten von 20 m x 20 m registriert

3, 5, 11, 12, 8, 19, 22, 18, 11, 13

Mit den aufgezeichneten Häufigkeiten ist ein experimentelles Semivariogramm zu erstellen. Es dient als Vorstudie einer späteren, flächigen Erfassung von *Armeria maritima*.

4-11 Bei einer Erkundungsbohrung werden folgende Gesteinsfolgen angetroffen: Konglomerat *K*, Sandstein *S*, Siltstein *U*, Tonstein *T* (Tab. 4.5).

**Tabelle 4.5** Gesteinsarten pro Meter.

| | | | | | | | | | | |
|---|---|---|---|---|---|---|---|---|---|---|
| 0 - 10 m | U | S | K | S | S | K | K | T | U | S |
| 10 - 20 m | K | S | S | K | T | U | S | S | S | K |
| 20 - 33 m | K | K | U | ? | | | | | | |

Wie hoch ist die Wahrscheinlichkeit, dass im nächsten Bohrmeter wieder Konglomerat erbohrt wird? Wie groß ist die Wahrscheinlichkeit, dass im übernächsten Bohrmeter wieder Konglomerat erbohrt wird?

4-12 Bei einer gefügekundlichen Aufnahme werden folgende Raumdaten für die Schichtung gemessen:

$\alpha$, $\vartheta$: 123, 25; 147, 22; 120, 24; 111, 24; 142, 26; 133, 27; 135, 22; 156, 21; 110, 25; 101, 25; 133, 20; 123, 22; 145, 25; 126, 24 ($n = 14$)

Bestimme den Regelungsgrad, die Einfallsrichtung und das Einfallen des Schwerpunktsvektors, die sphärische Standardabweichung und den Vertrauenskegel des Schwerpunktsvektors für eine Irrtumswahrscheinlichkeit von $\alpha = 0.1$.

4-13 Das Gelände eines ehemaligen Steinkohlebergwerks ist heute eine Brachfläche. Es soll im Rahmen strukturpolitischer Maßnahmen wieder nutzbar gemacht werden. Ein Technologie-Park ist geplant. Aufgrund der Voruntersuchungen wird davon ausgegangen, dass sich auf dem Gelände ein alter, ca. 500 m tiefer Förderschacht befindet. Vermutlich wurde der Schacht verfüllt und abgedeckt. Alle Unterlagen, die über die genaue Lage des Schachts Aufschluss geben könnten, sind verloren gegangen. Bekannt ist nur, dass alle Förderschächte der Schachtanlage einen Durchmesser von ca. 5.0 m hatten. Zur Ortung des Schachtes sind geophysikalische Suchprofile geplant. In welchem Abstand müssten sie sein, ein paralleles Suchmuster vorausgesetzt, um den Schacht mit einer Irrtumswahrscheinlichkeit von 5% zu orten?

4-14 Da davon auszugehen ist, dass aus dem aufgegebenen Schacht (vorige Aufgabe) immer noch Methan austritt, wird vorgeschlagen, punktuelle Bodenluftproben zu entnehmen. Der Sektor, in dem der Schacht vermutet wird, umfasst 2500 m$^2$. Wie viele Beprobungspunkte sind bei einem *Herringbone*-Suchnetz notwendig, vorausgesetzt, dass eine Irrtumswahrscheinlichkeit von 5% akzeptabel ist?

# II. Erkundung

# 5 Ingenieurgeologische Erkundung

★ Dieses Kapitel befasst sich mit der ingenieurgeologischen Erkundung. Es leitet die folgenden Kapitel zu den Vor- und Hauptuntersuchungen, den begleitenden Untersuchungen und Nachuntersuchungen ein. Zunächst werden die Ziele der Erkundung vorgestellt. Darauf aufbauend ergeben sich vier Etappen ingenieurgeologischer Untersuchungen. Abschließend wird auf die Struktur der Berichte eingegangen, in denen die Untersuchungen dokumentiert und kommentiert werden. Dabei handelt es sich um Kartier- und Versuchsberichte sowie ingenieurgeologische Untersuchungs- und Entwurfsberichte.

## 5.1 Ziel

Ziel der *ingenieurgeologischen Erkundung* ist die Untersuchung des Geländes im Hinblick auf eine vorgegebene Problemstellung. Sie umfasst

- die Kartierung der geologischen Vorgaben, die relevant sind für die
- Lösung des vorgegebenen Problems oder die Beurteilung der Machbarkeit eines geplanten Projekts.

Die ingenieurgeologische Erkundung beinhaltet also die Auswertung der verfügbaren Unterlagen zur Geologie des Projektgebietes, die Ansprache der geologischen Verhältnisse im Feld, die Aufnahme der anthropogenen Überprägung, die Analyse von Proben im Feld und im Labor, die Darstellung der Ergebnisse in Plan und Profil und ihrer Erläuterung in einem für alle Beteiligten verständlichen Bericht, der das geologische Inventar zutreffend beschreibt, seine Bedeutung für das Projekt deutlich macht und mögliche Risiken aufzeigt.

Neben der ingenieurgeologischen Erkundung sind im Rahmen der Vorplanung weitere Expertisen in Auftrag zu geben, in denen die Umweltverträglichkeit des Projekts untersucht, die finanzielle Machbarkeit offen gelegt und die Verträglichkeit mit den gesellschaftlichen Rahmenbedingungen nachgewiesen wird. Dabei ist eine Bürgerbeteiligung unerlässlich.

## 5.2 Etappen

Ganz gleich welche Größenordnung das Projekt hat, ob es sich um eine einfache Baugrunduntersuchung für ein Wohnhaus handelt oder eine großräumige Geländeaufnahme für ein Staudammprojekt, die grundsätzlichen Etappen der ingenieurgeologischen Erkundung sind die gleichen. Sie untergliedern sich in *Voruntersuchungen, Hauptuntersuchungen, projektbegleitende Untersuchungen* und *Nachuntersuchungen* (Abb. 5.1).

- Im Rahmen der *Voruntersuchungen* werden zuerst die Zuständigkeiten der am Projekt beteiligten Parteien geklärt. Danach beginnt die *Vorauswertung (desk study),* in der die verfügbaren ingenieur- und hydrogeologischen Planungsunterlagen gesammelt, aufbereitet und im Hinblick auf das geplante Projekt ausgewertet werden. Eine *Erstbegehung* des Geländes wird durchgeführt, bei der zu prüfen ist, inwieweit die vorliegenden Planungsunterlagen die tatsächlichen Verhältnisse vor Ort wiedergeben. Darauf folgt die *Vorerkundung (field reconnaissance),* in deren Rahmen eine *ingenieurgeologische Kartierung* durchgeführt wird. Sie umfasst die Aufnahme der geologischen, geomorphologischen und hydrogeologischen Aspekte, der Flora und Fauna und der anthropogenen Überprägung des Geländes. Gebirgsaufschlüsse werden geologisch angesprochen und gefügekundlich aufgenommen. Handproben werden genommen und erste, einfache Felduntersuchungen *(Indextests)* zur Bestimmung von Art, Festigkeit und Verformbarkeit des anstehenden Materials werden durchgeführt.

- Die *Hauptuntersuchungen* entsprechen der eigentlichen *Baugrunderkundung (field investigation).* In dieser Phase werden die geologischen und hydrogeologischen Verhältnisse noch eingehender untersucht: Schürfe werden angelegt und Bohrungen werden abgeteuft, Proben werden genommen und im Labor analysiert, Bohrkerne werden geologisch angesprochen, das Spannungs-Verformungsverhalten des Baugrunds wird mit Versuchsgeräten gemessen. Im Gegensatz zu den Voruntersuchungen ist diese Untersuchungsphase wesentlich kostenintensiver.

- Die *projektbegleitenden Untersuchungen* beginnen bereits vor der eigentlichen Baumaßnahme mit der *Beweissicherung,* bei der der Zustand von Sachgütern (Gebäude, Verkehrswege, historische Besonderheiten etc.), von Ressourcen und von Schutzgütern (Oberflächenwässer, Grundwasser, schützenswerter Wald etc.) dokumentiert wird. Mit Baubeginn werden die durch die Baumaßnahmen neu entstandenen Aufschlüsse aufgenommen und mit der Prognose aus den Vor- und Hauptuntersuchungen verglichen. Bei Diskrepanzen ergeben sich möglicherweise Konsequenzen für die Planung, die dann entsprechend anzupassen ist.

- Nach Abschluss der Baumaßnahmen ist im Rahmen der *Nachuntersuchungen* zu prüfen, ob sich das Bauwerk und der Baugrund wie prognostiziert verhalten. Übersteigen etwa die Setzungen infolge der Bauwerkslasten ein tolerables Maß, wird es zu Bauwerksschäden kommen. Bewegt sich der im Zuge der Baumaßnahmen angeschnittene Hang mehr als erwartet, sind Sicherungsmaßnahmen erforderlich. Kommt es zu einer Kontamination des Grundwasserleiters im Abstrombereich der neu errichteten Deponie, sind Sanierungsmaßnahmen unumgänglich.

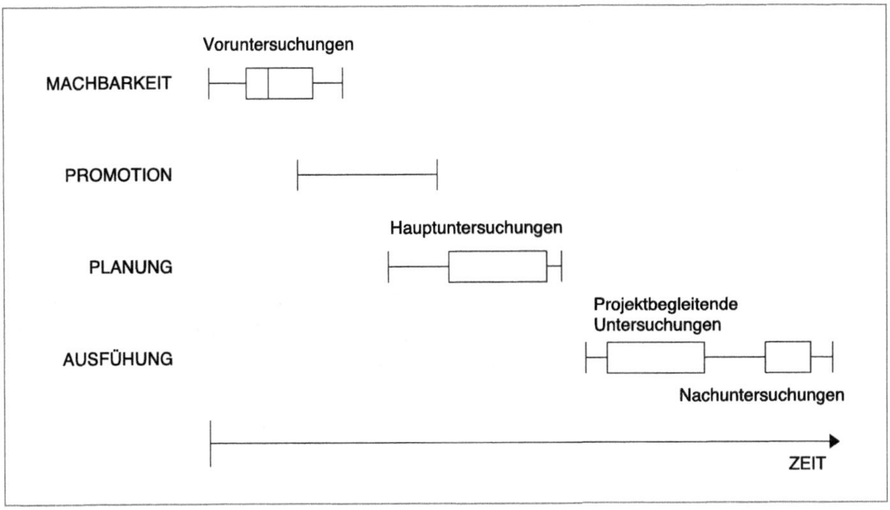


**Abb. 5.1** Ablaufschema einer ingenieurgeologischen Erkundung: Zuerst wird die Machbarkeit des Projekts im Rahmen der Voruntersuchungen geklärt. Danach wird das Projekt mit allen Beteiligten diskutiert und die Finanzierung sichergestellt (Promotion). Daran schließt die Planungsphase mit den ingenieurgeologischen Hauptuntersuchungen an. Während der Ausführung des Projektes, der Bauphase, werden projektbegleitende Untersuchungen durchgeführt. Nachuntersuchungen stellen sicher, dass Standsicherheit und Gebrauchstauglichkeit gewährleistet sind (nach Kennard & Wakeling 1979).

Jede Etappe der ingenieurgeologischen Untersuchung schließt mit einer gutachterlichen Stellungnahme ab. Diese Berichte dienen der Entscheidungsfindung der am Projekt beteiligten Parteien. Der Stil der Gutachten muss den unterschiedlichen Wissensniveaus der Leser gerecht werden, das Gutachten muss klar strukturiert sein und sich auf das Wesentliche beschränken, so dass Fehlinterpretationen und Fehlentscheidungen vermieden werden.

Mit jedem Arbeitsschritt steigen die Kosten: nach der Vorauswertung und der Vorerkundung, die oft in einem Bericht zusammengefasst werden, fällt die Schlüsselentscheidung zur Machbarkeit des Projekts. Wenn diese gegeben ist, werden die wesentlich kostspieligeren Hauptuntersuchungen in Auftrag gegeben. Während der Ausführung der Baumaßnahme werden grundsätzliche Planungsänderungen kaum noch akzeptiert. Allenfalls Detailänderungen werden zugelassen, wobei in diesen Fällen vom Auftraggeber immer die Kostenverantwortlichkeit zur Diskussion gestellt werden wird. Generell kann man davon ausgehen, dass Vor- und Hauptuntersuchungen weniger als 5% der gesamten Projektkosten ausmachen, in den meisten Fällen allenfalls 0.5-1% (de Freitas & Blyth 2014). Unbedachte Einsparungen ingenieurgeologischer Erkundungsmaßnahmen stehen daher in keinem Verhältnis zu den Kosten, die eine falsche Einschätzung der geologischen Situation verursachen könnte.

Fehlinterpretationen sind jedoch leicht möglich. Mit den in den folgenden Abschnitten vorgestellten Erkundungsmethoden wird das Projektgebiet zwar hinsichtlich der an der Oberfläche zu Tage tretenden geologischen Aufschlüsse hinreichend erfasst, die Vorhersage des Baugrundverhaltens im tieferen Untergrund, in dem Bauwerkslasten abgetragen, Baugrundbewegungen stattfinden oder Tunnel aufgefahren werden, ist jedoch mit großen Unsicherheiten belastet: Schürfe erlauben nur einen oberflächennahen Einblick, Bohrungen liefern nur linienförmige Aufschlüsse, geophysikalische Messungen haben immer einen erheblichen Interpretationsspielraum. Die Beprobung des Untergrundes kann nur einen verschwindend geringen Prozentsatz des Baugrundes abdecken, der später mit dem Bauwerk interagieren wird.

Ingenieurgeologische Erkundungen werden für die unterschiedlichsten Problemstellungen und in jedem möglichen Maßstab durchgeführt. Das klassische Baugrundgutachten stützt sich auf Erkundungsmaßnahmen zur Untersuchung der Wechselwirkung zwischen dem geplanten Bauwerk und dem vorliegenden Baugrund. Bei einem Staudammprojekt liefert die ingenieurgeologische Kartierung darüber hinaus Entscheidungskriterien für die Wahl des Standorts des Sperrbauwerks, die nicht nur von der Tragfähigkeit, sondern auch von der Durchlässigkeit des Untergrundes abhängt. Bei einem Tunnelprojekt wird auf der Basis der ingenieurgeologischen Stellungnahme die geotechnisch günstigste Trassenwahl getroffen, bei der die Standsicherheit des Gebirges und das Auftreten von Verwerfungszonen die entscheidenden Kriterien sind.

Neben bautechnischen Projekten befasst sich der Ingenieurgeologe auch mit der Klärung der Ursachen von Rutschungen und Bergstürzen, Erdfällen und Bergsenkungen und mit der Verschmutzung von Aquiferen und weiteren Umweltproblemen. Auch bei diesen Untersuchungen gilt die vorgestellte Erkundungsstrategie mit den Etappen Voruntersuchungen, Hauptuntersuchungen, begleitende Untersuchungen und Nachuntersuchungen. Ziel ist es, einen Schadensfall zu verhindern oder einen eingetretenen Schaden zu erklären und zu sanieren. Dabei stützt sich der Ingenieurgeologe auf eine solide, geologische Grundausbildung und Kenntnisse in der Mechanik und der Hydraulik, wie sie im ersten Teil angesprochen wurden. Er ist sich über die Unschärfe der auszuwertenden Daten und der angenommenen Modelle bewusst und thematisiert dies in seiner gutachterlichen Stellungnahme.

## 5.3 Ingenieurgeologischer Bericht

Der Ingenieurgeologe muss die wenigen, aufgrund des vorgegebenen Budgets möglichen Aufschlüsse auf der Grundlage seiner Fachkenntnis und Erfahrung so deuten, dass der Baugrund zutreffend beschrieben, die Fragestellung zufriedenstellend gelöst und die noch verbliebenen Unsicherheiten deutlich werden. Er hat in seiner gutachterlichen Stellungnahme auf die Unsicherheiten hinzuweisen, um Planungskonflikte und Störungen im Projektablauf zu vermeiden.

Die Qualität eines ingenieurgeologischen Gutachtens zeichnet sich daher durch die umfassende und klare Beschreibung der geologisch-geomorphologischen Vorgaben aus, die in ein geologisches Modell münden, auf dessen Grundlage sowohl räumliche Annahmen als auch geotechnische Kenngrößen hergeleitet werden können. Dabei ist auf mögliche Fehlinterpretationen hinzuweisen und. Wenn nötig sind ergänzende Zusatzuntersuchungen vorzuschlagen, mit denen noch offene Fragen geklärt werden können. Grundsätzlich wird bei der ingenieurgeologischen Berichterstattung unterschieden zwischen

- Kartierbericht
- Versuchsbericht bzw. Versuchsprotokoll
- Ingenieurgeologischer Untersuchungsbericht und
- Ingenieurgeologischer Entwurfsbericht.

Im Rahmen der Voruntersuchungen werden Kartier- und Versuchsberichte sowie ein ingenieurgeologischer Untersuchungsbericht erstellt. Im Rahmen der Hauptuntersuchungen erfolgt der ingenieurgeologische Entwurfsbericht.

Versuchsberichte bzw. -protokolle sind meist vorgegeben bzw. in Regelwerken vorgeschrieben. Die typische Gliederung eines Kartierberichts zeigt Tabelle 5.1, die eines ingenieurgeologischen Entwurfsberichts zeigt Tabelle 5.2. Ein ingenieurgeologischer Untersuchungsbericht gleicht dem Entwurfsbericht, nur dass keine Schlussfolgerungen für das Projekt gezogen werden. Je nach Projekt kann die Struktur der Gliederung der Berichte angepasst werden.

In den folgenden Kapiteln werden Methoden der Kartierung vorgestellt und Feld- und Laborversuche erläutert, die im Rahmen der Vor- und Hauptuntersuchungen durchgeführt werden. Dabei werden unterschiedliche Strategien der Geländeansprache aufgezeigt.

**Tab. 5.1.** Typische Gliederung eines ingenieurgeologischen Kartierberichtes.

| Kapitel | Abschnitt | Inhalt |
|---|---|---|
| Titel | | Kurze und prägnante Bezeichnung des Projektes |
| Inhaltsverzeichnis | | Inhaltsverzeichnis, Karten- und Abbildungsverzeichnis, Tabellen-, Formel- und Abkürzungsverzeichnis |
| Bericht | Einleitung | Was ist das Ziel der Kartierung? Welches Gelände wurde kartiert (Flurbezeichnungen, vereinfachte Karte mit Koordinaten, Nordpfeil, Maßstab, Legende)? Welche Umweltbedingungen (Jahreszeit, Wetter) herrschten während der Kartierung? Wer kartierte (Namen und Qualifikationen des Kartierteams)? |
| | Vorauswertung | Welche Unterlagen zum Projektgebiet liegen vor? Nenne die relevanten Kartenwerke, Luftbilder, Risswerke, Dokumentationen. |
| | Geologie und Geomorphologie | Beschreibe anschaulich und leicht verständlich die geologisch-geomorphologischen Vorgaben. Gib einen kurzen erdgeschichtlichen, stratigrafischen, tektonischen und hydrogeologischen Überblick. |
| | Probennahme | Wo wurden Proben zu welchem Zweck genommen? Kennzeichne die Probennahme in der topografischen Karte. |
| | Versuche | Wurden Feld- oder Indexversuche durchgeführt? Wie wurden diese Versuche durchgeführt? Kennzeichne die Versuchspunkte in der topografischen Karte. Entwickele eine Legende für verschiedene Versuchsarten. |
| | Ergebnisse | Welche Ergebnisse haben die Kartierung und die Versuche erbracht? Stelle die Erkenntnisse kartografisch dar. Interpoliere zwischen Messpunkten. Entwickele auch hierzu eine Legende. Alle Detailergebnisse, Feldkarten und Versuchsprotokolle kommen in den Anhang. |

| Kapitel | Abschnitt | Inhalt |
|---|---|---|
| Bericht | Diskussion | Diskutiere kritisch die Ergebnisse, überprüfe ihre Plausibilität, hinterfrage Ungereimtheiten. |
| | Schlussfolgerungen | Ziehe Schlüsse aus den Ergebnissen. |
| Zusammenfassung | | Fasse noch einmal alle wesentlichen Erkenntnisse in knapper, leicht verständlicher Form zusammen. |
| Signatur | | Datum, Ort, Labor bzw. Institution, rechtskräftige Unterschriften der Kartierenden bzw. des Leiters des Teams. |
| Anhänge | Literaturverzeichnis | Nenne Autoren, Jahr der Veröffentlichung, Titel, Art der Veröffentlichung (Buch, Fachzeitschrift, Schriftenreihe, Dokumentation, Normenwerk etc.), Ort der Veröffentlichung, Seitenzahl. |
| | Karten | Topografische und geologische Karten, thematische Karten, Feld- und Detailkarten. |
| | Feldprotokolle | Beschreibung der Feldarbeiten. |
| | Versuchs- und Messprotokolle | Beschreibung der Feldversuche, Nennung der geltenden Normen- und Regelwerke. |
| | Fotodokumentation | Übersichts- und Detailaufnahmen mit Kommentierung (Untertitel). Auf Maßstäbe achten. |

**Tab. 5.2.** Typische Gliederung eines ingenieurgeologischen Entwurfsberichtes

| Kapitel | Abschnitt | Inhalt |
|---|---|---|
| Titel | | Kurze und prägnante Bezeichnung des Projektes |
| Abstract | | Kurze Darstellung des Projektes und der wesentlichen Ergebnisse (ca. eine halbe Seite). Eventuell ist auch ein Abstract in englischer Sprache erforderlich. |
| Inhaltsverzeichnis | | Inhaltsverzeichnis, Karten- und Abbildungsverzeichnis, Tabellen-, Formel- und Abkürzungsverzeichnis |
| Bericht | Einleitung | Was ist die Aufgabenstellung? Welches Projekt wird bearbeitet? Wer ist bei diesem Bericht beteiligt (Namen und Qualifikationen des Projektteams)? Wann wurden die Arbeiten durchgeführt? |
| | Vorauswertung | Welche Unterlagen zum geplanten Projekt liegen vor? Deute die vorliegenden Kartenwerke, Profile, Luftbilder, Risswerke und Dokumentationen mit Blick auf das geplante Projekt. |
| | Vorerkundung und Hauptuntersuchungen | Welche Informationen liefern die ingenieurgeologische Kartierung und die durchgeführten Feld- und Indexversuche? Welche Laborversuche wurden durchgeführt und zu welchen Ergebnissen führten sie? Kartier-, Feld- und Versuchsprotokolle gehören in den Anhang. |

| Kapitel | Abschnitt | Inhalt |
|---|---|---|
| Bericht | Geologisches Modell | Erstelle ein geologisches Modell des Untersuchungsgebietes auf der Grundlage der Vorauswertung und der Vorerkundung. Veranschauliche dieses Modell mit Karten und Profilen, eventuell auch mit einem Blockbild. Erarbeite hierfür eine aussagekräftige Legende. Erläutere das anstehende Locker- und Festgestein (Geologie, Stratigrafie, Tektonik, Hydrogeologie und Petrografie). |
| | Kenngrößen | Leite aus der Vorauswertung, der Vorerkundung und dem geologischen Modell ingenieurgeologische und geotechnischen Kenngrößen ab. Spezifiziere eventuell eingesetzte statistische Verfahren und Korrelationen. Quantifiziere die Unsicherheiten. Stelle die Ergebnisse anschaulich in Tabellen, Abbildungen und Plänen dar. |
| | Diskussion | Diskutiere kritisch die vorliegenden Ergebnisse. Überprüfe ihre Plausibilität und weise auf unvollständige oder fragwürdige Angaben hin. Hinterfrage Ungereimtheiten. Schlage ggf. ergänzende Untersuchungen vor. |
| | Schlussfolgerungen | Welche charakteristischen Werte gelten für die ermittelten geotechnischen Kennwerte? Welche Folgerungen lassen sich aus dem geologisch-geotechnischen Modell für das geplante Projekt ziehen. Zum Beispiel: Welche Gründungsvarianten sind bei einem geplanten Bauprojekt sinnvoll oder welches Sanierungsverfahren erscheint erfolgreich? Begründe Deine Vorschläge mit Modellrechnungen. |
| Zusammenfassung | | Fasse noch einmal alle wesentlichen Erkenntnisse in knapper, leicht verständlicher Form zusammen. Gib abschließend einen Ausblick (ungeklärte Fragen, weiterer Untersuchungsbedarf). |
| Signatur | | Datum, Ort, Institution, rechtskräftige Unterschrift des Gutachters / der Gutachter. |
| Anhänge | Literaturverzeichnis | Nenne Autoren, Jahr der Veröffentlichung, Titel, Art der Veröffentlichung (Buch, Fachzeitschrift, Schriftenreihe, Dokumentation, Normenwerk etc.), Ort der Veröffentlichung, Seitenzahl. |
| | Karten | Topografische und geologische Karten, thematische Karten, Profile, Luftbilder und Detailkarten. |
| | Feldprotokolle | Beschreibung der Feldarbeiten, Feldkarten. |
| | Versuchs- und Messprotokolle | Beschreibung der Feld- und Laborversuche, Nennung der geltenden Normen- und Regelwerke. |
| | Fotodokumentation | Übersichts- und Detailaufnahmen mit Kommentierung (Untertitel). Auf Maßstäbe achten. |

## Übungen

5.1 Obwohl die ingenieurgeologische Erkundung entscheidend dazu beiträgt, Schäden an geplanten Bauwerken und Schadensersatzforderungen zu vermeiden, werden oft die Kosten gescheut und das Budget wird auf Druck der Auftraggeber reduziert. Wie hoch sind etwa die Kosten einer ingenieurgeologischen Erkundung im Vergleich zu den Gesamtkosten eines Projekts?

5.2 In welchem Stadium der ingenieurgeologischen Erkundung liegen ausreichend Informationen vor, um die (geotechnische) Machbarkeit zu beurteilen?

# 6 Voruntersuchungen

★ Dieses Kapitel befasst sich mit den Voruntersuchungen für ein ingenieurgeologisches Projekt. Zunächst sind die Zuständigkeiten der am Projekt beteiligten Parteien zu klären und abzustimmen. In der *Vorauswertung (desk study)* werden die Planungsunterlagen zusammengestellt und ausgewertet. Eine Referenz karte, die *Status-quo*-Karte, stellt die aktuelle Situation im Projektgebiet dar. Die Erstbegehung dient der Inspektion des Geländes und dem Abgleichen der Planungsunterlagen mit den tatsächlichen Verhältnissen vor Ort. Aufbauend auf der Vorauswertung werden die geologischen und projektrelevanten Vorgaben im Zuge der *Vorerkundung (field reconnaissance)* näher untersucht. Dabei wird das Gelände aus unterschiedlichen Perspektiven angesprochen. Die *Geländeansprache* erfolgt aus geomorphologischer, bodenkundlicher, bodenmechanischer, stratigrafischer, petrografischer, gefügekundlicher, hydrogeologischer und biologischer Sicht. Sie umfasst Feld- und Indexversuche sowie einfache Laborversuche. Die Ergebnisse werden in Karten, Profilen und Blockbildern dargestellt. Nach den Voruntersuchungen wird geprüft, ob das geplante Projekt machbar erscheint. Trifft dies zu, folgen die erheblich aufwendigeren Hauptuntersuchungen.

## 6.1 Vorauswertung

Ziel der *Vorauswertung* ist die Erarbeitung einer Planungsgrundlage für die weiteren Etappen der ingenieurgeologischen Untersuchung. Die Vorauswertung gibt einen Überblick über den Zustand des Projektgebiets, die geologischen Verhältnisse und die anthropogene Überprägung. Sie ist der erste Schritt der Erkundung und erlaubt eine Einschätzung der Machbarkeit des Projekts (Abb. 6.1).

Von zentraler Bedeutung ist die Inventarisierung der verfügbaren Unterlagen. Als Informationsquellen dienen die Landesämter, öffentliche und private Archive und Fachveröffentlichungen. Interessenverbände wie Naturschutzorganisationen, naturkundliche Verbände oder Vereine zur Geschichtspflege können ebenfalls wichtige Hinweise auf den Zustand des Geländes und seine anthropogene Überprägung geben. Wurden im Projektgebiet oder in seiner Nachbarschaft bereits Baumaßnahmen

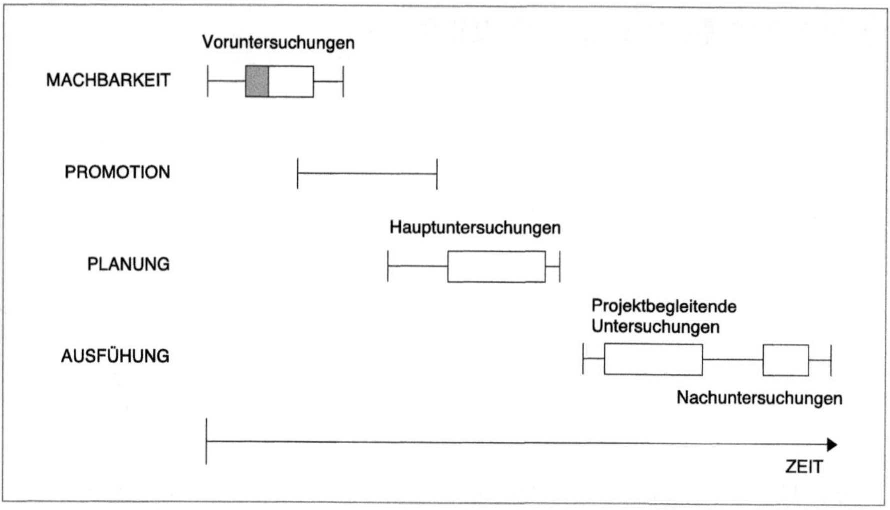


**Abb. 6.1** Die Voruntersuchungen beginnen mit der Vorauswertung.

durchgeführt, dienen die in diesem Zusammenhang angeordneten Baugrunderkundungen als wertvolle Informationsquellen. Im Einzelnen sind zu recherchieren:

- Topografische Karten
- Geologische und hydrogeologische Karten
- Spezialkarten wie Baugrundkarten, Bodenkarten, Nutzungskarten, Biotopkartierungen, bergmännische Risswerke, Gefährdungskarten etc.

Darüber hinaus geben

- Luftbilder

wertvolle Hinweise auf die Geologie und die historische Nutzung des Geländes. Falls

- Dokumentationen zu bestehenden Bauwerken im Projektgebiet oder der direkten Nachbarschaft

insbesondere Baugrundgutachten, Baugenehmigungen und Baupläne vorliegen, sind diese von großem Wert bei der Klärung der geologischen Randbedingungen und der Vorhersage möglicher Baugrundrisiken. Schließlich ergänzen

- einschlägige Fachbeiträge

das Gesamtbild zum Zustand und zu den Eigenarten des Projektgebietes. Kein Projekt gleicht dem anderen, jedes hat spezielle Besonderheiten, Anforderungen, Chancen und Risiken.

### 6.1.1 Kartenwerke

#### Topografische und historische Karten

*Topografische Karten* zeigen eine Fülle von Informationen. Dazu zählen Höhenlinien *(Isohypsen)*, Geländeformen, Gewässer, Bebauung, Straßen, geologische Aufschlüsse wie Steinbrüche usw. Sie liegen in verschiedenen Maßstäben vor, zum Beispiel als Messtischblatt 1:25000, Grundkarte 1:5000, Flurkarte 1:2000 oder Katasterplan 1:1000/500.

Neben den aktuellen topografischen Karten sind auch ältere Pläne und historische Ausgaben bei der Planung zu berücksichtigen. Auf ihrer Grundlage lässt sich die historische Entwicklung des Geländes klären. Gerade in besiedelten Gebieten und insbesondere in industriell genutzten Regionen ist eine historische Auswertung des Geländes unumgänglich. Nur so lassen sich Baugrundstörungen wie im Boden verborgene Fundamente, Tanks und Deponien orten. Nur so können Schadstoffquellen lokalisiert und Problembereiche identifiziert werden. Neben der *multitemporalen* (historischen) Auswertung des Kartenmaterials sind bei ehemaligen Produktionsstätten Pläne zum Produktionsablauf hinzuzuziehen. Produktionsstatistiken helfen bei der Rekonstruktion freigesetzter Schadstoffe und der Abschätzung von Schadstoffmengen. Schadensberichte der Feuerwehr, Betriebsprotokolle und die Berichte von Zeitzeugen ergänzen die historische Analyse.

#### Geologische Karten

Obwohl geologische Karten eher die regionalen als die lokalen geologischen Verhältnisse beschreiben, sind sie grundsätzlich zu konsultieren, um einen allgemeinen Überblick über die geologischen Randbedingungen zu bekommen. *Geologische Karten* geben Auskunft über die Verbreitung, die Art und das Alter der anstehenden Gesteine, die Mächtigkeit der Gesteinsfolgen, ihre Lagerung, Faltung und tektonische Gliederung.

Geologische Karten sind abgedeckte Karten, in denen Böden und oberflächennahe Verwitterungsschichten nicht berücksichtigt sind. Gerade der oberflächennahe Bereich ist jedoch bei vielen Ingenieurprojekten von Bedeutung, insbesondere bei Maßnahmen des konstruktiven Ingenieurbaus und Straßenbaus. Der Ingenieurgeologe muss daher vom anstehenden Gebirge und der geomorphologischen Formung auf die oberflächennahen Schichten schließen können, er muss die Boden bildenden Prozesse kennen und sie lokal anwenden können. Neben der geologischen Karte gibt das Begleitheft Hinweise zur erdgeschichtlichen Entwicklung des Gebiets, zur Entstehung der Gesteine und ihren Eigenschaften, zur Tektonik, zur Stratigrafie, zur Hydrogeologie, zu Lagerstätten, zur Verbreitung bestimmter Bodenarten und ihrer Eignung als Baugrund.

Der Ingenieurgeologe interpretiert diese Informationen vor dem Hintergrund der geplanten Baumaßnahme und betont in seiner Stellungnahme zur Geologie des Projektgebietes die stratigrafischen und petrografischen Vorgaben, das Auftreten von geologischen Störungen und die generelle Ausbildung des Trennflächengefüges.

In Übereinstimmung mit der geologischen Karte steht im Projektgebiet Mitteldevon der Eifel- und Givet-Stufe an (Abb. 6.2). Zur Eifel-Zeit (vor ca. 365 Millionen Jahren) war die weitere Umgebung des Projektgebietes ein küstennahes, neritisches (flachmarines) Riffgebiet, in dem sandig-kalkige Sedimente abgelagert wurden. Die Riffe sind als Massenkalke im SE des Projektgebietes aufgeschlossen. Im NW überwiegen pelagische (küstenferne) Einflüsse, die sich als tonige Sedimentgesteine erhalten haben. Aufgrund der paläogeografischen Ablagerungsbedingungen sind daher für das Projektgebiet sandig-tonige, mitunter kalkige Gesteine charakteristisch. Im Rahmen der variszischen Orogenese (Gebirgsbildung) kam es zu einem submarinen Vulkanismus, der sich lokal in Form von Gang- und Deckgesteinen (Diabas) nachweisen lässt. Infolge der variszischen Orogenese wurden die geologischen Schichten aufgefaltet. Das Schichtstreichen im Projektgebiet ist grundsätzlich NE-SW. Ausnahmen bilden abtauchende Falten, die ein umlaufendes Schichtstreichen aufweisen, sowie lokal begrenzte Störzonen. Senkrecht zum Schichtstreichen verläuft ein System ± saigerer (senkrechter) Verwerfungen, das erfahrungsgemäß von einem ebenso ausgerichteten Kluftsystem begleitet wird. Weiterhin liegt ein NW-vergenter (gekippter) Faltenbau vor, was ein NE-SW streichendes, SE-einfallendes Schieferungssystem in den Tonsteinlagen impliziert.

### Hydrogeologische Karten

Die Informationen aus den geologischen Karten werden ergänzt durch *hydrogeologische Karten*, aus denen der Abstand zwischen Geländeoberkante und dem Grundwasserspiegel, der *Flurabstand*, ermittelt werden kann. Weiterhin ist die Lage der

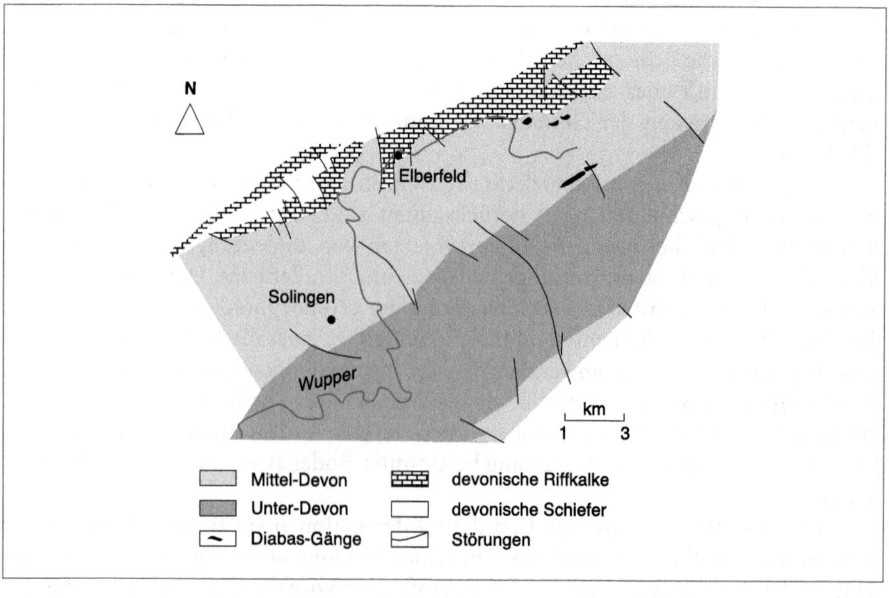


**Abb. 6.2** Geologische Vorgaben für ein Projekt im Rheinischen Schiefergebirge.

Grundwasserleiter, der *Aquifere*, dargestellt. Darüber hinaus werden die Grundwasservorkommen in Quantität und Qualität beschrieben und Grundwasserschutzzonen ausgewiesen. Hydrogeologische Karten dienen somit in erste Linie der Erschließung und dem Schutz des Grundwassers. Anhand von Profilen wird die räumliche Ausbildung der Grundwasserleiter verdeutlicht, die in mehreren Grundwasserstockwerken angeordnet und infolge tektonischer Störungen gegeneinander versetzt sein können.

### Bodenkarten

Die in Bodenkassen zusammengefassten Bodenarten (siehe Kapitel 2) sind in *Bodenkarten* dargestellt. In der Legende und im Begleitheft wird erläutert, wie diese Bodenarten entstanden sind, welche Eigenschaften sie haben und inwieweit sie von landwirtschaftlicher oder forstwirtschaftlicher Bedeutung sind. Sie stellen somit eine wichtige Grundlage für die Landnutzung, die Landschaftspflege und den Naturschutz dar.

### Lagerstättenkarten

Sowohl oberflächennahe Rohstoffe wie Kies- und Tonvorkommen als auch Rohstoffe wie Steinkohle, Steinsalz und Erze sind in *Lagerstättenkarten* verzeichnet. Sie stellen bei Projekten, insbesondere im urbanen und industriell geprägten Raum, eine wichtige Planungsgrundlage dar. Zum einen geben sie nützliche Hinweise zur Verbreitung von Erdbaustoffen (Kies, Sand) und Natursteinen (Schiefer, Sandstein, Marmor etc.), die für das Projekt von Interesse sein könnten. Zum anderen zeigen sie auf, wo mögliche Rohstoffe abgebaut werden (Tagebau, tiefer Bergbau) und wo früher Bergbau umging.

Altbergbau, der möglicherweise in den aktuellen Planungsunterlagen nicht mehr verzeichnet ist, stellt ein Risiko dar. Der Abbau von Rohstoffen in Bergwerken, die vor langer Zeit geschlossen wurden, kann heute zu Bergsenkungen und Erdfällen führen. Längst aufgegebene Steinbrüche können ganze Berghänge destabilisieren und sind oft mit Abraum und Müll verfüllt.

### Bergmännische Risswerke

In Bergbaugebieten dokumentieren Markscheider den Abbau der Rohstoffe in *bergmännischen Risswerken*. Sie dienen der Planung des Abbaus, der Vorratsberechnung, der Überwachung betrieblicher Abläufe und der Vorhersage von Bergschäden wie Rutschungen (Tagebau) oder Senkungen und Bergfällen (Tiefbau). Der Bergbau greift auch in die natürlichen hydrogeologischen Verhältnisse ein und verursacht eine Veränderung des Grundwasserspiegels, was zu Schäden an der Vegetation und an Gebäuden führen kann.

Bei Projekten in Bergbauregionen ist es unerlässlich, bei den zuständigen Bergämtern einen Einblick in das bergmännische Risswerk zu beantragen. Die Überlagerung von Abbaubereichen mit der Projektkarte zeigt mögliche Gefahren auf, was zu erheblichen Anpassungen bei der Planung führen kann.

### Ingenieurgeologische Karten

Bereits in den 1950er Jahren wurden praktisch-geologische Grundkarten (1:5000/ 1:1000) für dicht besiedelte Gebiete entwickelt, die Aufschluss geben über die Gesteinsarten (Lithologie) und Bodenarten, die Tiefe zum anstehenden Festgestein und zum Grundwasserspiegel, die Tragfähigkeit des Untergrundes und die Lage bereits archivierter Aufschlussbohrungen. Eine der ersten *Baugrundkarten* wurde für die Stadt Hildesheim entworfen (Graupner 1952), es folgten Baugrundkarten für Berlin (Assmann 1957), Aachen (Breddin, Brühl & Dieler, 1963) und weitere Städte. Darüber hinaus wurden *ingenieurgeologische Karten* für Ballungsgebiete entwickelt (1:25000), in denen die Informationen aus den Baugrundkarten mit Angaben zu den bodenmechanischen Eigenschaften der Böden, Korngrößenverteilungen, Eignung von Böden als Erdbaustoff usw. ergänzt wurden. Viele dieser Kartenwerke liegen in digitalisierter Form als GIS (Geo-Informationssystem) oder GIS-kompatibel vor. Sie lassen sich mit anderen digitalen Karten überlagern und assoziieren.

Allerdings entheben weder ingenieurgeologische Karten noch Baugrundkarten den Projektingenieur von der Pflicht, gezielte Baugrunduntersuchungen für sein Projekt durchführen zu lassen. Sie geben einen allgemeinen Überblick und erste Informationen zu den geologischen Rahmenbedingungen, ersetzen aber nicht die ingenieurgeologische Projektkartierung.

### Gefährdungskarten

Für spezielle Regionen wurden Karten erstellt, die bestimmte Gefährdungen räumlich visualisieren. Der Begriff Risikokarte ist allerdings irreführend, da eigentlich nur die relative Eintrittswahrscheinlichkeit bestimmter Risiken quantifiziert wird, nicht aber das eigentliche Risiko, dem Produkt von Eintrittswahrscheinlichkeit und Schadensumfang. Im englischen Sprachgebrauch spricht man daher von *Hazard Maps*. *Gefährdungskarten* in diesem Sinne sind zum Beispiel Karten zur Erdbebenhäufigkeit, Rutschungshäufigkeit, Steinschlaghäufigkeit etc.

### Schutzgebiete

Um die Lebensräume spezieller Tier- und Pflanzenarten zu schützen, werden *Schutzgebiete* kartiert und in speziellen Biotopkarten ausgewiesen. Als schützenswert erachtet werden kann sowohl ein großräumiges Areal als auch ein vergleichsweise kleiner Lebensraum wie zum Beispiel ein aufgegebener Steinbruch, in dem sich bedrohte Pflanzenarten etabliert haben. Selbst in Siedlungsräumen werden Schutzzonen etabliert, um die verdrängte Flora und Fauna wieder heimisch zu machen. Auch geologisch interessante Aufschlüsse werden zunehmend als *Geotope* unter Schutz gestellt. In Schutzgebieten ist der Eingriff in den Baugrund nur noch mit großen Einschränkungen möglich. Es empfiehlt sich daher, im Rahmen der Voruntersuchungen zu prüfen, ob die Projektplanung im Konflikt steht mit bestehenden Schutzgebieten.

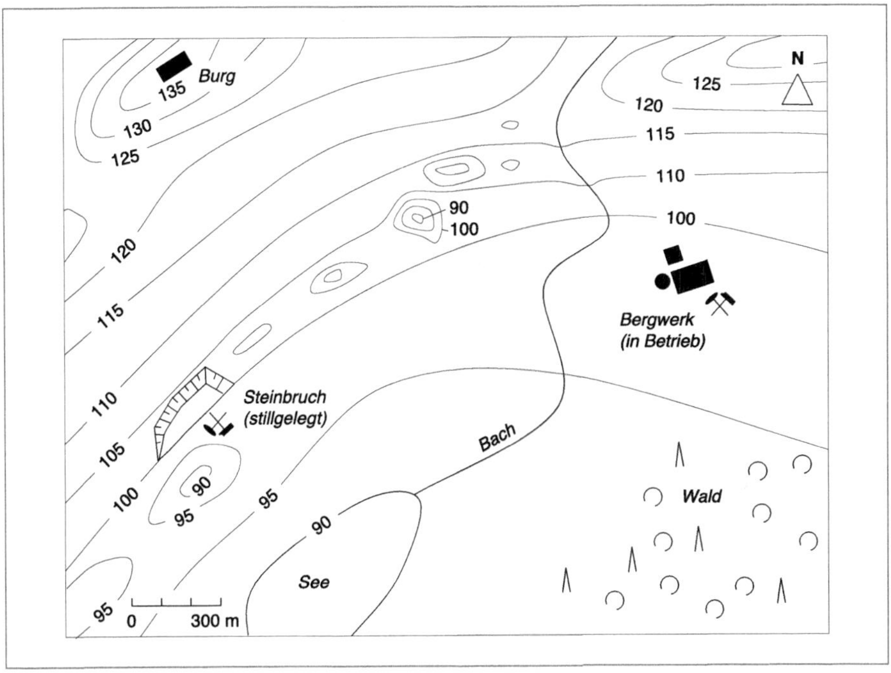


Abb. 6.3a Beispiele (schematisch und vereinfacht) von Kartenwerken: Topografische Karte.

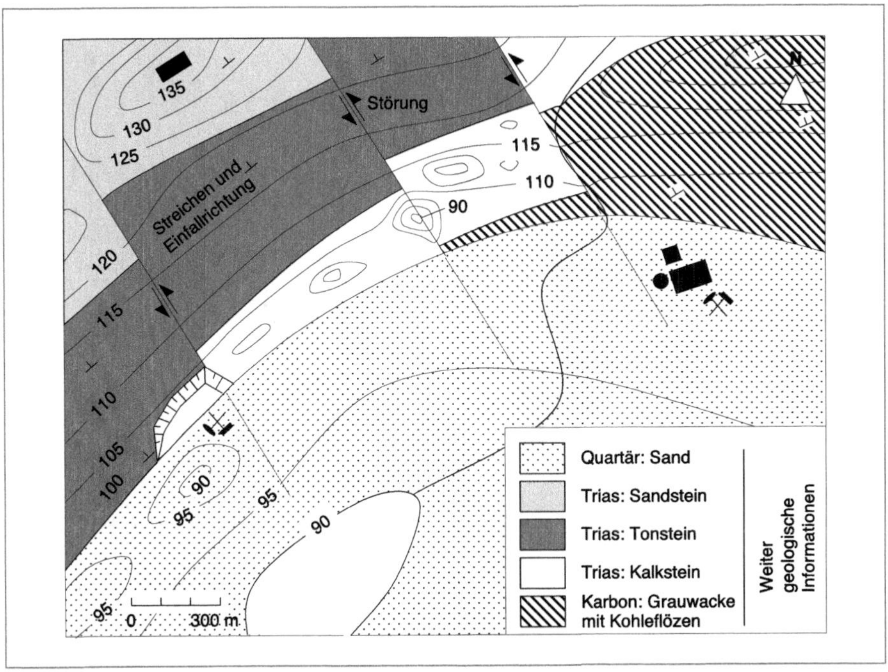


Abb. 6.3b Beispiele (schematisch und vereinfacht) von Kartenwerken: Geologische Karte.

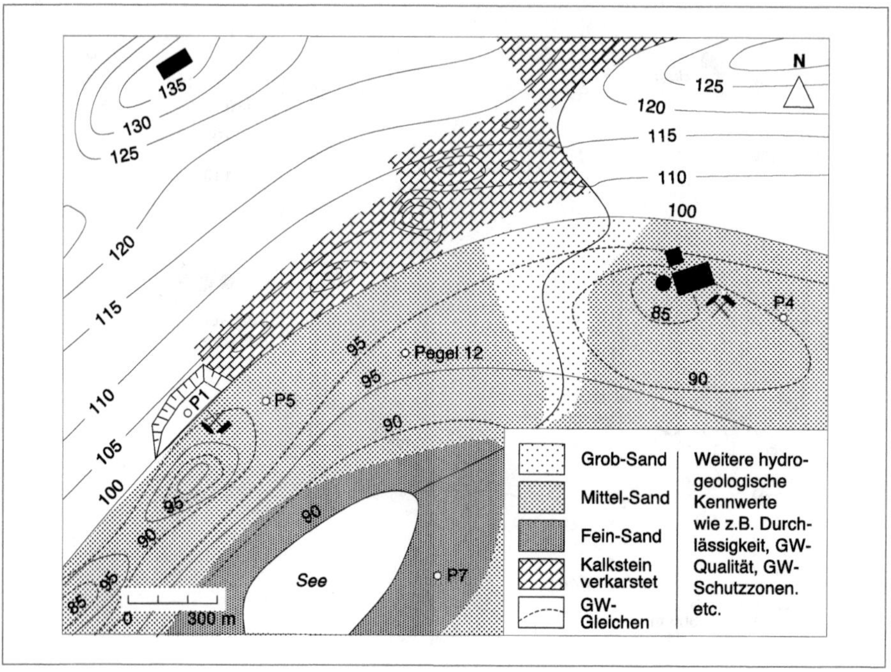


**Abb. 6.3c** Beispiele (schematisch und vereinfacht) von Kartenwerken: Hydrogeologische Karte.

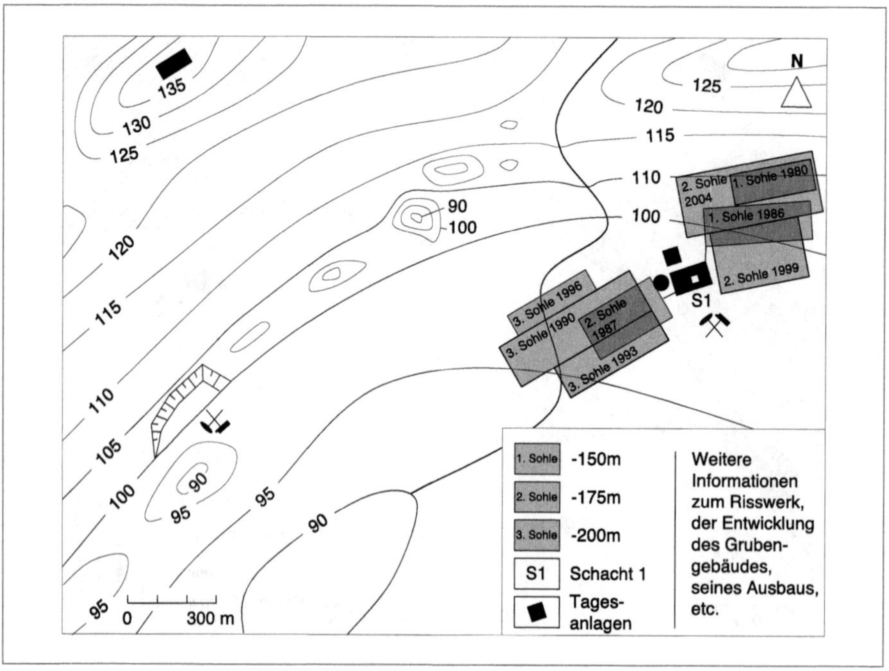


**Abb. 6.3d** Beispiele (schematisch und vereinfacht) von Kartenwerken: Bergmännisches Risswerk.

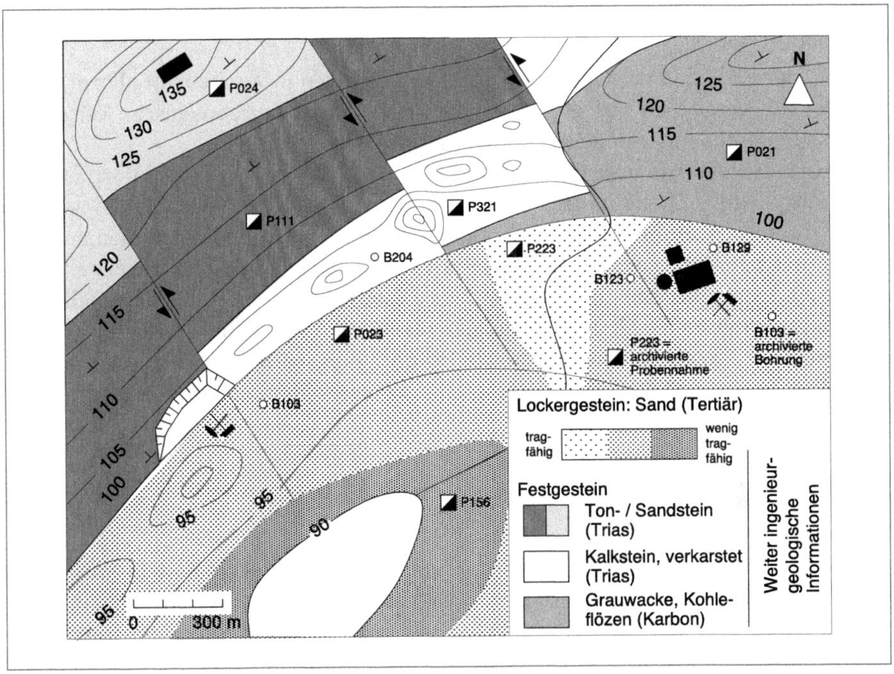


Abb. 6.3e Beispiele (schematisch und vereinfacht) von Kartenwerken: Ingenieurgeologische Karte.

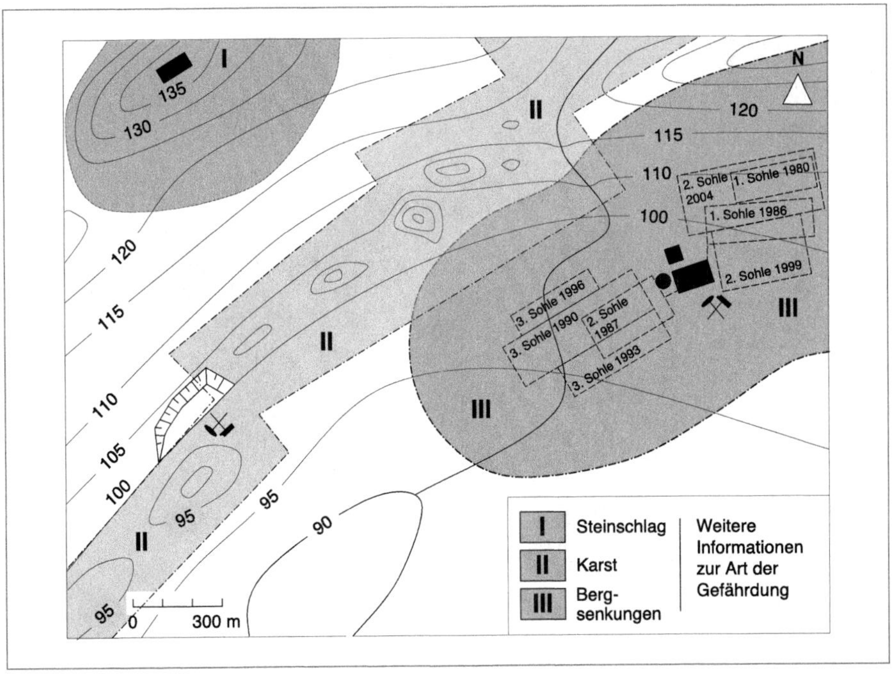


Abb. 6.3f Beispiele (schematisch und vereinfacht) von Kartenwerken: Gefährdungskarte.

### Vergleich

In Abbildung 6.3 sind verschiedene Kartendarstellungen in vereinfachter Form gegenübergestellt. Verglichen werden eine topografische Karte, eine geologische Karte, eine hydrogeologische Karte und ein bergmännisches Risswerk.

Durch die Überlagerung dieser Karten lassen sich projektrelevante Informationen gewinnen, die mit Zusatzinformationen zum Baugrund in der ingenieurgeologischen Karte zusammengeführt werden. Durch die weitere Überlagerung mit thematischen Karten wie zum Beispiel dem Risswerk lässt sich eine Gefährdungskarte erstellen. In dieser sind verschiedene Gefährdungen als *Homogenbereiche* (Bereiche gleicher Gefährdung) dargestellt. Als Gefährdungen identifiziert wurden Steinschlag (Homogenbereich I), Karst (Homogenbereich II) und Bergsenkungen (Homogenbereich III). Weitere Hinweise zur genauen Abgrenzung dieser Homogenbereiche werden im Teil 3 gegeben.

## 6.1.2 Luftbilder

*Luftbilder* ermöglichen die Deutung von Landformen und geologischen Strukturen, von Landnutzung und Bodenarten, von Gewässerformen und Grundwasserverhältnissen (Abb. 6.4). Die Luftbildauswertung ist eine eigene Fachdisziplin mit vielen Anwendungsgebieten, wie zum Beispiel der Inventarisierung von Waldschäden, der Kartierung von Überflutungsgebieten oder dem Monitoring von unkontrolliertem Städtewachstum.

**Abb. 6.4** Luftbild der Murnauer Mulde (Bayern) mit dem Riegsee. Die Bewaldung akzentuiert die känozoische Muldenstruktur. Erkennbar sind weiterhin Störungen und glaziale Elemente (historisches Luftbild © Bayerische Vermessungsverwaltung).

Luftbilder sind Messbilder, auf denen Uhrzeit, Flughöhe, Brennweite, Foto- und Kameranummer vermerkt sind. Eine Libelle zeigt die Abweichung von der Horizontalen an, die Rahmenmarken ermöglichen eine exakte Weiterbearbeitung. Der Bildmaßstab $M$ ergibt sich entweder aus dem Vergleich des Abstandes zweier Punkte $AB$ im Felde und $ab$ im Luftbild oder aus der Brennweite der Kamera $f$ und der Flughöhe $h$.

Die ingenieurgeologische Interpretation eines Grauton-Luftbilds stützt sich auf

- die im Luftbild erkennbaren *Muster*
- die Intensität des *Grautons*
- die Grautonvariation oder *Textur.*

*Luftbildmuster* geben Hinweise auf die Struktur des anstehenden Gebirges und seiner tektonischen Gliederung in Verwerfungen und Falten. Die Drainagemuster (Abb. 6.5) akzentuieren diese Strukturen je nach Klimabedingung und Verwitterungsbeständigkeit. Je feiner das Drainagemuster, desto weniger durchlässig ist das anstehende Material. Dendritische Muster repräsentieren homogene geologische Verhältnisse, zum Beispiel gleichförmige Böden großer Mächtigkeit, weiche Sedimentgesteine oder vulkanische Tuffe. Federartige Muster deuten auf feinkörnige Böden wie Schluff- oder Lößvorkommen hin. Schichtungs- und Störungsmuster pausen sich in Form eines eckigen Entwässerungsnetzes durch. Zentrifugale und konzentrische Muster deuten auf Vulkane oder isolierte Erhebungen, zentripetale Muster auf geomorphologische Senken. Bei lokal stark variierenden geologischen Verhältnissen kommt es zur Bildung komplexer Mischformen.

Der *Grauton* ist eine Funktion der Feuchtigkeit, der Eigenfarbe und der Beleuchtungsverhältnisse. Helle Grautöne zeigen trockene, durchlässige Böden an, im Gegen-

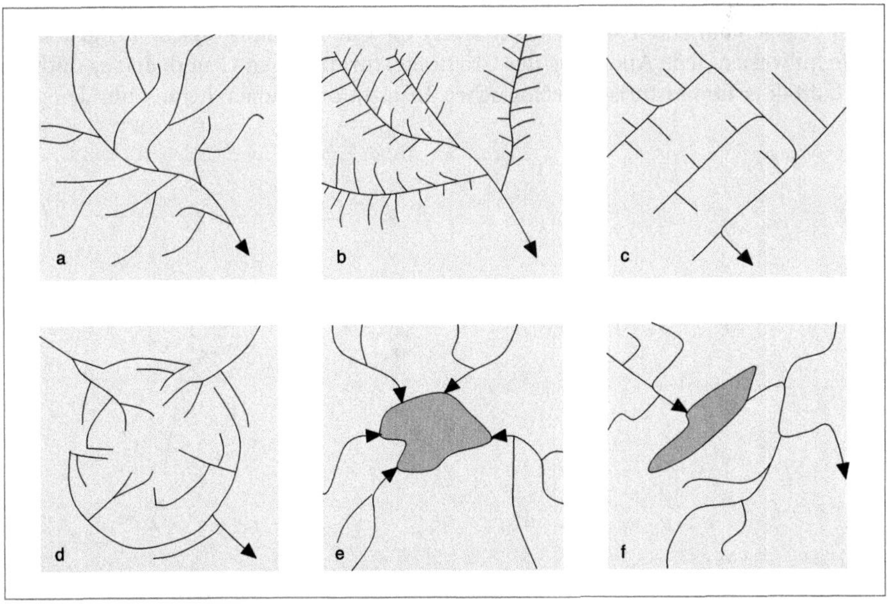


**Abb. 6.5** Dendritisches (a), federartiges (b), eckiges (c), zentrifugales und konzentrisches (d), zentripetales (e) Entwässerungsnetz. Mischform (f).

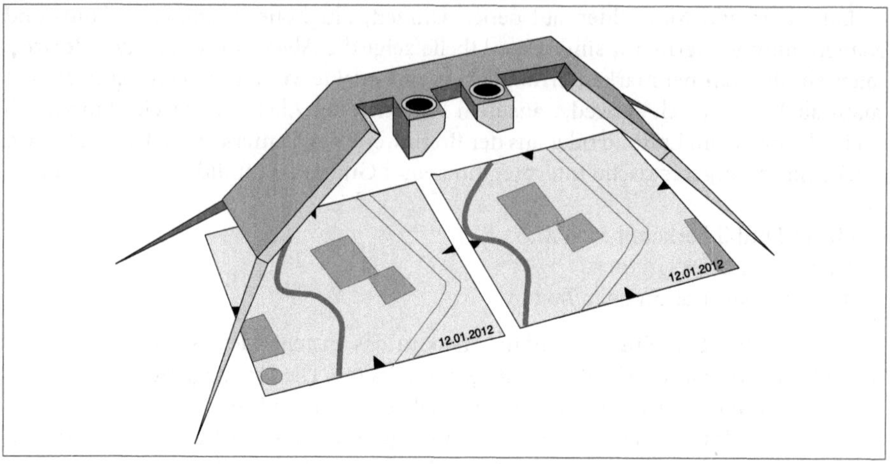


**Abb. 6.6** Spiegelstereoskop mit Stereopaar.

satz zu dunklen Grautönen, die auf feuchte, bindige Erdstoffe schließen lassen. Die relativen Grautonunterschiede innerhalb eines Luftbildes sind besonders nach kräftigen Regenfällen erkennbar. Grautonunterschiede werden umso besser lesbar, je geringer die Vegetation oder Belaubung ist. Ein guter Zeitpunkt für eine Luftbildkampagne ist daher der Frühling.

Die *Textur* der Grautöne erlaubt Rückschlüsse auf die Gleichmäßigkeit im Kleinbereich. Ein einheitlicher Grauton zeigt eine einheitliche Geologie an. Ein fleckiges Muster deutet auf lokal variierende Bodenverhältnisse oder Variationen in der Bodenfeuchte hin, die auch geomorphologisch begründet sein können. Eine gestreifte Textur kann dagegen auf einen alten Flussmäander oder auch auf historische Baugrundeingriffe hinweisen. Jede Änderung der Grautontextur hat einen Grund, den es mithilfe der Luftbilder und historisch-geologischer Zusatzinformationen herauszufinden gilt.

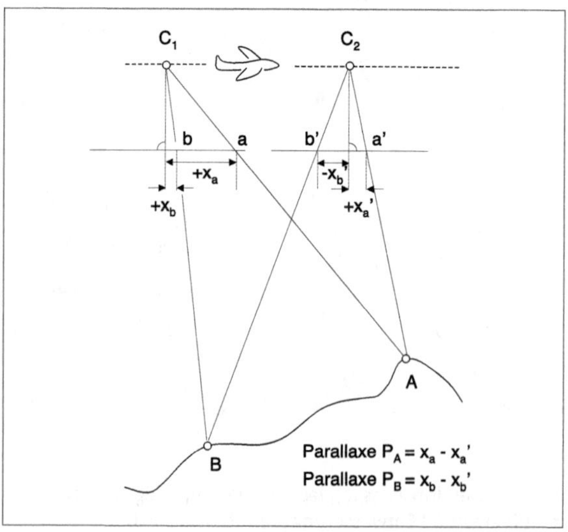


**Abb. 6.7** Bestimmung der Parallaxendifferenzen.

Während eines Bildfluges in Serie aufgenommene Luftbilder lassen sich durch Nebeneinanderlegen *stereoskopisch* (dreidimensional) betrachten. Dem geübten Auge gelingt dies ohne das Hilfsmittel des *Stereoskops*, das es in verschiedenen Ausführungen und Größen gibt (Abb. 6.6). Die Bildpaare müssen eine etwa 60-prozentige Überlappung aufweisen und werden entlang der Fluglinie verschoben, wodurch sich der dreidimensionale Eindruck ergibt. Dieser erscheint stark überhöht, da der Aufnahmeabstand aus dem Bildflug wesentlich größer ist als der menschliche Augenabstand. Mithilfe von Stereopaaren lässt sich eine Reihe von geometrischen Messungen durchführen. Zum Beispiel folgt der Höhenunterschied $\Delta h$ zwischen einem Referenzpunkt $R$ von bekannter Höhe und einem Punkt $A$ von unbekannter Höhe aus der Flughöhe $h_r$ und der *Parallaxe* (Abb.6.7), die sich aus der Änderung der Aufnahmeposition zu einem Punkt auf beiden Stereobildern ergibt

$$\Delta h = \Delta P_A \frac{h_R}{P_R + \Delta P_A} \qquad \Delta P_A = P_A - P_R$$

wobei $P_R$ der Parallaxe des Punktes $R$ und $P_A$ der Parallaxe des Punktes $A$ entspricht. Mit einem Stereomikrometer können Parallaxen direkt unter dem Spiegelstereoskop bestimmt werden. Ein Beispiel für ein Stereopaar zeigt Abbildung 6.8, in der zur Veranschaulichung auch eine topografische Karte gezeigt wird.

Da Höhenlagen einzelner Punkte stereoskopisch ermittelt werden können, lassen sich zum Beispiel Straßen in schwer zugänglichen Gebirgsregionen so projektieren, dass sie eine vorgegebene Steigung nicht überschreiten. Auch lassen sich Streich- und

**Abb. 6.8** Stereoskopische Aufnahme Hunterdon County, New Jersey, USA (Agricultural Stabilisation and Conservation Service 1956), topografische Karte (US Geological Survey).

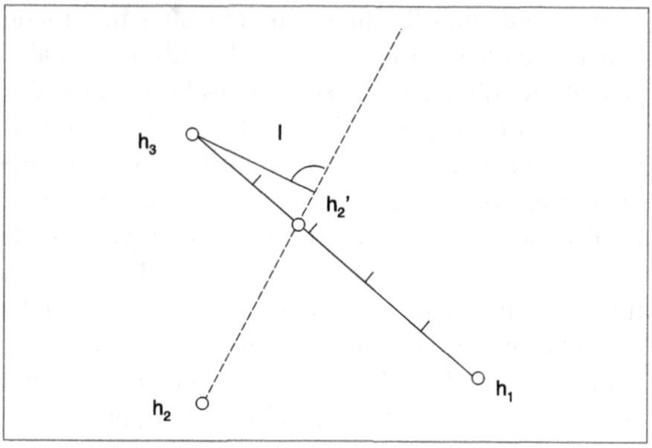


**Abb. 6.9** Konstruktion der Streich- und Einfallrichtung mit drei Höhenpunkten.

Einfallrichtungen von (geologischen) Flächen bestimmen. Dabei wird, ausgehend von drei Messpunkten, zwischen dem höchsten Messpunkt $h_1$ und dem tiefsten Messpunkt $h_3$ eine Verbindungslinie gezogen, auf der die Höhe des mittleren Messpunkts $h_2$ interpoliert wird (Dreipunktproblem, Abb. 6.9). Die Linie $h_2h_2$' entspricht dem Streichen, senkrecht dazu wird in Richtung $h_3$ die Einfallrichtung gezeichnet. Das Einfallen ergibt sich aus der Differenz $h_2$-$h_3$=$\Delta h$ und dem senkrechten Abstand $l$ von der interpolierten Höhenlinie zu $h_3$

$$\tan\alpha = \frac{\Delta h}{l}$$

Diese einfachen Rechenoperationen lassen sich mit digitalisierten Karten leicht für ganze Regionen durchführen. Geo-Informationssysteme unterstützen die elektronische Luftbildauswertung (z. B. Paine & Kiser 2003, Wolf & de Witt 1999) und erlauben komplexe Untersuchungen wie die Ermittlung der Standsicherheit von Gebirgshängen.

Sasebo ist eine Hafenstadt nördlich von Nagasaki auf der Insel Kyushu (Japan), die sich durch ein besonders stark bewegtes Relief auszeichnet (nach Zhou, Esaki, Mitani, Xie und Mori 2003). Nur 9% des 250 km² großen Stadtgebiets sind flach, der Rest erstreckt sich über die angrenzenden Hänge. Entsprechend häufig kommt es zu großräumigen Rutschungen, insbesondere während der Regenzeit. Der zugrunde liegende Rutschmechanismus wird als Hokusho-Typ bezeichnet. Dabei bewegt sich fossiles Verbruchmaterial, das von Basaltlagen im oberen Hangbereich stammt, auf der seewärts geneigten, känozoischen Basis in Form von Sekundärrutschungen talabwärts (Abb. 6.10). Um das Risiko von Rutschungen vorherzusagen, wurden Luftbilder der Region digitalisiert und in ein GIS übertragen. Da die Bäche in das weiche Verbruchmaterial einschneiden und es bis zur Oberkante des Neogen erodieren, konnte auch die Basis der potenziellen Rutschungen rekonstruiert werden, wobei die Höhendaten mit einer Kriging-Routine interpoliert wurden. Damit waren die geometrischen Vorgaben für ein einfaches (deterministisches) Rutschmodell gegeben, auf dessen Grundlage eine Gefährdungskarte für rutschungsgefährdete Bereiche hergeleitet werden konnte (Abb. 6.11).

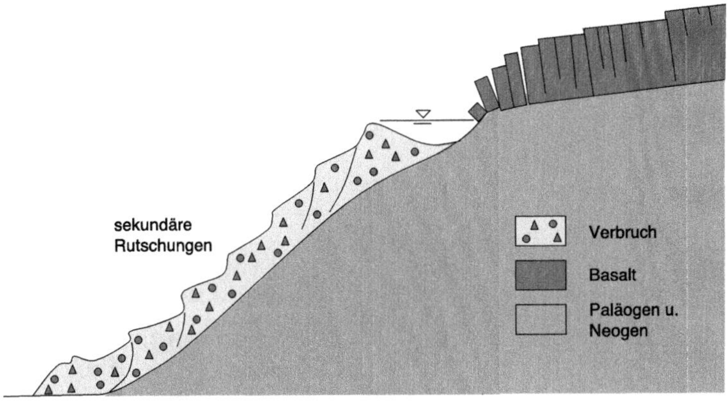


**Abb. 6.10** Rutschung des Hokusho-Typs.

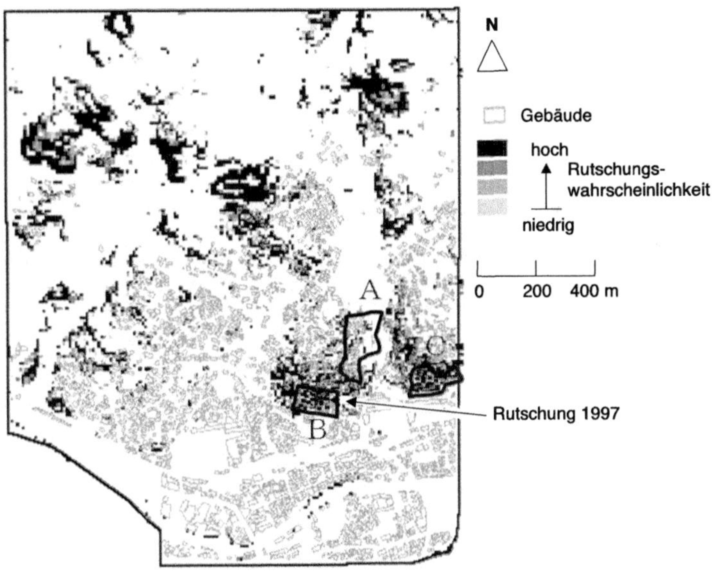


**Abb. 6.11** Gefährdungskarte für Rutschungen im Stadtgebiet von Sasebo, Stadtteil Harabun (aus Zhou, Esaki, Mitani, Xie und Mori 2003, vereinfacht).

### 6.1.3 Archive

Von großem Wert für die Klärung der geologischen Verhältnisse und ihrer anthropogenen Überprägung sind die *Archive* der Ämter und Firmen, die im Projektgebiet oder in dessen Nachbarschaft bereits Baumaßnahmen ausgeführt haben. Von besonderem Interesse sind Erkundungsmaßnahmen aller Art, insbesondere Schürfe und Aufschlussbohrungen, geophysikalische Messungen und ingenieurgeologische Kartie-

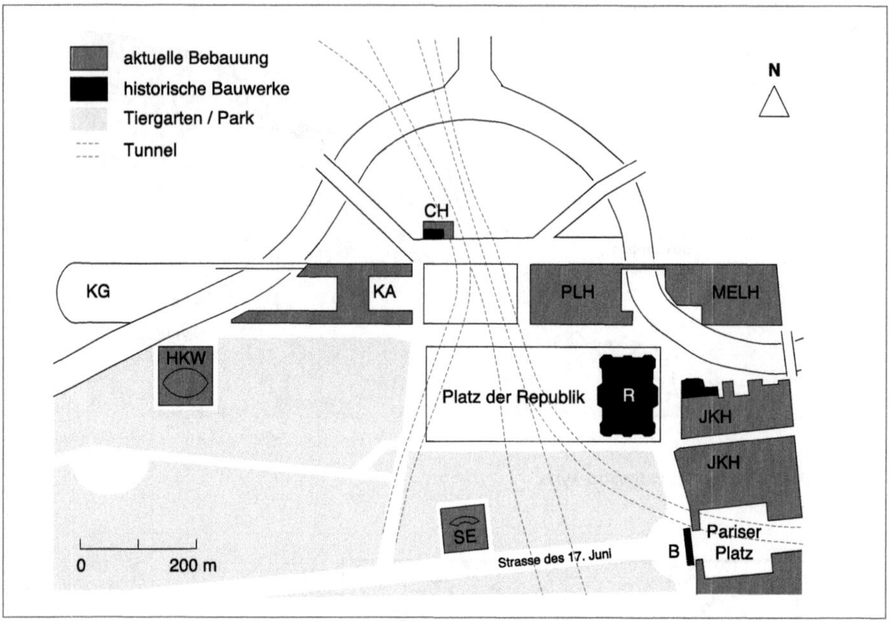


**Abb. 6.12** Der Spreebogen mit dem Reichstag und den neuen Regierungsbauten, die das „Band des Bundes" bilden, das Ost und West verbindet. Dargestellt sind das Brandenburger Tor (B), der Reichstag (R), die Schweizerische Botschaft (CH), das Sowjetische Ehrenmal (SE) und das Haus der Kulturen der Welt (HKW). Ebenfalls dargestellt ist die Neubebauung des „Band des Bundes" mit dem Kanzleramt (KA), den Kanzlergärten (KG), dem Paul-Löbe-Haus (PLH) und dem Marie-Elisabeth-Lüders-Haus (MELH). Östlich des Reichstags liegt das Jakob-Kaiser-Haus (JKH). Weiterhin dargestellt sind der geplante Bahntunnel und der separat westlich davon geführte Straßentunnel sowie östlich das Teilstück der U-Bahnline U5 vom Pariser Platz zum Berliner Hauptbahnhof / Lehrter Bahnhof. Vereinfacht nach Landesarchiv Berlin Kartenabteilung, topografische Karte 1999 (Sig. A3000) und Berliner Senatsverwaltung für Stadtentwicklung (Genske, Hess-Lüttich 2004).

rungen. Darüber hinaus liefern Laborberichte wichtige Hinweise zur Abschätzung der Festigkeit und Verformbarkeit der anstehenden Erdstoffe und tragen somit zu erheblichen Kosteneinsparungen bei. Schließlich sind alle historischen Planungsunterlagen zu recherchieren, die zur Klärung der Vornutzung des Geländes beitragen können.

Nach dem Fall der Mauer und der Wiedervereinigung wurde entschieden, den Regierungssitz nach Berlin auf den Spreebogen zu verlegen (nach Borchert, Genske, Gelbke, Räkers & Schäche 1995, Genske & Hess-Lüttich 2004). Die Architekten Axel Schulze und Charlotte Frank entwarfen ein „Band des Bundes" mit dem Kanzleramt und weiteren Regierungsbauten, das über die Spree hinweg Ost mit West verbindet. Bevor mit dem Bau begonnen werden konnte, sah die Planung die Errichtung von insgesamt drei Tunneln vor, die unter dem „Band des Bundes" hindurch nach Norden geführt werden sollten. Im Einzelnen waren ein Straßentunnel, ein Tunnel für die Fernbahn und ein U-Bahntunnel vorgesehen (Abb. 6.12).

Abb. 6.13 Modell der „Halle des Volkes" nach Plänen von Albert Speer, 1941. Der zum Nebengebäude reduzierte Reichstag ist rechts im Bild erkennbar (Fotobestand W. Schäche, Berlin).

Abb. 6.14 Der ausgebombte Reichstag kurz nach Kriegsende. Im Vordergrund ein stark beschädigtes Betonbauwerk unbekannter Nutzung (Fotobestand W. Schäche, Berlin).

**Abb. 6.15** Luftbild des Spreebogens, aufgenommen aus einem Zeppelin im Jahre 1928. Dem Reichstag (rechts) gegenüber befindet sich die Kroll-Oper, zwischen beiden Bauwerken die Siegessäule, die 1938 an den Großen Stern versetzt wurde. Nördlich davon zeichnet das vornehme Alsenviertel den Spreebogen nach (© Geoportal Berlin / Luftbild 1928).

Im Rahmen der Voruntersuchungen war zu klären, ob Baugrundhindernisse den Bau der unterirdischen Verkehrsanlagen stören könnten. – Die Auswertung des geologischen Kartenmaterials und der historischen Bohrungen ergab, dass im Projektgebiet eiszeitliche Ablagerungen und quartäre Sande sowie Tone und organische Schichten vorliegen. Dieser Wechsel der Baugrundbedingungen hatte sich bereits beim Reichstag und bei dem heute zerstörten Alsenviertel (das sich bis zum Zweiten Weltkrieg auf dem Spreebogen befand) als problematisch erwiesen.

Zusätzlich war mit Findlingen aus der Eiszeit zu rechnen, die unregelmäßig auftreten und kaum vorhergesagt werden können. Darüber hinaus ergab die historische Auswertung des Geländes Hinweise auf mögliche Baugrundeingriffe während des Zweiten Weltkriegs. Zu der Zeit plante die Generalbauinspektion unter Albert Speer den völligen Umbau der Reichshauptstadt und die Errichtung monumentaler Regierungsbauten. Auf dem Spreebogen sollte sich die „Halle des Volkes" erheben, 320 m hoch, um den Führerkult architektonisch zu inszenieren (Abb. 6.13). Vor dem 180000 Menschen fassenden Kuppelbauwerk hätten eine Million Menschen während der geplanten Siegesfeiern jubeln sollen. Die in immer groteskere Dimensionen abgleitende Planung sah schließlich vor, die Spree südlich unter dem geplanten Aufmarschplatz in zwei Tunnelröhren umzuleiten (dem „Spreedurchstich"). Zur Erkundung des Untergrundes ließ die Deutsche Forschungsgesellschaft für Bodenmechanik (Degebo) im Bereich des „Spreedurchstichs" und der „Großen Halle" Hunderte von Bohrungen abteufen, eine sogar bis auf eine Tiefe von 420 m zur Erkundung der oligozänen Septarientone (Rupel-Tone), die ab etwa 130 m Tiefe anstehen und deren Nachgiebigkeit die Grundbauingenieure nachdenklich stimmte.

**Abb. 6.16** Luftbild der Alliierten vom 21. März 1945. Im Zentrum erkennbar die große Baugrube für den „Spreedurchstich" (National Archives of the United States NARA / Luftbilddatenbank Dr. Carls GmbH).

**Abb. 6.17** Luftbild vom Mai 1969. Der Spreebogen ist eine Brachfläche an der Deutsch-Deutschen Grenze, die rechts im Bild verläuft (© Geoportal Berlin / Luftbild 1969).

**Abb. 6.18** Abbrucharbeiten in der Roonstraße mit einer Baugrube im Vordergrund (aus Reichhardt & Schäche 2001, Fotobestand W. Schäche, Berlin).

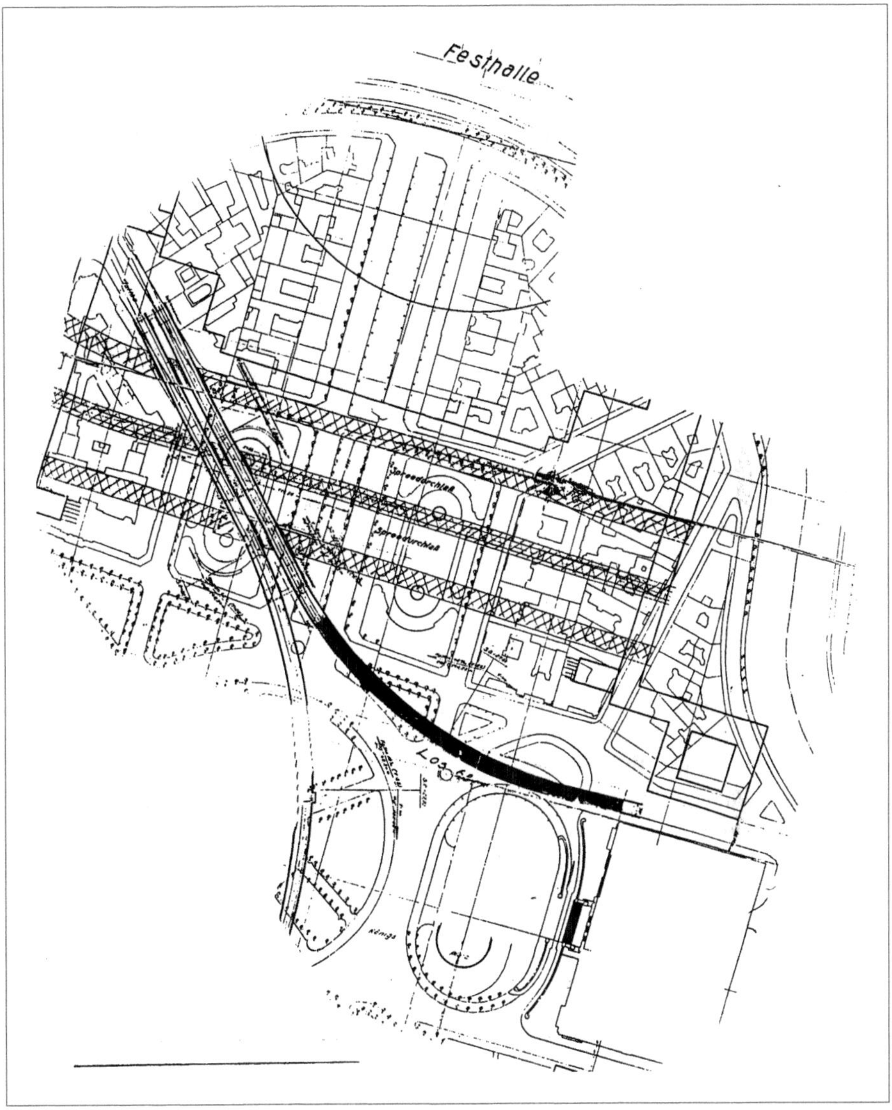


**Abb. 6.19** Fragment der Planung für einen Tunnel aus den 1940er Jahren. Geschwärzt ist der wahrscheinlich bereits ausgeführte Teil. Erkennbar sind Reichstag (rechts), die Fundamente des „Spreedurchstichs" und die „Große Halle", hier „Festhalle" (oben) (Quelle: unbekannt).

Weiterhin wurden Caissons (Senkkästen) abgesenkt, um Bodenproben zu entnehmen und die Machbarkeit von Caissongründungen für die „Große Halle" zu prüfen. Schließlich wurden die Bauarbeiten eingestellt, da sich das „Kriegsglück" der Machthaber wendete. Die Sowjetische Armee nahm den Reichstag am 30. April 1945 ein und hisste auf seinem Dach die Rote Fahne. Im Verlauf der nächsten Jahrzehnte wurden die Ruinen abgeräumt (Abb. 6.14) und der Spreebogen wurde zu einer Brachfläche an der Deutsch-Deutschen Grenze.

Nur noch die Schweizerische Botschaft zeugt vom eleganten Alsenviertel, dem von Schinkel und Lenné erdachten städtebaulichen Meisterwerk im Herzen Berlins. – Als die Planungen für die unterirdischen Verkehrsanlagen nach der Wende begannen, war völlig offen, ob im Zuge der Speerschen Planung tatsächlich bereits in den Baugrund eingegriffen worden war. Historische Luftbilder zeigten den Zustand des Spreebogens vor und nach der Bombardierung (Abb. 6.15 bis Abb. 6.17). Luftbilder der Alliierten zeigten eine große Baugrube im Bereich des geplanten „Spreedurchstichs", in der jedoch das Grundwasser stand, die Sohle der Baugrube nicht erkennbar war (Abb. 6.16). Aus historischen Fotos und Fragmenten von Planungsunterlagen musste geschlussfolgert werden, dass tatsächlich mit den Abbrucharbeiten begonnen worden ist und die Ausführungsplanung weit fortgeschritten war (Abb. 6.18, Abb. 6.19). Es wurde zudem deutlich, dass möglicherweise mit erheblichen Baugrundhindernissen zu rechnen ist. Nun war bekannt, wo diese im Untergrund verborgen sein müssten. Der Nachweis der Existenz der vermuteten Tunnel, Fundamente und Stahlspundwände gelang jedoch erst mit der Durchführung einer geomagnetischen Feldaufnahme, die im Rahmen der Hauptuntersuchungen durchgeführt wurde und auf die noch eingegangen wird.

### 6.1.4 Fachbeiträge

Veröffentlichungen in *Fachjournalen* stellen eine wichtige Informationsquelle dar, die es zu nutzen gilt. Neben den Recherchen in den einschlägigen Zeitschriften bietet auch das Internet mit seinen Suchfunktionen ein durchaus interessantes Informationsangebot, wobei sich jedoch die Aussagekraft der Angaben oft relativiert und daher grundsätzlich zu überprüfen ist.

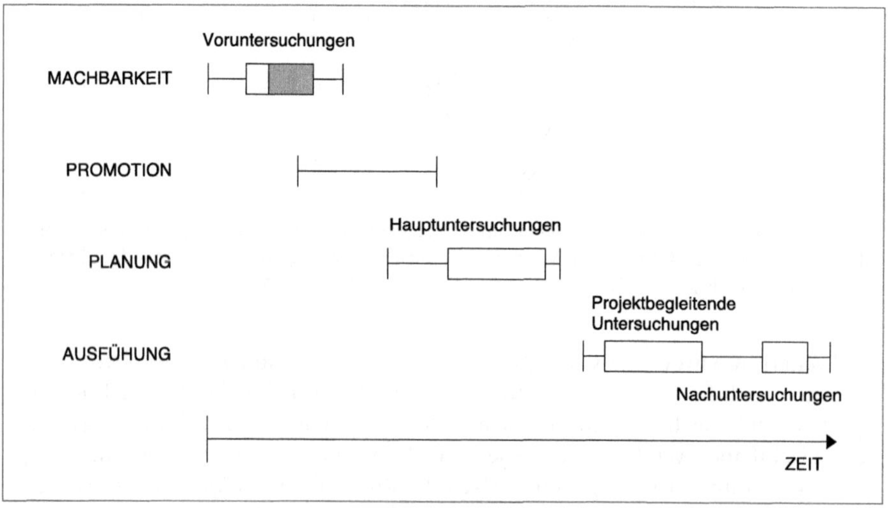


**Abb. 6.20** Die Vorerkundung baut auf die Vorauswertung auf und bildet zusammen mit ihr die Etappe der Voruntersuchungen.

## 6.2 Vorerkundung

Im ersten Teil der Voruntersuchungen, der *Vorauswertung*, werden alle verfügbaren Unterlagen ausgewertet, abgeglichen und zusammengestellt. Alle für den Zustand des Geländes charakteristischen und für das geplante Projekt relevanten Informationen werden in einer *Status-quo*-Karte synthetisiert. Im zweiten Teil der Voruntersuchungen, der *Vorerkundung*, werden die recherchierten Informationen im Feld verifiziert und weitere Daten im Rahmen thematischer Kartierungen gesammelt.

Nach Abschluss der Voruntersuchungen werden Kartier- und Versuchsberichte sowie ein ingenieurgeologischer Untersuchungsbericht erstellt. Der weitere Verlauf des geplanten Projektes hängt entscheidend von den Ergebnissen des Untersuchungsberichtes ab (Abb. 6.20).

### 6.2.1 Übersichtskartierung und thematische Kartierung

Die Übersichtskartierung beginnt mit der *Erstbegehung*, bei der die Angaben aus den zuvor ausgewerteten Unterlagen, Karten und Dokumenten im Feld überprüft werden. Sie ist unerlässlicher, integraler Bestandteil der Voruntersuchungen. An die Erstbegehung schließt sich die *Übersichtskartierung* an, in der Aufschlussverhältnisse und geomorphologische Besonderheiten dokumentiert, Naturraum und Gewässer kartiert, anthropogene Überprägungen notiert, die Begeh- und Befahrbarkeit des Geländes geprüft, Zugangsrechte geklärt und organisatorische Randbedingungen für die weitere Feldarbeit ausgelotet werden.

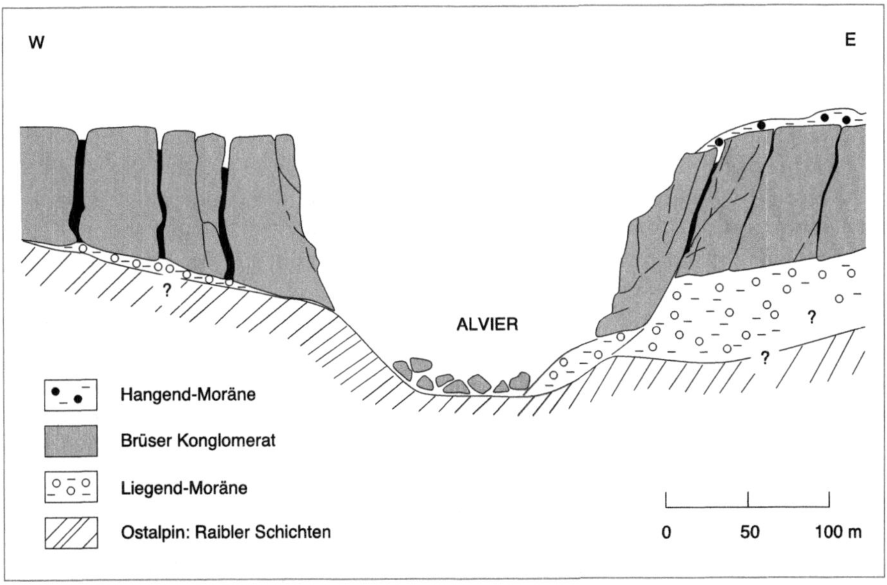


**Abb. 6.21** Die Alvierschlucht mit Rutschungsbereich nach einer geomorphologischen Geländeaufnahme (vereinfacht). Durch Spalten im Brüser Konglomerat, die sich nach dem Rückzug der Gletscher öffneten, wurden Rutschungen ausgelöst (De Graaff & Seijmonsbergen 1993, Ampferer 1908).

Falls eine Gefährdung ins Auge fällt, zum Beispiel eine drohende Rutschung oder ein undichter Öltank, ist der Ingenieurgeologe in der Meldepflicht und muss unverzüglich, ohne Rücksicht auf den weiteren Verlauf des Projekts, bei der Projektleitung und den zuständigen Ordnungsbehörden die Gefährdung anzeigen. Die Meldepflicht gilt übrigens grundsätzlich in jeder Phase der ingenieurgeologischen Erkundung, selbst außerhalb eines genehmigten Auftrags, da der Ingenieurgeologe als Fachmann nicht nur das öffentliche Vertrauen genießt, sondern auch eine öffentliche Verantwortung trägt.

Die Übersichtskartierung vervollständigt die zu Beginn der Projektarbeit erstellte *Status quo*-Karte, die den aktuellen Zustand vor Projektbeginn beschreibt. Mit jedem weiteren Arbeitsschritt wird sie ergänzt und aktualisiert. Sie ist Grundlage für die nun folgenden *thematischen Kartierungen*. Auf der Grundlage der Übersichtskartierung wird geklärt, welche Aspekte zur weiteren Projektbearbeitung detaillierter zu untersuchen und kartografisch zu erfassen sind. Eine bestimmte, nicht tragfähige Bodenart kann zum Beispiel von Interesse sein oder die Orientierung von Trennflächen im anstehenden Gebirge oder die Tiefe zum Grundwasserspiegel.

Die thematische Erkundung und Deutung des Projektgebietes wird in ingenieurgeologischer Terminologie als *Ansprache* bezeichnet. Im Folgenden wird die Ansprache der geomorphologischen Verhältnisse, der Böden, des anstehenden Gebirges, der Flora und Fauna sowie der anthropogenen Überprägung vorgestellt. Diese Liste ist sicher nicht vollständig und ist, je nach den Anforderungen des Projekts, zu ergänzen.

## 6.2.2 Ansprachen

### Geomorphologische Ansprache

Die *geomorphologische Ansprache* leistet einen wichtigen, manchmal entscheidenden Beitrag bei der Erstellung eines geologischen Modells. Im Rahmen der geomorphologischen Aufnahme wird die Vielfalt der Landformen innerhalb des Projektgebiets analysiert, beschrieben, hinsichtlich ihrer Entstehung erläutert und durch Karten und Profile verdeutlicht (Abb. 6.21). Der Geomorphologe stützt sich dabei auf die Kenntnis der landschaftsformenden (exogenen) Kräfte, insbesondere der Wechselwirkung von Verwitterung, Erosion und Transport.

Fluviatile, glaziale und äolische Prozesse hinterlassen eine Fülle von Landformen, die sich zeitlich und räumlich überlagern. Ihre Rekonstruktion und die Herleitung der zeitlichen Reihenfolge ihrer Entstehung erlauben Rückschlüsse auf den Aufbau des Untergrunds. Der Geomorphologe deutet die Entstehungsgeschichte einer Landschaft, beschreibt ihre Elemente und erfasst sie kartografisch. Arbeitsmittel sind dabei topografische Karten, geologische Karten und Luftbilder, die vor und während der geomorphologischen Geländearbeit ausgewertet werden.

Im Rahmen der ingenieurgeologischen Kartierung kommt dem Geomorphologen die Aufgabe zu, in enger Zusammenarbeit mit dem Ingenieurgeologen jene Landformen detailliert zu untersuchen, die für das Projekt von Bedeutung sind. Bei einer Baugrunduntersuchung sind zum Beispiel die Beschaffenheit der oberflächennahen Sedimente und die Tiefe zum anstehenden Festgestein von Bedeutung. Geht es dagegen um die Stabilität eines Berghanges, sind die für die Hangstabilität relevanten Aspekte von Interesse wie zum Beispiel morphologische Abweichungen, die geologisch nicht erklärbar sind und auf alte, möglicherweise fossile Hangbewegungen schließen lassen. In einem durch Altbergbau geprägten Gebiet interessieren dagegen neben dem geomorphologischen Inventar Bergsenkungen, Abraumhalden und Absetzbecken aus der Aufbereitung der Erze.

### Bodenkundliche Ansprache

Bei der *bodenkundlichen Ansprache* oder auch *pedologischen Ansprache* werden die im Gelände vorliegenden Bodenarten im Hinblick auf ihre Bildung und ihre Zusammensetzung beschrieben. Die Bodenbildung oder *Pedogenese* ist nach dem russischen Bodenkundler Vasily Dokuchaev (1846-1903) und dem Schweizer Bodenkundler Hans Jenny (1899-1992) eine Funktion des Ausgangsgesteins, des Klimas, der Bodenflora und -fauna, des Reliefs, der Zeit und des anthropogenen Impacts (des Eingriffs des Menschen).

Ein typisches Bodenprofil besteht aus einem A-, B- und C-Horizont (Abb. 6.22):

- Der *A-Horizont* (Auswaschungshorizont) bildet den Oberboden, der reich an organischem Material (Humus), aber arm an Mineralstoffen ist, die mit den Niederschlägen in den
- *B-Horizont* (Anreicherungshorizont) ausgewaschen wurden. Zusätzlich reichern sich Mineralstoffe als Folge der Verwitterung des
- *C-Horizontes* an, dem unverwitterten Ausgangsmaterial.

Neben diesen Leithorizonten lassen sich weitere Horizonte definieren, wie die Auflagehorizonte H, O und L (H für Humus, O für organische Substanz, L für Streu bzw. englisch *litter*), den E-Horizont als Mineralbodenlage, die aus aufgetragenem Plaggen- oder Kompostmaterial entstanden ist, oder den G-Horizont als Unterbodenhorizont mit Grundwassereinfluss (Scheffer & Schachtschabel 2010).

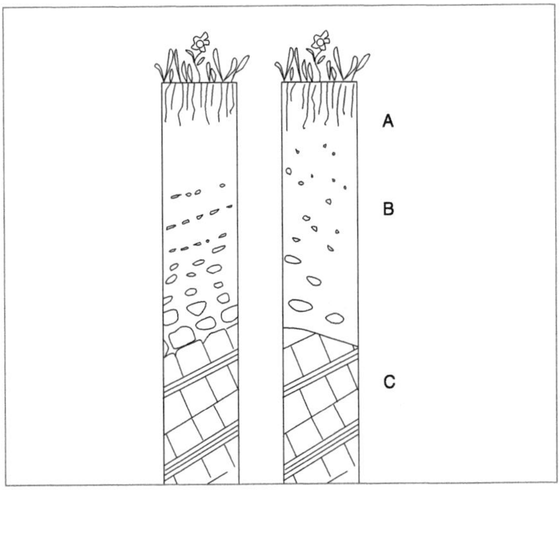


**Abb. 6.22** Schematische Bodenprofile mit A-, B- und C-Horizonten. Natürlichen Böden können sich auf anstehendem Gestein bilden (links) oder auf umgelagertem Material, zum Beispiel Grundmoränen (rechts). Die Bildung eines natürlichen Bodenprofils kann mehrere Jahrtausende dauern.

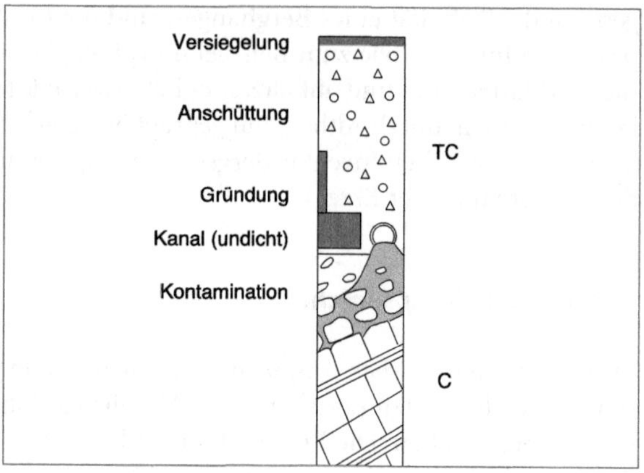


**Abb. 6.23** Schematisches Bodenprofil eines Technosols mit Artefakten.

Zur Einteilung der Böden wurde eine Reihe von Klassifikationssystemen vorgestellt. Die älteste, in Russland entwickelte Einteilung richtet sich nach Klima und Vegetation, wogegen die US-amerikanische Nomenklatur von charakteristischen Bodenhorizonten und deren chemischem und physikalischem Aufbau ausgeht, eine Systematik, die auch von der Welternährungskommission (FAO) übernommen wurde. Die Franzosen klassifizieren dagegen Böden nach den zugrunde liegenden Entstehungsprozessen.

Die Vielzahl der Bodenklassen und -typen werden in der *World Reference Base for Soil Resources* (WBR) der Internationalen Bodenkundlichen Union (IBU) beschrieben und sind in einer Weltbodenkarte dargestellt (IUSS 2006). Einen Überblick über die verschiedenen Bodenarten gibt die Tabelle 6.1.

In urbanen Böden, den *Technosols*, ist das natürliche Bodenprofil gestört (Abb. 6.23). Es finden sich Artefakte wie:

- Gründungen und Gründungsfragmente früherer Bauwerke – Flachfundamente bestehen aus Ziegeln, Beton oder bewehrtem Beton und finden sich meist unterhalb der frostfreien Tiefe, die regional schwankt und in den einschlägigen Baugrundnormen angegeben ist. Ältere Gründungen finden sich selten unterhalb des Grundwasserspiegels, da hierfür eine Grundwasserabsenkung oder moderne Bauverfahren nötig gewesen wären. Somit beschränkt sich der Tiefenhorizont zum Auffinden von Flachgründungen meist auf den Bereich der frostfreien Tiefe oberhalb des Grundwasserspiegels. Pfahlgründungen aus Holz, Stahl oder Stahlbeton können jedoch, im Gegensatz zu Flachgründungen, in große Tiefen reichen.
- Leitungen, Kanäle und Tanks – Finden sich oft in der Nähe von (ehemaligen) Verkehrswegen und Bauwerken.
- Strom und Telefonkabel – Sie dienten der Versorgung ehemaliger Gebäude und Anlagen.
- Auffüllungen – Bei schlechten Baugrundbedingungen wurde oft auf dem nachgiebigen Boden tragfähiges Bodenmaterial (Sand, Kies) als Gründungspolster aufgebracht. Mitunter wurde auch der nachgiebige Boden ausgeschachtet und mit tragfähigem ersetzt.
- Abfallmaterial – In der Umgebung von ehemaligen Produktionsanlagen finden sich häufig Abfallgruben und Deponien, die in keinem Plan erfasst wurden und heute potenzielle Schadstoffquellen darstellen.

**Tabelle 6.1** Hauptbodengruppen nach der World Reference Base for Soils (WRB) (IUSS Working Group WBR 2006, Zech & Hintermeier-Erhald 2002).

| Bodengruppe nach WRB | RSG[1] | Akronym | Ursprung[2] | Klimazone[3] | Synonyme / vergleichbare Böden | Kurzbeschreibung |
|---|---|---|---|---|---|---|
| Organische Böden | Histosol | HS | histos [Gr] Gewebe | A, **B**, (C, G), I, (K) | Humusböden / Moore | Böden aus überwiegend organischem Material |
| Anthropogene Böden | Anthrosol | AT | anthropos [Gr] Mensch | **K** | - | Landwirtschaftlich genutzte Böden |
| | Technosol | TC | technikós [Gr] Kunst / Handwerk | **K** | - | Stadtböden mit Artefakten |
| Böden mit beschränkter Durchwurzelung | Cryosol | CR | kryos [Gr] kalt / Eis | **A**, B, J | Frostböden | Permafrost innerhalb 1m Tiefe |
| | Leptosol | LP | leptos [Gr] dünn | A, B, (C, D), E, **F**, (G, I), **J**, **K** | Rohböden, Ranker | Flachgründige oder junge Böden auf anstehendem Gebirge |
| Wasserbeeinflusste Böden | Vertisol | VR | vertere [La] wenden | (C, D, E), F, **G**, (H) | - | Böden mit quellenden und schrumpfenden Tonmineralen und dunklen Huminstoffen, die mitunter tiefreichende Schrumpfrisse aufweisen |
| | Fluvisol | FL | fluvius [La] Fluß | B, C, D, E, F, G, H, I, **K** | Auenböden, Marsche, Wattböden | Entstehende Böden auf fluviatilen, marinen oder lakustrinen Ablagerungen |
| | Solonetz | SN | solonez [Ru] Salzwasser | (B, C), **D**, (E), F | Schwarzalkaliböden | Im Unterboden mit Ton angereichert u. durch hohe Konzentrationen an Natrium ausgezeichnet |
| | Solonchaks | SC | sol [Ru] Salz | (A), D, (E), **F**, (I) | Salzböden | Stark salzhaltige Böden |
| | Gleysols | GL | gley [Ru] nasser Lehmboden, Klei [D] entwässerter Schlick | A, **B**, C, (D, E), G, H, I, K | - | Permanent oder temporär bis an die Oberfläche wassergesättigte Böden |

| Bodengruppe nach WRB | RSG[1] | Akronym | Ursprung[2] | Klimazone[3] | Synonyme / vergleichbare Böden | Kurzbeschreibung |
|---|---|---|---|---|---|---|
| Durch Eisen- und Aluminiumprozesse geprägte Böden | Andosols | AN | an, do [Ja] schwarz, Boden | (B, C, D, E, F, G, H, I), **J**, K | Vulkanboden | Junge vulkanische Böden |
| | Podzols | PZ | pod [Ru] unten, zol [Ru] Asche | **B**, C, (G, H), I, J | Bleicherde | Saure Böden mit Anreicherungen von Eisen-Aluminium-Verbindungen und organischen Stoffen |
| | Plinthosols | PT | plinthos [Gr] Ziegel | G, H, **I** | - | Böden, die bei Austrocknung irreversibel aushärten |
| | Nitisols | NT | nitidus [La] glänzend | (F), **G**, H, I | - | Tiefgründige, braune oder gelbe Böden mit glänzenden Aggregatoberflächen |
| | Ferralsols | FR | ferrum / alumen [La] Eisen / Aluminium | (F), G, H, **I** | Tropische Waldböden | Tiefgründig verwitterte, nährstoffarme Böden |
| Stauwasserböden | Planosols | PL | planus [La] flach | C, D, (E, F), **G**, (H) | - | Stauwassernasse Böden mit / ohne nassgebleichtem Oberboden und abrupt wechselnder Textur |
| | Stagnosol | ST | stagnare [La] gestaut | B, C, H | Pseudogley Stagnogley | |
| Humusakkumulationsböden | Chernozems | CH | tschornyi [Ri] schwarz, zemlja [Ru] Boden | C, **D**, (J) | Schwarzerde | Böden mit dunklem, humosem, nährstoffreichem, kalk- oder gipshaltigem Oberboden |
| | Kastanozems | KS | castaneo [La] Kastanie, zemlja [Ru] Boden | **D**, (E), F, (G), J | Steppenböden | Böden mit braunem, humosem, kalk- oder gipshaltigem Oberboden |
| | Phaeozems | PH | phaios [Gr] dunkel, zemlja [Ru] Boden | (B), C, **D**, H, (I, J) | Steppenböden | Böden mit braunem, humosem, kalkarmem Oberboden |

| Bodengruppe nach WRB | RSG[1] | Akronym | Ursprung[2] | Klimazone[3] | Synonyme / vergleichbare Böden | Kurzbeschreibung |
|---|---|---|---|---|---|---|
| Salzakkumulationsböden | Gypsisols | GY | gypsum [La] Gips | D, (E), **F** | - | Böden mit Gipsanreicherung |
| | Durisols | DU | durus [La] hart | (D), **F** | - | Durch Kieselsäure verfestigte Böden |
| | Calcisols | CL | calx [La] Kalk | D, (E), **F**, (G, J) | - | Böden mit Kalkanreicherung |
| Böden mit Tonverlagerungshorizonten | Albeluvisols | AB | albus [la] weiss, eluere [La] auswaschen | **B**, C | Fahlerde | Saure Böden mit deutlicher Tonverlagerung |
| | Alisols | AL | alumen [La] Aluminium | (C, E), G, **H**, (I) | - | Basenarme, AL-reiche Böden mit deutlicher Tonverlagerung |
| | Acrisols | AC | acer [La] sauer | (E), G, **H**, I | - | Basenarme, nährstoffarme Böden mit deutlicher Tonverlagerung |
| | Luvisols | LV | eluere [La] auswaschen | (B), C, D, **E**, F, (G), H, (J) | Parabraunerde | Böden mit deutlicher Tonverlagerung |
| | Lixisols | LX | lixivia [La] ausgewaschenes Substrat | (F), **G**, (H, I) | - | Böden mit deutlicher Tonverlagerung |
| Junge, wenig differenzierte Böden | Umbrisols | UM | umbra [La] Schatten | B, C, (E, F), G, (H), I, **J** | - | Saure Böden mit mächtigem, dunklem, organischem Oberboden |
| | Arenosols | AR | arena [La] Sand | D, **F**, G, (H) | - | Sandige Böden mit kaum ausgeprägter Bodenbildung |
| | Cambisols | CM | cambiare [It] wechseln | (A, B), **C**, (D), E, **F**, (G, H, I), J, K | Braunerde | Schwach entwickelte Böden |

| Bodengruppe nach WRB | RSG[1] | Akronym | Ursprung[2] | Klimazone[3] | Synonyme / vergleichbare Böden | Kurzbeschreibung |
|---|---|---|---|---|---|---|
| Junge, wenig differenzierte Böden | Regosols | RG | rhegos [Gr] Decke | A, (B, D), **F**, (G, H), **J, K** | - | Schwach entwickelte Böden auf kalkfreiem bzw. kalkarmem Untergrund |

[1]Referenzböden (Reference Soil Group); [2]D Deutsch, Gr griechisch, It italienisch, Ja japanisch, La Latein, Ru russisch; [3]A polare und subpolare Zone (Tundra), B boreale Zone (Taiga), C feuchte Mittelbreiten (gemäßigte Zone), D trockene Mittelbreiten (Steppe), E winterfeuchte Subtropen (Mediterrangebiete), F trockene Tropen und Subtropen (Wüsten), G sommerfeuchte Tropen (Savannen), H immerfeuchte Subtropen (Ostseitengebiete), I immerfeuchte Tropen (Regenwald), J Gebirgsregionen, K weltweit vorkommende Böden. A dominierende Bodengruppe, A begleitende Bodengruppe, (A) sporadisch auftretende Bodengruppe.

Bodenprofile werden mit direkten Aufschlussverfahren aufgenommen. Erdbohrer und Sondiergeräte fördern allerdings nur gestörte Bodenproben. Zu empfehlen ist daher die Anlage von *Schürfen*. Ein Schurf bietet einen direkten Einblick in die Untergrundverhältnisse und erlaubt eine genaue Kartierung des Bodenaufbaus. Wird der Schurf bis zum anstehenden Festgestein ausgeschachtet, lässt sich dessen Petrografie, Stratigrafie sowie dessen Verwitterungs- und Zerklüftungsgrad dokumentieren (Abb. 6.24). Im Schurf können Boden- und Felsproben bester Güte entnommen und Feldversuche zur Festigkeit und Verformbarkeit des Bodens durchgeführt werden.

Schürfe werden per Hand oder mit Baggern ausgehoben. Der Grundwasserspiegel begrenzt die Tiefe des Schurfs. Darüber hinaus schränken Sicherheitsbestimmungen die Aushubtiefe ein: Nach den geltenden Normen- und Regelwerken ist es nicht zulässig, Schürfe tiefer als 1.25 m auszuschachten. Wird die Schurfwand ab 1.25 m Tiefe

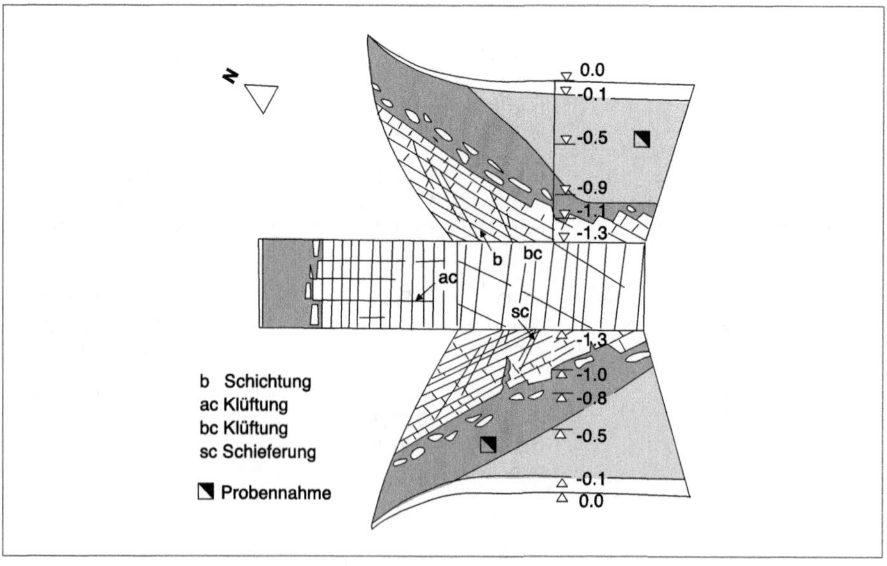


**Abb. 6.24** Kartierung eines Schurfs, der das anstehende Gebirge anschneidet (Abwicklung).

mit 45° abgeböscht, darf der Schurf bis maximal 1.75 m ausgehoben werden. Tiefere Schürfe sind zu verbauen, müssen also mit Bohlen und Aussteifungen gesichert werden. Bei einer Schurfaufnahme müssen mindestens zwei Personen anwesend sein, wobei sich eine immer außerhalb des Schurfs aufzuhalten hat. Der Schurf ist nach der Schurfaufnahme zu verfüllen oder abzudecken und entsprechend zu sichern.

Im industriell vorgenutzten Gelände und in der Umgebung von Deponien können sich in Schürfen toxische Gase ansammeln. Mitunter kommt es sogar zu einem direkten Kontakt mit Schadstoffen. Daher müssen in diesen Fällen neben den bereits erwähnten Vorsichtsmaßnahmen noch zusätzliche Vorkehrungen zum Schutz gegen Schadstoffe ergriffen werden. Hierzu zählen zum Beispiel das Tragen von Schutzkleidung, das Mitführen von Sauerstoffwarngeräten und das Vorhalten spezieller Behälter zur Entnahme von kontaminierten Bodenproben.

Schürfe dürfen nicht unmittelbar neben bestehenden Gebäuden ausgeschachtet werden, um die Gründung des Bauwerks nicht zu destabilisieren. In Hanglagen dürfen Schürfe nicht parallel der Böschung ausgehoben werden, da sie sonst möglicherweise eine Rutschung auslösen könnten. Es empfiehlt sich, die Schürfe in Fallrichtung des Hangs zu orientieren und entlang eines Profils anzuordnen, um den pedologischen Aufbau des Fußbereichs, des mittleren Bereichs und des oberen Hangs zu dokumentieren. Im mittleren und oberen Hangbereich ist bei der Aufnahme des anstehenden Festgesteins zu berücksichtigen, dass die allmähliche, gravitationsbedingte Abwärtsbewegung oberflächennaher Hangschichten (*Hangkriechen*) die Orientierung der Trennflächen verfälscht (*Hakenschlagen*).

### Bodenmechanische Ansprache

Im Gegensatz zur bodenkundlichen Ansprache konzentriert sich die *bodenmechanische Ansprache* auf die Festigkeit und die Verformbarkeit des Bodens. Bodenmechanische Untersuchungen sind eine Voraussetzung, um Gründungen zu dimensionieren, Böschungen zu bemessen und Hangbewegungen zu beurteilen. Bodenmechanische Parameter lassen sich mit einfachen Feldversuchen abschätzen und anhand von Bodenproben im Labor messen.

Boden ist ein Dreiphasensystem, das aus einem Feststoffanteil und einem Porenanteil besteht (Abb. 6.25). Für dieses Dreistoffsystem lassen sich einen Reihe von bodenmechanischen Parametern bestimmen (Gudehus 1981, von Soos & Engel 2008). Der *Porenanteil* $n$ [-] ist der mit Wässern $n_w$ und Gasen $n_a$ gefüllt Bereich des Porenraums. Die *Porenzahl* $e$ [-] ist das Verhältnis des Porenanteils zum Volumen der Festmasse. Zwischen Porenanteil und Porenzahl besteht ein direkter Zusammenhang:

$$n = \frac{e}{1+e} > 0 \qquad \text{oder} \qquad e = \frac{n}{1-n} > 0$$

Typische Porenanteile von natürlichen Böden zeigt die Tabelle 6.2. Der Porenanteil ergibt sich aus der *Trockendichte* $\rho_d$ [g/cm³], d. h. der auf das Volumen der feuchten Probe $V$ [cm³] bezogenen, bei 105°C getrockneten Masse des Bodens $m_d$ [g]

$$\rho_d = \frac{m_d}{V}$$

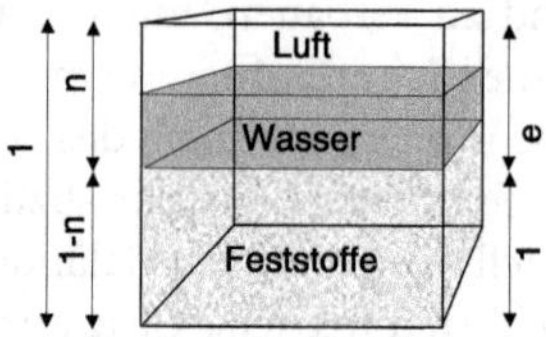


**Abb. 6.25** Einheitsvolumen mit Porenanteil n und Porenzahl e.

und der *Korndichte* $\rho_s$ [g/cm³], d. h. der auf das *Kornvolumen* $V_k$ [cm³] bezogenen Masse der Bodenkörner $m_d$ [g]

$$\rho_s = \frac{m_d}{V_k}$$

bzw. deren *Trockenwichte* $\gamma_d$ [kN/m³] und *Kornwichte* $\gamma_s$ [kN/m³] zu

$$n = 1 - \frac{\rho_d}{\rho_s} = 1 - \frac{\gamma_d}{\gamma_s}$$

Die Masse der Probe wird durch Wägung ermittelt, die Volumenbestimmung erfolgt zum Beispiel durch Ausmessung des (noch feuchten) Probekörpers. Beim Gebrauch von Ausstechzylindern für die Probennahme ist das Volumen bereits vorgegeben. Bei Proben, die zum Beispiel in einem Schurf einfach ausgegraben werden, kann das Probevolumen mit dem Ersatzverfahren durch Auffüllen des (unregelmäßigen) Probenlochs mit Sand oder Gips bestimmt werden.

Um die Korndichte zu bestimmen, ist das Gesamtvolumen der Körner der Probe zu ermitteln (Kornvolumen). Dies geschieht in der Regel im *Kapillarpyknometer.* In nicht-organischen Böden liegt die Korndichte zwischen 2.5 – 3.0 g/cm³.

**Tabelle 6.2** Typische Porenanteile n für natürliche Böden, urbane Böden und Müll.

| Bodentyp | *n* [-] |
|---|---|
| Sande und Kiese, ungleichförmig | 0.25-0.35 |
| Sande, gleichförmig | 0.30-0.50 |
| Lehm und Geschiebemergel | 0.25-0.30 |
| Ton, unkonsolidiert | 0.50-0.70 |
| Tone, steif | 0.20-0.50 |
| organische Böden (Torf, Faulschlamm) | 0.70-0.90 |
| urbane Böden[1] | 0.30-0.50 |
| Hausmüll[2] | 0.60-0.70 |

[1]geschätzt; [2]auf Deponien

Durch Trocknung des Bodens ergibt sich neben der Trockenmasse auch der Gewichtsverlust aus der Verdunstung des Wassers $m_w$ [g], aus dem sich der *natürliche Wassergehalt* $w$ [-] des Bodens (Tab. 6.3) ermitteln lässt

$$w = m_w / m_d$$

Wenn alle Poren mit Wasser gefüllt sind, ist die Probe vollkommen gesättigt und der Wassergehalt ergibt sich nach

$$w_{\max} = e \frac{\gamma_w}{\gamma_s}$$

mit $\gamma_w$ als Wichte des Wassers. Ist nur ein Teil der Poren mit Wasser gefüllt, gibt die *Sättigungszahl* $S_r$ [-]

$$S_r = \frac{w}{w_{\max}} = \frac{n_w}{n} = \frac{e_w}{e} = \frac{w \rho_d \rho_s}{\rho_w (\rho_s - \rho_d)}$$

den Anteil der mit Wasser gefüllten Poren an (Tab. 6.4). Weiterhin lassen sich die *Trockenwichte* $\gamma_d$ [kN/m³]

$$\gamma_d = (1 - n) \gamma_s$$

die *Wichte des natürlichen (feuchten) Bodens* $\gamma$ [kN/m³]

$$\gamma = \gamma_d (1 + w)$$

die *Wichte des gesättigten Bodens* $\gamma_r$ [kN/m³]

$$\gamma_r = \gamma_d + n \gamma_w$$

und die *Wichte des Bodens unter Wasser* $\gamma'$ [kN/m³] (Auftrieb)

$$\gamma' = \gamma_r - \gamma_w = (1 - n)(\gamma_s - \gamma_w)$$

bestimmen (Tab. 6.5).

Die Frage nach *organischen Anteilen* im Boden wird mit der Bestimmung des *Glühverlustes* beantwortet: Der Massenverlust $m_{org}$ ins Verhältnis gesetzt mit der Trockenmasse der Probe vor Versuchsbeginn $m_d$ definiert Gewichtsverlust einer trockenen Probe durch Glühen bei 550°C

$$V_{org} = \frac{m_d - m_{org}}{m_d}$$

Der Anteil organischer Stoffe kann auch durch Oxidation ($H_2O_2$, NaOH) der organischen Bestandteile bestimmt werden. Versuchsaufbau und Richtlinien finden sich in entsprechenden Normenwerken. Schon geringe organische Anteile im Boden können zu einer starken Erhöhung seiner Wasserausnahmefähigkeit führen.

**Tabelle 6.3** Natürliche Wassergehalte *w* für natürliche Böden, urbane Böden und Müll.

| Bodentyp | *w* [-] |
|---|---|
| Kies, gleichkörnig | < 0.05 |
| Sande, gleichförmig | 0.05-0.20 |
| Lehm | 0.03-0.40 |
| Schluff | 0.15-0.35 |
| Ton | 0.14-0.55 |
| organische Böden (Torf, Faulschlamm) | 0.50-8.00 |
| urbane Böden[1] | 0.01-0.30 |
| Hausmüll[2] | 0.15-0.40 |
| [1]geschätzt; [2]auf Deponien | |

**Tabelle 6.4** Sättigungszahlen $S_r$.

| Bodenbezeichnung | $S_r$ [-] |
|---|---|
| trocken | 0 |
| feucht | 0.00-0.25 |
| sehr feucht | 0.25-0.50 |
| nass | 0.50-0.75 |
| sehr nass | 0.75-1.00 |
| wassergesättigt | 1.00 |

**Tabelle 6.5** Wichten $\gamma$ für natürliche Böden, urbane Böden und Müll, Wichten unter Auftrieb $\gamma'$.

| Bodentyp | $\gamma$ [kN/m³] | $\gamma'$ [kN/m³] |
|---|---|---|
| Kies, gleichkörnig | 16-19 | 9-11 |
| Sande, gleichförmig | 16-19 | 9-11 |
| Lehm | 18-24 | 9-15 |
| Schluff | 17-21 | 8-11 |
| Ton | 16-22 | 8-12 |
| organische Böden (Torf, Faulschlamm) | 10-16 | 0.3-6 |
| urbane Böden[1] | 15-20 | 8-10 |
| Hausmüll[2] | 3-12 | 0-5 |
| [1]geschätzt; [2]auf Deponien | | |

Der *Kalkgehalt* einer Bodenprobe ist definiert als

$$V_{Ca} = \frac{m_{Ca}}{m_d}$$

mit $m_d$ [g] als Trockenmasse des Bodens und $m_{Ca}$ [g] als Massenanteil an Gesamt-Karbonaten. Mit speziellen Versuchsanordnungen (zum Beispiel der Vorrichtung nach Scheibler) lässt sich der Kalkgehalt durch die Messung des generierten Gases bestimmen. Im Feld kann er mit verdünnter Salzsäure abgeschätzt werden: Zeigt sich kein Aufbrausen, liegt der Kalkgehalt unter 1%, schwaches bis deutliches, aber nicht anhaltendes Aufbrausen lässt auf einen Kalkgehalt von 1-3% schließen, kurzes und heftiges Aufbrausen zeigt einen Kalkgehalt von bis zu 5% an, deutlich anhaltendes Brausen zeigt einen Kalkgehalt von über 5% an.

Böden werden nach ihrer Korngröße in Kies (G), Sand (S), Schluff (U), Ton (T) und gemischtkörnige Böden eingeteilt (Tab. 6.6). Weiterhin werden Torf (H), Mudde und Faulschlamm (F) und organische Böden (O) unterschieden. Anhand ihrer *Korngrößenverteilung* (Abb. 6.26) lassen sie sich als weit gestuft (W), eng gestuft (E) und intermittierend gestuft (I) charakterisieren. Außerdem werden feinkörnige Böden in leicht (L), mittel (M) und ausgeprägt plastisch (A) unterschieden. Um eine Körnungslinie zu erstellen, werden Böden mit Standardsieben *(Siebanalyse)* gesiebt (Kies, Sand). Die feinste Kornfraktion (Schluff, Ton) kann nicht mehr gesiebt werden und ist mithilfe einer *Sedimentationsanalyse (Schlämmanalyse)* zu trennen (Casagrande 1934). Dabei wird die Veränderung der Dichte der Suspension über die Zeit mit einem *Aräometer* (einer Senkwaage) gemessen. Die Dichteveränderung ist ein Maß für den relativen Anteil der Feinkornfraktionen: bei grobem Feinkorn ist die Sedimentationszeit kurz, bei feinen Bodenpartikeln entsprechend lang. Je höher die Sedimentationsrate, desto schneller nimmt das spezifische Gewicht der Suspension ab und nähert sich dem des Wassers an. Inzwischen wurden auch *Laser-Particle-Sizer* entwickelt, um die

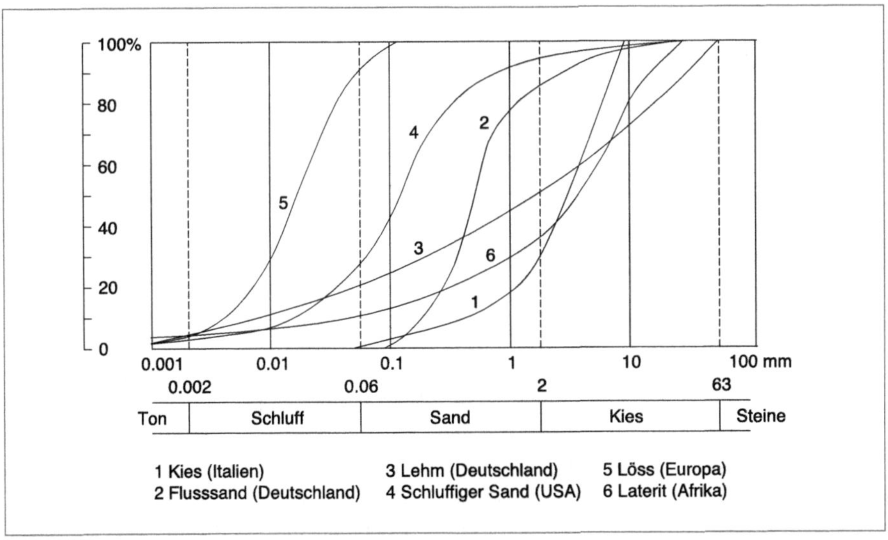


**Abb. 6.26** Körnungslinien für typische Böden.

Feinkornfraktion zu analysieren. Dabei wird die Ablenkung des Laserstrahls an den Partikelgrenzen in Partikelgrößen und -anteile umgerechnet.

**Tabelle 6.6** Einteilung von Böden nach der Korngröße.

| Bodentyp | Abkürzung[1] | Korngröße [mm] | Symbol[2] |
|---|---|---|---|
| Blöcke / boulders | Y / Bo | > 200 | 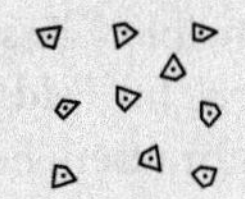 |
| Steine / cobbles | X / Co | 63-200 | |
| Kies / gravel | G / Gr | 2-63 | 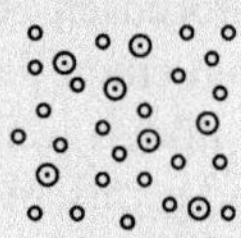 |
| Sand / sand | S / Sa | 0.063-2 | 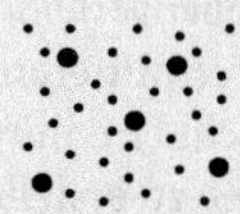 |
| Schluff / silt | U / Si | 0.002-0.063 | 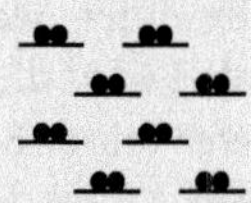 |
| Ton / clay | T / Cl | < 0.002 |  |

[1]Nach DIN / nach Euronorm EN ISO; [2]nach DIN

Im *Korngrößendiagramm* wird der auf die Trockenmasse bezogene Anteil der Kornfraktion als Funktion der Siebgrößen aufgetragen. Steile Körnungslinien repräsentieren gleichförmige Sedimente (zum Beispiel äolische Sande), wogegen flache Sedimentationskurven gemischte Böden (zum Beispiel Lehm) darstellen. Die *Ungleichförmigkeitszahl U [-]*

$$U = d_{60} / d_{10}$$

quantifiziert die Steilheit der Körnungskurve, wobei $d_{10}$ und $d_{60}$ den Körngrößen bei 10% und 60% des Siebdurchgangs (Summenkurve) entsprechen.

Die Ungleichförmigkeitszahl ist u.a. ein Kriterium zur Beurteilung der Frostanfälligkeit von Böden (Abb. 6.27). Frostanfällig sind bindige Böden (ZTVE 1997). In frostempfindlichen Böden können sich im Winter Eislinsen bilden die, da Eis hygroskopisch ist, das Porenwasser aus ihrer Umgebung abziehen. Während des Gefrierens wird das Wasservolumen um etwa 10% vergrößert, was zu einem beachtlichen Wachs-

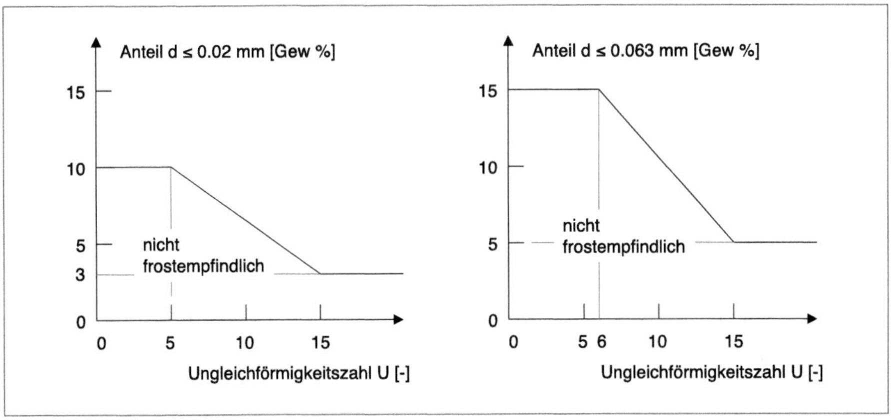


**Abb. 6.27** Die Frostempfindlichkeit von Böden in Abhängigkeit von der Ungleichförmigkeitszahl nach Casagrande (links) und nach deutschen Vorschriften (ZTVE-Stb 1997). Nicht frostempfindlich sind gleichkörnige Kiese und Sande, frostgefährdet sind Schluffe, Tone, organische Böden und gemischtkörnige Boden.

tum der Eislinsen führen kann. Unterhalb von Straßen verursachen Eislinsen im Frühling Schlaglöcher, unterhalb von Fundamenten führen sie zu Gründungsschäden. Aus diesem Grunde wird das Planum von Straßen mit frostunempfindlichem Material (Kies, Sand) aufgebaut, das gleichzeitig den kapillaren Aufstieg von Bodenwasser zum Unterbau der Fahrbahn unterbindet (kapillarbrechende Schicht, Abb. 6.28). Fundamente von Gebäuden werden bis zu einer Tiefe geführt, in die der Frost im Winter nicht vordringen kann (frostfreie Tiefe).

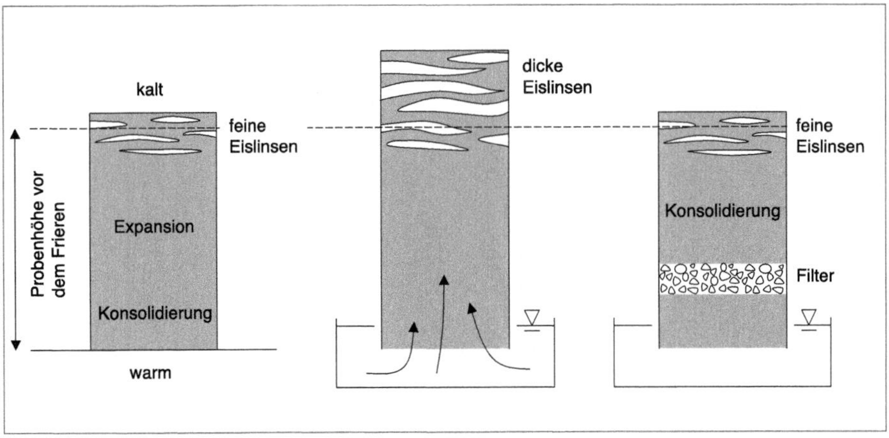


**Abb. 6.28** Die Wirkung von Frost im Boden lässt sich durch einen einfachen Versuch veranschaulichen (Terzaghi 1967): In einer Bodenprobe, die am oberen Ende abgekühlt wird, ziehen die sich bildenden Frostlinsen das Porenwasser aus dem unteren, nicht gefrorenen Teil der Probe. Ihr Wachstum ist begrenzt, da das verfügbare Porenwasser ebenfalls begrenzt ist. Steht die Probe jedoch im Wasser, ziehen die Eislinsen zusätzlich Wasser aus dem Reservoir und wachsen beständig. Eine Schicht aus körnigem Boden (Filter) bricht die kapillare Wasserverbindung zu den Eislinsen, die nun nicht weiter wachsen können.

Die Krümmungszahl $C$ [-]

$$C = \frac{d_{30}^2}{d_{10}\,d_{60}}$$

ist eine weitere Maßzahl zur Beschreibung des Bodens. Mit der Ungleichförmigkeitszahl und der Krümmungszahl lässt sich zum Beispiel ein „sauberer“ Kies definieren ($U > 4$, $1 < C < 3$), der nur wenig Feinanteile, aber trotzdem eine gute Kornabstufung (flache Körnungskurve) aufweist. Für $U = 36$ und $C = 2.25$ ist der Porenraum im Boden optimal ausgefüllt *(Fuller-Kurve)*.

Im Korngrößendiagramm werden auch Böden definiert, die andere Böden entwässern können. Dies ist zum Beispiel im Brunnenbau notwendig oder um bestimmte Bereiche wie Gründungen wasserfrei (und somit eisfrei) zu halten. Hierzu wurden *Filterregeln* aufgestellt, die der Bemessung des Kornaufbaus des Filtermaterials dienen. Nach Terzaghi & Peck (1967) gilt

$$\frac{D_{15}}{d_{85}} < 4 < \frac{D_{15}}{d_{15}} \qquad U < 2$$

mit $D_{15}$ als Siebdurchgang für das Filtermaterial, $d_{15}$ und $d_{85}$ als Siebdurchgänge für den zu filternden Boden und $U$ als Ungleichförmigkeitszahl (Abb. 6.29). Die Regel stellt sicher, dass Feinanteile aus dem Boden nicht in den Filter erodieren *(Suffosion)* und dessen Durchlässigkeit verringern *(Kolmation)*. Bei Ungleichförmigkeitszahlen von $2 < U < 20$ gilt die Filterregel nach Cistin & Ziems (Silveira 1965), die ebenfalls eine Funktion der Siebdurchgänge und des Ungleichförmigkeitsgrades ist (von Soos & Engel 2008).

Bei einer dynamischen Beanspruchung infolge eines Erdbebens oder den Vibrationen einer Maschine sedimentieren locker gelagerte körnige nicht bindige Böden.

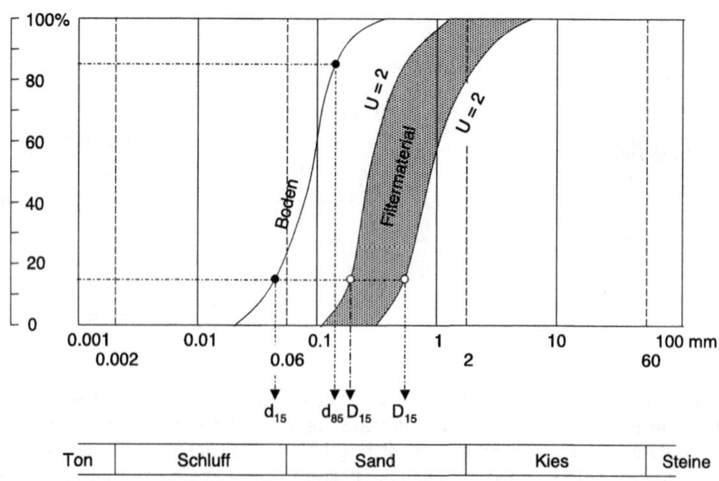


**Abb. 6.29** Mit der Filterregel von Terzaghi lassen sich Filterböden definieren.

Dies kann zu Bauwerksschäden und zu Hangbewegungen führen. Die *natürliche Lagerungsdichte* $D$ [-] lässt sich über den Vergleich des natürlichen Porenanteils $n$ mit dem Porenanteil bei der lockersten Lagerung und der dichtesten Lagerung bestimmen. Die natürliche Lagerungsdichte ergibt sich aus

$$D = \frac{n_{\max} - n}{n_{\max} - n_{\min}} = \frac{\rho_d - \rho_{d\,\min}}{\rho_{d\,\max} - \rho_{d\,\min}}$$

mit der lockersten Lagerung

$$n_{\max} = 1 - \frac{\rho_{d\,\min}}{\rho_s}$$

und der dichtesten Lagerung

$$n_{\min} = 1 - \frac{\rho_{d\,\max}}{\rho_s}$$

Die *bezogene Lagerungsdichte* $I_D$ [-] folgt aus

$$I_D = \frac{e_{\max} - e}{e_{\max} - e_{\min}} = \frac{\rho_{d\,\max}}{\rho_d} D$$

Tabelle 6.7 zeigt typische Werte für die Lagerungsdichte und die bezogenen Lagerungsdichte.

**Tabelle 6.7** Lagerungsdichte D und bezogene Lagerungsdichte $I_D$.

| Verdichtungszustand | $D$ [-] | $I_D$ [-] |
|---|---|---|
| sehr locker | < 0.15 | |
| locker | 0.15-0.30 | < 0.33 |
| mitteldicht | 0.30-0.50 | 0.33-0.67 |
| dicht | 0.50-0.75 | > 0.67 |
| sehr dicht | > 0.75 | |

Feinkörnige Böden wie Schluff und Ton zeichnen sich durch eine Kohäsion aus, die die Bodenpartikel zusammenhält und die sich mechanisch messen lässt, worauf später noch eingegangen wird. Kohäsive oder Böden weisen im Gegensatz zu den kohäsionsfreien, nicht bindigen Böden eine wesentlich geringere Durchlässigkeit auf und eignen sich daher gut als Dichtungsmaterial. Eine natürlich auftretende Tonlage stellt eine Barriere für Sicker- und Grundwasser dar. Ihr kommt daher bei der Beurteilung der Grundwasserbewegung und bei der Modellierung der Ausbreitung von Schadstoffen eine zentrale Bedeutung zu. Andererseits deformieren sich Tonlagen allmählich bei Belastung (zum Beispiel durch ein Fundament), indem sie das (inkompressible) Porenwasser abgeben, ein Vorgang, der infolge der geringen Durchlässigkeit bindiger Böden eine lange Zeit in Anspruch nehmen kann. Dieser als *Konsolidation* bezeichnete Prozess kann zu Setzungsschäden an Gebäuden führen, die mitunter erst lange nach Fertigstellung des Bauwerks auftreten. Tonige Böden stellen daher einen schlechten Baugrund dar.

Da aufgrund dieser speziellen Eigenschaften der Tonanteil von besonderem Interesse ist, wurden einfache Feldversuche entwickelt, um den Tongehalt einer Bodenprobe abzuschätzen. Der einfachste Versuch ist der *Schmier-Test*, bei dem eine Probe zwischen den Fingern zerrieben wird. Vermittelt der Tastsinn eine glatte, seifenähnliche Wahrnehmung, so zeigt dies einen hohen Tongehalt im Boden an. Durchaus üblich ist es auch, eine tonige Bodenprobe in den Mund zu nehmen um deren Schluffgehalt abzuschätzen: Fühlt sich die Probe rau an, ist davon auszugehen, dass sie Schluffanteile enthält (nicht geeignet auf kontaminiertem Gelände).

Ein einfacher Schnelltest zur Prüfung des Tonanteils einer Bodenprobe ist der *Methylen-Blau-Test*, bei dem die Adsorption von $C_{16}H_{18}Cl\,N_3S$ (Methylen Blau) an die Tonfraktion gemessen wird (LCPC 1990). Je mehr Methylen Blau von den in Suspension befindlichen Tonmineralen aufgenommen wird, desto höher ist der Tonanteil. Da freies Methylen Blau die Suspension blau färbt, ist die Menge des in Lösung gebrachten Methylen Blau ein Maß für den Tonanteil.

Die Bestimmung der Verformbarkeit oder *Konsistenz* (Tab. 6.8) einer bindigen Bodenprobe erfolgt mit drei einfachen Indexversuchen. Nach Atterberg (1911) werden *Konsistenzgrenzen* über den Wassergehalt der bindigen Bodenprobe definiert: der Übergang von flüssiger zu breiiger Konsistenz wird als *Fließgrenze* $w_L$ [-], von steifer zu halbfester Konsistenz als *Ausrollgrenze* $w_P$ [-] und von halbfester zu fester Konsistenz als *Schrumpfgrenze* $w_S$ [-] bezeichnet. Die Schrumpfgrenze ist erreicht, sobald die Probe mit zunehmender Austrocknung ihr Volumen nicht weiter verringert. Die Ausrollgrenze ist erreicht, sobald das Ausrollen etwa 3 mm dicker Röllchen nicht mehr möglich ist, da sie beim Ausrollvorgang zerbröckeln. Zur Bestimmung der Fließgrenze wurde von Casagrande (1932) ein einfaches Versuchsgerät entwickelt, eine Schale mit einem Schlagmechanismus zur dynamischen Anregung der Probe (Abb. 6.30). Vor der Beanspruchung wird eine Furche durch die Bodenprobe gezogen. Der Wassergehalt der Fließgrenze ist erreicht, sobald sich diese Furche nach genau 25 Schlägen schließt. Die Bestimmung der Fließgrenze erfolgt nach mehreren Versuchen mit unterschiedlichen Wassergehalten durch Interpolation. Die genaue Versuchsanordnung ist in den einschlägigen Normenwerken festgelegt.

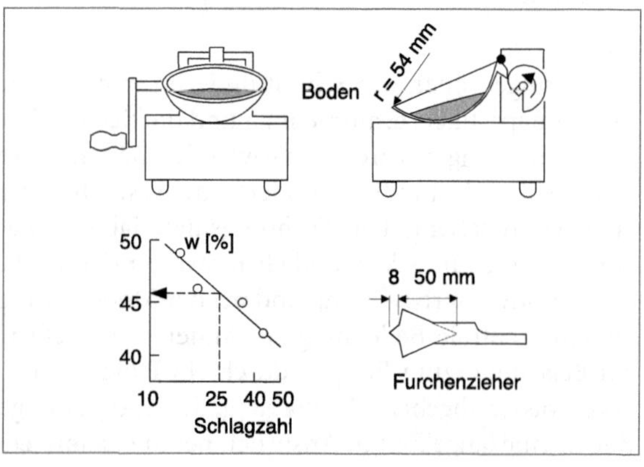


**Abb. 6.30** Fließgrenzengerät nach A. Casagrande.

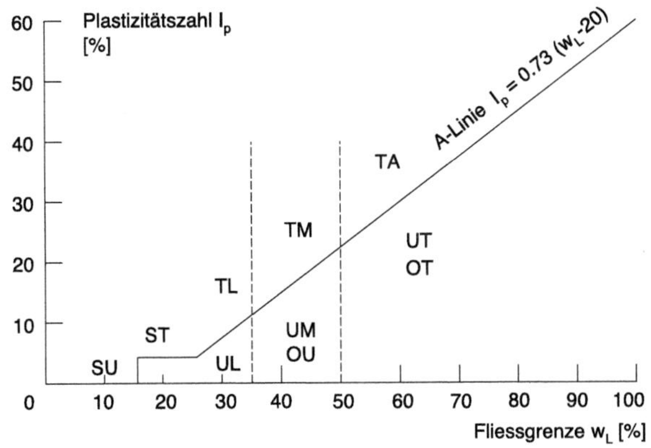


**Abb. 6.31** Plastizitätsdiagramm zur Klassifizierung feinkörniger Böden nach Casagrande. TA ausgeprägt plastische Tone, TM mittelplastische Tone, TL leicht plastische Tone, ST Sand-Ton-Gemische, SU Sand-Schluff-Gemische, UA ausgeprägt plastische Schluffe, UM mittelplastische Schluffe, UL leicht plastische Schluffe, OU Schluffe mit organischen Beimengungen, OT organogene Tone und Tone mit organischen Beimengungen.

Obwohl diese Versuche recht einfach erscheinen, liefern sie doch Indexwerte, die zu wichtigen bodenmechanischen Aussagen führen. Die *Konsistenzzahl* [-]

$$I_C = \frac{w_L - w}{w_L - w_P} = \frac{w_L - w}{I_P} = 1 - I_L$$

beschreibt zusammen mit der *Liquiditätszahl* $I_L$ [-] und der *Plastizitätszahl* $I_P$ [-] die Verformbarkeit bindiger Böden. Mit dem *Plastizitätsdiagramm* (Casagrande 1932), in dem die Plastizitätszahl über die Fließgrenze aufgetragen ist (Abb. 6.31), lassen sich bindige Böden klassifizieren: oberhalb der „A-Linie" liegen Tone, unterhalb der „A-Linie" liegen Schluffe und organische Tone. Anorganische bindige Böden lassen sich somit bereits auf der Grundlage von Plastizitätszahl und Fließgrenze eindeutig zuordnen.

**Tabelle 6.8** Konsistenz, Konsistenzzahl und einaxiale Druckfestigkeit bindiger Böden (Feiser 2012).

| Konsistenz | Konsistenzzahl $I_c$ [-] | einaxiale Druckfestigkeit $q_u$ [kN/m²] |
|---|---|---|
| flüssig | < 0.00 | |
| breiig | 0.00 - 0.50 | < 25 |
| weich | 0.50 - 0.75 | 25-50 |
| steif | 0.75 - 1.00 | 50-200 |
| halbfest | > 1.00 | 200-400 |
| fest | | > 400 |

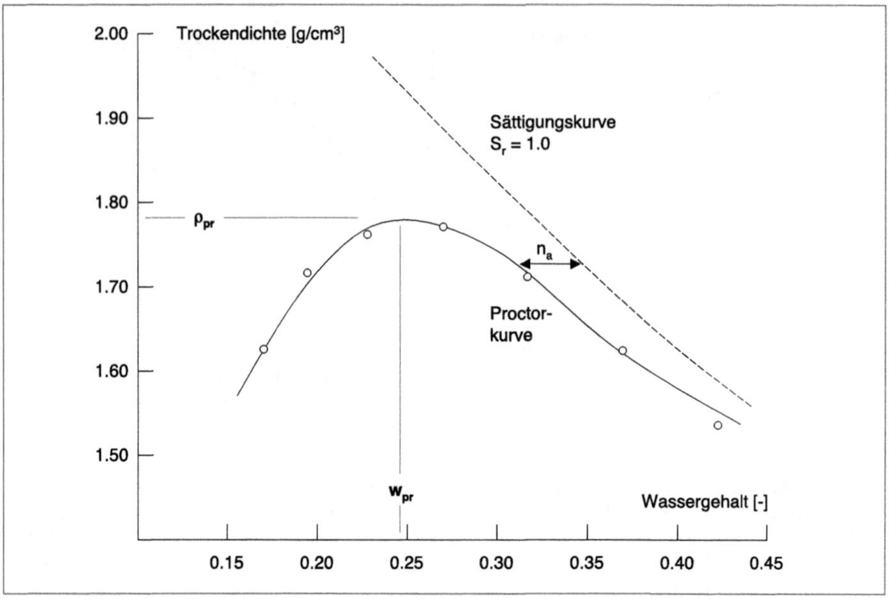


**Abb. 6.32** Proctorkurve und Sättigungskurve.

Auch die Verdichtungsfähigkeit bindiger Böden hängt von ihrem Wassergehalt ab. Mit dem *Proctor-Versuch* lässt sich jener Wassergehalt herleiten, der eine optimale Verdichtung erlaubt (Proctor 1933). Dabei werden Bodenproben mit zunehmendem Wassergehalt mit einem genormten Verdichtungsgerät (Stampfer) verdichtet. Je größer der Verdichtungserfolg, desto geringer der Porenanteil und desto größer die Trockendichte der Bodenprobe. Die Trockenwichten aufgetragen über die Wassergehalte ergeben die Proctorkurve, deren Maximum den optimalen Wassergehalt anzeigt, bei dem die größte Dichte, die *Proctordichte* $\rho_{Pr}$, erreicht wurde (Abb. 6.32). Analog gilt für den größten Verdichtungsgrad

$$D_{\mathrm{Pr}} = \frac{\rho_d}{\rho_{\mathrm{Pr}}}$$

mit $\rho_d$ [g/cm³] als Trockendichte. Die (theoretisch zu ermittelnde) *Sättigungslinie* entspricht einem vollständig gesättigten Boden, bei dem alle Poren mit Wasser gefüllt sind. In diesem Fall ist die Sättigungszahl $S_r = 1.0$. Der horizontale Abstand zwischen Proctorkurve und Sättigungslinie entspricht dem mit Luft gefüllten Porenraum. Werden bindige Böden bei Erdbaumaßnahmen verwendet, dann ist die Proctordichte bzw. ihr Verdichtungsgrad das maßgebende Einbaukriterium, das es durch Variation des Wassergehalts zu erreichen gilt.

Bestimmte Tone können bei Wasserzutritt aufquellen und sind somit besonders problematisch, wenn sie mit Bauwerken in Kontakt stehen. Einen ersten Hinweis auf quellfähigen Ton gibt der *Wasserreaktions-Test*, bei dem ein kleines Stück einer getrockneten Tonprobe im Wasser aufgelöst wird. Wird in den ersten 30 Sekunden ein abruptes Auseinanderfallen der Tonprobe beobachtet, deutet dies auf einen hohen Anteil quellfähiger Tonminerale hin. Mit dem Versuchsgerät nach Enslin/Neff wird

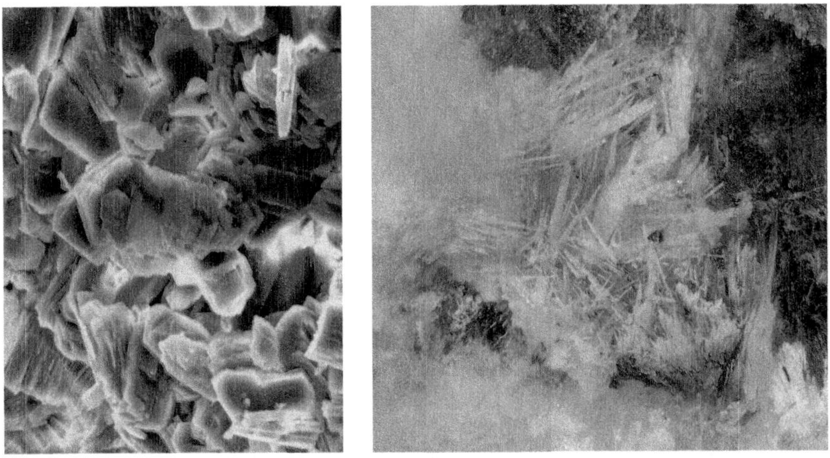

**Abb. 6.33** Die Tonmineralien Kaolinit (links, Foto: US Geological Survey, 1985) und Montmorillonit (feinadrig, in Quarz eingeschlossen, Foto: Rob Lavinsky / iRocks.com, 2010).

die *Wasseraufnahmefähigkeit* genauer bestimmt: eine getrocknete und pulverisierte Bodenprobe wird auf einen Filter gestreut, der während der Versuchsdurchführung ständig auf dem Wasserspiegel im Versuchgefäß aufliegt. Quellfähige Tonmineralien saugen Wasser durch den Filter an. Die auf die Trockenmasse der Probe bezogene Menge des kapillar angesaugten Wassers ist ein Index für die Wasseraufnahmefähigkeit und lässt ebenfalls auf den Anteil an quellfähigen Mineralien schließen.

Bereits Grim (1962) unterschied zwischen dem reversiblen, interkristallinen (osmotischen) Quellen, bei dem sich Wasser in den Poren und an der Oberfläche von Tonmineralien anlagert, und dem intrakristallinen Quellen, bei dem sich Wassermoleküle zwischen die molekularen Lagen bestimmter Schichtsilikate schieben. Im zweiten Fall handelt es sich um Tonminerale der Smektit-Gruppe, insbesondere Montmorillonit. Sie sind Hauptbestandteil der Bentonit-Tone (nach dem Fundort Fort Benton, USA), einem Verwitterungsprodukt pyroklastischer Sedimente. Abbildung 6.33 zeigt die Tonmineralien Kaolinit und Montmorillonit.

Die im Labor bestimmte *Aktivitätszahl* $I_A$ [-] nach Skempton (1953) gibt einen Hinweis auf das Vorhandensein quellfähiger Tone. Sie ist definiert als

$$I_A = \frac{I_P}{m_T / m_d}$$

mit $I_p$ als Plastizitätszahl, $m_T$ als Masse der Tonfraktion (< 0.002 mm) und $m_d$ als Trockenmasse der Bodenprobe. Tone mit $I_A > 1.25$ werden als aktiv bezeichnet, d. h. sie haben einen hohen Anteil quellfähiger Tonminerale (z. B. Montmorillonit), Tone mit $I_A < 0.75$ sind inaktiv infolge des hohen Anteils nicht quellfähiger Tonminerale (z. B. Kaolin). Entsprechend ist die Wasseraufnahmefähigkeit bei aktiven Tonen groß, bei inaktiven Tonen gering. Da mit steigendem Wassergehalt die Scherfestigkeit eines Tons abnimmt, stellt die Aktivitätszahl einen wichtigen Indexwert zur Beurteilung des Scherverhaltens dar.

**Abb. 6.34** Blick vom gegenüberliegenden Ufer auf das Projektgebiet am Fuße des Siebengebirges (Rheinisches Schiefergebirge). Rechts jenseits des Rheins die Quellkuppe des trachytischen Drachenfelses. Das devonische Grundgebirge ist im Bereich des Rheins abgedeckt, von jüngeren Sedimenten befreit dargestellt. Weiter oben sind die paläogen-neogenen Sande, Tone und die überlagernden Tuffe als dünne Lage erkennbar. Der Standort der Aufnahme ist ein erloschener, quartärer Vulkankrater: der Rodderberg (Hans Cloos 1947, Gespräch mit der Erde, © Piper Verlag GmbH München).

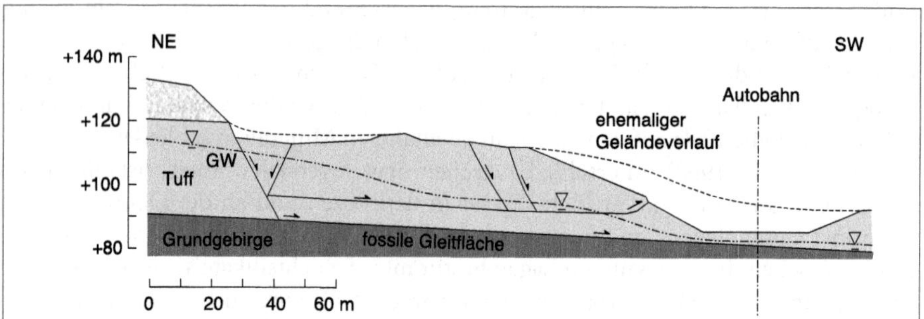


**Abb. 6.35** Profil der Rutschung.

Beim Bau einer Autobahn bei Bonn trat unerwartet eine Rutschung auf (nach Müller 1987). Etwa zwei Millionen Kubikmeter Boden bewegten sich in Richtung der gerade ausgehobenen Trasse. Im Rahmen einer ingenieurgeologischen Stellungnahme war zu klären,

- warum der Hang in Bewegung geriet und
- wie diese Bewegung zu stoppen sei.

Die Geologie des Projektgebiets ist geprägt durch das variszische Grundgebirge (Devon) und neogenem Vulkanismus (Abb. 6.34). Der rutschende Hang besteht im Wesentlichen aus Tuff.

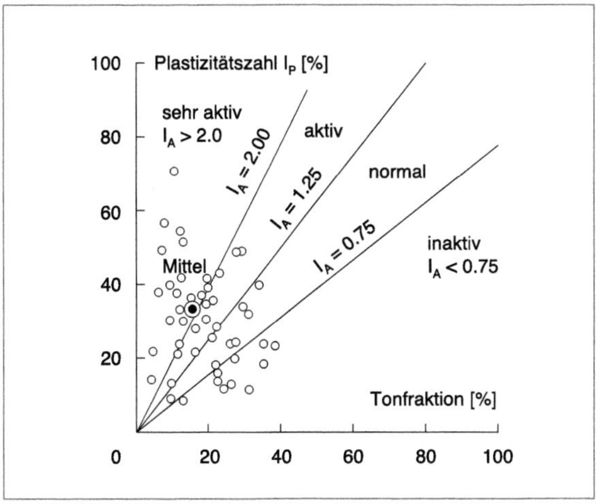


**Abb. 6.36** Plastizitätsdiagramm mit Aktivitätssektoren für die Trachyt-Tuffe.

Zusätzlich treten noch pleistozäne Sande und Löße sowie die quartären Terrassensedimente des Rheins auf (Sande und Kiese). Außerdem wird das Quartär lokal von anthropogenem Haldenmaterial überlagert, das auf den frühen, bis zu 2000 Jahre alten Abbau der benachbarten Basaltvorkommen zurückgeht (Abb. 6.35). – Im Rahmen der ingenieurgeologischen Vorerkundung wurden das Trennflächengefüge des anstehenden Gebirges und der Deckschichten aufgenommen. Die bereits zum größten Teil verwitterten Trachyt-Tuffe zeigten eine deutlich ausgeprägte, zum Rhein flach einfallende Schichtung und eine steil stehende Klüftung. Zur weiteren bodenmechanischen Beschreibung der Tuffe wurden Plastizitätszahlen und Fließgrenzen von 48 Proben bestimmt. Im Plastizitätsdiagramm lag der Mittelwert dieser Stichproben im Bereich der mittelplastischen Tone (Abb. 6.36). Der Mittelwert der Aktivitätszahlen lag knapp über 2.0, was auf einen sehr aktiven Ton hinwies. Scherversuche zeigten, dass der Reibungswinkel des Tuffs bei etwa 20 Grad lag. Bei längeren Scherwegen nahm der Reibungswinkel jedoch bis auf 10 Grad ab. Aus diesen Erkenntnissen wurde gefolgert, dass

- das mittelplastische Verwitterungsprodukt des Tuffs aufgrund seiner hohen Aktivität eine hohe Wasseraufnahmefähigkeit besitzt, was die Scherfestigkeit deutlich herabsetzt
- die Restscherfestigkeit des Tuffs gering ist
- und dass die Kombination dieser beiden Effekte extrem flach geneigte Gleitflächen ermöglicht.

Mit flachen Gleitflächen, die zur Hangseite hin mit steil stehenden Klufttreppen abgegrenzt sind, ließ sich ein mechanisch schlüssiger Versagensmechanismus rekonstruieren. Die Ursache der Rutschung war somit geklärt. Zur Sanierung dieser Rutschung wurde empfohlen,

- das Bergwasser mit einem Stollensystem zu dränieren, um so den Hang zu entwässern und die Scherfestigkeit zu erhöhen

- im Fußbereich der Böschung den natürlichen Boden mit scherfesterem Sand und Kies zu ersetzen
- konstruktive Maßnahmen zur Stabilisierung der Böschung zu ergreifen (verankerte Bohrpfahlwände, Injektionen).

Die Maßnahmen sind in Abbildung 6.37 (vereinfacht) dargestellt. Die Hangbewegung konnte gestoppt und das Bauvorhaben sicher ausgeführt werden.

Mit der *Flügelsonde* lässt sich die Scherfestigkeit bindiger Böden im Feld überprüfen (Abb. 6.38). Sie besteht aus einem Stab, der am unteren Ende vier Flügel besitzt. Die Sonde wird in den Boden gedrückt und gedreht, so dass der Boden zwischen den Flügeln abgeschert wird. Das Drehmoment ist proportional der Scherfestigkeit des Bodens. Über den Drehwinkel aufgetragen zeigt sich das typische Spannungs-Verformungsverhalten, wie es bereits in den Grundlagen (Kapitel 3) vorgestellt wurde. Bei zügiger Drehung des Flügels hat der bindige Erdstoff nicht genügend Zeit zu entwässern, so dass die undrainierte Scherfestigkeit $c_u$ gemessen wird, die der Kohäsion des Bodens entspricht ($\varphi = 0$, $c \neq 0$). Dreht man den Flügel mehrere Male und misst den Scherwiderstand nach einer Ruhepause, lässt sich die ungestörte Ausgangsscherfestigkeit $\tau_a$ mit der gestörten Endscherfestigkeit $\tau_e$ [kN/m²] vergleichen. Das Verhältnis von $\tau_a$ zu $\tau_e$ ist ein Anhaltswert für die *Sensitivität* $S$ [-] des Bodens (Terzaghi, Peck 1967: 326)

$$S = \frac{\tau_a}{\tau_e}$$

die normalerweise im Labor über den Vergleich der einaxialen Druckfestigkeit der Bodenprobe mit der Druckfestigkeit der gleichen, aber kontrolliert gestörten (durchgekneteten) Probe geschieht.

Die Sensitivität ist ein Maß für den Festigkeitsverlust von Tonen nach einer Beanspruchung. Tone sind nicht sensitiv bei $S < 2$, mittel sensitiv bei $2 < S < 4$ (charakteristisch für die meisten Tone), sensitiv bei $4 < S < 8$ und hochsensitiv bei $S > 8$. Hochsensitive Tone verflüssigen sich spontan *(liquifizieren)* bereits bei geringen

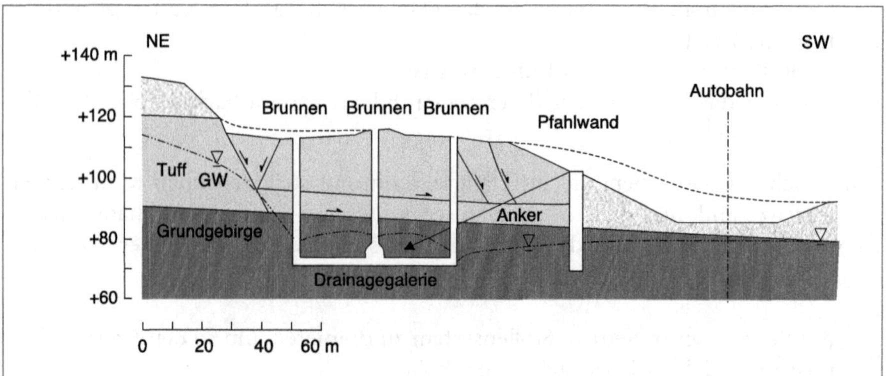


**Abb. 6.37** Profil der Rutschung mit den durchgeführten Sanierungsmaßnahmen.

Abb. 6.38 Einsatz einer Handflügelsonde im Gelände.

Beanspruchungen, bei kleineren Erdbeben oder Erschütterungen durch Maschinen, und werden daher auch als *Quicktone (quick clay)* bezeichnet. Sie stellen einen sehr problematischen Baugrund dar und sind oft Ursache größerer Hangbewegungen. Insbesondere die glazio-marinen Tone Skandinaviens, Kanadas, Alaskas und Russlands sind als hochsensitiv zu bezeichnen.

Ähnlich wie Quicktone verhalten sich auch *Quicksande (quick sands)*. Dabei handelt es sich um wassergesättigte Sande, die bereits bei geringen dynamischen Beanspruchungen ihre Festigkeit verlieren und liquifizieren. Auch Quicksande können zu Hangbewegungen führen und die Standsicherheit von Bauwerken gefährden.

### Stratigrafische und petrografische Ansprache

Bei der ingenieurgeologischen Aufnahme orientiert sich der Feldgeologe an den Informationen, die er an den geologischen Aufschlüssen im Gelände abzulesen vermag. Dazu dienen ihm natürliche Felsaufschlüsse, Steinbrüche, Baugruben, Schürfe, kurz: jede Art von Aufschluss, die ihm das geologische Bild des Projektgebiets zu vervollständigen hilft.

Mit der stratigrafischen Ansprache untersucht er die Schichtenfolge des anstehenden Gebirges und die Bedingungen, die während der Ablagerung der Schichten herrschten. Dies gibt ihm nicht nur Aufschluss über die räumliche Verbreitung einer Schicht, sondern auch Hinweise auf das *Hangende* (oberhalb der untersuchten Schicht) und das *Liegende* (unterhalb der untersuchten Schicht). Eine Böschung, in der (wasserdurchlässige) Sandsteinschichten aufgeschlossen sind, die nach stratigrafischer Deutung unmittelbar über (Wasser stauenden) Tonsteinfolgen lagern, droht nach Regenfällen infolge der Kluftwasserdrücke abzurutschen, sofern die Schichtung

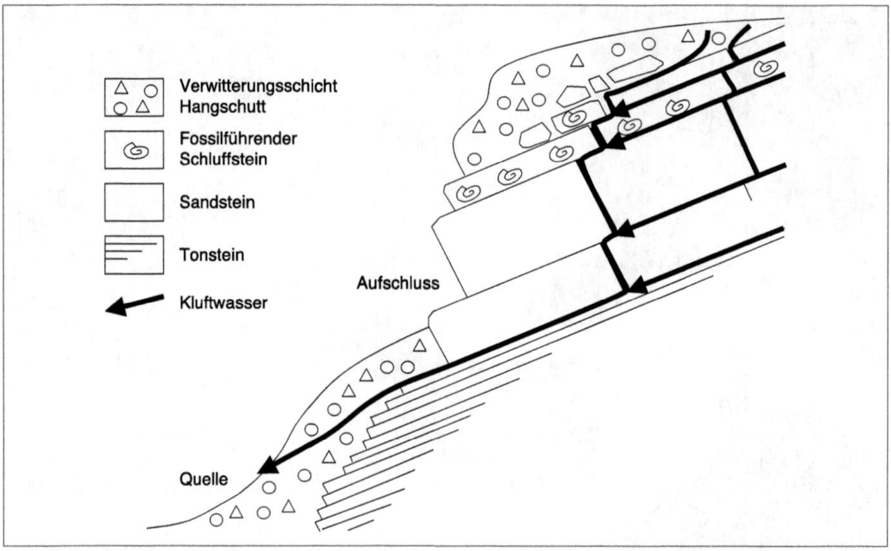


**Abb. 6.39** Über einem Wasser stauenden Horizont können sich Kluftwasserdrücke aufbauen, die einen Hang destabilisieren.

aus der Böschung ausstreicht (Abb. 6.39, mehr zur Standsicherheit von Böschungen im Teil III). Anhand von Sedimentations- und Schichtflächenmerkmalen wie *Schrägschichtung, graded bedding* (gestufte Sedimentation), *Rippelmarken*, *fossile Wurzelböden* und *Belastungsmarken* lässt sich entscheiden, ob die Schicht normal lagert oder überkippt ist. Weitere Hinweise auf die Schichtenfolge gibt der Fossilinhalt. Bestimmte Fossilien traten in der Erdgeschichte nur kurz auf und hatten trotzdem eine weite Verbreitung. Diese *Leitfossilien* dienen der zeitlichen Einordnung von Aufschlüssen und damit ihrer räumlichen Korrelation. Die stratigrafische Ansprache erlaubt somit Rückschlüsse auf die erdgeschichtliche Entwicklung des Gebiets und ermöglicht eine Prognose geologischer Verhältnisse in Bereichen, die durch Sedimente bedeckt und somit verhüllt sind.

Bei der *petrografischen* Ansprache wird die Zusammensetzung des Gesteins untersucht und der Gesteinstyp bestimmt. Als Kriterien dienen:

- Der *Mineralinhalt* und dessen mengenmäßige Verteilung: gesteinsbildend sind Silikate (Feldspat, Quarz, Glimmer etc.), Nichtsilikate (Calcit, Dolomit, Gips, Steinsalz etc.) und Erzmineralien (Pyrit, Hämatit, Siderit, Limonit, Bleiglanz etc.). Bestimmte Mineralien können den Gesteinsaufbau dominieren, wie zum Beispiel Quarz bei Sandstein und Quarzit, Feldspat bei Basalt und Paragneis, Kalkspat bei Kalkstein.
- Die *Struktur* des Gesteins: Sedimentgesteine haben eine körnige Struktur mit bestimmter Korngröße, Kornverteilung und Kornform. Die Struktur der Erstarrungsgesteine hängt von der Erstarrungsgeschwindigkeit ab. So unterscheidet man idiomorphe (ungehindert gewachsene, da zuerst erstarrte) Mineralien von xenomorphen (behindert gewachsene, da zuletzt erstarrte) Mineralien, holokristalline (vollkommen kristalline) von glasig erstarrten Mineralien, körnige (gleichmäßig kristallisierte) von porphyrischen Strukturen (mit großen Einzelkristallen in feinkörniger Matrix), makrokristalline (grobkörnige) von mikrokristallinen (nur mit

dem Mikroskop erkennbaren) und kryptokristallinen (selbst mit dem Mikroskop nicht mehr erkennbaren) Strukturen.

- Die *Textur* beschreibt die Anordnung und Verteilung der Gemengeteile: Man unterscheidet die richtungslose von der geregelten Textur (Fluidaltextur, Paralleltextur etc.) und die kompakte von der porösen Textur.

Mit dem Geologenhammer lassen sich Handstücke aus dem Aufschluss brechen und an den frischen Abschlagkanten Mineralbestand, Struktur und Textur bestimmen. Eine Lupe ermöglicht eine genauere petrografische Inspektion. Mit dem *Ritz-Test* lassen sich bestimmte Mineralien auf der Grundlage der *Mohsschen Härteskala* identifizieren (Tab. 6.9). Zusätzlich kann ein *Dünnschliff* von der Gesteinsprobe hergestellt werden, um den Mineralbestand mit dem Polarisationsmikroskop genauer zu analysieren. Alle Werkzeuge, die zum Aushub oder Lösen genutzt werden, verschleißen bei hohem Quarzgehalt schneller. Die *Verschleißfestigkeit* lässt sich durch Laborversuche ermitteln.

**Tabelle 6.9.** Mineralhärten nach Mohs und Umrechnungsfaktoren auf Quarz nach v. Moos & de Quervain (1948) (nach Prinz 2011).

| | | Mohshärte | Umrechnungsfaktor auf Quarz nach der Rossival-Skala |
|---|---|---|---|
| Ritzbarkeit | Mineral | - | - |
| | Talk | 1 | |
| mit Fingernagel ritzbar | Steinsalz | 2 | 0.002 |
| | Kalkspat | 3 | 0.03 |
| mit Stahl ritzbar | Flussspat | 4 | 0.04 |
| | Apatit | 5 | 0.05 |
| mit Stahl ritzbar | Magnetit | 5.5 | 0.16 |
| | Orthoklas, Hornblende | 6 | 0.31 |
| | Olivin, Pyrit, Hämatit | 6.5 | 0.55 |
| | Quarz | 7 | 1.0 |
| Fensterglas wird geritzt | Topas | 8 | |
| | Korund | 9 | |
| | Diamant | 10 | |

Neben dem Mineralbestand werden im Rahmen der petrografischen Gesteinsansprache eine Fülle weiterer Aspekte untersucht, die Aufschluss darüber geben, ob das Gestein gründungsfähig, als Baustein nutzbar, leicht abbaubar etc. ist. Zu den Indexversuchen zählt der *Punktlastversuch* zur Abschätzung der *Festigkeit des intakten Gesteins.* Das transportable Versuchsgerät besteht aus zwei abgestumpften Kegeln, zwischen de-

**Abb. 6.40** Punktlastversuchsgerät.

nen ein Versuchskörper (Handstück, Bohrkern) eingespannt wird (Abb. 6.40). Die Belastung wird hydraulisch per Handpumpe aufgebracht. Bei Versagen der Probe wird der *Punktlastindex* $I_s$ [MN/m²] ermittelt

$$I_S = \frac{F}{d^2}$$

mit $F$ als Bruchlast und $d$ als Lastpunktabstand. Der Punktlastindex ist mit der im Labor zu bestimmenden einaxialen Druckfestigkeit des intakten Gesteins $\sigma_u$ [kN/m²] korreliert (Bieniawski 1984)

$$\sigma_u = k\, I_S$$

mit $k$ als Proportionalitätsfaktor, der vom Lastpunktabstand $d$ abhängig ist. Mit einem Korrekturdiagramm (Abb. 6.41) lassen sich die Punktlastindizes auf einen Lastpunkt-

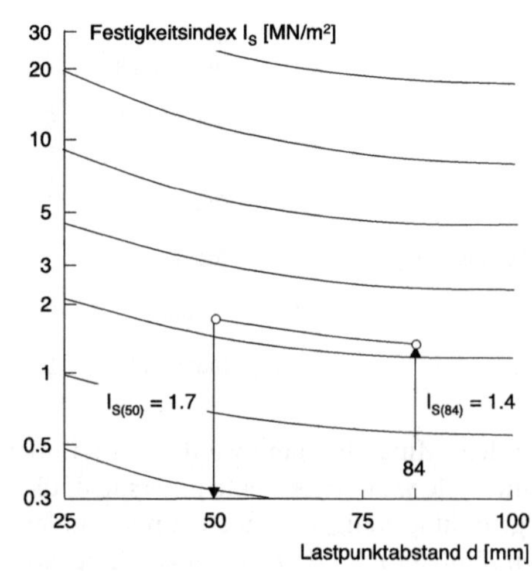


**Abb. 6.41** Korrekturdiagramm zur Umrechnung von Punktlastversuchen mit variierendem Lastpunktabstand auf den Lastpunktabstand von 50 mm (nach Wittke 1984).

abstand von 50 mm umrechnen. Für die einaxialen Druckfestigkeit gilt dann

$$\sigma_u = 24\, I_{S(50)}$$

Einen Anhaltswert zur einaxialen Druckfestigkeit des intakten Gesteins geben auch die mit dem *Schmidtschen Betonprüfhammer* (Abb. 6.42 und 6.43) gemessenen Rückprallhärten (Miller 1965). Darüber hinaus eignet sich der Schmidt-Hammer zur Abschätzung der Festigkeit von Trennflächen, die aufgrund der oberflächlichen Verwitterung geringer ist als die des intakten Gesteins. Bei der Beurteilung der Scherfestigkeit von Trennflächen ist dieser Aspekt von besonderer Bedeutung.

Verwitterungsanfällige Gesteine eignen sich nicht als Bausteine. Gründungen und Böschungen in verwitterungsanfälligem Gebirge sind problematisch. Zur Prüfung der *Verwitterungsanfälligkeit* dient der *Wasserlagerungsversuch*, bei dem eine Gesteinsprobe längere Zeit (z. B. 12 Stunden) im Wasser gelagert wird, um festzustellen, ob sie zerfällt oder ihre Oberfläche aufweicht. Ist dies der Fall, handelt es sich um ein veränderlich festes Gestein. In einem von Franklin & Chandra (1972) entwickelten Versuch werden Gesteinsproben in eine halb in Wasser eingetauchte, sich drehende, durchlässige Trommel einer wechselnden Durchfeuchtung ausgesetzt *(slake durability test)*. Die Trockenmassen der Prüfkörper vor und nach dem Versuch ins Verhältnis gesetzt gelten als Maß für die Verwitterungsbeständigkeit des Gesteins. Beim *Frost-Tauwechsel-Versuch* wird in ähnlicher Weise die Beständigkeit des Gesteins gegen Frosteinflüsse gemessen.

*Quellfähige Mineralien* verursachen eine Volumenvergrößerung des Gesteins, sobald sie mit Wasser in Kontakt kommen. Dies kann zu erheblichen Schäden an Grün-

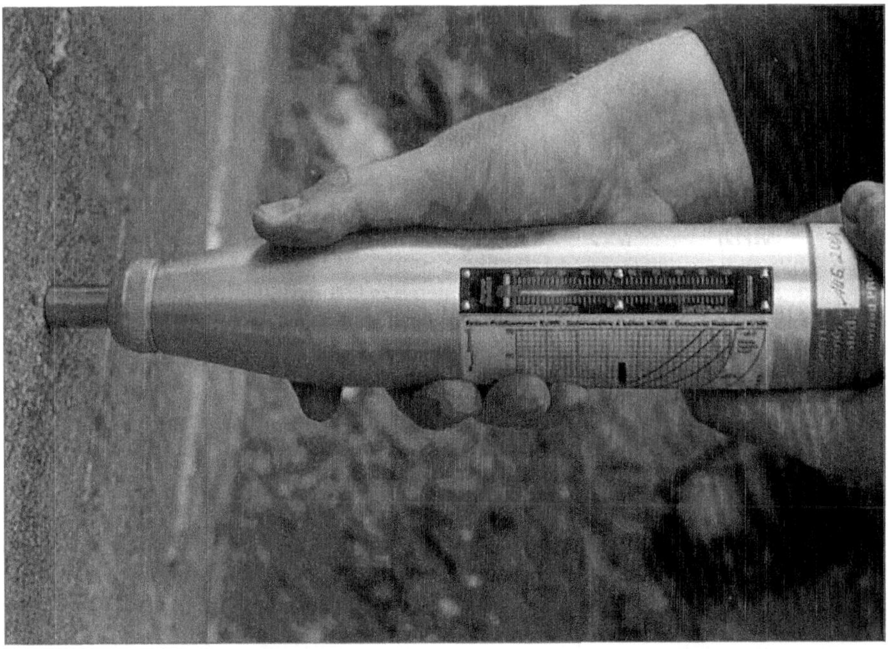

**Abb. 6.42** Schmidtscher Betonprüfhammer (Foto: Gunter Hankammer).

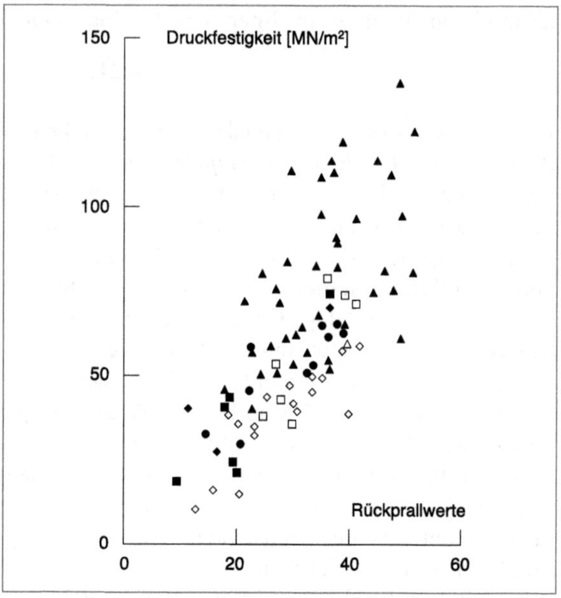


**Abb. 6.43** Beziehung zwischen der einaxialen Druckfestigkeit von Sandsteinen des Bundsandsteins und Rückprallwerten mit dem Schmidtschen Betonprüfhammer (nach Prinz 2011).

dungen und Bauwerken führen. In Tonstein können Montmorillonite eine deutliche Volumenvergrößerung verursachen und Quelldrücke von bis zu 2 MN/m² aufbauen. Anhydrithaltige Gesteine quellen ebenfalls bei Wasserzutritt, da sich der Anhydrit in Gips umwandelt. Hierbei kann sich das Volumen des Anhydrits um über 50% ausdehnen und einen erheblichen Quelldruck von bis zu 10 MN/m² entwickeln. Spezielle Versuchgeräte wurden entwickelt, um das Schwellpotenzial zu messen. Sie sind im einschlägigen Normenwerk genauer beschrieben.

## Gefügekundliche Ansprache

Maßgeblich für das mechanische und hydraulische Verhalten des Gebirges sind seine tektonische Deformation und das daraus resultierende Trennflächengefüge. Klüftung, Schichtung und Schieferung zerteilen das Gebirge in ein Mehrkörpersystem (Diskontinuum). Zusätzlich durchtrennen Störungen das Gebirge, deren unmittelbare Umgebung oft deutlich zerrüttet ist.

Im Rahmen der *gefügekundlichen Ansprache* wird das Trennflächengefüge untersucht und aufgenommen. Dabei wird es auf dreierlei Weise angesprochen:

- Die *geologische Ansprache*, d. h. die Identifizierung des Trennflächentyps (Schichtung, Klüftung Störung usw. ) und dessen relatives Alter. Die spätere Auswertung wird zeigen, dass die einzelnen Trennflächentypen spezifische Muster und Maxima aufweisen. Sie werden das für die weitere Analyse unerlässliche Kluftkörpermodell bilden. Bei einer willkürlichen Aufnahme von Trennflächen ohne Unterscheidung des Trennflächentyps würden die einzelnen Muster und Maxima untereinander interferieren. Die räumliche Orientierung tektonischer Elemente wäre dann fehlerhaft, bestimmte Trennflächentypen würden möglicherweise gar nicht identifiziert.

Es ist daher notwendig, die einzelnen Trennflächentypen bereits im Feld zu erkennen und getrennt voneinander aufzunehmen.

- Die *räumliche Ansprache*, d. h. die Aufnahme der Raumstellung der Trennflächen und deren Darstellung und Auswertung im Schmidtschen Netz (wie im Teil 1 beschrieben). Aus einer Messreihe von Einfallrichtungen *($\alpha$)* und Einfallwerten *($\vartheta$)* lassen sich (wie im Kapitel 4 beschrieben) statistische, trennflächenspezifische Kennwerte herleiten, wie zum Beispiel die sphärische Standardabweichung oder das Konfidenzintervall. Eine Eigenvektoranalyse präzisiert die räumliche Beschreibung des aufgenommenen tektonischen Elements und erlaubt darüber hinaus eine Aussage zur Signifikanz der hergeleiteten Maßzahlen.
- Die *mechanische Ansprache*, d. h. die Abschätzung der räumlichen Erstreckung der Trennflächen und ihres Durchtrennungsgrads, die Untersuchung ihrer Oberflächenbeschaffenheit (Habitus) und ihres Verwitterungsgrades, ihrer Öffnungsweiten und ihrer Füllungen. Weiterhin ist der Zerklüftungsgrad des Gebirges zu ermitteln.

Die *räumliche Erstreckung E (extension)* beschreibt die Ausdehnung der Trennfläche im Raum. Kleine, kaum ausgeprägte Trennflächen treten im Vergleich zu dominanten Trennflächen in ihrer mechanischen Bedeutung zurück. Nützlich ist eine Klassifizierung der räumlichen Erstreckung relativ zur Dimension des Projektes. So entspricht $E = 1.0$ zum Beispiel einer Trennfläche, die etwa so lang ist wie die längste Bauwerksachse, oder die Breite einer rutschgefährdeten Böschung oder der Durchmesser des geplanten Tunnels. $E = 0.5$ entspricht der Hälfte dieser Längen, $E = 0.25$ einem Viertel usw. Bei hydrogeologischen Problemen kann mit $E = 1.0$ der Abstand von der Schadstoffquelle zum nächsten Entnahmebrunnen definiert sein oder der Mächtigkeit des Aquifers entsprechen. Ein dimensionsfreies Maß für die räumliche Erstreckung folgt danach mit $E^*$ als Projektdimension und $E_{TFi}$ als mittlere Erstreckung der aufgenommenen Trennfläche $TF_i$

$$E_i = \frac{E_{TF_i}}{E^*}$$

Neben diesem relativen Maß der räumlichen Erstreckung wurden von verschiedenen Autoren absolute Maße vorgeschlagen. Müller (1963) bezeichnet zum Beispiel Klüfte mit einer Erstreckung von weniger als einem Meter als Kleinklüfte, von bis zu zehn Metern als Großklüfte und von über zehn Metern als Riesenklüfte.

Die mechanische Wirksamkeit und hydraulische Leitfähigkeit einer Trennfläche wird bestimmt vom Grad ihrer Durchtrennung. Ist die Trennfläche durch eine Vielzahl von Gesteinsbrücken unterbrochen, steigt ihre Scherfestigkeit erheblich, wogegen ihre hydraulische Leitfähigkeit sinkt. Einen ersten Eindruck vom Grad der Durchtrennung *(persistence)* gibt der *ebene Kluftanteil* oder *Durchtrennungsgrad d* [-], der sich ergibt aus dem Verhältnis der Ausbisslängen einer Trennfläche $a_i$ entlang der Messgeraden $l$ (Pacher 1959)

$$d = \frac{\sum_i a_i}{l} \leq 1.0$$

Die Oberflächenbeschaffenheit einer Trennfläche wird als *Habitus* bezeichnet. Ihre Rauigkeit bestimmt ihren Reibungswiderstand und somit ihre Scherfestigkeit. Als Makrorauigkeit werden deutlich erkennbare Unebenheiten bezeichnet, die je nach Entstehung der Trennfläche als wellig, hakig, eben oder muschelig angesprochen werden. Die Mikrorauigkeit ist abhängig von der Korngröße des Gesteins und nur mit dem Finger ertastbar. Mit Profilaufzeichnungsgeräten, stereoskopischen Aufnahmen und fraktalen Ansätzen wurde versucht, die Rauigkeit zu quantifizieren. Ein Maß für die Rauigkeit ist der *Joint Roughness Coefficient JRC*, der auf Feldbeobachtungen und Laboruntersuchungen fußt und im Rahmen der Hauptuntersuchungen (Kapitel 7) bestimmt wird. Bei der gefügekundlichen Aufnahme genügt die Beurteilung der Makro- und Mikrorauigkeit.

Zur qualitativen Beschreibung des *Verwitterungsgrads V (weathering)* von Trennflächen werden Verwitterungsklassen festgelegt. Auf einer Skala von 0 bis 1 entsprechen unverwittert $V = 0.0$, schwach verwittert $V = 0.3$, deutlich verwittert $V = 0.6$ und völlig verwittert $V = 1.0$. Eine Beschreibung von Aspekten wie Verfärbung, Verwitterungstiefe, Mineralneubildung etc. vervollständigt das Bild. Geht es um die Beurteilung der Standsicherheit einer Felsböschung, dann ist die Verwitterung im Hinblick auf die Verminderung der Scherfestigkeit bei einem Gleitvorgang von Interesse. Geht es andererseits um das Problem der Ausbreitung von Schadstoffen nach einem Störfall, dann ist das verwitterungsbedingte Retardationspotenzial einer Trennfläche interessant.

Die *Öffnungsweite von Gebirgsfugen b* [cm] *(aperture)* ist abhängig vom Gesteinstyp, der tektonischen Beanspruchung und der Exposition. Oberflächennah ist das Gebirge aufgelockert und die Öffnungsweiten sind entsprechend groß. Mit der Tiefe nimmt der Auflockerungsgrad ab und die Trennflächen beginnensich zu schließen. Geöffnete Fugen gibt es jedoch auch noch in großen Tiefen. Die Dokumentation der Öffnungsweiten ist wichtig, da sie die mechanische Beweglichkeit (und somit die Standsicherheit) des Gebirges beeinflussen. Weiterhin wird das hydraulische Verhalten des Gebirges von den geöffneten Fugen dominiert. Während der ingenieurgeologischen Kartierung werden für jeden Trennflächentyp Ober- und Untergrenzen der Öffnungsweiten angegeben. Neben der Öffnungsweite ist auch die *Füllung* der Fuge *(filling)*, falls vorhanden, anzusprechen. Auch sie ist für die mechanische Beweglichkeit und die hydraulische Leitfähigkeit von Bedeutung. Autochthone Füllungen haben sich durch Verwitterung oder infolge mechanischer Beanspruchungen (Kataklasite, Mylonite) gebildet, wogegen allochthone Füllungen als Folge von Umlagerungen und Einspülungen entstanden sind. Klüfte können auch mit Kalzit, Quarz etc. verheilt sein. Stini (1922) schlug vor, die Intensität der Zerklüftung mit einer *Klüftigkeitsziffer k* [1/m] als Anzahl der Trennflächenausbisse *n* pro Messstrecke *l* zu definieren

$$k = \frac{n}{l}$$

Der aussagekräftigere, aber schwerer zu messende mittlere Abstand *normal* zur Trennflächenebene ergibt sich aus

$$k_{\perp} = \frac{n}{l_{\perp}}$$

Pacher (1959) versuchte, auch zur räumlichen Beschreibung der Zerklüftung Maßzahlen herzuleiten, was jedoch auf Schwierigkeiten bei der praktischen Datenerhebung stieß, insbesondere dann, wenn mehrere, ungleichwertige Trennflächenscharen das Gebirge zerlegen. Weiterhin wurden komplexere, statistische Modelle zur Beschreibung der Trennflächendichte pro Volumen vorgeschlagen. In verschiedenen Regelwerken wurden Anhaltswerte festgelegt, in denen Trennflächen als engständig (Abstand < 0.2 m), mittelständig und weitständig (Abstand > 0.6 m) definiert wurden. Um Irrtümer und Fehlinterpretationen zu vermeiden empfiehlt es sich, zu Beginn der Projektarbeit die Kennwerte der Zerklüftung des Gebirges für alle Beteiligten einheitlich festzulegen.

Bei einer gefügekundlichen Aufnahme werden alle Kennwerte in übersichtlicher Form tabellarisch zusammengefasst. Bei einem konkreten Projekt wird ein Lageplan beigefügt, der mit dem Schmidtschen Netz zu ergänzen ist. Es ist darauf zu achten, dass der Lageplan und das Schmidtsche Netz einheitlich orientiert sind, also die gleiche Nordrichtung haben.

Für die Erweiterung eines Museums ist eine etwa 5 m tiefe Baugrube unmittelbar neben dem bestehenden Museumsgebäude auszuschachten (Abb. 6.44). Das devonische Grundgebirge (sandige Tonschiefer mit Sandstein- und Kalksteinbänken) steht bereits in einem Meter Tiefe an. Die Gründung des bestehenden Museumsgebäudes ist im Bereich der zukünftigen Baugrubenwand zu unterfangen, um Setzungen oder Instabilitäten zu vermeiden. Um potenzielle Versagensmechanismen im Bereich der Unterfangung vorhersagen zu können und die Verankerung der Baugrubenwand zu dimensionieren, wurde eine gefügekundliche Aufnahme des Devons in einem L-förmigen Schurf in sicherer Entfernung von der bestehenden Gründung durchgeführt. Die Aufnahme ergab, dass ein vergenter (geneigter) Sattel mit einer flachen, ausgeprägten SE-Flanke und einer steilen NW-Flanke vorliegt. Die mittleren Orientierungen der Trennflächenscharen, ihre Streumaße und ihr Charakter sind in Tabelle 6.10 zusammengefasst. Für die Unterfangung des Museums ergeben sich daraus die folgenden Konsequenzen:

- Die SW-Seite des Museums streicht etwa parallel der saigeren (senkrechten) *ac*-Klüftung. Infolge dieser günstigen Verhältnisse lässt sich hier der Sicherungsaufwand für die zukünftige Baugrubenwand einschränken.
- Die Sicherung der NW-Seite des Museums ist abhängig von der Orientierung der Faltenachse. Verläuft die Faltenachse jenseits der Gründung des Museums, dann kann ein potenzieller Rutschkörper allenfalls entlang der *bc*-Klüftung abrutschen. Die Scherfestigkeit entlang der *bc*-Klüftung wäre jedoch infolge ihrer rauen und hakigen Ausbildung hoch anzusetzen. Würde die Faltenachse dagegen den Gründungsbereich schneiden, dann wäre ein Abrutschen entlang der glatten Schichtfugen zu erwarten.

Es bleibt also die Frage: Wie ist die Faltenachse orientiert? Traditionell wird diese Frage mit einer $\pi$-Kreiskonstruktion im Schmidtschen Netz gelöst. Bei einer Eigenwertanalyse entspricht der Eigenvektor mit dem kleinsten Eigenwert der Faltenachse bzw. dem $\pi$-Pol. Die statistische Auswertung der gefügekundlichen Aufnahme ergab für die Einfallrichtungen und Einfallwerte der Eigenvektoren

$$\bar{\lambda}_1(247/07), \quad \bar{\lambda}_2(338/03), \quad \bar{\lambda}_3(086/82)$$

Aufgrund dieser Angaben ist davon auszugehen, dass die Faltenachse den NW-Bereich der bestehenden Museumsgründung schneidet. Vorausgesetzt wird hierbei, dass die Faltenachse annähernd gerade ist (was erfahrungsgemäß in diesem Gebirge bei diesem Maßstab angenommen werden darf) und dass keine *ac*-orientierte Störung die Faltenachse verwirft (was aufgrund des SE-Abschnitts des L-förmigen Schurfs ausgeschlossen werden kann). Die später durchgeführten Ausschachtungen bestätigten die Prognose.

**Tabelle 6.10** Ergebnis der gefügekundlichen Aufnahme für den Museumsneubau.

| *TF* | *n* | $\alpha, \vartheta$ [°/°] | $\Omega, \theta_\beta$ [°] | $\Lambda$ [°] | *V* | *E* | *d* | *k* [1/m] | *H* | *b* [cm] | F |
|---|---|---|---|---|---|---|---|---|---|---|---|
| ss, G | 31 | - | 148 | | 0.1 | >> 1.0 | 1.0 | 1-4 | w, r | - | - |
| ac, C | 26 | 067/89 | 23 | 10 | 0.6 | 0.5-1.0 | 1.0 | 0.1-1 | e, r | 0-2 | L, A (!) |
| bc, G | 31 | - | 77 | | 0.5 | 0.02-0.005 | 0.5-1.0 | 0.5-2 | h, r | 0-1 | L, o |
| d, C | 30 | 023/84 | 23 | 10 | 0.2 | 0.1-0.05 | 0.3-0.8 | ? | e, r | 0-1 | ? |

Trennflächentyp TF: *ss* Schichtung, *sf* Schieferung, *ac*-Klüftung, *bc*-Klüftung, *d* Diagonalklüftung, *x* Klüftung allgemein; Verteilungstyp: *C* Clusterverteilung, *G* Gürtelverteilung; *n* Stichprobenumfang; $\alpha$, $\vartheta$ mittlere Einfallrichtung/Einfallen des Schwerpunktvektors; $\Omega$ sphärischer Öffnungsgrad einer Clusterverteilung $\theta_\beta$, zirkularer Öffnungsgrad einer Gürtelverteilung; $\Lambda$ sphärisches Konfidenzintervall für Clusterverteilungen, bezogen auf eine Irrtumswahrscheinlichkeit von 1%; *V* Verwitterungsgrad der Trennfläche: 0.0 sehr schwach verwittert, 1.0 völlig verwittert; *E* Referenzlänge zur relativen Bestimmung der räumlichen Erstreckung Baugrubenachse, die 70 m beträgt und für die *E* = 1.0 ist; *d* Durchtrennungsgrad nach Pacher; *k* Klüftigkeitsziffer; *H* Habitus: Makrorauigkeit im cm- bis mm-Bereich (hakig *h*, wulstig *u*, wellig *w*, eben *e*), Mikrorauigkeit im Bereich < 1mm (rau r, glatt g); *b* Öffnungsweite; *F* Füllung: Lehm *L*, Altöl *A*, ohne o; ? weitere ingenieurgeologische Untersuchungen notwendig.

Da die Trennflächen räumliche, für ingenieurgeologische Homogenbereiche charakteristische Kluftkörper bilden, lässt sich eine *Klufkörperfazies* im Sinne Müllers (1963) definieren. Die räumliche Darstellung charakteristischer Kluftkörper ist für die Projektbearbeitung durchaus hilfreich und gibt Hinweise zur Lösbarkeit des Gebirges (Aushub, Sprengung), seiner Teilbeweglichkeit (Standsicherheit) und der Ausbildung von Fließkanälen (Durchlässigkeit).

Abschließend ist noch anzumerken, dass die gefügekundliche Aufnahme eines Aufschlusses zwar einen vertieften Einblick in das Trennflächengefüge des Anstehenden und somit seiner Bearbeitbarkeit, seiner Teilbeweglichkeit und seiner hydraulischen Leitfähigkeit gestattet, die Auswertung selbst aber immer auf einen begrenzten Stichprobenumfang und den daraus errechneten Schätzwerten beruht. Oft verdienen aber

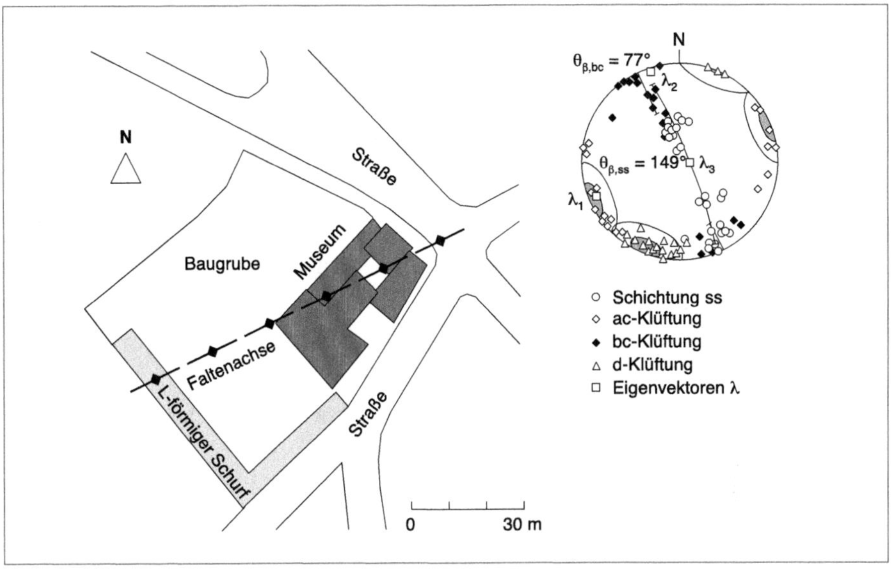


**Abb. 6.44** Lageplan und Schmidtsches Netz für den Museumsneubau.

*seltene* oder *singuläre Phänomene* besondere Beachtung: Eine Trennfläche, die bei der gefügekundlichen Aufnahme keiner Trennflächenschar zugeordnet werden konnte und als nicht relevant ignoriert wurde, kann schließlich doch für die Standsicherheit der Felsböschung eine Schlüsselrolle spielen. Eine gefügekundliche Aufnahme konzentriert sich daher nicht nur auf die mit dem geologischen Modell kompatiblen Trennflächen, sondern auch – und vielleicht gerade – auf abweichende, aber für das Projekt relevante Beobachtungen.

### Hydrogeologische Ansprache

Bei der hydrogeologischen Ansprache steht die Bestimmung der *Durchlässigkeit k* [m/s] des Untergrundes im Mittelpunkt. Dabei ist grundsätzlich zwischen der Bodendurchlässigkeit und der Gebirgsdurchlässigkeit zu unterscheiden. Im Rahmen der Voruntersuchungen können nur einfache Feldversuche und Indexversuche durchgeführt werden.

Die Bestimmung der *Bodendurchlässigkeit* ist ungleich einfacher als die Bestimmung der Gebirgsdurchlässigkeit. Bindige Böden haben eine niedrige Durchlässigkeit, nicht bindige eine hohe. Wenig durchlässige Böden werden zur Abdichtung gebraucht, gut durchlässige Böden als Filter. In den durchlässigen Kiesen und Sanden breiten sich Schadstoffe schnell aus, wogegen sie in (ungeklüftetem) bindigem Material fast immobil sind. Dicht gelagerte Kiese und Sande sind sehr gute Gründungsböden und können vergleichsweise hohe Lasten aufnehmen, bindige Böden sind dagegen nachgiebig und verursachen zeitverzögert große Setzungen.

Eine Aussage zur Durchlässigkeit von Böden kann getroffen werden

- aufgrund von Erfahrungswerten
- an Bodenproben im Labor
- mithilfe von Feldversuchen.

Erfahrungswerte werden in Empfehlungen, Normen und Regelwerken für verschiedene Arten von Böden angegeben und beruhen auf regionalen Erfahrungen und vielen Einzelmessungen (Tab. 6.11).

Nach Hazen (1892) lässt sich die Durchlässigkeit von Böden mit der Korngrößenverteilung abschätzen. Danach ergibt sich der Durchlässigkeitsbeiwert $k$ [m/s] aus dem Siebdurchgang $d_{10}$ [mm] zu

$$k = 0.01\, d_{10}^2$$

Diese Beziehung gilt jedoch nur für Sande. Sie wurde weiterentwickelt, u.a. von Beyer (1964), der die Durchlässigkeit grobkörniger Böden mit

$$k = \left( \frac{A}{U + B} + C \right) \frac{d_{10}^2}{100}$$

angibt, wobei gilt $0.06 < d_{10} < 0.6$ mm und $1 < U < 20$ (mit $d_{10}$ in mm ergibt sich $k$ in m/s). Die Konstanten $A$, $B$ und $C$ sind von der Lagerungsdichte des Bodens abhängig (Tab. 6.12).

**Tabelle 6.11** Erfahrungswerte für Bodendurchlässigkeiten (von Soos & Engel 2008 u.a.).

| Boden | k [m/s] |
|---|---|
| Kies | $2 \cdot 10^{-1} - 1 \cdot 10^{-2}$ |
| sandiger Kies | $1 \cdot 10^{-2} - 1 \cdot 10^{-5}$ |
| Sand | $1 \cdot 10^{-3} - 1 \cdot 10^{-5}$ |
| Schluff | $1 \cdot 10^{-5} - 1 \cdot 10^{-9}$ |
| Ton | $1 \cdot 10^{-7} - 1 \cdot 10^{-12}$ |
| Torf | $1 \cdot 10^{-5} - 1 \cdot 10^{-8}$ |
| urbane Böden[1] | $5 \cdot 10^{-2} - 1 \cdot 10^{-6}$ |
| Hausmüll[2] | $4 \cdot 10^{-3} - 1 \cdot 10^{-5}$ |

[1]geschätzt, [2]auf Deponien

**Tabelle 6.12** Konstanten A, B und C in Abhängigkeit von der Lagerungsdichte D (nach Beyer 1964).

| Lagerungsdichte | D [-] | A | B | C |
|---|---|---|---|---|
| locker | 0.15-0.30 | 3.49 | 4.40 | 0.80 |
| mitteldicht | 0.30-0.50 | 2.68 | 3.40 | 0.55 |
| dicht | 0.50-0.75 | 2.34 | 3.10 | 0.39 |

Abb. 6.45 Geklüfteter Ton im Bereich der Sondermülldeponie Münchehagen (aus Geißler 1994, in Dörhöfer G, Thein J, Wiggering H, Hrsg., Altlast Sonderabfalldeponie Münchehagen, Copyright Wiley-VCH Verlag GmbH & Co. KGaA, reproduced with permission). Höhe des Anschnittes ca. 1.5m.

Auch für bindige Böden wurden entsprechende Korrelationen entwickelt. Allerdings weisen bindige Böden mitunter ein Trennflächengefüge auf, das durch Vorbelastung, Deformation oder Austrocknen entstanden ist (Abb. 6.45). Selbst in nicht bindigen Böden können sich Trennflächen ausbilden. Die Durchlässigkeit ist somit zusätzlich abhängig von den Fugen und ihrer räumlichen Orientierung. Darüber hinaus variiert die Durchlässigkeit bindiger Böden deutlich mit der chemischen Zusammensetzung

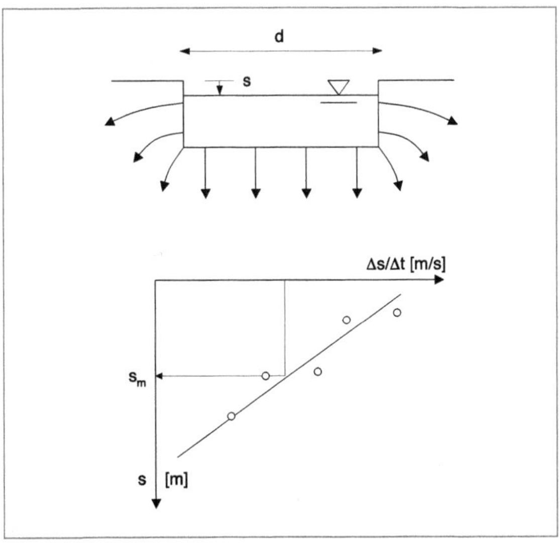


Abb. 6.46 Versickerungsversuch in einem zylindrischen Graben.

des Fluids, ein Aspekt, der zum Beispiel bei der Beurteilung der Durchströmung mineralischer Abdichtungen von Deponien von Bedeutung ist.

Zur direkten Messung der Durchlässigkeit von Böden wurde von Darcy (1856) ein Versuchsgerät entwickelt (Kapitel 3). Dieser Laborversuch wird an ungestörten Bodenproben im Labor durchgeführt und im Rahmen der Hauptuntersuchungen (Kapitel 7) näher erläutert.

Ein einfacher Feldversuch zu Bestimmung der Durchlässigkeit bietet sich bereits im Rahmen der Voruntersuchungen an. Beim *Versickerungsversuch* wird ein flaches, zylindrisches Loch mit einem Durchmesser $d$ [m] mit Wasser aufgefüllt und die Absenkung des Wasserspiegels $s$ [m] über die Zeit beobachtet (Abb. 6.46). Der Durchlässigkeitsbeiwert wird abgeschätzt mit

$$k \cong \frac{1}{s_m} \frac{\Delta s}{\Delta t} \frac{d}{28}$$

wobei $s_m$ [m] der mittleren Absenkung entspricht, wie im Bild dargestellt. Der Abstand zum Grundwasserspiegel sollte mindestens der siebenfachen Lochtiefe entsprechen und das Größtkorn des anstehenden Boden sollte 1/10 - 1/15 des Lochdurchmessers nicht übersteigen. Der Versuch entspricht einem instationären Brunnenversuch (Kapitel 7).

Die *Gebirgsdurchlässigkeit* wird bestimmt durch zwei Faktoren:

- die Durchlässigkeit der Kluftkörper, d. h. die Durchlässigkeit des intakten Gesteins und
- die Durchlässigkeit des Kluftgefüges.

Im oberflächennahen Bereich dominiert das Kluftsystem die Gebirgsdurchlässigkeit. Die gefügekundliche Aufnahme ist daher von zentraler Bedeutung für die Beurteilung der Durchlässigkeit. Die Ausrichtung der Gebirgsfugen gibt ein Strömungsmuster vor, das sich in einer Anisotropie der hydraulischen Leitfähigkeit äußert.

In der Sierra Elvira bei Granada (Spanien) ist unterhalb eines Klosters ein Gebirgsbereich aufgeschlossen, in dem fossile Fließmuster erhalten sind (Abb. 6.47). Das anstehende Gebirge besteht aus einem Biosparit (aus biogenen Fragmenten in umkristallisierter Karbonatmatrix) des mittleren Lias (Carixian). Insgesamt wurden vier Aufschlüsse gefügekundlich aufgenommen und fünf Trennflächentypen identifiziert, deren Muster das hydraulische Verhalten des Gebirges dominiert. Entlang der Verschnittlinien bestimmter Trennflächen sind fossile Fließkanäle erkennbar, die sich infolge des trockenen Klimas erhalten haben (Abb. 6.48). Neben der Orientierung der Trennflächen wurde deren Verwitterungsgrad, Erstreckung, Durchtrennungsgrad, Zerklüftungsgrad, Habitus, Öffnungsweite und Fugenfüllung aufgenommen (Tab. 6.13). Zusätzlich wurden statistische Maßzahlen hergeleitet und eine Eigenvektoranalyse durchgeführt. Darauf aufbauend wurde mit den Verschnittlinien jener Trennflächen, die Fließkanäle ausgebildet haben, ein stochastisches Modell zur Gebirgsdurchlässigkeit entwickelt (Genske & Bruines 2000, Bruines 2003). Abbildung 6.49 zeigt die hydraulisch wirksamen Verschnittlineare und die schnellstmögliche hydraulische Verbindung.

**Abb. 6.47** Das Sierra-Elvira-Kloster bei Granada und die exponierte Schichtfläche (vom Kloster aus gesehen). Deutlich erkennbar sind die Fließkanäle, die durch Verschnittlinien von Schichtung und Klüftung gebildet werden.

Dieses Beispiel zeigt, wie sehr die hydraulische Leitfähigkeit vom Trennflächengefüge abhängt. Dabei stellen insbesondere die Verschnittlinien von Trennflächen lineare Elemente erhöhter Leitfähigkeit dar. Die Leitfähigkeit eines Gebirgsbereiches wird bestimmt durch eine geologische Rangfolge leitfähiger Elemente: Das intakte Gestein des Kluftkörpers gibt als Porenwasserleiter das Fluid, mitunter über Mikrofissuren, an die Trennflächen weiter, die sich mit weiteren, leitfähigen Trennflächen schneiden, an deren Verschnittlinien sich Fließkanäle *(Channels)* bilden. Die Durchströmung und die damit einhergehende Erosion dieser Fließkanäle vergrößert deren Durchmesser und somit deren Leitfähigkeit, ein dynamischer Prozess, der im leicht lösbaren Gestein (wie Kalkstein) schließlich zur Bildung systematischer, am Trennflächengefüge orientierter Höhlensysteme führt (Verkarstung). In weniger löslichen Gesteinen ist die Ausbildung von Fließkanälen schwächer ausgeprägt, aber dennoch vorhanden und ausschlaggebend für die Gebirgsdurchlässigkeit.

Neben der Erosion von Verschnittlinearen können weitere Mechanismen zur Ausbildung von präferenziellen Fließkanälen führen, wie zum Beispiel die Scherung von Gebirgsblöcken oder die Ausbildung stark aufgelockerter Scharniere bei der Auffaltung von Schichtpaketen. Der Gebirgsaufbau und seine tektonische Deformation bestimmten somit seine Leitfähigkeit. Nur aufgrund einer sorgfältigen gefügekund-

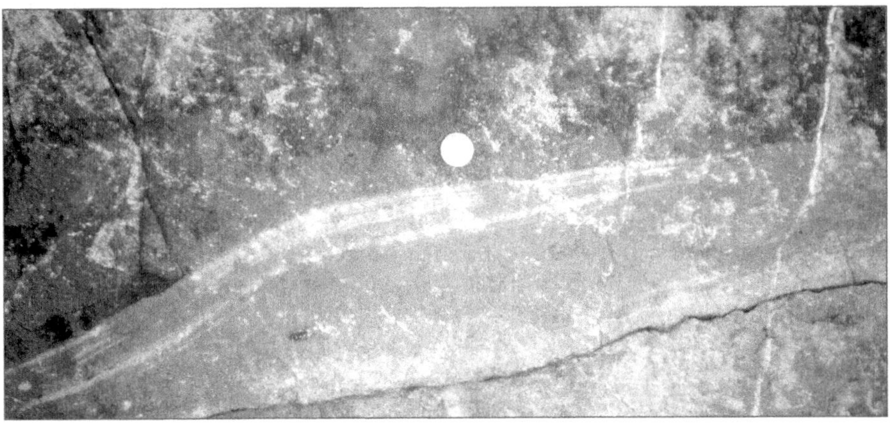

**Abb. 6.48** Detail eines Fließkanals an der Verschnittlinie von Schichtung (Bildebene) und Klüftung.

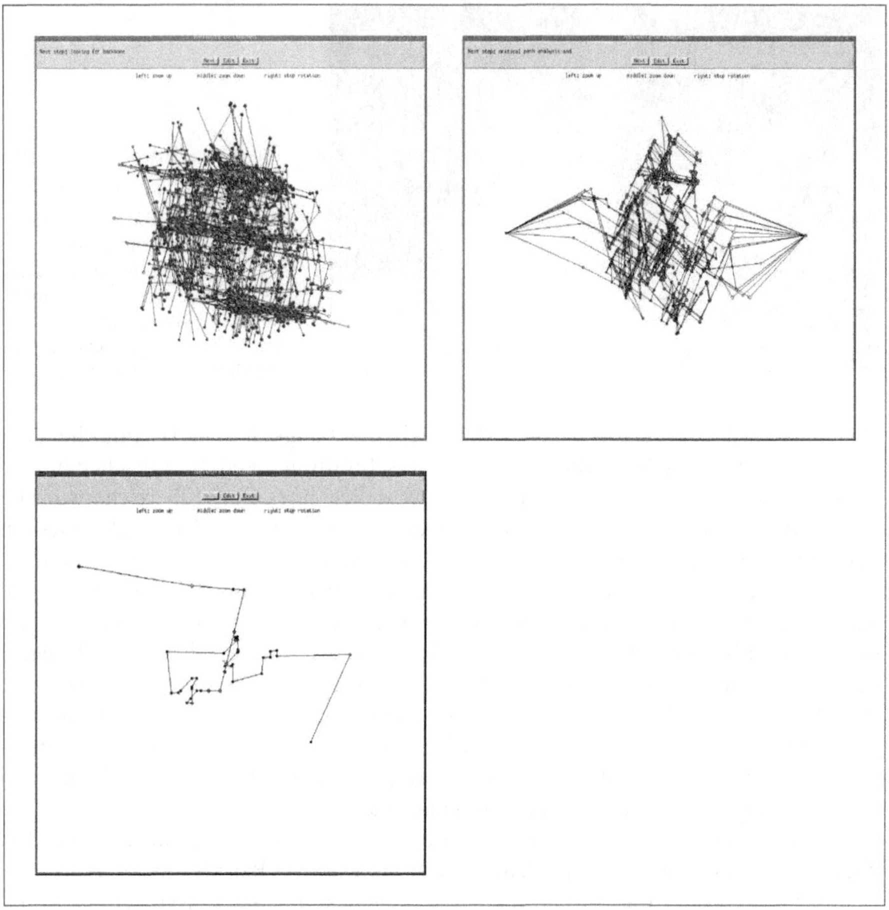

Abb. 6.49 Mithilfe der Gefügedaten stochastisch simulierte Verschnittlineare (oben), die mit der An- und Abstromseite des Modellkörpers verbundenen (also leitfähigen) Verschnittlineare (Mitte), die hydraulisch leitfähigste Kombination von Verschnittlinearen (unten). Aufgrund der Kartierung konnten den einzelnen Verschnittlineartypen relative Leitfähigkeiten zugeordnet werden (Genske & Bruines 2000, Bruines 2003).

lichen Aufnahme der zugänglichen Aufschlüsse, dem Studium des regionalgeologischen Rahmens und seiner erdgeschichtlichen Entwicklung lassen sich robuste hydraulische Modelle herleiten.

Wie bereits angemerkt haben auch die (geologisch jungen) Sedimente in vielen Fällen bereits eine Überformung erlitten, die zur Ausbildung eines, wenn auch wenig ausgeprägten, aber doch sichtbaren Trennflächengefüges geführt hat. Insbesondere bei wenig durchlässigen Böden (Schluff, Ton) dominiert auch hier das Trennflächengefüge die hydraulische Leitfähigkeit.

**Tabelle 6.13** Ergebnis der gefügekundlichen Aufnahme der Aufschlüsse der Sierra Elvira.

| *TF* | *n* | $\alpha, \vartheta$ [°/°] | $\Omega, \theta_\beta$ [°] | $\Lambda$ [°] | *V* | *E* | *d* | *k* [1/m] | *H* | *b* [cm] | F |
|---|---|---|---|---|---|---|---|---|---|---|---|
| ss, C | 30 | 112/56 | 4 | n.e. | 0.2 | >> 1.0 | 1.0 | 1-3 | w, r | - | - |
| ac, C | 43 | 190/10 | 16 | n.e. | 0.6 | 1.0 | 1.0 | 0.1-1 | e, r | 0-25 | L, o |
| bc, C | 38 | 287/24 | 14 | n.e. | 0.3 | 0.5-0.1 | 0.8-1.0 | 1-3 | h, r | 0-1 | L, o |
| d1, C | 11 | 255/03 | 25 | n.e. | 0.2 | 0.05-0.3 | 0.2-0.8 | 1-2 | e, r | 0-0.1 | K |
| d2, C | 6 | 065/10 | 35 | n.e. | 0.2 | 0.05-0.3 | 0.2-.08 | 0.5-1 | e, r | 0-0.1 | K |

Trennflächentyp TF: *ss* Schichtung, *sf* Schieferung, *ac*-Klüftung, *bc*-Klüftung, *d* Diagonalklüftung, *x* Klüftung allgemein; Verteilungstyp: *C* Clusterverteilung, *G* Gürtelverteilung; *n* Stichprobenumfang; $\alpha$, $\vartheta$ mittlere Einfallrichtung/Einfallen des Schwerpunktvektors; $\Omega$ sphärischer Öffnungsgrad einer Clusterverteilung $\theta_\beta$, zirkularer Öffnungsgrad einer Gürtelverteilung; $\Lambda$ sphärisches Konfidenzintervall für Clusterverteilungen, bezogen auf eine Irrtumswahrscheinlichkeit von 1%; *V* Verwitterungsgrad der Trennfläche: 0.0 sehr schwach verwittert, 1.0 völlig verwittert; *E* Referenzlänge zur relativen Bestimmung der räumlichen Erstreckung Baugrubenachse, die 70 m beträgt und für die *E* = 1.0 ist; *d* Durchtrennungsgrad nach Pacher; *k* Klüftigkeitsziffer; *H* Habitus: Makrorauigkeit im cm- bis mm-Bereich (hakig *h*, wulstig *u*, wellig *w*, eben *e*), Mikrorauigkeit im Bereich < 1mm (rau r, glatt g); *b* Öffnungsweite; *F* Füllung: Lehm *L*, Kalzit *K*, ohne o; ? weitere ingenieurgeologische Untersuchungen notwendig.

### Biologische Ansprache

Die Verbreitung von Pflanzen gibt eine Fülle von Hinweisen auf die geologischen und hydrogeologischen Verhältnisse des Projektgebiets. Die Art des Bodens begünstigt das Wachstum bestimmter Pflanzenarten, die sich gegenüber anderen durchsetzen und standorttypische Pflanzengemeinschaften bilden. Ihre individuelle Ausprägung wird zusätzlich bestimmt von den Grundwasserverhältnissen, insbesondere der Tiefe zum Grundwasserspiegel und seine saisonbedingten Schwankungen. Darüber hinaus beeinflussen die klimatischen Verhältnisse, die Luftbewegung und Lichtverhältnisse das Pflanzenwachstum. Für bestimmte Kombinationen von Umweltfaktoren spiegeln Pflanzen somit die lokaltypischen Untergrundverhältnisse wider, sind somit *standortanzeigend.* Insbesondere Pflanzen mit einer geringen *ökologischen Potenz,* die empfindlich auf eine Veränderung der Lebensbedingungen reagieren, sind gute *Zeigerpflanzen* oder *Indikatorpflanzen.*

Bereits 1812 veröffentlichte Georg Ernst Wilhelm Crome (1781-1813) sein Buch „Der Boden und sein Verhältniß zu den Gewächsen", in dem er anhand von Wachstumsfaktoren wie Licht, Temperatur und Bodenzustand Zeigerpflanzen benannte. 1941 wurde von Arthur Freiherr von Kruedener und Alfred Becker ein „Atlas standortkennzeichnender Pflanzen" herausgegeben, der Bauingenieuren und Landwirtschaftlern die aus dem Auftreten bestimmter Pflanzenarten zu ziehenden Schlussfol-

**Abb. 6.50** Der Schafschwingel Festuca ovina (links) zeigt trockene und sandige Böden an (a Ährchen, Fecker & Reik 1996), das üppig wachsende Maiglöckchen Donnavallaria majalis zeigt lehmige Böden an und die Waldzwecke Brachypodium sylvaticum (rechts) zeigt kalkreiche Böden an (von Kruedener 1951).

gerungen nahe bringt. Heinz Ellenberg (1996) systematisierte die Standortparameter mit Zeigerwerten zum Klima und zu den Bodenverhältnissen (Tab. 6.14). Diese Zeigerwerte werden ergänzt mit Angaben zur Schwermetallresistenz, zur Blattausdauer (immergrün bis sommergrün) und zu den Lebensformtypen wie hydrophyt (im Wasser lebend) oder geophyt (im Boden überdauernd).

**Tabelle 6.14** Zeigerwerte nach Ellenberg et al. (1992), Ellenberg (1996).

| Zeigerzahl | | | Bedeutung | Spektrum |
|---|---|---|---|---|
| Licht | L | Klima | Relative Beleuchtungsstärke am Wuchsort | Tiefschattenpflanze bis Volllichtpflanze |
| Temperatur | T | Klima | Relativer Temperaturbereich am Wuchsort | Kältezeiger bis Wärmezeiger |
| Kontinentalitätszahl | K | Klima | Verbreitung von der europäischen Atlantikküste bis Asien | Europäische Atlantikküste bis inneres Asien |
| Feuchtezahl | F | Boden | Wasserverfügbarkeit | Trocken bis feucht |
| Reaktionszahl | R | Boden | Relative Alkalität | Sauer bis alkalisch |
| Stickstoffzahl | N | Boden | Nährstoffverfügbarkeit | Stickstoffarm bis stickstoffreich |
| Salzzahl | S | Boden | Salzkonzentration im Wurzelbereich | Salzempfindlich bis salztolerant |

Aufgrund dieser Versuche der Systematisierung und Inventarisierung standortanzeigender Pflanzen lassen sich für die ingenieurgeologische Kartierung folgende Pflanzengruppen unterscheiden:

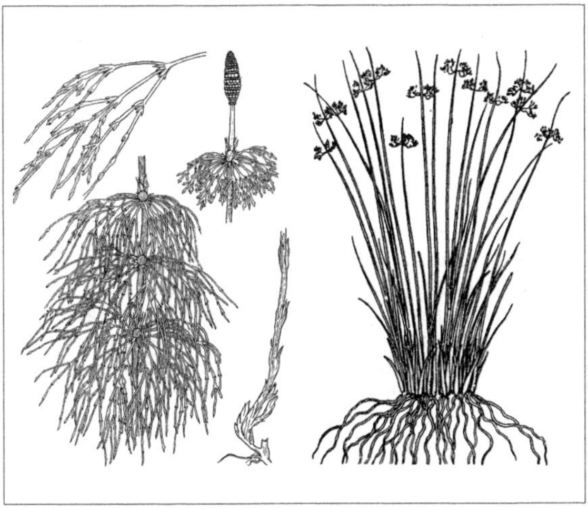

**Abb. 6.51** Der Waldschachtelhalm Equisetum silvaticum (links) zeigt fließendes Grundwasser und Quellen an, die Flatterbinse Juncus effusus (rechts) zeigt stehendes Grundwasser an (Reuter, Klengel, Pasek 1992).

- *Bodenkennzeichnende Pflanzen*, d. h. Pflanzen, die bestimmte Bodenarten anzeigen.
- *Grundwasserkennzeichnende Pflanzen*, d. h. Pflanzen, die den Grundwasserstand, die Bewegung des Grundwassers und seinen Chemismus anzeigen.

Tritt zum Beispiel der Waldschachtelhalm *Equisetum silvaticum*, der Rauhaarige Kälberkropf *Chaerophyllum hirsutum*, die Öldistel *Cirsium oleraceum* oder die Blaue Binse *Juncus glaucus* in Hanglagen entlang eines horizontalen Streifens auf, liegt ein Wasser führender Grenzhorizont vor, der von schwerdurchlässigen, bindigen Schichten unterlagert wird. Die genannten Pflanzen sind somit ein Hinweis auf die Gefahr einer Hangrutschung entlang der Wasser stauenden Schicht. Weiterhin zeigt das Lungenkraut *Pulmonaria obscura* in ansonsten sandigen Böden lehmige Vorkommen an. In horizontaler Lagerung an Hängen ist es ebenfalls ein Hinweis auf eine potenzielle Gleitfläche. Die Fiederzwencke *Brachypodium pinnatum* ist wiederum kennzeichnend für Kalkstein-Verwitterungsböden. Beispiele für bodenkennzeichnende Pflanzen zeigt Abbildung 6.50, Beispiel für grundwasserkennzeichnende Pflanzen zeigt Abbildung 6.51. Einen Überblick zu bodenkennzeichnenden und grundwasserkennzeichnenden Pflanzen gibt die Tabelle 6.15 und 6.16.

**Tabelle 6.15** Auswahl bodenanzeigender Pflanzen in Mittel- und Westeuropa (zusammengestellt nach Ellenberg 1950, 1996, Fabry 1950, Fecker & Reik 1996, von Kruedener 1951, von Kruedener & Becker 1941, Reuter, Klengel, Pasek 1992, Simmer 2004).

| Bodenart | Zeigerpflanzen |
|---|---|
| Sandige Böden | Silbergras *Corynephorus canescens*, Sandstrohblume *Helichrysum arenarium*, Rentierflechte *Cladonia rangiferina*, Preiselbeere *Vaccinium vitis-idaea*, Katzenpfötchen *Antennaria dioica*, Islandmoos *Cetraria islandica*, Besenginster *Sarothamnus scoparius*, Heidekraut *Calluna vulgaris*, Schafschwingel *Festuca ovina*, Sandreitgras *Calamagrostis epigejos*, Sand-Segge *Carex arenaria*, Sand-Nelke *Dianthus arenarius*, Hungerblümchen *Erophila verna*, Acker-Klee *Trifolium arvense*, Grosse Königskerze *Verbascum thapsiforme*, Sand-Wegerich *Plantago arenaria*, sowie die Kiefer *Pinus sylvestris* u. a. |

| Bodenart | Zeigerpflanzen |
|---|---|
| Bindige Böden (schluffig und tonig) | Maiglöckchen *Donnavallaria majalis* (wenn mehrblättrig, üppig, blaugrün), Huflattich *Tusslago farfara*, Haselwurz *Asarum europaeum*, Leberblume *Hepatica triloba*, Einbeere *Paris quadrifolia*, Ackerschachtelhalm *Equisetum arvense*, Wurmfarn *Aspidium filix mas* sowie die Fichte *Picea excelsa* u. a. |
| Kalkanzeigende Pflanzen | Waldzwenke *Brachypodium sylvaticum*, Bergaster *Aster amellus*, Silberdistel *Carlina acaulis*, Blaugras *Sesleria coerulea*, Federzwenke *Brachypodium pinnatum*, Echte Erika *Erica carnea*, Seidelblast *Daphne mezercum*, Gewimperte Alpenrose *Rhododendron hirutum*, Petergstamm *Primula glutinosa*, Aurikel *Primula auricula*, Blaue Binse *Juncus glaucus*, Ehrenpreis *Veronica teucrium*, Zwergbuchs *Polygala chamaebuxus*, Berberitze *Berberis vulgaris*, Silberwurz *Dryas octopetala*, Frauenschuh *Cypripedium calceolus*, Tollkirsche *Atropa bella-donna*, Klebkraut *Galium aparine*, Grosses Windröschen *Anemone sylvestris*, Ackersenf *sinapis arvensis*, Wacholder *Juniperus communis*, Blauer Enzian *Gentiana acaulis*, Hirtennadel *Erodium cicutarium*, Polster-Segge *Carex firma*, Gipskraut *Gypsophila repens*, sowie die Buche *Fagus silvatica*, u.a., ausserdem die Kulturpflanzen Gelbklee, Luzerne, Erbse, Bohne, Rübe und die meisten Obstbäume. |
| Evaporitanzeigende Pflanzen (Salz Gips) | Standsode *Suaeda maritima* (bis 16% Salzgehalt), Queller *Salicornia herbacea* (bis 10%), wilder Sellerie *Apium graveolens* (bis 1.4%) sowie Salzkraut *Salsola kali*, Glasschmelz *Salicornia herbacea*, Milchkraut *Glaux maritima*, Strandaster *Aster tripolium*, Gipskraut *Gypsophila repens* u. a. |
| Saure Böden | Stark saure Böden (pH 4.5-5.0): Preiselbeere *Vaccinium vitis-idaea*, Heidelbeere *V. myrtillus*, Siebenstern *Trientalis europaea*, Pfeifengras *Molinia caerulea*, Geschlängelte Schmiele *Deschampsia flexuosa*. Saure bis schwach saure Böden (pH 5.0-6.5): Himbeere *Rubus idaeus*, Heidekraut *Calluna vulgaris*, Rasenschmiede *Deschampsia cespitosa*, Flattergras *Milium effusum*, Wald-Gamander *Teucrium scorodonia* u. a. |

**Tabelle 6.16** Auswahl grundwasseranzeigender Pflanzen in Mittel- und Westeuropa (zusammengestellt nach Ellenberg 1950, 1996, Fabry 1950, Fecker & Reik 1996, von Kruedener 1951, von Kruedener & Becker 1941, Reuter, Klengel, Pasek 1992, Simmer 2004).

| Grundwasserlage | Zeigerpflanzen |
|---|---|
| Pflanzen, die fließendes Grundwasser anzeigen | Rohrglanzgras *Phalaris arundinacea* und Waldschachtelhalm *Equisetum silvaticum* (oberflächennahes Wasser), Waldschilf Scripus sylvaticus, Riesenschachtelhalm *Equisetum maximum* (Wasser bis etwa 1 m Tiefe), Rohrschilf *Phragmites communis* (Wasser bis etwa 2 m Tiefe), weiterhin Blutweiderich *Lythrum salicaria*, Gilbweiderich *Lysimachia vulgaris*, Mädesüß *Filipendula ulmaria*, Kohldistel *Cirsium oleraceum*, Dotterblume *Caltha palustris*, Pfeifengras *Molinia caerulea*, Kälberkropf *Chaerophyllum hisutum*, Wasserdost *Eupatorium cannabinum*, Kreuzkraut *Senecio fuchsii*, Geisbart *Aruncus silvester*, Echtes Springkraut *Impatieus noli-tangere*, Schwarzerle *Alnus glutinosa*, Grauerle Alnus incana, Wiesenenzian Gentiana pneumonanthe u. a. |
| Pflanzen, die nahezu stehendes, saures Grundwasser anzeigen | Kolbenschilf Typha latifolia, Flatterbinse *Juncus effusus*, Wollgras *Eriophorum vaginatum*, Sumpfmoos *Sphagnum acutifolium*, Sumpfporst *Ledum palustre*, Bürstenmoos *Polytrichum commune*, Breitblättriges Wollgras *Eriophorum latifolium* u. a. |

| Grundwasserlage | Zeigerpflanzen |
|---|---|
| Pflanzen, die trockene Standorte anzeigen | Isländisches Moos *Cetraria islandica*, Rentierflechte *Cladonia rangiferina*, Graublättrige Zackenmütze *Racomitrium canescens*, Wacholderblättriges Bürstenmoos *Polytrichum juniperum*, Purpurstieliger Hornzahn *Ceratodon purpureus*, Nickendes Birnmoos *Webera nutans*, Flacher Bärlapp *Lycopodium companatum*, Silbergras *Weingartneria canescens*, Land-Reitgras *Calamagrostis epigejos*, Schafschwingel *Festuca ovina*, Wundklee *Anthyllis vulneraria*, Dornige Hauhechel *Ononis spinosa*, Golddistel *Carlina vulgaris*, Feldbeifuß *Artemisia campestris* u. a. |

Bestimmte Pflanzenarten und -gemeinschaften markieren frühe Siedlungen und historische Handelswege (Brooks 1998, Dambrine, Dupouey, Moares, Lafitte 2000). Die Kartierung spezifischer Pflanzenarten ist daher integraler Bestandteil einer archäologischen Geländeaufnahme und ergänzt die ingenieurgeologische Kartierung mit Hinweisen zur historischen Entwicklung des Geländes und zu möglichen Baugrundanomalien. Weiterhin zu erwähnen sind die für die postindustrielle Zeit typischen Pflanzengemeinschaften auf Industriebrachen:

- *Pionierpflanzen*, die aufgrund ihrer guten Assimilationsfähigkeit auch auf degradierten Böden wachsen können (Abb. 6.52). Typische Pionierpflanzen sind Lupinen, Weiden und Birken.
- *Schadstofftolerante Pflanzen*, die sich auf kontaminierten Böden gegen die natürlichen Pflanzenassoziationen durchsetzen (Abb. 6.53). Spezielle Pflanzen akkumulieren auch Schadstoffe (Abb. 6.54) und können somit gezielt zur Reduktion einer oberflächennahen Baugrundkontamination eingesetzt werden (Brooks 1998, Darwish 2013, Reeves & Baker 2000). Zum Beispiel akkumulieren etwa dreihundert Pflanzenarten Nickel. *Viola*-Arten akkumulieren Zink, *Agrostis*-Arten und *Minuartia verna* Blei und *Thlaspi*-Arten beides (Genske 2003: 146).

**Abb. 6.52** Pionierpflanzen auf einer Industriebrache (Foto: Peter Drecker).

**Abb. 6.53** Die Gemeine Grasnelke Armeria maritima zeigt Schwermetallkontaminationen an (bei Clausthal-Zellerfeld).

Schließlich gibt, wie bereits Albert Heim (1932) erkannte, das Pflanzenwachstum auch Auskunft über die jüngste Veränderung des Reliefs:

- *Reliefkennzeichnende Pflanzen* sind Pflanzen, die Bewegungen der Erdoberfläche anzeigen, wie zum Beispiel langsame Kriechbewegungen von Hängen. Sie verursachen bei Bäumen den typischen Sichelwuchs. Plötzliche Rutschbewegungen werden dagegen durch die Schrägstellung der Stämme dokumentiert. Liegt die

**Abb. 6.54** Thlaspi caerulescens (hyper)akkumuliert Schwermetalle (Foto: Catherine Keller).

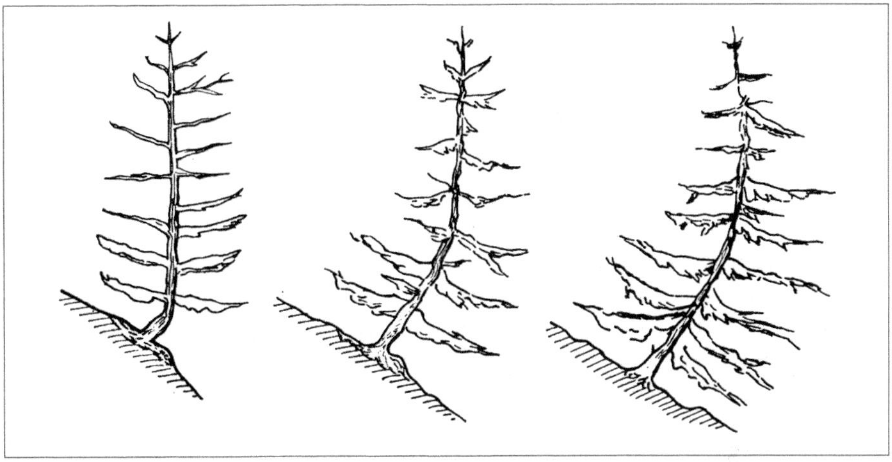

**Abb. 6.55** Sichelwuchs und Schrägstellung als Reaktion auf Hangbewegungen. Bei Hangkriechen wächst der Stamm sichelförmig, wogegen sich bei einer plötzlichen Hangbewegungender Baum schräg stellt. Ein Knick weist auf eine frühere, plötzliche Bewegung hin (nach Heim 1932).

Rutschung einige Zeit zurück, dann weist der Baumstamm einen Knick auf (Abb. 6.55). Da oberhalb des Knicks der Baum vertikal weiter gewachsen ist, lässt sich das Rutschereignis in etwa datieren. Weiterhin verursachen Bergsenkungen eine Schiefstellung der Bäume, die somit auf Altbergbau hinweisen.

Bei Bergsenkung kommt es zu einem relativen Anstieg des Grundwassers und bestimmte Pflanzengruppen sterben ab, andere wandern ein. Steigt der Grundwasserspiegel über das Gelände an, entstehen Bergsenkungsseen, die sich zu durchaus schützenswerten Sekundär-Biotopen entwickeln können.

## 6.3 Darstellung der Ergebnisse

Bei jeder Etappe der Erkundung werden die Ergebnisse in Karten und Profilen dargestellt. Die anschauliche Visualisierung projektrelevanter Phänomene ist von zentraler Bedeutung für den Erfolg des Projekts. Sie verdeutlicht komplexe Zusammenhänge und mögliche Risiken, sowohl für den Fachmann als auch für Projektpartner, die nicht geowissenschaftlich ausgewiesen sind und sich mit völlig anderen Themen befassen wie zum Beispiel der Genehmigung oder der Finanzierung des geplanten Vorhabens.

Der Zweck der Vorerkundung ist die Ansprache und Aufnahme von Daten im Gelände und ihre Visualisierung in einfacher und übersichtlicher Form. Um die planungsrelevanten Merkmale darzustellen, werden Karten gezeichnet und Profile konstruiert. Schematische Blockbilder illustrieren die geologischen Verhältnisse. Zur weiteren Veranschaulichung bestimmter Phänomene wie die Bewegung von Hängen oder die Ausbreitung von Schadstoffen können auch computeranimierte Bewegungssequenzen erstellte werden.

### 6.3.1 Karten

Die *Status quo-Karte* und die darauf aufbauenden *thematischen Karten* illustrieren den Entwurfsstand und die Untersuchungsergebnisse und alles, was für die Planung und die Durchführung des Projekts zu kommunizieren ist. Neben Objekten und Sektoren werden kontinuierliche Merkmale mit Isolinien und Isoblöcken dargestellt. Auch thematische Diagramme können in das Kartenwerk integriert werden.

Dabei ist darauf zu achten, dass Karten immer übersichtlich und verständlich bleiben. Jede Karte ist mit einem Nordpfeil zu orientieren und mit einem Maßstab zu versehen. In der Legende sind die kartierten Merkmale in verständlicher und anschaulicher Form zu erläutern. Leicht reproduzierbare Symbole sind zu verwenden, für die es in den einschlägigen nationalen Normenwerken Vorschläge gibt (Boden- und Gebirgsarten, Quellen, Bauwerkstypen etc.).

Mit *Geo-Informationssystemen* lässt sich die Erstellung von Karten optimieren. GIS erlaubt nicht nur die Darstellung der kartierten Phänomene, sondern auch ihre Verknüpfung mit einer Datenbank (Abb. 6.56). GIS-Karten können ständig angepasst und variiert werden. Informationen aus anderen Karten lassen sich integrieren und assoziieren. Daten lassen sich räumlich kombinieren und modellieren, um neue Daten zu produzieren (z. B. Bartelme 2000, Kappas 2012, Olbrich, Quick, Schweikart 2002).

Die räumliche Einteilung des Projektgebietes in Bereiche, die sich in ingenieurgeologischer Hinsicht homogen verhalten, führt zur Festlegung von *ingenieurgeologischen Homogenbereichen*. Sie geschieht auf der Grundlage der Status quo-Karte und der im Feld gewonnenen projektrelevanten Erkenntnisse. Nach Heitfeld, Hesse & Düllmann (1982: 99) sind ingenieurgeologische Homogenbereiche „quasihomogen im Hinblick auf den petrographischen Aufbau, die Raumstellung der Schichtung, ihrer tektoni-

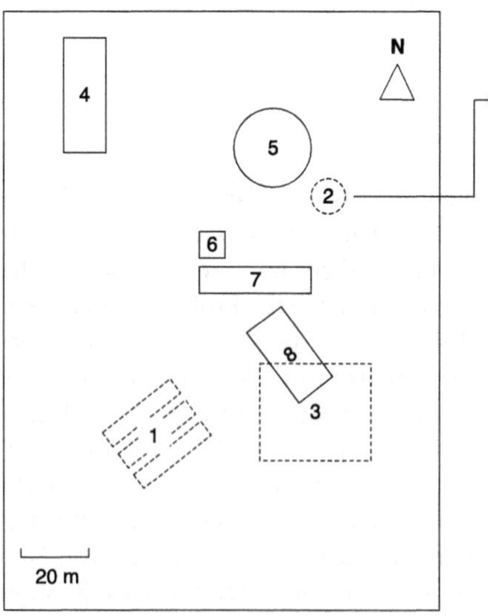


| Nr. |
|---|
| 1 |
| 2 |
| 3 |
| 4 |
| 5 |
| 6 |
| 7 |

| Objekt | von | bis |
|---|---|---|
| Kokerei | 1891 | 1911 |
| Kühlturm | 1891 | 1925 |
| Lagerplatz | 1893 | 1920 |
| Benzol-Anlage | 1923 | 1950 |
| Kühlturm | 1921 | 1955 |
| Labor | 1930 | 1957 |
| Verwaltung | 1933 | 1951 |

**Abb. 6.56** GIS-Layer mit Informationen zur Nutzung des Geländes und assoziierter Datenbank (vereinfacht).

schen Deformation, das Vorkommen bestimmter Trennflächenscharen und die Intensität der Zerklüftung und somit auch quasihomogen hinsichtlich der mechanischen Eigenschaften". Diese für das Festgestein entwickelte Definition lässt sich auch auf das Lockergestein übertragen. Auch hier lassen sich je nach Art und Aufbau des Lockergesteins Homogenbereiche abgrenzen.

Ingenieurgeologische Homogenbereiche werden sowohl im Rahmen der Erkundung für Neubaumaßnahmen als auch bei der Klärung von Schadensfällen kartiert. Sie können klein- und großmaßstäblich sein, einen ganzen Landstrich erfassen oder sich nur auf die Ortsbrust eines Tunnelbauwerks beziehen. Ingenieurgeologische Homogenbereiche sind in jeder Phase der Projektbearbeitung relevant. Sie illustrieren die räumliche Gliederung des Projektgebietes während der Voruntersuchungen, der Hauptuntersuchungen, der baubegleitenden Untersuchungen und der Nachuntersuchungen. Sie reduzieren die vorliegenden komplexen Zusammenhänge auf das Wesentliche und bringen mögliche Risiken auf den Punkt.

Abbildung 6.57 zeigt die Einteilung eines Projektgebietes von etwa sechs Hektaren in vier Homogenbereiche. Homogenbereich 1 kennzeichnet den schlecht bebaubaren Hangbereich, Homogenbereich 2 einen Bereich mit besonders steilen Hängen (die rutschungsgefährdet sind), Homogenbereich 3 markiert eine Störungszone und somit inhomogene Baugrundbedingungen, Homogenbereich 4 erscheint bebaubar. Die Planung der Neubauten ist entsprechend anzupassen, um Baugrundkomplikationen (Homogenbereiche 1-3) zu vermeiden.

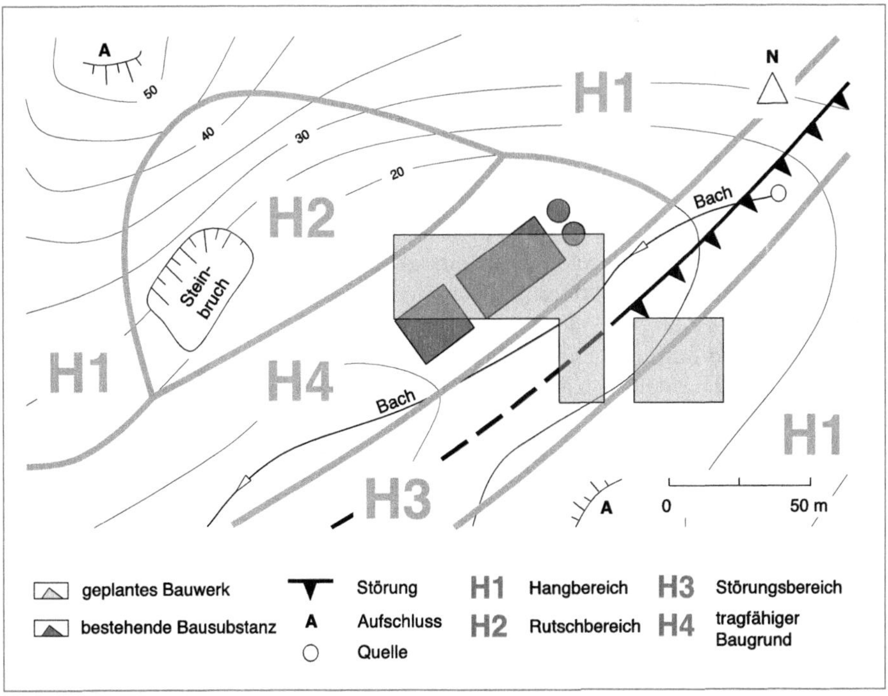


**Abb. 6.57** Ingenieurgeologische Homogenbereiche (vereinfacht).

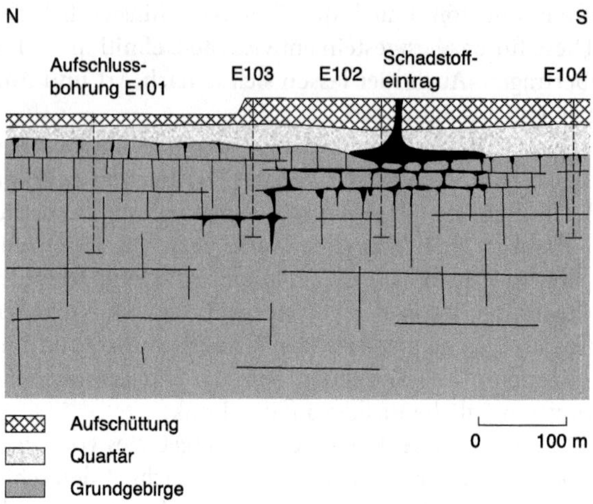


**Abb. 6.58** Profile durch ein ehemaliges Industriegebiet. Die Ausbreitung von Schadstoffen, die schwerer als Wasser sind (DNAPLs), ist schematisch dargestellt. Beabsichtigt wurde hier, das Eindringen der Schadstoffe in den Kluftwasserleiter zu visualisieren.

## 6.3.2 Profile

Karten beschreiben das Projektgebiet in zwei Dimensionen. Bei ingenieurgeologischen Aufgaben ist jedoch der räumliche Zusammenhang von grundsätzlicher Bedeutung, der mit *Profilen* veranschaulicht werden kann.

Die Konstruktion von Profilen ist ungleich schwieriger als die Erstellung von Karten, denn die zugrunde liegenden Informationen stützen sich auf Indexwerte aus den Felduntersuchungen und Schürfe, auf punktuelle Erkundungsmaßnahmen wie Sondierungen und Aufschlussbohrungen und indirekte Erkundungsmaßnahmen wie geophysikalische Messungen. Trotz dieses deutlich eingeschränkten Informationsstands muss der Ingenieurgeologe eine Aussage treffen und diese in Form eines Profils darstellen. Dieses Profil stellt dann, zusammen mit dem Kartenwerk, die Grundlage für die weitere Planung dar.

Mitunter sind bestimmte Sachverhalte schematisiert darzustellen (Abb. 6.58). In der gutachterlichen Stellungnahme ist auf den Interpretationsspielraum hinzuweisen; gegebenenfalls sind weitere Aufschlussmaßnahmen zu empfehlen, um das erstellte Profil zu präzisieren und dessen Verlässlichkeit zu erhöhen.

Mit GIS lassen sich ebenfalls Profile erstellen. Sie berücksichtigen jedoch nicht die Fachkenntnis und die Intuition des Ingenieurgeologen und stellen daher eher Arbeitshilfen dar.

## 6.3.3 Blockbilder

Die Verknüpfung von Karten mit Profilen ermöglicht die Konstruktion von *Blockbildern*, die komplexe geologische Bedingungen auf anschauliche Weise verdeutlichen

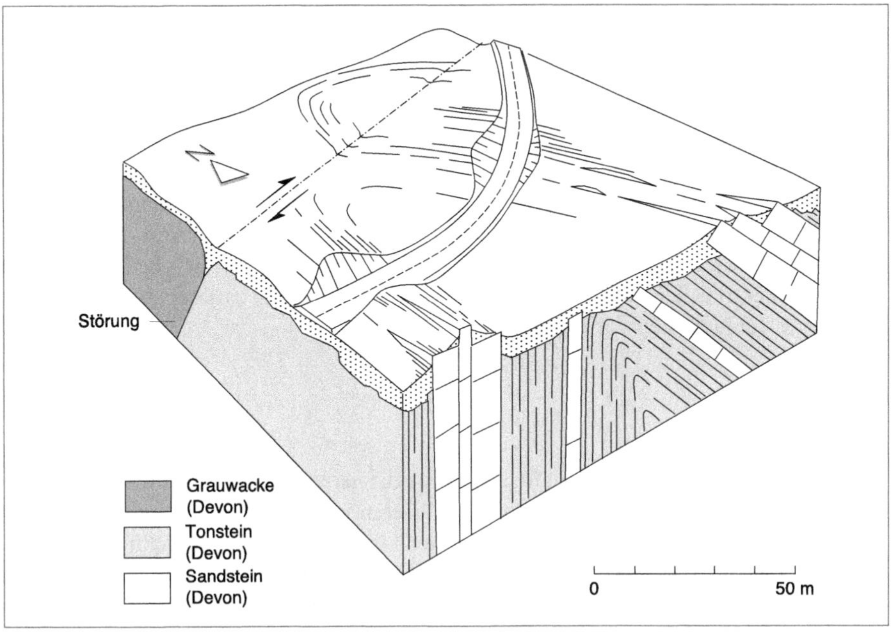


Abb. 6.59 Beispiel für ein geologisches Blockbild. Eine geplante Straße mit den Felsanschnitten ist dargestellt.

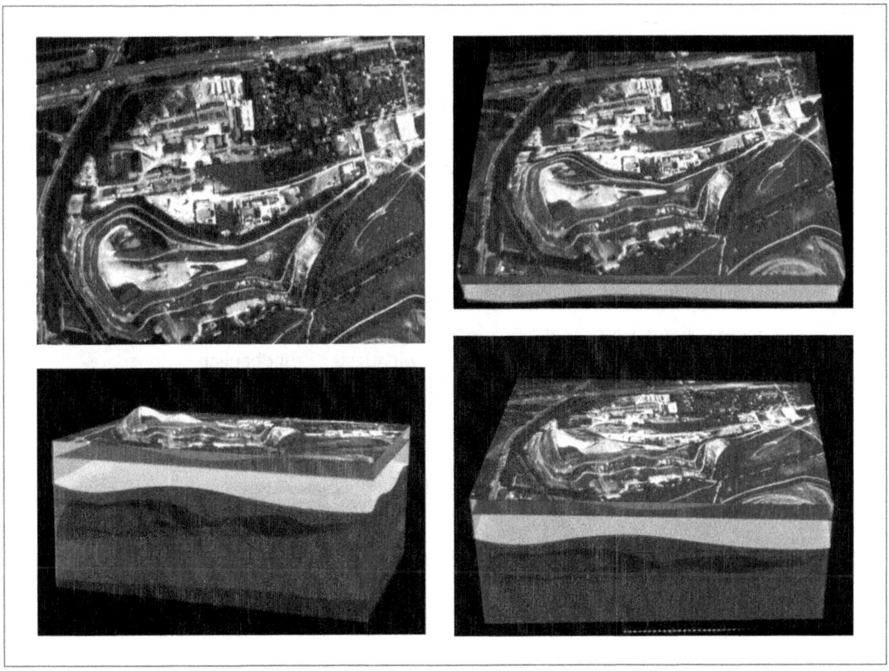

Abb. 6.60 Bilder aus einer Animation zur Veranschaulichung der geologischen Verhältnisse im Bereich der Industriebrache Graf Moltke (Gladbeck). Um ein schematisches Blockbild wird eine digitale Kamera geführt (Genske 2003).

(Abb. 6.59). 3D-Modelle stellen die geologischen Verhältnisse vereinfacht und schematisch dar. Sie betonen das zu visualisierende Phänomen.

Exakte Blockbilder können auch mit GIS erstellt werden. Hierzu sind jedoch viele Aufschlussbohrungen nötig, deren Aussagekraft durch weitere Erkundungsmaßnahmen zu ergänzen ist. In der ingenieurgeologischen Praxis reicht das zur Verfügung stehende Budget in der Regel nicht aus, um eine entsprechende GIS-Visualisierung zu finanzieren. Weiterhin ist zu bedenken, dass GIS-Darstellungen allein auf den gemessenen Daten basieren und die ingenieurgeologische Expertise kaum berücksichtigt wird. Diese ist jedoch gerade bei der 3D-Darstellung von zentraler Bedeutung und ermöglicht es in vielen Fällen, realistische Blockbilder zu konstruieren, auch wenn nur wenige Aufschlussdaten vorliegen.

### 6.3.4 Animation

Karten, Profile und Blockbilder, auch wenn sie die geologischen Verhältnisse nur schematisch skizzieren, lassen sich leicht digitalisieren und nachträglich *animieren* (Abb. 6.60). Computeranimationen dienen in erster Linie der Veranschaulichung bestimmter Prozesse und Vorgänge, um (fachfremde) Projektpartner und Bürger ins Bild zu setzen. Die Rekonstruktion eines Felssturzes, die Kontamination durch eine undichte Deponie und die Präsentation von Möglichkeiten, sie wieder abzudichten, sind typische Beispiele für die Animation ingenieurgeologischer Darstellungen.

#### Weiterführende Literatur

Albertz J (2013) Einführung in die Fernerkundung: Grundlagen der Interpretation von Luft- und Satellitenbildern. Wissenschaftliche Buchgesellschaft, 254 S

Darwish L (2013) Earth Repair: A Grassroots Guide to Healing Toxic and Damaged Landscapes. New Society Publishers Gabriola Island Canada, 326 S

Gebhardt H, Glaser R, Radtke U & Reuber P (2012) Physische Geographie und Humangeographie. Spektrum Akademischer Verlag, 1344 S

Kappas M (2012) Geografische Informationssysteme (GIS). Westermann, 288 S

Lang HJ, Huder J, Amann P & Puzrin AM (2011) Bodenmechanik und Grundbau: Das Verhalten von Böden und Fels und die wichtigsten grundbaulichen Konzepte. Springer Berlin Heidelberg New York, 340 S

Licht W (2012) Zeigerpflanzen. Erkennen und Bestimmen. Quelle & Meyer Verlag Wiebelsheim, 458 S

Scheffer F, Schachtschabel P (2010) Lehrbuch der Bodenkunde (Neubearbeitet von Blume, H.-P. et al.). Spektrum Akademischer Verlag Heidelberg, 569 S

Zepp H (2011) Geomorphologie. UTB Stuttgart, 385 S

## Übungen

6-1 Ein vertikaler Gebirgsaufschluss neben einer Landstraße wurde geologisch aufgenommen (Abb. 6.61). Teile diesen Aufschluss in ingenieurgeologische Homogenbereiche ein.

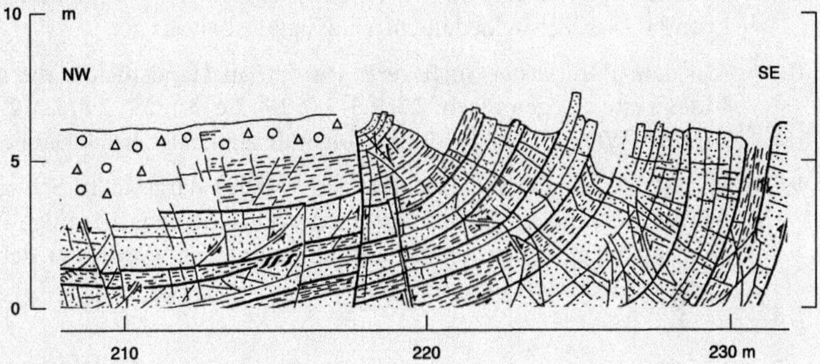


**Abb. 6.61** Aufnahme des Profils.

6-2 Wie wird ein Bodenprofil differenziert?

6-3 Welche Bodengruppen werden nach der WRB unterschieden?

6-4 Aus einem Schurf wurde mit einem Stechzylinder eine ungestörte Bodenprobe entnommen. Das Gewicht der Probe (inkl. Stechzylinder) beträgt 53.3 N. Nach der Ofentrocknung beträgt es nur noch 50.5 N. Der Stechzylinder hat ein Gewicht von 40.7 N und ein Volumen von 700 $cm^3$. Als Kornwichte wurde $\gamma_s = 26.3\ kN/m^3$ ermittelt. Zu bestimmen sind der natürliche Wassergehalt $w$, die Trockenwichte $\gamma_d$, der Porenanteil $n$, die Porenzahl $e$, die Sättigungszahl $S_r$, die Wichte des natürlich feuchten Bodens $\gamma$, die Wichte des gesättigten Bodens $\gamma_r$ und die Wichte unter Auftrieb $\gamma'$.

6-5 Stelle im Korngrößendiagramm (Abb. 6.62) die typischen Körnungslinien für einen Schluff, einen Dünensand und einen Geschiebemergel dar.

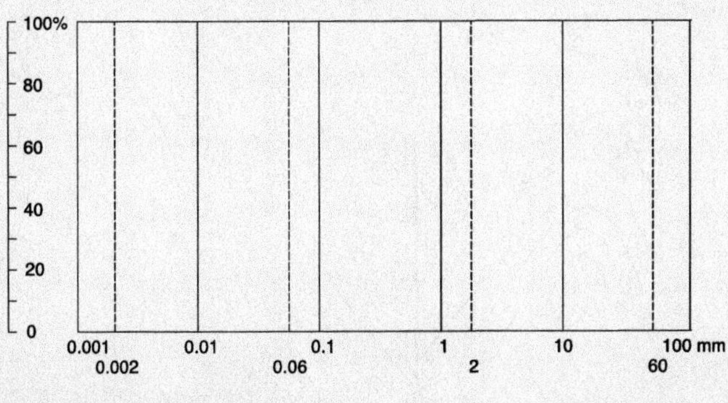


**Abb. 6.62** Korngrößendiagramm.

6-6 Für einen kiesigen Sand ergibt sich aus dem Korngrößendiagramm ein $d_{10}$ von 0.21 mm. Schätze den Durchlässigkeitsbeiwert ab.

6-7 In einem 0.50 m tiefen, kreisförmigen Loch mit einem Durchmesser von 1.0 m wird ein Versickerungsversuch durchgeführt. Die Beobachtung der Absenkung des Wasserspiegels über die Zeit ergab eine mittlere Absenkrate $\Delta s/\Delta t$ von 0.05 m/s bei der halben Absenktiefe $s_m$ = 0.25m. Schätze aufgrund dieses Versuchs den Durchlässigkeitsbeiwert ab.

6-8 Mit dem Punktlastversuchsgerät wurden an Handstücken die folgenden Indexwerte $I_{s(50)}$ gemessen: 2.3, 2.5, 3.0, 2.3, 2.6, 3.1, 2.7, 2.8, 2.3, 2.6, 2.7, 2.5 MN/m². Wie groß ist die daraus folgende einaxiale Druckfestigkeit?

6-9 Wie stellt sich die im Blockbild (Abb. 6.63) dargestellte Schichtung im Schmidtschen Netz dar? Einzutragen sind (schematisch) einige Polpunkte, wie sie eine gefügekundliche Aufnahme ergeben würde, der daraus resultierende Großkreis und dessen Pol.

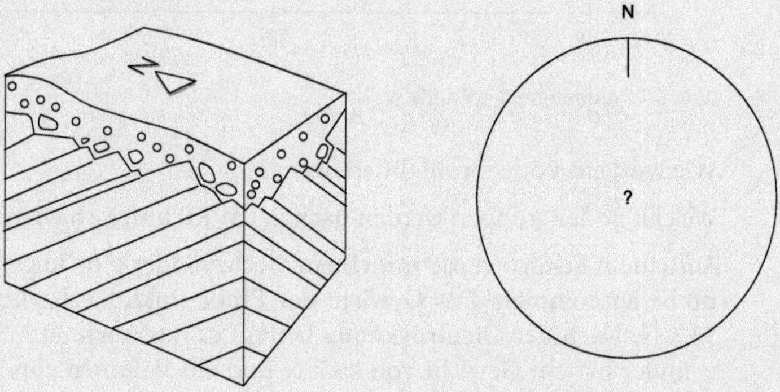


**Abb. 6.63** Blockbild mit Schmidtschem Netz.

6-10 Wie stellt sich die im Blockbild (Abb. 6.64) dargestellte Faltung im Schmidtschen Netz dar? Einzutragen sind (schematisch) einige Polpunkte, wie sie eine gefügekundliche Aufnahme ergeben würde, der daraus resultierende $\pi$-Kreis und der $\pi$-Pol.

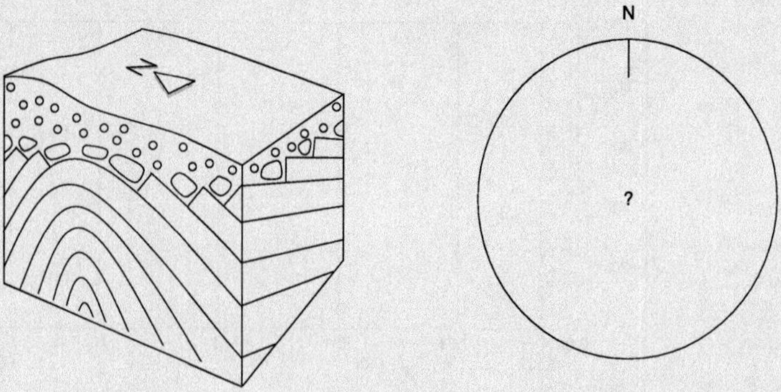


**Abb. 6.64** Blockbild mit Schmidtschem Netz.

# 7 Hauptuntersuchungen

★ Im Rahmen der Hauptuntersuchungen werden die Erkundungsmaßnahmen aus den Voruntersuchungen ergänzt mit gezielten, mitunter aufwendigen Feld- und Laboruntersuchungen. Bislang nur abgeschätzte und durch Indextests mittelbar bestimmte Bodeneigenschaften werden nun quantifiziert. Aufgrund der vorhergehenden Etappen, der Vorauswertung und der Ersterkundung, steht bereits fest, welche speziellen geotechnischen Fragen noch offen, welche Versuche zur Klärung dieser Fragen noch durchzuführen und wo diese Untersuchungen im Projektgebiet sinnvoll sind. Auf der Grundlage der *status-quo*-Karte wird die Feldkampagne strategisch vorbereitet mit dem Ziel, ein Optimum an Informationen mit möglichst geringem Aufwand an Zeit und Geld zu gewinnen. Es liegt auf der Hand, dass eine gründliche Kenntnis der Geologie des Projektgebiets, das Studium der Erkenntnisse aus der ersten Etappe und viel Erfahrung nötig sind, um ein zufrieden stellendes Arbeitsergebnis vorzuweisen und dieses gegenüber allen Projektpartnern und dem Auftraggeber verteidigen zu können.

## 7.1 Einordnung

Mit dem Abschluss der Voruntersuchungen und der Vorlage des Untersuchungsberichts haben sich die am Projekt beteiligten Partner ein Bild über die geologischen Verhältnisse des Projektgebiets verschafft. Nun lässt sich diskutieren, inwieweit das geplante Projekt machbar ist, welche Strategien zu wählen sind, welche Risiken auftreten können. Wird entschieden, das Projekt weiter zu führen, dann folgen die Hauptuntersuchungen (Abb. 7.1). Die Hauptuntersuchungen lassen sich unterscheiden in

- lineare Untersuchungen (z. B. Bohrungen), flächige Untersuchungen (z. B. geophysikalische Messungen), räumliche Untersuchungen (z. B. in-situ-Versuche)
- direkte Untersuchungen (z. B. Schürfe, Aufschlussbohrungen) oder indirekte Untersuchungen (z. B. Sondierungen)
- thematische Untersuchungen (z. B. Geologie, Hydrogeologie, Festigkeit, Verformbarkeit etc.)

In Folgenden wird die letztgenannte Klassifizierung aufgegriffen.

## 7.2 Geologie

### 7.2.1 Schurf, Schacht, Stollen

Bereits im Rahmen der Voruntersuchungen wurde beschrieben, wie einfach und kostengünstig die Anlage eines *Schurfs* ist. Da sich Schürfe leicht und zügig ausheben lassen, bieten sie sich sowohl für die Voruntersuchungen als auch für die Hauptuntersuchungen an. Sie erlauben einen direkten Einblick in die Untergrundverhältnisse und den Bodenaufbau.

Es lassen sich problemlos Bodenproben bester Güte entnehmen, d. h. ungestörte Bodenproben, an denen die Kornzusammensetzung, der Wassergehalt, die Wichte, die Scherfestigkeit und der Steifemodul bestimmt werden können. Weiterhin lassen sich Indexversuche und aufwendigere Feldversuche durchführen. Neben den Bodenverhältnissen können noch die Tiefe zum anstehenden Festgestein, seine Petrografie, seine Stratigrafie und sein Trennflächengefüge bestimmt werden. Obwohl die Tiefe des Schurfs begrenzt ist durch den Grundwasserspiegel, das anstehende Festgestein und die bereits im vorigen Kapitel erwähnten Sicherheitsvorschriften, lässt sich bei Kenntnis der geologischen Rahmenbedingungen mit einer gründlichen Schurfaufnahme der Aufbau des Untergrunds über die Schurftiefe hinaus extrapolieren.

Im Zuge des Ausbaus einer Bundesstraße im Bergischen Land (Rheinisches Schiefergebirge) war ein etwa 280 m langes Teilstück als Tunnel auszuführen. Nach einer Kostenanalyse wurde entschieden, den Tunnel nicht bergmännisch aufzufahren, sondern in offener Bauweise in einem Einschnitt zu errichten. Dieser Einschnitt sollte später wieder geschlossen werden, um die natürliche Morphologie des Geländes wieder herzustellen. Eine bis zu 35 m tiefe Baugrube war auszuheben und zu sichern. Die Vorauswertung zeigte, dass der geplante Tunnel die bunten Cypridinen- und Kalkknotenschiefer des oberen Devons durchfährt (Hemberg, Dasberg). Zur direkten Erkundung der Baugrundverhältnisse wurde ein Schurf entlang der geplanten Baugrube ausgehoben. Neben der petrografischen und stratigrafischen Ansprache des nur wenige Dezimeter unter Gelände anstehenden Grundgebirges wurde das Trennflächengefüge aufgenommen. Die Gefügestatistik und der Trennflächencharakter sind in Tabelle 7.1 zusammengefasst. Im Blockbild (Abb. 7.2) sind die Lagerungsbedingungen und die tektonischen Verhältnisse relativ zur geplanten Baugrubenwand dargestellt. Schmidtsche Netze (Polpunktdiagramm und Großkreise) ergänzen das Modell, das Grundlage für die Beurteilung möglicher Versagensmechanismen (s. Teil III) wurde und der Dimensionierung von Sicherungsmaßnahmen (Felsankern) diente. Weiterhin sind im Blockbild mögliche Gleitkörper dargestellt, die in die Baugrube rutschen könnten. Die später durchgeführte baubegleitende Kartierung (Kapitel 8) bestätigte das Modell, das allein aufgrund der Schürfe und der Kenntnis der regionalen Geologie erstellt wurde.

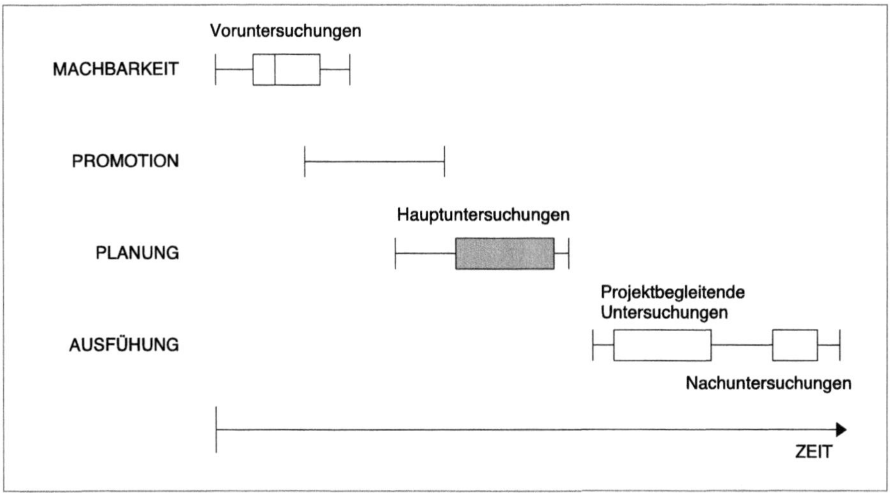


**Abb. 7.1** Die Hauptuntersuchungen folgen den Voruntersuchungen und werden angeordnet, sobald die Machbarkeit des Projektes festgestellt wurde.

**Tabelle 7.1** Ergebnis der gefügekundlichen Aufnahme des Schurfs.

| TF | $n$ | $\alpha, \vartheta$ [°/°] | $\Omega, \theta_\beta$ [°] | $\Lambda$ [°] | $V$ | $E$ | $d$ | $k$ [1/m] | $H$ | $b$ [cm] | $F$ |
|---|---|---|---|---|---|---|---|---|---|---|---|
| ss, C | 48 | 334/48 | 9 | 3 | 0.0 | >> 1 | 1.0 | 3-7 | w, g | - | - |
| ac, C | 56 | 248/88 | 20 | 6 | 0.6 | >> 1 | 1.0 | 0.1-0.5 | h, g | 0-10 | L, o |
| d, C | 26 | 281/47 | 15 | 7 | 0.3 | 0.05-0.1 | 0.7–0.9 | 0.5-1.5 | e, g | 0-0.4 | L, o |
| x, C | 60 | 225/62 | 19 | 5 | 0.3 | 0.01–0.02 | 0.6–0.9 | ? | e, g | 0-0.3 | K |

Trennflächentyp: ss Schichtung, sf Schieferung, ac-Klüftung, bc-Klüftung, d Diagonalklüftung, x Klüftung allgemein; Verteilungstyp: C Clusterverteilung, G Gürtelverteilung; $n$ Stichprobenumfang; $\alpha$, $\vartheta$ mittlere Einfallrichtung/Einfallen des Schwerpunktvektors; $\Omega$ sphärischer Öffnungsgrad einer Clusterverteilung $\theta_\beta$, zirkularer Öffnungsgrad einer Gürtelverteilung; $\Lambda$ sphärisches Konfidenzintervall für Clusterverteilungen, bezogen auf eine Irrtumswahrscheinlichkeit von 1%; $V$ Verwitterungsgrad der Trennfläche: 0.0 sehr schwach verwittert, 1.0 völlig verwittert; $E$ die Referenzlänge zur relativen Bestimmung der räumlichen Erstreckung ist die Baugrubenbreite, die 20 m beträgt und für die $E = 1.0$ ist.; $d$ Durchtrennungsgrad nach Pacher; $k$ Klüftigkeitsziffer; $H$ Habitus: Makrorauigkeit im cm- bis mm-Bereich (hakig *h*, wulstig *u*, wellig *w*, eben e), Mikrorauigkeit im Bereich < 1mm (rau r, glatt g); $b$ Öffnungsweite; $F$ Füllung: Lehm *L*, Kalzit *K*; ? Weitere ingenieurgeologisch Untersuchungen notwendig.

Abschließend sei noch einmal darauf hingewiesen, dass Schürfe nicht hangparallel ausgehoben werden dürfen, da sie sonst eine Hangrutschung auslösen könnten. Die Sicherheitsvorschriften hinsichtlich Aushubtiefe, Sicherung und Schurfbegehung sind zu beachten (Kapitel 6). Darüber hinaus ist im anthropogen überprägten Terrain mit Kontaminationen zu rechnen, so dass entsprechende Vorkehrungen zu treffen sind.

Neben den leicht auszuhebenden Schürfen dienen der direkten Erkundung auch die wesentlich aufwendigeren *Erkundungsschächte* und *Erkundungsstollen*. Aufgrund der hohen Kosten werden Schächte und Stollen meist nur im Rahmen von großen

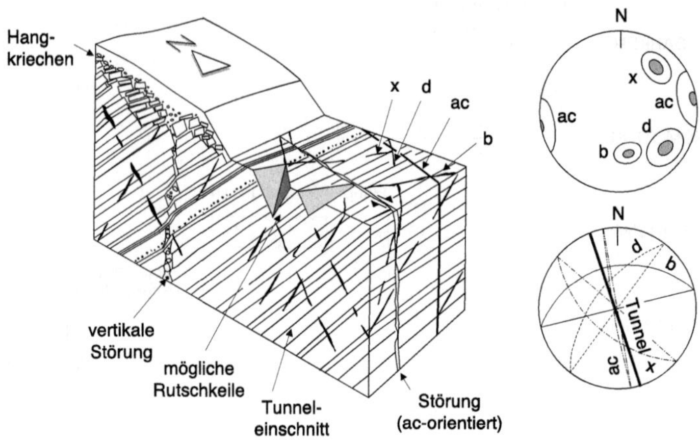


**Abb. 7.2** Das auf der Grundlage der Schurfaufnahme entwickelte Blockbild der Gebirgsverhältnisse mit möglichen Versagensmechanismen.

Baumaßnahmen wie Tunnel oder Talsperren angeordnet. Die Aufnahme der geologischen Verhältnisse und ihre Darstellung in Profil und Blockbild erfolgen analog der Schurfaufnahme. In vielen Fällen werden Erkundungsstollen und -schächte nicht nur allein zur Erkundung der geologischen Verhältnisse ausgehoben. Sie haben vielmehr einen weiteren projektbezogenen Zweck. Bei dem im Kapitel 6 vorgestellten Beispiel der Rutschung im Siebengebirge diente der Erkundungsstollen gleichzeitig der Entwässerung des rutschgefährdeten Gebirgsbereichs. Er erfüllte somit eine Funktion bei der permanenten Stabilisierung des Hanges.

### 7.2.2 Sondierungen

Bereits in den 1930er Jahren wurde eine von Künzel entwickelte Sonde patentiert, die aus einem Stahlstab besteht, der mit einem genormten Fallgewicht in den Boden geschlagen wird. Die Anzahl der Schläge, die notwendig ist, um eine bestimmte Einschlagtiefe zu erreichen, ist ein indirektes Maß für die Festigkeit des Bodens. Der Künzelstab wurde in vielen Ländern weiterentwickelt und ist in einschlägigen Regelwerken beschrieben. Dabei blieb der Grundgedanke, eine Sonde in den Boden zu rammen oder zu drücken, um dessen Festigkeit zu ermitteln, unverändert.

#### Rammsondierung

Bei einer *Rammsondierung (Standard Penetration Test SPT)* wird wie beim Künzelstab die Anzahl der Schläge pro Eindringtiefe gezählt (zum Beispiel $N_{30}$ bei 30 cm für den SPT). Über die Tiefe aufgetragen entsteht so ein indirektes Festigkeitsprofil (Abb. 7.3). Die Sonden werden nach Fallgewicht eingeteilt (z. B. leichte Rammsonde, schwere Rammsonde) und erreichen Tiefen bis zu 25 m. Auf der Grundlage von Erfahrungs-

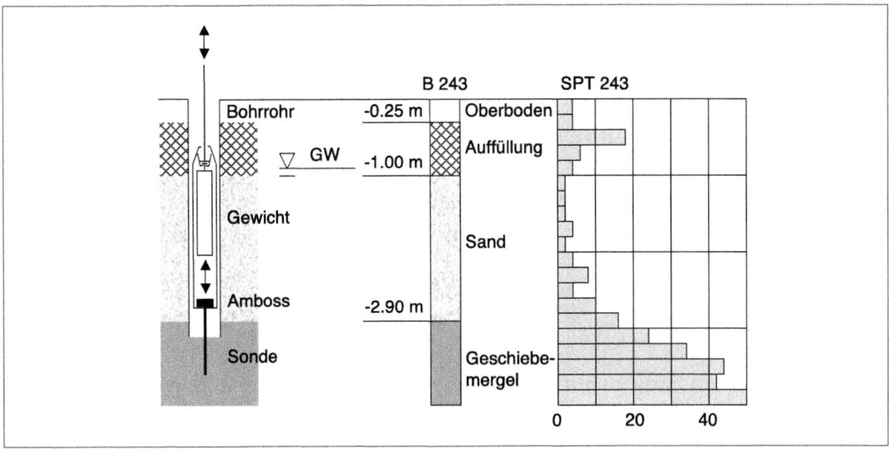


Abb. 7.3 Prinzip der Rammsondierung und Auswertung.

werten und Versuchen lassen sich Schlagzahlen mit bodenmechanischen Kennwerten korrelieren, wie zum Beispiel mit der Lagerungsdichte, dem Reibungswinkel, der Konsistenz und der einaxialen Druckfestigkeit. Rammhindernisse wie Findlinge oder Fundamente erzwingen einen Abbruch der Messung. Die Sonde ist umzusetzen, um an anderer Stelle eine neue Messung zu beginnen.

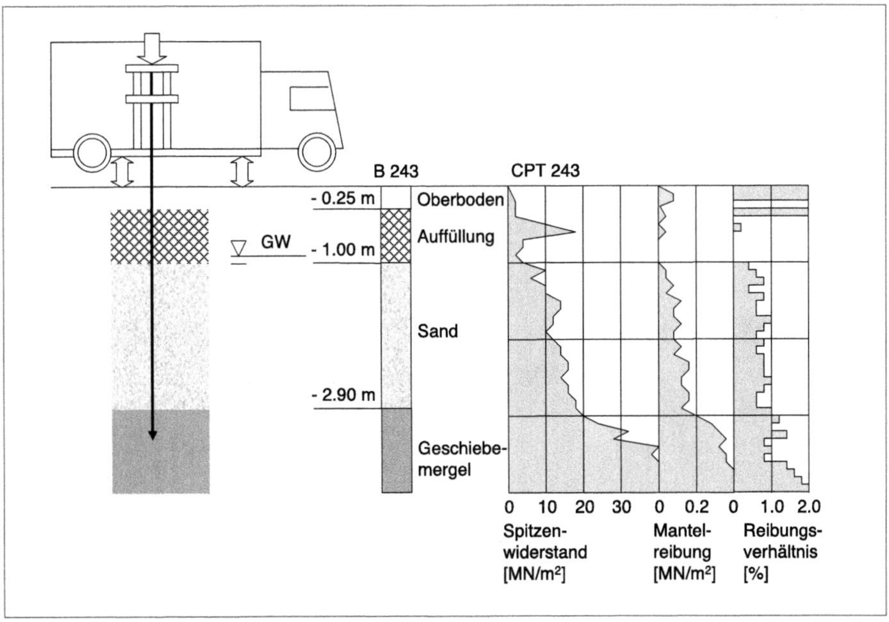


Abb. 7.4 Prinzip einer Drucksondierung und Auswertung.

## Drucksondierung

Bei der in den Niederlanden entwickelten *Drucksondierung (Cone Penetration Test CPT)* wird eine Sonde mit konstanter Geschwindigkeit in den Untergrund gedrückt. Dabei wird der Widerstand an der Spitze der Sonde, der *Spitzenwiderstand* $q_s$, und die Reibung am Außenrand der Drucksonde, die *Mantelreibung* $f_s$, aufgezeichnet (Abb. 7.4, Abb. 7.5). Spitzenwiderstand und Mantelreibung erlauben Rückschlüsse auf die Eigenschaften des Bodens. Das Verhältnis von Mantelreibung zu Spitzenwiderstand

$$R_f = \frac{f_s}{q_s} 100$$

gibt einen direkten Hinweis auf die Art des Bodens: Ein $R_f \leq 1.4$ % zeigt einen nicht bindigen Boden an, wogegen ein $R_f \geq 1.8$ % für einen bindigen Boden spricht. Weiterhin

**Abb. 7.5** Drucksondierung im Feld: Ein CPT-Truck, die Presse im Truck und die Sonde.

wurden Korrelationen zwischen $R_f$ und bodenmechanischen Eigenschaften wie dem Reibungswinkel, der Kohäsion, den Verformungskennwerten etc. entwickelt. Auch bei der Drucksondierung können Rammhindernisse zum Abbruch der Messung führen. Inzwischen wurden auch Sonden entwickelt, die mit Sensoren ausgerüstet chemische Eigenschaften messen können und somit Hinweise auf eine mögliche Verschmutzung des Untergrundes geben können.

### 7.2.3 Aufschlussbohrungen

Es gibt inzwischen eine Vielzahl von Bohrverfahren, die sich einteilen lassen nach

- dem Untergrund, für die sie einsetzbar sind (Lockergestein, Festgestein)
- dem Zweck der Bohrung (Durchteufung einer Schicht, Probennahme, Extraktion oder Injektion etc.)
- der Qualität der geförderten Proben (ungestörte Proben, gestörte Proben, Tab. 7.2)
- der Technik des Bohrens.

Im Folgenden wird ein kurzer Überblick in Anlehnung an die Technik des Bohrens gegeben. Zweck einer Bohrung ist, eine Probe aus einer Tiefe zu gewinnen, die nicht mehr mit einem Schurf erreicht werden kann. Die technischen Voraussetzungen hierfür wurden erst peu à peu entwickelt. Für Böden unterscheidet man u.a. die folgenden Bohrverfahren:

**Abb. 7.6** Kleines Schneckenbohrgerät, Schneckenbohrung neben einem Gebäude in Doordrecht, Niederlande (Foto: David Price).

- Die *Ramm- bzw. Sondierbohrung (Schlitzsondierung)* entwickelte sich aus dem Künzelstab, also der Schlagsonde. Im untersten Meter des in den Boden getriebenen Rammgestänges ist eine Nut eingefräst, die eine (gestörte) Bodenprobe aufnimmt. Dies ermöglicht eine durchgehende Beprobung und erlaubt somit die zügige Erstellung von Schichtprofilen sowie eine erste bodenmechanische Ansprache. Weiterhin gibt der Einschlagwiderstand einen Hinweis auf die Festigkeit des Bodens. Bei günstigen Bodenverhältnissen kann eine Sondierbohrung Tiefen von 15 m und mehr erreichen. Je weniger kohäsiv (bindig) der Boden ist, desto weniger Probenmaterial wird zu Tage gefördert. Störkörper im Boden (Ziegelsteine, Findlinge etc.) können zum Abbruch der Sondierung führen. Das Verfahren ist in vielen Ländern genormt.
- Bei der *Schneckenbohrung* wird der Boden über eine Spiralschnecke drehend zur Erdoberfläche befördert (Abb. 7.6). Das nur im Lockergestein anwendbare Verfahren liefert kontinuierliche Bodenproben geringer Güte (Klasse 4-5) und eignet sich für alle Böden, außer für dicht gelagerten Kies mit einem Korndurchmesser, der ein Drittel des Schneckendurchmessers überschreitet. Bei hohler Führungsstange können Bodenproben höherer Güte durch die Führungsstange entnommen werden. Spiralschnecken werden oft zum Bohren von Grundwassermesspegeln eingesetzt, da sie schnell ausgeführt und einfach ausgebaut werden können. Auf einem Geländewagen montiert erreichen sie Bohrtiefen von 30 m.

**Tabelle 7.2** Güteklassen für Bodenproben (aus Dachroth 2002, nach DIN 4021).

| Güteklasse | Merkmale |
|---|---|
| Güteklasse 1 | An den Bodenproben können Bodenart, geologische Zuordnung, mineralogische (stoffliche) Zusammensetzung, Schichtgrenzen, Feinschichtung mit Art der Lagerung und Anlagerung der Körner und Kornaggregate sowie alle bodenmechanischen Kenngrößen bestimmt werden (Korngrößenverteilung, Wassergehalt, Konsistenzgrenzen, Konsistenzzahl, Plastizitätszahl, Art und Anteil der organischen Substanz, Korndichte, Dichte des feuchten Bodens, Porenanteil, Grenzen der Lagerungsdichte, Durchlässigkeit, Scherfestigkeit und Steifemodul). |
| Güteklasse 2 | An den Bodenproben können Bodenart, geologische Zuordnung, mineralogische (stoffliche) Zusammensetzung, Schichtgrenzen und Feinschichtung mit Art der Lagerung und Anlagerung der Körner und Kornaggregate sowie die meisten der bei Güteklasse 1 genannten bodenmechanischen Kenngrößen bestimmt werden. Die Bodenproben sind gestört und für Untersuchungen zum Bestimmen von Scherfestigkeit und Steifemodul nicht geeignet. |
| Güteklasse 3 | An den Bodenproben können Bodenart, geologische Zuordnung, mineralogische (stoffliche) Zusammensetzung und Schichtgrenzen sowie ein Teil der bei Güteklasse 1 genannten bodenmechanischen Kenngrößen bestimmt werden. Die Bodenproben sind in ihrem Gefüge gestört und aufgelockert. Derartige Proben sind zum Bestimmen von Scherfestigkeit, Steifemodul, Dichte, Porenanteil und Durchlässigkeit nicht geeignet. |
| Güteklasse 4 | An den Bodenproben können Bodenart, geologische Zuordnung, mineralogische (stoffliche) Zusammensetzung und Schichtgrenzen sowie wenige der bei Güteklasse 1 genannten bodenmechanischen Kenngrößen bestimmt werden. Die Bodenproben sind in ihrem Gefüge gestört, aufgelockert und haben einen von der natürlichen Lagerung abweichenden Wassergehalt. Derartige Proben sind zum Bestimmen von Scherfestigkeit, Steifemodul, Dichte, Porenanteil, Durchlässigkeit, Wassergehalt und Konsistenzzahl nicht geeignet. |

| | |
|---|---|
| Güteklasse 5 | An den Bodenproben können Bodenart, geologische Zuordnung, mineralogische (stoffliche) Zusammensetzung und Schichtgrenzen erkannt werden. Die Bodenproben sind gestört. Alle bodenmechanischen Kenngrößen, auch die Korngrößenverteilung innerhalb enger Schichtabschnitte, sind verändert. |

**Abb. 7.7** Einsatz von Schlagschappen auf dem Spreebogen in Berlin.

- *Schlagschappen* werden am Seil hängend mit einem Schweregestänge beschwert in das Bohrloch fallen gelassen. Aufgrund ihres Eigengewichts senkt sich die Schlagschappe in die Bohrlochsohle und nimmt eine Bodenprobe auf. Beim Ziehen der Schappe wird der Boden durch ein Rückschlagventil gefangen (Abb. 7.7). Bei bindigen Böden erübrigt sich die Fangvorrichtung, da die Kohäsion eine Haftung des Probenguts am Probenrohr bewirkt. Das Verfahren liefert einen guten Einblick in den Schichtenaufbau und Bodenproben, die je nach Einschlagwucht und Bodenverhältnissen unterschiedliche Güte haben.
- Bei *Greiferbohrungen* nimmt ein Greifer in einer verrohrten Bohrung (gestörte) Bodenproben auf (Güteklasse 3-5). Dabei ist ein großer Bohrlochdurchmesser wie beim Brunnenbau erforderlich.

Um größere Tiefen zu erreichen, wurden Bohrgeräte entwickelt, die eine Bohrkrone drehend unter Zusatz von Bohrwasser (zur Kühlung) in den Boden treiben. *Vollkronenbohrungen* sind sowohl im Locker- als auch im Festgestein einsetzbar und können große Tiefen (mehrere 100 m) erreichen. Sie liefern kaum Aufschluss über die geologischen Verhältnisse, die sich nur indirekt über den Bohrfortschritt und das Spülgut abschätzen lassen. Vollkronenbohrungen eignen sich dazu, schnell und kostengünstig auf eine gewünschte Tiefenlage zu kommen, um von dort aus Proben zu entnehmen oder *Aufschlussbohrungen* abzuteufen.

Um einen Bohrkern zu erbohren, wurde die *Kernbohrtechnik* entwickelt, die sowohl in Böden als auch im Festgestein einsetzbar ist (Abb. 7.8):

- Die *Einfachkernbohrung* ist die einfachste Variante, bei der die Hohlbohrkrone drehend in den Untergrund getrieben wird. Die Spülflüssigkeit wird durch die Boh-

Abb. 7.8 Bohrkronen für Aufschlussbohrungen (Foto: Joachim Tiedemann).

rung entlang des freigebohrten Gebirges zur Bohrkrone geführt und steigt im Ringraum zwischen dem Kernrohr und der Bohrprobe wieder auf. Die Drehbewegung und der Kontakt mit der Spülflüssigkeit stören allerdings den natürlichen Aufbau und den Zusammenhalt des zu erbohrenden Gebirges, so dass nur Boden- bzw. Felsproben geringer Güte gefördert werden können.

- Beim *Doppelkernrohr* dreht sich nur der äußere Kern, der innere dient allein der Aufnahme der Probe. Die Bohrflüssigkeit wird zwischen dem ruhenden Innenrohr und dem sich drehenden Außenrohr zur Bohrkrone und im Ringraum zwischen Bohrrohr und Gebirge wieder nach oben geleitet. Um Zeit zu sparen, kann das Innenrohr mit einer speziellen Fangvorrichtung als Seilkern zu Tage gefördert werden.
- Beim *Dreifachkernrohr* wird der Bohrkern zusätzlich mit einer PVC-Hülle umschlossen. Der Bohrkern ist dadurch vor Umwelteinflüssen und Austrocknen geschützt, ist leicht zu transportieren und wird erst bei der Bohrkernansprache geöffnet. Dreifachseilkernrohre liefern Kernproben hoher Güte bei relativ geringem Zeitaufwand und eignen sich besonders bei stark zerklüftetem Gebirge, löslichem Gestein und in kontaminierten Bereichen.

Beim Bohren im Gebirge ist es oft von Interesse, Aufschluss über das natürliche Trennflächengefüge, insbesondere die Orientierung der Trennflächen, ihre Häufigkeit und ihre Ausbildung zu erhalten. Diese Informationen liefern die beschriebenen Verfahren nur bedingt. Insbesondere die natürliche Orientierung des Trennflächengefüges ist im zu Tage geförderten Bohrkern nicht mehr rekonstruierbar. Eine Möglichkeit, die natürliche Orientierung wieder herzustellen, ist das *orientierte Kernen*, bei dem eine Vollkronen-Pilotbohrung mit kleinem Durchmesser von der Sohle der Aufschlussbohrung aus vorgetrieben wird. Die auf die Sohle der Aufschlussbohrung gelegte Bohrmaske stellt sicher, dass sich die Pilotbohrung an der Nordseite der Auf-

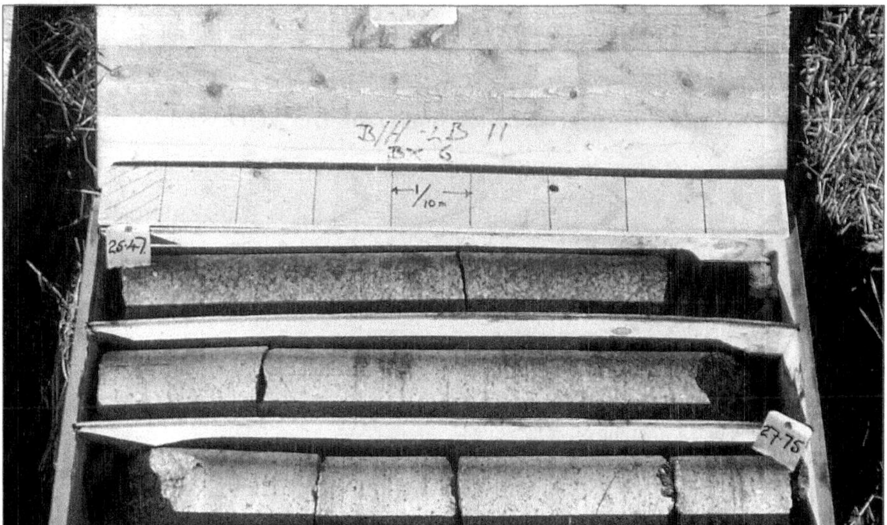


Abb. 7.9 Ausgelegte Bohrkerne.

schlussbohrung befindet. Nach Ausführung der Pilotbohrung wird der orientierte Bereich überbohrt. Mithilfe der Einkerbung der Pilotbohrung wird der zu Tage geförderte Kern im Labor nach Norden ausgerichtet und gefügekundlich aufgenommen.

Bei stark geklüftetem Gebirge lässt sich das natürliche Trennflächengefüge über die Pilotbohrung mit einer Zementinjektion vermörteln und mit einem Nagel armieren *(integral sampling)*. Der vermörtelte Bereich wird dann überbohrt und zu Tage gefördert. Das Verfahren wurde von Rocha (1971) entwickelt und erfolgreich bei großen Bauvorhaben eingesetzt, es ist allerdings teuer und zeitaufwendig. Bei weniger nachbrüchigem Gebirge kann alternativ das Bohrloch mit einer *optischen Bohrlochsonde* (Fernsehsonde) aufgenommen werden. Mit ihr lassen sich Besonderheiten wie Störungen und Kluftwasseraustritte einfach dokumentieren und archivieren. Selbst unter dem Grundwasserspiegel wurde die optische Bohrlochsonde schon eingesetzt, nachdem genug Zeit zur Sedimentation gegeben wurde. Mithilfe eines mit der Kamera verbundenen Kompasses wird die Orientierung von Trennflächen eingemessen. Die Auslenkung der Bohrung wird mit einem Lot unterhalb der Kamera bestimmt. Sie kann durchaus beträchtlich sein und zu Fehlinterpretationen führen.

Die Bohrkerne werden in Bohrkisten gelagert (Abb. 7.9), falls sie nicht bereits (als Dreifachkernrohr) in einer Plastikhülle verpackt sind. Es ist darauf zu achten, dass sie vor Austrocknung, Durchfeuchtung und Frost geschützt sind. Entnahmetiefe, -datum und die Richtung des Kernmarsches sind auf den Bohrkisten anzugeben. Möglichst unmittelbar nach ihrer Förderung sind sie fotografisch zu dokumentieren, wobei eine Farbskala neben die Bohrkiste zu legen ist. Bei der geotechnischen *Bohrkernansprache* (Abb. 7.10) werden die folgenden Informationen festgehalten:

- *Allgemeine Informationen* wie Bauobjekt, Ort und Lage der Bohrung, Bohrverfahren, Bohrfirma und Bohrmeister, Bohrzeitraum, Name des Geologen, der die Bohrkernansprache durchgeführt hat, und das Datum der Bohrkernansprache.
- *Art und Farbe des Gebirges*, veranschaulicht durch eine entsprechende Signatur.
- Der *Grundwasserstand* (die Grundwasserstände). Der natürliche Grundwasserstand stellt sich erst nachträglich ein, nachdem der störende Einfluss der Bohrflüssigkeit abgeklungen ist.
- Der *Verwitterungsgrad V* und die *Gebirgsqualität RQD (Rock Quality Designation)*, eine auf Deere (1964) zurückgehende Indexzahl. Der RQD-Wert ist definiert als

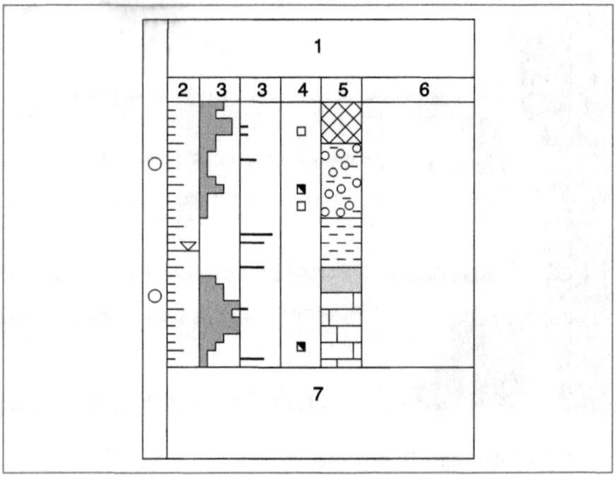


**Abb. 7.10** Schematisches Formblatt für die Bohrkernansprache: 1 allgemeine Informationen, 2 Tiefe mit GW-Stand, 3 Messungen (Verwitterungsgrad, Gebirgsqualität RQD, WD-Tests etc.), 4 Probennahme, 5 Gebirgsart, 6 Beschreibung und Anmerkungen (Bohrfortschritt, Drehzahl, Kernverlust, Wechsel der Bohrkrone, Tiefe der Verrohrung falls vorhanden etc.), 7 Bemerkungen (Ausfall von Schreibern etc.) und Unterschrift.

prozentualer Anteil der Kernstücklängen >10 cm pro Gesamtlänge der betrachteten Kernstrecke (z. B. 1.0 m bei 1-m-Kernmärschen)

$$RQD_{\%} = \frac{\sum \text{Kernstücke} > 10\ \text{cm}}{\text{Gesamtlänge}} \cdot 100$$

Je größer diese Prozentzahl ist, desto massiver ist das Gebirge. Ein geringer RQD-Wert zeigt eine starke Zerklüftung und somit eine geringe Gebirgsqualität an. Alternativ oder ergänzend kann auch Stinis *Klüftigkeitsziffer k* aufgetragen werden. Durch Bohren und Lösen verursachte Trennflächen fallen durch ihre frischen Bruchflächen auf und dürfen nicht als natürliche Diskontinuitäten angesprochen werden.

- *Probennahme* (Ritzhärten, Punktlastversuche, Laborversuche etc.) und *in-situ*-Versuche (Wasserdruckversuch WD-Tests, Dilatometer-Versuche etc.).
- Beobachtungen wie *Bohrfortschritt* [m/h], Drehzahl, Spülverluste, Kernverluste, Ausfall von Schreibern (z. B. Bohrfortschrittsschreiber), Wechsel der Bohrkrone, Tiefe der Verrohrung (wenn vorhanden) etc.

Nach Abschluss der Bohrarbeiten kann das Bohrloch weiter genutzt werden. Die folgenden Möglichkeiten bieten sich an

- Das Bohrloch wird als *Brunnen* ausgebaut und dient der Beobachtung des Grundwassers. Neben der Messung der Schwankung des Grundwasserspiegels können Grundwasserproben gezogen werden, um zum Beispiel eine Bodenkontamination nachzuweisen oder den Erfolg einer Altlastsanierung zu prüfen. Pumpversuche geben Aufschluss über die Durchlässigkeit des Baugrunds, Markierungsversuche über die Fließgeschwindigkeit (Abstandsgeschwindigkeit) des Grundwassers.
- Das Bohrloch dient der *Injektion* spezieller Zementmischungen zur Verminderung der Durchlässigkeit des Gebirges oder der Erhöhung seiner Festigkeit.
- Das Bohrloch wird mit einem *Anker* bewehrt, um das Gebirge zu stabilisieren.
- Das Bohrloch wird genutzt, um Gebirge *aufzulockern* oder zu *sprengen*.
- Mit einem *Extensiometer* lässt sich die relative Veränderung zwischen der Oberfläche und einem Verankerungspunkt im Bohrloch messen. In einem Bohrloch können mehrere Extensiometer unterschiedlicher Länge befestigt werden, so dass sich Bewegungen auf bestimmte Gebirgsbereiche einschränken lassen. Extensiometer können Längen von mehreren hundert Metern haben und werden insbesondere bei der Beobachtung von untertägigen Hohlräumen (Tunnel, Kavernen), in Bergsenkungsgebieten und zur Beobachtung von Felsböschungen eingesetzt.
- Mit einem *Inklinometer* werden Verformungen quer zum Bohrloch gemessen. *Deflektometer* bestehen aus Einzelstangen, die gelenkig verbunden sind. An den Gelenken zeigen die Winkelabweichungen die Verformung des Bohrlochs. Inklinometer und Deflektometer werden insbesondere zur Beobachtung von Rutschhängen eingesetzt.
- Mit einem *Dilatometer* wird das unverrohrte Bohrloch aufgeweitet, um die Verformungseigenschaften des Gebirges zu messen.
- Eine *optische Bohrlochsonde* dokumentiert den Gebirgsaufbau und misst die Auslenkung der Bohrung (siehe oben).

- Das *Kaliber-Log* vermisst die Ausbildung der unverrohrten Bohrlochwandung, um Ausspülungen, Verkarstungen oder Verengungen infolge von Deformationen zu dokumentieren.
- Bei den geophysikalischen Bohrlochuntersuchungen werden eine Vielzahl von Verfahren unterschieden: Mit der *elektrischen Eigenpotenzialmessung (SP-Log)* lassen sich feinkörnige und somit wenig durchlässige Böden von grobkörnigen und somit durchlässigen Böden unterscheiden. Bei der *elektrischen Widerstandsmessung (EL-Log)* wird der elektrische Gesteinswiderstand aufgezeichnet, der sich petrografisch korrelieren lässt, um zum Beispiel Sandstein von Tonstein zu unterscheiden. Die Messung der *natürlichen γ-Strahlung (GR-Log)* zeigt Schichten mit hohem Gehalt an $^{40}$K-Isotopen und somit hohem Ton- oder Schiefergehalt an. Die induzierte γ-Strahlung infolge einer *Neutronenbestrahlung (NG-Log)* ist ein Maß für den Wassergehalt und die Porosität. Alternativ kann auch die Verzögerung der Neutronen gemessen werden *(NN-Log)*. Das *γ-γ-Log (GG-Log)* liefert Informationen zur Gesteinsdichte und somit zur Schichtenfolge und zum Auftreten von Störungen.
- Weiterhin lassen sich im Bohrloch *Schallgeschwindigkeiten* messen *(Sonic-/Acoustic-Log)*, die mit zunehmender Porosität und Zerlegungsintensität (Klüftungsintensität) abnehmen.

Eine Bohrung ist zu verfüllen, sobald sie nicht mehr als Beobachtungspegel, für Bohrlochmessungen, als Injektionsbohrung oder auf andere Weise benötigt wird. Mit der Verfüllung ist beabsichtigt, den ursprünglichen Zustand des Baugrunds wiederherzustellen. Insbesondere grundwasserstauende Schichten sind vollständig zu restaurieren, um zu vermeiden, dass zum Beispiel Kontaminationen von einem Grundwasserleiter zum nächsten getragen werden.

Bohrungen sind linienförmige Aufschlüsse, die sich im Plan auf Punktinformationen reduzieren. Die Interpolation zwischen den Bohrungen erfordert geologische Erfahrung, die kein Lehrbuch vermitteln kann. Findlinge oder alte Bauwerksreste, ein verkarsteter und somit unregelmäßiger Übergang zum Grundgebirge, ein unregelmäßiges Ausklingen von Schichten sind typische Beispiele für Unwägbarkeiten, auf die der Bodengutachter in seiner Stellungnahme hinweisen muss.

### 7.2.4 Geophysik

Die Geophysik untersucht im Grenzgebiet von Geologie und Physik den Aufbau geologischer Körper und Vorgänge, die auf und in ihnen stattfinden. Sie untersucht zum Beispiel die Architektur der Erdkugel, die Entstehung von Erdbeben oder die Wirkung des Erdmagnetfeldes. Geophysikalische Methoden helfen, Lagerstätten zu orten und geologische Grenzflächen wie Störungen oder Schichtgrenzen ausfindig zu machen.

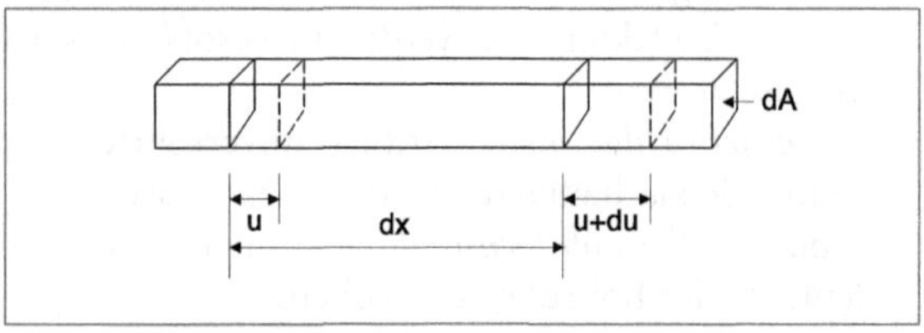


**Abb. 7.11** Elastische Verformung in einem Stab infolge einer Druckwelle.

Sie sind auch in der Ingenieurgeologie von Bedeutung, da sie eine indirekte Erkundung des Untergrundes ermöglichen. Im Folgenden werden seismische, gravimetrische, magnetische und geoelektrische Verfahren beschrieben.

## Seismik

Die ersten Versuche zur Interpretation *seismischer Wellen* (Erschütterungswellen) reichen zurück ins ausgehende 19. Jahrhundert, als der erste Lehrstuhl für Seismologie an der Universität Göttingen eingerichtet wurde. Zu Beginn des 20. Jahrhunderts nutzte man bereits Erdbebenwellen, um den Aufbau der Erde mit seinem Kern, seinen Schichten und seiner Kruste zu vermessen. In den 1920er Jahren wurden in Nordamerika und in Deutschland seismische Wellen zu Erkundung des näheren Untergrunds künstlich erzeugt. Zur Anregung des Untergrunds dienten Hammerschläge, Vibrationsmaschinen und Sprengungen.

Eine Druckwelle, die sich entlang eines elastischen Stabes mit dem Querschnitt $dA$ ausbreitet (Abb. 7.11), verursacht die Deformation $u$ und im Abstand $dx$ die Deformation $u+du$. Mit *Hookes Elastizitätsgesetz* und *Newtons Aktionsprinzip* folgt unter Berücksichtigung der Zeit $t$ und der Dichte $\rho$ des Stabs

$$\rho \frac{d^2u}{dt^2} dx dA = E \varepsilon_x dA$$

$$= E \frac{du}{dx} dA$$

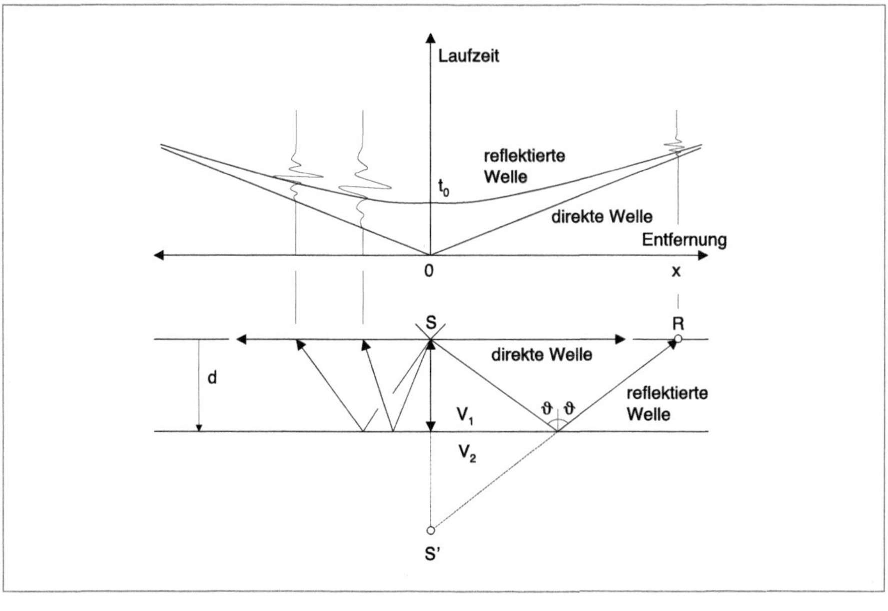


**Abb. 7.12** Reflektierte P-Wellen in einem Laufzeitdiagramm. S entspricht dem Anregungspunkt (Schusspunkt).

und somit

$$\frac{d^2u}{dx^2} = \frac{\rho}{E}\frac{d^2u}{dt^2}$$

Ausgehend von dieser Analogie lassen sich Gleichungen für elastische dreidimensionale Wellen herleiten. Hierzu gehören die

- *Kompressionswellen* (*Longitudinalwellen* oder *P-Wellen*) und die
- *Scherwellen* (*Transversalwellen* oder *S-Wellen*) als Raumwellen und die
- *Rayleigh-Wellen* und *Love-Wellen* als Oberflächenwellen.

Die Geschwindigkeiten dieser Wellen werden durch den Aufbau und den elastischen Eigenschaften des geologischen Körpers bestimmt.

Seismische Wellen werden an geologischen Grenzflächen *reflektiert* (zurückgebeugt) und *refraktiert* (gebrochen). Ein Teil des seismischen Signals erreicht also wieder die Erdoberfläche, wo es mit Geophonen gemessen werden kann. Da sich *P*-Wellen schneller als *S*-Wellen und Oberflächenwellen ausbreiten, werden sie von den Geophonen als erste registriert. Um den Aufbau des Untergrunds herzuleiten, werden direkte, reflektierte und refraktierte Signale in Laufzeitkurven (Abb. 7.12) aufgetragen. Für die reflektierte *P*-Welle ist nach dem *1. Snellschen Gesetz* der Einfallswinkel gleich dem Ausfallswinkel. Somit folgt mit Pythagoras für den reflektierten Wellenpfad

$$\overline{S'R}^2 = (2d)^2 + x^2$$

Da für $v_1$ als Wellengeschwindigkeit in der obersten Schicht

$$\overline{S'R} = v_1 t$$

gilt

$$(v_1 t)^2 = (2d)^2 + x^2$$

oder

$$\frac{t^2}{\left(\frac{2d}{v_1}\right)^2} - \frac{x^2}{(2d)^2} = 1$$

so dass schließlich gilt

$$t^2 = t_0^2 + \left(\frac{x}{v_1}\right)^2 \qquad t_0 = \frac{2d}{v_1}$$

woraus sich die Tiefe zum Reflektor, die Geschwindigkeit der *P*-Welle in der obersten Schicht und die elastischen Eigenschaften der obersten Schicht ergeben. Somit lassen sich auch Rückschlüsse auf die Art und die Eigenschaften des Gebirges ziehen.

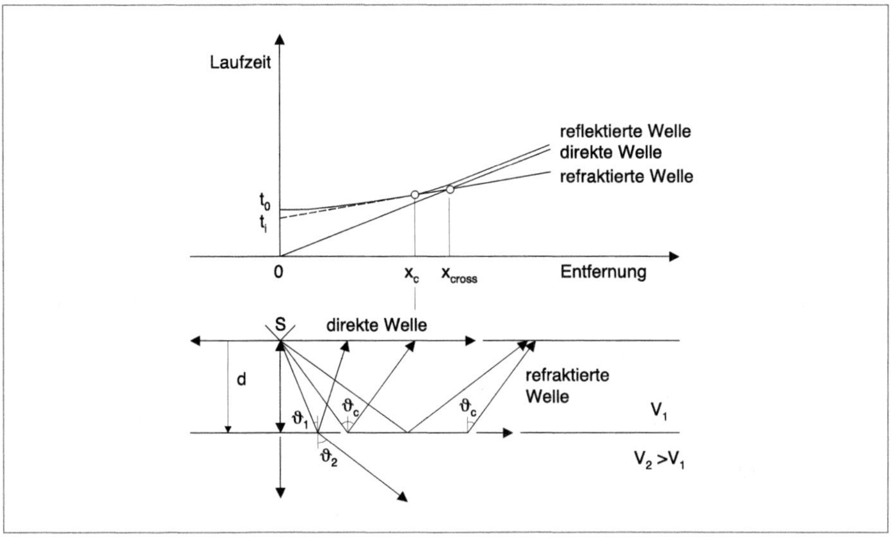


**Abb. 7.13** Refraktierte P-Wellen in einem Laufzeitdiagramm. S entspricht dem Anregungspunkt (Schusspunkt).

*P*-Wellen werden nicht nur reflektiert, sondern auch gebrochen. Nach *Snells 2. Gesetz* sind die Refraktionswinkel $\vartheta$ und die Wellengeschwindigkeiten $v$ an der Grenzfläche zweier Medien proportional

$$\frac{\sin\vartheta_1}{v_1} = \frac{\sin\vartheta_2}{v_2}$$

Die gebrochenen *P*-Wellen breiten sich entlang der Grenzfläche beider Schichten mit der größeren Geschwindigkeit der unteren Schicht aus (Abb. 7.13). Dabei senden sie ständig Signale zur Erdoberfläche, die dort von Geophonen aufgezeichnet werden. Die ersten refraktierten Wellen werden in der kritischen Entfernung $x_c$ registriert. Am *Crossover*-Punkt $x_{cross}$ überholen refraktierte Wellen die direkten und reflektierten Wellen. Aus der Geometrie der refraktierten Welle folgt

$$t = \frac{x}{v_2} + \frac{2d}{v_1}\cos\vartheta_c$$

woraus sich auf die Tiefe zur ersten Grenzschicht schließen lässt

$$d = \frac{1}{2}x_{cross}\sqrt{\frac{(v_2/v_1)-1}{(v_2/v_1)+1}}$$

wobei $v_1$ aus der Laufzeit der direkten Welle

$$v_1 = x/t$$

und $v_2$ aus der Laufzeit der refraktierten Welle

$$v_2 = \frac{x - x_{cross}}{t - t_{cross}}$$

folgt. Mit der Refraktionsseismik lassen sich somit die Tiefe zur Grenzschicht, die Wellengeschwindigkeiten in beiden Schichten und ihre elastischen Eigenschaften herleiten. Voraussetzung ist allerdings, dass die tiefere Schicht tatsächlich eine höhere Wellengeschwindigkeit aufweist, was in den meisten Fällen zutrifft. Refraktionsseismik eignet sich zum Beispiel gut für die Ermittlung der Tiefe zum anstehenden Gebirge, das von Verwitterungsböden oder aufgelockertem Gebirge überlagert ist. Die Mächtigkeit einer Basaltdecke über einem Sedimentvorkommen lässt sich dagegen mit Refraktionsseismik nicht ermitteln.

Da bei oberflächennahen Schichten die Oberflächenwellen eine reflexionsseismische Interpretation erschweren, wird in der Ingenieurgeologie die Refraktionsseismik bevorzugt. Wenn jedoch der Unterschied der Wellengeschwindigkeiten zwischen den einzelnen Schichten klein ist, lassen sich weder mit Refraktionsseismik noch mit Reflektionsseismik zufriedenstellende Ergebnisse erzielen. Weiterhin erschweren unregelmäßige Grenzflächen die Deutung der Ergebnisse. Unter Beachtung dieser Einschränkungen haben sich jedoch beide Verfahren als nützlich erwiesen, obwohl sie vergleichsweise teuer sind. Insbesondere bei klaren Geschwindigkeitskontrasten wurden gute Ergebnisse erzielt.

Aus einer Deponie (Abb. 7.14) treten Schadstoffe in den Untergrund (nach Vogelsang 1997). Er besteht aus Schilfsandstein, dessen obere Partie stark verwittert und durchlässig ist. Die Wellengeschwindigkeit in der Verwitterungsschicht beträgt 510 bis 835 m/s, im unverwitterten Schilfsandstein wurden 1500 bis 2100 m/s ermittelt. Aufgrund dieses hohen Geschwindigkeitskontrastes konnte die Tiefe zum unverwitterten Gebirge mit Refraktionsseismik kartiert werden. Dagegen gelang es nicht, die Sohle der Deponie zu vermessen, da der Geschwindigkeitskontrast zwischen dem dort gelagerten Hausmüll und der Verwitterungsschicht zu gering ist.

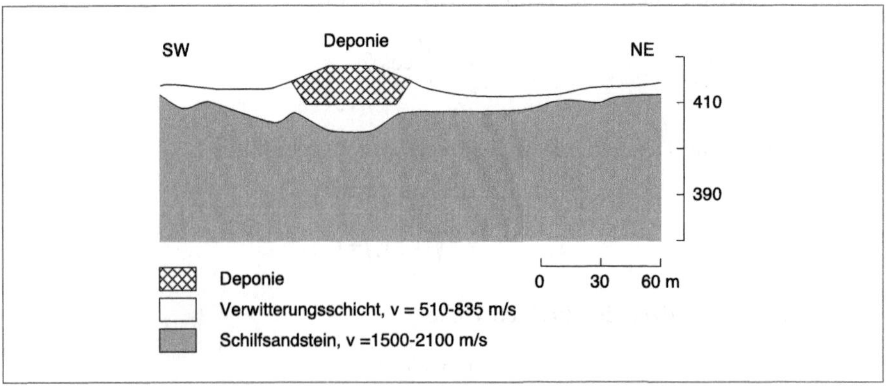


**Abb. 7.14** Geschwindigkeitskontraste unter einer Deponie (nach Vogelsang 1997, vereinfacht).

## Gravimetrie

Bei *gravimetrischen Messungen* werden die Variationen des Schwerefelds der Erde gemessen, um gravimetrische Anomalien zu orten. Die Anomalien werden durch Dichtekontraste im Untergrund verursacht, die von geologischen Körpern hoher Dichte (zum Beispiel Erzvorkommen) und geringer Dichte (zum Beispiel einem Salzstock) verursacht werden (Abb. 7.15). Leichte Auffüllungen, Kavernen und Schächte verursachen ebenfalls messbare Schwereanomalien. Die Methode wurde in den 1950er Jahren entwickelt, um Salzdome entlang des Golfs von Mexiko zu vermessen, die mit Ölvorkommen assoziiert wurden.

Nach dem *Newtonschen Gravitationsgesetz* wirkt eine Gravitationskraft $F$ zwischen zwei Massen $m_1$ und $m_2$, die einen Abstand von $r$ haben

$$F = G\frac{m_1 m_2}{r^2}$$

wobei $G$ die Gravitationskonstante ist ($6.674 \times 10^{-11}$ Nm² kg⁻²), die bereits Henry Cavendish 1798 mit einer Coulombschen Drehwaage bestimmte. Unter Beachtung von *Newtons Aktionsprinzip* folgt die Schwerebeschleunigung mit

$$g = \frac{F}{m_2} = G\frac{m_1}{r^2}$$

mit $m_1$ als anziehende und $m_2$ als angezogene Masse. Mit der Schwerebeschleunigung und dem Schwerepotenzial

$$v = G\frac{m_1}{r}$$

lassen sich Schwerekontraste im Untergrund kartieren.

Die Messung erfolgt mit hochempfindlichen Gravimetern (statischen Federwaagen und oszillierenden Systemen). Sie sind lokal anzupassen, u. a. an die Topografie (topografische Korrektur), die Höhe des Messpunktes zum Bezugsniveau (Freiluftkorrektur), die Masse der Gesteinsschichten zwischen Messpunkt und Bezugsniveau (Bouguer-Korrektur) und die Gezeiten (Gezeitenkorrektur). Auch die Abflachung der

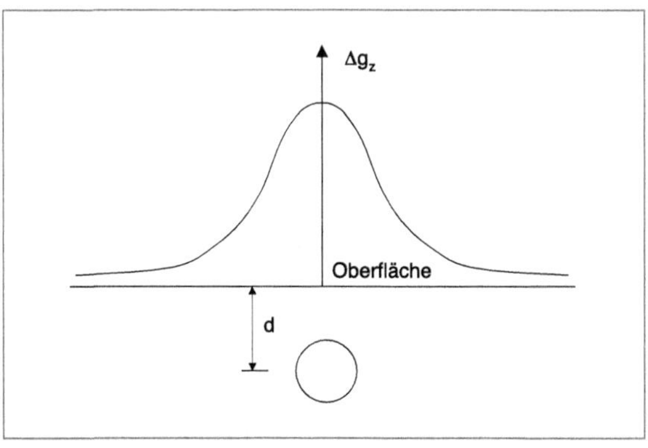


**Abb. 7.15** Schwereanomalie $\Delta g_z$ (Vertikalkomponente) über einem Körper, der einen deutlichen Schwerekontrast verursacht (*d* Tiefenlage).

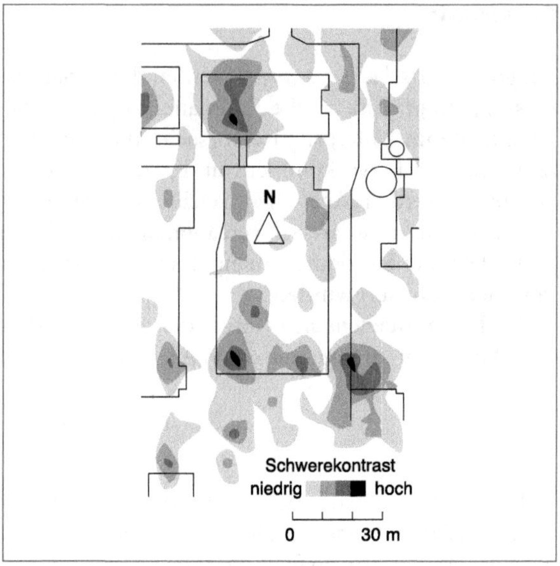


**Abb. 7.16** Schwereanomalien auf einer Industriebrache bei Berlin. Dunkle Flächen repräsentieren Hohlräume. Überlagert ist die aktuelle Nutzung des Geländes (nach Scheibe, Seide, Zenk 1997, vereinfacht).

Erdkugel infolge der Erdrotation erfordert eine Korrektur. Gravimetrische Messungen sind teuer und daher nur nach Abwägung alternativer Optionen durchzuführen. In bestimmten Fällen liefern sie aber überraschend klare Ergebnisse.

Im Rahmen einer Sanierungsmaßnahme wurde eine Industriebrache bei Berlin ingenieurgeologisch erkundet (nach Scheibe, Seide & Zenk 1997). Es gab auf dem Gelände keine Gebäude mehr, die von der ursprünglichen Bebauung zeugten. Alle historischen Planungsunterlagen waren verloren gegangen. Um mögliche Baugrundanomalien, insbesondere Hohlräume wie Keller, Tanks und Tunnel zu orten, hätte das Gelände in einem engen Raster abgebohrt werden müssen. Als Alternative bot sich die Gravimetrie als flächendeckende indirekte Erkundungsmaßnahme an. Die Auswertung zeigt deutlich die Lage großer Hohlräume (Abb. 7.16). Im Rahmen der Baureifmachung des Geländes wurden sie verfüllt.

## Geomagnetik

*Geomagnetische Methoden* gehören zu den ältesten geophysikalischen Meßmethoden. Wie bei der Gravimetrie werden auch in der Geomagnetik Kontraste gemessen (Abb. 7.17). Diese Kontraste sind jedoch nicht eine Folge von Schwereunterschieden, sondern resultieren aus den Abweichungen des lokalen magnetischen Feldes vom Erdmagnetfeld.

Zwei Komponenten bestimmen die Magnetisierung des Untergrundes: Die *induzierte* Magnetisierung und die *remanente* Magnetisierung. Die induzierte Magnetisierung wird durch das Erdmagnetfeld verursacht und ist je nach Magnetisierbarkeit des Körpers *(Suszeptibilität)* unterschiedlich stark. Die remanente Magnetisierung hängt von der Vorgeschichte des Gesteins, d. h. seiner früheren magnetischen Überprägung, ab.

Analog zum Newtonschen Gravitationsgesetz ergibt sich die magnetische Kraft *F*

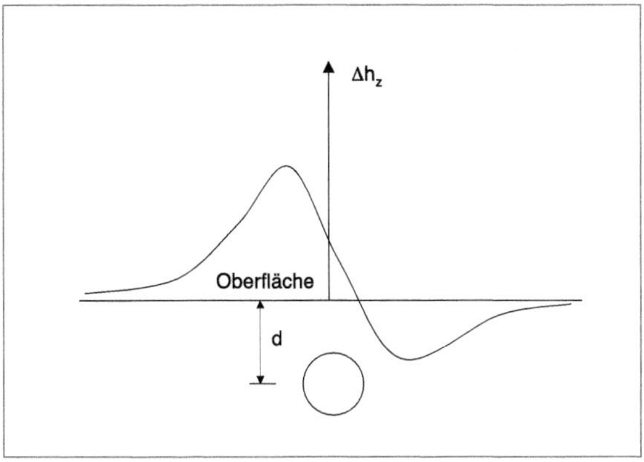


**Abb. 7.17** Magnetische Anomalie Dhz (Vertikalkomponente) über einem Körper, der einen deutlichen magnetischen Kontrast verursacht (d Tiefenlage).

zwischen zwei Polen $p_1$ und $p_2$ mit einem Abstand $r$ nach

$$F = \frac{1}{\mu}\frac{p_1 p_2}{r^2}$$

wobei $\mu$ [N/A$^2$] der magnetischen Permeabilität entspricht. Die magnetische Feldstärke $H$ ergibt sich analog der Schwerebeschleunigung zu

$$H = \frac{F}{p_2} = \frac{1}{\mu}\frac{p_1}{r^2}$$

Mit der magnetischen Feldstärke, der Stärke der magnetischen Polarisierung $p$ und dem magnetischen Potenzial

$$u = \frac{1}{\mu}\frac{p}{r}$$

lassen sich magnetische Kontraste im Untergrund kartieren.

Bei einer geomagnetischen Feldkampagne misst die Basisstation die Intensität des natürlichen Erdmagnetfelds, während entlang von Profilen oder in einem Raster die lokalen magnetischen Abweichungen gemessen werden. Diese Abweichungen (Residuen) bilden magnetische Anomalien im Untergrund ab. Die Messungen der Basisstation sind nicht konstant; vielmehr variiert das Erdmagnetfeld sowohl im Verlauf der Jahre als auch im Verlauf des Tages. Im ersten Fall spricht man von *säkularen* Variationen infolge der allmählichen Veränderung des Erdmagnetfeldes, im zweiten Fall von *diurnalen* Variationen infolge der Sonnen- und Mondrotation. Weiterhin können von der Sonne verursachte *magnetische Stürme* zum Abbruch der Feldmessungen führen.

Magnetische Kontraste wurden früher mit magnetischen Feldwaagen und Torsionsmagnetometern gemessen. Heute werden Präzisionsmagnetometer wie zum Beispiel der Protonenmagnetometer eingesetzt. Magnetische Messungen sind einfach durchzuführen und vergleichsweise kostengünstig. Mit ihnen lassen sich magnetisierte geologische Körper aufspüren und anthropogene Eingriffe kartieren. Metallreste, Tonnen und bewehrte Fundamente können mit magnetischen Messungen leicht geortet werden.

Im Rahmen der Neubebauung des Spreebogens nach dem Fall der Mauer waren die Untergrundbedingungen zu erkunden (nach Borchert, Genske, Gelbke, Räkers & Schäche 1995). Insbesondere galt es zu prüfen, ob sich im Bereich der Trassen der unter dem Regierungsviertel auszuführenden Tunnelbauwerke Baugrundhindernisse befänden. Die Voruntersuchungen hatten bereits ergeben, dass möglicherweise mit massiven Baugrundstörungen zu rechnen sei. Albert Speer hatte während der Hitler-Diktatur den Auftrag, den Spreebogen zum Machtzentrum des Dritten Reiches auszubauen. Dabei wurde nachweislich in den Untergrund eingegriffen. Die Auswertung der historischen Unterlagen brachte zwar einen Aufschluss darüber, wo möglicherweise mit Tunneln, Baugrubenwänden und Fundamenten zu rechnen sei, ihre Existenz konnte jedoch nicht nachgewiesen werden (siehe Kapitel 6). – Es wurde daher entschieden, das Gelände geophysikalisch aufzunehmen (Abb. 7.18, Abb. 7.19). Da armierte Fundamente, Stahlbetontunnel und Stahlspundwände magnetische Kontraste verursachen, wurde eine geomagnetische Feldkampagne durchgeführt, die etwa 20 Hektar abdeckte. Die Messungen zeigen deutlich die im Luftbild bereits nachgewiesene 140x60 m große Baugrube für den „Spreedurchstich" (Umleitung der Spree) südlich der geplanten „Halle des Volkes" (Abb. 7.20). Zwei massive Tunnelfundamente sind erkennbar, die die Trassen der neuen unterirdischen Verkehrsanlagen kreuzen. Weiterhin bilden sich die Baugrubenwände (Spundwände, Berliner Verbau) für zwei südlich abzweigende Tunnelbauwerke ab. – Die Geometrie einzelner Störkörper wurde im weiteren Verlauf der Hauptuntersuchungen mit Hilfe seismischer Methoden und mit Georadar näher vermessen. Mit Aufschlussbohrungen im Bereich des „Spreedurchstichs" wurden 6 m mächtige Stahlbetonfundamente nachgewiesen. Nun stand fest, dass bei der Durchführung der Baumaßnahmen mit erheblichen Störkörpern zu rechen ist. Die Planung wurde entsprechend angepasst.

## Geoelektrik

Eine Vielzahl von *geoelektrischen Methoden* lassen sich unterscheiden: Natürliche elektrische Anomalien werden mit *magnetotellurischen Messungen* und *Eigenpotenzialmessungen* untersucht. Daneben werden künstliche elektrische Felder erzeugt, um elektrische Kontraste zu orten, wobei man *Gleichstromverfahren* und *Wechselstromverfahren* unterscheidet.

### Widerstandsmessungen

Bei der *elektrischen Widerstandsmessung* wird über Elektroden ein künstliches elektrisches Feld erzeugt. Die Variationen des elektrischen Widerstands des Untergrundes werden gemessen und kartiert. Widerstandsmessungen basieren auf dem Ohmschen Gesetz

$$U = RI$$

mit $U$ [V] als Potenzialdifferenz oder Spannung, $R$ als elektrischer Widerstand [Ω]

Abb. 7.18 Magnetische Messungen vor dem Reichstag in Berlin.

Abb. 7.19 Basisstation der magnetischen Messkampagne.

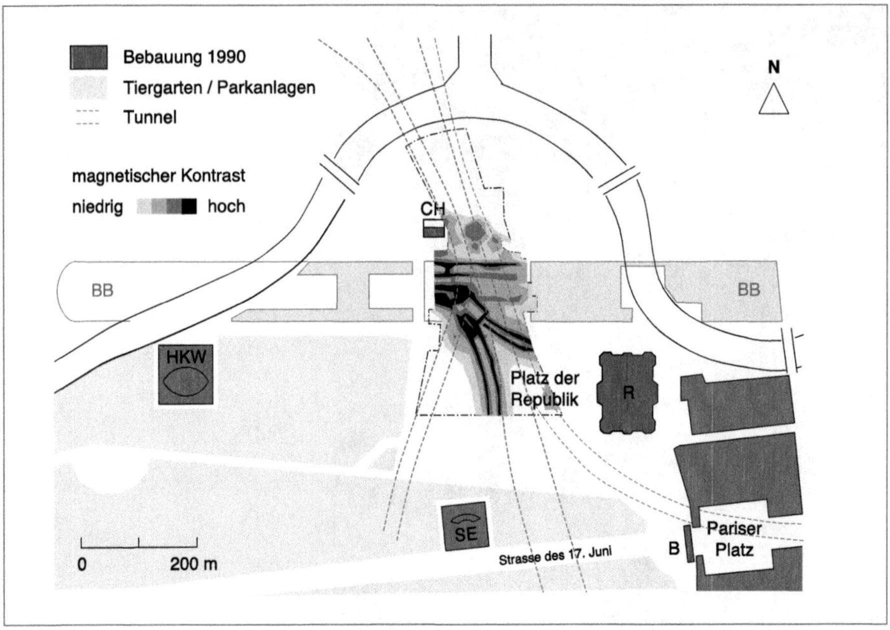


**Abb. 7.20** Die magnetische Kartierung des Projektgebiets zeigt deutliche Baugrundanomalien, die auf Baumaßnahmen kurz vor und im Zweiten Weltkrieg zurückgehen. Erkennbar sind die Fundamente der in Stahlbeton ausgeführten Spreetunnel („Spreedurchstich") und die Stahlspundwände zur Sicherung der nach Süden abbiegenden Tunnelbaugrube. Ein zweiter, nach dem Luftbild von 1945 bereits vollendeter Tunnel zweigt zum Reichstag (R) ab. Die geplanten Tunnel für Straße, Bahn und U-Bahn sind gestrichelt eingezeichnet. Ebenfalls dargestellt sind das Brandenburger Tor (B), die Schweizer Botschaft (CH), das Sowjetische Ehrenmal (SE) und das Haus der Kulturen der Welt (HKW). Unterlegt ist das Band des Bundes (BB). Die mittels Geophysik lokalisierten Baugrundstörungen behinderten den Bau der Tunnel. Vereinfacht nach Landesarchiv Berlin Kartenabteilung, topografische Karte 1999 (Sig. A3000) und Borchert K-M, Genske DD, Gelbke C, Räkers E, Schäche W (1995) (aus Genske, Hess-Lüttich 2004).

und $I$ [A] als Stromstärke. Mit Einführung des spezifischen Widerstandes $\rho$ schreibt sich das Ohmsche Gesetz

$$\rho = \frac{RA}{L} = \frac{U}{I}\frac{A}{L}$$

mit $L$ als Länge eines Einheitsleiters und $A$ als dessen Querschnitt. Die Leitfähigkeit geologischer Materialien schwankt erheblich und wird im Wesentlichen verursacht durch die Porenflüssigkeit (Tab. 7.3). Die (trockene) mineralische Matrix selbst ist kaum leitfähig.

Bei einer geoelektrischen Widerstandsmessung wird zwischen zwei Elektroden eine Spannung angelegt, die mit zwei Sonden gemessen wird (Abb. 7.21). Der gemessene scheinbare Widerstand

$$\rho_a(l,a) = \frac{U}{I} f_0 \qquad f_0 = \frac{\pi}{4}\frac{l^2 - a^2}{a}$$

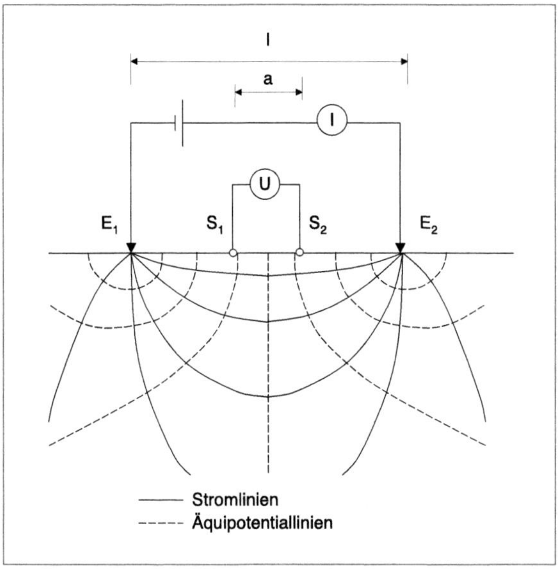


**Abb. 7.21** Zwei Elektroden ($E_1$, $E_2$) legen eine Spannung an, die von zwei Sonden ($S_1$, $S_2$) gemessen wird.

hängt von der Geometrie des Messaufbaus ab, wobei *l* der Abstand zwischen den Elektroden und *a* der Abstand zwischen den Sonden ist.

**Tabelle 7.3** Spezifische Widerstände von Böden, Gebirge und Müll (nach Vogelsang 1997).

| | Spezifischer Widerstand $\rho$ [$\Omega$m] |
|---|---|
| Ton und Mergel | 3 - 40 |
| sandiger Ton | 25 - 300 |
| Sand, Kies, gesättigt | 200 - 400 |
| Sand, Kies, trocken | 800 - 5000 |
| Grobkies, trocken | 1000 - 3000 |
| Sandstein | 300 - 4000 |
| Kalkstein, Gips | 500 - 2500 |
| Salzlager und Salzstöcke | > 10000 |
| Granit | 2000 - 10000 |
| Hausmüll | 12 - 30 |
| Bauschutt, Erdaushub | 200 - 350 |
| kontaminiertes Grundwasser (im Bereich einer Hausmülldeponie) | 1 - 10 |

Elektrische Widerstandskontraste lassen sich kartieren, indem die Messanordnung entlang eines Messprofils verschoben wird *(geoelektrische Kartierung, Resistivity Image*

*Profiling).* Durch die Veränderung des Abstands der Elektroden und Sonden lässt sich ein geoelektrisches Tiefenprofil erstellen *(geoelektrische Tiefensondierung, Vertical Electrical Sounding).* Grundsätzlich lassen sich zwei Konfigurationen unterscheiden:

- Bei der in den USA entwickelten, nach Frank Wenner benannten Anordnung entspricht *l* immer *3a*. Für den scheinbaren Widerstand gilt

$$\rho_a(a) = \frac{U}{I} f_w \qquad f_w = 2\pi a$$

- Bei der in Frankreich von Conrad Schlumberger entwickelten Anordnung werden bei jeder neuen Messung nur die spannungsgebenden Elektroden versetzt und *a* möglichst klein gewählt. Hier gilt

$$\rho_a(l,a) = \frac{U}{I} f_s \qquad f_s = l^2 \frac{\pi}{4a}$$

Je nach Anordnung wurden spezielle Auswertekurven entwickelt, die auf die Tiefe geologischer Grenzflächen schließen lässt (Abb. 7.22).

Elektrische Widerstandsmessungen eignen sich gut zur Messung der Entfernung zum Grundwasserspiegel, zur Abgrenzung von bindigen Schichten (Ton, Lehm) zu nicht bindigen Schichten (Sand, Kies) und zur Ortung geologischer Störungen.

Auch lässt sich die Mächtigkeit von Auffüllungen und Deponien bestimmen. Elektrische Widerstandsmessungen werden weiterhin bei der Kartierung von kontaminiertem Grundwasser eingesetzt, insbesondere bei der Erfassung von Kontaminationsfahnen und der Ortung von Kontaminationsherden.

### Elektromagnetische Messungen

Bei *elektromagnetischen Messungen (Electromagnetic Imaging EMI)* wird ein Signal von einer Sendespule in den Untergrund gesendet, das je nach Leitfähigkeit unterschiedlich starke Sekundärfelder induziert. Die Differenz von ausgesendetem Primärsignal

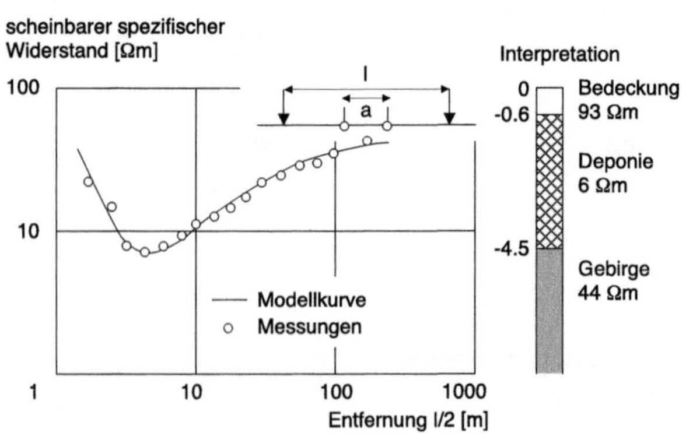


**Abb. 7.22** Ein Beispiel für eine geoelektrische Tiefensondierung: Konfiguration, Widerstandskurve und Deutung (nach Vogelsang 1997).

zum empfangenen Sekundärsignal ist ein Maß für die Leitfähigkeit des Untergrunds. Mit geomagnetischen Messungen lassen sich somit Leitfähigkeitskontraste kartieren, die auf den Aufbau des Untergrundes schließen lassen.

Elektromagnetische Feldmessungen können mit tragbaren Aufnahmegeräten zügig durchgeführt werden. Die Eindringtiefe hängt ab von der Entfernung zwischen Sender und Empfänger und der Frequenz des Signals. Mit steigender Frequenz verringert sich die Eindringtiefe. Feldmessungen lassen sich leicht durchführen, indem Profile oder Raster abgelaufen werden, auf denen die Leitfähigkeit geprüft wird (Abb. 7.23). Diese Messungen werden interaktiv ausgewertet, um direkt vor Ort eine EMI-Karte zu generieren.

**Abb. 7.23** EMI-Feldmessungen.

EMI ist kostengünstig und eignet sich gut, um flächige geologische Strukturen wie Diskontinuitäten und Störungszonen zu orten, wobei das Einfallen der Struktur die Form der Auswertekurve bestimmt. Weiterhin lassen sich anthropogene Eingriffe kartieren, wie zum Beispiel (metallhaltige) Deponien, (armierte) Fundamente, Tanks und Kabel. Selbst die Ausbreitung von Schadstoffen im Grundwasser wurde bereits elektromagnetisch aufgenommen.

Um eine 54 ha große Industriebrache im Ruhrgebiet wieder nutzbar zu machen, wurde im Rahmen der Voruntersuchungen eine ingenieurgeologische Erkundung durchgeführt (Elsen 1995, Bell, Genske, Bell 2000). Von besonderer Bedeutung war dabei die Ortung von Baugrundstörungen, insbesondere von massiven Fundamenten und untertägigen Anlagen, da sie eine Baureifmachung des Geländes erschweren. Da für einige Bereiche der über Generationen genutzten Fläche fast alle Unterlagen verloren gegangen waren und für zeitaufwendige Recherchen kaum noch Zeit blieb, galt es abzuwägen, welche Erkundungsmethode am schnellsten einen Einblick in den Untergrund gewähren würde. Schließlich wurde entschieden, eine EMI-Kartierung durchzuführen. Mit den eingesetzten Messgeräten wurde der Untergrund bis in eine Tiefe von 3 m auf elektromagnetische Anomalien (größer 10 m$^2$) untersucht. Die resultierende EMI-Karte (Abb. 7.24) zeigt Bereiche geringer Leitfähigkeit, die dem natürlichen Boden entsprechen, und Bereiche hoher Leitfähigkeit, die auf armierte Fundamente und untertägige Strukturen schließen lassen.

Das *Bodenradar (Ground Penetrating Radar GPR)* ist eine elektromagnetische Reflektionsmethode (EMR), bei der hochfrequente Signale (1 MHz bis 4 GHz) mit einer Radarantenne in den Boden gesendet werden. Sie reflektieren an horizontalen Grenz-

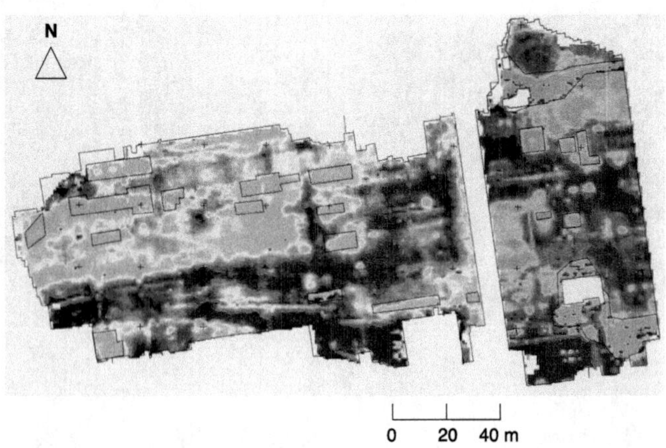


**Abb. 7.24** EMI-Kartierung auf einer Brachfläche. Deutlich erkennbar sind die (helleren) Fundamente. Überlagert ist eine Fundamentkarte, die aufgrund der (wenigen) historischen Unterlagen erstellt werden konnte (Elsen 1995).

flächen, wo sich die dielektrischen Eigenschaften ändern. Der im Gerät integrierte Empfänger nimmt das reflektierte Signal auf, das analog der Reflexionsseismik ausgewertet wird.

Während der Messung wird ein mobiles GPR-Gerät über den Boden geführt. Aus den gewonnenen Daten werden simultan Radarkontraste errechnet und kartografisch dargestellt. Die Eindringtiefe des Bodenradars wird von der Arbeitsfrequenz und der elektrischen Leitfähigkeit des Untergrundes bestimmt. Ein wassergesättigter Ton mit guter Leitfähigkeit wird kaum durchdrungen, wogegen ein trockener Sand eine Eindringtiefe von mehreren Metern erlaubt. Bei Standard-Feldmessungen wird eine Eindringtiefe von 5 m kaum erreicht. Größere Eindringtiefen sind zwar durchaus möglich, gehen aber einher mit einem Verlust an Messschärfe.

GPR-Messungen eignen sich besonders für die Erkundung des flachen Untergrundes. Auf Brachflächen lassen sich neben metallischen auch nichtmetallische Reflektoren orten. Auch die Ausbreitung von Schadstoffen wurde bereits mit GPR kartiert.

Auf einer nur 2000 m² großen Verdachtsfläche in den Niederlanden galt es, die Verteilung der Schadstoffe zu kartieren (nach van der Roest, Wagebaert, Stam & Brasser 1997). Auf dem Gelände wurde früher Erdöl exploriert, was zu erheblichen Mineralölverschmutzungen führte (bis zu 1000 ppm im Boden und 500 ppm in Grundwasser). Der Boden besteht aus sandigem Lehm; der Grundwasserspiegel steht bei 1.5 m unter Gelände an. Zuerst wurde mit einer Bohrkampagne versucht, den Kontaminationsherd zu lokalisieren. Bei den darauf folgenden Aushubarbeiten musste jedoch festgestellt werden, dass sich auf der Grundlage der Aufschlussbohrungen die Ausbreitung der Mineralölphase nicht zutreffend beschreiben ließ. Nachträglich wurde eine GPR-Kartierung durchgeführt (Abb. 7.25) und mit speziell entwickelter Software nachbereitet. Die resultierende Karte (Abb. 7.26) gab überraschend deutlich die Verteilung der Schadstoffe für verschiedene Tiefenlagen wieder. Die Ergebnisse der GPR-Messungen wurden nachträglich mit Kontrollbohrungen bestätigt.

**Abb. 7.25** Mit einem GPR-Schlitten wird reflektiertes Radar gemessen (van der Roest, Wagebaert, Stam, Brasser 1997).

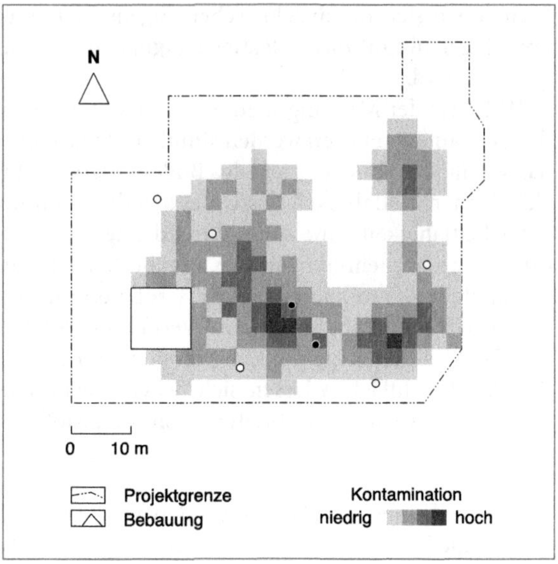


**Abb. 7.26** Relative Kontamination in der Tiefe von 2.1-2.8 m (vereinfacht nach van der Roest, Wagebaert, Stam, Brasser 1997). Starke Ölverschmutzungen wurden an den mit schwarzen Punkten gekennzeichneten Stellen erbohrt, schwache Verschmutzungen sind mit weißen Punkten markiert.

### Induzierte Polarisation

Sobald elektrischer Strom in den Boden geleitet wird, polarisieren sich die im Untergrund verborgenen Körper. Wird der Strom abgestellt, schwächt sich diese *induzierte Polarisation (IP)* ab. Die Geschwindigkeit des Abklingens ist eine materialspezifische Eigenschaft. Die räumliche Variation der Abklinggeschwindigkeit erzeugt Kontraste, die sich kartieren lassen, um Anomalien abzubilden.

Das Verfahren eignet sich zum Beispiel, um Metallkörper wie Tonnen, Tanks, Granaten usw. zu orten. Da Salze ein hohes Polarisationspotenzial haben, lassen sich auch im Boden verborgene Deponien auffinden und deren Kontaminationsfahnen kartieren.

### Eigenpotenzialmessungen

Im Untergrund erzeugen Reduktions- und Oxidationsprozesse natürliche elektrische Gleichstromfelder, deren *Eigenpotenzial (self potential SP)* messbar ist. Hierzu werden entlang eines Messprofils oder in einem Raster Spannungsmessungen durchgeführt, die mit einer stationären Referenzsonde verglichen werden, um mithilfe der Residuen Eigenpotenzialkontraste zu kartieren.

Diese treten insbesondere im Bereich von Störkörpern auf, wie zum Beispiel bei oxidierenden Metallresten, aber auch bei der Bewegung von Flüssigkeiten im Porenraum und bei Gasbewegungen im Boden.

## 7.3 Hydrogeologie

Die Tiefe zum Grundwasserspiegel, die Bewegung des Grundwassers und die Durchlässigkeit des Untergrundes sind hydrogeologische Rahmenbedingungen, die bei den

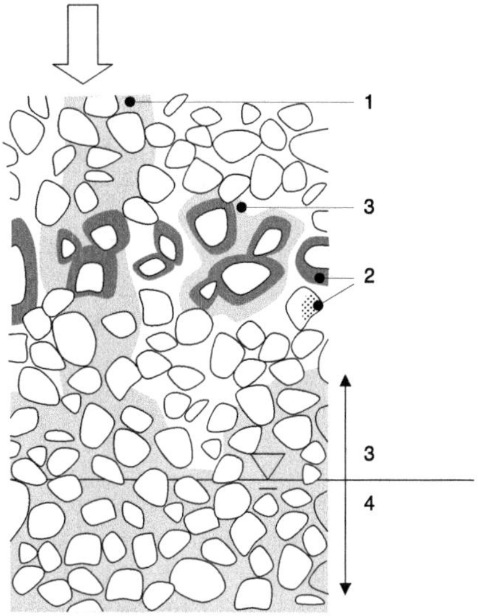


Abb. 7.27 Im Untergrund tritt Grundwasser auf als (1) Sickerwasser aus Niederschlägen und Oberflächenwässern, die schwerkraftbedingt in den Untergrund eindringen, (2) Wasser, das an den Grenzflächen der geogenen Matrix adhäsiv gehalten (Haftwasser) oder adsorbiert wird, (3) Kapillarwasser, das durch die Kapillarkraft des Wassers gebunden wird und (4) Grundwasser, das Poren und Klüfte erfüllt.

Hauptuntersuchungen mit zum Teil aufwendigen Versuchen geklärt werden. Für spezielle ingenieurgeologische Fragestellungen ist auch der Wasserchemismus zu prüfen, zum Beispiel zur Beurteilung einer möglichen Betonaggressivität.

Abbildung 7.27 zeigt, wo und in welcher Form Wasser in einem Boden auftritt. Unterhalb des Grundwasserspiegels sind alle Poren (und Klüfte) mit Wasser gefüllt. Oberhalb des Grundwasserspiegels wird Wasser durch die Kapillarkraft gebunden. Von der Oberfläche aus dringt Sickerwasser in den Boden ein. Darüber hinaus ist wird Wasser an den Bodenkörnern adhäsiv gehalten und auch adsorbiert.

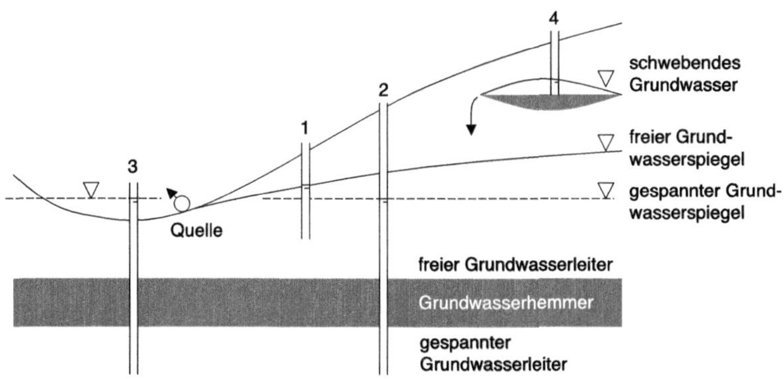


Abb. 7.28 Grundwasserspiegel können sich frei ausbilden (1) oder durch einen Grundwasserhemmer gespannt sein (2). Bei einem artesisch gespannten Grundwasserspiegel liegt die hydrostatische Druckhöhe über der Geländeoberfläche (3). Örtlich begrenzt ist der schwebende Grundwasserleiter (4). Die hydrostatischen Druckhöhen werden von Grundwassermesspegel (Piezometer) und Brunnen gemessen.

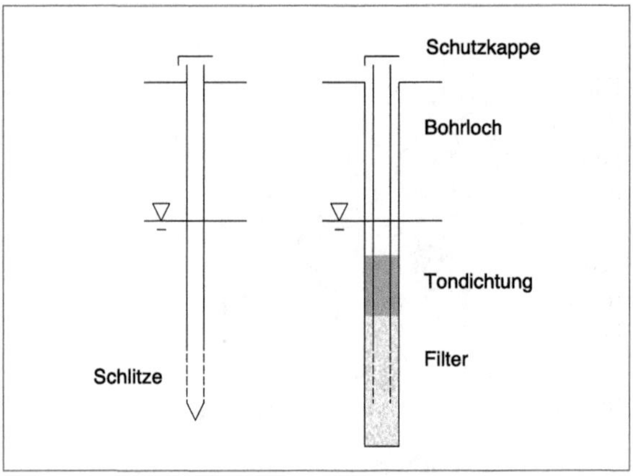


**Abb. 7.29** Grundwassermesspegel (Piezometer) und Brunnen.

Betrachtet man einen größeren Ausschnitt (Abb. 7.28), dann stellt sich der Grundwasserspiegel als durchgehende Grenzlinie dar, sofern er sich frei ausbilden kann (freier Grundwasserspiegel). Wird der Grundwasserleiter durch einen Grundwasserhemmer (zum Beispiel eine Tonschicht oder eine Mergelschicht) nach oben begrenzt, kann sich ein gespannter Grundwasserspiegel einstellen. Dies ist der Fall, wenn der in einem Grundwassermesspegel (Piezometer) angezeigte (gespannte) Grundwasserspiegel oberhalb der Grenzlinie von Grundwasserleiter und Grundwasserhemmer liegt. Liegt dieser Grundwasserspiegel sogar über dem Gelände, spricht man von einem artesisch gespannten Grundwasserspiegel. Darüber hinaus bilden sich räumlich begrenzte, schwebende Grundwasserspiegel aus.

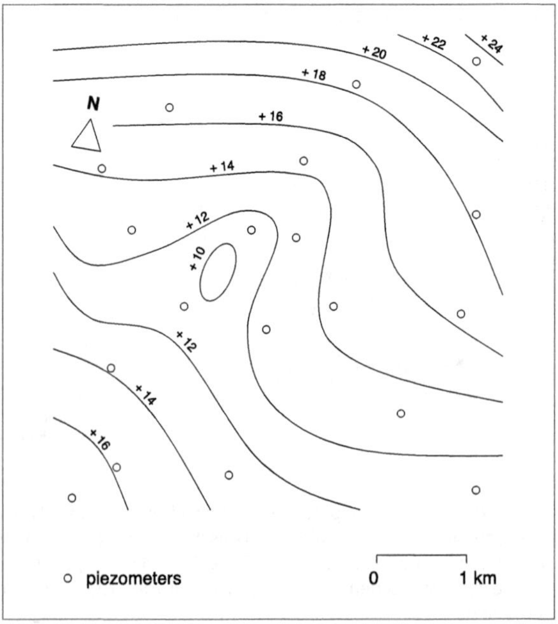


**Abb. 7.30** Ein Grundwassergleichenplan.

### 7.3.1 Tiefe zum Grundwasser

Die Tiefe zum Grundwasserspiegel *(Flurabstand)* wird mit *Brunnen* und *Piezometern* (Grundwassermessstellen) gemessen (Abb. 7.29). Im Rahmen der Hauptuntersuchungen bietet es sich an, einige der Aufschlussbohrungen zu Piezometern umzubauen, um den Grundwasserspiegel zu beobachten und Pumpversuche durchzuführen.

Piezometer geben Punktinformationen zur Tiefe des Grundwasserspiegels. Zwischen den einzelnen Piezometern lassen sich Linien gleicher Grundwassertiefe interpolieren (Grundwassergleichen, Abb. 7.30). Alternativ lässt sich auch die absolute Höhe des Grundwasserspiegels über NN in einem Grundwasserhöhenplan darstellen. Die Interpolation der Messpunkte lässt sich optimieren, indem sie als regionalisierte Variablen interpretiert, also geostatistisch gedeutet werden (Kriging, siehe Kapitel 4). In Bernoullis Stromfadengleichung (Kapitel 3) entspricht die Piezometermessung dem Term $u/\gamma$ (der Druckhöhe $h_u$). Piezometermessungen sind somit Voraussetzung, um die hydraulischen Verhältnisse zu simulieren und Modelle zu erstellen, mit denen die Bewegung des Grundwassers prognostiziert werden kann.

### 7.3.2 Bewegung des Grundwassers

Die Bewegung des Grundwassers definiert sich über Richtung und Geschwindigkeit. Die *Bewegungsrichtung* ergibt sich aus der Konstruktion von Grundwassergleichen, für die bereits drei Pegel ausreichen (Abb. 7.31). Zwischen dem höchsten Grundwasserstand $h_1$ und dem tiefsten Grundwasserstand $h_3$ wird die Höhe des mittleren Wasserstandes $h_2$‘ interpoliert. Die Linie $h_2$-$h_2$‘ entspricht einer Grundwassergleiche. Das Grundwasser fließt senkrecht zu den Grundwassergleichen in Richtung des niedrigeren Wasserstandes. Das Grundwassergefälle ergibt sich aus der Höhendifferenz von $h_2$ zu $h_3$ und dem lotrechten Abstand $l$ von der interpolierten Grundwassergleiche zu $h_3$

$$\tan\alpha = \frac{h_2 - h_3}{l} = \frac{\Delta h}{l}$$

Die Grundwasserfließrichtung variiert je nach Standort. Die Änderungen der Fließrichtung werden im Grundwassergleichenplan deutlich, der auf der Grundlage einer Vielzahl von Pegeln hergeleitet wird.

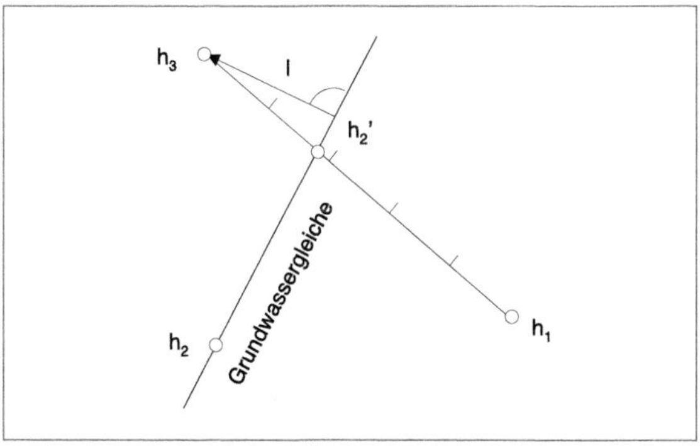


**Abb. 7.31** Herleitung der Fließrichtung mit drei Piezometern.

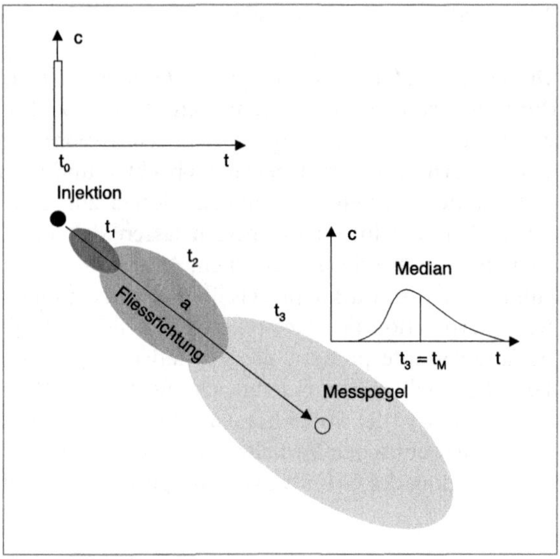


**Abb. 7.32** Prinzip des Tracerversuchs. Dargestellt ist die Ausbreitung des Tracers in Fließrichtung in den Zeitschnitten $t_1$, $t_2$ und $t_3$. Die Diagramme zeigen die Messung der Konzentration über die Zeit.

Die *Geschwindigkeit* des Grundwassers kann zum Beispiel mit *Markierungs-* oder *Tracerversuchen* bestimmt werden, bei denen ein Tracer punktuell in den Grundwasserleiter injiziert wird (z. B. in einem Brunnen). An benachbarten Pegeln wird die Konzentration des Tracers über die Zeit gemessen. Jede Pegelmessung zeigt den Anstieg, das Maximum und das Abklingen der Tracerkonzentration. Hieraus lassen sich sowohl die Fließgeschwindigkeit als auch die Fließrichtung rekonstruieren. Der Zeitpunkt der Passage des Tracers $t_M$ ergibt sich aus dem Medianwert seiner Konzentrationsverteilung am Messpunkt. Dieser entspricht der 50%-Grenze der Summenkurve der Tracerkonzentrationen, also der Hälfte des insgesamt am Messpegel registrierten Tracers. Die Geschwindigkeit folgt aus dem Abstand $a$ des Injektionspunkt zum (interpolierten) Messpegel in Fließrichtung des Grundwassers (Abb. 7.32) und der mittleren Fließdauer $t_M$

$$v_a = a/t_M$$

Tracerversuche werden sowohl in porösen Medien (Lockergestein) als auch in geklüfteten Medien (Gebirge) durchgeführt. Bei Tracerversuchen im Gebirge sind jedoch die Ergebnisse aufgrund des Trennflächengefüges schwerer zu deuten.

Bei *Einbohrlochversuchen* werden die lokalen Fließverhältnisse über die Drift natürlicher Feinschwebstoffe im Bohrloch ermittelt (z. B. Schöttler 2004). Die Schwebstoffe werden mit einer Kamera und einem Belichtungssystem *in situ* aufgenommen und mit einem Bildverarbeitungssystem interpretiert. Es lassen sich sowohl die Fließrichtung als auch die Fließgeschwindigkeit ableiten. Das Verfahren erlaubt eine kontinuierliche Aufnahme der Grundwasserbewegung, im Gegensatz zur Momentaufnahme beim Tracerversuch. Allerdings beschränkt sich die Aussage allein auf die unmittelbare Umgebung des untersuchten Bohrlochs.

Kaum bestimmt werden kann die wahre Geschwindigkeit oder *Bahngeschwindigkeit* eines Wasserteilchens auf seiner kurvigen Bahn entlang der Bodenpartikel (und Kluftkörper). Ihre Ermittlung ist jedoch für die meisten Anwendungsfälle nicht nötig.

### 7.3.3 Durchlässigkeit

Im Rahmen der Vorerkundung (Kapitel 6) wurde bereits darauf hingewiesen, dass die Durchlässigkeit des Untergrunds

- anhand von Erfahrungswerten abgeschätzt (Kapitel 6)
- an Proben im Labor bestimmt (Darcy-Versuch) und
- mit Feldversuchen ermittelt werden kann.

Zur Messung der Durchlässigkeit im Labor entwickelte Darcy (1856) ein Versuchsgerät, das eine Bodenprobe der Länge $l$ [m] durchströmt (Kapitel 3, Abb. 7.33). Die Durchflussrate $Q$ [m$^3$/s] ist proportional der hydrostatischen Druckhöhe $\Delta h$ mit dem Durchlässigkeitsbeiwert als Proportionalitätsfaktor $k$ [m/s]

$$k = \frac{Q/A}{\Delta h/\Delta l} = \frac{v_f}{i}$$

und $A$ [m$^2$] als durchflossenen Querschnitt, $v_f$ [m/s] als Filtergeschwindigkeit und $i$ [-] als hydraulischen Gradienten.

Bei feinkörnigen Böden wird der Versuch auch mit fallender Druckhöhe (instationär) durchgeführt (Abb. 7.33). Der Durchlässigkeitsbeiwert ergibt sich dann zu

$$k = \frac{a}{A}\frac{l}{t}\ln\frac{h_1}{h_2}$$

mit $a$ [m$^2$] als Standrohrquerschnitt, $A$ [m$^2$] als Querschnitt der durchströmten Probe,

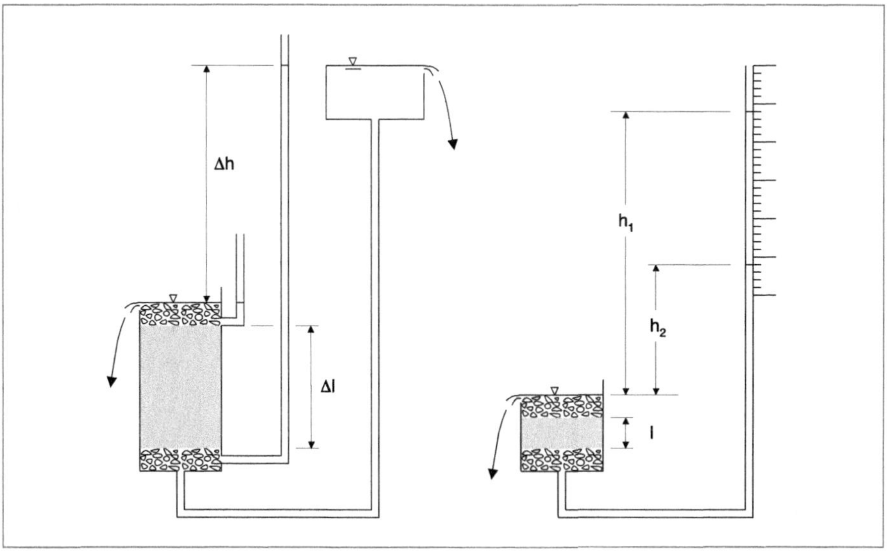


**Abb. 7.33** Versuchsaufbau mit konstanter und fallender Druckhöhe zur Bestimmung des Durchlässigkeitsbeiwerts k.

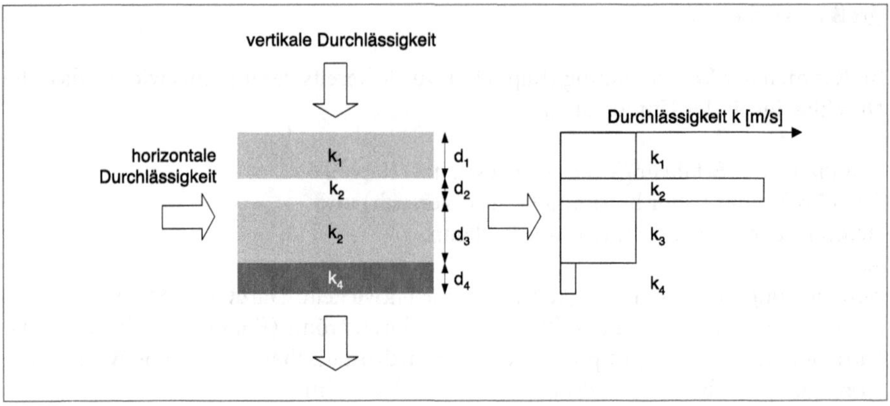


**Abb. 7.34** Horizontale und vertikale Durchlässigkeit.

*l* [m] als Probenlänge, *t* [s] als verstrichene Zeit seit Versuchsbeginn sowie $h_1$ [m] und $h_2$ [m] als Standrohrspiegelhöhen im Zeitintervall $\Delta t$.

Problematisch ist, dass bei Laborversuchen nur kleine Bodenproben untersucht werden können. Das Materialverhalten *in situ* entspricht kaum den Laborbedingungen. Die horizontale Durchlässigkeit ist in den meisten Fällen höher, denn mit *i* Schichten der Mächtigkeit $d_i$ ergibt sie sich mit *d* als Gesamtmächtigkeit und $k_{max}$ als

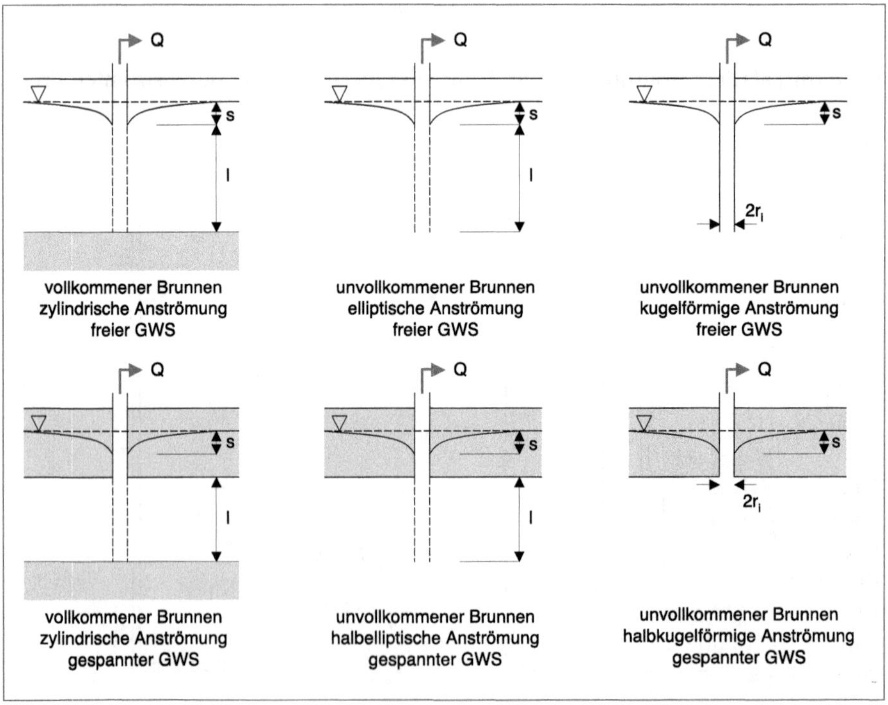


**Abb. 7.35** Brunnen im freien und im gespannten Grundwasser mit zylindrischer, elliptischer und kugelförmiger Anströmung (GWS Grundwasserspiegel, l Anströmlänge des Brunnens).

größte Durchlässigkeit (Abb. 7.34)

$$k_h = \frac{\sum_{1=1}^{n} k_i d_i}{d} \cong k_{\max} \frac{d_{k_{\max}}}{d}$$

Die Schicht mit der größten Durchlässigkeit dominiert somit die (horizontale) hydraulische Leitfähigkeit des Schichtpakets. Das Verhältnis von horizontaler zur vertikaler Durchlässigkeit $k_h/k_v$ liegt bei Sedimenten üblicherweise zwischen 2 und 10 (von Soos & Engel 2008).

Nicht nur die Schichtung von Böden kompliziert die Ermittlung ihrer Durchlässigkeit. Böden können darüber hinaus einer komplexen Belastungsgeschichte ausgesetzt gewesen sein, somit eine Tektonik aufweisen, die sich in einem Gefüge von Trennflächen manifestiert. Dies ist zum Beispiel der Fall bei Böden, die während der Eiszeiten Gletscherlasten trugen, die sich in Hanglagen gravitationsbedingt verformten oder die sich infolge variierender Konsolidationsbedingungen unterschiedlich setzten.

Feldversuche zur Bestimmung der Durchlässigkeit sind daher aussagekräftiger als Laborversuche, da sie einen viel größeren Bodenbereich abdecken und somit lokale Inhomogenitäten berücksichtigen. Um einen *Pumpversuch* durchzuführen, ist ein Brunnen erforderlich, mit dem Wasser kontrolliert aus einem vorher festgelegten Tiefenbereich entnommen bzw. in diesen eingespeist werden kann. Eine Aufschlussbohrung lässt sich leicht als Brunnen ausbauen. Unterschieden werden (Abb. 7.35)

- vollkommene Brunnen, die in einen Grundwasserhemmer (z. B. in eine Tonschicht) einbinden und
- unvollkommene Brunnen, die nicht in einen Grundwasserhemmer einbinden

sowie Brunnen im

- freien Grundwasser und im
- gespannten Grundwasser.

Je nach Anströmung (Abströmung) unterscheidet man

- die zylindrische Anströmung durch die Brunnenwandung
- die elliptische und halbelliptische Anströmung durch Wandung und Sohle
- die kugelförmige und halbkugelförmige Anströmung durch die Brunnensohle.

Unter Berücksichtigung der vorliegenden Grundwasserverhältnisse und der Geometrie der Anströmung lassen sich Brunnenformeln herleiten. Die Grundlage dafür bilden das *Kontinuitätsprinzip* und das *Darcysche Gesetz*. Die folgende Herleitung zeigt die Vorgehensweise für einen vollkommenen Brunnen im freien Grundwasser, der nur entlang der benetzten Filterstrecke Wasser aufnimmt (Abb. 7.36). Vorausgesetzt wird ein stationärer Strömungszustand, der bei einer konstanten Entnahmerate entsteht. Die einströmende Wassermenge ergibt sich aus

$$Q = (2\pi x z)(v)$$

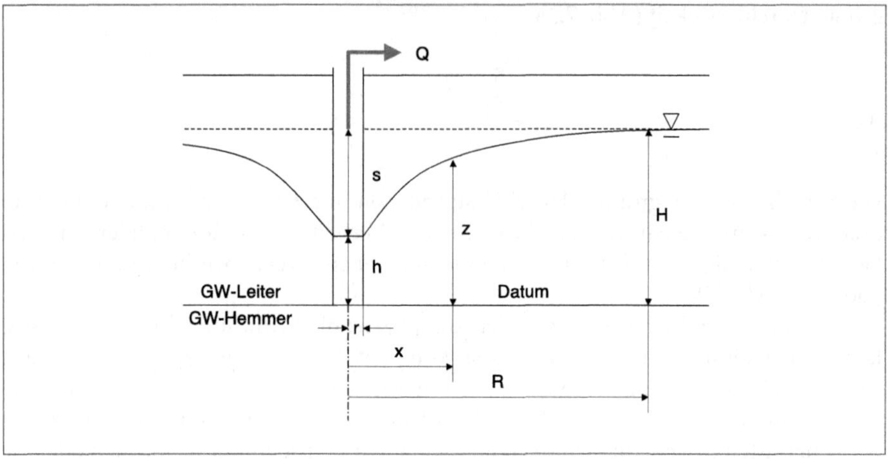


Abb. 7.36 Absenktrichter um einen vollkommenen Brunnen.

Da nach Darcy gilt

$$v_f = k\,i = k\frac{dz}{dx}$$

folgt nach Umformung

$$\frac{dx}{x} = \frac{2\pi k}{Q} z\,dz$$

Nach Integration

$$\int \frac{dx}{x} = \frac{2\pi k}{Q} \int z\,dz$$

folgt

$$\ln x = \frac{\pi k}{Q} z^2 + c$$

mit $c$ als Integrationskonstante. Mit der Randbedingung, dass sich der Absenktrichter ab einer Entfernung $R$ (der Reichweite) wieder dem natürlichen, nicht abgesenkten Grundwasserspiegel $H$ annähert, folgt

$$c = \ln R - \frac{\pi k}{Q} H^2 \qquad z = H, x = R$$

Die Grundwasserspiegelhöhe $h$ am Brunnenrand $r$ liefert die zweite Randbedingung, so dass für die Abflussrate eines vollkommenen Brunnens im stationären Zustand gilt

$$Q = \pi k \frac{H^2 - h^2}{\ln R - \ln r}$$

Diese Gleichung wird als *(spezielle) Brunnenformel nach Dupuit-Thiem* (Thiem 1906) bezeichnet. Mit

$$H^2 - h^2 = (H - h)(H + h)$$
$$H = h + s$$

gilt

$$Q = k\, s\, h\, \omega_1 \qquad \omega_1 = \frac{\pi(2 + s/h)}{\ln(R/r)}$$

woraus sich der Durchlässigkeitsbeiwert zu

$$k = \frac{Q}{s\,h} \frac{1}{\omega_1}$$

ergibt. Der einzige unbekannte Parameter zur Bestimmung von $k$ ist die Reichweite, die sich durch Näherungsformeln abschätzen lässt, wie zum Beispiel der von Sichardt (1928)

$$R = 3000\, s \sqrt{k}$$

oder der von Kusakin (Strzodka 1977)

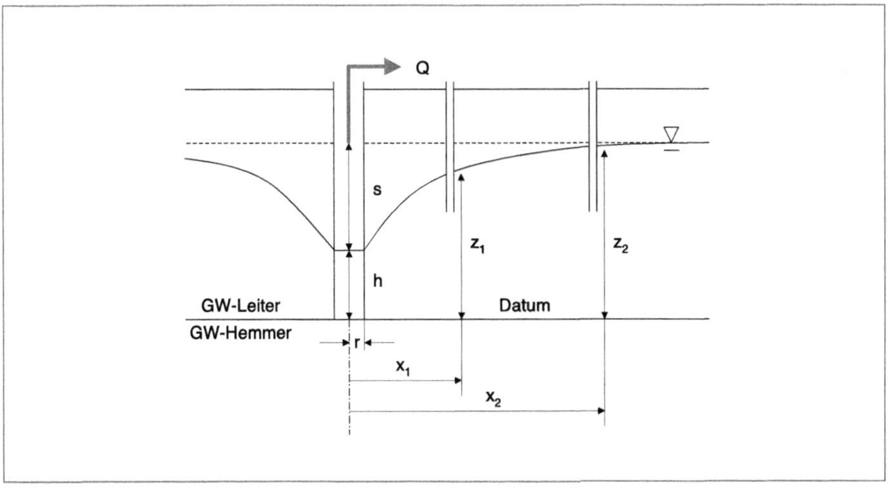


**Abb. 7.37** Absenkungstrichter eines vollkommenen Brunnens mit Beobachtungspegeln.

$$R = 575\, s \sqrt{H\, k}$$

Zur Abschätzung der Reichweite ist also die Kenntnis des Durchlässigkeitsbeiwertes $k$ nötig, dessen Bestimmung jedoch das Ziel des Pumpversuchs ist. Mit einer Iteration lässt sich das Problem auf einfache Weise lösen: $k$ wird zur Ermittlung von $R$ vorgeschätzt, um dann $k$ nach Dupuit-Thiem zu berechnen. Ein Mittelwert aus beiden Durchlässigkeitsbeiwerten wird erneut zur Schätzung von $R$ verwendet, um eine neues $k$ nach Dupuit-Thiem zu berechnen. Nach einigen Iterationen ergibt sich die zutreffende Durchlässigkeit.

Mit der *allgemeinen Brunnenformel von Dupuit-Thiem* lässt sich die Durchlässigkeit noch genauer bestimmen (vollkommener, stationärer Brunnen)

$$Q = \pi\, k \frac{z_2^2 - z_1^2}{\ln x_2 - \ln x_1}$$

bei der $x_1$ und $x_2$ die Abstände zu Beobachtungspegeln sind und $z_1$ und $z_2$ die entsprechenden Pegelstände (Abb. 7.37). Eine Bestimmung der Reichweite ist hier nicht nötig, allerdings ist die Einrichtung von Beobachtungspegeln erforderlich, was aus Zeit- und Kostengründen oft nicht möglich ist.

Ein weiterer Feldversuch zur Bestimmung der Durchlässigkeit ist der *Absenk- und Steigversuch*. Hierzu ist nur ein Brunnen erforderlich, in dem der Wasserstand durch Auffüllen oder Abpumpen verändert wird, um dann zu messen, wie schnell sich der ursprüngliche Wasserstand wieder einstellt. Mit dem Kontinuitätsprinzip und dem Darcyschen Gesetz lässt sich herleiten, dass sich der Durchlässigkeitsbeiwert bei diesem instationären Brunnenversuch aus

$$k \cong \pi\, r_f^2 \frac{1}{a\omega_i} \frac{\Delta s}{\Delta t} \frac{1}{s_m}$$

ergibt, wobei $r_f$ [m] dem freien Fließquerschnitt im Bohrloch (abzüglich der Fließhin-

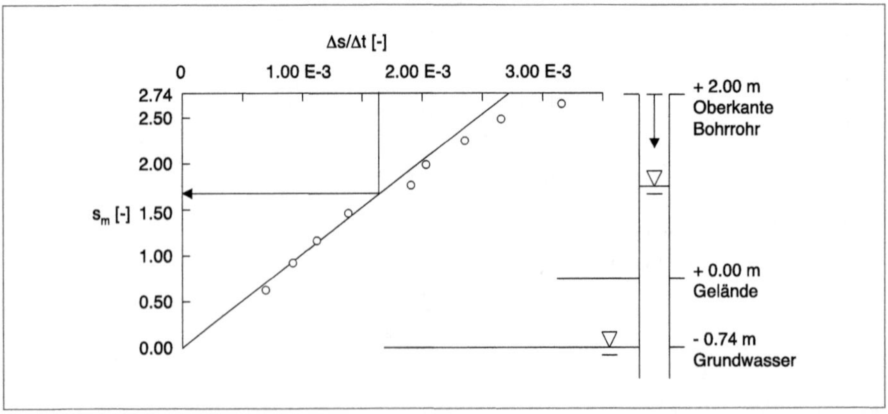


**Abb. 7.38** Bestimmung des Durchlässigkeitsbeiwertes mit einem Open-End-Absenkversuch.

dernisse wie zum Beispiel einer Tauchpumpe) entspricht und sich die Parameter $a$ und $\omega_i$ nach den verschiedenen Anströmsituationen ergeben. Die Wasserspiegeländerung im Brunnen im Zeitintervall

$$\Delta t = t_{i+1} - t_i$$

entspricht

$$\Delta s = s_i - s_{i+1}$$

Für die mittlere Wasserspiegeländerung folgt

$$s_m = \left(s_i + s_{i+1}\right)/2$$

Im Rahmen der Hauptuntersuchungen für ein Projekt bei Düsseldorf (Rheinland) wurde eine Reihe von Aufschlussbohrungen abgeteuft. Der Untergrund besteht bis etwa 4.70 m unter Gelände aus quartären Flusssedimenten. Darunter steht sandig-schluffiges Neogen an. Eine Aufschlussbohrung soll kurzfristig zur Bestimmung der Durchlässigkeit des Neogens genutzt werden. Die Bohrung ist verrohrt (freier Innenradius $r_f$ = 0.1015 m) und endet 11 m unter Gelände im Tertiär (Abb. 7.38). Die Oberkante des Bohrrohrs liegt 2.0 m über Gelände. Der Grundwasserspiegel ist frei und befindet sich in 0.74 m Tiefe. Zur Durchführung des Absenkversuchs wird das Bohrrohr bis zum Überlaufen aufgefüllt (stationärer Zustand). Danach wird die Absenkung des Wasserspiegels $s_a$ über die Zeit $t$ protokolliert und zur Ermittlung von $\Delta s$, $\Delta t$, dem Verhältnis $\Delta s/\Delta t$ und der mittleren Absenkrate $s_m$ ausgewertet (Tab. 7.4).

**Tabelle 7.4** Absenkraten aus dem Absenkversuch bei Düsseldorf.

| $s_a$ [m] | $s_i = s_{max} - s_a$ [m] | t [min] | Δt [s] | Δs [m] | Δs/Δt [m/s] | $s_m$ [m] |
|---|---|---|---|---|---|---|
| 0.00 | 2.74 | 0.00 | 60.00 | 0.19 | 3.17E-03 | 2.65 |
| 0.19 | 2.55 | 1.00 | 60.00 | 0.16 | 2.67E-03 | 2.47 |
| 0.35 | 2.39 | 2.00 | 120.00 | 0.29 | 2.42E-03 | 2.25 |
| 0.64 | 2.10 | 4.00 | 120.00 | 0.24 | 2.00E-03 | 1.98 |
| 0.88 | 1.86 | 6.00 | 120.00 | 0.23 | 1.92E-03 | 1.75 |
| 1.11 | 1.63 | 8.00 | 240.00 | 0.34 | 1.42E-03 | 1.46 |
| 1.45 | 1.29 | 12.00 | 240.00 | 0.27 | 1.13E-03 | 1.16 |
| 1.72 | 1.02 | 16.00 | 240.00 | 0.22 | 9.17E-04 | 0.91 |
| 1.94 | 0.80 | 20.00 | 480.00 | 0.33 | 6.88E-04 | 0.64 |
| 2.27 | 0.47 | 28.00 | | | | |
| | | | | | | **1.69** |

Die Messpunkte werden ins $s_m$-$\Delta s/\Delta t$ - Diagramm eingetragen. Aus der durch die Messpunkte konstruierten Geraden ergibt sich mit $s_m$ = 1.69 m eine mittlere Absenkgeschwindigkeit $\Delta s/\Delta t$ = 0.00165 m/s. Aufgrund der Geometrie der Anströmung (Open End-Versuch mit kugelförmiger Anströmung) gilt

$$a = r_f$$

$$\omega = \frac{4\pi}{1-(r_f/R)} \cong 4\pi$$

Somit folgt für die Durchlässigkeit

$$\begin{aligned} k &= \pi r_f^2 \frac{1}{a\omega} \frac{\Delta s}{\Delta t} \frac{1}{s_m} \\ &= \frac{r_f}{4} \frac{\Delta s}{\Delta t} \frac{1}{s_m} \\ &= \frac{0.1015}{4} (0.00165) \left(\frac{1}{1.69}\right) \\ &= 2.48 \cdot 10^{-5}\ \text{m/s} \end{aligned}$$

Wie bereits im Kapitel 6 dargestellt, bieten sich einfache Absenkversuche bereits im Rahmen der Voruntersuchungen an. Dabei handelt es sich um Versickerungsversuche, bei denen ein flaches, zylindrisches Loch mit Wasser aufgefüllt wird. Es empfiehlt sich, für diesen Versuch die obere Bodenschicht freizulegen oder ihn direkt in einem Schurf durchzuführen. Die Auswertung erfolgt analog dem Bohrlochversuch, wobei die Parameter entsprechend der Geometrie anzupassend sind (wie in Kapitel 6 gezeigt).

Im Prinzip ließen sich Absenk- und Steigversuche auch auf geklüftetes Gebirge übertragen, wäre da nicht das Problem der Einzelklüfte, die das hydraulische Verhalten dominieren. Die Infiltrationslänge bei den üblichen Brunnenversuchen ist im Verhältnis zum Abstand der Trennflächen klein, so dass nur wenige hydraulisch leitfähige Fugen erfasst werden. Maurice Lugeon führte in den 1930er Jahren Wasserdruckversuche in Bohrlöchern durch, um die Durchlässigkeit des Gebirges zu prüfen. Bei einer *Wasserdruckprüfung (WD-Test)*, auch *Packer-Test* oder *Lugeon-Test*, wird in einer (unverrohrten) Bohrlochstrecke Wasser mit steigendem Druck eingespeist. Je nachdem, ob diese Bohrlochstrecke nur nach oben oder nach oben und unten begrenzt wird, spricht man von Einfachpackern oder Doppelpackern. Die Packer werden mechanisch oder pneumatisch an die Bohrlochwandung angepresst. Beim Einfachpacker wird eine Abpressstrecke vom Packer bis zur Bohrlochsohle abgegrenzt und abgepresst. Danach wird das Bohrloch weiter gebohrt und die neu geschaffene Abpressstrecke getestet. Natürlich ist es auch möglich, in einer bis zur Endteufe gebohrten Versuchsbohrung von unten nach oben abzupressen, wobei sich die Abpresslängen entsprechend vergrößern. Mit dem Doppelpacker können beliebig lange Abpressstrecken im fertigen Bohrloch untersucht werden. Die Messung wird nicht durch Weiterbohren unterbrochen, was ein zeiteffektives Arbeiten ermöglicht.

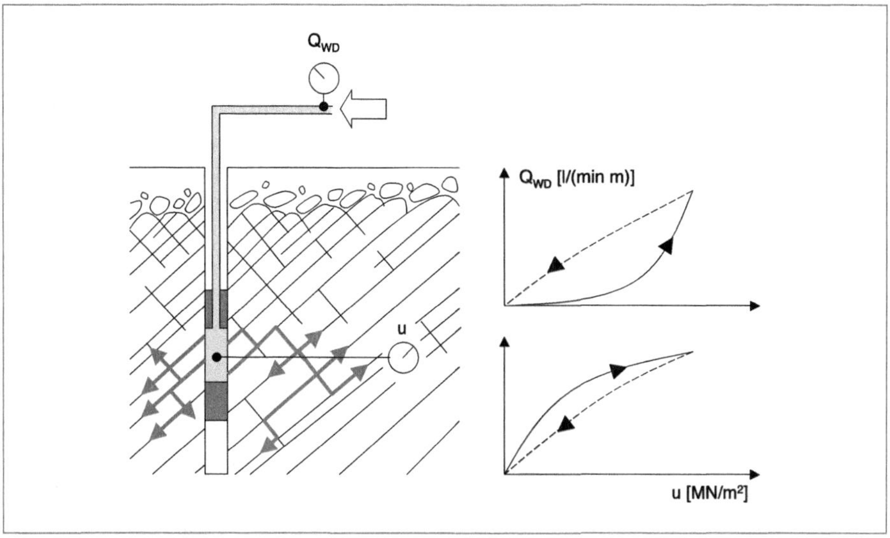


**Abb. 7.39** Prinzip des WD-Tests (Doppelpacker), Auswertung.

Während der Durchführung des WD-Versuchs wird die Wasseraufnahme $Q_{WD}$ [l/(min·m)] gemessen und in einem Diagramm gegen den Druck in der Verpressstrecke aufgetragen (Abb. 7.39). Die Wasseraufnahme bei einem Druck von 1 MPa entspricht dem von Lugeon (1933) eingeführten *Lugeon-Wert*. Nach Erreichen des Maximaldrucks wird der Druck langsam vermindert, wobei die Messung der Wasseraufnahme fortgesetzt wird. Der Verlauf der Wasseraufnahmekurve gibt nicht nur Aufschluss über die Wasseraufnahmefähigkeit des Gebirges, sondern auch Hinweise auf Strömungsvorgänge im hydraulisch wirksamen Trennflächengefüge. Ein überproportionaler Anstieg mit oberhalb der Drucksteigerungskurve liegender Drucksenkungskurve deutet auf Erosionsvorgänge in den durchströmten Fugen oder auf eine Vergrößerung der Wasserwegsamkeit, da sich Fugen weiten oder sich sogar infolge des Drucks neue Fugen bilden *(Cracking)*. Ein unterproportionaler Anstieg deutet auf den Übergang von laminarem zu turbulentem Fließen oder auf eine Selbstabdichtung *(Kolmation)* der Gebirgsfugen durch gelöste und eingeschwemmte Bodenpartikel. Weiterhin geben WD-Versuche Aufschluss über die Verformbarkeit des Gebirges und die Verpressfähigkeit, d. h. die Abdichtbarkeit von Gebirgsbereichen (Ewert 2004).

Die Wasseraufnahmefähigkeit gilt auch als Kriterium zur Abschätzung der *Gebirgsdurchlässigkeit*. Heitfeld (1965, 1979) entwickelte einen empirischen Ansatz auf der Grundlage von *k*-Werten, die sich aus der Rückrechnung der Wassermengen in Kontrollstollen von Talsperren ergaben. Danach entspricht die Gebirgsdurchlässigkeit etwa

$$k \cong \left(3.3Q_{WD}^2 - 1.3Q_{WD}\right) 10^{-8} \qquad 1 < Q_{WD} \le 25$$

mit $Q_{WD}$ in l/(min·m) bei 0.5 MPa und $k$ in m/s. Diese (nicht dimensionstreue) Näherungsformel hat sich in vielen Fällen als zutreffend erwiesen, zum Beispiel bei der Abschätzung von Durchlässigkeitsbeiwerten im Zusammenhang mit der Bundesbahnneubaustrecke im hessischen Buntsandsteingebirge (Heitfeld 1992).

Eine Fehlerquelle bei WD-Versuchen ist die mögliche Umläufigkeit der Packer, bei der das in der Abpressstrecke eingespeiste Wasser um die Packer herum ins Bohrloch läuft. Dieser hydraulische Kurzschluss lässt sich vermeiden, indem das Bohrloch mit Hilfe einer Fernsehsondierung vorkontrolliert wird, um so die günstigste Packerstellung festzulegen. Weiterhin ist darauf zu achten, dass eine möglichst glatte Bohrlochwandung hergestellt wird, die einen einwandfreien Packersitz gewährleistet. Außerdem wurden spezielle Packersysteme (Drei-Zellen-Packer) entwickelt, die das Problem der Packerumläufigkeit verringern.

## 7.4 Festigkeit und Verformbarkeit

Festigkeit und Verformbarkeit sind Materialeigenschaften des Bodens und des Gebirges. Ihre Kenntnis ist erforderlich, um geogene Risiken wie Rutschungen und Bergsenkungen zu bewerten. Sie ist auch notwendig, um die Standsicherheit und die Gebrauchstauglichkeit von Ingenieurbauwerken zu beurteilen. Bei zu großen Verformungen kommt es zu Deformationen (zum Beispiel der Setzung von Bauwerken), bei nicht ausreichender Festigkeit kommt es zum Versagen (zum Beispiel der Rutschung eines Hanges). Zur Ermittlung der Festigkeit und Verformbarkeit werden Labor- und Feldversuche durchgeführt. Diese Versuche erzeugen Scherdiagramme und Lastverformungsdiagramme, die je nach Versuchsaufbau variieren, im Prinzip aber auf die grundsätzlichen Überlegungen von Coulomb und Hooke zurückgehen (Kapitel 3).

### 7.4.1 Festigkeit

#### Boden

Die Festigkeit des Bodens wird bestimmt durch seinen Reibungswinkel und seine Kohäsion.

Der einfachste Versuch zur Bestimmung der Festigkeit von Böden ist der von Krey (1926) entwickelte *Rahmenscherversuch*. Bei diesem Laborversuch wird eine Bodenprobe in ein Rahmenschergerät eingebaut und bei einer vorgegebenen, senkrecht zur Scherfläche wirkenden Normalspannung $\sigma$ [kN/m$^2$] abgeschert (Abb. 7.40). Die maximale aufnehmbare Scherspannung $\tau$ [kN/m$^2$] entspricht der Bruchspannung. Bei bindigen Böden ist der Porenwasserdruck $u$ [kN/m$^2$] zu berücksichtigen, der die Normalspannung auf die effektive Normalspannung $\sigma'$ [kN/m$^2$] reduziert. Aus diesem Grund wird die Probe langsam abgeschert und mit Filtersteinen entwässert, so dass der Porenwasserdruck gering bleibt. Aus mehreren Versuchen mit verschiedenen Normalspannungen ergeben sich Messpunkte, durch die eine Ausgleichsgerade gelegt wird, die das *Coulombsche Schergesetz* (Kapitel 3) abbildet

$$\tau = c' + \sigma' \tan\varphi' = c' + (\sigma - u)\tan\varphi'$$

mit dem wirksamen Reibungswinkel $\varphi'$ [°] als Neigung der Ausgleichsgeraden und $c'$ [kN/m$^2$] als wirksame Kohäsion (Abb. 7.40).

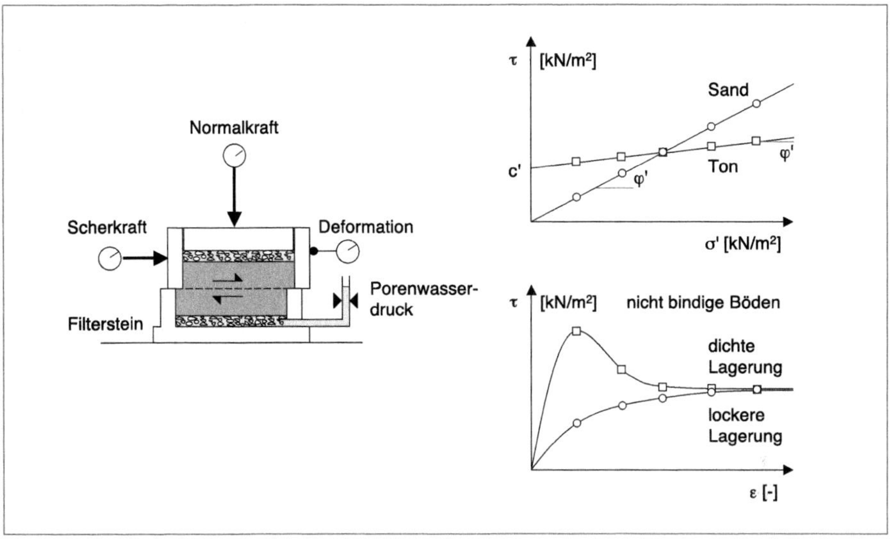


**Abb. 7.40** Rahmenschergerät, Scherwegmessung ($\tau$-$\varepsilon$-Diagramm) und Bestimmung der Scherparameter ($\tau$-$\sigma$-Diagramm).

Bei nicht bindigen Böden geht die Ausgleichsgerade durch den Nullpunkt, da sie kohäsionslos sind. Je nach Lagerungsdichte bildet sich ein Peak im $\tau$-$\varepsilon$-Diagramm ab (Abb. 7.40): Bei hoher Lagerungsdichte ist der Peak deutlich ausgeprägt und die Bodenprobe lockert sich mit zunehmendem Verschiebungsweg auf *(Dilatation)*. Im Gegensatz dazu verdichten sich locker gelagerte nicht bindige Böden und weisen infolge dieser Verdichtungsarbeit keinen deutlichen Peak auf.

Tabelle 7.5 zeigt typische Werte für Reibungswinkel und Kohäsion für verschiedene Bodenarten, urbane Böden und Hausmüll.

**Tabelle 7.5** Reibungswinkel und Kohäsion für natürliche Böden, urbane Böden und Hausmüll.

| Bodentyp | $\varphi'$ [°] | $c'$ [kN/m²] |
|---|---|---|
| Kiese, gleichförmig[1,2] | 32-42 | 0 |
| Sande, gleichförmig[1,2] | 32-42 | 0 |
| Lehm[1,2] | 22-40 | 0-25 |
| Schluff[1,2] | 22-35 | 5-20 |
| Ton[1,2] | 7-32 | 10-60 |
| organische Böden[1,2] | 5-30 | 2-20 |
| urbane Böden[3] | 20-35 | 0-15 |
| Hausmüll[4] | 15-35 | 5-20 |

[1]Nach von Soos & Engel (2008); [2]nach Dachroth (2002); [3]geschätzt; [4]nach Dachroth (2002) und Mitteilungen der Schweizerischen Gesellschaft für Bodenmechanik 114.

Scherversuche werden an ungestörten und gestörten Bodenproben durchgeführt. Gestörte Bodenproben werden vor Versuchsbeginn aufbereitet, um ihren Wassergehalt auf die Fließgrenze einzustellen. Danach werden sie belastet, um sie zu entwässern oder zu *konsolidieren*. Beim normal konsolidierten Versuch wird die Bodenprobe vor Versuchsdurchführung mit einer Normalspannung konsolidiert und unter dieser Normalspannung abgeschert. Die sich aus mehreren Versuchen ergebende Bruchgerade geht im $\tau$-$\sigma$-Diagramm durch den Koordinatenursprung. Ihre Neigung entspricht einem Gesamtreibungswinkel, der sich nach Krey-Tiedemann aus einem Reibungsanteil und einem Kohäsionsanteil zusammensetzt. Beim überkonsolidierten Versuch wird die Bodenprobe vor Versuchsdurchführung mit einer größeren Normalspannung konsolidiert. Die sich aus mehreren, mit der gleichen Vorbelastung durchgeführten Versuchen ergebende Bruchgerade schneidet die $\tau$-Achse. Aus dem überkonsolidierten Versuch lässt sich der wirksame Reibungswinkel $\varphi$‘ und die wirksame Kohäsion $c$‘ ermitteln, die jedoch abhängig von der Vorbelastung und somit versuchsbedingt sind.

Eine Variante des Rahmenschergeräts ist das *Ringschergerät*, bei dem die Probe mit einer Rotationsbewegung abgeschert wird. Der Versuchsaufbau erlaubt große Scherwege und eignet sich daher besonders zur Messung der Restscherfestigkeit, die zum Beispiel fossile Gleitfugen aufweisen. Wie im Kapitel 6 (Bodenmechanische Ansprache) gezeigt, können ganze Böschungen entlang fossiler Gleitfugen abrutschen.

Der *Triaxialversuch* liefert genauere Ergebnisse als der direkte Scherversuch. Bei diesem Laborversuch wird die Probe in eine Druckzelle eingebaut und durch einen Stempel axial gestaucht. Während der Versuchsdurchführung wird die über den Stempel ausgeübte Belastung erhöht, während der hydrostatische Druck in der Zelle konstant bleibt. Die Bodenprobe wird durch einen Gummistrumpf vor der Flüssigkeit in der Druckzelle geschützt. Mit steigender Beanspruchung kommt es zum Bruch der Probe, wobei sich die Bruchfuge frei ausbilden kann. Die in der Bruchfuge wirkenden Normal- und Scherspannungen ($\sigma$ und $\tau$) lassen sich durch Freischneiden (Kapitel 3) des Probekörpers und Bilanzierung der Spannungen ermitteln (Abb. 7.41). Ausgehend von einer vereinfachten, zweidimensionalen Analyse gilt für die Summe aller Kräfte senkrecht zur Scherfläche

$$\sigma A - \sigma_1 \cos\vartheta\left(A\cos\vartheta\right) - \sigma_3 \sin\vartheta\left(A\sin\vartheta\right) = 0$$

wobei $A$ [m$^2$] die Größe und $\vartheta$ [°] die Neigung der Scherfläche sind. $\sigma_1$ ist die durch den Stempel aufgebrachte Hauptspannung und $\sigma_3$ die in der Druckzelle wirkende Hauptspannung. Für die Summe der Kräfte parallel der Bruchfuge gilt

$$\tau A - \sigma_1 \sin\vartheta\left(A\cos\vartheta\right) + \sigma_3 \cos\vartheta\left(A\sin\vartheta\right) = 0$$

Nach Umformung folgt

$$\sigma = \tfrac{1}{2}\left(\sigma_1 + \sigma_3\right) + \tfrac{1}{2}\left(\sigma_1 - \sigma_3\right)\cos\left(2\vartheta\right)$$

und

$$\tau = \tfrac{1}{2}\left(\sigma_1 - \sigma_3\right)\sin\left(2\vartheta\right)$$

Aus den Hauptspannungen und der Neigung der Bruchfuge lassen sich somit die Nor-

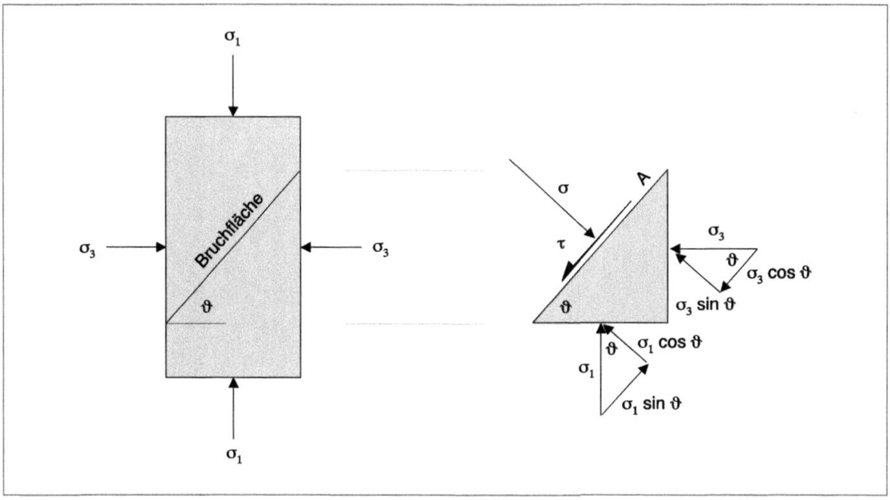


Abb. 7.41 Freigeschnittener Probenkörper mit Bruchfläche und Spannungen.

mal- und Scherspannungen im Bruchzustand berechnen, die ins $\tau$-$\sigma$-Diagramm eingetragen die Ermittlung der Scherparameter $\varphi$' und $c$' ermöglichen.

Bereits Ende des 19. Jahrhunderts wies der Stuttgarter Baustatiker Otto Mohr in einem Aufsatz darauf hin, dass die Hauptspannungen $\sigma_1$ und $\sigma_3$ im $\tau$-$\sigma$-Diagramm einen Kreis definieren. Im Bruchzustand tangieren die Mohrschen Kreise die Coulombsche Gerade und stellen somit eine geometrische Beziehung zwischen den Hauptspannungen und den Scherparametern her (Abb. 7.42). Die durch Freischneiden ermittelten Normal- und Scherspannungen im Bruchzustand lassen sich somit auch geometrisch

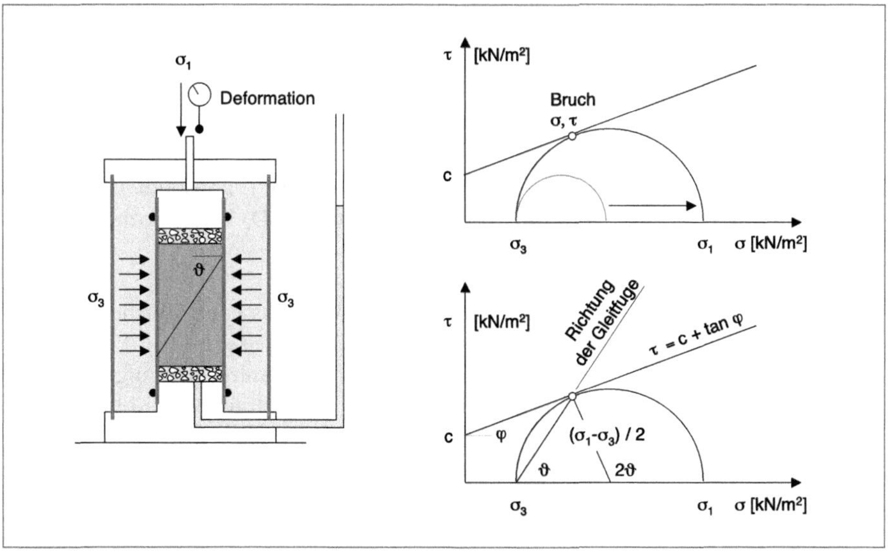


Abb. 7.42 Triaxialzelle, Mohrsche Kreise.

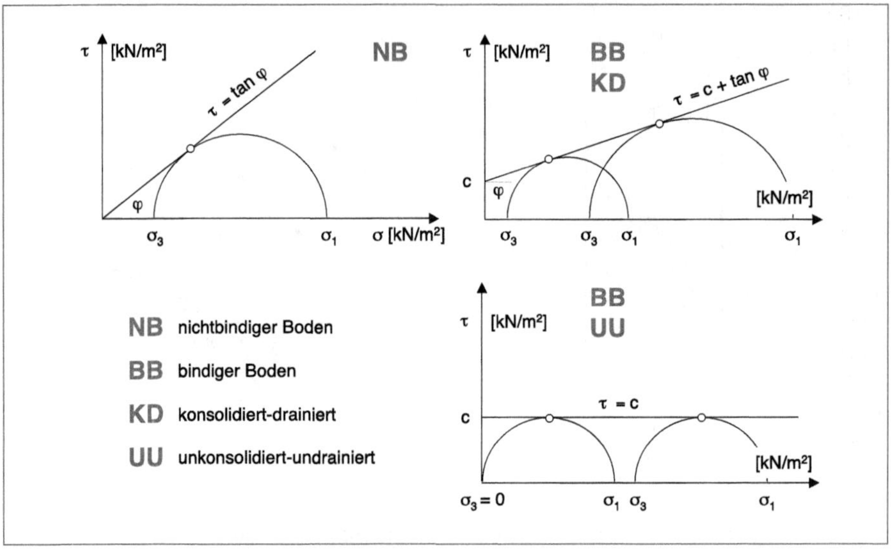


**Abb. 7.43** Mohrsche Kreise für einen nicht bindigen Boden und bindige Böden.

mit Hilfe der Mohrschen Kreise herleiten, wobei für den Bruchwinkel gilt

$$\vartheta = 45 + \frac{\varphi}{2}$$

In nicht bindigen Böden geht die Coulombsche Gerade durch den Koordinatenursprung ($c = 0$). In diesem Fall lässt sie sich also auf der Grundlage eines einzigen Triaxialversuchs konstruieren. Bei bindigen Böden ist mindestens ein zweiter Triaxialversuch erforderlich, damit die Kohäsion ermittelt werden kann. Aus der Kombination des Coulombschen Bruchkriteriums mit dem Mohrschen Ansatz folgt die *Mohr-Coulombsche-Bruchbedingung*

$$\sigma_1 - \sigma_3 = (\sigma_1 + \sigma_3)\sin\varphi + 2c\cos\varphi$$

Mit dem Triaxialgerät können sowohl unkonsolidierte (U), konsolidierte (C) und überkonsolidierte als auch undrainierte (U) und dränierte (D) Versuche durchgeführt werden (Abb. 7.43):

- Beim UU-Versuch entfällt die bei allen anderen Versuchstypen übliche Vorkonsolidierung. Mit dem Versuch wird die *Anfangsscherfestigkeit* ermittelt. Die effektive, reibungswirksame Spannung wird durch den Porenwasserdruck aufgehoben, so dass die Festigkeit der Bodenprobe allein durch ihre (undrainierte) Kohäsion gegeben ist.

$$\varphi_u = 0$$

$$c_u = \frac{1}{2}(\sigma_1 - \sigma_3)$$

- Beim CU-Versuch wird die Probe vor dem Versuch konsolidiert. Danach wird eine Entwässerung des Porensystems unterbunden und der Versuch durchgeführt, wobei der Porenwasserdruck gemessen wird. Bestimmt werden wie beim CD-Versuch die wirksamen Scherparameter $\varphi'$ und $c'$.
- Beim CD-Versuch wird die Probe zuerst konsolidiert und dann langsam belastet, wobei eine Entwässerung des Porensystems gewährleistet wird und sich folglich ein Porenwasserdruck nicht aufbauen kann. Gemessen werden die wirksamen Scherparameter $\varphi'$ und $c'$.

Im Feld kann die Scherfestigkeit mit der *Flügelsonde* bestimmt werden. Sie wurde bereits bei den Indexversuchen vorgestellt (Kapitel 6). Die für die Baugrunderkundung eingesetzte Flügelsonde ist wesentlich größer als die Handflügelsonde. Sie wird in bindige Böden von der Oberfläche oder auch von der Bohrlochsohle eingedrückt. Gemessen wird die undrainierte Scherfestigkeit $c_u$ ($\varphi = 0$). Zusätzlich kann die Restscherfestigkeit entlang der durch die Flügel erzeugten Scherfuge bestimmt werden. Aus dem Vergleich der Anfangsscherfestigkeit mit der Restscherfestigkeit ergibt sich die *Sensitivität* des Bodens.
Darüber hinaus ist es möglich, *Lastplatten* in den Boden zu drücken, um aus der Bruchlast und der Geometrie des unter der Lastplatte ausgewichenen Bodens auf die Scherparameter zu schließen. Außerdem ermöglicht die *Rückrechnung* von Versagensfällen wie Rutschungen und Grundbrüchen (Teil III) die Bestimmung der wirksamen Scherparameter.

### Gestein

Die Festigkeit des intakten Gesteins wird mit seiner Druck- und Zugfestigkeit beschrieben.

Mit einfachen, *einaxialen Druckversuchen* lässt sich im Labor die einaxiale Druckfestigkeit prüfen. Mit *Triaxialversuche* kann die *in situ* behinderte Seitenausdehnung

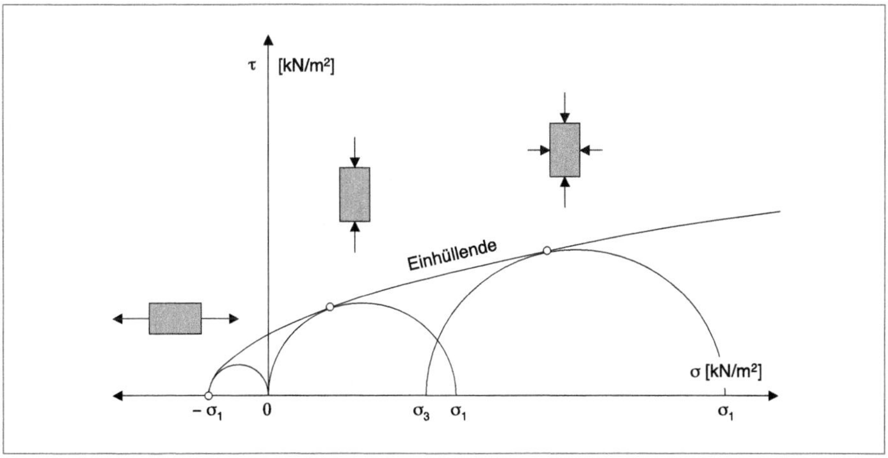


**Abb. 7.44** Mohrsche Kreise für Druck- und Zugversuche an intakten Gesteinsproben.

simuliert werden. Weiterhin werden Zugversuche durchgeführt, die allerdings aufwendig sind und einen speziellen Versuchsaufbau erfordern. Für Bohrkerne eignet sich der *Spaltzugversuch (Brazilian-Test)* zur indirekten Messung der Zugfestigkeit (Heyne 1963, Jaeger & Cook 2007). Der Bohrkern (Durchmesser $d$ und Länge $l$) wird senkrecht zur Achse bis zum Bruch $F$ belastet

$$\sigma_z = \frac{2F}{\pi d l}$$

Alle drei Versuche lassen sich mit Mohrschen Kreisen darstellen (Abb. 7.44). Die Einhüllende tangiert die Kreise und definiert Normal- und Scherspannungen im Bruchzustand. Tabelle 7.6 gibt Druck- und Spaltzugfestigkeiten für verschiedene Gesteine an.

**Tabelle 7.6** Festigkeit von einigen Gesteinen (Anhaltswerte verschiedener Autoren).

| Gestein | Druckfestigkeit [MN/m²] | Spaltzugfestigkeit [MN/m²] |
|---|---|---|
| Granit | 150-350 | 12-30 |
| Basalt | 200-320 | 26-33 |
| Quarzit | 120-330 | 10-30 |
| Marmor | 40-140 | 7-10 |
| Kalkstein | 30-200 | 3-14 |
| Sandstein | 15-210 | 1-15 |
| Tonstein | 10-30 | 3-5 |

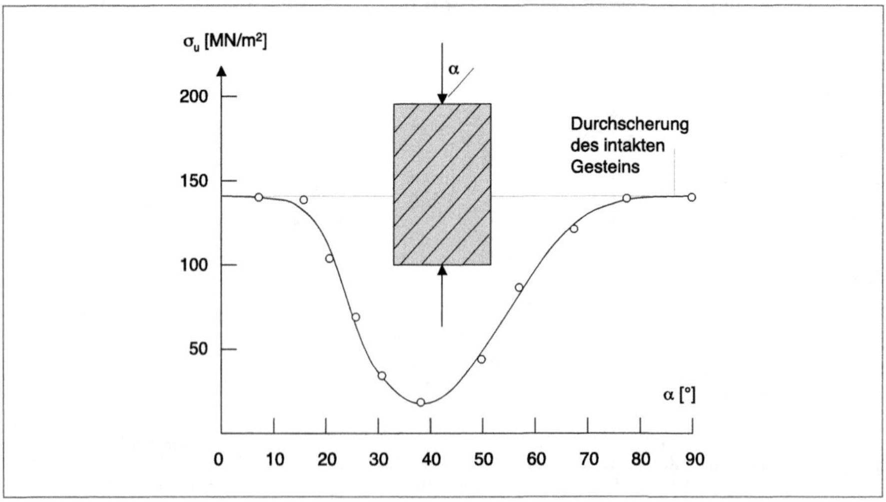


**Abb. 7.45** Änderung der axialen Druckfestigkeit mit dem Einfallen der Trennflächen (schematisch).

### Gebirge

Die Festigkeit des Gebirges wird bestimmt durch sein Trennflächengefüge.

Die Gebirgsfugen beteiligen sich an der Deformation und am Versagen des Gebirges. Aufwendige Druckversuche an geklüfteten Gebirgsproben haben gezeigt, dass sich die Druckfestigkeit mit dem Einfallen der Trennflächen ändert (Abb. 7.45). Diese Anisotropie im Festigkeitsverhalten wird noch komplizierter, wenn mehrere Kluftscharen vorliegen, was normalerweise der Fall ist.

Um die Festigkeit des Gebirges zutreffend zu beschreiben, ist daher die Kenntnis der Scherfestigkeit der Trennflächen erforderlich. Ist diese Scherfestigkeit bekannt, lässt sich zum Beispiel die Standsicherheit einer Felsböschung berechnen, die nach der Auswertung des Trennflächengefüges (Schmidtsches Netz) entlang einer oder mehrerer Trennflächen abzurutschen droht (Kapitel 10). Patton (1966) entwickelte ein einfaches Schergesetz für Trennflächen, bei dem die Mohrsche Umhüllende mit einer bilinearen Bruchlinie idealisiert wird (Abb. 7.46). Bei kleinen Normalspannungen gleitet der Scherkörper an den Unebenheiten der Trennfläche auf, wogegen bei großen Normalspannungen diese Unebenheiten abgeschert werden. In seinem Modell geht Patton von einem mittleren, nur statistisch definierbaren Aufgleitwinkel $i$ infolge der Unebenheiten aus, der zusammen mit dem Basisreibungswinkel $\varphi_b$ der glatten (gesägten) Gesteinsoberfläche die Scherfestigkeit der Trennfläche bei niedriger Normalspannung definiert

$$\tau = \sigma \tan(\varphi_b + i)$$

Bei hoher Normalspannung werden die Rauigkeiten abgeschert. Nach der Abscherung gilt die Restscherfestigkeit

$$\tau = c + \sigma \tan \varphi_b$$

mit $c$ als Achsenabschnitt auf der $\tau$-Achse.

Da die Abschätzung des statistischen Aufgleitwinkels $i$ schwierig ist, entwickelte Barton (1973, 1986) ein halbempirisches Schergesetz auf der Grundlage des mobilisierten Reibungswinkels $\varphi_m$. Dabei berücksichtigte er die einaxiale Druckfestigkeit der Fugenwandung $\sigma_j$, die durch einfache Indexversuche bereits im Rahmen der Voruntersuchungen bestimmt werden kann, zum Beispiel mit dem Punktlastgerät oder dem Schmidt-Hammer. Weiterhin gehen der Basisreibungswinkel $\varphi_b$ der glatten (gesägten) Gesteinsoberfläche und die charakteristische Rauigkeit der Trennfläche in Form eines Rauigkeitskoeffizienten *(Joint Roughness Coefficient JRC)* in die Bestimmung der Scherfestigkeit ein

$$\tau = \sigma \tan \varphi_m = \sigma \tan\left(\varphi_b + JRC \log \frac{\sigma_j}{\sigma}\right)$$

Der *JRC*-Wert wird qualitativ aufgrund von Modellprofilen abgeschätzt (Abb. 7.46). Fraktalgeometrische Ansätze zur Quantifizierung der Rauigkeit sind in der Diskussion (Kapitel 4). Für verwitterte Trennflächen wurde der Basisreibungswinkel modifiziert, zum Beispiel von Barton und Choubey (1977), die $\varphi'_b=(\varphi_b-20)+20(r/R)$ vorschla-

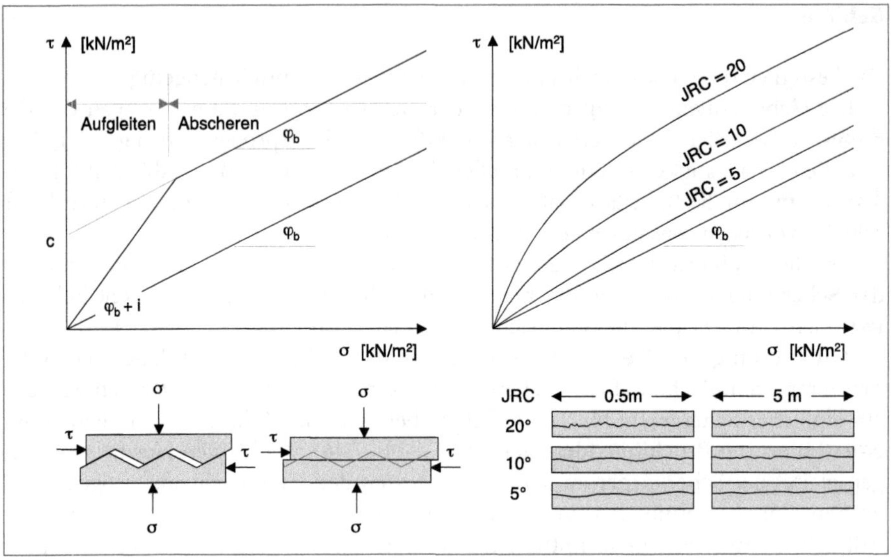


**Abb. 7.46** $\tau$-$\sigma$-Diagramm mit der bilinearen Scherfestigkeitsfunktion für raue Trennflächen nach Patton (1966) und der Scherfestigkeitsfunktion nach Barton (1973, 1986).

gen, mit *R* als Schmidt-Hammerhärte der gesägten, trockenen Gesteinsprobe und *r* als Schmidt-Hammerhärte der verwitterten Trennfläche.

Bei einer gefüllten Fuge bestimmt die Scherfestigkeit des Zwischenmittels (z. B. Lehm) die Scherfestigkeit der Trennfläche. Sie kann erheblich geringer sein als die Scherfestigkeit der Gesteinsfuge, was bei Standsicherheitsuntersuchungen zu berücksichtigen ist.

Weitere Aufschlüsse über die Scherfestigkeit von Trennflächen geben Scherversuche im Gelände. Aufwendige Versuche werden beispielsweise in Kavernen im Rahmen von Großprojekten durchgeführt mit dem Ziel, ein $\tau$-$\sigma$-Diagramm herzuleiten, das die charakteristische Scherfestigkeit eines Trennflächentyps widerspiegelt. Da jedoch bei diesen Versuchen nur ein relativ kleiner Gebirgsbereich untersucht wird, bleibt auch hier die Aussagekraft begrenzt. Weiterhin bietet es sich an, durch die Rückrechnung von Versagensfällen (zum Beispiel Felsrutschungen) einen Aufschluss über die Größe der Scherfestigkeit zu erhalten. Grundsätzlich ist jedoch zu beachten, dass sich die Gebirgsverhältnisse unvermittelt ändern können. Der im Rahmen der Voruntersuchungen durchgeführten ingenieurgeologischen Kartierung, insbesondere der Einteilung des Projektgebiets in ingenieurgeologische Homogenbereiche, kommt daher ein besonderer Stellenwert zu.

Da in die Ermittlung der Scherfestigkeit viele Unsicherheiten eingehen, empfiehlt es sich, einen oberen und unteren Schätzwert der Scherfestigkeit aufgrund von Feldbeobachtungen, Laborversuchen und eventuell auch Modellrechnungen festzulegen und zwischen diesen Grenzwerten eine schlüssige statistische Modellverteilung anzusetzen (Kapitel 4). Diese kann dann bei Standsicherheitsuntersuchungen zugrunde gelegt werden, in die in der Regel noch andere Unsicherheiten einfließen. Die Berücksichtigung aller Unsicherheiten erlaubt schließlich eine robuste Ermittlung der Standsicherheit in Form einer Versagenswahrscheinlichkeit, worauf noch näher eingegangen werden wird.

## 7.4.2 Verformbarkeit

### Boden

Bei der Belastung eines Bodens werden Gase und Flüssigkeiten aus seinem Porenraum verdrängt. Der Boden verformt sich.

Bei nicht bindigen Böden findet wegen der großen Durchlässigkeit diese Verdrängung spontan, unmittelbar mit der Belastung statt. Bindige Böden haben dagegen eine geringe Durchlässigkeit, die Verdrängung findet zeitverzögert statt, sie *konsolidieren*.

Zur Messung des Verformungsverhaltens im Labor wird eine ungestörte, scheibenförmige Bodenprobe in ein *Kompressionsgerät* oder *Ödometer* eingebaut und belastet (Abb. 7.47). Die Belastung wird stufenweise gesteigert, in Zeitabständen, die lang genug sind, um die Verformung oder *Setzung s* der Bodenprobe abklingen zu lassen. Die aus den Belastungen $F$ und der Belastungsfläche $A$ resultierenden Spannungen $\sigma$ werden über das auf die Höhe der Bodenprobe bezogene Setzungsmaß $\varepsilon$ aufgetragen. Es ergibt sich ein Spannungs-Verformungsdiagramm (Drucksetzungsdiagramm), aus dem ein *Verformungsmodul* im Sinne Hookes (Kapitel 3) berechnet werden kann.

Zu beachten ist, dass sich bei einer wassergesättigten Probe der Porenwasserdruck erst entspannt und sich die Setzung erst einstellt, wenn die Entwässerung der Probe (Drainage) ermöglicht wird.

Da es sich bei einem Boden nicht um ein ideal-elastisches, sondern um ein elasto-plastisches Material handelt, ist die Verformung nicht linear und bei Entlastung nur zum Teil reversibel, so dass eine plastische Verformung $\varepsilon_{pl}$ [-] bleibt. Der Verfor-

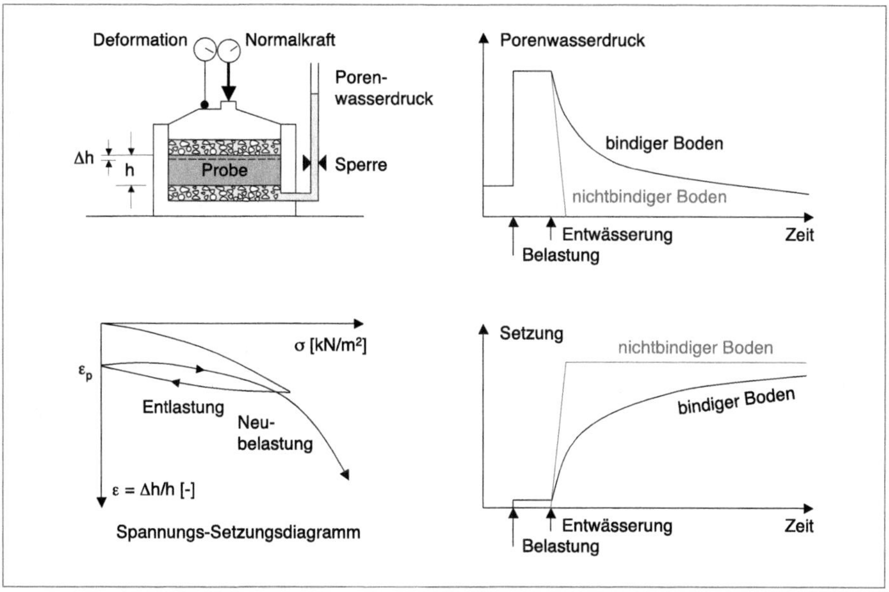


**Abb. 7.47** Kompressionsgerät, Porenwasserdruck und Setzung bei Belastung und Entwässerung von nicht bindigen Böden (z. B. Sand) und bindigen Böden (z. B. Ton), Spannungs-Setzungsdiagramm.

mungsmodul wird daher auch als *Steifemodul* $E_s$ [kN/m²] bezeichnet. Er ergibt sich als Sekanten- oder Tangentenmodul für ein vorgegebenes Spannungsintervall $\Delta\sigma$ nach

$$E_s = \frac{\Delta\sigma}{\Delta\varepsilon}$$

Für Setzungsberechnungen von Bauwerken wird ein für die zu erwartenden Bauwerkslasten charakteristisches Spannungsintervall gewählt. Bei Entlastung und Wiederbelastung ist der Wiederbelastungsmodul größer als der Erstbelastungsmodul, da der Boden bereits verdichtet und somit steifer ist. Erst nachdem der Bereich der Wiederbelastung überschritten und die Probe erneut erstbelastet wird, nimmt der Steifemodul wieder ab. Ein vorbelasteter Boden weist also einen charakteristischen Knick auf. Konsolidationsversuche können somit Hinweise auf die geologische Vorgeschichte eines Bodens geben. Anhaltswerte für Steifemoduln gibt Tab. 7.7.

**Tabelle 7.7** Steifemoduln von Böden (Anhaltswerte verschiedener Autoren).

| Bodentyp | $E_s$ [MN/m²] |
|---|---|
| Kies, dicht | 100-200 |
| Sand, dicht | 50-100 |
| Sand, locker | 10-30 |
| Lehm | 5-20 |
| Schluff, Ton | 2-15 |
| organische Böden | 1-5 |
| urbane Böden | ? |

Ein dreistöckiges Gebäude ist geplant, das vier Meter in den Untergrund einbindet und mit Streifen- und Einzelfundamenten gegründet werden soll. Die Sohlspannungen (Kontaktfläche Fundament-Baugrund) infolge der Bauwerkslasten (abzüglich des Bodenaushubs) betragen maximal 300 kN/m². Im Rahmen der Hauptuntersuchungen wurde der Untergrund mit Aufschlussbohrungen erkundet. Bis 2 m liegen gleichförmige Sande vor ($\gamma_s$ = 18 kN/m³), darunter stehen Schluffe an ($\gamma_u$ = 19 kN/m³). Um den für die Setzungsberechnungen erforderlichen Steifemodul zu ermitteln, wird eine ungestörte Bodenprobe im Bereich der zukünftigen Gründungssohle entnommen und an ihr ein Kompressionsversuch durchgeführt (Abb. 7.48). Im Spannungsintervall 200 bis 400 kN/m² verläuft die Lastsetzungskurve näherungsweise linear. Es folgt für den Steifemodul

$$E_s = \frac{\Delta\sigma}{\Delta\varepsilon} = \frac{400-200}{4.5-1.8}100 = 7407\,\text{kN/m}^2 = 7.4\,\text{MN/m}^2$$

Die Erstbelastungskurve ist überraschend flach, knickt aber ab einer bestimmten Auflast ab. Nach Entlastung entspricht die Neigung der Wiederbelastungskurve ungefähr der Neigung der Erstbelastungskurve. Dieses Lastverformungsverhalten ist typisch für Böden, die eine Vorbelastung $\sigma_{vb}$ hatten. – Der Kurvenverlauf ist schlüssig, da sich das Projektgebiet im Einflussbereich eiszeitlicher Gletscher befand. Die Gletscherauflast hat den Boden vorbelastet und ist nun, nach dem Abschmelzen, nicht mehr vorhanden. Die Auswertung des Kompressionsversuchs ermöglicht nun, die Mächtigkeit des Gletschers zu rekonstruieren: Der Knick in der Erstbelastungskurve ist bei etwa 500 kN/m². Unter Berücksichtigung der zurzeit vorhandenen Bodenauflast folgt daraus

$$\sigma_{Eis} = \sigma_{vb} - 2\gamma_s - 2\gamma_u = 500 - 2(18 + 19) = 426\,\text{kN/m}^2$$

woraus sich mit einer Wichte für Gletschereis von $\gamma_{Eis} = 9.3$ kN/m³ eine maximale Gletschermächtigkeit von

$$h_{Eis} = \sigma_{Eis}/\gamma_{Eis} = 426/9.3 \cong 46\,\text{m}$$

ergibt.

Böden, die nie einem Überlagerungsdruck ausgesetzt waren, der größer als der aktuelle ist, nennt man normalkonsolidierte Böden (NC). Überkonsolidierte Böden (OC) waren dagegen bereits erheblich höheren Lasten ausgesetzt. Ein Maß für die Vorbelastung eines Bodens ist das *Überkonsolidationsverhältnis (overconsolidation ratio)*

$$OCR = \sigma_{vb}/\sigma$$

mit $\sigma_{vb}$ als Vorbelastung und $\sigma$ als aktuelle Belastung.

Das Zeitsetzungsverhalten ist eine Funktion der Entwässerung und Entgasung des Bodens unter Belastung. Bei plötzlicher Belastung werden in wassergesättigten, bindigen Böden die Spannungen direkt an das Porenwasser weitergegeben. Die totalen

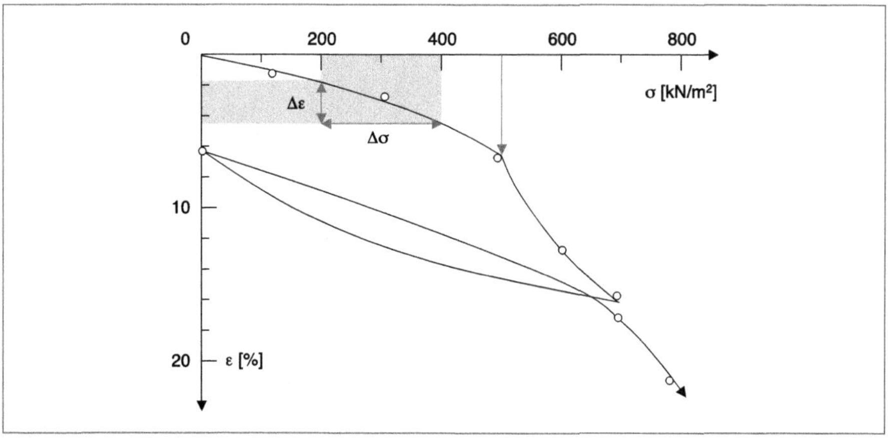


**Abb. 7.48** Auswertung des Kompressionsversuchs.

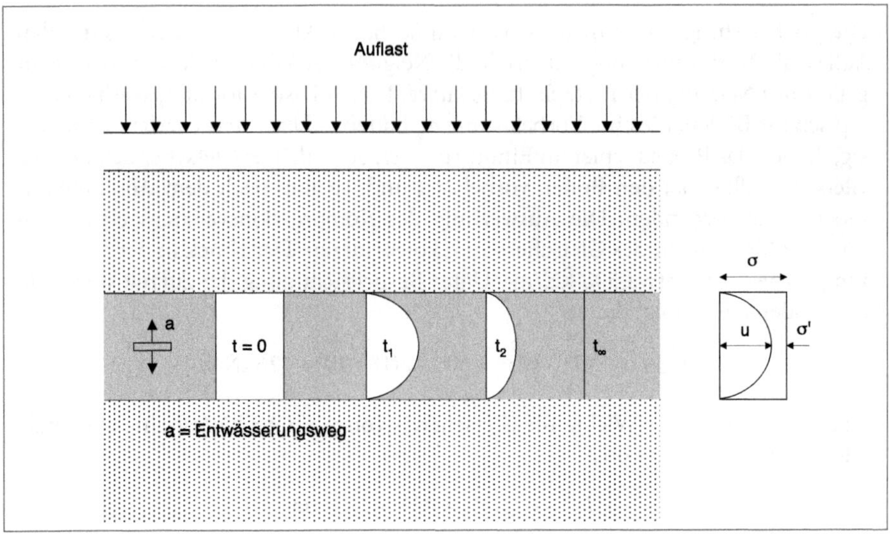


**Abb. 7.49** Abnahme der Porenwasserüberdrücke mit der Zeit t in einer bindigen Bodenschicht.

Spannungen $\sigma$ entsprechen dann dem Porenwasserüberdruck $u$. Mit der Zeit entwässert der Boden: die Porenwasserdrücke nehmen ab und die effektiven, reibungswirksamen Spannungen $\sigma'$ nehmen zu. Nach Abklingen des Porenwasserüberdrucks entsprechen die totalen Spannungen $\sigma$ den wirksamen Spannungen $\sigma'$ (Abb. 7.47 und Abb. 7.49). Bereits im Jahre 1925 beschrieb Karl Terzaghi mit seiner *Konsolidationstheorie* das Setzungsverhalten bindiger Erdstoffe. Danach gilt für den eindimensionalen Fall

$$\frac{\partial \Delta u}{\partial t} = c_v \frac{\partial^2 \Delta u}{\partial z^2}$$

mit $z$ [m] als Tiefe zum untersuchten Bodenelement und $c_v$ [m²/s] als Konsolidationsbeiwert, der sich aus

$$c_v = \frac{k E_s}{\gamma_w}$$

ergibt, mit $k$ [m/s] als Durchlässigkeitsbeiwert, $E_s$ [kN/m²] als Steifemodul und $\gamma_w$ [kN/m³] als Wichte des Wassers.

Laborversuche beziehen sich jedoch nur auf die untersuchte Probe. Sie berücksichtigen nicht die Inhomogenitäten *in situ*. Daher empfiehlt es sich, die Verformungseigenschaften von Böden auch im Feld mit einem *Lastplattenversuch* zu prüfen. Hierfür wird eine auf den zu prüfenden Boden gelegte Lastplatte schrittweise belastet. Als Gegengewicht kann zum Beispiel ein beladener LKW dienen (Abb. 7.50). Die für die einzelnen Laststufen registrierten Verformungen (Setzungen) werden aufgetragen, um ein Verformungsmodul in Sinne des Hookeschen Gesetzes zu ermitteln. Mit diesem Verformungsmodul lässt sich die Setzung von Gebäuden mithilfe von Modellgesetzen prognostizieren. Weiterhin lässt sich zum Beispiel prüfen, ob das Planum bei einer Straßenbaumaßnahme ordnungsgemäß verdichtet wurde.

Abb. 7.50 Lastplattenversuch und Auswertung.

## Gestein

Das Verformungsverhalten intakter Gesteinsproben wird von den elastischen Eigenschaften des Gesteins bestimmt.

Das Spannungs-Verformungsverhalten wird im Labor mit Druckversuchen untersucht (Abb. 7.51). Dazu eignen sich zum Beispiel Stücke von Bohrkernen, die keine Trennflächen aufweisen. Beim einaxialen Druckversuch wird die axiale Belastung allmählich gesteigert und die Stauchung der Gesteinsprobe gemessen. Aus dem Spannungs-Verformungsdiagramm lassen sich in einfacher Weise Elastizitätsmoduln für ausgesuchte Spannungsintervalle ermitteln (Tangentenmodul, Sekantenmodul).

Da sich Gestein nicht ideal-plastisch im Sinne Hookes verhält, bleibt bei Entlastung ein plastischer Verformungsanteil $\varepsilon_{pl}$. Wird die Belastung bis zum Bruch gesteigert, ergibt sich die einaxiale Druckfestigkeit $\sigma_u$, die bereits im Rahmen der Voruntersuchungen durch einfache Indexversuche abgeschätzt werden konnte (Kapitel 6). Neben der Stauchung wird während der Versuchsdurchführung auch die Deformation senkrecht zur Lasteintragung, die Querdehnung, beobachtet, um eine weitere Materialkonstante, die *Poissonzahl* $\nu$[-] (Kapitel 3) zu ermitteln

$$\nu = \frac{\Delta\varepsilon_{\text{lateral}}}{\Delta\varepsilon_{\text{axial}}}$$

Sie liegt bei Gesteinen zwischen 0.1 und 0.3. Weiteren Aufschluss über das räumliche Verformungsverhalten von Gestein geben Triaxialversuche, die in speziellen Hochdruckzellen durchgeführt werden.

## Gebirge

Das Verformungsverhalten des Gebirges wird bestimmt durch sein Trennflächengefüge. Dies gilt sowohl für die zu erwartende Größe der Verformung als auch für das räumliche Verformungsverhalten.

Die Erfassung des Verformungsverhaltens *in situ* ist sicher eine der schwierigsten Fragestellungen der Gebirgserkundung. Trotzdem ist sie in bestimmten Fällen notwendig, zum Beispiel für die Bemessung von Widerlagern von Brücken- und Dammbauwerken oder die Dimensionierung von Druckwasserstollen. Umso wichtiger ist eine gründliche gefügekundliche Gebirgsaufnahme, die Aufschluss über die Orientierung der verschiedenen Trennflächentypen und deren Charakter gibt und auf deren Grundlage das Gebirge in Homogenbereiche eingeteilt werden kann.

Um die Verformungseigenschaften des Gebirges zu erkunden, wurden bereits in den 1930er Jahren *Aufweitversuche* in Bohrlöchern durchgeführt. Dazu wurden spezielle *Seitendrucksonden* entwickelt, mit denen zwei Stahlschalen mechanisch gegen die unverrohrte Bohrlochwand gepresst werden, um die Verformung zu messen. Das sich aus diesen Messungen ergebende Spannungs-Verformungsdiagramm erlaubt die Ermittlung von Seitendruckmoduln für verschiedene Tiefenlagen. Später wurden hydraulische Schlauchdrucksonden entwickelt, zum Beispiel die *Ménard-Sonde (Pressiometer)* und die *Dilatometersonde* (Abb. 7.52).

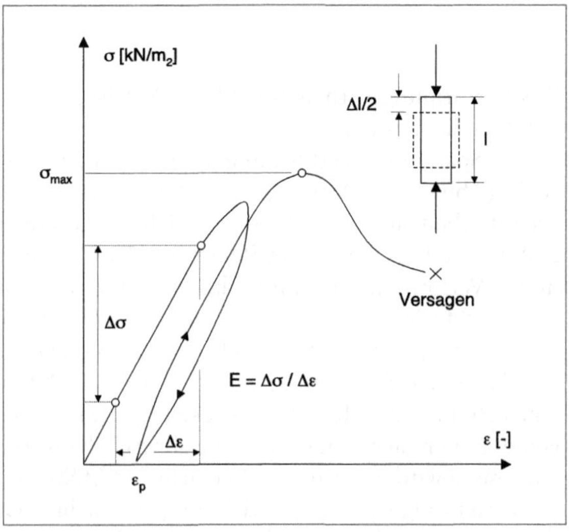


**Abb. 7.51** Spannungs-Verformungsdiagramm für einen einaxialen Druckversuch.

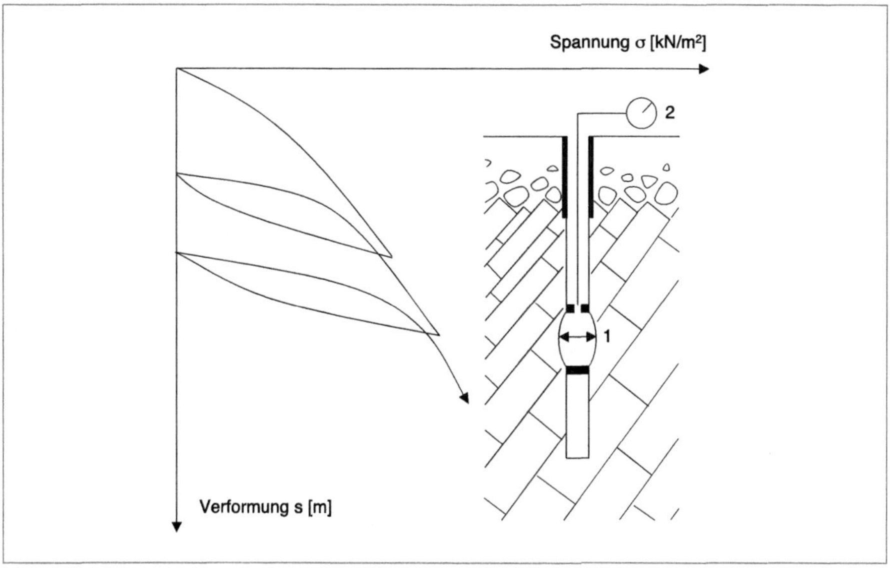


**Abb. 7.52** Messanordnung und Auswertung eines Dilatometerversuchs. 1 Dilatometer, 2 Druck- oder Verformungsmessung.

Eine weitere Möglichkeit ist der Einsatz von *Druckkissen*, die in gebohrten oder gesägten Gebirgsschlitzen eingesetzt und vermörtelt werden, um sie dann hydraulisch gegen die Schlitzwände zu pressen. Die Verformung, über den Druck aufgetragen, ergibt ein Spannungs-Dehnungsdiagramm, mit dem sich ein Gebirgsmodul herleiten lässt (Abb. 7.53). Durch wechselnde Orientierung der Druckkissen wird die Richtungsabhängigkeit des Spannungs-Verformungsverhaltens deutlich. Ein *in-situ-Dreiaxialversuch* lässt sich simulieren, indem vier Schlitze einen Gebirgswürfel begrenzen, der zusätzlich durch eine vertikale Auflast beansprucht wird.

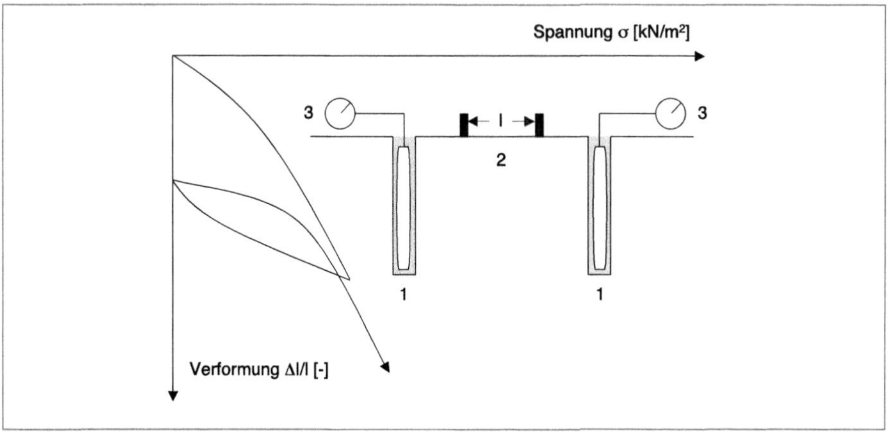


**Abb. 7.53** Messanordnung und Auswertung eines Druckkissenversuchs. 1 Druckkissen, 2 Messbolzen, 3 Druckmesser.

Weiterhin wurden in Versuchsstollen, Kavernen und Tunnel mit hydraulischen Pressen *Lastplattenversuche* durchgeführt. Dabei wird die Deformation des umgebenden Gebirges mit Extensiometern für verschiedene Entfernungen von der Lastplatte erfasst. Somit lässt sich neben dem Verformungsverhalten auch die Inhomogenität des Gebirges prüfen. Aus den Extensiometermessungen und den Belastungen ergeben sich Spannungs-Verformungsdiagramme, auf deren Grundlage Gebirgsmoduln bestimmt werden können.

Schließlich ist es noch möglich, in Probeausbrüchen und Pilotstollen die Einengung des Hohlraums in bestimmten Zeitabständen zu messen, um sie mit felsmechanischen Modellrechnungen zu vergleichen. Durch Rückrechnung erhält man so einen Aufschluss über das Verformungsverhalten des Gebirges und kann entsprechende Gebirgsmoduln herleiten. Zur Messung der *Konvergenz*, d. h. der Verengung des Hohlraums, wird der Abstand zwischen den Fixpunkten (Messbolzen) laseroptisch erfasst.

## Weiterführende Literatur

Buja HO (2009) Handbuch der Baugrunderkundung. Vieweg + Teubner, 586 S

Clauser C (2014) Einführung in die Geophysik. Springer Spektrum, 420 S

Entenmann W (2008) Baugrunderkundungen. Expert-Verlag, 312 S

Hölting B & Coldewey WG (2013) Hydrogeologie. Springer Spektrum Heidelberg, 464 S

Lang HJ, Huder J, Amann P & Puzrin AM (2011) Bodenmechanik und Grundbau: Das Verhalten von Böden und Fels und die wichtigsten grundbaulichen Konzepte. Springer Berlin Heidelberg New York, 340 S

Prinz H, Strauß R (2011) Ingenieurgeologie. Spektrum Akademischer Verlag, 752 S

## Übungen

7-1 Eine Drucksondierung wird durchgeführt in einem Gelände, in dem Sande (S), organische Böden (O), Tone (T) und Geschiebemergel (Me) anstehen. Die vorliegenden Bodenarten sind aufgrund des gemessenen Spitzenwiderstands $q_s$ und des Reibungsverhältnisses $R_f$ in das Bodenprofil (Abb. 7.54) einzutragen.

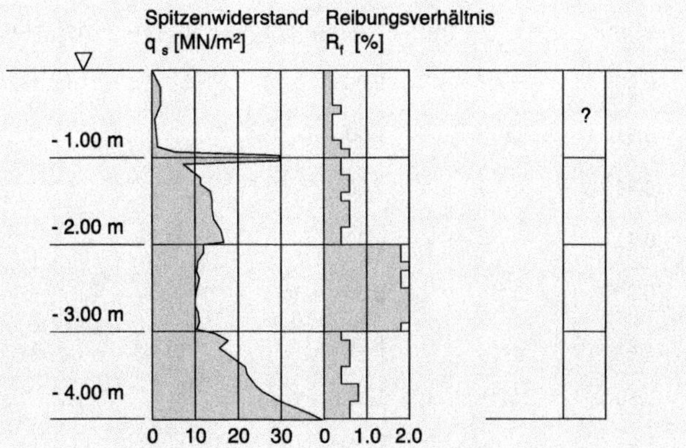


**Abb. 7.54** Spitzenwiderstand und Reibungsverhältniss.

7-2 Bei einer seismischen Geländeaufnahme wurden die folgenden Laufzeiten registriert:

| x [m] | t [ms] | x [m] | t [ms] | x [m] | t [ms] |
|---|---|---|---|---|---|
| 5 | 5.00 | 30 | 32.50 | 60 | 38.50 |
| 10 | 10.50 | 35 | 34.50 | 70 | 40.00 |
| 15 | 16.00 | 40 | 35.20 | 80 | 41.50 |
| 20 | 21.50 | 45 | 36.00 | 90 | 43.00 |
| 25 | 27.00 | 50 | 37.00 | 100 | 44.50 |

Mit dem zu zeichnenden Laufzeitdiagramm sind die Wellengeschwindigkeiten in der ersten und zweiten Schicht sowie die Tiefe zur Grenzschicht zu ermitteln (horizontale Lagerung wird vorausgesetzt).

7-3 Herzuleiten ist die (spezielle) Brunnenformel für einen vollkommenen Brunnen bei gespanntem Grundwasserspiegel (zylindrische Anströmung) und stationärem Strömungszustand.

7-4 Die Durchlässigkeit eines freien Grundwasserleiters soll mit einem Open-End-Test (kugelförmige Anströmung) ermittelt werden. Die Druckdifferenz zu Beginn des Absenkversuchs beträgt 3.07 m, der (freie) Innenradius des Brunnens beträgt $r_f = 0.07$ m. Folgende Absenkungen wurden gemessen:

| $s_a$ [m] | $s_1 = s_{max} - s_a$ [m] | t [min] | Δt [s] | Δs [m] | Δs/Δt [m/s] | $s_m$ [m] |
|---|---|---|---|---|---|---|
| 0.00 | | 0.00 | | | | |
| 0.21 | | 1.00 | | | | |
| 0.40 | | 2.00 | | | | |
| 0.71 | | 4.00 | | | | |
| 0.98 | | 6.00 | | | | |
| 1.25 | | 8.00 | | | | |
| 1.60 | | 12.00 | | | | |
| 1.90 | | 16.00 | | | | |
| 2.15 | | 20.00 | | | | |
| 2.51 | | 28.00 | | | | |

Wie groß ist aufgrund dieser Messwerte die Durchlässigkeit?

7-5 Ein Scherversuch in einem Feinsand ergab eine Scherfestigkeit von $\tau$ = 37 kN/m² bei einer Normalspannung von $\sigma$ = 60 kN/m². Wie groß ist der Reibungswinkel des Bodens?

7-6 Aus einem tonigem Schluff wurden drei ungestörte Bodenproben entnommen. Sie wurden im Labor aufbereitet und auf einen Wassergehalt bei der Fließgrenze gebracht. Danach wurden sie mit 130 kN/m² konsolidiert abgeschert. In Abhängigkeit von der Belastung ergaben sich folgende Scherspannungen im Bruchzustand: Versuch 1: $\sigma$ = 30 kN/m², $\tau$ = 30 kN/m², Versuch 2: $\sigma$ = 60 kN/m², $\tau$ = 40 kN/m², Versuch 3: $\sigma$ = 100 kN/m², $\tau$ = 65 kN/m². Wie groß sind der wirksame Reibungswinkel $\varphi'$ und die versuchsbedingte Kohäsion $c'$?

7-7 Eine ungestörte Bodenprobe wurde im Triaxialgerät abgeschert. Die Probe besteht aus dichtem Sand. Im Bruchzustand herrschte eine axiale Spannung von $\sigma_1$ = 109 kN/m² und ein Seitendruck von $\sigma_3$ = 30 kN/m². Wie groß ist der Reibungswinkel? Um wie viel Grad ist die Bruchfläche von der Horizontalen geneigt?

7-8 Zwei ungestörte Bodenproben wurden im Triaxialgerät abgeschert (CD-Versuch). Die Proben bestehen aus mittelplastischem Schluff. Im ersten Versuch trat der Bruchzustand ein bei $\sigma_1$ = 44 kN/m² und $\sigma_3$ = 5 kN/m², im zweiten Versuch bei $\sigma_1$ = 81 kN/m² und $\sigma_3$ = 20 kN/m². Wie groß sind die wirksamen Scherparameter?

7-9 An intakten Gesteinsproben eines gleichförmigen Sandsteins wurden ein einaxialer Druckversuch und ein Brazilian-Test durchgeführt. Die Bruchspannungen betragen $\sigma_u$ = 205 MN/m² und $\sigma_z$ = -25 MN/m². Bestimme die Scherspannungen im Bruchzustand bei einer Normalspannung von 110 MN/m².

7-10 Die Scherfestigkeit einer Gebirgstrennfläche ist abzuschätzen. Das Gebirge besteht aus monotonen Grauwackefolgen. Der Basisreibungswinkel der gesägten Grauwacke beträgt $\varphi_b = 25°$. Der *JRC* liegt in einer Größenordnung von 10°. Aufgrund von Schmidthammer-Messungen wurde die einaxiale Druckfestigkeit der Trennfläche mit 20-40 MN/m² ermittelt. Die Klüfte sind nicht verwittert, es liegt kein Zwischenmittel (keine Kluftfüllung) vor. Zu bestimmen sind der obere und der untere Grenzwert des mobilisierbaren Reibungswinkels und der mobilisierbaren Scherfestigkeit im Bruchzustand, wenn die Trennfläche mit einer Normalspannung von 10 MN/m² belastet wird. Mit welcher Wahrscheinlichkeitsverteilung (Dichtefunktion) ließe sich die Scherfestigkeit modellieren?

7-11 An einer Bodenprobe aus 3 m Tiefe wurde ein Kompressionsversuch durchgeführt. Die Probe hat eine Querschnittsfläche von $A = 35$ cm² und eine Dicke von $h = 1.5$ cm. Für die folgenden Laststufen wurde die Verformung (Setzung) gemessen:

| Laststufe | Last F [kN] | Setzung s [mm] | Spannung $\sigma$ [kN/m²] | Deformation $\varepsilon$ [-] |
|---|---|---|---|---|
| 1 | 0.175 | 0.09 | | |
| 2 | 0.350 | 0.21 | | |
| 3 | 0.525 | 0.36 | | |
| 4 | 0.700 | 0.83 | | |
| 5 | 1.050 | 1.64 | | |
| 6 | 1.400 | 2.25 | | |
| 7 | 1.750 | 2.75 | | |
| 8 | 0.175 | 2.21 | | |

Die Bodenprobe besteht aus tonigem Schluff ($\gamma = 20$ kN/m³). Wie groß ist das Steifemodul im Spannungsbereich 250-300 kN/m². Wie groß ist das Entlastungsmodul? War der Boden vorbelastet? Wenn ja, wie hoch war diese Vorbelastung?

7-12 In einem sandigen Terrain ist ein Plattendruckversuch durchzuführen. Zu skizzieren ist der Versuchsaufbau und ein typisches Auswertediagramm. Wie wird der Verformungsmodul bestimmt?

# 8 Projektbegleitende Untersuchungen

★ Projektbegleitende Untersuchungen umfassen die Aufnahme des aktuellen Zustands vor Beginn der Baumaßnahme und die Beobachtung von Zustandsänderungen während der Baumaßnahmen. Weiterhin werden neue, durch die Bautätigkeit geschaffene Aufschlüsse angesprochen, Boden- und Felsproben entnommen und Feldversuche durchgeführt. Außerdem wird die fachgerechte Ausführung der Baumaßnahme kontrolliert. Im Folgenden wird die vorsorgliche und die projektbegleitende Beweisaufnahme vorgestellt. Anschließend wird diskutiert, wie die ingenieurgeologische Prognose zum Baugrund anhand neuer, im Rahmen der Baumaßnahmen geschaffener Aufschlüsse überprüft wird. Welche Konsequenzen sich aus eine möglichen Anpassung der Planung ergeben können wird abschließend vorgestellt.

## 8.1 Einordnung

Nachdem mit den Voruntersuchungen (Vorauswertung, Vorerkundung) die Machbarkeit des Projektes festgestellt und mit den Hauptuntersuchungen die Planung präzisiert wurde, beginnt die eigentliche Bauausführung. In dieser Phase werden projektbegleitende Untersuchungen durchgeführt (Abb. 8.1).

## 8.2 Vorsorgliche Beweisaufnahme

Vor Beginn der Bautätigkeit empfiehlt sich eine vorsorgliche *Beweisaufnahme*. Sie dokumentiert den *Status quo* für den Fall, dass während oder nach Baubeginn Schäden auftreten, die möglicherweise durch die Baumaßnahme verursacht worden sind.

Schäden können zum Beispiel in benachbarten Gebäuden auftreten. Die Absenkung des Grundwasserspiegels während der Bauarbeiten führt zu Setzungen und zu Rissen. Ebenfalls können Erschütterungen, zum Beispiel durch Verdichtungsarbeiten oder durch das Einrammen von Spundwänden, zu Schäden führen. Auch der Baustellenverkehr kann zu Beeinträchtigungen und Schäden führen. Im Zuge der Baumaß-

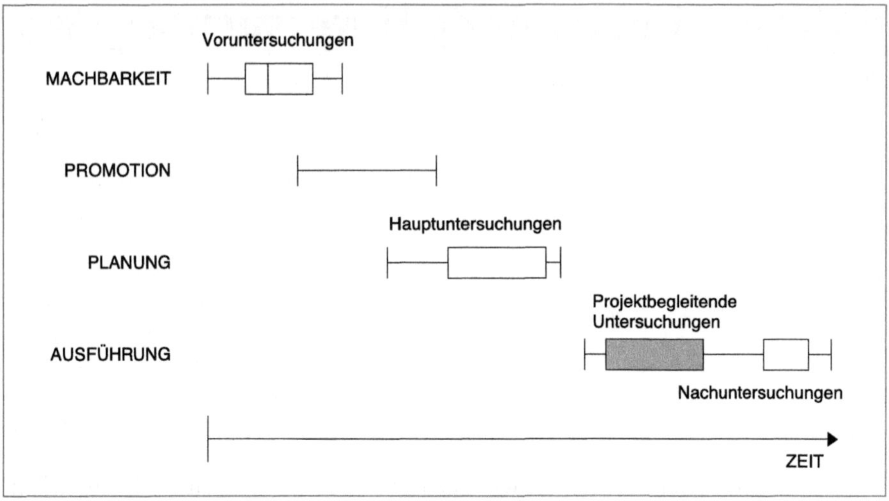


**Abb. 8.1** Die projektbegleitenden Untersuchungen folgen den Hauptuntersuchungen und dokumentieren die Phase der Projektausführung.

nahmen kann es zur Verschlechterung der Luftqualität und zum Eintrag von Schadstoffen in Boden und Grundwasser kommen.

Aus diesen Gründen ist der Ist-Zustand der Umgebung und der Gebäude zu dokumentieren. Im Rahmen der vorsorglichen Beweissicherung werden

- der Zustand der Umgebung und der Gebäude fotografisch festgehalten
- Festpunkte im Geländes und an den Gebäuden geodätisch aufgenommen
- bereits vorhandene Risse mit Rissbildern und Rissprotokollen dokumentiert
- Erschütterungen gemessen
- Grundwasserstand und Grundwasserqualität kontrolliert
- vorhandene Baugrundverunreinigungen notiert
- Temperatur, Feuchtigkeit und Luftqualität (auch in Innenräumen) dokumentiert.

Vor Beginn der Baumaßnahmen unterschreiben alle beteiligten Parteien das Protokoll zur vorsorglichen Beweisaufnahme. Es dient bei später geltend gemachten Schadensansprüchen als Beweismittel. Falls es bereits während der Bauarbeiten zu Bewegungen (Setzungen, Neigungen) und Schäden (Rissen, Verunreinigungen) kommt, dient die vorsorgliche Beweissicherung als wichtige Informationsquelle zur Analyse der Schadensursache.

## 8.3 Projektbegleitende Beweisaufnahme

Die projektbegleitende Beweisaufnahme führt die Untersuchungen zur vorsorglichen Beweisaufnahme weiter. Sie umfasst die Beobachtung des Geländes, der Bauwerke, des Grundwassers, der Erschütterungen und der Qualität von Boden, Wasser und Luft.

In vielen Fällen wird die Beweisaufnahme auch nach Abschluss der Baumaßnahmen fortgeführt. Sie ist daher ausführlicher in Kapitel 9 beschrieben. An dieser Stelle sei jedoch darauf hingewiesen, dass alle Beobachtungen und Messungen in Protokollen festgehalten werden, die bei späteren Schadensfällen und den sich daraus ergebenden Ansprüchen als Beweismittel dienen.

## 8.4 Aufnahme neuer Aufschlüsse

Sobald in den Untergrund eingegriffen wird, ergeben sich neue Aufschlüsse. Sie können die im Zuge der Vor- und Hauptuntersuchungen gemachten Prognosen bestätigen oder auch widerlegen.

So geben zum Beispiel Baugrubenwände und -sohlen Aufschluss über die Baugrundverhältnisse. Ein Entwässerungsstollen zur Drainage eines rutschgefährdeten Hangs erlaubt einen Einblick in die geologischen Verhältnisse im Rutschbereich. Großbohrpfähle zur Gründung eines Bauwerks können befahren und inspiziert werden.

Die während der Baumaßnahmen freigelegten Aufschlüsse vervollständigen das Bild zum Aufbau und zum Verhalten des Untergrundes. Sie werden

- fotografisch aufgenommen
- ingenieurgeologisch kartiert und
- genutzt, um weitere Proben zu nehmen sowie
- Feldversuche durchzuführen.

Die projektbegleitende Aufnahme führt mitunter zu überraschenden Ergebnissen. Fehlinterpretationen bei der Konstruktion geologischer Profile im Rahmen der Vor- und Hauptuntersuchungen sind nicht ungewöhnlich. So müssen zwischen Auf-

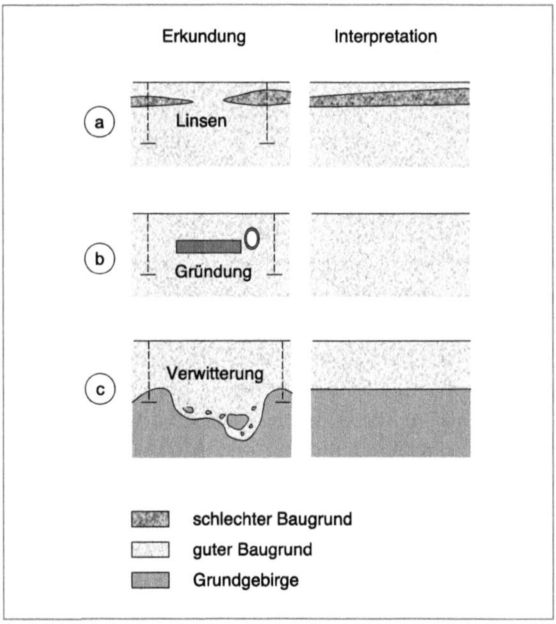


**Abb. 8.2** Mögliche Fehlinterpretationen bei der Konstruktion von Profilen: (a) schlechter Baugrund ist nur begrenzt (linsenförmig) vorhanden, (b) alte Gründungen und Kanäle werden übersehen, (c) aufgrund der Verwitterung ist der Übergang zum Grundgebirge unregelmäßig.

schlussbohrungen die geologischen Verhältnisse interpoliert werden, was leicht zu Fehlschlüssen führen kann (Abb. 8.2).

Die projektbegleitende Aufnahme hilft Fehlprognosen zum geologischen Aufbau und zu den hydrogeologischen Verhältnissen rechtzeitig zu erkennen und Maßnahmen zu ergreifen, die Projektplanung entsprechend anzupassen. Ihre Dokumentation dient weiterhin der Analyse von Bauwerksschäden, die möglicherweise nach Bauabschluss eintreten. Schließlich hilft sie, Unstimmigkeiten bei der Abrechnung von Erdarbeiten beizulegen.

Auf der Grundlage einer Geländekartierung, die durch Aufschlussbohrungen ergänzt wurde, konnte ein geologisches Profil erstellt werden (Price 2010). Die Erkundung diente der Planung eines Entlastungstunnels, der ebenfalls im Profil dargestellt ist (Abb. 8.3). Das Profil legte nahe, dass sich der Tunnel unterhalb des Verwitterungshorizontes und einer einfallenden Sandstein-Schiefer-Wechselfolge im Bereich des Schiefers befindet. Nach Aushub des Oberbodens wurde jedoch eine Verwerfungszone entdeckt, die den geplanten Tunnel kreuzt. Aufgrund der neuen Erkenntnisse musste die Planung angepasst werden.

Für das bereits im Abschnitt 7 (Hauptuntersuchungen) angesprochene Tunnelprojekt wurde eine baubegleitende Kartierung durchgeführt (Genske 1992). Wie bereits erläutert, handelt es sich um ein in offener Bauweise ausgeführtes Tunnelbauwerk. Die Prognose der Gebirgsverhältnisse fußte allein auf der im Rahmen der Voruntersuchungen durchgeführten Auswertung der geologischen Karten und einer Schurfaufnahme entlang der Trasse der geplanten, bis zu 30 m tiefen Baugrube im devonischen, zum Teil deutlich geklüfteten Gebirge. Die gefügekundliche Aufnahme ergab bereits vor Baubeginn ein deutliches Bild von den zu erwartenden Trennflächentypen und deren räumlicher Orientierung. Zu Baubeginn stand insbesondere der Charakter der *ac*-Klüfte in Frage: Aufgrund der ingenieurgeologischen Schurfaufnahme und der lokalen geologischen Verhältnisse wurden sie als Großklüfte angesprochen, was der mit der Sicherung der Baugrubenwände beauftragte Baugrundgutachter nicht bestätigen wollte.

Die baubegleitende Kartierung (Abb. 8.4) konnte diese Frage lösen: Tatsächlich erstrecken sich die *ac*-Klüfte entlang der gesamten Baugrube bis zur Baugrubensohle. Die Kartierung der Baugrubenwände bestätigte auch das prognostizierte Trennflächengefüge, das aus der Schurfaufnahme entwickelte geologische Blockbild, die möglichen Versagensmechanismen der Böschung und die daraus abzuleitenden Maßnahmen zur Baugrubensicherung. Die aufgrund der Schurfaufnahme vorgenommene Einteilung der Böschung in drei ingenieurgeologische Homogenbereiche wurde durch einen vierten Homogenbereich am NNW-Ende der Baugrube ergänzt, in dem das Gebirge stark gefältelt und aufgelockert ist.

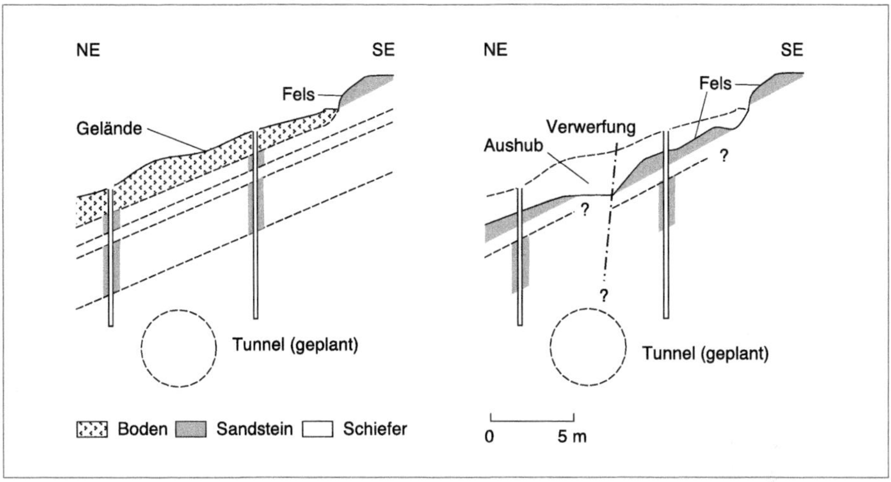


**Abb. 8.3** Die Diskrepanz zwischen der geologischen Interpretation (links) und dem tatsächlichen Sachverhalt erforderte eine Anpassung der Tunnelplanung (nach Price 2010).

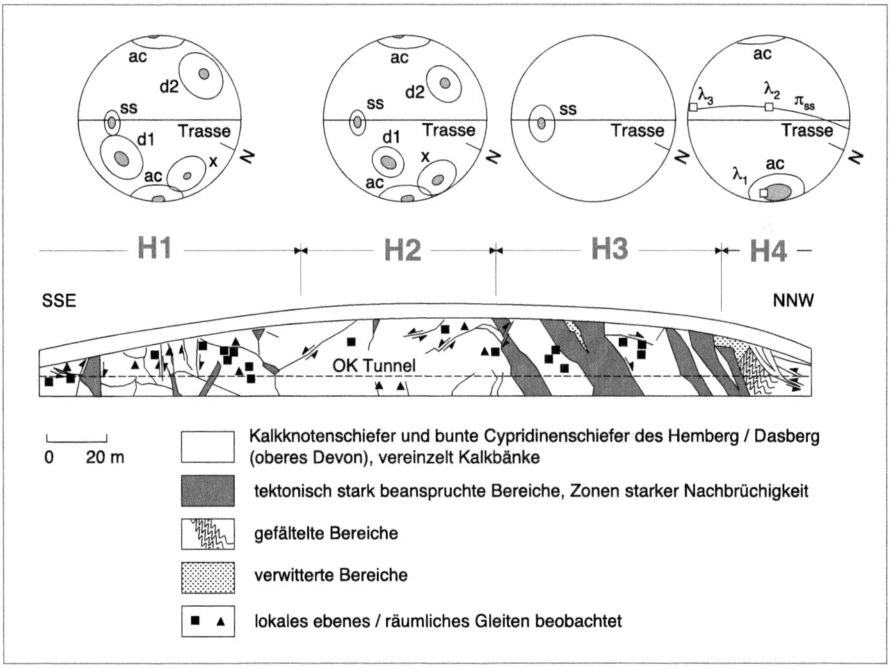


**Abb. 8.4** Projektbegleitende ingenieurgeologische Kartierung der Tunnelbaugrube (vereinfacht). Dargestellt sind die Stratigrafie, die tektonische Gliederung, Verwitterungsbereiche sowie das lokal beobachtete Herausgleiten von Kluftkörpern aus dem Gebirgsverband (ebenes Gleiten und räumliches Gleiten von Rutschkeilen). Die Baugrubenwand wurde in vier ingenieurgeologische Homogenbereiche (H1-H4) eingeteilt.

## 8.5 Anpassung der Planung

Entspricht die Prognose der geologischen Verhältnisse nicht der tatsächlich angetroffenen Situation, ist die Planung mitunter anzupassen. Wird zum Beispiel während der Projektausführung im Gründungsbereich eines geplanten Bauwerks eine nicht tragfähige Zone identifiziert, ist es durch gezielte Maßnahmen wie zum Beispiel einer Verdichtung oder einem Bodenaustausch möglich, den Baugrund ausreichend zu verbessern und tragfähig zu machen. Werden bei Aushubmaßnahmen im Gebirge zerrüttete Zonen entdeckt, lassen sich diese durch Injektionen stabilisieren. Gibt es Hinweise auf eine mögliche Kontamination des Untergrundes, werden Untersuchungen eingeleitet, um die Quelle der Schadstoffe zu orten.

Eine Diskrepanz zwischen Vorhersage und Befund führt fast immer zu einer Erhöhung des Aufwands, zu einer Verzögerung im Bauablauf und zu zusätzlichen Kosten. In manchen Fällen ist die Klärung, wer für die Zusatzkosten aufzukommen hat, Gegenstand langjähriger gerichtlicher Auseinandersetzungen.

Auch ein guter und erfahrener Ingenieurgeologe wird nie davor gefeit sein, eine Fehlprognose zu den geologischen Verhältnissen abzugeben. Dies liegt in der Natur der Erkundungsmaßnahmen, die nur punktuelle und unscharfe Informationen liefern (Kapitel 4). Ein guter Ingenieurgeologe wird sich jedoch im Klaren darüber sein, was er alles *nicht* weiß. Und er wird dies in seinen Berichten auch deutlich machen (Kapitel 5). Die Präzisierung der Unsicherheiten ist eine wesentliche Komponente bei der ingenieurgeologischen Stellungnahme. Sie klärt den Auftraggeber über mögliche Risiken auf und schützt alle Beteiligten vor unvorhersehbaren Gefahren und nachträglichen Ansprüchen.

# 9 Nachuntersuchungen

★ Nachuntersuchungen schließen an die projektbegleitende Untersuchungen an. So wird zum Beispiel die Setzung eines Bauwerks bei problematischen Baugrundbedingungen gemessen und mit der Prognose verglichen. Die Bewegung eines rutschgefährdeten Hangs, der durch konstruktive Maßnahmen stabilisiert wurde, wird durch regelmäßiges Einmessen von Messpunkten beobachtet. Die Ausbreitung von Schadstoffen aus einer sanierten Deponie wird mit Beobachtungspegeln überwacht. Nachuntersuchungen umfassen das Monitoring des Geländes, der Bauwerke, des Grundwassers, der Erschütterungen und der Qualität von Boden, Wasser und Luft.

## 9.1 Einordnung

Nach Beendigung der Baumaßnahmen sind in vielen Fällen noch Nachuntersuchungen erforderlich (Abb. 9.1). Sie dienen der Beobachtung des Bauwerks, des Geländes oder der Bestätigung der Wirksamkeit getroffener Maßnahmen. Erst mit Abschluss der Nachuntersuchungen ist das Projekt abgeschlossen. Die Nachuntersuchungen umfassen das Monitoring

- des Geländes
- der Bauwerke
- des Grundwassers
- der Erschütterungen und
- der Qualität von Boden, Wasser und Luft.

Nachuntersuchungen sind speziell auf das Projekt zugeschnitten und können mehrere Jahre oder auch Jahrzehnte in Anspruch nehmen. In bestimmten Fällen ist eine permanente Nachbeobachtung verpflichtend, wie zum Beispiel das Monitoring der Steinschlaghäufigkeit neben Bergstraßen. Inspektionen von öffentlichen Bauwerken und Verkehrswegen werden routinemäßig von den zuständigen Behörden durchgeführt.

Gerade in letzter Zeit gewinnen diese Kontrolluntersuchungen zunehmend an Bedeutung, da viele Maßnahmen zur Verbesserung der Infrastruktur nun ein Alter

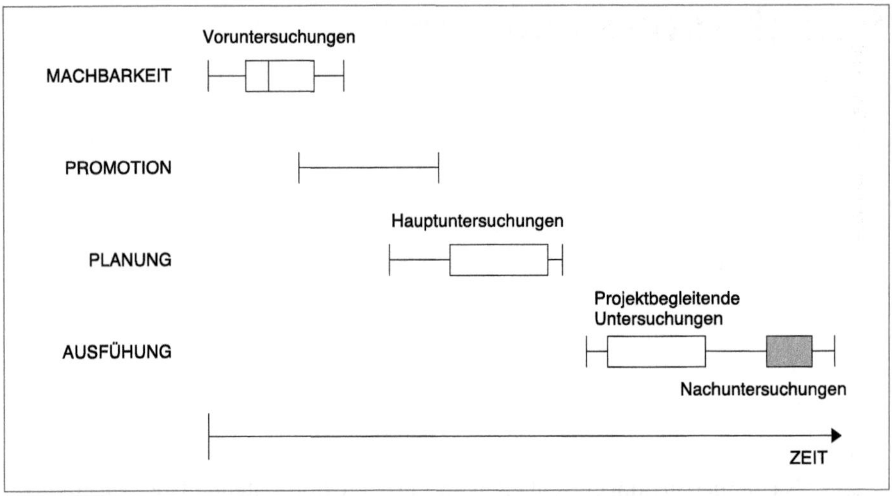


**Abb. 9.1** Die Nachuntersuchungen folgen den projektbegleitenden Untersuchungen und schließen das Projekt ab.

erreicht haben, in dem Bauwerksschäden auftreten und Sanierungsmaßnahmen einzuleiten sind.

## 9.2 Monitoring des Geländes

Ein Monitoring des Geländes wird erforderlich in Gebieten, in denen Geländebewegungen zu erwarten sind bzw. Maßnahmen getroffen wurden, diese zu stabilisieren. Dies ist der Fall in

- Erdfall- und Bergsenkungsgebieten, in denen sich aufgrund der natürlichen Auslaugung der Gesteine Dolinen und Erdfälle bilden oder Bergbau umgegangen ist (Kapitel 11)
- Rutschungs-, Fels- und Bergsturzgebieten, in denen sich Böschungen und Berghänge zu bewegen drohen (Kapitel 12).

In Erdfall- und Bergsenkungsgebieten geben Bewegungen der Geländeoberfläche Hinweise auf untertägige Hohlräume. Bei rutschgefährdeten Hängen, in Fels- und Bergsturzgebieten gibt die Bewegung des Geländes Aufschluss über die Gefahr und das mögliche Ausmaß von Massenbewegungen. Eine geodätische Aufnahme erfasst die Bewegung von Festpunkten und gibt Aufschluss über die Art, Richtung und die Dynamik der Hangbewegung. Dabei ermöglichen moderne GPS-Systeme eine schnelle und kostengünstige Aufnahme.

Neben der terrestrischen Vermessung des Geländes ist eine Auswertung von Luftbildern und Satellitenaufnahmen möglich. Sie werden in regelmäßigen Abständen aufgenommen und erlauben so eine Einschätzung der Bewegungsdynamik. Traditionelle Verfahren der Luft- und Satellitenbildauswertung werden ergänzt mit verfeinerten Methoden des *Remote Sensing*, die das gesamte elektromagnetische Spektrum

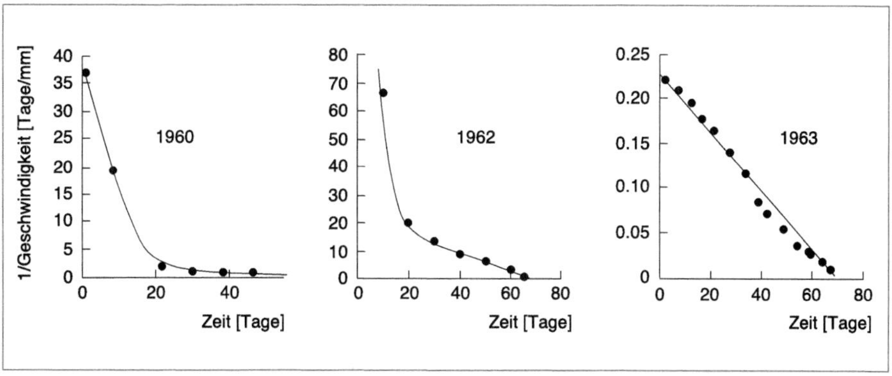


**Abb. 9.2** Kriechkurven für den Hang oberhalb des Vajont-Staubeckens 1960, 1962 und 1963, als der Hang abrutschte. Das duktile Gebirgsverhalten wandelt sich in ein sprödes Gebirgsverhalten zum Zeitpunkt der Katastrophe (nach Petley & Petley 2006).

nutzen und zum Beispiel Veränderungen in der Vegetation orten und sie in einen Zusammenhang mit potenziellen Hangbewegungen oder Bergsenkungen bringen. Bei der *SAR-Interferometrie* wird eine Zeitserie von SAR Satellitenbilder *(Synthetic Aperture Radar)* überlagert, um Bewegungsmuster deutlich zu machen (Fruneau et al. 1997). Mit den *Permanent Scatteres Techniques* wurde das Verfahren weiter entwickelt (Colesanti et al. 2006, Ferretti et al. 2001). Inzwischen wird das Verfahren auch terrestrisch als *Ground Based-SAR* eingesetzt (Casagli et al. 2006, Leva et al. 2002, Pieraccini et al. 2002, Tarchi et al. 2003). Außerdem werden lasergestützte Methoden genutzt, wie zum Beispiel der *Terrestrische Laser Scanner (TLS)* als *LIDAR-System* (LIght Detection And Ranging) (Kuhn & Prüfer 2007, Rosser et al. 2005, Rowlands et al. 2003).

Ein Monitoring des Geländes erlaubt, Bewegungen zu beobachten und zu prognostizieren, die ursächlichen Mechanismen und Rechenmodelle herzuleiten. Klingen die Geländebewegungen nicht ab oder nehmen sogar noch zu sind Stabilisierungs- und Schutzmaßnahmen zu ergreifen.

Aus einer Zeitserie von Messpunkten lassen sich Kriechkurven herleiten, in denen die Bewegungsgeschwindigkeit über die Zeit oder besser der Kehrwert der Bewegungsgeschwindigkeit über die Zeit aufgetragen wird. Wird bei einem Berghang ein asymptotisches Ausklingen der Kriechkurve beobachtet, spricht dies für ein duktiles (verzögertes) Versagen, wogegen eine lineare Kriechkurve auf ein sprödes (plötzliches) Versagen schließen lässt (Petley et al. 2002). Bei dem Gebirgssturz von Vajont 1963 (Kapitel 10) zeigten die Kriechkurven zunächst duktiles Gebirgsverhalten an (Abb. 9.2). Zwei Jahre später verzögerte sich die Beschleunigung und ein sprödes Materialversagen setzte ein. Kurz vor dem Gebirgssturz lag ein eindeutig sprödes Materialverhalten vor, so dass die Katastrophe plötzlich und ohne weitere Vorankündigung eintrat. Die Beobachtung der Kriechkurve hätte sie vielleicht verhindern können (Hutchinson 2006, Voight 1989).

Neben der Aufnahme des Geländes und die Auswertung von Luft- und Satteliten-bildern lässt sich die Veränderung des Geländes auch in Bohrlöchern messen. In einem *Extensiometer* wird die Längenänderung entlang einer Bohrung erfasst, wobei der Bohrkopf in ein Messnetz eingebunden ist. Auf diese Weise lassen sich Bewegungen zwischen der Sohle der Bohrung, Festpunkten im Bohrloch und dem Bohrkopf erfassen. Bewegungen senkrecht zur Bohrlochachse lassen sich mit einem *Deflektometer* beobachten. Dabei wird die Winkelabweichung zwischen den gelenkig verbundenen Stangen des Deflektometers aufgenommen. Schließlich erlauben *Inklinometer* die Messung der Neigung eines Bohrloches. Somit ist zum Beispiel die permanente Überwachung eines rutschgefährdeten Hangs möglich.

Neben diesen Verfahren gibt es spezielle Messanordnungen, die spezifische Aspekte einer Hangbewegung oder Bergsenkung überwachen. Zum Beispiel bietet es sich an, die Öffnungsweite einer Gebirgsfuge oberhalb eines rutschgefährdeten Hangbereichs regelmäßig zu überprüfen. Auch die Beobachtung von Steinschlag gibt Hinweise auf mögliche, größere Hangbewegungen.

## 9.3 Monitoring von Bauwerken

Immer wieder kommt es zu Schäden an Bauwerken und es stellt sich die Frage, ob die Ursache im Baugrund liegt. Risse und Schiefstellungen beeinträchtigen die Gebrauchstauglichkeit und mitunter auch die Standsicherheit der Konstruktion. Nicht nur Neubauten sind betroffen, auch historische Bauwerke können sich selbst lange Zeit nach ihrer Errichtung noch setzen und schief stellen und somit Schaden nehmen.

Nicht immer sind Bauwerksschäden durch problematischen Baugrund begründet. Mitunter liegen die Ursachen woanders, zum Beispiel in der Errichtung eines Gebäudes in unmittelbarer Nähe, dessen Setzungen auf die Nachbargebäude ausstrahlen, oder den Erschütterungen, die durch Straßen- und Bahnverkehr ausgelöst werden, oder der Absenkung des Grundwasserspiegels, möglicherweise infolge exzessiver

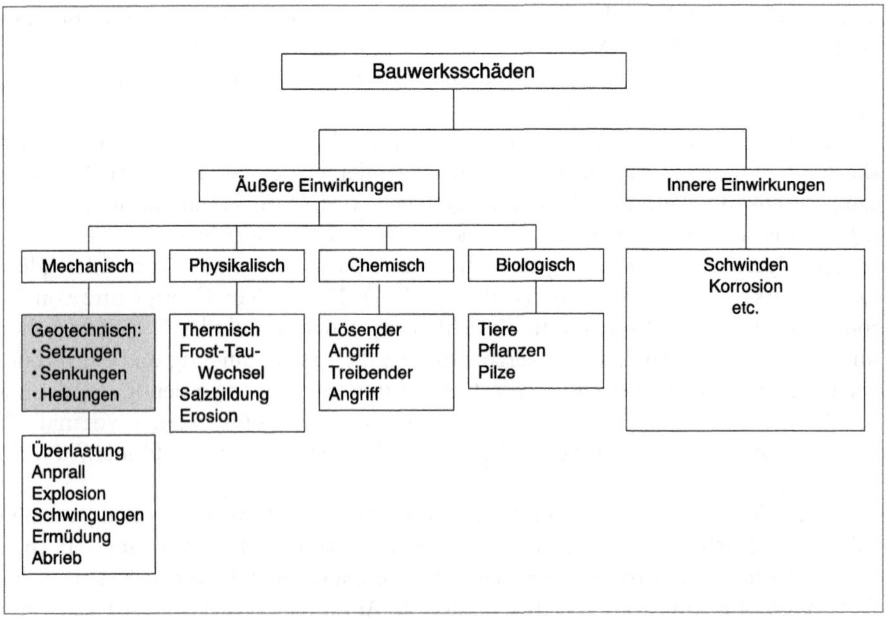


**Abb. 9.3** Geotechnische Ursachen stellen nur einen möglichen Grund für Bauwerksschäden dar.

Grundwasserförderung oder der Wasserhaltung einer nahe gelegenen Baugrube. Die Gründe, die zu Bauwerksschäden führen sind vielfältig und die Spurensuche zur Ergründung ihrer Ursachen ist eine anspruchsvolle Aufgabe, zumal es neben den geotechnischen auch andere Ursachen gibt (Abb. 9.3).

Um die Bewegung eines Bauwerks zu dokumentieren werden

- *Festpunkte* am Bauwerk angebracht und ihre Bewegung durch regelmäßige Vermessung dokumentiert
- *Inklinometer* installiert, um die Neigungen von Bauwerken aufzuqzeichnen
- an Rissen im Bauwerk *Gipsmarken* angebracht, in die das Datum eingeritzt wird, um eine mögliche weitere Öffnung der Risse zu dokumentieren
- *Rissmonitore* über einen Riss geklebt, die durch die Bewegung eines Fadenkreuzes über eine Grundplatte mit Messgitter eine mechanische Langzeitaufnahme in vertikaler und horizontaler Richtung erlauben.

Geotechnische Ursachen für Bauwerksbewegungen sind in den meisten Fällen Setzungen infolge Bauwerkslasten, Senkungen infolge von Hohlräumen im Untergrund oder auch Hebungen, wie sie zum Beispiel bei der Volumenvergrößerung von anhydrithaltigen Schichten im Kontakt mit Sickerwasser auftreten (Kapitel 11).

## 9.4 Monitoring des Grundwassers

Durch bauliche Eingriffe kann sich der Grundwasserspiegel verändern. Zum Beispiel führt die Wasserhaltung für eine Baugrube zu einer Absenkung des Grundwasserspiegels. Je durchlässiger der Boden, desto größer ist die Reichweite des Absenktrichters. Sinkt der Grundwasserspiegel, dann steht der Boden in diesem Bereich nicht mehr unter Auftrieb. Sein Gewicht nimmt entsprechend zu, was eine Setzung des Baugrundes verursacht. In Bauwerken, die unterschiedliche Setzungen erleiden, werden sich Risse bilden, was Schadensersatzforderungen zur Folge hat.

Weiterhin kann sich die Senkung des Grundwasserspiegels auf den Bewuchs, insbesondere auf den Zustand der Bäume auswirken. Fällt der Wurzelbereich trocken, können Bäume erheblichen Schaden erleiden, so dass sie schließlich gefällt werden müssen.

Ein Grundwasseranstieg kann ebenfalls zu Wuchsstörungen führen. In Bauwerken können darüber hinaus Keller feucht werden.

Aus diesen Gründen wird bei allen größeren Bauvorhaben der Grundwasserspiegel mit Brunnen und Piezometern kontinuierlich überwacht. Kommt es zu Schäden, dienen die Protokolle als Beweismittel.

## 9.5 Monitoring der Erschütterungen

Oft gehen Bauvorhaben mit größeren Erschütterungen einher (Einrammen von Pfählen, Verdichten von Böden, Bohrarbeiten etc.). Weiterhin kann der Verkehr (Straßen, Bahnstrecken etc.) Erschütterungen auslösen. Schließlich erzeugen auch Maschinen (Walzen, Hämmer etc.) Erschütterungen, die sich im Baugrund fortpflanzen und auf benachbarte Gebäude übergreifen. Diese Erschütterungen führen mitunter zu Schäden.

Erschütterungen werden mit *Beschleunigungsaufnehmern* und *Geophonen* aufgenommen. In den meisten Fällen werden drei Raumkomponenten (zwei horizontale und eine vertikale) registriert. Die Daten können in der Messapparatur gespeichert oder direkt an die Auswertegeräte gesendet werden. Der Zeitraum der Aufnahme ist abhängig vom Projekt und kann sich über Jahre erstrecken.

*Geoakustische Messungen* werden auch durchgeführt, um auf mögliche Hangbewegungen zu schließen. Bei allmählichen Hangbewegungen lässt die Messung Rückschlüsse auf die Form und die Kubatur der Rutschmassen zu. Eine Zunahme geoakustischer Signale gibt einen Hinweis auf eine mögliche Beschleunigung der Hangbewegung (Novosad et al. 2007).

## 9.6 Monitoring der Boden-, Wasser- und Luftqualität

Baumaßnahmen gehen oft mit einer Beeinträchtigung der Boden, Wasser- und Luftqualität einher. So kann es durch eine Verschmutzung des Bodens durch Baufahrzeuge kommen. Beim Bau einer Deponie wird möglicherweise infolge einer schadhaften Sohlabdichtung das Grundwasser kontaminiert. Bei Erdbauarbeiten steigt möglicherweise die Staubbelastung der Luft.

Aus diesen Gründen werden die Boden-, Wasser- und Luftqualität vor, während und nach der Baumaßnahme kontinuierlich überprüft und in Protokollen dokumentiert. Aufgrund der geltenden Emissions- und Bodenschutzverordnungen können Überschreitungen gemeldet und Maßnahmen zur Reduktion der Emissionen ergriffen werden.

## 9.7 Korrelation von Messreihen

Messreihen lassen sich korrelieren, entweder mit sich selber oder mit anderen Messreihen. Die Korrelation einer Messreihe mit sich selber wird als Autokorrelation bezeichnet, die Korrelation zweier Messreihen wird als Kreuzkorrelation bezeichnet (Kapitel 4).

Mithilfe einer Autokorrelationsanalyse lässt sich eine zyklische Wiederholung von Ereignissen modellieren: Wird zum Beispiel eine Messreihe zur Häufigkeit von Rutschereignissen in einer Region mit sich selbst verglichen, ergeben sich typische zeitliche Abstände von Phasen häufiger Rutschungen, die im Zusammenhang mit den Jahreszeiten stehen.

Wird dagegen die Messreihe zur Häufigkeit von Rutschereignissen mit einer Zeitreihe zur Menge des Niederschlags im selben Zeitraum kreuzkorreliert, ergibt sich das Zeitintervall zwischen Starkregenphasen und der Häufung von Rutschungen. Es ist somit möglich, auf der Grundlage von Wetterbeobachtungen das Rutschungsrisiko vorherzusagen.

Auto- und Kreuzkorrelationen lassen sich für eine Vielzahl von Messreihen durchführen. Sie stellen eine wichtige Quelle von Informationen dar, die oft nicht genutzt wird.

# III. Anwendung

# 10 Böschungen

Dieser Abschnitt befasst sich mit der Rolle der Ingenieurgeologie bei der Beurteilung von Hangbewegungen und deren Stabilisierung. Zunächst werden Phänomene und Mechanismen der Hangbewegung vorgestellt. Im Einzelnen wird auf die Bewegungsmechanismen Gleiten, Kippen, Knicken, Abscheren, Fallen, Fließen und Kriechen eingegangen. Ebenfalls besprochen werden Sekundäreffekte wie Bergsturzdämme und Bergsturz-Tsunamis. Weiterhin werden die Ursachen von Hangbewegungen – deren Trigger – beleuchtet. Darauf aufbauend werden Methoden der Standsicherheitsanalyse für die verschiedenen Versagensmechanismen vorgestellt. Schließlich werden Maßnahmen der Sicherung und Stabilisierung diskutiert. Dabei wird zunächst auf die Kartierung des Hangs und die Eingrenzung problematischer Bereiche sowie deren Monitoring eingegangen. Anschließend werden Schutzmaßnahmen wie Sicherheits- und Ausrollzonen, Netze, Zäune, Barrieren und Galerien vorgestellt. Schließlich werden Strategien der Stabilisierung diskutiert wie die Drainage des Hangs, die Anpassung des Reliefs, die gebirgskompatible Böschungsausbildung sowie konstruktive Maßnahmen wie Nägel, Anker, Spritzbeton, Verbaue, Gabionen, bewehrte Erde und Stützwände.

## 10.1 Phänomene

Am 16. Juli 1989 um 15.20 Uhr löst sich in der Nähe der japanischen Stadt Fukui ein etwa 100 $m^3$ großer Gebirgskörper aus einer Böschung. Am Fuß der Böschung verläuft die Küstenstraße 305 entlang des Japanischen Meers. In diesem Bereich ist sie durch eine Steinschlaggalerie gesichert (Abb. 10.1, 10.2). Der Gebirgskörper stürzt aus einer Höhe von etwa 20 m auf diese Galerie und zerschlägt sie. In diesem Augenblick passiert ein Bus den Unglücksort. Alle fünfzehn Reisenden verlieren ihr Leben. Es gab keine sichtbaren Zeichen einer Destabilisierung vor dem Unglück. Die Böschung versagte plötzlich, ohne Vorwarnung. Ungewöhnlich sind allenfalls die heftigen Regenfälle, die seit Tagen die Region heimsuchen.

Nach dem Vorfall wird eine ingenieurgeologische Untersuchung angeordnet. Die Böschung besteht aus verfestigten Schichten pyroklastischer Gesteine (vulkanische

Tuffe mit Bomben), die mit 20 bis 40 Grad nach NE einfallen. Die Böschung selbst streicht NW-SE und fällt steil mit etwa 85 Grad nach SW zur Küste ein. Neben der Schichtung liegen noch drei weitere Trennflächentypen vor, deren mittlere Orientierung eingemessen und deren Charakter aufgenommen werden (Tab. 10.1). Aufgrund der noch bestehenden Steinschlaggefahr können insgesamt nur 62 Trennflächen angesprochen werden.

Die ingenieurgeologische Kartierung der Böschung zeigt weiterhin deutliche Spuren einer Wellenerosion etwa 20 m oberhalb des heutigen Meeresspiegels. Das Niveau des Meeresspiegels hatte sich demnach vor einiger Zeit geändert. Die Wellen erodierten den Hang unterhalb des Versturzbereichs und schufen etwa 1 m tiefe Nischen in der steilen Felswand. Ein Profil durch die Böschung vor und nach dem Versagen und die Schmidtschen Netze aus der gefügekundlichen Aufnahme (Polpunkte und Großkreise) zeigt die Abbildung 10.3.

**Tabelle 10.1** Gefügekundliche Aufnahme der Felsböschung bei Fukui, Japan.

| TF | $n$ | $\alpha, \vartheta$ [°/°] | $\Omega, \theta_\beta$ [°] | $\Lambda$ [°] | $V$ | $E$ | $d$ | $k$ [1/m] | $H$ | $b$ [cm] | $F$ |
|---|---|---|---|---|---|---|---|---|---|---|---|
| ss, C | 7 | 064/27 | 16 | 18 | 0.5 | >> 1 | 1.0 | 0.2-2 | e, r | - | - |
| K1, C | 23 | 204/79 | 17 | 8 | 0.8 | 0.25-1.0 | 0.8-1.0 | 0.3-3 | e, r | 1-5 | L, |
| K2, C | 22 | 292/81 | 13 | 13 | 0.8 | 0.05-0.5 | 0.5-1.0 | 0.2-2 | e, r | 0-3 | L, K |
| K3, C | 10 | ? | ? | ? | 0.5 | 0.2-0.4 | 0.2-0.4 | 0.1-1 | e, r | 0-1 | ? |

Trennflächentyp: *ss* Schichtung, *sf* Schieferung, *ac*-Klüftung, *bc*-Klüftung, *d* Diagonalklüftung, *k* Klüftung allgemein; Verteilungstyp: *C* Clusterverteilung, *G* Gürtelverteilung; *n* Stichprobenumfang; $\alpha$, $\vartheta$ mittlere Einfallrichtung/Einfallen des Schwerpunktvektors; $\Omega$ sphärischer Öffnungsgrad einer Clusterverteilung $\theta_\beta$, zirkularer Öffnungsgrad einer Gürtelverteilung; $\Lambda$ sphärisches Konfidenzintervall für Clusterverteilungen, bezogen auf eine Irrtumswahrscheinlichkeit von 1%; *V* Verwitterungsgrad der Trennfläche: 0.0 sehr schwach verwittert, 1.0 völlig verwittert; *E* Erstreckung: Die Referenzlänge zur relativen Bestimmung der räumlichen Erstreckung ist die horizontale Verbruchsstrecke, die 20 m beträgt und für die $E = 1.0$ ist; *d* Durchtrennungsgrad nach Pacher; *k* Klüftigkeitsziffer; *H* Habitus: Makrorauigkeit im cm- bis mm-Bereich (hakig *h*, wulstig *u*, wellig *w*, eben *e*), Mikrorauigkeit im Bereich < 1mm (rau r, glatt g); *b* Öffnungsweite; *F* Füllung: Lehm *L*, Kalzit *K*; ? Weitere ingenieurgeologische Untersuchungen notwendig.

Was waren die Umstände, die zu diesem Felssturz führten? Hätte man die Gefahr frühzeitig erkennen können? Wenn ja, wäre es möglich gewesen, den Hang zu stabilisieren? Dieses Kapitel befasst sich mit Böschungen, ihrer Standsicherheit, ihrer Sicherung und Stabilisierung.

Es gibt eine große Vielfalt von Formen der Hangbewegung. Entsprechend vielfältig sind auch die Kriterien, nach denen sie unterschieden werden. *Hangbewegungen* – oder auch *Massenbewegungen* – lassen sich einteilen nach (Genske 2008, Hutchinson 1968, IAEG 1990, UNESCO 1993a, 1993b, Krauter 1993, Varnes 1958, 1978):

- Der Dimension, die sie annehmen: Sie können sich auf einen Straßeneinschnitt beschränken oder einen ganzen Gebirgshang erfassen.
- Dem Material, in dem sie stattfinden: Sie können sich in Böden, im Gebirge und in der Übergangszone vom Boden zum Gebirge ereignen.

Abb. 10.1 Die Küstenstraße 305 am Japanischen Meer bei Fukui. Eine Galerie schützt die Küstenstraße vor möglichem Steinschlag aus der Böschung (Foto: NN).

Abb. 10.2 Am 16. Juli 1989 versagt die Böschung. Die Sturzmassen haben einen Teil der Galerie zerstört. Rechts ist die Böschung, links liegt das Japanische Meer, im Hintergrund der noch intakte Teil der Galerie.

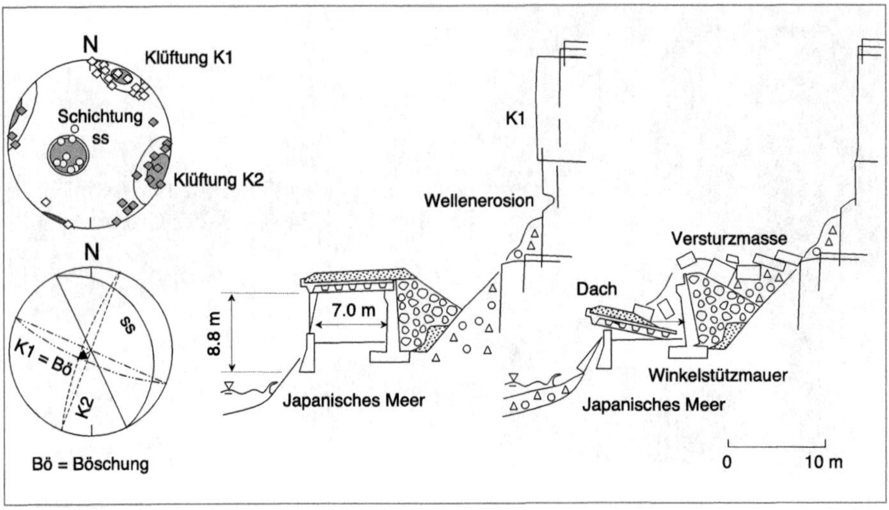


**Abb. 10.3** Profil durch die Böschung vor und nach dem Versagen, gefügekundliche Auswertung (Schmidtsche Netze mit Polpunkten und Großkreisen, siehe auch Kapitel 4).

- Der Geschwindigkeit, mit der sie sich bewegen: Sie können sich langsam und kriechend oder plötzlich und ohne Vorwarnung entwickeln.
- Der Durchbewegung des abgleitenden Materials: Es können sich sowohl völlig intakte Gebirgsbereiche verschieben als auch gänzlich aufgelöste Gebirgsmassen zu Tale stürzen oder fließen.
- Der Zustand der Hangbewegung: Hangbewegungen können aktiv, reaktiviert, latent, abgeschlossen, fossil oder stabilisiert sein.
- Der Komplexität der Hangbewegung: Es kann sich um eine einzelne Hangbewegung, um konsekutive Hangbewegungen *(multi-phase landslides)* oder um zusammengesetzte, komplexe Hangbewegungen handeln.
- Den Konsequenzen der Hangbewegung: Es kann sich um ein singuläres Ereignis handeln oder um Hangbewegungen, die weitere Massenbewegungen *(Postfailure-Mechanismen)* oder katastrophale Ereignisse auslösen *(Sekundäreffekte)*, wie zum Beispiel den Aufstau eines Flusses.
- Der Kinematik der Hangbewegung: Böschungen können auf Trennflächen und auf Gleitkreisen abgleiten, Gebirgspartien können aus der Böschung heraus kippen, heraus fallen oder einknicken, Hangbereiche können zu kriechen beginnen oder ins Fließen geraten.

Im den folgenden Abschnitten werden die verschiedenen kinematischen Versagensmechanismen (Abb. 10.4) anhand von Beispielen erläutert. Dabei ist die Häufigkeit der Hangbewegung abhängig von ihrer Dimension. Katastrophale Hangbewegungen folgen dem Potenzgesetz (Evans 2006)

$$N(V) = a \cdot V^b$$

mit *N(V)* als Häufigkeit pro Jahr und *V* als Volumen oder *Magnitude* der Hangbewegungen in m³ sowie *a* und *b* als Konstanten. Abbildung 10.5 zeigt die weltweit be-

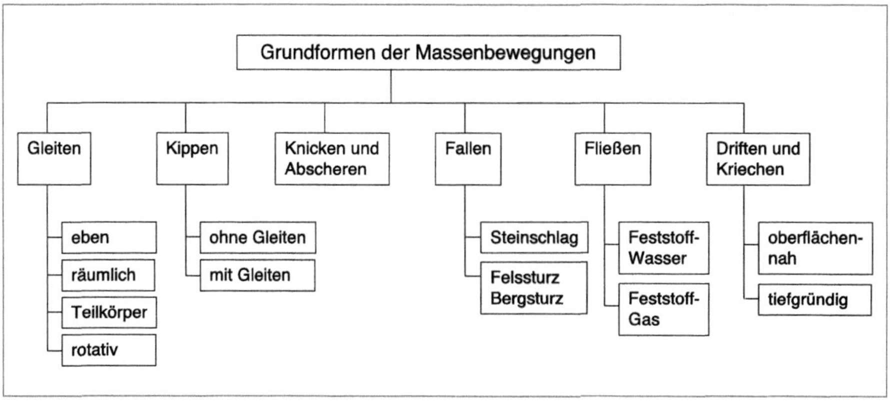


**Abb. 10.4** Grundformen der Hangbewegung.

obachteten Massenbewegungen mit einem Volumen größer 20 Mio. $m^3$ als Funktion ihrer Häufigkeit. Die in den europäischen Alpen beobachteten Massenbewegungen sind ebenfall dargestellt. Weltweit finden danach alle zwei bis drei Jahre katastrophale Massenbewegungen statt, im Alpenraum etwa alle hundert Jahre. Kleinere Massenbewegungen sind erheblich häufiger.

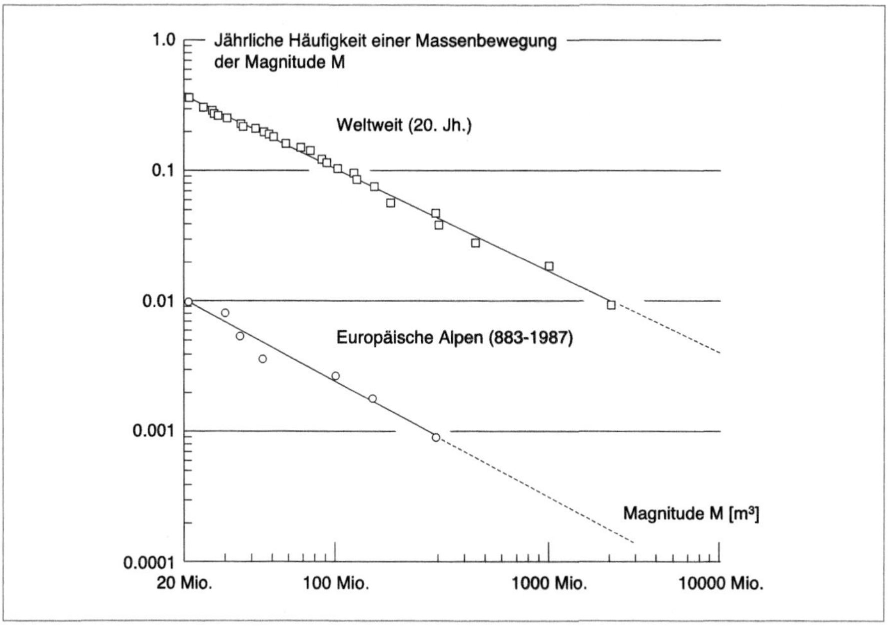


**Abb. 10.5** Häufigkeit und Magnitude (bewegtes Volumen im $m^3$) von Massenbewegungen größer 20 Mio. $m^3$. Dargestellt sind die im 20. Jahrhundert weltweit (Stichprobenumfang n = 37) und 883–1987 in den europäischen Alpen (Stichrobenumfang n = 11) beobachteten Massenbewegungen (nach Evans 2006).

## 10.2 Mechanismen und Ursachen

### 10.2.1 Gleiten

Das *Gleiten* ist die mechanisch am einfachsten zu beschreibende Form der Hangbewegung. Ein Gebirgsbereich gleitet auf einer Gleitfläche ab. Im geklüfteten Gebirge ist diese Gleitfläche in der Regel eine Trennfläche, zum Beispiel eine Schichtfläche, eine Kluftfläche oder eine Störung. In homogenen Böden kann sich die Gleitfläche frei ausbilden und ist dann kreisförmig. Zwischen diesen beiden Grundformen gibt es eine Vielzahl von Zwischenformen, die von der Geologie und der Geomorphologie des Geländes abhängen.

#### Ebenes Gleiten

Das *ebene Gleiten* ist eine häufig vorkommende Form der Massenbewegung. Sie tritt insbesondere im Gebirge auf. Besonders häufig dienen Schichtflächen als Gleitflächen. Die Bewegung findet in vielen Fällen schnell und ohne Vorankündigung statt. Die Rutschung kann sich auf einen kleinen Bereich beschränken oder auch einen ganzen Berghang betreffen.

Am 2. September 1806, nach einem regenreichen Sommer, beginnt sich um etwa 17 Uhr die gesamte Flanke des Rossbergs im Kanton Schwyz (Schweiz) talabwärts zu bewegen (Abb. 10.6). Etwa 40 Millionen $m^3$ rutschen auf das Dorf Goldau zu und zerstören es vollständig. Im Lauerzer See verursacht die Rutschung eine Flutwelle, die weiteren großen Schaden anrichtet. Insgesamt verschüttet die Rutschung eine Fläche von fast 7 $km^2$. 111 Wohnhäuser, 220 Scheunen und Ställe, 4 Kirchen und Kapellen werden zerstört. 457 Menschen kommen bei dem Unglück ums Leben.

Die Rutschung entwickelt sich auf den talwärts geneigten Mergellagen. Die Rutschmasse selbst besteht aus mächtigen Nagelfluhbänken, konglomeratischen Gesteinen des alpinen Molassebeckens. Die Gebirgsmassen gehen binnen weniger Minuten zu Tal. Zwar beobachtet die 18-jährige Agatha Mettler-Rickenbach, die auf einem Einzelhof am oberen Rossberg wohnt, am Nachmittag des 2. Septembers, wie sich Spalten im späteren Abrissbereich öffnen und schickt ihren Mann, beim Pfarrer Rat zu suchen. Doch bereits kurz darauf beginnt sich der Hang zu bewegen, um in kürzester Zeit das Tal zwischen Rigi und Rossberg zu verschütten. Carl Friedrich Rudolf May von der Rued (1768-1846) zitiert in seiner Chronik eine „Relation über den Untergang eines Theils unserer Reisegesellschaft", in der die Dramatik der Ereignisse des 2. September 1806 lebendig wird:

> „So wie die Fröhlichkeit der Gesellschaft keinen Augenblik durch das widerwärtige Wetter gestöhrt worden, so wurde dieselbe nun durch die Hoffnung eines angenehmen Erfolgs erhöht und die Erreichung ihres Zweks, den Gipfel des Rigi bey heiterem Wetter zu besteigen, als um so gewisser angesehen, da man sich entschloss, die Gegend am Fuss des Rigi zu besuchen, bis dass gantz günstiges Wetter sich einstellen würde; und so wurde beschlossen, bis nach Schwytz zu gehen ... Schon ehe mein Bruder Gottlieb und ich nebst zwey reisenden Meklenburgern, die sich

an uns anschlossen ... auf diese Wiese kamen, die uns eine freye Aussicht auf die Gegend gewährte, hörten wir ein schwaches Donnern, welches von herabfallenden Steinen und Erde von der Höhe des Rossberges, wo ein Kreutz steht, in einen sich dahin aufziehenden Tobel, fast nicht bemerkbar, erzeugt wurde, und als eine von mir schon oft in den Gebirgen gesehene Sache nicht sehr beachtet wurde. Wie wir auf erwähnte Wiese traten, wurde der Lärm und die sich losreissenden Steine etwas stärker, sodass wir stille stunden und diesem Herabfallen durch Fernröhren zusahen ... Etwa 5 Minuten mochten wir auf der Wiese dem Herabrollen der Steine zugesehen und uns gegenseitig, wenn ein recht grosses Stük herunterkam und dessen Fall nur bis in den Tobel dauerte, aufmerksam gemacht haben, als plötzlich sich die gantze Seite des Tobels gegen Schwytz zu, von der Spitze des Berges bis tief herunter, und meistens mit Tannen bewachsen, in der Direction des Tobels sich in Bewegung sezte und den Eindruk auf uns machte, als wenn wir mit Schwindel befallen worden wären. Diese Illusion dauerte nur einen Augenblik. Die grad aufstehenden, mit fürchterlicher Schnelligkeit herunter gleitenden Tannen stürzten plötzlich eine über die andere, Erde und Felsen folgten, und ein fürchterlicher Donner erhob sich. Unermessliches Unglük ward von uns vorgesehen, alles wurde furchtbarer – aber noch kein Gedanke, dass unsere Gegend in Gefahr seyn könnte, stieg in mir auf [obschon meine Reisegefährten sich bereits in Flucht gesezt hatten], weil ich sah, dass die Bewegung der Masse nach der Direction des Tobels, nämlich nach der Gegend von Busingen und Lowertz gieng und weil ich wusste, dass zwischen uns noch eine ansehnliche Vertiefung sich befand, worein der Bergstrohm vom Rigi nach dem Zugersee hinfloss, und durch verschiedene kleine Anhöhen uns geschüzt glaubte. Im gleichen Augenblik aber wurde ich gewahr, dass nichts von diesem allem die Gegend von Goldau und uns schützen konnte, denn mit fürchterlicher Gewalt wurde die linke Seite des Tobels gegen Arth und Goldau hin durch den Bergfall theils überdekt, theils mitgerissen und nun mit erneuerter Gewalt gegen Goldau hingetrieben; die Tiefe des Bergstrohmes war eine Ritze, die uns beschüzenden Anhöhen Maulwurfshaufen. Steine, Erde, Felsen, Bäume kamen durch die Luft geschleudert daher; stürzten sich diese Massen in Vertiefungen, so wurden sie durch die nachfolgenden wieder in die Höhe und fort geschleudert, gleich einem gewaltigen Wassersturz, dessen herabgestürzte Fluthen durch die folgenden wieder emporgeworfen werden. – Die Luft wurde verfinstert und Erde, Steine, Häuser und Bäume flogen wie geworfen durch dieselbe hin; das Dorf Goldau wurde, schon ehe es durch die stürzende Masse berührt wurde, durch den Druk der Luft niedergeworfen und zertrümmert, alles in einem so kleinen Zeitraum, dass der Gedanke, mich zu retten und diese schrekliche Zerstöhrung, ein und den nämlichen Augenblik ausfüllten. Wie gross meine eigene Gefahr war, weiss ich selbst nicht; die Dauer war ein Moment, und der Zeitraum des Untergangs von Goldau, Busingen, Röthlen, Lowertz mit allem Lebendigen und unsrer durch das unwiderstehliche Schiksahl dahin getriebenen Lieben, betrug nach meiner moralischen Überzeugung nicht 3 Minuten."

Im Bergsturzmuseum von Goldau sind Dokumente und Artefakte ausgestellt, die Zeugnis geben von einer der größten Naturkatastrophen, die nicht nur in der Schweiz, sondern weltweit Aufsehen erregte und Betroffenheit auslöste. Viele Künstler ließen sich von der Katastrophe inspirieren und schufen Gemälde (Abb. 10.7), die in der gan-

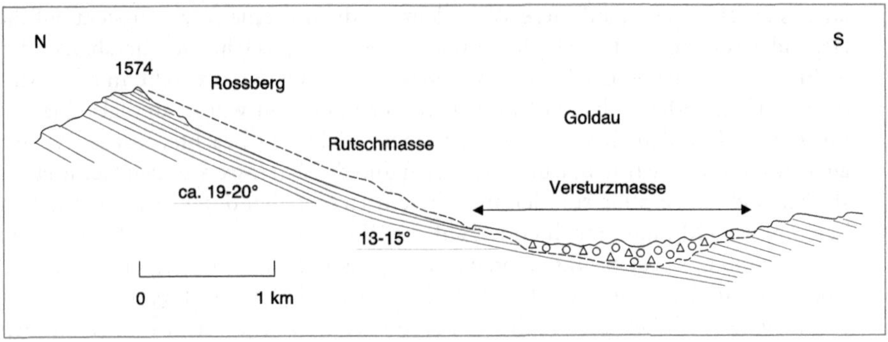


**Abb. 10.6** Die Gebirgsrutschung in Goldau 1806, nach einer Deutung von Albert Heim (1921).

zen Welt bestaunt wurden. Josef Niklaus Zehnder verarbeitete literarisch in seinem Buch „Der Goldauer Bergsturz" den Unglückstag. Alljährlich am 2. September um 17 Uhr erinnert die große Glocke der Pfarrkirche zu Goldau an die Ereignisse von 1806.

## Rotieren

Bei einer Rotation rutscht der Gleitkörper auf einer kreisförmigen Gleitfläche aus dem Hang heraus. *Rotatives Gleiten* ist eine typische Versagensform in Böden, tritt aber auch im Gebirge auf. Die Böschung versagt in der Regel schnell und ohne Vorankün-

**Abb. 10.7** In einer zeitgenössischen Darstellung von Franz Xaver Triner ist die Katastrophe von Goldau festgehalten (Bergsturzmuseum Goldau, Schweiz).

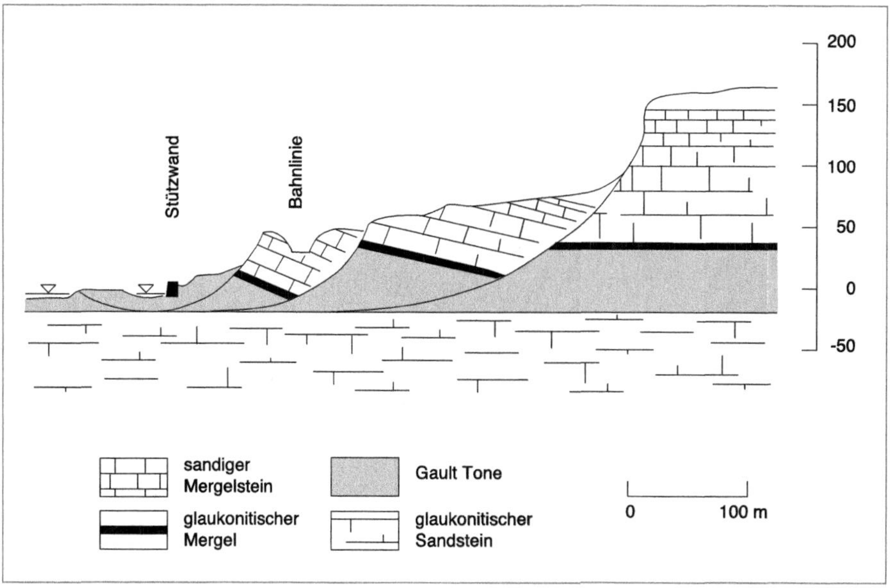


Abb. 10.8 Gestaffelte Rotationskörper an der Küste von England bei Folkestone (nach Ward 1945).

digung. Die Rutschung kann sich sowohl auf kleine Böschungsabschnitte beschränken als auch den gesamten Hang erfassen. Oft sind Rotationsflächen ineinander gestaffelt und erzeugen ein komplexes Bild von Zugrissen, Abrisskanten, Quer- und Längsspalten, Aufpressungen und Stauchwällen.

Seit ihrem Bau im 19. Jahrhundert kommt es entlang der Eisenbahnlinie von Dover nach Folkestone (Südengland) immer wieder zu großen Rutschungen (Abb. 10.8). Diese Rutschungen lassen sich als rotatives Gleiten ansprechen. Am 19. Dezember 1915 kann ein Zug bei Warren mit 300 Soldaten gerade noch gestoppt werden, um eine Katastrophe zu verhindern. Danach bleibt die Strecke dreieinhalb Jahre gesperrt. Für diese Region sind rotationsförmige Rutschungen typisch, die sich über den glaukonitischen Sandsteinen in den Gault Tonen entwickeln und die darüber lagernden Mergel- und Sandsteine mit einbeziehen. In den meisten Fällen löst die Erosion der Brandung (Abrasion) am Fuß der Klippen die Hangbewegung aus. Sie schwächt den Fußbereich durch Abtragung und destabilisiert somit das gesamte System. Zusätzlich verändert sich die Konsistenz der Tone bei Durchfeuchtung, was mit einer Abnahme der Scherfestigkeit einhergeht. Um eine Abrasion des unteren Klippenbereichs zu verhindern, wurde die Küstenlinie durch Stützmauern ertüchtigt. Zusätzlich wurden Buhnen angelegt, so dass der Fußbereich durch marine Sedimentation verstärkt wird.

### 10.2.2 Kippen

Steil stehende Gebirgsbänke können aus dem Gebirgsverband *herauskippen*. Dabei rotieren die Kluftkörper um eine Kippachse hangabwärts. Sobald der erste Kluftkörper aus der Böschung herauskippt, kippen weitere nach (Dominoeffekt). Oft wird das Kippen von Kluftkörpern erst durch das Abgleiten stabilisierender Gebirgsblöcke im

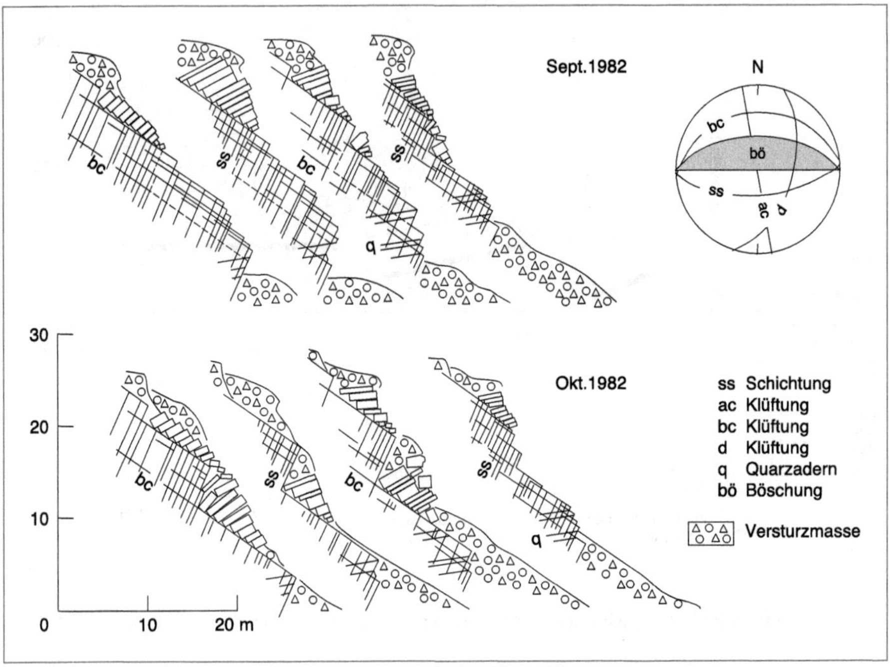


**Abb. 10.9** Gleiten und Kippen einer Böschung bei Mayschoß (Rheinisches Schiefergebirge). Die Profile zeigen den Zustand der Böschung vor und nach dem Versagen.

Fußbereich ermöglicht, so dass sich zwei Versagensmechanismen überlagern. Auch kann Erosion oder der Abbau von Gesteinen den Fußbereich destabilisieren und so das Herauskippen von Kluftkörpern ermöglichen.

Am 26. Oktober 1982 versagt am westlichen Ortsausgang von Mayschoß (Rheinisches Schiefergebirge) eine Felsböschung (Abb. 10.9, Abb. 10.10). Das Versagen kündigte sich nach Augenzeugenberichten bereits Stunden vorher durch immer stärker werdenden Steinschlag an. Schließlich bewegen sich 500 m$^3$ aus dem Gebirgsverband in den ehemaligen Steinbruch. – Um die Ursache und den Mechanismus zu untersuchen, wird eine ingenieurgeologische Detailkartierung durchgeführt. Als besonders hilfreich für die Klärung des Versagensmechanismus erweist sich der Umstand, dass bereits eine vollständige (stereoskopische) Vermessung des Hangbereichs vorliegt, die nur einen Monat vor dem Vorfall durchgeführt wurde. Auf der Grundlage dieser Vermessung kann der ursprüngliche Zustand der Böschung rekonstruiert werden. Der Vergleich der Böschungsprofile vor und nach dem Versagen legt nahe, dass stabilisierende Kluftkörper im Bereich des Böschungsfußes abgerutscht sind und dadurch eine Verkippung der Kluftkörper im oberen und mittleren Bereich auslösten. Es handelt sich also um eine Kombination von Gleiten und Kippen, wie es häufig bei steil stehenden Bänken beobachtet wird (Genske 1988).

**Abb. 10.10** Verkippte Schichtpakete.

### 10.2.3 Knicken und Abscheren

Steil stehende Schichten können unter ihrem Eigengewicht *einknicken*. Ebenso kann der Fußbereich einer steil stehenden Bank entlang einer bankrechten Fuge *abscheren*. Dabei versagt die Böschung plötzlich und ohne Vorwarnung. Verschieden Versagensmechanismen lassen sich unterscheiden, worauf noch näher eingegangen wird.

Bei Altenahr (Rheinisches Schiefergebirge) wird eine etwa 70 m hohe Felsböschung durch fast senkrecht stehende Grauwackenbänke gebildet (Siegener Schichten des unteren Devons, Abb. 10.11). Die Bänke haben Mächtigkeiten von 0.5 bis 2 m. Neben der Schichtung treten noch 4 weitere Trennflächentypen auf. Am 3. März 1987 versagt ein 5-10 m breites und 2 m dickes Schichtpaket und stürzt auf den Fußgängerweg und in die Ahr (Abb. 10.12). Zwei unterhalb der Böschung abgestellte Fahrzeuge werden von den Felsmassen begraben. Glücklicherweise kommen bei dem Unglück keine Menschen ums Leben.

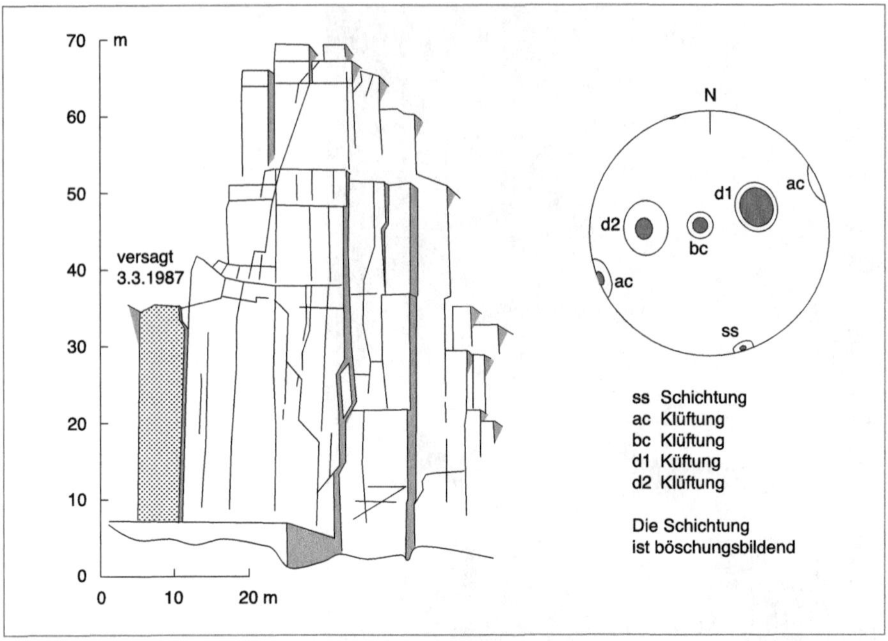


**Abb. 10.11** Steil stehende, böschungsbildende Schichten bei Altenahr (Rheinisches Schiefergebirge). Das Schichtpaket, das am 3. März 1987 versagte, ist schraffiert. Das Schmidtsche Netz zeigt für die (clusterverteilten) Trennflächen die sphärischen Konfidenzintervalle der mittleren Polpunkte (innerer Kleinkreise für 1% Irrtumswahrscheinlichkeit) und ihre sphärische Standardabweichung (äußere Kleinkreise) (siehe auch Kapitel 4).

**Abb. 10.12** Verstürztes Schichtpaket am Fuße der Felswand.

### 10.2.4 Fallen

Kluftkörper, Kluftkörperverbände und ganze Gebirgsbereiche können sich aus dem Gebirge lösen und bei entsprechender Geometrie der Böschung im freien Fall zu Tal gehen. Je nach Fallhöhe und Volumen der Sturzmasse kann dies zu erheblichen Zerstörungen führen. Bei einem *Felssturz* löst sich eine zusammenhängende Felspartie, bei einem *Bergsturz* stürzt ein ganzer Gebirgsbereich zu Tal. Oft kündigen sich Fels- oder Bergstürze durch *Steinschlag* an. Das folgende Beispiel beschreibt einen Bergsturz, der sich vor über 100 Jahren in den Alpen ereignete.

> „Vielleicht war Gedankenlosigkeit mit im Spiel, ein allzu sorgloser Umgang mit Gefahr und Risiko – Andere meinen: blindes Gewinnstreben habe den Blick getrübt für die Vorzeichen der Katastrophe. Ein Ziegenhirte hatte von großen Rissen berichtet, die sich in den Felsen auftun. Aber niemand im Dorf hörte auf den kauzigen Eigenbrötler."

Mit diesen Worten erinnerte Radio Bayern vor wenigen Jahren an einen Bergsturz, der am 11. September 1881 das Dorf Elm (Kanton Glarus, Schweiz) zum großen Teil zerstörte und 116 Menschen das Leben kostete (Georg Bayerle im Bayerischen Rundfunk, 11. 9. 2003). Das Unglück wurde vom Pfarrer Ernst Buss und Albert Heim ausführlich dokumentiert (Buss & Heim 1881).
Als die allgemeine Schulpflicht im Jahre 1870 in der Schweiz eingeführt wird, werden sich die verarmten Bergbauern des Dorfes Elm eines Schatzes bewusst, der sie schnell zu Reichtum bringen wird: Schüler und Lehrer brauchen nun Schiefertafeln, und Schiefer hat es genug im Tschingelberg oberhalb des Dorfes. In jeder freien Minute graben sich die Bergbauern weiter in den Berg, um das kostbare Gut zu fördern, bis sie ihn schließlich auf einer Breite von 180 m um 65 m unterhöhlt haben (Abb. 10.13). Die im Bergbau nicht ausgewiesenen Landleute lassen keine Stützpfeiler stehen und versetzen die Hohlräume nicht mit Abraum. Zwar kommt es gelegentlich zu Steinschlag, doch die Expertenkommission aus Gemeinderäten, Kreis- und Kantonsförstern beruhigt besorgte Stimmen noch einen Tag vor der Katastrophe:

> „Weder an der Plattenbergwand, noch am übrigen Terrain konnten Veränderungen wahrgenommen werden, die einigermaßen auf große Gefahr hätte schließen lassen, wenngleich die Felswand hinunter von Minute zu Minute größere und kleinere Geröllmaßen fielen."

Am späten Nachmittag des folgenden Tages, die Schule ist beendet, blickt der Lehrer Wyss von seinem Haus aus dem Fenster:

> „Da plötzlich versinken am Plattenberg die obersten Tannenreihen in der Erde. Und dann stürzt eine Steinlawine herunter ins Dorf. Einige Männer rennen zum Unglücksort – sie wollen helfen. Da erfolgt schon der zweite Bergsturz. Geröll und Schutt fegen noch über die erste Lawine hinweg. Häuser werden eingedrückt, Bauernhöfe fallen in sich zusammen. Und noch einmal vier Minuten später, um kurz nach halb sechs fällt der ganze Berghang ins Tal: Die riesigen Gesteinsmassen drängen sich in einer den Himmel verfinsternden Staubwolke talwärts, verschlingen die Fliehenden, begraben den ganzen Dorfteil im Untertal und zerschmettern Wohn-

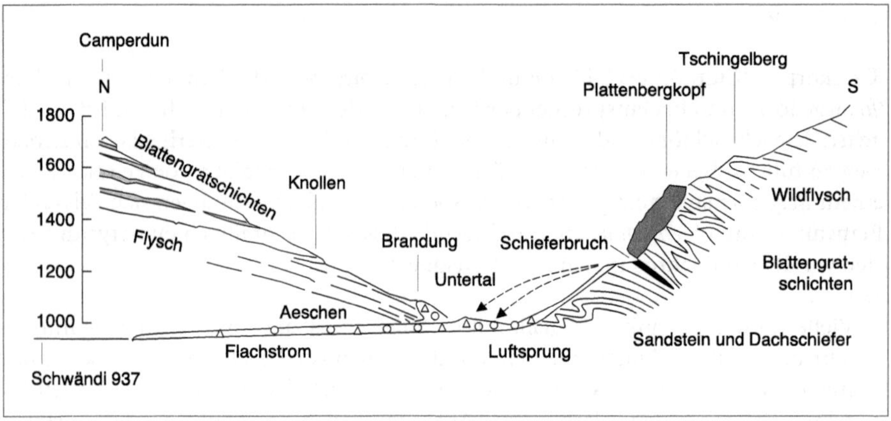


**Abb. 10.13** Der Bergsturz von Elm (nach Albert Heim 1932).

häuser und Ställe. – Zurück bleibt: ein riesiges Grab (Georg Bayerle im Bayerischen Rundfunk, 11. 9. 2003)."

Etwa 11 Millionen m³ des Plattenbergskopfes am Tschingelberg stürzen ins Tal, branden 100 m hoch den Gegenhang hinauf und noch etwa 1.5 km auf dem Talboden das Tal hinab. Noch heute lässt die Morphologie des Geländes die Dimensionen des Bergsturzes erahnen (Abb. 10.14). Aus dem 580000 m² großen Trümmerfeld wird nur ein einziger Überlebender gerettet: „es ist der Dorfälteste, der 92-jährige Gabriel Schneider. Nach langem schrecklichem Warten wurde er von seinem Sohn ausgegraben – aber seine Frau, die Schwiegertochter und drei Enkelkinder sind tot. Ihre Namen stehen eingraviert ... zusammen mit denen der anderen Opfer auf dem Friedhof von Elm – auf einer Schiefertafel."

**Abb. 10.14** Der Tschingelberg heute mit der Abrisskante (rechts) und dem gegenüberliegenden Brandungshang (links).

### 10.2.5 Fließen

Bestimmte Ereignisse können dazu führen, dass sich Böden und Gesteinsfragmente *fließend* zu Tal bewegen. Ein lawinenartiges Fließen von Boden- und Gesteinsfragmenten wird als *Schlamm- oder Schuttstrom* bezeichnet. In den Alpen wird diese Form der Massenbewegung *Mure* genannt. Murgänge treten nicht nur nach Regenfällen, sondern auch nach der Schneeschmelze oder als Folge von Erdbeben auf. Auch die Entwaldung von Hängen und die Übernutzung von Almwiesen (zum Beispiel in Skigebieten) führen zur Entwicklung von Muren. Weiterhin trägt der Klimawandel mit der Zunahme extremer Wetterereignisse und dem Auftauen hochalpiner Permafrostböden zur Bildung von Schutt- und Schlammströmen bei.

Die Schäden, die von Murgängen ausgelöst werden, sind mitunter enorm. Nach den starken Regenfällen vom 19.-21. Juli 1993 im Agra-Khola-Gebiet (Zentralnepal) verursachten Murgänge die größten Schäden, obwohl sie nur 5 % aller registrierten Hangbewegungen ausmachten. Neben Personen- und Gebäudeschäden wurde auch die flächige Zerstörung fruchtbaren Ackerlands beklagt, die Lebensgrundlage der in der kargen Gebirgsregion ansässigen Bergbauern (Thapa & Dhital 2000). Auch in den Alpen kommt es immer wieder zu Murgängen. In der Schweiz werden jährlich 10-20 Murgänge beobachtet (Schmid et al. 2004).

Um die Entwicklung und das Verhalten von Murgängen zu untersuchen, wurden in verschiedenen Hochgebirgsregionen Beobachtungsstationen eingerichtet, insbesondere in Japan, China und in den Alpen. Allerdings sind die Ergebnisse untereinander kaum vergleichbar, da die Zusammensetzung und damit die Mechanismen der Schlamm- und Schuttströme voneinander abweichen.

Schutt- und Schlammströme können auch Folge eines Gletscherlaufs oder *Jökulhlaup* (isländisch) sein (Maizels 1997, Rist 1983, Röthlisberger & Lang 1987). Ein *Jökulhlaup* bezeichnet eine Flutwelle *(hlaup)*, die sich infolge des Versagens eines Eisdamms bildet, hinter dem sich das Schmelzwasser eines Gletschers *(jökull)* angesammelt hat, das von einem unter der Eisdecke verborgenen Vulkan geschmolzen wurde. 1996 bricht der Vulkan Grimsvötn aus, schmilzt die Vatnajökull-Eisdecke auf und verursacht einen katastrophalen Jökulhlaup, der beträchtliche Schäden anrichtet. Auch in Alaska und im Himalaja wurden Gletscherläufe beobachtet.

Die Eruption von Vulkanen kann auch zur Bildung *pyroklastischer Dichteströme* aus Aschen, Lapilli und vulkanischen Bomben führen, die als *Glutlawinen* oder *nueé ardente* mit großer Geschwindigkeit den Berg hinab stürzen. Nach dem Ausbruch des Mount St. Helen (USA) im Jahre 1980 wurden durch Rückrechnung noch 10 km vom Ausbruchsort entfernt Geschwindigkeiten von bis zu 850 km/h ermittelt (Kieffer & Sturtevant 1988). Am 24. August 79 zerstörten Ascheregen und Glutlawinen die Hafenstadt Pompeji. Mischen sich vulkanische Auswurfmassen mit Wasser – zum Beispiel mit Regen – entstehen *Lahars* (indonesisch), die mit hoher Geschwindigkeit zu Tal gehen. Während das römische Pompeji von Ascheregen und Glutlawinen verschüttet wurde, gingen auf Herculaneum zusätzlich Lahars nieder.

Bereits im Jahre 1792 forderte der Ausbruch des Vulkans Unzen auf der Japanischen Insel Kyushu 15000 Menschenleben. Das Unzen-Gebiet befindet sich am westlichen Ende des Beppu-Shimabara Grabens (Central Kyushu Rift Valley) im Kreuzungsbereich der Subduktionsbögen von Ryukyu und Nankai, der Kyushu tektonisch in eine Nord- und eine Südprovinz teilt. Von 1990-1992 bricht der Vulkan erneut in

**Abb. 10.15** Ein pyroklastischer Strom stürzt am 2. Februar 1992 von den Hängen des Unzen Vulkans zu Tal (Foto Kenji Ohkawa, aus Yanagi, Okada, Ohta 1992). Schüler schützen sich mit Gesichtsmasken (Foto: The Nishinippon).

mehreren Schüben aus. Am 4. Juli 1990 werden erste seismische Aktivitäten registriert, knapp drei Monate später kommt es zu großen Gaseruptionen. Im Frühjahr des folgenden Jahres beginnen die Ausbrüche. Neben der ausgeworfenen Lava stürzen pyroklastische Wolken auf das dicht besiedelte Gebiet am Ostchinesischen Meer (Abb. 10.15). Regenfälle verflüssigen die kaum verdichteten vulkanischen Auswurfmassen an den Hängen des Unzen, die als Schlammströme zu Tal gehen (Abb. 10.16). Obwohl zahlreiche Vorkehrungen wie Vorwarnsysteme, Evakuierungspläne, Maßnahmen zur Umlenkung der Glut- und Schlammströme getroffen wurden, verlieren 43 Menschen ihr Leben, darunter drei anerkannte Vulkanologen.

**Abb. 10.16** Die Schlammströme habe die Häuser am Fuß des Unzen zum Teil vollständig begraben.

**Abb. 10.17** Ein Schuttstrom aus Haldenmaterial verschüttet 1966 Teile der Ortschaft Aberfan in Süd-Wales, England (Foto: Alan George).

Auch Bergematerial und Müll, zu Halden aufgeschüttet, kann unter bestimmten Bedingungen als Schuttstrom zu Tale gehen. Das wohl bekannteste Beispiel ist die Katastrophe von Aberfan (Anonym 1967, Austin 1967, McLean 2000), einer Ortschaft im Kohlenrevier von Süd-Wales, England. Nach heftigen Regenfällen strömten am 21. Oktober 1966 große Mengen von Haldenmaterial in die Ortschaft und zerstörten dabei mehrere Gebäude und eine Schule (Abb. 10.17). Insgesamt 144 Personen verloren ihr Leben. Ursächlich für die Hangbewegung waren nicht nur die heftigen Regenfälle, sondern auch die Tatsache, dass die Böschung der seit 1914 aufgeschütteten, 180 m hohen Halde zu steil war, dass der Haldenfuß auf Tonen mit geringer Scherfestigkeit auflag, die schon früher in Bewegung waren und deshalb potenzielle Gleitebenen aufwiesen, und dass sich der Haldenfuß über einer natürlichen Quelllinie befand. Aufgrund dieser Umstände entwickelte sich wahrscheinlich aus einer anfänglich lokalen Instabilität ein Schuttstrom, der große Teile des gesamten Hangs mit einbezog.

Ein völlig anderer Mechanismus liegt der *Verflüssigung (Liquifizierung)* sensitiver Tone *(Quick Clays)* zugrunde. Dabei handelt es sich um thixotrope Tone, die sich bereits nach geringen Erschütterungen gänzlich verflüssigen. Typisch sind durch tektonische Hebungen landfest gewordene junge marine Tone, deren Salzgehalt durch den Regen ausgewaschen wurde, was mit einer Abnahme der inneren Stabilität und einer Zunahme der Sensitivität einhergeht (Kapitel 6). Als Kriterium für die Beurteilung der Liquifizierbarkeit eines Tones dient daher die Sensitivitätszahl, die zum Beispiel mit der Flügelsonde bestimmt werden kann. Ab einer Sensitivitätszahl $S > 10$ werden Tone als hoch sensitiv bezeichnet. Eine der größten Bodenverflüssigungen wurde im Jahre

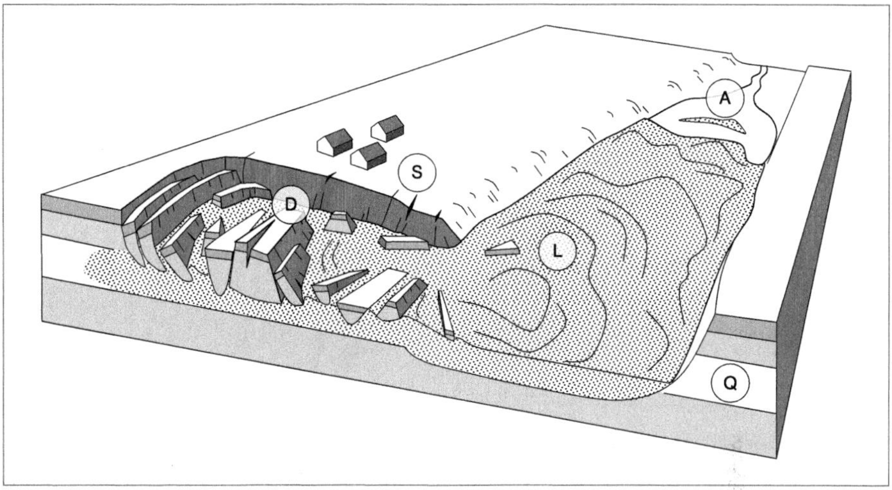


**Abb. 10.18** Schematische Darstellung einer Bodenliquifizierung in Quebec, Kanada (vereinfacht nach NRC 2007, aus Genske 2008). A aufgestauter Fluss, D driftende Erdschollen, L liquifizierter Boden, Q Quicktone, S Spalten.

1893 bei Vaerdalen nördlich von Trondheim (Norwegen) beobachtet. Etwa 55 Millionen $m^3$ eines sensitiven marinen Tons flossen innerhalb einer halben Stunde in das Vaerdalselven-Tal und bedeckten eine Fläche von 8.5 $km^2$. Ein temporärer See bildete sich am Talausgang, der 3.2 $km^2$ überschwemmte. Dabei wurden 22 Gehöfte zerstört und 111 Menschen getötet (Holmsen 1953). Auch in der kanadischen Provinz Quebec werden immer wieder Bodenliquifizierungen beobachtet (Abb. 10.18).

Schon Karl Terzaghi beschreibt das Phänomen der spontanen Bodenverflüssigung und zitiert einen Augenzeugen, der sogar auf einer in verflüssigtem Boden schwimmenden Erdscholle stand und über eine weite Distanz von ihr getragen wurde (Terzaghi 1950):

> ... The appearance of the stream was that of a huge, rapidly tumbling, and moving mass of moist clayey earth. ... At no time was it smooth looking, even flowing or very liquid. Although I rode in and on the mass for some time my clothes afterwards did not show any serious signs of moisture or mudstains ... as I was carried further down the gully away from the immediate effect of the rapid succession of collapsing slices near its head ... it became possible to make short scrambling dashes across its surface toward the solid ground at the side without sinking much over my ankles.

Im März 1964 verflüssigte ein Erdbeben die marinen Tone von Anchorage, USA (Abb. 10.19). Die über diesen Tonen liegenden steifen (nicht sensitiven) Tone glitten mit den darüber lagernden Sanden und Kiesen seewärts, wobei sie im Wesentlichen intakt blieben, da der obere Bodenbereich infolge des Permafrosts gefroren war. Obwohl sich Klüfte und Gräben auftaten, überstanden viele Gebäude das Erdbeben völlig unversehrt, jedoch um mehrere Meter verschoben und von allen Versorgungsleitungen getrennt.

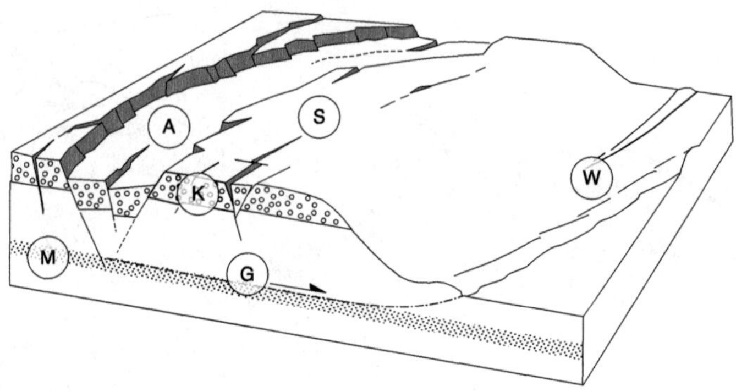


**Abb. 10.19** Seewärtiges Abgleiten gefrorener Bodenblöcke auf verflüssigten marinen Tonen in Anchorage, Alaska (nach Hansen 1965, aus Genske 2008). A Grabenbildung, G Gleitebene, K Kiese und Sande, M sensitive marine Tone (gefroren), S Spalten, W Stauchwall.

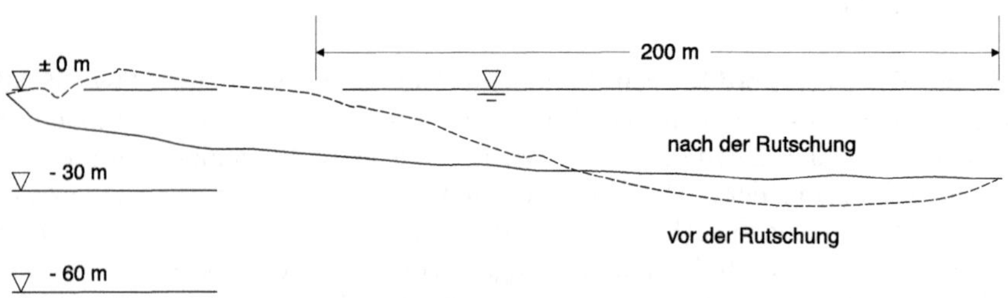


**Abb. 10.20** Fließsandbildung an der Küste Zeelands, Niederlande (nach Terzaghi 1967 und Müller 1898).

Wassergesättigte, locker gelagerte Sande können sich ebenfalls verflüssigen. Wie bei Quicktonen genügen bereits kleine Erschütterungen durch Erdbeben oder Baumaßnahmen oder auch eine plötzliche Änderung des Grundwasserspiegels, um eine Liquifizierung auszulösen. Während des Fließvorgangs sind die wirksamen Spannungen beinahe Null, so dass keine Reibungskräfte vom Korngerüst aufgenommen werden können. *Fließsande (quick sands)* wurden an verschiedenen Orten beobachtet, unter anderem bereits von Müller (1898) in Zeeland, Niederlande (Abb. 10.20), wo Springfluten immer wieder zur Liquifizierung von Küstenabschnitten führen.

### 10.2.6 Kriechen und Driften

Die allgemein als *Kriechen* bezeichnete plastische Deformation eines Hangs kann in vielen Boden- und Gebirgsarten auftreten. Die Bewegung findet kaum wahrnehmbar in einer Größenordnung von Millimetern pro Jahr bis zu Millimetern pro Tag statt und äußert sich an der Oberfläche zum Beispiel durch Schrägstellung von Zäunen und Masten, dem Sichelwuchs von Bäumen oder der Ausbildung eines hangparallelen Musters von Spalten und Wülsten, mitunter in Verbindung mit der Bildung von Feuchtgebieten.

Terzaghi (1950) unterschied zwischen dem „Mantelkriechen“ und dem „Massenkriechen“, also dem

- oberflächennahen Kriechen und dem
- tiefgründigen Kriechen.

Das oberflächennahe *Boden- und Schuttkriechen* wird durch Temperaturwechsel, Frostschub und Frosthebung, Quellen und Schrumpfen sowie durch Änderung der Konsistenz verursacht. In Permafrostgebieten und im Hochgebirge tritt *Solifluktion* auf (Matsuoka 2001, Troll 1944), eine Kriechbewegung der oberen, im Sommer aufgetauten Bodenschichten, die nicht in den gefrorenen, tieferen Boden entwässern können und somit wassergesättigt sind (Abb. 10.21). Bereits geringe Neigungen genügen, um Solifluktion auszulösen. Selbst in frostfreien Gebieten können Solifluktionsflächen fossil erhalten sein und dann hangparallele Gleitflächen bilden. Reicht die

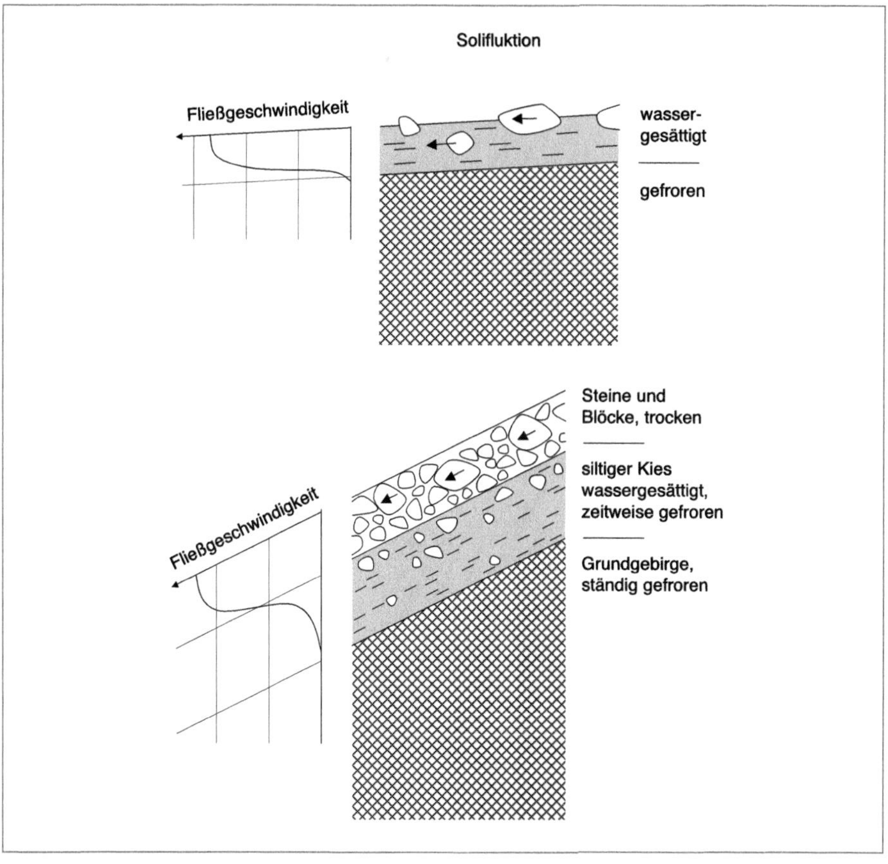


**Abb. 10.21** Solifluktion in Periglazialgebieten (oben), Schuttkriechen im Hochgebirge (schematisch nach Thalparpan et al. 2002, aus Genske 2008).

Abb. 10.22 Hakenschlagen an einer Böschung in Kapstadt, Südafrika (der Ausschnitt ist etwa 3 m hoch).

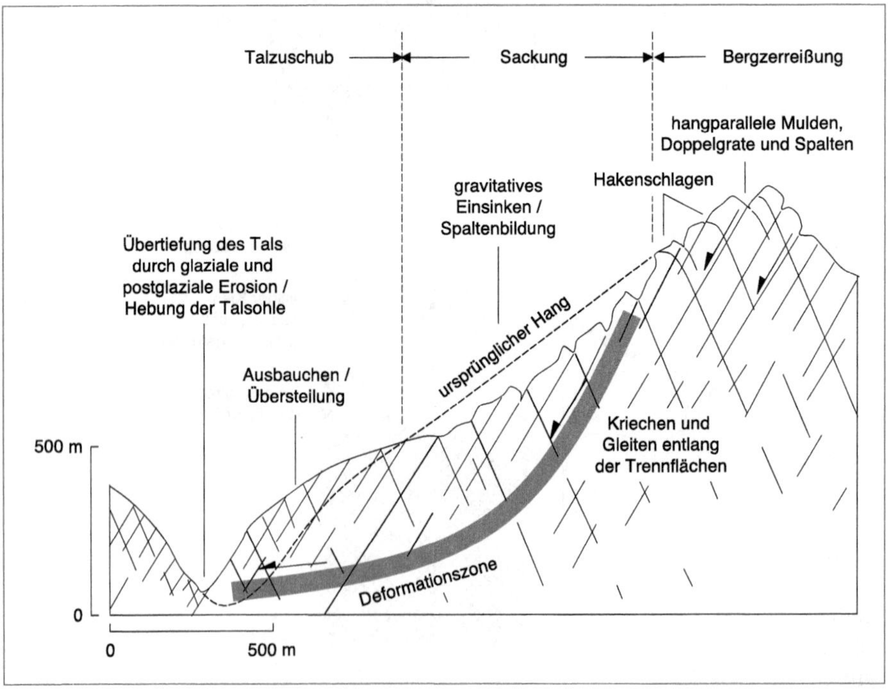


Abb. 10.23 Talzuschub, Sackung und Bergzerreißung (nach Weidner 2000, Weidner & Moser 2001, aus Genske 2008).

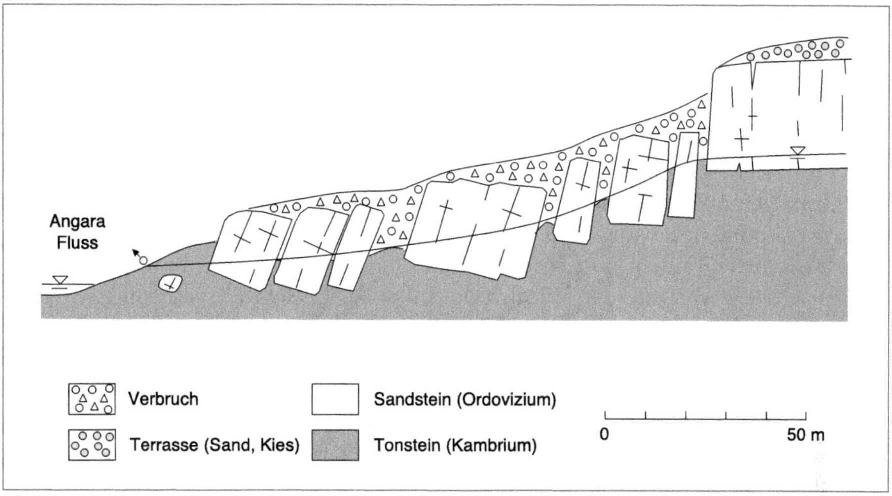


**Abb. 10.24** Driften von ordovizischen Sandsteinen auf kambrischen Tonsteinen am Angara Fluss in der Nähe des Bratsk-Dams, Sibirien (nach Zaruba & Mencl 1982 und Palshin & Trzhtsinskii 1964).

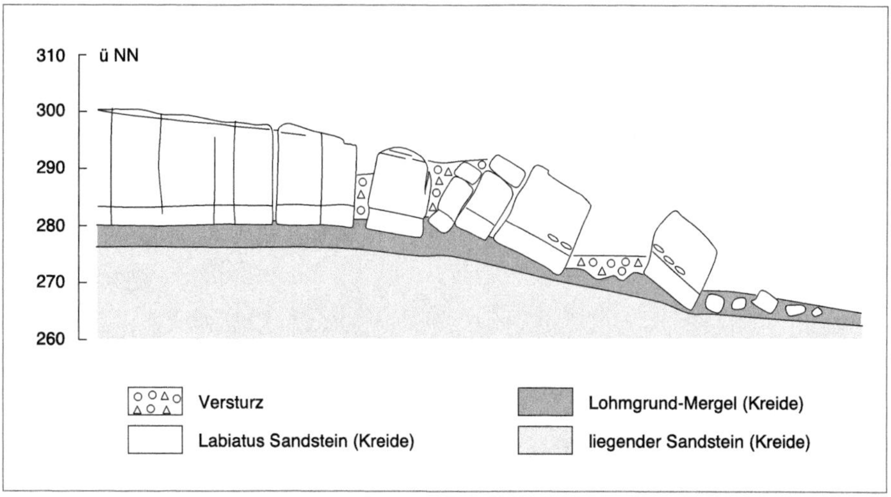


**Abb. 10.25** Driften einer kompetenten Sandsteinlage (Labiatus-Sandstein) auf nachgiebigem Lohmgrund-Mergel im Elbsandsteingebirge (nach Johnsen 1984).

Bewegung tiefer in den Untergrund, so dass auftauende Böden einem Gletscher gleich zu Tal kriechen, spricht man von *permafrost creep*.

Das schwerkraftbedingte Umbiegen von Schichtflächen im Hangbereich, mitunter gefördert durch Boden- und Schuttkriechen, wird als *Hakenschlagen* bezeichnet (Abb. 10.22). Bei der gefügekundlichen Aufnahme im Schurf führt dieser Effekt oft zur Fehleinschätzung des wahren Einfallens der Schichtung.

Eine großräumige Veränderung der Morphologie, etwa durch glaziale Überprägung, führt oft zu zeitverzögerten Deformationen. Nach Rückzug der alpinen Gletscher fiel die laterale Stabilisierung der Hänge weg. Es kommt sowohl zu Rutschungen als auch zu langsamen horizontalen Verformungen der Hänge, ein Vorgang, der auch als *Talzuschub* bezeichnet wird (Ampferer 1939, Stini 1941). Abbildung 10.23 veranschaulicht das Verformungsbild: Der ursprüngliche Hang sackt im mittleren Höhenbereich ein und baucht sich im Talbereich aus, so dass sich das Tal verengt. Dabei hebt sich die Talsohle, wogegen sich im Gipfelbereich Klüfte öffnen und Verwerfungen bilden. Im tieferen Hangbereich kann sich eine Deformationszone ausbilden. Diese Art der großräumigen Hangdeformation tritt insbesondere im alpinen Bereich auf, wurde aber auch in den Mittelgebirgen beobachtet.

Eine weitere Variante der Kriechverformung ist die schwerkraftbedingte, talseitige Bewegung kompetenter Gebirgsblöcke auf inkompetenten, weichen Schichten. So kommt es zum Beispiel zum plastischen Einsinken und Abgleiten *(Blockgleiten)* von massiven Sandsteinblöcken auf nachgiebigen Tonsteinen, insbesondere, wenn diese aufgrund der hangseitigen Durchfeuchtung ihre Konsistenz verändern. Auch das Blockgleiten von Basaltschichten auf weichen Tuffen wurde häufig beobachtet. Bei besonders nachgiebigen Lagen spricht man auch von einem *Driften* der kompetenten Lagen in inkompetenter (plastischer) Matrix. Die Abbildungen 10.24 und 10.25 zeigen Beispiele für das Driften kompetenter Schichtpakete.

### 10.2.7 Komplexe Hangbewegungen

In vielen Fällen überlagern sich verschiedene Formen von Hangbewegungen zeitlich und räumlich. Die Untersuchung der Ursache der Hangbewegung ist dann besonders schwierig, da der ursprüngliche Mechanismus erst aus der Fülle der im Rutschungsbe-

**Abb. 10.26** Die Bergsturzlandschaft von Flims und Reichenau-Domleschg in Graubünden (Schweiz).

reich dokumentierten geomorphologischen Spuren rekonstruiert werden muss. Selbst nach einer detaillierten Erkundung der geologischen Verhältnisse bleiben oft viele Fragen offen.

Vor 9000-10000 Jahren rutschten nach dem Rückzug der letzten eiszeitlichen Gletscher westlich des heutigen Flims (Kanton Graubünden, Schweiz) etwa 10 $km^3$ jurassischen Kalksteins in das Oberrheintal. Das Schichtpaket war vermutlich 800 m mächtig und verschüttete eine Fläche von 51 $km^2$. Die Schuttmassen versperrten den Talausgang, so dass sich ein bis zu 600 m tiefer See bildete, dessen Erstreckung noch heute anhand von Seetonen nachweisbar ist. Der Flimser Bergsturz ist einer der größten post-pleistozänen Hangbewegungen in Zentraleuropa. Nach der Hauptbewegung kam es immer wieder zu Rutschungen, Bergstürzen und Schuttströmen, so dass die Rekonstruktion des ursprünglichen Rutschungsablaufs bis heute noch nicht vollständig geklärt ist (Poschinger et al. 2006). Die Bergsturzlandschaft von Flims und Reichenau-Domleschg zeichnet sich heute durch Abrisskanten, helle Kalksteinaufschlüsse, kompakte Bergsturzmassen, chaotisch gelagerte Blöcke aus (Abb. 10.26). Die sich nach dem Bergsturz gebildeten Seen sind zum Teil über Karstsysteme untereinander verbunden. Die geologische Karte (Abb. 10.27) zeigt das Ausmaß des Bergsturzes, der den Vorderrhein zum Ilanzer See aufstaute. Nach einigen Jahren brach der Bergsturzdamm und eine gewaltige Flutwelle ergoss sich bis zum Bodensee. Dabei entstand das Ruinaulta-Tal, ein geomorphologisch bemerkenswertes Zeugnis des Ilanzer Ausbruchs.

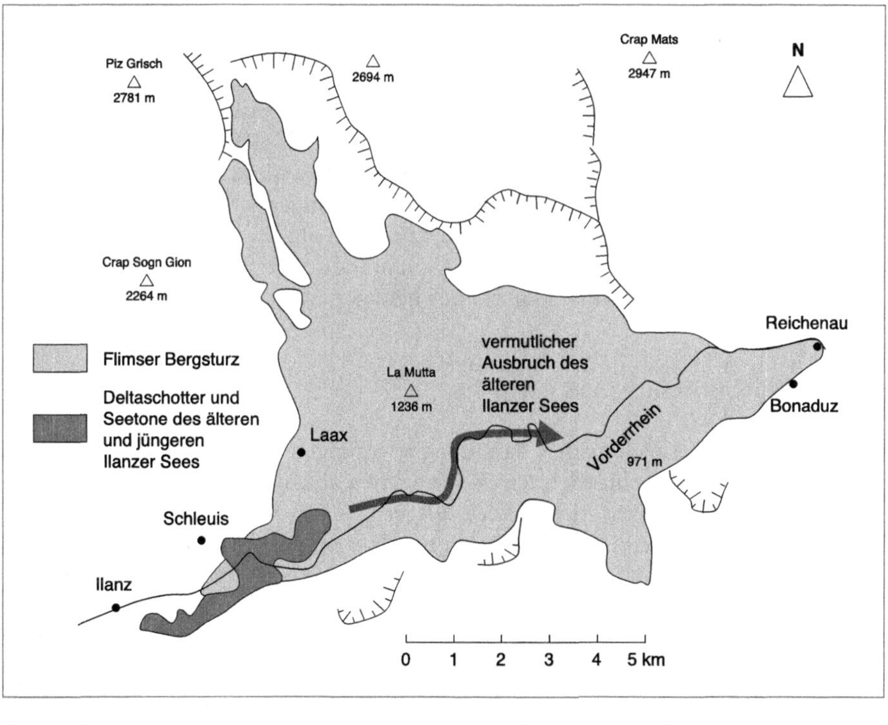


Abb. 10.27 Geologische Kartenskizze der Bergsturzlandschaft von Flims und Reichenau-Domleschg (vereinfacht nach W.K. Nabholz 1975, Bull. VSP 42/101).

### 10.2.8 Sekundäreffekte

Massenbewegungen verursachen enorme Schäden, die durch Sekundäreffekte noch erheblich größere Ausmaße annehmen können. Nach Evans (2006) fordern *Sekundäreffekte* zwei Drittel aller Opfer.

1786 ereignet sich in der chinesischen Provinz Sechuan ein Erdbeben, das eine große Anzahl von Erdrutschen auslöst. Der Dadu-Fluss wird durch Rutschmassen aufgestaut. Nach zehn Tage bricht der Bergsturzdamm. Bis 1400 km flussabwärts wird das Land überflutet, etwa 100000 Menschen kommen ums Leben (Li & Wang 1992). 1933 wird der Minjiang-Fluss nach dem Deixi-Erdbeben aufgestaut. Der 250 m hohe Bergsturzdamm bricht nach 45 Tagen (Li et al. 1986).

Als 1983 im US-Bundesstaat Utah eine Rutschung eine Bahnstrecke verschüttet und die Highway 89 begräbt, bildet sie einen Bergsturzdamm, der den Spanish Fork River aufstaut. Schließlich bricht dieser Damm und überflutet die Stadt Thistle. Mehr als 100 Millionen Dollar müssen aufgebracht werden, um Anwohner zu evakuieren und die zerstörte Infrastruktur wieder aufzubauen (University of Utah 1984).

Beispiele aus dem Himalaja zeigen, dass sich auch im Hochgebirge immer wieder Bergsturzdämme bilden (Richardson & Reynolds 2000). Allein im 19. Jahrhundert wurden zwei große Indus-Flutwellen durch das Brechen von Bergsturzdämmen ausgelöst (Mason 1929).

Hangbewegungen können auch katastrophale *Landslide-Tsumanis* auslösen. Am 21. Mai 1792 stürzt eine Flanke des Mayuyama-Bergmassivs (Kyushu, Japan) ins Meer. Sie verursacht einen über 22 m hohen Tsunami, der schwere Schäden in Musumi (Kumamoto-Präfektur) anrichtet (Tsuji & Hino 1993). Tsunamis können gerade in engen Buchten und Fjorden beachtliche Höhen erreichen und beträchtliche Schäden anrichten (Jorstad 1968, Evans et al. 2006).

Auch in Seen können Bergrutsche enorme Flutwellen auslösen. Im Hochgebirge sind Bergseen oft talseitig von Endmoränen begrenzt. Als 1941 in den peruanischen Anden die Front eines Gletschers in den Palcacocha-See stürzt löst sie eine Flutwelle aus, die den natürlichen Damm zerstört und als gewaltiger Schuttstrom auf die Stadt Huaraz stürzt. Dort richtet sie enorme Zerstörungen an. Etwa 5000 Menschen kommen bei der Katastrophe ums Leben. Der Klimawandel wird dazu beitragen, dass sich Katastrophen wie diese in der Zukunft noch häufiger ereignen werden.

### 10.2.9 Schadensursachen und Auslöser

Die angeführten Beispiele zeigen, dass Hangbewegungen auf verschiedene Weise ausgelöst und nach unterschiedlichsten Mechanismen ablaufen können. Ursächlich für eine Hangbewegung ist ein Auslöser oder *Trigger*.

Der *Trigger* löst einen Initialmechanismus aus, dem *Postfailure-Mechanismen* und *Sekundäreffekte* folgen können. So wurde im Fall des Bergsturzes von Elm 1881 zunächst das Gleichgewicht der Kräfte gestört, indem der Hang untergraben wurde. Es löste sich ein intakter Gebirgskörper aus dem Gebirgsverband (Initialmechanismus), der sich bei seiner Talfahrt in einen Schuttstrom wandelte (Postfailure-Mechanismus). Dieser Schuttstrom führte jedoch nicht zum Aufstau eines Flußlaufs (Sekundäreffekt), der noch eine weitere Katastrophe hätte auslösen können.

Bei der Untersuchung möglicher *Trigger* ist Wirkung des Bergwassers von zentraler

Bedeutung. Aus den Statistiken ist bekannt, dass es insbesondere nach lang anhaltenden Regenfällen und während der Schneeschmelze zu Hangbewegungen kommt. Aber auch die vom Menschen verursachte Manipulation des natürlichen Bergwasserspiegels kann zu katastrophalen Rutschungen führen, wie Heitfeld (1991) am Beispiel der Vajont Talsperre in den italienischen Alpen eindrücklich beschreibt (siehe auch Broili 1967, Ghirotti M, Semenza E 2006, Helmstetter et al. 2004, Müller 1964, Petley & Petley 2006):

„Hierbei handelt es sich um eine ... Bogenstaumauer, die 1960 fertiggestellt wurde. Die Sperre ist auf eine Wechselfolge kalkiger und toniger Lockergesteine der Dogger-Malm Formation gegründet (Abb. 10.28). An den Stauraumhängen treten noch kretazische Gesteinsserien hinzu. ... Während des 1. Aufstaus bemerkte man (Okt. 1960), dass sich am linken Hangbereich eine Felsmasse von ca. 700000 $m^3$ mit einer Geschwindigkeit von 4 cm/Tag bewegte (Abb. 10.29). ... Der Stauspiegel wurde abgesenkt und nach einigen Wochen stellte man keine Kriechbewegungen mehr fest. Im Jahre 1962 wurde der Stauspiegel, nach dem Bau eines Sicherungsstollens um die Rutschzone, erneut angehoben. Am Hang setzten wieder Kriechbewegungen von 0.2 cm/Tag ein, die sich bei weiterem Aufstau auf ca. 1.5 cm/Tag erhöhten. Der Stauspiegel wurde abermals gesenkt und nach 4 Monaten waren keine Hangbewegungen mehr messbar. Im Sommer 1963 erhöhte man den Stauspiegel bis 50 m unterhalb der Krone. Gleichzeitig setzte das Hangkriechen wieder ein; zunächst mit 1 cm/Tag. Eine Absenkung des Wasserspiegels konnte die Hangbewegung nicht mehr zum Stillstand bringen. Die Geschwindigkeit stieg auf 20 cm/Tag am Tag vor der Katastrophe an. Im Oktober 1963 rutschten dann plötzlich 250 Mio. $m^3$ Gestein vom Hang des Monte Toc mit einer vermutlichen (rückgerechneten) Geschwindigkeit von 25 m/s in das Staubecken (Abb. 10.30). Durch die Rutschung wurden 40 Mio. $m^3$ Wasser aus dem Staubecken über die Sperrkrone gedrückt und ergossen sich in das Piave-Tal. Die Stadt Longarone und 3 andere Orte wurden vollständig zerstört. ... Mehr als 2000 Menschen kamen ums Leben ..." (Heitfeld 1991)

Dieses Beispiel und die Beispiele aus den vorhergehenden Abschnitten zeigen, dass Hangbewegungen auf verschiedene Weise ausgelöst und nach unterschiedlichen Mechanismen ablaufen können. Als wichtigste *Trigger* lassen sich resümieren:

- Die Veränderung der hydraulischen Verhältnisse in der Böschung, ausgelöst durch heftige Regenfälle oder eine Veränderung des Bergwasserspiegels. Mit dem Anstieg des Poren- und Kluftwasserdrucks reduzieren sich die effektiven Spannungen und die Scherfestigkeit potenzieller Gleitflächen nimmt ab.
- Die Reduktion der Festigkeit des Gebirges infolge Verwitterung oder Durchfeuchtung.
- Der Eingriff in die Geometrie der Böschung, zum Beispiel infolge der Erosion des Hangfußes oder anthropogener Einflüsse wie dem Abbau von Rohstoffen oder dem Anschnitt des Hangs im Zuge von Baumaßnahmen.
- Dynamische Einwirkungen in Form von Erdbeben oder Sprengungen.
- Die Belastung der Böschungskrone durch Bauwerke und Aufschüttungen.
- Drücke aus der Expansion quellfähiger Mineralien, Eisdrücke etc.

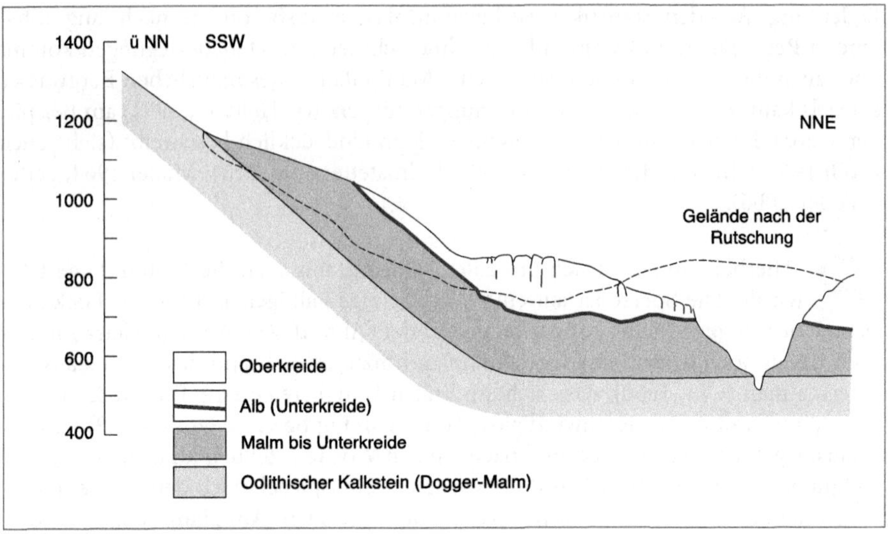


**Abb. 10.28** Rekonstruierter geologischer Schnitt durch das Vajont-Tal (nach Broili 1967).

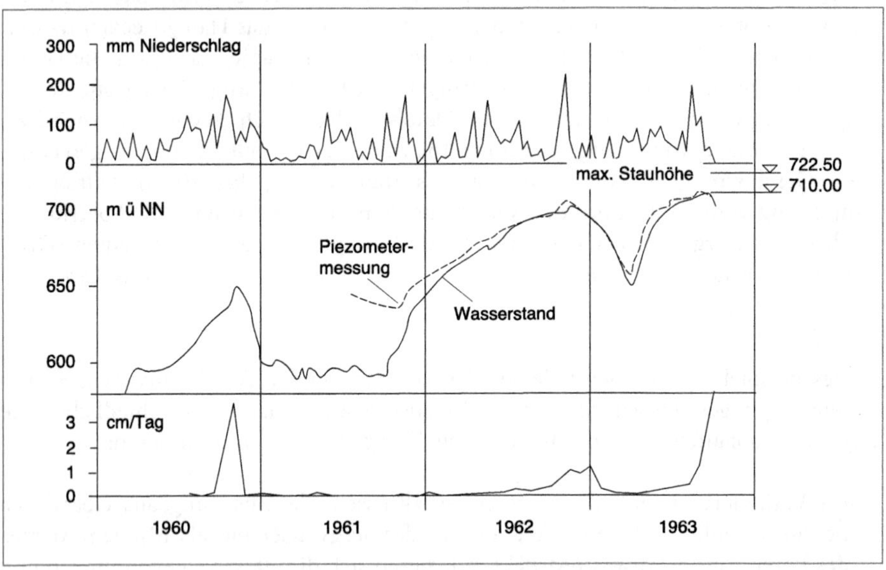


**Abb. 10.29** Diagramm der Niederschläge, des Stauwasserspiegels, der Verschiebegeschwindigkeiten der Kontrollpunkte und des Wasserstandes in den Piezometern (Müller 1964).

Abb. 10.30 Das Staubecken vor und nach der Katastrophe (Postkarten, Quelle unbekannt).

In Tabelle 10.2 sind einige bedeutende Handbewegungen aufgelistet. Neben dem Jahr des Ereignisses sind der Ort, der möglicher *Trigger*, das vermutete Volumen und die Anzahl der Todesopfer dargestellt. Weiterhin sind Sekundäreffekte beschrieben, die sich ereignet haben, nachdem ein *Trigger* den Initialmechanismus ausgelöst hat.

**Tabelle 10.2** Beispiele von Hangbewegungen von katastrophalen Ausmaßen[1].

| Jahr | Ort | Land | Mögliche Trigger | Volumen (Mio $m^3$) | Todes-opfer | Kommentar |
|---|---|---|---|---|---|---|
| 1191 | Plaine d'Oisans, Isère | Frankreich | ? | ? | <1000 | 1191 sperrt eine Rutschung das Tal ab und staut den Romanche-Fluss auf. Der sich bildende See bricht 1219 aus und führt zur „Déluge de Grenoble" (zur Flut von Grenoble). |
| 1348 | Dobratsch, Kärnten | Österreich | Evtl. Erdbeben | 150 | ? | Vermutlich verursacht ein Erdbeben am 25.01.1348 den Dobratsch-Bergsturz, der das Gailtal zum Teil verschüttet und einen Rückstau verursacht. |
| 1512 | Valle di Blenio, Biasca, Tessin | Schweiz | ? | ? | >100 | Der Schuttkörper bildet einen Damm, der einen See aufstaut. 1515 bricht dieser Damm und verwüstet das Tal des Ticino bis zum Lago Maggiore. |
| 1772 | Pa-panday-an, Java | Indone-sien | Vulkan-ausbruch | ? | ? | Ein Lahar verursacht große Schäden. |
| 1786 | Kangding-Lou-ding, Sechuan | China | Erdbeben | ? | 100000 | Ein Bergsturzdamm staut den Dadu-Fluss, der wenige Tage später bricht. Die Flut verursacht noch 1400 km stromabwärts enorme Zerstörungen. |
| 1792 | Vulkan Unendake | Japan | Vulkanaus-bruch | ? | 10000 | Ein Lahar verursacht große Schäden. |
| 1806 | Goldau, Kanton Schwyz | Schweiz | Regen | 40 | 457 | Der Bergsturz verschüttet mehrere Ortschaften, Flut-wellen entstehen. Augen-zeugen berichten detailliert den Ablauf. Im Bergsturz-museum von Goldau sind Dokumente und Artefakte ausgestellt. |

| Jahr | Ort | Land | Mögliche Trigger | Volumen (Mio $m^3$) | Todes-opfer | Kommentar |
|---|---|---|---|---|---|---|
| 1845 | Vulkan Nevada del Ruiz | Kolumbien | Vulkanausbruch | ? | 1000 | Ein Lahar verursacht große Schäden. |
| 1881 | Elm, Kanton Glarus | Schweiz | Bergbau | 11 | 116 | Der Bergsturz wird durch improvisierten Schieferabbau ausgelöst, der den Hang unterhöhlte. |
| 1903 | Frank, Alberta | Kanada | Regen, Bergbau | 30 | 70 | Eine massive Kalksteinschicht gleitet innerhalb von etwa 100 Sekunden zu Tal und bedeckt eine Fläche von etwa 3 $km^2$. |
| 1911 | Usoi | Republik Tadschikistan | Erdbeben (M=7.4) | 2200 | 54 | Nur wenige Opfer, da kaum besiedelt. Ein Damm aus Versturzmaterial entsteht, der einen 75 km langen See und einen zweiten, kleineren aufstaut. |
| 1920 | Kansu, Ningxia, Haiyuan | China | Erdbeben (M=8.5) | ? | 200000 | Es kommt zu 675 großen Loess-Rutschungen, Ortschaften werden verschüttet, über 40 Seen entstehen. |
| 1921 | Alma-Ata | Republik Kasachstan | Schneeschmelze | ? | 500 | Ein Schuttstrom ergießt sich in das Tal des Alma-Atinka Flusses. |
| 1939 | Mount Rokko, Hyogo | Japan | Regen | ? | 505 | Die Rutschungen und Schlammströme am Mount Rokko werden durch einen Taifun ausgelöst. |
| 1941 | Huaraz | Peru | Eisabbruch | 4 | 4000-6000 | In einem Hochgebirgssee löst ein Gletscherabbruch eine Flutwelle aus, die zum Bruch eines Moränenwalls führt. Der daraus resultierende Schuttstrom zerstört einen Teil der Stadt Huaraz. |
| 1953 | Tangiwai | Neuseeland | Lahar | ? | 151 | An den Hängen des Ruapehu-Vulkans bildet sich ein Lahar, der eine Eisenbahnbrücke zerstört, nur Minuten bevor ein Zug eintrifft. |

| Jahr | Ort | Land | Mögliche Trigger | Volumen (Mio $m^3$) | Todes-opfer | Kommentar |
|---|---|---|---|---|---|---|
| 1962 | Nevados, Huascaran, Ancash | Peru | ? | 13 | 4000-5000 | Der größte Teil der Ortschaft Ranrahirca wird von dem Schuttstrom zerstört, der eine Geschwindigkeit von 170 km/h erreicht. |
| 1963 | Vajont-Talsperre, | Italien | Regen | 292 | 2500 | Die Rutschung in das Staubecken des Vajont-Staudamms löst eine Flutwelle aus, die sich in das Piave-Tal ergießt und u.a. das Dorf Longarone zerstört. |
| 1964 | Anchorage, Alaska | USA | Erdbeben (M=9.4) | ? | ? | Rutschungen ereignen sich in Anchorage, Valdez, Whittier und Seward, zum Teil auf liquifizierten Bodenschichten. Die Schäden werden mit 280 Mio. US $ (1964 $) abgeschätzt. |
| 1966 | Aberfan, Wales | England | Regen | ? | 144 | Ein Schuttstrom fließt von einer Bergehalde des Steinkohlebergbaus in die Stadt Aberfan und zerstört viele Gebäude, darunter eine Schule. |
| 1970 | Nevados, Huascaran, Ancash | Peru | Erdbeben (M=7.7) | 30-50 | 18000 | Wie 1962 entwickelt sich ein Schuttstrom. Er erreicht eine Geschwindigkeit von 280 km/Std. und zerstört die Stadt Yungay und teilweise die Stadt Ranrahirca. |
| 1980 | Mount St. Helens, Washington | USA | Vulkanausbruch | 2800 | 05.10.14 | Die Massenbewegung beginnt als Felsrutschung und wird zu einem 23 km langen Schuttstrom (Durchschnittsgeschwindigkeit 125 km/Std). Da das Gebiet rechtzeitig evakuiert wird, gibt es nur wenige Opfer. Die Schäden an Bauwerken und Fernstraßen sind dagegen beträchtlich. |
| 1983 | Thistle, Utah | USA | Regen, Schneeschmelze | 21 | 0 | Die Rutschung zerstört Straßen und Bahnlinien und bildet einen Damm, der den Spanish Fork-River aufstaut. Dadurch wird die Stadt Thistle überflutet. Die direkten und indirekten Schäden betragen etwa 500 Mio. Euro. |

| Jahr | Ort | Land | Mögliche Trigger | Volumen (Mio m³) | Todes-opfer | Kommentar |
|---|---|---|---|---|---|---|
| 1991 | Randa, Kanton Wallis | Schweiz | Schneeschmelze | 31 | ? | Nach dem Versagen einer Gebirgspartie von 22 Mio. m3 folgt etwa 3 Wochen später ein zweiter Felssturz von 9 Mio. m3. Gebäude werden verschüttet, ein Bach wird aufgestaut. Das Gebirge ist noch nicht zur Ruhe gekommen. |
| 1999 | Vargas | Vene-zuela | Regen | ? | 30000 | Am 15.12.1999 werden mehrere Dörfer verschüttet. 400000 Menschen werden obdachlos. |
| 2000 | Bombay | Indien | Regen | ? | 250 | Regen löst eine Schlammlawine aus, die ein Armenviertel verschüttet. |

[1] Vollständige Tabelle mit Literaturangaben siehe Genske (2008)

## 10.3 Methoden und Nachweise

### 10.3.1 Kinematische und mechanische Bedingung

Damit es zu einer Hangbewegung – zur „Talfahrt", wie Abele 1974 schreibt – kommt, müssen zwei Bedingungen erfüllt sein:

- Zum einen muss sich ein Bewegungsmechanismus ausbilden können (kinematische Bedingung).
- Zum anderen muss ein *Trigger* das Gleichgewicht der Kräfte stören (mechanische Bedingung).

Mögliche Bewegungsmechanismen werden im Rahmen der ingenieurgeologischen Aufnahme erfasst. Der eigentliche *Trigger* wird über eine Gleichgewichtsbetrachtung hergeleitet: Es wird der potenzielle Bewegungskörper im Eulerschen Sinne freigeschnitten und somit ein kinematisch kompatibler Mechanismus definiert, auf dem Kräfte einwirken. Dabei sind nicht nur die im Normalfall wirkenden Kräfte zu berücksichtigen, sondern auch selten auftretende Beanspruchungen, zum Beispiel ein Jahrhundertregen oder ein Erdbeben oder andere mögliche *Trigger*. Im Grenzzustand schließt sich das Stevinsche Krafteck (Kapitel 3). Wird der Grenzzustand überschritten, versagt das System, mit allen Konsequenzen für Leib und Leben, Umwelt und Kosten.

Beim Nachweis der Standsicherheit ist auf der Grundlage eines mechanisch plausiblen Modells nachzuweisen, dass die Wahrscheinlichkeit des Versagens klein ist. Wie klein, hängt von den Konsequenzen ab, die ein Versagen mit sich brächte. Um den

Standsicherheitsnachweis zu führen, werden die haltenden Kräfte mit Sicherheitsfaktoren verkleinert und die treibenden Kräfte mit Sicherheitsfaktoren vergrößert. Diese Sicherheitsfaktoren wurden für eine Reihe von Versagensmodellen auf der Grundlage des probabilistischen Sicherheitskonzepts (Anhang) hergeleitet und sind in den einschlägigen Normenwerken angegeben.

Im Folgenden wird die grundsätzliche Vorgehensweise beim Nachweis der Standsicherheit von Böschungen in Böden und im Gebirge vorgestellt. Auf die Präsentation von Normen und Regelwerken, von Lösungsvorgaben und Programmpaketen wird dabei verzichtet, da zuerst immer der für das Versagen ursächliche Mechanismus verstanden werden muss. Darüber hinaus zeigt die Praxis, dass der Sonderfall, für den es keine vorprogrammierten Lösungen gibt, der eigentliche Regelfall ist.

### 10.3.2 Boden

#### Ebenes Gleiten

In einem homogenen und isotropen, nicht bindigen Boden können sich Gleitflächen frei ausbilden. Die einfachste Form ist die hangparallele, ebene Gleitfläche. An einem aus einer trockenen Böschung freigeschnittenen Bodenelement wirken die Erddrücke $E_1$ und $E_2$ an den vertikalen Schnittflächen, die Reibungskraft $Q$ an der Gleitfläche und das Gewicht $G$ des Bodenelements (Abb. 10.31). Die Böschung hat die Neigung $\beta$. Aus dem Krafteck folgt, dass sich der Grenzzustand einstellt, sobald

$$\beta = \varphi$$

Somit gilt, dass die maximale Böschungsneigung eines trockenen, nicht bindigen Bodens dem Reibungswinkel $\varphi$ entspricht.

Wird eine solche Böschung vollkommen durchströmt, sind Auftriebs- und Strömungskräfte zu berücksichtigen (Abb. 10.32). Auch die Strömungskraft lässt sich

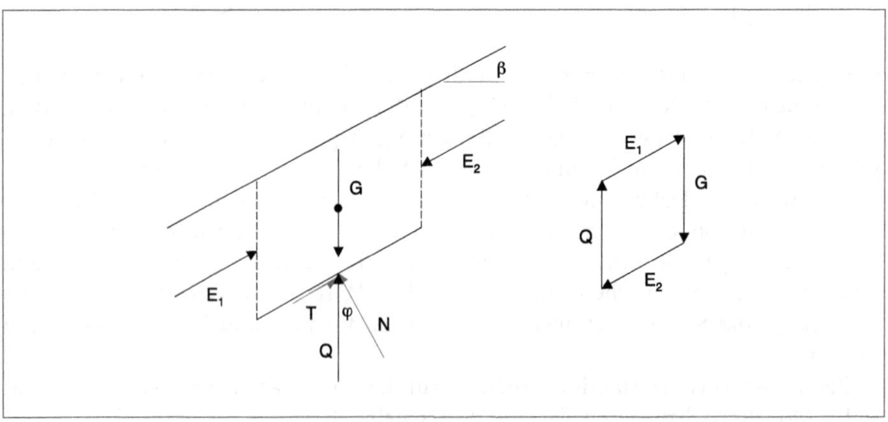


**Abb. 10.31** Unbegrenzte Böschung im nicht bindigen Boden, Krafteck.

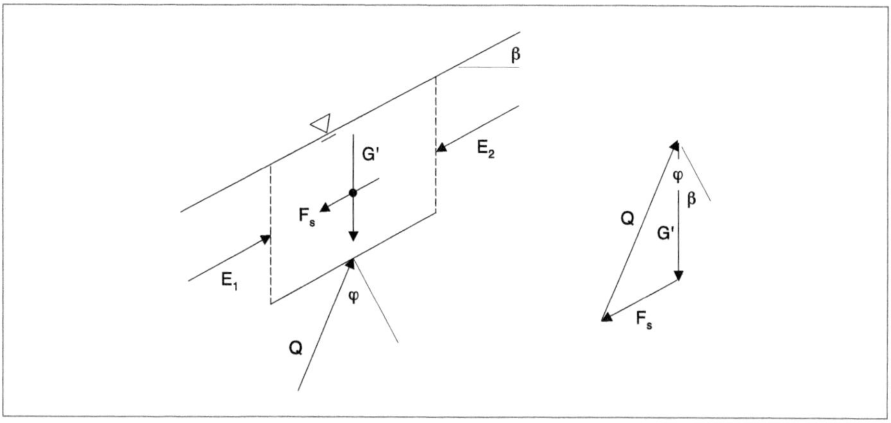


Abb. 10.32 Vollständig durchströmte unbegrenzte Böschung im nicht bindigen Boden, Krafteck.

durch Freischneiden herleiten. Für die spezifische, auf das durchströmte Volumen zu beziehende Strömungskraft folgt

$$f_s = i\gamma_w = \gamma_w \sin\beta$$

mit $\gamma_w$ als Wichte des Wassers und $i$ als hydraulischer Gradient, der sich aus der Böschungsneigung ergibt. Aus dem Gleichgewicht der böschungsparallelen Kräfte folgt für die vollständig durchströmte Böschung

$$\tan\beta = \tan\varphi'\left(1 - \frac{\gamma_w}{\gamma_r}\right)$$

mit $\gamma_r$ als Wichte des gesättigten Bodens und $\varphi$' als wirksamen Reibungswinkel. Für die nur teilweise durchströmte Böschung (Abb. 10.33) lässt sich der Grenzzustand in gleicher Weise herleiten. Es gilt

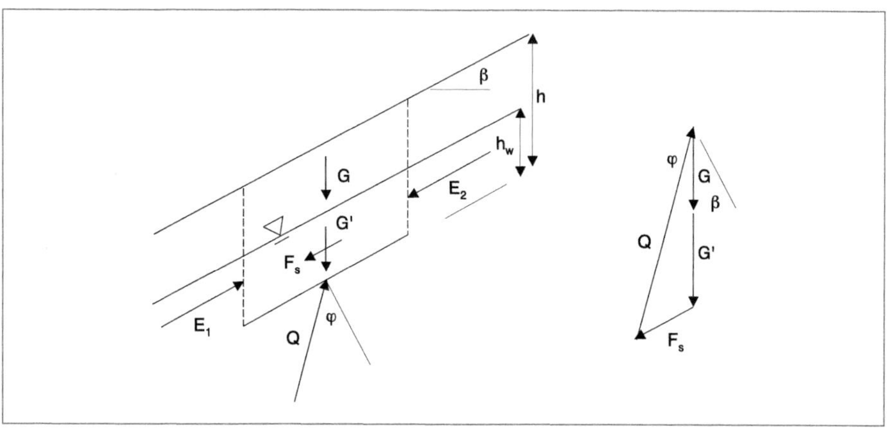


Abb. 10.33 Teilweise durchströmte unbegrenzte Böschung im nicht bindigen Boden, Krafteck.

$$\tan\beta \cong \tan\varphi'\left(1-\frac{\gamma_w}{\gamma_r}\frac{h_w}{h}\right)$$

mit $h_w$ als Wasserhöhe und $h$ als Höhe der Schicht im Grenzzustand (z. B. Gudehus 1981). Mit abnehmender Mächtigkeit des durchströmten Anteils nimmt die Böschungsneigung im Grenzzustand zu und somit auch die zulässige Böschungsneigung. Demnach lässt sich durch Drainage eine

Für bindige Böden gilt nach der Kräftebilanz entlang der Gleitebene (z. B. Chowdhury 1987)

$$\tan\beta \cong \tan\varphi'\left(1-\frac{\gamma_w}{\gamma_r}\frac{h_w}{h}\right)+\frac{c'}{h\gamma_r}\frac{1}{\cos^2\beta}$$

In bindigen Böden verändert die Wassersättigung die Konsistenz und somit die Scherparameter des Erdstoffs. Praktisch bedeutet dies, dass mit der Wassersättigung Reibungswinkel und Kohäsion schwinden und somit die Standsicherheit der Böschung abnimmt. Böschungsbereiche, die aufgrund der Geometrie oder geologischer Inhomogenitäten durchfeuchtet werden, können lokal versagen und mitunter komplexe Versagensmechanismen auslösen.

### Rotieren

Böschungsbereiche können auf kreisförmigen Gleitflächen aus dem Hang herausrotieren (Abb. 10.34). In homogenen Böden mit Reibung und Kohäsion bilden sich diese Rotationsflächen frei aus. Eine plausible Annahme ist, dass der Gleitkreis durch den

**Abb. 10.34** Rotationsgleitung bei Medellin, Kolumbien (Foto: Michael Lepique).

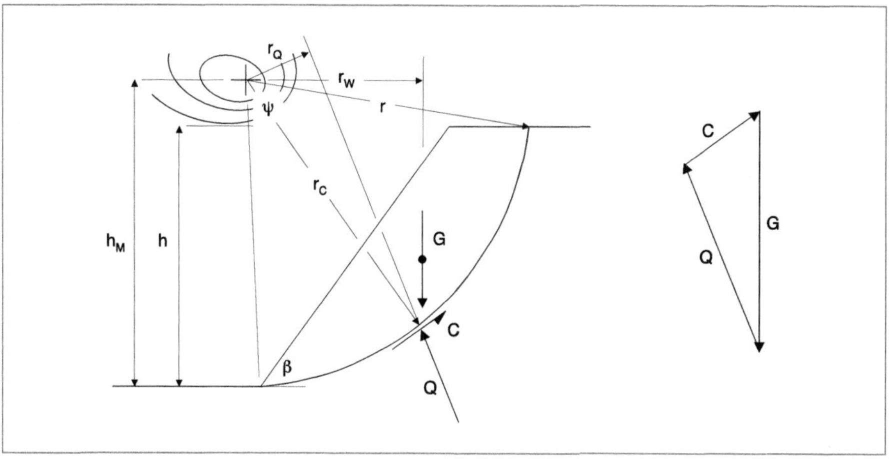


**Abb. 10.35** Rotationskörper, Ansatz der Kräfte und Krafteck, resultierende Kohäsionskraft C, resultierende Reibungskraft T, Linien gleicher Sicherheit (nach Gudehus 1981).

Böschungsfuß geht, womit ein Zwangspunkt definiert ist. An einem freigeschnitten Rotationskörper wirken neben dem Eigengewicht der stabilisierende Reibungswiderstand und die Kohäsion entlang der Gleitfläche (Abb. 10.35). Die in der Gleitebene wirkenden differenziellen Kohäsionskräfte bilden durch Vektoraddition die Resultierende (Gudehus 1981)

$$C = 2rc\sin(\psi/2)$$

mit $\psi$ als Öffnungswinkel und $r$ als Radius des Gleitkreises. Aus der Summe der Einzelmomente folgt das resultierende Moment für die Kohäsion

$$M_c = \int rc\,dl = \int rcr\,d\psi = cr^2\psi = r_c C$$

so dass gilt

$$r_c = \frac{r\psi}{2\sin(\psi/2)}$$

mit $\psi$ in Bogenmaß. Die Resultierende der Reibungskräfte entlang der Rotationsfläche $Q$ ist schwieriger zu bestimmen, da die Normalspannungen zur Aktivierung der Reibung nicht gleichmäßig verteilt sind. Nach Krey (1926) darf davon ausgegangen werden, das der Hebelarm mit

$$r_Q \cong r\sin\varphi$$

ausreichend genau abgeschätzt wird. Da bereits die Richtung von $Q$ für die Konstruktion des Kraftecks ausreicht, ist die Bestimmung des Betrags nicht nötig. Der Gewichtsvektor $G$ geht durch den Schwerpunkt des Rotationskörpers und schneidet die resultierende Kohäsionskraft $C$ in einem Punkt, durch den auch $Q$ gehen muss, um den Grenzzustand zu definieren. Für jeden Mittelpunkt des Rotationskreises lässt sich

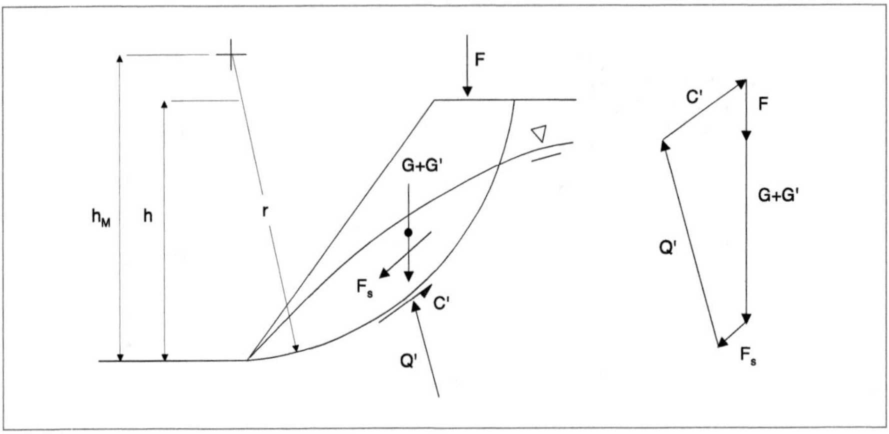


**Abb. 10.36** Körper mit Strömungskraft und Auflast, Ansatz der Kräfte und Krafteck, resultierende Kohäsionskraft C, resultierende Reibungskraft T, Linien gleicher Sicherheit (nach Gudehus 1981).

ein Krafteck zeichnen. Die sich daraus ergebende erforderliche Kohäsion wird mit der tatsächlich vorliegenden Kohäsion verglichen, um ein partielles, auf $c$ bezogenes Sicherheitsmaß zu definieren. Bei vorgegebener Kohäsion ergibt sich der erforderliche Reibungswinkel geometrisch aus dem Krafteck und dem Hebelarm $r_Q$, so dass sich ebenfalls ein partielles, auf $\varphi$ bezogenes Sicherheitsmaß herleiten lässt. Mit der Variation des Mittelpunktes des Gleitkreises variiert das Sicherheitsmaß. Daraus lassen sich Linien gleicher Sicherheit konstruieren, die ein Sicherheitsminimum anzeigen, das nach dem *Prinzip der kleinsten Sicherheit* den Grenzzustand definiert.

Bei einer durchströmten Böschung (Abb. 10.36) ist zusätzlich die Strömungskraft $F_s$ zu berücksichtigen. Sie ergibt sich aus der mittleren Neigung des Wasserspiegels zu

$$F_s \cong \gamma_W \sin\overline{\beta}\, V$$

mit $V$ als durchströmtes Volumen des Rotationskörpers. Auch weitere Kräfte, zum Beispiel Auflasten oder Erdbebenbeanspruchungen, können im Krafteck und somit für die Bestimmung der Standsicherheit berücksichtigt werden.

Die Berechnung lässt sich verfeinern, indem der Rotationskörper in vertikale Lamellen unterteilt wird (z. B. Krey 1926, Bishop 1955, Janbu 1954, Morgenstern & Price 1965, Spencer 1973). Für die freigeschnittenen Lamellen werden Kraftecke konstruiert. Die resultierenden Kontaktkräfte werden von Lamelle zu Lamelle weitergegeben. Computerprogramme erleichtern die Standsicherheitsermittlung mit dem Lamellenverfahren. Trotzdem ist es unerlässlich, sich zunächst einen Eindruck von der zu erwartenden Lösung mit einer überschläglichen Berechnung zu verschaffen. Nur so kann man das Ergebnis der computergestützten Auswertung kritisch beurteilen.

## Teilkörper

Mit den am freigeschnittenen Gleitkörper wirkenden Kräften lassen sich Kraftecke für jede Geometrie und Belastungssituation konstruieren und Grenzzustände nachwei-

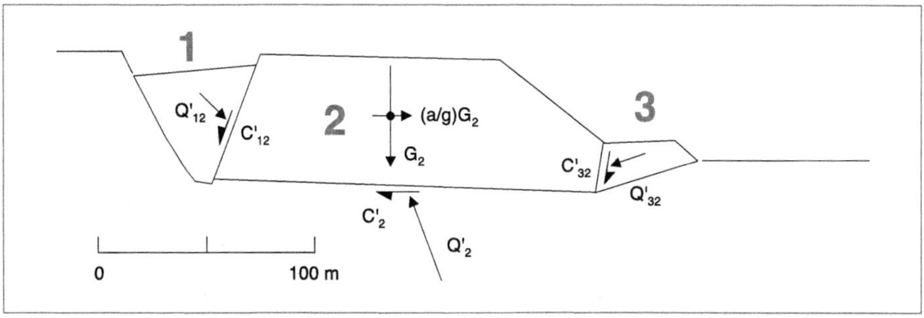


**Abb. 10.37** Aus drei Teilkörpern (1, 2, 3) zusammengesetzter, translativer Gleitkörper, ausgelöst durch das Alaska-Erdbeben 1964. Kräfteansatz für Teilkörper 2 (g = Gravitation, a = horizontale Erdbebenbeschleunigung, ergänzt nach Hansen 1965).

sen. Bei einer einzelnen, ebenen Gleitfläche ist die Herleitung einfach. Eine Böschung kann jedoch auch aus zwei oder mehr Teilkörpern bestehen, die sich gegeneinander verschieben und so ein Versagen der Böschung auslösen. In homogenen Böden können sich alle an der Bewegung beteiligten Gleitflächen frei ausbilden, was zu einem komplexen Optimierungsproblem führt. Sind jedoch im Boden bereits Gleitflächen vorgegeben, zum Beispiel durch eine Tonschicht, dann reduziert sich die Komplexität der Optimierung.

Abbildung 10.37 greift das Beispiel einer Rutschung auf, die 1964 durch das Alaska-Erdbeben ausgelöst wurde. Drei Teilkörper bewegen sich kinematisch verträglich talabwärts. Für jeden Teilkörper lässt sich ein Krafteck herleiten. Die Kontaktkräfte werden von Teilkörper zu Teilkörper übergeben. Dargestellt sind die am Teilkörper 2 wirksamen Kräfte.

Die Modellierung eines Versagensmechanismus mit Teilkörpern und dessen Optimierung mit dem Prinzip der kleinsten Sicherheit wird auch als *Kinematische Element-Methode (KEM)* bezeichnet und geht auf Überlegungen von Gudehus (1972), Goldscheider (1979) und Gußmann (1982, 1986) zurück. Sie kommt im Vergleich zur Methode der Finiten Elemente (FEM) mit wenigen Teilkörpern aus und ist somit weniger fehleranfällig. Kinematische Element-Modelle sind *per definitionem* kinematisch verträglich. Sie können speziell an die vorliegenden geologischen Besonderheiten angepasst werden und bieten somit die bei komplizierten Problemen gebotene Flexibilität und Transparenz.

### 10.3.3 Gebirge

#### Ebenes Gleiten

Im Gegensatz zum Boden kann sich im Gebirge eine Gleitfuge nicht frei ausbilden. Sie ist durch das Trennflächengefüge vorgegeben.

Der einfachste Versagensmechanismus ist das *ebene Gleiten* (Abb. 10.38), das stattfindet, sobald

**Abb. 10.38** Potenzielles ebenes Gleitproblem am Inwangsan Shamanist Hillside Walk (Seoul, Korea, oben), ebenes Gleiten in der Nähe von Neuchâtel.

- die potenzielle Gleitfläche flacher als die Böschung einfällt (kinematische Bedingung) und
- die Reibungswiderstände entlang der Gleitfläche überwunden werden (mechanische Bedingung).

Als Gleitfläche kann eine Trennfläche aus einer statistisch definierten Trennflächenschar oder auch eine einzelne Störung dienen. Im Schmidtschen Netz ist dieser Versagensmechanismus eindeutig erkennbar: der Großkreis der potenziellen Gleitfläche fällt flacher ein als der Großkreis der Böschung (Abb. 10.39). Bei diesem Trennflächenmuster ist davon auszugehen, dass ein Gleitkörper aus der Böschung gleitet, sobald der Grenzzustand überschritten wird. Aus dem Krafteck folgt (Abb. 10.40), dass in einer trockenen Böschung ebenes Gleiten stattfindet, sobald die als Gleitfläche dienende Trennfläche steiler geneigt ist als der maximal aktivierbare Reibungswinkel, der dem mobilisierten Gesamtreibungswinkel $\varphi_m$ entspricht (Kapitel 7)

$$\vartheta > \varphi = \varphi_m$$

Falls der Durchtrennungsgrad entlang der Gleitfuge $d < 1$ beträgt, bauen Gesteinsbrücken in der Gleitfläche eine wesentlich höhere Scherfestigkeit auf. Das Versagen eines solchen Systems ist charakterisiert durch das progressive Ausfallen einzelner Gesteinsbrücken und die Konzentration der Scherspannungen auf den verbleibenden intakten Rest, der schließlich plötzlich abschert. Die Abschätzung des Anteils von Gesteinsbrücken ist jedoch nur statistisch möglich und die Prognose eines progressiven Versagens ist schwierig. Mithin ist es in solchen Fällen nur möglich zu konstatieren, dass ein Versagen entlang einer Gleitfuge kinematisch möglich ist.

Wie bereits dargestellt, häufen sich Rutschungen nach Niederschlägen. Während der Niederschläge füllen sich die Gebirgsfugen mit Wasser und üben einen Kluftwasserdruck aus, der eine Abnahme der Standsicherheit zur Folge hat. Die Größe des Kluftwasserdrucks und seine Verteilung sind jedoch unbekannt. Sie lassen sich nur durch physikalisch schlüssige Annahmen abschätzen. Plausibel erscheint die Annahme, dass Niederschlagswasser im oberen Hangbereich in eine geöffnete Fuge eindringt, dort einen Kluftwasserdruck aufbaut und am unteren Ende der potenziellen Gleitfuge wieder austritt. Am Eintrittspunkt und am Austrittspunkt sind die hydrostatischen Spannungen Null; unbekannt bleibt die Verteilung der Spannungen zwischen

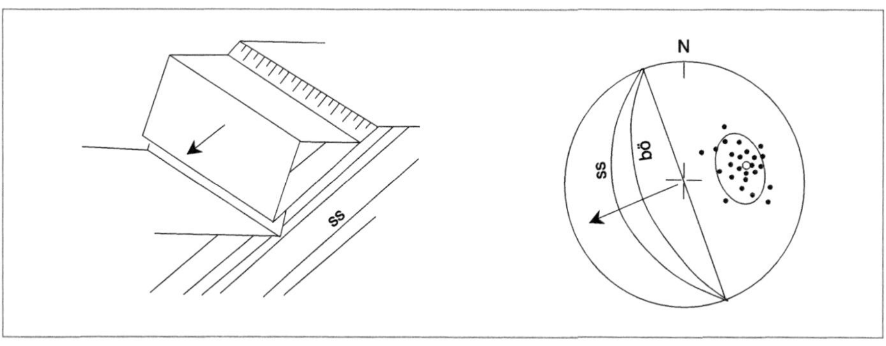


**Abb. 10.39** Ebenes Gleiten, Darstellung im Schmidtschen Netz.

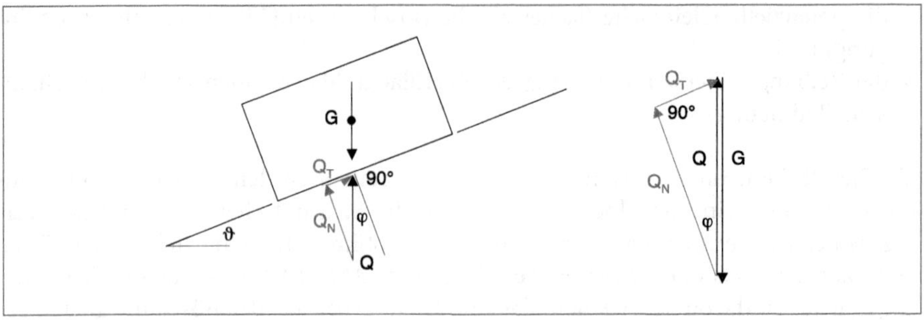


**Abb. 10.40** Kräfte an einem Gleitkörper, der sich auf einer ebenen Gleitfläche bewegt, Krafteck.

Eintritts- und Austrittspunkt. In erster Näherung wird ein linearer Aufbau und Abbau des Kluftwasserdrucks angenommen (Müller 1963, Hoek & Bray 1981).

Das Krafteck zeigt (Abb. 10.41), dass der Kluftwasserdruck eine beträchtliche Verminderung der Standsicherheit verursacht. Diese Verminderung kann mit einem Abminderungsfaktor $\kappa$ berücksichtigt werden (Abb. 10.42), der sich geometrisch aus dem Krafteck ergibt (Genske 1988). Versagen tritt ein, sobald

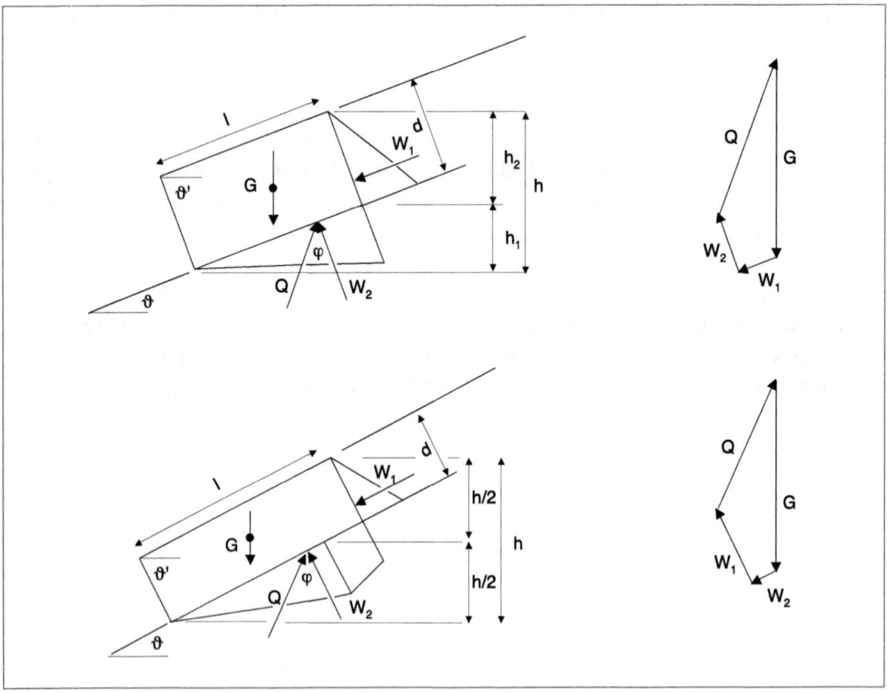


**Abb. 10.41** Kluftwasserdruck bei gedrungenen und flachen Rutschkörpern, Kraftecke. Liegen keine weiteren Informationen vor, dann ist die Annahme plausibel, dass sich der Kluftwasserdruck bis zur Gleitfuge aufbaut und entlang der Gleitfuge abbaut. Ebenfalls plausibel ist die Annahme (insbesondere bei flachen Gleitkörpern), dass sich der Kluftwasserdruck bis zur halben Höhe des durchflossenen Gebirgsbereichs aufbaut und dann wieder abbaut.

$$\tan\vartheta > \kappa \tan\varphi$$

Für $\vartheta + \vartheta' = 90°$ (rechteckige Gleitkörper) folgt

$$\kappa = \frac{1 - \psi_1 \dfrac{\gamma_w}{\gamma_g}\left(1 - \psi_2\right)}{1 + \psi_1 \dfrac{\gamma_w}{\gamma_g} \dfrac{d}{l} \dfrac{1}{\tan\vartheta}}$$

mit $\gamma_g$ und $\gamma_w$ [kN/m³] als spezifische Wichten von Gebirge und Wasser, $d$ und $l$ [m] als Abmessungen des Gleitkörpers und

$$\psi_1 = 0.5 \quad \text{für rechteckige Gleitkörper}$$
$$\psi_1 = 1.0 \quad \text{für keilförmige Gleitkörper}$$

sowie

$$\psi_2 = 0 \quad \text{für} \quad \frac{d}{l} > \tan\vartheta$$

$$\psi_2 = \frac{1}{2}\left(\frac{d}{l}\frac{1}{\tan\vartheta} - \frac{l}{d}\tan\vartheta\right) \quad \text{für} \quad \frac{d}{l} < \tan\vartheta$$

Für andere Kluftwasserdruckverteilungen und Gleitkörpergeometrien lassen sich gleichermaßen entsprechende Abminderungsfaktoren herleiten.

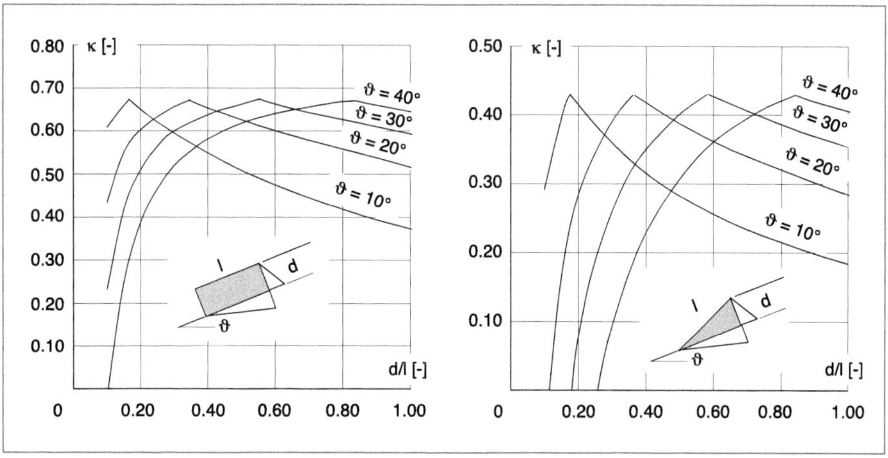


**Abb. 10.42** Abminderungsfaktor $\kappa$ in Abhängigkeit vom Verhältnis d/l für rechtwinklige und keilförmige Gleitkörper unter vollem Kluftwasserdruck ($\gamma_g/\gamma_w = 2.5$).

Entlang einer Bahnstrecke hat sich eine Rutschung ereignet. Nach heftigen Regenfällen glitt ein ca. 20 $m^3$ großer Kluftkörper auf die Gleise. Der Kluftkörper glitt entlang einer Schichtfuge ab, die wie die Böschung parallel der Bahntrasse streicht, jedoch flacher als die Böschung einfällt und somit aus der Böschung herauszeigt (Abb.10.43). Es bietet sich an, das Rutschereignis an der Bahnstrecke für eine Rückrechnung des Reibungswinkels zu nutzen. Ausgehend von der Gleitkörpergeometrie $d/l = 0.4$, der Orientierung der Schichtfläche $ss$ = 135°/30° (d. h. $\vartheta$ = 30°) und der Orientierung der $bc$-Klüftung = 315°/60°(d. h. $\vartheta'$ = 60°) ergäbe sich bei einer trockenen Felsböschung im Grenzzustand

$$\varphi = \vartheta = 30°$$

Bei vollem Kluftwasserdruck gilt dagegen

$$\varphi = \mathrm{a\,tan}\left(\frac{\tan\vartheta}{\kappa}\right) = \mathrm{a\,tan}\left(\frac{\tan 30°}{0.64}\right) = 42°$$

Der volle Kluftwasserdruck stellt einen Extremfall dar, der sich wahrscheinlich nicht ausbildet, denn das Kluftwasser kann entlang der $ac$-Klüfte entwässern. Außerdem wird bei diesem Modell von der Benetzung der gesamten Gleitfläche ausgegangen, was nicht gegeben sein muss. Es ist also davon auszugehen, dass der wahre Reibungswinkel zwischen diesen beiden Extremwerten liegt. Da keine weiteren Informationen vorliegen, ist als Wahrscheinlichkeitsverteilung von einer Gleichverteilung auszugehen, so dass als bester Schätzwert für den Reibungswinkel folgt

$$\overline{\varphi} = \frac{30 + 42}{2} = 36°$$

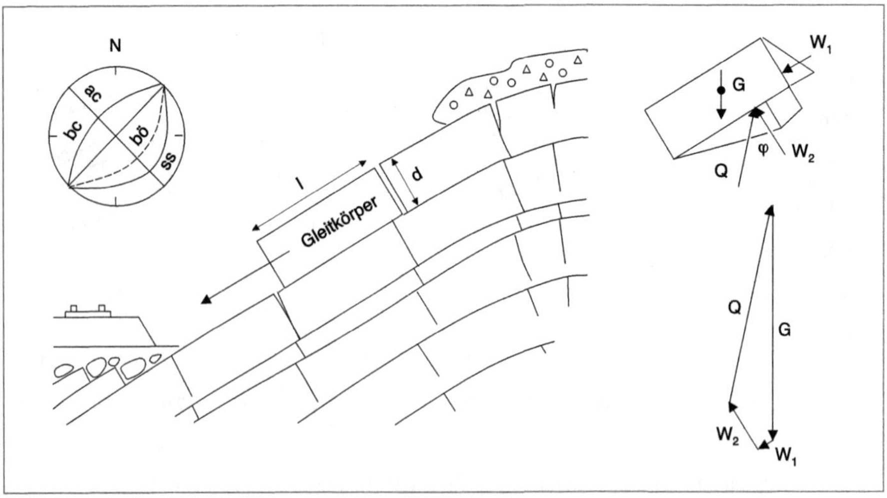


**Abb. 10.43** Profil, Rutschkörper und Krafteck.

## Räumliches Gleiten

Rutschkörper können sich auch entlang der Verschnittlinie zweier Trennflächen ausbilden (Abb. 10.44). Der Versagensmechanismus ist ebenfalls ein Gleiten, jedoch ein dreidimensionales oder *räumliches Gleiten*, das stattfindet, sobald die folgenden kinematischen Bedingungen erfüllt sind (Abb. 10.45):

- Das Verschnittlinear zeigt aus der Böschung heraus.
- Die Einfallsrichtungen der Trennflächen, die das Verschnittlinear bilden, liegen im Schmidtschen Netz außerhalb des Sektors, der von der Einfallsrichtung der Böschung und dem Verschnittlinear selbst gebildet wird. Falls die Einfallsrichtung einer der beiden Trennflächen in diesen Bereich fällt, rutscht der Rutschkeil nur entlang dieser Trennfläche ab (Hocking 1976).

**Abb. 10.44** Potenzielles räumliches Gleiten entlang der Verschnittlinie zweier Trennflächen (bei Aachen).

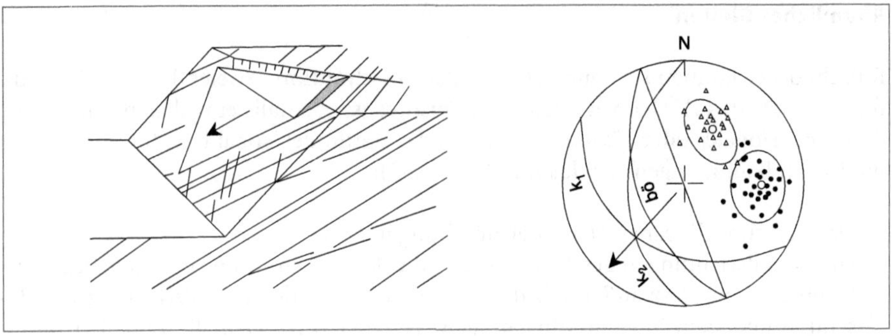


**Abb. 10.45** Räumliches Gleiten, Darstellung im Schmidtschen Netz.

Weiterhin gilt die mechanische Bedingung, dass

- die Scherfestigkeit in beiden Gleitflächen überwunden wird.

Zur Berechnung der Standsicherheit räumlicher Gleitkörper liegen Ansätze vor, die in analytische Verfahren und in Lagenkugelverfahren eingeteilt werden können. Die Methode von Hoek, Bray & Boyd (1973) ist ein Lagenkugelverfahren, also ein Verfahren auf der Grundlage des Schmidtschen Netzes. Im Gegensatz zu analytischen Verfahren werden im Schmidtschen Netz das räumliche Stabilitätsproblem und sein Bezug zum Trennflächengefüge anschaulich und eindeutig dargestellt. Das bereits im Rahmen der gefügekundlichen Aufnahme erstellte Netz kann direkt übernommen werden. Der Kluftwasserdruck lässt sich in einfacher Weise berücksichtigen. Dabei wird davon ausgegangen, dass der Kluftwasserdruck an den Wassereintritts- und -austrittsstellen Null ist, dass er linear bis zur halben hydrostatischen Höhe anwächst und sich linear wieder abbaut, dass er entlang des Verschnittlinears maximal ist und dass der Kluftkörper selbst undurchlässig ist (Abb. 10.46).

Nach Freischneiden des Gleitkeils und räumlicher Kräftebilanz rutscht der Gleitkörper nicht ab, solange

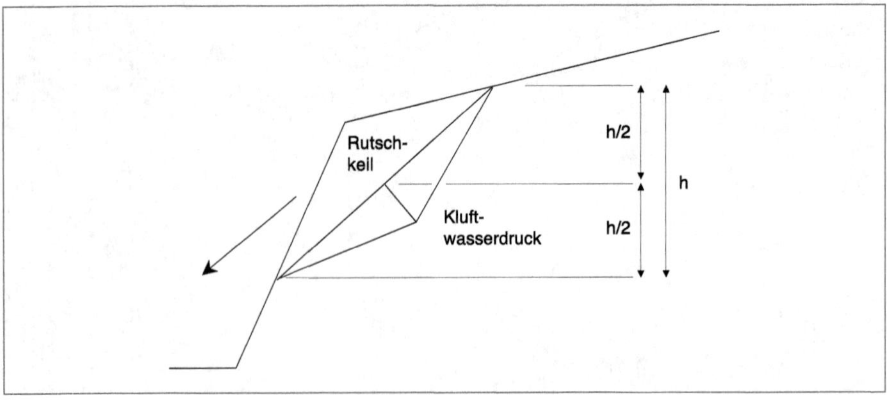


**Abb. 10.46** Berücksichtigung des Kluftwasserdrucks beim räumlichen Gleitproblem (nach Hoek & Bray 1981).

$$N_A \tan\varphi_A + N_B \tan\varphi_B > 1$$

wobei gilt

$$N_a = F_a - \frac{\gamma_w}{2\gamma_g} X$$

$$N_b = F_b - \frac{\gamma_w}{2\gamma_g} Y$$

und

$$F_A = \frac{\cos\vartheta_a - \cos\vartheta_b \cos\omega_{ab}}{\sin\vartheta_5 \sin^2\omega_{ab}}$$

$$F_B = \frac{\cos\vartheta_b - \cos\vartheta_a \cos\omega_{ab}}{\sin\vartheta_5 \sin^2\omega_{ab}}$$

$$X = \frac{\sin\omega_{24}}{\sin\omega_{45}\cos\omega_{2a}}$$

$$Y = \frac{\sin\omega_{13}}{\sin\omega_{35}\cos\omega_{1b}}$$

mit $\vartheta_a$ und $\vartheta_b$ [°] als Einfallen der beiden Gleitflächen *A* und *B*, $\vartheta_5$ [°] als Einfallen des Verschnittlinears, $\varphi_A$ und $\varphi_B$ [°] als Reibungswinkel der beiden Gleitflächen *A* und *B*, $\omega$ [°] als Winkel, der im Schmidtschen Netz abzulesen ist, sowie $\gamma_g$ und $\gamma_w$ [kN/m³] als spezifische Wichten von Gebirge und Wasser.

Aus Gründen der Zeiteffizienz und der Genauigkeit ist es zwar notwendig, bei Parameterstudien und Reihenuntersuchungen auf die einschlägige Software zurückzugreifen, doch sollten Endergebnisse immer grafisch auf ihre Plausibilität überprüft werden.

Zu prüfen sei, ob sich ein Gleitkeil aus einer Böschung (*bö* 110°/80°) lösen könnte, der durch Schichtung (*ss* 173°/57°) und Klüftung (*k3* 45°/35°) gebildet wird. Das Schmidtsche Netz weist einen potenziellen räumlichen Gleitkörper aus, dessen Abgleiten kinematisch möglich ist, sobald die Scherfestigkeit in beiden Gleitfugen überwunden wird. Felduntersuchungen und Rückrechnungen aus Versagensfällen ergaben die Reibungswinkel $\varphi_{ss} = 36°$ und $\varphi_{k3} = 33°$. Aus dem Schmidtschen Netz (Abb. 10.47) folgt die Neigung des Verschnittlinears zu $\vartheta_5 = 22.5°$ sowie der Winkel $\omega_{k3ss} = 80.5°$. Bei Berücksichtigung des vollen Kluftwasserdrucks folgt für die Standsicherheit mit

$$F_A = \frac{\cos\vartheta_{k3} - \cos\vartheta_{ss}\cos\omega_{k3ss}}{\sin\vartheta_5 \sin^2\omega_{k3ss}} = \frac{\cos 35 - \cos 57 \cos 80.5}{\sin 22.5 \sin^2 80.5} = 2.0$$

$$F_B = \frac{\cos\vartheta_{ss} - \cos\vartheta_{k3}\cos\omega_{k3ss}}{\sin\vartheta_5 \sin^2\omega_{k3ss}} = \frac{\cos 57 - \cos 35 \cos 80.5}{\sin 22.5 \sin^2 80.5} = 1.1$$

Mit den aus dem Schmidtschen Netz abzugreifenden Winkeln

$$X = \frac{\sin\omega_{24}}{\sin\omega_{45}\cos\omega_{2k3}} = \frac{\sin 96}{\sin 27 \cos 23} = 2.38$$

$$Y = \frac{\sin\omega_{13}}{\sin\omega_{35}\cos\omega_{1ss}} = \frac{\sin 106}{\sin 42 \cos 28} = 1.63$$

und der Wichte des Rutschkeils $\gamma_g = 25$ kN/m³ folgt schließlich

$$\left[2.0 - \frac{10}{2(25)} 2.38\right] \tan\varphi_{k3} + \left[1.1 - \frac{10}{2(25)} 1.63\right] \tan\varphi_{ss} =$$

$$1.52 \tan 33 + 0.77 \tan 36 =$$

$$1.55 > 1$$

Die Böschung ist somit standsicher.

## Rotieren

Wie in Böden kann sich auch im Gebirge ein Rotationsbruch ereignen. In diesem Fall sind die Polpunkte im Schmidtschen Netz nahezu gleichverteilt (Abb. 10.48). Da sich Gebirge jedoch in den meisten Fällen durch ein spezifisches Trennflächengefüge auszeichnet, mit cluster- und gürtelverteilten Trennflächenscharen, ist dieser Versagensmechanismus eher untypisch. Trotzdem können in bestimmten Fällen und gerade bei großen Böschungsbereichen einzelne Trennflächen dazu betragen, dass sich tatsächlich Rotationskörper entwickeln können.

Die Ermittlung der Standsicherheit entspricht dem bereits für Böden vorgestellten Verfahren.

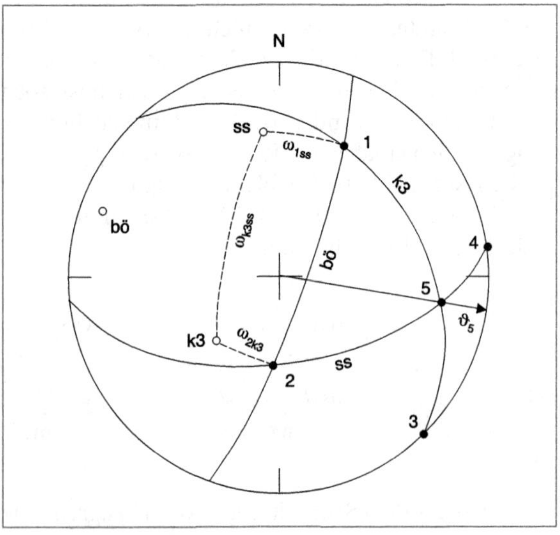


**Abb. 10.47** Bestimmung der Standsicherheit eines Gleitkeils für den Lastfall Eigengewicht plus Kluftwasserdruck.

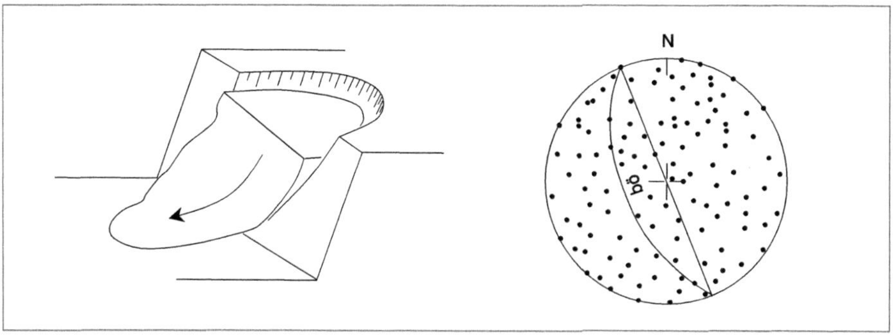


Abb. 10.48 Rotationsgleiten im Gebirge und Darstellung im Schmidtschen Netz.

## Teilkörper

Gebirgskörper können kinematisch verträgliche Teilkörpermechanismen bilden. Ihre Standsicherheit wird ermittelt, indem für jeden Teilkörper Kraftecke gebildet werden. Im Vergleich zu Böden ist die Ermittlung der Standsicherheit für Gebirgskörper einfacher, da sich die Bewegungsfugen nicht frei ausbilden, sondern durch das Trennflächengefüge vorgegeben sind.

Die zunächst unbekannten Reibungs- und Zwischenkräfte werden grafisch für jeden Teilkörper im Grenzzustand bestimmt. Daraus lassen sich erforderliche Reibungswinkel und auch die zur Stabilisierung des Systems notwendigen Kräfte herleiten.

Zwei Gebirgskörper bilden einen kinematisch kompatiblen Teilkörpermechanismus (Abb. 10.49). Teilkörper 1 ruht auf der Trennfläche *k1* ($\varphi_{k1} = 30°$) und einer Störung *stö*, die mit Verwitterungsmaterial gefüllt ist ($\varphi_{stö} = 20°$). Teilkörper 2 ruht auf der Schichtung *ss* ($\varphi_{ss} = 35°$). Ist die Böschung bei vollem Kluftwasserdruck standsicher? Zuerst wird das Krafteck für Teilkörper 1 gebildet, aus dem geometrisch die Zwischenkräfte $Q_{21} = Q_{12}$ folgen. Damit kann das Krafteck für Teilkörper 2 gezeichnet werden, das sich erst bei $\varphi_{ss,erf} = 52° > \varphi_{ss,vorh} = 35°$ schließt. Die Böschung ist somit bei vollem Kluftwasserdruck nicht standsicher.

## Kippen

Im Schmidtschen Netz erkennt man ein potenzielles Kippproblem daran, dass der Großkreis der Böschung parallel dem Großkreis der Trennfläche streicht, die den Kippkörper bildet, aber in entgegengesetzter Richtung einfällt (Abb.10.50). Im Lastfall Eigengewicht (ohne Kluftwasserdruck) findet Kippen statt, sobald der Eigengewichtsvektor aus der Aufstandsfläche des potenziellen Kippkörpers herauszeigt. Er bildet um die talseitige Kante der Aufstandsfläche ein Moment, das zum Kippen führt. Für einen Kippkörper der Höhe $d$ und der Breite $l$, der auf einer im Winkel $\vartheta$ geneigten Fläche steht gilt, dass Kippen eintritt, wenn

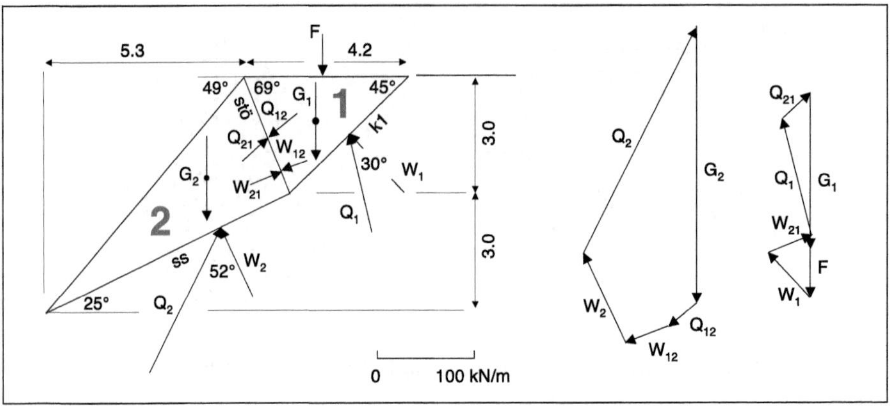


**Abb. 10.49** Teilkörper, Kräfte und Kraftecke.

$$l/d < \tan\vartheta$$
$$\vartheta < \varphi$$

Dagegen gleitet der Gebirgsblock (unter Eigengewicht), wenn

$$l/d > \tan\vartheta$$
$$\vartheta > \varphi$$

In einer aus mehreren Blöcken zusammengesetzten Felsböschung treten in der Regel beide Versagensmechanismen gleichzeitig auf. Während der obere Bereich stabil bleibt, kippen die Gebirgsblöcke im mittleren Bereich und belasten so die Blöcke im unteren Bereich, die dann abrutschen.

Die Standsicherheitsanalyse eines solchen Systems ist durch Freischneiden der einzelnen Blöcke und Konstruktion der Kraftecke im Grunde einfach (Abb. 10.51). Mit zunehmender Anzahl der Kluftkörper wird das Problem komplexer und erfordert Algorithmen, wie sie zum Beispiel von Goodman & Bray (1976) vorgeschlagen wurden.

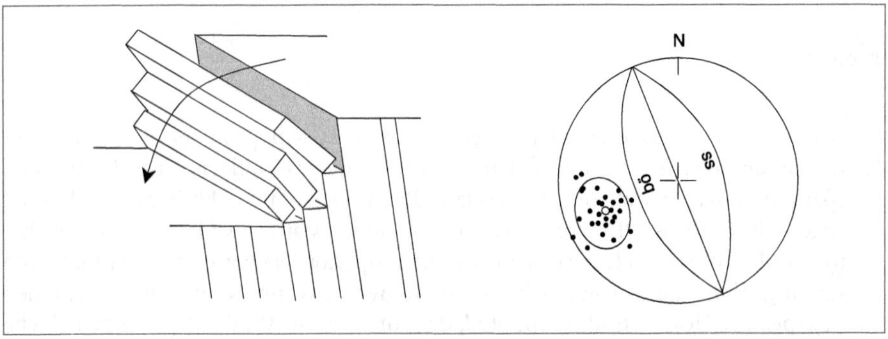


**Abb. 10.50** Kippen, Darstellung im Schmidtschen Netz.

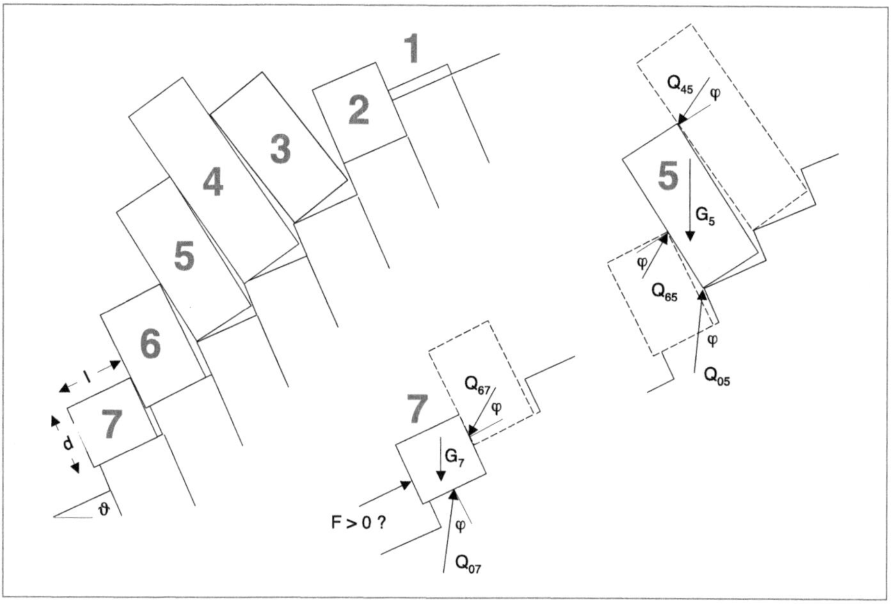


**Abb. 10.51** Stabile, kippende und gleitende Blöcke in einer versagenden Böschung ohne Kluftwasserdruck (nach Hoek und Bray 1981). Kräfte am freigeschnittenen Kippkörper 5 und Gleitkörper 7. Bei F > 0 versagt die Böschung.

Danach wird das Kräftegleichgewicht an den einzelnen Blöcken hangabwärts ermittelt, beginnend mit dem obersten Block, dessen Belastung auf den nächsten Block weitergegeben wird, der seine Belastung wiederum auf den nächsten Block abgibt. Schließlich ist das Kräftegleichgewicht am untersten Block (am Hangfuß) nachzuweisen. Ist dieser standsicher, dann gilt dies auch für die gesamte Böschung.

### Knicken und Abscheren

Knick- und Abscherprobleme können bei steil geneigten Schichtbänken auftreten (Abb. 10.52). Im Schmidtschen Netz entspricht der Großkreis der Böschung dem Großkreis der Bank, die einzuknicken oder abzuscheren droht (Abb. 10.53). Die Böschung kann nach folgenden Mechanismen versagen (Cavers 1981, Genske 1985):

- Im Fußbereich der Böschung brechen zwei Kluftkörper infolge des Eigengewichts des auflagernden Schichtpakets und des Kluftwasserdrucks aus. Das System lässt sich durch Freischneiden und Bildung des Kräftegleichgewichts lösen. Der ausbrechende Bereich wird dabei mit dem aus der Statik bekannten Dreigelenkbogen idealisiert.
- Im Fußbereich der Böschung beult ein Kluftkörper infolge des auflagernden Schichtpakets und des Kluftwasserdrucks aus. Auch dieses System lässt sich durch Freischneiden und Bildung des Kräftegleichgewichts lösen. Der Grenzzustand des ausbeulenden Kluftkörpers wird jedoch auf der Grundlage der Festigkeitslehre als Eulersches Knickproblem interpretiert (Euler 1744).

Abb. 10.52 Knickgefährdete Böschung in den französischen Voralpen.

- Eine bankrechte Fuge schert im Fußbereich der Böschung infolge des Kluftwasserdrucks ab. Dieser Mechanismus lässt sich ebenfalls durch Freischneiden und Bildung des Kräftegleichgewichts lösen.

Weitere Varianten und Kombinationen sind denkbar, aus denen sich Grenzzustandsbedingungen herleiten lassen. Problematisch ist dabei immer der Ansatz des Kluftwasserdrucks. Bekannt sind nur die beiden Grenzfälle: voller, sich linear aufbauender

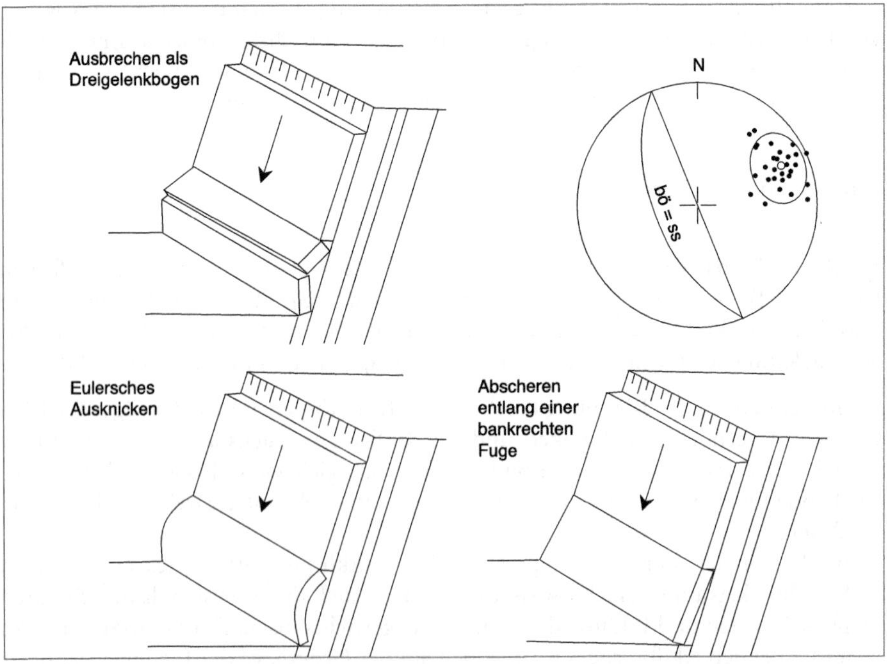


Abb. 10.53 Ausbrechen, Ausknicken, Abscheren, Darstellung im Schmidtschen Netz.

Kluftwasserdruck einerseits und das Fehlen eines Kluftwasserdrucks in einer trockenen Böschung andererseits. Die Annahme eines vollen Kluftwasserdrucks ist in der Regel zu konservativ, denn auch nach starken Regenfällen kann er sich kaum aufbauen, da die Böschung durch die Vielzahl der Fugen entwässert. Beide Extremfälle lassen sich als physikalische Begrenzung einer statistischen Verteilungsdichte deuten, aus dem der Mittelwert in erster Näherung als bester Schätzwert folgt. In einigen Versagensmechanismen lässt sich dieser Ansatz durch Halbierung der Wichte des Kluftwassers direkt auf den Grenzzustand anwenden.

### Fallen

Wie bei den vorhergehenden Versagensmechanismen führen destabilisierende Einflüsse zu *Steinschlag, Felsstürzen* und *Bergstürzen* (Abb. 10.54), von denen die wichtigsten sind der Kluftwasser- und Eisdruck, Erosion, Material- und Geometrieveränderung infolge Verwitterung sowie dynamische Einwirkungen (Erdbeben) und anthropogene Eingriffe (Abbau, Sprengungen etc.). Diese Einflüsse verändern die Materialeigenschaften und die Kräftebilanz, so dass sich schließlich Kluftkörper und Kluftkörperverbände aus dem Gebirge lösen und zu Tal stürzen.

Während des Fallens nimmt der Körper kinetische Energie auf, die er beim Aufprall zum Teil am Einschlagsort abgibt und zum Teil durch Eigendeformation und Selbstzerstörung aufbraucht. Je nach den elastischen Eigenschaften des Fallkörpers

**Abb. 10.54** Steinschlag bei Vals, Kanton Graubünden (Schweiz).

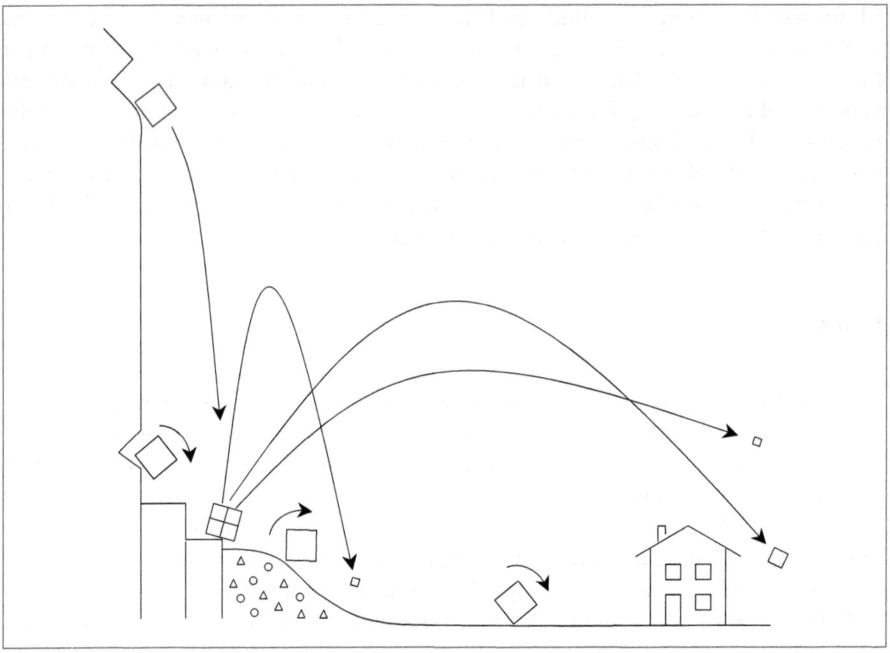

**Abb. 10.55** Fallbewegungen, umgesetzt in rollende und springende Folgebewegungen.

und der Aufprallstelle, der Fallhöhe und der Fallmasse sowie seiner Integrität und Geometrie setzt sich die Bewegung in eine rollende oder springende um, bis schließlich die gesamte Bewegungsenergie aufgebraucht ist (Abb. 10.55). Größere Felspartien können sich beim Aufprall auch völlig in kleine Einzelfragmente zerlegen und dann fließend zu Tal gehen, wie beim Bergsturz von Elm geschehen.

Da die Mehrzahl der Faktoren, die die Bewegung einer Versturzmasse beeinflussen, nur statistisch hinreichend beschreibbar ist, ist die Vorhersage der Sturzbahn, der Reichweite und des Ausbreitsektors schwierig. Entsprechende Programme liegen vor und können zu Parameterstudien dienen. Exakte Prognosen liefern sie aber wegen der Unsicherheiten bei den Eingabewerten kaum.

### Fließen

Fließend zu Tal gehende Gebirgsmassen erreichen mitunter hohe Geschwindigkeiten und können enorme Schäden anrichten. Zu unterscheiden sind:

- *Feststoff-Wasser-Gemische* wie Schuttströme, Schlammströme, Muren, Lahars und spontan liquifizierte Hangbereiche
- *Feststoff-Gas-Gemische* wie trockene Schuttströme und pyroklastische Dichteströme

Feststoff-Wasser-Gemische wie Schutt- und Schlammströme treten oft als Folge starker Regenfälle und der Schneeschmelze auf, können aber auch durch Erdbeben ausge-

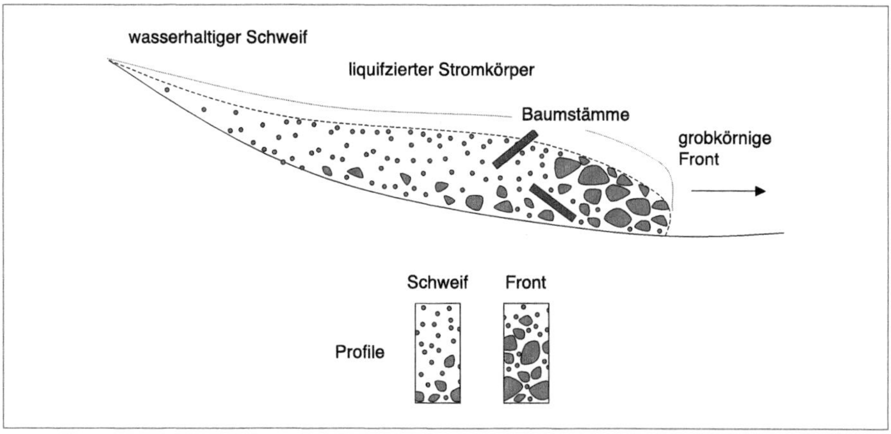


**Abb. 10.56** Schematische Darstellung eines Feststoff-Wasser-Gemisches (vertikaler Maßstab überhöht, nach Iverson & Denlinger 2001, aus Genske 2008).

löst werden. Beobachtungen haben gezeigt, dass sich in Feststoff-Wasser-Gemischen die gröberen Anteile in der Front des Schuttstroms und die feineren in seinem Schweif befinden (Abb. 10.56). Die Beobachtung der Fließphänomene, ihre Simulation im Labor, ihre Modellierung und numerische Interpretation haben zur Entwicklung von Rechenprogrammen beigetragen (z. B. Bartelt et al. 2007, Swartz et al. 2004), mit der die Ausbreitung, die Fließgeschwindigkeit und die Druckkräfte von Murgängen ermittelt und in Gefahrenkarten dargestellt werden können.

Die Modellierung von Feststoff-Gas-Gemischen wirft eine Reihe von Fragen auf (Genske 2008): Warum werden extrem hohen Geschwindigkeiten von über 200 km/h erreicht? Warum können sich Feststoff-Gas-Gemische 10 km weit ausbreiten? Und welcher Mechanismus liegt der Bewegung zugrunde? Die Annahme eines Luftkissens, auf dem der Schuttstrom gleitet, konnte nicht bestätigt werden, wie auch Modelle der

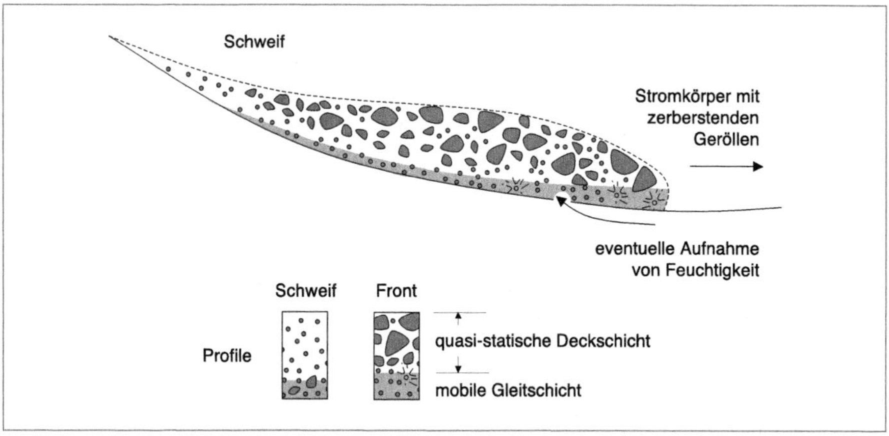


**Abb. 10.57** Schematische Darstellung eines Feststoff-Gas-Gemisches mit einer quasi-stabilen Deckschicht und einer dünneren, mobilen Schicht mit Selbstliquifizierung und dynamischer Fragmentierung (vertikaler Maßstab überhöht, vereinfacht nach McSaveney & Davies 2006, aus Genske 2008).

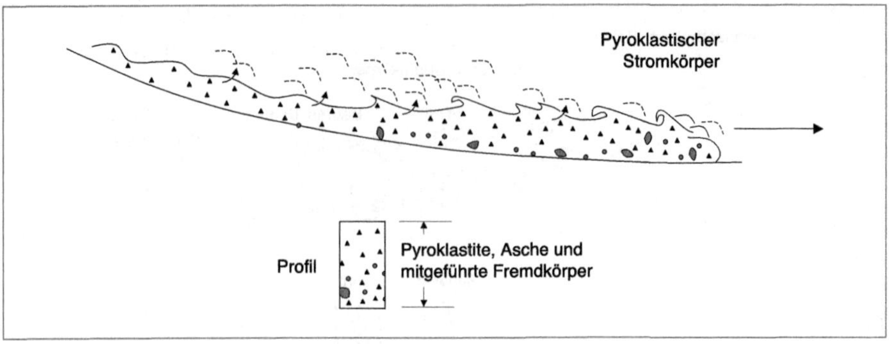


**Abb. 10.58** Schematische Darstellung eines pyroklastischen Stroms mit Pyroklastiten, Asche und Fremdkörpern (vertikaler Maßstab überhöht, vereinfacht nach Simpson 2000, aus Genske 2008).

Fluidisierung von Sturzmassen. Die Vorstellung, dass Feststoff-Gas-Gemische während des Fließvorganges Wasser aufnehmen und sich damit selbst Lubrifizieren (Buss & Heim 1881, Hungr 2006), zum Beispiel durch Vermischung mit Gebirgsbächen, Schneelagen und feuchten Böden, wird in Erwägung gezogen wie auch eine dynamische Fragmentierung (McSaveney & Davies 2006). Da dynamisch belastete Gebirgsfragmente erheblich höhere Bruchlasten aufweisen als statisch belastete, wird bei ihrem explosionsartigen und kontinuierlichen Versagen ein mobiles Milieu geschaffen, das die hohe Geschwindigkeit und die große Ausbreitung von Sturzströmen zumindest teilweise erklären könnte (Abb. 10.57). Möglicherweise greifen aber verschiedene, zum Teil wohl zeitlich versetzte Mechanismen ineinander, die schließlich die hohe Mobilität schaffen.

Noch höhere Geschwindigkeiten (über 700 km/h) erreichen Feststoff-Gas-Gemische aus vulkanischen Auswurfmassen (Abb. 10.58). Auch bei diesen pyroklastischen Strömen ist der Bewegungsmechanismus noch nicht vollständig geklärt.

### Kriechen

Die komplexen rheologischen Mechanismen, die Kriechvorgängen zugrunde liegen, sind bislang kaum erforscht. Dazu kommt, dass in den wenigsten Fällen ein stationäres (also zeitlich konstantes) Kriechen vorliegt. Regen und Schneeschmelze, Erosion und Strukturveränderungen, Erschütterungen, Belastungen und anthropogene Eingriffe verursachen in der Regel ein instationäres (also zeitlich variierendes) Kriechen. Die Kriechgeschwindigkeit kann durch Verfestigung abklingen (primäres Kriechen), konstant bleiben (sekundäres Kriechen) oder zunehmen und beschleunigt zum Bruch führen (tertiäres Kriechen). Gerade das tertiäre Kriechen ist von besonderer Bedeutung, da sich oft großräumige und katastrophale Massenbewegungen durch Kriechvorgänge ankündigen, deren Geschwindigkeit schließlich dramatisch zunimmt. Da noch große Unsicherheiten bei der Modellierung von Kriechvorgängen bestehen, werden Aussagen zur Bewegungsdynamik oft auf der Grundlage von Messungen und Feldbeobachtungen getroffen.

## 10.4 Sicherung und Stabilisierung

Der Gefahr von Hangbewegungen lässt sich mit zwei Strategien begegnen:

- der passiven Strategie der Vermeidung von Schäden
- der aktiven Strategie der Stabilisierung des Hangs.

Die folgenden Abschnitte geben Beispiele zu beiden Vorgehensweisen. Um zu beurteilen, welche Strategie zu wählen ist, sind die möglichen bzw. bereits wirksamen Versagensmechanismen auf der Grundlage einer ingenieurgeologischen Erkundung herzuleiten. Erst nach der Klärung der Ursache der Hangbewegung können wirksame Sicherungs- und Stabilisierungsmaßnahmen ergriffen werden.

### 10.4.1 Eingrenzung problematischer Bereiche

Um eine Hangbewegung zu beurteilen oder die Gefahr einer Hangbewegung einzuschätzen, ist das Gelände zu kartieren und ingenieurgeologisch zu untersuchen (Teil 2). Darauf aufbauend wird ein mechanisches Modell hergeleitet und das Kräftegleichgewicht betrachtet.

Aus den vorgestellten Beispielen und der Diskussion der Ursachen wird deutlich, welche Aspekte bei der ingenieurgeologischen Kartierung besondere Aufmerksamkeit verdienen. Dazu zählen:

- Die Vorauswertung des Gebiets auf der Grundlage des verfügbaren Kartenwerks, insbesondere der topografischen, historischen, geologischen und hydrogeologischen Karten. Die Lage bereits archivierter Aufschlüsse (Schürfe, Aufschlussbohrungen etc.) wird eingetragen.
- Die Auswertung von Luftbildern. Aus dem Vergleich von aktuellen Aufnahmen mit alten Luftbildern lassen sich Veränderungen im Relief rekonstruieren. Bei der stereoskopischen Auswertung von Luftbildpaaren wird die Bewegung eines Hanges besonders deutlich. Neben den Hinweisen zu bereits stattgefundenen Hangbewegungen (Abrisskanten, Stauchwälle, Kippzonen etc.) lassen sich auch potenzielle Rutschungsbereiche kartieren (Steilhänge, Zugrisse, Wuchsstörungen bei Bäumen, Vernässungszonen etc.). Problembereiche werden geortet, um sie dann im Gelände näher zu untersuchen. Auch mit Satellitenaufnahmen lassen sich instabile Hangbereiche lokalisieren.

Im Rahmen der ingenieurgeologischen Feldarbeit wird das Gelände auf direkte Hinweise zu Hangbewegungen untersucht und gezielt beprobt, um Aufschluss über den Aufbau, die Festigkeit und die Verformbarkeit des Untergrundes zu erhalten. Dazu wird der Hang auf unterschiedliche Weise angesprochen:

- Geomorphologische Ansprache: Die vorliegenden Landformen werden kartiert und mit den geologischen Vorgaben verglichen, um Unregelmäßigkeiten zu identifizieren und die für Hangbewegungen typischen Landformen zu erkennen. Auffälligkeiten wie Abrisszonen, Längsspalten, Querspalten, Sackungszonen, Akkumulationszonen, Aufpressungen und Frontwälle werden kartiert (Abb. 10.59).

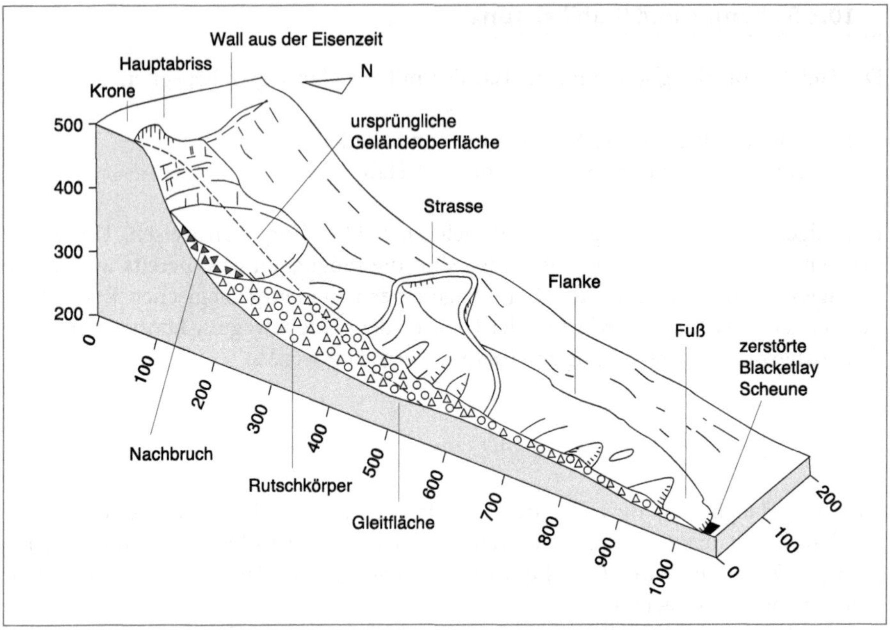


**Abb. 10.59** Im Rutschgebiet von Mam Tor NW von Castleton (Mittelengland) sind die geomorphologischen Formen einer Rutschung anschaulich aufgeschlossen (nach Varnes 1978).

Im Gebirgsbereich sind Zonen verstärkten Steinschlags auszuweisen, wobei aus Sicherheitsgründen direkte Steinschlagbereiche nicht begangen werden dürfen. Im mutmaßlichen Kronenbereich einer Hangbewegung ist besonders auf Zugrisse zu achten, die sich senkrecht zur Beanspruchung öffnen und somit die Richtung der Hangbewegung vorgeben.

- Biologische Ansprache: Neben den bodenkennzeichnenden Pflanzen werden in erster Linie grundwasserkennzeichnende und reliefkennzeichnende Pflanzen kartiert. Wie im Kapitel 6 beschrieben, zeigen bestimmte Pflanzen wasserführende Grenzhorizonte an, die von schwerdurchlässigen bindigen Schichten unterlagert sind, auf denen der Hang abrutschen könnte. Entlang von Verwerfungen reihen sich wasserliebende Pflanzen und zeichnen somit die Verwerfungszone nach. Bäume dokumentieren die Bewegung des Reliefs, indem sie nach einer Schiefstellung vertikal weiter wachsen. Eine plötzliche Hangbewegung wird durch einen Knick, eine allmähliche Hangbewegung durch einen bananenförmigen Wuchs dokumentiert (Abb. 10.60). Dies erlaubt eine ungefähre Datierung der Hangbewegung.

- Bodenansprache: Böden, die besonders verformungswillig sind wie Tone und Schluffe werden kartiert. Bodenproben werden entnommen, um die Bodenart zu bestimmen und die Festigkeits- und Verformungseigenschaften zu prüfen. Von besonderem Interesse sind Schichten, die an der Hangbewegung beteiligt waren oder sich an zukünftigen Hangbewegungen beteiligen werden. Schürfe werden angelegt (aus Sicherheitsgründen in der Regel in Fallrichtung des Hangs), um die Bodeneigenschaften unterhalb der oberen Bodenschichten zu erkunden. Mit Ramm- und

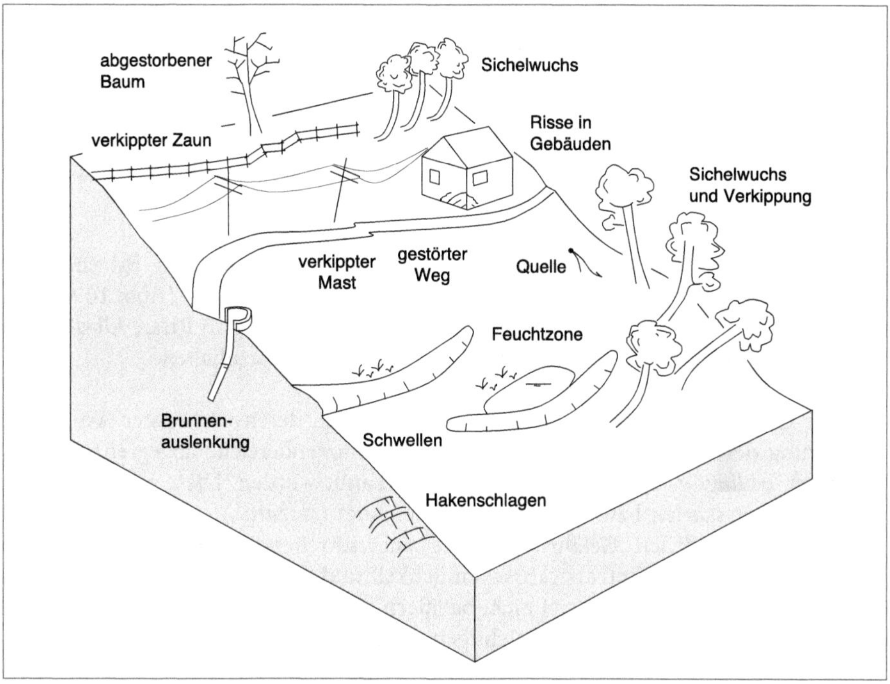


**Abb. 10.60** Rutschungsgebiet mit Hinweisen auf eine Bewegung des Hangs.

Drucksondierungen wird auf die Festigkeit des Untergrundes und den Schichtenaufbau geschlossen. Die genaue Feststellung des Schichtenaufbaus erfolgt (im Rahmen der Hauptuntersuchungen) mit Bohrungen. Bodenproben werden entnommen, um die Festigkeits- und Verformungseigenschaften zu prüfen (Korngrößenverteilung, Reibungswinkel, Kohäsion, Wichte, Wassergehalt, Plastizitätsgrenzen). Mit der Flügelsonde wird die Sensitivität von Tonlagen geprüft.

- Gebirgsansprache: Das anstehende Gebirge wird stratigrafisch und petrografisch angesprochen. Die wichtigsten felsmechanischen Eigenschaften werden aufgenommen. Die Druckfestigkeit des intakten Gesteins wird geprüft (Punktlastversuch, einaxialer Druckversuch). Das Trennflächengefüge wird aufgenommen und in der Lagenkugel dargestellt. Weiterhin werden die räumliche Erstreckung der Trennflächen, der Durchtrennungsgrad, Zerklüftungsgrad, Verwitterungsgrad, Habitus, Öffnungsweite, Fugenfüllung aufgenommen. Besondere Beachtung verdienen Trennflächen und Störungszonen, die Hangbewegungen kinematisch ermöglichen könnten. Hinweise auf fossile Gleitflächen sind zu dokumentieren. Schließlich dienen auch Bohrungen der Klärung des Schichtenaufbaus, der Entnahme von Proben und der Durchführung von Bohrlochversuchen. Gegebenenfalls lassen sich diese Bohrungen zu Beobachtungsbohrungen (z. B. Grundwasser), zu Messeinrichtungen (z. B. Extensometer) und zu Drainagebohrungen ausbauen oder auch für eine spätere Verankerung des Hangs nutzen. Hat bereits eine Rutschung stattgefunden, ist es eventuell möglich, durch genaue Kartierung des Rutschkörpers die Scherfestigkeit der Gleitfläche rückzurechnen.

- Hydrogeologische Ansprache: Neben der Abschätzung der Durchlässigkeiten von Boden- und Gebirgsschichten sind wasserführende Horizonte, Wasserläufe und Quellen zu kartieren. Weiterhin sind Tümpel und durch Staunässe gekennzeichnete Zonen zu dokumentieren (Abb. 10.60). Mit Piezometern werden die Tiefe zum Bergwasserspiegel und die Schwankungen des Bergwasserspiegels aufgenommen. Aufschlussbohrungen dienen der genaueren Klärung der Schichtfolge und der Beobachtung des Bergwasserspiegels.

- Anthropogene Ansprache: Straßen und Wege, Zäune und Mauern, Brunnen und Masten werden bei Hangbewegungen verschoben und verkippt (Abb. 10.60). Kanäle brechen, Leitungen reißen und in Bauwerken zeigen sich Risse. All diese Beobachtungen sind zu dokumentieren und in der Karte festzuhalten.

Auf der Grundlage ingenieurgeologischer Erkundung, deren wichtigster Aspekt die Kartierung des Geländes ist (Teil 2), werden Homogenbereiche abgegrenzt, die als *gefährdet, bedingt gefährdet* und *ungefährdet* erkannt wurden. Diese Karten werden als *Gefährdungskarten* bzw. *Risikokarten* bezeichnet *(Hazard Maps* bzw. *Risk Maps).* Dabei ist der Ausdruck „Gefährdungskarte" eher zutreffend, da Risiko definitionsgemäß das Produkt von Eintrittswahrscheinlichkeit und Schadensumfang ist. Der Schadensumfang lässt sich aber meist nicht beziffern, insbesondere wenn nicht ersetzbare Werte (Menschenleben) zu berücksichtigen sind.

Die Gefährdung hängt von der Art der Hangbewegung ab. Eine Steinschlaggefahr betrifft zum Beispiel die Ausrollbereiche möglichen Steinschlags, wogegen eine

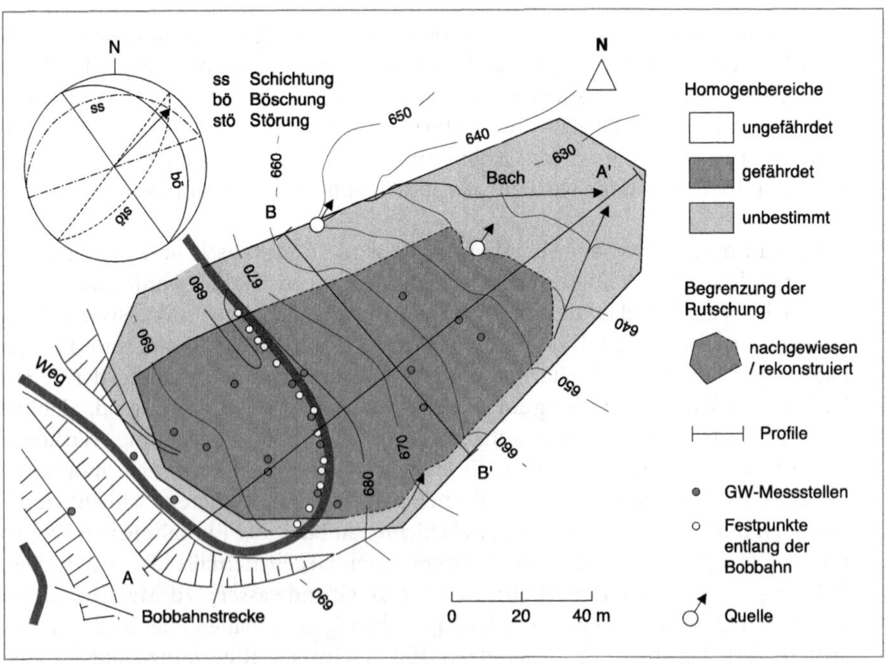


**Abb. 10.61** Gefährdungskarte für einen Rutschkörper bei Winterberg, Rheinisches Schiefergebirge (vereinfacht nach Heitfeld et al. 2005, aus Genske 2008).

Rutschung den gesamten Hang und seine Talseite betrifft. Abbildung 10.61 zeigt eine Gefährdungskarte für einen Hang bei Winterberg im Rheinischen Schiefergebirge. Der kartierte Rutschkörper hat ein Volumen von etwa 60000 m³. Aufgrund der ingenieurgeologischen Kartierung konnte geschlussfolgert werden, dass eine nordwestliche Störungsfläche und schichtparallele Gleitflächen einen Rutschkeil bilden, der vermutlich bereits in der letzten Eiszeit aktiv war und durch die Bebauung des Hanges reaktiviert wurde. Abbildung 10.62 zeigt eine Gefährdungskarte für einen möglichen Bergsturzbereich in Vorarlberg, Österreich. Dabei wurde die Sturzbahn mithilfe eines Rechenprogramms simuliert.

Die Karte zur Hangstabilität wird ergänzt durch weitere thematische Karten, wie zum Beispiel geomorphologische Karten, hydrogeologische Karten, Biotopkarte oder Planungskarten. Als gefährdet angesprochene Homogenbereiche sollten nicht bebaut oder entwickelt werden. Es bietet sich zum Beispiel an, hier Naturschutzzonen mit ökologischen Funktionen auszuweisen.

Von einigen geologischen Landesämtern und überregionalen geologischen Diensten wurden inzwischen regionale Gefährdungskarten erstellt. Für eine konkrete Planungsaufgabe sind diese Karten meist zu grob, doch erlauben sie einen ersten Überblick über die Häufigkeit von Hangbewegungen im Projektgebiet.

In schnell wachsenden Städten, zum Beispiel in Entwicklungs- und Schwellenländern, ist zu beobachten, dass gerade die ärmere Bevölkerung auf rutschgefährdeten Berghängen außerhalb der Stadt anzusiedeln gezwungen ist. Dies geht einher mit ei-

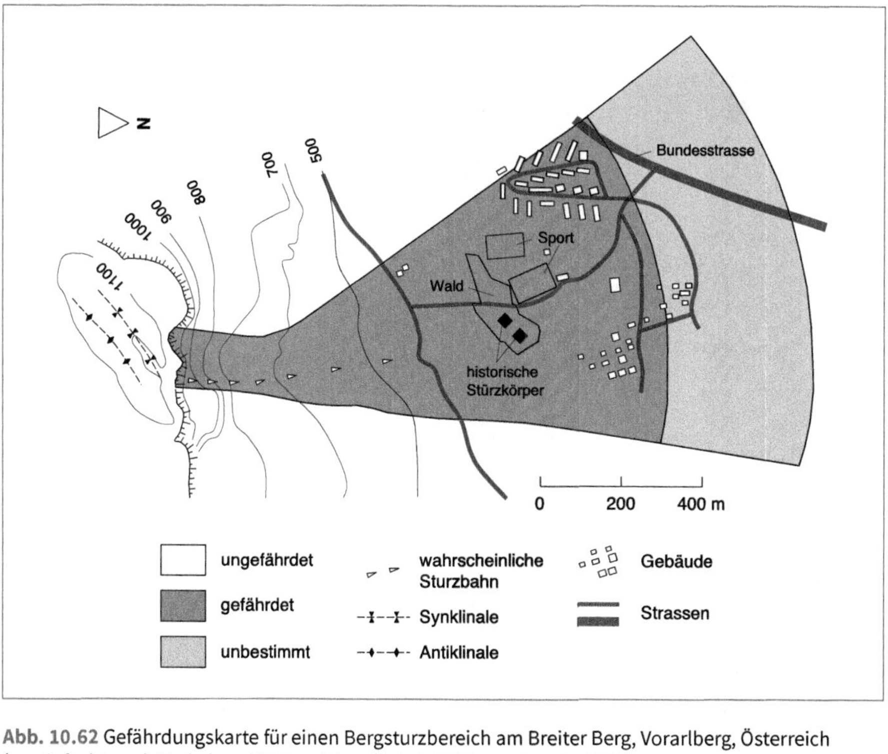


**Abb. 10.62** Gefährdungskarte für einen Bergsturzbereich am Breiter Berg, Vorarlberg, Österreich (vereinfacht nach Berkelaar 1994 und Graaff et al. 1997, aus Genske 2008).

ner Entwaldung und einer Denudation der Hangbereiche, die, so der Erosion ausgesetzt, noch instabiler werden. Im Jahre 2002 kam es zum Beispiel nach anhaltenden Regenfällen in den Armenvierteln von Belo Horizonte (Brasilien) zu mehreren Hangrutschungen, die viele Menschenleben forderten (Abb. 10.63).

**Abb. 10.63** In diesem Armenviertel in Belo Horizonte (Brasilien) kam es nach anhaltenden Regenfällen zu Hangbewegungen. Die einfachen Holzkreuze wurden für die Kinder errichtet, die hier verschüttet wurden.

Eine Raumplanung im Zeichen der Nachhaltigkeit beinhaltet den Schutz von Berghängen, nicht nur, um Hangbewegungen und damit die Gefährdung von Menschenleben zu vermeiden, sondern auch, um das ökologische Gleichgewicht im Stadtumland zu erhalten, die empfindliche Bergvegetation zu schützen, den Frischlufthaushalt zu stabilisieren und die Grundwasserressourcen zu schonen.

### 10.4.2 Schadensvermeidung

#### Verbote und Warnung

Neben der Zonierung gefährdeter Hangbereiche ist es unerlässlich, im Gelände vor der Gefahr von Hangbewegungen zu warnen. Dies geschieht durch entsprechende Hinweise auf den Zugangswegen zu gefährdeten Bereichen. Besonders problematische Zonen sind einzuzäunen. Mit Warnschildern ist auf die Gefahr aufmerksam zu machen. Das Betreten gefährdeter Gebiete ist im Rahmen geltender ordnungsrechtlicher Bestimmungen zu untersagen.

Bei einer Steinschlaggefahr werden an Verkehrswegen Steinschlagwarnschilder aufgestellt (Abb. 10.64), oft in Verbindung mit einer Begrenzung der Höchstgeschwindigkeit. Mit der Begrenzung der Höchstgeschwindigkeit wird beabsichtigt, die häufig beobachtete Unfallgefahr durch auf der Fahrbahn liegende Steine zu reduzieren. Da-

**Abb. 10.64** Ein Hinweis auf Steinschlag entlang einer Bergstraße bei False Bay, Kapstadt, Südafrika.

bei sind besonders die Steine problematisch, die etwas höher als der Freiraum unter der Karosserie sind. Wenn ein Fahrzeug über ein solches Hindernis fährt, lässt es sich nicht mehr steuern. Bei erhöhter Geschwindigkeit sind die Folgen fatal.

Bei Murgängen lässt sich bereits im Entstehungsgebiet die Gefahr erkennen, indem potenzielle Murgangsrinnen mit einem Vorwarnsystem überwacht werden. Geeignet sind zum Beispiel entlang eines potenziellen Murgangpfades vergrabene Geophone. Melden diese nacheinander eine durch den Murgang verursachte Erschütterung, wird in dem betroffenen Talabschnitt ein Murgangsalarm ausgelöst.

### Monitoring

Ein als gefährdet ausgewiesener Hangbereich ist zu beobachten, wobei sich eine Reihe von Methoden anbieten, die je nach Art der zu erwartenden Hangbewegung zu wählen und zu kombinieren sind:

- Da sich im Gebirge größere Hangbewegungen oft durch Steinschlag ankündigen, empfiehlt sich eine Dokumentation der Steinschlaghäufigkeit.
- Auch die Häufigkeit von Murgänge ist zu dokumentieren, um gefährdete Bereiche zu kartieren.
- Eine regelmäßige *trigonometrische Vermessung* von Festpunkten gibt Aufschluss über die Art und die Dynamik großräumiger Hangbewegung. Dabei ermöglichen moderne *GPS-Systeme* eine schnelle und kostengünstige Aufnahme.
- In Bohrungen lassen sich die Veränderung der Neigung und Verschiebungen quer und längs zur Bohrlochachse mit *Inklinometern*, *Deflektometern* und *Extensometern* messen. Daraus lassen sich die Geometrie und die Tiefe der Hangbewegung ermitteln.
- *Geoakustische Messungen* erlauben Rückschlüsse auf die Dynamik und die Kubatur einer möglichen Hangbewegung. Die Zunahme akustischer Signale deutet auf eine Beschleunigung der Hangbewegung.
- *Luft- und Satellitenbilder* geben einen Gesamteindruck des Gefährdungsbereichs. Weiterhin lässt sich die relative Verschiebung von Fest- und Messpunkten aus Luftbilderserien bestimmen. Verfahren des *Remote Sensing* nutzen das gesamte elektromagnetische Spektrum. So können Veränderungen in der Vegetation auf mögliche Hangbewegungen hinweisen.
- Durch die Überlagerung einer Zeitreihe von SAR-Satellitenbildern *(Synthetic Aperture Radar)* lassen sich ebenfalls großräumige Hangbewegungen orten. Die Aufnahme von SAR-Bilder ist unabhängig von der Tageszeit und den Wetterbedingungen. Die *SAR-Interferometrie (InSAR)* wird ergänzt durch weitere Verfahren wie der *Permanent Scatterers Technique (PSInSAR)* und kann auch terrestrisch als *Ground Based-SAR* eingesetzt werden. Weiterhin werden *Terrestrische Laser Scanner (TLS)* als bodengestützte *LIDAR-Systeme (LIght Detection And Ranging)* genutzt. All diese Techniken erlauben eine automatisierte Überwachung auch großer Problembereiche.

Neben diesen Verfahren gibt es spezielle Messanordnungen, die spezifische Aspekte einer Hangbewegung überwachen. Zum Beispiel bietet es sich an, die Öffnungsweite einer Gebirgsfuge oberhalb eines rutschgefährdeten Hangbereichs regelmäßig zu überprüfen. So wurde bereits drei Jahre vor der Katastrophe von Vajont ein etwa 1 m breiter und 3 km langer Zugriss im späteren Abrissbereich der Rutschung beobachtet.

### Schutzmaßnahmen

Um Schäden zu verhindern, lassen sich präventiv Schutzmaßnahmen ergreifen, mit denen Versturzmassen gelenkt und deren Wirkung gedämpft werden können.

- Steinschlag kann durch *Steinschlagnetze* verhindert werden (Abb. 10.65). Steinschlagnetze werden wie ein Vorhang über die Böschung gehängt, wobei immer gewährleistet sein muss, dass sich die Versturzkörper im Netz nicht ansammeln und dieses schließlich aufgrund ihres Eigengewichts zu Tal ziehen. Insbesondere im Fußbereich der Netze muss ein freies Auslaufen der Steine gewährleistet sein. Ebenfalls möglich ist die Sicherung von Böschungen mit Seilnetzen, die mit Felsnägeln und Felsankern so fixiert werden, dass ein Herauslösen von Felspartien von vornherein weitgehend verhindert wird.

**Abb. 10.65** Steinschlagnetze bei Kapstadt, Südafrika. Sie erscheinen beinahe unsichtbar und beeinträchtigen die ökologischen Funktionen einer Böschung kaum.

Abb. 10.66 Eine Ringnetzbarriere dient als Fangzaun, um Steinschlag zu verhindern (© Geobrugg, Romanshorn, Schweiz).

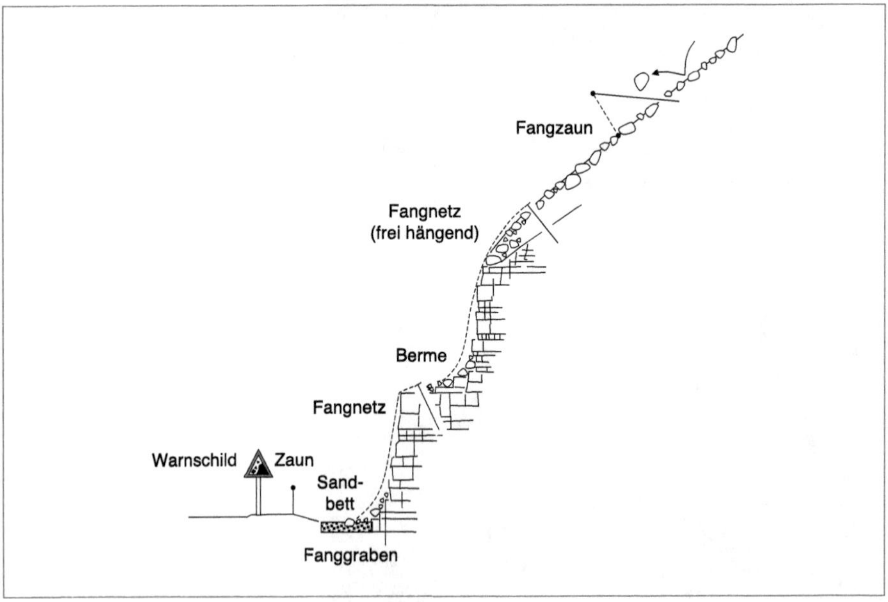


Abb. 10.67 Kombination von Schutzmaßnahmen gegen Steinschlag (nach Fookes & Sweeney 1976, aus Genske 2008).

Abb. 10.68 Eine Murgang-Barriere verhindert einen Murgang (© Geobrugg, Romanshorn, Schweiz).

Abb. 10.69 Ältere, sich harmonisch in die Landschaft einfügende Steinschlaggalerie bei Ilanz, Kanton Graubünden, Schweiz.

Abb. 10.70 Eine Steinschlaggalerie mit zusätzlichen Sicherungsmaßnahmen (Chapmans' Drive bei Kapstadt, Südafrika).

Abb. 10.71 Die benachbarte, zusätzlich abgestützte Galerie mit Entwässerungsrinne (Chapmans' Drive bei Kapstadt, Südafrika).

- Weiterhin verhindern *Fangzäune* Steinschlag, indem sie die zu Tal gehenden Versturzmassen auffangen (Abb. 10.66). Fangzäune sind flexible Konstruktionen, die über zehn Tonnen schwere Blöcke sicher abbremsen können.
- *Sicherheitszonen* und *Ausrollzonen* gewährleisten, dass Versturzmassen nicht unkontrolliert Schäden anrichten. Ein aufgeschüttetes, nicht verdichtetes Sandbett kann als Dämpfungszone dienen und dem herabstürzenden Gebirgsbereich die Stürzenergie nehmen. Bermen eignen sich, um die Fallhöhe zu reduzieren. Abbildung 10.67 zeigt, wie verschiedene Optionen der Steinschlagsicherung wirkungsvoll kombiniert werden.
- Um die Talfahrt von Murgängen zu verhindern wurden *Netz-Barrieren* entwickelt (Abb. 10.68). Sie halten die gröberen Bestandteile zurück und entwässern die Mure. Ebenfalls wirkungsvoll sind horizontale Gitter, die in ähnlicher Weise die Mure entwässern und dadurch ausbremsen.
- *Steinschlaggalerien* sind typische passive Schutzbauwerke (Abb. 10.69). Sie verhindern weder Steinschlag noch Murgänge, lindern aber ihre Auswirkungen. In ähnlicher Weise schützen bergseitige Wälle Straßen und Bauwerke vor Steinschlag, Murgängen und Lawinen. Im alpinen Raum werden Schutzwälle nach traditioneller Bauweise aufgeschüttet, um Gehöfte zu sichern.
- *Leit- und Kanalisierungssysteme* werden konstruiert (zum Beispiel in Japan), mit denen Schlamm- und Schuttströme an schützenswerten Zonen vorbeigeführt werden können.
- Wie Fangzäune können auch Bäume die Wirkung von Steinschlag mildern und Schuttströme bremsen. Die Pflege und eventuelle Aufforstung von *Schutzwäldern* stellt daher eine wirksame Schutzmaßnahme dar.

Eine Kombination aus aktiven und passiven Maßnahmen zur Hangsicherung zeigt Abbildung 10.70. Auf eine Steinschlaggalerie wurde zusätzlich ein Sandbett zur Dämpfung von Steinschlag gelegt, das von Steinsetzkästen (Gabionen) eingerahmt ist. Rechts der Galerie wurde eine Spritzbetonsicherung in der Farbe des anstehenden Gesteins (gelb-braun) ausgeführt. Oberhalb der Steinschlaggalerie wurden Steinschlagzäune und Steinschlagnetze angebracht. Die benachbarte Steinschlaggalerie (Abb. 10.71) wurde zusätzlich abgestützt. Weiterhin wurde eine Dachentwässerung ausgeführt.

### 10.4.3 Stabilisierung

#### Drainage

Oft ist die Wirkung des Bergwassers die Ursache einer Hangbewegung. In Böden verringert der Porenwasserdruck die effektiven Spannungen. Als Folge können die Scherkräfte nur in begrenztem Maße aktiviert werden, im Extremfall fällt der Reibungswiderstand völlig aus (Coulombsches Schergesetz). Im Gebirge verändert der Kluftwasserdruck in ähnlicher Weise das Kräftegleichgewicht. Eine Drainage des Bergwassers stellt daher in jedem Fall eine aktive Stabilisierungsmaßnahme dar.

Das Bergwasser kann an den Eintrittsstellen im oberen Hangbereich durch eine Oberflächendrainage abgefangen oder im Hang selbst durch Entwässerungsgräben, -bohrungen und -stollen drainiert werden. Entwässerungsgräben dürfen im Fuß- und Hangbereich nicht parallel des Hangstreichens angelegt werden, da sie sonst eine Rutschung auslösen könnten. Entwässerungsbohrungen werden in Entwässerungsrichtung geneigt in den Hang getrieben. Die Entwässerung eines Hangs wird oft mit weiteren Maßnahmen zur aktiven Stabilisierung kombiniert. Dabei ist sicherzustellen, dass die Entwässerung des Hangs funktionsfähig bleibt. Zum Beispiel dürfen Drainagebohrungen im Winter nicht zufrieren und somit wirkungslos werden oder sogar zu einem Aufstau des Bergwassers führen.

#### Reliefanpassung

Eine Veränderung des Reliefs des Hangs verändert auch das Kräftegleichgewicht. Rutschkörper können durch eine Vorschüttung im Fußbereich stabilisiert werden. Den gleichen Effekt haben auch die Abtragung der Böschungskrone und die Verflachung der Böschungsneigung.

In Felsböschungen kann eine akute Felssturzgefahr auch durch Sprengung instabiler Hangpartien abgewendet werden. Ein Sprengspezialist ermittelt die erforderliche Anzahl der Sprengbohrungen und die Sprengfolge. Im Talbereich sind Sicherungsmaßnahmen erforderlich.

#### Gebirgskompatible Böschungsausbildung

Aufwendige Sicherungsmaßnahmen lassen sich oft vermeiden, indem die Gestaltung des Hangbereichs den geologischen Gegebenheiten angepasst wird, anstatt sie den strikten Vorgaben des Planers zu unterwerfen. Ein typisches Beispiel hierfür ist die Anpassung der Geometrie einer Felsböschung an das vorliegende Trennflächengefüge. Dabei werden bestimmte Gebirgspartien gezielt und gebirgsschonend abgebaut, um so den im Schmidtschen Netz erkennbaren Versagensmechanismen zuvorkommen.

Im einfachsten Fall wird die Böschungsneigung an die Neigung der Schichtflächen angepasst. Damit wird vermieden, dass der Großkreis der Schichtflächen aus der Böschung herauszeigt und eine Rutschung kinematisch möglich wird. In diesem Sinne lässt sich die Böschungsgeometrie auch an andere Versagensmechanismen anpassen. Bei dieser Vorgehensweise beschränken sich die im Folgenden beschriebenen konstruktiven Maßnahmen auf stark verwitterte Bereiche, aufgelockerte Abschnitte und Störungszonen, sowie die Teilbereiche, die nicht geologisch angepasst werden konnten. Die Kosten der Gestaltung eines Hangs lassen sich so erheblich vermindern wie auch die Folgekosten aus der Wartung konstruktiver Stabilisierungsmaßnahmen. Voraussetzung ist jedoch, dass vor der Planung der Hanggestaltung eine ingenieurgeologische Kartierung durchgeführt wird. Je detaillierte sie ist, desto mehr Kosten und Folgekosten lassen sich einsparen.

Abbildung 10.72 veranschaulicht das Prinzip der gebirgskompatiblen Böschungsgestaltung am Beispiel der bereits in den 1960er Jahren ausgeführten kleinräumigen Böschungssicherung in Hofolpe, Sauerland (Heitfeld & Schauerte 1969). Ein Bundes-

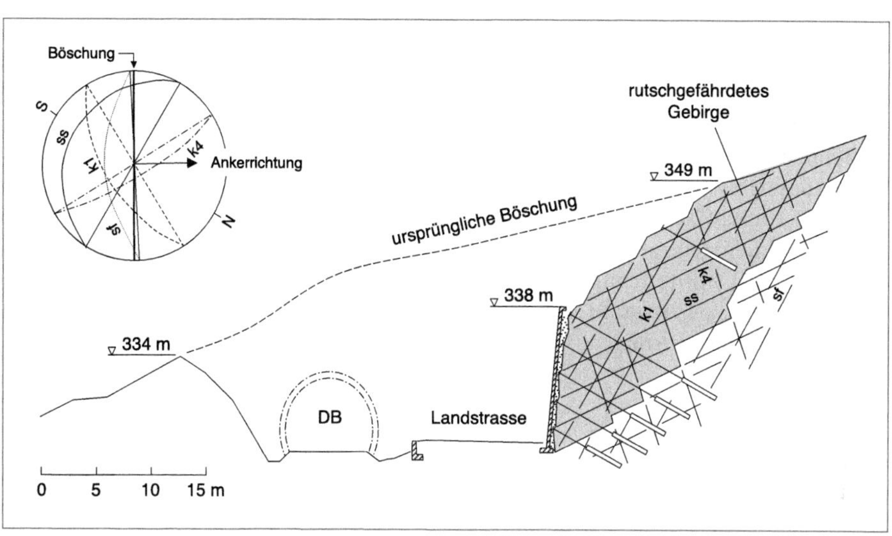


Abb. 10.72 Gebirgskompatible Ausbildung eines Einschnitts in unterdevonische Ton- und Grauwackenschiefer bei Hofolpe (Sauerland). Das Schmidtsche Netz zeigt das Trennflächengefüge (Schichtung, Schieferung und Klüftung) sowie die gewählte Ankerrichtung (nach Heitfeld & Schauerte 1969, aus Genske 2008).

bahntunnel war zurückzubauen und gleichzeitig trassenparallel eine Landstraße neu zu bauen. Dabei wurde ein bis zu 25 m tiefer Einschnitt in die unterdevonischen Ton- und Grauwackenschiefer notwendig. Auf der Grundlage einer ingenieurgeologischen Kartierung und der Einteilung des Geländes in Homogenbereiche wird die Ausbil-

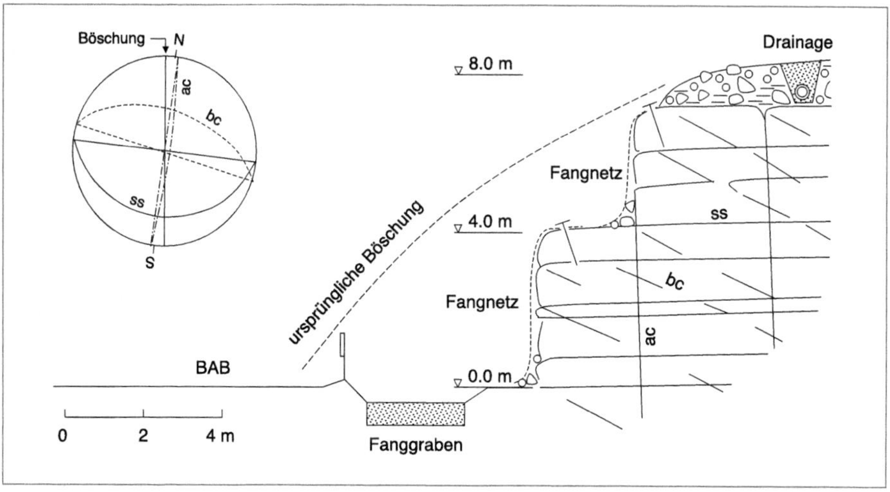


Abb. 10.73 Anpassung des Böschungsprofils der BAB 1 bei Schwelm (Rheinisches Schiefergebirge) an die geologischen Vorgaben (schematisch). Das Schmidtsche Netz zeigt das Trennflächengefüge (Schichtung, ac- und bc-Klüftung). Bei gebirgsschonendem Abtrag entlang der steilen ac-Klüftung ergeben sich keine kinematisch möglichen Versagensmechanismen, so dass auf Anker verzichtet werden kann und die Böschung nur gegen Steinschlag gesichert werden muss (Genske 1992, 2008).

dung der Böschung konsequent an die geologischen Vorgaben angepasst. Die gefügekundliche Auswertung zeigt einen potenziellen Gleitkörper an, der im unteren Teil von der Schichtung und bergseitig von einer Klufttreppe aus Schichtung, Schieferung und Klüftung begrenzt wird. Die gebirgskompatible Ausbildung des Böschungsprofils erlaubte die Sicherung der Böschung mit nur wenigen Ankern.

Abbildung 10.73 zeigt ein weiteres Beispiel für die gebirgskompatible Ausbildung einer Böschung (Genske 1992). Bei der Verbreiterung der BAB 1 bei Schwelm (Rheinisches Schiefergebirge) wurde der Schwelmer Massenkalk (Devon) angeschnitten. Der Einschnitt wurde gebirgsschonend an die geologischen Vorgaben und das Trennflächengefüge angepasst und kommt so, bis auf wenige Felsnägel in verwitterten Bereichen, gänzlich ohne Anker aus.

## Konstruktive Maßnahmen

Zu den konstruktiven Maßnahmen der Hangsicherung zählen Vernagelungen, Verankerungen und Stützbauwerke. Abbildung 10.74 veranschaulicht die Systematik der Nägel und Anker. Nägel und Anker können im Boden und im Fels, temporär (zum Beispiel bei Baugruben) oder permanent (zum Beispiel bei Straßenböschungen) eingesetzt werden.

*Nägel* werden allein auf Schub beansprucht. Sie können kleinräumig und nur wenige Meter lang eine Böschung ertüchtigen oder großräumig, zum Beispiel als Zementinjektionen, einen ganzen Hang stabilisieren.

*Anker* werden in Bohrlöcher eingeführt und nach verschiedenen Verfahren am Bohrlochende fixiert. Danach werden sie gespannt, um so die Normalspannungen in potenziellen Gleitflächen und somit deren Scherfestigkeit zu erhöhen. Die Kraftübertragung bei Ankern erfolgt durch eine Vermörtelung, Verpressung, Verkeilung oder Verklebung. Die Orientierung der Anker hängt ab von der Orientierung der Gleitflächen. Bei räumlichen Gleitproblemen ergibt sich die günstigste Ankerrichtung aus dem Schmidtschen Netz.

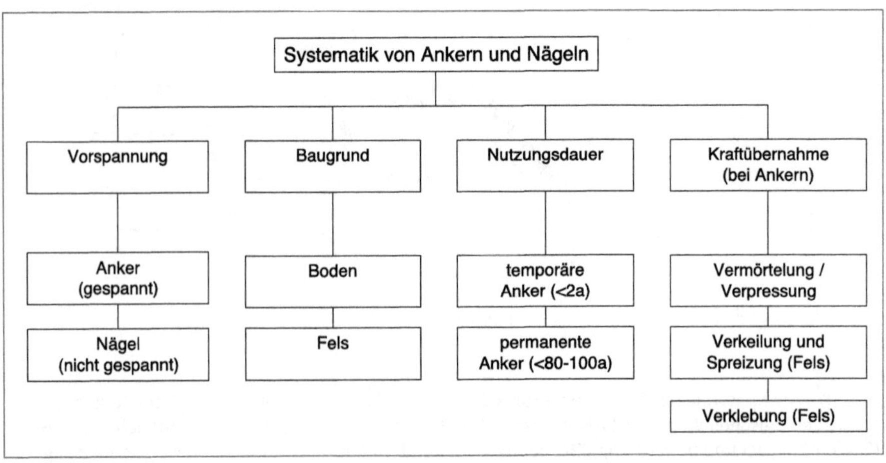


**Abb. 10.74** Systematik der Anker und Nägel.

**Abb. 10.75** Permanentanker an einer Felsböschung an der Autobahn N2 zwischen Olten und Basel, Schweiz.

Oft wird eine Vernagelung oder Verankerung in Kombination mit *Spritzbeton* ausgeführt, der sich auch unregelmäßigen Oberflächen anpasst und mit Baustahlgewebe armiert wird. Mit einer Drainage ist sicherzustellen, dass sich hinter der Spritzbetonschicht kein Kluftwasserdruck aufbauen kann. Spritzbeton lässt sich schnell aufbrin-

Abb. 10.76 Ein erodierter Hang im Yosemite Nationalpark, Kalifornien.

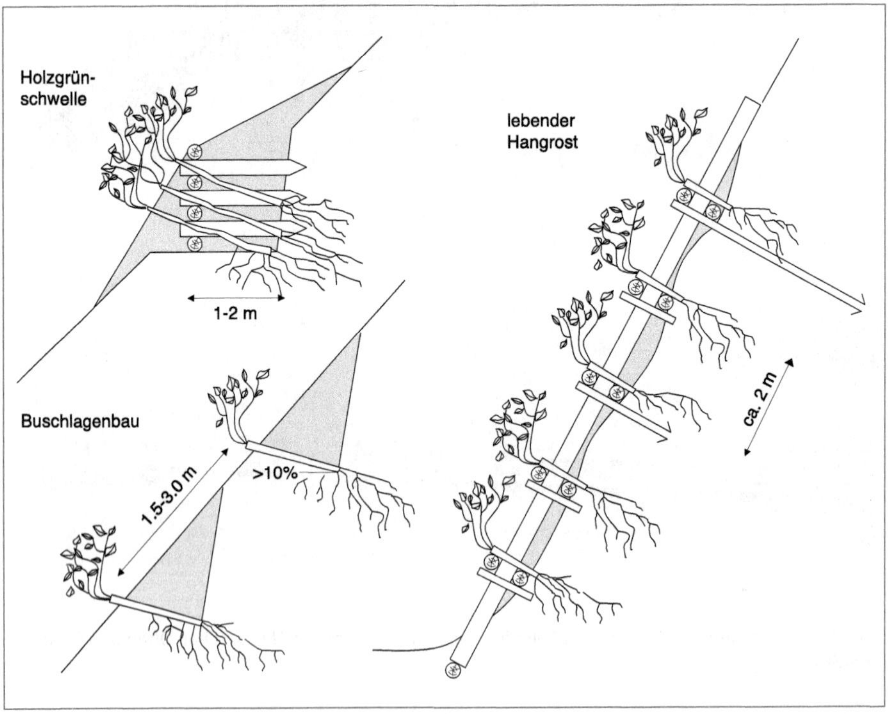


Abb. 10.77 Varianten des Lebendverbaus: traditionelle Holzgrünschwelle (begrünte Krainerwand) als Stützbauwerk, Buschlagenbau mit eingelegtem Buschwerk zur Stabilisierung erosions- und rutschgefährdeter Hangpartien, lebender Hangrost zur flächenhaften Sanierung von Steilhängen (nach Schiechtl 1991).

gen und ist kostengünstig, andererseits allerdings ästhetisch wenig ansprechend und ökologisch anspruchslos. Abbildung 10.75 zeigt eine Felssicherung mit Permanentankern an der N2 zwischen Olten und Basel. In die Felssicherung integriert wurden Spritzbeton und Natursteinmauerwerk.

Auch Pflanzen können aktiv zur Stabilisierung eines Hangs eingesetzt werden. Die Bepflanzung der Böschung hat eine Reihe von Vorteilen: Zum einen armiert das Wurzelsystem den Boden und übernimmt so eine Verankerungsfunktion. Zum anderen hemmt das Wurzelwerk die Erosion des Hangs (Abb. 10.76). Weiterhin konsumiert die Vegetationsdecke Oberflächen- und Sickerwässer, die Strömungs- und Bergwasserdrücke auslösen könnten. Außerdem ist eine Bepflanzung ästhetisch ansprechend und ökologisch nützlich. Da es sich beim *Lebendverbau* um ein lebendes, sich selbst regulierendes System handelt, bedarf es, bei fachgerechter Ausführung, bereits nach wenigen Jahren kaum noch einer Überwachung oder Pflege, was ein wesentlicher Vorteil zu konventionellen, konstruktiven Sicherungsmaßnahmen ist. Abbildung 10.77 zeigt einige Varianten des Lebendverbaus wie die Holzgrünschwelle (begrünte Krainerwand), den Buschlagenbau und den Hangrost.

Allerdings können die Wurzeln der Pflanzen unter Umständen auch das Gefüge des Gebirges auflockern und das Eigengewicht der Pflanzen kann, insbesondere in Verbindung mit Windkräften, destabilisierend wirken. Die richtige Wahl der Pflanzenart, die pflanzengerechte Vorbereitung des Hangs und der Zeitpunkt der Anpflanzung sind daher von entscheidender Bedeutung für den Erfolg einer ingenieurbiologischen Stabilisierung.

*Stützbauwerke* sind aufwendige Konstruktionen, die das Erscheinungsbild des Hangs deutlich verändern. Grundsätzlich unterscheidet man

- Stützbauwerke, die durch ihr Eigengewicht den Hang stabilisieren wie Steinsetzkästen, Konstruktionen aus Bewehrter Erde, Schwergewichtsmauern und Winkelstützmauern.
- Stützwände, die in den Boden eingespannt und verankert werden wie Spundwände oder Bohrpfahlwände.

**Abb. 10.78** Stabilisierung einer Böschung mit Gabionen (Andalusien, Spanien).

Eine einfache und kostengünstige konstruktive Maßnahme der Stabilisierung von Böschungen stellen *Steinsetzkästen* oder *Gabionen* dar. Sie werden im Fußbereich der Böschung eingesetzt und sichern diesen durch ihr Eigengewicht (Abb. 10.78). Gabionen sind flexibel einsetzbar und machen kleine Deformationen zerstörungsfrei mit. Sie zeigen somit Bereiche an, die trotz der Stabilisierung noch in Bewegung sind. Gabionen sind wasserdurchlässig und verhindern so, dass sich ein Bergwasserdruck aufbauen kann. Sie sind ökologisch nützlich und dienen der Fauna als Rückzugs- und Siedlungsraum.

Das Prinzip der *Bewehrten Erde*, auch *Terre Armée*, stellt eine weitere Variante der Stabilisierung über das Eigengewicht dar. Der Grundgedanke geht auf den französischen Ingenieur Henri Vidal zurück, der in den 1960er Jahren um verdichtete Bodenschichten Zugbänder legte und so einen „armierten" Bodenstützkörper schuf, der sich selbst stabilisiert (Abb. 10.79). Inzwischen werden als Zugbänder auch Geogitter aus Kunststoff genutzt. An der Luftseite der so aufgebauten Verbundkonstruktion können Stahlbleche oder Betonfertigteile angebracht werden, die eine ansprechende Böschungsauskleidung bilden. Das Verfahren ist preisgünstig und wird oft zur Sicherung von Böschungen im Straßenbau verwendet.

Abbildung 10.80 zeigt weitere Konstruktionen, die über ihr Eigengewicht den Hang stabilisieren. Dabei handelt es sich um massive Bauwerke wie *Schwergewichtsmauern* oder Stahlbetonkonstruktionen wie *Winkelstützmauern*. Um den Aufbau des Bergwasserdrucks zu verhindern, müssen wasserundurchlässige Schwergewichts- und

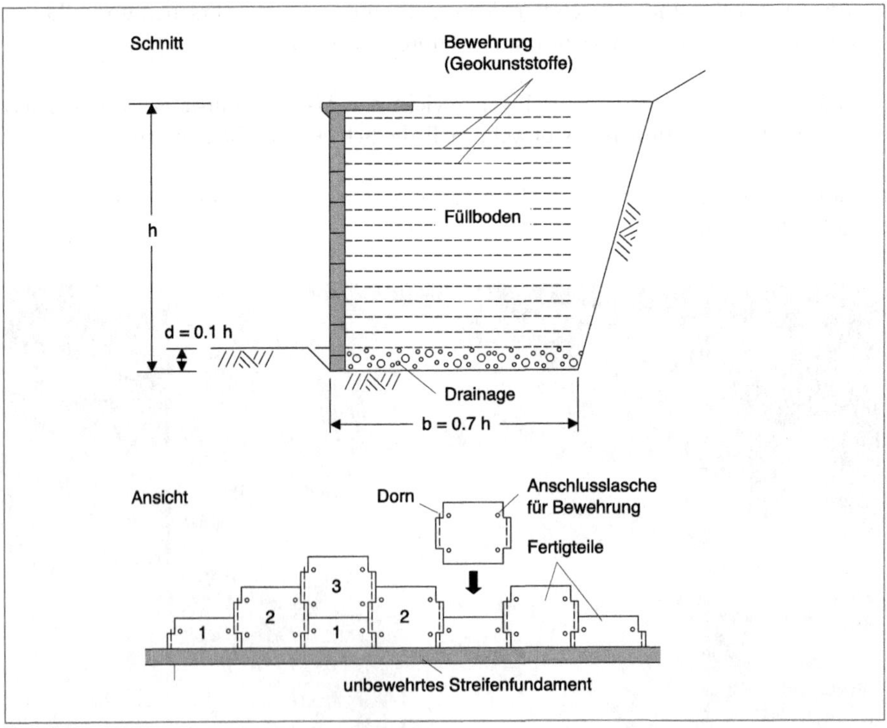


**Abb. 10.79** Prinzip der bewehrten Erde (nach Möller 2012 und Bewehrte Erde Ingenieurgesellschaft mbH Hamburg).

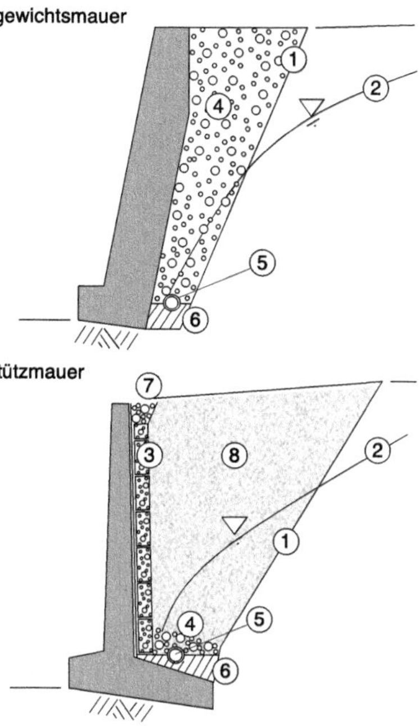


**Abb. 10.80** Schwergewichtsmauer und Winkelstützmauern (vereinfacht nach Smoltzyk 1997). 1 Aushub, 2 Bergwasserspiegel, 3 Filtersteine, 4 Rundkies oder Steinpackung, 5 gelochte oder poröse Drainage, 6 Füllbeton, 7 Oberflächendrainage, 8 Hinterfüllung.

Winkelstützmauern entwässert werden. Dies geschieht in der Regel durch eine Perforation der Wand oder eine rückseitige Drainage. Im Winter kann jedoch der Frost die Entwässerung versiegeln und die Drainage somit unwirksam machen. Schlecht dimensioniert können sich Drainagen auch mit eingespülten Sedimenten zusetzen und unwirksam werden. Wird das Bergwasser nicht entwässert oder besteht die Gefahr, dass es sich in bestimmten Situationen aufbauen kann, muss es beim Nachweis der Standsicherheit als hydrostatische Belastung berücksichtigt werden.

Im Gegensatz zu Schwergewichtsbauwerken stabilisieren eingespannte und rückverankerte Konstruktionen den Hang über die Biegesteifigkeit der Stützwand, ihre Einspannung in den Untergrund und ihre Verankerung im Gebirge. *Spundwände* sind flexible Konstruktionen, die oft auch zur (temporären) Sicherung von Baugruben eingesetzt werden. *Bohrpfahlwände* sind massive, steife Bauwerke, die zum Beispiel eine (permanente) Sicherung von Verkehrwegen gewährleistet. Von der Vielzahl möglicher Konstruktionen zeigt Abbildung 10.81 eine Bohrpfahlwand mit Stahlbetonkopfplatte zur großräumigen Sicherung eines Straßeneinschnitts. Weitere Varianten wie Brunnenwände, Schlitzwände, Düsenstrahlwände etc. sind möglich.

Hinter der Stützkonstruktion baut sich ein Erd- bzw. Gebirgsdruck auf. Diesen zu berechnen erweist sich als anspruchsvolle Aufgabe, insbesondere wenn räumliche Erd- und Gebirgsdrücke sowie zusätzlich Bergwasser zu berücksichtigen sind. Im einfachsten, ebenen Fall bildet sich im homogenen nicht bindigen Boden ein Gleitkeil, der gegen die Stützkonstruktion drückt. Dieser Gleitkeil rutscht entlang einer Gleitfuge

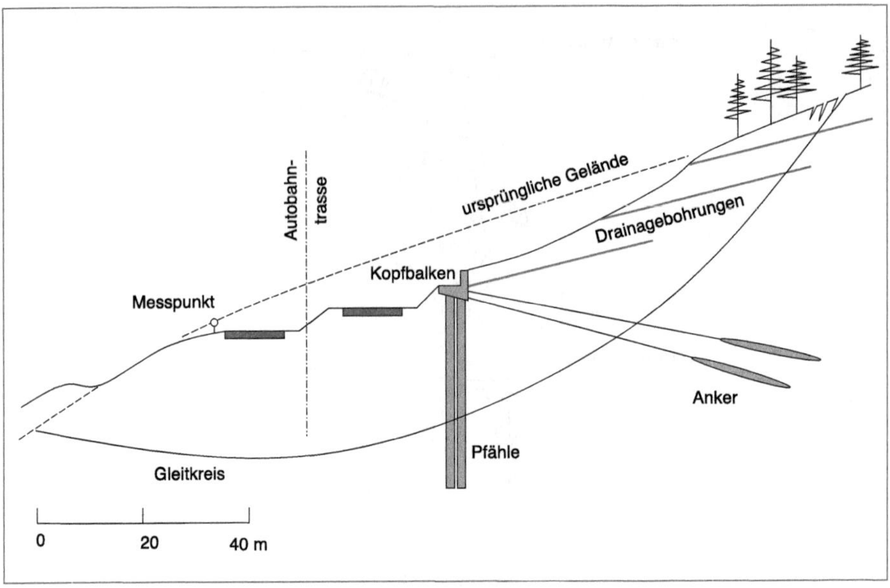


**Abb. 10.81** Sicherung einer Rutschung entlang einer Autobahn in Hanglage mit Bohrpfählen und einer Rückverankerung. Jeweils zwei bewehrte Bohrpfähle wurden in der Falllinie (als Pfahlscheibe) in einem Abstand von knapp 3 m angeordnet, so dass sich kein Bergwasserdruck aufbauen kann. Die Bohrpfähle sind rückverankert und mit einem Stahlbeton-Kopfbalken verbunden (vereinfacht nach Brandl 2009).

ab. Um den *Erddruck* infolge des Gleitkeils zu berechnen, ist zunächst ein potenzieller, starr angenommener Gleitkörper freizuschneiden (Abb. 10.82). Aus der Geometrie des Kraftecks folgt für den Erddruck

$$E = G\tan(\vartheta - \varphi) = \frac{1}{2}\frac{\gamma z^2}{\tan\vartheta}\tan(\vartheta - \varphi)$$

Die Größe der Erddruckkraft variiert mit dem Gleitflächenwinkel $\vartheta$. Die zutreffende, maximale Erddruckkraft folgt aus der Extremalbedingung

$$\frac{d}{d\vartheta}\left[\frac{\tan(\vartheta - \varphi)}{\tan\vartheta}\right] = \frac{\tan\vartheta/\cos^2(\vartheta - \varphi) - \tan(\vartheta - \varphi)/\cos^2\vartheta}{\tan^2\vartheta} \overset{!}{=} 0$$

die für den kritischen Gleitflächenwinkel

$$\vartheta_c = \vartheta_a = 45 + \frac{\varphi}{2}$$

erfüllt ist. Es folgt für den maximalen oder *aktiven Erddruck*

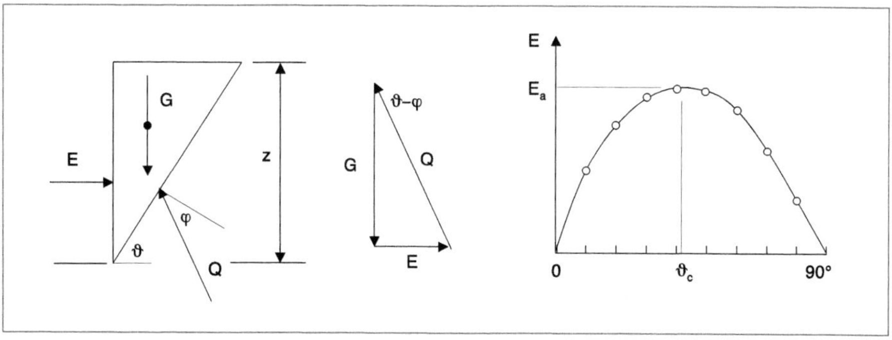


**Abb. 10.82** Kräfte am freigeschnittenen Gleitkörper im aktiven Erddruckfall, Krafteck, Erddruck in Abhängigkeit von der Neigung der Gleitfläche.

$$\max E = E_a = \frac{1}{2}\gamma z^2 \tan^2\left(45 - \frac{\varphi}{2}\right)$$
$$= \frac{1}{2}\gamma z^2 K_{agh}$$

mit

$$K_{agh} = \tan^2\left(45 - \frac{\varphi}{2}\right)$$

Darin wird $K_{agh}$ [–] als (horizontaler) aktiver *Erddruckbeiwert* bezeichnet, der in den Fachbüchern des Grundbaus und der Bodenmechanik meist in Form einer Tabelle oder als Diagramm (Abb.10.83) dargestellt wird.

Die Beobachtung, dass sich durch Variation der Gleitflächenneigung der maximale und somit zutreffende Erddruck einstellt, in diesem Sinne das *Prinzip der kleinsten Sicherheit* gilt, wurden bereits in Jahre 1773 von Coulomb veröffentlicht. Der so hergeleitete aktive Erddruck wird daher auch als *Coulombscher Erddruck* bezeichnet.

Hat der Boden neben dem Reibungswinkel auch eine Kohäsion (Schuff, Ton etc.), dann wird diese negativ (entgegen des aktiven Erddrucks) angesetzt und mit einem eigenen Erddruckbeiwert berücksichtigt. Er ergibt sich aus

$$K_{ach} = \frac{2\cos(\alpha - \beta)\cos\varphi\cos(\alpha + \delta)}{\left[1 + \sin(\varphi + \alpha + \delta - \beta)\right]\cos\alpha}$$

Unter Berücksichtigung der Kohäsion folgt für den Erddruck

$$E_{ah} = \frac{1}{2}\gamma z^2 K_{agh} - c K_{ach}$$

Die Neigung der Stützwand (Wandneigung $\alpha$), die Neigung des Geländes (Geländeneigung $\beta$) sowie die Reibung zwischen der Stützwand und dem Boden (Wandreibung $\delta$) verändern den Erddruckbeiwert. Die Herleitung der veränderten Erddruckbeiwerte geschieht auf gleicher (einfacher) Weise durch Freischneiden und Bildung des Kräftegleichgewichts.

Bei der Bestimmung des resultierenden Erddrucks ermittelt man zunächst die horizontalen Erddruckspannungen

$$e_{ah} = \gamma z K_{agh} - c K_{ach}$$

die dann über die Mächtigkeiten der Bodenschicht $z$ integriert werden, um den resultierenden Erddruck zu bestimmen. Dabei wird bei jeder Bodenschicht die darüber lagernde Bodenschicht als flächige Auflast $p$ betrachtet, mit

$$e_{aph} = p K_{agh}$$

Das folgende Beispiel veranschaulicht den Berechnungsgang.

Für einen 6 m tiefen Geländesprung sind die Erddruckspannungen und der resultierende Erddruck zu bestimmen. Die Bodenkennwerte und Erddruckbeiwerte sind in Abbildung 10.84 dargestellt. Die Wand ist vertikal ($\alpha = 0$), das Gelände ist horizontal ($\beta = 0$) und der Reibungswinkel zwischen der Stützwand und dem Boden entspricht zwei Drittel des Reibungswinkel des Bodens ($\delta = 2/3\varphi$). Der resultierende horizontale Erddruck ergibt sich zu 85.14 kN/m. Da die Kohäsion ein schwer einzuschätzender Bodenkennwert ist und möglicherweise (zum Beispiel beim Austrocknen des Bodens) stark vermindert werden kann, wird nach den geltenden Regelwerken eine Vergleichsberechnung mit einem Ersatzboden (anstelle des kohäsiven Bodens) durchgeführt. Dieser Ersatzboden hat keine Kohäsion, aber einen Ersatzreibungswinkel von $\varphi^* = 40°$. Mit dem Ersatzboden ergibt sich ein resultierender horizontaler Erddruck von 68.85 kN/m. Der Erddruck unter Berücksichtigung der Kohäsion (85.14 kN/m) ist größer und ist in der statischen Berechnung anzusetzen.

Analog dem aktiven Erddruck wird auch der *passive Erddruck* oder *Erdwiderstand* bestimmt, der sich zum Beispiel im Bereich der Einspannung einer Stützwand aufbaut. Für homogenen, nicht bindigen Boden gilt

$$\min E = E_p = \frac{1}{2}\gamma z^2 \tan^2\left(45 + \frac{\varphi}{2}\right)$$
$$= \frac{1}{2}\gamma z^2 K_{pgh}$$

Der Erdwiderstandsbeiwert $K_{pgh}$ [–] liegt wie der aktive Erddruckbeiwert tabelliert bzw. als Diagramm vor (Abb. 10.83).

Der aktive und der passive Erddruck definieren Grenzzustände, die bereits von Rankine (1857) erkannt und für idealisierte Bedingungen beschrieben wurden (Abb. 10.85). Neben den ebenen Gleitflächen wurden für den passiven Fall auch kreiszylindrische Gleitkörper (Krey 1926) oder gekrümmte Gleitflächen (Caquot & Kerisel 1948) untersucht, aus denen sich modifizierte Erdwiderstandsbeiwerte ergeben.

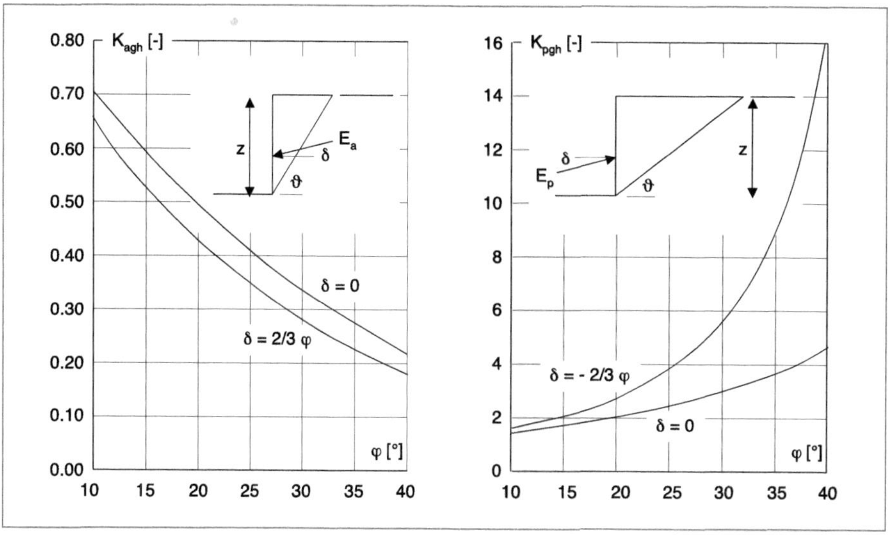


**Abb. 10.83** Erddruck- und Erdwiderstandsbeiwerte. Die Wand ist lotrecht, die Böschung waagerecht, der Wandreibungswinkel Null bzw. 2/3 $\varphi$ ($\alpha = \beta = 0$, $\delta = 0$ bzw. 2/3 $\varphi$).

Beide Grenzzustände, aktiver und passiver Erddruck, setzen eine Bewegung des Gleitkörpers zur Aktivierung der Reibung voraus. Dies geht einher mit einer geringfügigen Senkung bzw. Hebung des Geländes. Bei unmittelbar neben dem Geländesprung stehenden Gebäuden kann dies zu Schäden und Rissen führen. In diesem Fall ist die Stützmauer auf den Erdruhedruck zu bemessen, der keine Bewegungen zulässt.

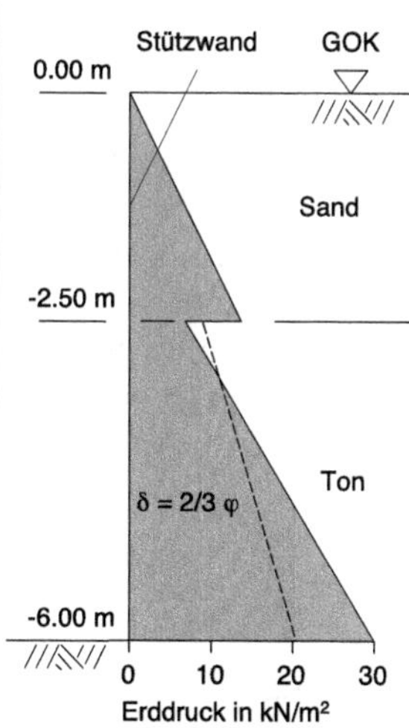


| φ | c | γ | $K_{agh}$ | $K_{ach}$ | $e_{ah}$ | $E_{ah}$ |
|---|---|---|---|---|---|---|
| ° | kN/m² | kN/m³ | - | - | kN/m² | kN/m |
| 30 | 0 | 20 | 0.28 | 0 | 0<br>14.00 | 17.50 |
| 25 | 10 | 18 | 0.35<br>0.18* | 0.92 | 8.30<br>9.00*<br>20.34*<br>30.35 | 67.64<br>51.35* |
| | | | | | Summe | **85.14**<br>68.85* |

**Abb. 10.84** Geländesprung, Bodenkennwerte, Erddruckbeiwerte, Erddruckspannungen und Erdrücke.

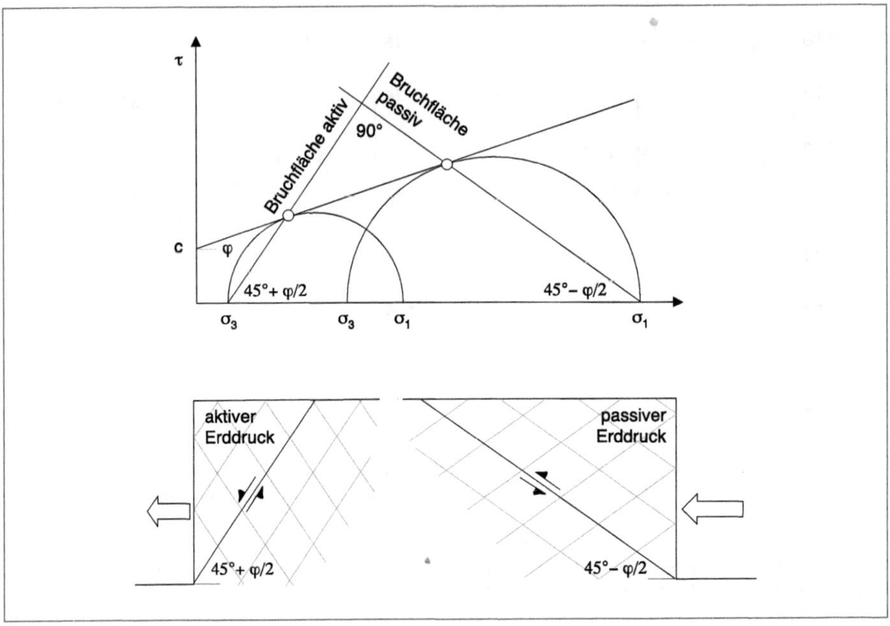


**Abb. 10.85** Die Mohrschen Spannungskreise (Teil 2, Kapitel 7) für das aktive und passive Grenzgleichgewicht (Rankinesche Grenzzustände). Aus den Mohrschen Spannungskreisen (Triaxialversuch) lässt sich die Neigung der Gleitfläche im aktiven und passiven Fall konstruieren.

Der Erdruhedruckbeiwert folgt für $\alpha = \beta = \delta = 0$ aus

$$K_{ogh} = 1 - \sin\varphi$$

und die sich daraus ergebende Erdruhedruckspannung aus

$$e_{ogh} = \gamma\, z\, K_{ogh}$$

Der Erdruhedruck ist größer als der aktive Erddruck und erfordert somit steifere und aufwendigere Stützbauwerke.

Im Vergleich zum Boden kann sich im Gebirge keine freie Gleitfläche ausbilden. Vielmehr sind die potenziellen Gleitflächen bereits durch das Trennflächengefüge vorgegeben. Die Herleitung des Gebirgsdrucks und des Gebirgswiderstands geschieht (wie bereits diskutiert) auf ähnliche Weise, in dem der Gleitkörper freigeschnitten und die Kräfte in einem Krafteck zusammengeführt werden.

**Übungen**

10-1 Welche Hinweise im Gelände zeugen von Hangbewegungen?

10-2 Stellen Sie durch Freischneiden im Krafteck den aktiven Erddruck für einen Boden mit Reibung und Kohäsion dar und leiten Sie daraus die Formel für den aktiven Erddruck ab (Wandhöhe $h$, Wandneigung vertikal, Geländeneigung horizontal, keine Durchströmung). Bis zu welcher Höhe steht die Wand ohne Abstützung?

10-3 Ein rechteckiger Gleitkörper ($d/l = 0.2$, $\gamma_g/\gamma_w = 2.5$) ist nach heftigen Regenfällen auf einer um 20° geneigten Schichtfläche abgeglitten. Geben Sie einen realistischen Schätzwert für den wirksamen Reibungswinkel entlang der Gleitfläche an.

10-4 Ein keilförmiger Gebirgskörper ($d/l = 0.3$, $\vartheta + \vartheta' = 90°$, $\gamma_g/\gamma_w = 2.5$) könnte entlang der um 20° geneigten Schichtfläche aus der Böschung gleiten. Aufgrund ingenieurgeologischer Untersuchungen müsste der Reibungswinkel entlang der Schichtfläche bei etwa 32° liegen. Angenommen, es wirkt voller Kluftwasserdruck, ist dann die Böschung standsicher?

10-5 Die Standsicherheit eines Gebirgskörpers ist zu ermitteln (Abb. 10.86). Der Reibungswinkel entlang der Gleitfläche wird mit $\varphi_{vorh} = 33°$ angesetzt, die Wichte des Gebirges beträgt 25 kN/m³. Wäre der Gleitkörper bei vollem Kluftwasserdruck standsicher? Ermitteln Sie den im Grenzzustand erforderlichen Reibungswinkel mit dem Krafteck.

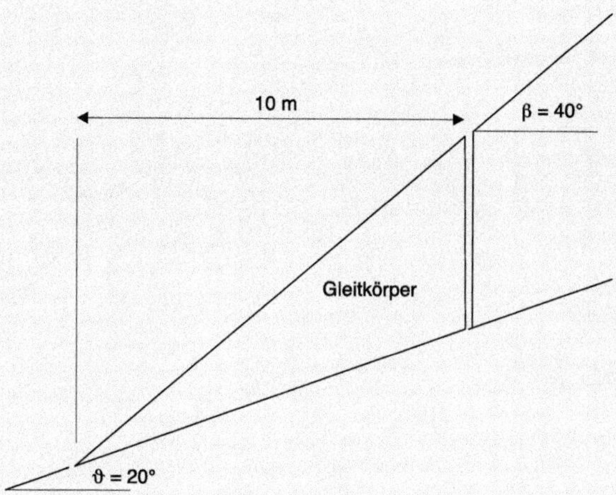


**Abb. 10.86** Gleitkörper

10-6 In Abbildung 10.87 wird ein Versagensmechanismus vorgestellt, der aus 2 Teilkörpern besteht. Wie groß wäre die erforderliche Ankerkraft, um das System im Gleichgewicht zu halten, vorausgesetzt $\varphi_{ss}$ ist 35°? Anzugeben ist (1) die Ankerkraft bei horizontaler Ankerneigung und (2) die Ankerkraft bei optimaler Ankerneigung.

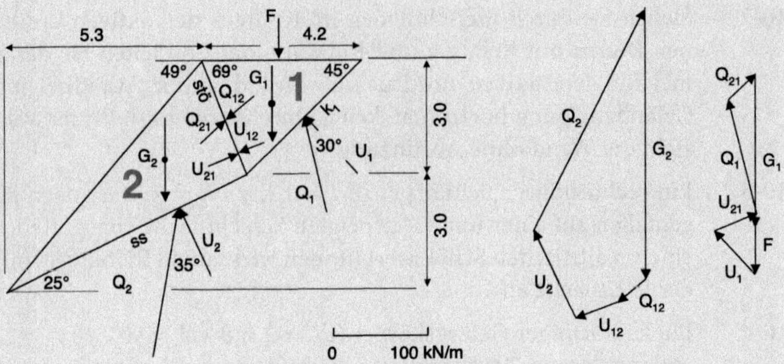


**Abb. 10.87** Zwei Teilkörper bilden einen Versagensmechanismus.

# 11 Bergsenkungen

★ Dieser Abschnitt befasst sich mit der Rolle der Ingenieurgeologie bei der Beurteilung von Bergsenkungen und Bergschäden. Zunächst werden Phänomene und Mechanismen regulärer und irregulärer Bergsenkungen vorgestellt. Darauf aufbauend werden die Erscheinungsformen des Karstes (Karbonatkarst, Sulfatkarst, Chloridkarst) näher beschrieben. Anschließend wird die Bergschadensproblematik beim Abbau von Rohstoffen (festen, flüssigen und gasförmigen) diskutiert, wobei auf die verschiedenen Gewinnungsverfahren und die von ihnen verursachten Bergsenkungen eingegangen wird. Schadensursachen und Auslöser werden diskutiert und ein Überblick über Modelle und Nachweisverfahren gegeben, wobei zwischen regulären und irregulären Bergsenkungen unterschieden wird. Schließlich werden Maßnahmen der Sicherung und Stabilisierung diskutiert. Dabei wird zunächst auf die Eingrenzung problematischer Bereiche sowie deren Monitoring eingegangen. Anschließend werden Methoden der Stabilisierung vorgestellt wie die Verfüllung der Hohlräume oder ihr Ausbau, sowie konstruktive Maßnahmen wie die Ertüchtigung von Verkehrswegen und Bauwerken.

## 11.1 Phänomene

Am 31. Juli 1890 schreibt die Sangerhäuser Zeitung (Harz): „... Sonntag Morgen um 9 Uhr wurden wir durch ein gewaltiges Naturereignis überrascht: In dem gräflichen See, welcher alljährlich zur Heu- und Grummetnutzung verpachtet wird, sah ein hiesiger Einwohner eine kleine Öffnung und untersuchte dieselbe in dem Glauben, daß sie ein Schlupfwinkel irgend eines Wildes bilde. Nachdem er das Grundstück wieder verlassen, vernahmen mehrere Personen ein Donnern und Getöse, die glaubten ein schweres Gewitter sei im Anzuge; sie wurden aber bald gewahr, daß das gräfliche Grundstück versank. Nun sammelten sich schnell eine Menge Einwohner und sahen dem gewaltigen Ereignis zu, Donner auf Donner erdröhnte, hervorgebracht durch die sich lösenden in die Tiefe stürzenden gewaltigen Erdmassen. Dieser Vorgang dauerte bis abends 6 Uhr, wo die Erdrutschungen nachließen. Rings an den Wänden traten starke Quellen hervor welche ein unheimliches Zischen verursachen. Die Tiefe der

Senkung ist bedeutend, ein zweistöckiges Haus würde nicht zum Vorschein kommen; am Flächengehalt umfaßt die Senkung ungefähr vier Morgen..."

Der Bericht beschreibt die Entstehung des Hackpfüffler Sees am Nordkyffhäuserrand (s.a. Völker 1997). Er schildert ein typisches Bergsenkungsphänomen (Abb. 11.1), bei dem glücklicherweise niemand zu Schaden kam. Mitunter kommt es jedoch zu dramatischen Ereignissen, die ein sofortiges Eingreifen erfordern (Abb. 11.2): Im Frühjahr 1992 fallen einem Steiger während seiner Schicht in einer untertägigen Schiefergrube im Rheinischen Schiefergebirge ungewöhnliche Geräusche auf, die aus einem vor Jahren aufgegebenen Abbaubereich hallen. Offensichtlich handelt es sich um das Nachfallen von Gestein. Der Steiger ist alarmiert, wurde doch das Gebiet über dem verlassenen Grubenbereich inzwischen bebaut. 30 m über dem Abbau aus dem er die Geräusche zu vernehmen meint, befindet sich ein Krankenhaus. Er informiert das Ordnungsamt, das noch in der Nacht die Evakuierung anordnet. In den frühen Morgenstunden des folgenden Tags ist das gesamte Krankenhaus geräumt. Nur wenige Stunden später bricht der Grubenbereich plötzlich ein. Der Tagesbruch zerstört das Krankenhaus vollständig. Nur der Aufmerksamkeit des pflichtbewussten Steigers ist es zu verdanken, dass keine Opfer zu beklagen sind.

Warum gab im Juli 1890 am Nordkyffhäuserrand der Boden nach? Hätte man die Gefahr frühzeitig erkennen können? Warum brach im Frühjahr 1992 im Rheinischen Schiefergebirge der Abbau ein? Wäre es möglich gewesen, den Untergrund zu stabilisieren? Dieses Kapitel befasst sich mit Bergsenkungen, ihrer Erkundung und ihrer Sicherung.

Es gibt eine große Vielfalt an *Bergsenkungen*. Entsprechend vielfältig sind auch die Kriterien, nach denen sie unterschieden werden:

**Abb. 11.1** So wie am gräflichen See im Juli 1890 brach auch im April 1993 an der Mooskammer (Landkreis Sangershausen) ein Erdfall ein. Ursache sind die unter etwa 15 m Auslaugungsresten liegenden Zechsteinsulfate. Die unmittelbare Umgebung des Erdfallgeschehens ist mit fossilen und historischen Erdfällen übersät (Foto: Reinhard Völker).

Abb. 11.2 Das aufgrund des Tagesbruchs im Jahre 1992 zerstörte Krankenhaus im Rheinischen Schiefergebirge. Das Gebäude wurde Dank der Aufmerksamkeit des Steigers rechtzeitig geräumt, so dass keine Opfer zu beklagen waren.

- Natürliche, auf die Erosion und die Lösung von Gebirge zurückgehende Bergsenkungen und künstliche, zum Beispiel durch den Abbau von Ressourcen verursachte Bergsenkungen.
- Lokale, nur wenige Quadratmeter große Tagesbrüche und regionale, sich über Quadratkilometer große Flächen erstreckende Bergsenkungen.
- Allmähliches Absenken und plötzliches Einstürzen.
- Plastische Deformation und die Bewegung von Teilkörpern.
- Aktive, blockierte, reaktivierte, latente, abgeschlossene, stabilisierte und fossile Bergsenkungen.

Abbildung 11.3 veranschaulicht die Terminologie der Bergsenkungen. Grundsätzlich unterscheidet man zwischen *regulären Bergsenkungen* und *irregulären Bergsenkungen*.

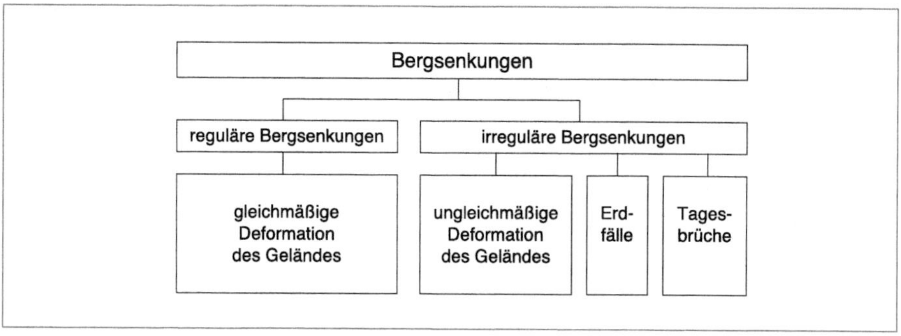


Abb. 11.3 Systematik und Terminologie der Bergsenkungen.

Eine reguläre Bergsenkung ist eine allmähliche, gleichmäßige Absenkung des Geländes. Sie entsteht in der Regel, wenn sich im tieferen Untergrund ein Hohlraum schließt. Im Gegensatz dazu stellt sich eine irreguläre Bergsenkung als abrupte, bruchhafte Verformung des Geländes dar. Sie entsteht, wenn sich nahe der Oberfläche ein Hohlraum schließt. Als *Erdfall* wird eine irreguläre Bergsenkung verstanden, die oberhalb eines natürlichen Hohlraumes entsteht (zum Beispiel in Karstgebieten). Als *Tagesbruch* wird eine irreguläre Bergsenkung verstanden, die oberhalb eines künstlichen Hohlraums entsteht (zum Beispiel in Bergbaugebieten).

## 11.2 Mechanismen und Ursachen

### 11.2.1 Karst

Lösliche Gesteine bilden spezielle Landformen, die unter dem Oberbegriff *Karst* zusammengefasst werden. Bekannt sind die durch Lösung entstehenden *Karren* (Gesteinsrippen), die sich zu *Canyons* vertiefen können. Im Untergrund kommt es zur *Subrosion* (unterirdischen Auslaugung) und es bilden sich entlang Wasser führender Klüfte und Störungen insbesondere in deren Kreuzungsbereichen komplexe Höhlensysteme mit der typischen Stalaktiten- und Stalagmitenbildung (Abb. 11.4). Mit zunehmender Maturierung des Gebirges vergrößern sich diese Hohlräume, so dass schließlich das Deckgebirge nachgibt. Es bilden sich trichter- und schüsselförmige Vertiefungen oder *Dolinen*, die sich zu *Uvalas* vereinen können. *Poljen* besitzen Schlucklöcher *(Ponor, Schwinden, Katavothre)*, durch die sie entwässern oder, nach

**Abb. 11.4** Karstphänomene: Die Donauversickerung in der Schwäbische Alb bei Immendingen (Foto: NN), die Atta-Höhle im Sauerland, Rheinisches Schiefergebirge (Foto: Siegfried Turowski).

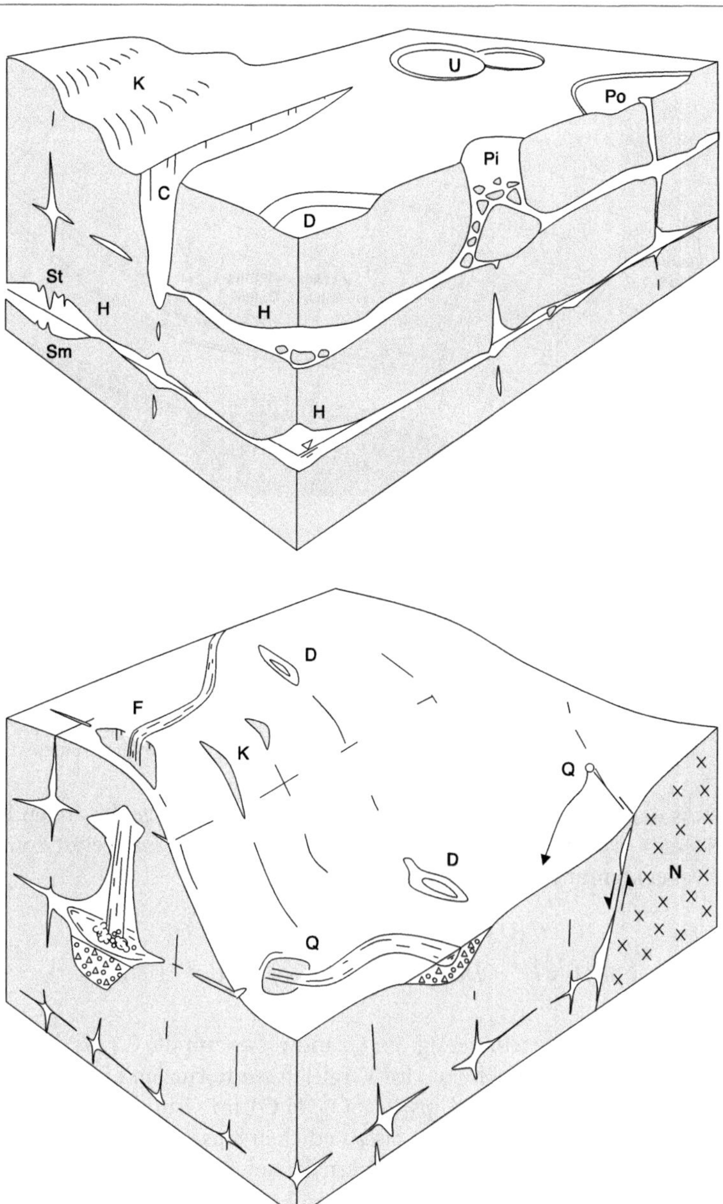


**Abb. 11.5** Landformen des Karsts. C Canyon, D Doline, F Flussversickerung, K Karren, N nicht lösliches Gestein, Pi Pinge, Po Polje, Q Quelle, Sm Stalagmiten, St Stalaktiten, U Uvala.

anhaltenden Regenfällen, einen *Poljensee* speisen. Mitunter verbinden Karstschächte oder *Jamas* eine Karsthöhle mit der Erdoberfläche. Oft stürzt jedoch auch das Deckgebirge ohne weitere Vorwarnung ein und bildet *Erdfälle* oder *Pingen*. Die Blockbilder (Abb. 11.5) veranschaulicht einige der Karstphänomene.

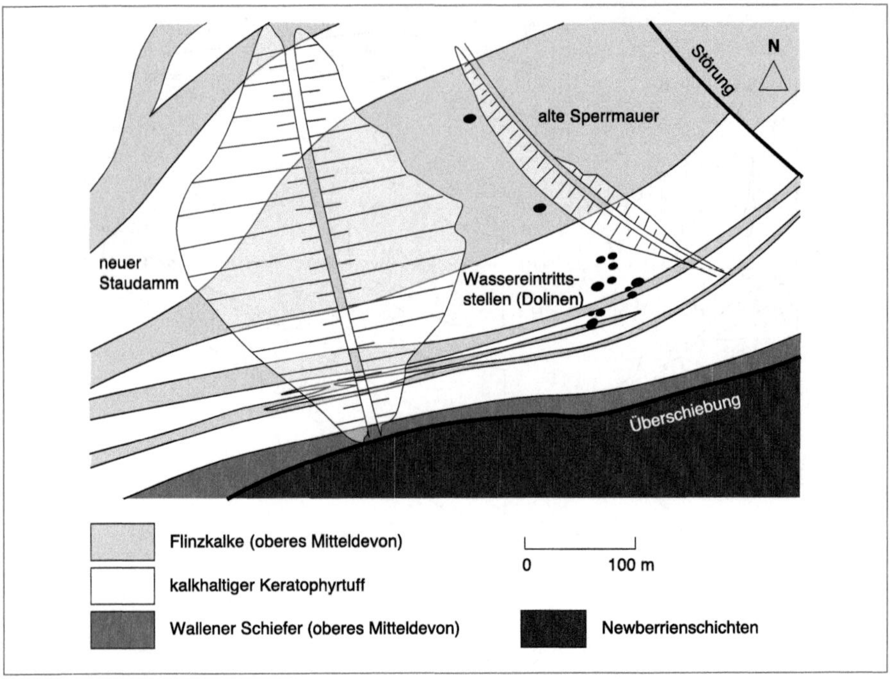


**Abb. 11.6** Infolge der Verkarstung und der Bildung von Dolinen musste die Hennetalsperre aufgegeben und neu errichtet werden (nach Heitfeld 1992: 344).

Der Prozess der Subrosion wird im Kalkstein durch die Menge des freien Kohlendioxids gesteuert, das mit dem Sickerwasser und im Grundwasser gelöst zum Gestein gelangt. Dabei kommt es zu folgenden Reaktionen

$$H_2O + CO_2 \rightarrow H_2CO_3 \rightarrow H^+ + HCO_3^-$$
$$CaCO_3 + H^+ + HCO_3^- \rightarrow Ca(HCO_3)_2 \rightarrow Ca^{2+} + 2HCO_3^-$$

Die Löslichkeit von Kalkstein beträgt im Grundwasser um die 0.1 g/l. Bei $CO_2$-gesättigtem Wasser ist sie zehnmal höher. Im Vergleich zur normalen Löslichkeit von Kalk (0.1 g/l) ist die Löslichkeit von Gips ($CaSO_4{\cdot}2H_2O$) im Grundwasser bereits bis zu hundertmal und die von Salz (NaCl) bis zu etlichen tausendmal größer. Die Löslichkeit und die Grundwasserverhältnisse steuern die Subrosionsvorgänge. Die folgenden Beispiele veranschaulichen die verschiedenen Erscheinungsformen des Karstes und seine Auswirkungen auf Ingenieurbauwerke.

## Karbonatkarst

Bei der Gründung von Bauwerken kommt es immer wieder zu Problemen mit *Karbonatkarst*, bei dem Kalkstein verkarstet. Ein bekanntes Beispiel ist der Bau des Hales-Bar-Damms am Tennessee-River (USA), der im Jahre 1905 begonnen wurde.

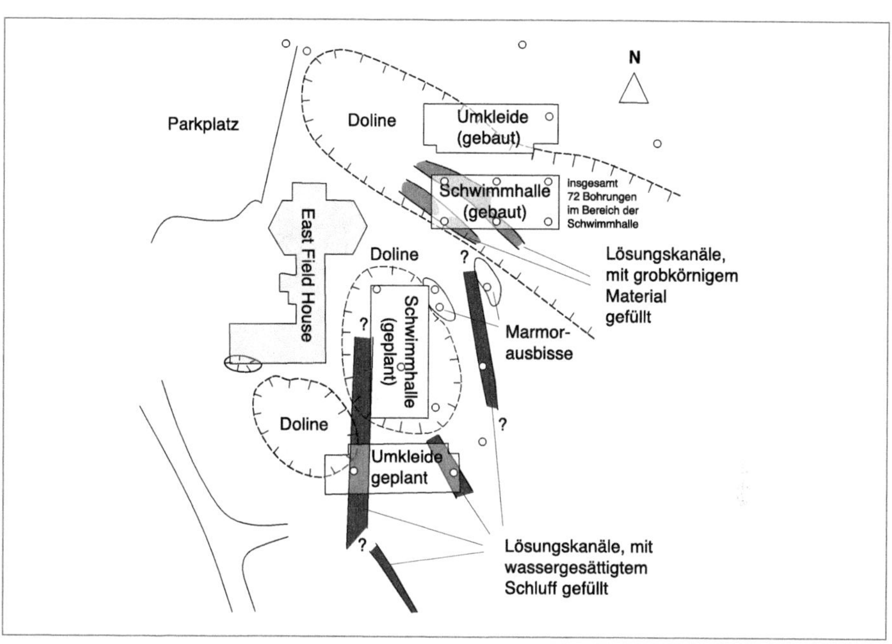


**Abb. 11.7** Dolinen und Karsthöhlen im Bereich der Universität von Kalifornien (Santa Cruż Campus) und die geplanten Baumaßnahmen (nach Weber & Raas 1989).

Während der Baumaßnahmen wurde eine vor Baubeginn nicht erkannte Verkarstung des Baugrundes entdeckt, was zu erheblichen Schwierigkeiten und aufwendigen Sanierungsmaßnahmen führte. Sowohl die Bauzeit, als auch die Baukosten erhöhten sich auf das Vierfache. Nach Fertigstellung des Damms wurde eine Unterläufigkeit festgestellt, die mit den Jahren größer wurde. Zusätzlich wurde eine rückschreitende Erosion beobachtet, die die Standsicherheit des Damms gefährdete. Im Jahre 1920 begann man daher mit Sanierungsmaßnahmen, die jedoch keinen Erfolg zeigten, so dass schließlich, 40 Jahre nach Baubeginn, der Damm aufgegeben und 11 km flussaufwärts neu errichtet werden musste.

Heitfeld (1991) berichtet von ähnlichen Problemen im Zusammenhang mit der Hennetalsperre im Sauerland, Rheinisches Schiefergebirge (Abb. 11.6). Hier bildeten sich Karsthohlräume in den anstehenden Flinzkalken und kalkhaltigen Keratophyrtuffen. Auch hier kam es zu Unterläufigkeiten und rückschreitender Erosion und auch hier halfen Sanierungsbemühungen nichts. Schließlich musste die Hennetalsperre wie der Hales-Bar-Damm aufgegeben und neu errichtet werden.

Ein weiteres Beispiel: Im Rahmen der Erweiterung des Geländes der Universität von Kalifornien in Santa Cruz wurde eine intensive Verkarstung des Untergrunds festgestellt (Abb. 11.7). Sie begann bereits vor etwa 700000 Jahren, als sich das Meer zurückzog, das Land trocken fiel und der im Untergrund anstehende Marmor verkarstete. Die Aufschlussbohrungen zeigten im Bereich der geplanten Schwimmhalle viele Lösungskanäle, die bis zu 15 m tief mit sehr weichen, wassergesättigten Schluffen aufgefüllt waren. Da sich das Projektgebiet in einer aktiven Erdbebenzone befindet, musste davon ausgegangen werden, dass sich die Schluffe bei einer dynamischen Beanspruchung verflüssigen würden, eine sichere Gründung des Bauwerks somit nicht

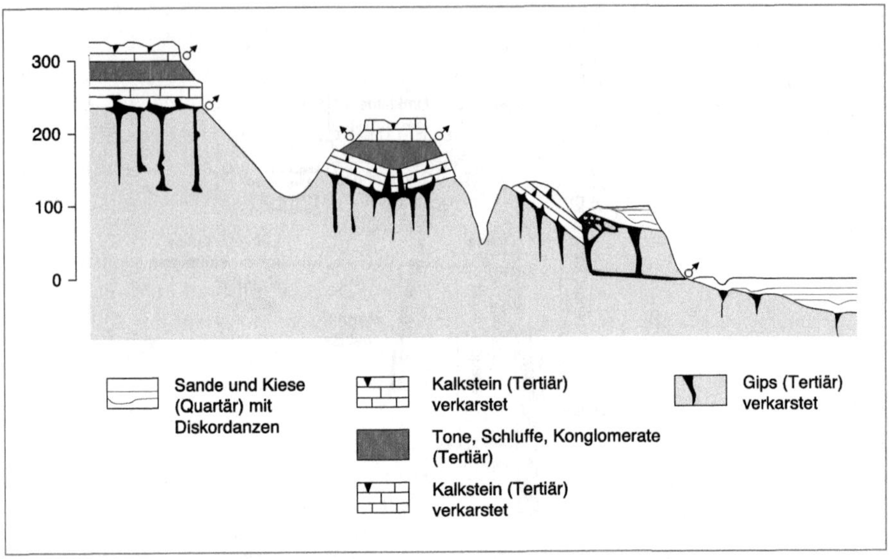


**Abb. 11.8** Entwicklung des Sulfatkarstes in der Maluenda-Region, Calatayud-Graben, Spanien (schematisch nach Gutierrez 1995).

mehr gewährleistet war. Die Planung wurde geändert und die Schwimmhalle etwa 100 m nördlich über eine bereits bestehende Doline gebaut. Zwar gibt es auch hier Lösungskanäle im Untergrund, doch diese sind mit grobkörnigen Versturzmassen aufgefüllt, die sich nicht verflüssigen können. Um die Schwimmhalle sicher zu gründen, wurde die Baugrube tiefer als geplant ausgeschachtet und mit tragfähigem Schottermaterial aufgefüllt, das intensiv verdichtet wurde. Den speziellen Baugrundbedingungen wurde somit durch eine angepasste Gründung begegnet.

## Sulfatkarst

Gips entsteht im Rahmen der Eindampfung von Meeresbecken und Seen. Bei der sich bildenden Salzlagerstätte scheiden sich zuerst Karbonate (Kalzit, Dolomit) aus, dann folgen die Sulfate Gips und Anhydrit, dann Halit (Steinsalz) und schließlich Kali- und Magnesiumsalze. Mit dem Salinarzyklus entstehen so mitunter mächtige, flächige Sulfatvorkommen. Der wasserfreie Anhydrit ($CaSO_4$) wird im Kontakt mit Wasser zu Gips ($CaSO_4 \cdot 2H_2O$). Bei der Hydratisierung kommt es zu einer Volumenzunahme von bis zu 60%, was zu Hebungen des Deckgebirges führen kann. Dem entgegen wirkt die große Lösungsfähigkeit von Gips, die zu einer Verkarstung des Untergrunds führt. Als *Gipsspiegel* wird die Grenze zwischen dem ausgelaugten (gelösten) und dem unausgelaugten Gipsgebirge bezeichnet. Der *Anhydritspiegel* ist die Grenze zwischen Anhydrit und Gips, der sich durch Wasseraufnahme bei gleichzeitigem Quellen bildet.

Gips ist bis zu hundert Mal löslicher als Kalkstein. Entsprechend dynamisch ist die Entwicklung von *Sulfatkarst*. Die Lösungsfähigkeit nimmt zwar mit zunehmender Sättigung ab, wird aber durch Lösungsgenossen wie Chlorid wieder verstärkt. Insbesondere im Verschnittbereich von Klüften und an Störungen kommt es zur Bildung von Hohlräumen, die stetig wachsen, bis das Deckgebirge nachgibt und sich *Subrosionssenken* bilden. Mitunter bricht das gesamte Deckgebirge nach und es kommt zur Bildung von *Einbruchsschloten.*

Ein typisches Beispiel ist der Calatayud-Graben westlich von Saragossa (Spanien). Dort lagert das Deckgebirge aus Kalkstein, Konglomeraten und Tonen auf über 200 m mächtigen, neogenen Gipsvorkommen auf. Der Kontaktbereich zum Deckgebirge ist stark verkarstet. In vielen Bereichen hat es sich abgesenkt und ist stellenweise in die Hohlräume eingebrochen (Abb. 11.8). Zum Teil wurde es bereits wieder abgetragen, so dass in einigen Gebieten nur noch Relikte vom einstigen Deckgebirge zeugen. In den Tälern lagern quartäre Sedimente über der Gipsformation. Auch hier haben sich im Verlauf des Quartärs ständig Subrosionssenken gebildet, die immer wieder mit

**Abb. 11.9** In der Nacht vom 12. auf den 13. Juni 1987 kam es im Bereich der Bundesstraße B 180 bei Neckendorf (Nähe Lutherstadt Eisleben) zu einem Erdfall. Er war etwa 25 m tief und wurde mit 7000 $m^3$ Haldenmaterial verfüllt. Seit dieser Zeit gab es mehrere Nachbrüche in der gleichen Größenordnung. Ursache ist wahrscheinlich das Auslaugungsgeschehen im Werrasulfat des Zechsteins. Die relativ steile Lagerung der Schichten und tektonischen Störungssysteme begünstigen das Fortschreiten der Auslaugung. Eine geologische Erkundung fand im Jahre 2001 statt. Die Erkundungsbohrungen fanden jedoch bei 161 m Teufe ein jähes Ende, als sich der Erdfall unmittelbar am Bohrloch belebte (Foto und Kommentar: Reinhard Völker).

**Abb. 11.10** Erdfälle in der Oberkirchgasse bei Bad Frankenhausen, hervorgerufen durch die Auflösung von Salz und Anhydrit. Auslaugungsvorgänge haben dazu geführt, dass der gesamte Straßenzug mit vielen historischen Häusern abgerissen werden musste (Foto: Reinhard Völker).

jüngeren Sedimenten ausgeglichen wurden. In Anschnitten (zum Beispiel bei Straßenbaumaßnahmen) lassen sich entsprechende Senkungszonen und die darüber entstandenen Diskordanzen kartieren. Die dynamische Verkarstung der Region hält auch heute noch an und bestimmt die Geomorphologie. Die sich ständig neu bildenden Senkungszonen und Einsturzschlote stören den Lauf von Gewässern, die Bewässerung der Felder und jede Baumaßnahme. Auch der Trassenverlauf der Autobahn Barcelona-Madrid musste aufgrund der rasch voranschreitenden Verkarstung geändert werden.

Je nach Klima, Tiefenlage und hydrogeologischen Vorgaben entwickelt sich der Sulfatkarst in den unterschiedlichsten Formen. In Deutschland tritt Sulfatkarst insbesondere auf in Gebieten wo Muschelkalk, Gipskeuper und Malm anstehen. Ausgedehnte Subrosions- und Erdfallgebiete haben sich zum Beispiel im südlichen Harzvorland gebildet (Abb. 11.9).

Aber auch über den Salzstöcken Norddeutschlands verkarstet der Gipshut und führt zur Absenkung des Geländes. Der *Gipshut* ist das auch als *Caprock* bezeichnete Residualgestein des aufgelösten Salzstocks oberhalb des Salzspiegels. Dabei wird als *Salzspiegel* die Kontaktzone zwischen dem vom Grundwasser aufgelösten und dem noch nicht aufgelösten Salz bezeichnet. Der Gipshut hemmt die weitere Auflösung des Salzstocks. Sulfatkarst tritt somit oft zusammen mit dem im folgenden Abschnitt beschriebenen Chloridkarst auf.

### Chloridkarst

Steinsalz ist mehrere tausend Mal löslicher als Kalkstein. Aus diesem Grunde schreitet bei *Chloridkarst* die Verkarstung besonders schnell voran und führt zu entsprechend dramatischen Bergsenkungserscheinungen und Tagesbrüchen (Abb. 11.10). Wie bereits angemerkt bezeichnet man die Kontaktzone zwischen aufgelöstem und nicht aufgelöstem Salz als *Salzspiegel*. Da Steinsalz in der Regel mit anderen Evaporiten auftritt, ergibt sich ein komplexes Zusammenspiel von Auslaugungs- und Karstphänomenen.

Die Verkarstung der Zechsteinsalze führte zum Beispiel in Hessen bei den zum Teil als Tunnel ausgeführten Neubaustrecken der Bundesbahn zu erheblichen Problemen (Prinz 2011). Neben der regulären Auslaugung des Steinsalzes entlang der paläogeografischen Randbereiche des Zechsteinmeeres (Salzhang) störten auch hier *Subrosionssenken* die Baumaßnahmen (Abb. 11.11). An der Oberfläche zeigen sie sich als kesselförmige Depressionen von mehreren Kilometern Durchmesser. Sie gehen auf die verstärkte Auslaugung des Zechsteinsalzes in der Umgebung von Störungen und Zonen hoher Klüftigkeit zurück.

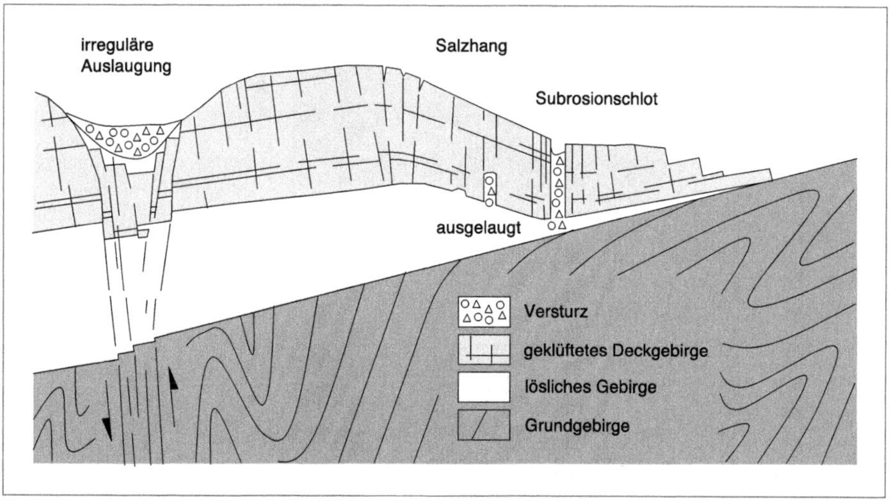


**Abb. 11.11** Reguläre und irreguläre Auslaugung (interpretiert nach Weber 1967, Büchner 1996 und Heitfeld et al. 2003b).

Weiterhin wurden im Rahmen der Baumaßnahmen *Einbruchsschlote* beobachtet, die einen Durchmesser von nur 20 bis 50 m, in wenigen Fällen von über 100 m haben. Sie haben vermutlich im Neogen und Pleistozän das Deckgebirge steil durchschlagen. Auch in postglazialer Zeit kam es zur Bildung von Einbruchsschloten, zum Beispiel dem „Seeloch von Kathus" bei Bad Hersfeld. Vergleichbare Fälle von Chloridkarst finden sich weltweit.

### 11.2.2 Abbau von Rohstoffen

Bergbau führt, seit es ihn gibt, zu Bergsenkungen. Daraus resultieren mitunter erhebliche Bergschäden. Versuche zur Stabilisierung der ausgebeuteten Gebirgsbereiche gab es jedoch kaum. Als Land noch unbegrenzt verfügbar schien, überließ man die durch den Abbau von Rohstoffen zerstörten Gebiete der Natur und siedelte um in noch unberührtes Gebiet.

Erste, einfache Gruben aus der Steinzeit sind heute noch nachweisbar (Abb. 11.12). So stießen Archäologen in Breckland, Norfolk, East Anglia (England) auf bis zu 10 m tiefe, glockenförmige, inzwischen verfüllte Gruben, in denen im Neolithikum Feuerstein abgebaut wurde. Sie zeugen von dem erstaunlichen Mut des prähistorischen Menschen, die Erde aufzubrechen und sich mit einfachsten Mitteln in sie hineinzubegeben. Auch in Niederbayern bei Arnhofen wurden tausende solcher Gruben entdeckt, die vor etwa 7000 Jahren gegraben wurden. Bis zu 200 Arbeitsstunden brauchten die steinzeitlichen Mineure, um eine Grube in den Jurakalken auszuschachten. Aus ihr kratzten sie mit Hacken aus Hirschgeweih 10 bis 12 kg Feuerstein, woraus etwa 100 Klingen für Werkzeuge, Sicheln und Waffen geschlagen werden konnten. War eine

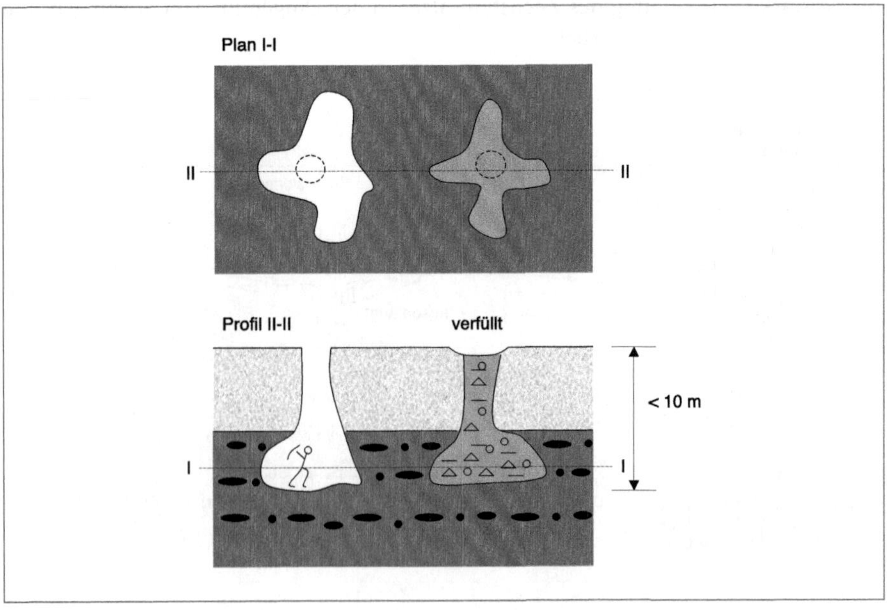


**Abb. 11.12** Glockenförmige, steinzeitliche Abbaugruben.

**Abb. 11.13** Das Bild „Mithilff der Teuffel in dem Bergwerk" zeigt einerseits Details des frühen Bergbaus, andererseits aber auch die Angst vor dem Unbekannten und ein dunkles Unbehagen (Olaus Magnus „Mitternächtige Länder" 1567, VGE Essen).

Grube ausgebeutet, wurde direkt neben ihr eine neue gegraben. So entstand ein dichtes Grubenfeld, auf dem der wertvolle Rohstoff in organisierter Weise und im höchsten Maße Gewinn bringend abgebaut wurde. Der niederbayerische Feuerstein wurde an den Bodensee, in die Westschweiz und bis nach Böhmen exportiert. Handelswege entstanden schließlich auch über die Alpen bis nach Italien.

Mit zunehmender Bevölkerungsdichte vergrößerte sich der Bedarf an Rohstoffen, was zu einer Forcierung der bergbaulichen Aktivitäten führte (Abb. 11.13). Nun wurden auch Erze und Edelmetalle abgebaut. Georgius Agricola (1494-1555, Abb. 11.14) gab dem Bergbau mit seiner *De Re Metallica Libri XII* einen wissenschaftlichen Rahmen, auf den das Berg- und Hüttenwesen der Neuzeit aufbauen konnte. Ende des 19. Jahrhunderts erreichte der Bergbau mit der Industrialisierung eine globale Dimension, mit all ihren Konsequenzen für Bevölkerung und Umwelt. Nach der Erfindung der Dampfmaschine wurden immer tiefere Schächte abgeteuft. Mit Pumpen konnte nun das Grundwasser kontrolliert werden, so dass auch die tiefsten Sohlen wasserfrei blieben. Durch die Mechanisierung der Abbauverfahren konnten im großen Maßstab Kohle, Erze und andere Rohstoffe in nie zuvor bekanntem Ausmaß ausgebeutet werden.

Obwohl heute eine Umorientierung zu einer innovativen Ressourcentechnologie stattfindet, die sich auf die Nutzung von Abfall- und Recyclingstoffen besinnt, sind ganze Regionen vom Bergbau und seinen Folgen geprägt. Obwohl Bergbaufolgelandschaften inzwischen renaturiert und umgenutzt werden, wie zum Beispiel im Ruhrgebiet, bleibt die Gefahr von Bergsenkungen und Tagesbrüchen auf unabsehbare Zeit erhalten. Über *tiefem* Bergbau (ab etwa 100 m) stellen sich vorwiegend reguläre Bergsenkungen ein, wogegen es bei *oberflächennahem* Bergbau und dem noch flacheren

**Abb. 11.14** Georgius Agricola, eigentlich Georg Bauer (1494-1555).

*tagesnahen* Bergbau zur Bildung irregulärer Bruchfelder kommen kann. Mit abnehmender Tiefenlage des Abbaus nimmt also die Gefahr der schwer kontrollierbaren Tagesbrüche zu. In vielen Fällen handelt es sich bei tagesnahem Bergbau um Altbergbau oder sogar um historischen Bergbau. Da verlässliche Betriebsunterlagen fehlen, ist hier die Vorhersage von Bergschäden besonders schwierig.

Neben dem untertägigen Bergbau hat der Bergbau an der Oberfläche, der *Tagebau*, in erheblichem Maße in das natürliche Landschaftsbild eingegriffen und dazu geführt, dass heute große Landstriche brachliegen. Ihre Renaturierung und Wiedernutzbarmachung ist kompliziert und aufwendig. Zur speziellen Problematik der Tagebaufolgelandschaften sei auf die einschlägige Fachliteratur verwiesen. Die Dimension des Berg- und Tagebaus wird jedoch deutlich im Worldwatch Paper 109 *Mining the Earth* (1991), nach dem bereits im ausgehenden 20. Jahrhundert mehr Rohstoffe abgebaut wurden als alle Flüsse dieser Erde ins Meer geschwemmt haben. Die Ausbeutung und Aufbereitung der Rohstoffe verschlinge ein Zehntel des Weltenergiebedarfs und verursache eine Abfalllawine, die alle anderen Abfallströme übertrifft.

## Örterbau und Kammerbau

Beim *Örterbau (room-and-pillar mining)* werden rechtwinklig zueinander angeordnete Strecken oder *Örter* abgebaut, zwischen denen meist quadratische *Festen* das Deckgebirge tragen (Abb. 11.15). Größere Abbaubereiche werden als *Kammern* bezeichnet. Die Gewinnung des Minerals erfolgt durch Sprengung oder mit Teilschnittmaschinen. Das gelöste Material wird mit Förderbändern zur Tagesoberfläche gebracht oder mit LHD-Geräten geräumt (Load-Haul-Dump-Radladern, die das Material laden, befördern und entladen). Die Festen verhindern eine Bergsenkung, so dass an der Oberfläche, zumindest vorerst, keine Veränderung zu beobachten ist. Allenfalls können die Entwässerung des Bergwerks und die damit verbundene Absenkung des Grundwasserspiegels zu Problemen führen.

Allerdings werden kurz vor der Schließung eines Örterbaus in vielen Fällen die Festen verjüngt, um möglichst viel Mineral aus der Grube zu gewinnen. Mitunter werden die Pfeiler auch vollständig abgeräumt („geraubt"). Aufgrund des Rückbaus der Pfeiler verbricht das Hangende (Abb. 11.16). Bei tiefem Örterbau kommt es an der Tagesoberfläche zu regulären, gleichmäßigen Bergsenkungen, wogegen sich über oberflächennahem und tagesnahem Bergbau irreguläre Bruchfelder bilden. Unter Umständen wird das in der Verbruchzone noch verbliebene Mineral von tieferen Sohlen durch Hochbrüche gelöst („angezapft"). Als Folge des *Zapfbaus* können sich erhebliche Bergschäden einstellen (Heitfeld et al. 2003a).

Weiterhin verändert der Zutritt von Grundwasser in einem aufgegebenen Bergwerk die Standsicherheit der Baue, insbesondere wenn lösliche Gesteine wie zum Beispiel Gips abgebaut wurden. Da das aufgegebene, unter Wasser stehende Bergwerk nicht mehr begangen werden kann, ist es kaum möglich, eine Prognose zu Sicherheitsre-

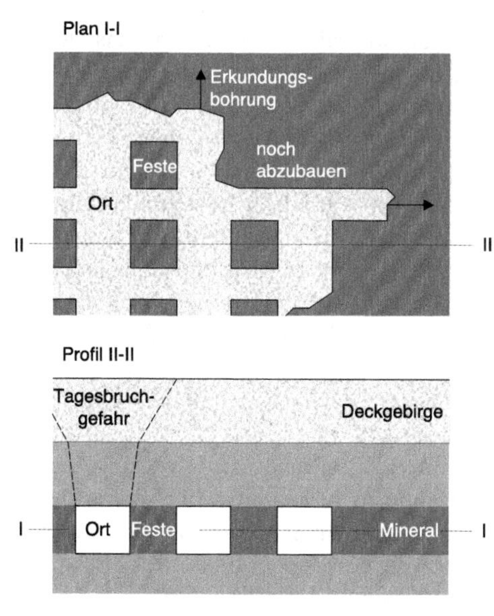


Abb. 11.15 Örterbau, Hinweis auf Tagesbruchgefahr.

**Abb. 11.16** Bergsenkungen über einem Gips-Örterbau im Rheinischen Schiefergebirge. Die Schiefstellung der Bäume zeigt die Bodenbewegung an.

serven und möglichen Bergsenkungen abzugeben. Das Gelände über dem Abbau ist nicht mehr bebaubar.

Darüber hinaus können die Firste der Hohlräume über die Zeit nachbrechen. *Peu à peu* weiten sie sich zur Tagesoberfläche hin aus, bis das Deckgebirge schließlich einbricht. Tagesbrüche sind kaum vorhersagbar, insbesondere wenn das Risswerk unvollständig oder sogar verloren gegangen ist. Auch ist nicht vorhersagbar, bis wann der gesamte Abbau einstürzt und somit keine Bewegungen mehr zu erwarten sein werden.

Bell, Genske und Stacey (2000) beschreiben ein Beispiel aus Bury St. Edmunds, Suffolk, England, wo bereits im 19. Jahrhundert untertägig Kreide abgebaut wurde. Noch vor dem Ersten Weltkrieg wurde das Bergwerk geschlossen, alle Gebäude und Installationen wurden abgebrochen. In den folgenden Jahren zeugten nur noch die topografischen Karten von 1886 und 1904 von einem Luftschacht, der alsbald in Vergessenheit geriet und in späteren Plänen nicht mehr verzeichnet wurde. Ältere Einwohner erinnerten zwar gelegentlich an die verlassene Grube, doch wurde dies nicht weiter beachtet. Bis sich im Jahre 1955 ein Erdfall in einem Garten ereignete und einen Mann 15 m in die Tiefe zog (Abb. 11.17).

Er wurde gerettet und der Tagesbruch wurde verfüllt. Der Versuch, das Land vier Jahre später an die Kommune zu verkaufen, schlug erwartungsgemäß fehl. Es wurde schließlich von einem Bauunternehmer aufgekauft, der es seinerseits an eine Entwicklungsgesellschaft verkaufte, die dort Reihenhäuser errichtete. Das Entwicklungsgebiet Jacqueline Close war gut gelegen und attraktiv. Als sich ein potenzieller Käufer jedoch bei der lokalen Bank um eine Hypothek bemühte, wurde diese ihm mit dem Hinweis auf die alte Kreidegrube verwehrt. Alarmiert taten sich Anwohner zusammen und

**Abb. 11.17** Ein Tagesbruch vor einem Reihenhaus in Jacqueline Close (Foto: Fred Bell).

gaben ein geologisches Gutachten in Auftrag, mit dem tatsächlich die Existenz des Abbaus nachgewiesen werden konnte. Ab einer Tiefe von 12 m wurden Örter und Kammern erbohrt. Im Rahmen des ursprünglich für die Entwickler von Jacqueline Close erstellten Baugrundgutachtens wurde jedoch nur bis 6 m Tiefe gebohrt. Entsprechend gab es keine Hinweise auf die verlassene Grube.

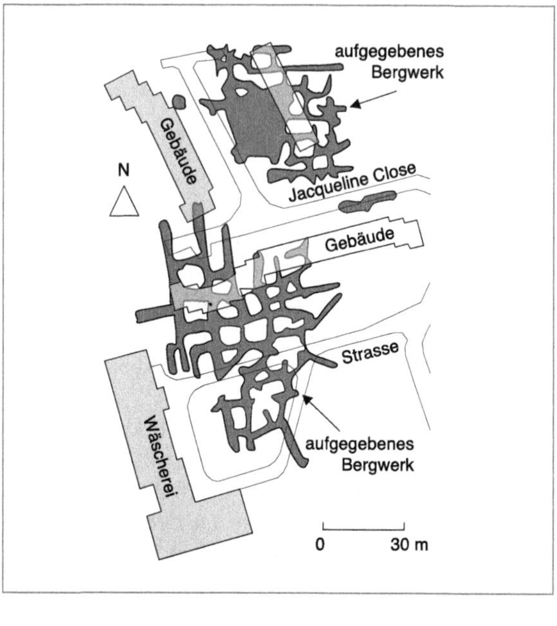


**Abb. 11.18** Das Entwicklungsgebiet Jacqueline Close, Bury St. Edmunds, Suffolk, England. Unterlegt ist die verlassene Kreidegrube.

Trotz dieser beunruhigenden Erkenntnisse wurde eine weitere Reihe von Häusern errichtet. Nach anhaltenden Regenfällen kam es schließlich am 25. Juli 1967 zu einem 8 m tiefen Erdfall im Bereich einer Zufahrtsstraße. Am 12. Dezember des gleichen Jahres bricht erneut eine Straße ein und kurz darauf zerstört ein 6 m breiter und 9 m tiefer Tagesbruch das Haus Nr. 9. Nun wird das Gelände von der Gemeinde als Bergsenkungsgebiet erkannt. Den Anwohnern wird nahe gelegt, Jacqueline Close zu verlassen.

Zusammen mit der Speläologischen Gesellschaft von Chelsea versuchen die noch verbliebenen Anwohner die Ausdehnung des verlassenen Bergwerks zu kartieren. Ihnen wird klar, dass nicht nur Jacqueline Close, sondern auch das benachbarte Krankenhaus betroffen ist. Ingenieurgeologische Untersuchungen und geophysikalische Messungen im Jahre 1970 zeigen zudem, dass zusätzlich mit untertägigen Hohlräumen nordöstlich des Geländes zu rechnen ist (Abb. 11.18). 1976 entschließt sich die Gemeinde, das Gelände aufzukaufen und alle Gebäude abzureißen, bis auf die Wäscherei des Krankenhauses, deren Fundament aufwendig saniert wird. Jacqueline Close muss bis auf das anstehende Gebirge ausgehoben werden, dessen Oberfläche mit Geokunstoffen bewehrt und mit Boden bedeckt wird. Das gesamte Gelände wird zum Naturschutzgebiet erklärt. Noch heute werden die Bodenbewegungen gemessen, um mögliche Bergsenkungen vorhersagen zu können.

Dieses Beispiel zeigt anschaulich, wie die Entwicklung eines Stadtviertels durch längst aufgegebenen Bergbau behindert werden kann. Mitunter stellt das Abräumen des Deckgebirges und das Ausräumen des Bergwerks die einzige wirksame Sanierungsmaßnahme dar. Dies ist natürlich nur bei oberflächennahem Abbau möglich.

Im Vergleich zu modernen Abbaufeldern stellt sich der Fall von Jacqueline Close als noch überschaubares Problem dar. Im Witbank-Kohlerevier in Südafrika zum Beispiel sind nicht nur einige Straßenzüge betroffen, denn hier führte der Örter- und Kammerbau zur Wüstung ganzer Landstriche. Allein im Gebiet des Bergwerks von Middelburg in der Mpumalanga Provinz wurden etwa 1700 ha untergraben. Auf einer Fläche von 215 ha wurde der Ausbau geraubt, so dass es bereits zu Nachbrüchen gekommen ist. Ähnliche Abbaufelder finden sich überall, wo Rohstoffe gefunden und untertägig ausgebeutet wurden. Sie werden von den nächsten Generationen nicht mehr besiedelt werden können.

### Strebbau

Mit einem *Streb* werden flözartige Lagerstätten, insbesondere Kohleflöze, abgebaut *(longwall mining)*. Ein Streb verbindet zwei in Abbaurichtung getriebene Abbaustrecken. Er ist mehrere 100 m lang und bis zu 6 m breit. Entlang des Strebs wird der abzubauende Rohstoff schälend (mit Hobel) oder schneidend (mit Schrämmer) gewonnen. Die Abbaustrecken werden entweder vor dem eigentlichen Abbau (Rückbau) oder mit dem Abbau vorgetrieben (Vorbau).

Mit Abbaufortschritt wandert der Strebraum in Abbaurichtung und lässt einen Hohlraum zurück, der als „Alter Mann“ *(goaf)* bezeichnet wird. Er wird aus Kostengründen in der Regel offen gelassen und verbricht im Laufe der Zeit (Abb. 11.19). Dies hat eine *reguläre Bergsenkung* an der Tagesoberfläche zur Folge. Da der Grundwasserspiegel relativ zum Gelände ansteigt, kommt es zur Bildung von Feuchtgebieten und Bergsenkungsseen (Abb. 11.20). An Gebäuden entstehen Risse, die ihre Gebrauchstauglichkeit einschränken. Um Bergsenkungen zu verringern, kann der „Alte Mann“ auch mit taubem Material versetzt oder verblasen werden.

Im Ruhrgebiet werden seit Beginn des Kohlebergbaus reguläre Bergsenkungen gemessen. Das 4400 $km^2$ umfassende Gebiet wird bereits seit Mitte des 19. Jahrhunderts kartografisch vermessen, so dass die infolge des Ruhrbergbaus eingetretenen Bergsenkungen von Beginn an aufgezeichnet werden konnten. Der Bergbau begann im Süden, dort wo das Karbon an der Tagesoberfläche ausstreicht, und wanderte mit den immer tiefer abtauchenden Flözen allmählich nach Norden (Abb. 11.21). Er ging einher mit der ständigen Gründung immer modernerer Zechenanlagen, einer raschen Industrialisierung der ländlich geprägten Region und einem sprunghaften Anwachsen der Bevölkerung (Abb. 11.22).

Zu Beginn des 20. Jahrhunderts waren die Bergsenkungen infolge des Kohleabbaus bereits so gravierend, dass sie die natürliche Entwässerung erheblich störten. Typhus und Cholera brachen aus, da Abwässer nicht mehr abfließen konnten. Neue Entwässerungskanäle mussten verlegt und Dämme für die Vorfluter errichtet werden. Im Jahre 1988 waren schon 3044 $km^2$ des Ruhrgebiets vom Bergbau betroffen. Von 1800 bis 1990 wurden 9.54 Milliarden Tonnen Kohle abgebaut, etwa 5 % der Weltförderung. Noch im Jahre 1990 wurden 54.6 Millionen Tonnen Kohle in einer durchschnittlichen Tiefe von 920 m aus 0.6 bis 4.5 m mächtigen Flözen extrahiert.

Das Gesamtvolumen seit Beginn der Kohleförderung entspricht etwa 7 $km^3$. Zusammen mit dem ausgehobenen Nebengestein wurden bis 1990 etwa 9 $km^3$ Gebirge ausgeräumt. Nur in Ausnahmefällen wurde der Alte Mann versetzt oder verblasen. Erfahrungsgemäß machen sich 50% bis 90% der abgebauten Flözmächtigkeit an der Oberfläche als Bergsenkung bemerkbar. Daraus folgt ein Bergsenkungsvolumen von 6.0 bis 7.2 $km^3$ (Meyer 1993). Als maximaler Bergsenkungsbetrag wurden 24 m ge-

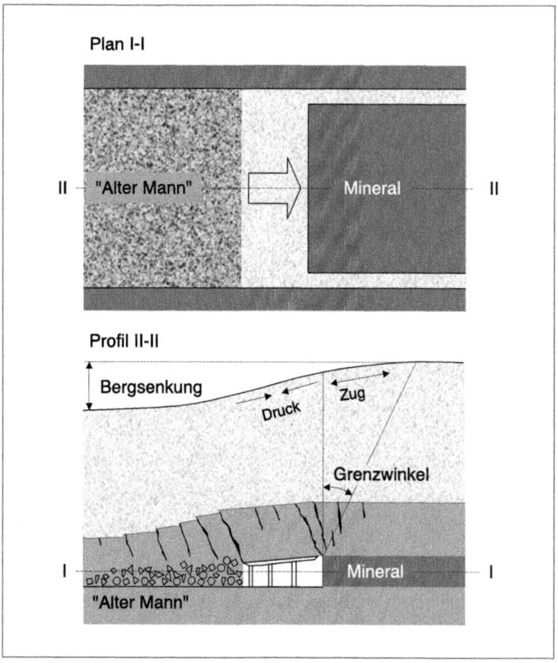


**Abb. 11.19** Strebbau und reguläre Bergsenkung. Druck- und Zugzone, Grenzwinkel.

**Abb. 11.20** Typische Probleme der regulären Bergsenkung: Feuchtzonen auf landwirtschaftlich genutzten Flächen, Bergsenkungsseen und absterbender Wald, Absenkung und Flutung von Kanälen (Fotos aus dem Ruhrgebiet von Peter Drecker), Bergschäden an Gebäuden (in der Tschechischen Republik, Foto Robin D. Koster und Siefko Slob).

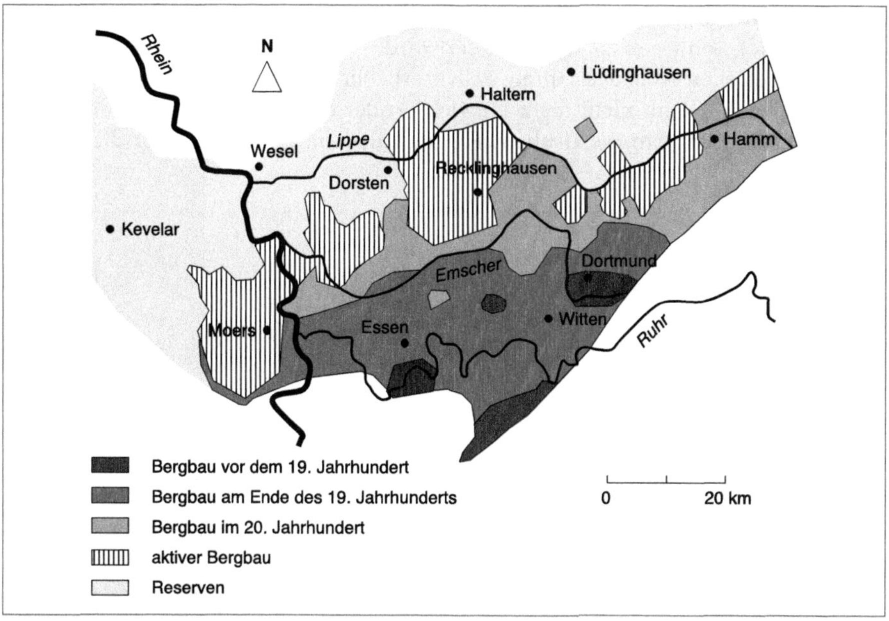


**Abb. 11.21** Bergbau im Ruhrgebiet (nach Jacobi, Grün & Hoffmann 1992).

messen, wobei Dehnungen und Stauchungen an den Rändern des Senkungstrogs von bis zu 10 mm/m festgestellt wurden (Szelag & Weber 1993). Zwanzig Milliarden Tonnen Kohle werden noch in Flözen vermutet, die mächtiger als 0.6 m sind, wovon 40% mit der heutigen Bergbautechnik abgebaut werden könnten.

### Teilsohlenbruchbau, Firstenstoßbau und Weitungsbau

Für massige und gangartige Lagerstätten wurden spezielle Abbautechniken entwickelt. Bei dem universell anwendbaren *Teilsohlenbruchbau* wird die Lagerstätte durch horizontale Strecken in Pfeiler eingeteilt, die gesprengt und ausgeräumt werden. Der Abbau geschieht von der obersten Teilsohle aus und wird mit dem Rückbau der Pfeiler nach unten geführt, so dass die unterste Teilsohle schließlich den gesamten Alten Mann trägt. Auch ein Abbau von unten nach oben ist möglich. Oft wird die Lagerstätte zuerst an der Oberfläche abgebaut. Sobald der Tagebau nicht mehr wirtschaftlich oder technisch nicht mehr machbar ist, wird ein Bergwerk eingerichtet, so dass schließlich ein zweiter Abbaubereich unter Tage entsteht (Abb. 11.23).

Beim *Firstenstoßbau* wird die Lagerstätte von unten nach oben ausgebeutet, wobei die Abbausohle aus Versatz oder noch nicht gefördertem Mineral besteht. Die Hauptfördersohle entspricht der untersten Sohle, in die das gewonnene Erz durch Rolllöcher (Falllöcher) gekippt wird.

Im Gegensatz zum Teilsohlenbruchbau und zum Firstenstoßbau wird beim *Weitungsbau* (auch Trichterbau) die Lagerstätte abgebaut (aufgeweitet), indem die Pfeiler zwischen den horizontalen Sohlen durch Sprengung rückgebaut werden. Der Abbau geschieht von untern nach oben. Das gewonnene Erz sammelt sich in der Sohle (Trichterrolle), von wo es zu Tage gefördert wird.

Diese speziellen Abbauverfahren stellen erhebliche Eingriffe in den Untergrund dar. Das Gelände kann nicht mehr entwickelt oder bebaut werden. Darüber hinaus sind Schutzbereiche um die Grubenfelder einzuhalten. Doch nicht nur die Bildung

**Abb. 11.22** Mittagspause (aus M.P. Block: Der Gigant an der Ruhr, 1928).

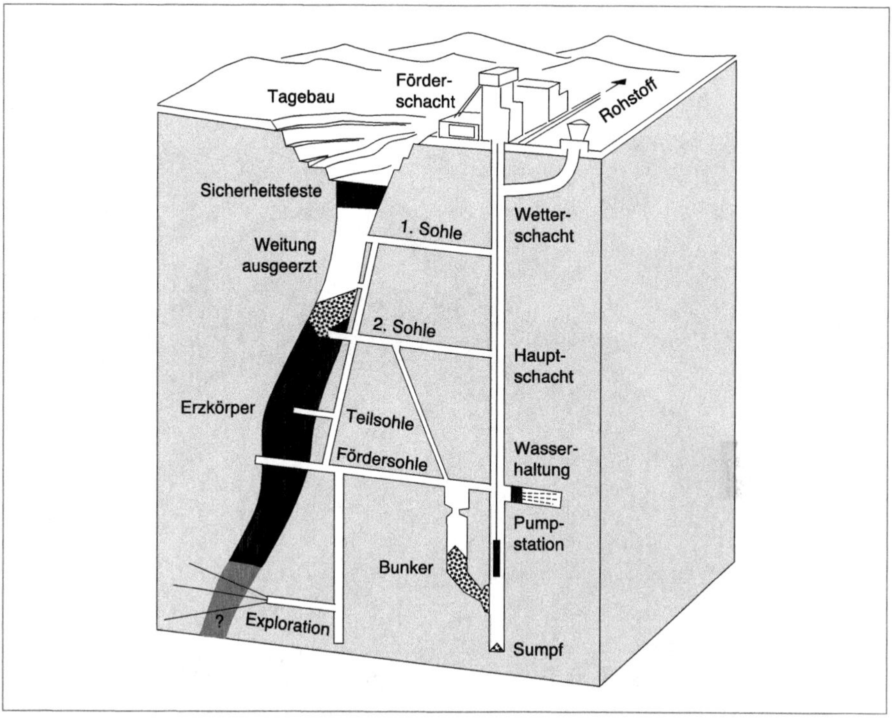


**Abb. 11.23** Grubengebäude im Gangerzbergbau (vereinfacht nach Wirtschaftsvereinigung Bergbau 1994).

von Hohlräumen und die sich daraus ergebende Nachbrüchigkeit des Gebirges bedingen die Wüstung und das Brachfallen der betroffen Landstriche, auch die Wasserhaltung kann zu erheblichen Problemen führen und Gebiete betreffen, die gar nicht im direkten Einflussbereich des Bergwerks liegen.

In der Transvaal-Region Südafrikas wird zum Beispiel seit dem 19. Jahrhundert Gold abgebaut. Infolge der Entwässerung der zum Teil weit über 1000 m tiefen Grubenbaue hat sich der Grundwasserspiegel in einigen Gebieten um über 300 m gesenkt. Dies verursachte eine Entwässerung der mit Tonen und Schluffen gefüllten Hohlräume im verkarsteten Deckgebirge. Die Konsolidierung des Füllmaterials führte im August 1964 zum Einsturz eines dieser Hohlräume unter einer Siedlung: es bildete sich ein Tagesbruch, 55 m im Durchmesser und 33 m tief (Abb. 11.24). Bei dem Unglück kam eine fünfköpfige Familie mit ihrem Hauspersonal ums Leben.

## Schächte

Um ein Bergwerk zu betreiben ist es notwendig, eine Vielzahl von *Schächten* abzuteufen. Sie dienen der Ein- und Ausfahrt der Kumpel, dem Transport des gewonnenen Materials und der Bewetterung des Grubengebäudes. Nach der Ausbeutung des Rohstoffs und der Aufgabe des Bergwerks werden die Schächte gesichert oder verfüllt – so schreibt es zumindest das heutige Berg- und Ordnungsrecht vor.

**Abb. 11.24** Der Tagesbruch in Transvaal vom August 1964 (A. Goudie 2005, The human impact on the natural environment, © Blackwell Publishers).

Früher wurden Schächte of nur behelfsmäßig zugedeckt. Manchmal wurden sie mit Schutt oder Abfall verfüllt. Schließlich gerieten sie in Vergessenheit. Im Laufe der Zeit, insbesondere auch während der Weltkriege, gingen viele Unterlagen verloren. In den traditionellen Bergbauregionen ist daher davon auszugehen, dass es noch viele Schächte gibt, die heute in keiner Karte mehr verzeichnet sind. Manche befinden sich unter landwirtschaftlich genutzten Flächen, andere unter Verkehrswegen, einige sogar unter Gebäuden.

Im Ruhrgebiet geht man davon aus, dass es tausende von alten Schächten gibt, deren Lage jedoch von nicht einmal der Hälfte bekannt ist. Fast jedes Jahr fallen Schächte frei, oft plötzlich, ohne Vorwarnung (Abb. 11.25). Das dabei entstehende Loch hat einen Durchmesser von mehreren Metern und kann durchaus bis auf die unterste Sohle des aufgegebenen Bergwerks hinunter reichen, im Ruhrgebiet also auf Tiefen von über 1000 m.

**Abb. 11.25** Ein eingestürzter Schacht in England (aus: Without site investigation ground is a hazard, Site Investigation Steering Group, Telford, London).

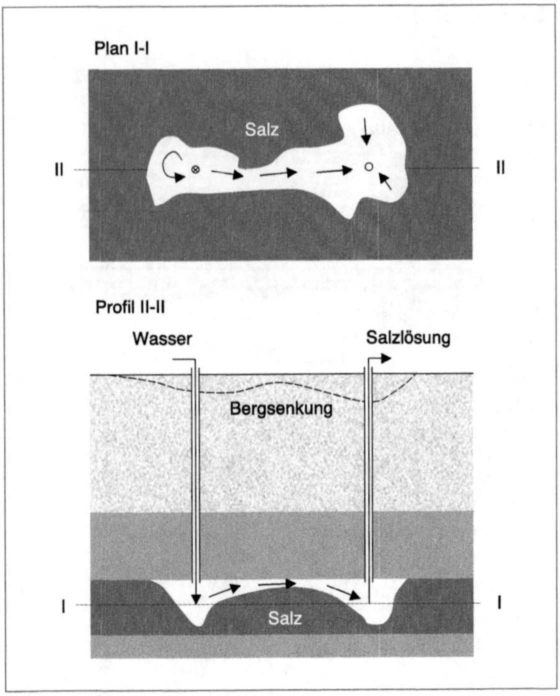


**Abb. 11.26** Lösungsbergbau mit separatem Einspeis- und Entnahmebrunnen.

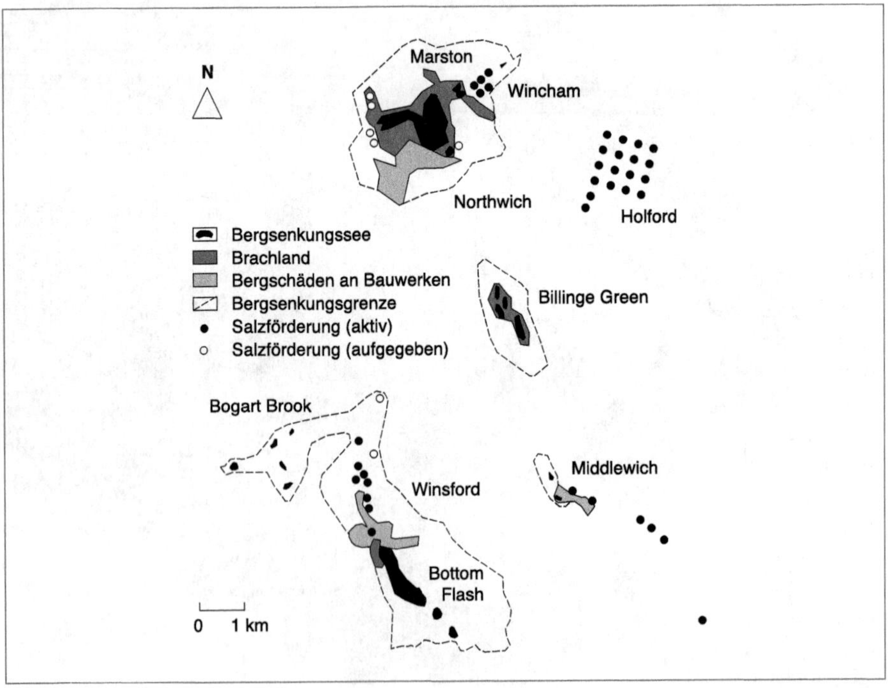


**Abb. 11.27** Bergsenkungen als Folge des Lösungsbergbaus in der englischen Grafschaft Cheshire (nach Wallwork 1956).

### Lösungsbergbau

Wasserlösliches Gestein, zum Beispiel Steinsalz, kann von der Oberfläche aus gewonnen werden, indem über eine Bohrung Frischwasser eingespeist und über eine zweite Bohrung die im Kontakt mit dem Steinsalz entstandene Salzlösung (Sole) abgezogen wird (Abb.11.26). Die Zuführung von Frischwasser und der Abzug von Sole kann auch über eine einzelne Bohrung geschehen, die aus einem äußeren und einem inneren Bohrrohr besteht. Durch Eindampfen der Salzlösung erhält man den Rohstoff.

*Lösungsbergbau (solution mining)* hinterlässt Hohlräume im Gebirge, die sich mit der Zeit schließen. Das Volumen der Hohlräume lässt sich über die Menge des gewonnenen Salzes zurückrechnen, ihre Ausdehnung ist jedoch kaum zu bestimmen. Als Folge des Lösungsbergbaus bilden sich mit der Zeit an der Tagesoberfläche Bergsenkungen. Auch Einsturzschlote wurden dokumentiert, die mit den oben beschriebenen Erdfällen des Subrosionskarstes vergleichbar sind.

Anschauliche Beispiele für Lösungsbergbau finden sich in der englischen Grafschaft Cheshire (Abb. 11.27). Dort wurde schon im Mittelalter Steinsalz abgebaut. Erste Bergsenkungen infolge des beginnenden Lösungsbergbaus wurden bereits 1790 beobachtet. Bergsenkungsseen bildeten sich und ganze Landstriche wurden unbewohnbar. Das in den Untergrund gepumpte Frischwasser breitete sich völlig unkontrolliert aus und verursachte noch in Entfernungen von bis zu 8 km erhebliche Bergsenkungen.

Aus dem kanadischen Salzabbaugebiet von Windsor wird von bis zu 100 m breiten und 8 m tiefen, ovalen *Subrosionssenken* berichtet, die sich infolge des 300 m tiefen Lösungsbergbaus gebildet haben. Im Nordwesten der Niederlande wird heute Lösungsbergbau betrieben, um die anstehenden Zechsteinsalze auszubeuten. Die Brunnen reichen bis in 3000 m Tiefe.

### Förderung von Wasser, Öl und Gas

Mit dem rasanten Anstieg der Bevölkerung ist auch der Bedarf an Rohstoffen deutlich angestiegen. Dies gilt nicht nur für Erze, Kohle und Mineralien, sondern auch für Primärressourcen wie zum Beispiel Wasser.

Schon in der Antike konnten die Flüsse und Seen den Bedarf an Trink- und Brauchwasser nicht mehr befriedigen, so dass Brunnen ausgeschachtet werden mussten. Mit dem Wachstum der Städte und der Mechanisierung der Landwirtschaft wurden immer tiefere Brunnen gebohrt, um die noch vorhandenen Grundwasserreserven auszubeuten. Die Kommerzialisierung der Wasserressourcen hat die Situation weiter verschärft. In europäischen Haushalten werden heute durchschnittlich 250 Liter pro Person und Tag verbraucht, in den Vereinigten Staaten mehr als 660 l täglich. In Afrika muss die Bevölkerung mit gerade mal 50 Litern pro Tag auskommen, im Umland afrikanischer Städte wie Ouagadougou (Burkina Faso) sogar nur mit 20 Litern pro Tag – also mit weniger als dem von der Weltgesundheitsorganisation festgelegten absoluten Minimum (WWAP 2001: 9). Die Anzahl der Konflikte und Kriege um den immer knapper werdenden Rohstoff Wasser steigt ständig. Wasser wird eine der ersten Ressourcen sein, die sich erschöpft (Meadows, Meadows, Randers 1992).

Eine ähnliche Entwicklung ist bei den Energieträgern Erdöl und Erdgas zu konstatieren. Mit aufwendigen geophysikalischen Methoden werden immer verborgenere

**Abb. 11.28** Folgen exzessiver Grundwasserförderung: Schiefstellung einer Kathedrale in Mexiko, Neigung der Kleinen Wildganspagode in Xian, China (Fotos: Ernest Hess-Lüttich).

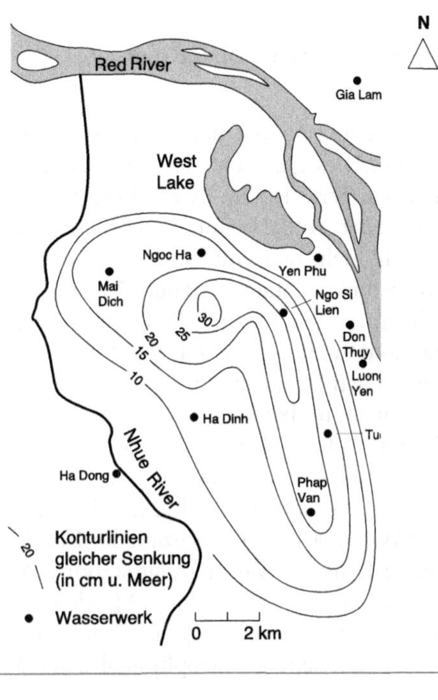


**Abb. 11.29** Senkung des Geländes im Stadtgebiet von Hanoi (Vietnam) als Folge der Grundwasserförderung (nach Nguyen & Helm 1995).

Vorkommen geortet, um auch diese noch ausbeuten zu können. Selbst in Naturschutzgebieten wird inzwischen schon nach Erdöl- und Erdgas gebohrt. So genannte „unkonventionelle Verfahren“ wie *Hydraulic Fracturing (Fracking)* schaffen neue Risiken und gefährden die Grundwasserressourcen.

Die Ausbeutung von Wasser, Erdöl und Erdgas hinterlässt permanente Spuren an der Erdoberfläche. Durch den Entzug von Flüssigkeiten und Gasen wird der Spannungszustand im Porenraum geändert: das Speichergestein konsolidiert. Diese Konsolidation paust sich bis auf die Tagesoberfläche durch und hat zum Beispiel in Mexiko City oder im kalifornischen Central Valley zu einer Absenkung der Tagesoberfläche von bis zu 10 m geführt. Die Bucht von Tokio setzt sich ebenfalls, wie auch das nur 2 m über dem Meeresspiegel im Menambecken liegende Bangkok, wo inzwischen mit dem MGL-Projekt *(Mitigation of Groundwater Crisis and Land Subsidence in Bangkok Metropolis)* versucht wird, die unkontrollierte und exzessive Förderung von Grundwasser einzudämmen.

Doch in den ausufernden Vorstädten ist der Raubbau nicht mehr aufzuhalten: ständig werden neue Brunnen gebohrt, unkontrolliert und ungenehmigt. Ähnliche Probleme werden aus Jakarta, Hanoi, Kanagawa, Peking, aber auch aus Europa – zum Beispiel aus der italienischen Po-Ebene oder dem belgischen Flandern – gemeldet, eben von überall, wo mehr Grundwasser abgepumpt wird als sich auf natürlichem Wege erneuern kann (Abb. 11.28, Abb. 11.29).

Mit ähnlichen Problemen sieht man sich in Gebieten der Erdöl- und Erdgasförderung konfrontiert. Zum Beispiel wurden über dem Erdölfeld von Wilmington bei Los Angeles Senkungsraten von 23 cm pro Jahr beobachtet. Von 1928 bis 1971 hat sich das Gelände um etwa 10 m gesenkt (Goudie 2000). Durch den Vergleich von Satellitenbildern ließ sich nachweisen, dass sich das benachbarte Belridge Ölfeld um jährlich 20 bis 30 cm senkt (Kooij 1997).

In den niederländischen Provinzen Friesland und Groningen wird seit den 1950er Jahren Erdgas gefördert. Die damit verbundenen Geländesenkungen werden seit Jahrzehnten mit großer Besorgnis beobachtet. Das Land befindet sich ohnehin bereits auf Meeresniveau. Über den Gasfeldern von Groningen hat sich das Gelände inzwischen einige Dezimeter gesenkt. Mit diesen Senkungen überlagern sich, insbesondere in der Provinz Friesland, die natürlichen (biologischen) Setzungen der mächtigen Torfvorkommen, die in den nächsten 50 Jahren das Gelände zusätzlich um einen halben Meter absenken werden (z. B. Schokking 1995). Dazu kommen nun die bereits erwähnten Bergsenkungen infolge des 3000 m tiefen Lösungsbergbaus (Zechsteinsalze). Da der Meeresspiegel in den nächsten Jahrzehnten als Folge der globalen Erwärmung ansteigen wird, kommt auf die niederländischen Küsteningenieure eine Herausforderung zu, die mit der Eindeichung des IJsselmeers durchaus vergleichbar ist.

### 11.2.3 Schadensursachen und Auslöser

Die angeführten Beispiele zeigen, dass sich Bergsenkungen auf verschiedene Weise entwickeln und nach unterschiedlichen Mechanismen ablaufen. Ursächlich für ihre Entstehung sind

- Hohlräume, natürliche oder vom Menschen geschaffene, über denen das Deckgebirge nachgibt, entweder in Form einer

- *regulären*, also gleichmäßigen und allmählichen Senkung oder eines
- *irregulären*, also ungleichmäßigen und plötzlichen Verbruchs.

Reguläre Bergsenkungen sind typisch für den tiefen, flächigen Abbau von Rohstoffen und der Förderung von Wasser, Erdöl und Erdgas, wogegen irreguläre Bergsenkungen durch tagesnahe Hohlräume ausgelöst werden. Je nach den geologischen Vorgaben kann es auch zu komplexen Mischformen kommen.

Irreguläre Bergsenkungen treten meist plötzlich, ohne Vorwarnungen auf. Der Erdfall (bei Karst) bzw. Tagesbruch (im Bergbau) kann durch folgende Auslöser oder *Trigger* verursacht werden:

- die Vergrößerung des Hohlraumquerschnittes durch Subrosion oder Nachbruch
- dynamische Beanspruchungen wie Erdbeben, Sprengungen oder Erschütterungen aus Verkehr und Industriebetrieben
- die Veränderung der hydrogeologischen Verhältnisse im Untergrund, ausgelöst durch lang anhaltende Regenfälle, Einleitung von Wässern oder Entnahme von Grundwasser bzw. durch Veränderung des Grundwasserspiegels
- die Reduktion der Festigkeit des Deckgebirges (über dem Hohlraum) durch Verwitterung und Erosion
- die Reduktion der Festigkeit der Festen (im Bergbau) infolge einer Durchfeuchtung oder durch Verwitterung und Erosion
- die Konsolidierung einer stabilisierenden Hohlraumfüllung
- die Belastung der Tagesoberfläche durch Bauwerke und Verkehrswege
- Aushubarbeiten an der Tagesoberfläche (Störung der Eigentragwirkung des Untergrundes).

Mitunter können sich verschiedene Einflüsse auch überlagern und so den Erdfall bzw. Tagesbruch auslösen.

## 11.3 Methoden und Nachweise

### 11.3.1 Reguläre Bergsenkungen

Reguläre Bergsenkungen, wie sie aus dem Strebbau zu erwarten sind, lassen sich auf der Grundlage von langjährigen Beobachtungen abschätzen. Für das Ruhrgebiet, das britische und französische Kohlerevier sowie die meisten russischen Kohlereviere gilt für den *Bergsenkungsfaktor* $\kappa$, also dem Verhältnis der maximal zu erwartenden Bergsenkung $S$ zur abgebauten Flözmächtigkeit $M$ (Brawner 1973)

$$\kappa = \frac{S}{M} \le 0.9$$

Dabei wird vorausgesetzt, dass die Hohlräume nicht versetzt oder verblasen (also verfüllt) wurden.

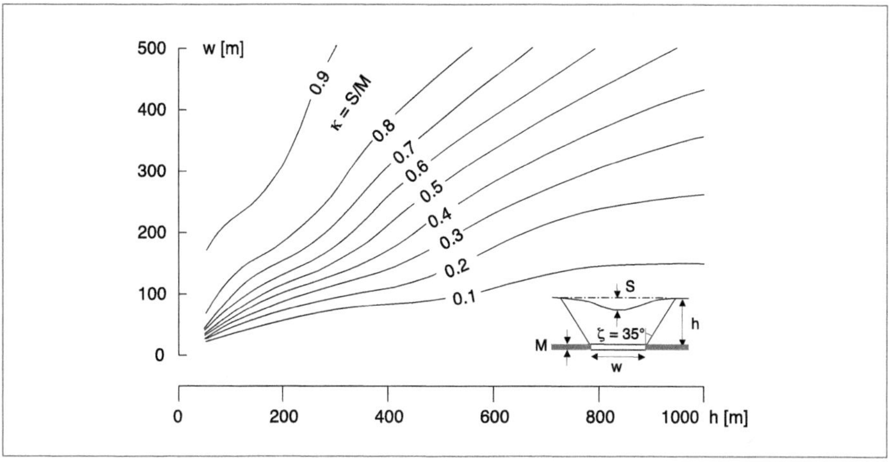


**Abb. 11.30** Der Bergsenkungsfaktor k als Funktion von Abbaubreite w und Abbautiefe h (NCB 1975).

In Großbritannien wurden anhand von Senkungsmessungen über tiefen Abbaufeldern empirische Bergsenkungsdiagramme entwickelt, mit denen die maximal zu erwartende Senkung des Senkungstroges vorhergesagt werden kann. Dabei wird davon ausgegangen, dass sich über einem Abbau der Breite $w$ und der Länge $l$ ein Senkungstrog bildet, der von einem von der Abbaukante gezogenen *Grenzwinkel* $\zeta$ [°] begrenzt wird (Niemcyzk 1949). Die Größe des Grenzwinkels und somit des *Einwirkungsbereichs* des Bergbaus hängt von der lokalen Geologie ab. Für das britische Revier wird von $\zeta = 30\text{-}40°$ ausgegangen.

In den Bergsenkungsdiagrammen (Abb. 11.30) ist die Breite des Abbaus $w$ [m] über die Abbautiefe $h$ [m] aufgetragen. Aus dem Bergsenkungsfaktor $\kappa$ ergibt sich die maximale Bergsenkung $S$ [m] für ein Abbaufeld. Diese stellt sich ein, sobald die Abbaulänge $l$ größer als die kritische Abbaubreite $w_c$ ist (superkritscher Senkungstrog). Die kritische Abbaubreite ergibt sich aus dem Grenzwinkel und der Abbautiefe:

$$w_c/h = 2\tan\zeta \quad \rightarrow \quad \text{kritisch}$$
$$w/h < 2\tan\zeta \quad \rightarrow \quad \text{subkritisch}$$
$$w/h > 2\tan\zeta \quad \rightarrow \quad \text{superkritisch}$$

Bei einer kleineren Abbaulänge (Senkungstrog) wird die maximal mögliche Senkung nicht erreicht. Mit weiteren empirischen Diagrammen lassen sich die für den subkritischen Fall wahrscheinlichen Bergsenkungen sowie die maximalen Dehnungen und Stauchungen an der Oberfläche abschätzen. Weiterhin lässt sich die Geometrie des Senkungstroges konstruieren. Empirische Bergsenkungsdiagramme lassen sich auch für Reviere in anderen Ländern herleiten.

## 11.3.2 Irreguläre Bergsenkungen

Irreguläre Bergsenkungen entstehen bei tagesnahem Bergbau. Im Folgenden soll auf die Bildung von Tagesbrüchen eingegangen werden, die durch Nachbruch oder *en-block*-Bewegungen ausgelöst werden. Vergleichbare Mechanismen stellen sich auch bei Erdfällen über Karsthohlräumen ein.

Weiterhin wird das Freifallen von Schächten diskutiert. Schließlich wird auf das Versagen von Pfeilern beim Örter- und Kammerbau eingegangen.

## Nachbruch

Untertägige Hohlräume sind in den wenigsten Fällen stabil. Je nach Boden- und Gebirgsart bricht das Deckgebirge allmählich oder plötzlich nach, bis sich ein tragendes Gewölbe ausgebildet hat. Aber auch dieses wird mit der Zeit weiter nachbrechen, als Folge von Durchfeuchtung, Erschütterung oder anderer destabilisierender Einflüsse. Mit abnehmendem Abstand zur Tagesoberfläche nimmt der Auflockerungsgrad des anstehenden Gebirges zu, woraus sich eine Beschleunigung der Bewegung des Hohlraums zur Tagesoberfläche ergibt. Schließlich bildet sich ein *Tagesbruch* (Bergbau) oder *Erdfall* (Karst) (Abb. 11.31).

Ein Durchpausen des Hohlraums zur Tagesoberfläche wird jedoch gestoppt, sobald das Volumen des verbrochenen Gebirgsmaterials das Fassungsvermögen des Hohlraums übersteigt. Dies ist ab einem bestimmten Nachbruchvolumen der Fall, denn die Versturzmasse nimmt einen deutlich größeren Raum ein als das intakte (unverstürzte) Gebirge. Mit $k$ [-] als *Auflockerungsfaktor (bulking factor)* ergibt sich zum Beispiel das Nachbruchvolumen aus einem zylindrischen Versturzraum zu

$$V_N = k\,x\,\pi\,d^2/4$$

mit $d$ [m] als Durchmesser und $x$ [m] als Höhe des Versturzraums.

Angenommen, der Nachbruch bildet sich über einem quadratischen Hohlraum mit der Seitenlänge $w$ und der Höhe $h$, dann folgt für das Fassungsvermögen

$$V = hw^2 + x\pi d^2/4$$

Da $w$ etwa $d$ entspricht, ergibt sich die (relative) maximale Migrationshöhe zu

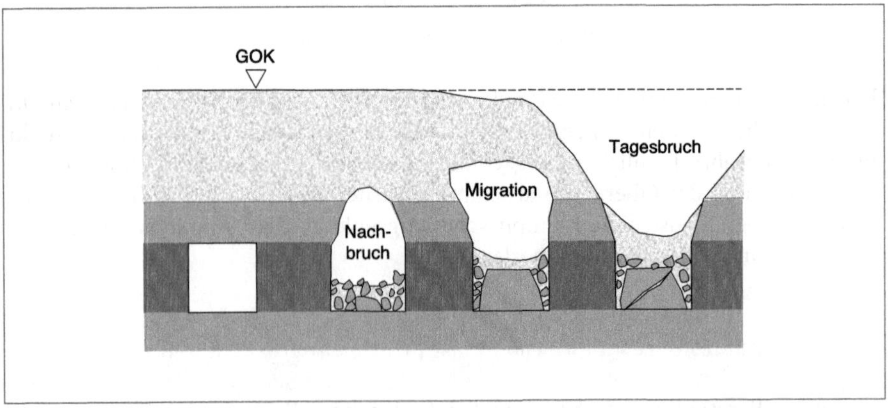


**Abb. 11.31** Das Nachbrechen des Deckgebirges führt schließlich zum Tagesbruch.

$$\frac{x}{h} = \frac{4}{\pi(k-1)}$$

In vielen Fällen ist jedoch davon auszugehen, dass der Nachbruch in Nebenhohlräume auswandert oder sich durch Erosion verringert. Es ist also ein erodiertes Volumen $V_E$ zu berücksichtigen. In diesen Fällen ist die Migrationshöhe mit einem Erosionsfaktor

$$e = \frac{V_N - V_E}{V_N}$$

zu modifizieren. Für den vorgestellten Fall des zylindrischen Versturzraums folgt

$$\frac{x}{h} = \frac{4}{\pi(ek-1)}$$

Abbildung 11.32 veranschaulicht diesen Zusammenhang. Auch für andere Geometrien des Versturzraums und des Fassungsvermögens lassen sich auf diese Weise die maximalen Migrationshöhen abschätzen.

## En-bloc-Bewegung

Bei einer *en-bloc*-Bewegung rutscht das Hangende als einzelner integraler Gebirgskörper in den Hohlraum. Er wird seitlich begrenzt von Gleitflächen, die geologisch vorgegeben sein können. Ein typisches Beispiel für eine *en-bloc*-Bewegung ist der zu Beginn dieses Kapitels erwähnte Fall aus dem Rheinischen Schiefergebirge. Die ingenieurgeologische Erkundung und die Aufnahme des Trennflächengefüges zeigten,

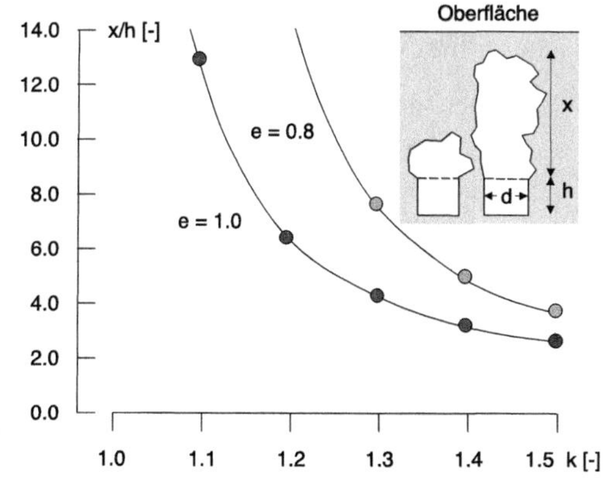


**Abb. 11.32** x/h als Funktion des Auflockerungsfaktors k für Erosionsfaktoren e von 1.0 (keine Erosion) und 0.8 (20% des Versturzmaterials wird erodiert). Angenommen wurde ein Hohlraum mit quadratischem Grundriss.

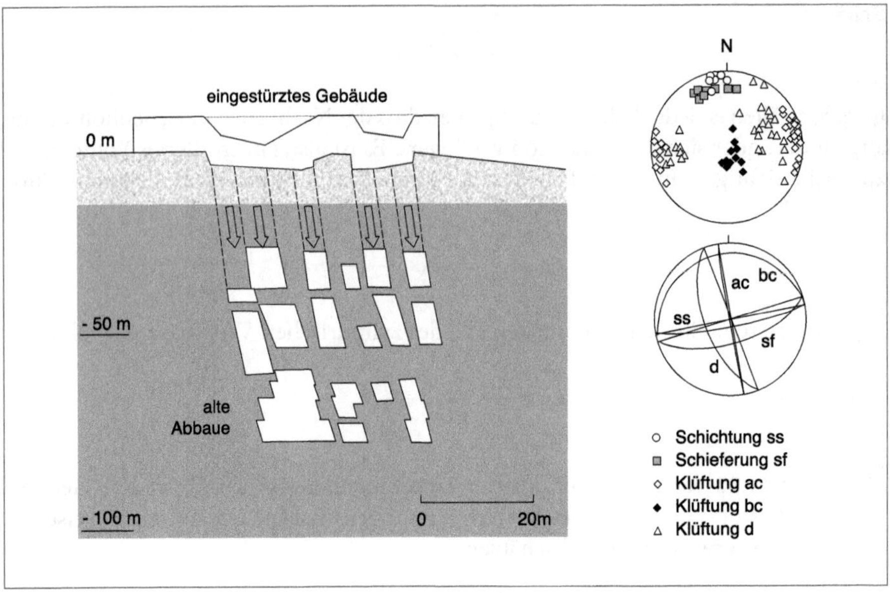


**Abb. 11.33** En-bloc-Bewegungen von Gebirgskörpern in Abbaukammern.

dass ein Gebirgsblock entlang der fast senkrecht stehenden Schichtung, Schieferung und ac-Klüftung völlig intakt in den Hohlraum rutschen konnte (Abb. 11.33). Durch die Bildung des Kräftegleichgewichts im Krafteck lässt sich die Scherfestigkeit entlang der Gleitflächen im Grenzzustand rückrechnen.

Vermutliche *en-bloc*-Bewegungen wurden ebenfalls im Salzfeld von Hengelo (Niederlande) beobachtet (Wassmann 1980). Dabei wird davon ausgegangen, dass sich das Hangende entlang vertikaler Gleitflächen in den Lösungshohlraum bewegt (Abb. 11.34). Das über dem Deckgebirge anstehende Lockergestein bildet dabei geneigte Gleitfugen aus. Aufgrund der geologischen Vorgaben macht sich hier die *en-bloc*-Bewegung an der Oberfläche als harmonische, kontinuierliche Deformation bemerkbar.

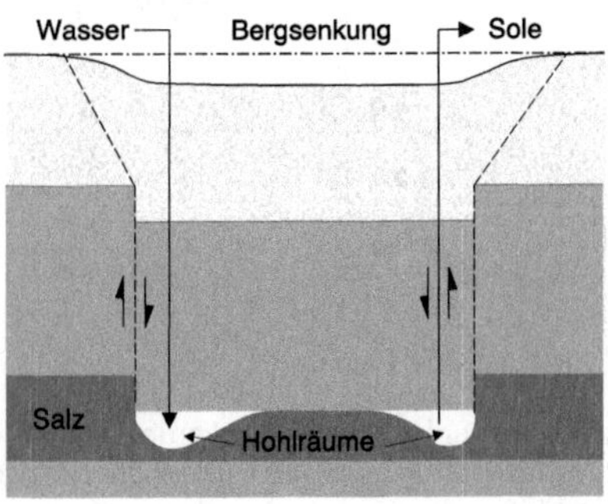


**Abb. 11.34** En-bloc-Bewegung über einem Lösungshohlraum (nach Wassmann 1980).

### Schächte

Schächte werden nach Aufgabe des Bergwerks in vielen Fällen verfüllt. Bei verfüllten Schächten sind zwei Versagensmechanismen möglich, die sich auch überlagern können: Zum einen kann ein Teilbereich oder auch die gesamte Füllsäule *en-bloc* abgehen, zum anderen kann die Verfüllung peu à peu nachfallen, wobei die Versturzmassen in die verlassenen Grubengebäude abwandern können.

Wird ein Bergwerk aufgegeben, dann wird in den meisten Fällen auch die Wasserhaltung eingestellt. Mit der Zeit steigt der Wasserspiegel auf sein natürliches Niveau. Die bodenmechanischen Eigenschaften des Verfüllmaterials verändern sich beim Kontakt mit Wasser. Der Kohäsionsanteil wird deutlich verringert oder geht sogar völlig verloren, so dass die Füllsäule ihre Stabilität verliert.

In der Regel liegen zum Verfüllmaterial kaum Informationen vor. Die Erkundung des Schachtes ist, wie bereits ausgeführt, aufwendig und voller Risiken. In der Praxis ist es daher kaum möglich, ein verlässliches Versagensmodell für einen aufgegebenen Schacht zu formulieren.

### Versagen von Pfeilern

Beim Versagen einzelner Pfeiler (Örterbau) wird die Last auf die benachbarten Pfeiler umgelagert. Halten diese der zusätzlichen Belastung nicht stand, versagen sie ebenfalls, so dass nun die benachbarten, noch intakten Pfeiler belastet werden. Schließlich können, einem Dominoeffekt gleich, ganze Grubenbaue nachgeben. Entlang der Bewegungsfugen, die sich im Hangenden bilden, rutscht das in vielen Fällen weitgehend intakte Deckgebirge in den Grubenbau. Dabei hängt die Ausbildung und Orientierung der Bewegungsfugen von der Geometrie der Baue und dem Trennflächengefüge des Deckgebirges ab.

Ist die Geometrie und die Verteilung der Pfeiler bekannt, dann lässt sich durch Bildung des Kräftegleichgewichts ermitteln, wann die Tragfähigkeit der Pfeiler überschritten wird und das System versagt. Jede Feste trägt die (in erster Näherung lithostatische) Gebirgsauflast ihres Einflussbereiches (Goodmann et al. 1980). Bei einer rechteckigen Feste (Abb. 11.35) mit den Breiten $w_{xp}$ und $w_{yp}$ und den Streckenbreiten $w_{xr}$ und $w_{yr}$ folgt für den Grenzzustand

$$\sigma_f\, w_{xp}\, w_{yp} = \gamma\, h\left(w_{xp} + w_{xr}\right)\left(w_{yp} + w_{yr}\right)$$

mit $\gamma$ [kN/m³] als mittlere Wichte des Hangenden und $h$ [m] als Tiefe bis zur Firste der Örter. $\sigma_f$ [kN/m²] ist die axiale Druckfestigkeit des Gebirges *in situ*, d. h. unter Berücksichtigung der vorhandenen Trennflächen und der Geometrie der Feste. Hieraus ergibt sich die Standsicherheitsbedingung

$$\sigma_f \geq \gamma\, h\left(1 + \frac{w_{xr}}{w_{xp}}\right)\left(1 + \frac{w_{yr}}{w_{yp}}\right)$$

Zu beachten ist, dass der Gründungsbereich einer Feste ebenfalls nachgeben kann, ohne dass die Feste selbst versagt (Grundbruch, siehe Kapitel 12).

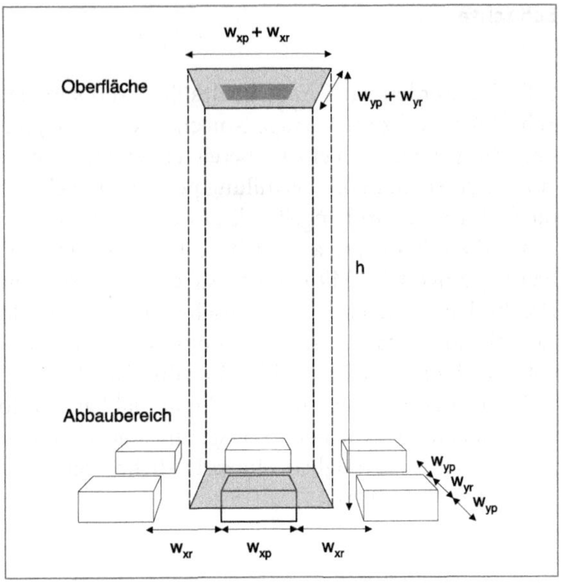


**Abb. 11.35** Belastung von Pfeilern im Örterbau.

Die zeitliche Entwicklung des Versagens lässt sich kaum voraussagen, da die Scherfestigkeit der Pfeiler schwer einzuschätzen ist. Bei aufgegebenen Bergwerken ist mitunter auch die Geometrie der Hohlräume kaum bekannt. Allenfalls lassen Senkungsmessungen für bestimmte geologische Verhältnisse und Hohlraumgeometrien Analogieschlüsse zu.

## 11.4 Sicherung und Stabilisierung

Der Gefahr von Bergschäden in Bergbau- und Karstgebieten lässt sich mit zwei Strategien begegnen:

- der passiven Strategie der Zonierung und des Monitorings
- der aktiven Strategie der Stabilisierung der untertägigen Hohlräume und der konstruktiven Ertüchtigung von Bauwerken und Gründungsbereichen.

Die folgenden Abschnitte geben Beispiele zu beide Vorgehensweisen. Um zu beurteilen, inwieweit eine Bergschadensgefahr besteht, gilt es zunächst zu erkunden, wo im Untergrund Hohlräume wahrscheinlich sind. Hierzu ist eine ingenieurgeologische Erkundung durchzuführen, auf deren Grundlage Risiken erkannt und Bereiche potenzieller Bergschäden eingegrenzt werden können.

### 11.4.1 Eingrenzung problematischer Bereiche

Aus den vorgestellten Beispielen wird deutlich, welche Aspekte bei der ingenieurgeologischen Kartierung von Bergsenkungs- und Karstgebieten besondere Aufmerksamkeit verdienen. Dazu zählen:

- Die Vorauswertung des Geländes auf der Grundlage des verfügbaren Kartenwerks, insbesondere der topografischen, historischen, geologischen und hydrogeologischen Karten. Aus diesen Karten lässt sich zum Beispiel erkennen, wo verkarstungsfähiges Gestein ansteht und wo Bergbau umgegangen ist oder aufgrund abbaubarer Rohstoffe umgegangen sein könnte. Sie geben auch Hinweise auf die Förderung von Wasser, Erdöl oder Erdgas.
- Die Auswertung von Luftbildern. Aus dem Vergleich von aktuellen Aufnahmen mit alten Luftbildern lassen sich Veränderungen im Relief rekonstruieren. Mit einer stereoskopischen Auswertung von Luftbildpaaren kann die Deformation des Geländes bestimmt werden. Neben den deutlich erkennbaren Bergsenkungen (Senkungströge, Tagesbrüche) lassen sich auch beginnende Senkungszonen kartieren (Vernässungszonen, Wuchsstörungen bei Bäumen, Risse etc.). Problembereiche werden geortet, um sie dann im Gelände näher zu untersuchen. Auch die Auswertung von Satellitenaufnahmen ermöglicht eine Zonierung von Bergsenkungsgebieten.
- Darüber hinaus ist in Bergbaugebieten das bergmännische Risswerk auszuwerten. Die Einsichtnahme ist bei den zuständigen Bergämtern zu beantragen. Bei der Sichtung des Kartenmaterials ist die gesamte Entwicklung des Bergwerks zu erfassen, von den ersten Anfängen bis zur Aufgabe. Grubengebäude haben in der Regel mehrere Sohlen, die sich überlagern und die mit Schächten verbunden sind. Es ist daher wichtig, die Logik der Entwicklung des Grubengebäudes zu verstehen und sich über die Funktion der einzelnen Grubenelemente im Klaren zu sein. Die Systematik der (ehemaligen) Massenströme ist zu verstehen und das Gesamtvolumen des ausgeräumten Materials (Rohstoff und Nebengestein) ist abzuschätzen. Neben dem eigentlichen Risswerk sind auch die Grubenbücher einzusehen, in denen die Geschichte des Bergwerks dokumentiert ist und Statistiken zu den Mengen des abgebauten Materials aufgeführt sind. Stehen Rohstoffe oberflächennah an oder streichen entsprechende Schichten an der Oberfläche aus, ist zusätzlich auf nicht dokumentierten, alten und historischen Bergbau zu achten.

Im Rahmen der ingenieurgeologischen Feldarbeit wird das Gelände auf direkte und indirekte Hinweise zu Bergsenkungen untersucht und gezielt beprobt, um Aufschluss über den Aufbau, die Festigkeit und die Verformbarkeit des Untergrundes zu erhalten:

- Geomorphologische Ansprache: Die vorliegenden Landformen werden kartiert und mit den geologischen Vorgaben verglichen, um Unregelmäßigkeiten zu identifizieren und Bergsenkungen zu erkennen. In Verkarstungszonen ist die bereits erwähnte Karstmorphologie aufzunehmen. Bei der direkten Erkundung von Tagesbruchbereichen müssen Vorsichtsmaßnahmen getroffen werden. Da das Gebirge jederzeit nachbrechen kann, ist das Erkundungsteam entsprechend zu sichern.
- Biologische Ansprache: Neben den bodenkennzeichnenden Pflanzen werden in erster Linie grundwasserkennzeichnende und reliefkennzeichnende Pflanzen kartiert. Wie im Kapitel 6 beschrieben, zeigen bestimmte Pflanzen Staunässe und somit eine mögliche Veränderung des Grundwasserspiegels an. Andere Pflanzen sterben bei steigendem Grundwasser ab. Entlang von Verwerfungen reihen sich Wasser liebende Pflanzen und zeichnen somit die Verwerfungszone nach. Bäume dokumentieren die Bewegung des Reliefs, indem sie nach einer Schiefstellung ver-

tikal weiter wachsen. Eine plötzliche Geländeneigung wird durch einen Knick, eine allmähliche durch einen bananenförmigen Wuchs dokumentiert. Dies erlaubt eine ungefähre Datierung des Beginns der Bergsenkung und ihrer zeitlichen Entwicklung. In Bergbaugebiete weisen zudem schadstofftolerante Pflanzen auf ehemalige Tagesanlagen und Halden.

- Bodenansprache: Bodenproben werden entnommen, um die Bodenart zu bestimmen und gegebenenfalls Hinweise auf Altbergbau (Kontaminationen) zu sammeln. Falls erforderlich werden ebenfalls die Festigkeits- und Verformungseigenschaften abgeschätzt. Schürfe werden angelegt, um die Böden unterhalb der oberen Bodenschichten und eventuell den Übergangsbereich zum Festgestein zu erkunden sowie Bodenproben zu nehmen. Auch Hinweise auf eine Veränderung des Grundwasserspiegels sind zu dokumentieren.
- Gebirgsansprache: Das anstehende Gebirge wird stratigrafisch und petrografisch angesprochen. Das Trennflächengefüge wird aufgenommen und in der Lagenkugel dargestellt. Besondere Beachtung verdienen Trennflächen und Störungszonen, die Bergsenkungen begünstigen könnten.
- Hydrogeologische Ansprache: Neben der Abschätzung der Durchlässigkeiten der Böden und des anstehenden Festgesteins werden wasserführende Horizonte, Wasserläufe und Quellen kartiert. Weiterhin sind durch Staunässe gekennzeichnete Zonen, Tümpel und Senkungsseen zu dokumentieren. In Bergbauzonen verdienen darüber hinaus die Austritte von Grubenwässern besondere Aufmerksamkeit, die häufig kontaminiert und sauer sind *(Acid Mine Drainage)*. Weiterhin ist eine mögliche Veränderung des Grundwasserspiegels in bestehenden Brunnen zu prüfen.
- Anthropogene Ansprache: Straßen und Wege, Zäune und Mauern, Brunnen und Masten werden bei Bergsenkungen versetzt und verkippt. Kanäle brechen, Leitungen reißen und in Bauwerken zeigen sich Risse. All diese Beobachtungen sind zu dokumentieren und in der Karte festzuhalten.
- Bergmännische Ansprache: Zugängliche Hohlräume werden begangen und vermessen, sofern sie nicht einsturzgefährdet sind. Die Begehung von Hohlräumen ist ordnungsgemäß anzumelden. Hohlräume dürfen nur mit bergmännischer Ausrüstung und nur in Begleitung eines erfahrenen Bergmanns (in Karsthöhlen eines Speläologen) begangen werden. Zu der üblichen Ausrüstung zählen neben dem schlagwettersicheren Geleucht auch ein Sauerstoffwarngerät und geeignete Kommunikationsmittel.

Aufbauend auf den Voruntersuchungen und der ingenieurgeologischen Geländearbeit werden im Rahmen der Hauptuntersuchungen die geologischen Verhältnisse präzisiert. Die Lage von Hohlräumen wird geortet. Da in den meisten Fällen die Hohlräume nicht oder nur bedingt begangen werden können, eignen sich besonders Aufschlussbohrungen (direkte Erkundung) und geophysikalische Verfahren (indirekte Erkundung). Weitere Erkundungsmaßnahmen wurden bereits im Kapitel 7 vorgestellt.

In Bergbaugebieten stellt darüber hinaus die Ortung von *Schächten* ein besonderes Problem dar, denn sie sind mit wenigen Metern Durchmesser vergleichsweise kleine Suchziele. Auf freiem Feld verraten sie sich im Winter durch Wärmeanomalien, die sich auf Infrarot-Aufnahmen zeigen und sich auch im Gelände durch das schnellere Abschmelzen der Schneebedeckung bemerkbar machen. Da Schächte in den meisten Fällen ausgasen, können sie mit einem Raster von (relativ kostengünstigen) Bodengasmessstellen lokalisiert werden. Viele Schächte sind jedoch unter Verkehrswegen und Gebäuden verborgen. Sobald sich die Hinweise auf einen Schacht verdichten, ist Vorsicht geboten, da der Schacht noch während der Erkundung freifallen kann. Er ist aus sicherer Entfernung mit Schrägbohrungen zu orten. Die Bohrmannschaft muss sich wegen der möglichen Ausbildung eines Einsturztrichters anseilen. Oft haben sich auch explosionsfähige Gase im Schacht gesammelt, so dass zusätzliche Vorsichts- und Schutzmaßnahmen notwendig werden.

Auf der Grundlage einer ingenieurgeologischen Kartierung und begleitender Untersuchungen (Teil 2) lässt sich ein Bergsenkungs- bzw. Karstgebiet in ingenieurgeologische *Homogenbereiche* einteilen. Dabei wird das Untersuchungsgebiet in *bergschadensfreie* und *bergschadensgefährdete* Zonen sowie in Bereiche unterteilt, die aufgrund nicht ausreichender Informationen nicht eindeutig zugeordnet werden können und daher weiter zu untersuchen sind.

Bergschadensgefährdet ist das Gelände nicht nur unmittelbar über den Hohlräumen, sondern auch in deren Einwirkungsbereich. Die Größe des Einwirkungsbereichs hängt von der Tiefenlage der Hohlräume und von der Geologie ab. Im Strebbau dient der *Grenzwinkel* $\zeta$ der Abgrenzung des Einwirkungsbereichs, ein Konzept, das auch für andere Grubentypen und auch für natürliche Hohlräume übernommen wurde. Der Grenzwinkel hängt ab von der lokalen Geologie, die geprägt ist vom Aufbau des Gebirges und seiner Zergliederung in Klüfte und Störungen, sowie von den bodenmechanischen Eigenschaften der Deckschichten. Oft werden Erfahrungswerte angewendet, die für verschiedene Regionen in Regelwerken vorgegeben sind.

In einem Bergbaugebiet werden paläogene Tone abgebaut, die über dem devonischen Grundgebirge anstehen, dessen Oberkante bei etwa 200 m unter Gelände liegt. Das auf den Tonen lagernde Quartär ist 20-30 m mächtig und besteht aus Sanden und Kiesen. Westlich des Bergwerks befindet sich eine Siedlung (Abb. 11.36). Da der Abbau in diesem Bereich vor kurzem eingestellt wurde, ist vorgesehen, die Siedlung zum Bergbaugebiet hin nach Osten zu erweitern. Wie nah darf die Neubebauung an den Abbau heranreichen? – Um diese Frage zu beantworten ist der Einwirkungsbereich festzulegen. Dazu werden die abgebauten Tonlager auf die Geländeoberfläche projiziert. Der Einwirkungsbereich folgt aus der Abbautiefe und dem Grenzwinkel, der vom Bergamt festgelegt wird oder sich aus Erfahrungswerten ergibt. Im vorliegenden Fall gibt das Bergamt einen Grenzwinkel von 45° vor. Danach entspricht der Einwirkungsbereich den Abbautiefen, die hier für die 1. Sohle 100 m und für die 2. Sohle 150 m betragen. Der Einwirkungsbereich lässt sich somit in einfacher Weise festlegen. Da innerhalb dieses Bereichs Bergschäden zu erwarten sind, verzichtet die Gemeinde auf eine Erschließung jenseits der Einwirkungsgrenze.

Bergschadensgefährdete Gebiete dürfen in den wenigsten Fällen bebaut werden. Ausnahmen bilden reguläre Senkungströge, wie sie zum Beispiel im Ruhrgebiet über dem tiefen Kohlebergbau zu erwarten sind. Dort ist in vielen Bereichen die Bergsenkung schon eingetreten, in einigen ist sie bereits abgeklungen. Im Rahmen einer nachhaltigen Stadtentwicklung werden Bergschadensgebiete auch als Chance angesehen, denn

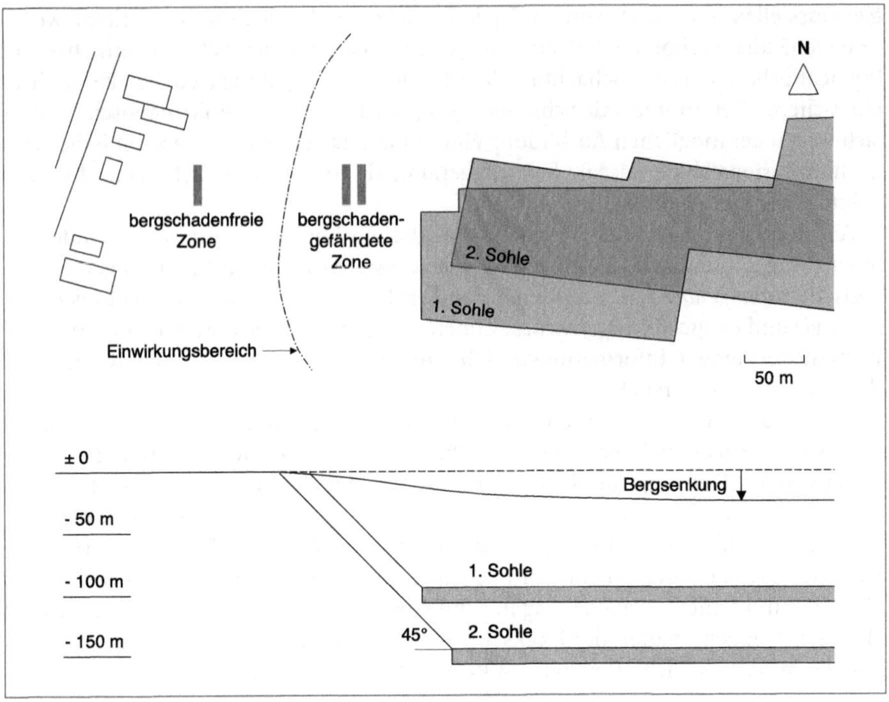


**Abb. 11.36** Profil und Plan des Entwicklungsgebiets mit Einwirkungsbereich.

sie bieten sich als Grünflächen zur Regulierung des Frischlufthaushalts und zur Regeneration der Biodiversität an.

Von aufgegeben Schächten gehen besondere Gefahren aus. Die bergamtlichen Richtlinien sehen Schachtschutzbereiche vor, die freizuhalten sind. Der Durchmesser eines Schachtschutzbereichs richtet sich wieder nach den geologischen Verhältnissen, insbesondere der Tiefe zum anstehenden Festgestein, und den bodenmechanischen Eigenschaften der Deckschichten, aus denen sich der natürliche Neigungswinkel eines möglichen Einsturztrichters ergibt. Verkehrsbereiche und Bauwerke müssen außerhalb des Einsturztrichters liegen.

### 11.4.2 Schadensvermeidung

#### Verbote und Warnungen

Bergschadensgefährdete Zonen sind auszuweisen. Bereiche, in denen irreguläre Bergsenkungen möglich sind, müssen durch Warnschilder markiert und gegebenenfalls eingezäunt werden. Das Betreten gefährdeter Gebiete ist im Rahmen geltender ordnungsrechtlicher Bestimmungen zu untersagen.

### Monitoring

In Bergsenkungs- und Erdfallgebieten geben Bewegungen der Geländeoberfläche Hinweise auf untertägige Hohlräume. Sie sind einzumessen und zu beobachten, um Aufschluss über die Dynamik der Bergsenkungen zu erhalten. Dazu bieten sich folgende Methoden an:

- Eine regelmäßige *trigonometrische Vermessung* des Problembereichs.
- Die Beobachtung von Bewegungen mithilfe von Bohrlöchern *(Inklinometer, Deflektometer, Extensometer).*
- *Geoakustische Messungen*, die Hinweise auf sich ankündigende Tagesbrüche oder Erdfälle geben können.
- *Luftbilder* und *Satellitenaufnahmen*, die in regelmäßigen Abständen aufgenommen und ausgewertet werden. Veränderungen in der Vegetation aufgrund von Bergsenkungen können frühzeitig mit Verfahren des *Remote Sensing* geortet werden.
- Wie bei der Beobachtung von Hangbewegungen liefert die Überlagerung einer Zeitreihe von SAR-Satellitenbildern *(Synthetic Aperture Radar Interferometrie InSAR)* Informationen zu Bergsenkungen (z. B. Ferretti et al. 2000).

Ein Monitoring erlaubt Problembereiche zu identifizieren, Bewegungen zu prognostizieren, Bewegungsmechanismen herzuleiten und Rechenmodelle zu eichen.

## 11.4.3 Stabilisierung

### Verfüllung des Hohlraumes

Durch eine Verfüllung des Hohlraums lassen sich irreguläre Bergsenkungen vermeiden. Allerdings muss das Verfüllmaterial lage- und erosionsbeständig sein. Selbst wenn das Verfüllmaterial den Hohlraum völlig ausfüllt und nicht erodiert, stellt doch der Kontaktbereich zum natürlichen Gebirge eine Problemzone dar, entlang der Wasserwegsamkeiten entstehen, die wieder neue Hohlräume bilden können.

Weiterhin belastet das Verfüllmaterial das Liegende (das Gebirge unterhalb der Verfüllung), was zu Setzungen und, falls sich unterhalb des verfüllten Hohlraums weitere Hohlräume befinden, zum plötzlichen Einsturz und zur Bildung eines Tagesbruchs führen kann. In bestimmten Fällen bietet es sich jedoch an, Hohlräume zu verfüllen.

Im Rahmen der Baugrunderkundung für ein öffentliches Gebäude bei Valkenburg (Niederlande) wurden in 50-60 m Tiefe Hohlräume festgestellt (Krapp & Vorwerk 1997). Sie sind Teil eines seit dem Mittelalter aufgefahrenen Höhlensystems, aus dem Kalkstein gewonnen wurde. In der Umgebung wurde bei vielen Gebäuden, insbesondere bei Kastellen und Kirchen, dieser Kalkstein verwendet. Die Höhlen wurden von den Berghängen aus in den Berg getrieben und zu Kammern ausgeweitet. Sie folgen dem etwa 30 m mächtigen Kalkvorkommen der Oberkreide (Maastricht), über denen 25 m mächtige oligozäne Sande sowie wenige Meter mächtige quartäre Lößlehme und Terrassenkiese lagern (Abb. 11.37). Um die Standsicherheit des Untergrundes sicherzustellenn wurde entschieden, die Hohlräume anzubohren und zu verfüllen. Hier-

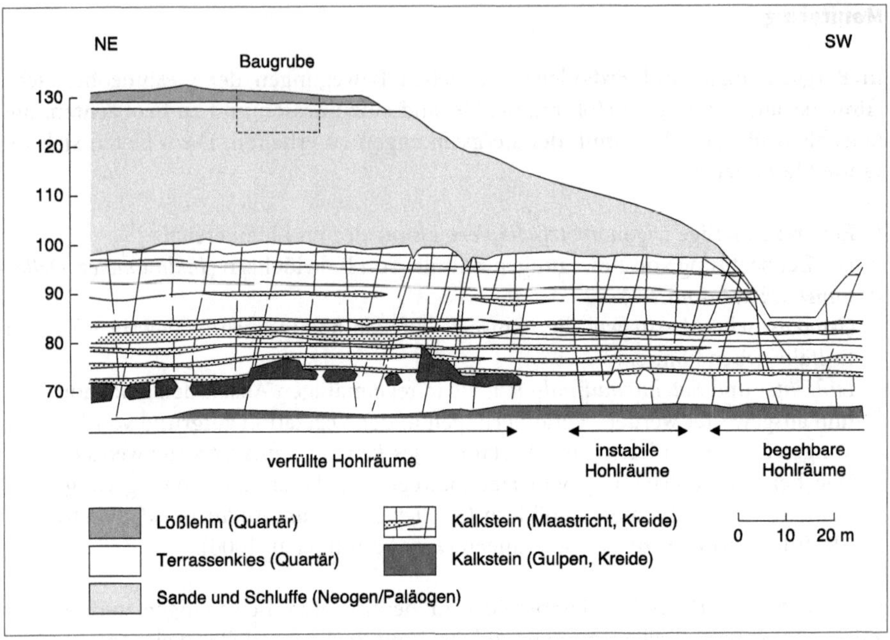


**Abb. 11.37** Profil durch den Untergrund bei Valkenburg (nach Krapp & Vorwerk 1997).

zu wurde ein Raster von Injektionsbohrungen gebohrt (Abstand 8-9 m), in die ein Gemisch aus hydraulisch abbindendem Trockenmörtel und Wasser gepumpt wurde. Kontrollbohrungen zeigten, dass die Hohlräume verfüllt werden konnten und der Kontakt zwischen Verfüllgut und Gebirge kraftschlüssig ist. Daraufhin wurde das Gelände zur Bebauung freigegeben.

Neben der Verfüllung oberflächennaher Hohlräume mit Injektionen wird beim tiefen, noch aktiven Bergbau versucht, die regulären Bergsenkungen durch eine Verfüllung des ausgeräumten Gebirges zu begrenzen. Durch Versatz mit taubem Gestein oder Verblasen mit Gesteinsmehl lassen sich die Bergsenkungen erfahrungsgemäß um etwa 50 % reduzieren. Die damit verbundenen Zusatzkosten werden jedoch in den wenigsten Fällen von den Bergwerksbetreibern akzeptiert, für die es sich in der Regel eher rechnet, die Bergschadensansprüche pauschal zu kompensieren.

### Ausbau

In bestimmten Fällen empfiehlt sich ein Ausbau des Hohlraums. Zwar ist dies meist mit Kosten verbunden, doch erlauben ausgebaute Hohlräume eine ständige Kontrolle und eine schnelle Nachbesserung bei Nachbrüchen. Darüber hinaus drainieren offen gelassene Hohlräume das Gebirge können so zu seiner Stabilisierung beitragen. Die durch den Ausbau geschaffene Klimatisierung hält den Hohlraum trocken, was seine Standsicherheit erhöht.

### Ausgraben

Eine teure aber endgültige Maßnahme zur Vermeidung von Tagesbrüchen ist die Ausschachtung des betroffenen Geländes bis zu der Tiefenlage, in der noch Hohlräume angetroffen werden. Nach dem Aushub wird der ausgeschachtete Bereich mit tragfähigem Boden wieder aufgefüllt. Diese Methode ist allerdings nur bei tagesnahen Hohlräumen möglich und wird aufgrund der hohen Kosten allenfalls in Ausnahmefällen angewandt. Ein Beispiel ist der oben diskutierte Fall der englischen Siedlung Jacqueline Close, bei der es immer wieder zu Tagesbrüchen kam, so dass schließlich das gesamte Deckgebirge bis zu den Hohlräumen abgetragen und wieder neu aufgebaut werden musste.

### Konstruktive Maßnahmen

In Bergsenkungs- und Erdfallgebieten sind Gebäude und Verkehrswege besonderen Beanspruchungen ausgesetzt. Um ihre Gebrauchsfähigkeit und Standsicherheit zu gewährleisten, bieten sich verschiedene Methoden und Strategien an, je nachdem, ob das Bauwerk vor regulären Bergsenkungen oder irregulären Tagesbrüchen zu schützen ist.

Tagesbrüche können den teilweisen oder vollkommenen Einsturz eines Bauwerks verursachen. Bauwerke, die im Bereich von möglichen Tagesbrüchen liegen, müssen daher so bemessen sein, dass sie mögliche Freilagen überbrücken können. Da man allerdings in den wenigsten Fällen *a priori* weiß, wo ein Tagesbruch auftreten könnte und wie groß die daraus resultierende Freilage wird, empfiehlt es sich, in Tagesbruchgebieten nicht zu bauen. Dies ist jedoch in manchen Fällen nicht möglich, wie das folgende Beispiel zeigt.

In einigen Städten Deutschlands entstanden bereits im Mittelalter umfangreiche, untereinander verbundene, zum Teil heute noch erhaltene Kelleranlagen. Die grundbautechnisch mitunter hervorragend gelösten Kellergewölbe dienten der Lagerhal-

**Abb. 11.38** Historischer Stich des mittelalterlichen Oppenheim. Im Untergrund von Oppenheim verzweigt sich ein weitläufiges, teilweise mehrstöckiges System von Gängen, Kellern und Zisternen (Meissner Schatzkästlein 1623).

tung, die in historischer Zeit oft mit Brau- und Ausschankrechten verbunden war. Außerdem wurden untertägige Anlagen als Schutzräume und Fluchtwege genutzt. Besonders umfangreich sind diese Anlagen zum Beispiel in Oppenheim am Rhein (Abb. 11.38). Dort bilden sie quasi eine multifunktionale unterirdische Stadt, ausgestattet mit einer Vielzahl von Verkehrsgängen, Entwässerungs- und Brunnenanlagen (z. B. dem Krötenbrunnen) und einer ausgeklügelten Wetterführung (Abb. 11.39).

Der Großteil der Anlagen ist jedoch inzwischen verfallen und nicht mehr zugänglich. Die Rekonstruktion der Kelleranlagen ist schwierig, da infolge zweier Stadtbrände und der wiederholten Zerstörung der Stadt, u.a. von Napoleon, kaum noch Pläne vorliegen. Der übertägige Altstadtbereich wurde inzwischen im Grundriss stark verändert, so dass Rückschlüsse auf den Verlauf der Kelleranlagen oft nicht möglich sind. Die Verkehrswege wurden umgestaltet und neu geführt. Die Veränderung der Bausubstanz veränderte ebenfalls den Belastungsplan der unterirdischen Anlagen. Folglich kam es zu Senkungen und Tagesbrüchen im Bereich von Bauwerken und Straßen (Abb. 11.40).

Es wurde schließlich notwendig, einige Verkehrsbereiche gegen die Gefahr von Tagesbrüchen zu sichern (Genske & Lepique 1993). Hierfür wurde das Planum mit Geokunststoff-Verbundtragwerken ertüchtigt. Sie bestehen aus einem unteren Trennvlies, das den Baugrund von der geokunststoffbewehrten Tragschicht abgrenzt, mehreren Lagen von Geogittern, die in die (lagenweise verdichtete) Frostschutzschicht eingebaut werden, und der oberen, in ein Sandbett gelegten Naturstein-Pflasterung (Abb. 11.41). Das Verbundtragwerk hat nicht die Aufgabe, einen Tagesbruch vollkommen zu verhindern, vielmehr soll es einen möglicherweise auftretenden, lokal begrenzten, nicht tragfähigen Bereich durch Eigendeformation anzeigen. In einem solchen Bereich wird dann nachträglich der Hohlraum stabilisiert. Das Konzept stellt somit

**Abb. 11.39** Gebäudeansicht und Überlagerung der untertägigen Vermessung mit dem Gebäudegrundriss (nach einer Aufnahme des Deutschen Bergbaumuseums Bochum).

**Abb. 11.40** Ein Tagesbruch im Bereich einer öffentlichen Verkehrsfläche (Europress, Oppenheim).

sicher, dass nur dort eine kostenintensive Sanierungsmaßnahme anzuordnen ist, wo eine konkrete Gefahr besteht.

In bestimmten Fällen ist jedoch eine Deformation des Verkehrswegs oder des Bauwerks auf jeden Fall zu vermeiden. Um dies sicherzustellen, ist das Bauwerk mit aufwendigen konstruktiven Maßnahmen zu versteifen. Bei den Tunnelbauten der DB-Hochgeschwindigkeitsstrecken wurden zum Beispiel entlang der Trasse Hannover-Würzburg wiederholt fossile Einbruchsschlote aufgefahren, die sich aufgrund des

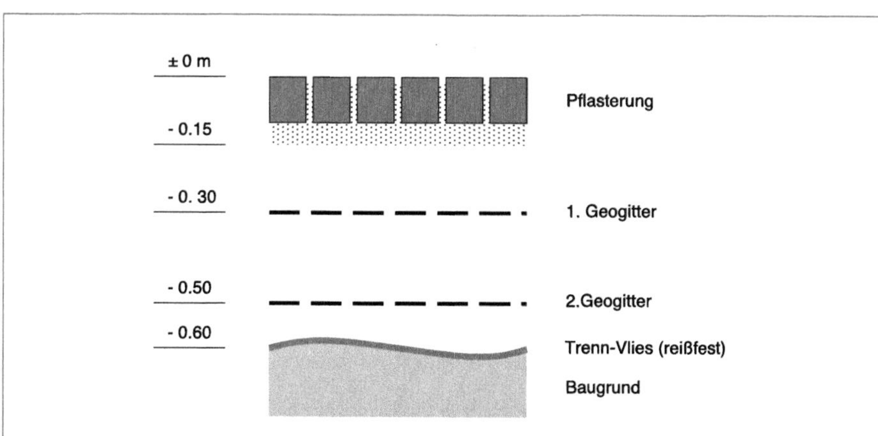


**Abb. 11.41** Konzept zum Aufbau des Geokunstoff-Verbundsystems zur Sicherung der Verkehrswege im tagesbruchgefährdeten Altstadtbereich von Oppenheim.

Chloridkarstes unterhalb des Buntsandsteins gebildet und im Neogen und im Pleistozän das mehrere 100 m mächtige Deckgebirge steil durchschlagen haben (Prinz 2011). Die Tunnel wurden wie untertägige Brücken konstruiert, um die nachgiebige Füllung der Einbruchsschlote zu überspannen, was zu erheblichen Mehrkosten führte.

Im Randbereich eines regulären Senkungstrogs werden Bauwerke Dehnungen, Stauchungen und Krümmungen ausgesetzt. Durch konstruktive Maßnahmen lassen sich die daraus entstehenden Schäden vermindern. Grundsätzlich unterscheidet man zwei Strategien:

- *Steife Bauwerke* bleiben in ihrer Form erhalten, wiederstehen also den Beanspruchungen aus Dehnungen, Stauchungen und Krümmungen. Beanspruchungen aus Dehnungen können durch horizontale Bewegungsfugen im Fundamentbereich gemildert werden. Um Stauchungen abzudämpfen, sind im Bauwerk entsprechende Bewegungsfugen zu berücksichtigen und Polsterschichten im vertikalen Kontaktbereich Bauwerk/Boden einzufügen (zum Beispiel Torfe, Schlackewollen, Schaumstoffe etc.). Auch die Anlage von Gräben, die das Bauwerk umfassen und bis zur Tiefe der Fundamente reichen, hat sich bewährt.
- *Schlaffe Bauwerke* sind so bemessen, dass sie die Dehnungen und Stauchungen des Untergrundes zerstörungsfrei übernehmen. Die zu erwartenden Deformationen sind bei der Nutzung des Bauwerks zu berücksichtigen.

Neben den im Randbereich des Senkungstrogs zu erwartenden Dehnungen und Stauchungen kommt es zur Schiefstellung schlanker Bauwerke. Mit hydraulischen Pressen lassen sich die Fundamente gegebenenfalls nachrichten. Auch Injektionen zur partiellen Anhebung und Ausrichtung des Bauwerks sind möglich.

## Weiterführende Literatur

Harnischmacher S (2012) Bergsenkungen im Ruhrgebiet: Ausmaß und Bilanzierung anthropogeomorphologischer Reliefveränderungen. Leipzig: Deutsche Akademie für Landeskunde, 176 S

Kratzsch H (2008) Bergschadenkunde. Deutscher Markscheider-Verein, 930 S

Neukirchen F, Ries G (2014) Die Welt der Rohstoffe: Lagerstätten, Förderung und wirtschaftliche Aspekte. Springer Spektrum, 368 S

Placek D (2009) Gründungen in Bergbaugebieten. Grundbautaschenbuch Teil III. Ernst & Sohn, Berlin

## Übungen

11-1 Welche Hinweise im Gelände zeugen von untertägigen Hohlräumen?

11-2 Welches Gestein verkarstet bei gleichen hydrogeologischen Bedingungen am schnellsten: Gips, Steinsalz oder Kalkstein?

11-3 In einem Örterbau versagt ein Pfeiler. Wie stark werden die benachbarten Pfeiler (Abb. 11.42) belastet?

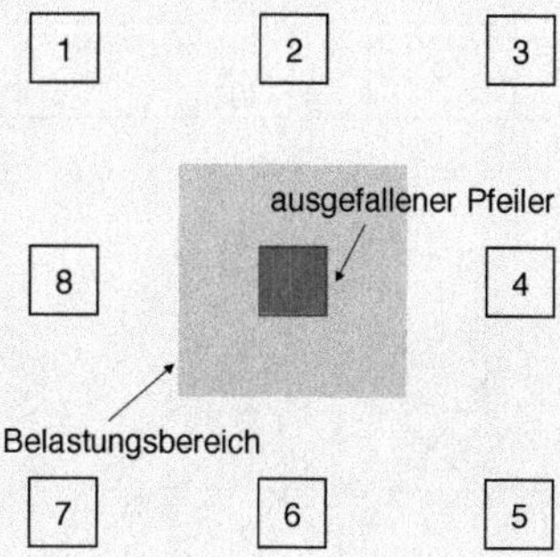


**Abb. 11.42** Versagen eines Pfeilers.

11-4 Aus zwei Flözen wird im Bruchbau Kohle abgebaut (d. h. der Hohlraum wird nicht versetzt oder verblasen). Die söhligen (horizontalen), jeweils 5 m mächtigen Flöze befinden sich in den Teufenlagen 500 m und 600 m genau übereinander. Der „Alte Mann" wird bei beiden Flözen eine maximale Breite von 500 m haben. Der Grenzwinkel wird mit $\zeta = 35°$ angenommen. (a) Ist der zukünftige Senkungstrog ein kritischer, subkritischer oder superkritscher? (b) Wie groß ist die maximal zu erwartende Senkung? (c) Wie können die Dehnungen und Stauchungen, die durch die Ausbildung des Senkungstroges zu erwarten sind, ausgeglichen werden?

11-5 Über einem zylindrischen Hohlraum (Radius $r$, Höhe $h$) bildet sich ein parabolischer Versturzraum (Rotationsparaboloid der Höhe $x$). Wie weit kann der Hohlraum zur Oberfläche migrieren (a) ohne Berücksichtigung des Erosionsfaktors $e$? (b) mit Berücksichtigung des Erosionsfaktors $e$?

11-6 Wie lässt sich beim Lösungsbergbau das Volumen des gelösten Steinsalzes ermitteln?

11-7 Infolge übermäßiger Grundwasserförderung hat sich der Grundwasserspiegel von früher 2 m unter Gelände auf nun 4 m unter Gelände abgesenkt. Der Untergrund besteht aus gleichmäßigen Feinsanden ($\gamma = 19$ kN/m$^3$, $\gamma' = 10$ kN/m$^3$), deren Verformungsmodul mit 20 MN/m$^2$ ermittelt wurde. Ab 10 m steht das Grundgebirge an. Zu berechnen ist (mit Hooke) die eingetretene Geländesenkung.

11-8 In der Skizze (Abb. 11.43) ist ein Schacht und ein offen gelassener alter Abbau dargestellt. Skizzieren Sie die möglichen Versagensmechanismen.

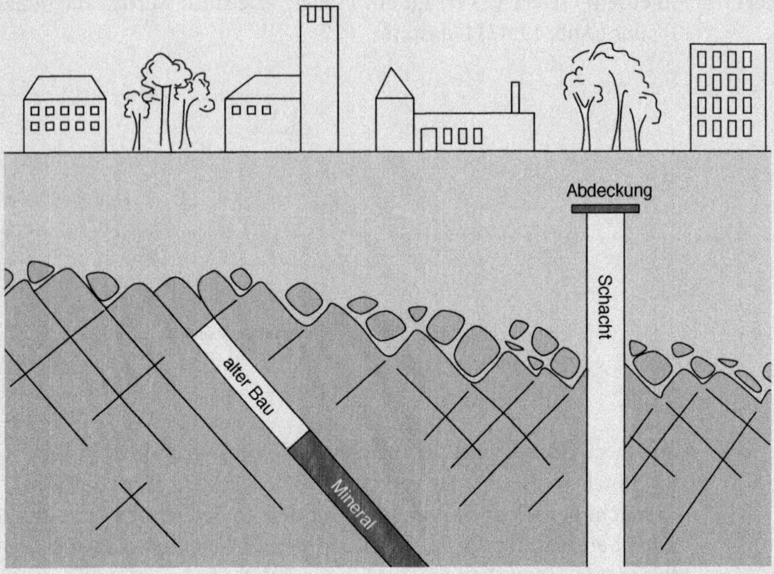


**Abb. 11.43** Profil.

# 12 Bauwerke

★ Dieser Abschnitt befasst sich mit der Rolle der Ingenieurgeologie bei der sicheren Gründung von Bauwerken. Zunächst werden Phänomene vorgestellt, die auftreten, wenn das Zusammenspiel von Bauwerk und Baugrund nicht ausreichend erfasst und verstanden wird. Als Folge treten Schäden am Bauwerk auf: es erfüllt nicht mehr den vorgesehenen Zweck (ist nicht gebrauchstauglich) oder stürzt ein (ist nicht standsicher). Somit sind zwei Mechanismen zu unterscheiden: (1) die Einleitung der Bauwerkslasten verursacht zu starke Verformungen, die sich auf das Bauwerk übertragen und seine Gebrauchstauglichkeit einschränken und (2) der Baugrund hält den Belastungen nicht stand und gibt nach, so dass die Standsicherheit des Bauwerks gefährdet ist. Um Baugrundprobleme noch vor Baubeginn zu erfassen, ist die ingenieurgeologische Kartierung integraler Bestandteil der Methodik einer sicheren Bauwerksplanung. Nachdem der Baugrund erkundet und die relevanten Baugrundparameter bestimmt worden sind, können Gründungen geplant und bemessen werden. Hierfür wurden boden- und felsmechanische Bemessungsmodelle entwickelt. Liegt kein gründungsfähiger Boden vor, lassen sich die Bauwerkslasten über Tiefgründung in tragfähige Schichten leiten. Darüber hinaus lässt sich der Baugrund auch durch technische Maßnahmen verbessern. Neben dem Bauen über Tage ist es auch möglich, unter Tage Bauwerke zu errichten. Die hierbei relevanten Randbedingungen, Kennwerte, Entwurfskonzepte und Bauverfahren schließen dieses Kapitel ab.

## 12.1 Phänomene

Im Jahre 1173 beginnt man im italienischen Pisa mit dem Bau eines Turms. Auf der Piazza dei Miracoli soll ein romanischer Campanile aus Marmor errichtet werden, ein Meisterwerk mit sechs übereinander geführten Säulenreihen. 294 Stufen sollen hinauf führen zu den sieben Glocken, deren Geläut vom Ruhm der aufstrebenden Handelsstadt zeugen soll. Genua und Venedig sollen vor Ehrfurcht erstarren.

Kurz nach Baubeginn bemerkt man allerdings, dass sich der Turm nach Süden zu neigen beginnt. Mit Füllplatten versucht man, der Neigung entgegen zu wirken. Eine leichte, kaum wahrnehmbare Krümmung stellt sich ein. Fünf Jahre nach Baubeginn, als man bereits am vierten Geschoss arbeitet, lassen die Ingenieure den Bau ruhen. Zu viele schlechte Erfahrungen wurden gesammelt mit allzu hastig errichteten Türmen, zu nachgiebig erscheint das vom Arno angeschwemmte Land. Erst 1272, fast ein Jahrhundert später, wird der Bau des Turmes fortgesetzt. Als man 1278 am siebten Stockwerk arbeitet, wird der Bau erneut ausgesetzt. Es dauert wieder fast ein ganzes Jahrhundert, bis 1360 die Arbeiten zum letzten Mal aufgenommen werden, um den Turm schließlich im Jahre 1370 zu vollenden.

Heute wissen wir, dass die Baumeister richtig entschieden hatten als sie den Bau zweimal unterbrachen, obwohl sie den Aufbau des Untergrundes kaum kannten. Er besteht aus einer etwa 10 m mächtigen Schicht schluffigen Sandes, der sich vor etwa 10000 Jahren im flachen Wasser einer Lagune absetzte (Abb. 12.1). Darunter folgt eine etwa 40 m mächtige Schicht sensitiver mariner Tone, die sich vor etwa 30000 Jahren ablagerten. Erst darunter folgt tragfähiger, dichter Sand. Infolge der langen Unterbrechungen beim Bau des Turms konnten die marinen Tone konsolidieren und somit ihre Scherfestigkeit wiederherstellen, um das Gewicht des sich neigenden Turms zu tragen. Hätte man ohne Unterbrechung weiter gebaut, dann hätte der Boden nachgegeben und der Turm wäre längst eingestürzt.

Doch trotz der Bauunterbrechungen gelingt es nicht, die Neigung aufzuhalten. Die Situation verschlimmert sich, als im Jahre 1838 der Architekt Alessandro della Gherardesca die im Laufe der Jahrhunderte im Boden versunkenen Fundamente der ersten Säulenreihe freilegt, um einen Rundgang (Catino) anzulegen. Der Turm droht einzustürzen. 1934 versucht man, den Boden unter den Fundamenten mit Injektionen

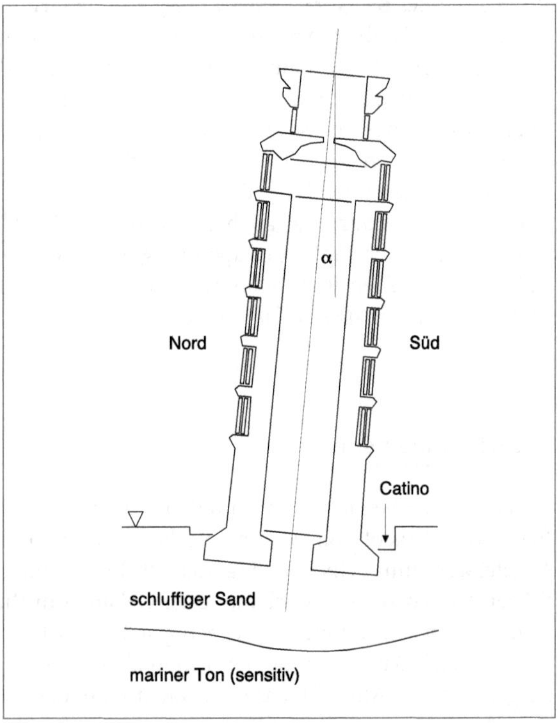


**Abb. 12.1** Der Turm von Pisa und sein Untergrund (nach Burland, Jamiolkowski, Viggiani 2002).

zu stabilisieren, was jedoch die Neigung des Turms noch vergrößert. In den 1970er Jahren führt die exzessive Förderung von Grundwasser zu einer weiteren, beschleunigten Neigung. 1989 wird der Turm wegen Einsturzgefahr für die Öffentlichkeit geschlossen. Es wird zwölf Jahre dauern, bis ein internationales Team von Experten den Turm wieder stabilisiert haben wird (Burland, Jamiolkowski, Viggiani 2002). Wie dies vor sich ging und wie man Bauwerke sicher gründet, wird in diesem Kapitel erläutert.

Das Beispiel zeigt anschaulich, zu welchen Problemen es bei der Gründung von Bauwerken kommen kann. Ein nachgiebiger Untergrund oder eine zu hohe Belastung können

- sowohl die Nutzung eines Bauwerks, seine *Gebrauchstauglichkeit*
- als auch seine Stabilität, seine *Standsicherheit*

in Frage stellen. Um dies zu vermeiden wurden Daten gesammelt, Versuche durchgeführt und Modelle entwickelt. Daraus entstanden sind detailliert formulierte Bemessungsvorgaben, die in Regelwerken beschrieben sind (Eurocode 7). Unter bestimmten Voraussetzungen reicht bereits der Nachweis aus, dass Richtwerte für die Belastung des Fundamentes nicht überschritten werden (vereinfachter Sohldrucknachweis für Regelfälle nach DIN EN 1997). Bei anspruchsvollen Bemessungsproblemen sind genauere Nachweise zu führen. Dies betrifft zum einen die Bestimmung der Setzungen (Nachweis der Gebrauchstauglichkeit), zum anderen den Nachweis der Sicherheit gegen Grundbruch, Gleiten, Kippen und Auftrieb (Nachweis der Standsicherheit). Abbildung 12.2 veranschaulicht diesen Sachverhalt. Wie sich Setzungen berechnen lassen und was unter Grundbruch, Gleiten, Kippen und Auftrieb zu verstehen ist, wird im Folgenden erläutert.

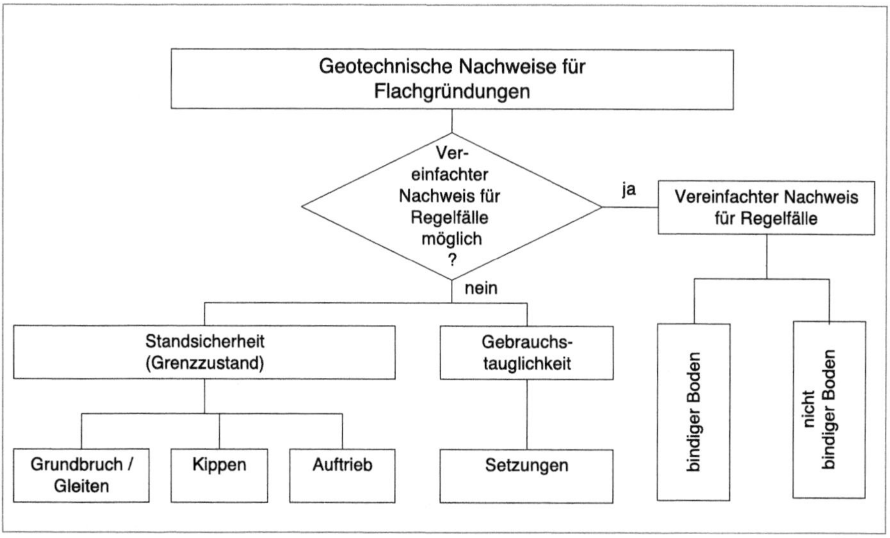


**Abb. 12.2** Vereinfachter Nachweis, Nachweis der Gebrauchstauglichkeit und Nachweis der Standsicherheit nach dem geltenden Regelwerk (nach Eurocode 7).

## 12.2 Mechanismen und Ursachen

### 12.2.1 Gebrauchstauglichkeit

Die *Gebrauchstauglichkeit* eines Bauwerks stellt die festgelegten Nutzungsanforderungen sicher. Dies betrifft das Wohlbefinden seiner Nutzer, die Funktionen des Tragwerks und das Erscheinungsbild des Bauwerks. Verformungen, Verschiebungen und Risse stellen die Gebrauchstauglichkeit in Frage. Die folgenden Beispiele zeigen, dass die Gebrauchstauglichkeit eines Bauwerks durch unterschiedliche *Setzungen* eingeschränkt wird. Es kommt zu Rissen und zu Schiefstellungen, die eine weitere Nutzung des Bauwerks in Frage stellen, kostspielige Sanierungsmaßnahmen zur Folge haben und sogar zur Aufgabe des Bauwerks führen können.

Im Jahre 1905 begann man auf einem Feld im Süden von Ottawa (Kanada) mit dem Bau des Victoria Memorial Museums. David Edwart schuf ein viel beachtetes Bauwerk, dessen architektonischer Stil am besten mit *Scottish Baronial* beschrieben werden kann, eine massive, burgartige Konstruktion aus lokalem Sandstein. Es sollte das Parlament gegenüber dem Museum widerspiegeln. Wie beim Parlamentsgebäude war auch ein Turm vorgesehen, um den Eingang zum Museum architektonisch zu akzentuierten. Nach der Planung würden sich somit zwei Repräsentationsbauten komplementär gegenüberstehen.

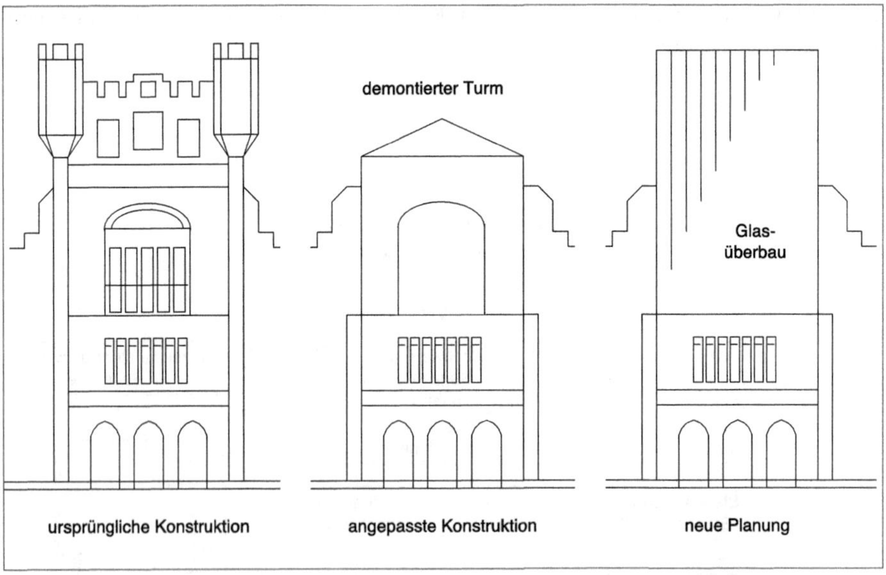


**Abb. 12.3** Die ursprüngliche Idee des Turms über dem Eingangstor des Victoria Memorial Museum wurde durch eine leichte Glaskonstruktion wieder aufgegriffen. Ähnlich löste schon Paul Wallot Ende des 19. Jahrhunderts das Lastproblem der Reichstagskuppel in Berlin, die, zuerst als massives steinernes Gewölbe geplant, schließlich als leichte Konstruktion aus Stahl und Glas ausgeführt wurde, aller imperialen Symbolik entkleidet. Diesen Gedanken griff auch Norman Foster bei der Renovierung des Reichstags nach der Wiedervereinigung auf, der mit seiner spektakulären, begehbaren Glasskuppel einen weit sichtbaren städtebaulichen Akzent setzte.

Mit einem komplexen System von Gründungen, die sich über zwei Ebenen verteilten, war beabsichtigt, die zum Teil erheblichen Bauwerkslasten in den nachgiebigen Boden zu leiten. Dabei schwankten die Bodenpressungen stark und betrugen unter dem Turmbauwerk mehr als 400 $kN/m^2$. Die am stärksten belasteten Gebäudeteile erlitten daraufhin erhebliche Setzungen, deutlich größere als der Rest des Gebäudes. Die Setzungen im Eingangsbereich überschritten schließlich einen halben Meter. Der Turm begann sich zu neigen, so dass er, nur fünf Jahre nach der Eröffnung des Museums, wieder abgetragen werden musste.

Der Rest des Bauwerks konnte jedoch erhalten werden und schmückt heute das Viertel vis-à-vis des Parlamentshügels. Inzwischen konnte die ursprüngliche Idee des Turms mit einer leichten Glaskonstruktion wieder aufgegriffen werden (nach CB Crawford 1979 und Informationen des Victoria Memorial Museums Ottawa, Abb. 12.3).

Wie bereits in den Kapiteln 6 und 7 ausgeführt, sind gerade bindige Böden setzungsempfindlich. Im Gegensatz zu nichtbindigen Böden, die sich bei Belastung spontan setzen, *konsolidieren* bindige Böden, d. h. sie geben bei Belastung ihr Porenwasser nur zeitverzögert ab. Der Grund hierfür ist die geringe Durchlässigkeit. Infolgedessen erleiden Bauwerke, die auf Schluffen oder Tonen errichtet werden, oft noch Jahre nach ihrer Errichtung erhebliche Setzungen.

Wenn ein Gebäude, wie im vorangegangenen Beispiel dargestellt, den Untergrund unterschiedlich belastet, kommt es zu unterschiedlichen Setzungen, die das Bauwerk beanspruchen und schließlich zu Rissen und Bauwerksschäden führen (Abb. 12.4). Der gleiche Effekt kann sich einstellen, wenn die Bodenart unter dem Gebäude variiert, wenn zum Beispiel in einem sandigen Boden eine Tonschicht auftritt, allerdings nur unter einem Teil der Fundamente. Selbst wenn alle Fundamente gleich belastet werden, werden sich jene, unter denen die Tonschicht ansteht, zeitverzögert erheblich stärker setzen.

Neben der Konsolidation trägt auch das *Austrocknen* von Böden zu mitunter erheblichen Setzungen bei. Besonders deutlich wird dies bei Torfböden, wie Fallbeispiele aus den englischen Fennlands, der norddeutschen Tiefebene und den niederländischen Torfgebieten zeigen. Torfböden sind daher als Gründungsböden ungeeignet.

Doch nicht nur Setzungen können die Gebrauchstauglichkeit eines Gebäudes in

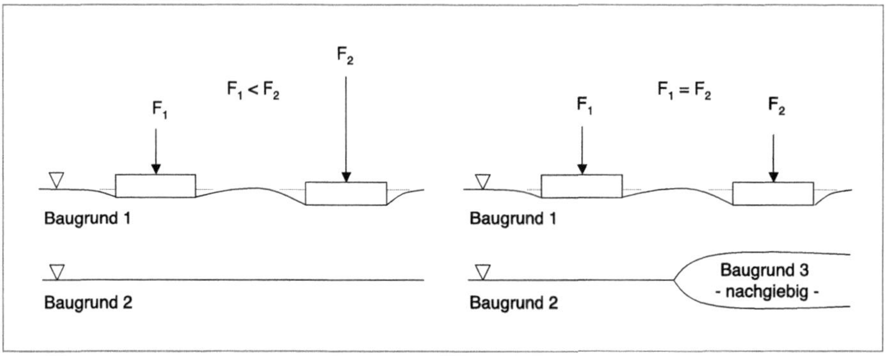


**Abb. 12.4** Unterschiedliche Setzungen infolge unterschiedlicher Lasten, unterschiedliche Setzungen infolge wechselnder Baugrundbedingungen.

Frage stellen: Einige Bodenarten dehnen sich unter bestimmten Bedingungen aus, so dass es zu *Hebungen* kommt, die das Bauwerk in gleicher Weise beschädigen. Dies ist zum Beispiel der Fall bei quellfähigen Tonen, die in den Vereinigten Staaten enorme Sanierungskosten an Bauwerken und Verkehrswegen verursachen, mehr als die Schäden infolge von Rutschungen, Überflutungen oder Erdbeben (Bell 2000: 83). Typisch sind Risse und Schiefstellungen von flachen Bauwerken, die durch Leckagen unterirdischer Wasserleitungen oder durch Fehler bei der Drainage von Grundstücken entstehen und die dazu führen, dass ehemals trockene Bereiche durchfeuchtet werden. Den umgekehrten Effekt kann man beobachten, wenn ein Baugelände gerodet wird und die oberflächennah anstehenden quellfähigen Tone austrocknen, was zu einem zeitverzögerten Schrumpfen und somit zu Setzungen führt, die sich bei Wasserzutritt wieder umkehren.

Wie bereits im Kapitel 6 beschrieben, wird zwischen interkristallinem und intrakristallinem Quellen unterschieden. Im ersten Fall wird die Volumenzunahme durch die Aufnahme von Wasser in den Poren und zwischen den einzelnen Tonmineralen verursacht, im zweiten Fall lagern sich Wassermoleküle zwischen den Schichten der quellfähigen Tonminerale an. Hierzu zählen die Dreischichtsilikate der Smektit-Gruppe, insbesondere die Montmorillonite. Diese Tone werden auch als aktiv bezeichnet. Mit dem Aktivitätsdiagramm (Abb. 12.5) lässt sich das Quellverhalten abschätzen.

Erheblich größer ist die Volumenzunahme bei der Umwandlung von Anhydrit zu Gips (Kapitel 11). Unter Laborbedingungen kann diese Volumenzunahme durch Wasseraufnahme etwa 60 % betragen. Dabei können Schwelldrücke von bis zu 10 MN/m$^2$

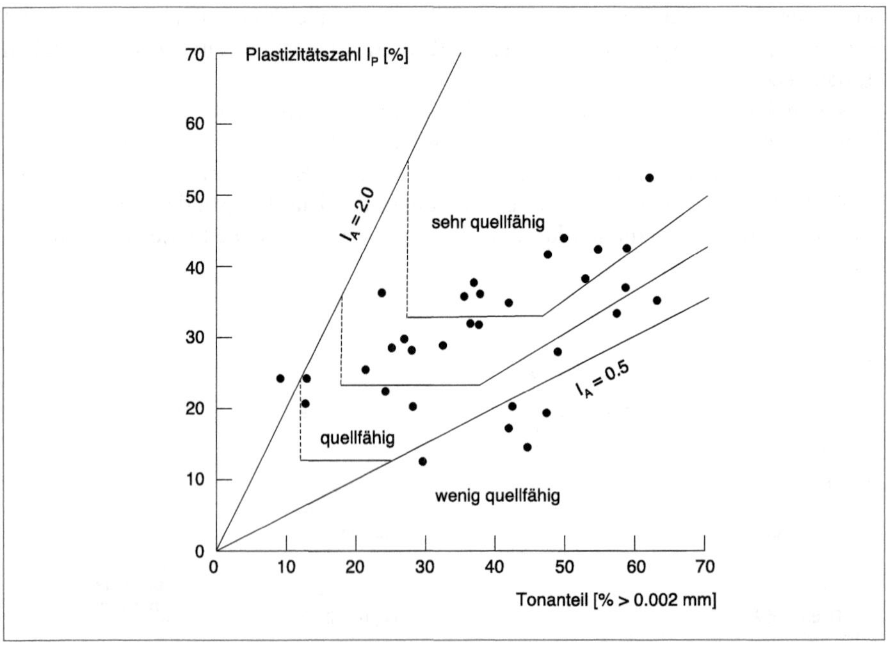


**Abb. 12.5** Abschätzung des Quellpotenzials von Tonen (nach Van der Merwe 1964, angepasst von Williams und Donaldson 1980). Einige quellfähige Tone aus der südafrikanischen Provinz Natal sind dargestellt (Bell 2000: 91). IA ist die Aktivitätszahl nach Skempton.

Abb. 12.6 Ein Permafrostboden, wie er zum Beispiel entlang des Yukon Rivers (Alaska) auftritt, ist ein problematischer Baugrund, auf dem sich Gebäude und Straßen nur mit Schwierigkeiten errichten lassen. Ein von Permafrost geprägtes Gebiet lässt sich u.a. an der willkürlichen, ungeordneten Neigung der Bäume erkennen, die eine Folge des Nachgebens des Bodens ist (Foto: Ernest Hess-Lüttich).

auftreten, was zu erheblichen Gründungsschäden führen kann (Prinz 2011). Mitunter ist es nicht möglich, auf Gipsböden Bauwerke zu errichten oder in Gipsformationen Tunnel vorzutreiben. Volumenveränderungen sind durch chemische Umwandlungen auch in anderen Böden (zum Beispiel pyrithaltigen) möglich.

Die Böden der Permafrostgebiete stellen einen besonders problematischen Baugrund dar. In Sibirien und Alaska können Dauerfrostböden eine Mächtigkeit von bis zu 300 m haben. Allerdings tauen in den südlicheren Breiten die obersten Meter während der Sommermonate auf. Dabei verlieren sie ihre Festigkeit, was zu erheblichen Setzungen führen kann. In Wäldern kommt es dabei zu Schiefstellungen von Bäumen (Abb. 12.6). In Hanglagen beginnen Böden langsam talabwärts zu fließen *(Solifluktion)*. Im Winter wiederum frieren die Böden erneut ein. Dabei formen sich in feinkörnigen Sedimenten Eislinsen, die das Umgebungswasser (hygroskopisch) ansaugen und sich dabei vergrößern. Der ständige Frost-Tauwechsel führt zu *Cryoturbationen* (durch Eis verursachte Bodenverlagerungen) und somit zu extrem inhomogenen Böden. Selbst in Regionen, in denen auch im Sommer die obersten Meter gefroren bleiben, erleiden schlecht isolierte Bauwerke Setzungsschäden, da ihre Wärme den Boden auftaut. Besonders problematisch ist die Gründung überirdischer Ölpipelines, deren Stützen die Wärme des transportierten Öls in den Boden leiten, der allmählich auftaut und nachgibt.

### 12.2.2 Standsicherheit

Die *Standsicherheit* eines Bauwerks gewährleistet die Sicherheit von Personen und die Sicherheit des Tragwerks. Sie muss zu jedem Zeitpunkt und bei jeder Belastung gegeben sein. Neben den ständigen Lasten sind auch vorübergehende und außergewöhnliche Lasten sowie Erdbebenlasten zu berücksichtigen.

Abb. 12.7 Die Cornwall-Brücke vor und nach der Katastrophe (1898, Quelle unbekannt).

Mitunter ist die Standsicherheit eines Bauwerks noch während der Bauzeit nicht gegeben. Am 1. Oktober 1898 berichtet der *Scientific American*, dass eine Brücke über den St. Lawrence Fluss in der kanadischen Provinz Ontario plötzlich und ohne erkennbaren Grund eingestürzt ist. Die im Bau befindliche Konstruktion war fast vollendet, als zwei Drittel ihrer Länge einbricht und die Arbeiter in die Tiefe zieht (Abb. 12.7). 16 von ihnen werden schwer verletzt, 15 von ihnen kommen ums Leben.

Die Brücke wurde von den erfahrenen Ingenieuren der New York und Ottawa Railway Company entworfen. Ihre Statik haben die Prüfstatiker der kanadischen Regierung kontrolliert und genehmigt. Augenzeugen berichten, wie einer der vier Pfeiler ohne Vorwarnung nachgab, woraufhin das Brückenfachwerk in den Fluss stürzte.

Der St. Lawrence Fluss ist an dieser Stelle 10-13 m tief, die Fließgeschwindigkeit beträgt hier 8-13 km/h. Während des Baus des Pfeilers inspizierten Taucher den Gründungsbereich. Anhand der Bodenproben und der Berichte der Taucher war zu folgern, dass der Untergrund aus Ton besteht, der von Flussgeröllen bedeckt ist. Das Brückenfundament wurde wegen der starken Strömung und um Kosten zu sparen nicht eingegraben oder mit Pfählen in den Boden eingebunden, sondern direkt auf das Flussbett gelegt. Da die Unfallstelle von Trümmern bedeckt war, konnte die Ursache des Unglücks nicht rekonstruiert werden.

Wahrscheinlich ist aber, dass die Strömung einen Teil der Gründungsfläche unterspült hat, ein Vorgang, der auch als *Kolken* bezeichnet wird. Die Last des Pfeilers musste also auf einer kleineren Fläche in den Untergrund weitergegeben werden, der aus wassergesättigten Tonen besteht. Dies verursachte einen Anstieg der Spannungen in der Gründungsfuge, die schließlich so groß wurden, dass der Boden unter dem Fundament plötzlich nachgab und auswich. Dieser Vorgang wird als *Grundbruch* bezeichnen.

Ein Grundbruch kann sich unter jeder Art von Bauwerk ereignen. Mitunter führt auch eine Veränderung der Festigkeit des Bodens zum Versinken von Bauwerken, wie das Beispiel der Kawagishi-cho Apartmenthäuser zeigt.

Am 16. Juni 1964 wird Japan von einem Erdbeben der Stärke 7.5 heimgesucht. Besonders betroffen ist die Küstenstadt Niigata auf der Hauptinsel Honshu. Der Boden besteht hier aus locker gelagerten, wassergesättigten Sanden und Schluffen. Infolge der dynamischen Beanspruchung verliert der Boden vielerorts seine Festigkeit. In einigen Bereichen kommt es zur Bodenverflüssigung *(Liquifizierung)*. Auch der Boden am

Abb. 12.8 Nach dem Niigata Erdbeben (Quelle: unbekannt).

Shinano-Fluss kann die vierstöckigen Kawagishi-cho Apartmenthäuser nicht mehr tragen und weicht unter der Belastung aus. Die Gebäude kippen zur Seite, bleiben aber ansonsten völlig intakt (Abb. 12.8).

Der Grundbruch stellt nur eine Form des Versagens dar. Weitere Versagensmechanismen sind möglich: So kann sich zum Beispiel ein Stützbauwerk aufgrund der seitlichen Belastung lateral bewegen, ein Vorgang, der als *Gleiten* bezeichnet wird. Auch können seitlich angreifende Kräfte dazu führen, dass ein Bauwerk *kippt*. Tief in das Grundwasser einbindende Bauwerke können sich aufgrund des *Auftriebs* nach oben bewegen (Abb. 12.9).

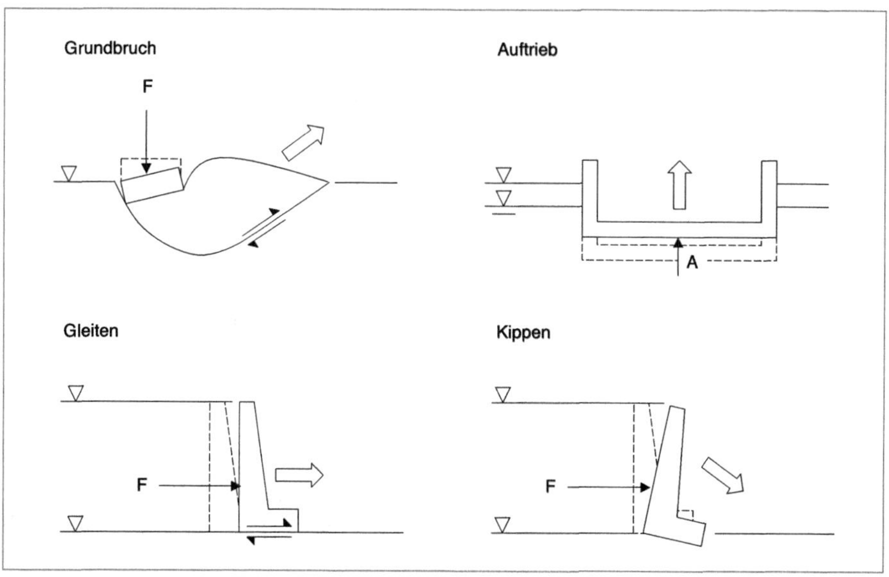


Abb. 12.9 Grundbruch, Gleiten, Kippen, Auftrieb.

### 12.2.3 Schadensursachen und Auslöser

Aus den angeführten Beispielen wird deutlich, dass verschiedene Ursachen die Gebrauchstauglichkeit von Bauwerken einschränken und ihre Standsicherheit gefährden. Dazu zählen:

- die Inhomogenität des Baugrunds
- die ungleichmäßige Belastung des Baugrunds
- die Überbelastung des Baugrunds
- die Veränderung seiner Festigkeit infolge Durchfeuchtung, dynamischer Beanspruchung etc.
- die Veränderung des Grundwasserspiegels
- die Konsolidation eines bindigen Baugrunds
- das Schrumpfen und Quellen des Baugrunds
- das Untergraben oder Freilegen von Fundamenten.

Mitunter können sich verschiedene Einflüsse auch überlagern und so die Gebrauchs- und Standsicherheit eines Bauwerks in Frage stellen.

## 12.3 Methoden und Nachweise

### 12.3.1 Gebrauchstauglichkeit

Ingenieurbauwerke müssen gebrauchstauglich sein. Ein Bauwerk ist gebrauchstauglich, wenn es die ihm zugewiesene Funktion auf Dauer erfüllt. Mit zunehmender Verformung des Bauwerks nimmt seine Gebrauchstauglichkeit ab: zu große und unterschiedliche Setzungen führen zur Schrägstellung und zu Rissen im Bauwerk und schränken somit seine Gebrauchstauglichkeit ein. Im Folgenden werden Modelle zur Vorhersage von Setzungen vorgestellt.

*Setzungen* sind die Reaktion des Baugrunds auf einen Lasteintrag. Bei ungleichmäßigen Setzungen liegt daher entweder eine ungleichmäßige Belastung des Baugrunds oder ein ungleichmäßiger Baugrund vor. Ungleichmäßige Setzungen gefährden die Gebrauchstauglichkeit des Bauwerks.

Um Setzungen vorherzusagen, wird der Baugrund als elastisches Medium idealisiert und im Sinne des Hookeschen Gesetzes interpretiert (Kapitel 3), wonach die Deformation $\varepsilon$ [-] eine Funktion der Belastung $\sigma$ [$kN/m^2$] ist

$$\varepsilon = \frac{\sigma}{E}$$

mit dem Verformungsmodul $E$ [$kN/m^2$] als Proportionalitätskonstante. Dies stellt eine grobe Vereinfachung dar, denn der Baugrund verformt sich eher plastisch als elastisch. Das Hookesche Gesetz bildet trotzdem die Grundlage der *Setzungsformel,* mit der die Setzung eines Fundaments $s$ [m] ermittelt wird, in Abhängigkeit von der in den Baugrund eingeleiteten Last, ausgedrückt als Sohlspannung $\sigma_0$ [kN/m²], der Breite des Fundaments $b$ [m] und dem maßgeblichen, aus Laborversuchen, Feldversuchen oder Vergleichsbeobachtungen bestimmten Verformungsmodul $E_m$ [kN/m²]

$$s = \frac{\sigma_0}{E_m} b f$$

Der *Setzungsbeiwert f* [-] ist abhängig von der Form und den Abmessungen des Fundamentkörpers, den Materialeigenschaften des Bodens, der Dicke der zusammendrückbaren Schicht unter dem Fundament und der Verteilung der vom Fundament in den Untergrund eingeleiteten Spannungen.

Mit der Frage, wie sich die Spannungen unter einer Gründung verteilen, befasste sich bereits Valentin Joseph Boussinesq (1842-1929). Fröhlich (1934) ermittelte die Spannungsausbreitung durch Freischneiden des belasteten Bodenvolumens und der Bilanzierung der Kräfte (Abb. 12.10). Er betrachtete ein Medium, das sich elastisch verhält, gleichmäßig aufgebaut ist und in allen Richtungen die gleichen Eigenschaften aufweist und ging davon aus, dass die Spannungen infolge einer Last, die auf der Oberfläche dieses Mediums angreift, mit dem Quadrat der Entfernung $d$ abnehmen

$$\sigma \approx \frac{1}{d^2}$$

Weiterhin nahm er an, dass die Spannungsausbreitung in dem als *elastisch-isotropen Halbraum* bezeichneten Medium in der Wirkungslinie der Last am stärksten ist. Dies berücksichtigte er durch Einführung einer Kosinusfunktion für den Winkel der Ausbreitungsrichtung $\alpha$, so dass für die sich radial vom Angriffspunkt ausbreitenden Spannungen gilt

$$\sigma_r \approx \frac{1}{d^2}(\cos\alpha)^a$$

Schließlich führte er die Proportionalitätskonstante $C$ ein, die er durch Freischneiden des Systems senkrecht zur Wirkungslinie der Last und abschließender Bilanzierung der Kräfte bestimmte

$$\sigma_r = \frac{C}{d^2}(\cos\alpha)^a$$

$$C = (a+2)\frac{F}{2\pi}$$

Fröhlich interpretierte $a+2$ als bodenspezifischen *Konzentrationsfaktor* $v_k$. Für die bereits von Boussinesq auf anderem Wege hergeleitete Formel zur Spannungsausbreitung folgt somit

$$\sigma_r = \frac{v_k F}{2\pi d^2}(\cos\alpha)^{v_k - 2}$$

Bei $v_k = 3$ liegt ein isotropes Medium vor, bei dem sich der Elastizitätsmodul nicht mit der Tiefe ändert. $v_k = 4$ entspricht einem anisotropen Medium mit einem mit der Tiefe linear zunehmenden Elastizitätsmodul. Je größer der Konzentrationsfaktor ist, desto mehr konzentrieren sich die Spannungen entlang der Wirkungslinie der Last. Dies ist typisch für nicht bindige Böden mit hohem Reibungswinkel, wogegen bindige Böden einen kleinen Konzentrationsfaktor haben. Mit der Berechnung von Linien gleicher Spannung (Isobaren) lässt sich dieser Effekt veranschaulichen (Abb. 12.11).

Für andere Lastformen (Linienlast, Flächenlast) können in gleicher Weise Modelle zur Lastausbreitung hergeleitet werden. Dabei ist die Tiefe der Einwirkungen der Sohlspannungen abhängig von den Abmessungen des Fundaments. Bei gleich bleibender Sohlspannung nimmt die Tiefe der Einwirkung mit zunehmender Fundamentbreite

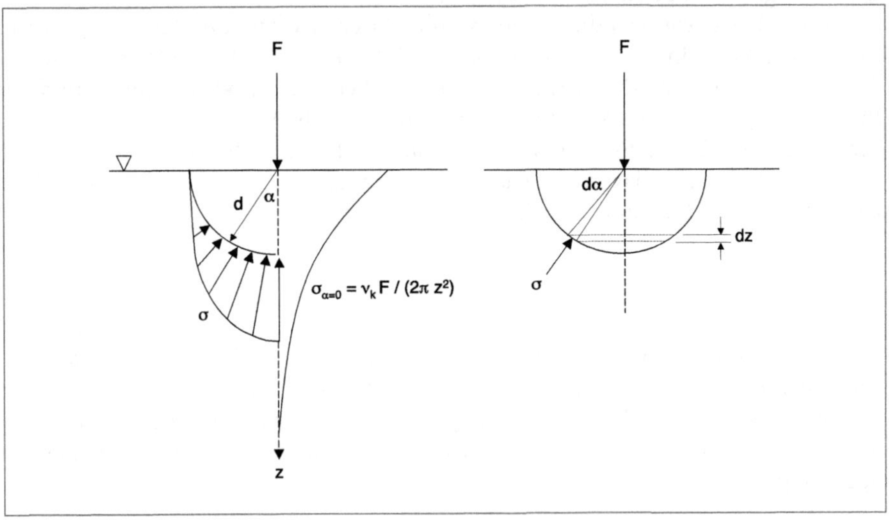


**Abb. 12.10** Lastausbreitung im elastisch-isotropen Halbraum, Freischneiden und Kräftebilanzierung zur Ermittlung der Proportionalitätskonstante C.

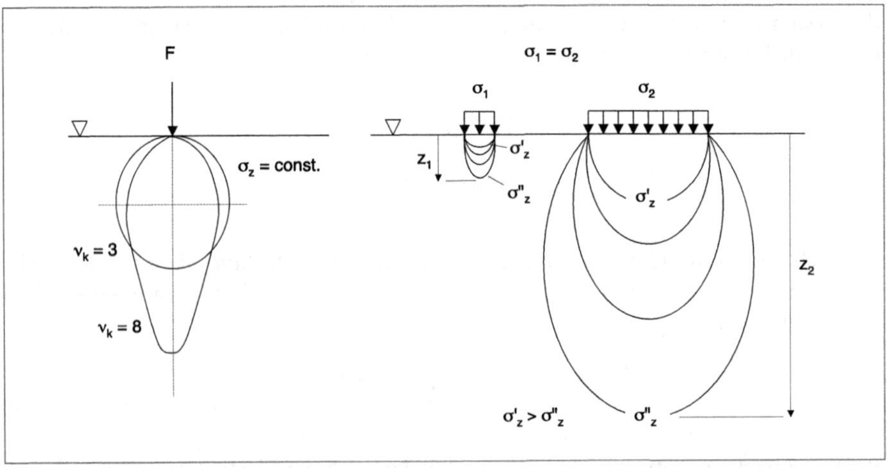


**Abb. 12.11** Spannungsisobaren für $\nu_k = 3$ und $\nu_k = 8$, Tiefenwirkung der Sohlspannungen in Abhängigkeit von der Breite des Fundaments.

zu. Breite Fundamente beanspruchen also tiefer liegende Bodenschichten. Wenn diese nachgiebig sind, kann es zu großen Setzungen kommen, obwohl der Baugrund oberflächennah wenig setzungsempfindlich ist.

Die radialen Spannungen $\sigma_r$ können durch eine entsprechende Transformation in die bei statischen Nachweisen erforderlichen vertikalen Spannungen $\sigma_z$ umgewandelt werden. Unter einer Punktlast erzeugen die Vertikalspannungen eine Glockenkur-

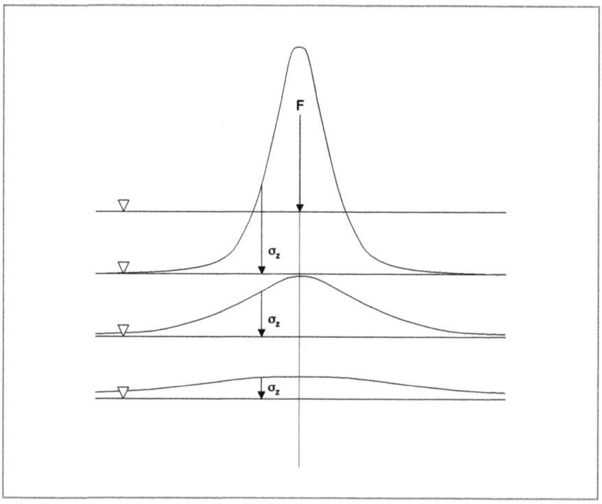


Abb. 12.12 Abnahme der Vertikalspannungen mit der Tiefe.

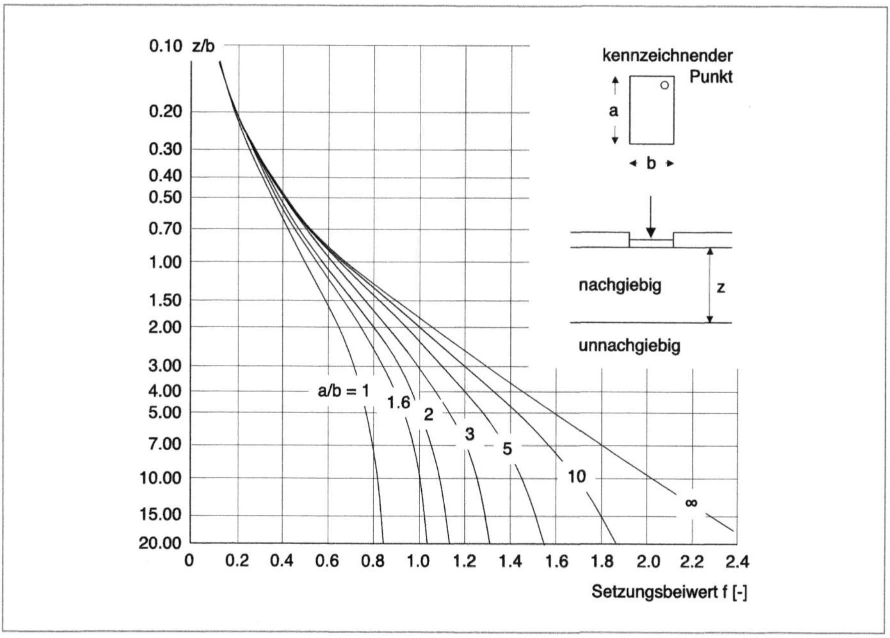


Abb. 12.13 Setzungsbeiwerte f für eine Rechtecklast (Kany 1974). Die Werte wurden für den so genannten kennzeichnenden Punkt des Fundaments ermittelt, in dem die Setzung eines biegeweichen (schlaffen) Fundaments der eines starren (steifen) Fundaments entspricht. Einzel- und Streifenfundamente sind in der Regel als steif anzusehen.

ve, die mit zunehmender Tiefe abflacht (Abb. 12.12). Eine solche Spannungsverteilung lässt sich in ähnlicher Weise auch statistisch mit einem *Random-Walk*-Prozess herleiten. Die resultierende Verteilung entspricht einer Gauß-Normalverteilung, die Einflüsse der Tiefe und des Konzentrationsparameters sind mit dem Koeffizient der Wölbung $\beta_2$ modellierbar (Kapitel 4).

Durch Integration der in den Baugrund eingeleiteten Spannungen und Anpassung an die Setzungsformel können *Setzungsbeiwerte f* für verschiedene Geometrien, Konzentrationsfaktoren und geologische Randbedingungen hergeleitet werden. In den Lehr- und Handbüchern der Bodenmechanik sind sie als geschlossene Formel angegeben, tabelliert oder in Diagrammen dargestellt (Abb. 12.13). Mit der Setzungsformel lassen sich dann die zu erwartenden Setzungen bestimmen (direkte Setzungsberechnung).

Ein rechteckiges Brückenfundament ($a$ = 20 m, $b$ = 5 m) wird mit $\sigma$ = 120 kN/m² belastet. Es bindet 1 m in den Baugrund ein, der aus schluffigen Sanden ($\gamma$ = 20 kN/m³, $E_m$ = 7000 kN/m²) besteht. Ab 11 m Tiefe steht das Grundgebirge an ($z$ = 10 m). Welche Setzung ist zu erwarten? Nach Abzug des Aushubs ergeben sich die Sohlspannungen zu

$$\sigma_0 = 120 - 1(20) = 100\,\text{kN/m}^2$$

Mit $z/b$ = 2 und $a/b$ = 4 folgt aus dem Diagramm $f$ = 0.9. Für die zu erwartende Setzung ergibt sich

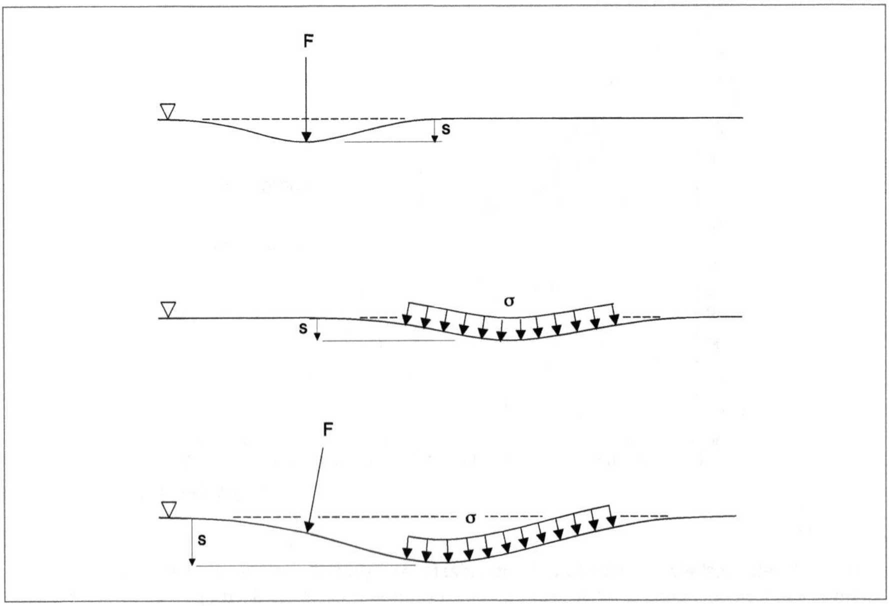


**Abb. 12.14** Superposition von Setzungen aus benachbarten Belastungen.

$$s = \frac{\sigma_0}{E_m} b\, f = \frac{100}{7000}(5)(0.9) = 0.064\,\mathrm{m}$$

Es ist also von einer Setzung von etwa 6 cm auszugehen.

Auch außerhalb der Sohlfläche eines Fundamentes setzt sich das Gelände. Es entsteht eine Setzungsmulde. Die Setzungen außerhalb der Sohlfläche lassen sich ebenfalls mit entsprechenden Diagrammen ermitteln. Dies ist unerlässlich, wenn neben dem zu errichtenden Gebäude ein zweites geplant ist. Die Verformungen aus beiden Gebäuden überlagern sich (Superposition), so dass es zu Schiefstellungen kommen kann (Abb. 12.14).

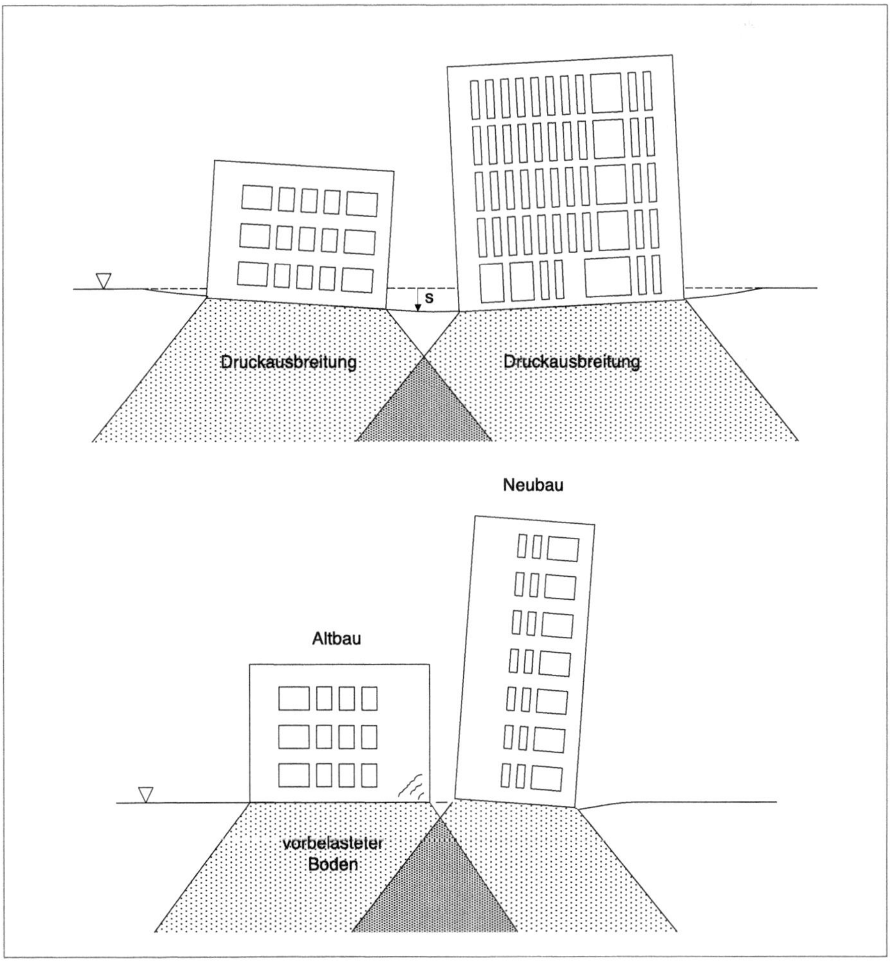


**Abb. 12.15** Schrägstellung von gleichzeitig errichteten benachbarten Gebäuden, deren Setzungen sich überlagern. Unterschiedliche Setzungen eines Neubaus neben einem bestehenden Gebäude.

Die Setzungen infolge eines neu errichteten Gebäudes können sich auch auf ein bereits bestehendes Bauwerk auswirken. Durch die zusätzlichen Setzungen kann es im bestehenden Bauwerk zu Schäden und Schiefstellungen kommen. Auch das neue Bauwerk wird sich unterschiedlich setzen, denn der Boden unter dem bestehenden Bauwerk ist durch die Bauwerkslast bereits verdichtet und wird sich daher weniger verformen (Abb. 12.15).

Neben der direkten Setzungsberechnung lassen sich die Setzungen auch auf indirekte Weise bestimmen *(indirekte Setzungsberechung)*. Dazu wird der Baugrund in horizontale Lamellen eingeteilt (Abb. 12.16). Jeweils für die Lamellenmitten werden mithilfe einschlägiger Tabellenwerke die in den Baugrund geleiteten Spannungen berechnet. Werden Bauwerkslasten über mehrere benachbarte Fundamente in den Boden geleitet, werden die daraus resultierenden Bodenspannungen in jeder Lamelle überlagert (superponiert). Es ergibt sich ein Tiefenprofil, in dem für jede Lamelle *i* der Breite $\Delta z_i$ die Spannungen vor der Baumaßnahme $\sigma_{zV,i}$ und die zusätzlichen Spannungen infolge der Baumaßnahme $\sigma_{zZ,i}$ aufgetragen sind. Mit dem für das Spannungsintervall maßgebenden Verformungsmodul $E_i$ lässt sich die Stauchung der Lamelle nach Hooke bestimmen. Liegt ein Drucksetzungsdiagramm vor (Kapitel 7), dann kann man auch direkt von der Verformung der Probe $\Delta\varepsilon_i$ im entsprechenden Spannungsintervall auf die Stauchung der Lamelle schließen

$$s_i = \Delta z_i \frac{\sigma_{zZ,i}}{E_i} = \Delta z_i \Delta\varepsilon_i$$

Die Summe aller Einzelstauchungen ergibt schließlich die Gesamtsetzung

$$s = \sum_i s_i$$

In den Regelwerken sind noch Korrekturfaktoren für bestimmte Bodenarten angege-

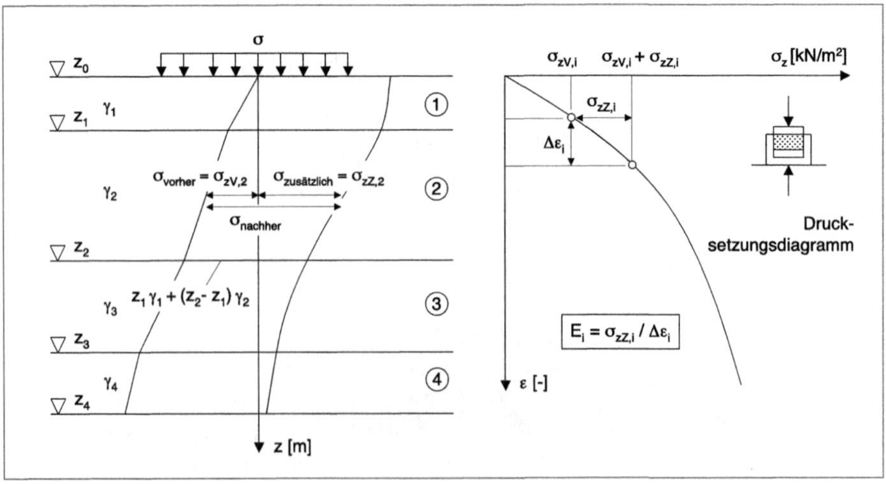


**Abb. 12.16** Setzungsermittlung mit dem Lamellenverfahren.

ben. Das Verfahren eignet sich besonders für geschichtete Böden und lässt sich leicht als Tabellenkalkulation programmieren. Entsprechende Software-Tools sind auf dem Markt.

Die Prognose der Setzungen von Bauwerken, die direkt auf Fels gegründet werden, ist schwierig. Die Ausbreitung der Spannungen wird durch das Trennflächengefüge des Gebirges beeinflusst (Abb. 12.17). Entsprechend unregelmäßig sind die zu erwartenden Setzungen. Weiterhin ist im oberflächennahen Bereich das Gebirge besonders stark zerklüftet, verwittert und aufgelockert. Darüber hinaus kann das Gebirge an stratigrafischen Grenzen, Diskordanzen und Störungen abrupt wechseln und völlig andere Eigenschaften aufweisen.

Der Grenzbereich zwischen dem Grundgebirge und den Deckschichten ist besonders problematisch, da er oft unregelmäßig ausgebildet ist. Gründungsfähige Gebirgsbereiche treten unmittelbar neben nachgiebigem Verwitterungsmaterial auf. Mitunter handelt es sich bei den scheinbar gründungsfähigen Gebirgsbereichen nur um Blöcke, die vom eigentlichen Grundgebirge bereits freigewittert sind und sich bei Belastung entsprechend setzen können. Eine besondere Herausforderung stellen verkarstete Bereiche dar, da Hohlräume zu erwarten sind (Abb. 12.18).

Ebenfalls problematisch sind quellfähige Gebirge (z. B. anhydrithaltige Lagen). Eine Veränderung des Wasserhaushalts kann hier zu erheblichen Verformungen führen und die Gebrauchstauglichkeit des Bauwerks gefährden. Durch quellfähiges Gebirge gekennzeichnete Bereiche sind für die Gründung von Bauwerken nicht geeignet.

Aus den genannten Gründen ist das Gebirge im Bereich einer geplanten Gründung besonders sorgfältig zu untersuchen. Die freigelegte Gründungssohle ist eingehend zu kartieren, das Trennflächengefüge ist aufzunehmen und problematische Bereiche wie

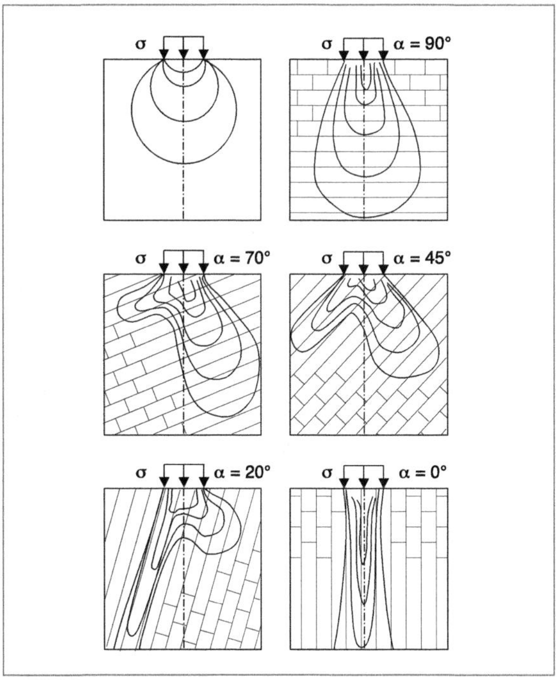


**Abb. 12.17** Spannungsisobaren im geklüfteten Gebirge (nach Modellversuchen von Gaziev und Erlikhman 1971).

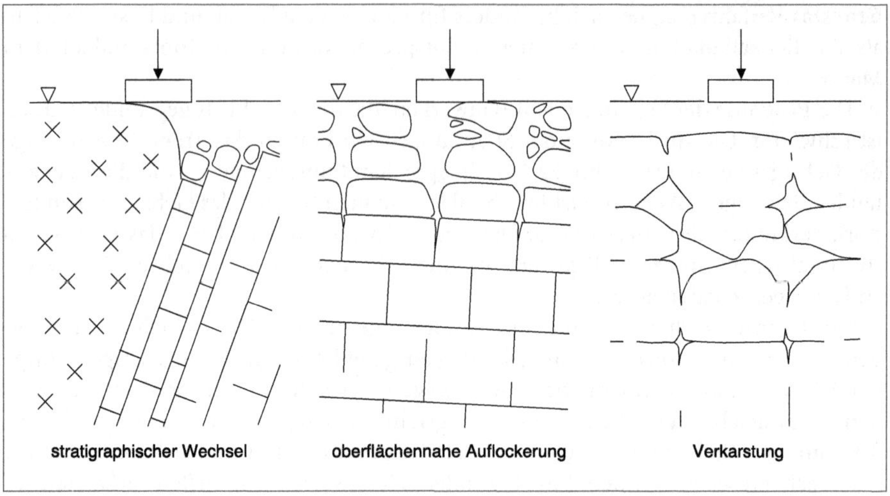


**Abb. 12.18** Gründungen im Übergangsbereich von Grundgebirge zu Deckschichten.

Störungszonen und Gebirgswechsel sind einzugrenzen. Nachgiebige Bereiche sind auszuschachten und mit tragfähigem Material aufzufüllen. Gegebenenfalls sind weitere Maßnahmen der Baugrundverbesserung zu ergreifen. Ziel ist es, einen hinsichtlich seiner Verformbarkeit möglichst homogenen Baugrund herzustellen.

Gleichmäßiges, wenig geklüftetes, tragfähiges und nicht quellfähiges Gebirge eignet sich dagegen gut für die Gründung selbst schwerer Bauwerke, wie die Skyline von New York beweist: Der Manhattan Schist trägt erhebliche Lasten bei nur geringen Verformungen, was den Bau der weltbekannten Wohn- und Arbeitstürme ermöglichte.

## 12.3.2 Standsicherheit

Ingenieurbauwerke müssen standsicher sein. Mechanisch lässt sich dies über den Grenzzustand definieren. Der Grenzzustand berücksichtigt alle auf das (im Eulerschen Sinne freigeschnittene) System einwirkende Kräfte. Im Grenzzustand schließt sich das Stevinsche Krafteck. Zur genaueren Präzisierung der Lastannahmen werden *Bemessungssituationen* definiert, die neben den ständigen Lasten und regelmäßig auftretenden Verkehrslasten auch unregelmäßige Einwirkungen, die zum Beispiel während der Bauzeit auftreten, und außergewöhnliche Einwirkungen wie Unfälle, Katastrophen und Erdbeben berücksichtigen.

Um den Standsicherheitsnachweis zu führen, werden die haltenden Kräfte mit Sicherheitsfaktoren verkleinert und die treibenden Kräfte mit Sicherheitsfaktoren vergrößert. Das System versagt, wenn sich das Krafteck nicht schließen lässt. Je nach Versagensmodell gelten unterschiedliche Sicherheitsfaktoren, die auf der Grundlage des *probabilistischen Sicherheitskonzepts* (Anhang) hergeleitet wurden. Sie sind in den einschlägigen Normenwerken angegeben.

## Grundbruch

Die Standsicherheit eines Fundamentes ist nicht mehr gegeben, wenn die Belastung immer weiter gesteigert wird: schließlich weicht der Boden unter dem Fundament aus und das System versagt. Diesen Grenzzustand bezeichnet man als *Grundbruch*. Dabei bildet sich eine Gleitfuge aus, die sich mit drei Teilkörpern idealisieren lässt (Abb.12.19). Am freigeschnittenen ersten Teilkörper wirken die Sohlspannungen, die als Fundamentauflast $F$ [kN] zusammengefasst werden, und das Eigengewicht $G$ [kN] des ersten Teilkörpers sowie weiterhin die unter dem Reibungswinkel $\varphi$ [°] angreifende (unbekannte) Reibungskraft $Q$ [kN] und der vom Teilkörper 2 ausgeübte Erdwiderstand $E_p$ [kN]. Aus dem Krafteck folgt die Grenzzustandsbedingung

$$(F+G)\sin(\vartheta-\varphi) = E_p\cos(\alpha+2\varphi-\vartheta)$$

Für die Grundbruchlast gilt also

$$F = E_p\frac{\cos(\alpha+2\varphi-\vartheta)}{\sin(\vartheta-\varphi)} - G$$

Der passive Erddruck ergibt sich aus dem Freischneiden der Teilkörper 2 und 3 und der Bilanzierung der an ihnen angreifenden Kräfte. Schließlich folgt für die auf die Gründungsbreite $b$ [m] bezogene Grundbruchlast (Gudehus 1981: 181)

$$\sigma_b = \frac{F}{b} = \gamma b\frac{1}{2}\left\{k_{pt}\frac{\cos(\alpha+2\varphi-\vartheta)}{\sin(\vartheta-\varphi)}\left[\frac{\cos\alpha\sin\vartheta}{\cos(\vartheta-\alpha)}\right]^2 - \frac{\cos\alpha\sin\vartheta}{\cos(\vartheta-\alpha)}\right\}$$

Darin ist $k_{pt}$ der sich aus dem angenommenen Teilkörpermechanismus (Translation) ergebende Erdwiderstandsbeiwert. Durch Variation der Winkel $\alpha$ und $\vartheta$ lässt sich mit dem *Prinzip der kleinsten Sicherheit* die minimale und somit zutreffende Grundbruchlast ermitteln. In

$$\sigma_b = \gamma b N_{bo}$$

ist $N_{bo}$ [-] ein *Tragfähigkeitsbeiwert*, der die kritische Kombination von $\alpha$ und $\vartheta$ wiedergibt. Mit der Herleitung des Tragfähigkeitsfaktors befassten sich bereits viele Bodenmechaniker, u.a. Prandtl (1920), der eine logarithmische Spirale als Gleitebene annahm (anstelle des Dreikörper-Systems von Gudehus). Eine Vielzahl von Labor- und Feldversuchen wurde durchgeführt, um diesen Parameter zu bestimmen. Bindet das Fundament in den Boden ein, zum Beispiel bis zur frostfreien Tiefe $d$ [m], dann wird der Boden neben dem Fundament zusätzlich mit

$$q = d\gamma_d$$

belastet, mit $\gamma_d$ als Wichte des Bodens oberhalb der Gründungssohle. Ist weiterhin noch eine Kohäsion $c$ [kN/m²] zu berücksichtigen, ergibt sich die Grundbruchspannung in Anlehnung an Terzaghi (1940) zu

$$\sigma_b = \gamma b N_{bo} + c N_{co} + q N_{do}$$

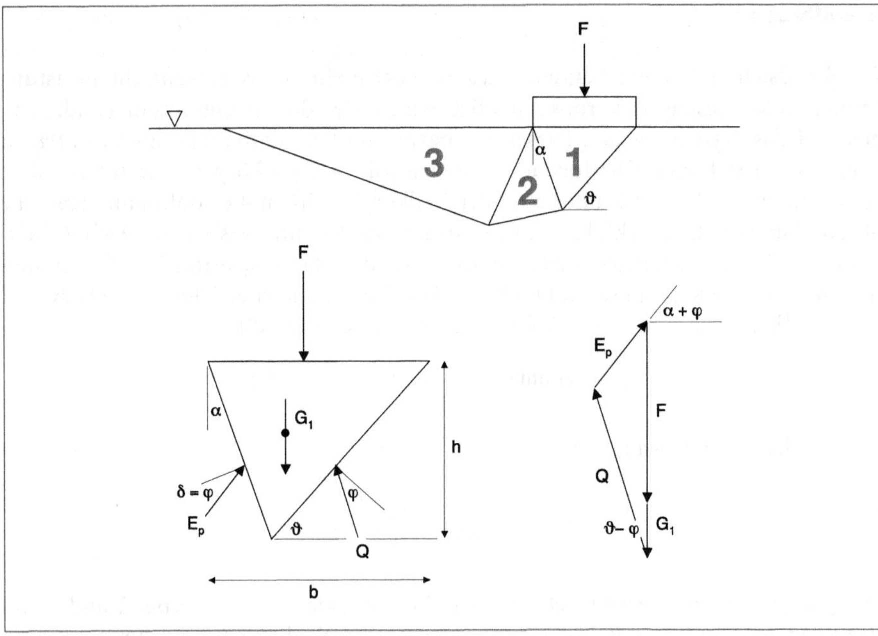


**Abb. 12.19** Grundbruch, modelliert mit Teilkörpern. Freigeschnittener Teilkörper 1 und Krafteck (frei drehbares Fundament, nichtbindiger Boden, nach Gudehus 1981: 181).

mit $N_{bo}$, $N_{co}$ und $N_{do}$ [-] als Tragfähigkeitsbeiwerte (Abb. 12.20). Die Grundbruchformel hat somit eine Breitenglied, ein Kohäsionsglied und ein Tiefenglied.
Bei der seitlichen, oberhalb des Gründungsniveaus wirkenden Auflast $q$ ist zu beachten, dass der Grundbruch (bei ansonsten gleich bleibenden Parametern) zur weniger belasteten Seite des Fundaments stattfindet. Dieser (ungünstigere) Fall ist für die Be-

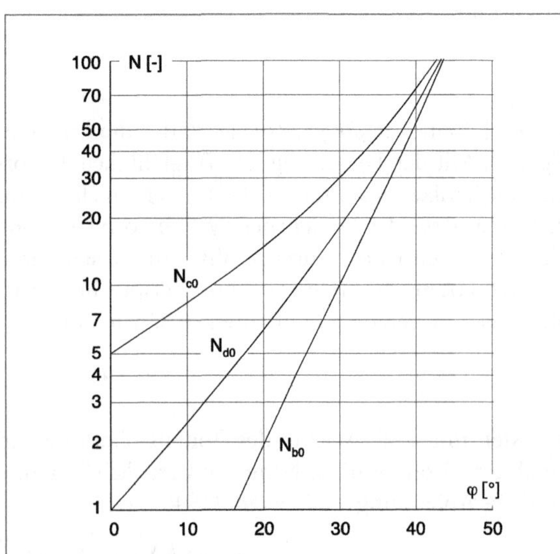


**Abb. 12.20** Tragfähigkeitsbeiwerte $N_{co}$, $N_{do}$ und $N_{bo}$ als Funktion des Reibungswinkels $\varphi$.

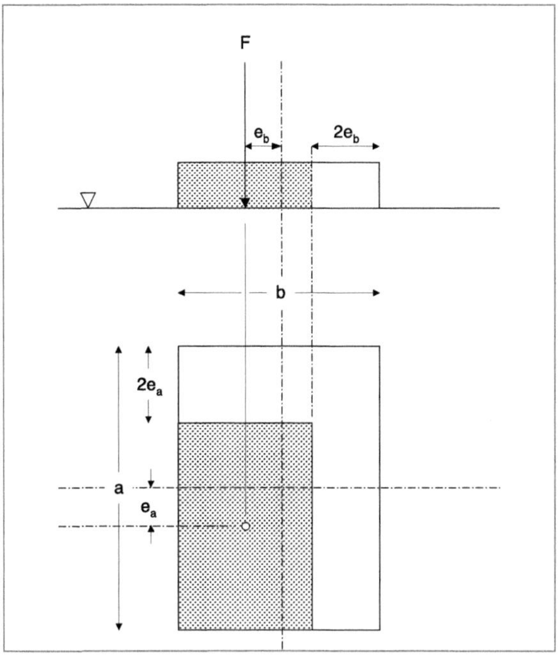


**Abb. 12.21** Außermittig angreifende Resultierende, Ausmitten $e_a$ und $e_b$, Ersatzfläche.

messung maßgebend. Für die Tragfähigkeitsbeiwerte geben Prandtl (1920, 1921) und verschiedene Regelwerke an

$$N_{do} = e^{\pi \tan\varphi} \tan^2\left(\frac{\pi}{4} + \frac{\varphi}{2}\right)$$
$$N_{co} = \left(N_{do} - 1\right)\cot\varphi$$
$$N_{bo} = \left(N_{do} - 1\right)\tan\varphi$$

In der vorangegangenen Herleitung wurde ein unendlich langes Streifenfundament betrachtet. In der allgemeinen Formel zur Berechnung der zulässigen Grundbruchlast werden die Tragfähigkeitsbeiwerte mit einem Formbeiwert $\nu$ angepasst, um der Form des Fundaments Rechnung zu tragen. Weiterhin wird die Neigung der Fundamentlast, die Neigung des Geländes und die Neigung der Fundamentsohle mit den Beiwerten $\iota$ (Lastneigung), $\lambda$ (Geländeneigung) und $\xi$ (Sohlneigung) modelliert, so dass für die angepassten Tragfähigkeitsbeiwerte gilt

$$N_d = N_{do}\nu_d\iota_d\lambda_d\xi_d$$
$$N_c = N_{co}\nu_c\iota_c\lambda_c\xi_c$$
$$N_b = N_{bo}\nu_b\iota_b\lambda_b\xi_b$$

Die einzelnen Beiwerte sind im einschlägigen Normenwerk (Eurocode 7) weiter spezifiziert. Bei vertikaler Lasteintragung, horizontalem Gelände und horizontaler Sohle sind die entsprechenden Beiwerte gleich 1.0.

Greift die resultierende Last nicht in der Mitte der Fundamentsohle, sondern außermittig an (Abb. 12.21), dann verringern sich die Fundamentlänge $a$ und die Fundamentbreite $b$ um die *Ausmitten* $e_a$ und $e_b$

$$a' = a - 2e_a$$
$$b' = b - 2e_b$$

Somit ergibt sich die Grundbruchspannung zu

$$\sigma = \gamma b' N_b + cN_c + qN_d$$

mit $b$' als kleinere Fundamentabmessung. Für den Widerstand $R$ [kN] gegen Grundbruch folgt somit

$$R = b'a'\sigma$$

Für ein vertikal belastetes Streifenfundament ist der Grundbruchnachweis zu führen. Die maßgeblichen Bodenkennwerte (Bemessungswerte) und die Geometrie ergeben sich aus der Skizze (Abb. 12.22). Bei einem Streifenfundament sind alle Formbeiwerte $\nu = 1.0$. Mit $\varphi = 22°$ gilt somit für die Tragfähigkeitsbeiwerte

$$N_d = N_{do}\nu_d = 7.82(1.0) = 7.82$$
$$N_c = N_{co}\nu_c = 16.88(1.0) = 16.88$$
$$N_b = N_{bo}\nu_b = 2.76(1.0) = 2.76$$

woraus sich die Grundbruchspannung

$$\sigma = 20(1.50)(2.76) + 10(16.88) + 0.80(18)(7.82) = 364\,\text{kN/m}^2$$

und der Widerstand gegen Grundbruch

$$R = 1.5(364) = 546\,\text{kN/m}$$

ergeben.

Zu beachten ist noch, dass dieser (nach dem probabilistischen Sicherheitskonzept) als charakteristisch bezeichneter Grundbruchwiderstand durch einen (Teil-)Sicherheitsbeiwert zu dividieren ist, um den Bemessungswert des Grundbruchwiderstands zu bestimmen. Dieser wird mit dem Bemessungswert der lotrechten Beanspruchung des Fundamentes verglichen, der sich aus der ungünstigsten Kombination ständiger und veränderlicher Lasten ergibt. Der Standsicherheitsnachweis gilt als erbracht, wenn der Bemessungswert der Beanspruchung kleiner ist als der Bemessungswert des Grundbruchwiderstands. Die maßgebenden Teilsicherheitsbeiwerte sind im Eurocode 7 vorgegeben wie auch die Teilsicherheitsbeiwerte zur Anpassung der Bodenkennwerte an die hier verwendeten Bemessungswerte. Im Anhang wird dieser Zusammenhang weiter erläutert.

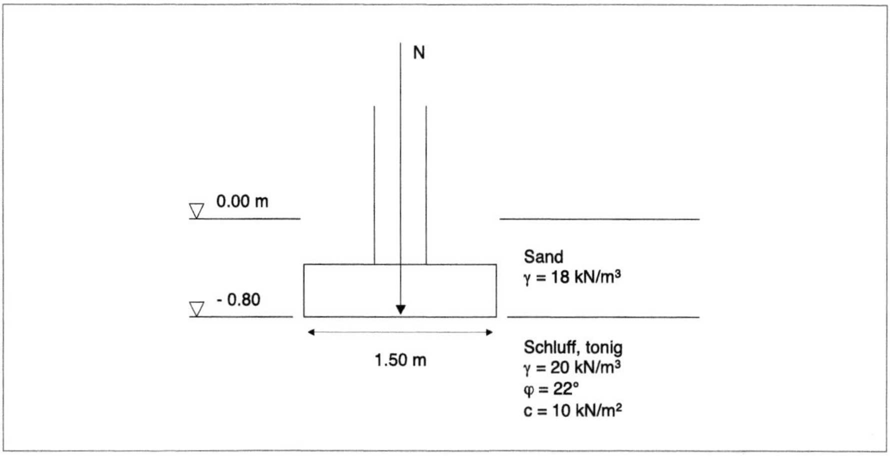


**Abb. 12.22** Ein lotrecht belastetes Fundament.

Der Grundbruchnachweis ist für das im vorhergehenden Beispiel beschriebene Problem zu führen, nur dass es sich diesmal nicht um ein Streifenfundament, sondern um ein quadratisches Einzelfundament (Kantenlänge $b = 1.5$ m) handelt. Es folgt für die Tragfähigkeitsbeiwerte

$$N_d = N_{do} v_d = 7.82(1.37) = 10.75$$
$$N_c = N_{co} v_c = 16.88(1.43) = 24.13$$
$$N_b = N_{bo} v_b = 2.76(0.70) = 1.93$$

woraus sich die Grundbruchspannung

$$\sigma = 20(1.50)(1.93) + 10(24.13) + 0.80(18)(10.75) = 454 \text{ kN/m}^2$$

und der Widerstand gegen Grundbruch

$$R = 1.5^2(454) = 1022 \text{ kN}$$

ergeben. Die Grundbruchspannung ist knapp 25% höher als im Fall des Streifenfundaments. Dies liegt an der räumlichen Ausbildung der Grundbruchfigur, die relativ gesehen eine größere Scherfläche hat.

Greift die Last nicht lotrecht, sondern geneigt an, sind neben den Formbeiwerten $v$ noch die Neigungsbeiwerte $\iota$ zu berücksichtigen (Eurocode 7). Die Neigung der Last reduziert die Tragfähigkeit des Fundaments.

Die Ermittlung der zulässigen Beanspruchung von Gründungen im Fels (Abb. 12.23) unterscheidet sich grundsätzlich von den in der Bodenmechanik entwickelten Verfahren. Im Gebirge bestimmt neben der Festigkeit des intakten Gesteins in erster Linie die Ausbildung des Trennflächengefüges die Tragfähigkeit. In den einschlägigen Normen- und Regelwerken sind daher Erfahrungswerte in Abhängigkeit von

**Abb. 12.23** Bauwerke auf geklüftetem Fels in Ronda, Spanien.

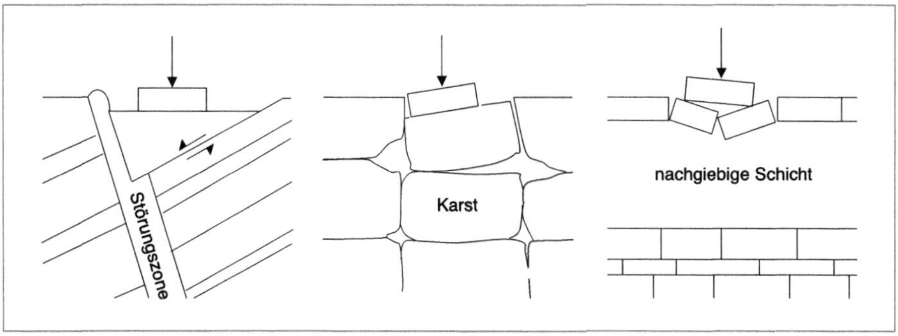


Abb. 12.24 Einige mögliche Versagensmechanismen im Gebirge.

der Klüftigkeit des Gebirges, dem RQD-Wert und der einaxialen Druckfestigkeit des intakten Gesteins angegeben. Danach können die zulässigen Bodenpressungen sehr hoch sein und die Festigkeit von Beton sogar überschreiten. Auf die Kinematik eines möglichen Versagens wird jedoch kaum eingegangen.

Genau hier liegt der Schlüssel für Standsicherheitsuntersuchungen im Gebirge. Im Gegensatz zu Böden können sich im Gebirge Bruchfugen kaum frei ausbilden. Sie orientieren sich am vorliegenden Trennflächengefüge und an Schwächezonen wie Störungen und Verwitterungsbereichen (Abb. 12.24). Da die geologischen Rahmenbedingungen für jedes Projektgebiet einzigartig sind, lassen sich standardisierte Nachweisverfahren kaum entwickeln. Programmierte Lösungsvorgaben spiegeln oft nur eine scheinbare Wirklichkeit wider, die selten den tatsächlichen Verhältnissen entspricht.

Bei Gründungen im Gebirge liefert die ingenieurgeologische Erkundung den wichtigsten Beitrag bei der Vorhersage möglicher Versagensmechanismen. Auf der Grundlage der Kartierung lassen sich mechanisch schlüssige Versagensmodelle entwickeln, indem das System freigeschnitten und die Kräfte im Krafteck bilanziert werden.

## Gleiten

Bei besonders flacher Neigung kann es anstelle eines Grundbruchs zum *Gleiten* des Fundaments kommen. Der Grenzzustand für diesen einfacheren Versagensmechanismus lässt sich durch Freischneiden und Kräftebilanzierung leicht herleiten (Abb. 12.25). Danach darf die parallel der Sohlfläche angreifende Beanspruchung $H$ nicht größer sein als der Scherwiderstand entlang der Sohlfläche infolge Reibung und Kohäsion und dem Erdwiderstand an der Stirnseite des Fundaments. Für den Grenzzustand gilt somit

$$H = N \tan\varphi + C + E_p$$

In der Praxis hat es sich jedoch gezeigt, dass die Kohäsion in der Sohle während der Baumaßnahme meist verloren geht. Weiterhin wirkt möglicherweise ein kleinerer Reibungswinkel, insbesondere bei glatter Fundamentsohle. Außerdem bedarf der Erdwiderstand bis zu seiner vollständigen Aktivierung eines großen Verformungswegs, was die Gebrauchstauglichkeit des Bauwerks in Frage stellen würde. Oft wird daher

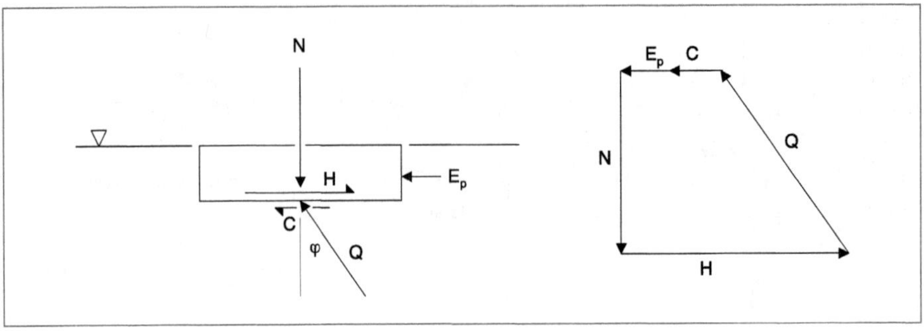


Abb. 12.25 Gleiten eines Fundaments.

auf den Ansatz des stabilisierenden Erdwiderstands verzichtet. Zudem ist nicht auszuschließen, dass das Fundament irgendwann einmal freigelegt wird und somit kein Erdwiderstand mehr wirkt.

## Kippen

Bei schlanken Bauwerken und Stützbauwerken besteht weiterhin die Gefahr des *Kippens*. Um den Nachweis gegen Kippen zu führen, ist das *Kräftegleichgewicht* und die *Ausmitte* oder *Exzentrizität* der resultierenden Belastung in der Sohlfläche zu ermitteln. Mit zunehmender Ausmitte wird die Sohle ungleichmäßig belastet. Durch Freischneiden und Kräftebilanzierung lässt sich nachweisen, dass in einer rechteckigen

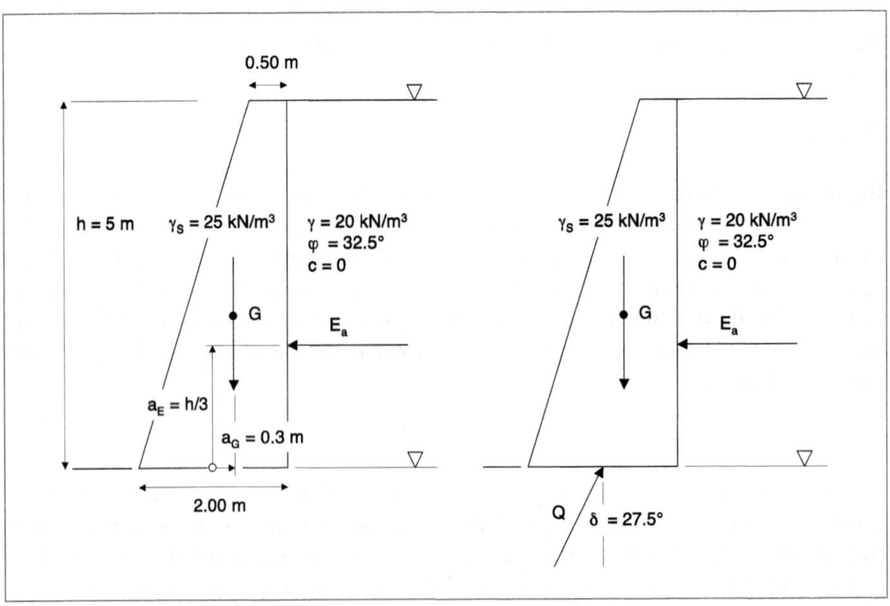


Abb. 12.26 Kippen und Gleiten einer Stützmauer.

Fundamentsohle eine (spannungsfreie) Fuge klafft, sobald die Ausmitte 1/6 der Fundamentbreite oder Fundamentlänge überschreitet. Der Nachweis gegen Kippen ist geführt, wenn die resultierende ständige Last die Sohle innerhalb dieses Kernbereichs schneidet. Werden neben den ständigen Lasten noch ungünstig wirkende veränderliche Lasten berücksichtigt, darf die Ausmitte sogar bis zu 1/3 der Fundamentlänge bzw. -breite betragen. Zwar klafft in diesem Fall eine Fuge bis maximal zur Hälfte der Sohlfläche, doch bleibt die Standsicherheit des Bauwerks gewährleistet.

Die Lasten einer Stützmauer (Eigengewicht und Erddruck) sind sicher in den Untergrund zu leiten (Abb. 12.26). Es ist die Ausmitte zu ermitteln. Der Wandreibungswinkel sei (für diesen Nachweis konservativ) mit Null angenommen. Es folgt

$$e = \frac{M}{N} = \frac{a_E E_a - a_G G}{G} = 0.5\,\text{m} > \frac{b}{6}$$

Die Ausmitte beträgt 0.5 m und liegt somit außerhalb des Kernbereichs. Es klafft also eine Fuge, was bei ständigen Lasten nicht zulässig ist. – Wäre die Stützmauer denn gegen Gleiten sicher? Einen Bemessungswert für die Reibung in der Sohlfuge von $\delta = 27.5°$ vorausgesetzt gilt

$$E_a = 75\,\text{kN/m} < N \tan\delta = 81.34\,\text{kN/m}$$

Dieser Nachweis kann somit erbracht werden (Sicherheitsbeiwerte noch nicht berücksichtigt). Obwohl die Stützmauer gegen Gleiten sicher ist, lässt sich die Kippsicherheit nicht nachweisen.

Hieraus folgt, dass immer alle Standsicherheitsnachweise zu führen sind, um ein Bauwerk sicher zu errichten. Mitunter sind aufgrund der geologischen Vorgaben noch weitere Versagensmechanismen möglich.

### Auftrieb

Bauwerke, die in das Grundwasser einbinden wie Tiefgaragen oder Verkehrstunnel, können durch den *Auftrieb* nach oben gedrückt werden. In diesen Fällen ist nachzuweisen, dass die Auftriebskraft des verdrängten Wasservolumens nicht größer ist als die Summe der ständigen Lasten des Bauwerks. Ist das Bauwerk mit Zugankern oder Zugpfählen gegen Auftrieb gesichert, sind diese im Nachweis zu berücksichtigen wie auch der vertikale Anteil des aktiven Erddrucks (Abb. 12.27). Die Nachweisführung erfolgt mit

$$A \leq G + E_v + \sum_{i=1}^{n} Z_i$$

mit den Bemessungswerten für den Auftrieb $A$ als treibende Kraft und den Bemessungswerten für die widerstehenden Kräfte aus dem Eigengewicht $G$, der vertikalen

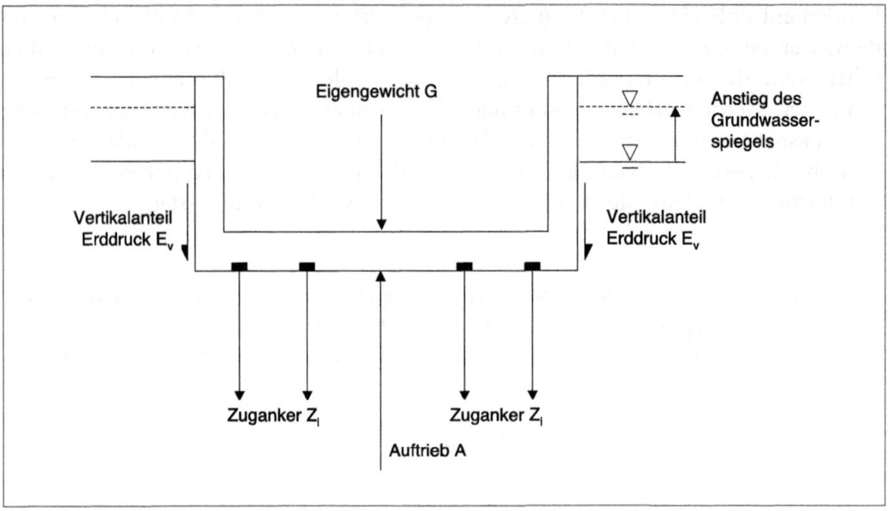


**Abb. 12.27** Auftrieb eines Baukörpers.

Komponente des aktiven Erddrucks $E_v$ und den Zugankern $Z_i$ (mit $n$ als Anzahl gleichwertiger Zuganker).

Anfang der 1980er Jahre beschloss der Deutsche Bundestag die Erweiterung der Bundesbauten in Bonn. Ein Architekturwettbewerb wurde veranstaltet, den das Kölner Architekturbüro Schürmann gewann. Geplant war ein sich 300m entlang des Rheins erstreckender Erweiterungsbau südwestlich des Abgeordnetenhochhauses. Während der Bauphase ereignete sich ein Rekordhochwasser. Da der Rohbau nicht gegen Auftrieb gesichert war und auch die Tiefgeschosse nicht geflutet wurden, schwamm das gesamte Bauwerk auf und hob sich bis zu 70 cm. Mit dem Rückgang des Hochwassers setzte sich der Rohbau ungleichmäßig und verkantete sich. Insgesamt entstand dadurch ein Schaden in dreistelliger Millionenhöhe. In einem über zehn Jahre währenden Rechtsstreit und der Anhörung von Bausachverständigen wurde der entstandene Schaden durch einen Vergleich beigelegt. Da es zwischenzeitlich zur Wiedervereinigung beider Deutschland gekommen war, wurde die ursprüngliche Planung obsolet. Dennoch wurde das Bauwerk saniert und ist seit 2002 Sitz der Deutschen Welle.

## 12.4 Bauwerke auf problematischem Baugrund

### 12.4.1 Eingrenzung problematischer Bereiche

Um mögliche Ursachen von Gründungsschäden vor Baubeginn zu erkennen und Gegenmaßnahmen zu ergreifen ist das Projektgebiet im Rahmen der ingenieurgeologischen Erkundung aufzunehmen (Teil 2). Besondere Aufmerksamkeit verdienen:

- Die Vorauswertung des Gebiets auf der Grundlage des verfügbaren Kartenwerks,

insbesondere der topografischen, historischen, geologischen und hydrogeologischen Karten. Die Lage bereits archivierter Aufschlüsse (Schürfe, Aufschlussbohrungen etc.) wird eingetragen.
- Die Auswertung von Luftbildern. Auf Luftbildern lassen sich die Bodenarten erkennen und Felsaufschlüsse kartieren (Kapitel 6). Der Vergleich mit älteren Luftbildern zeigt die Entwicklung des Geländes und gibt Hinweise auf frühre Baugrundeingriffe, auf die historische Bebauung, auf Anschüttungen und Halden. Mit diesen Informationen lassen sich Bereiche ausgrenzen, die vorbelastet oder durch Aushub bedeckt oder möglicherweise kontaminiert sind.

Im Rahmen der ingenieurgeologischen Feldarbeit wird das Gelände auf problematische Baugrundverhältnisse untersucht und gezielt beprobt, um Aufschluss über den Aufbau, die Festigkeit und die Verformbarkeit der Untergrundes zu erhalten. Dazu wird der Baugrund auf verschiedene Weise angesprochen:

- Geomorphologische Ansprache: Die vorliegenden Landformen werden kartiert und mit den geologischen Vorgaben verglichen, um Unregelmäßigkeiten zu identifizieren und die Geodynamik des Geländes zu verstehen. Ein geomorphologisches Modell gibt Hinweise auf die zu erwartenden Bodenarten und möglichen Gründungsprobleme. Gibt es zum Beispiel Hinweise auf eine glaziale Überprägung, ist mit den für eiszeitliche Landformen typischen Phänomenen zu rechnen, wie etwa mit im Boden verborgenen Findlingen, die erhebliche Baugrundhindernisse darstellen, oder Fließsande, die bei Aushubarbeiten schwer zu stabilisieren sind.
- Biologische Ansprache: Bodenkennzeichnende und grundwasserkennzeichnende Pflanzen werden kartiert, um die Erkenntnisse aus der Boden- und Gebirgsansprache und der hydrogeologischen Ansprache zu ergänzen. Pflanzenbänder werden aufgenommen, die das tektonische Inventar und Störungszonen nachzeichnen könnten. Schadstoffanzeigende Pflanzen und Wuchsstörungen geben Hinweise auf eine Vornutzung des Geländes und eine oberflächennahe Kontamination. Die Schiefstellung von Bäumen zeigt an, dass sich das Gelände bewegt. Gründe hierfür können Karst oder Altbergbau oder auch, bei geneigtem Gelände, eine Bewegung der Böschung sein. Schließlich wird geprüft, inwieweit schützenswerte Biotope im Projektgebiet liegen.
- Bodenansprache: Alle Bodenarten, insbesondere der setzungsempfindliche Baugrund (Tone, Schluffe) sowie quellfähige Bodenarten werden kartiert. Ebenfalls aufgenommen werden Lockergesteine, die sich als Baustoff eignen (Sand, Kies). Schürfe werden angelegt, um die bodenmechanischen Eigenschaften unterhalb der oberen Bodenschichten zu erkunden. Mit Ramm- und Drucksondierungen wird auf den Schichtenaufbau und die Festigkeit des Untergrundes geschlossen. Die genaue Erfassung des Schichtenaufbaus erfolgt mit Bohrungen (im Rahmen der Hauptuntersuchungen). Bodenproben werden entnommen, um die Festigkeits- und Verformungseigenschaften zu prüfen (Korngrößenverteilung, Reibungswinkel, Kohäsion, Wichte, Wassergehalt, Plastizitätsgrenzen). Mit der Flügelsonde wird die Sensitivität von Tonlagen geprüft.
- Gebirgsansprache: Das aufgeschlossene Gebirge wird stratigrafisch und petrografisch angesprochen. Die wichtigsten felsmechanischen Eigenschaften werden aufgenommen. Die Druckfestigkeit des intakten Gesteins wird geprüft (Punktlastversuch,

einaxialer Druckversuch). Gegebenfalls werden auch Daten zur Verschleißfestigkeit, Verwitterungsanfälligkeit, Quellfähigkeit etc. gesammelt. Weiterhin wird das aufgeschlossene Gebirge gefügekundlich aufgenommen. Im Schmidtschen Netz wird das Trennflächengefüge dargestellt und mit Blick auf die geplante Baumaßnahme interpretiert. Weiterhin werden die räumliche Erstreckung der Trennflächen, der Durchtrennungsgrad, Zerklüftungsgrad, Verwitterungsgrad, Habitus, Öffnungsweite, Fugenfüllung aufgenommen. Besondere Beachtung verdienen Störungszonen, die zu unterschiedlichen Setzungen des geplanten Bauwerks führen können. Im Rahmen der Hauptuntersuchungen werden schließlich Bohrungen abgeteuft mit dem Ziel, den Schichtenaufbau des Gebirges zu erfassen, Proben zu nehmen und Bohrlochversuche wie Pumpversuche (Durchlässigkeit), Tracerversuche (Fließrichtung, Abstandsgeschwindigkeit) oder geophysikalische Bohrlochuntersuchungen durchzuführen. Gegebenenfalls wird die Eignung des Gesteins als Baustoff geprüft (Sand, Natursteine, Schiefer etc.).

- Hydrogeologische Ansprache: Neben der Ermittlung der Durchlässigkeiten der Böden und des anstehenden Festgesteins sind Wasser führende Horizonte, Wasserläufe und Quellen zu kartieren. Weiterhin sind Tümpel und durch Staunässe gekennzeichnete Zonen zu dokumentieren. Mit Piezometern werden die Tiefe zum Grundwasserspiegel und die Schwankungen des Grundwasserspiegels aufgenommen. Aufschlussbohrungen, die im Rahmen der Hauptuntersuchungen abgeteuft wurden, werden als Beobachtungsbrunnen ausgebaut. Wasserproben werden entnommen, um die für das Bauvorhaben relevanten chemischen Eigenschaften zu prüfen, zum Beispiel die Betonaggressivität des Grundwassers.
- Anthropogene Ansprache: Alle Hinweise, die auf eine frühere Bebauung des Geländes deuten, sind zu dokumentieren. Aufgrund der vorangegangenen Auswertung des historischen Kartenmaterials lässt sich das Gelände gezielt untersuchen. Im Boden verborgene Leitungen und Kanäle, Mauerreste und Fundamente, Tanks und Bunker können erhebliche Baugrundhindernisse darstellen, die eine Neubebauung des Geländes in Frage stellen. Weiterhin sind Hinweise auf Altablagerungen und Baugrundverunreinigungen zu sammeln. Gegebenenfalls ist eine Altlastverdachtsfläche einzugrenzen und eine Gefährdungsabschätzung durchzuführen. Mitunter ist auch der Kampfmittelräumdienst einzuschalten. Die Begehung untertägiger Anlagen darf nur nach Absprache mit den zuständigen Behörden und nur unter Beachtung strenger Sicherheitsvorschriften und nie allein durchgeführt werden.
- Aushubarbeiten: Die Boden- und Felsklassen für Aushubarbeiten nach den einschlägigen Erdbaurichtlinien werden festgelegt.
- Weitere projektrelevante Daten sind aufzunehmen.

Auf der Grundlage der ingenieurgeologischen Feldarbeit und den Untersuchungen von Boden- und Gesteinsproben werden Risiken erkannt und Problembereiche eingegrenzt. Das Untersuchungsgebiet wird in *gründungsfähige, bedingt gründungsfähige* und *nicht gründungsfähige* Homogenbereiche eingeteilt.

Die Karte zur Gründungsfähigkeit wird ergänzt mit weiteren thematischen Karten wie zum Beispiel dem Kabel- und Kanalplan einer rückgebauten Fläche oder einer Biotopkarte. Ausgehend von diesen Informationen wird der Planer versuchen, Problembereiche zu vermeiden und nur die als gründungsfähig ausgewiesenen Zonen zu bebauen.

Grundsätzlich ist es jedoch möglich, auch auf schlechtem Baugrund Bauwerke zu errichten. Hierzu bedarf es aber Maßnahmen der Baugrundverbesserung oder der Anpassung der Gründungskonstruktion, worauf im Folgenden eingegangen wird.

### 12.4.2 Verbesserung des Baugrunds

Eine Vielzahl von Methoden und Strategien wurde entwickelt, um den Baugrund zu ertüchtigen und tragfähig zu machen. Grundsätzlich unterscheidet man Verfahren der *Bodenverdichtung*, des *Bodenaustauschs* und der *Bodenverfestigung* (Abb. 12.28).

Bei der *statischen Verdichtung* wird der Boden durch eine Vorbelastung konsolidiert. Diese Vorbelastung wird im Regelfall durch eine Anschüttung aufgebracht. Bei bindigen Böden kann der Konsolidationsprozess einen langen Zeitraum in Anspruch nehmen. Durch Entwässerungsbohrungen und Vertikaldrainagen kann die Entwässerung des Bodens und somit die Konsolidation etwas beschleunigt werden.
Bei der *dynamischen Verdichtung* von Böden unterscheidet man folgende Verfahren:

- Die oberflächennahe Verdichtung mit Walzen, Ramm- und Stampfgeräten (je nach Bodenart): Die Verdichtung betrifft nur die oberen Dezimeter und lässt sich punktuell mit Plattendruckversuchen oder flächendeckend bereits während der Verdichtung durch dynamische Verdichtungskontrolle überprüfen.

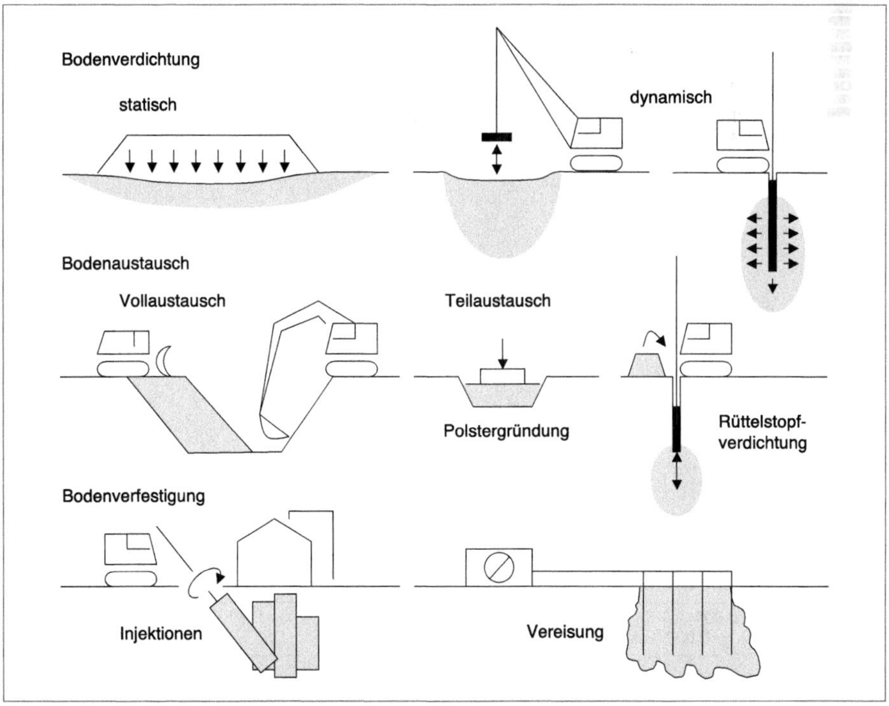


**Abb. 12.28** Maßnahmen der Baugrundverbesserung: Bodenverdichtung, Bodenaustausch, Bodenverfestigung.

- Die dynamische Intensivverdichtung mit Fallgewichten: Für den Bau des Flughafens von Nizza wurden zum Beispiel 200 Tonnen schwere Fallgewichte aus bis zu 22 m Höhe fallen gelassen, um die sandigen Auffüllungen und Sedimente bis zu einer Tiefe von 40 m zu verdichten (Bell 1993). Mehrere Durchgänge erlauben eine weitgehende Homogenisierung des Baugrunds. Der Verdichtungserfolg lässt sich zum Beispiel mit Ramm- und Drucksondierungen überprüfen. Das Verfahren eignet sich besonders für nichtbindige Böden, wird aber auch in feinkörnigen Böden angewandt.
- Die Tiefenverdichtung von nichtbindigen Böden mit Tiefenrüttlern: Die durch die Tiefenrüttler in den Boden eingetragenen Vibrationen führen zu einer Verdichtung des Bodens. Ein Raster von Rüttelbohrungen schafft somit eine deutliche Erhöhung der Festigkeitseigenschaften.
- Die Verdichtung von Böden durch Sprengungen in Bohrlöchern: Der oberflächennahe Bereich wird bei diesem Verfahren jedoch kaum verdichtet und muss mit anderen Methoden nachverdichtet werden.

Bei allen dynamischen Verfahren ist zu beachten, dass durch die Erschütterungen benachbarte Bauwerke beschädigt werden können. Auf kontaminiertem Gelände können Schadstoffe freigesetzt werden.

Eine weitere Variante der Baugrundverbesserung ist der *Bodenaustausch*. Dabei wird unterschieden zwischen

- dem klassischen Bodenaustauschverfahren, bei dem nicht gründungsfähiger Boden ausgeschachtet und durch tragfähiges, lagenweise verdichtetes Material ersetzt wird
- dem partiellen Bodenaustauschverfahren, bei dem nur der oberflächennahe Bereich ausgekoffert und mit einem Polster aus tragfähigem Material ersetzt wird, das die Bauwerksspannungen über einen breiteren Sohlbereich verteilt (Polstergründung) sowie

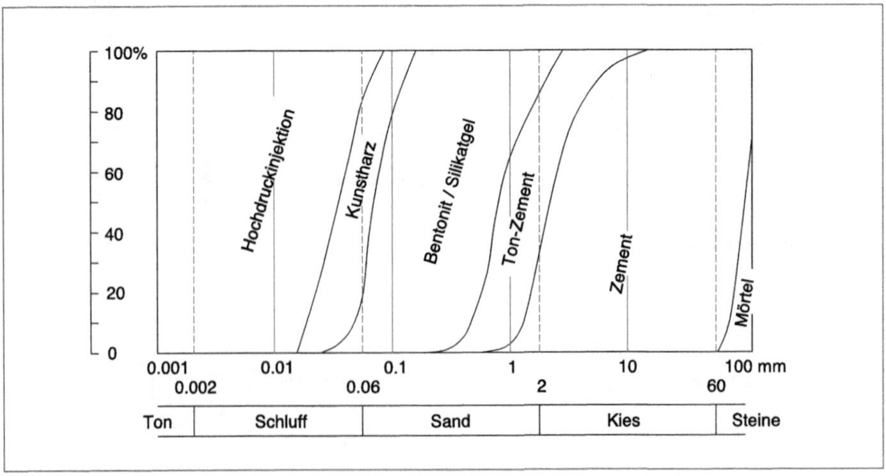


**Abb. 12.29** Injektionsmittel in Abhängigkeit von der Korngrößenverteilung (nach Kutzner 1991).

- dem Einarbeiten von tragfähigem Material durch säulenförmiges Einrütteln und Stopfen (Rüttelstopfverfahren), so dass schließlich ein Raster tragfähiger Bodensäulen den Baugrund ertüchtigt.

Weiterhin lassen sich Böden von der Oberfläche aus verfestigen. Beim Verfahren der *Bodenverfestigung* unterscheidet man

- die Verfestigung von Böden und nicht tragfähigen Gebirgsbereichen mit Injektionen, bei der Zementsuspensionen (grobkörnige Böden, Gebirge), Silikate und Harze (feinkörnige Böden) eingesetzt werden (Abb. 12.29)
- die Verfestigung durch Schaffung künstlicher Fugen (feinkörnige und bindige Böden), die mit einer Zementmischung gefüllt ein Traggerüst bilden (Soil Fracturing-Verfahren) und
- thermische Verfahren wie dem (temporären) Gefrieren von wassergesättigten Böden, die dann bis zum Auftauen die Eigenschaften von Gestein aufweisen oder der (permanenten) Verglasung bindiger Böden bei hohen Temperaturen (bis zu 2000°C), beides Verfahren, die aufgrund der hohen Energiekosten nur in Ausnahmefällen angewandt werden.

Abb. 12.30 setzt noch einmal die verschiedenen Methoden der Baugrundverbesserung mit den dafür geeigneten Böden in Beziehung. Danach ist ein Bodenaustausch bei allen Böden möglich, eine Verdichtung nur bis zu einer bestimmten Korngrößen und eine Verfestigung je nach Verfahren für verschieden Korngrößenspektren. Die Verfahren der Bodenverfestigung schaffen allerdings massive Störkörper, die die natürliche Bewegung des Grundwassers beeinträchtigen können. Weiterhin setzen bestimmte Injektionsmittel schädliche Substanzen frei und können somit die Grundwasserqualität vermindern.

In einigen Fällen ist es auch notwendig, den Baugrund gezielt zu verschlechtern. Ein Beispiel hierfür ist der zu Beginn dieses Kapitels vorgestellte Fall des Turms von Pisa, der sich im Laufe seiner Geschichte zunehmend schief stellte. Um diese Schiefstel-

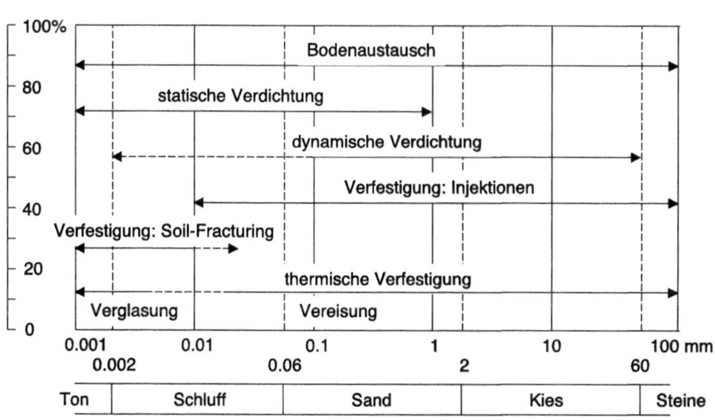


**Abb. 12.30** Einsatzbereiche von Maßnahmen zur Baugrundverbesserung für Böden.

lung zu korrigieren, wurde auf der Gegenseite unter dem Fundament mit geneigten Spülbohrungen vorsichtig Boden entnommen. Dies hatte zur Folge, dass sich dieser Bereich des Fundamentes allmählich setzte und sich der Turm somit wieder gerade stellte. Eine geringe Korrektur der Neigung war bereits ausreichend, um die Standsicherheit des Turms nachzuweisen, so dass er wieder für die Öffentlichkeit zugänglich gemacht werden konnte (Burland, Jamiolkowski, Viggiani 2002).

### 12.4.3 Anpassung der Gründung

Erweist sich der Baugrund als wenig tragfähig, dann erlaubt eine Anpassung der Gründungskonstruktion, das Bauwerk trotzdem sicher zu gründen. Zum einen ist es möglich, die vielen sich unterschiedlich setzenden Einzelfundamente in einer *Flächengründung* zu vereinen. Zum anderen können die Bauwerkslasten über eine *Tiefgründung* in tragfähige Horizonte geführt werden (Abb. 12.31).

Mit der Flächen- oder Plattengründung wird ein einheitliches, stabiles Gründungsniveau geschaffen, das Unterschiede in der Tragfähigkeit des Baugrunds ausgleicht. Selbst nachgiebige Bereiche und untertägige Hohlräume lassen sich mit einer Flächengründung überbrücken. Eine Flächengründung schafft darüber hinaus ein sauberes Planum, auf dem das Bauwerk zügig errichtet werden kann und ermöglicht eine einfache Abdichtung gegen aufsteigendes Grundwasser. Zu bedenken ist allerdings, dass durch die Vergrößerung der Sohlfläche die Spannungen zwar verringert, die Tiefe ihrer Einwirkungen aber deutlich erhöht wird. Tiefer liegende, wenig tragfähige Horizonte können so erreicht werden und sich auf die Gesamtsetzung der Gründungsplatte auswirken.

Gründungsplatten wurden bereits im 15. Jahrhundert konstruiert. In Paris trägt eine gemauerte Gründungsplatte das Panthéon. Heute werden Gründungsplatten meist in Stahlbeton ausgeführt, um Silos, Tanks, Hochhäuser und Offshore-Bauwerke zu tragen. Je nach statischen Vorgaben können Gründungsplatten steif oder bie-

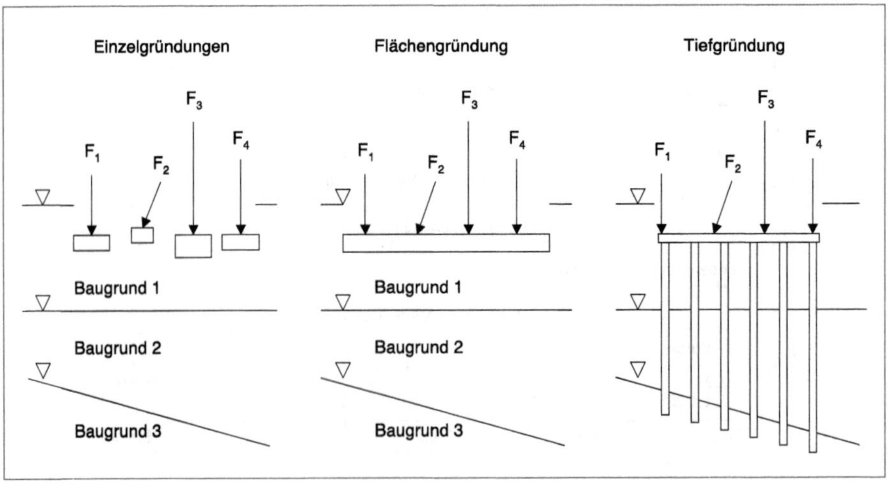


**Abb. 12.31** Einzelgründungen, Flächengründung, Tiefgründung.

geweich sein und mit anderen Gründungskonstruktionen wie zum Beispiel Pfählen kombiniert werden.

Bei einer Tiefgründung werden die Bauwerkslasten über *Pfähle* in den Baugrund geleitet. Dabei werden grundsätzlich zwei Arten der Herstellung unterschieden (Abb. 12.32):

Der *Fertigpfahl* wird vorgefertigt angeliefert und in den Boden gerammt, gerüttelt, gespült oder in ein vorbereitetes Bohrloch gesetzt. Holzpfähle wurden bereits in der Antike verwendet, um Bauwerke auf nachgiebigem Baugrund zu errichtet. Viele historische Gebäude in Küstenstädten wie Venedig oder Rotterdam wurden auf Holzpfählen errichtet. Inzwischen werden auch Stahl- und Stahlbetonpfähle verwendet, die vorgefertigt und in gewünschter Länge angeliefert werden. Rammhindernisse können jedoch zu erheblichen Problemen führen, wie auch wechselnde Baugrundbedingungen, die vor Ort eine Anpassung der Länge nötig machen.

Der *Ortpfahl* wird vor Ort beim Einbringen in den Boden hergestellt. Zur Herstellung eines Bohrpfahls wird zum Beispiel ein Bohrloch geschaffen, armiert und betoniert, wobei das Bohrrohr während der Betonierung gezogen wird. Beim Ortbetonrammpfahl wird dagegen ein Vortreibrohr mit einer speziellen Technik in den Boden gerammt und dann bei gleichzeitiger Betonierung gezogen, wobei der Beton ständig verdichtet wird. Beim Schneckenbohrpfahl wird das Pfahlloch mit einem Hohlkern-Schneckenbohrer vorgebohrt und während des Ziehens durch den Hohlkern betoniert. Mit Hochdruck-Injektionslanzen lassen sich Injektionspfähle aus einen Gemisch von Injektionsmittel und Boden herstellen (Jet Grouting oder Soilcrete-Verfahren). Ortpfähle haben den Vorteil, dass sie an die jeweiligen Baugrundbedingungen direkt und vor Ort angepasst werden können. So kann die auf Grundlage der Voruntersuchungen angenommene Länge des Pfahls noch während des Bohrens verändert

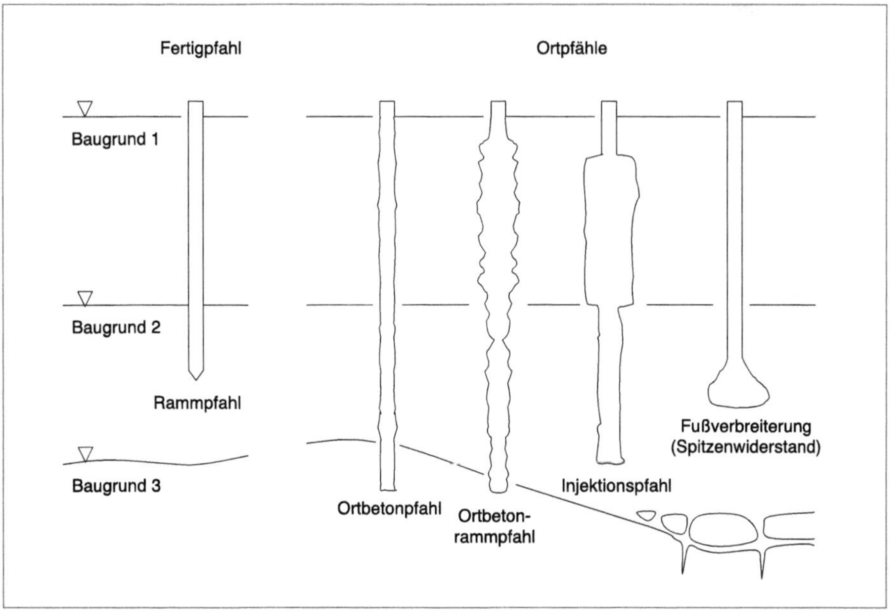


**Abb. 12.32** Pfahltypen.

werden. Bohrhindernisse wie Findlinge oder Fundamente lassen sich durchbohren.

Ein Modell für die Tragfähigkeit eines Pfahles lässt sich durch Freischneiden und Bilanzierung der Kräfte leicht herleiten (Abb. 12.33). Danach trägt der Pfahl über

- den *Spitzendruck* $R_b$ [kN] an der Pfahlspitze
- und die *Mantelreibung* $R_s$ [kN], die sich entlang des Pfahlmantels aufbaut.

Für den Pfahlwiderstand gilt somit

$$R = R_b + R_s = q_b A_b + \sum_i q_{si} A_{si}$$

mit $q_b$ [kN/m²] als Pfahlspitzendruck, $A_b$ [m²] als Pfahlfußfläche, $q_{si}$ [kN/m²] als Mantelreibung in der Schicht $i$ und $A_{si}$ [m²] als Pfahlmantelfläche in der Schicht $i$. Die charakteristischen Werte für den Spitzendruck und für die Mantelreibung sind abhängig von der Bodenart. Erfahrungswerte sind in den einschlägigen Normenwerken angegeben. Weiterhin erlauben Probebelastungen Rückschlüsse auf die örtliche Tragfähigkeit des Baugrunds.

Die Herstellung des Pfahles und das Einbringen in den Baugrund beeinflussen den aktivierbaren Spitzendruck und die mögliche Mantelreibung. Eine Fußverbreiterung durch „Ausstampfen" erhöht zum Beispiel den aufnehmbaren Spitzendruck erheblich. Eine raue Ausbildung der Pfahlwand, wie zum Beispiel bei einem Ortbetonrammpfahl, steigert die aktivierbare Mantelreibung. Bestimmte Pfähle tragen nur über den Spitzendruck oder nur über die Mantelreibung.

Die Gebrauchstauglichkeit einer Pfahlgründung wird gewährleistet, indem ihre Setzung gering gehalten wird. Auch hierzu geben die verschiedenen Normen- und Regelwerke Erfahrungswerte an. Zu beachten ist, dass nahe zusammenstehende Pfäh-

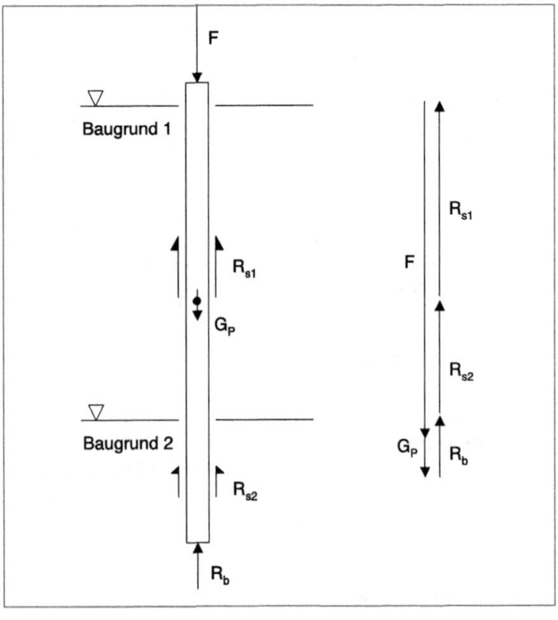


**Abb. 12.33** Pfahl, Krafteck.

le Pfahlgruppen bilden, die ein eigenes Trag- und Setzungsverhalten aufweisen. Wird neben einer bestehenden Pfahlgründung ein Bauwerk errichtet, dann belasten die Baugrundspannungen infolge des Neubaus die Pfähle zusätzlich (Abb. 12.34). Da insbesondere die dem Neubau benachbarten Pfähle betroffen sind, kann die durch die zusätzlichen Baugrundspannungen verursachte *negative Mantelreibung* zu einer ungleichmäßige Setzung des Altbaus führen. Eine negative Mantelreibung tritt ebenfalls auf, wenn der Boden auf natürliche Weise konsolidiert oder wenn der Grundwasserspiegel abgesenkt und somit der Boden zusätzlich belastet wird.

Pfähle eignen sich auch, um Bauwerke auf quellfähigem Untergrund (Tone, Gips) zu errichten (Abb. 12.35). Zum einen leiten die Pfähle die Bauwerkslasten in tragfähige Horizonte, zum anderen ist es möglich, einen Hohlraum zwischen den Pfahlköpfen und der Gründungsplatte auszusparen, in dem der quellfähige Untergrund aufsteigen kann, ohne das Bauwerk zu beschädigen. Dabei werden die Pfähle wegen der Mantelreibung des quellenden Baugrunds unter Umständen auf Zug beansprucht. Betonpfähle müssen daher armiert werden.

Eine weitere, aufwendigere Variante der Tiefgründung ist die *Senkkasten-* oder *Caissongründung* (Abb.12.36). Das Verfahren wurde bereits Mitte des 19. Jahrhunderts in Frankreich im Bergbau eingesetzt und wurde alsbald von anderen Ländern übernommen. Der Caisson ist ein oben geschlossener Kasten, dessen Wände sich nach unten zu Schneiden verjüngen. In der Arbeitskammer wird der Boden ausgehoben, so dass es im Bereich der Schneiden zu kontrollierten Grundbrüchen kommt. Auf diese Weise senkt sich der Caisson allmählich in den Boden. Sobald der Grundwasserspiegel erreicht ist, muss unter Druckluft gearbeitet werden, um das eindringende Grundwasser zurückzudrängen. Dies macht die Anlage von Personen- und Materialschleusen

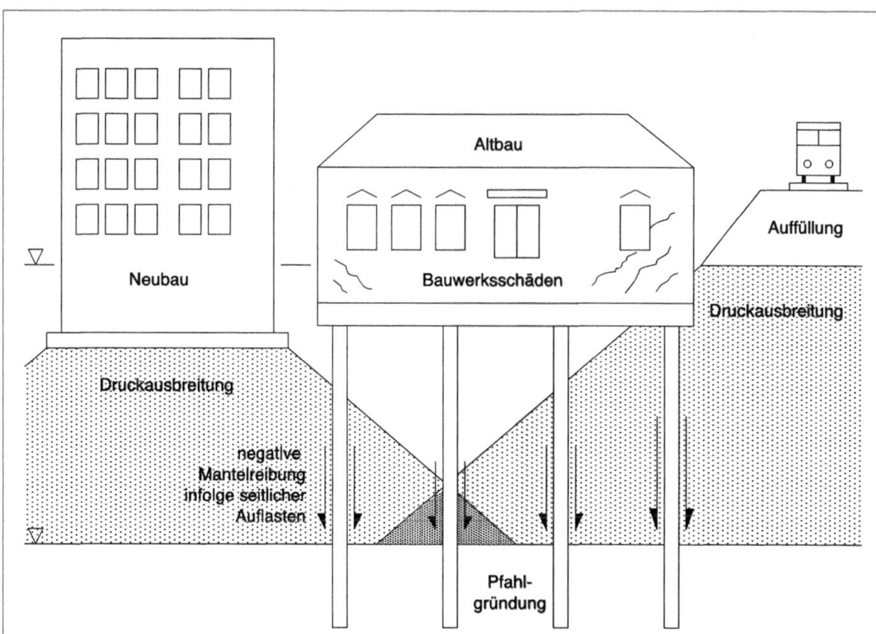


**Abb. 12.34** Negative Mantelreibung.

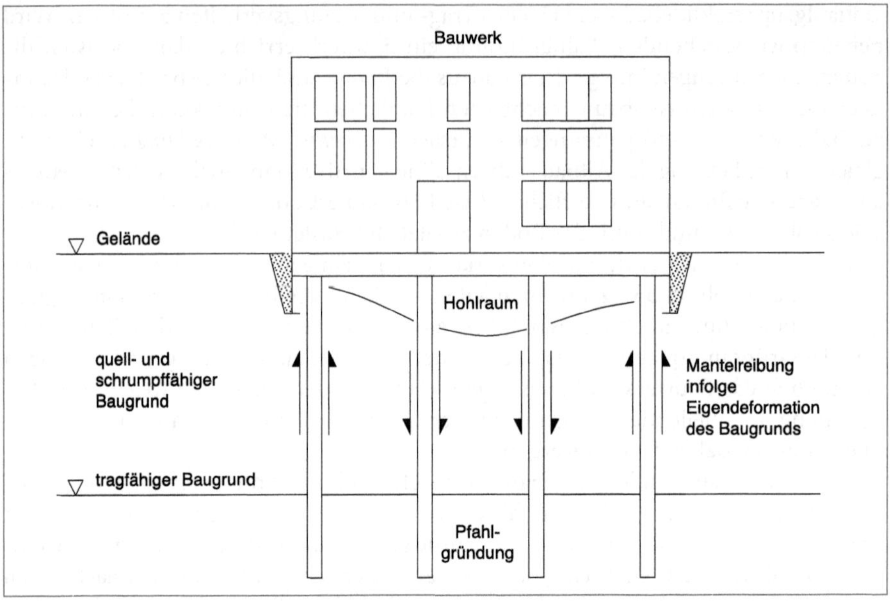


**Abb. 12.35** Bei quellfähigem Baugrund eignen sich Pfähle. Sie schaffen genügend Freiraum für eventuelle Hebungen.

erforderlich. Um den Sinkvorgang zu beschleunigen und ein Verkanten des Caissons zu verhindern, wird Bentonitsuspension als Gleitmittel in den Schneidenbereich injiziert. In der Arbeitskammer können (ungestörte) Bodenproben entnommen werden, um die Tragfähigkeit des Bodens zu prüfen. Sobald tragfähiger Baugrund erreicht wird, kann der Arbeitsraum ausgebaut oder verfüllt werden. Caissons können auch

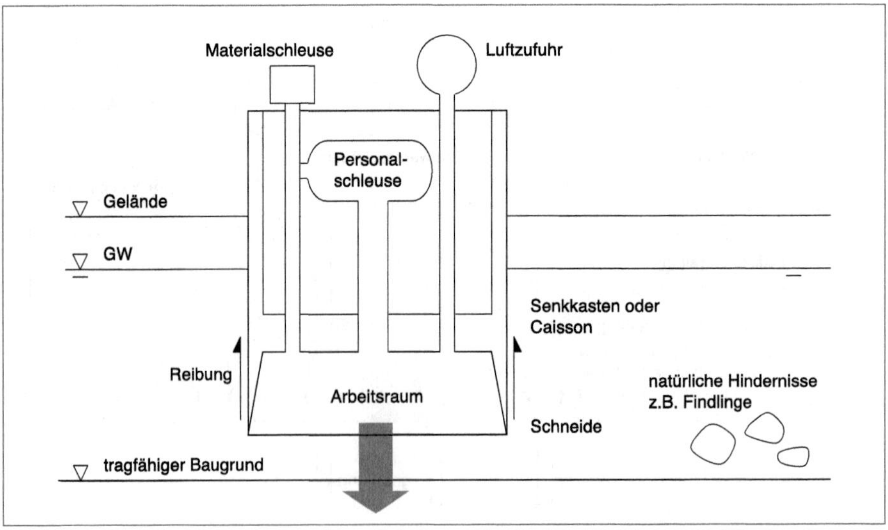


**Abb. 12.36** Senkkasten- oder Caissongründung.

unter Wasser abgesenkt werden. Sie eignen sich somit besonders als Fundamente von Brücken wie der Brooklyn-Bridge in New York oder auch als Gründung für schwere Offshore-Konstruktionen. Inzwischen lassen sich auch ganze Tunnelsegmente als Caisson absenken und nachträglich verbinden.

## 12.5 Bauen unter Tage

### 12.5.1 Überblick

Bauen unter Tage ist eng verknüpft mit der Geschichte des Bergbaus, die bereits Jahrtausende vor unserer Zeitrechnung begann. Plinius der Ältere widmete in seiner *Naturalis historia* (ca. 77 n. Chr.) fünf Bände den Erzen und dem Bergbau. In der frühen Neuzeit legte Gregorius Agricola mit seinem zwölfbändige Hauptwerk *De re metallica libri* das wissenschaftlich Fundament des modernen Bergbaus.

Mit der Industrialisierung gewann der Tunnelbau eine enorme Bedeutung. Menschen und Güter mussten schnell und effizient transportiert werden. In London wurde 1843 mit dem Themse-Tunnel zum ersten Mal ein Fluss unterquert. Aufbauend auf die Erfahrungen mit dem Mont-Cenis-Eisenbahntunnel zwischen Frankreich und Italien wurden Ende des 19. Jahrhunderts in den Alpen Großprojekte wie der St.-Gotthard-Tunnel (15 km) oder der Simplon-Tunnel (20 km) verwirklicht. Seit 1994 unterquert der 50 km lange Euro-Tunnel den Ärmelkanal. Bereits seit 1988 verbindet der 54 km lange Saikan-Tunnel die japanische Insel Hokkaido mit der Hauptinsel Honshu. Der neue Gotthard-Basistunnel ist 57 km lang.

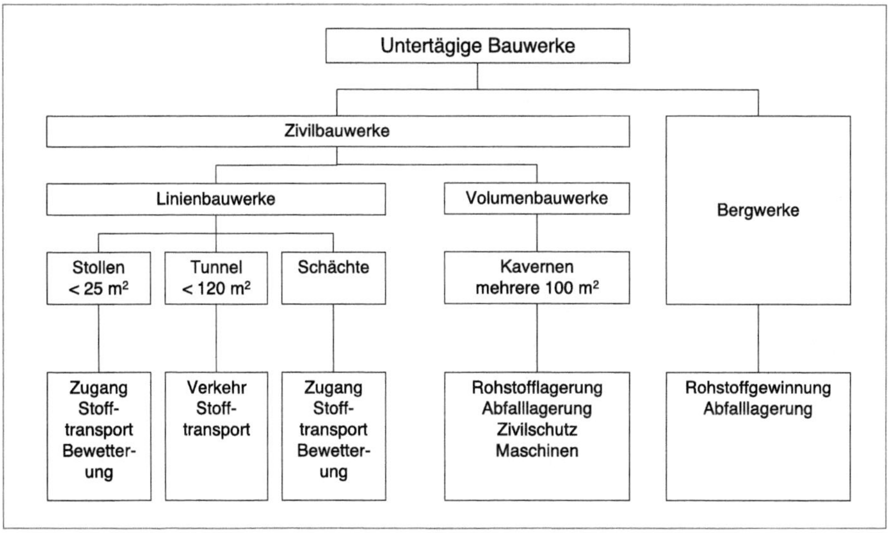


**Abb. 12.37** Einteilung der Untertagebauwerke (Angaben zu den Querschnittsgrößen nach Grimscheid 2013).

Neben *Tunnel* gibt es weitere untertägige Bauwerks wie *Stollen, Schächte* und *Kavernen* (Abb. 12.37). Sie dienen als Zugänge, Wasserstollen, Maschinenräume, Endlager, Zivilschutzanlagen etc. Oberflächennah können untertägige Bauwerke in *offener Bauweise* ausgeführt werden, also in tiefen Baugruben, die später zugeschüttet werden, um die ursprüngliche Morphologie des Geländes wieder herzustellen. In diesem Abschnitt wird jedoch die *bergmännische Bauweise* vorgestellt, also das Auffahren eines Hohlraums unter Tage.

### 12.5.2 Einflussfaktoren

Eine Vielzahl von Faktoren beeinflusst die Machbarkeit eines Untertagebauwerks. Unterschieden werden geologische, geotechnische und planerische Vorgaben.

Zu den *geologischen Vorgaben* zählt zunächst der Aufbau des Gebirges mit seinen tektonischen Überprägungen. Eine detaillierte ingenieurgeologische Erkundung (Kapitel 5 bis 7) ist daher eine Grundvoraussetzung für die sichere und wirtschaftliche Planung eines Untertagebauwerks.

Dabei ist grundsätzlich zu unterscheiden in

- Lockergestein
- Festgestein
- veränderlich festes Gestein
- lösliches Gestein.

Im Lockergestein ist die Anlage von Untertagebauwerken aufwendiger als im Festgestein, da die Tragwirkung des Gebirges begrenzt ist. Allerdings können veränderlich feste Gesteine (Verwitterungszonen) zu erheblichen Problemen führen, wie auch lösliche und verkarstete Gesteine.

Ein weiterer bestimmender Faktor für den Entwurf von Untertagebauwerken stellt das Trennflächengefüge da. Im Festgestein lassen sich Schichtung, Schieferung und Klüftung unterscheiden sowie Störungen oder Verwerfungen, entlang denen Bewegungen stattgefunden haben und möglicherweise noch stattfinden. Eine gefügekundliche Aufnahme des Gebirges (Kapitel 6) ist daher unerlässlich. Dabei sind neben den Aufschlüssen über Tage auch Bohrkerne aufzunehmen und Bohrlochuntersuchungen durchzuführen. Auch im Lockergestein hat sich mitunter bereits ein Trennflächengefüge ausgebildet, das Einfluss auf die Bemessung von Untertagebauwerken haben kann.

Zu den Verfahren der Erkundung zählen auch die geophysikalischen Untersuchungen (Kapitel 7), die gerade im Untertagebau eine besondere Bedeutung haben und die die direkten Aufschlussverfahren ergänzen. Weiterhin sind die hydrogeologischen Randbedingungen zu klären, insbesondere die Durchlässigkeit der Gebirgseinheiten und die Lage der Grundwasserstockwerke.

Neben den geologischen Vorgaben beeinflussen *geotechnische Kennwerte* den Entwurf von Untertagebauwerken. Dazu zählen

- die Festigkeit der Böden, der Gesteine und des Gebirges
- die Verformungseigenschaften (Elastizitätsmodul, Steifemodul)
- die mechanische Lösbarkeit (Ausbruch des Hohlraums)

- die Verschleißfestigkeit (Abrieb der Meißel)
- die Löslichkeit und Verkarstung des Gebirges
- sowie weitere projektbezogen festzulegende Kennwerte.

Die *planerischen Vorgaben* leiten sich aus der Funktion des geplanten Untertagebauwerkes ab und bestimmen seine Maße, sein Volumen und seine Erstreckung. So sind für Eisenbahntunnel oder Straßentunnel bestimmte Profile vorgegeben. Druckstollen erfordern einen speziellen Ausbau. Zivilschutzanlagen werden auf zusätzliche Belastungen bemessen. Endlager stellen spezielle Anforderungen an die Durchlässigkeit des Ausbaus und des umgebenden Gebirges.

### 12.5.3 Entwurfsmethoden

Nach der Klärung der geologischen, geotechnischen und planerischen Vorgaben wird das Untertagebauwerk entworfen. Dabei lassen sich grundsätzlich drei Entwurfsmethoden unterscheiden (Bieniawski 1984):

- der empirische Entwurf
- der auf Beobachtungen beruhende Entwurf
- der von Modellen ausgehende Entwurf.

In der Entwurfspraxis werden diese verschiedenen Ansätze in der Regel kombiniert.

#### Der empirische Entwurf

Beim empirischen Entwurf werden die Erfahrungen aus Untertagebauprojekten genutzt, um das neue Bauwerk zu entwerfen. Diese Vorgehensweise hat eine lange Tradition und wird ständig weiter entwickelt. Folgende empirische Methoden lassen sich unterscheiden:

- die Lauffer-Pacher-Klassen
- Deere's Rock Quality Designation *(RQD)*
- das Rock Structure Rating *(RSR)*
- das Rock Mass Rating *(RMR)*
- das *Q*-System
- gebirgsspezifische projektbezogene Klassen.

Lauffer (1958) assoziierte die Zeit, in der ein ausgebrochener Gebirgshohlraum ohne Sicherungsmaßnahmen stabile bleibt (Stehzeit) mit der maximalen Breite des Hohlraums (Stützweite) und leitete daraus die notwendigen Sicherungsmaßnahmen ab. Die Methodik wurde von Pacher et al. (1974) weiterentwickelt. Als *Lauffer-Pacher-Klassen* erwiesen sich viele Jahrzehnte als praktikabel.

Deere schlug 1964 eine Indexzahl zur Beschreibung der Felsqualität vor, die *Rock Quality Designation (RQD)*. Sie beschreibt den prozentualen Anteil der Kernstücklängen >10 cm einer Kernbohrung pro Gesamtlänge der betrachteten Bohrstrecke (Kapitel 7). Der *RQD*-Wert wurde auch als nützlich bei der Planung von Untertagebauwerken erachtet und zum Beispiel von Deere et al. (1970) und Merritt (1972) für die Festlegung des Ausbaus (Stahl, Anker, Spritzbeton) genutzt.

Ein erstes umfassendes Bewertungssystem der Gebirgsqualität mit Blick auf die erforderlichen Ausbaumaßnahmen wurde von Wickham et al. (1972) vorgestellt. Das *Rock Structure Rating (RSR)* berücksichtigt geologische Faktoren wie den Gebirgstyp, das Trennflächengefüge (Trennflächentypen, Trennflächenabstand, Orientierung), Verwerfungssysteme, Gesteinseigenschaften, Verwitterungsanfälligkeit und Löslichkeit. Daneben bezieht es in die Betrachtung ebenfalls entwurfsrelevante Parameter ein wie die Größe des Untertagebauwerks, die Vortriebsrichtung und die Ausbruchmethode. Die verschiedenen Faktoren werden auf der Grundlage der vorliegenden Daten gewichtet und ergeben schließlich das *RSR*, das Rückschlüsse auf den Abstand des Stahlausbaus, der Anker oder der Dicke des Spritzbetons erlaubt.

Kurz nach der Vorstellung des *RSR* präsentierte Bieniawski (1973) ein weiteres Wichtungssystem, das *Rock Mass Rating RMR*. Es berücksichtigt nur sechs Parameter, die sich alle aus der Gebirgsansprache und Bohraufschlüssen ergeben:

- die einaxiale Druckfestigkeit des intakten Gesteins
- die Rock Quality Designation *RQD*
- den Trennflächenabstand
- den Zustand der Trennflächen (rau, glatt, verwittert)
- die Orientierung der Trennflächen
- die Grundwasserverhältnisse

Der aus diesen Daten über Tabellen abgeleitete *RMR*-Wert schwankt zwischen 0 (nicht standsicheres Gebirge) und 100 (standsicheres Gebirge) und lässt Rückschlüsse auf die zu erwartende Stehzeit bei vorgegebener Hohlraumbreite zu (Abb. 12.38). Inzwischen wurde auch ein Zusammenhang zwischen dem *RMR*-Wert und der Vortriebsenergie bei Tunnelbohrmaschinen hergeleitet, so dass während des Vortriebs auf problematische Gebirgsbedingungen geschlossen werden kann (Bieniawski et al. 2012).

Auch das von Barton et al. (1974) entwickelte *Q-Modell* beruht auf sechs Parametern, die eine Gebirgsqualität Q ergeben

$$Q = \frac{RQD}{J_n} \frac{J_r}{J_a} \frac{J_w}{SRF}$$

mit *RQD* als Gebirgsqualität nach Deere, $J_n$ als Kennwert der Trennflächenscharen (von 0.5 für massiven Fels ohne Trennflächen bis 20 für völlig zerlegtes, erdgleiches Material), $J_r$ als Kennwert der Rauigkeit der Trennflächen (von 0.5 für glatte Trennflächen bis 4 für raue Trennflächen mit Gesteinsbrücken), $J_a$ als Kennwert des Verwitterungsgrads der Trennflächen (von 0.75 für unverwitterte Trennflächen bis 20 für verwitterte, mit Ton gefüllte Trennflächen), $J_w$ als Kluftwasserkennwert (von 0.05 für extrem starken Kluftwasserzutritt bis 1.0 für trockenes Gebirge). *SRF* ist der Spannungsreduktionsfaktor (von 1.0 in kompetenten, massiven Gebirgseinheiten bis 20 in schwellendem Gebirge). Eine detailliertes Tafelwerk (Barton et al. 1974, Hoek & Brown 1980) ordnet der Gebirgsqualität *Q* Gebirgseigenschaften zu. Die Gebirgsqualität wird der äquivalenten Dimension des geplanten Hohlraums gegenüber gestellt, die sich wiederum aus dem Verhältnis der tatsächlichen Dimension des Hohlraums (Breite, Durchmesser, Höhe) und einem *Excavation Support Ratio ESR* ergibt. Der

*ESR-Wert* definiert die Hohlraum-Kategorie: So hat zum Beispiel ein Straßentunnel ein *ESR* von 1.0, ein Schacht ein *ESR* von 2.5 und eine Bergwerk ein *ESR* von bis zu 5.

Auf der Grundlage des Q-Wertes und der äquivalenten Dimension lassen sich der Gebirgsdruck und die notwendigen Ausbaumaßnahmen (Anker, Spritzbeton etc.) herleiten.

Neben diesen parametergestützten Gebirgsklassen wurden auch gebirgsspezifische, projektbezogene Klassen entwickelt. So wurde zum Beispiel im Rahmen der DB Neubaustrecke Hannover–Würzburg ein eigenes gebirgsspezifisches Klassifizierungssystem für das Bundsandsteingebirge entwickelt (Prinz 2011). Von Nachteil bei den gebirgsspezifischen Klassifizierungssystemen ist allerdings, dass bereits eine Fülle von Beobachtungen und Erfahrungswerte vorliegen muss und dass sie nicht auf andere Gebiete übertragen werden können.

Abschließend ist anzumerken, dass empirische Gebirgsklassen vielfältig und zum Teil recht komplex sind. Kritisiert wurde, dass sie das Gebirgsverhalten in vereinfachter Form darstellen (Sommer 2009). Sie bieten jedoch Anhaltspunkte für eine Bemessung und können die auf Beobachtungen und auf Modelle beruhenden Methoden ergänzen.

### Der von Modellen ausgehende Entwurf

Neben den empirischen und den auf Beobachtungen beruhenden Entwurfskonzepten wurde eine Vielzahl von Rechenmodelle entwickelt. Im Folgenden werden analytische und numerische Modelle vorgestellt.

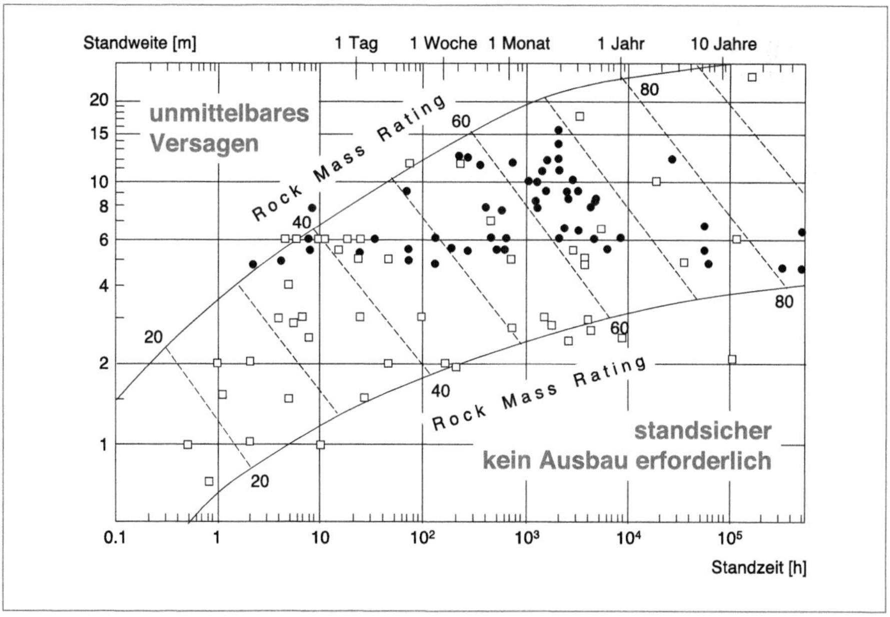


**Abb. 12.38** Das Rock Mass Rating (RMR) nach Bieniawski (1973, 1984) im Verhältnis zur Standzeit bei vorgegebener Hohlraumbreite (Standweite). Die Punkte stellen Beobachtungen im Bergbau dar, die Quadrate Beobachtungen im Tunnelbau.

Das lithostatische Modell (Maidl 1988) stellt den einfachsten analytischen Ansatz zur Ermittlung des Gebirgsdrucks dar. Danach folgt der vertikale Gebirgsdruck aus

$$\sigma_z = \gamma h$$

mit $h$ [m] als Überlagerungshöhe (Höhe der Deckschichten über der Firste des Hohlraums) und $\gamma$ [kN/m$^3$] als (mittlere) Wichte des Gebirges. Der horizontale Druck auf die Seiten (Ulmen) des Hohlraums wird über einen Seitendruckbeiwert bestimmt

$$\sigma_x = \sigma_z K$$

Im Lockergestein entspricht dieser Seitendruckbeiwert dem Erdruhedruckbeiwert

$$K = K_{ogh} = 1 - \sin\varphi$$

mit $\varphi$ [°] als Reibungswinkel. Bei überkonsolidierten Böden (die früher, zum Beispiel durch eine Gletscherauflast belastet wurden) gilt

$$K = K_{ogh} \sqrt{OCR}$$

mit $OCR$ [-] als Überkonsolidierungsverhältnis (weitere Ansätze sind möglich, ZG 2014). Im intakten Festgestein lässt sich der Seitendruckbeiwert über die Querdehnungszahl $\nu$ [-] abschätzen (Maidl 1988)

$$K = \frac{\nu}{1-\nu}$$

Das Gebirge ist jedoch in der Regel durch ein Trennflächengefüge geprägt. Diese Tatsache kompliziert das Modell.

Terzaghi (1946) ging davon aus, dass sich ab einer bestimmten Tiefe über einem Hohlraum ein Gewölbe ausbildet, das den vertikalen Gebirgsdruck reduziert. Dabei zog er eine Analogie zu den Spannungsverhältnissen, die in einem Silo auftreten *(Silotheorie)* und bildete die Summe der Vertikalspannungen, die oberhalb einer Öffnung an einem freigeschnittenen Streifen entstehen (Abb. 12.39). Damit sich dieser im Gleichgewicht befindet muss gelten

$$G = 2b'\gamma\, dz = 2b'(\sigma_z + d\sigma_z) - 2b'\sigma_z + 2\tau\, dz$$

mit $\gamma$ [kN/m$^3$] als Wichte und $b'$ [m] als Ersatzbreite über einem Tunnelquerschnitt. Die Scherkraft folgt aus

$$\tau = c + K_S \sigma_z \tan\varphi$$

wobei $\varphi$ [°] der Reibungswinkel, $c$ [kN/m$^2$] die Kohäsion und $K_s$ der (versuchstechnisch bestimmte) Seitendruckbeiwert in einem Silo sind. Aus der sich daraus ergebenden Differenzialgleichung

$$\frac{d\sigma_z}{dz} = \gamma - \frac{c}{b'} - \frac{K_S \tan\varphi}{b'}\sigma_z$$

folgt schließlich (Abb. 12.39)

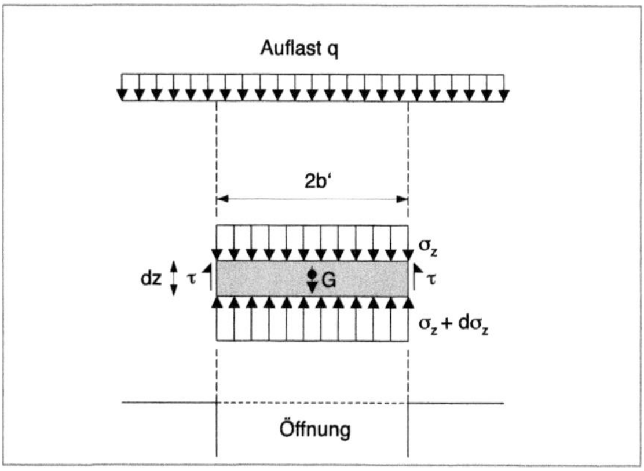


Abb. 12.39 Ein freigeschnittener Gebirgsstreifen über einem Hohlraum.

$$\sigma_z = \frac{\gamma b' - c}{K_S \tan\varphi}\left(1 - e^{-K_S \tan\varphi \frac{z}{b'}}\right) + q e^{-K_S \tan\varphi \frac{z}{b'}}$$

Ab einer Höhen von 5 *b*' oberhalb des Hohlraums besteht keine Gewölbewirkung mehr und die vertikalen Spannungen ergeben sich lithostatisch. Aus der Herleitung von Terzaghi lassen sich auch die horizontalen Beanspruchungen des Hohlraums herleiten, die wiederum von Houska (1960) nach Messungen im Berner Donnerbühl-Tunnel modifiziert wurden. Weitere Gebirgsdrucktheorien wurden entwickelt, wie zum Beispiel die von Protodjakonow, die von Szechy (1969) vorgestellt wurde und die von einem Traggewölbe im Gebirge ausgeht, in dem ausschließlich Druckkräfte wirken.

Ein Hohlraum lässt sich auch als Loch in einer unendlich großen Scheibe interpretieren. Bei dieser zweidimensionalen Betrachtung werden die Spannungen und die Deformationen um den Hohlraum auf der Grundlage des Hookeschen Gesetzes und der Kontinuumsmechanik hergeleitet. Da in der Praxis jedoch eine Plastifizierzung am Ausbruchrand zu beobachten ist, sind zusätzlich plastische Anteile zu berücksichtigen. Die Spannungs- und Deformationsgleichungen für den elastischen Bereich,

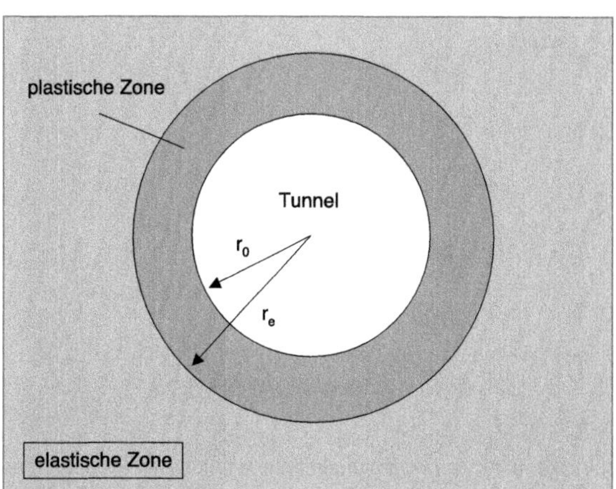


Abb. 12.40 Elastische und plastische Zone um einen kreisförmigen Hohlraum in einem Kontinuum. $r_0$ ist der Tunnelradius, ab $r_e$ beginnt die elastische Zone.

dem plastischen Bereich und dem Übergangsbereich ergeben sich als Funktion der Geometrie und der elastoplastischen Kennwerte des Gebirges.

Ein kreisförmiger Hohlraum (Abb. 12.40) mit dem Innendurchmesser $r_o$ [m] verformt sich zunächst elastisch (ZG 2014)

$$u_{r=r_o} = r_0 \frac{p}{2G}\left(1 - \frac{p_A}{p}\right)$$

mit $u_r$ [m] als Radialverformung, $p_A$ [kN/m²] als Ausbauwiderstand, $p$ als Gebirgsbelastung [kN/m²] und $G$ [kN/m²] als Schubmodul, das sich aus dem Elastizitätsmodul $E$ [kN/m²] und der Querdehnungszahl des Gebirges $\nu$ [-] ergibt

$$G = \frac{E}{2(1+\nu)}$$

Bei steigender Deformation wird die Grenztragfähigkeit des Gebirges überschritten und der Gebirgstragring um den Hohlraum plastifiziert. Nun deformiert sich der Tunnel plastisch (ZG 2014)

$$u_{r=r_o} = r_0 \left[\frac{p(1-\sin\varphi) - c(\cos\varphi - \cot\varphi)}{p_A + c\cot\varphi}\right]^{\frac{2-b}{(K_p-1)(1-b)}} \frac{p}{2G}\left(\sin\varphi + \frac{c}{p}\cos\varphi\right)$$

mit $c$ [kN/m²] und $\varphi$ [°] als Scherparameter des Gebirges, $K_p$ [-] als passiver Erddruckbeiwert und $b$ [-] als Tangens des Dilatanzwinkel $\psi$ [°], der das Verhältnis von Volumendehnung zu Scherdehnung (als Maß der Auflockerung mit zunehmender Scherverformung) angibt. Die elastoplastische Deformation des Ausbruchrandes wird nach Pacher (1964) auch als *Gebirgskennlinie* bezeichnet. Vergleicht man die Gebirgskennlinie mit der *Ausbaukennlinie*, also der Deformation des Ausbaus des Hohlraums, lässt

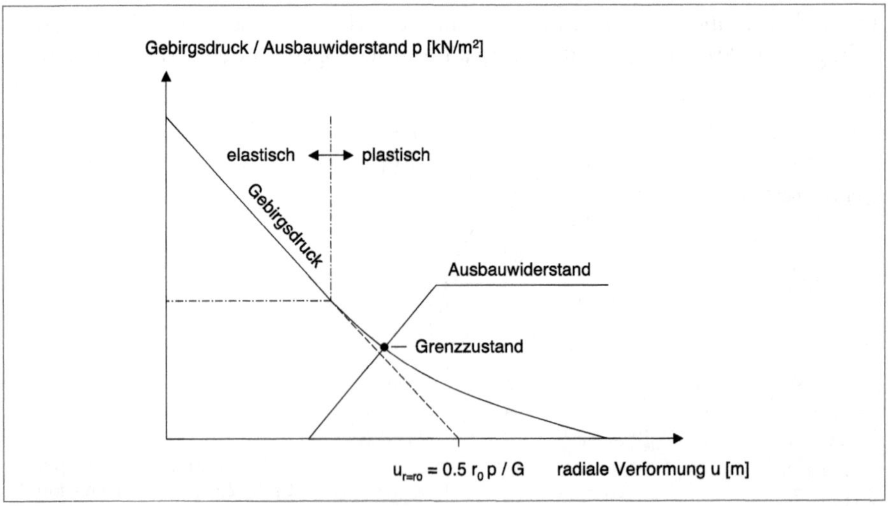


**Abb. 12.41** Der Schnittpunkt von Gebirgskennlinie und Ausbaukennlinie definiert den Grenzzustand (nach ZG 2014).

sich rechnerisch der Grenzzustand (labil zu stabil) bestimmen (Abb. 12.41). Dieses als *Kennlinienverfahren* bekannte Bemessungsprinzip wird bei der Diskussion des auf Beobachtungen beruhenden Entwurfs wieder aufgegriffen.

Um komplexe Hohlraumquerschnitte zu berechnen werden *numerische Modelle* angewendet. Dazu werden das Untertagebauwerk und das umgebende Gebirge in Elemente begrenzter Größe eingeteilt. Die Größe der Elemente wird dabei je nach Detaillierungsgrad angepasst. Schließlich entsteht ein Modell, dessen Elemente die Stoffeigenschaften nachbilden. Die Einzelelemente stehen in Wechselwirkung und übertragen Kräfte Verformungen. Von den numerischen Verfahren ist die *Finite-Element-Methode (FEM)* die bekannteste. Ebenfalls zu den numerischen Verfahren zählen die *Finite-Differenzen-Methode (FDM)* und die *Randelementmethode (REM)*. Bei all diesen Methoden handelt es sich um Diskretisierungsverfahren zur Lösung gewöhnlicher und partieller Differenzialgleichungen.

Numerische Diskretisierungsverfahren haben den Vorteil, auch komplexe Geometrien und variable Randbedingungen in einfacher Weise modellieren zu können. Man darf jedoch nicht vergessen, dass diese Verfahren nach ihrer theoretischen Abhandlung durch Richard Courant (1943) zunächst für den Flugzeugbau und für den Hochbau entwickelt wurden (Dankert & Dankert 2013). Hier gibt es exakt definierte Materialen, bekannte Stoffgesetze und klare Lastbilder. Bei geotechnischen Problemen ist dies jedoch nicht der Fall. Vielmehr kann das Gebirge auch mit modernen Erkundungsmethoden nur näherungsweise beschrieben werden, die geotechnischen Stoffgesetze treffen nur bedingt zu, die Lastbilder sind unscharf. Die Geologie, die Hydrogeologie und das Trennflächengefüge unterliegen großen Schwankungen und statistischen Unsicherheiten. Gerade die Wechselwirkung zwischen der Geologie und dem Untertagebauwerk ist schwer zu modellieren.

Selbst bei korrekt arbeitenden FEM-Programmen ist es möglich „beliebigen Unsinn auszurechnen" und diesen „in schönen bunten Grafiken zu präsentieren" (Dankert & Dankert 2013: 697). Es besteht die Gefahr, dass allein durch das Erlernen der Bedienung eines FEM-Programms das Verständnis für die mathematischen, mechanischen und stofflichen Zusammenhänge in den Hintergrund tritt und sich so grundlegende, möglicherweise fatale Fehler einschleichen, die jedoch kaum zu entdecken sind.

Die Herausforderung bei der Erstellung von Modellen ist daher zunächst die Unsicherheiten zu erkennen, zu quantifizieren und durch die ingenieurgeologische Erkundung zu reduzieren. Das gewählte Bauverfahren ist noch während des Auffahrens des Hohlraums zu überprüfen und gegebenenfalls anzupassen. Dies spricht für den auf Beobachtungen beruhenden Entwurf, der im Folgenden vorgestellt wird.

### Der auf Beobachtungen beruhende Entwurf

Bei diesem Entwurfskonzept wird das Verhalten des Gebirges während des Auffahrens beobachtet und unmittelbar über die Art der Sicherung entschieden. Voraussetzung für diese Strategie ist eine umfangreiche ingenieurgeologische und messtechnische Überwachung des Gebirges.

Zu den gebräuchlichen Verfahren gehören (Bieniawski 1984, Müller 1978, Prinz 2011)

- die ingenieurgeologische Kartierung während des Vortriebs

- die projektbegleitende Ermittlung geotechnischer Parameter anhand von Proben und *in-situ*-Versuchen
- die Beobachtung der Verformung des Hohlraums mit *Konvergenzmessungen*, *Extensometern* sowie dem *Nivellement* der Firste und der Sohle
- die Beobachtung der Auflockerungzone um den Hohlraum mit *Extensometern*, *Ankerkraftmessungen* und *Ultraschallmessungen* zwischen Bohrlöchern
- die seismische, geoelektrische und gravimetrische *Vorauserkundung* während des Auffahrens des Hohlraums
- die Beobachtung des Gebirgsdrucks zwischen Verbau und Gebirge und die Beobachtung der Spannungen im Verbau und Ausbau.

In Abbildung 12.42 sind verschiedene Verfahren der messtechnischen Überwachung dargestellt. Die Verfahren werden ständig weiterentwickelt und verfeinert. Insbesondere die mikroseismischen, fokussierend-geoelektrischen und mikrogravimetrischen Verfahren der Vorauserkundung (von der Ortsbrust und den Tunnelflanken) erlauben inzwischen eine gute Einschätzung des Gebirgsverhaltens, selbst in schwierigen Gebirgsverhältnissen (Pöttler et al. 2002).

Die Beobachtung der Deformation des Gebirges ist zentraler Bestandteil des *Kennlinienverfahrens* nach Fenner (1934) und Pacher (1964). Die Darstellung der Deformation am Ausbruchrand wird als *Gebirgskennlinie* bezeichnet. Ihr Vergleich mit der Deformation des Ausbaus, der *Ausbaukennlinie*, erlaubt eine flexible und optimierte Bemessung des Hohlraums. In Abbildung 12.43 ist eine Gebirgskennlinie für standfestes Gebirge dargestellt, die keinen Ausbau erfordert, und eine Gebirgskennlinie für nicht standfestes (druckhaftes) Gebirge, die einen Ausbau erfordert. Ebenfalls dargestellt sind Ausbaukennlinien. Sie schneiden die Gebirgskennlinie des druckhaften Ge-

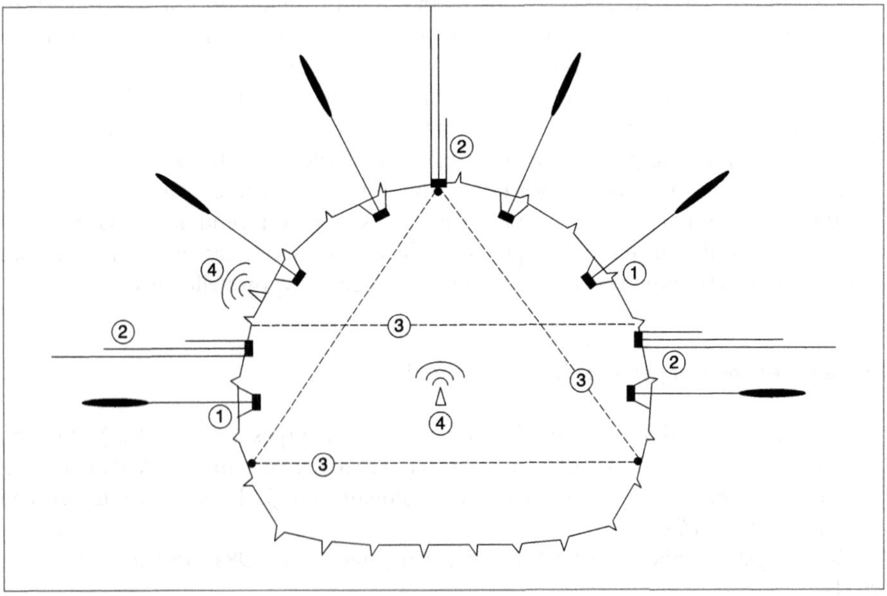


**Abb. 12.42** Messtechnische Überwachung eines Tunnelquerschnitts (nach Müller, ergänzt). 1 Anker mit Kraftmessteller, 2 Mehrfachextensometer, 3 Konvergenzmessstrecken, 4 Seismik.

birges im Grenzzustand. Die Linie A-B markiert einen zu frühen Ausbau des Gebirges, bei dem die Verformungen zwar gering sind, der notwendige Ausbauwiderstand zur Stabilisierung des Systems jedoch zu groß ist. Der Hohlraumausbau wäre somit zu steif bemessen. Die Linie C-D markiert einen zu späten Ausbau: hier sind sowohl die Verformungen als auch der notwendige Ausbauwiderstand zu groß. Eine Minimierung der Verformungen bei gleichzeitiger Minimierung des Ausbauwiderstandes wird mit der Linie E-F (für einen weicheren Ausbau) angezeigt. Die Analyse macht deutlich, dass durch die Beobachtung des Gebirges der Ausbau optimal gewählt werden kann.

Der Gedanke, die Beobachtung der Deformation des Gebirges für die Bemessung des Ausbaus zu nutzen, ist integraler Bestandteil der *Neuen Österreichischen Tunnelbauweise NÖT*. Bei der NÖT handelt es sich nicht nur um eine Bauweise im engeren Sinne, sondern um ein ausgewogenes und flexibles Entwurfskonzept. Sie wurde in den 1950er und 1960er Jahren von Rabcewicz (1963), Pacher (1964), Müller (1978) u.a. entwickelt und unterscheidet sich von der alten, konventionellen Österreichischen Tunnelbauweise (Szechy 1973). Die NÖT stellt einen bedeutenden Meilenstein in der Entwicklung des Hohlraumbaus dar und fußt auf einer Reihe von Prinzipien, von denen die wichtigsten sind (Bieniawski 1984, ÖIAV 1980):

- Die Mobilisierung des Gebirges als tragendes Bauteil eines Felshohlraums.
- Der Erhalt der ursprünglichen Festigkeit des Gebirges durch Reduktion der Deformation am Ausbruchrand.
- Die Messung der Deformation zur rechtzeitigen Einbringung eines optimalen Verbaus, der weder zu steif noch zu flexibel ist.
- Die Anwendung von Spritzbeton zur kraftschlüssigen Sicherung des Gebirges.
- Der dünnschalige, flexible Ausbau des Hohlraums.

Der Grundgedanke ist also, den Gebirgsdruck erst gar nicht entstehen zu lassen, in-

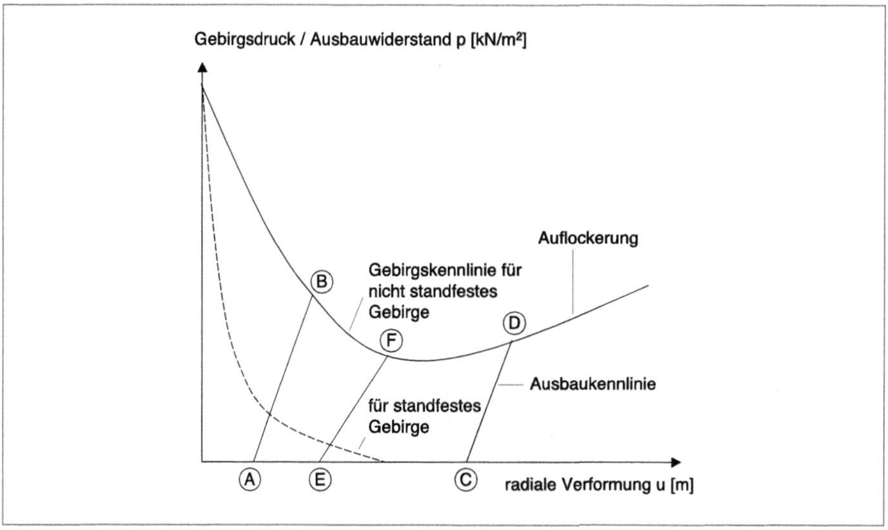


**Abb. 12.43** Gebirgsdruck bzw. Ausbauwiderstand als Funktion der Deformation (nach Deere et al. 1970, ergänzt). Die Linie E-F definiert den optimierten Ausbau.

dem man die Deformation des Ausbruchrandes durch eine unmittelbare Spritzbetonsicherung minimiert. Die begrenzten Verformungen mobilisieren den Gebirgstragring, führen aber nicht zu einer Auflockerung und Destabilisierung. Dies setzt einen gebirgsschonenden Ausbruch des Hohlraumes voraus und eine ständige messtechnische Überwachung des Ausbruchrandes.

Die Einführung der NÖT markiert den Beginn des modernen Felshohlraumbaus, der sich grundsätzlich von den historischen Methoden mit starrem Ausbau wie der *Alten Österreichischen Tunnelbauweise*, der *Deutschen Kernbauweise* oder der *Belgischen Unterfangungsbauweise* unterscheidet. Mit der NÖT ist es gelungen, große und komplexe Untertagebauwerke zügig und wirtschaftlich auszuführen.

### 12.5.4 Ausbruch- und Vortriebsmethoden

Die Ausbruch- und Vortriebsmethoden unterscheiden sich nach

- der Art des auszubrechenden Gebirges (Lockergestein, Festgestein)
- dem zu schaffenden Bauwerk (Stollen, Tunnel, Schacht, Kaverne)
- der Ausbruchmethode oder Bauweise.

Grundsätzliches Ziel ist es, den Gebirgsdruck zu kontrollieren und dabei das gewünschte Hohlraumprofil einzuhalten. *Mehrausbruch*, der aufwendig durch Mehrbeton ausgeglichen werden muss, ist zu vermeiden. Mehrausbruch kann geologisch aufgrund des Trennflächengefüges oder auch arbeitstechnisch bedingt sein. Abbildung 12.44 zeigt den Mehrausbruch in einem Tunnelquerschnitt und die im Tunnelbau üblichen Profilbezeichnungen. Durch die Wahl der richtigen Ausbruchmethode kann der Mehrausbruch reduziert werden. Dabei wird unterschieden zwischen (Prinz 2011, Grimscheid 2013)

- Sprengvortrieb
- Bagger und Ripper und
- Vortriebsmaschinen.

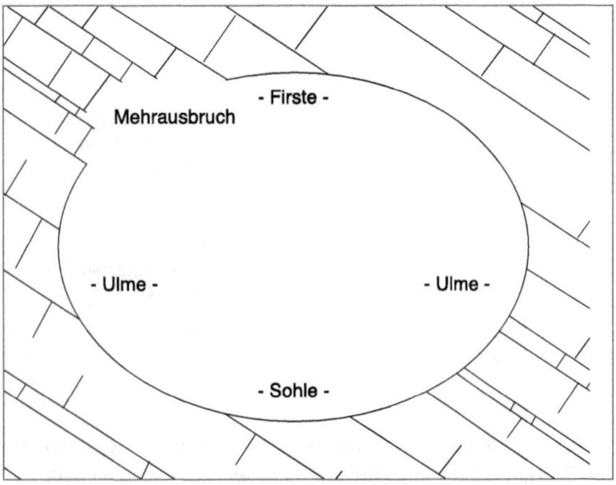


**Abb. 12.44** Mehrausbruch und die im Tunnelbau üblichen Profilbezeichnungen.

Der *Sprengvortrieb* ist ein sich wiederholender Arbeitszyklus aus Bohren – Laden – Sprengen – Bewettern – Abläutern und Sichern – Schuttern – Verbauen. Zunächst werden also die Sprenglöcher gebohrt und geladen. Das Gebirge ist schonend zu sprengen, also durch optimierte Ladungen mit ungeladenen Kranzlöchern, um Mehrausbruch und eine zu starke Auflockerung des umgebenden Gebirges zu vermeiden. Nach der Bewetterung (Belüftung, Entstaubung) wird das Gebirge abgeklopft und nachgelöst (Abläutern) bei gleichzeitiger Erstsicherung gegen Nachbruch. Das gelöste Material wird abtransportiert (Schuttern), um abschließend den Verbau einzubringen. Der Sprengvortrieb zeichnet sich besonders durch seine Anpassungsfähigkeit an unterschiedliche Gebirgsbedingungen und Profilgeometrien aus.

*Bagger* und *Ripper* werden im Lockergestein und leicht lösbarem Gebirge eingesetzt. Sie erreichen aufgrund ihres flexiblen Einsatzes eine hohe Profilgenauigkeit, benötigen aber ausreichenden Platz zum Manövrieren.

Bei den *Vortriebsmaschinen* wird zwischen Teilschnittmaschinen und Vollschnittmaschinen unterschieden. *Teilschnittmaschinen* (Abb. 12.45) brechen das Gebirge mithilfe eines schwenkbaren Fräskopfes oder eines ausfahrbaren Baggerarms. Sie können im Schutze eines offenen Vortriebsschildes eingesetzt werden. Teilschnittmaschinen sind flexibel einsetzbar und arbeiten erschütterungsarm, profilgenau und gebirgsschonend. Sie sind jedoch nur bis zu einer mittleren Gesteinsfestigkeit einsetzbar und erfordern aufwendige Maßnahmen der Bewetterung (Entstaubung). Außerdem eignen sie sich nicht für den Vortrieb im Grundwasser (es sei denn, man nimmt einen komplizierten Überdruckbetrieb in Kauf).

*Vollschnittmaschinen* (Abb. 12.46) lösen den gesamten Tunnelquerschnitt mit einer rotierenden Scheibe aus Rollenmeißeln, die gegen die Ortsbrust (dem Abbaubereich) gedrückt wird. Der Bohrprozess wird zur Kühlung und zur Verminderung der Staubentwicklung mit Wasserdüsen unterstützt. Das am Bohrkopf aufgenommene Bohrklein fällt im Zentrum der Scheibe durch einen Förderbandtrichter auf ein Maschinenband und wird mit Transportfahrzeugen aus dem Tunnel befördert. In drückendem Gebirge wird die Vollschnittmaschine im Schutz eines Schildes vorgetrieben (*Schild-Tunnelbohrmaschine*). Im rückwärtigen Bereich des schützenden Schildes erfolgt mit einem *Erektor* der Ausbau des Tunnelquerschnitts mit Stahl- oder Betonfer-

**Abb. 12.45** Exemplarische Darstellung einer Teilschnittmaschine mit Schräme im Rohrvortrieb (© Herrenknecht AG Schwanau).

**Abb. 12.46** Exemplarische Darstellung von Vollschnittmaschinen: Einfachschild-Tunnelbohrmaschine (oben) und Doppelschild-Tunnelbohrmaschine (© Herrenknecht AG Schwanau).

tigteilen *(Tübbingen)*, die als Widerlager für den weiteren Vortrieb genutzt werden. Bei der Neuen Österreichischen Tunnelbauweise entfällt der steife Ausbau und es findet eine Spritzbetonsicherung mit Ankern und Gitterträgern statt.

Im druckhaften Gebirge kann der Abbauraum auch als Druckkammer ausgebildet werden. Zum Einsatz kommen Druckluftschilde (bei denen allerdings die Gefahr von Ausbläsern im Firstbereich besteht), Hydroschilde, die mit einer Suspension gestützt werden, und Erddruckschilde, die durch ein Erd-Wasser-Gemisch stabilisiert werden. Abbildung 12.47 zeigt die Montage eines Herrenknecht-Mixschildes für die Verlängerung der U5 vom Berliner Marx-Engels-Forum bis zum Brandenburger Tor. Dabei beträgt die Gebirgsüberdeckung nur 5 bis 17 m.

Von Vorteil bei Vollschnittmaschinen und Schild-Tunnelbohrmaschinen sind die hohe Vortriebsgeschwindigkeit und die hohe Arbeitssicherheit. Die Maschinen

**Abb. 12.47** Ein Herrenknecht-Mixschild wird in der Berliner Innenstadt zusammen gesetzt (© Projekt U5 / Martin Steffke).

sind in verschiedenen Gebirgsarten einsetzbar. Problematisch sind mitunter schnell wechselnde Gebirgsverhältnisse. Hierfür eignen sich Doppelschild-Tunnelbohrmaschinen mit Front- und Gripperschild (Abb. 12.46). In nachbrüchigem Gebirge und Störungszonen werden das zur radialen Verspannung genutzte Gripperschild und das Frontschild zusammen gefahren und bilden eine starre Einheit. Hilfsvortriebszylinder nutzen den zuletzt eingebauten Tübbingring als Widerlager für den Vortrieb (Herrenknecht 2014).

### 12.5.5 Sicherung, Verbau und Ausbau

Die Erstsicherung des Hohlraums wird als *Verbau* bezeichnet, die endgültige Auskleidung als *Ausbau*. Elemente der Sicherung, des Verbaus und des Ausbaus sind (Prinz 2011)

- Spritzbeton
- Anker und Stahlbögen
- Ortbeton und Fertigteile aus Stahl oder Stahlbeton (den Tübbingen)
- Injektionen.

*Spritzbeton (Shotcrete)* besteht aus Sand, Kies, Zement und Zuschlagstoffen wie Gips, Stahl oder Kunststofffasern. Es wird zwischen Trockenspritzverfahren und Nassspritzverfahren unterschieden. Bei Trockenspritzverfahren wird das Wasser erst im Düsenbereich zugemischt. Dies begrenzt die Leistung, führt zu einer erhöhten Staubentwicklung und einem Rückprall des aufgespritzten Betons von bis zu 25%. Beim

**Abb. 12.48** Die neue Bahnsteighalle fügt sich harmonisch in die Stadtlandschaft um den Hauptbahnhof ein. Ihr Dach wird im Bereich des Hauptbahnhofs als Stadtplatz gestaltet, im Bereich des Mittleren Schlossgartens wird auf dem Dach bis zu einem Meter Erde aufgeschüttet und eineParklandschaft gestaltet (unverbindliche Illustrationen der Planungen © Visualisierungen Aldinger & Wolf 2013).

**Abb. 12.49** Der Hauptfußgängersteg der neuen Bahnsteighalle erschließt die Bahnsteige durch drei Eingänge, den Haupteingang am Turm, die große Schalterhalle und den Eingang am Schlossgarten. Der Fußgängersteg selbst liegt auf Erdgeschossniveau und schließt über zahlreiche Treppen, Rolltreppen und Fahrstühle die tiefer liegenden Bahnsteige an (unverbindliche Illustrationen der Planungen © Visualisierungen Aldinger & Wolf 2013).

Nassspritzverfahren wird das fertige Gemisch mit einer Mörtelpumpe direkt zur Düse befördert. Spritzbeton verbindet sich unmittelbar und kraftschlüssig mit dem Gebirge und kann auch Fehlstellen (Mehrausbruch) ausgleichen. Mit Betonstahlgewebe armiert bietet es einen wirksame Sicherung und dient bereits als Verbau.

Mit Ankern wird der Gebirgstragring um den Ausbruch weiter verstärkt. Dabei unterscheidet man nicht vorgespannte *Felsnägel* zur flächigen Sicherung und vorgespannte *Anker*, die gezielt eingebracht werden und das Trennflächengefüge stabilisieren. Die günstigste Ankerrichtung lässt sich aus dem Schmidtschen Netz bestimmen. Neben Anker werden *Stahlbogenträger* in nachbrüchigem und druckhaftem Gebirge eingesetzt, um die Standsicherheit des Ausbaus zu erhöhen. Ausbaubögen aus Stahl sind flexibel einsetzbar und behindern nicht die Ausbildung eines Gebirgstragrings.

Im Gegensatz dazu stellt eine Ortbetonschale ein steifes Bauwerke dar, bei dem die Eigentragwirkung des Gebirges ungenutzt bleibt. Im druckhaften Gebirge ist jedoch mitunter ein steifer Ausbau notwendig. Bei Tunnelbohrmaschinen kann dieser aus Stahl- und Stahlbetonfertigteilen, den *Tübbingen*, bestehen, die bereits beim Auffahren des Tunnelquerschnitts eingebaut werden. Auch eine Ortbetonschale kann während des Auffahrens gegossen (extrudiert) werden und erhärtet noch während des Vortriebs.

Besonders nachbrüchiges Gebirge kann durch *Injektionen* vergütet werden. Dabei ist es sowohl möglich, den gesamten Gebirgsbereich vor der Ortsbrust als auch nur Teile der Ortsbrust zu stabilisieren. Auch Injektionsschirme oberhalb des geplanten Ausbruchs sind möglich.

### 12.5.6 Probleme beim Bauen unter Tage

Die grundsätzliche Herausforderung beim Bauen unter wie auch über Tage ist, die Geologie – und die Unschärfen bei ihrer Vorhersage. Auch mit modernen Erkundungsverfahren lassen sie sich nur eingrenzen, aber nie vollständig auflösen. Unvorhergesehene geologische Gebirgsbedingungen führen nicht nur zu Problemen beim Ausbau, sie verzögern auch den Bauablauf, verteuern das Projekt und verursachen mitunter erhebliche Sicherheitsprobleme.

Das Projekt *Stuttgart21* ist ein typisches Beispiel (Abb. 12.48, Abb. 12.49). Ziel dieses Projekts ist der Ersatz des Stuttgarter Kopfbahnhofs durch einen untertägigen Durchgangsbahnhof. Im Zuge des Umbaus entstehen drei zusätzliche Bahnhöfe inklusive des neuen Anschlusses des Stuttgarter Flughafens an das Bahnnetz. Bauherr des Projektes ist die Deutsche Bahn AG. Finanziert wird es u.a. von der Bundesregierung, dem Bundesland Baden-Württemberg, der Stadt Stuttgart und der Europäischen Union.

Die Stuttgarter Bucht ist Teil des Südwestdeutschen Stufenlandes und gehört zum Schwäbischen Keuper-Lias-Land. Morphologisch wurde sie zum einen durch den Neckar und seinen Zuflüssen geformt, zum anderen durch das Auslaugungsgeschehen der löslichen Gesteine, insbesondere des Gipskeupers. Diese geologische Situation schafft spezielle Voraussetzungen für den Untertagebau wie auch die Morphologie des Geländes, die lange Zugangstunnel erforderlich macht.

Zu den im Untertagebau üblichen Problemen mit Verwitterungs- und Verwerfungszonen kommt beim Projekt Stuttgart21 noch die spezielle Problematik des *Sulfatkarstes*. In unmittelbarer Umgebung des alten Bahnhofs wurden bereits Dolinen

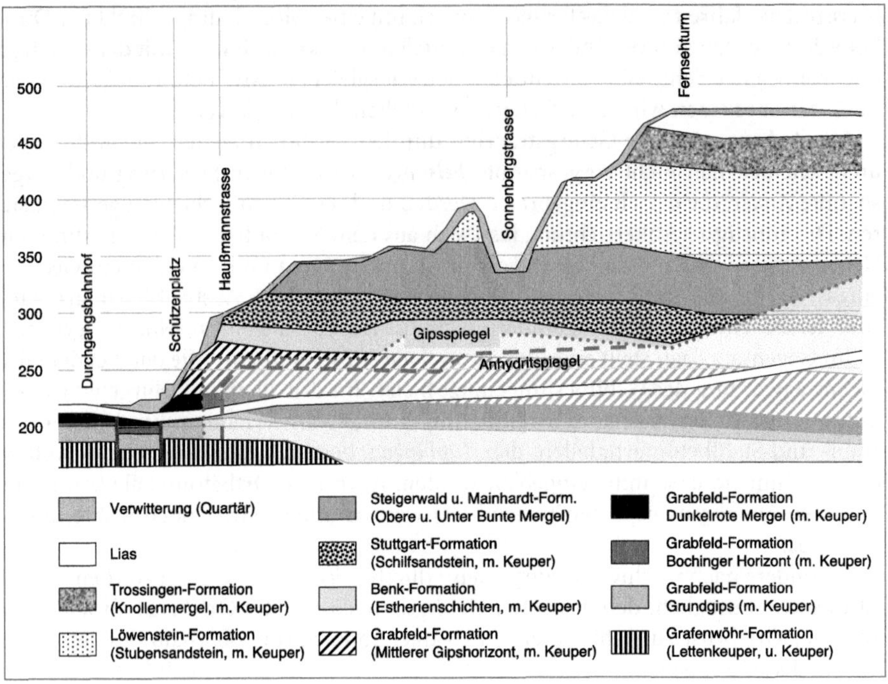


**Abb. 12.50** Geologischer Schnitt (N-S) entlang des Fildertunnels (vereinfacht nach DB 2013). Neben dem Schichtenaufbau sind die Gips- und Anhydritspiegel dargestellt. Der Gipsspiegel ist die Grenze zwischen dem ausgelaugten und dem unausgelaugten Gipsgebirge. Der Anhydritspiegel ist die Grenze zwischen Anhydrit und Gips, der sich durch Wasseraufnahme bei gleichzeitigem Quellen bildet.

und Erdfälle kartiert, wie zum Beispiel am Katharinenhospital (Ufrecht 2006). Die Karsthohlräume sind oft mit Sedimenten verfüllt. Besonders im Bereich des *Gipsspiegels*, also der Kontaktzone zwischen ausgelaugtem und nicht ausgelaugtem Gipsgebirge, sind Karstphänomene zu beobachten. Weiterhin häufen sich Karsterscheinungen entlang der Verwerfungszonen und insbesondere in deren Kreuzungsbereichen. Aufgrund dieser Vorgaben war die ingenieurgeologische Erkundung besonders aufwendig. Schließlich konnten jedoch verkarstete Gebirgspartien auf bestimmte Streckenabschnitte eingegrenzt werden (Abb. 12.50).

Neben der Gefahr von Karsthohlräumen und Dolinen stehen im Projektgebiet noch *quellfähige Gesteine* an. So durchfährt der mit 9.5 km längste der Tunnel des Projektes Stuttgart21 (der Fildertunnel) auf einer Strecke von über 4 km quellfähige Schichten des Gipskeupers (Bacharach 2007). Im quellfähigen Gebirge besteht die Gefahr, dass der Tunnel zu stark belastet oder auch in Richtung der Tagesoberfläche gedrückt wird. Um dem zu begegnen, wird der Tunnel entweder besonders steif ausgebildet (Widerstandsprinzip) oder unterhalb der Tunnelröhre ein Ausgleichraum („Knautschzone") geschaffen (Ausweichprinzip) (Kovári et al. 1987, Amstad & Kovári 2001). Abbildung 12.51 veranschaulicht beide Prinzipien, die im Projekt Stuttgart21 auch angewendet werden (Bacharach 2007, Marquart 2004).

Aufgrund der komplizierten Gebirgsbedingungen und den notwendigen speziellen Bauverfahren haben sich die Kosten des Projekts seit der ersten Kostenschätzung

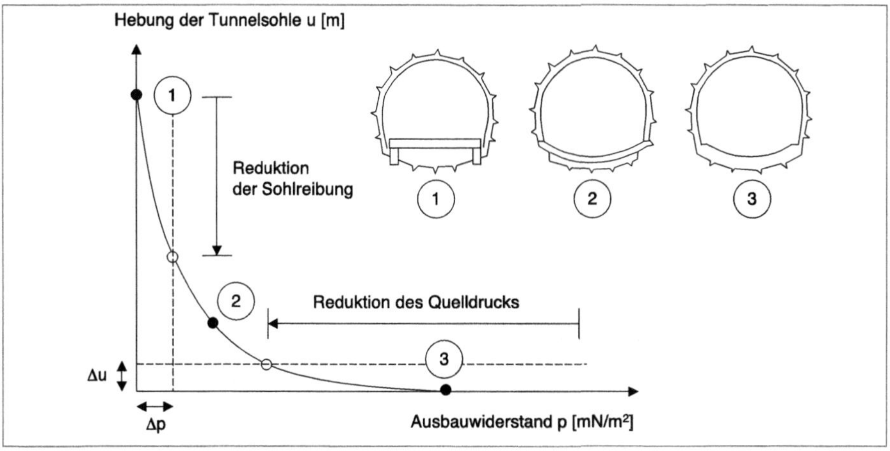


**Abb. 12.51** Ausbaukonzept im quellfähigen Gebirge nach Kovari et al. 1987). 1 Ausweichprinzip, 2 kombiniertes System, 3 Widerstandsprinzip.

mehr als verdoppelt (Kefer 2013). Die Fertigstellung wurde mehrfach verschoben. Eine Bürgerbewegung stellte sich gegen das Projekt und nur ein aufwendiges Schlichtungsverfahren konnte schließlich Konsens zum Weiterbau erreichen.

## Weiterführende Literatur

Boley C (Hrsg.) (2014) Handbuch Geotechnik. Springer Vieweg+Teubner, 1200 S

Feiser J (2012) Geotechnik. In: Vismann U (Hrsg.) Wendehorst Bautechnische Zahlentafeln. Vieweg+Teubner / Springer Wiesbaden, 1221-1332 S

Grimscheid G (2013) Bauprozesse und Bauverfahren des Tunnelbaus. Ernst & Sohn, Berlin, 760 S

Schmidt H-H, Buchmaier F & Vogt-Breyer C (2014) Grundlagen der Geotechnik. Springer Vieweg, 700 S

## Übungen

12-1 Wie groß ist die Setzung eines steifen Streifenfundamentes (Länge ∞) der Breite $b = 2$ m, das 0.80 m in einen sandigen Boden einbindet ($\gamma = 18$ kN/m³, $E_m = 50000$ kN/m²) und mit $\sigma = 250$ kN/m² belastet wird. Das (unnachgiebige) Grundgebirge steht in etwa 19 m Tiefe an.

12-2 Wie groß ist der Grundbruchwiderstand bei einem lotrecht und mittig belasteten Streifenfundament, das 1.5 m breit ist und 0.80 m in den Boden einbindet, der sowohl unterhalb als auch oberhalb der Gründungssohle aus schluffigem Sand besteht ($\varphi = 30°$, $c = 5$ kN/m², $\gamma = 18$ kN/m³)?

12-3 Um wie viel Prozent vermindert sich der Grundbruchwiderstand im Beispiel 12-2 bei einer Ausmitte von $e_b = b/6$ ?

12-4 Um wie viel Prozent vermindert sich der Grundbruchwiderstand im Beispiel 12-2, wenn die Last ausmittig angreift *(b/6)* und die seitliche Auflast wegfällt (zum Beispiel durch Freilegen des Fundaments)?

12-5 Um wie viel Prozent vermindert sich der Grundbruchwiderstand im Beispiel 12-2, wenn die Last ausmittig angreift ($b/6$), die seitliche Auflast wegfällt und zusätzlich das Grundwasser bis zur Fundamentsohle ansteigt?

12-6 Wie nimmt die Grundbruchspannung mit zunehmender Lastneigung $\delta$ ab? Auszugehen ist von einem Streifenfundament ohne seitliche Auflasten auf einem kohäsionslosen Boden ($\varphi \neq 0$, $c = 0$, $q = 0$). Die horizontale Lastkomponente greift parallel $b'$ an.

12-7 Ab welcher Höhe klafft bei der dargestellten Stützmauer (Abb. 12.52) eine Fuge in der Gründungssohle? Ab welcher Höhe klafft die Fuge bis zur halben Fundamentbreite?

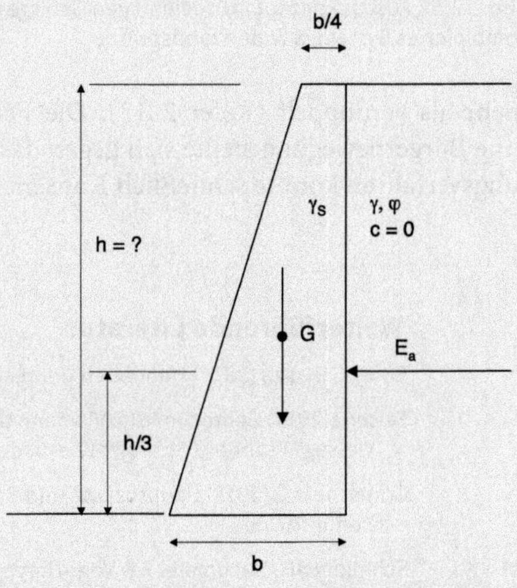


**Abb. 12.52** Stützmauer, die auf Kippen und Gleiten zu untersuchen ist.

12-8 Eine kontaminierte Brachfläche soll wieder nutzbar gemacht werden. Das gesamte Gebiet wird mit einer Kunststoffdichtungsbahn (Membran) abgedeckt, um so die Infiltration von Oberflächenwässern zu verhindern, die (oberflächennahe) Schadstoffe ins Grundwasser eintragen könnten. Da das Gelände bebaut werden soll, sind Vorkehrungen zu treffen, um die Membran vor unzulässig großen Verformungen infolge der Bauwerkslasten zu schützen. Die Membran wird aus diesem Grunde mit nichtbindigem Boden etwa 0.60 m hoch überschüttet. Weiterhin wird die Steifigkeit des Baugrunds erhöht, indem zwei horizontale Lagen von Geogittern (Kunststoffgitternetzen) eingebaut werden. Die Geogitter bewehren den Boden und erhöhen so seine Tragfähigkeit (Abb. 12.53). Zur Ermittlung der Tragfähigkeit ist ein Versagensmechanismus zu entwickeln. Dabei ist von Bauwerkslasten auszugehen, die in 0.80 m Tiefe (frostfrei) schräg in den Boden eingeführt werden.

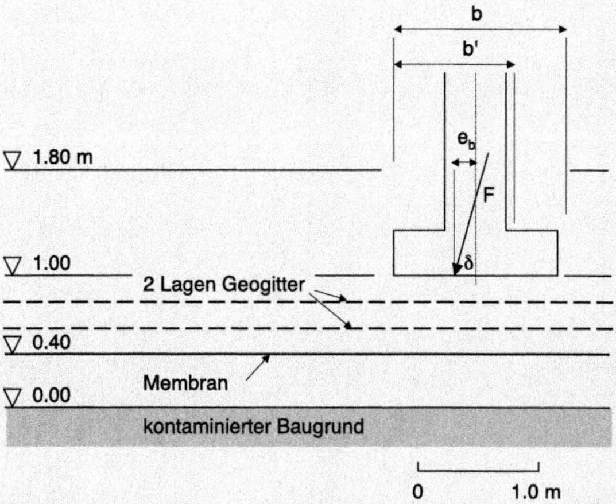


**Abb. 12.53** Tragsystem.

12-9 Was versteht man unter Rock Mass Rating?

12-10 Was versteht man unter einer Gebirgskennlinie?

12-11 Auf welchen Grundprinzipien beruht die Neue Österreichische Tunnelbauweise?

# 13 Horizonte

★ In diesem Kapitel wird, aufbauend auf aktuellen Aufgaben, ein Fenster in die Zukunft der Ingenieurgeologie geöffnet. Zunächst wird die Problematik der schwindenden Ressourcen diskutiert und in aller Kürze dargestellt, wie diese nachhaltig und effizient zu nutzen sind. Dabei wird besonders auf die Ressource „Boden" eingegangen. Der nächste Abschnitt befasst sich mit der Energiewende und den daraus für die Ingenieurgeologie erwachsenden Aufgaben. Dabei wird speziell auf regenerative Energien und den energetischen Stadtumbau eingegangen. Im nächsten Abschnitt werden Utopien vorgestellt und Bauwerke, die diese Utopien in Szene setzen sollen. Es werden Türme, Deiche, Tunnel und Inseln besprochen. Abschließend wird die Verantwortung der Ingenieurgeologie bei Bau- und Entwicklungsvorhaben definiert. Diese Themen ließen sich noch weiter entwickeln, sollen aber im Rahmen dieses Lehrbuchs nur Denkanstöße liefern.

## 13.1 Ressourcen und Effizienz

Zu Beginn unserer Zeitrechnung, vor gut 2000 Jahren, lebten laut Schätzungen der Vereinten Nationen etwa 300 Millionen Menschen auf unserem Planeten. 1804 überstieg die Weltbevölkerung zum ersten Mal die Grenze von einer Milliarde. 1960 betrug sie bereits drei Milliarden, 2011 schon sieben Milliarden. Obwohl die Wachstumsrate allmählich abnimmt werden für spätestens 2100 zehn Milliarden Menschen unsere Erde bevölkern.

Der Zunahme der Weltbevölkerung stehen nur begrenzte Ressourcen gegenüber. Bereits 1713 forderte der kurfürstlich-sächsische Kammer- und Bergrat Hans Carl von Carlowitz in seiner *Sylvicultura oeconomica oder haußwirthliche Nachricht und Naturmäßige Anweisung zur wilden Baum-Zucht* eine gleichwohl „continuierliche" wie auch „nachhaltige Nutzung" der Wälder. Man solle nicht mehr Bäume fällen als natürlich nachwachsen und einer zu starken Rodung durch eine Aufforstung begegnen. Auch am anderen Ende des Globus profilierte sich der Gedanke der Nachhaltigkeit: Als 1730 der Maharadscha Abhay Singh von Jodhpur (Indien) Feuerholz brauchte, um Kalk für seine Festungsanlage zu brennen, befahl er, einige Bäume im Dorfes Khejadli (im heutigen Bundesstaat Rajasthan) zu fällen. Die Dorfbewohner gehörten jedoch der Religionsgemeinschaft der *Bishnoi* an, für die Bäume heilig waren: Aus gutem Grund, denn in dieser Halbwüstenregion haben Bäume bedeutende ökologische und für die Bewohner überlebenswichtige Funktionen. Die Dorfbewohner schützten die Bäume, indem sie sie umarmten. Bei dem anschließenden Gemetzel kamen 363 Menschen ums Leben (Bahugana 1989, Shiva 1991).

Trotz dieser und weiterer Signale schritt die Ausbeutung der Ressourcen in aller Welt voran. Mit der Industrialisierung nahm sie dramatische Züge an. Damit einher ging ein enormes Wachstum der Volkswirtschaften. 1972 erschien die vom *Club of Rome* in Auftrag gegebene Studie *The Limits to Growth* (Die Grenzen des Wachstums) (Meadows et al. 1972). Nun wurde klar, dass unsere Ressourcen nicht mehr lange reichen. Schlimmer noch, die Wachstumsdynamik ist keine lineare, sondern eine exponenzielle, insofern eine besonders schwer zu kontrollierende (Abb. 13.1).

1987 veröffentlichte die Weltkommission für Umwelt und Entwicklung unter der Leitung von Gro Harlem Brundtland den Bericht *Our Common Future* (Unsere gemeinsame Zukunft). In ihm wurde der Begriff der *Nachhaltigkeit* definiert: „Nachhaltige Entwicklung bezeichnet eine Entwicklung, die den Bedürfnissen der jetzigen Generation entspricht, ohne die Möglichkeiten künftiger Generationen zu gefährden, ihre eigenen Bedürfnisse zu befriedigen." Auf dem Erdgipfel von Rio 1992, an dem 17000 Repräsentanten aus 178 Ländern teilnahmen, wurde die nachhaltige Entwicklung als Leitmotiv für das 21. Jahrhundert festgeschrieben. Die *Rio-Deklaration* und die *Agenda 21* definieren die nachhaltige Entwicklung in ihren ökologischen, ökonomischen und gesellschaftlichen Dimensionen. Nur drei Jahre später veröffentlichten Ernst Ulrich von Weizsäcker, Armory B. Lovins und L. Hunter Lovins ihre Studie *Faktor Vier: Doppelter Wohlstand bei halbiertem Naturverbrauch* (Weizsäcker et al. 1996). In diesem neuen Bericht an den *Club of Rome* werden 50

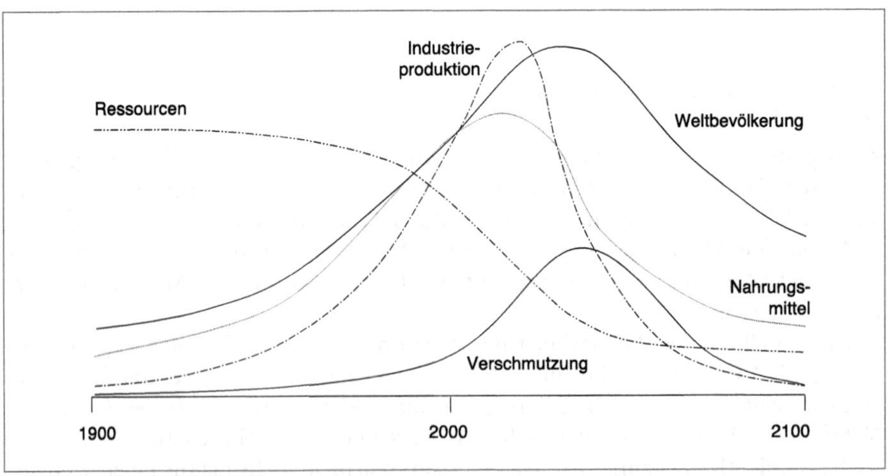


**Abb. 13.1** Nach Meadows et al. (1992) wird die Industrieproduktion zu Beginn des 21. Jahrhunderts einen Peak erreichen, wie auch die Produktion von Nahrungsmitteln. Dabei wird die Weltbevölkerung weiter wachsen. Das Schwinden der Ressourcen und die zunehmende Verschmutzung unseres Planeten wird jedoch zu einer Destabilisierung des Systems führen, was schließlich zu einer Abnahme der Weltbevölkerung führt.

Beispiele sinnvoller Ressourceneffizienz vorgestellt. Es ist also möglich, Ressourcen zu schonen und gleichzeitig Wohlstand für alle zu schaffen.

Zeitgleich zum Erdgipfel erschien ein Update der Studie zu den Grenzen des Wachstums, diesmal mit dem Titel *Beyond the Limits* (Meadows et al 1992). Die Revision der Daten ergab, dass wir bereits jenseits unserer Wachstumsgrenzen leben. Mathis Wackernagel und William Rees illustrierten dies mit dem *ökologischen Fußabdruck*, also der notwendigen Produktionsfläche auf unsrer Erde, um unseren Lebensstandard langfristig zu halten (Rees & Wackernagel 1994). Das *Global Footprint Network* (www.footprintnetwork.org) konstatiert, dass die Biokapazität unseres Planeten, also die Fähigkeit, ausreichend Wertstoffe zu produzieren und Abfälle zu binden, in den 1980er Jahren überschritten wurde. Seither überziehen wir unser ökologisches Konto. Der *Earth Overshoot Day*, Jahrestag, an dem die Menschheit mehr Ressourcen verbraucht als die Erde in einem Jahr regenerieren kann, verschiebt sich immer weiter in Richtung Jahresanfang. 2013 wurde er bereits auf den 20. August festgelegt.

Welchen Beitrag leistet die Ingenieurgeologie in diesem Spannungsfeld?

### 13.1.1 Boden, Wasser und Luft

Unsere primären Ressourcen sind der Boden, das Wasser und die Luft. Sie stellen alle für unser Überleben notwendigen Stoffe bereit. Es sind endliche Ressourcen, die nachhaltig zu nutzen sind.

Ein natürlicher *Boden* ist ein Dreistoffsystem, das aus Feststoffen, Wasser und Luft besteht und aus der Verwitterung des anstehenden Gesteins entsteht. Die Vielfalt der möglichen Bodenarten ist abhängig vom Ausgangsgestein, vom Klima, von der Bodenflora und -fauna, vom Relief, von der Zeit und vom anthropogenen Impact (dem Eingriff des Menschen). In 1000 bis 3000 Jahre bilden sich etwa 10 cm Boden. Während der *Pedogenese* (der Bodenbildung) entstehen der obere *A-Horizont* (Auswaschungshorizont) und der *B-Horizont* (Anreicherungshorizont) über dem unverwitterten *C-Horizont* (Ausgangsmaterial) (siehe auch Kap. 6.2). Boden beherbergt eine enorme Vielzahl von Klein- und Kleinstlebewesen, Bakterien und Pilzen, die komplexe, bislang nur wenig erforschte Lebensgemeinschaften bilden.

Ein Boden erfüllt drei Funktionen:

- natürliche Funktionen
- Archivfunktionen
- Nutzungsfunktionen.

In seinen natürlichen Funktionen bildet der Boden die Lebensgrundlage und den Lebensraum für Menschen, Tiere und Pflanzen. Er leistet einen bedeutenden Beitrag zum Naturhaushalt und seinen Stoffkreisläufen. Zudem bildet der Boden ein Abbau-, Ausgleichs- und Aufbaumedium für stoffliche Einwirkungen. Seine Filter-, Puffer- und Stoffumwandlungseigenschaften schützen Ökosysteme und das Grundwasser.

Die Archivfunktionen des Bodens umfassen sowohl die Naturgeschichte als auch die Kulturgeschichte. Der Boden dokumentiert Veränderungen des Klimas, des Reliefs und des Wasserhaushalts wie auch anthropogene Eingriffe.

In seinen Nutzungsfunktionen ist der Boden Rohstofflagerstätte, Fläche für Siedlung und Erholung, Standort für Land- und Forstwirtschaft und Standort für sonstige wirtschaftliche und öffentliche Nutzungen, Verkehr- und Entsorgung. In Deutschland ist noch immer ein erheblicher Verbrauch an Böden durch die Entwicklung von Siedlungen und Verkehrsanlagen festzustellen. Dieser *Flächenverbrauch* nimmt aber nach Angaben des Statistischen Bundesamtes allmählich ab. Betrug er 2000 noch ca. 130 ha pro Tag, ist er 2012 auf ca. 70 ha pro Tag gefallen. Dies entspricht etwa 100 Fußballfeldern täglich. Der Rückgang des Flächenverbrauchs wurde zum einen ausgelöst durch den demografischen Wandel (der Abnahme der Bevölkerung), zum anderen durch die *nationale Nachhaltigkeitsstrategie*, die einer Innenentwicklung (also der Verdichtung des Stadtraumes) eine größere Priorität einräumt als der Außenentwicklung (also der Entwicklung suburbaner Räume).

Aufgrund seiner Funktionen ist der Boden ein *Schutzgut* (Bundesbodenschutz-Gesetz BBodSchG). Bereits 1962 veröffentlichte die amerikanische Biologin Rachel Carson das Buch *Silent Spring* (Carson 1962). In diesem Buch erklärt sie, wie Chemikalien, insbesondere Pestizide und Insektizide, Böden, Flüsse, Seen und das Meer verschmutzt haben, wie sie in die Nahrungskette gelangt sind und die Ökosysteme schädigen. Die chemische Industrie warf ihr Alarmismus vor und versuchte, ihre Arbeit zu diskreditieren. 1963 sprach sie vor dem amerikanischen Kongress und forderte eine neue Umweltpolitik. In einen Radiointerview konstatierte sie:

> „Man's attitude toward nature is today critically important simply because we have acquired a fateful power to alter and destroy nature. … Now, I truly believe, that we in this generation, must come to terms with nature, and I think we're challenged as mankind has never been challenged before to prove our maturity and our mastery, not of nature, but of ourselves."

Rachel Carson starb nur ein Jahr nach diesem Interview. Unter dem Eindruck dieses Buches entstand 1992 die *Rio-Deklaration*. Viele Schadstoffe sind jedoch noch heute in unserer Umwelt nachweisbar. So findet man zum Beispiel das in den 1970er Jahren verbotene Insektizid DDT in der Muttermilch von Eisbären. Der von Meadows et al. (1962, 1992) prognostizierte, verzögerte Schadstoffabbau (Abb. 13.1) ist tatsächlich zu beobachten.

### Altlasten und Flächenrecycling

Um den Flächenverbrauch zu reduzieren, ist es erforderlich, Flächen zu recyceln. *Flächenrecycling* war ein Leitthema der *Internationalen Bauausstellung IBA Emscher Park*. Von 1989 bis 1999 wurden im Ruhrgebiet viele brachliegende Industrie- und Montanareale wieder nutzbar gemacht. Beim *Rückbau* treten nicht nur Probleme mit Baugrundstörungen (massive Fundamente, Hohlräume etc.) auf. Baugrundkontaminationen verschiedenster Art wie Heizölverschmutzungen aus alten Öltanks oder Schwermetalle aus industriellen Prozessen komplizieren die *Wiedernutzbarmachung*. Die Aufgabe des Ingenieurgeologen ist es, diese Baugrundstörungen zu lokalisieren, zu charakterisieren und gegebenenfalls zu eliminieren.

In den Kapiteln 4, 6 und 7 wurde dargestellt, wie man Suchziele ortet und erkundet. Im Folgenden wird erläutert, wie Baugrundschädigungen extrahiert, isoliert oder neutralisiert werden.

Ein Störkörper wie ein massives Fundament oder ein Öltank wird meist ausgehoben, also dauerhaft entfernt und entsorgt. Bei Schadstoffen ergeben sich weitere Möglichkeiten. Zunächst muss allerdings festgestellt werden, ob eine Altlast im engeren Sinne vorliegt. Nach dem Bundesbodenschutz-Gesetz (BBodSchG) unterscheidet man:

- den *Vorsorgewert*, der die Schadstoffkonzentration im Boden angibt, bei der eine schädliche Bodenveränderung besteht
- den *Prüfwert*, der die Schadstoffkonzentration angibt, bei der eine Prüfung (d. h. eine Detailuntersuchung) durchzuführen ist und
- den *Maßnahmenwert*, der die Schadstoffkonzentration angibt, bei der von einer schädlichen Bodenverunreinigung oder Altlast auszugehen ist.

Im letzteren Fall sind Sanierungs-, Schutz- und Beschränkungsmaßnahmen erforderlich.

Bei der Behandlung von Altlasten unterscheidet man grundsätzlich zwischen der *Extraktion* (Entfernung der Schadstoffquelle) und *Schutz-* bzw. *Beschränkungsmaßnahmen* (Sicherung zur Verhinderung der Schadstoffausbreitung). Extrahierter, belasteter Boden kann vor Ort oder *on site* behandelt oder *off site* entsorgt oder gereinigt werden. Neben dem direkten Eingriff in den Boden gibt es auch *in-situ*-Verfahren, die den natürlichen Bodenaufbau nicht zerstören.

Ein gutes Beispiel für die Extraktion von *Schadstoffquellen (Hot Spots)* ist die Wiedernutzbarmachung der Montanbrache Prosper III in Bottrop (Ruhrgebiet) (Abb. 13.2). Die Zeche wurde Ende des 19. Jahrhunderts gegründet und nach Herzog von Arenberg, Prosper Ludwig von Arenberg, benannt. Infolge der *Kohle- und Stahlkrise* wurde die Steinkohleförderung in den 1980er Jahren eingestellt. Es entstand eine 29 ha große Brachfläche mitten in Bottrop. Aufgrund der günstigen Lage und der guten Verkehrsanbindung (A2, A42) entschloss man sich, die Brachfläche im Rahmen der Internationalen Bauausstellung IBA Emscher Park zu einem Wohn- und Gewerbegebiet zu entwickeln. Dazu wurden die stark kontaminierten Bereiche ausgehoben und noch auf dem Gelände (*on site*) deponiert (Abb. 13.3). Damit wurde vermieden, dass Schadstoffe die Entwicklungsfläche verlassen und woanders Altlastenprobleme verursachen können. Die Deponie wurde mit einer Oberflächenabdichtung versiegelt, so dass keine Schadstoffe über das Sickerwasser in das Grundwasser gelangen können. Der Hügel wurde begrünt und in eine Park- und Rasenfläche umgestaltet.

Anstelle einer Deponierung kann der kontaminierte Aushub auch gereinigt werden. Eine Möglichkeit ist die *Bodenwäsche* (Abb. 13.4), bei der kontaminierter Boden mit Wasser und Reinigungsmitteln (Tenside) gemischt und gesäubert wird. Diese Methode eignet sich für wasserlösliche Schadstoffe und wurde zum Beispiel nach dem

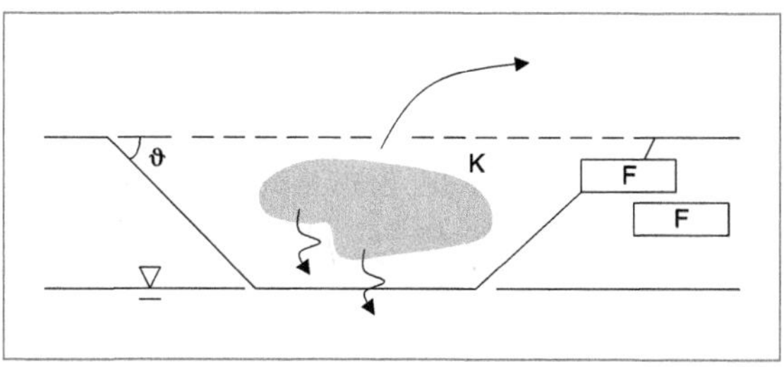


**Abb. 13.2** Extraktion eines *Hot Spots* (schematisch). F Fundamente, K Kontamination.

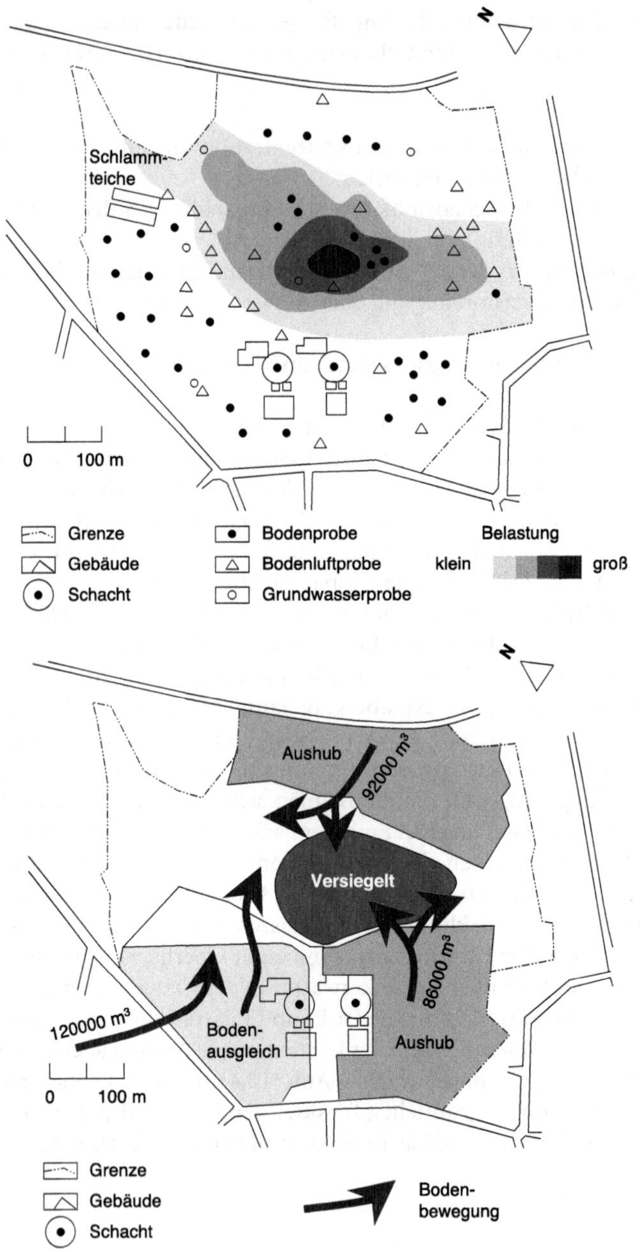


Brand der *Schweizerhalle* in Basel genutzt. Während des Brandes der Chemieanlage gelangten große Mengen von Pestiziden und Quecksilber mit dem Löschwasser in den Rhein und lösten ein Fischsterben aus. Auch der Boden wurde bis zu einer Tiefe von 11 m kontaminiert. Im Rahmen der Sanierungsarbeiten wurden über

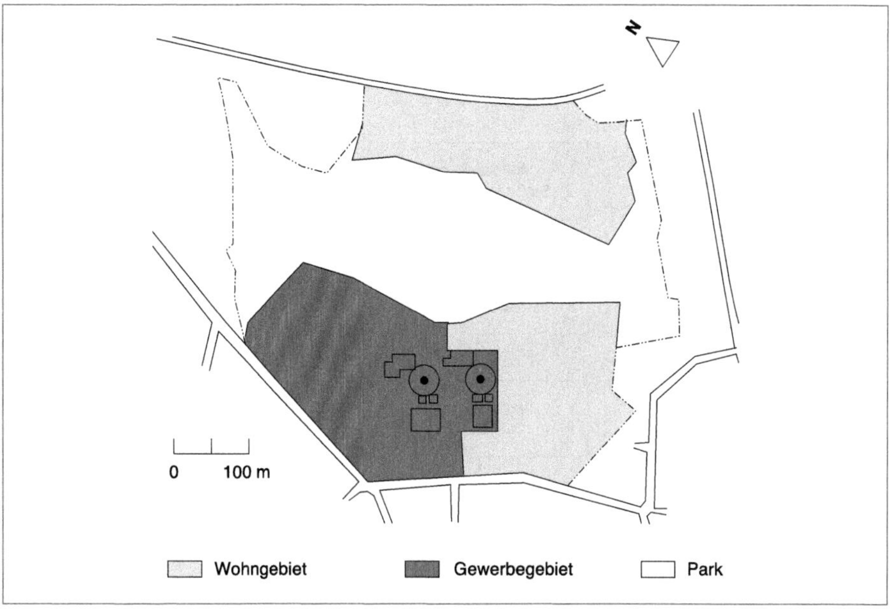


Abb. 13.3 Altlastensituation und Beprobungsplan, Massenbewegungen und Entwicklungssektoren.

40.000 $m^3$ Boden ausgehoben, wovon 40% behandelt werden müssten. Zunächst wurde die Grobfraktion durch Siebung abgetrennt und gewaschen. Die Feinanteile wurden mit einem Hydrozyklon (einem Fliehkraftabscheider) abgeschieden, eingedickt und entsorgt. Die ebenfalls im Hydrozyklon abgeschiedenen Sandanteile wurden nachbehandelt und gereinigt.

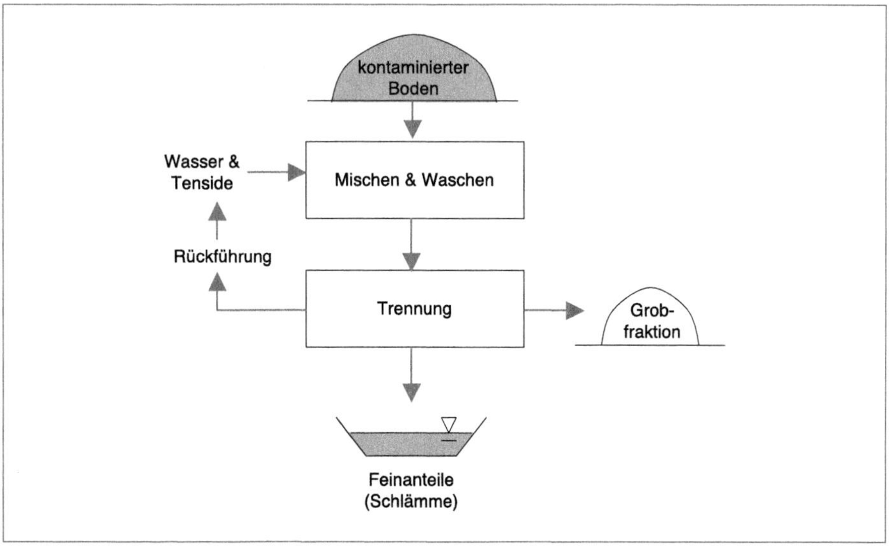


Abb. 13.4 Bodenwäsche (schematisch).

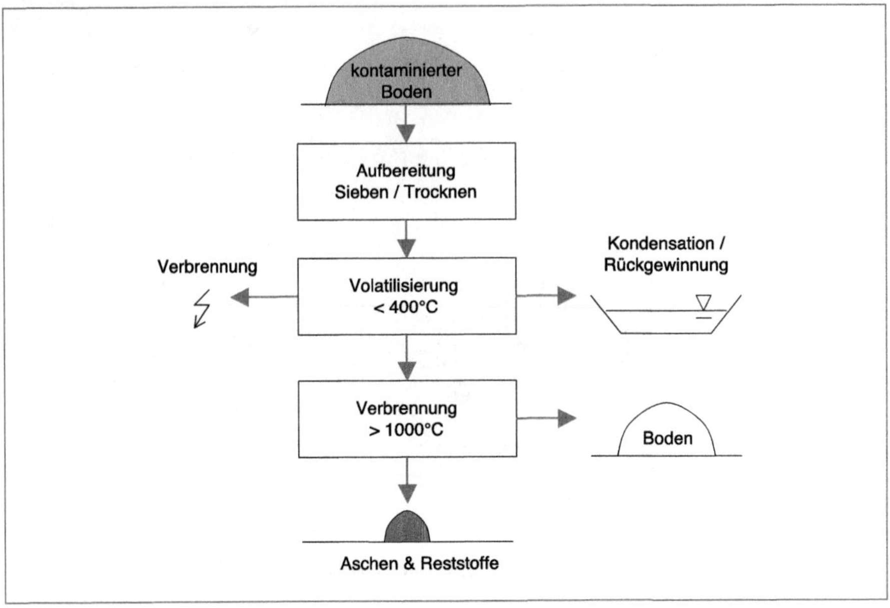


**Abb. 13.5** Thermische Bodenbehandlung (schematisch).

Eine weitere Möglichkeit ist die *thermische Bodenreinigung* (Abb. 13.5), die sich für organische Schadstoffe eignet. Nach der Trocknung des Bodens werden die leichtflüchtigen Bestandteile bei Temperaturen bis ca. 400°C volatilisiert. Mitunter können bei diesem Prozess Wertstoffe zurückgewonnen werden. In der nächsten Stufe werden die restlichen Schadstoffe bei Temperaturen über 1000°C zerstört. Übrig bleiben der gereinigte (sterile) Boden, Schlacken und Reststoffe.

Bei der *biologischen Bodenreinigung* wird der (organisch) kontaminierte Boden zu Mieten aufgeschüttet und mit Nährstoffen berieselt (Abb. 13.6). Um aerobe Abbau-

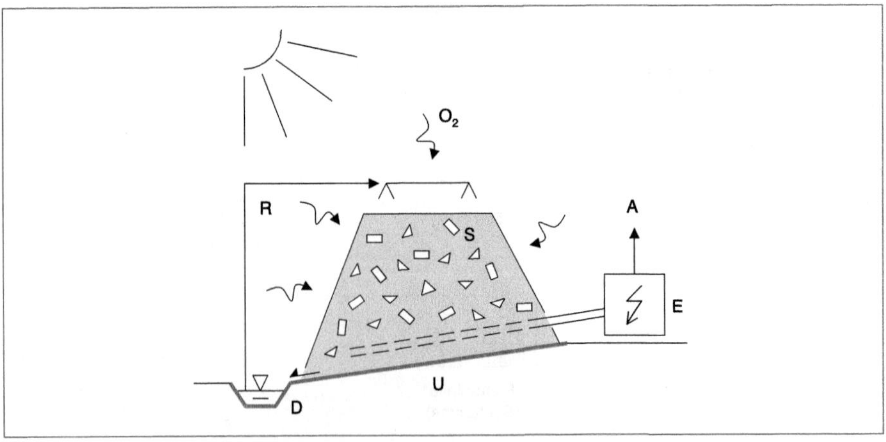


**Abb. 13.6** Biologische Bodenbehandlung in Mieten (schematisch). A Abgas, E Energieerzeugung, D Drainage, R Rückführung, S Strukturmaterial.

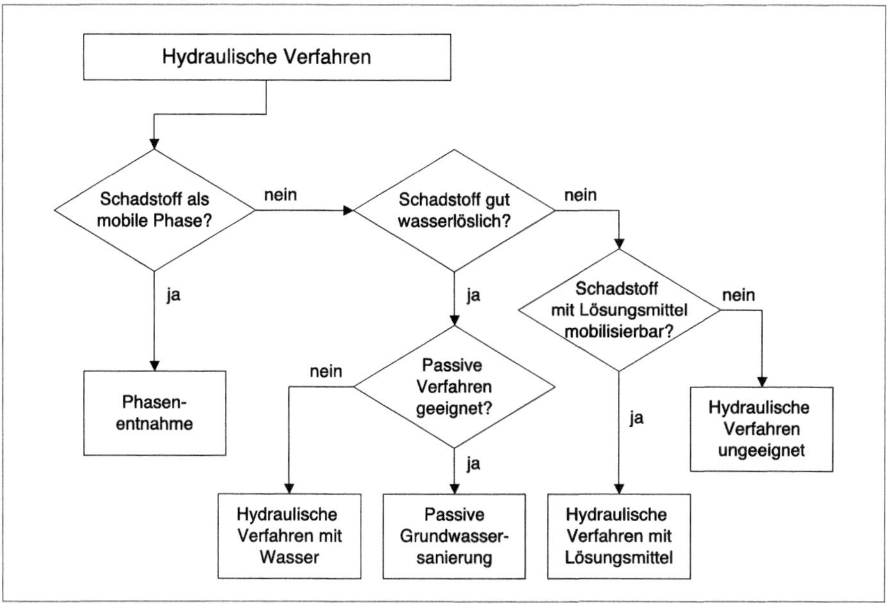


**Abb. 13.7** Hydraulische *in-situ*-Verfahren (nach BAFU 2014).

prozesse zu beschleunigen, kann er zusätzlich belüftet und mit Strukturmaterial aufgelockert werden. Das Verfahren ist besonderes kostengünstig und energieeffizient. Zudem bleibt ein intakter, biologisch aktiver Boden zurück.

Bei *in-situ*-Verfahren ist kein Bodenaushub erforderlich; der Boden wird in seiner natürlichen Lagerung gereinigt. Dabei unterscheidet man zwischen

- Hydraulischen Verfahren, die auf der Löslichkeit oder Mobilität von Schadstoffen in Wasser beruhen und
- Pneumatischen Verfahren, die auf der Flüchtigkeit von Schadstoffen beruhen.

Die verschiedenen *hydraulischen Verfahren* zeigt das Ablaufdiagramm der Abbildung 13.7. Danach wird je nach Phase und Lösbarkeit des Schadstoffes unterschieden zwischen der direkten Entnahme eines in Phase vorliegenden Schadstoffs, der hydraulischen Entnahme eines gelösten Schadstoffes (mit und ohne Lösungsmittel) und passiven Verfahren der Grundwassersanierung. Bei der *Phasenentnahme* liegt der Schadstoff in Phase vor (zum Beispiel als Altöl). Handelt es sich dabei um wasserunlösliche Phasen, die leichter als Wasser sind, den so genannten *Light Non-Aqueous Phase Liquids (LNAPL)*, ist eine Entnahme mit einem *Skimmer* (Abschöpfer) in einem Brunnen möglich. Zu den LNAPL gehören zum Beispiel Kerosin, Diesel und Rohöl. *Dense Non-Aqueous Phase Liquids (DNAPL)* sind wasserunlösliche Schadstoffe, die schwerer als Wasser sind, wie zum Beispiel die polyzyklischen aromatischen Kohlenwasserstoffe (PAK). DNAPL sinken auf die Sohle des Aquifers, sind dort kaum zu lokalisieren und nur schwer zu extrahieren.

Ein häufig eingesetztes und kostengünstiges Verfahren der hydraulischen Sanierung eines gelösten Schadstoffes ist das *Pump-and-Treat*-Verfahren. Das kontaminierte

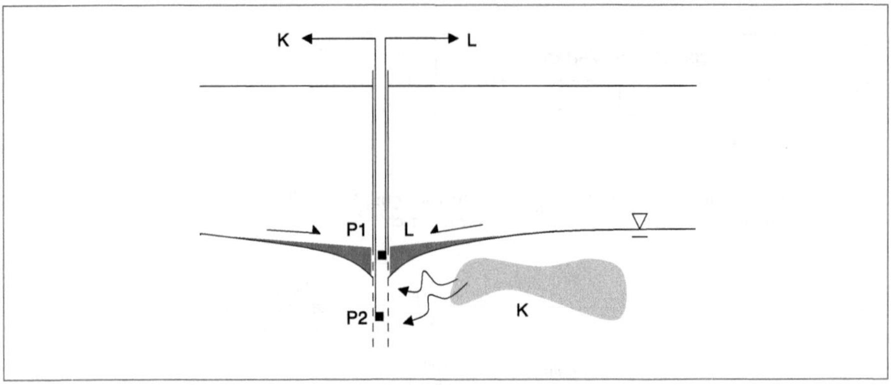


**Abb. 13.8** Mehrphasen-Extraktion: Entnahme von gelösten Schadstoffen (*Pump and Treat*) und LNAPL, die sich im Absenktrichter sammeln (schematisch). K Kontamination, L LNAPL, P1 Entnahme der LNAPL, P2 Entnahme des kontaminierten Grundwassers.

Grundwasser wird mit Brunnen gefördert und dann entweder entsorgt oder gereinigt. Bei der *Mehrphasen-Extraktion* wird das Abpumpen von kontaminiertem Grundwasser mit dem Absaugen der LNAPL kombiniert (Abb.13.8). Bei organischen Schadstoffen empfiehlt sich ein Spülkreislauf, bei dem das abgepumpte, belastete Wasser aufbereitet, mit Nährstoffen und Sauerstoff angereichert (konditioniert) und wieder in den Grundwasserleiter eingespeist wird (Abb. 13.9). Auch oberhalb des Grundwasserspiegels liegende *Hot Spots* können mit einem Spülkreislauf gereinigt werden *(Vertikale Infiltration)*. Schwer lösliche Schadstoffe können durch die Zugabe von Lösungsmitteln (Tensiden und Säuren) mobilisiert werden *(Cosolvent Flushing)*. Bei *Grundwasserzirkulationsbrunnen* werden Spülkreisläufe mit einem einzelnen

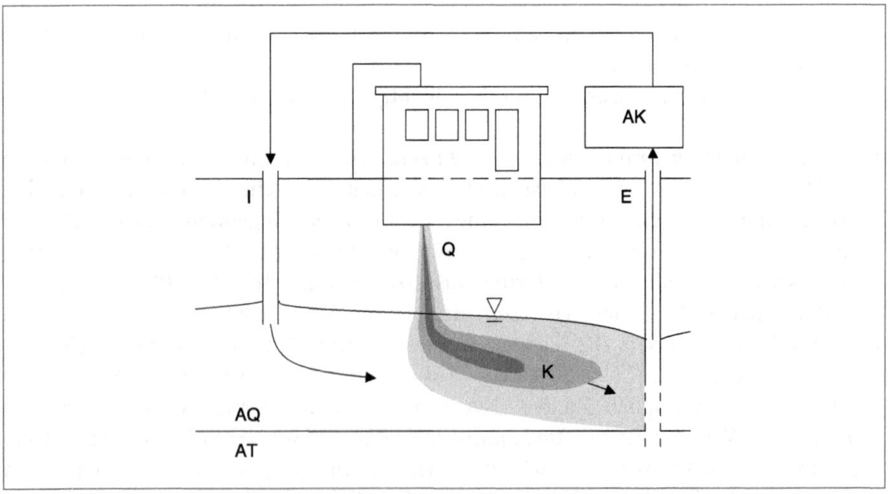


**Abb. 13.9** Spülkreislauf zur Reinigung einer Bodenverunreinigung in der gesättigten Bodenzone. AK Aufbereitung und Konditionierung (Zugabe von Nährstoffen), AQ Aquifer (Grundwasserleiter), AT Aquitard (Grundwasserstauer), E Entnahmebrunnen, I Einspeisebrunnen, K Kontamination, Q Schadstoffquelle.

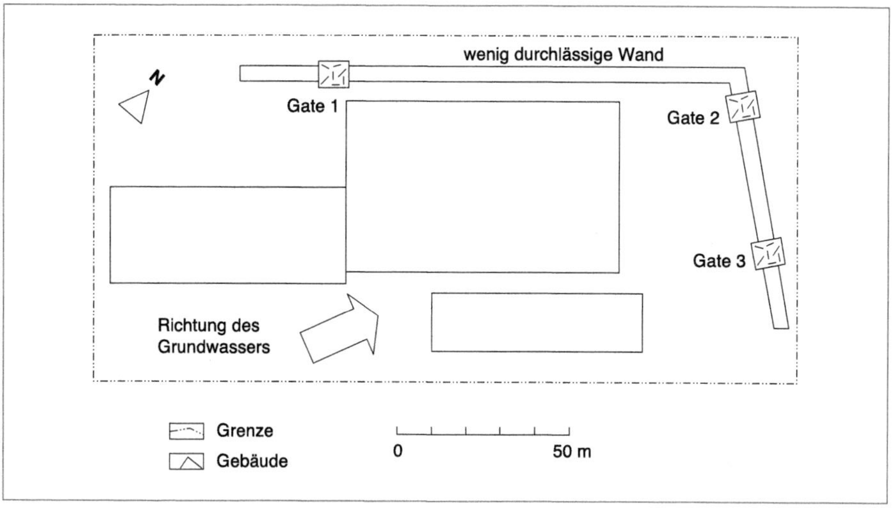


**Abb. 13.10** *Funnel-and-Gate*-Sanierung einer CKW-Kontamination (chlorierte Kohlenwasserstoffe) in Tübingen (nach Schad & Teutsch 1999).

Brunnen realisiert, indem ein vertikaler Spülstrom zwischen einer Einspeisung in Höhe des Grundwasserspiegels und einer Entnahme an der Brunnensohle angelegt wird.

Eine weitere Variante der hydraulischen Sanierung ist die Anlage von *permeablen reaktiven Wänden* (Starr & Cherry 1994). Bei diesem passiven Sanierungsverfahren

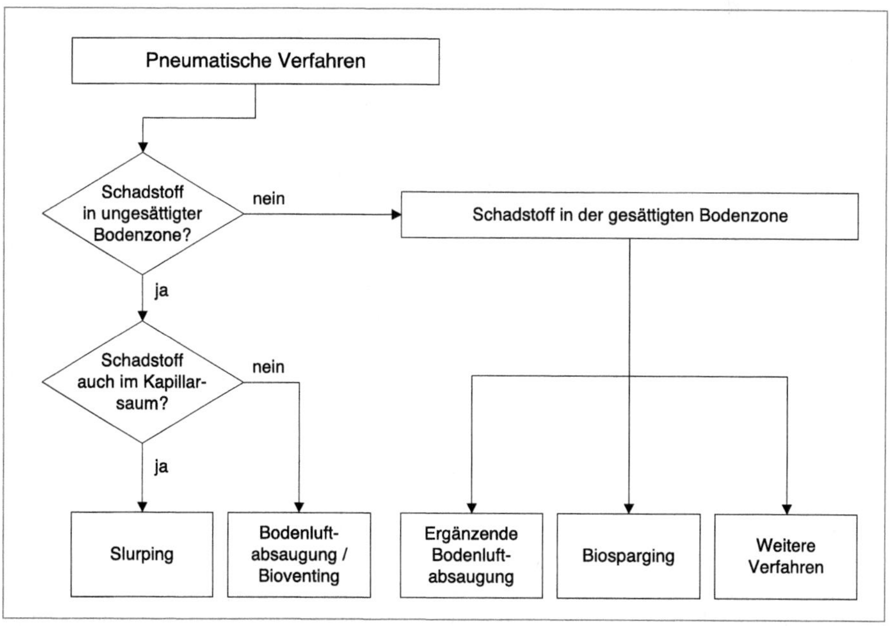


**Abb. 13.11** Pneumatische *in-situ*-Verfahren (nach BAFU 2014).

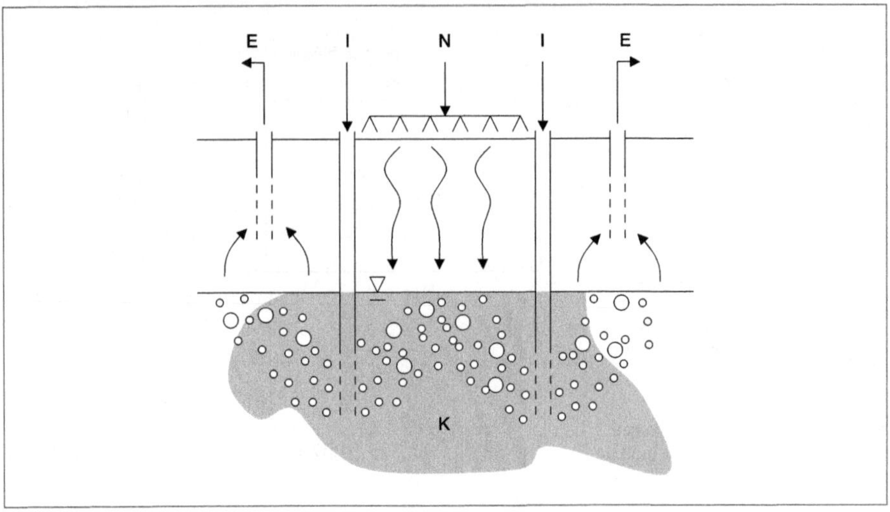


**Abb. 13.12** *Biosparging.* E Luftentnahme, I Lufteinspeisung, K Kontamination, N Nährstoffe.

werden senkrecht zum Grundwasserstrom Gräben angelegt und mit durchlässigem reaktivem Material aufgefüllt, um die anströmende Schadstofffahne zu neutralisieren. Der Grundwasserstrom kann auch gelenkt werden, indem weniger durchlässige Wände die Schadstoffe zu durchlässigen Reaktorwänden leiten *(Funnel-and-Gate).* Abbildung 13.10 zeigt ein Beispiel aus Tübingen, wo eine CKW-Kontamination (chlorierte Kohlenwasserstoffe) mit der *Funnel-and-Gate*-Technik saniert wurde.

*Pneumatische Verfahren* der Bodensanierung beruhen auf der Flüchtigkeit von Schadstoffen. Je nach Tiefenlage der Schadstoffe werden verschiedene Varianten unterschieden (Abb. 13.11). Die klassische Anwendung ist die Absaugung von flüchtigen Schadstoffen oberhalb des Grundwasserspiegels *(Bodenluftabsaugung).* Die Neutralisierung der Abgase geschieht in der Regel *on site.* Das Verfahren eignet sich besonders für leichtflüchtige Schadstoffe wie MKW (Mineralölkohlenwasserstoffe), LCKW (leichflüchtige chlorierte Kohlenwasserstoffe), BTX (Benzol, Toluol, Xylol). Beim *Bioventing* wird die Bodenluftabsaugung unterstützt durch eine zusätzliche Einblasung von Luft zur Anregung des aeroben Schadstoffabbaus. Kombiniert man die Bodenluftabsaugung mit einer Mehrphasen-Extraktion spricht man von *Slurping.* Auch *Hot Spots* im Grundwasser können durch das Einblasen von Luft und dem Absaugen der flüchtigen Schadstoffe oberhalb des Grundwasserspiegels gereinigt werden *(Biosparging).* Der Prozess kann durch eine Infiltration von Nährstoffen unterstützt werden (Abb. 13.12).

Oberflächennahe Verunreinigungen lassen sich mit Pflanzen sanieren. Bei dem Verfahren der *Phytoremediation* werden Schadstoffe entweder bereits im Wurzelbereich fixiert und abgebaut, oder sie gelangen in den Stamm und in die Blätter, sammeln sich dort an und werden zumindest teilweise an die Atmosphäre abgegeben (volatilisiert). Die Pflanze kann geerntet und entsorgt bzw. energetisch genutzt werden. Kritisch sind Schadstoffanreicherungen in den Blättern, da sie über Insekten in die Nahrungskette gelangen können. Wie bereits in Kapitel 6 beschrieben gibt es eine Reihe von natürlich vorkommenden Pflanzen wie Tabak oder Sonnenblumen, die Schadstoffe, insbesondere Metalle, aber auch organische Schadstoffe und sogar Radionuklide, akkumulieren können. Das Verfahren eignet sich besonders bei einer großflächige Kontamination der oberen Bodenschichten.

Schließlich ist es noch möglich, einen *Hot Spot* zu

- immobilisieren oder zu
- isolieren.

Eine *Immobilisierung* ist mit *Injektionen* möglich (Abb. 13.13). Die Wahl des Injektionsgutes ist abhängig vom Boden und von der Art der Kontamination. In grobkörnigen Böden füllt das Injektionsgut die Porenräume aus und bindet so den Schadstoff. In feinkörnigen Böden wird das Injektionsgut mit dem Boden unter hohem Druck vermischt. Von Vorteil bei den Injektionsverfahren sind der geringe Zeitaufwand, die geringen Kosten und die Möglichkeit, auch unter Bauwerken und während des Baubetriebs Schadstoffquellen zu immobilisieren. Auch geklüftetes Gebirge lässt sich injizieren. Während der Injektionsarbeiten kommt es zu keinem Kontakt mit den Schadstoffen. Injektionen sind kostengünstig und lassen sich mit vergleichsweise geringem Ressourcenaufwand durchführen. Der Injektionserfolg lässt sich leicht mit Beobachtungsbohrungen kontrollieren. Der Injektionskörper kann allerdings den natürlichen Grundwasserstrom stören. Während der Injektionsmaßnahmen können Schadstoffe mobilisiert werden. Langzeiterfahrungen mit der Beständigkeit des Injektionsgutes bestehen kaum.

Bei besonders brisanten Hot Spots wie zum Beispiel einer radioaktiven Kontamination wurden auch Verfahren der *Vitrifizierung* (Verglasung) angewendet (Abb. 13.14). Dabei wird zwischen zwei Elektroden eine Spannung erzeugt, die den Boden auf bis zu 2000°C erhitzt. Bei der dabei stattfindenden Verglasung des Bodens nimmt sein Volumen ab und es kommt an der Oberfläche zu einer Senkung. Gleichzeitig werden Gase frei, die an der Oberfläche mit einer Glocke abgesaugt werden müssen. Das Verfahren ist extrem energieaufwendig und wird nur in Ausnahmefällen angewendet.

Eine weitere Möglichkeit ist die *Isolierung* eines Hot Spots mit *vertikalen Barrieren (cut-off walls)* (Abb. 13.15). Inzwischen gibt es eine Vielzahl von Techniken zu Schaffung vertikaler Barrieren wie Schlitzwände oder Schmalwände. Die Barriere bindet in eine schwer durchlässige Schicht ein (einen Aquitard), damit die Schadstoffe nicht unter der Barriere entweichen können. Liegt eine solche Schicht nicht vor, lässt sich auch mit Injektionen eine Sohle bilden. Innerhalb des isolierten Bereichs wird Grundwasser abgepumpt, so dass der innere Grundwasserspiegel immer tiefer liegt als der äußere. Damit wird vermieden, dass kontaminiertes Grundwasser durch eventuelle Schadstellen in der Barriere entweichen können. Das abgepumpte Grundwasser wird gereinigt und entsorgt.

Vertikale Barrieren lassen sich in allen Bodenarten einrichten. Selbst im Fels kann durch Injektionen eine Barriere geschaffen werden. Die Methode wurde schon oft erfolgreich angewendet. Während der Arbeiten kommt es zu keinem Kontakt mit den Schadstoffen. Die Abdichtung lässt sich in vergleichsweise kurzer Zeit realisieren. Eine Neubebauung des abgegrenzten Bereichs ist meist jedoch aufgrund der Gasemissionen aus der Altlast nicht möglich. Weiterhin behindern die Barrieren den natürlichen Grundwasserstrom. An der Luv-Seite kommt es zu einem Grundwasseranstieg, an der

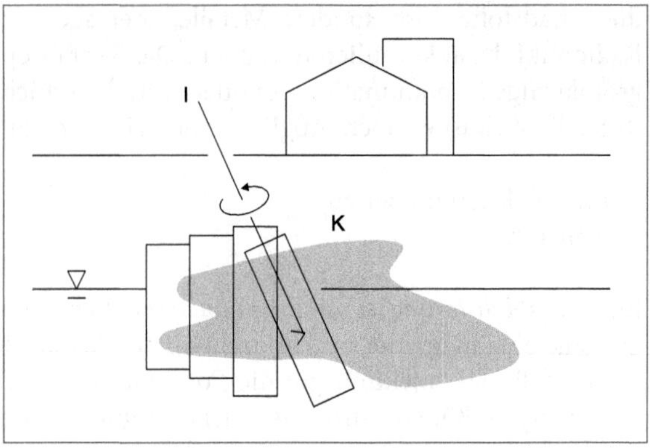


**Abb. 13.13** Injektionen zur Immobilisierung von Schadstoffen. I Injektion, K Kontamination.

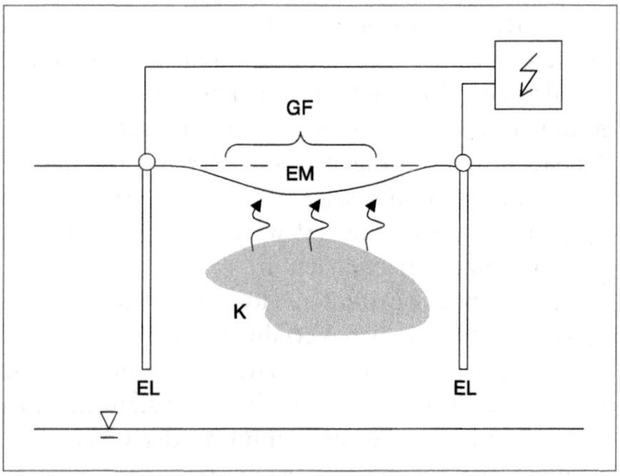


**Abb. 13.14** Vitrifizierung (Verglasung) von Schadstoffen. EL Elektroden, EM Emissionen, GF Gasfassung, K Kontamination.

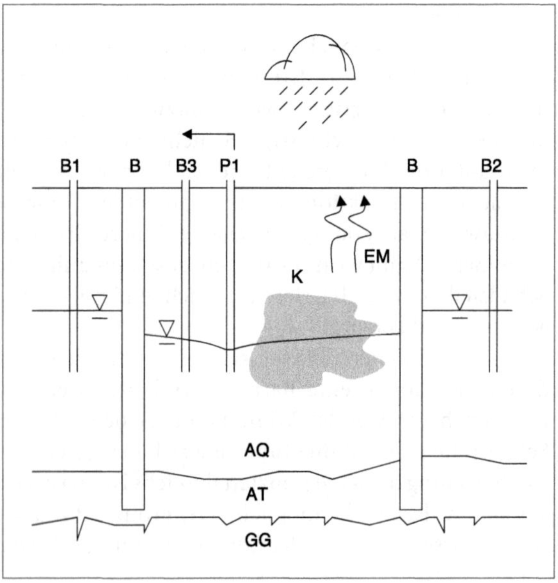


**Abb. 13.15** Vertikale Barrieren. AQ Auqifer, AT Aquitard, B Barriere, B1-B3 Beobachtungsbrunnen, EM Emissionen, GG Festgestein (Grundgebirge), K Kontamination, P1 Entnahmebrunnen.

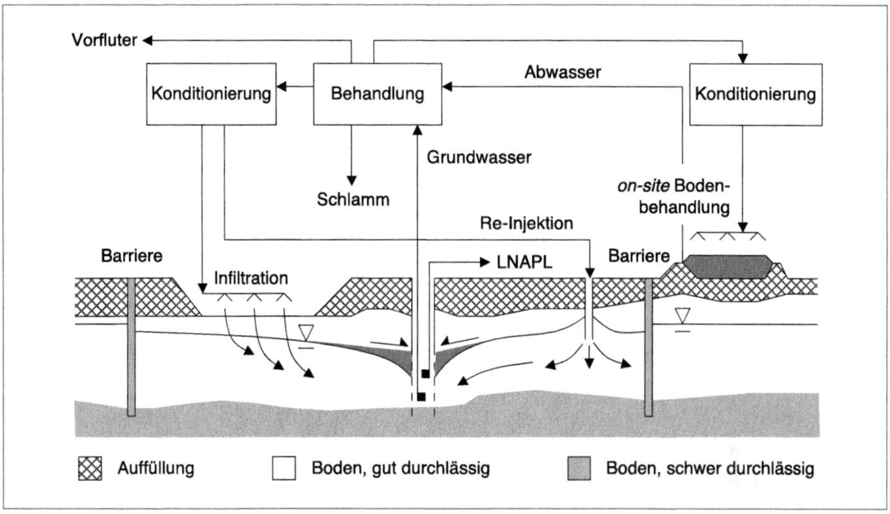


**Abb. 13.16** Sanierung einer organischen Kontamination bei Hanau (nach Ripper 1992).

Lee-Seite zu einer Absenkung des Grundwasserspiegels. Dies kann Schäden an der Vegetation und auch an Bauwerken verursachen. Die Reinigung der Abwässer kann energieaufwendig und kostspielig sein.

Oft werden vertikale Barrieren mit weiteren Maßnahmen der Altlastenbehandlung kombiniert. Abbildung 13.16 zeigt die Sanierung einer organischen Verschmutzung

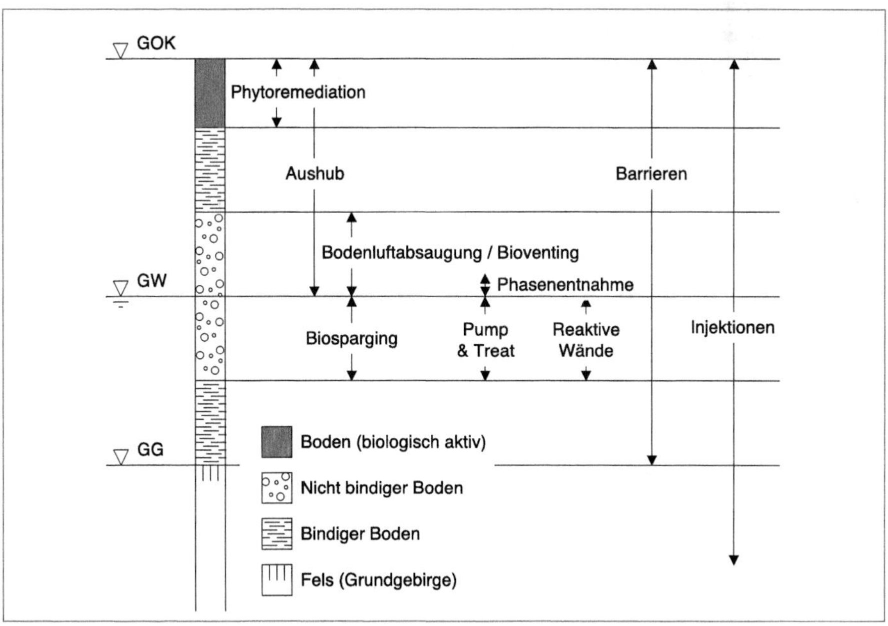


**Abb. 13.17** Schematische Darstellung der Verfahren der Baugrundsanierung. GOK Geländeoberkante, GW Grundwasserspiegel, GG Festgestein (Grundgebirge).

in Hanau im Profil. Dabei tritt der Schadstoff sowohl im Grundwasser gelöst als auch in Phase als DNAPL auf. Die Multiphase-Extraktion wird gekoppelt mit einer Wasseraufbereitung. Das aufbereitete, mit Nährstoffen konditionierte Grundwasser wird wieder in den Boden eingespeist, um einen Spülkreislauf zu schaffen. Weiterhin wird es zur *on-site*-Reinigung der in Mieten geschütteten, kontaminierten Aushubmassen genutzt.

Abbildung 13.17 fast die verschiedenen Verfahren der Sanierung von Altlasten noch einmal zusammen. Je nach Art des Untergrundes, der Lage des Grundwasserspiegels und der Art des Schadstoffes empfehlen sich verschiedene Verfahren.

### Das Beispiel Fukushima

Am 11. März 2011 kam es vor der Ostküste der Japanischen Hauptinsel Honshu zu einem Seebeben der Stärke 9. Das Tohoku-Seebeben war eines der stärksten, das je gemessen wurde. Es verursachte einen verheerenden *Tsunami*, der etwa 500 $km^2$ der Küste mit einer über 10 m hohen Welle überflutete (Die Zeit 2011). Dabei kamen fast 20000 Menschen ums Leben. Bereits 23 Sekunden nach dem Seebeben erreichten die Druckwellen das Kernkraftwerk *Fukushima Daiichi* (Abb. 13.18). Das Kraftwerk besteht aus sechs Siedewasserreaktoren (Abb. 13.19) mit Abklingbecken, Turbinen- und Generatorgebäuden. Die Erschütterungen führten unmittelbar zur Schnellabschaltung der Reaktoren 1 bis 3 (Lochbaum 2011). Die Stromversorgung fiel aus und Notstromaggregate schalteten sich an. 48 Minuten nach dem Erdbeben

**Abb. 13.18** Das Kernkraftwerk Fukushima Daiichi, Japan, 1975 (© National Land Image Information, Color Aerial Photographs, Ministry of Land, Infrastructure, Transport and Tourism, Japan).

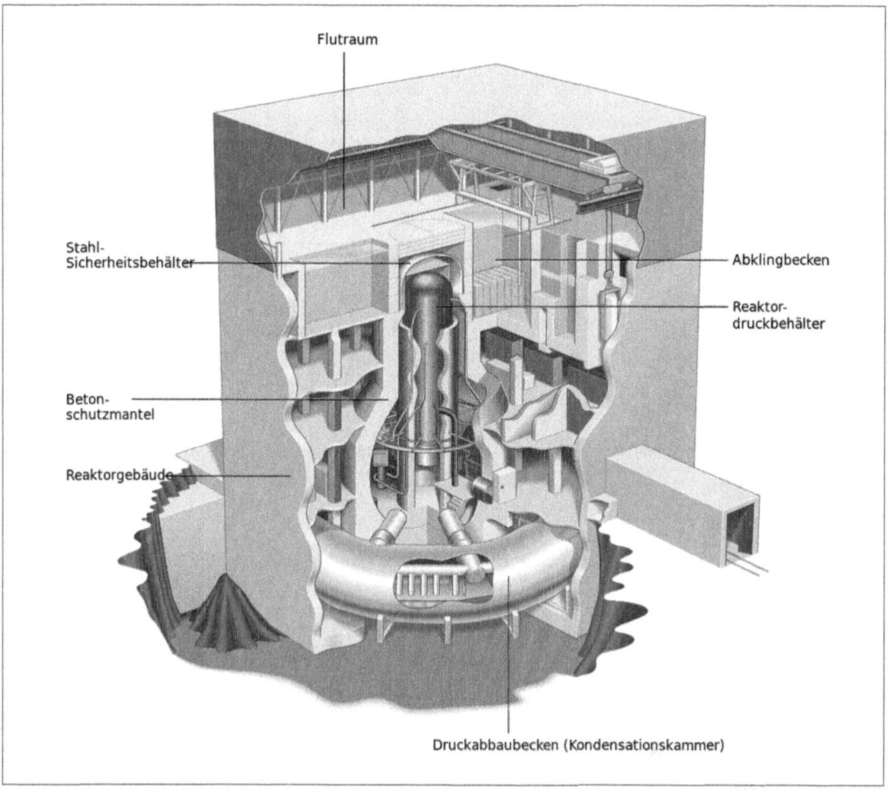


**Abb. 13.19** Aufbau eines Reaktorgebäudes mit Mark-I-Sicherheitsbehälter (US NRC Nuclear Regulatory Commission / Wikimedia Commons).

erreichte der Tsunami das Kraftwerk und zerstörte fast alle Notstromaggregate und Verteiler, so dass es zu einem Stromausfall (einem *Schwarzfall*) kam. Die Reaktoren 1 bis 3 konnten nicht mehr gekühlt werden. Schließlich kam es in allen drei Reaktoren zu einer Kernschmelze. In den folgenden Tagen ereigneten sich in den Reaktoren 1, 3 und 4 Explosionen, bei denen große Mengen an Radioaktivität freigesetzt wurden. Nach Chalk River, Mayak, Sellafield, Simi Valley, Belojarsk, Harrisburg, Wladiwostok und Tschernobyl bot nun auch das technisch hochgerüstete Japan die Kulisse für einen „auslegungsüberschreitenden Störfall".

Die Stabilisierungs- und Sicherungsmaßnahmen gestalten sich bis heute extrem aufwendig und kostspielig. Neben den Arbeiten im Gelände und an den Gebäuden begann man auch, die in den Untergrund eingedrungenen Radionuklide zu isolieren. Zunächst wurden Schmalwände als seeseitige Barriere eingebracht. Dies erwies sich aber als nicht ausreichend. Daher entschied sich der Betreiber, die Tokyo Electric Power Company (TEPCO), zur Isolierung der radioaktiven Abwässer eine *Gefrierwand* in den Boden einzubringen. Dabei wird der Boden mit Gefrierrohern vereist und bildet so ein wasserdichte Barriere. Das Verfahren ist erprobt und wurde sowohl im Bergbau (Schachtbau) als auch im Tiefbau eingesetzt. So wurde zum Beispiel der City Tunnel Leipzig im Bereich des Hauptbahnhofs im Schutze einer Baugrundvereisung ausgeführt (Höfig 2009). Bislang wurde jedoch ein Vereisungsprojekt dieser Größenordnung

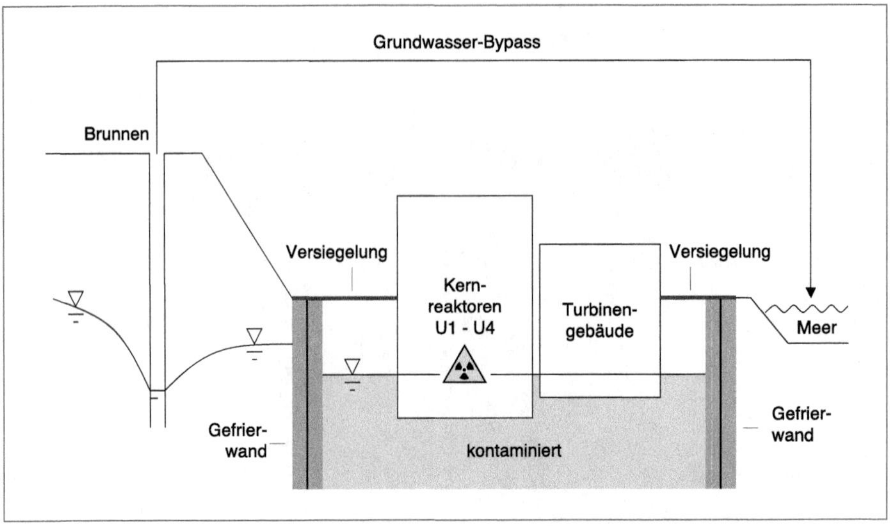


**Abb. 13.20** Profil mit Gefrierwänden (schematisch nach Dechert 2014).

noch nicht ausgeführt. Abbildung 13.20 zeigt das Prinzip der Maßnahme: Das zum Meer strömende Grundwasser soll vor dem Kraftwerk gefasst und über einen *Bypass* ins Meer geleitet werden. Innerhalb der Eiswände wird der Grundwasserspiegel unter dem Außenwasserspiegel abgesenkt, so dass auch bei Fehlstellen in der Eiswand ein Zustrom nur zur Kontaminationsquelle erfolgen kann. Die Oberfläche wird abgedichtet, um das abzupumpende Grundwasser auf ein Minimum zu reduzieren. Dadurch wird vermieden, dass weiterhin große Mengen kontaminierten Abwassers *on site* zwischengespeichert und dekontaminiert werden müssen.

Von Nachteil sind die hohen Energiekosten, die eine permanente Gefrierwand erfordern. Der Betreiber argumentiert jedoch, dass eine Gefrierwand sich bei einem eventuellen weiteren Erdbeben schnell und flexibel reparieren ließe. Die Zukunft wird zeigen, ob die Isolierungsmaßnahme erfolgreich sein wird.

### 13.1.2 Ressourceneffizienz

Flächenrecycling ist ein wichtiger Baustein zur Schonung von Bodenressourcen. Einen weiteren Baustein stellt die Wiederverwendung von Aushub- und Abbruchmaterial dar. Abbildung 13.21 und 13.22 zeigen den Rückbau einer Montanbrache und einer Wohnsiedlung. Sie machen deutlich, welche Massen bewegt und wieder neu genutzt werden können. Neben Bodenaushub gibt es Bauschutt, Straßenaufbruch, Schotter, Glas, Dachpappe etc. Bau- und Abbruchabfälle machen etwa die Hälfte aller Abfälle in Deutschland aus. Der Rest verteilt sich auf Produktion und Gewerbe, auf Bergbau (insbesondere Bergematerial), Abfallbehandlungsanlagen und Siedlungsabfälle, die 2006 knapp 13% aller Abfallströme ausmachten (Statistisches Bundesamt).

Aushub und Bauschutt können als mineralische *Ersatzbaustoffe* verwendet werden. Ihre Nutzung stellt einen bedeutenden Aspekt der *Ressourceneffizienz* dar. Zunächst ist jedoch zu prüfen, ob das Aushub- und Abbruchmaterial unbedenklich ist. Hier-

Abb. 13.21 Rückbau einer Industriebrache im Ruhrgebiet (Foto: Dietrich Merhoff).

für werden verschiedene Untersuchungen auf Schadstoffe durchgeführt, wobei Richtlinien wie die Bundesbodenschutzverordnung (BBodSchV) oder die Vorgaben der Bund/Länder-Arbeitsgemeinschaft Abfall (LAGA) zu berücksichtigen sind. Abbildung 13.23 zeigt ein Ablaufdiagramm zur Eignungsprüfung von Bodenmaterial.

Abb. 13.22 Rückbau einer Plattenbausiedlung in Wismar (Foto: Ariane Ruff).

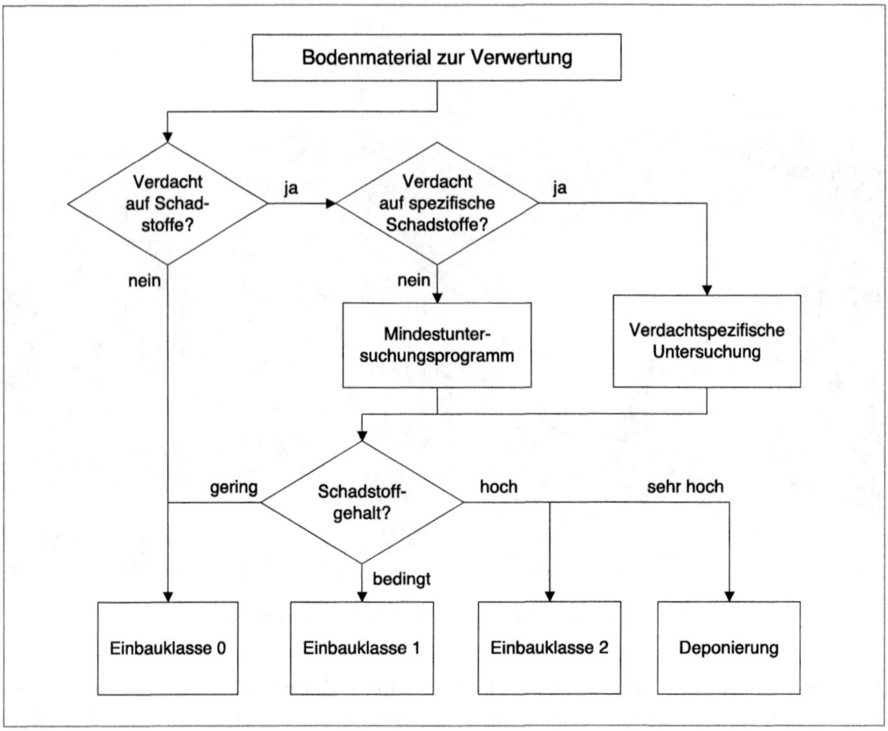


**Abb. 13.23** Ablaufdiagramm zur Festlegung der Einbauklasse von Bodenaushub. Die Grenzwerte für die Einstufungen „gering", „bedingt" und „hoch" sind in der Richtlinie nach LAGA definiert (vereinfacht nach Biener 2012).

Bei einem Verdacht auf Schadstoffe sind Untersuchungen zur zulässigen *Einbauklasse* durchzuführen. Dabei wird unterschieden zwischen

- Einbauklasse 0: Uneingeschränkter Einbau (bodenähnliche Anwendungen wie das Verfüllen von Abgrabungen oder die Nutzung im Landschaftsbau)
- Einbauklasse 1: Eingeschränkter offener Einbau (wasserdurchlässige Bauweise in technischen Bauwerken wie Verkehrs- und Gewerbeflächen, Erdbaumaßnahmen etc.) sowie
- Einbauklasse 2: Eingeschränkter Einbau mit definierten technischen Sicherungsmaßnahmen (nicht oder nur gering wasserdurchlässige Bauweise).

Untersucht wird das einzubauende Bodenmaterial auf Feststoffe sowie das Eluat (Eluatversuch). Dabei werden der Gehalt an organischen Schadstoffen sowie der gesamte organische Kohlenstoff (TOC), die extrahierbaren organischen Halogenverbindungen (EOX), polyzyklische aromatische Kohlenwasserstoffe (PAK) sowie anorganische Schadstoffe wie Arsen, Blei, Cadmium, Chrom, Kupfer, Nickel, Quecksilber und Zink bestimmt. Weiterhin werden der Chlorid- und Sulfatgehalt, der pH-Wert und die elektrische Leitfähigkeit geprüft und die Korngrößenverteilung festgestellt (LAGA M20). Je nach Befund kann das Material uneingeschränkt oder eingeschränkt eingebaut werden. Bei besonders hoher Schadstoffbelastung ist das Material nicht zur

Wiedernutzung geeignet und muss gereinigt oder deponiert werden.

Wie bereits zu Beginn dieses Kapitels erwähnt veröffentlichten Ernst Ulrich von Weizsäcker, Armory B. Lovins und L. Hunter Lovins 1997 ihren viel beachteten Neuen Bericht an den *Club of Rome*: „Faktor Vier, doppelter Wohlstand bei halbiertem Naturverbrauch" (Weizsäcker et al. 1996). Das Buch schließt an die „Grenzen des Wachstums" von Donella Meadows, Jorgen Randers und Dennis Meadows an und erläutert anhand von 50 Praxisbeispielen, wie Naturressourcen mindestens viermal besser genutzt werden können und gleichzeitig Wohlstand für alle geschaffen wird. Von diesen beeindruckenden Beispielen der *Effizienzrevolution* sollen zwei kurz vorgestellt werden.

### Beispiele der Effizienzrevolution

In den 1990er Jahren beschloss man in Oakalla (Kanada), ein Gefängnisgebäude abzureißen. Dabei handelte es sich um ein 24 x 46 m großes Betongebäude mit einer Innenverkleidung aus Holz und Spannplatten und vergitterten Fenstern. Das mit dem Abriss betraute Staatsunternehmen schrieb einen „umweltgerechten" Abriss aus: Die Anbieter mussten zwei Preise angeben, einen für den herkömmlichen Abriss und einen für einen Abriss mit maximaler Materialwiederverwendung. Ausgelobt wurde ein Anbieter, der den Abriss mit Materialwiederverwendung um 24% kostengünstiger ansetzte. Während der Abrissarbeiten wurde der Bauschutt nach Betonbausteinen, Holzbalken, Spannplatten, Fenstern, Metallen, Dachkies und Dachpappe getrennt. All diese Stoffe konnten wieder verwendet werden. Vom gesamten Abbruchmaterial landeten gerade mal 5% auf der Deponie. Zwar war der Abriss arbeitsintensiver, aber der Verkauf der Recyclingmaterialen konnte die Mehrkosten ausgleichen (Weizsäcker et al. 1996). Inzwischen ist die Wiederverwendung von Abrissmaterial allgemein anerkannte Praxis auch in Deutschland. Bodenbörsen haben sich etabliert, die eine Vermarktung von Aushub- und Abrissmaterial erleichtern.

Ein zweites Beispiel befasst sich mit dem Materialeinsatz bei der Unterfangung eines Gebäudes, neben dem eine Baugrube auszuschachten war. Dabei diente als Messwert der *Materialeinsatz pro Serviceeinheit (MIPS)*, wobei die Serviceeinheit die Erstellung der Unterfangung war. Ein MIPS ist ein Maß für den Naturverbrauch eines Produktes und entspricht somit der Umweltbelastung. Das Konzept wurde von Friedrich Schmidt-Bleek am Wuppertal-Institut entwickelt (Schmidt-Bleek 1992). In der Studie wurden fünf Varianten der Unterfangung verglichen: Eine Hochdruckinjektion, ein Mikropfahlsystem, eine Bodenvernagelung, eine Schlitzwand und eine Bohrpfahlwand. Verglichen wurden der Massenumsatz für den Unterfangungskörper, der Materialeinsatz, der Prozesswassereinsatz und der Presslufteinsatz. Die Analyse zeigte, dass die Bodenvernagelung und die Bohrpfahlwand aus Sicht der Ressourceneffizienz die günstigsten Varianten sind (Weizsäcker et al. 1996). Anzumerken bleibt, dass der Materialeinsatz natürlich nur ein Aspekt darstellt. Der gesamte ökologische Rucksack der Maßnahme beinhaltet noch weitere Komponenten.

Die Bundesregierung hat sich inzwischen im Rahmen der *Nationalen Nachhaltigkeitsstrategie* dazu verpflichtet, die *Rohstoffproduktivität*, also die Effizienz des Einsatzes abiotischer Materialien zur Erwirtschaftung des Bruttoinlandsproduktes (BIP), bis 2020 im Vergleich zu 1994 zu verdoppeln. 2012 hat sie zusätzlich das *Ressourceneffizienzprogramm ProgRess* verabschiedet. Danach soll die Entnahme natürlicher Ressourcen nachhaltiger gestaltet werden und das Wirtschaftswachstum vom Ressourceneinsatz entkoppelt werden. Auch auf europäischer Ebene wurde mit der Leitlinie *Ressourcenschonendes Europa* eine Strategie bis 2020 entwickelt.

## 13.2 Energie und Klima

Nach der Reaktorkatastrophe von *Fukushima* entschied die Bundesregierung den endgültigen Ausstieg aus der Atomenergie und leitete die *Energiewende* ein. Warum war diese Entscheidung gut?

Um den Grund hierfür zu finden, müssen wir zunächst schauen, wie im 19. Jahrhundert alles begann (Genske & Messari-Becker 2013). Während der Industrialisierung wuchsen die Städte in atemberaubenden Tempo. Ihre wirtschaftliche Kraft beruhte fast ausschließlich auf fossilen Energieressourcen. Kohle, Erdöl und Erdgas sind entstanden aus Pflanzen und Meerestieren, die im Erdaltertum (dem Paläozoikum) und im Erdmittelalter (dem Mesozoikum) lebten. Zu jener Zeit entzogen sie der Atmosphäre enorme Mengen von Kohlenstoff, der, nach Millionen von Jahren, der Treibstoff der Industriegesellschaft wurde. Innerhalb von nur 150 Jahren wurden große Teile dieses Kohlenstoffs zurück in die Atmosphäre entlassen. Als Konsequenz daraus stieg der Anteil von Kohlendioxid, einem *Treibhausgas*, das zur globalen Erwärmung führte (IPCC 2014a, IPCC 2014b). Dies wiederum löste ungewöhnliche meteorologische Veränderungen aus wie Dürren und Überschwemmungen. Positive Rückkopplungen stellten sich ein wie das Schmelzen der Gletscher und die daraus folgende Abnahme der *Albedo* (des Rückstrahlvermögens), das Tauen der *Permafrostböden* und die damit verbundene Emission von Methan (als aggressives Treibhausgas). Steigt der Kohlendioxidanteil weiter an, wird schließlich die Kohlenstoff-Aufnahmefähigkeit in Böden aufgrund des so genannten *Priming-Effekts* abnehmen (Dijkstra & Cheng 2007, Wilhelm 2012). Die Auswirkungen des Klimawandels auf die durchschnittlichen Temperaturen, den Niederschlag, die Windgeschwindigkeiten und die Vegetation zeigt der *Regionale Klimaatlas Deutschland* (Helmholz Gemeinschaft 2014).

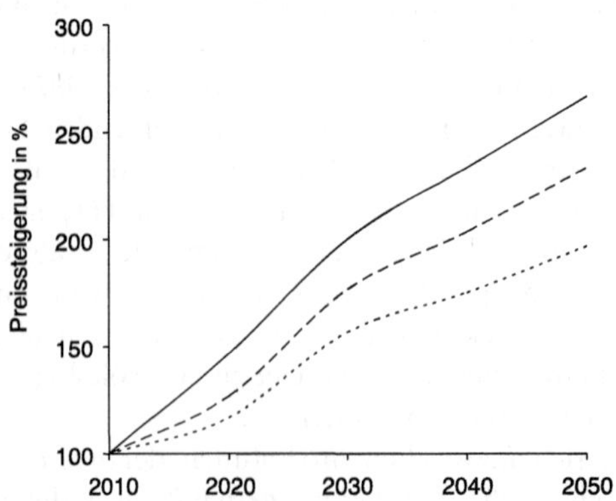


**Abb. 13.24** Anstieg der fossilen Energiepreise nach der Leitstudie der Bundesregierung (BMU 2012: 221) für drei mögliche Preispfade (inflationsbereinigt).

Inzwischen werden fossile Ressourcen knapper. Zwar gibt es immer noch bedeutende Lagerstätten, doch wird der Aufwand, diese auszubeuten, immer höher und die damit verbundenen ökologischen Schäden werden immer größer. Das Erdölfördermaximum wird von den meisten Forschungsinstituten noch für dieses Jahrzehnt vorausgesagt, wenn es nicht bereits hinter uns liegt (ZTB 2010). Danach werden fossile Energieträger immer teurer (Abb. 13.24). Die *Grenzen des Wachstums* sind – wie vom Club of Rome bereits in den 1970er Jahren prognostiziert – erreicht, wahrscheinlich schon überschritten (Meadows et al. 1972; Meadows et al. 1992). Die Konsequenzen aus diesem wachstumsorientierten, nicht nachhaltigen Wachstum sind noch nicht abzusehen.

### 13.2.1 Fracking

Bietet die Nutzung unkonventioneller Erdgasvorkommen einen Weg aus der Krise? Im Gegensatz zu konventionellen Gasvorkommen sind sie schwerer zu erschließen und befinden sich in Gesteinen mit niedriger Porosität *(Tight Gas)*, in Schiefer-Formationen *(Schiefergas)* oder in Kohleflözen *(Kohleflözgase)*. Mithilfe der hydraulischen Frakturierung, dem *Fracking*, können auch diese unkonventionellen Gasvorkommen ausgebeutet werden. Indem Wasser mit hohem Druck in bis zu mehrere tausend Metern tiefe Formationen eingepresst wird, weiten sich Klüfte und Mikrorisse. Etwa 5% Sandanteil im Frackingwasser stellt sicher, dass sich auch nach dem anfänglichen Fracking-Prozess die geöffneten Klüfte nicht wieder schließen und das im Gestein gefangene Gas gewonnen werden kann. Zusätzlich wird ein geringer Anteil an chemischen Hilfsstoffen der Flüssigkeit zugesetzt. Sie dienen u.a. dem Transport und der Verteilung des Stützmittels, hemmen das Bakterienwachstum, verhindern die Korrosion und regulieren den pH-Wert.

Die Fracking-Technologie wird schon seit Jahrzehnten bei konventionellen Öl- und Gasvorkommen angewendet. Mit steigenden Energiepreisen wird sie nun auch für unkonventionelle Lagerstätten genutzt. Das Verfahren steht jedoch in der Kritik wegen möglicher Umweltauswirkungen. Dazu zählen die Kontamination des Grundwassers und die Auslösung von Erdbeben. Das gewonnene Gas ist ein fossiler, nicht nachhaltiger Energieträger, dessen Nutzung erhebliche Treibhausgasemissionen verursacht. Weiterhin ist der hohe Wasserverbrauch problematisch. So sind pro Bohrloch 9000-29000 $m^3$ Wasser erforderlich, von denen 20-80% zurückgewonnen werden. Die Tagesanlagen nehmen zudem Landfläche in Anspruch, zum Beispiel für die Bohreinrichtung, die Abwasserteiche und Betriebsgebäude. Während des Baus, des Betriebs und des Rückbaus kommt es zu Luftverschmutzungen, Lärm- und Verkehrsbelastungen (AWS 2013, SCNAT 2014, BMU 2012a).

Inwieweit diese Umweltauswirkungen grundsätzlich eine Ablehnung der Fracking-Technologie begründen ist bislang umstritten. So argumentieren Sauter et al. (2012), dass bei Berücksichtigung bestimmter Sicherheitsvorkehrungen und richtiger Wahl des Standortes die Risiken beherrschbar seien. Dennoch erinnert diese Argumentation an die Endlager-Diskussion, die vor 30 Jahren begann und immer noch nicht abgeschlossen ist. Inzwischen hat sich auch der *Rat für nachhaltige Entwicklung* skeptisch geäußert (RNE 2014). Somit stellt sich die Frage, ob es nicht risikoärmere und nachhaltige Technologien gibt, um den immer noch steigenden Energiebedarf zu decken. Weiterhin ist zu bedenken, dass die ohnehin nicht ergiebigen Fracking-

Lagerstätten bald erschöpft sein könnten, somit das eigentliche Problem nicht gelöst, sondern nur in die Zukunft verschoben würde. Möglicherweise wird mit Fracking wertvolle Zeit verloren, um eine zukunftsfähige Energieversorgung aufzubauen.

### 13.2.2 Energiewende

Deutschland vollzog mit dem Gesetz für den Vorrang erneuerbarer Energien (dem *EEG*) und dem Ausstieg aus der Kernenergie als erstes Land der Welt die *Energiewende*. Dabei nehmen die Städte eine Schlüsselstellung ein: Hier wird am meisten Energie verbraucht, hier sind die größten Treibhausgasquellen. Die postfossile Stadt muss ohne fossile Energieträger auskommen. Um dies zu erreichen, ist eine seit der Industrialisierung gewachsene Energieversorgungsstruktur umzubauen und die Energiehaushaltsplanung zu reformieren. Eine enorme Herausforderung, die von der *Ethik-Kommission* der Bundesregierung zu Recht als Gemeinschaftsaufgabe bezeichnet wurde, an der sich alle beteiligen müssen, soll sie gelingen (Ethik-Kommission 2011).

Die Energiewende wird jedoch nur erfolgreich sein, wenn sie auch finanzierbar ist. Die Kostenwahrheit beim energetischen Stadtumbau wird am besten repräsentiert durch die *systematischen Differenzkosten*. Dabei werden die zukünftigen Kosten der Energieversorgung verglichen mit den Kosten, die entstünden, würde man die Einführung der Regenerativen an einem fiktiven Zeitpunkt (dem Referenzjahr) einfrieren. Anders ausgedrückt gehen die systematischen Differenzkosten von den „Erzeugungskosten des EE-Ausbaus im Strom-, Wärme- und Verkehrssektor im Vergleich zu fossil-nuklearen Alternativen aus". Sie „lassen sich durch annuitätische Investitionskosten (Kapitalkosten) zuzüglich Brennstoffkosten bei Biomasse ... und zuzüglich anderer Betriebskosten (und ggf. Gutschriften) im Vergleich zu den Vollkosten fossiler Energieanlagen abbilden" (BMU 2012: 28). Dabei werden Gestehungskosten und anlegbare Kosten zugrunde gelegt. Die volkswirtschaftlichen Kosten der Schäden infolge des Klimawandels werden ebenfalls als „externe Kosten" berücksichtigt. Nicht berücksichtigt werden die auf die Energieversorgung erhobenen Steuern. Ebenfalls unberücksichtigt bleibt der infolge des fluktuierenden Energieangebotes notwendige Netzausbau, mit dem die Differenzkosten 12-13% höher ausfallen würden (BMU 2012b: 223). Unberücksichtigt bleiben ebenfalls die durch die Kernenergie verursachten Folgekosten (die Sanierung der Uranabbaugebiete, die Entsorgung der Brennstäbe und demontierten Anlagen, Gesundheitsschäden etc.).

2010 betrugen in Deutschland die Differenzkosten des Ausbaus regenerativer Energien etwa 12 Milliarden Euro. 2015 erreichen die Differenzkosten ihr Maximum mit fast 16 Milliarden Euro (BMU 2012). Ab 2026 entstehen keine Differenzkosten mehr. Vielmehr stabilisieren sich die Energiepreise und fallen sogar. Zur Jahrhundertmitte werden die anfänglichen Investitionen erhebliche Gewinne generiert haben. Etwa 570 Milliarden Euro an potenziellen Mehrausgaben werden vermieden, die bei einem Einfrieren des Ausbaus der Erneuerbaren entstanden wären. Interessant ist in diesem Zusammenhang der Hinweis, dass die Vorleistungen für die Einführung der erneuerbaren Energie in Deutschland bis 2030 etwa 180 Milliarden Euro betragen werden (BMU 2012: 227), die Kosten für die Einführung der Kernenergie dagegen rund 200 Milliarden Euro betrugen (FÖS 2010). Die Kosten aus dem Reaktorunfall von Fukushima werden zurzeit mit 310 Milliarden US Dollar abgeschätzt (BW 2014).

### 13.2.3 Regenerative Energie

Es gibt eine Fülle von Möglichkeiten, regenerativ Energie bereit zu stellen. Einige Optionen sind schon seit hunderten von Jahren bekannt, andere werden noch entwickelt. Grundsätzlich lässt sich die Nutzung von

- Sonne
- Wind
- Wasser
- Erdwärme
- Umgebungswärme und
- Biomasse

unterscheiden (Abb. 13.25). Diese Optionen erzeugen entweder Wärme oder Strom oder beides. Weiterhin besteht die Möglichkeit, zum Beispiel aus Biomasse, regenerative Treibstoffe herzustellen. Alle diese Technologien habe geotechnische Aspekte, insbesondere jene, die die Geosphäre nutzen. Die meisten lassen sich selbst im urbanen Raum realisieren (BBR/BBSR 2009, 2009a).

So wurde zum Beispiel auf dem Berliner Spreebogen die Energieversorgung des Regierungsviertels mit den geologischen Randbedingungen harmonisiert

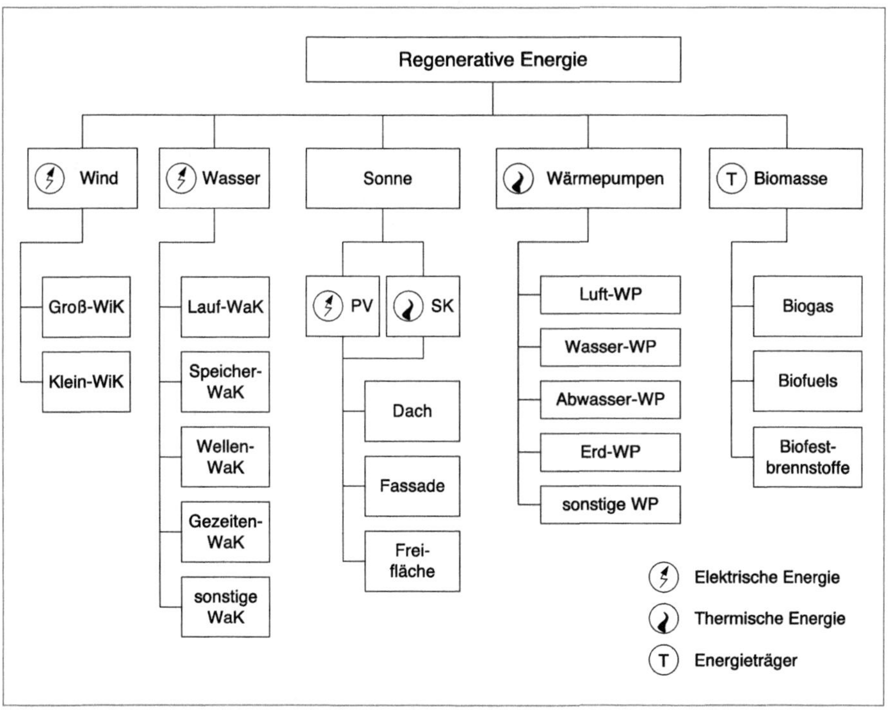


**Abb. 13.25** Regenerative elektrische und thermische Optionen, Biomasse. Bei der Biomasse ist zu beachten, dass nur Abfallstoffe, die anderweitig nicht gebraucht werden, zur Energiebereitstellung genutzt werden sollten. Der spezielle Anbau von Energiepflanze wird nicht als nachhaltig erachtet, da seine Flächeneffizienz (Nettoenergieertrag pro Hektar) zu niedrig ist.

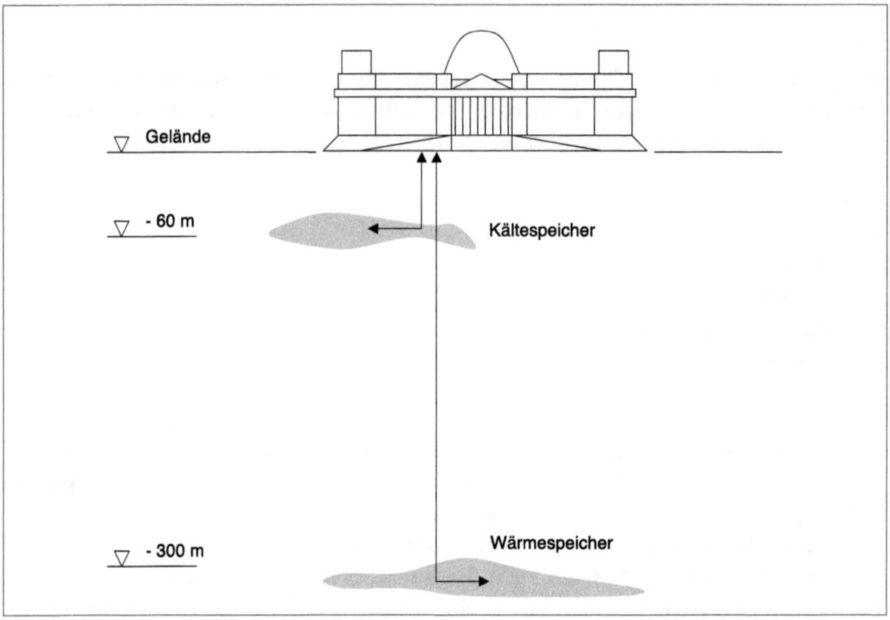


**Abb. 13.26** Die Wärme- und Kältespeicher unter dem Reichtagsgebäude in Berlin (vereinfacht).

(Abb. 13.26). Mit der auf Pflanzenbasis in zwei Blockheizkraftwerken erzeugten Wärme wird salzhaltiges Grundwasser aus gut 300 m Tiefe erwärmt und unter den Reichstag in den Aquifer zurückgeleitet. Die bis zu 70 Grad heiße Sole wird dort bis zum Winter gespeichert und dient dann der Beheizung der Bundestagsbauten. Das kalte Grundwasser in etwa 60 m Tiefe wird dagegen als Kältespeicher genutzt, um die Gebäude im Sommer kühl zu halten. Zusätzlich sind auf dem Reichstag und dem Band des Bundes Solarzellen installiert, die das nachhaltige Energiekonzept des Regierungsviertels abrunden. Über 80% der Strom-, Wärme- und Kälteerzeugung wird so mit regenerativen Energien gedeckt. Die $CO_2$-Bilanz der Bundestagsbauten ist vorbildlich. Im Vergleich zu konventionellen Bauwerken konnte der Ausstoß an Treibhausgasen auf einen Bruchteil reduziert werden. Mit der Nutzung erneuerbarer Energien und der geschickten Anpassung der Energieversorgung an die geologischen Standortbedingungen hat die Bundesregierung Zeichen gesetzt für einen Paradigmenwechsel bei der Interpretation des Baugrunds: Er ist nicht mehr allein dafür da, ein Bauwerk zu tragen. Er wird vielmehr in ein Gesamtkonzept integriert, das nun auch der Energieversorgung der zu errichtenden Bauwerke Rechnung trägt.

Die verschiedenen Möglichkeiten der thermischen Nutzung des Untergrunds sind in Abbildung 13.27 dargestellt. Dabei ist grundsätzlich zu berücksichtigen, dass thermische Energie (im Gegensatz zu elektrischer) kaum transportiert werden kann. Die Entfernung zwischen der Wärme- bzw. Kältequelle und dem Verbraucher muss also möglichst gering sein. Ein thermischer Input kann mit einer *Wärmepumpe* auf ein höheres Temperaturniveau gebracht werden, wozu elektrische Energie erforderlich ist. So lässt sich mit einer Wärmepumpe zum Beispiel aus der Umgebungsluft thermische Energie entnehmen, oder aus einem Gewässer (wie in Zürich aus der Limmat), aus dem Meer (wie in Stockholm aus der Ostsee) oder aus dem Abwasser (wie zum Beispiel

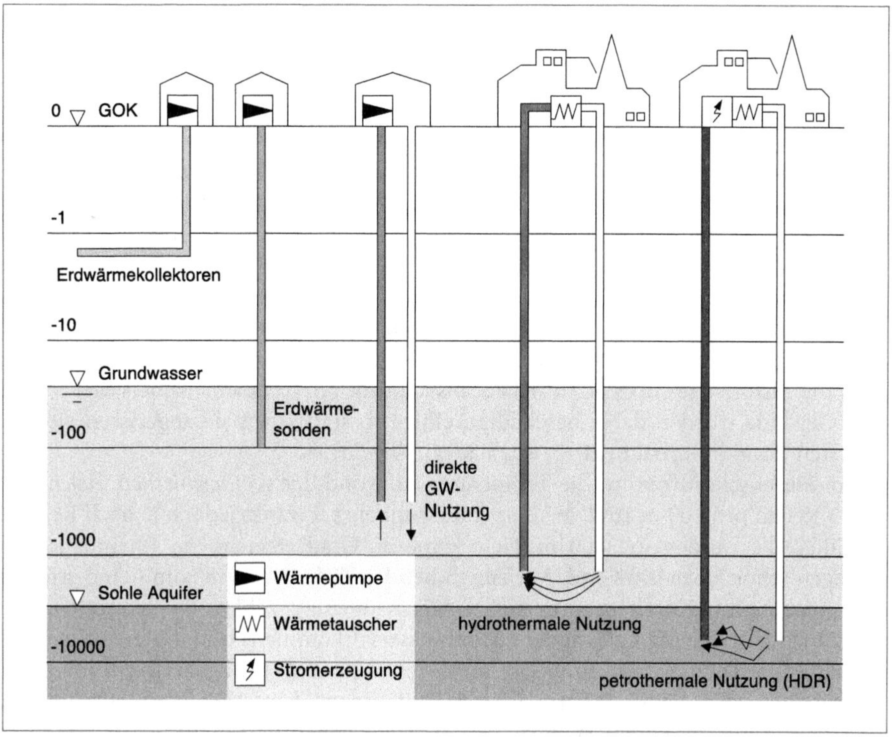


**Abb. 13.27** Optionen der regenerativen Wärmebereitstellung. Erdwärmekollektoren sind aufgrund des flächigen Eingriffs in den Boden nur in Ausnahmen einzusetzen. Erdwärmesonden reichen meist nur bis 100 m (obwohl größere Tiefen möglich sind). Bei bestimmten Randbedingungen kann bei einer hydrothermalen Nutzung auch Strom erzeugt werden.

in Winterthur). Auf Bauernhöfen wird selbst die Wärme der Kuhmilch genutzt, um das Gehöft zu heizen und mit Warmwasser zu versorgen.

Für die Ingenieurgeologie interessant sind so genannte *Erdgekoppelte Wärmepumpen*. Zu den oberflächennahen Optionen zählen Erdwärmekollektoren und Erdwärmesonden. Bis zur neutralen Zone in etwa 15 m Tiefe beeinflusst die Sonne den Untergrund (Wesselak et al. 2013). Sonnenenergie wird gespeichert und kann mit *Erdwärmekollektoren* genutzt werden, die in etwa 1.5 m Tiefe verlegt werden. In den Kollektoren zirkuliert ein Fluid (zum Beispiel eine Sole), die ihre thermische Energie an eine Wärmepumpe abgibt, mit deren Hilfe das Temperaturniveau erhöht und an einen Heizkreis abgegeben wird (zum Beispiel eine Fußbodenheizung). Die Wärmepumpe verbraucht Strom, der regenerativ erzeugt sein sollte (zum Beispiel photovoltaisch). Von Nachteil bei Erdwärmekollektoren sind jedoch der Eingriff und die teilweise Zerstörung der Ressource Boden. Daher ist diese Option eher kritisch zu sehen.

Mit *Erdwärmesonden* können thermische Ressourcen unterhalb der neutralen Zone, also die eigentliche Erdwärme, genutzt werden. Auch bei diesem Verfahren zirkuliert ein Fluid in der Erdwärmesonde, dessen thermische Energie mithilfe einer Wärmepumpe genutzt wird. Je nach Gestein ergeben sich spezifische Wärmeentzugsleistungen von 25-85 Watt pro Meter Sonde. Im Grundwasser kann die Entzugsleistung bis zu 100 Watt pro Meter betragen. Ab 100 m Tiefe wird nach Deutschem Bergrecht die Erdwärme als bergfreier Bodenschatz angesprochen, was das Genehmigungsverfahren kompliziert. Erdwärmesonden stellen eine kostengünstige Methode der thermischen Nutzung des Untergrundes dar. Sie können im Winter zur Wärmebereitstellung und im Sommer zum Kühlen genutzt werden. Erdgekoppelte Wärmepumpenanlagen lassen sich auch in die Gründung eines Bauwerks integrieren, zum Beispiel in die Pfähle einer Pfahlgründung, die dann zu *Energiepfählen* werden. Allerdings sind stets die geologischen Vorgaben zu beachten. So wurden zum Beispiel in der Stadt Staufen (Breisgau) Erdwärmesonden auf 140 m abgeteuft. Sie durchstießen den Anhydrit führenden Keuper und endeten in einem artesisch gespannten Aquifer. Das aufdringende Grundwasser wandelte den Anhydrit ($CaSO_4$) in Gips ($CaSO_4$ 2$H_sO$), was mit einer beträchtlichen Volumenzunahme einherging. Daraufhin begann sich die historische Altstadt zu heben, bislang um bis zu einem halben Meter. Fast 300 Gebäude wurden dabei beschädigt, einige so stark, dass sie abgerissen werden mussten (Saas & Burbaum 2012, Ruch & Wirsing 2013).

Im Durchschnitt nimmt die Temperatur aufgrund der *geothermischen Tiefenstufe* um 3 Kelvin pro 100 m zu. Die Temperaturzuname schwankt jedoch je nach Region: In Südafrika werden in 2000 m Tiefe keine 30 Grad erreicht, im Rheintalgraben dagegen schon über 100 Grad. Mit zunehmender Tiefe lässt sich somit eine größere Wärmeausbeutung erzielen. Zur tiefen Wärmenutzung zählen die hydrothermale Nutzung (die Nutzung natürlicher Grundwasservorkommen) und die petrothermale Nutzung (die Nutzung trockener Gesteine) (Wesselak et al. 2013). Bei der *hydrothermalen Geothermie* wird heißes Thermalwasser mit einem Förderbrunnen entnommen, um die Wärme mit einem Wärmetauscher zu entziehen und in ein Fernwärmenetz einzuspeisen. Das abgekühlte Wasser wird über einen Injektionsbrunnen wieder in den Aquifer zurückgepumpt. Förder- und Injektionsbrunnen bilden eine *geothermische Dublette.* In Deutschland wird hydrothermal Wärme im Norddeutschen Becken (Trias, Jura), im Oberrheintalgraben (Trias) und im voralpinen Molassebecken (Jura) gewonnen. Weitere Gebiete mit potenziellen hydrothermalen Ressourcen befinden sich im nördlichen Bayern, im nördlichen Baden-Württemberg, in Thüringen und in Sachsen-Anhalt. In Unterhaching (bei München) wird zum Beispiel mit zwei etwa 3500 m tiefen Förderbrunnen Thermalwasser mit einer Temperatur von 120-135 Grad gefördert, um ein Fernwärmenetz zu betreiben. Die geothermale Leistung beträgt 38 $MW_{th}$. Zusätzlich wird über einen Kalina-Kreisprozess (einer Ammonik-Wasser-Dampfturbine) Strom erzeugt (3.4 $MW_{el}$) (Geothermie Unterhaching 2014).

Bei der *petrothermalen Geothermie* wird kaltes Wasser mit hohem Druck in geologische Formationen gepresst, die sich in mehreren tausend Metern Tiefe befinden und ein Temperaturniveau über 100 Grad aufweisen. Durch den hohen Druck werden in den heißen, trockenen, meist kristallinen Gesteinen Klüfte geöffnet und neue Risse geschaffen. Die *Hot-Dry-Rock-Technik (HDR)* ähnelt der des *Fracking*, jedoch sind keine Stützmittel oder chemische Zusatzstoffe erforderlich. Die Gebirgsformation heizt das injizierte Wasser auf, das durch einem Förderbrunnen als Wasserdampf wieder an die Oberfläche gelangt. Der heiße Wasserdampf treibt eine Dampfturbine zur Stromerzeugung an und wird für ein Fernwärmenetz genutzt. Das Potenzial der HDR-Technik wird als hoch angesehen. Von Nachteil sind allenfalls die durch den Fracking-Vorgang ausgelösten Mikrobeben, die sich durchaus zu stärkeren Erdbeben entwickeln können. So musste das *Deep-Heat-Mining-Projekt* in Basel aufgegeben werden, nachdem durch den Einpressvorgang Erdbeben bis zu einer Stärke von 3.5 ausgelöst wurden. Andererseits haben diese induzierten Beben möglicherweise den Untergrund entspannt und damit ein viel größeres Erdbeben verhindert, vergleichbar mit dem des Lukastags (dem 18. Oktober) 1356, das Basel völlig zerstörte.

Neben der oberflächennahen Nutzung des Baugrunds als Wärme- und Kältespeicher eröffnet die Nutzung der Erdwärme bedeutende Perspektiven einer nachhaltigen Energieversorgung. Da etwa 99% der Erdmasse heißer als 1000 Grad sind und nur 0.1% kälter als 100 Grad, lässt sich ein erheblicher Bedarf der Energieversorgung über Geothermie decken. Die Verfahren der Geothermie sind unabhängig von Sonne und Wind und liefern kontinuierlich Wärme und Strom.

Doch auch die Hinterlassenschaften des Industriezeitalters, in dem Ressourcen verbraucht, Naturflächen zerstört und große Mengen von Schadstoffen freigesetzt wurden, eröffnen heute Möglichkeiten der Energie- und Wärmegewinnung. Im Ruhrgebiet gehört die Wasserhaltung der aufgegebenen Bergwerke zu den so genannten *Ewigkeitsaufgaben*. Das Grubenwasser ist abzupumpen, um unkontrollierte Bergsenkungen zu verhindern und das Grundwasser des Deckgebirges vor salz- und eisenhaltigem Grubenwasser zu schützen. Aus diesem Grund pumpt das Steinkohleunternehmen RAG jedes Jahr etwa 100 Millionen $m^3$ aus bis zu 1000 m Tiefe ab. Das Grubenwasser hat jedoch eine Temperatur von bis zu 50 Grad und eignet sich daher für eine thermische Nutzung. Mit Wärmepumpen kann das Temperaturniveau soweit angehoben werden, dass Gebäude und Stadtteile versorgt und gleichzeitig $CO_2$ eingespart werden kann. Die Stadtwerke Bochum haben bereits

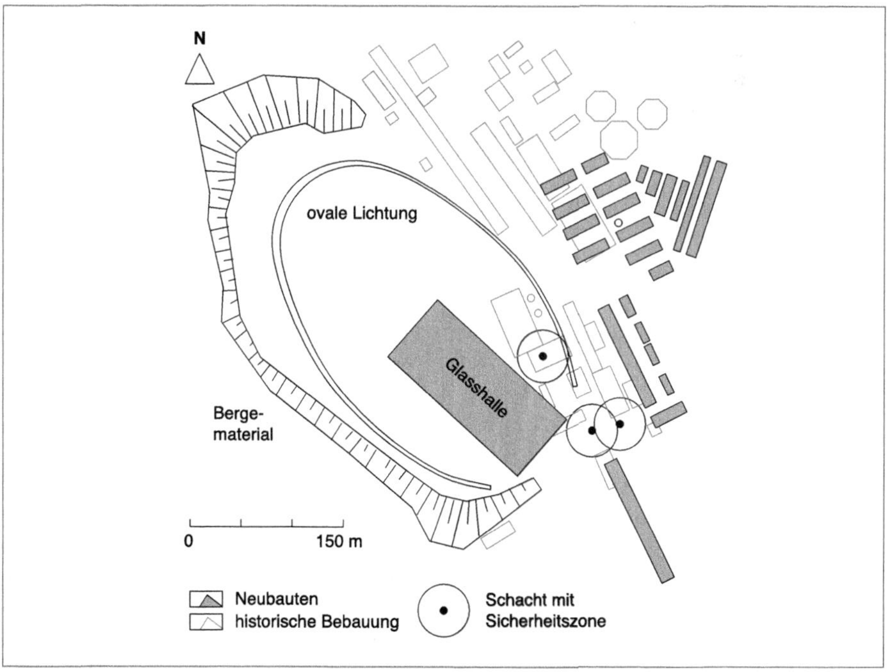


**Abb. 13.28** Der Lageplan von Mont Cenis mit der ursprünglichen Zechenbebauung, den ausgasenden Schächten und der Neubebauung (aus Genske 2003).

**Abb. 13.29** Die Glashalle des Akademiegebäudes mit dem Solardach und einem ausgasenden Schacht (Foto: Thomas Lichtensteiger), Innenansicht des Akademiegebäudes.

Pilotprojekte gestartet, um die Wirtschaftlichkeit des Verfahrens nachzuweisen. Auch im sächsischen Steinkohlerevier wurde ein Pilotprojekt gestartet (Geimer 2013).

Bereits 1991 wurde von der *Internationalen Bauausstellung IBA Emscher Park* und dem Land Nordrhein-Westfalen ein internationaler Architekturwettbewerb veranstaltet. Aufgabe war, die brach liegende Zeche Mont Cenis in Herne mit einem neuen, zukunftsweisenden Nutzungskonzept wieder zu beleben. In diesem Zusammenhang sollte eine Fortbildungsakademie des Innenministeriums von NRW, neue Läden, Büros und Praxen, ein neues Wohnviertel, kurzum ein neues Stadtteilzentrum entstehen. Die französischen Architekten Jourda und Perraudin gewannen den Wettbewerb mit einem überraschend innovativen Entwurf, der sich an den Zielen der *Agenda 21* orientiert: er sieht die Nutzung erneuerbarer Energien bei gleichzeitig Ressourcen schonender Bauweise vor (Abb. 13.28, Abb. 13.29). In Kombination mit den wirtschaftlichen Impulsen, die vom neuen Stadtteilzentrum für die durch Arbeitslosigkeit geprägte Region ausgehen, wurde das Projekt Mont Cenis zu einem der bedeutendsten Projekte der Internationalen Bauausstellung IBA Emscher Park. Im Kleinen lässt sich hier der Strukturwandel nachvollziehen, den das Ruhrgebiet seit der Kohle- und Stahlkrise prägt. Das Akademiegebäude dominiert das 26 Hektar große Gelände. Es zeichnet sich durch folgende Besonderheiten aus (Genske 2003a):

- Eine „mikroklimatische" Glashülle umschließt den 15 Meter hohen, 176 Meter langen und 72 Meter breiten Raum, in dem sich neben der Fortbildungsakademie noch eine Bibliothek, ein Hotel, Verwaltungsgebäude und Freizeitbereiche befinden.
- Das auf das Forschungsprogramm JOULE der Europäischen Gemeinschaft zurückgehende Konzept ermöglicht eine „klimatische Verschiebung", die zu mediterranen Innenraumtemperaturen führt oder in Zahlen ausgedrückt zu einer Reduktion der Heizkosten von 23%, was einer Reduktion von 18% der $CO_2$-Emissionen entspricht.
- Als Dach des Glashauses dient ein 1 MW Peak-Solarkraftwerk. Mit 10000 $m^2$ Photovoltaik-Modulen ist es bei der Schlüsselübergabe 1999 das größte dachgestützte Solarkraftwerk der Welt. Die Solarzellen erzeugen mehr Energie, als das Akademiegebäude verbrauchen kann. Sie sind wolkenförmig angeordnet, um so bestimmte Bereiche innerhalb des Bauwerks gezielt zu beschatten. Dadurch entsteht ein angenehmes, ausgeglichenes Raumklima.
- Das auf die Glashülle niedergehende Regenwasser wird gesammelt und dient als Grauwasser Reinigungszwecken und der Bewässerung der Pflanzen.
- Zum Bau der Halle wurde neben Beton und Glas auch Holz verwendet. Dabei handelt es sich um einheimische (sauerländische) Fichten. Die Wahl der Baustoffe unterstreicht das ökologisch ausgewogene Konzept.

Neben dem Akademiegebäude wurde ein ebenfalls bemerkenswerter Energiepark eingerichtet. Hier wird das aus den benachbarten, aufgegebenen Schächten austretende Grubengas in Elektrizität und Wärme umgewandelt. Im Ruhrgebiet treten jährlich etwa 120 Millionen Kubikmeter Grubengas aus alten Bergwerken aus. Diese Gasmenge entspricht etwa 100000 Tonnen Erdöl. In Mont Cenis wurde diese Energiequelle zum ersten Mal genutzt: Die grubengasbetriebenen Blockheizkraftwerke erzeugen nach Angaben der Stadtwerke Herne zusammen 9000 MWh Strom und 120000 MWh Wärme pro Jahr. Etwa 60000 Tonnen des Treibhausgases $CO_2$ werden somit jährlich vermieden. Das ursprüngliche Investitionsvolumen betrug 110 Millionen Euro, inklusive der Unterstützung, die das Projekt von EU-Strukturfonds erhielt.

Aus den beschriebenen Beispielen wird deutlich, wie vielfältig die Optionen der regenerativen Energieerzeugung sind und welche Möglichkeiten sie bieten. Zu den klassischen ingenieurgeologischen Problemstellungen kommen neue Herausforderungen. Mont Cenis steht beispielhaft für diese neuen Aufgabenfelder, die sich der Ingenieurgeologie im 21. Jahrhundert erschließen. Es sind spannende Fragestellungen, die auf dem Fundament der traditionellen Ingenieurgeologie aufbauen und neue Chancen eröffnen, um eine lebenswerte Welt zu schaffen, in der sich der Mensch als Teil der ihn umgebenden Natur versteht und mit ihr im Einklang lebt.

### 13.2.4 Speicher

Ein grundsätzliches Problem bei vielen Optionen der regenerativen Energieerzeugung ist ihre Abhängigkeit von den Wetterbedingungen. Zwar ist die Nutzung der Wasserkraft, der Biomasse und der Geothermie weitgehend unabhängig vom Wetter, so dass eine gewisse Grundversorgung mit Energie (die Grundlast) sichergestellt ist. Bei Sonne und Wind schwankt jedoch der Energieertrag, so dass Energie – thermische wie elektrische – gespeichert werden muss. Das Beispiel des Berliner Regierungsviertels hat deutlich gemacht, dass der Untergrund sowohl als Wärme- als auch als Kältespeicher dienen kann. Es gibt jedoch noch weitere Möglichkeiten der Geospeicherung, von denen einige hier kurz skizziert werden sollen.

In Europa dienen vor allem *Pumpspeicherkraftwerke* der Bereitstellung von Regelenergie (DENA 2010). In Zeiten der Stromüberproduktion wird Wasser in die Speicher hoch gepumpt, in Zeiten eines Spitzenbedarfs entleeren sich die Speicher und erzeugen Strom. Elektrische Energie wird also in kinetische Energie umgewandelt und wieder rückgewandelt. Dabei erreichen die Wirkungsgrade bis zu 80 %. Von Nachteil sind jedoch der Flächenbedarf und der Eingriff in die Landschaft. In Deutschland werden inzwischen die geeigneten Standorte knapp, auch aufgrund der strenger werdenden Umwelt- und Naturschutzauflagen. Eine Alternative zu oberirdischen Pumpspeichern ist die Nutzung von stillgelegten Bergwerken. Sie würden nach dem gleichen Prinzip arbeiten: Bei einem Spitzenstrombedarf fließt Wasser in die Kavernen und treibt dabei Turbinen an, bei einem Stromüberschuss wird Wasser zurück in einen höher gelegenen Teil des Grubengebäudes oder auch an die Erdoberfläche gepumpt. Von den mehr als 100000 Untertagebauten in Deutschland eignen sich jedoch nicht alle für ein *Untertage-Pumpspeicherkraftwerk*: In Steinkohlebergwerken stört das Grubengas, in Salzbergwerken kommt es zu Lösungserscheinungen, im Lockergestein wird der Ausbau zu teuer. Gut eignen sich aufgegebene Erzbergwerke. Nach Einschätzung der TU Clausthal ließe sich damit in Deutschland eine Speicherkapazität entwickeln, die der aktuellen übertägigen Kapazität der Pumpspeicherkraftwerke mindestens entspricht, sie wahrscheinlich noch übertrifft (Meyer 2013, Beck & Schmidt 2011).

Eine weitere Möglichkeit der Netzregulierung bieten *Druckluftspeicherkraftwerke*. Bei einem Stromüberangebot wird Luft in unterirdische Kavernen gedrückt, bei einer Spitzenlast entspannt sich der Druckluftspeicher und treibt dabei eine Turbine an. Allerdings kühlt sich dabei die Luft stark ab, so dass sie erwärmt werden muss, um eine Vereisung der Turbine zu vermeiden. Bei einem *CAES-Kraftwerk (Compressed Air Energy Storage)* oder auch Druckluft-Gas-Kombikraftwerk wird die entweichende Druckluft mit Gas gemischt und gezündet. In Gegensatz dazu wird bei einem *AA-CAES-Kraftwerk (Advanced Adiabate Compressed Air Energy Storage)* die bei der Kompression entstandene Wärme gespeichert, um bei der Entspannung die Druckluft zu erwärmen. Im zweiten Fall werden Wirkungsgrade bis 70 % erreicht. Außerdem entstehen bei der Entspannung keine Treibhausgase. Als Kavernen eignen sich besonders die ausgesolten Salzstöcke Norddeutschlands, einer besonders windhöffigen Region mit regelmäßiger Überproduktion von Strom, den es zu speichern gilt. Eine Kombination der neuen Offshore-Windparks mit AA-CAES-Kraftwerken bietet sich ebenfalls an (Barnes & Levine 2011, Meyer 2005).

Neben den Verfahren der Pumpspeicherung werden ständig weitere Möglichkeiten entwickelt, Energie zu speichern. So erlaubt die *Power-to-Gas-Technologie* (auch *P2G*) die Umwandlung von Überschussstrom in synthetisches Erdgas oder auch

*Synthetic Natural Gas* (auch *SNG*). Dies geschieht mithilfe einer Wasserelektrolyse und nachgeschalteter Methanisierung. Das gewonnene SNG kann in das Erdgasnetz eingespeist und zur Wärmebereitstellung genutzt oder rückverstromt werden (Bajohr et al. 2010, Sterner & Specht 2010). Der Wirkungsgrad schwankt je nach Nutzung zwischen 30% und 70%.

*Elektromobile*, die nicht nur Strom entnehmen, sondern auch Strom einspeisen, dienen als dezentraler Stromspeicher und stabilisieren in Zeiten des Spitzenbedarfs das Netz. Mit der *Vehicle-to-Grid-Technologie* (auch *V2G*) werden Autofahrer zu Stromhändlern, die in Spitzenlastzeiten entbehrlichen Strom zu hohen Preisen verkaufen und bei einem Überangebot Strom günstig einkaufen (Engel 2005, Heuer 2004, Kempton & Tomić 2004a, Kempton & Tomić 2004b). Mit *Intelligenten Netzen* oder *Smart Grids* können Versorgungsnetze stabilisiert werden, indem Verbraucher, Erzeuger und Speicher sinnvoll und effizient vernetzt und kombiniert werden (Canzler & Knie 2011).

Auch thermische Energie lässt sich auf vielfältige Weise speichern. Ein Beispiel ist der *Eisspeicher*. Wandelt sich im Winter das Wasser zu Eis, kann die freiwerdende Wärme (Kristallisationswärme) für die Wärmeversorgung genutzt werden. Im Sommer dient der Eisspeicher der Kühlung und lädt sich dabei neu auf. Heiz- und Kühlsysteme werden somit kombiniert. Notwendig für dieses Verfahren sind Wassertanks, die im Boden eingegraben und je nach thermischer Leistung bemessen werden.

Aus diesen Beispielen ist ersichtlich, dass es viele Möglichkeiten gibt, Strom und Wärme zu speichern und bedarfsgerecht abzurufen.

### 13.2.5 Beispiele des energetischen Stadtumbaus

Bei der Drucklegung dieses Buches gab es bereits 150 *erneuerbare Energieregionen (EE-Regionen)* in Deutschland. Dabei handelte es sich um Landkreise, Gemeinden, Regionalverbünde und Städte, die das Ziel verfolgen, unabhängig zu werden von fossil-nuklearen Energien. 23 Millionen Deutsche leben in EE-Regionen. Sie nehmen fast ein Drittel Deutschlands ein (IsE 2014).

Der Grund für die enorme Entwicklung von EE-Regionen ist einfach: Bereits Adam Smith (1723-1790), der schottische Moralphilosoph, Aufklärer und Nationalökonom erkannte, dass im klassischen Produktionsprozess aus den Ressourcen Boden und Arbeit Kapital entsteht. Ersetzt man „Boden" mit „Fläche" und „Arbeit" mit „regenerativer Energie", lässt sich die gleiche Schlussfolgerung ziehen. Nur mit dem Unterschied, dass die Regenerativen wie Wind, Sonne oder Wasser nichts kosten. Investieren muss man nur in die Maschinen, die natürliche Energie in eine für uns nützliche Form umwandeln. Da man jedoch auch bei der fossil-nuklearen Energieerzeugung in Maschinen investieren muss, haben die Regenerativen einen deutlichen Kostenvorteil, der mit zunehmender Marktdurchdringung immer deutlicher werden wird. Dazu kommen der Anstieg der fossil-nuklearen Treibstoffkosten und die Unsicherheiten bei den Lieferländern. Der einfache Dreiklang von Fläche, Arbeit und Kapital begründet den ständigen Anstieg des regenerativen Energieanteils, der durch politische Fehlentscheidungen allenfalls verzögert, aber nicht mehr aufgehalten werden kann. Im Folgenden sollen drei Beispiele für EE-Regionen gegeben werden.

Von 2007 bis 2013 fand die *Internationale Bauausstellung IBA Hamburg* statt.

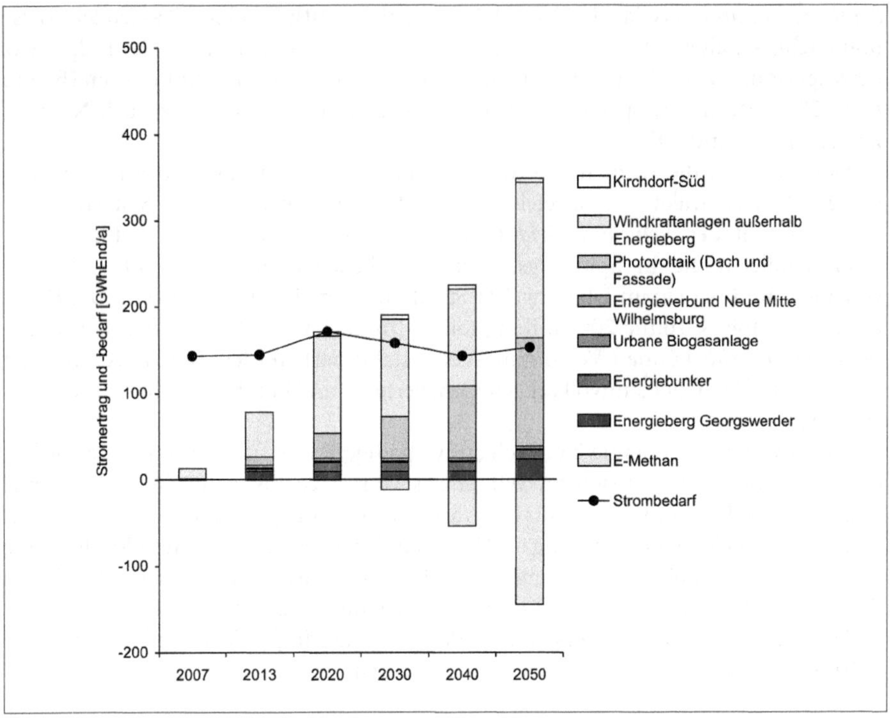


**Abb. 13.30** Strombedarf und Stromerzeugung in Hamburg-Wilhelmsburg. Die negativen Erzeugungsanteile entsprechen dem mit Windstrom erzeugten SNG (hier als E-Methan bezeichnet), mit dem die regenerative Wärmelücke geschlossen werden soll (aus Genske et al. 2010, Genske & Messari-Becker 2013).

Eines der drei Leitthemen war die „Stadt im Klimawandel". Das Stadtviertel Wilhelmsburg sollte unabhängig von fossil-nuklearer Energie und klimaneutral werden. Bislang hatten vorwiegend kleinere Gemeinden den Versuch gewagt, vollständig autark den eigenen Energiebedarf mit erneuerbaren Energien zu decken. Nun sollte auch die Errichtung eines klimaneutralen Stadtteils im Herzen einer Metropole keine Zukunftsvision mehr sein. Um den Nachweis zu führen, wurde der Selbstversorgungsgrad mit regenerativer Energie auf der Grundlage von Prämissen, Modellrechnungen, Prognosen und Schätzungen ermittelt, wobei Optionen der solaren Nutzung (Photovoltaik, Sonnenkollektoren), der Windkraft, der Biomasse, der Geothermie und Wärmepumpenanlagen berücksichtigt wurden (Genske et al. 2010). Die Ergebnisse wurden durch Bedarfswerte, Potenzialwerte und Kennzahlen der Energiedeckung konkretisiert und mit einem Geo-Informationssystem (GIS) für die Stadträume visualisiert. Es wurde nachgewiesen, dass der Ersatz von fossiler Energie mit regenerativer Energie den Ausstoß an Treibhausgasen erheblich reduzieren kann. Mit einem neuartigen räumlich-strategischen Ansatz wurde aufgezeigt, dass klimaneutrale Energiegewinnung auch in Großstädten möglich ist. Bis 2025 soll der Strombedarf aller Haushalte sowie von Gewerbe, Handel und Dienstleistungen aus lokalen regenerativen Ressourcen gedeckt werden (Abb. 13.30). Dabei kommt auch die P2G-Technologie zum Einsatz. Das „Zukunftskonzept Erneuerbares Wilhelmsburg"

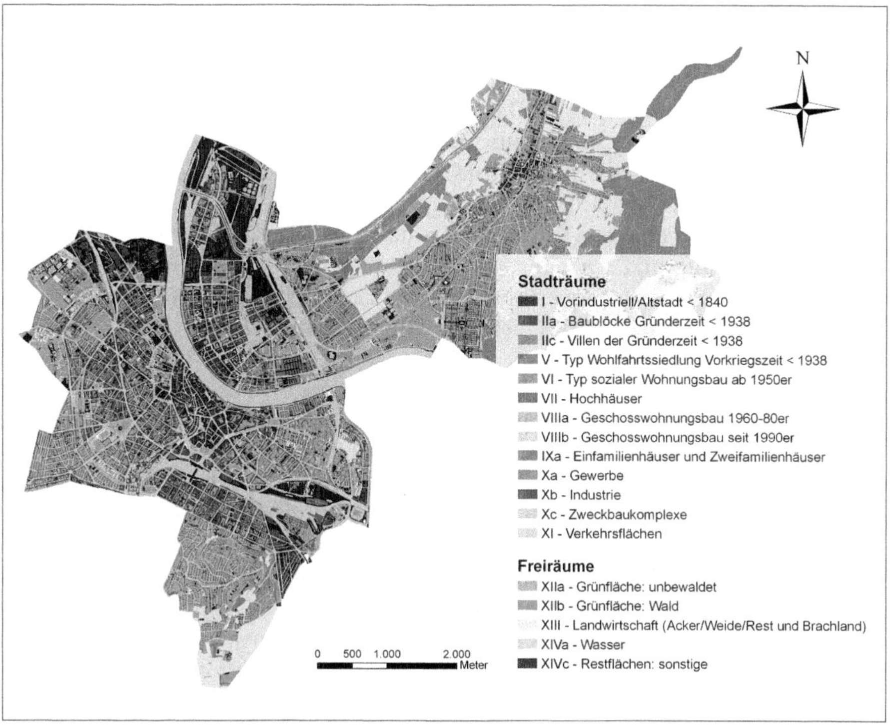


**Abb. 13.31** Siedlungsraumtypen im Kanton Basel-Stadt. Der Kanton verliert jedes Jahr 300-400 Mio. Franken, um fossile Energie zu kaufen (aus Berger et al. 2011, 2011a, verändert).

zeigt auf beeindruckende Weise, wie die Vision eines klimaneutralen Stadtteils Realität werden kann.

In der Studie „Basel auf dem Weg in die 2000-Watt-Gesellschaft" wurde der aktuelle und zukünftige Energiehaushalt des Kantons Basel-Stadt analysiert (Berger et al. 2011, 2011a). Dabei wurde das Ziel verfolgt, den aktuellen und zukünftigen Energiebedarf zu quantifizieren und durch geeignete, im Modellraum wirksame Effizienzmaßnahmen zu reduzieren. Zudem sind nicht regenerative Energien durch regenerative zu ersetzen. Dabei gilt das *intra-muros*-Prinzip, d. h. es werden nur die regenerativen Energien in Betracht gezogen, die innerhalb der Modellgrenzen, also im Kanton Basel-Stadt, genutzt werden können. Somit wird ein energetischer Fußabdruck *extra muros* vermieden.

Die energetische Optimierung des Modellraums orientierte sich an der *2000-Watt-Gesellschaft*, die eine kontinuierliche Absenkung des Primärenergiebedarfs auf 2000 Watt pro Person vorsieht. Neben dem Energiebedarf ist auch der Anteil fossiler Energieträger zu reduzieren und auf ein Viertel dieser Leistung zu begrenzen. Dies bedingt gleichzeitig eine Reduktion des Pro-Kopf-Ausstoßes von Treibhausgasen, die schließlich nur noch 1 t $CO_2$ pro Person beträgt. Auf diesem Wege soll der Klimawandel in Grenzen gehalten werden. Als Maßzahlen dienen die Leistung in Watt Primärenergie, und die Treibhausgasemissionen *per capita* sowie der Grad der regenerativen Selbstversorgung. Zwei Szenarien wurden gegenüber gestellt: Ein Referenzszenario, in dem der aktuelle Trend fortgeschrieben wird, und ein 2000-Watt-

Szenario, das verstärkte Anstrengungen bei der Energieeffizienz und der Einführung erneuerbarer Energien voraussetzt. Um den Energiebedarf und die regenerativen Potenziale zu visualisieren, wurde der Modellraum in räumliche Prototypen, so genannte *Siedlungsraumtypen (SRT)*, eingeteilt (Genske et al. 2009, 2008). Dabei handelt es sich um Stadt- und Landschaftsräume, die vergleichbar sind hinsichtlich ihres Energiebedarfs, aber auch hinsichtlich ihrer Begabung, selbst regenerative Energie zu erzeugen (Abb. 13.31).

Die Studie kommt zu dem Ergebnis, dass das 2000-Watt-Ziel mittelfristig erreicht werden kann. Aufgrund der günstigen Voraussetzungen im Kanton, insbesondere des aktuell mäßigen Endenergieverbrauchs und des bereits aktuell hohen Anteils der erneuerbaren Energien, wird das Ziel etwa 2075 erreicht.

Soll die Energiewende gelingen, reicht es jedoch nicht, nur Energie zu sparen und konventionelle durch grüne Energie zu ersetzen. Ziel muss es sein, *Plus-Minus-Regionen* zu entwickeln, also Landschafts- und Siedlungsräume, die mehr grüne Energie erzeugen als sie benötigen und mehr Kohlenstoff binden als sie ausstoßen. Dies ist zum ersten Mal für die *Bodensee-Alpenrhein Energieregion (BAER)* gelungen. Der BAER-Raum ist etwa so groß wie der Freistaat Thüringen und hat ebenso viele Einwohner. Er erstreckt sich über Österreich, die Schweiz, das Fürstentum Liechtenstein und die deutschen Bundesländer Bayern und Baden-Württemberg. Bereits vor 40 Jahren beschlossen die Anrainer in der Internationalen Bodenseekonferenz (IBK), den stark verschmutzten Bodensee wieder sauber zu bekommen, was auch gelang. Nun soll der Bodenseeraum unabhängig werden von fossilen Brennstoffen und gleichzeitig Treibhausgase binden. In der BAER-Studie (Droege et al. 2014) konnte nachgewiesen werden, dass dies für alle Energieparteien (Wohnen, Arbeiten, Mobilität) und für alle Verbrauchsarten (Strom, Wärme, Treibstoffe) bis zum Jahr 2050 möglich wäre. Dann

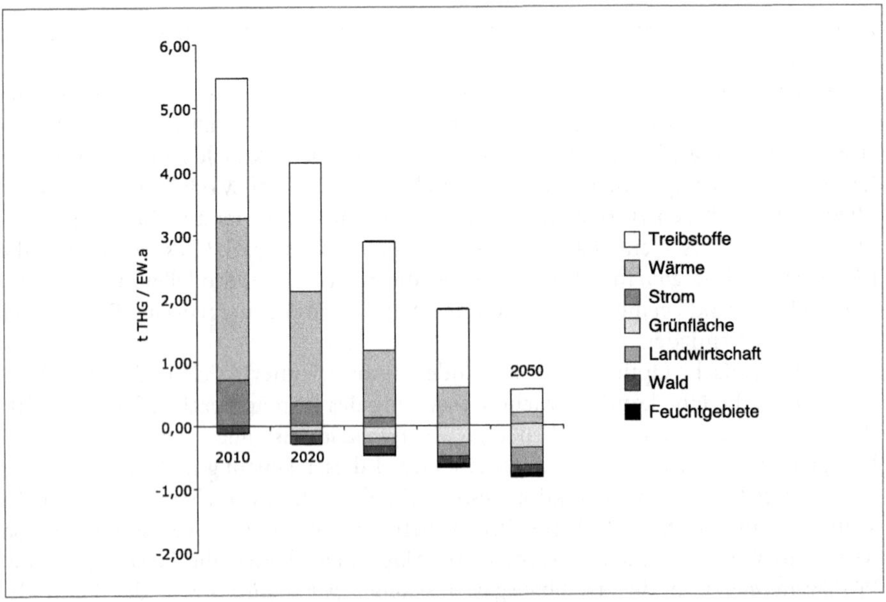


**Abb. 13.32** Die BAER-Region wird zur Plus-Minus-Region. 2050 wird sie mehr Kohlenstoff binden, als sie emittiert (aus Droege et al. 2014).

würde auch mehr Kohlenstoff gebunden als emittiert (Abb. 13.32). In einer Kosten-Nutzen-Analyse wurde zudem berechnet, dass ab 2030 die Einsparungen größer wären als die Ausgaben. Weiterhin entstünden regionale Wertschöpfungsketten, die den Städten und Gemeinden zugute kommen und mindestens fünftausend Arbeitsplätze schaffen würden.

## 13.3 Utopien

Nach Meyers Enzyklopädischem Lexikon ist eine Utopie eine „diesseitige, auf der Folie der kritisierten Verhältnisse entworfene Gegenwelt". Sie ist, übersetzt man das Wort aus dem Altgriechischen, der „Nicht-Ort", für den ein Gegenentwurf zur heutigen Gesellschaft skizziert wird. Der englische Staatsmann und Humanist Thomas Morus machte den Begriff mit seinem 1516 erschienen Roman *De optimo statu rei publicae deque nova insula Utopia* (Vom besten Zustand des Staates oder von der neuen Insel Utopia) bekannt. In seinem Buch lässt er einen Seemann von einer vermeintlichen, fernen Insel erzählen, auf der sich eine ideale Zivilisation entwickelt hat (Abb. 13.33). Durch die Schilderung dieser völlig vom Hier und Jetzt isolierten, in keine historischen Randbedingungen eingebundenen Gesellschaft zeigte er aktuelle Missstände im Europa des 16. Jahrhunderts auf und stellte gleichzeitig revolutionär anmutende Alternativen vor.

Der utopische Gegenentwurf wird oft mit spektakulären, ja fantastischen Bauwerken inszeniert. In diesem Abschnitt möchte ich auf Türme, Tunnel, Deiche und Inseln eingehen.

### 13.3.1 Türme

Bereits in der Bibel wird der *Turmbau zu Babel* als eitler Versuch der Menschen geschildert, in den Himmel zu streben. Aus diesem Grund verwirrte Gott ihre Sprachen und verstreute sie in alle Winde. Den Turm, der bereits vom griechischen Geschichtsschreiber Herodot erwähnt wurde, gab es tatsächlich, wie der deutsche Archäologe Robert Koldewey Anfang des 20. Jahrhunderts nachwies. Danach handelt es sich um eine *Zikkurat*, einen für das Zweistromland typischen, stufenförmigen Himmelshügel oder Götterberg, auf dem sich ein Tempel befand. Eine Zikkurat wurde meist auch als Beobachtungsturm und für astronomische Messungen genutzt. Der Turm zu Babel soll nach seiner mehrfachen Zerstörung immer wieder, zuletzt durch Nebukadnezar II, aufgebaut worden sein. Wahrscheinlich wurde er durch den Perserkönig Xerxes I erneut zerstört. Der letzte Versuch des Wiederaufbaus durch Alexander den Großen soll schließlich mit seinem frühen Tot gescheitert sein, so der griechische Geschichtsschreiber und Geograf Strabo (63 v. Chr. – 23 n. Chr.) (siehe auch Forbiger 2005).

Der Versuch in Pisa, mit einem Turm dem Himmel näher zu kommen, gestaltete sich ebenfall schwierig (siehe auch Kapitel 12). Nachdem man 1173 mit seinem Bau begann stellte er sich aufgrund der ungünstigen Baugrundverhältnisse allmählich schief. Der Bau musste mehrfach unterbrochen werden, bis man ihn 1370 schließlich vollendete. Trotzdem neigte er sich weiter bedrohlich, so dass man ihn 1989 für die

**Abb. 13.33** Titelholzschnitt aus Thomas Morus' Roman Utopia von 1516 (Wikimedia Commons).

Öffentlichkeit sperrte. Erst mit aufwendigen Maßnahmen konnte er Anfang des neuen Jahrtausends stabilisiert werden (Burland, Jamiolkowski, Viggiani 2002).

Die Utopie himmlischer Machthaber wurde in Fritz Langs Stummfilm *Metropolis* in Szene gesetzt. Die Oberschicht der Metropole lebt in Türmen in großem Reichturm und Luxus, die Unterschicht haust unterhalb der Stadt und schuftet in gigantischen Maschinen, die den Reichtum der Oberschicht mehren. Die Maschinenebene trennt

Abb. 13.34 Der „Neue Turm Babel" aus Fritz Langs Film Metropolis, 1927 (© Horst von Harbou, Deutsche Kinemathek).

beide Gesellschaften voneinander, deren Zeit mit unterschiedlichen Uhren bemessen wird. Der Alleinherrscher von Metropolis lebt im „Neuen Turm Babel" (Abb. 13.34). Obwohl der Film vor fast 100 Jahren gedreht wurde, hat er immer noch aktuelle Bezüge und stellt eine *Dystopie* (eine Negativ-Utopie) dar. Tatsächlich erinnern heute Banken- und Apartmenttürme an Fritz Langs *Metropolis*.

Dabei zielte die ursprüngliche Hochhausidee eher auf die Befreiung der Arbeiter aus den lichtlosen Hinterhöfen der gründerzeitlichen Blockrandbebauung. Auf dem *Congrès International d'Architecture Moderne* wurde 1933 von dem schweizerischen Architekten Le Corbusier die moderne, funktionale, vertikale Stadt gefordert. Die *Charta von Athen* beschreibt eine gegliederte und aufgelockerte Stadt mit einer Trennung der Funktionen Wohnen, Arbeiten, Mobilität und Freizeit. Die Entwürfe für eine Hochhausstadt von Ludwig Hilbersheimer illustrieren diesen Gedanken, der jedoch mit dem Bau der Satelliten- und Schlafstädte, der damit einhergehenden Verödung der Innenstädte und ihrer „autogerechten" Überplanung letztendlich ins Leere lief. Erst mit der behutsamen Stadterneuerung und kritischen Rekonstruktion, Thema der *Internationalen Bauausstellung Berlin* 1987, entstanden ökologische und nachhaltige städtebauliche Leitbilder.

Trotzdem wird auch heute noch an der Idee der Wohn- und Geschäftstürme festgehalten. Der 2010 in Dubai vollendete *Burj Khalifa* gilt zurzeit als höchster Turm der Welt. Die 828 m hohe Konstruktion aus Stahl, Glas und Beton kostete etwa eine Milliarde Euro (Abb. 13.35). Von den 189 Etagen sind 163 nutzbar und mit 57

**Abb. 13.35** Burj Khalifa in Dubai (Foto von Joi, Joi Ito, Kyoto, www.flickr.com/people/joi/ Creative Commons CC-by 2.0)

Aufzügen erreichbar. Das Wohn-, Büro- und Hotelgebäude ist auf 650 Pfählen mit einem Durchmesser von 0.9 m gegründet, die 36 m in den Untergrund einbinden, sowie weiteren 200 Pfählen mit einem Durchmesser von 1.5 m, die 50 m in die Tiefe reichen. Abbildung 13.36 zeigt die Arbeiten an der Gründung.

Den Geotechnikern ist es gelungen, das Gebäude sicher zu gründen. Die Tatsache, dass man an zwei Automaten auf verschiedenen Etagen mit einer entsprechenden Kreditkarte pures Gold ziehen kann, deutet jedoch darauf hin, dass nur ein eingeschränkter Teil unserer Gesellschaft dieses Bauwerk tatsächlich nutzen wird.

### 13.3.2 Tunnel

Wie gewagte Turmkonstruktionen dienen auch Tunnelanlagen als Kulisse utopischer Landschaften. Zunächst denkt man natürlich mit Jules Vernes an die abenteuerliche Reise zum Mittelpunkt der Erde durch Tunnel, Gewölbe und Höhlen. Doch bereits 1913 beschreibt Bernhard Kellermann in seinem Roman *Der Tunnel* das Vorhaben, Europa und Amerika mit einem unter dem Atlantik gebohrten Tunnel zu verbinden. Das Buch wurde, trotz einiger problematischer Passagen, ein großer Erfolg. 1935 wurde auf seiner Grundlage der britische Science-Fiction-Film *The Tunnel* gedreht.

Bereits aus der Antike bekannt ist der Bau von Stollen, um Erze abzubauen oder Wasser zu gewinnen. Ein Tunnel, der dem Transport von Personen und Waren dient, ist jedoch technisch erheblich aufwendiger. Dies wurde auch den Ingenieuren beim Bau des ersten Verkehrstunnels unter einem Fluss, der Themse, schmerzlich bewusst. Der *Thames Tunnel* brach, während er aufgefahren wurde, mehrfach ein und wurde überflutet. Sogar Brände brachen aus, so dass der Tunnel erst 1843, nach fast 20 Jahren Bauzeit, fertiggestellt werden konnte.

Umso mehr überrascht die stürmische Entwicklung der Tunnelbaukunst im 20. Jahrhundert, die schließlich die Unterquerung von Gebirgsmassiven und Meerengen erlaubte. So wird der 57 km lange *Gotthard Basistunnel* Zürich mit Mailand verbinden. Der *Saikan Tunnel* unterquert die Tsugaru-Straße und verbindet die Japanischen Inseln Honshu und Hokkaido, so wie der mit 50 km etwas kürzere Eurotunnel England mit Kontinentaleuropa verbindet.

Bestärkt durch diese Erfolge könnten die Tunnelingenieure nun den Gedanken von Bernhard Kellermann wieder aufgreifen. Die Machbarkeit eines Tunnels zwischen Europa und Amerika wird immer wieder diskutiert. Die am ehesten realisierbare Variante scheint dabei eine Tunnelröhre zu sein, die sich etwa 20-50 m unter der Meeresoberfläche befindet. Sie würde nach dem archimedischen Auftriebsprinzip in Schwebe gehalten und auf dem Meeresboden verankert. Dort wo das Meer besonders tief ist, könnte sie auch mit Bojen stabilisiert werden. Durch die Tunnelröhre könnte ein Hochgeschwindigkeitszug fahren, nach dem Rohrpostprinzip oder als Magnetschwebebahn, vielleicht sogar mit Überschallgeschwindigkeit. Weiterhin könnte der Tunnel Versorgungs- und Kommunikationsleitungen aufnehmen. Der

**Abb. 13.36** Einbringen von Pfählen für Burj Khalifa in Dubai (© Bauer Spezialtiefbau GmbH).

Tunnel würde tiefer liegen als der Tiefgang großer Schiffe, aber nicht so tief, dass der Wasserdruck zu einem Problem würde. Er wäre geschützt vor Stürmen und könnte, flexibel gebaut, Erdbeben standhalten. Das marine Ökosystem würde kaum gestört, bis auf eine mögliche, niedrig zu haltende Lärmbelastung, die Meeressäuger wie Wale irritieren könnte. China plant bereits einen *archimedischen Tunnel* durch den Qiandao-See (Mazzolani et al. 2007, Xiang et al. 2009). Möglicherweise ist das Wunschbild eines transatlantischen Tunnels gar nicht mehr so utopisch.

### 13.3.3 Deiche

In einer utopischen Welt dienen Tunnel der Optimierung von Transport und Kommunikation. Deiche und Dämme dagegen werden zur Abgrenzung und zum Schutz gebaut. Küstenschutzbauwerke sind quasi die technische Antwort auf das Trauma der *Sintflut*. Diese Urkatastrophe wird nicht nur in der Bibel, sondern auch im Gilgamesch-Epos und weiteren Erzählungen des Altertums erwähnt. Sicher haben diese historischen Überlieferungen einen wahren Kern wie Flutkatastrophen, Schmelzwasserausbrüche, Meteoriteneinschläge, Vulkanausbrüche, Seebeben und die dadurch verursachten *Tsunamis*.

Die elementare Bedeutung von Deichen für den Schutz der Gemeinschaft wurde früh erkannt. Nach dem mittelalterlichen *Spatenrecht* musste ein Deichhalter, der seinen Deich nicht mehr unterhalten konnte, dies anzeigen, indem er in den Damm

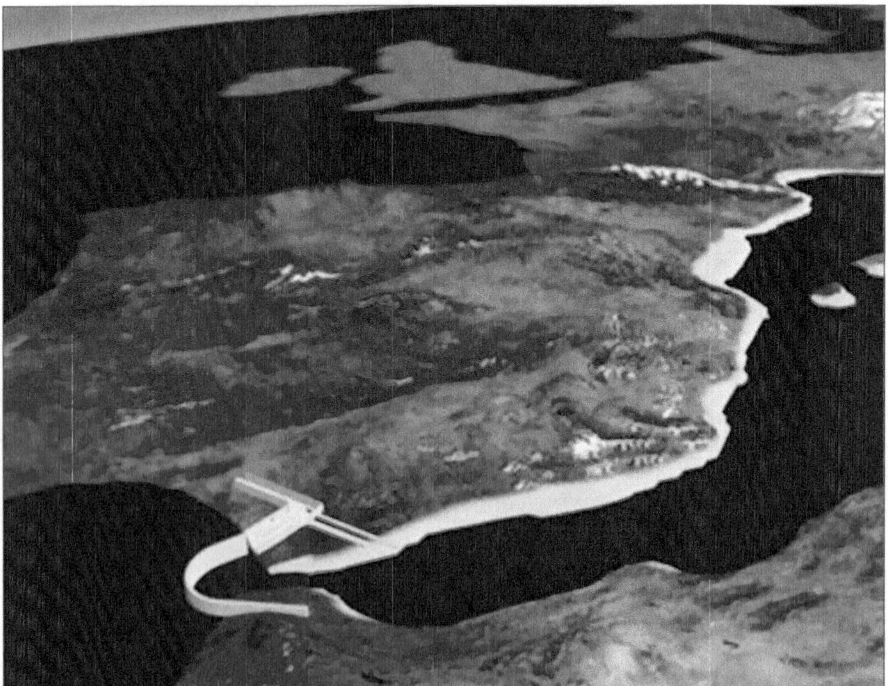

**Abb. 13.37** Gibraltar mit Staudamm (© 2004 Technische Universität Darmstadt, Fachgebiet IKA).

Abb. 13.38 Neugenua aus den Wolken betrachtet (© 2004 Technische Universität Darmstadt, Fachgebiet IKA).

einen Spaten steckte und ihn so für herrenlos erklärte. Damit verlor er auch sein vom Deich geschütztes Land. Kam er der Deichpflicht nicht nach, wurde ihm im besten Fall die Hand abgeschlagen, im schlimmsten Fall wurde er unter seinem eigenen Haus begraben, das die Gemeinschaft kollektiv zum Einsturz brachte.

Der niederländische *Afsluitdijk* (Abschlussdeich) ist sicher eine der spektakulärsten Deichanlagen, die je gebaut wurde. Das 32 km lange Bauwerk wurde 1927-1932 errichtet mit dem Ziel, einen Binnensee – das Ijsselmeer – aufzustauen und gleichzeitig dem Meer Land abzugewinnen. So entstand 1986 Flevoland, die jüngste Provinz der Niederlande. Trotzdem wurden die Niederländer immer wieder von Sturmfluten heimgesucht. Im 20. Jahrhundert war die Hollandsturmflut von 1953 die schwerste. Als in der Nacht vom 31. Januar auf den 1. Februar die Deiche brachen, kamen fast 2000 Menschen ums Leben. Nur zwei Jahre späte wurden die *Deltawerke* gegründet, die den Bau einer Vielzahl von Dämmen, Deichen, Schleusen und Flutwehren, vor allem in der Provinz Zeeland, vorsahen. Die mit speziellen Bemessungsverfahren entworfenen und mit neuester Technik errichteten Anlagen wurden 1994 von der *American Society of Civil Engineering* zu einem der sieben *Modernen Weltwunder* erklärt. Dennoch sind die Deltawerke wie auch der Abschlussdeich bedroht von den noch anhaltenden natürlichen Senkungen des Deltas und dem Meeresspiegelanstieg infolge des Klimawandels.

Ein Abschussdeich durch die Straße von Gibraltar wäre nur 14 km lang. Genau dies schlug der Bauhaus-Architekt Herman Sörgel bereits 1928 vor (Sörgel 1932, Voight

2007). Ein gigantischer Staudamm sollte die Straße von Gibraltar, ein zweiter die Dardanellen schließen. Die Staudämme hätten ein gewaltiges Wasserkraftpotenzial geboten. Der Wasserspiegel im Mittelmeer wäre abgesenkt worden und neue Siedlungsgebiete wären entstanden. Im *Atlantropa-Projekt* lägen die historischen Küstenstädte plötzlich im Hinterland, Mittelmeerinseln würden zusammenwachsen und Afrika käme Europa näher. Die Abbildungen 13.37 und 13.38 zeigen einige Impressionen von Atlantropa. Eine Realisierung des Projekts wurde nie in Erwägung gezogen, vielleicht auch aus gutem Grunde, zeigt doch die Austrocknung des Aral-Sees, wie katastrophal sich gigantomane Eingriffe in unsere Umwelt entwickeln können. Und außerdem hat sich Theodor Fontanes „Tand, Tand, ist das Gebild von Menschenhand!" schon allzu oft bewahrheitet (*Die Brücke am Tay*).

### 13.3.4 Inseln

Von allen mythischen Inseln ist Atlantis sicher die bekannteste. Sie wurde bereits von Platon erwähnt und soll der Sitz einer großen Seestreitmacht gewesen sein, die im zehnten Jahrtausend vor Christus infolge einer Naturkatastrophe unterging. Immer wieder beschreiben Philosophen die Atlantier als utopische, ideale Gesellschaft. Atlantis wurde in fast allen Weltmeeren vermutet, jedoch nie gefunden.

Neben mythischen Inseln wie Atlantis gibt es noch zahlreiche *Phantominseln*: Inseln, die nie existierten. So notierte der Leipziger Abenteurer Johann Otto Polter 1884:

> „Im Osten schlägt der atlantische Ozean mit wilder Wucht seine Gischt gegen eine felsenreiche Küste. Im Süden und Westen aber plätschert die See mit zartem Grün über strahlend-weissen Sand. Der Norden der Insel wird von einem Gebirge beherrscht, der Süden ist eher flach - und überall scheint die Erde äusserst fruchtbar. Die Wilden gehen nackt wie Gott sie geschaffen und sind von guter Statur - auch scheinen sie wohl gesonnen. Es ist ein Paradies auf Erden - zum Ruhme unseres grössten Denkers will ich es Kantia taufen."

Immanuel Kant als Namensgeber für das Paradies, irgendwo auf dem 14. Breitengrade über dem Wendekreis des Krebses? Um die Insel ins Deutsche Reich zu überführen, rüstete Polter aus eigenen Mitteln mehrere Expeditionen aus. Vergeblich, denn die Insel wurde trotz intensiver Suche nie wieder gefunden (NZZ 2004).

Bekannt ist auch die Scheininsel Byres, die Benjamin Morrell 1825 im Nordpazifik entdeckt haben wollte (Morell 1832). Obwohl sie nie nachgewiesen wurde, sorgte sie doch dafür, dass in diesem Bereich die Datumsgrenze um Hunderte von Kilometern nach Westen verschoben wurde, damit sie in der amerikanischen Zeitzone läge (Bojanowski 2012). Bis vor wenigen Jahren fand sich die Insel noch auf mancher Karte wieder, zum Beispiel bei der Lufthansa, die dort zum Glück nie notlanden musste (NZZ 2004).

Im Gegensatz zu den Phantominseln existiert die künstliche Insel *Palm Jumeirah* tatsächlich. Sie wurde im Persischen Golf vor Dubai mit enormen Mengen von Sand und Steinen aufgeschüttet, die nachträglich verdichtet wurden. Aus der Luft gleicht die fast 8 $km^2$ große Insel einer Palme (Abb. 13.39). Die Bauarbeiten begannen 2001, sieben Jahre später wurde *Palm Jumeirah* mit einem Feuerwerk und viel Prominenz

**Abb. 13.39** Die künstliche Halbinsel Jumeira Palm in Dubai, Vereinigte Arabische Emirate, ist das Objekt dieses Fotos, das 2005 von der Internationalen Raumstation ISS aus fotografiert wurde. Die Halbinsel befindet sich noch im Bauzustand, zeichnet sich aber gegen die dunkle Wasserfläche des Persischen Golfs schon gut sichtbar ab. Angepriesen als „vom Mond aus sichtbar", werden sich dort im Endzustand 2000 Villen, 40 Luxushotels, Einkaufszentren, Kinos und andere Einrichtungen befinden - und Wohnraum für etwa 500.000 Einwohner (Commander Leroy Chiao, NASA Webseite 14.3.2007, WikimediaCommons).

eingeweiht. Neben Luxushotels befinden sich noch Einkaufszentren, Kinos, Appartement-Blöcke und Villen auf den Palmblättern und dem Stamm, der mit einer 300 m langen Brücke mit dem Festland verbunden ist. *Palm Jumeirah* ist nur die erste einer Reihe noch geplanter künstlicher Inseln, die vor Dubai entstehen sollen. Ihr ökologischer Impact auf das marine Ökosystem wird kritisiert, ihre Nachhaltigkeit in Frage gestellt (Sale et al. 2011). Die Palmeninsel gleicht einer Kreuzung aus Beverly Hills und Disneyland, ohne Urbanität und Kultur, geplant für anspruchslose Superreiche. Sie stellt die horizontale Version des *Burj.Khalifa*-Turmes dar, ebenfalls für Wohlhabende geplant und dennoch schlechter inszeniert als Fritz Langs „Neuer Turm von Babel".

Doch warum so aufwendig künstliche Inseln aufschütten, wenn sich auch schwimmende Städte bauen ließen? Bereits in den 1950er Jahren entwarf der japanische Architekt Kiyonori Kikutake zunächst schwimmende Fabriken, dann schwimmende Städte (Kikutake 1958, Pernice 2006, Wagenknecht 2012). Seine autonome Wasserstadt *Unabara* sollte einen Umfang von 24 km haben und Raum für eine halbe Millionen Menschen bieten. Wellen- und Sonnenenergie sollten die Bewohner *Unabaras* unabhängig machen von externer Energieversorgung. Kikutake stellte sich vor, dass sich auf solchen künstlichen Inseln utopische, friedliche und tolerante Gesellschaftsformen etablieren.

In bescheidenerem Maßstab werden Wasserwohnprojekte bereits heute umgesetzt, zum Beispiel mit dem Projekt *Waterwoningen Ijburg* in den Niederlanden, den schwimmenden Häusern in den Tagebauseen der *Internationalen Bauausstellung Fürst-Pückler-Land* oder dem in einem Hafenbecken angedockten Büro der *Internationalen Bauausstellung IBA Hamburg* (Daglio 2014). Doch vielleicht lässt sich diese Idee noch weiter spinnen: Der deutsch-französische Kultursender ARTE wies darauf hin, dass sich in den Weltmeeren aufgrund der Corioliskraft und anderer Einflüsse regional bedeutsame Meereswirbel entwickeln (ARTE 2011). Dabei handelt es sich um windschwache und nährstoffarme Gebiete, die von Fischern und Segelbooten gemieden werden und nur wenig erforscht sind. Im Nordpazifik bilden der Kuroshio-Strom, der Nordpazifische Strom, der Kalifornienstrom und der Nordäquatorialstrom den Nordpazifischen Wirbel. Bereits in den 1990er Jahren machte Charles Moore auf gewaltige Mengen von Abfall (im wesentlichen Plastikmüll) aufmerksam, die sich in diesem Meerswirbel ansammeln und enorme ökologische Schäden anrichten (Hafner 2009, Roberts 2013, Parker 2014). Die Größe des *Great Pacific Garbage Patch* wird auf 1.5 bis 3.0 Mio. $km^2$ geschätzt. Der Müll treibt in einer durchschnittlichen Tiefe von 10 m, doch auch in 30 m Tiefe wurde noch Plastikmüll festgestellt. Inzwischen wurden zwei riesige Müllteppiche kartiert, einer zwischen Kalifornien und Hawaii, ein zweiter zwischen Hawaii und Japan. Der Plastikmüll zersetzt sich nur sehr langsam und es kann bis zu 500 Jahre dauern, bis eine Plastikflasche verschwunden ist. Dabei zerfällt sie in immer kleinere Bestandteile und gelangt so in die Nahrungskette. Das niederländische Architekturbüro WHIM schlug daher vor, den schwimmenden Müll aufzuarbeiten, um daraus eine Insel in der Größe von Hawaii zu bilden (Abb. 13.40, Abb. 13.41). *Recycled Island* soll sich selbst mit regenerativer Energie versorgen können, das Recycling des Müllteppichs weiter vorantreiben und neue Wohnformen bieten – für 500.000 Klimaflüchtlinge.

## 13.4 Verantwortung

Der Ethik-Kodex der *European Federation of Geologists* verlangt von allen Geowissenschaftlern, dass sie verantwortungsbewusst und gewissenhaft handeln. Dies gilt für jede Art von Projekt, von der einfachen Baugrube bis hin zur Umsetzung utopischer Ideen. Geowissenschaftler haben ihr Fachgebiet als unabhängige und nur der Wahrheit verpflichtete Wissenschaft zu vertreten. Sie dürfen ihr Wissen nicht missbrauchen und irreführende oder die Meinung des Auftraggebers unkritisch bestätigende Expertisen verfassen. Sie müssen in ihren Stellungnahmen den Sachverhalt neutral und wahrheitsgemäß schildern und mögliche Risiken aufzeigen, auch wenn diese den Interessen des Auftraggebers entgegenstehen. Sie dürfen keine Daten und Erkenntnisse, die von anderen stammen, als ihre eigenen ausgeben. Sie sind verantwortlich für das Bild, das die Allgemeinheit von der Arbeit des Geowissenschaftlers hat.

Die Praxis zeigt, dass dieser Ehrenkodex durchaus seine Berechtigung hat. Zahlreich sind die Beispiele geowissenschaftlicher Gutachten, bei denen sich der vom Auftraggeber gewünschte Effekt nicht kaschieren lässt. Besonders deutlich wird dies bei Fragen, die auch die kommenden Generationen betreffen, wie zum Beispiel die Endlagerung radioaktiver Abfälle, dem *Fracking* oder der Abscheidung und Speicherung von Kohlendioxid unter Tage (dem *Carbon Dioxide Capture and Storage CCS*).

**Bild 13.40** Das Projekt Recycled Island des niederländischen Architekturbüros WHIM architecture Rotterdam (© WHIM architecture). Dargestellt sind Sektoren unterschiedlicher Nutzung wie Wohnen, Arbeiten, Landwirtschaft, etc.

Leider trübt der Druck der Drittmitteleinwerbung auch den Blick der in der Forschung eigentlich freien Hochschulen für die notwendige Unabhängigkeit, eine Entwicklung, die durch die staatliche Lenkung der Forschungsgelder und die Evaluation

**Bild 13.41** Eine Stadt, wie sie im Projekt Recycled Island realisiert werden könnte (© WHIM architecture).

ihrer Einwerbung noch verstärkt wird. So konstatiert Andreas Dörpinghaus in seinem Aufsatz zur „Post-Bildung", dass Hochschulen die öffentlichen Gelder nicht verdienen, wenn sie „dem Diktat der Nützlichkeit verschrieben werden, Auftragsforschung betreiben und durch Forschungsdogmen ihre Freiheit, Kreativität und das Spielerische verlieren" (Dörpinghaus 2014, siehe auch Dörpinghaus & Uphoff 2012).

Es gibt also viel zu tun.

## Weiterführende Literatur

Bardola N (2012) Utopien: Ein Lesebuch. Fischer Taschenbuch, 256 S

Bardi U (2013) Der geplünderte Planet: Die Zukunft des Menschen im Zeitalter schwindender Ressourcen. Oekom Verlag, 360 S

Behringer W (2011) Kulturgeschichte des Klimas: Von der Eiszeit bis zur globalen Erwärmung. Deutscher Taschenbuch Verlag, 352 S

Droege P (Hrsg.) (2014) Regenerative Region: Energie- und Klimaatlas Bodensee-Alpenrheintal. Oekom Verlag, München, 390 S

IBA Hamburg (Hrsg.) (2010) Energieatlas Zukunftskonzept Erneuerbares Wilhelmsburg. Internationale Bauausstellung IBA Hamburg (Hrsg.), Jovis Berlin, 224 S

Meadows D, Randers J, Meadows D (2011) Grenzen des Wachstums - Das 30-Jahre-Update: Signal zum Kurswechsel. Hirzel Verlag, 350 S

Randers J, Bus A, Held U, Leipprand A (2012) 2052. Der neue Bericht an den Club of Rome: Eine globale Prognose für die nächsten 40 Jahre. oekom Verlag, 432

Schmidt-Bleek F (2008). Nutzen wir die Erde richtig? Fischer, 265 S

Wesselak V, Schabbach T, Link T, Fischer J (2013) Regenerative Energietechnik. Springer Berlin Heidelberg New York, 878 S

# Anhang I

## Lösungen

2-1 Unter Aktualismus wird die Deutung geologischer Vorgänge der Vergangenheit aufgrund heutiger (aktueller) Beobachtungen verstanden.

2-2 Eine geneigte und somit asymmetrische Falte.

2-3 Eine *Biegescherfalte* ist eine Mischform zwischen der infolge differenzieller Gleitbewegungen entlang der Schichtung entstehenden Biegegleitfalte und der durch Schieferung gekennzeichneten Scherfalte. Sie ist die häufigste Faltenform.

2-4 Schichtung (*ss*), Schieferung (*sf*), Klüftung (*k*), Störung (*stö*). Bei der Klüftung unterscheidet man weiter nach *ac*- und *bc*-Klüftung, sowie der *d*-Klüftung (Diagonalklüftung).

2-5 Entlang einer Störung hat eine Relativbewegung stattgefunden.

2-6 Tektonische und metamorphe Schieferung.

2-7 Parallel der Achsenflächen einer Falte.

2-8 Mit dem Gefügekompass (nach Clar) werden Einfallen und Einfallrichtung gemessen.

2-9 Die flächentreue (Lambertsche) Azimutalprojektion der in Längen- und Breitenkreise eingeteilten unteren Halbkugel.

2-10 Die Projektion des Durchstoßpunktes durch die untere Halbkugel eines durch Einfallrichtung und Einfallen definierten Vektors (also einer Gefügemessung) auf das Schmidtsche Netz.

2-11 Die Schnittlinie einer Fläche durch die untere Halbkugel, auf das Schmidtsche Netz projiziert.

2-12 Diese Verschnittlinie bildet ein $\delta$-Linear, dessen (mittlere) Orientierung der Faltenachse entspricht.

2-13 Der Durchstoßpunkt der Normalen des Großkreises, der sich aus der gefügekundlichen Aufnahme der Schichtflächen einer Falte ergibt. Er definiert die Faltenachse.

2-14 $tf_1 = ac$, $tf_2 = ss$, $tf_3 = bc$.

2-15 $p_1 = ss$, $p_2 = ac$, $p_3 = bc$.

2-16 B.
2-17 C.
2-18 Mechanische, chemische und biologische Verwitterung.
2-19 Die Umwandlung von Silikaten (z. B. Feldspat) in Tonminerale.
2-20 Fluviatil oder äolisch im Leebereich schräg abgelagerte Sedimente.
2-21 Ein äolisch verfrachtetes Sediment der Schluff- bzw. Siltfraktion.
2-22 Ein Oser oder Esker ist eine dammförmige Ablagerung gut sortierter klastischer Sedimente, die sich in den Entwässerungsrinnen- und höhlen (eiszeitlicher) Gletscher gesammelt haben.
2-23 Sedimentgesteine, metamorphe Gesteine, Erstarrungsgesteine.
2-24 (A) Plutonite (Erstarrungsgesteine), (B) Sedimentgesteine (organogen), (C) Vulkanite (Erstarrungsgesteine), (D) metamorphe Gesteine, (E) Ganggesteine (Erstarrungsgesteine).
2-25 Sandstein.
2-26 Magnesium- und eisenreiche, meist dunkele Minerale.
2-27 Vulkanische Auswurfmassen wie Aschen, Lapilli und vulkanische Bomben.
3-1 $\sigma = 180$ kN/m², $\sigma' = 80$ kN/m².
3-2 $R = 360$ kN (Abb. AI-1).

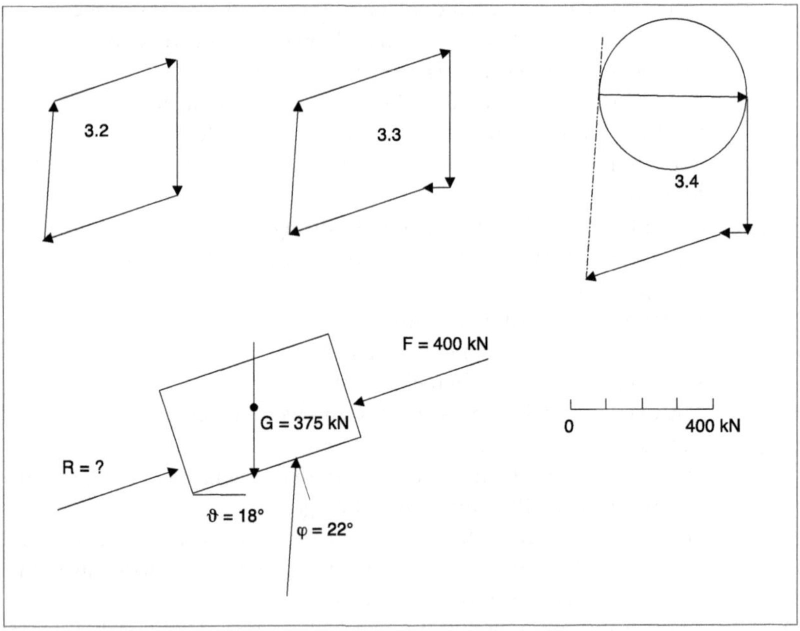


**Abb. AI-1** Freigeschnittenes System und Kraftecke.

3-3 $R = 450$ kN (Abb. AI-1).
3-4 Wenn $R$ etwa horizontal ist (Abb. AI-1).
3-5 $\sigma_{max} = 190$ MN/m², $E = 64000$ MN/m².
3-6 Die Unterläufigkeit ergibt sich mit $h$ als Potenzialdifferenz, $n_f$ als Anzahl der Strömungskanäle und $n_d$ als Anzahl der Potenzialdifferenzen pro Strömungskanal zu (Abb. AI-2)

$$q = \frac{n_f}{n_d} k\, h$$

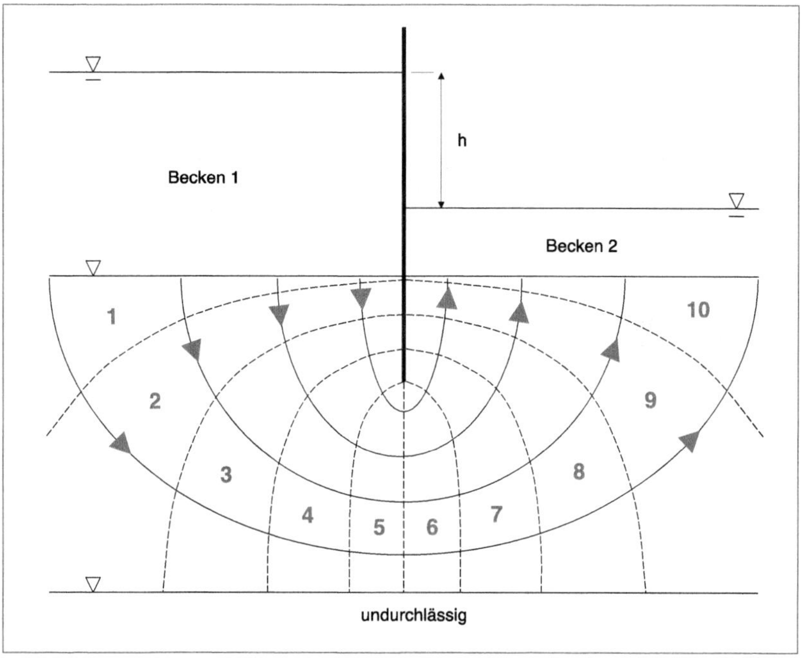


**Abb. AI-2** Stromlinien und Äquipotenziallinien.

4-1 Bei einer Gleichverteilung ergibt sich die Wahrscheinlichkeit, dass der Reibungswinkel $\varphi$ kleiner 25° ist, geometrisch aus

$$P(\varphi < 25) = \frac{25-20}{35-20} = 0.33$$

4-2 Der aus der Grundlagenstatistik bekannte $t$-Test *(Student-Verteilung)* ist hier anzuwenden. Für $t$ gilt

$$t = \frac{\bar{I}_{p1} - \bar{I}_{p2}}{s_e}$$

Mit

$$s_e = s_p \sqrt{\frac{1}{n_1} + \frac{1}{n_2}} = \sqrt{\frac{(n_1-1)s_1^2 + (n_2-1)s_2^2}{n_1+n_2-2}} \sqrt{\frac{1}{n_1} + \frac{1}{n_2}}$$

$$= \sqrt{\frac{(25-1)0.228^2 + (10-1)0.325^2}{25+10-2}} \sqrt{\frac{1}{25} + \frac{1}{10}}$$

$$= 0.097$$

folgt

$$t = \frac{4.204 - 4.110}{0.097} = 0.973$$

Der kritische $t$-Wert ergibt sich aus der Student-Verteilung bei einer Irrtumswahrscheinlichkeit von 5 % und einem Freiheitsgrad von $\varphi = n_1 + n_2 - 2 = 33$ zu $t_c = 2.035 > 0.973$. Somit gehören beide Stichproben der gleichen Grundgesamtheit an.

4-3 Unter der Voraussetzung, dass die Findlinge zufällig im pleistozänen Vorkommen verteilt sind, ergeben sich die Auftrittswahrscheinlichkeiten von $n$ Findlingen in einem Bodenvolumen $V$ nach einer Poisson-Verteilung

$$p(n) = \frac{1}{n!}\left(0.005\frac{V}{v}\right)^n e^{-0.005V/v}$$

mit $v$ als Volumen der kugelförmig angenommenen Findlinge

$$v = \frac{\pi}{6}(1)^3 = \frac{\pi}{6}$$

Daraus folgt

$$\begin{aligned} p(n) &= \frac{1}{n!}\left(0.005\frac{V}{\pi/6}\right)^n e^{-0.005V/(\pi/6)} \\ &= \frac{1}{n!}(0.0955V)^n e^{-0.0955V} \end{aligned}$$

Für $n = 1$ folgt $p(n) = 0.0868$, für $n = 2$ folgt $p(n) = 0.0041$ und für $n = 3$ folgt $p(n) = 0.0001$.

4-4 Diese Wertepaare sind im Pearson-Diagramm einer Betaverteilung zugeordnet.

4-5 a) Aus der Größe der Einzugsgebietes folgt, dass

$$P(E_1) = \frac{18}{28} = 0.64$$
$$P(E_2) = \frac{10}{28} = 0.36$$

b) Aufgrund der zusätzlichen Information zu den Aufschlussbedingungen $A$ lassen sich bedingte Wahrscheinlichkeiten formulieren

$$p(A|E_1) = 0.35$$
$$p(A|E_2) = 0.80$$

Daraus folgt als *posteriori*-Wahrscheinlichkeit für die Herkunft des Fossils aus dem größeren Einzugsgebiet

$$p(E_1|A) = \frac{p(A|E_1)p(E_1)}{p(A|E_1)p(E_1) + p(A|E_2)p(E_2)}$$
$$= \frac{(0.35)(0.64)}{(0.35)(0.64) + (0.80)(0.36)}$$
$$= 0.44$$

Für das kleinere Einzugsgebiet folgt

$$p(E_2|A) = \frac{(0.80)(0.36)}{(0.35)(0.64) + (0.80)(0.36)} = 0.56$$

wobei

$$p(E_1|A) + p(E_2|A) = 1.0$$

4-6 Für die transformierten Reibungswinkel gilt

$$\ln \varphi = 3.23, 3.21, 3.07, 3.27, 3.22$$

Daraus ergeben sich Mittelwert und Standardfehler

$$N_{\overline{\ln\varphi}}\left(\overline{\ln\varphi}, \sigma_{\ln\varphi}/\sqrt{n}\right) = N_{\overline{\ln\varphi}}\left(3.20, 0.65/\sqrt{5}\right) = N_{\overline{\ln\varphi}}(3.20, 2.91)$$

woraus der aktualisierte *posteriori*-Mittelwert und dessen Standardfehler folgen

$$\mu''_{\mu_{\ln\varphi}} = \frac{\overline{\ln\varphi}\left(\sigma'_{\mu_{\ln\varphi}}\right)^2 + \mu'_{\mu_{\ln\varphi}}\left(\sigma_{\ln\varphi}^{\;2}/n\right)}{\left(\sigma'_{\mu_{\ln\varphi}}\right)^2 + \left(\sigma_{\ln\varphi}^{\;2}/n\right)}$$
$$= \frac{3.20(0.65)^2 + 3.25(0.29)^2}{(0.65)^2 + (0.29)^2} = 3.24$$

$$\sigma''_{\mu_{\ln\varphi}} = \sqrt{\frac{\left(\sigma'_{\mu_{\ln\varphi}}\right)^2\left(\sigma_{\ln\varphi}^{\;2}/n\right)}{\left(\sigma'_{\mu_{\ln\varphi}}\right)^2 + \left(\sigma_{\ln\varphi}^{\;2}/n\right)}}$$
$$= \sqrt{\frac{(0.15)^2(0.29)^2}{(0.15)^2 + (0.29)^2}} = 0.13$$

4-7 Die Daten sind mit $r = -0.945$ deutlich korreliert.

4-8 Das Autokorrelogramm zeigt einen Wiederholungszyklus von 12 Monaten. Die Häufung von Rutschungen ist offensichtlich abhängig von der Jahreszeit. Tatsächlich häufen sich nach dem Histogramm die Rutschungen im Frühling während und nach der Schneeschmelze.

4-9 Die Auswertung der Kreuzkorrelation zeigt deutlich, dass ein Verschiebungsbetrag von etwa 6 m vorliegt.

4-10 Das experimentelle Semivariogramm zeichnet sich durch einen deutlichen Anstieg aus, der sich ab einem Verschiebungswert von $h = 3$ abschwächt.

4-11 Die Übergangshäufigkeits-Matrix ergibt sich zu

$$\text{von}\quad \begin{matrix} & \text{nach} & \\ & \begin{matrix} K & S & U & T \end{matrix} & \Sigma \\ \begin{matrix} K \\ S \\ U \\ T \end{matrix} & \begin{bmatrix} 3 & 2 & 1 & 2 \\ 5 & 4 & 0 & 0 \\ 0 & 3 & 0 & 0 \\ 0 & 0 & 2 & 0 \end{bmatrix} & \begin{matrix} 8 \\ 9 \\ 3 \\ 2 \end{matrix} \\ & \begin{matrix} 8 & 9 & 3 & 2 \end{matrix} & 22 \end{matrix}$$

woraus die Übergangswahrscheinlichkeits-Matrix folgt

$$\text{von}\quad \begin{matrix} & \text{nach} & \\ & \begin{matrix} K & S & U & T \end{matrix} & \Sigma \\ \begin{matrix} K \\ S \\ U \\ T \end{matrix} & \begin{bmatrix} 0.38 & 0.25 & 0.13 & 0.25 \\ 0.56 & 0.44 & 0.00 & 0.00 \\ 0.00 & 1.00 & 0.00 & 0.00 \\ 0.00 & 0.00 & 1.00 & 0.00 \end{bmatrix} & \begin{matrix} 1.00 \\ 1.00 \\ 1.00 \\ 1.00 \end{matrix} \end{matrix}$$

Auf Meter 34 wird demnach mit einer Wahrscheinlichkeit von $p(K|K) = 0.38$ Konglomerat erbohrt. Aus der Quadrierung der Matrix ergibt sich die Übergangswahrscheinlichkeiten für Meter 35

$$\begin{bmatrix} 0.38 & 0.25 & 0.13 & 0.25 \\ 0.56 & 0.44 & 0.00 & 0.00 \\ 0.00 & 1.00 & 0.00 & 0.00 \\ 0.00 & 0.00 & 1.00 & 0.00 \end{bmatrix}^2 = \begin{bmatrix} 0.28 & 0.33 & 0.30 & 0.09 \\ 0.46 & 0.34 & 0.07 & 0.14 \\ 0.56 & 0.44 & 0.00 & 0.00 \\ 0.00 & 1.00 & 0.00 & 0.00 \end{bmatrix}$$

Danach wird auf Meter 35 mit einer Wahrscheinlichkeit von $p(K|K) = 0.28$ Konglomerat erbohrt.

4-12 Aus den Grundgleichungen der sphärischen Statistik ergibt sich der Regelungsgrad zu

$$\overline{R} = 0.971$$

die Raumstellung des Schwerpunktsvektors zu

$$\left[\overline{\alpha}, \overline{\vartheta}\right] = \left[-0.890, 0.427\right] = \left[129.00°, 24.46°\right]$$

die sphärische Standardabweichung zu

$$\Omega = 0.244 = 13.96°$$

und der Vertrauenskegel ($\alpha = 0.1$) zu

$$\Lambda = 0.071 = 4.06°$$

4-13 Aus den Vorgaben folgt ein Abstand von

$$d = \frac{2r}{p} = \frac{5.00}{0.95} = 5.26\,\text{m}$$

4-14 Aus den Vorgaben folgt die Anzahl der Beprobungspunkte zu

$$n_{95} = \frac{\psi}{r_A} = \frac{1.08}{\pi(2.5)^2/(2500)} = 138$$

5-1 Weniger als 5 %, meistens sogar weniger als 1 %.
5-2 Nach den Voruntersuchungen.
6-1 Die Lösung ergibt sich aus den Angaben und Beispielen im Text.
6-2 A-, B- und C-Horizont.
6-3 Die WRB unterscheidet (1) organische Böden (2) anthropogene Böden (3) Böden mit beschränkter Durchwurzelung (4) wasserbeeinflusste Böden (5) durch Eisen- und Aluminiumprozesse geprägte Böden (6) Stauwasserböden (7) Humusakkumulationsböden (8) Salzakkumulationsböden (9) Böden mit Tonverlagerungshorizonten (10) Junge, wenig differenzierte Böden
6-4 $w = 0.29$, $\gamma_d = 14.0$ kN/m³, $n = 0.47$, $e = 0.88$, $S_r = 0.86$, $\gamma = 18.0$ kN/m³, $\gamma_r = 18.68$ kN/m³, $\gamma' = 8.68$ kN/m³.
6-5 Die Lösung folgt aus den Beispielen im Text.
6-6 Für den Durchlässigkeitsbeiwert $k$ [m/s] folgt nach Hazen

$$k = 0.0116 d_{10}^2 = 0.0116(0.21)^2 = 5 \cdot 10^{-4}\,\text{m/s}$$

6-7 Der Durchlässigkeitsbeiwert ergibt sich zu

$$k \cong \frac{1}{s_m}\frac{\Delta s}{\Delta t}\frac{d}{28} = \frac{1}{0.25}0.05\frac{1.0}{28} = 7 \cdot 10^{-3}\,\text{m/s}$$

6-8 Mit dem mittleren Indexwert $I_{s(50)}$ = 2.62 MN/m² folgt $\sigma_u$ = 24 (2.62) = 63 MN/m².
6-9 Das Schmidtsche Netz (Abb. AI-3) zeigt die Lösung.

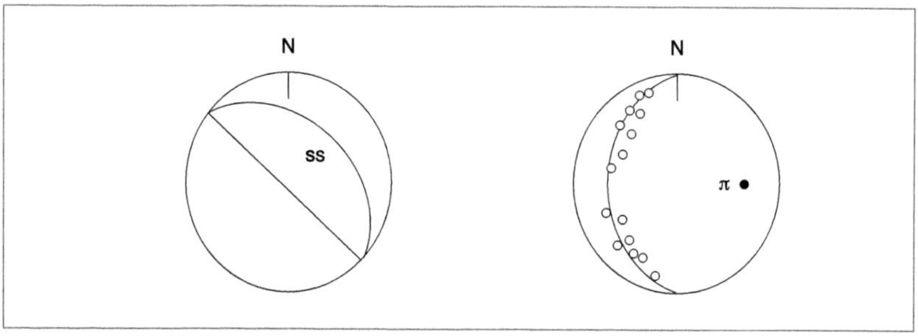


**Abb. AI-3** Schmidtsche Netze für die Blockbilder der Übungen 6-9 und 6.10.

6-10 Das Schmidtsche Netz (Abb. AI-3) zeigt die Lösung.
7-1 Von der Oberfläche ab stehen an: O, S, T, S, Me.
7-2 Lösung: $v_1 = 909$ m/s, $v_2 = 6500$ m/s, $d = 14.3$ m bei $x_{cross} = 33$ m.
7-3 Mit $r_a$ als Brunnenaußendurchmesser folgt

$$Q = k\,s\,h\,\omega \qquad \omega = \frac{2\pi}{\ln(R/r_a)}$$

7-4 Die Durchlässigkeit liegt bei etwa 1.8 $10^{-5}$ m/s.
7-5 $\varphi = 32°$.
7-6 $\varphi' = 25°$, $c' = 15$ kN/m².
7-7 $\varphi = 35°$, $\vartheta = 62°$.
7-8 $\varphi' = 25°$, $c' = 10$ kN/m².
7-9 $\tau = 85\text{-}90$ MN/m².
7-10 $\varphi_m = 25°\text{-}31°$, $\tau_m = 4.7\text{-}6.0$ MN/m², Dreiecksverteilung (rechtsschief).
7-11 $E_s = 2.0$ MN/m², Entlastungsmodul $E_e = 14$ MN/m², Vorbelastung $\sigma_{vb} = 160$ kN/m².
7-12 Im Text des Kapitels 7.
10-1 Abrisszonen, Sackungszonen, Längs- und Querspalten, Frontwälle und Aufpressungen, atypische geomorphologische Phänomene, Staunässe, Schiefstellungen und Wuchsstörungen von Bäumen, Schäden an Bauwerken, im Gebirgsbereich zunehmender Steinschlag, Verschiebung von Kluftkörpern und Kluftkörperverbänden, Spalten im Kronenbereich etc.
10-2 Der Erddruck ergibt sich zu

$$E_a = \frac{1}{2}\gamma z^2 k_{ahg} - 2cz\sqrt{k_{ahg}}$$

$$k_{ahg} = \tan^2\left(45 - \frac{\varphi}{2}\right)$$

Für die freie Standhöhe folgt somit

$$z_c = \frac{4c}{\gamma\sqrt{k_{ahg}}}$$

10-3 Für die trockene Böschung gilt $\varphi = 20°$, für vollen Kluftwasserdruck folgt aus dem Krafteck $\varphi = 31°$. Da keine weiteren Informationen vorliegen, wird eine Gleichverteilung zwischen beiden Grenzwerten angenommen, woraus sich ein mittlerer Reibungswinkel von etwa 26° ergibt.
10-4 Mit $\kappa = 0.39$ folgt $\varphi_{erf} = 43° > \varphi_{vorh} = 32°$. Die Böschung ist nicht standsicher.
10-5 Aus dem Krafteck folgt $\varphi_{erf} = 47° > \varphi_{vorh} = 33°$ (Abb. AI-4). Bei vollem Kluftwasserdruck würde die Böschung versagen.
10-6 Bei $\varphi_{ss} = 35°$ lässt sich (1) das Krafteck mit einer horizontalen Ankerkraft von 80 kN/m schließen (Abb. AI-5). Bei einer Ankerneigung von etwa 28° beträgt (2) die erforderliche Ankerkraft nur 73 kN/m.
11-1 Senkungszonen (regelmäßige und unregelmäßige), Staunässe und neu entstandene Feuchtgebiete, Senkungsseen, Schiefstellungen und Wuchsstörungen von Bäumen, Änderungen im Pflanzenbestand, Schäden an Bauwerken,

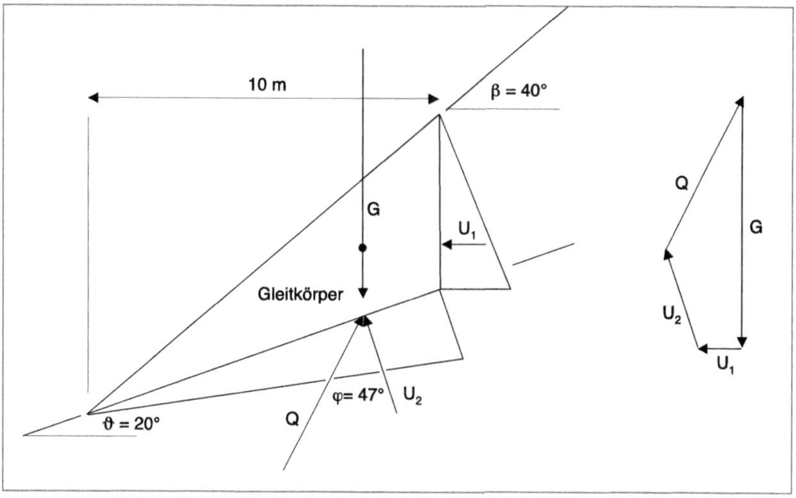


**Abb. AI-4** Gleitkörper mit Krafteck.

in Bergbaugebieten aufgegebene Tagesanlagen und Schächte, Halden, Kontaminationen und evtl. Acid Mine Drainage etc.

11-2 Steinsalz.

11-3 Unter der Annahme, dass die Zusatzbelastung mit zunehmender Entfernung abnimmt, folgt geometrisch für die näheren Pfeiler (gerade Nummern) eine Zusatzbelastung von 14.6% und für die weiter entfernten Pfeiler (ungerade Nummern) eine Zusatzbelastung von 10.4% der ursprünglich vom zentralen (versagten) Pfeiler getragenen Gebirgslast.

11-4 (a) Es handelt sich um einen subkritischen Senkungstrog. (b) Aus dem empirischen Auswertediagramm folgt als maximale Senkung 8 m (die Senkungen aus beiden Abbauen werden addiert). Die Abbaulängen müssen dabei mindesten 1.4 $h$ betragen. (c) Stauchungen und Dehnungen können ausgegli-

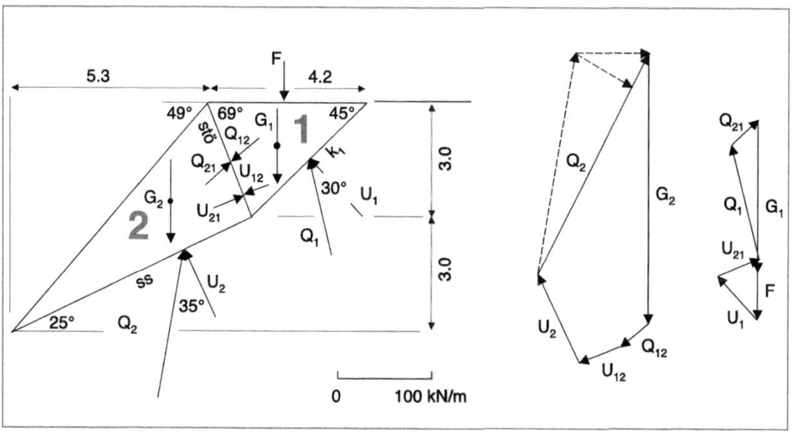


**Abb. AI-5** Teilkörpermechanismus mit Kraftecken.

chen werden, indem einer der Abbaubereiche zeitlich vorgezogen wird, so dass sich die Dehnungen und Stauchungen dieses Abbaus antizyklisch zu denen des zweiten Abbaus entwickeln. Durch Superposition heben sich so die Dehnungen und Stauchungen gegenseitig auf.

11-5 (a)

$$\frac{x}{h} = \frac{2}{(k-1)}$$

(b)

$$\frac{x}{h} = \frac{2}{(ek-1)}$$

11-6 Aus dem Volumen der geförderten Sole und seinem mittleren Salzgehalt.

11-7 Infolge der Grundwasserabsenkung ist im Bereich von –2.00 m bis –4.00 m der Auftrieb des Bodens weggefallen. Der Boden wird also mit

$$\Delta\sigma = 2(19-10) = 18 \text{ kN/m}^2$$

zusätzlich belastet. Von -2.00 m bis -4.00 m baut sich die Zusatzbelastung linear auf und bleibt dann konstant bei 18 kN/m² bis auf die Tiefe des Grundgebirges. Nach Umstellung des Hookeschen Gesetzes folgt für die Setzung

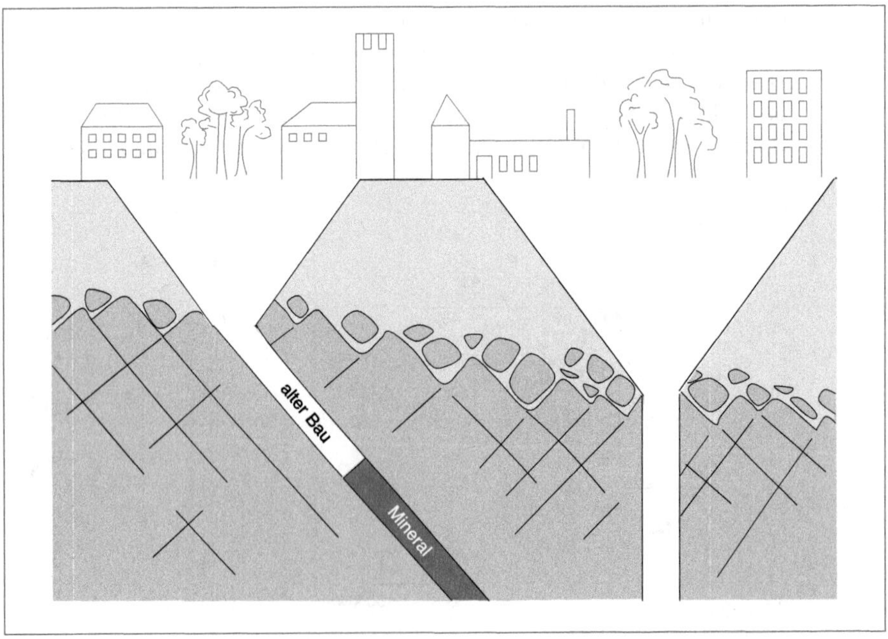


**Abb. AI-6** Profil mit Einsturztrichtern.

$$s = \frac{18}{20000}\left[0.5(2.00) + 6.00\right] = 0.0063 \text{ m} = 0.6 \text{ cm}$$

11-8 Über dem Bau und dem Schacht können sich Einsturztrichter bilden (Abb. AI-6).

12-1 Die zu erwartende Setzung beträgt knapp 2 cm.

12-2 $R$ = 1030 kN/m (ohne Sicherheitsbeiwert).

12-3 Die Abnahme des Grundbruchwiderstands beträgt 42%.

12-4 Die Abnahme des Grundbruchwiderstands beträgt 68%.

12-5 Mit $\gamma'$ = 8 kN/m³ beträgt die Abnahme des Grundbruchwiderstands 78%.

12-6 Die Abnahme der Grundbruchspannung mit der Lastneigung folgt der Funktion

$$\frac{\sigma}{\gamma b'} = N_{bo}\kappa_b = N_{bo}(1 - \tan\delta)^3 = N_{bo}\left(1 - \frac{T}{N}\right)^3$$

Darin sind $T$ die parallel zur Sohlfuge wirkende Bemessungslast und $N$ die normal zur Sohlfläche wirkende Bemessungslast.

12-7 Die Sohlfuge klafft ab

$$h = \frac{b}{4}\sqrt{19\frac{\gamma_S}{\gamma}\frac{1}{k_a}}$$

und öffnet sich bis zur halben Fundamentbreite bei

$$h = \frac{b}{4}\sqrt{29\frac{\gamma_S}{\gamma}\frac{1}{k_a}}$$

12-8 Das Versagen des Systems lässt sich mit einem kinematisch kompatiblen, aus vier Teilkörpern bestehenden Mechanismus beschreiben (Abb. AI-7). Die Bauwerkslast wird auf der Breite $b'$ in den Baugrund eingeleitet. Im Grenzzustand bewegt sich Teilkörper 1 gegen Teilkörper 2, der seinerseits Teilkörper 3 und 4 nach oben drückt. Teilkörper 4 wird wie beim Grundbruchproblem als seitliche Auflast interpretiert. Ausgehend von Teilkörper 3 lassen sich nacheinander Kraftecke für alle Teilkörper herleiten. Die Sohlreibung am Teilkörper 2 entspricht nicht dem Reibungswinkel des Bodens, sondern dem (niedrigeren) Reibungswinkel $\alpha$ zwischen Membran und Boden. Zu beachten ist weiterhin, dass an Teilkörper 1 neben der Volumenkraft und den Reibungskräften auch Zugkräfte $Z$ aus der Geogitter-Bewehrung angreifen. Aus dem Krafteck des Teilkörpers 1 ergibt sich schließlich der Grundbruchwiderstand $R$. Das Krafteck zeigt anschaulich, dass mit zunehmender Lastneigung der Grundbruchwiderstand abnehmen muss.

12-9 Das *Rock Mass Rating* ist ein empirisches Wichtungssystem zur Beurteilung der Gebirgsqualität im Felshohlraumbau, das auf sechs Kennwerten beruht: (1) der einaxialen Druckfestigkeit des intakten Gesteins (2) der Rock Quality Designation RQD (3) dem Trennflächenabstand (4) dem Zustand der Trennflächen (rau, glatt, verwittert) (5) der Orientierung der Trennflächen und (6) den Grundwasserverhältnissen.

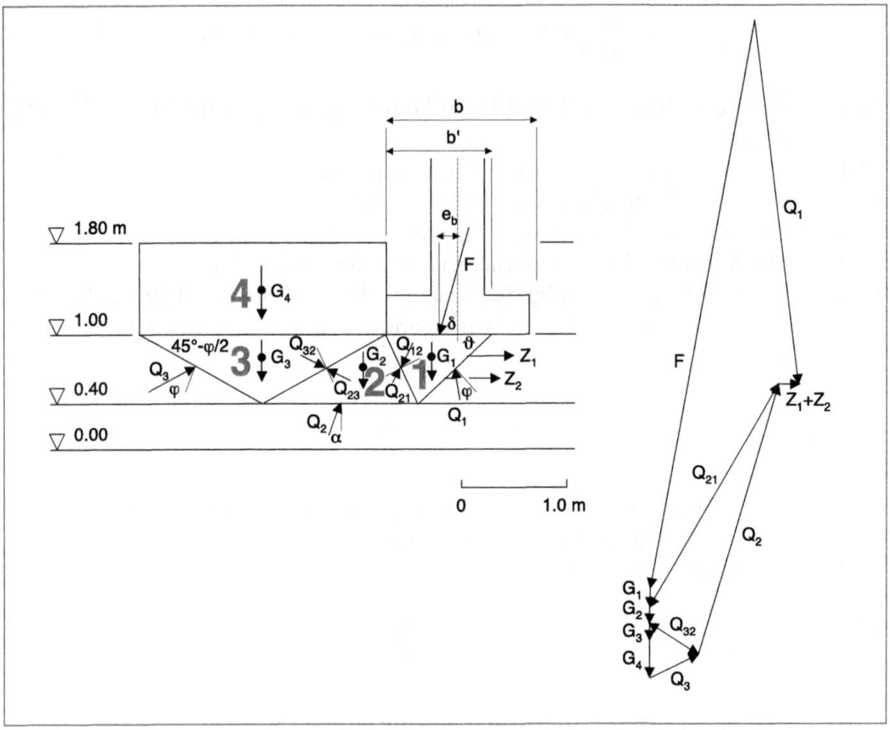


**Abb. AI-7** Versagensmechanismus mit Kraftecken.

12-10 Die Gebirgskennlinie bezeichnet nach Pacher die elastoplastische Deformation des Ausbruchrandes eines Hohlraums.

12-11 Die Neue Österreichische Tunnelbauweise zeichnet sich aus durch die Mobilisierung des Gebirges als tragendes Bauteil, den Erhalt der ursprünglichen Festigkeit des Gebirges durch Reduktion der Deformation, die Messung der Deformation zur rechtzeitigen Einbringung eines optimalen Verbaus (weder zu steif noch zu flexibel), die Anwendung von Spritzbeton zur kraftschlüssigen Sicherung und den dünnschaligen, flexiblen Ausbau des Hohlraums.

# Anhang II

## Unschärfe und Sicherheit

Jedes Bauwerk muss standsicher sein. Um die Standsicherheit zu gewährleisten, werden für alle Komponenten eines Bauwerks Standsicherheitsnachweise geführt. Sie beruhen auf mechanischen Modellen, auf deren Grundlage *Grenzzustandsbedingungen* hergeleitet werden, in denen stabilisierende (haltende) und destabilisierende (treibende) Komponenten gegenübergestellt werden. Eine solche Grenzzustandsbedingung ist zum Beispiel die Grundbruchgleichung, in der die haltenden Komponenten (Reibungswinkel, Kohäsion) mit der treibenden Komponente (Last) verglichen werden. Fast alle Grenzzustandsbedingungen der Geotechnik lassen sich durch das Freischneiden des Systems und der Bildung der Kräftebilanz mit dem Krafteck herleiten.

Im Gegensatz zu den Standsicherheitsproblemen des Hochbaus müssen bei geotechnischen Fragestellungen jedoch Parameter berücksichtigt werden, die eine große statistische Streuung und somit eine deutliche Unschärfe aufweisen. Dazu kommen Messfehler bei der Erfassung der Parameter und Ungenauigkeiten beim mechanischen Modell, das der Grenzzustandsbedingung zugrunde liegt.

Um die bei der Bemessung und bei der Ausführung auftretenden Unsicherheiten wirksam zu erfassen, ist ein verständliches und transparentes Sicherheitskonzept erforderlich. Dieses Sicherheitskonzept muss zum einen zwischen der im öffentlichen Interesse liegenden Sicherheit vermitteln und zum anderen der notwendigen Wirtschaftlichkeit gerecht werden. Mit Sicherheitsfaktoren versucht man, dieser Aufgabe nachzukommen: Je höher der Sicherheitsfaktor angesetzt wird, desto standsicherer ist das Bauwerk. Ein kleiner Sicherheitsfaktor erlaubt dagegen eine kostengünstigere Dimensionierung.

Früher beruhten die anzusetzenden Sicherheitsfaktoren nur auf Erfahrungswerten. Das neue, auf der Wahrscheinlichkeitstheorie aufbauende, *probabilistische Sicherheitskonzept* gleicht dieses Manko aus, denn dem Sicherheitsmaß liegt nun eine *a priori* festgelegte, nach Sicherheitserwägungen als tolerabel angesehene *Versagenswahrscheinlichkeit* zugrunde. Die tatsächlich vorliegende Versagenswahrscheinlichkeit ergibt sich aus der Verbindung des vom Stabilitätsproblem abhängigen mechanischen Modells mit den stochastischen Modellen der Eingangsparameter. Da die tolerable

Versagenswahrscheinlichkeit für alle Komponenten eines Tragwerks gleich festgelegt wird, ist keine Komponente unterbemessen oder überbemessen. Das Tragwerk ist sicherheitstechnisch homogen und wirtschaftlich optimal dimensioniert.

Die Anforderungen an das neue Sicherheitskonzept formulierte bereits Pottharst (1977):

- Es muss für alle Baustoffe, Konstruktionstypen und Belastungsarten anwendbar sein.
- Es muss durch die verfügbaren Daten der Einflussgrößen definierbar sein, also durch deren Mittelwerte und Standardabweichungen.
- Es muss transparent sein, d.h. der Einfluss der einzelnen Unsicherheitsquellen soll erkennbar sein.
- Mit Hilfe des Sicherheitsmaßes sollen sich auf einfache Weise die für die Bemessungspraxis erforderlichen Sicherheitsbeiwerte herleiten lassen.
- Es muss unabhängig sein von der analytischen Formulierung eindeutig definierter Grenzzustände der Gebrauchstauglichkeit und der Standsicherheit, d.h. eine Umformulierung der Grenzzustandsbedingung darf das Ergebnis nicht beeinflussen (Invarianzforderung).

Eine Reihe verschiedener probabilistischer Verfahren wurde vorgeschlagen (geschlossene Lösung, Monte-Carlo-Simulation, Punktschätzungsmethode etc.), doch nur der invariante Ansatz von Hasofer & Lind (1974) genügt allen genannten Anforderungen. Im einfachen, zweidimensionalen Fall mit einer Gauß-normalverteilten, haltenden Komponente $r$ und einer Gauß-normalverteilten, treibenden Komponente $s$ gilt für den Grenzzustand

$$r - s = 0$$

Da sowohl $r$ als auch $s$ statistisch streuende Größen sind, definieren sie eine zweidimensionale Wahrscheinlichkeitsverteilung, die von der Grenzzustandsbedingung in einen standsicheren Bereich und einen nicht standsicheren Bereich getrennt wird (Abb. AII-1). Die Versagenswahrscheinlichkeit folgt aus

$$p_f = \iint_{r-s<0} f(s) f(r)\, ds\, dr$$

Die Versagenswahrscheinlichkeit entspricht also dem Volumenintegral des durch die Grenzzustandsbedingung abgetrennten Teils der zweidimensionalen Wahrscheinlichkeitsdichte. Mit der Standardisierung von $r$ und $s$ mit ihren Mittelwerten $\mu$ und Standardabweichungen $\sigma$

$$\hat{r} = \frac{r - \mu_r}{\sigma_r}$$

$$\hat{s} = \frac{s - \mu_s}{\sigma_s}$$

fallen die Mittelwerte beider Parameter in den Koordinatenursprung. Der kürzeste Abstand vom Koordinatenursprung zur Geraden des Grenzzustands definiert den

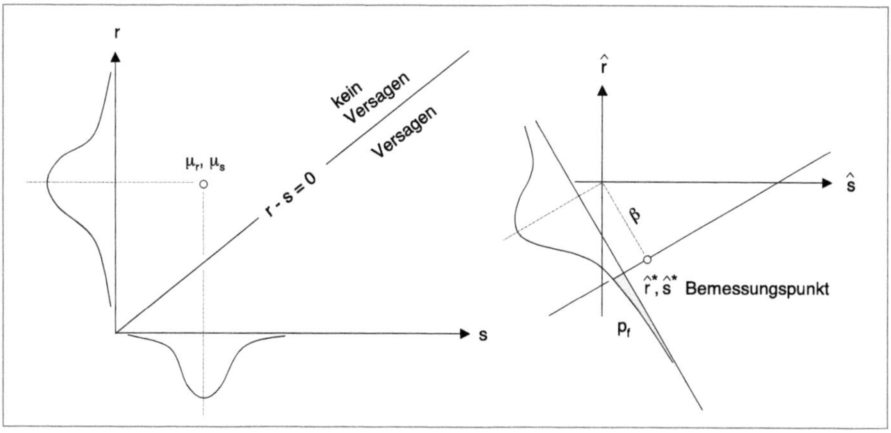


**Abb. AII-1** Zweidimensionale Verteilungsdichte für ein lineares Last-Festigkeitsproblem, standardisiertes Koordinatensystem.

Bemessungspunkt. Dieser Abstand entspricht einem Sicherheitsmaß, dem Sicherheitsindex $\beta$, der über die kumulative Gauß-Verteilungsfunktion direkt einer Versagenswahrscheinlichkeit zugeordnet ist. Daraus folgt, dass sich aus einer Grenzzustandsbedingung mit streuenden Kennwerten eine Versagenswahrscheinlichkeit ermitteln lässt. Es folgt auch, dass für eine vorgegebene Versagenswahrscheinlichkeit die Realisationen der streuenden Kennwerte im Grenzzustand bestimmt werden können. Die vorgegebene Versagenswahrscheinlichkeit bestimmt somit die Bemessungsgrößen. Diese Qualität definiert einen wesentlichen Anspruch des probabilistischen Sicherheitskonzeptes.

Bei einer $n$-dimensionalen, nichtlinearen Grenzzustandsbedingung (Pottharst 1977, Ang & Tang 1984)

$$g(x_i) = g(x_1, x_2 \ldots x_n) = 0$$

folgt nach Standardisierung der Parameter mit den ersten beiden Momenten

$$\hat{x}_i = \frac{x_i - \mu_i}{\sigma_i}$$

der standardisierte Grenzzustand

$$g(\hat{x}_i) = g(\hat{x}_1 \sigma_1 + \mu_1, \hat{x}_2 \sigma_2 + \mu_2 \ldots \hat{x}_n \sigma_n + \mu_n) = 0$$

Die Grenzzustandsgleichung wird im Bemessungspunkt mit einer Taylor-Entwicklung approximiert

$$g(\hat{x}_i) \approx g(\hat{x}_i^*) + \sum_{i=1}^{n} \left.\frac{\partial \hat{g}}{\partial \hat{x}_i}\right|_* (\hat{x}_i - \hat{x}_i^*) = 0$$

Die Hessesche Normalform dieser Tangentialebene im Bemessungspunkt lautet

$$-\sum_{i=1}^{n}(\alpha_i \hat{x}_i) - \beta = 0$$

Es lässt sich somit der Sicherheitsindex $\beta$ bestimmen, wobei

$$\alpha_i = \frac{\left.\frac{\partial \hat{g}}{\partial \hat{x}_i}\right|_*}{\sqrt{\sum_{j=1}^{n}\left(\left.\frac{\partial \hat{g}}{\partial \hat{x}_j}\right|_*\right)^2}}$$

als Wichtungsfaktor die relative Wirkung des Kennwertes $x_i$ auf $\beta$ definiert. Nach Rücktransformation folgt für den Bemessungspunkt

$$x_i^* = \mu_i - \alpha_i \beta \sigma_i$$

mit den kennwertspezifischen Wichtungsfaktoren

$$\alpha_i = \frac{\left.\frac{\partial g}{\partial x_i}\right|_* \sigma_i}{\sqrt{\sum_{j=1}^{n}\left(\left.\frac{\partial g}{\partial x_j}\right|_* \sigma_j\right)^2}}$$

und dem Sicherheitsindex

$$\beta = \frac{-\sum_{i=1}^{n}\left.\frac{\partial g}{\partial x_i}\right|_* (x_i^* - \mu_i) + g(x_i^*)}{\sqrt{\sum_{i=1}^{n}\left(\left.\frac{\partial g}{\partial x_i}\right|_* \sigma_i\right)^2}}$$

woraus sich die Versagenswahrscheinlichkeit über die kumulative Gauß-Verteilungsfunktion

$$p_f = \phi(-\beta)$$

ergibt. Abbildung AII-2 veranschaulicht diesen Zusammenhang.

Nicht normalverteilte Kennwerte sind vor der Ermittlung des Sicherheitsindexes in normalverteilte zu transformieren. Ebenso sind korrelierte Kennwerte vor der Ermittlung des Sicherheitsindexes in nicht korrelierte Kennwerte zu transformieren.

Das folgende Beispiel veranschaulicht diese Herleitung (Genske 1988, Genske & Walz 1991): In der Grenzzustandsbedingung für das ebene Gleiten einer Gebirgseinheit

$$g = \kappa \tan\varphi - \tan\vartheta = f(\varphi, \vartheta, \kappa) = 0$$

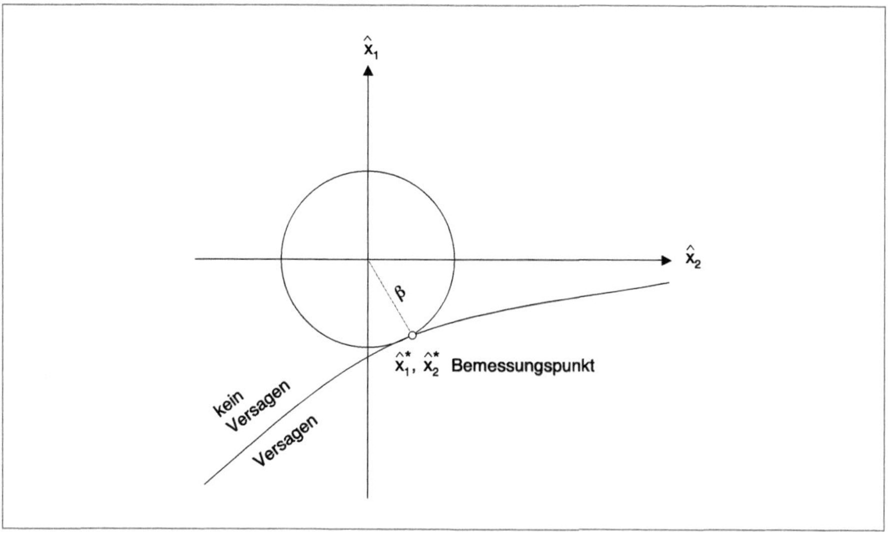


**Abb. AII-2** Ermittlung des Sicherheitsindex $\beta$ bei nichtlinearen Grenzzuständen.

sind der Reibungswinkel $\varphi$ und die Gleitflächenneigung $\vartheta$ streuende Größen. Der Faktor $\kappa$ repräsentiert die Abminderung der Standsicherheit infolge des Kluftwasserdrucks (Abb. AII-3) und hängt ab von der Gleitflächenneigung und der Geometrie des

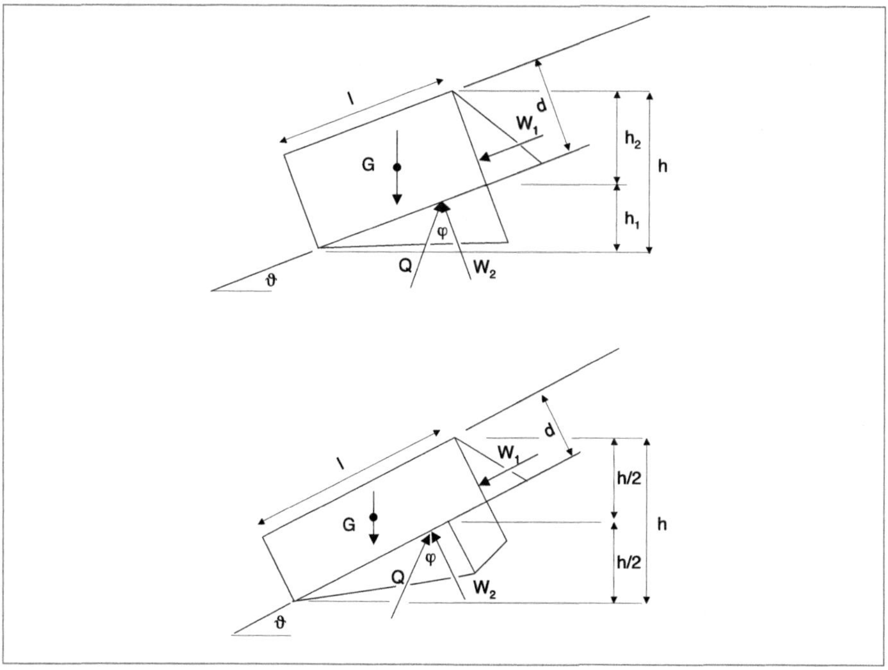


**Abb. AII-3** Ebenes Gleiten mit Kluftwasserdruck.

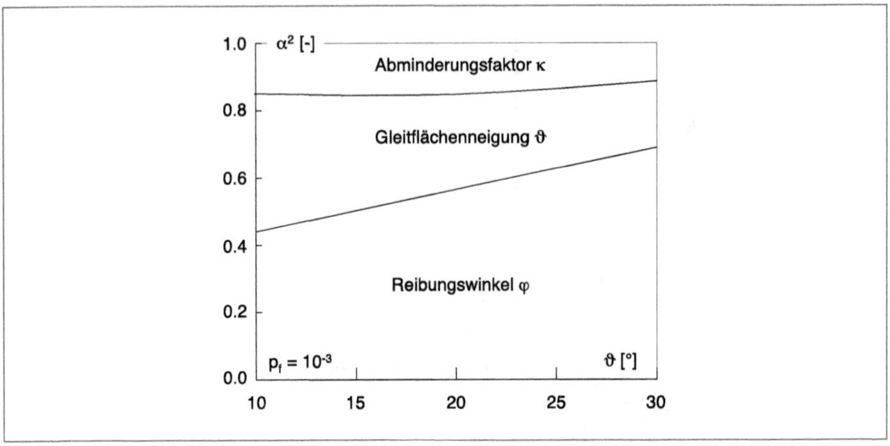


**Abb. AII-4** Wichtungsfaktoren für das ebene Gleitproblem.

Gleitkörpers (Länge $l$, Mächtigkeit $d$, siehe Kapitel 10). Dabei wird die maximal mögliche Ausprägung des Kluftwasserdrucks angenommen. Die Gleitflächenneigung ist normalverteilt und der Reibungswinkel lognormalverteilt. Der Abminderungsfaktor schwankt zwischen dem im Diagramm abzulesenden Kennwert für vollen Kluftwasserdruck und dem Grenzwert 1.0, der einer trockenen Böschung entspricht. Da keine Informationen zur tatsächlichen Ausbildung des Kluftwasserdrucks vorliegen, wird der Abminderungsfaktor in erster Näherung als zwischen diesen beiden Grenzwerten liegend und gleichverteilt angenommen. Aufgrund der so definierten Eingangswerte lassen sich die Wichtungsfaktoren $\alpha$ bei vorgegebenem Sicherheitsniveau $\beta$ ermitteln. Die Parameterstudie zeigt, dass der Einfluss des Reibungswinkels mit zunehmender Gleitflächenneigung zunimmt (Abb. AII-4).

Mit den Wichtungsfaktoren lassen sich die Realisationen der streuenden Parameter im Bemessungspunkt bestimmen. Der Vergleich der Bemessungswerte mit ihren Mittelwerten erlaubt die Herleitung von Partialsicherheitsbeiwerten im Sinne Fellenius' (1927). Danach werden für ein Bemessungsproblem die haltenden Komponenten $r_i$ mit Teilsicherheitsbeiwerten $\gamma_i$ vermindert und die treibenden Komponenten $s_j$ mit Teilsicherheitsbeiwerten $\gamma_j$ erhöht

$$\gamma_i = \frac{\mu_i}{r_i^*} = \frac{1}{1 - \alpha_i \, vac_i \, \beta}$$

$$\gamma_j = \frac{s_j^*}{\mu_j} = \frac{1 - \alpha_j \, vac_j \, \beta}{1}$$

um dann nachzuweisen, dass der Grenzzustand nicht überschritten, die Standsicherheit also nicht gefährdet ist. Dabei entspricht *vac* dem Variationskoeffizienten der Parameter. Ist die Streuung eines Kennwerts unabhängig von dessen Mittelwert, werden Sicherheitselemente eingeführt

$$\delta_i = \mu_i - r_i^* = \alpha_i \sigma_i \beta$$

$$\delta_j = s_j^* - \mu_j = -\alpha_j \sigma_j \beta$$

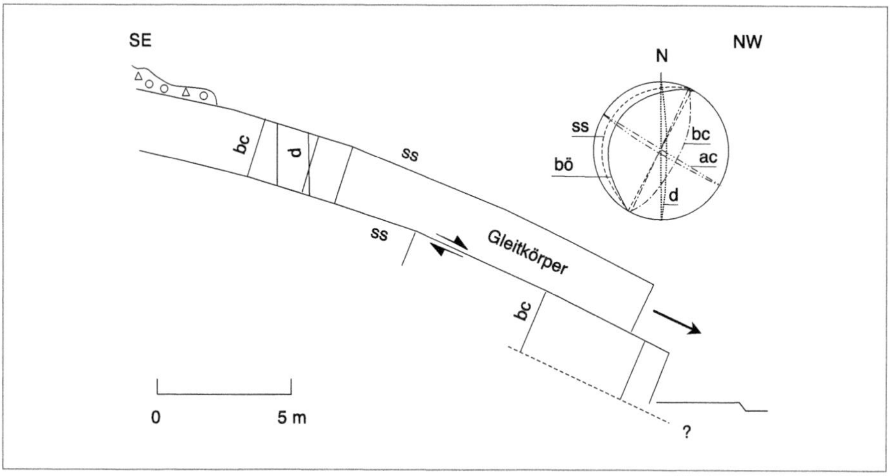


**Abb. AII-5** Felsböschung mit Gleitkörper (Blombach SE von Wuppertal).

mit $\sigma$ als Standardabweichung des Parameters. Die Berücksichtigung des Sicherheitsindexes bei der Herleitung der Teilsicherheitsbeiwerte und Sicherheitselemente ermöglicht somit eine direkte Bemessung für eine vorgegebene Versagenswahrscheinlichkeit.

Zu Veranschaulichung soll das oben vorgestellte Beispiel erweitert werden (Genske 1988, Genske & Walz 1991). Dabei wird die in Abbildung AII-5 dargestellte Böschung untersucht. Die für das ebene Gleitproblem ermittelten Wichtungsfaktoren lassen sich direkt in Teilsicherheitsbeiwerte und Sicherheitselemente umrechnen. Sie schwanken in Abhängigkeit von der Gleitflächenneigung (AII-6). Durch die Approximation des Teilsicherheitsbeiwertes für die Reibung $\gamma_\varphi$ mit einem konstanten Wert lässt sich das

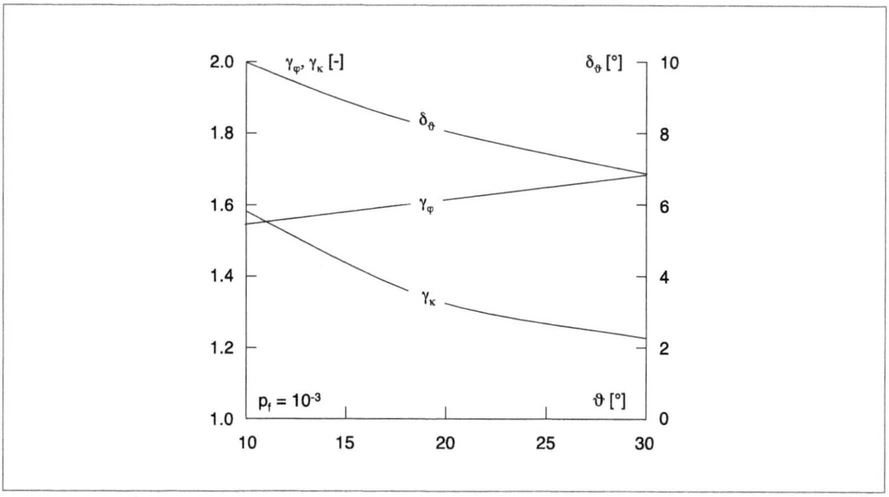


**Abb. AII-6** Teilsicherheitsbeiwerte $\gamma_\varphi$ und $\gamma_K$ sowie Sicherheitselement $\delta_\vartheta$ für die Versagenswahrscheinlichkeit $p_f$ = 10-3 ($\beta$ = 3.1).

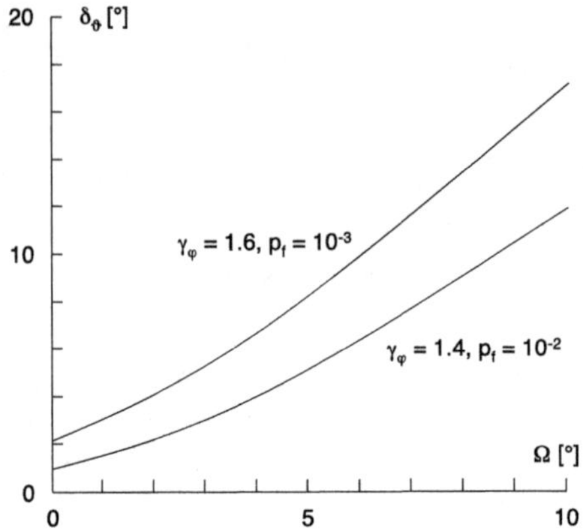


**Abb. AII-7** Sicherheitselemente für die Gleitflächenneigung als Funktion der Streuung der Gleitflächenneigung (sphärische Standardabweichung W) für die Versagenswahrscheinlichkeiten $p_f$ = 10-2 ($\beta$ = 2.3) und $p_f$ = 10-3 ($\beta$ = 3.1) bei einem Variationskoeffizienten des Reibungswinkels $vac_\varphi = 0.2$.

Bemessungsproblem vereinfachen. Eine weitere Vereinfachung bringt die Festlegung des Abminderungsfaktors für maximalen Kluftwasserdruck als Bemessungswert. Für die Bemessung kann somit der Kennwert $\kappa$ direkt vom Bemessungsdiagramm (Kapitel 10) übernommen werden, ohne ihn mit einem Teilsicherheitsbeiwert anpassen zu müssen. Um trotz dieser Vereinfachungen eine gleichmäßige Versagenswahrscheinlichkeit zu gewährleisten, schwankt das Sicherheitselement für die Gleitflächenneigung mit seinem Streumaß, also mit der sphärischen Standardabweichung $\Omega$ (Abb. AII-7). Für die skizzierte Felsböschung wurde im Rahmen der gefügekundlichen Aufnahme eine mittlere Gleitflächenneigung von 25° ermittelt, deren Streumaß 3° beträgt. Aus Labor-, Feld- und Vergleichsuntersuchungen folgte ein mittlerer Reibungswinkel von 32° mit einem Variationskoeffizienten von etwa 0.2. Daraus ergeben sich die charakteristischen Werte

$$\vartheta_k = \overline{\vartheta} = 25°$$
$$\varphi_k = \overline{\varphi} = 32°$$

Aus ihnen folgen für eine Versagenswahrscheinlichkeit von $p_f = 10^{-2}$ die Bemessungswerte

$$\vartheta_d = \vartheta_k + \delta_\vartheta = 25 + 3 = 28°$$
$$\varphi_d = \frac{\varphi_k}{\gamma_\varphi} = \frac{32}{1.4} = 23°$$

Mit dem Geometrieverhältnis

$$d/l \leq 0.16$$

des rechtwinklig angenommenen Gleitkörpers wird der Bemessungswert des Abminderungsfaktors aus dem Bemessungsdiagramm (Kapitel 10) mit

$$\kappa_d \approx 0.5$$

abgelesen. Für den Grenzzustand folgt somit

$$g = \kappa_d \tan\varphi_d - \tan\vartheta_d = 0.5\tan(23) - \tan(28) = -0.32 < 0$$

Der Standsicherheitsnachweis ist somit nicht erfüllt. Die Versagenswahrscheinlichkeit ist größer als $p_f = 10^{-2}$. Selbst ohne Berücksichtigung des Kluftwasserdruckes ist die Versagenswahrscheinlichkeit größer als 1/100. Tatsächlich handelt es sich hier um eine Böschung, bei der es zu einer Rutschung entlang der Schichtflächen kam.

# Literatur


Abele G (1974) Bergstürze in den Alpen: Ihre Verbreitung, Morphologie und Folgeerscheinungen. *Wissenschaftlicher Alpenverein* 25, 1-230

Agricola G (1556) De Re Metallica Libri XII. Froben, Basel, nachgedruckt 2003 im Fourier Verlag Wiesbaden, 564

Ampferer O (1939) Über einige Formen der Bergzerreißung. Wien, Sitz.-Berg. Akad. d. Wiss. 149

Amstad C, Kovári K (2001) Untertagbau in quellfähigem Fels. ETHZ Forschungsauftrag 52/94 auf Antrag des Bundesamtes für Straßen (ASTRA)

Ang AHS, Tang WH (1975) Probability concepts in engineering planning and design Vol 1. Wiley New York, 409

Ang AHS, Tang WH (1984) Probability concepts in engineering planning and design Vol 2. Wiley New York, 562

Ang AHS, Tang WH (2006) Probability concepts in engineering: emphasis on applications to civil and environmental engineering. John Wiley & Sons, 420

Anonym (1967) The Aberfan disaster. London, HMSO Tribunal appointed to inquire into the disaster at Aberfan.

Argyris J, Faust G, Haase M, Friedrich R (2010) Die Erforschung des Chaos: Eine Einführung in die Theorie nichtlinearer Systeme. Springer, 893

ARTE (2011) Le dessous des cartes: Des îles de déchets? / Mit offenen Karten: Inseln aus Müll? ARTE France, Janvier 2011

Assmann (1957) Der geologische Aufbau der Gegend von Berlin: Erläuterungen zur geologischen Karte und Baugrundkarte von Berlin (West). Senator für Bau- und Wohnungswesen, Berlin

Atterberg A (1911) Über die physikalische Bodenuntersuchung und über die Plastizität der Tone. Int Mitt für Bodenkunde 1, 10-43

Austin T (1967) Aberfan: The Story of a Disaster. London, Hutchinson, 230

AWS (2013) Eine Technik im Fokus: Fracking. Potenziale, Chancen und Risiken. Akademien der Wissenschaften Schweiz, Langfassung, 16

BAFU (2014) VASA-Modul In situ-Sanierung. Bundesamt für Umwelt (BAFU) der Schweizerischen Eidgenossenschaft. http://www.bafu.admin.ch/in_situ_sanierung/index.html?lang=de (aufgerufen 28.6.2014)

Bahlburg H & Breitkreuz C (2012) Grundlagen der Geologie. Springer Spektrum Heidelberg, 423

Bahuguna S (1989) Environmental conservation für survival. *Indian Journal of Public Administration*, 35 (3), 374-379

Bajohr S, Götz M, Graf F, Ortloff F (2011) Speicherung von regenerativ erzeugter elektrischer Energie in der Erdgasinfrastruktur. *Gas-Wasserfach Gas-Erdgas*, 152 (4), 200-210

Barnes FS, Levine JG, Eds. (2011) Large Energy Storage Systems Handbook (Mechanical Engineering. CRC Press Boca Raton, 244

Bartelme N (2000) Geoinformatik: Modelle, Strukturen, Funktionen. Springer Berlin Heidelberg New York, 419

Bartelt P, Christen M, Sovilla B, McArdell B, Swartz M (2007) DBF-1D two-phase debris flow model. Davos Switzerland, WSL

Barton N (1986) Deformation phenomena in jointed rock. *Geotechnique* 36 (2), 147-167

Barton N (1973) Review of a new shear-strength criterion for rock joints. *Engineering Geology*, 287-332

Barton N, Choubey (1977) The shear strength of rock joints in theory and practice. *Rock Mechanics* 10 (1-2), 1-54

Barton N, Lien R, Lunde J (1974) Engineering classification of rock masses for the design of tunnel support. *Rock Mechanics* 6 (4), 183-236

BBR/BBSR (2009a) Handlungskatalog: Optionen erneuerbarer Energien im Stadtraum (Bearbeitung: Dieter D. Genske, Ariane Ruff, Thomas Joedecke, Lars Porsche / Redaktion: Ariane Ruff). Bonn / Berlin, Bundesinstitut für Bau-, Stadt- und Raumforschung (BBSR) im Bundesamt für Bauwesen und Raumordnung (BBR), Bundesministerium für Verkehr, Bau und Stadtentwicklung (BMVBS), 45

BBR/BBSR (2009b) Nutzung städtischer „Freiflächen“ für erneuerbare Energien (Bearbeitung: Dieter D. Genske, Ariane Ruff, Thomas Joedecke / Redaktion: Lars Porsche, Doris Lorenz). Bonn, Berlin, Bundesinstitut für Bau-, Stadt- und Raumforschung (BBSR) im Bundesamt für Bauwesen und Raumordnung (BBR), Bundesministerium für Verkehr, Bau und Stadtentwicklung (BMVBS), 140

Beck H-P, Schmidt M (Hrsg.) (2011) Windenergiespeicherung durch Nachnutzung stillgelegter Bergwerke. Energie-Forschungszentrum Niedersachsen EFZN, 862

Bell FG (2000) Engineering properties of soils and rocks. Blackwell Science Oxford, 482

Bell FG, Genske DD, Bell AW (2000) Rehabilitation of industrial areas: case histories from England and Germany. *Environmental Geology* 40, 121-134

Bell FG, Genske DD, Stacey TR (2000) Mining subsidence and its effect on the environment: some differing examples. *Environmental Geology* 40, 135-152

Bell FG, Maud RR (1995) Expansive clays and construction, especially of low-rise structures: a viewpoint from Natal, South Africa. *Environmental and Engineering Geology* 1, 41-59

Bell FG (1993) Engineering treatment of soils. E & FN Spon London, 302

Bennett RR (1962) Flow-net analysis. In Ferris et al. (eds) Theory of aquifer tests. Geol Survey Water-Supply Paper Washington DC 1536-I, 139-144

Berger T, Genske DD, Hüsler L, Joedecke T, Menn A & Ruff A (2011) Energetische Optimierung des Kantons Basel-Stadt. Basel, Kanton Basel-Stadt, Endbericht und Kurzfassung (http://www.aue.bs.ch/umwelt-news/genske-studie.htm), 171

Berger T, Genske DD, Hüsler L, Joedecke T, Menn A & Ruff A (2011a) Basel auf dem Weg zur 2000-Watt-Gesellschaft (Broschüre zum Forschungsbericht). Basel Kanton Basel-Stadt, Amt für Umwelt und Energie (AUE), 30

Berger M & Mandelbrot BB (1963) A new model for the clustering of errors on telephone circuits. *IBM Journal of Research & Development* 7, 224-236

Berkelaar R (1994) Breiter Berg Project Austria. TU Delft, 113, 68

Bernoulli D (1738) Hydrodynamica. Strassburg

Bernoulli J (1742) Opera Omnia, Tam Antea Sparsim Edita, Quam Hactenus Inedita (Collected Works, or „All works, previously published in bits and pieces as well as those hitherto unpublished"; this includes his Hydraulica). Lausanne / Genève

Bertsch McGrayne S, Freytag C (2014) Die Theorie, die nicht sterben wollte: Wie der englische Pastor Thomas Bayes eine Regel entdeckte, die nach 150 Jahren voller Kontroversen heute aus Wissenschaft, Technik und Gesellschaft nicht mehr wegzudenken ist. Springer Spektrum, 400

Beyer W (1964) Zur Bestimmung der Wasserdurchlässigkeit von Kiesen und Sanden aus der Kornverteilungskurve. *Wasserwirtschaft und -technik* 14

Biener E (2012) Abfallwirtschaft. In Vismann (Hrsg.) Wendehorst Bautechnische Zahlentafeln. Vieweg + Teubner Verlag / Springer Fachmedien

Bieniawski ZT (1984) Rock mechanics design in mining and tunneling. Balkema Rotterdam, 272

Bieniawski ZT (1973) Engineering classification of jointed rock masses. *South African Institute of Civil Engineers Transactions* 15 (12), 335-344

Bieniawski ZT, Celada B, Tardaguila I, Rodriques A (2012). Specific energy of excavation in detecting tunnelling conditions ahead of TBMs. *Tunnels & Tunneling*, 65–68

Bishop AW (1955) The use of the slip circle in the stability analysis of earth slopes. *Géotechnique* 7, 7-17

Blei W (1981) Erkenntnisse zur Erd- und Lebensgeschichte: Ein Abriß. Wiss Taschenb (WTB) 219, Akademie Verlag, Berlin, 433

BMU (2012) Leitstudie 2011: Langfristszenarien und Strategien für den Ausbau der erneuerbaren Energien in Deutschland bei Berücksichtigung der Entwicklung in Europa und global (Bearb. J. Nitsch, B. Wenzel, M. Sterner et al.) Berlin, Bundesministerium für Umwelt, Naturschutz und Realtorsicherheit BMU Berlin, DLR Stuttagrt, IWES Kassel, IFNE Teltow, 331

BMU (2012a) Umweltauswirkungen von Fracking bei der Aufsuchung und Gewinnung von Erdgas aus unkonventionellen Lagerstätten (Kurzfassung). Hrsg. Bundesministerium für Umwelt, Naturschutz und Reaktorsicherheit (BMU), Berlin, 35

Bojanowski A (2012) Kartenmysterium vor Australien: Sandy Island ist ein Phantom. Der Spiegel, 22.11.2012

Borchert K-M, Genske DD, Gelbke C, Räckers E, Schäche W (1995) Reaktivierung des Spreebogens in Berlin. In Genske DD & Noll P (Hrsg.) Brachflächen und Flächenrecycling. Ernst & Sohn Berlin, 267-279

Bothe HH (2013) Fuzzy Logic: Einführung In Theorie Und Anwendungen. Springer, 272

Brandl H (2009) Stützbauwerke und konstruktive Hangsicherungen. In Witt KJ (Hrsg.) Grundbautaschenbuch Teil 3, 918

Brawner G (1973) Subsidence due to underground mining: theory and practice. Dept. Int. Bureau of Mines Washington

Breddin H, Brühl H, Dieler H (1963) Das Blatt Aachen-Nordwest der praktisch-geologischen Grundkarte 1:5000 des Aachener Stadtgebietes. *Geol Mitt* 1 (2-4) Aachen
Broili (1967) New knowledge on the geomorphology of the Vajont slide slip surface. *Felsmechanik und Ingenieurgeologie* 5 (1), 38-88
Brooks RR (Hrsg.) (1998) Plants that hyperaccumulate heavy metals. CAB International Oxon UK, 380
Brux G (2004) Vorauserkundung im Tunnelbau. *Tiefbau* 12, 800-801
Büchner (1996) Gefährdungsabschätzung für die Planung von Bauwerken in erdfallgefährdeten Gebieten Niedersachsens. *Z angewandte Geologie* 42, 14-19
Burland J, Jamiolkowski M, Viggiani C (2002) Preserving Pisa's treasure. *Civil Engineering Magazine* ASCE 72 (3)
Buss E, Heim A (1881) Der Bergsturz von Elm. Wurster Zürich
BW (2014) Atomkatastrophe von Fukushima. Landeszentrale fur politische Bildung Baden-Württemberg. Abgerufen 2.7.2014, from http://www.lpb-bw.de/atomkatastrophe.html
Caquot A, Kerisel J (1948) Tables de Butée, des Poussée et de Force portante des Fondations. Paris
Carlowitz HC von (1713) Sylvicultura oeconomica. Leipzig, Braun, 606
Carson R (1962) Silent spring. Houghton Mifflin, Mariner Books. Boston / New York, 400
Casagli N, Farina P, Leva D, Tarchi D (2006) Application of ground-based radar interferometry to monitor an active rockslide and implications for emergency management. In Evans SG, Scarascia-Mugnozza G, Strom A, Hermanns RL (eds) Landslides from massive rock slope failure (NATO Science Series). Springer, Dordrecht, 157-173
Casagrande A (1934) Die Aräometermethode zur Bestimmung der Kornverteilung. Springer, Berlin
Casagrande A (1932) Research on the Atterberg Limits of soil. *Public Roads* 13, 121-136
Casagrande A (1940) Seepage through dams. *Journal of the Boston Society of Civil Engineers*, 295-337
Cavers DS (1981) Simple methods to analyse buckling of rock slopes. *Rock Mechanics* 14, 87-104
Chorley RJ, Schumm SA, Sugden DE (1984) Geomorphology. Methuen, New York, 605
Chowdhury RN (1987) Stability of soil slopes. In Bell FG (Hrsg.) Ground Engineer's Reference Book, Butterworths London, 11.1-16
Clark I (1979) Practical geostatistics. Elsevier Applied Sciences London, 129
Cloos H (1976) Graphic representations of geological structures and their regional relationships. *Bulletin of the Int Association of Engineering Geology* 13, 3-33
Cloos H (1947) Gespräch mit der Erde. Piper Verlag, München, 393
Cloos H (1936) Einführung in die Geologie. Borntraeger Berlin, 503 S (Reprint 1963)
Colesanti C, Crosta GB, Ferretti A, Ambrosi C (2006) Monitoring and assessing the state of activity of slope instabilities by permanent scatterers technique. In Evans SG, Scarascia-Mugnozza G, Strom A, Hermanns RL (eds) Landslides from massive rock slope failure (NATO Science Series). Springer, Dordrecht, 175-194

Coulomb CA (1773) Essai sur une application des règles des Maximis & Minimis à quelques Problèmes de Statique, relatifs à l'Architecture. Mémoires présentés à l'Académie des Sciences, VII, Editions Science et Industrie, Paris 1971
Courant R (1943) Variational methods for the solution of problems of equilibrium and vibrations. Bulletin of the American Mathematical Society 49, 1-23
Dachroth WR (2002) Handbuch der Baugeologie und der Geotechnik. Springer Berlin Heidelberg New York, 681
Daglio L (2014) Building with water: innovative approaches for sustainable architecture. Proceedings of the 2nd ICAUD International Conference in Architecture and Urban Design Epoka University, Tirana, Albania, 08-10 May 2014 Paper No. 150
Dambrine E, Dupouey J-L, Moares Dominguez C, Lafitte J-D (2000) Effet de l'usage antique des sols sur l'écologie des forêts actuelles. Association Française pour l'Etude du Sol, Livret Tournée pédologique
Dankert J & Dankert H (2013) Technische Mechanik. Springer Viehweg, 778
Darcy H (1856) Les fountains publiques de la ville de Dijon. Victor Dalmont Paris
Darwish L (2013) Earth Repair: A Grassroots Guide to Healing Toxic and Damaged Landscapes. New Society Publishers Gabriola Island Canada, 326
Davis JC (2002) Statistics and data analysis in geology. John Wiley & Sons, New York, 638
Dechert S (2014) TEPCO starts Fukushima ice wall construction. *Clean Technica.* http://cleantechnica.com/2014/06/06/tepco-starts-fukushima-ice-wall-construction/, abgerufen 4.7.2014
Deere DU (1964) Technical description of rock cores for engineer-purposes. *Rock Mechanics and Engineering Geology* 1 (1), 17-22
Deere DU, Peck RB, Parker H, Monsees JE, Schmidt B (1970) Design of tunnel suppart systems. *Highway Research Record* 229, 26-33
de Freitas MH & FGH Blyth (2014) A geology for engineers. Routledge Chapman & Hall, 448
DENA (2010) Pumpspeicherwerke und ihr Beitrag zum Ausbau erneuerbarer Energien. Deutsche Energie-Agentur GmbH (dena) Berlin, 20
Die Zeit (2011) Tepco missachtete Tsunami-Warnung. Zeit Online 26.3.2011
Dijkstra FA, Cheng W (2007) Interactions between soil and tree roots accelerate long-term soil carbon decomposition. *Ecology Letters*, 10, 1046-1053
Dimroth E (1963) Fortschritte in der Gefügestatistik. *N Jb Min Mn* Stuttgart 13, 186-192
Dörpinghaus A (2014) Post-Bildung. *Forschung & Lehre* 7 (14), 540-543
Dörpinghaus A, Uphoff IK (2012) Die Abschaffung der Zeit: Wie man Bildung erfolgreich verhindert. Wissenschaftliche Buchgesellschaft, 160
Droege P, Genske DD, Ruff A, Schwarze M (2014) Der BAER-Atlas als integriertes Modell und regionales Werkzeug. In Droege P (Hrsg.) Bodensee-Alpenrhein Energieregion. Oekom-Verlag, 75-177
Eisbacher GH (1996) Einführung in die Tektonik. Enke Stuttgart
Ellenberg H (1996) Vegetation Mitteleuropas mit den Alpen in ökologischer, dynamischer und historischer Sicht. UTB Stuttgart, 1095
Ellenberg H (1950) Unkrautgemeinschaften als Zeiger für Klima und Boden. Ulmer, 141

Ellenberg H, Weber HE, R Düll, Wirth V, Werner W, Paulißen D (1992) Zeigerwerte von Pflanzen in Mitteleuropa. *Scripta Geobotanica* 18

Elsen R (1995) Geophysikalische Methoden und Brachflächenrecycling. In Genske DD, Noll HP (Hrsg.) *Brachflächen und Flächenrecycling*, Ernst & Sohn Berlin, 245-251

Engel T (2005) Das Elektrofahrzeug als Regelenergiekraftwerk des Solarzeitalters. Manuskript, Object Farm Solarkonzepte, 1-8

Ethik-Kommission (2011) Deutschlands Energiewende – Ein Gemeinschaftswerk für die Zukunft (Hrsg. Klaus Töpfer, Matthias Kleiner et al.). Berlin, Ethik-Kommission Sichere Energieversorgung der Bundesregierung, 48

Euler L (1765) Theoria motus corporum solidorum. Röse AF, Rostock u. Greifswald

Euler L (1755) Principes généraux du mouvement des fluides. Mémoires de l'Acad des sciences de Berlin 11, 274-315

Euler L (1744) De Curvis Elasticis. Lausanne/Genf

Evans SG (2006) Single-event landslides resulting from massive rock slope failure: Characterizing their frequency and impact on society. In Evans SG, Scarascia-Mugnozza G, Strom A, Hermanns RL (eds) Landslides from massive rock slope failure (NATO Science Series). Dordrecht, Netherlands, Springer, 53-73

Evans SG, Scarascia-Mugnozza G, Strom A, Hermanns RL, Ischuk A, Vinnichenko SM (2006) Landslides from massive rock slope failure and associated phenomena. In Evans SG, Scarascia-Mugnozza G, Strom A & Hermanns RL (eds) Landslides from massive rock slope failures (NATO Science Series). Dordrecht, Springer, 3-53

Ewert FK (2004) 70 Jahre Erfahrung mit WD-Versuchen: wozu sind sie nützlich? Geotechnik VGE Essen 27 (1), 13-23

Fabry R (1950) Bodenuntersuchungen im Gelände. Haser, München.

Fecker E, Reik G (1996) Baugeologie. Enke Stuttgart

Feiser J (2012) Geotechnik. In Vismann U (Hrsg.) Wendehorst Bautechnische Zahlentafeln. Vieweg + Teubner Wiesbaden, 1225-1332

Fellenius W (1927) Erdstatische Berechnungen mit Reibung und Kohäsion. Ernst & Sohn Berlin

Fenner R (1938) Untersuchungen zur Erkenntnis des Gebirgsdruckes. *Glückauf* 74, 681-695 / 705-715

Ferguson CC (1992) The statistical basis for spatial sampling of contaminated land. *Ground Engineering* 6, 34-38

Ferretti A, Prati C, Rocca F (2001) Permanent scatterers in SAR interferometry. *IEEE Transactions on Geoscience and Remote Sensing*, 39, 8-20

Ferretti A, Prati C, Rocca F (2000) Measuring subsidence with SAR interferometry: Applications of the Permanent Scatterers technique. Proceedings of the Sixth International Symposium on Land Subsidence, Vol. II, SISOLS2000, Ravenna, 67-79

Fisher RA (1953) Dispersion on a sphere. Proc Royal Society London, Ser A 217, 295-305

FÖS (2010) Staatliche Förderungen der Atomenergie (Studie im Auftrag von Greenpeace). Berlin, Forum ökologisch-soziale Marktwirtschaft (FÖS), 152

Fookes PG, Sweeney M (1976) Stabilisation and control of local rockfalls and degrading of slopes. *Quarterly Journal of Engineering Geology* 9, 37-55

Forbiger A (2005) Strabo: Geographika. Übersetzung und Anmerkungen. Hoffmann'sche Verlags-Buchhandlung, Berlin & Stuttgart 1855–1898. Neuausgabe Marix, Wiesbaden 2005

Forchheimer P (1914) Hydraulik. Teubner

Franklin JA, Chandra R (1972) The slake durability test. *Int J Rock Mechanics Min Sci* 9, 325-341

Fröhlich OK (1934) Druckverteilung im Baugrunde. Springer Wien

Fruneau B, Delacourt C & Achache J (1997) Observation and Modelling of the Saint-Etienne-de-Tinée Landslide using SAR Interferometry. Proc. Fringe'96: Workshop on ERS SAR Interferometry. Zürich, ESA SP-406

Füchsel GC (1773) Entwurf zu der ältesten Erd- und Menschengeschichte, nebst einem Versuch, den Ursprung der Sprache zu finden. Frankfurt/Leipzig

Gauss KF (1809) Theoria motus corporum celestium. Perthes et Besser, Hamburg

Geimer C F (2013) Heizwärme aus Grubenwasser: In Bochum-Werne werden seit einem Jahr mehrere Gebäude mit Wärme aus einem Bergbau-Schacht geheizt. FIZ Karlsruhe GmbH Leibniz-Institut für Informationsinfrastruktur / BINE Informationsdienst, *Energieforschung Konkret* 13, 4

Geißler H (1994) Ingenieurgeologische Aspekte bei der Planung von Sicherungsmaßnahmen für die Altlast Münchehagen. In Dörhöfer G, Thein J, Wiggering H (Hrsg.) Altlast Sonderabfalldeponie Münchehagen. Ernst & Sohn Berlin, 29-37

Geothermie Unterhachning (2014) Informationsseite der Geothermie Unterhachning. www.geothermie-unterhaching.de, abgerufen 13.7.2014

Genske DD (2008) Massenbewegungen. In: Witt KJ (ed.) Grundbautaschenbuch I. Ernst & Sohn Berlin, 719-794

Genske DD (2003) Urban Land: Degradation, Investigation, Remediation. Springer Berlin Heidelberg New York, 333 (Vorwort Klaus Töpfer UNEP)

Genske (2003a) Kohle-Stahl-Industrie-Kultur: Niedergang einer Industrieregion und ihre Re-Vitalisierung. In: Huch M (Hrsg.) Urbane Räume von morgen. *Schriftenreihe der Deutschen Geol Ges* 27, 6-15

Genske DD (1992) Geostatistische und felsmechanische Untersuchungen im Rahmen des Tunnelprojektes Im „Großen Busch" bei Aprath im Bergischen Land. In: Paproth E, Thomas E (Hrsg.) Oberdevon und Unterkarbon von Aprath im Bergischen Land. Sven von Loga Köln, 101-111

Genske DD (1992) Hangsicherung beim dreispurigen Ausbau der A1 bei Schwelm. Essen, DMT (unveröffentlicht)

Genske DD (1988) Ansatz für ein probabilistisches Sicherheitskonzept ungesicherter Felsböschungen im Rheinischen Schiefergebirge. Forschungs und Arbeitsbericht Grundbau, Bodenmechanik und Unterirdisches Bauen, Bergische Universität Wuppertal (8), 210

Genske DD (1985) Ingenieurgeologische Erkundung und Beurteilung von Felsböschungen im Rheinischen Schiefergebirge. Forschungs- und Arbeitsberichte Grundbau, Bodenmechanik und Unterirdisches Bauen, Bergische Universität Wuppertal (3), 1-120

Genske DD, Messari-Becker L (2013) Energetische Stadtsanierung und Klimaschutz. Bauphysikkalender, Ernst & Sohn Berlin, 581-605

Genske DD, Henning-Jacob J, Joedecke T, Ruff A (2010) Energieatlas Zukunftskonzept Erneuerbares Wilhelmsburg (Kapitel: Methodik und Strategieentwicklung / Zukunftsszenarien für Wilhelmsburg). Internationale Bauausstellung IBA Hamburg (Hrsg.) Jovis, Berlin, 43-66, 79-119

Genske DD, Heinrich K (2009) A knowledge-based fuzzy expert system to analyse degraded terrain. *Expert Systems with Applications* 36, 2459-2472

Genske DD, Porsche L, Ruff A (2009) Urban energy potentials - A step towards the use of 100% renewable energies. In: Droege P (ed) 100 % renewable. Earthscan, London, 251-262

Genske DD, Porsche L, Ruff A (2008) Energieerzeugung auf Freiflächen im urbanen Raum [Producing renewable energy on blank spaces in urban environments]. *Altlastenspektrum*, 6 (08), 259-269

Genske DD & Hess-Lüttich EWB (2004) Wo steht das Kanzleramt? Der Spreebogen: Eine raumzeitliche Spurensuche. Quintessenz Berlin Edition / BeBra Berlin, 128 (Vorwort Klaus Wowereit Berlin)

Genske DD, Hess-Lüttich EBW (1998) Zeit-Zeichen in der Geologie. In Hess-Lüttich EWB, Schlieben-Lange B (eds) Signs & Time / Zeit & Zeichen. Gunter Narr Verlag Tübingen, 133-151

Genske DD, Lepique M (1993) Einsatz von geokunstoffbewehrten Gründungspolstern in Tagesbruchgebieten. 9. Nationale Tagung für Ingenieurgeologie Garmisch-Partenkirchen. *Geotechnik* Sonderheft, 135-146

Genske DD, Walz B (1991) Probabilistic assessment of the stability of rock slopes. *Structural Safety* 9, 179-195

Genske DD & B Walz (1987) Anwendung der probabilistischen Sicherheitstheorie auf Grundbruchberechnungen. *Geotechnik* 2, 53-66

Ghirotti M, Semenza E (2006) The importance of geological and geomorphological factors in the identification of the ancient Vaiont landslide. Evans SG, Scarascia-Mugnozza G, Strom A& Hermanns R.L. (eds.) Landslides from massive rock slope failure (NATO Science Series). Springer, Dordrecht 49, 395-406

Goldscheider M (1979) Standsicherheitsnachweise mit zusammengesetzten Starrkörper-Bruchmechanismen. *Geotechnik* 1, 130-139

Goodmann RE, Korbay S, Buchignani A (1980) Evaluation of collapse potential over abandoned room and pillar mines. *Bulletin of the Association of Engineering Geologists* 17 (1), 27-37

Goodman RE, Bray JW (1976) Toppling of rock slopes. Proc Speciality Conf on Rock Engineering for Foundations and Slopes. Boulder Colorado ASCE 2

Goudie A (2005) The human impact on the natural environment. Blackwell Publishers, 357

Graaff LWS de, Rupke J, Genske DD, Krauter E (1997) Ingeniergeologisch-geotechnisches Gutachten Breitenberg: Analyse der Felssturzbedrohung am Breitenberg nach geologischen, geomorphologischen, geotechnischen und geophysikalischen Aufnahmen im Bereich des absturzgefährdeten Felskörpers und im Fußbereich des Berges. Alpine Geomorphology Research Group Universität Amsterdam, Technische Universität Delft, Universität Mainz, 103

Graaff LWS de, Seijmonsbergen H (1993) Die eiszeitliche Prozeßfolge und Aspekte der jungquartären Talbildung und Hangentwicklung im Walgau. *J Mitt Oberrhein Geol Ver* Stuttgart 75, 99-125

Graupner (1952) Die Baugrundkarte von Hildesheim als Beispiel einer Baugrundkartierung. Mitt Franzius-Inst TH Hannover, H1

Grim RE (1962) Applied clay mineralogy. McGraw-Hill New York

Grimscheid G (2013) Bauprozesse und Bauverfahren des Tunnelbaus. Ernst & Sohn, Berlin, 760

Gudehus G (1981) Bodenmechanik. Enke Stuttgart, 268

Gudehus G (1972) Lower and upper bounds for earth retaining structures. Proc 5th ECSM-FE Madrid 1, 21-28

Gußmann P (1986) Die Methode der Kinematischen Elemente. Mitt Baugrundinstitut Stuttgart 25

Gußmann P (1982) Kinematical elements for soils and rock. Proc 4th Int Conf Numerical Meth in Geomechanics Edmonton, 47-52

Gutierrez F (1995) Synsedimentary and postsedimentary subsidence due to gypsum karstifikation and derived hazards. In Barends FBJ, Brouwer FJJ, Schröder FH (Hrsg.) Land subsidence: natural causes, measuring techniques, the Groningen Gasfields. Balkema Rotterdam, 47-57

Hafner P (2009) Eine Ahnung von Apokalypse. NZZ Folio 07/09, Neue Zürcher Zeitung

Hansen WR (1965) Effects of the earthquake of March 27, 1964, at Anchorage, Alaska. US Geol Survey Prof Pap 542-A Washington, 68

Hasofer AM, Lind NC (1974) Exact and invariant second-moment code format. *J Engineering Mechanics* 100 (EM1), 111

Hazen A (1892) Some physical properties of sands and gravels with special reference to their use in filtration. 24 Annual Report State Board of Health Mass Boston, 541-556

Heim A (1932) Bergsturz und Menschenleben. Beiblatt zur Vierteljahresschrift Naturf Ges Zürich 77

Heim A (1921) Geologie der Schweiz. Chr. Herm. Tauchnitz Leipzig, 1118

Heitfeld KH (1991) Talsperren. Gebr Borntraeger Berlin, 468

Heitfeld KH (1983) Zur Stellung der Ingenieurgeologie im Grenzbereich zwischen Geologie und Bauwesen. *N Jb Geol Paläont Abh* 166 (1), 175-189

Heitfeld KH (1979) Durchlässigkeitsuntersuchungen im Festgestein mittels WD-Testen. *Mitt Ing Hydrogeol* Aachen 9, 175-218

Heitfeld KH (1965) Hydro- und baugeologische Untersuchungen über die Durchlässigkeit des Untergrunds an Talsperren des Sauerlands. *Mitt Ing Hydrogeol* Aachen 1-2

Heitfeld K-H, Heitfeld M, Rosner P, Mühlenkamp M (2005) Sicherung einer reaktivierten Rutschmasse in devonischen Schiefern im Zusammenhang mir dem Bau der Bob- und Rodelbahn Winterberg. 15. Tagung für Ingenieurgeologie, Erlangen, DGG, 259-264

Heitfeld KH, Heitfeld M, Rosner P, Mühlenkamp M, Krings BD (2003a) Bergbaulich-geotechnische Untersuchungen zur Bewertung des Gefährdungspotenzials im Altbergbaubereich Mechernicher Bleiberg. 3. Altbergbau Kolloquium Freiberg, 192-206

Heitfeld KH, Heitfeld M, Klünker J, Rosner P, Schetelig K (2003b) Bauen in Gebieten mit Altbergbau oder verdecktem Salinarkarst. 14. Tagung für Ingenieurgeologie Kiel, 1-6

Heitfeld KH, Hesse KH, Düllmann H (1982) Ingenieurgeologische Untersuchungen im Festgestein des Rheinischen Schiefergebirges. *Mitt Ing Hydrogeol* Aachen 12, 84-128

Heitfeld K-H, Schauerte E (1969) Bedeutung der geologischen Verhältnisse für die Böschungssicherung am ehemaligen Hofolper Tunnel (Sauerland). *Zeitschrift der Deutschen Geologischen Gesellschaft* 119, 270-284.

Heinrich K (2000) Fuzzy assessment of contamination potentials. TU Delft Netherlands. PhD-thesis

Helmholz Gemeinschaft (2014) Regionaler Klimaatlas Deutschland. www.regionaler-klimaatlas.de, abgerufen 5.7.2014

Helmstetter A, Sornette D, Grasso JR, Andersen JV, Gluzman S, Pisarenko V (2004) Slider block friction model for landslides: Application to Vaiont and La Clapière landslides. Journal of Geophysical Research 109 (B02409), 1-15.

Herrenknecht (2014). Pioneering Underground Technologies. www.herrenknecht.com (12.5.2014)

Heuer S (2004) Rollende Kraftwerke. Technology Review, 2

Heyne KH (1963) Beitrag zur Zugfestigkeit von Gesteinen. *Bergakademie* 15, 356-366

Hjulstöm F (1935) Studies of the morphological activity of rivers as illustrated by the river Fytis. *Bull Geol Inst Uppsala* 25, 221-527

Hocking G (1976) A method for distinguishing between single and double plane sliding of tetrahedral wedges. *Int J Rock Mechanics and Mining Science* 13, 225-226

Hoek E, Bray JW (1981) Rock slope engineering. Institution of Mining and Metallurgy London, 358

Hoek E, Bray JW & Boyd JM (1973) The stability of a rock slope containing a wedge resting on two intersecting discontinuities. *Q J Engineering Geology* 6, 1-55

Hoek E, Brown ET (1980) Underground excavation in rock. Institution of Mining and Metallurgy London, 527

Höfig T (2009) Die Station Hauptbahnhof. In: Arbeitsgemeinschaft Bauoberleitung/Bauüberwachung City-Tunnel Leipzig (Hrsg.) City-Tunnel Leipzig: Chronik der Entstehung eines sächsischen Verkehrsprojekts. *Strom & Strom*, 50-57

Hölder H (2008) Kurze Geschichte der Geologie und der Paläontologie (1. Aufl. 1989). Springer Berlin Heidelberg New York, 244

Holmsen P (1953) Landslip in Nowegian quick-clays. *Géotechnique* 3, 187-194

Hooke R (1676) A description of helioscopes, and some other instruments. John Martyn London

Houska J (1960) Beitrag zur Theorie der Erddrücke auf das Tunnelmauerwerk. Schweizerische Bauzeitung 78, 607-609

Hungr O (2006) Rock avalanche occurance, process and modelling. In Evans SG, Scarascia-Mugnozza G, Strom A, Hermanns RL (eds) Landsides from massive rock slope failure (NATO Science Series). Dordrecht, Springer, 243-266

Hutchinson JN (2006) Massive rock slope failure: Perspectives and retrospectives on state-of-the-art. In Evans SG, Scarascia-Mugnozza G, Strom A, Hermanns RL (eds) Landslides from massive rock slope failures (NATO Science Series). Springer Dordrecht, 619-662

Hutchinson JN (1968) Mass movement. In Fairbridge RW (ed) Encyclopedia of Geomorphology, Encyclopedia of Earth Sciences. New York, Amsterdam, London: Reinhold Publishers, 688 - 695

Hutton J (1788) Theory of the earth; or an investigation of the laws observable in the composition, dissolution, and restoration of land upon the globe. Transactions Royal Society of Edinburgh 1, 209-304

IAEG (1976) Cloos H: 1885-1951. *Bull Int Association of Engineering Geology* 13, 3-33

IAEG (1990) Suggested nomenclature for landslides. *Bulletin of Engineering Geology and the Environment* 41 (1), 13-16

IsE (2014) 100 ee-Regionen. IdE gGmbH Institut dezentrale Energietechnologien, http://100ee.deenet.org/ abgerufen 15.7.2014
IPCC (2014a) Summary for Policymakers. In: Climate Change 2014: Impacts, Adaptation, and Vulnerability. Part A: Global and Sectoral Aspects. Contribution of Working Group II to the Fifth Assessment Report of the Intergovernmental Panel on Climate Change. Cambridge University Press, Cambridge, United Kingdom and New York, NY, USA, 1-32
IPCC (2014b) Climate Change 2014: Impacts, Adaptation, and Vulnerability. Part A: Global and Sectoral Aspects. Contribution of Working Group II to the Fifth Assessment Report of the Intergovernmental Panel on Climate Change. Cambridge University Press, Cambridge, United Kingdom and New York, NY, USA.
Isaaks EH, Srivastava RM (1989) Applied geostatistics. Oxford University Press New York, 561
IUSS Working Group WRB (2006) World reference base for soil resources. World Soil Resources Reports103, FAO Rom, 103
Iverson RM, Denlinger RP (2001) Flow of variably fluidized granular masses across three-dimensional terrain. 1. Coulomb mixture theory. Journal of *Geophysical Research* 106 (B1), 537-552
Jacob CE (1940) On the flow of water in an elastic artesian aquifer. *Trans Am Geophys Union* 20, 574-586
Jacobi HE, Grün W, Hofmann W (1992) Aufgaben des Umweltmanagements im Steinkohlenbergbau, Glückauf Essen 128 (4), 249-258
Jaeger JC & NGW Cook (2007) Fundamentals of Rock Mechanics. Blackwell Publishers, 475
Janbu N (1954) Application of composite slip surface for stability analysis. Proc European Conf on Stability of Earth Slopes Stockholm, 43-49
Johnsem G (1984) Hangbewegungen vom Block-Typ östlich Berggießhübel. In GGW Berlin (Hrsg.) Ingenieurgeologische Untersuchungen im Fels: Vortrags- und Exkursionstagung der GGW in Freiberg, 29-38
Jorstad F (1968) Waves generated by landslides in Norwegian fjords and lakes. *Norwegian Geotechnical Institute Publication* 69, 13-32
Jürgens H, Peitgen H-O & Saupe D (2004) Chaos and fractals: new frontiers in science. Springer Berlin Heidelberg New York, 864
Kany M (1974) Berechnung von Flächengründungen. Ernst & Sohn Berlin
Kappas M (2012) Geographische Informationssysteme (GIS). Westermann, 288
Kefer V (2013) Lenkungskreis Stuttgart 21 am 23.07.2013. Präsentation der Deutschen Bahn AG
Kempton W, Tomić J (2005) Vehicle-to-grid power fundamentals: calculating capacity and net revenue. *Journal of power sources* 144 (1), 268-279
Kempton W, Tomić J. (2005) Vehicle-to-grid power implementation: From stabilizing the grid to supporting large-scale renewable energy. *Journal of Power Sources,* 144 (1), 280-294
Kennard MF, Wakeling RTM (1979) Site investigation for reservoirs. *Journal of the Inst of Water Eng and Scientists* 33, 363-67
Kieffer SW, Sturtevant B (1988) Erosional furrows formed during the lateral blast at Mount St Helens, May 18, 1980. *Journal of Geophysical Research* 93, 14793-14816
Kikutake Kiyonori: Marine City 1958 – Development of the Ocean Bed. Typoskript. o.O., 1958

Koch H von (1904) Sur une courbe continue sans tangente, obtenue par une construction géometrique élémentaire. *Arkiv för Matematik* 1, 681-704

Kooij, M van der (1997) Land subsidence measurements at the Belridge Oil Fields from ERS InSAR Data. 3. ERS Syposium Florenz

Kovári K, Amstad C, Anagnostou G (1987) Tunnelbau in quellfähigem Gebirge. *Mitt. der Schweiz. Gesellschaft für Boden- und Felsmechanik*, 115, 19-26

Krapp L, Vorwerk S (1997) Verfüllung teilweiser verstürzter Mergelsteingrotten in Valkenburg/Niederlande, unveröffentlicht

Krauter E (1993) Rutschungen (mehrsprachiges Glossar). In: UNESCO-Arbeitsgruppe (Hrsg.) Canadian Geotech Society

Krey D (1926) Erddruck, Erdwiderstand und Tragfähigkeit des Baugrunds. Ernst & Sohn Berlin

Kruedener A Freiherr von (1951) Ingenieurbiologie. Rheinhardt München, 172

Kruedener A Freiherr von, Becker A (1941) Atlas standortkennzeichnender Pflanzen. Forschungsstelle für Ingenieurbiologie des Generalinspektors für das Deutsche Strassenwesen Berlin, Wiking Verlag, 156

Krige DG (1951) A statistical approach to some basic mine valuations and allied problems on the Witwatersrand. *J Chem Metall Min Soc S Africa* 52 (6), 119-139

Kuhn D & S Prüfer (2007) Anwendung des Terrestrischen Laserscanners im Landslide Monitoring. 16. Tagung für Ingenieurgeologie. Bochum, DGGT / DGG / Fachsektion Ingenieurgeologie, 261-264

Kutzner C (1991) Injektionen im Baugrund. Enke, Stuttgart.

Lang HJ, Huder J, Amann P & Puzrin AM (2011) Bodenmechanik und Grundbau: Das Verhalten von Böden und Fels und die wichtigsten grundbaulichen Konzepte. Springer Berlin Heidelberg New York, 340

Langguth HR, Voigt R (2004) Hydrogeologische Methoden. Springer Berlin Heidelberg New York (Erstausgabe 1980)

Laplace PS (1810) Mémoire sur les approximations des formules qui sont fonctions de très grands nombres et sur leur application aux probabilités. Mémoires de l'Académie des sciences de Paris

Laplace PS (1799-1825) Traité de mecanique céleste. Vol 1-4 Duprat Paris, Vol 4 Courcier Paris

Lauffer H (1958) Gebirgsklassifizierung für den Stollenbau. *Geologie und Bauwesen* 24, 46-51

LCPC (1990) Essai au bleu de méthylène. Bulletin de liaison des Laboratoires des Ponts et Chausées, Laboratoire Central des Ponts et Chausée Paris, 159-164

Lee PW (2012) Bayesian statistics: an introduction. John Wiley & Sons, 486

Leva D, Nico G, Tarchi D, Fortuny J, Sieber AJ (2003) Temporal analysis of a landslide by means of a ground-based SAR Interferometer. *IEEE Transactions on Geoscience and Remote Sensing* 41, 745-752

Li T, Schuster RL, Wu J (1986) Landslide dams in south-central China. In RL Schuster (ed) *Processes, Risk, and Mitigation*, American Society of Civil Engineers, 146-162

Li T, Wang S (1992) Landslides hazards and their mitigation in China. Beijing, Science Press, 84

Lochbaum D (2011) Fukushima Dai-Ichi Unit 1: The first 30 minutes. Union of Concerned Scientists. www.webcitation.org/5z08ZgrTb, 11

Lugeon M (1933) Barrages et Géologie. Lausanne (Rouge) Paris (Dunod)

Lyell C (1830-33) Principles of geology, being an attempt to explain the former changes of the earth's surface by reference to causes now in operation, 3. vol. London

Maidl B (1988) Handbuch des Tunnel- und Stollenbaus. Bd I, Verlag Glückauf GmbH Essen

Maizels J (1997) Jökulhlaup deposits in proglacial areas. *Quaternary Science Reviews* 16, 793-819

Matsuoka N (2001) Solifluction rates, processes and landforms: a global review. *Earth Sciences Reviews* 55 (1-2), 107-134

Mandelbrot BB (1982) The fractal geometry of nature. WH Freeman New York, 468

Mason K (1929) Indus floods and Shyok glaciers. *Himalaya Journal* 1, 10-29

Mardia KV, Jupp PE (1997) Directional statistics. John Wiley & Sohns New York, 460

Marquart P (2004) Die Geologie weist ihren Weg: Tunnelbau in den Gebirgsformationen rund um Stuttgart und auf der Schwäbischen Alb. *Geotechnik* 27 (2), 99-103

Matheron G (1962-63) Traité de Géostatistique Appliquée. Technip, Tome 1 (1962) 334 S, Tome 2 (1963), Paris, 172

Mazzolani FM, Landolfo R, Faggiano B, Esposto M (2007). A submerged floating tunnel (Archimedes bridge) prototype in the Qiandao lake (PR of China): research development and basic design. *Costruzioni Metalliche* 5, 45-63

McCammon RB (1977) Target intersection probabilities for parallel-line and continous grid types of search. *Jour Int Assoc Mathematical Geology* 9 (4), 369-383

McLean I, Johnes M (2000) Aberfan: Government and Disasters, Welsh Academic Press, 274

McSaveney MJ, Davies TRH (2006) Rapid rock mass flow with dynamic fragmentation: Inferences from the morphology and internal structure of rockslides and rock avalanches. In Evans SG, Scarascia-Mugnozza G, Strom A, Hermanns RL (2006) Landslides from massive rock slope failure (NATO Science Series). Dordrecht, Springe, 285-304

Meadows DH, Meadows DL, Randers J, Behrens WW (1972) The limits to Growth. Universe Books

Meadows DH, Meadows DL, Randers J (1992) Beyond the limits. Earthscan London 300

Menzel L, Flörke M, Matovelle A, Alcamo J (2007) Impact of socio-economic development and climate change on water resources and water stress. In Proc. 1st International Conference on Adaptive and Integrative Water Management (CAIWA 2007) Basel

Merritt AH (1972) Geological prediction for underground excavations. Rapid Excavation and Tunneling Conference, American Institution of Mining Engineers, 115-132

Meyer F (2013) Windenergie unter Tage speichern: Stillgelegte Bergwerke könnten als Pumpspeicherkraftwerke dienen – Forscher untersuchen Potenziale und Konzepte. FIZ Karlsruhe GmbH Leibniz-Institut für Informationsinfrastruktur / BINE Informationsdienst, *Energieforschung Konkret* 18, 4

Meyer F (2005) Druckluftspeicher-Kraftwerke. FIZ Karlsruhe GmbH Leibniz-Institut für Informationsinfrastruktur / BINE Informationsdienst, *Energieforschung* Konkret 7, 4

Meyer DE (1993) Flächen- und Stoffinanspruchnahme, Massenverlagerung. In Wiggering H (Hrsg.) Steinkohlenbergbau, Ernst & Sohn Berlin, 266

Miller RP (1965) Engineering Classification and Index Properties for Intact Rock. PhD Thesis University of Illinois USA

Mises R von (1918) Über die „Ganzzahligkeit" der Atomgewichte und verwandte Fragen. Physikal Z Leipzig 1 (19), 490-500

Möller G (2012) Geotechnik. Ernst & Sohn Berlin, 593

Moos A von, De Quervain F (1948) Technische Gesteinskunde. Birkhäuser Basel, 221

Morrell B (1832) A narrative of four voyages, to the South Sea, North and South Pacific Ocean, Chinese Sea, Ethiopic and Southern Atlantic Ocean, Indian and Antarctic Ocean, from the year 1822 to 1831. New York 1832, RareBooksClub / Google eBook, 218

Morgenstern NR, Price VE (1965) The analysis of the stability of general slip surfaces. *Géotechnique* 15, 70-93

Müller L (1978) Der Felsbau III: Tunnelbau. Enke Stuttgart, 945

Müller L (1964) The rock slide in the Vajont valley. *Felsmechanik und Ingenieurgeologie* 2 (1), 148-212

Müller L (1963) Der Felsbau I. Enke Stuttgart

Müller R (1987) Spezielle geologische und geotechnische Untersuchungen bei der Sanierung von Rutschungen im nördlichen Siebengebirge. *Mitt Ingenieurgeologie und Hydrogeologie* 27, 234

NABau (1981) Grundlagen zur Festlegung von Sicherheitsanforderungen für bauliche Anlagen. DIN Deutsches Institut für Normung Berlin

NBC (1975) Subsidence engineers' handbook. National Coal Board NCB London

Neff H (1988) Der Wasseraufnahmeversuch in der bodenphysikalischen Prüfung und geotechnische Erfahrungswerte. *Bautechnik* 65, 153-163

Newton I (1687) Principia.

Nguyen TQ, Helm DC (1995) Land subsidence due to groundwater withdrawal in Hanoi Vietnam. In Barends FBJ, Brouwer FJJ, Schröder FH (Hrsg.) Land subsidence by fluid withdrawal and solid extraction. Balkema Rotterdam, 35-60

Niemczyk (1949) Bergschadenkunde. VGE Essen

Novosad S, Blaha P, Kneijzlik J (2007) Geoacoustic methods in the slope stability investigation. *Bulletin of Engineering Geology and the Environment* 16 (1), 1435-1529

NRC (2007) Leda clay landslide (Geoscape Ottawa-Gatineau). Natural Resources Canada /Geological Survey Canada

NZZ (2004) Die Wilden scheinen wohl gesonnen: Unterwegs in einer fiktionalen Meereslandschaft. Neue Zürcher Zeitung vom 22.5.2004

ÖIAV (1980) Neue Österreichische Tunnelbaumethode: Definition und Grundsätze. Österreichischer Ingenieur- und Architekten-Verein Wien.

Ogata A (1970) Theory of dispersion in a granular medium. US Geological Survey Professional Paper 411-I

Ohnishi Y, Horita M, Ohtani S (1989) Evaluation of fracture geometry of rock joints in rock mass by means of image processing system. *J Geotechnical Div Japan SCE* 412/ III-12, 61-70 (in Japanese)

Olbrich G, Quick M, Schweikart J (2002) Desktop Mapping: Grundlagen und Praxis in Kartographie und GIS. Springer Berlin Heidelberg New York

Pacher F (1964) Deformationsmessungen im Versuchsstollen als Mittel zur Erforschung des Gebirgsverhaltens und zur Bemessung des Ausbaus. *Rock Mechanics and Engineering Geology* (1), 149-161

Pacher F (1959) Kennziffern des Flächengefüges. *Geologie und Bauwesen* 24, 223-227

Pacher F, Rabcewicz L, Golser J (1974) Zum derzeitigen Stand der Gebirgsklassifizierung im Stollen und Tunnelbau. XXII Geomechanics Colloquium Salzburg, 51-58

Paine DP, Kiser JD (2003) Aerial photography and image interpretation. John Wiley & Sohns, 648

Palshin GB, Trzhtsinskii Yu B (1963) Rutschungen in festen und veränderlich festen Gebirge an den Hängen der südlichen Angara Region (in Russisch). *Geologia i Geofizika Novosibirsk* 6, 97-108

Parker L (2014) First of its kind map reveals extent of ocean plastic. *National Geographic Daily News*, 15.7.2014

Patton FD (1966) Multiple modes of shear failure in rock. Proc 1 Congress Int Soc Rock Mechanics Lissabon, 509-513

Pearson ES, Hartley HO (1972) Biometrika tables for statisticians. Vol 2. Cambridge University Press, London

Peck RB, Hanson WE, Thornburn TH (1974) *Foundation engineering.* Wiley New York, 514

Pernice R (2006) The Transformation of Tokyo During the 1950s and Early 1960s: Projects Between City Planning and Urban Utopia. *Journal of Asian Architecture and Building Engineering*, 5 (2), 253-260

Petley DN & Petley DJ (2006) On the initiation of large rockslides: Perspectives from a new analysis of the Vaiont movement record. In SG Evans, G Scarascia-Mugnozza, A Strom, RL Hermanns (eds) Landslides from massive rock slope failure (NATO Science Series). Springer Dordrecht, 77-84

Petley DN, Bulmer MHK, Murphy W (2002) Patterns of movement in rotational and translational landslides. *Geology* 30, 719-722

Pöttler R, Schneider V, Rehfeld E, Quick H (2002) Grundkonzept zur Lösung der Karst- und Erdfallproblematik für den Bau von Verkehrswegen. *Felsbau* 20 (3), 10-21

Poschinger A v, Wassmer P, Maisch M (2006) The Flims Rockslide: History of interpretation and new insights. In Evans SG, Scarascia-Mugnozza G, Strom A, Hermanns RL (eds) Landslides from massive rock slope failure (NATO Science Series). Dordrecht, Springer, 329-356

Pottharst R (1986, 1987) Erläuterung des probabilistsichen Sicherheitskonzepts am Beispiel des Nachweises der Grundbruchsicherheit. Seminar Sicherheit im Grundbau, Technische Akademie Wuppertal/LGA Nürnberg

Pottharst R (1977) Zur Wahl eines einheitlichen Sicherheitskonzeptes für den konstruktiven Ingenieurbau. *Mitt Inst Massivbau* TH Darmstadt, 22

Prandtl L (1920) Über die Härte plastischer Körper. *Nachrichten Ges Wissenschaften, math-phys Kl* Göttingen, 74

Prandtl L (1921) Über die Eindringungsfestigkeit (Härte) plastischer Baustoffe und die Festigkeit von Schneiden. *Z angewandte Math Mech* 1 (1), 15-20

Proctor RR (1933) Four articles on the design and construction of rolled earth dams. Eng News-Record (111), 245-248, 286-289, 348-351, 372-376

Price DG (2010) Engineering Geology: Principles and Practice (edited and compiled by MH de Freitas). Springer Berlin Heidelberg New York, 450

Pieraccini M, Casagli N, Luzi G, Tarchi D, Mecatti D, Noferini L, Atzeni C (2002) Landslide monitoring by Ground-Based Radar Interferometry: a field test in Valdarno (Italy). *International Journal of Remote Sensing* 24, 1385-1391

Prinz H (2011) Abriss der Ingenieurgeologie. Enke Stuttgart, 546

Rankine WJM (1856) On the stability of loose earth. Phil Tran Royal Soc London 147 (1), 9-27

Reeves RD, Baker AJM (2000) Metal-accumulating plants. In Raskin I, Ensley BD (Hrsg.) Phytoremediation of toxic metals using plants to clean up the environment. John Wiley New-York, 193-230

Rees WE, Wackernagel W (1994) Ecological footprints and appropriated carrying capacity: Measuring the natural capital requirements of the human econom. In Jansson A et al. (eds.) Investing in Natural Capital: The Ecological Economics Approach to Sustainability. Island Press, Washington DC

Reichardt HJ, Schäche W (2001) Von Berlin nach Germania. Transit Berlin, 207

Reuter F, Klengel J, Pasel J (1992) Ingenieurgeologie. Spektrum Akademischer Verlag

Reuther, C-D (2012) Grundlagen der Tektonik. Springer Spektrum, Springer-Verlag Berlin Heidelberg, 274

Richardson SD, Reynolds JM (2000) An overview of glacial hazards in the Himalayas. *Quaternary International* 65/66, 31-47

Ripper P (1992) Sanierung des Altölraffinerie-Standortes Pintsch-Öl Hanau. In Gossow V (Hrsg.) Altlastensanierung. Bauverlag Wiesbaden Berlin, 245-259

Rist S (1983) Floods and flood danger in Iceland. *Jokull* 33, 119-132

RNE (2014) Das Schiefergas-Wunder bleibt aus. Pressemitteilung des Rates für Nachhaltige Entwicklung, Potsdam

Rocha M (1971) A method of integral sampling of rock masses. Rock Mechanics 3, 1-12

Roberts C (2013) Der Mensch und das Meer: Warum der größte Lebensraum der Erde in Gefahr ist (Originaltitel: Ocean of Life, übersetzt von Sebastian Vogel) DVA, Stuttgart, 218

Roest D van der, Wagebaert APJ, Stam PH, Brasser DJS (1997) Hydrocarbon contamination detection by means of ground penetrating radar. *Brachflächenrecycling / Recycling Derelict Land* VGE Essen 2, 53-55

Röthlisberger H, Lang H (1987) Glacial hydrology. In AM Gurnell & M.J. Clark (eds) Glacio-fluvial sediment transfer: An Alpine Perspective, John Wiley & Sons, 207-274

Rosser NJ, Petley DN, Lim M, Dunnings SA, Allison RJ (2005) Terrestrial laser scanning for monitoring the process of hard rock coastal cliff erosion. *Quarterly Journal of Engineering Geology and Hydrogeology* 38, 363-375

Rowlands KA, Jones LD, Whitworth (2003) Landslide laser scanning: a new look at an old problem. *Quarterly Journal of Engineering Geology and Hydrogeology* 36, 155-157

Ruch C, Wirsing G (2013) Erkundung und Sanierungsstrategien im Erdwärmesonden-Schadensfall Staufen i. Br. *Geotechnik* 36 (3), 147-159

Saas I, Burbaum U (2012) Geothermische Bohrungen in Staufen im Breisgau: Schadensursachen und Perspektiven. *Geotechnik* 35 (3), 198-205

Sale PF, Feary DA, Burt JA, Bauman AG, Cavalcante GH, Drouillard KG, Kjerfve B, Marquis E, Trick CG, Usseglio P, Van Lavieren H (2011) The growing need for sustainable ecological management of marine communities of the Persian Gulf. *Ambio* 40 (1), 4-17

Sander B (1948/1950) Einführung in die Gefügekunde der geologischen Körper. Teil I u. II. Springer Wien und Innsbruck

Sander B (1930) Gefügekunde der Gesteine. Springer Wien, 352

Sauter M, Helmig R, Klünker J (2012) Risiken im Geologischen System bei der Fracking-Technologie: Abschätzung der Auswirkungen auf Grundwasservorkommen. *Wasser und Abfall* 6, 16-20

Schad H, Teutsch G (1999) Reaktive Wände: Aktueller Stand der Praxisanwendung. *Flächenrecycling Brownfields Redevelopment* 2 (99), 24-31

Scheffer F, Schachtschabel P (2010) Lehrbuch der Bodenkunde (Neubearbeitet von Blume, H.-P. et al.). Spektrum Akademischer Verlag Heidelberg, 569

Scheibe R, Seidel K, Zenk J (1997) Geophysikalische Vorerkundung von unterirdischen Hindernissen bei Abbruch- und Erdarbeiten. Brachflächenrecycling / Recycling Derelict Land, 2, VGE Essen, 47-52.

Schiechtl HM (1991) Böschungssicherung mit ingenieurbiologischen Bauweisen. In Smoltczyk U (Hrsg.) Grundbautaschenbuch II, Ernst & Sohn Berlin.

Schimazek J, Knatz H (1976) Die Beurteilung der Bearbeitbarkeit von Gesteinen durch Schneid- und Rollenwerkzeuge. Erzmetall Verlag Chemie,Weinheim 29, 113-119

Schimazek J, Knatz H (1970) Der Einfluss des Gesteinsaufbaus auf die Schnittgeschwindigkeit und den Meißelverschleiß von Streckenvortriebsmaschinen. *Glückauf* Essen 106, 274-278

Schmid F, Fraefel M, Hegg C (2004) Unwetterschäden in der Schweiz 1972-2002: Verteilung, Ursachen, Entwicklung. *Wasser Energie Luft* 96 (1/2), 21-28

Schmidt W (1932) Tektonik und Verformungslehre. Bornträger Berlin

Schmidt-Bleek F (1993) Wieviel Umwelt braucht der Mensch? Faktor 10 - Das Maß für ökologisches Wirtschaften. Birkhäuser Basel

Schmidt-Thomé P (1972) Tektonik. In Brinkmann R (Hrsg.) Lehrbuch der allgemeinen Geologie. Bd II. Enke Stuttgart, 579

Smoltczyk U (1997) Stützmauern. In Smoltczyk U (Hrsg.) Grundbautaschenbuch Teil 3. Ernst & Sohn Berlin

Schokking F (1995) Prediction of long-term subsidence in drained peat areas in the Province of Friesland. In Barends FBJ, Brouwer FJJ, Schröder FH (Hrsg.) Land subsidence: natural nauses, measuring techniques, the Groningen Gasfields. Balkema Rotterdam, 375-387

Schöttler M (2004) Erfassung der Grundwasserströmung mittels des GFV-Messsystems. *Geotechnik* VGE Essen 27 (1), 41-46

Swartz M, McArdell B, Bartelt P, Christen M (2004) Evaluation of a two-phase debris flow model using field data from the Swiss Alps. Internationales Symposion Interpraevent. Riva Trient., Tagungspublikation, 319-329

Shadmon A (1994) Evolution of IAEG life: engineering geology as an independent science. *Newletter Int Assoc Engineering Geol IAEG* 21 (June)

Shiva V (1991) Ecology and the politics of survival: conflicts over natural resources in India. United Nations University Press, Tokyo / Saga Publications India New Dehli, 238

Sichardt W (1928) Das Fassungsvermögen von Rohrbrunnen und seine Bedeutung für die Grundwasserabsenkung, insbesondere für größere Absenkungstiefe. Springer Berlin, 86

Silveira A (1965) An analyis of the problem of washing through in protective filters. Proc. 6th ICSMFE, Montreal, Vol 2, 551-555

Simmer K (2004) Grundbau I. Teubner, 430

Simpson J (2000) Gravity currents in the environment and in the laboratory. Cambridge, Cambridge University Press, 244
SCNAT (2014) Eine Technik im Fokus: Fracking. Akademie der Naturwissenschaften Schweiz (SCNAT) *Factsheet* 9 (2)
Sörgel H (1932) Atlantropa. Fretz & Wasmuth, Zürich / Piloty & Loehle, München
Sommer R (2009) Kritische Wertung der Methoden der Gebirgsklassifizierung im Tunnelbau. In Wittke W (Hrsg.) WBI-Print 16, VGE Verlag Essen, 410
Spencer E (1973) Thrust line criterion in embankment stability analysis. *Géotechnique* 23, 85-100
Starr RC, Cherry JA (1994) In-situ remedaition of contaminated ground water: The funnel-and-gate system. *Ground Water* 32/3, 465-476
Steno N (1923) Vorläufer einer Dissertation über feste Körper, die innerhalb anderer fester Körper von Natur aus eingeschlossen sind (über Mieleitner K). Leipzig
Steno N (1669) De solido intra solidum naturaliter contento dissertationis prodromus. Firenze, sun signo Stella
Stensen N (1967) Das Feste im Festen (übersetzt G Scherz). Frankfurt/Main
Sterner M, Specht M (2010) Erneuerbares Methan. *Solarzeitalter* 11, 51-58
Stevin S (1586) De Beghinselen der Weeghconst. Leiden
Stini J (1941) Unsere Täler wachsen zu. *Geologie und Bauwesen* 14, 71-79
Stini J (1922) Technische Geologie. Enke Stuttgart 789
Stoyan D, Stoyan H (1992) Fraktale – Formen – Punktfelder: Methoden der Geometrie-Statistik. Akademie-Verlag Berlin, 394
Strack ODL (1989) Groundwater mechanics. Prentice Hall New Jersey, 732
Strzodka K (1977) Hydrotechnik im Bergbau und Bauwesen. VEB Verlag Leipzig, 392
Swan ARH, Sandilands M (1995) Introduction to geological data analysis. Blackwell Oxford, 446
Szabó I (1979) Geschichte der mechanischen Prinzipien. Birkhäuser Basel, 491
Szechy K (1973) The art of tunnelling. Akademiai Kiado Budapest, 1096
Szechy K (1969) Tunnelbau. Springer Verlag Wien 858
Szelag S, Weber U (1993) Bergsenkungen. In Wiggering H (Hrsg.) Steinkohlenbergbau, Ernst & Sohn Berlin, 121-136
Tarchi D, Casagli N, Fanti R, Leva D, Luzi G, Pasuto A, Pieraccini M, Silvano S (2003) Landslide monitoring by using ground-based SAR interferometry: an example of application to the Tessina landslide in Italy. *Engineerging Geology* 68 (1-2), 15-30
Terzaghi K (1950) Mechanism of landslides. Application of Geology to Engineering Practice Berkey Vol, *Geol Soc of America,* 83-123
Terzaghi K (1946) Rock defects and loads on tunnel supports. In Proctor RV& White T (eds) Rock Tunnelling with Steel Supports. Commercial Sheering Co. Youngstown Ohio, 15-99
Terzaghi K (1940) Theoretical Soil Mechanics. Wiley New York
Terzaghi K (1925) Erdbaumechanik auf bodenphysikalischer Grundlage. Deuticke, Leipzig/Wien. (Wiederabdruck, Wien 1976)
Terzaghi K, Peck RB (1967) Soil mechanics in engineering practice. Wiley New York, 729
Thalparpan P, Moser K, Phillips M (2002) Bauen auf bewegtem Boden. *tech21 Zeitschrift des Schweizerischen Ingenieur- und Architektenvereins* 17, 19-24
Thapa PB, Dhital MR (2000) Landslides and debris flows of 19-21 July 1993 in the Agra Khola watershed of Central Nepal. *J Nepal Geol Soc* 21, 5-20

Thiem G (1906) Hydrogeologische Methoden. JM Gebhardt's Verlag Leipzig, 56

Troll C (1944) Strukturböden, Solifluktion und Frostklimate der Erde. *International Journal of Earth Sciences* 34 (7-8)(1944), 545-694

Trümpy R (1991) The Glarus Nappes: A Controversy of a Century Ago. In Mueller DW, McKenzie JA, Weissert H (Hrsg.) Controversies in Modern Geology, Academic Press London, 385-404

Trümpy R, Bernoulli D, Grünenfelder M, Müller S, Trommsdorff V (1980) Geology of Switzerland: A guide book. Schweizerische Geologische Kommission, Wepf Basel

Tsuji Y, Hino T (1993) Damage and inundation height of the 1792 Shimabara landslide tsunami along the coast of Kumamoto Perfecture. *Bulletin of the Earthquake Research Institute*, University of Tokyo 68, 91-176

Ufrecht, W. (2006) Alter und Entwicklung des Gipskarsts im Stadtgebiet Stuttgart. Laichinger Höhlenfreund, 41, 3-18

UNESC0 (1993a) A suggested method for describing the activity of a landslide (UNESCO Working Party for World Landslide Inventory WP/WLI) *Bulletin of the International Association of Engineering Geology* 47, 53-57

UNESC0 (1993) Multilingual landslide glossary (UNESCO Working Party for World Landslide Inventory WP/WLI). Richmond, British Columbia, Canada, Bi-Tech Publishers, 59

University of Utah (1984) Flooding and landslides in Utah: an economic impact analysis. Salt Lake City, University of Utah, Bureau of Economic and Business, Utah Dept. of Community and Economic Development and Utah Office of Planning and Budget, 123

Uspensky JV (1937) Introduction into Mathematical Probability. McGraw Hill New York

Van der Merwe DH (1964) The prediction of heave from the plasticity index and the percentage clay fraction. *The Civil Engineer in South Africa* 6 (6), 105-107

Varnes DJ (1978) Slope movement types and processes. In National Academy of Sciences Washington (Hrsg.) Landslide analysis and control, Special Report 176, 12-33

Varnes DJ (1978) Slope movement types and processes. In RL Schuster, RJ Krizek (eds) Landslides: Analysis and control. Washington DC, TRB, National Research Council, 11-33

Varnes DJ (1958) Landslide types and processes. In EB Eckel (ed) Landslides and engineering practices. Washington DC, Highway Research Board, 20-47

Völker R (1997) Karsterscheinungen am Nordkyffhäuserrand: Das Auftreten von Salzwasser im Bereich des Hackpfüffler Sees. Gipskarst im Landkreis Sangerhausen, Förderverein Gipskarst Südharz Uftrungen, 85-95

Vogelsang D (1997) Environmental geophysics: A practical guide. Springer Berlin Heidelberg New York, 173

Voight B (1989) A relation to describe rate-dependent material failure. *Science* 243, 200-203

Voight W (2007) Atlantropa: Weltbauen am Mittelmeer - ein Architektentraum der Moderne. Membran Verlag, 144

von Soos P & Engel J (2008) Eigenschaften von Boden und Feld: Ihre Bestimmung im Labor. In Witt KJ (Hrsg.) Grundbau-Taschenbuch Teil 1, Ernst & Sohn Verlag Berlin, 123-218

Wackernagel H (2003) Multivariate geostatistics: an introduction with applications. Springer, 387
Wagenknecht A (2012) Kiyonori Kikutake als Wegbereiter: Visionen und Realisationen des Bauens mit dem Element Wasser. Athena-Verlag, 348
Wallbrecher E (1986) Tektonische und gefügeanalytische Arbeitsweisen. Enke Stuttgart, 244
Wallwork KL (1956) Subsidence in the mid-Cheshire industrial area. *Geographical Journal* 122, 40-53
Ward WH (1945) The stability of natural slopes. *Geograph J London* 105, 170-196
Watson GS (1965) Equatorial Distribution on a sphere. *Biometrika Cambridge* 52, 193-201
Weber H (1967) Die Oberflächenformen des festen Landes. Teubner Leipzig, 367
Weber GE, Raas SM (1989) Geotechnical problems associated with siting large structures over solution collapse features in karst terrain. In Watters RJ (Hrsg.) Engineering Geology and Geotechnical Engineering, Balkema Amsterdam, 259-265
Weidner S (2000) Kinematik und Mechanismus tiefgreifender alpiner Hangdeformationen unter besonderer Berücksichtigung der hydrogeologischen Verhältnisse. Doktorarbeit, Universität Erlangen-Nürnberg
Weidner S, Moser M (2001) Der Bewegungsverlauf tiefgreifender Hangbewegungen. Umhausen, Geoforum Umhausen, Band 2, 14-26
Weizsäcker EU von, Lovins AB, Hunter Lovins L (1996) Faktor Vier. Droemer & Knaur München, 352
Wesselak V, Schabbach T, Link T, Fischer J (2013) Regenerative Energietechnik. Springer Berlin Heidelberg New York, 878
Wickham GE, Tiedemann HR, Skinner EH (1972) Support determination based on geologic predictions. Rapid Excavation and Tunneling Conference AIME, 43-64
Wilhelm K (2012) Revolution im Erdreich. *Bild der Wissenschaft* online, 11, 30
Williams AAB, Donaldson G (1980) Building on expansive soil in South Africa 1973-80. Proc 4. Int Conf on Expansive Soils Dever (2), 834-838
Wirtschaftsvereinigung Bergbau (1994) Das Bergbau Handbuch. VGE Essen, 319
Wittke W (1984) Felsmechanik: Grundlagen für wirtschaftliches Bauen im Fels. Springer Berlin Heidelberg New York, 1050
Wolf PR, DeWitt Bon A (1999) Elements of photogrammetry with applications in GIS. McGraw Hill, 624
Woodcock NH (1977) Specification of fabric shapes using an Eigenvalue method. *Geol Soc Am New York*, Bull 88, 1231-1236
Woodcock NH, Naylor MA (1983) Randomness testing in three-dimensional orientation data. *J Structural Geol* Oxford, 5, 539-548
WWAP (2001) Water security: a preliminary assessment of policy progress since Rio. In Word Water Assessment Programme (Hrsg.) International Conference on Freshwater, Bonn
Xiang Y, Liu C, Zhang K, Wu Q (2010). Risk analysis and management of submerged floating tunnel and its application. *Procedia Engineering* 4, 107-116
Xie H (1993) Fractals in rock mechanics. Balkema, Rotterdam, 452
Yanagi T, Okada H, Ohta K (1992) Unzen Volcano: the 1990-1992 eruption. The Nishinippon & Kyushu University Press Fukuoka, 137
Zadeh LA (1965) Fuzzy sets. *Information and Control* 8, 338-353
Zaruba Q, Mencl V (1982) Landslides and their control. Elsevier Amsterdam, 324

Zech W, Hintermaier-Erhard G (2002) Böden der Welt. Spektrum Akademischer Verlag Heidelberg Berlin, 120

Zhou G, Esaki T, Mitani Y, Xie M, Mori J (2003) Spatial probabilistic modeling of slope failure using an integrated GIS Monte Carlo simulation approach. *Engineering Geology* 68, 373-386

ZTVE (1997) Zusätzliche Technische Vertragsbedingungen und Richtlinien für Erdarbeiten. Forschungsgesellschaft für Straßen- und Verkehrswesen, FGSV-Verlag

Zimmermann-Janschitz S (2013) Statistik in der Geographie: Eine Exkursion durch die deskriptive Statistik. Springer Spektrum, 288

ZG (2014) Statik von Tunnelbauwerken. Zentrum Geotechnik der TU München (unveröffentlicht)

ZTB (2010) Peak oil. Zentrum für Transformation der Bundeswehr, Strausberg, 125

# Index

## A

## B



## C



## D

## E

## Q



## R



## S

## V



## W



## Z

MIX
Papier aus verantwortungsvollen Quellen
Paper from responsible sources
FSC® C105338

Printed by Books on Demand, Germany